U0425706

# 中国林业
# 特色资源加工利用产业
# 现状专论

中国工程院咨询研究重点项目

蒋剑春　主编

中国林業出版社
·北京·

**图书在版编目（CIP）数据**

中国林业特色资源加工利用产业现状专论 / 蒋剑春主编. -- 北京 : 中国林业出版社, 2021.12

中国工程院咨询研究重点项目

ISBN 978-7-5219-1426-9

Ⅰ. ①中… Ⅱ. ①蒋… Ⅲ. ①林业经济—产业发展—研究—中国 Ⅳ. ①F326.23

中国版本图书馆CIP数据核字(2021)第242904号

**中国林业出版社·自然保护分社（国家公园分社）**

**策划编辑：** 刘家玲

**责任编辑：** 葛宝庆

---

**出版** 中国林业出版社（100009 北京市西城区刘海胡同 7 号）

http://www.forestry.gov.cn/lycb.html 电话：（010）83143612

**发行** 中国林业出版社

**印刷** 北京博海升彩色印刷有限公司

**版次** 2021 年 12 月第 1 版

**印次** 2021 年 12 月第 1 次印刷

**开本** 889mm × 1194mm 1/16

**印张** 31.5

**字数** 950 千字

**定价** 500.00 元

---

# 编 委 会

# 前言

林业是生态文明建设的主体，是事关经济社会发展的根本性问题，在经济社会发展和生态文明建设中具有重要地位。绿色可持续发展是新一轮经济全球化发展的主旋律，森林作为自然界体量最大的可再生资源，既是筑牢我国生态屏障的基础，也是规模最大的绿色经济体，是极具发展潜力的基础产业、绿色产业和富民产业。我国林业特色资源丰富，《第九次全国森林资源清查报告》显示，我国森林面积达到了2.20亿公顷，占世界森林面积5.51%，森林蓄积175.60亿立方米，其中，人工林保存面积达7954.28万公顷。据不完全统计，有高等植物30000多种，其中木本植物达到8000多种，药用植物有3000多种，常见的植物有1000多种，农药植物86科；芳香植物480多种；淀粉和糖类植物90种；油料植物151种；鞣料植物214种；树脂植物36种；树胶植物38种；保健及食品93种；木本干果植物400多种，木本浆果植物10种，丰富的林业特色资源为区域经济发展提供了基础保障。林业特色资源是绿水青山的重要组成部分，发展林业特色资源培育和加工利用产业对保障国家粮油安全、践行习近平总书记“绿水青山就是金山银山”的发展理念、实施乡村振兴和健康中国战略、促进绿色增长、建设生态文明和社会主义现代化强国，具有十分重大的战略意义。

林业特色资源产业的发展和综合利用是一项迫切需要全面推广实施的系统工程，其涉及面宽、量多、影响大，带有全局性、可复制性和可推广性。2019年初，笔者主持了中国工程院农业学部重点咨询研究项目《林业特色资源加工利用产业发展战略研究》（编号：2019-XZ-26）的研究工作。本项目研究涉及的林业特色资源主要指不以提供木材、森林动物、水果为主体的其他林业资源，项目设立了“高效利用绿色发展模式及重大政策措施与建议”“林木枝叶加工利用产业发展战略研究”“林果类产品加工利用产业发展战略研究”“林木分泌物（松香、生漆等）加工利用产业发展战略研究”和“林业特色资源现状及发展前景”等5个课题。以资源为基础、市场为导向、科技创新为支撑、产业为核心，精准扶贫为目标，通过实地调研、统计数据、比较分析等研究方法相结合，在深入调研国内外林业特色资源高效利用发展现状、发展趋势的基础上，联合全国典型林业特色资源丰富的地方林业科学院，发挥地方林业科学院在信息收集和资源利用上的优势，针对性地对国内林业特色资源从资源产区、加工企业、国内外市场等各个层次的发展进行系统梳理。根据区域林业特色资源特点，探讨适宜的资源利用技术，形成具有地方特色的林业资源利用模式，为增加农民收入提供可示范推广的技术形式，并提出了政策建议，为我国林业特色资源高效利用决策提供了战略依据。

项目自2019年4月启动以来，在中国工程院的大力支持和项目组全体成员的共同努力下，取得了丰硕的研究成果，通过研究形成《林业特色资源加工利用产业发展战略研究报告》，明确了林业特色资源内涵，厘清了资源现状、分布和发展潜力，提出了智能化林机设备、木本粮油、木本饲料、木本调料、木本药材、林源日化、林源肥料、木本基料、生物基材料、生物质能源等十大特色产业发展方向，明确了原料林建设、核心技术产品开发、产业化示范、产业创新体系建设、产业集群发展等重点任务，为新阶段国家林业特色资源培育与加工利用战略决策提供了重要的科学依据；调研分析了林业特色资源的蕴藏量等基础数据，剖析了典型企业的规模化产业利用案例，研究形成了红豆杉、樟树、桑树、构树、银杏、八角、花椒、肉桂、油茶、杜仲、五倍子、枸杞、沙棘、红松、核桃、松脂、生漆、生物炭等21项系列分研究报告，形成了《关于发展林源蛋白饲料产业保障国家粮食安全的建议》院士建议一份呈报国务院，《关于加快林业特色资源加工利用产业创新体系发展的建议》院士建议一份呈报国家林业和草原局，发表科技论文10篇。

通过国内外资源与加工产业现状对比，可以发现我国林业特色资源加工产业发展面临着良种应用缺乏、集储机械化水平差、资源高效利用率低、高端高值产品少等问题，但林业特色资源加工产业在边远地区兴农富民，以及乡村振兴、绿色发展、健康中国等国家战略实施中发挥着不可替代的重大作用。为加快我国从林业资源大国向绿色制造强国转变，应以提升林业特色资源产业创新能力、绿色林产品供给能力为目标，坚持“立林为民、市场导向、创新驱动、重点引领、跨界融合”的原则，形成“资源培育基地化、生产装备智能化、加工产品高值化、品牌企业规模化”的发展思路。应以筑牢产业战略资源基础、破解产业发展“卡脖子”和“瓶颈”问题、创制战略性重大产品为主要核心任务，通过采取建设特色产业科技平台，打造创新战略力量。应持续加强标准化原料林基地建设，提高优质资源供给能力；加快核心技术创新，支撑产业结构调整升级，加强示范引领，打造“一品一县”区域特色品牌，推进特色产业区域创新与融合集群式发展；推动特色产业领军人才和乡土专家培养，以及科技培训等。通过一系列举措，到2025年，创制一批引领产业发展的战略性重大产品，培育一批林业特色资源产业品牌，弥补产业发展短板，重塑“资源—深加工—市场”一体化的国际、国内双循环产业链，实现加工产业发展模式由资源主导型向市场创新型、经营方式由粗放型向集约型、产业升级由分散扩张向品牌引领转变；到2035年，形成高效、协作、开放的林业特色资源产业科技创新体系，产业核心竞争力达到发达国家水平，掌握竞争主动权；满足人民日益增长的美好生活对天然、绿色、可再生特色林产品的需求，支撑乡村振兴取得决定性进展，基本建成世界林业特色资源产业科技强国。

本项目的完成得到了国家林业和草原局、南京林业大学、东北林业大学、湖南省林业科学院、国家林业和草原局调查规划设计院、中国林业科学研究院林业科技信息研究所、四川省林业科学研究院、重庆海田林业科技有限公司、广西壮族自治区林业科学研究院、西北农林科技大学、国家林业和草原局泡桐研究开发中心、国家林业和草原局经济发展研究中心、北京林业大学、云南省科学技术厅农村科技服务中心、吉林省林业科学研究院等单位的大力支持，在此表示感谢！

中国工程院院士

中国林业科学研究院林产化学工业研究所

2021年10月18日

# 目 录

中国工程院咨询研究重点项目

# 林业特色资源加工产业发展战略研究

撰 写 人：张　超
　　　　　吴水荣

时　　间：2021年6月

所在单位：中国林业科学研究院林业科技信息研究所

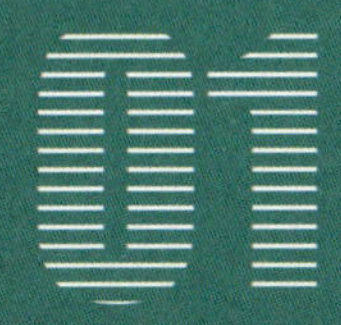

# 摘要


林业特色资源一词相关的概念很多，如非木质林产品、非木材林产品、林副产品、多种利用林产品、林副特品、林下经济等。本研究涉及的林业特色资源是指林木生长除了提供生态功能和木材产品为主要目标以外的资源，主要是非木质林产品资源，按照资源类型可分为木本油料、木本粮食、木本饲料、木本调料、木本药材和其他工业木本原料资源等。因其生态性、绿色性、资产性、多样性和集约性等特点，林业特色资源在促进当地社区经济发展、改善生态环境、保障农产品质量安全、提升制造业质量水平、推动大健康产业发展等方面发挥着重要的作用，具有良好的社会、经济和生态效益。据联合国粮食及农业组织（FAO）统计，非木质林产品在贸易中发挥着重要作用，全球非木质林产品的国际贸易价值2013年已达到110亿美元。然而，全球大多数非木质林产品尚未进入商业市场，在欧洲进入市场销售的非木质林产品总价值估计为每年35亿欧元，约占采集非木质林产品总经济价值的15.2%。我国林业特色资源丰富，2018年全国林业特色资源总产量18.08亿t，林业特色资源种植与采集总产值达1.45万亿元。

通过国内外资源与加工产业和技术现状对比，可以发现我国林业特色资源单位产量仍与国外差距较大，如全国板栗平均单产为375kg/hm$^2$，仅为美国、伊朗的1/8。每年每公顷林业特色资源产品的采集价值仅为50美元，不足捷克的1/2、韩国的1/3。多数资源经营与加工均为粗放、分散的生产方式，尚未建立精准的标准化技术体系，加工利用产业提质增效的技术水平还相对落后，缺乏高影响力的重大原创性成果，国际竞争优势相对较弱。技术水平存在上游基础研究薄弱、中游的关键技术落后和成果转化效率低下、下游的产业发展滞后等问题，造成产业化进程十分缓慢，没有形成优质、高产、高效的现代化生产格局。这些问题已成为林业特色资源利用产业升级和高质量发展的瓶颈。

为加快我国从林业资源大国向绿色制造强国转变，应以提升林业特色资源产业创新能力、绿色林产品供给能力为目标，坚持“因地制宜、变革引领、跨界融合、绿色发展”的原则，按照产业链布局创新链的思路，形成“资源培育基地化、初级产品安全化、生产装备智能化、加工产品高值化、品牌企业规模化”发展思路。从资源基地建设、核心技术创新、产业化示范、创新平台打造、产业集群融合发展、特色产业人才战略等六方面部署重点任务，保障优质高产特色资源的有效供给，解决特色资源有效成分调控与高效利用的基础理论问题，突破制约特色资源集储高效增值转化的重大技术瓶颈，破解产业发展“卡脖子”和“瓶颈”问题，创制战略性重大产品，融合已有技术成果，按照特色资源种类、区域特色进行产业集群示范，从近期、中期和远期三个阶段逐步实现战略发展目标。

为此，本研究提出如下建议：加强总体规划布局，推进一、二、三产业融合发展；创新特色资源高效利用，培育战略性新兴产业；加快全产业链智能装备研发，提高劳动生产率；创新林业科技工程组织实施模式，设立专项资金开展长期稳定支持；完善多元投入机制，加大金融财政扶持力度。

# 1 现有资源现状

## 1.1 国内外资源历史起源

林业特色资源一词相关的概念很多，如非木质林产品（non-wood forest products）、非木材林产品（non-timber forest products）、林副产品（minor forest products）、多种利用林产品（multi-use forest products）、林副特品（special forest products）等。1954年，第四届世界林业大会提出把“林副产品”一词改为“非木材林产品”，相继得到很多国家的响应；但采用“非木材林产品”还是“非木质林产品”，各国看法不一。1991年联合国粮食及农业组织（FAO）在泰国曼谷召开的“非木质林产品专家磋商会”上将非木质林产品定义为在森林中或任何类似用途的土地上生产的所有可以更新的产品，即除木材以外所有生物产品（木材、薪材、木炭、石料、水及旅游资源不包括在内），并将非木质林产品分为6类，即纤维产品、可食用产品、药用植物产品及化妆品、植物中的提取物、非食用动物、其他产品。不久后，FAO正式将非木质林产品定义为“从森林及其生物量获得的各种供商业、工业和家庭自用的产品”。盛炜彤（2011）认为我国农林复合经营产品和林下经济产品均可涵盖在这个定义范围内。结合这个定义，FAO根据非木质林产品的最终消费方式将其划为两大类，即适合于家庭自用的产品种类和适于进入市场的产品种类，前者是指森林食品、医疗保健产品、香水化妆品、野生动物蛋白质和木本食用油；后者是指竹藤编织制品、食用菌产品、昆虫产品（蚕丝、蜂蜜、紫胶等）、森林天然香料（树汁、树脂、树胶、糖汁和其他提取物）。在亚太地区许多国家把非木质林产品划分为木本粮食、木本油料、森林饮料、食用菌、森林药材、香料、饲料、竹藤制品、野味和森林旅游（关百钧，1999）。结合我国对非木质林产品的开发利用实际情况，冯彩云（2001）将非木质林产品分成植物类产品如野果、药材、编织物及植物提取物等，动物类产品如野生动物蛋白质、昆虫产品（如蜂蜜、紫胶等），服务类产业如森林旅游等三大类。李超等（2011）将非木质林产品分为菌类、动物及动物制品类、植物及植物产品类、生态景观和生态服务类4个一级类，并在此基础上对类型较为复杂和运用极其广泛的植物及植物产品类进一步划分为干果、水果、山野菜、茶和咖啡、林化产品、木本油料、苗木花卉、竹及竹制品、药用植物（含香料）、珍稀濒危植物、非木质的纤维材料和竹藤、软木及其他纤维材料等12个二级类。在借鉴上述分类的基础上，赵静（2014）提出将非木质林产品分为动物及动物产品类、植物及植物产品类、生态旅游及生态服务类3大类，同时也将重点关注的植物及植物产品类细分为12类，即水果、干果、木本油料、药用植物、茶咖啡类、食用菌类、山野菜、苗木花卉、林产化学产品、竹及竹类产品、非木质纤维材料、竹藤软木及其他纤维材料。

近年来，国家非常重视非木质林产品的发展。2008年，国家林业局（现为国家林业和草原局，后同）和国家统计局在《林业及相关产业分类（试行）》（林计发〔2008〕21号）中将“非木质林产品的培育与采集”和“以其他非木质林产品为原料的产品加工制造”列为专门的产业名称类别，以推动非木质林产品的发展。根据《中国森林认证　非木质林产品经营（LY/T 2273—2014）》（国家林业局，2014），非木质林产品是在森林或任何类似用途的土地上，以森林环境为依托，遵循可持续经营原则，所获得的除木材以外的林下经济资源产品。

本研究中的林业特色资源是指林木生长除了提供生态功能和木材产品为主要目标以外的资源，主要是非木质林产品资源，如树木的果实、种子、树皮、树叶、树液、树枝等，是制备香料、医药、日化、食品、饲料、农药、材料等领域必需的原料。本研究中重点对红豆杉、樟树、桑树、构树、银杏、八角、花椒、肉桂、油茶、杜仲、五倍子、枸杞、沙棘、红松、松脂、生漆、木炭、林业资源热解气化

（气炭）、坚果、板栗等20种重要的林业特色资源的现状与特点、产业发展趋势与问题、未来产业发展需求与重点任务等方面进行了专题研究。

## 1.2 重要性

林业特色资源在促进当地社区经济发展、改善生态环境、保障农产品质量安全、提升制造业质量水平、推动大健康产业发展等方面发挥着重要的作用，具有良好的社会效益、经济效益和生态效益。

### 1.2.1 促进当地社区经济发展，助力精准扶贫和乡村振兴

林业特色资源产业是我国边远不发达地区发展经济的支柱产业和农民收入的重要来源，对农村经济、群众生活和就业具有重要意义。我国是个典型山地国家，山地面积约占国土面积的70%，山区居住人口5.8亿，约占全国人口的45%；国家贫困县的84%分布在山区，4000多万贫困人口也主要集中在深山区、石山区、高寒山区，偏远山区是实现乡村振兴的重点和难点。丰富的林业特色资源为区域经济发展提供了基础保障，如广西境内的肉桂资源，其种植面积约为230万亩（1亩＝1/15公顷，后同），桂皮年产量约3万t，肉桂油年产量约800t；广西、云南境内的八角资源，广西八角种植面积550万亩，2018年，广西、云南八角年产量约为16.35万t和4.69万t；四川宜宾市油樟基地林总面积达70万亩，其中，叙州区油樟基地林40万亩，油樟精油年产量近1万t，是全国最大的油樟种植基地，素有“全国最大天然油樟植物园”的美誉。山区是林业特色资源极其丰富的集中区，具有将绿水青山转变成金山银山的资源禀赋。如果把山区林区林业特色资源利用和精准扶贫结合，提高产品附加值，可带动种植、加工、包装、运输、销售行业快速发展，增加就业，为乡村振兴助力。

### 1.2.2 改善生态环境，增强生物多样性保护

林业特色资源的关键之点就在于“特”，错综复杂的地形地貌和复杂多样的气候环境，为不同类型的植物提供了不同的生长环境。例如，银杏是我国重要的传统经济林和绿化树种，占全世界银杏资源的85%，具有“活化石”的美称，对改善周围生态环境和保护生物多样性具有重要作用；杜仲也是我国十分重要的国家战略资源树种，民间称为“中国神树”，科学研究者称为“活化石植物”，既是世界上极具发展潜力的优质天然橡胶资源，又是我国特有的名贵药材和木本油料树种，也是维护生态安全、增加碳汇、国家储备林建设、实现绿色养殖、保护生物多样性的重要树种。不仅可用于流域治理、水土保持、荒山和通道绿化，也可在城乡街道，森林（湿地、园林）公园，乡村路旁、沟旁、渠旁和宅旁“四旁”种植，对保持土壤肥力、改善生态环境、调节气候发挥了重要作用。尊重自然规律，应用现代高新技术，因地制宜地开发和保护地方特色种质资源，有序推进林业特色资源发展，有利于更好地改善生态环境，维护生物多样性，实现可持续发展。

### 1.2.3 助推“无抗养殖”，保障农产品质量安全

林业特色资源的根、茎、叶、果很多都具有天然活性成分，具有增强禽畜免疫力、抗菌消炎、改善肉质和提升禽畜整体健康水平等多种功能，同时还含有粗蛋白、粗脂肪、维生素、氨基酸等营养物质，是十分理想的功能饲料。例如，用杜仲功能饲料喂养猪、牛、羊、鸡、鸭、鹅、鱼等，可以满足其生长发育所需的大部分营养需求，并且显著提高肉（蛋）品质，禽畜体内的胶原蛋白含量提高50%以上，中性脂肪减少20%以上，鸡蛋胆固醇含量降低10%～20%，同时显著提高了禽畜免疫力，大大减少了疾病发生和抗生素的使用，保障了农产品质量安全。

### 1.2.4 发展新功能材料，提升制造业质量水平

鉴于功能材料的重要地位，世界各国均十分重视功能材料技术的研究，强调功能材料对发展本国国民经济、保卫国家安全、增进人民健康和提高人民生活质量等方面的突出作用，并在其最新科技发展计划中

把功能材料技术列为关键技术之一，加以重点支持。例如，杜仲橡胶具有独特的“橡胶（塑料）二重性”，开发出的新功能材料具有热塑性、热弹性和橡胶弹性等特性，广泛应用于国防、军工、航空航天、高铁、汽车、通信、电力、医疗、建筑、运动竞技等领域。杜仲橡胶资源的战略价值已引起国际社会的高度关注。

### 1.2.5 推动大健康产业发展，提升国民身体素质与社会福祉

林业特色资源的叶、花、果等都具有很高的营养利用价值和神奇的医药、保健功能。例如，红豆杉因其分离物紫杉醇具有良好抗肿瘤活性，被世界上公认为濒临灭绝的天然珍稀抗癌植物。油樟油具有抗细菌真菌、抗氧化、抗癌、镇痛抗炎和杀虫等功能，广泛用于日化、香料、医药、食品等行业。杜仲富含桃叶珊瑚苷、总黄酮、绿原酸、京尼平苷酸、氨基酸等活性成分，在降血脂、调节血压、预防心梗和脑梗、护肝护肾、抗菌消炎、增强智力、防辐射和突变、抑制癌细胞发生和转移等方面均有显著功效，且无毒副作用。杜仲籽油和杜仲雄花均已被列入《国家新食品原料（新资源食品）目录》，杜仲叶被中华人民共和国国家卫生健康委员会列入《食药物质（药食同源）目录》。目前，已公布的27个保健食品功能中，杜仲具有其一半以上功能，与冬虫夏草、人参等珍贵中药材相比，在保健功能、性价比、利用率、性味接受度等方面均具有显著优势，是开发现代中药、保健品、功能食品和饮品的优质原材料。开发利用林业特色资源的中药及保健品等，能推动我国大健康产业可持续发展，改善国民身体素质、提升生活质量和社会福祉。

## 1.3 分布和总量

### 1.3.1 世界森林资源与非木质林产品状况

森林是陆地生态系统的主体，是人类社会赖以生存和发展的资源和环境，能支持生计，提供洁净的空气和水，保护生物多样性并应对气候变化。除提供木材外，森林为超过10亿人提供食物、药物和能源等。根据FAO《2020年全球森林资源评估报告》，2020年全球森林面积共计40.6亿$hm^2$，人均森林面积0.52$hm^2$，森林覆盖率31.1%，森林蓄积量5570亿$m^3$。从表1-1可以看出，1990—2020年，全球森林面积在不断减少，但减速趋缓。

表1-1 1990—2020年全球森林面积变化

| 年份 | 森林面积（百万$hm^2$） | 森林蓄积量（亿$m^3$） | 年净森林变化量 | | |
|---|---|---|---|---|---|
| | | | 时期（年） | 面积（百万$hm^2$） | 蓄积量（亿$m^3$） |
| 1990 | 4236 | 5600 | — | — | — |
| 2000 | 4158 | 5560 | 1990—2000 | -7.8 | -4.0 |
| 2010 | 4106 | 5550 | 2000—2010 | -5.2 | -1.0 |
| 2020 | 4059 | 5570 | 2010—2020 | -4.7 | 2.0 |

数据来源：1. FAO，https://khjio34wwd43hteucghirtel.herokuapp.com/WO/；
2.《2020年全球森林资源评估报告》（http://www.fao.org/forest-resources-assessment/2020/en/）。

《2015年全球森林资源评估报告》（联合国粮农组织，2016）指出，非木质林产品是一项重要资源，为许多乡村居民提供生计，并为与这些产品相关的产业创造收入。尽管有其重要性，但很难获得可靠和一致的关于非木质林产品的数据，这主要是由于全球大多数非木质林产品尚未进入商业市场，而在非商业性价值上的数据通常是不可靠或是不存在的。据FAO统计，非木质林产品在贸易中发挥着重要作用，全球非木质林产品的国际贸易价值2013年就已达到110亿美元。

在FAO层面，目前只有74个国家报告了非木质林产品的采集数据，而其中的大部分数据或为片面，或为不完全。不过，一些国家提供了详细的信息。根据2020年全球森林资源评估结果，非木质林产品价值较高的几个国家有德国96.14万欧元、葡萄牙54.22万欧元、西班牙36.14万欧元、日本2724.61万日

元（约21.85万欧元）、奥地利12.64万欧元、印度1008.57万卢比（约11.42万欧元）。从一些国家所报告的每公顷非木质林产品的采集价值来看，也相当可观（表1–2）。

**表1–2　每公顷非木质林产品的采集价值最高的前十名国家**

| 国家 | NWFP 采集值（美元/hm²/年） | 国家 | NWFP 采集值（美元/hm²/年） |
|---|---|---|---|
| 韩国 | 169 | 拉脱维亚 | 44 |
| 葡萄牙 | 124 | 奥地利 | 43 |
| 捷克共和国 | 101 | 波兰 | 42 |
| 突尼斯 | 98 | 印度 | 35 |
| 中国 | 50 | 西班牙 | 34 |

《2018年世界森林状况——通向可持续发展的森林之路》（联合国粮农组织，2018）中指出，非木质林产品（NWFP）为世界上1/5的人口提供了食物、收入和多元化营养，尤其是妇女、儿童、无地农民和其他弱势群体。同时，在一些国家和地区，NWFP收入是家庭重要的收入来源（图1–1）。

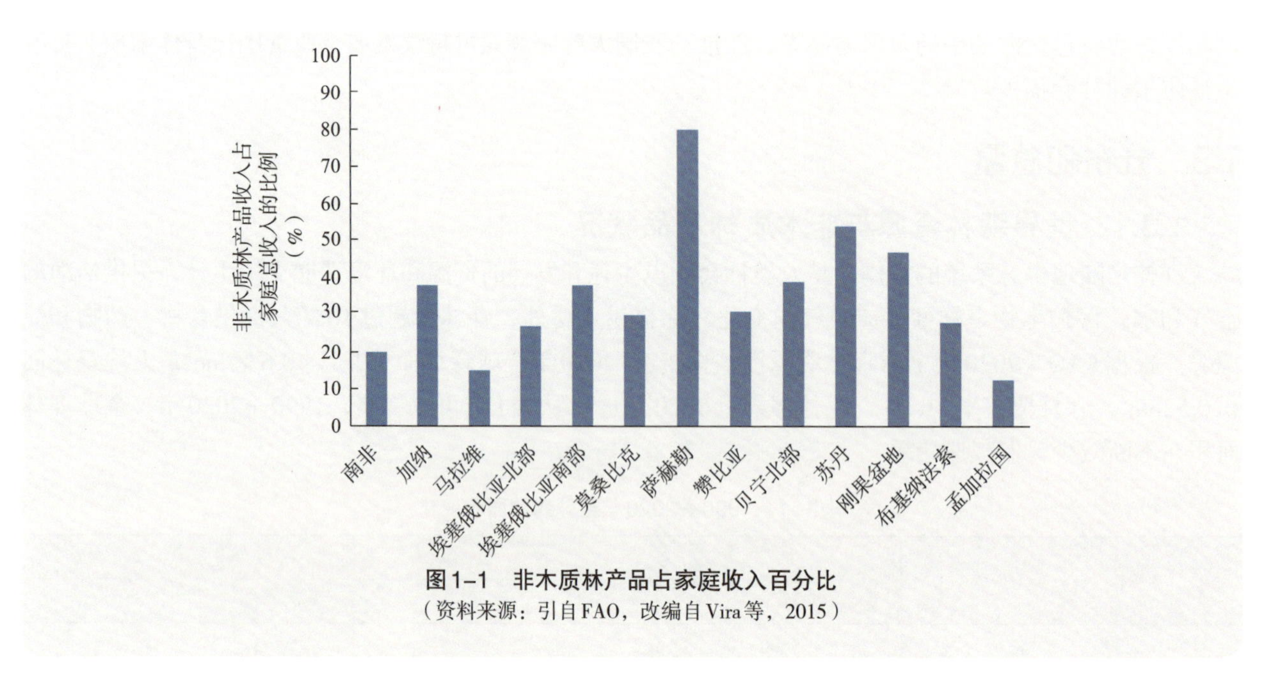


**图1–1　非木质林产品占家庭收入百分比**

（资料来源：引自FAO，改编自Vira等，2015）

在欧洲，非木质林产品总采集量中86.1%用于自用，其余的进入市场销售。其中，松露市场销售份额占比最高（28.9%），其次是森林坚果（20.0%）、树液和树脂（15.4%）、野生浆果（13.8%）、蘑菇（11.7%）和野生药材（7.9%）。另外，在欧洲进入市场销售的非木质林产品总价值估计为每年35亿欧元，占采集非木质林产品总经济价值的15.2%。其中，销售价值最高的是块菌（12亿欧元/年），其次是森林坚果（7.75亿欧元/年）、野生浆果（6.85亿欧元/年）、野生蘑菇（5.18亿欧元/年）、其他产品（2.32亿欧元/年）、野生药用和芳香草本植物（8200万欧元/年）和SAP和树脂（4200万欧元/年）（Lovrića et al., 2020）。

### 1.3.2　我国林业特色资源概况

我国林业特色资源丰富，据不完全统计，有高等植物3万多种，其中，木本植物达到8000多种，药用植物有3000多种，常见的有1000多种，农药植物86科；芳香植物480多种；淀粉和糖类植物90种；油料植物151种；鞣料植物214种；树脂植物36种；树胶植物38种；保健及食品植物93种；木本干果植物400多种，木本浆果植物10种（表1–3）。

表1-3 我国主要的林业特色资源品种、面积和蓄积

| 品种 | 面积（万hm²） | 蓄积（万m³） | 品种 | 面积（万hm²） | 蓄积（万m³） |
|---|---|---|---|---|---|
| 银杏 | 710 | 7981 | 五味子 | 207.85 | — |
| 杜仲 | 458 | 9076 | 刺五加 | — | — |
| 红豆杉 | 136 | 100368 | 元宝枫 | — | — |
| 花椒 | 3982 | — | 核桃 | 16514 | 105597 |
| 油茶 | 21910 | — | 山苍子 | 144 | — |
| 油桐 | 1942 | 19185 | 马尾松 | 80430 | 6260628 |
| 湿地松 | 3063 | 108898 | 云南松 | 42574 | 5010092 |
| 思茅松 | 5663 | 607293 | 漆树 | 677 | 19949 |
| 橡胶 | 11851 | 875084 | | | |

2018年全国林业特色资源总产量18.08亿t，林业特色资源的种植与采集总产值达1.45万亿元（图1-2、图1-3）。

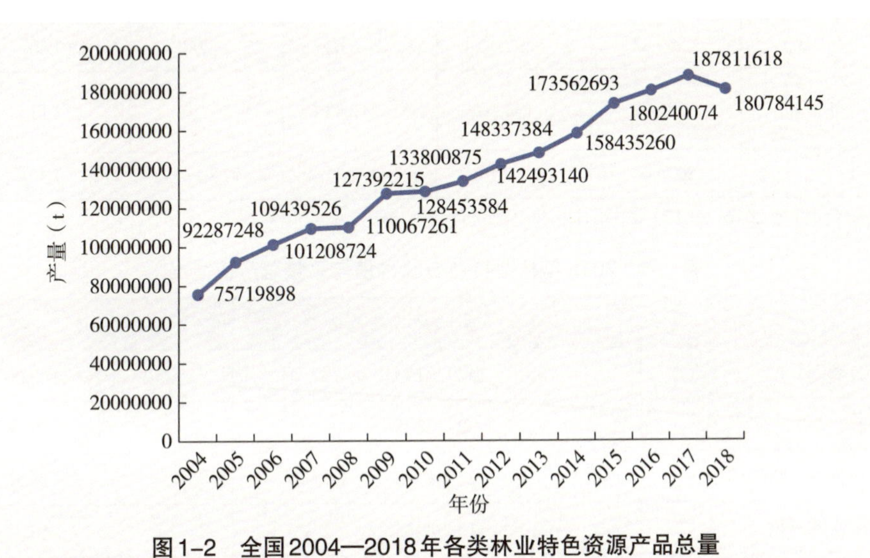

图1-2 全国2004—2018年各类林业特色资源产品总量

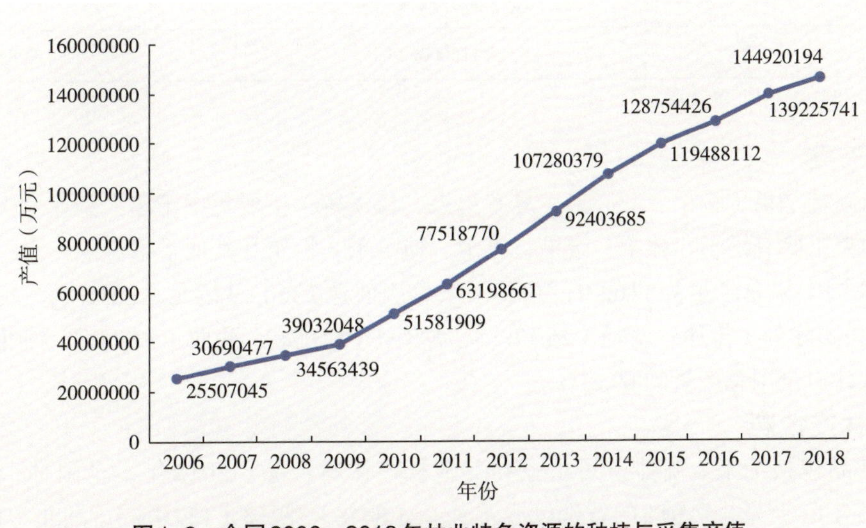

图1-3 全国2006—2018年林业特色资源的种植与采集产值
（数据来源：《中国林业统计年鉴2006—2017》《中国林业和草原统计年鉴2018》）

按照国家林业和草原局现行统计范围规定，经济林产品包括木本油料、水果、干果、林产饮料、林产调料、木本药材、森林食品和林产工业原料8个部分。由于数据资料的可得性，本研究对林业特色资源产品的分析主要是基于现行统计中各类经济林产品的产量与产值（表1–4、表1–5）。

表1–4 2015—2018年全国林业特色资源产品产量及比较

| 指标 | 2015年产量（万t） | 2016年产量（万t） | 2017年产量（万t） | 2018年产量（万t） | 2017—2018年增速（%） | 2016—2018年增速（%） | 2015—2018年增速（%） |
|---|---|---|---|---|---|---|---|
| （1）水果 | 14612.43 | 15208.73 | 15737.86 | 14914.53 | –5.23 | –1.93 | 2.07 |
| （2）干果 | 1043.52 | 1091.69 | 1116.04 | 1162.91 | 4.20 | 6.52 | 11.44 |
| （3）林产饮料产品 | 216.14 | 228.21 | 253.94 | 246.85 | –2.79 | 8.17 | 14.21 |
| （4）林产调料产品 | 67.17 | 73.87 | 77.52 | 83.07 | 7.16 | 12.45 | 23.67 |
| （5）森林食品 | 423.59 | 354.24 | 384.10 | 382.69 | –0.37 | 8.03 | –9.66 |
| （6）森林药材 | 245.29 | 279.82 | 319.60 | 363.92 | 13.87 | 30.06 | 48.36 |
| （7）木本油料 | 560.03 | 599.85 | 697.40 | 676.62 | –2.98 | 12.80 | 20.82 |
| （8）林产工业原料 | 188.11 | 187.59 | 194.70 | 247.83 | 27.29 | 32.11 | 31.75 |
| 合计 | 17356.28 | 18024.00 | 18781.16 | 18078.42 | –3.74 | 0.30 | 4.16 |

数据来源：《中国林业统计年鉴2016—2017》《中国林业和草原统计年鉴2018》。

表1–5 2018年林业特色资源种植与采集总产值情况

| 指标 | 总产值（万元） | 占比（%） |
|---|---|---|
| 经济林产品的种植与采集 | 144920194 | 100.00 |
| （1）水果种植 | 72713805 | 50.18 |
| （2）坚果、含油果和香料作物种植 | 22609905 | 15.60 |
| （3）茶及其他饮料作物的种植 | 14898935 | 10.28 |
| （4）森林药材种植 | 10665654 | 7.36 |
| （5）森林食品种植 | 12471843 | 8.61 |
| （6）林产品采集 | 11560052 | 7.98 |

数据来源：《中国林业和草原统计年鉴2018》。

#### 1.3.2.1 干果

目前，全球高端坚果（腰果、开心果、夏威夷果、榛子等）主要集中于澳大利亚、美国、非洲与中东。我国干果种类主要有松子、榛子、腰果、枣干、柿子干、板栗及其他干果。

2018年，我国干果总产量为1162.91万t、干果总产值达2260.99亿元。2018年，我国干果产量前5的省份（新疆兵团除外）排序：新疆（26.13%）、海南（19.10%）、陕西（9.82%）、河北（7.12%）、山西（7.04%），合计占全国总产量的69.21%。

#### 1.3.2.2 林产饮料

林产饮料产品包括毛茶、咖啡、可可豆和其他林产饮料产品。2018年，全国林产饮料总产量为246.85万t（图1–4），产量排名前5的省份包括云南（21.84%）、福建（13.04%）、湖北（12.67%）、贵州（10.82%）和浙江（7.02%），合计占比65.39%（图1–4和图1–5）。

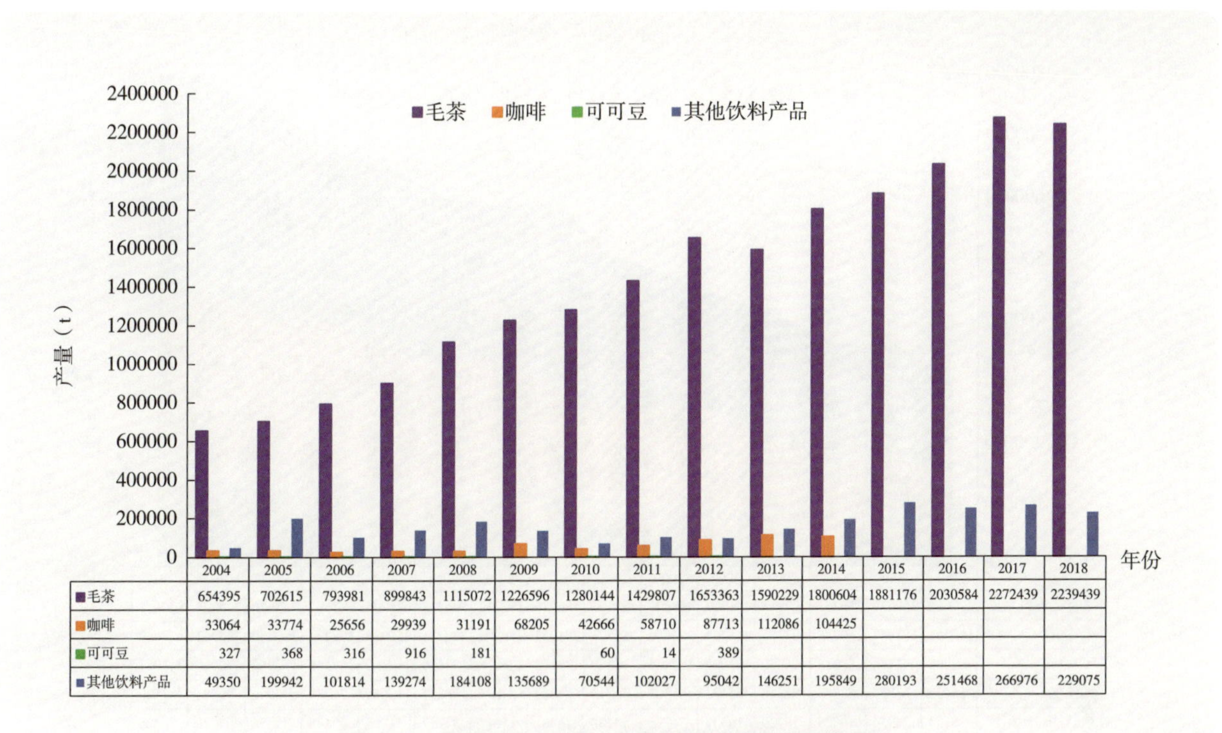


| | 2004 | 2005 | 2006 | 2007 | 2008 | 2009 | 2010 | 2011 | 2012 | 2013 | 2014 | 2015 | 2016 | 2017 | 2018 |
|---|---|---|---|---|---|---|---|---|---|---|---|---|---|---|---|
| 毛茶 | 654395 | 702615 | 793981 | 899843 | 1115072 | 1226596 | 1280144 | 1429807 | 1653363 | 1590229 | 1800604 | 1881176 | 2030584 | 2272439 | 2239439 |
| 咖啡 | 33064 | 33774 | 25656 | 29939 | 31191 | 68205 | 42666 | 58710 | 87713 | 112086 | 104425 | | | | |
| 可可豆 | 327 | 368 | 316 | 916 | 181 | | 60 | 14 | 389 | | | | | | |
| 其他饮料产品 | 49350 | 199942 | 101814 | 139274 | 184108 | 135689 | 70544 | 102027 | 95042 | 146251 | 195849 | 280193 | 251468 | 266976 | 229075 |

**图1-4 全国2004—2018年各类林产饮料产品产量**

（数据来源：《中国林业统计年鉴2004—2017》《中国林业和草原统计年鉴2018》）

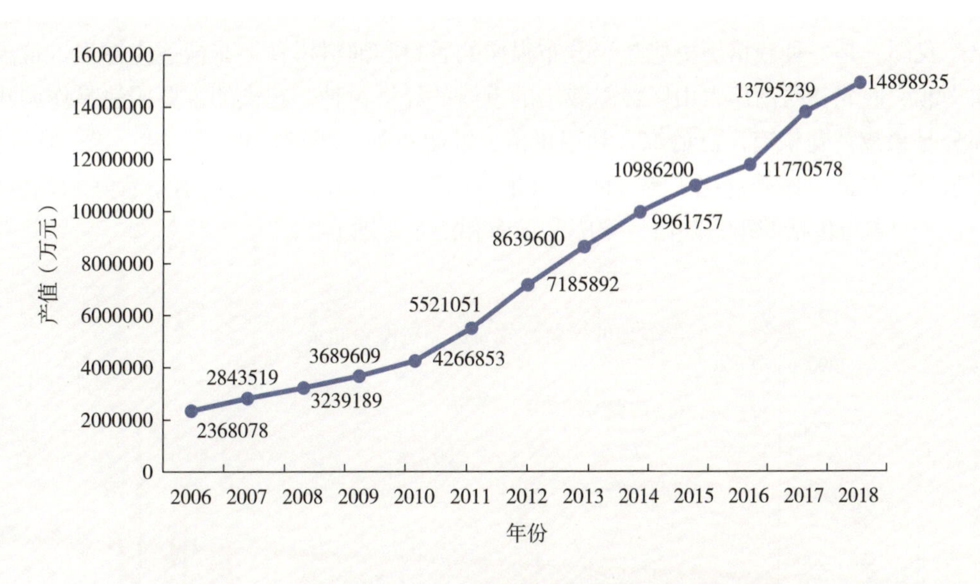


**图1-5 全国2006—2018年茶及其他饮料作物的种植产值**

（数据来源：《中国林业统计年鉴2004—2017》《中国林业和草原统计年鉴2018》）

### 1.3.2.3 林产香料

林产香料产品包括花椒、八角、桂皮和其他林产香料。2018年，全国林产香料总产量830671t，其中，花椒产量449669t；八角产量217057t；桂皮产量87620t；其他林产香料产量76325t（图1-6）。2018年，我国林产调料产量排在前5的省份分别为广西、云南、四川、陕西和重庆，合计占全国林产香料总量的72.82%，各省占总产量的比例分别为23.23%、18.98%、12.58%、9.35%和8.68%。

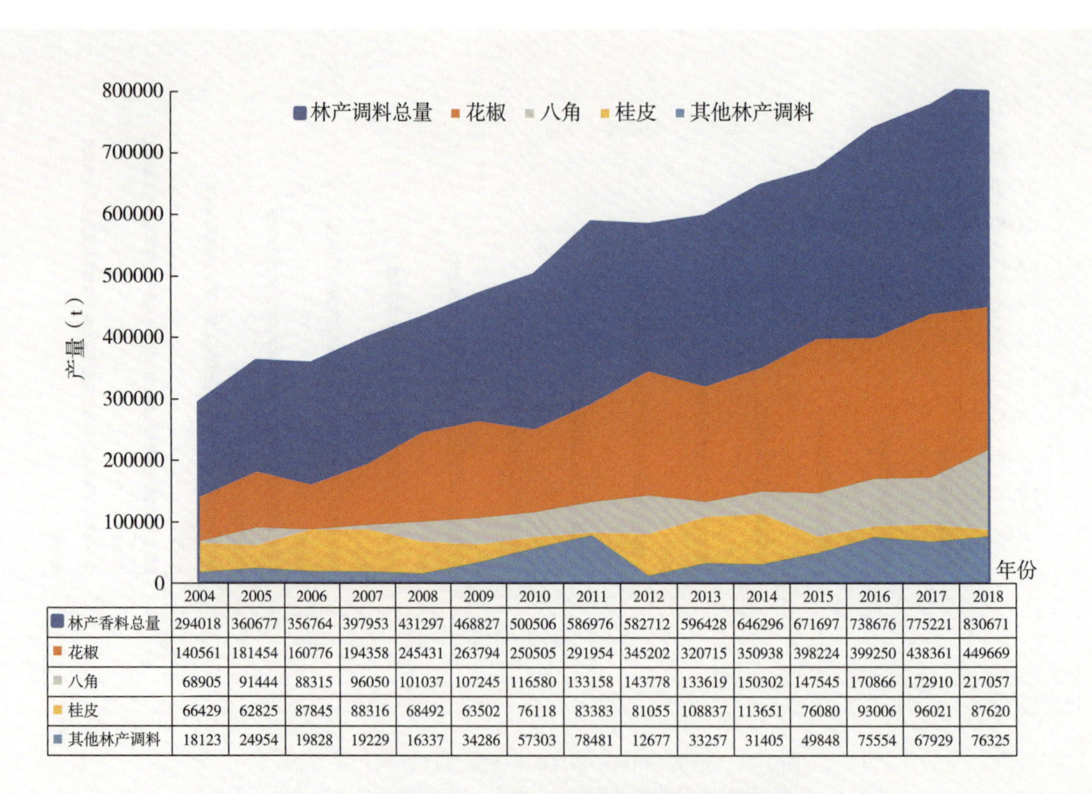


| | 2004 | 2005 | 2006 | 2007 | 2008 | 2009 | 2010 | 2011 | 2012 | 2013 | 2014 | 2015 | 2016 | 2017 | 2018 |
|---|---|---|---|---|---|---|---|---|---|---|---|---|---|---|---|
| 林产香料总量 | 294018 | 360677 | 356764 | 397953 | 431297 | 468827 | 500506 | 586976 | 582712 | 596428 | 646296 | 671697 | 738676 | 775221 | 830671 |
| 花椒 | 140561 | 181454 | 160776 | 194358 | 245431 | 263794 | 250505 | 291954 | 345202 | 320715 | 350938 | 398224 | 399250 | 438361 | 449669 |
| 八角 | 68905 | 91444 | 88315 | 96050 | 101037 | 107245 | 116580 | 133158 | 143778 | 133619 | 150302 | 147545 | 170866 | 172910 | 217057 |
| 桂皮 | 66429 | 62825 | 87845 | 88316 | 68492 | 63502 | 76118 | 83383 | 81055 | 108837 | 113651 | 76080 | 93006 | 96021 | 87620 |
| 其他林产调料 | 18123 | 24954 | 19828 | 19229 | 16337 | 34286 | 57303 | 78481 | 12677 | 33257 | 31405 | 49848 | 75554 | 67929 | 76325 |

**图1-6　全国2004—2018年各类林产香料产品干重**

（数据来源：《中国林业统计年鉴2004—2017》《中国林业和草原统计年鉴2018》）

花椒原产我国，是一种栽培历史悠久、分布很广的香料和油料树种。花椒适应性强、抗干旱、耐瘠薄，是我国华北、西北、西南广大山区普遍栽培的重要的经济树种。花椒的主要用途是作调味品，主要经济利用部分是果皮。花椒有广泛的综合利用价值，除果皮外，果梗、种子、根、茎、叶等均可入药，广泛应用于烹调、食品、医药、化工等方面。因此，花椒资源综合开发利用前景看好。花椒分布较广，2018年产量前5的省份包括四川、陕西、重庆、云南和山东（图1-7）。

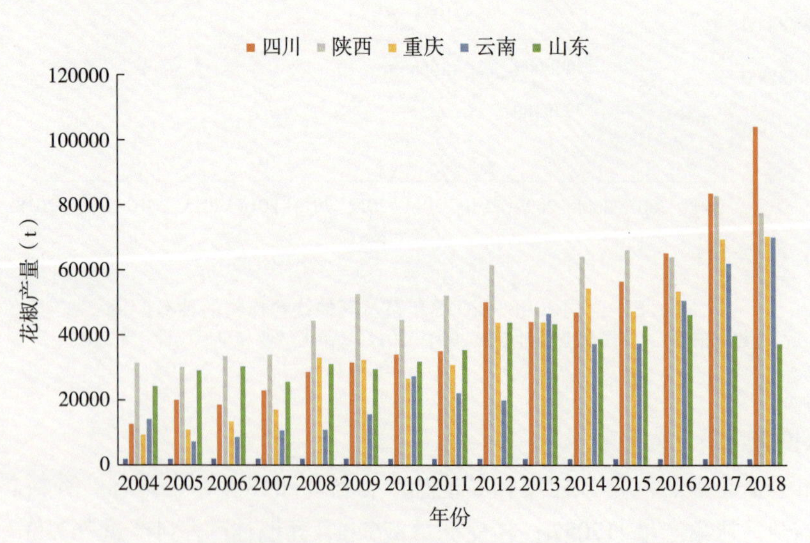


**图1-7　我国花椒主产地的产量趋势变化（2004—2018年）**

（数据来源：《中国林业统计年鉴2004—2017》《中国林业和草原统计年鉴2018》）

八角是我国南亚热带地区特有的珍贵经济树种。我国八角产量占世界总产量的90%，主要产于广西，其次是云南、广东（图1-8）。八角的主要产品有八角干果和茴香油。八角是深受群众喜爱的调味香料，可入药；茴香油是用八角的果皮、种子、叶提炼出的芳香油，是食品工业和日用化工品重要原料，除满足国内市场外，还是我国传统的出口产品。随着人们对天然香料的需求增加，人工合成香料用量日趋减少，对八角的需求会越来越大。法国和美国是茴香油的最大消费国。八角生产潜力大，发展前景十分广阔。从八角经济效益来看，叶用林3～5年投产，果用林种植嫁接苗3～5年投产，实生苗8～10年投产。

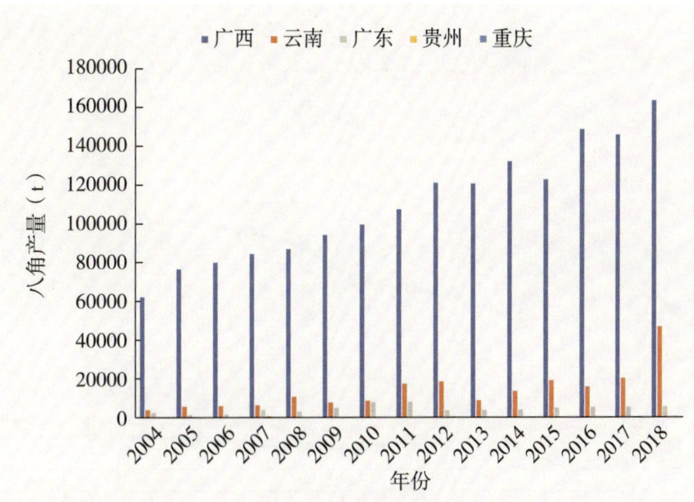


**图1-8 我国八角主产地的产量趋势变化（2004—2018年）**

（数据来源：《中国林业统计年鉴2004—2017》《中国林业和草原统计年鉴2018》）

肉桂，商品名中国肉桂、中国肉桂油、桂皮、桂枝。肉桂枝叶、树皮、花果均可入药或蒸馏桂油，为中药珍品，也是一种较好的香料和食品调味料，同时还是日化工业、医药工业的重要生产原料。肉桂主要分布于中国、越南、斯里兰卡、老挝、印度尼西亚、塞舌尔群岛等国家和地区。我国为肉桂主产区，现有野生资源不多，主要为人工栽培。全国肉桂的种植面积约33万$hm^2$，年产桂皮13万t，种植面积和年产量居世界第一位（林兴军等，2016）。2004—2018年，我国桂皮产量最大的省份是广东，其次是广西（图1-9）。

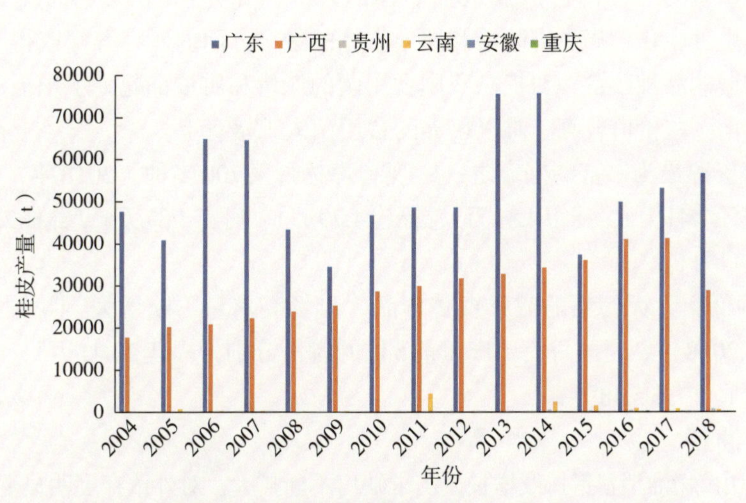


**图1-9 我国桂皮主产地的产量趋势变化（2004—2018年）**

（数据来源：《中国林业统计年鉴2004—2017》《中国林业和草原统计年鉴2018》）

### 1.3.2.4　森林食品

2018年，我国森林食品总干质量为3826928t，其中，食用菌产量达到2095646t、竹笋干产量805691t、山野菜产量360272t、其他森林食品产量为565319t（图1-10）。森林食品产量排前5位的省份包括福建（19.04%）、黑龙江（11.27%）、湖北（8.17%）、河南（7.65%）、浙江（6.41%）。此外，龙江集团森林食品产量达21.06万t，占全国的5.50%。

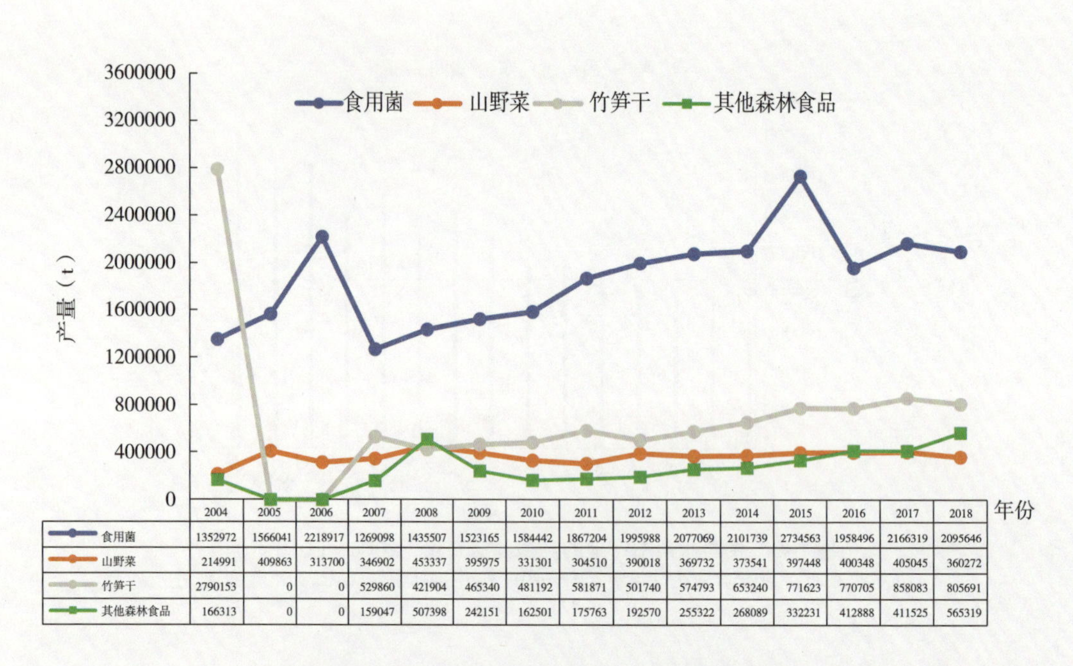


| | 2004 | 2005 | 2006 | 2007 | 2008 | 2009 | 2010 | 2011 | 2012 | 2013 | 2014 | 2015 | 2016 | 2017 | 2018 |
|---|---|---|---|---|---|---|---|---|---|---|---|---|---|---|---|
| 食用菌 | 1352972 | 1566041 | 2218917 | 1269098 | 1435507 | 1523165 | 1584442 | 1867204 | 1995988 | 2077069 | 2101739 | 2734563 | 1958496 | 2166319 | 2095646 |
| 山野菜 | 214991 | 409863 | 313700 | 346902 | 453337 | 395975 | 331301 | 304510 | 390018 | 369732 | 373541 | 397448 | 400348 | 405045 | 360272 |
| 竹笋干 | 2790153 | 0 | 0 | 529860 | 421904 | 465340 | 481192 | 581871 | 501740 | 574793 | 653240 | 771623 | 770705 | 858083 | 805691 |
| 其他森林食品 | 166313 | 0 | 0 | 159047 | 507398 | 242151 | 162501 | 175763 | 192570 | 255322 | 268089 | 332231 | 412888 | 411525 | 565319 |

**图1-10　全国2004—2018年各类森林食品产量**

（数据来源：《中国林业统计年鉴2004—2017》《中国林业和草原统计年鉴2018》。根据《中国林业统计年鉴》，2005年、2006年只能得到竹笋干和其他森林食品产量合计分别为2252587t、3299420t，所以图中未赋值，数据显示为0）

2018年，全国食用菌产量前5位的省份分别为福建45.35万t、黑龙江32.54万t、河南24.15万t、湖北19.37万t、安徽10.04万t。此外，龙江集团食用菌产量达13.94万t。我国大多数食用菌处于野生状态，有过栽培记载和试验的约有18科32属80种，国内大量栽培或小范围培养的约22种。我国在贸易用菌优良品种的选育、生理生化、病虫害防治和原生质体的融合方面的研究等都取得了很大进展。一些新技术的应用，如食用菌的品种改良，对提高我国食用菌的产量和质量都起到了积极的作用。目前，一些研究人员已将目标转向一些价值较高、难以培养的食用菌人工培育上。

我国是森林野菜资源最为丰富的国家之一，现有森林野菜700多种。2018年，全国山野菜产量前5位的省份分别为黑龙江7.41万t、辽宁4.81万t、福建4.79万t、河南3.87万t、吉林2.31万t。此外，龙江集团山野菜产量达6.44万t。

竹笋干作为一种低脂、无污染的健康森林食品，市场需求量不断增大，我国是世界竹笋主产国，也是主要的出口国。2018年，全国竹笋干产量前5位的省份分别为福建20.41万t、浙江19.74万t、四川7.29万t、湖南7.19万t、广东5.48万t。

### 1.3.2.5　木本油料

近年来，我国食用植物油消费量持续增长，需求缺口不断扩大，对外依存度明显上升。据统计，2018年我国进口食用植物油629万t，进口额47.28亿美元（图1-11），而我国出口食用植物油仅为9.47万t，出口额为3.07亿美元（图1-12），贸易逆差达44.21亿美元，我国食用植物油进出口差距大，对外依存度依然较高。2018年，全球共消费食用植物油2亿t，中国、欧盟和印度为消费前三大经济体。2018年，我国人均消费食用油9.6kg/年，其中食用植物油8.9kg/年，中国的食用植物油市场空间巨大。

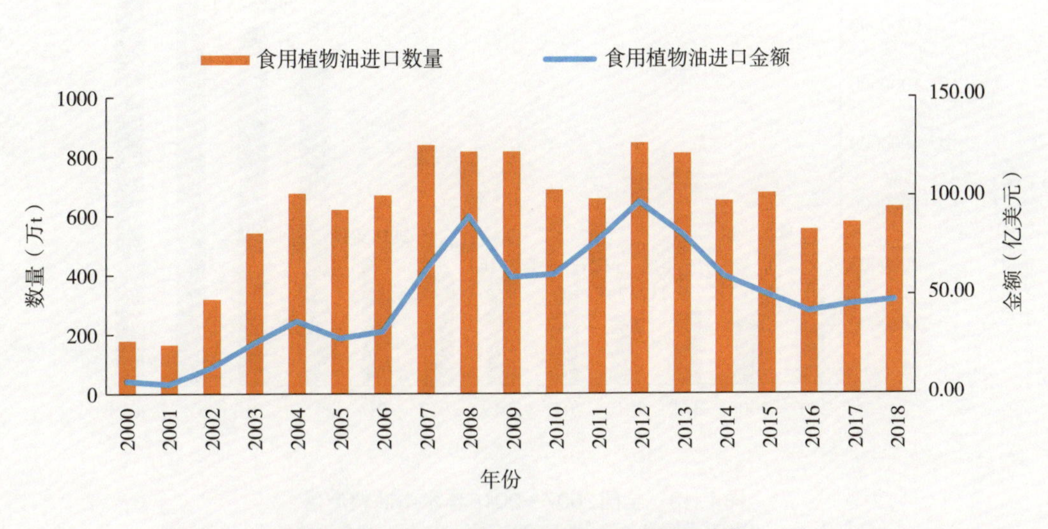


**图1-11　全国2000—2018年食用植物油进口数量及金额**
（数据来源：国家统计局官网）

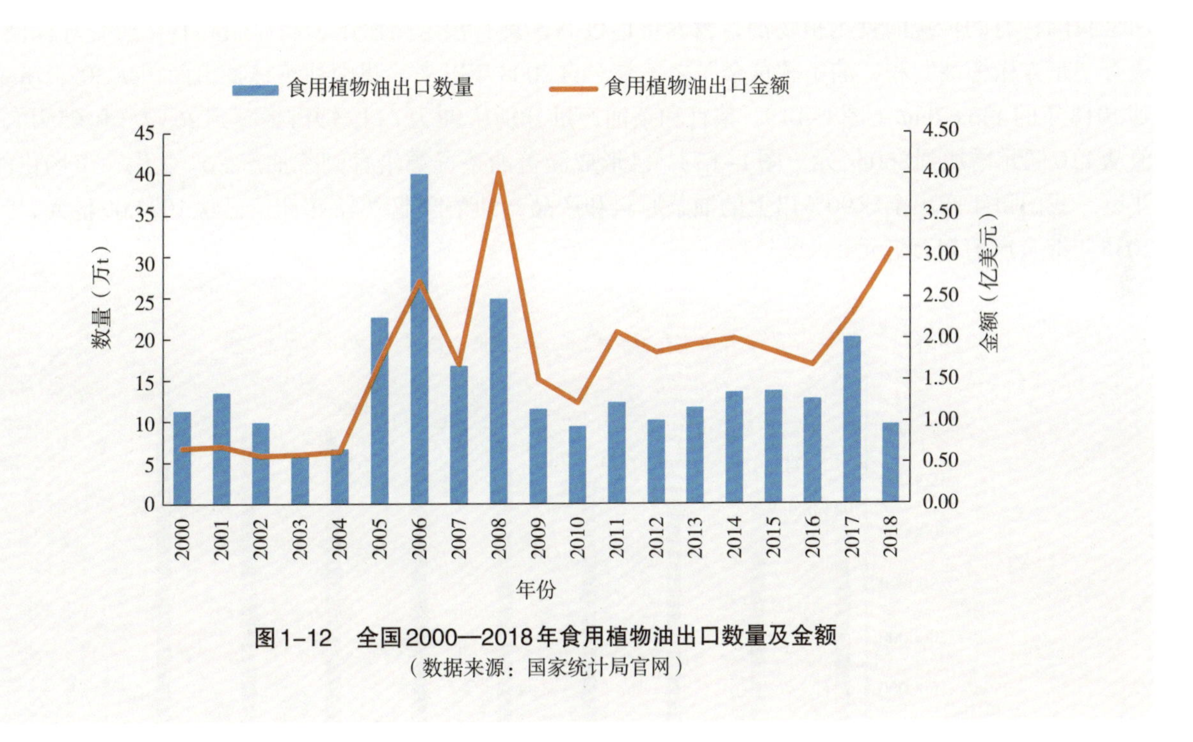


**图1-12　全国2000—2018年食用植物油出口数量及金额**
（数据来源：国家统计局官网）

木本油料产业是我国的传统产业，也是提供健康优质食用植物油的重要来源，2015年，国务院办公厅发布了《关于加快木本油料产业发展的意见》（国办发〔2014〕68号），提出力争到2020年，建成800个油茶、核桃、油用牡丹等木本油料重点县，建立一批标准化、集约化、规模化、产业化示范基地，木本油料种植面积从现有的1.2亿亩发展到2亿亩，年产木本食用油150万t左右（图1-13）。2018年，全国木本油料产量为6766220万t，产量排前5的省份包括云南（16.58%）、湖南（15.08%）、新疆（13.27%）、四川（9.34%）、江西（6.74%）。

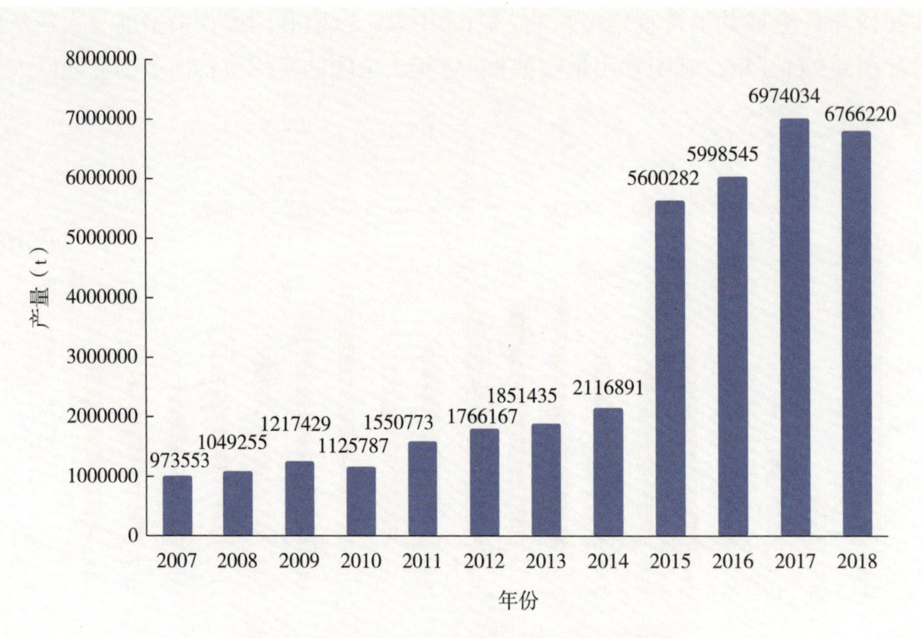


**图1-13　全国2007—2018年木本油料产量**

（数据来源：《中国林业统计年鉴2007—2017》《中国林业和草原统计年鉴2018》）

油茶是我国特有的木本食用油料树种，与油橄榄、油棕、椰子并称世界“四大木本油料植物”。茶油是我国特有的传统的食用植物油，营养价值极高，具有预防高血压、高血脂和软化血管等保健作用，素有“东方橄榄油”和“油中软黄金”之美誉。自2008年以来，我国油茶林种植面积从302.07hm$^2$发展到2018年的436.67hm$^2$（图1-14），茶籽和茶油产量分别从98万t和24万t提高到263万t和65万t，年产值从110亿元增加到860亿元（图1-15），已形成涵盖油茶资源培育到茶油产品产业化、市场化的全产业链。我国每年产出全球90%以上的油茶原料和产品，油茶产业2018年产值已达1024.09亿元，预计到2035年综合产值超万亿元。

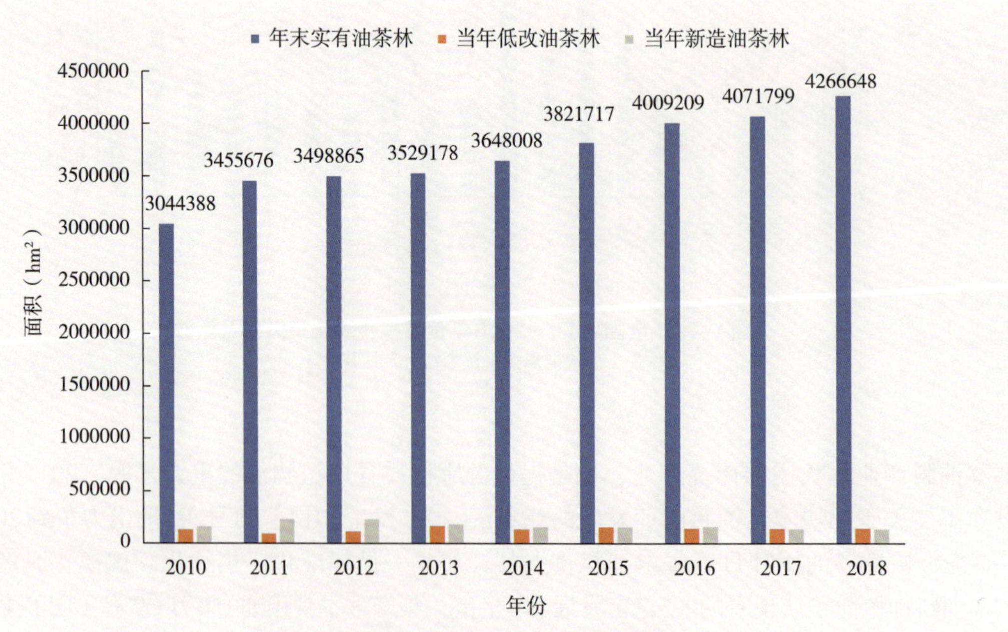


**图1-14　全国2010—2018年油茶林面积**

（数据来源：《中国林业统计年鉴2010—2017》《中国林业和草原统计年鉴2018》）

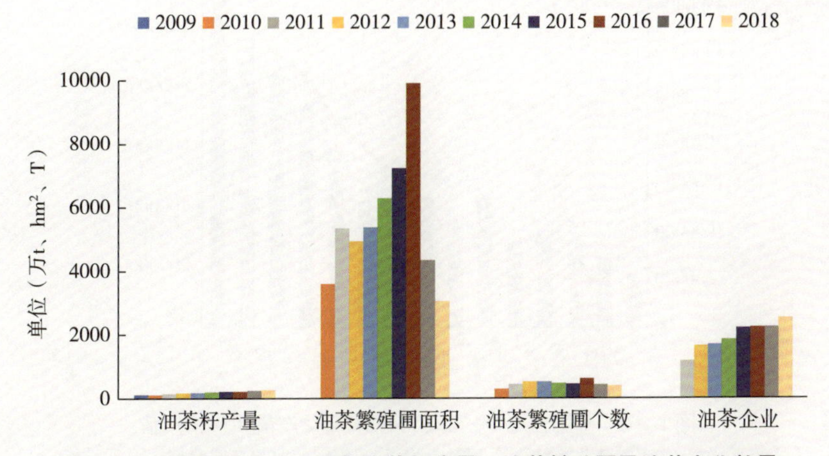


**图1-15 全国2009—2018年油茶籽产量、油茶繁殖圃及油茶企业数量**

（数据来源：《中国林业统计年鉴2009—2017》《中国林业和草原统计年鉴2018》）

核桃是胡桃科植物，与扁桃、腰果、榛子并称为世界著名的“四大干果”。核桃仁含有丰富的营养素，每百克含蛋白质15～20g，脂肪较多，碳水化合物10g，并含有人体必需的钙、磷、铁等多种微量元素和矿物质，以及胡萝卜素、核黄素等多种维生素，对人体有益。2018年，中国核桃种植面积约为816万$hm^2$，产量约为382万t。中国核桃资源十分丰富，大多数省份均有分布，但以云南、山西、四川、河北、新疆、陕西等省份居多，其中，云南是中国核桃主要产区之一，2018年，云南核桃产量为107万t，约占全国核桃产量的28.01%。核桃因其具有较高的经济和生态效益，同时具有适应性强、分布广的特点，已成为我国林业产业化的一个重要组成部分。中国核桃出口数量不断增加，进口数量不断下降；2019年，中国核桃出口数量为74192.6t，较2018年增长55147.1t，进口数量为4407.1t，较2018年下降461.3t。2019年，中国核桃进口金额为1218.3万美元，较2018年下降212.9万美元，出口金额达到22144.7万美元，较2018年增长15716.8万美元，出口金额为进口金额的3.4倍。随着人们物质文化生活水平的不断提高，对核桃及其形形色色加工品的需求量越来越大。2018年，中国核桃消费量为2.33kg/人；2019年，较2018年增加0.21kg/人，达到2.54kg/人。

#### 1.3.2.6 木本药材

我国是开发药用植物最早的国家，植物资源丰富，中药材生产是中国的优势产业。2018年，全国经济林中的木本中药材产量363.9万t，种植产值约1067亿元（图1-16）。木本药材产量排前几位的省份有云南（10.35%）、湖南（8.10%）、湖北（7.54%）、四川（7.41%）、陕西（7.05%）、广西（5.93%）、河南（5.61%）。

木本药材是重要的非木质林产品，常见木本药材树种有山茱萸、杜仲、连翘、枸杞、厚朴、黄檗、乌桕、银杏、沙棘等。目前，我国从树木中提取并进一步分离精制的药用成分主要有紫杉醇、喜树碱、三尖杉碱、青蒿素、银杏叶提取物、芦丁等。

#### 1.3.2.7 林产工业原料

目前，我国林产工业原料产品主要有松香、松节油、植物单宁、紫胶、天然精油、生漆及各种深加工产品。2018年，我国经济林中的林产工业原料产量247.83万t，其中，松脂1375367t、油桐籽348173t、乌桕籽23237t、生漆18882t、五倍子21263t、紫胶（原胶）6160t（图1-17）。2018年，我国林产工业原料产量排前5的省份包括广西（31.99%）、云南（19.11%）、广东（11.23%）、海南（10.72%）、福建（6.24%）。

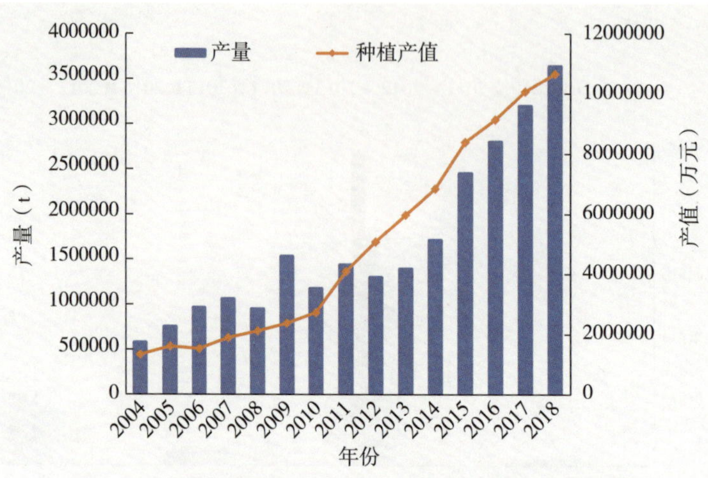


**图1-16 全国2004—2018年木本药材产量和种植产值**

（数据来源：《中国林业统计年鉴2004—2017》《中国林业和草原统计年鉴2018》）

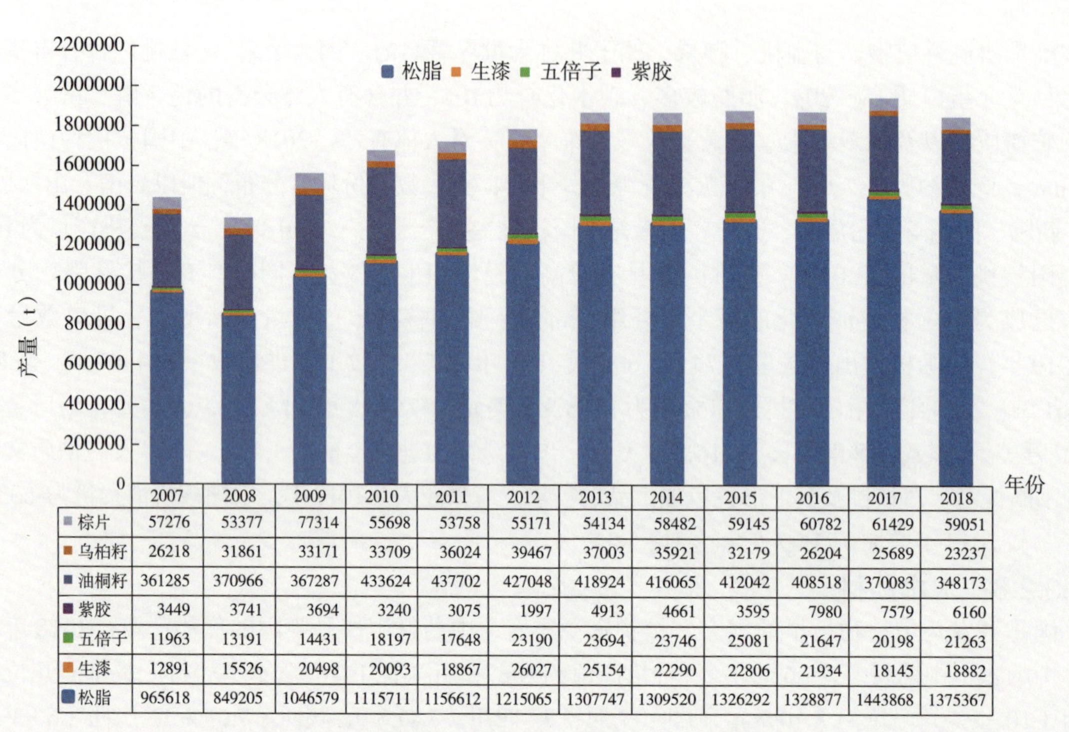


| | 2007 | 2008 | 2009 | 2010 | 2011 | 2012 | 2013 | 2014 | 2015 | 2016 | 2017 | 2018 |
|---|---|---|---|---|---|---|---|---|---|---|---|---|
| 棕片 | 57276 | 53377 | 77314 | 55698 | 53758 | 55171 | 54134 | 58482 | 59145 | 60782 | 61429 | 59051 |
| 乌桕籽 | 26218 | 31861 | 33171 | 33709 | 36024 | 39467 | 37003 | 35921 | 32179 | 26204 | 25689 | 23237 |
| 油桐籽 | 361285 | 370966 | 367287 | 433624 | 437702 | 427048 | 418924 | 416065 | 412042 | 408518 | 370083 | 348173 |
| 紫胶 | 3449 | 3741 | 3694 | 3240 | 3075 | 1997 | 4913 | 4661 | 3595 | 7980 | 7579 | 6160 |
| 五倍子 | 11963 | 13191 | 14431 | 18197 | 17648 | 23190 | 23694 | 23746 | 25081 | 21647 | 20198 | 21263 |
| 生漆 | 12891 | 15526 | 20498 | 20093 | 18867 | 26027 | 25154 | 22290 | 22806 | 21934 | 18145 | 18882 |
| 松脂 | 965618 | 849205 | 1046579 | 1115711 | 1156612 | 1215065 | 1307747 | 1309520 | 1326292 | 1328877 | 1443868 | 1375367 |

**图1-17 全国2007—2018年各类林产工业原料产量**

（数据来源：《中国林业统计年鉴2007—2017》《中国林业和草原统计年鉴2018》）

我国松脂资源丰富，产区主要集中在广西（位于第一）、广东、江西、云南、福建等地区（图1-18），主要涉及马尾松、湿地松、思茅松和云南松。2007年我国松脂年产量约96.56万t，此后持续增长，到2018年已达年产137.54万t，2007—2018年我国松脂年均产量达120.34万t。

根据美国松树化学品协会近几年组织召开的世界年会统计和公布的资料，近年来世界松香年产量和消费量一直在120万～150万t，主要是脂松香和浮油松香。其中，脂松香占65%，浮油松香约占30%，木松香占5%，这种比例已经持续了10年之久。世界上有15～16个生产浮油松香的国家，大部分集中在北半球，包括美国、俄罗斯等，其中，美国浮油松香产量约占世界浮油松香产量的65%（张樟德，2008）。我国脂松香产量全世界第一，其他主要产地依次为巴西、俄罗斯、波兰、印度尼西亚及越南，今后几年，上述地区最具发展潜力的是印度尼西亚和巴西，其他国家产量基本保持不变。全世界松节油产量约30万t，其中，脂松节油占50%。我国生产脂松香的企业基本上位于南方山区。2018年，我国松香类产品产量142.14万t，其中，松香产量116.78万t，松香深加工产品产量约25.35万t。随着世界对松香深加工产品的需求增大和对初级产品的需求减少，我国松香出口量减少，2007—2018年出口量从32.92万t下降至4.70万t，出口额从2.74亿美元减少为0.82亿美元。另一方面，我国松香进口量逐步增加，2007—2018年进口量从0.31万t增加到6.99万t，进口额从0.07亿美元增加到0.84亿美元（图1-19）。

**图1-18 全国松脂产量居前10位的省份（2017—2018年）**
（数据来源：《中国林业和草原统计年鉴2018》）

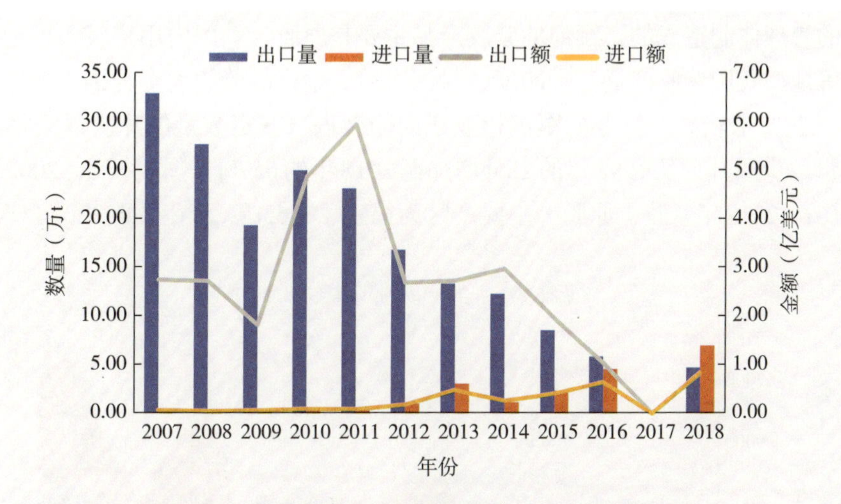


**图1-19 我国松香进出口变化趋势（2007—2018年）**
（数据来源：《中国林业统计年鉴2016》《中国林业和草原统计年鉴2018》。注：由于统计年鉴里没有2017年的松香进出口统计数据，因此图中出现2017年在“0”值的情况）

松节油是一种丰富的可再生资源，我国松节油资源丰富，年产量居世界前列。1998—2018年，我国松节油类产品产量由4.75万t增加至24.24万t，其中，松节油产量由4.09万t增加至18.60万t，松节油深加工产品由零增加至5.65万t（图1-20）。2014—2018年，我国脂松节油、木松节油和硫酸盐松节油产品出口量从2014年的0.16万t下降到0.09万t，而进口量从2014年的0.21万t增加到0.51万t。

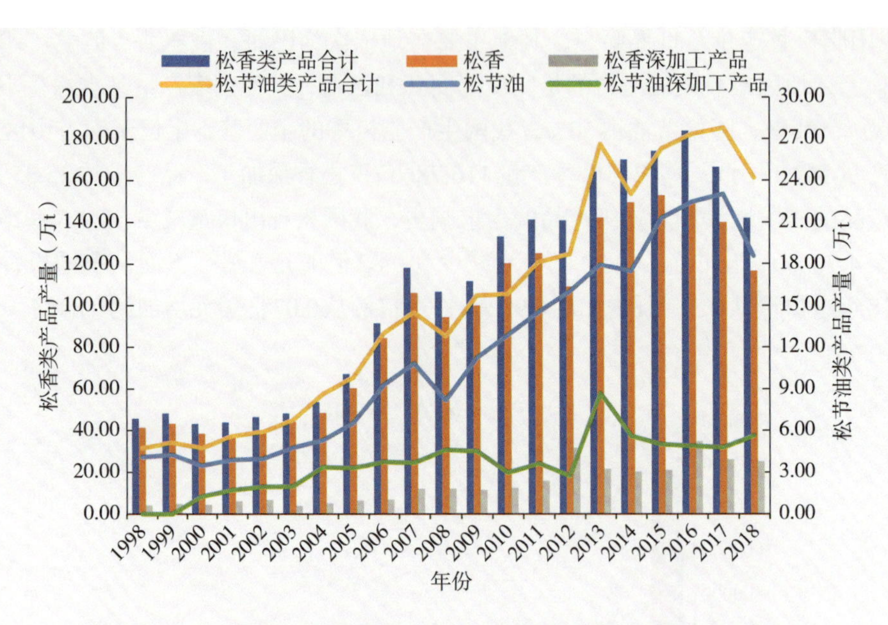


**图1-20　我国松香和松节油类产品的产量变化趋势（1998—2018年）**
（数据来源：《中国林业统计年鉴1998—2017》《中国林业和草原统计年鉴2018》）

从图1-20可以看出，1998—2018年，我国松香类产品产量逐渐增加，在2016年达到最大值183.87万t，随后逐年下降。我国松节油类产品产量逐渐增加，在2017年达到峰值27.82万t，2018年产量下降至24.24万t。

紫胶的主要生产国有印度、泰国、缅甸和中国。印度紫胶质量最好，以色浅、透明度高、涂抹均匀、黏着力强等优点而闻名于世界；其紫胶一半以上用于出口创汇，进口国主要是西方发达国家。泰国是世界第二大产胶大国，其紫胶大多出口西方发达国家。缅甸紫胶产量极不稳定，主要是由于其落后的生产技术和较差的管理体制造成的，缅甸的紫胶产品主要是原胶，其国内用量较大，近年有部分紫胶出口到中国和法国等地。我国紫胶产量位于印度、泰国之后，生产的紫胶大多为国内使用，由于我国紫胶质量上的缺陷，某些要求较高的行业如军工行业还向印度进口一定数量的片胶以满足特殊需求。近年来，我国紫胶产量逐步回升，从1998年的255t增加至2018年的6570t（图1-21），2007—2018年我国紫胶年均产量达4507t。2018年紫胶（原胶）主要产区为福建（3565t）、云南（2022t）、广东（573t）。

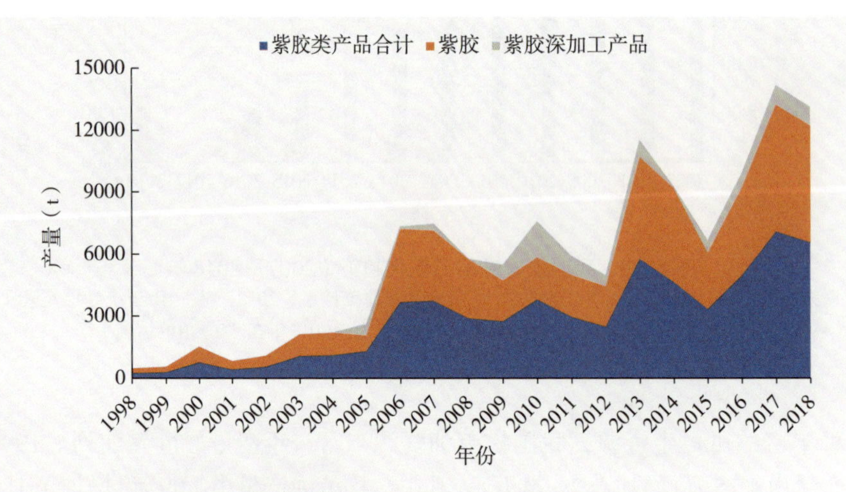


**图1-21　我国紫胶类产品的产量变化趋势（1998—2018年）**
（数据来源：《中国林业统计年鉴1998—2017》《中国林业和草原统计年鉴2018》）

五倍子是我国特有非木质林产品资源，单宁含量达70%以上，以五倍子为原料可生产各种规格的单宁酸（工业级、食用级、药用级及染色用）以及生产没食子酸及其深加工产品。2007—2018年，我国五倍子年产量平均约1.95万t，利用这一资源开发各种深加工精细化学品具有很好的发展前景，2018年五倍子产量前5位的省份有贵州、河南、湖北、陕西和重庆。

油桐籽的用途广泛，不能食用。油桐籽榨出的油叫木油，俗称桐油，是重要工业用油，广泛用于制漆、塑料、电器、人造橡胶、人造皮革、人造汽油、油墨等制造业，经济价值很高。近年来，利用油桐籽生产生物柴油的项目也正在各地相继实施，源通机械油桐籽榨油机就是针对木油桐而专业设计的，这给油桐籽产业带来了巨大的商机。2007—2018年，我国油桐籽年产量平均约39.76万t。2018年，我国油桐籽产量排在前5位的省份有广西、河南、贵州、陕西和湖南。

乌桕是中国原生树种，分布广泛。乌桕籽主要是由桕蜡、种壳和种仁组成，乌桕籽含有2种类型的油，即皮油（从桕蜡中提取的固体油）和梓油（从种仁中提取的液体油），两者的化学成分不同，用途各异，作为新能源都具有很大市场竞争力（李晖等，2011）。皮油广泛应用于制造蜡纸、肥皂、金属涂搽剂、润滑油、合成洗涤剂、软化剂和制取棕榈酸、硬脂酸的原料，皮油富含特定结构的P-O-P三酸甘油酯，是制取类可可脂的理想原料，类可可脂不仅可用于食品工业，还可作为糖衣和栓剂基质，广泛用于医药工业，皮油还具有较高食用价值。此外，皮油中含有14%左右的甘油可制取环氧树脂和硝化甘油，是制造炸药、炮弹和飞机上玻璃钢的重要原料。梓油是一种干性油，所含脂肪酸主要成分为亚麻酸、亚油酸和油酸，是制造高级喷漆的原料，此外还广泛应用于油墨、蜡纸、化妆品、防水织物和机器润滑油的原料等，具有广阔的市场价值。乌桕籽油适合于用作生物柴油原料。乌桕籽壳可作为生产活性炭的原料使用，大大提高了其生产利用率及产品附加值。2007—2018年，我国乌桕籽年产量平均约3.17万t。2018年，我国乌桕籽产量前5位的省份有湖北、河南、贵州、广东和四川。

生漆可用作优良的防腐剂，可用作纺织印染工业的理想涂料，也用作电器设备的良好绝缘材料，是漆器工艺制品的良好涂料。生漆可以用作军工、化工、纺织、轻工、造船、机电以及工艺制品等方面的重要涂料。随着改性涂料的发展，生漆在国民经济建设中的需要将日益增多。我国是世界上最早使用生漆的国家，也是最主要的产地，还有日本、朝鲜、老挝、越南、缅甸、泰国和伊朗等国家生产生漆。2007—2018年，我国生漆年产量平均约2.03万t。2018年，我国生漆产量约1.89万t，产量排在前5位的省份有贵州、陕西、湖北、河南和重庆。我国也是生漆出口国，主要出口至日本，出口品种主要有陕西牛王漆、四川城口漆、湖北毛坝漆以及贵州毕节漆，2018年，我国生漆出口量为33.7t，出口金额为173.8万美元。

棕片纤维拉力强、耐摩擦、耐磨、耐水湿，可编织棕衣、渔网、棕绳蓑衣、刷具、鞋底、棕蹦床、床垫、地毯等。棕片用手工或机具加工成棕丝，按长短束成小捆，是出口物资之一。近年用棕丝加橡胶及其他黏结剂制作成弹性床垫、沙发垫、坐垫等，价廉物美。棕片烧灰入药对止血有良效。棕片在打井上用量很大。海产渔业、船舶等应用棕绳的数量也不少。2007—2018年，我国棕片年产量平均约5.88万t，2018年棕片产量前5位的省份有福建、云南、贵州、广东和湖南。

## 1.4 特点

### 1.4.1 生态性

发展林业特色资源可有效加速国土绿化，改善生态环境。林业特色资源植物是生态、经济效益兼顾的树种，部分还属于常绿树种，四季常青，根系发达，耐干旱贫瘠，适生范围广，生态效益显著，加快林业特色资源产业发展，既能促进农村经济发展，又能绿化荒山、保持水土，加快生态脆弱区的植被恢复，改善农村生态面貌和人居环境。碳排放是世界各国关注的热点话题，也是外交谈判中的重要筹码。林业特色资源在固碳释氧和林业碳汇方面也具有良好的潜力。

### 1.4.2 绿色性

林业特色资源兼具生态、经济、社会等多种功能，肩负实施生态保护修复、生产生态产品、保障林产品供给等多重任务，在推进绿色发展中具有天然优势和不可取代的作用。随着绿色消费观念正在全社会形成，绿色消费将为拉动绿色产业发展提供强劲动能。林业特色资源来源于森林，具有健康、绿色、天然、低碳、可降解、可循环特点，完全契合绿色消费观念，具有巨大消费空间。人们追求健康食品，带动森林食品、森林药材、经济林果等一、二、三产业融合发展。

### 1.4.3 资产性

发展林业特色资源可显著增加农民收入，促进山区经济发展。山区是我国贫困人口、少数民族分布相对集中的区域，发展山区经济，解决山区群众增收问题，是破解“三农”问题的关键所在。加快林业特色资源产业发展，对促进农民增收、加快山区经济发展、推进社会主义新农村建设具有积极意义。

### 1.4.4 多样性

我国林业特色资源种类繁多，资源丰富。我国分布有1000多种林业特色资源品种，其中，木本油料树种400余种，干鲜果树种200余种，工业原料、药用和香料树种400余种。目前，广为栽培的有100余种，如油茶、乌桕、油桐、板栗、漆树等。

我国为林业特色资源世界八大起源中心之一，起源于中国的特色资源林木有油茶、乌桕、银杏、核桃、山核桃、油桐、枣、柿、山楂、杜仲、榛子、棕榈、漆树等。经济林产品包括果实、种子、花、叶、皮、根、树脂、树液、虫胶、虫蜡等。

### 1.4.5 集约性

经济学上集约化是指土地生产力的增加，可以用单位面积土地产出价值加以衡量。集约化可以直观理解为在最适合的土地上寻求更多产出，以实现土地的节约利用。发展林业特色资源可有效利用国土资源，缓解国家耕地刚性短缺。我国山区面积占国土总面积的69%，有近8亿亩宜林荒山荒地适宜林业特色资源树种栽培，发展潜力巨大。发展林业特色资源具有不与粮争地的显著特点，不仅不占用耕地，还可以通过以山补田，腾出更多的耕地资源来种植其他农作物，开辟粮食生产新途径，从而缓解耕地压力。

# 2 国内外加工产业发展概况

## 2.1 国内外产业发展现状

由于林业特色资源种类众多，利用价值面广，从林业特色资源的采集、种植、加工、休闲游憩、科普教育等一、二、三产业都有涉及，与其他产业不同，林业特色资源加工产业涵盖面广，构成较为复杂。赵静（2014）将非木质林产品产业作为一个整体来分析，对传统的三次产业结构分类进行了重新调整，将第一产业的经济林产品种植及采集、花卉种植、陆生野生动物繁育及利用，第二产业中的林产化学产品制造、非木质林产品加工制造业，第三产业中的林业旅游及休闲服务、林业生态服务分离出来，构成“非木质林产品利用产业”。非木质林产品产业包括经济林产品种植及采集、花卉种植、陆生野生动物繁育及利用、林产化学产品制造、非木质林产品加工制造业、林业旅游及休闲服务、林业生态服务等七大产业分类。

1995年，FAO在总结过去40年经验的基础上，制定了一项关于非木质林产品资源开发与利用的未来行动计划。许多国家也都制定了非木质林产品发展计划，积极发展非木质林产品，如日本林野厅设立了林特产政策室专门研究制定振兴非木质林产品的发展对策。我国在《面向21世纪的林业发展战略》

（李育才，1996）中强调指出：“发展和开发林副特产品是实行高效、优质和高产林业的要求，是使林区、山区富裕起来的重要途径”。我国在利用非木质森林资源过程中提出了林下经济的概念。2012年，国务院办公厅颁布《关于加快林下经济发展的意见》（国办发〔2012〕42号），首次为非木质林产品产业发展指明方向。2016年5月，国家林业局正式印发《林业发展“十三五”规划》，明确提出要大力发展林下经济产业，实现林业精准扶贫与精准脱贫。

2003—2018年，全国林业特色资源加工制造业产值持续稳步增长，如图1-22所示。2018年，林业特色资源加工制造业总产值约5824.13亿元，其中：木本油料、果蔬、茶饮料等加工制造产值4446.88亿元；野生动物食品与毛皮革等加工制造产值289.84亿元；森林药材加工制造产值1087.41亿元。

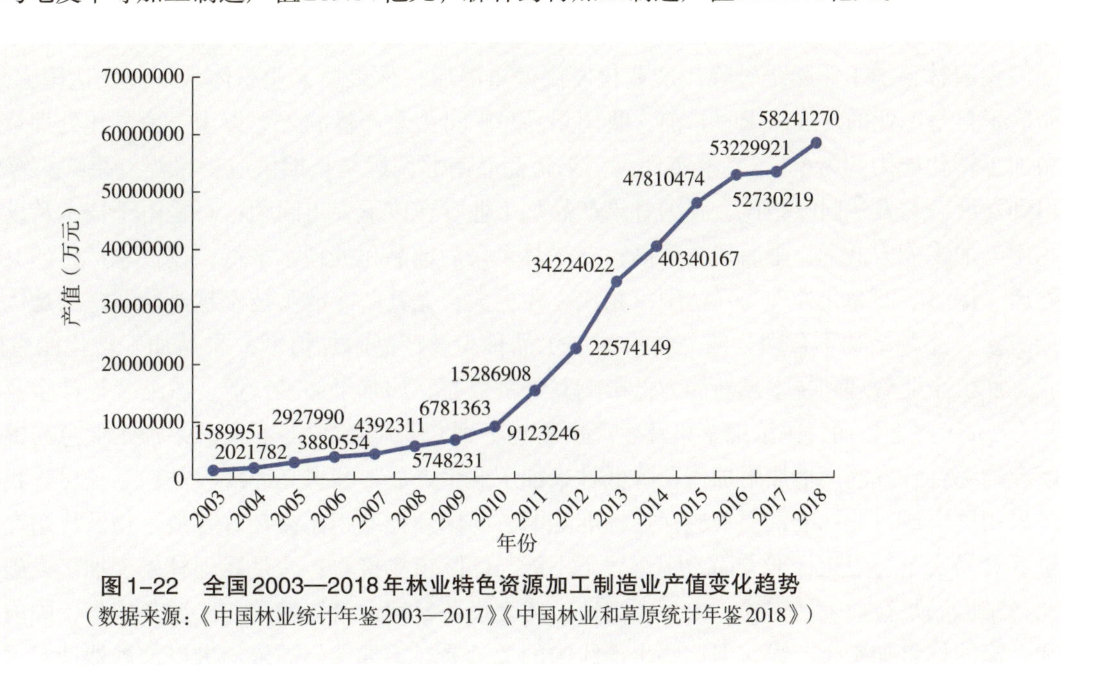


图1-22　全国2003—2018年林业特色资源加工制造业产值变化趋势
（数据来源：《中国林业统计年鉴2003—2017》《中国林业和草原统计年鉴2018》）

## 2.2　国内外技术发展现状与趋势

### 2.2.1　林木枝叶加工利用

一些树木枝叶通过化学加工可生产饲料添加剂、食品添加剂、日化用品及医药用品等林产化工产品。苏联早在20世纪30年代就利用松针粉作饲料，20世纪90年代末仅松针粉生产厂就有350家，年产松针粉约20万t。澳大利亚加工的银合欢粉因其粗蛋白含量高，引起国际市场的极大兴趣。现代木本饲料加工工艺主要包括青藏、发酵、水贮、盐浸、蒸煮、热喷、酸化、碱化及氨化几个领域。20世纪70年代，我国木本饲料研究才刚起步。1981年，连云港市墟沟林场建成我国第一家松针叶粉加工厂。目前，我国在不同地域形成不同木本饲料加工工业分布体系，如四川主要生产槐叶粉、葛叶粉和松针叶粉，江浙一带生产松针叶粉，广东、广西、福建生产银合欢叶粉，西北地区生产胡杨叶粉，北京、山东、辽宁等地生产果树叶粉。据不完全统计，我国树木嫩枝叶加工厂有200多家，与发达国家相比，我国木本饲料加工工艺创新研究乏力、工艺过时老旧，特别是利用生物工程技术把林业木材废弃物转化为饲料酵母这方面的技术基本上是空白。

### 2.2.2　林果类产品加工利用

近年来，生物技术、膜分离技术、高温瞬时杀菌技术、真空浓缩技术、微胶囊技术、热泵烘干技术、微波技术、真空冷冻干燥技术、无菌贮存与包装技术、超高压技术、超微粉碎技术、超临界流体萃取技术、膨化与挤压技术、基因工程技术及相关设备等已在林果烘干加工领域得到普遍应用。先进的无菌冷罐装技术与设备、冷打浆技术与设备等在美国、法国、德国、瑞典、英国等发达国家林果深加工领域被迅速应用，并得到不断提升；这些技术与设备的合理采用，使发达国家加工增值能力明显得到提高。发达国家各种林果类深加工产品质量稳定、产量不断增加，在质量、档次、品种、功能以及包装等各方面已能满足各种消费群体和不同消费层次的需求。无废弃开发已成为国际林果加工业新热点，发达国家林果产品加工企业从环保和经济效益两个角度对加工原料进行综合利用，将林果产品转化成高附加值的产品。如美国利用废弃的柑橘果籽榨取32%的食用油和44%的蛋白质，从橘子皮中提取和生产柠檬酸已形成规模化生产。发达国家林果加工企业均有科学的产品标准体系和全程质量控制体系，普遍通过了ISO 9000质量管理体系认证，实施科学的质量管理，采用良好生产操作规程（GMP）进行厂房、车间设计，同时在加工过程中实施了危害分析和关键控制点规范（HACCP），使产品的安全、卫生与质量得到了严格的控制与保证。

我国林果加工业起步较晚、产业化发展严重滞后，林果加工业总体水平比发达国家落后20年，且滞后于自身产业的发展需求。目前，我国果品总贮量占总产量的25%以上，商品化处理量约为10%，果品加工转化能力约为6%，基本实现大宗果蔬商品南北调运与长期供应，果汁、果罐头等深精加工业也得到发展。与发达国家相比，我国林果产品加工业存在以下突出问题：一是由于技术及设备落后，资源利用与加工能力低下，采后损失率高；二是林果采后商品化处理水平低，仅占总产量的10%，林果产后贮运、保鲜等商品化处理与发达国家相比差距更大，尤其“冷链”技术越显薄弱；三是优质高档林果数量匮乏，品种结构不合理；四是林果深加工品种少，产品附加值低，果品加工转化能力仅为6%左右；五是加工企业管理和技术创新能力低影响其经济效益，如苹果加工行业，浓缩苹果汁企业国际先进水平为5万t/年以上，而我国浓缩苹果汁生产厂平均不到1万t/年；六是我国林果加工业急需提升技术以实现废弃物综合开发利用增加附加值，降低林果加工业生产成本和提高经济收益；七是尽管我国林果加工业已采用国家或行业标准，但普遍存在标准陈旧，与国际标准相比，在有害微生物及代谢产物、农药残留量等食品安全与卫生标准方面差距很大，不能与国际市场接轨；八是我国林果深加工设施与技术水平较低，难以满足行业发展需要，大型、高速的成套设备长期大量依赖进口。近几年来，国内引进了许多国际一流的林果加工生产线，但这些生产线中的关键易耗零部件仍需依赖进口，虽然针对这些加工生产线上的关键易损零部件进行研发，取得了一定的进展，但技术性能指标与国外同类产品相比仍有较大差距。

### 2.2.3 林木分泌物加工利用产业

#### 2.2.3.1 松脂工业

欧洲松香生产集中在比利时、西班牙、葡萄牙、德国、法国等，核心产品是胶黏剂树脂、油墨树脂，其产品技术含量较高，松香产品深加工比例达到100%。日本的深加工产品技术含量较高且品种繁多，其核心产品为造纸用化学品、印刷油墨用树脂、胶黏剂用树脂。美洲的深加工生产主要分布在美国、巴西，其中美国松香产品的原料主要为浮油松香，深加工产品种类较为齐备、技术含量较高。美国等国深加工松香产品100多种，与松香初级产品相比，其深加工高附加值产品甚至可达20～30倍，深加工产品利用率接近100%。美国伊斯特曼公司是国际松香行业的巨头，每年用于科研的经费高达7500万美元，聘有1000多名研究人员，一方面从事新产品开发，一方面从事应用研究，设立了油墨、造纸、涂料、胶黏剂等实验车间，配备了各种先进的设备和仪器，仅松香树脂的深加工产品就达40种以上，品种型号齐全。日本荒川公司有员工700人，其中，科技人员150人，占21.4%，并投入巨资建立松香研究基地，新产品不断涌现，近年来开发的水白黏性树脂及水溶性树脂具有独创性，目前，其他公司尚无法生产。美国国际香精香料公司（IFF）收购英国Bush Boake Allen（BBA）公司后，也成为全球最大的松节油产品生产企业，所生产的产品全部是高附加值产品，品种多达500余种，涉及医药、日用化工、香精香料、食品等行业。国外在松节油精细化学利用的研究和开发方面，重点已经转移到了合成具有各种生物活性的功能产品上。高级的新型香料的开发也是松节油未来利用的发展方向之一，如除草活性物质、杀虫活性物质、驱避活性物质、昆虫引诱活性物质、杀菌活性物质、新型的高级香料化合物等。

我国松香深加工生产规模虽然有上升趋势，但在松香生产规模中所占比重较低。目前，我国脂松香生产工艺技术主要采用连续蒸汽法、间歇蒸汽法。自改革开放以来，通过技术改造及引进技术和资金，整个松香行业的生产技术大幅度提高，滴水法的加工方法已基本被淘汰，但是初级产品和深加工产品加工的基本原理和主要工艺多年来几乎没有任何发展，技术装备和整体自动化的程度仍然停留在比较低的水平。中国松香产业生产规模效益低，限制了产业技术投入和技术研发的步伐。原始的采割方法并没有完全被替代，在900多个松香生产企业中具有自主研发能力的企业还不足10家。

我国松香工业存在的主要问题与发达国家的差距：企业规模小、经济实力薄弱、行业整体效益低；深加工生产水平低，产品单一，我国松香、松节油深加工生产技术虽然有了较大发展，但总体而言，尚处于起步阶段，与国外同行业先进水平相比，我国的松香深加工技术水平特别是松节油加工技术水平还有较大差距；松香市场缺少价格发现机制，市场价格混乱，波动较大，企业之间无序竞争，行业诚信度低；多数生产企业没有可靠的原料林基地，劳动生产率偏低，原料成本高且质量难以保证；产学研脱节，新产品开发周期长，科研成果转化率低。从科学研究和技术两方面来看，中国松香产业的整体水平处于国际低水平状态。

#### 2.2.3.2 紫胶工业

在紫胶加工利用方面，印度以其紫胶虫的最优品系及原料数量优势，奠定了其在紫胶市场上优质胶片的霸主地位。自20世纪80年代以来，印度为了保持其在紫胶领域的垄断地位，一直不遗余力地保持其国宝印度紫胶虫“Kusmi品系”的优良性状。目前，印度有多家紫胶加工厂，已有部分加工厂为机械化操作，但大部分为压滤机过滤生产胶片。泰国有30多家紫胶加工厂，但大多是每天加工3t左右的中小企业。泰国以粒胶出口为主，胶片主要为其国内消费。印度除紫胶虫好、原胶质量优越外，加工厂对原胶保管、产品加工、预处理、包装管理等都格外严格、小心，但加工的紫胶成品品种的综合利用尚未开展。在漂白紫胶、改性紫胶、果蜡等紫胶产品及新用途的开发利用上，目前世界上以美国、日本、德国等国家处于领先地位。我国在紫胶的加工、改性和利用上做了大量工作，包括紫胶色素的提取（上海汽水厂，1972），采后紫胶的处理与贮藏（中国林科院紫胶研究所，1972）。曹铭（2005）利用微碱水浸提原胶提取紫胶色素，使用新型膜技术从浸提液中精制紫胶色素，既获得了高品质的紫胶色素，还提高了紫胶色素的得率，从根本上解决了环境污染问题，实现了原胶的综合利用。廖亚龙和刘中华（2006）阐述了国内外紫胶深加工系列产品的加工技术及生产工艺，重点介绍了紫胶蜡、紫胶色素、紫胶桐酸、漂白胶的生产技术及工艺状况，同时阐述了当前国内外紫胶产品研究及发展趋势，介绍了漂白胶生产过程的漂白机理、脱氯漂白胶技术的发展以及紫胶产品在护发品、制药的肠溶衣、可食性内包装膜、片状成型料的填充剂方面的新发展。

国内外紫胶深加工技术及研究发展趋势：一是紫胶改性研究；二是紫胶漂白机理研究；三是漂白胶脱氯技术的研究；四是紫胶性能及其在新的领域应用研究。

#### 2.2.3.3 生漆工业

人类对生漆的使用可以追溯到8000多年前，近些年生漆行业发展日趋成熟。生漆市场主要在亚洲产漆国家，目前生漆行业的发展主要集中在生漆的涂装化工、漆树的培植、生漆提取物、生漆产品（漆器等）以及大漆髹饰的发展（刘菲等，2014）。此外，生漆的漆酚、漆酶、漆多糖、糖蛋白等均可以进行精细化深度开发。由于生漆存在成膜条件苛刻、涂料颜色偏深、不易喷涂、有致敏性且漆膜的耐碱性、耐紫外线性能差等缺点，使其不能作为工业涂料被广泛使用，这大大限制了其应用范围。为扩大生漆的使用范畴，国内外对生漆的改性进行了大量研究，并取得了丰硕的成果。其中将纳米微粒引入生漆，可明显提高漆膜的性能，满足多彩、可喷涂的要求，使传统生漆涂装满足现代家具工业涂装的需求（失文凯等，2016）。

### 2.3 差距分析

根据联合国粮食及农业组织报告、国家统计局、国家林业和草原局统计年鉴等来源的数据显示，我国林业特色资源单位产量仍与国外差距较大，如全国板栗平均单产为375kg/hm$^2$，仅为美国、伊朗的1/8。每年每公顷林业特色资源产品的采集价值仅为50美元，不足捷克的1/2、韩国的1/3。多数资源经营与加工以粗放、分散的生产方式，尚未建立精准的标准化技术体系，加工利用产业提质增效的技术水平还相对落后，缺乏高影响力的重大原创性成果，国际竞争优势相对较弱。我国特色经济林领域技术水平存在上游基础研究薄弱、中游的关键技术落后和成果转化效率低下、下游的产业发展滞后等问题，造成产业化进程十分缓慢，没有形成优质、高产、高效的现代化生产格局。这些问题已成为林业资源利用产业升级和高质量发展的瓶颈。

### 2.3.1　缺乏顶层设计，经营管理水平不高

我国林业特色资源发展整体上缺乏科学规划布局，结构性矛盾突出，特色优势不够明显。部分地区贯彻适地适树原则不力，在树种的选择上盲目引种栽培，优势乡土资源开发利用少。水电路等基础设施条件落后，机械化率低，抗灾减灾能力较差，综合产出能力不强。据第九次全国森林资源清查结果显示，我国经济林实施集约经营的面积只占48.37%，大部分还处于粗放经营和疏于管理状态，需要抚育和更新改造的经济林占有较大比重。

### 2.3.2　收储技术水平落后，劳动生产率低

我国经济林6.2亿亩，仅2018年新造经济林1812万亩，与农业平均机械化率67%相比，我国林业机械收储装备与技术差距巨大。采收以人工为主，作业成本占生产成本40%以上；采收后依靠自然干燥，缺乏规模化生产的预处理技术和装备。如全国油茶种植面积已达6700万亩，产值近千亿元，相比5年前产量提高2倍、产值增长3倍，采收装备基本空白，脱壳等预处理加工装备效率较低。

### 2.3.3　资源综合利用率不足，浪费与污染严重

我国林业特色资源的加工多采用农户小作坊加工经营方式，产业规模小而分散，加工技术水平和产品质量档次较低，如核桃、银杏果深加工产品少，深加工率不足10%。植物提取物资源利用率仅3%～5%，目标产物未得到充分提取分离或有效回收，加工剩余物高效利用不足30%，造成极大的浪费和较重的环境污染。

### 2.3.4　加工技术创新体系不完善，科技支撑薄弱

以全质化绿色利用、高附加值产品研发为主要方向，国外已开发出润滑剂、功能植物多糖、绿色纺织纤维、膜材料、汽车燃油挥发控制等高端产品，广泛应用于食品、药物、塑料及车辆制造等行业。我国林业资源直接加工占比巨大，在国际产业链分工中处于中低端位置，迫切需要加快科技创新步伐，提升在国际产业链分工中的地位。

# 3　国内外产业利用案例

## 3.1　案例背景

河北绿岭公司位于邢台市临城县，成立于1999年。经过20多年的成长，现已经成为全国唯一一家集优质薄皮核桃品种繁育、种植、研发、深加工和销售为一体的全产业链现代化大型企业，也是将一、二、三产业融合发展的现代化企业。临城县凤凰岭位于太行山东麓，属浅山区，干旱缺水，乱石密布，被称为“洪积冲积多砾石岗地”，开发难度极大，是世界性难题。1999年，绿岭公司成立之初，河北农业大学李保国教授来到凤凰岭，经过实地勘测和试验，成功开创了“开沟换土、客土造林”的治理模式，将荒

山秃岭变成了如今一望无际的“绿岭”。绿岭人按照李保国教授规划提出的适合优质薄皮核桃栽植技术的荒山治理整地模式，确定了绿岭产业的发展方向。李保国教授带领绿岭人开创了可推广、可复制的荒山综合治理模式（图1-23）；开创了“树、草、牧、沼”四位一体的生态种养模式，保证了绿岭核桃的绿色有机品质；开创了核桃树的矮化密植集约化管理技术；研究出了中国最好的核桃新品种‘绿岭’核桃；带领绿岭成为核桃产业的领导者；开创了产业扶贫融合发展的新模式，形成了太行山核桃产业带，带动了成千上万人脱贫致富。

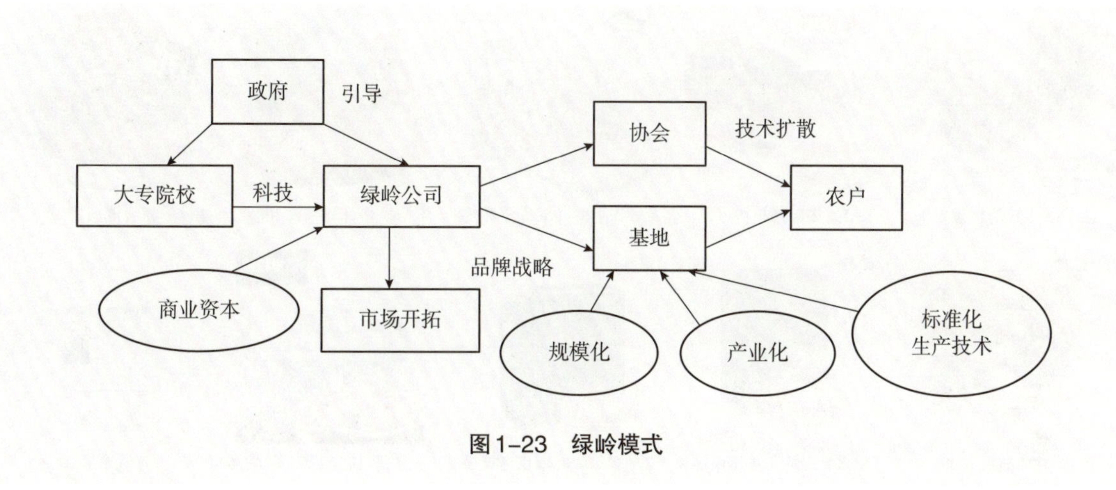


图1-23 绿岭模式

## 3.2 现有规模

河北绿岭公司拥有20万亩绿岭薄皮核桃标准化产业基地和百万亩合作发展基地，苗木繁育基地2600余亩，核桃深加工基地200余亩，是集约化优质薄皮核桃生产基地；现代化的深加工车间9个，共约10万 $m^2$，建成了”河北省核桃工程技术研究中心”。

### 3.2.1 核桃种植情况

采用“树、草、牧、沼”四位一体的立体化生态种养模式，树下生态养殖柴鸡5万余只，将逐步扩养到10万只以上。空中黑光灯、地面散养鸡的生态立体杀虫模式保证了核桃的有机绿色。2004年，‘绿岭’核桃通过国家绿色食品认证；2008年，‘绿岭’核桃通过国家有机食品认证；2013年8月，‘绿岭’核桃通过世界上最具权威的欧盟有机食品认证。2011年，在首届中国核桃节上，‘绿岭’核桃一举夺得金奖。

绿岭公司在自身发展过程中，积极带领广大农民共同致富，形成了以“绿岭”为中心，辐射带动全县、全省、全国的格局。公司为农户供应高纯度苗木、产品回收、提供技术服务，在核桃管理的关键时期派技术人员现场指导，带动临城县8个乡镇发展薄皮核桃种植20万亩。核桃原果生产亩投入2700元，进入盛果期后亩产核桃干果200～250kg，纯收入可达8000元左右，人均增收2000多元；此外，公司每年用工20万余个，工费1000多万元，农民在打工挣钱的同时，学到了核桃树管理、种植等技术，增加了致富资本，同时转变了观念，提高了发展核桃产业的积极性。现在，绿岭的带动作用已经不仅局限于当地，还辐射到新疆、四川、湖北、湖南、山东、山西、河南、陕西、辽宁、北京、天津等省份，大有蔓延全国之势，使绿岭核桃根植神州、果香华夏。

### 3.2.2 核桃深加工情况

坚持高起点、高标准建设与生产。2011年，在首届中国核桃节上，绿岭智U核桃乳荣获核桃乳类唯一金奖。奶油味有机薄皮核桃为进一步延伸产业链条，提高社会效益和经济效益。

绿岭公司在县委、县政府及县有关单位的大力支持下，建设了核桃深加工基地——河北绿岭庄园食品有限公司。总投资3.2亿元，占地面积200余亩，建设核桃系列产品生产线9条，现已有5条生产线投产达效。项目全部建成后，年加工核桃原果30000t，生产原味和多味休闲核桃及保鲜核桃15000t；精制核桃食用油1800t；精制核桃保健油900t；核桃乳30000t；核桃复合营养粥片4000t；金花核桃降脂胶囊540万瓶；核桃壳活性炭1600t。年产值20亿元，利税1.6亿元，为社会提供5000个就业岗位，同时拉动交通、物流、餐饮、旅游等产业的发展，社会效益显著。目前，公司研发的核桃深加工产品有核桃乳、核桃营养糊（粉）、核桃奶片、核桃油、核桃肽、核桃胶囊等6大类20多个单品（图1-24）。

图1-24 绿岭公司产品展示

### 3.2.3 绿岭·中国核桃小镇

“中国核桃小镇”项目位于临城县凤凰岭现代农业园区，南距县城5km，石武高铁连接线穿项目区而过，交通便利。项目占地1.8万亩，由绿岭核桃种植基地延伸发展而成，植被茂密，空气清新，被誉为“绿色生态氧吧”，是集休闲采摘、养生度假、文化体验、核桃知识科普、拓展训练、商务会议等功能于一体的生态旅游乐园，是第一产业与第三产业深度融合的典范。

该项目由河北绿岭果业有限公司投资2.29亿元，规划建有以水上乐园、智趣园、捕鱼部落、激情漂流、水上迷宫组成的绿岭欢乐谷；以江南食府、水上餐厅、塞北蒙古包组成的核桃小镇，可容纳600余人就餐；以核桃联合国、核桃标准化示范区组成的核桃知识科普区；以商务会议、住宿为一体的桃源宾馆商务区，可同时安排180人住宿；建有占地1400m$^2$的李保国科技馆，是党员群众学习李保国精神的教育基地和科普基地（图1-25）。

### 3.2.4 企业发展影响

绿岭公司先后被认定为“国家扶贫龙头企业”“国家太行山星火产业带薄皮核桃示范基地”“国家农业标准化示范区”“国家级核桃示范基地”“河北省扶贫开发重点龙头企业”“河北省农业产业化重点龙头企业”“河北省林果产业重点龙头企业”“河北省农业综合开发产业化经营重点龙头企业”“河北省省级科普基地”“品味2012·最受信赖的河北食品品牌”等（图1-26）。2008年，绿岭商标获得河北省著名商标，2012年荣获中国驰名商标。2011年9月，首届中国核桃节在绿岭举办，将绿岭“标准化栽培、产业化发展”的成功模式向全国推广。

绿岭公司的发展形成了以改善生态环境促经济大发展的绿色产业模式，为太行山区综合治理探索出了一条持续而高效的产业化发展之路，拉动了太行山千万亩核桃林带建设。

国家龙头企业　河北省龙头企业　高新技术企业证　多味核桃优质产品

绿岭荣获中华名果　绿岭荣获最受信赖产品　欧盟有机认证　绿岭核桃金奖证书

图1-25　被授予各类基地

图1-26　被授予各类荣誉

## 3.3　可推广经验

### 3.3.1　坚持走产学研结合的道路

绿岭公司坚持走产学研结合的经营体制创新之路，自成立之初就注重与科研院所的联系，先后与河北农业大学合作承担了国家科技部、林业局科技攻关项目4项，河北省科技项目8项；制定了《DB13T 918—2007绿色食品薄皮核桃》和《DB1305/T 038—2005绿色食品早实薄皮核桃生产技术体系规程》两个河北省地方标准；取得了“核桃青皮脱皮机”等5项专利；成功选育出拥有自主知识产权的‘绿岭’和‘绿早’两个薄皮核桃新品种；“早实核桃省力化栽培技术集成与示范”“太行山区优质核桃产业化技术及深加工系列产品开发”“优质核桃标准化生产技术集成示范”等多项科研成果达到国际先进水平，先后被国家质量技术监督局、国家林业和草原局命名为早实核桃标准化示范基地。2012年，李保国教授牵头组织河北农业大学、北京林业大学、河北科技大学、江南大学、中国农业大学等高等院校专家教授，在绿岭成立了以核桃品种繁育、核桃管理技术及核桃深加工技术研发等为主要研究方向的“河北省核桃工程技术研究中心”，是唯一一家设在企业的工程技术研究中心。2018年，在核桃工程技术研究中心的基础上，建成了“河北省核桃产业技术研究院”，使绿岭在核桃产业始终保持领先地位。

### 3.3.2　高标准建设自有核桃种植基地

绿岭公司在发展优质薄皮核桃过程中坚持高标准、高质量，绿岭万亩薄皮核桃基地先后引进推广了节水灌溉、黑光灯防虫、省力化管理等10余项农业技术，采取“立体生态种养模式”，该基地已建设成为优质高标准样板。同时，绿岭公司采用“公司+基地+专业合作社+农户”的产业模式，为农户供应高纯度优质核桃苗木、免费提供核桃种植管理技术服务、产品保护价回收等，带动周边千余户农户种植薄皮核桃。截至目前，全县已培育绿岭、绿蕾等股份制企业50家，临城县已建成我国北方的优质薄皮核桃生产基地。绿岭公司乃至临城县薄皮核桃生产基地的建设发展，保证了薄皮核桃的稳定产量和高质量，为后续核桃深加工产业发展打下良好的核桃原材料供应基础。

### 3.3.3　全力建设核桃产品全产业链

绿岭公司是一家集优质薄皮核桃品种繁育、种植、研发、深加工和销售为一体的全产业链现代化大型企业。公司成立初期，重视核桃品种选育，2005年选育出拥有自主知识产权的“绿岭”品种，绿岭核桃苗木供不应求。绿岭公司有自己的核桃种植基地，并辐射带动周边农户种植“绿岭”核桃，绿岭薄皮核桃受市场追捧。公司刚开始没有建立核桃加工厂，核桃产品只是初、粗加工，即将核桃采摘后进行脱皮处理，利用农村妇女手工砸核桃取仁后进行初级包装后销售或加工厂进行粗加工。后来，公司在扩大生产的同时，注重产业链的延伸，提高产品附加值。2012年，绿岭公司投资3.2亿元在临城县经济开发区绿岭大道北侧，建设核桃深加工基地——河北绿岭庄园食品有限公司，占地13.33hm$^2$。目前已建成核桃系列产品生产线9条，已有5条生产线投产达效。项目全建成后，年加工核桃原果3万t，年产值20亿元，为社会提供5000个就业岗位。绿岭公司完善了临城县核桃生产、服务、加工、销售一条龙体系建设，进一步激发了农户的核桃种植热情，促进了临城县核桃产业化发展。

### 3.3.4 多渠道、全方位立体营销

绿岭公司在市场竞争过程中，通过多种营销渠道，逐步形成了直营销售、渠道销售、网络销售“三驾马车”闯市场的格局。公司建立了全方位的立体营销体系，包括饮品销售部主要负责核桃乳销售，通过传统的渠道如便利店、代理商等进行销售；直营部是绿岭公司自己建立的店，主要负责大客户、团体、团购等销售，为了让消费者了解绿岭的产品，这些店还能够让消费者体验产品。电商部负责网络销售，通过建立企业网站、组建专门网络营销队伍、搭建自主电子商务平台及与百度、淘宝等第三方合作等方式，积极拓展网络购销渠道，大力发展电子商务。

## 3.4 存在的问题

### 3.4.1 企业贷款融资难

目前，公司的资金来源渠道单一，一方面靠原有股东的继续入股，另一方面就是靠银行贷款，而银行为了安全起见，要求贷款主体必须有抵押才能给予贷款。企业目前最多的资产主要是已经栽植成活的核桃树和土地使用权和部分厂房。然而按照银行的规定，企业的土地使用权和核桃树是不能作为贷款的抵押物的，因此企业的贷款数额很有限，制约了企业发展。2012年，建行邢台分行针对太行山区生态林果种植企业缺乏抵押物的情况，创新推出了“林权抵押贷款”，向富岗、绿岭两家企业发放贷款5000万元，多年来累计向富岗、绿岭公司发放流动资金贷款3.5亿元。2014年，工行临城支行在上级行的支持下创新实现“林权质押”担保方式给绿岭公司融资3000万元，近3年累计为绿岭公司提供贷款支持19500万元。

### 3.4.2 技术人才缺乏，辐射种植户素质较低

绿岭公司位于河北省临城县，地理位置不占优势，成为吸引技术人才的主要障碍因素。目前，该公司的专业技术人才（大专及以上学历）不足10人，不能为农户提供全方位的技术服务。绿岭公司辐射种植户地块小，整体素质较低且思想保守，在优惠政策条件下不愿意扩大种植面积；同时，接受新技术、新方法的能力较差，导致病虫害发生较为严重，核桃产量较低、品质较差，经济效益显著下降。新型农业主体参与程度较低，成为绿岭核桃产业健康发展的主要制约因素之一。

### 3.4.3 辐射地区的农户基础设施落后，资金不足

临城县地处太行山东麓，地势自西向东倾斜，以山地和丘陵为主。地形起伏，且人口密度小，经济发展缓慢。有些村庄水电不畅通，交通也落后，且村落之间比较远，农户没有办法充分利用电商平台或集体收购的方式来出售农产品，导致成本大、利润低，严重影响了农民的积极性。加之近2年高温、冻害等自然灾害频繁发生，造成核桃产量明显降低，绿岭核桃产业以高价回收帮扶对象的核桃不能满足产业的需求，严重制约了绿岭核桃产业的发展。

### 3.4.4 产品宣传推广不够

绿岭公司主要产品有绿岭薄皮核桃、多味核桃、核桃油、核桃露、柴鸡蛋等多种产品。“绿岭”商标荣获河北省著名商标称号。目前，“绿岭”品牌传播存在诸多问题，如知名度不高，品牌影响力主要停留在邢台本地；品牌印象模糊，提起“绿岭”，消费者只知道该公司是一家土特产企业，主要生产薄皮核桃；品牌传播途径单一。

# 4 未来产业发展需求分析

## 4.1 林业特色资源产品市场前景分析

林业特色资源是人类重要的绿色食品、医疗保健的药材、家庭经济和就业机会的主要来源。随着世界森林资源持续减少和生态环境的恶化，人们对保护和开发非木质林产品资源更加重视。由于世界人口增长、老龄化、人民生活水平提高等因素影响，人们开始积极寻求多样性的潜在资源，又重新热衷于天然产品的开发，对森林食品、森林药材、竹藤制品和生态旅游等的需求快速增长，加快了林业特色资源产品产业发展步伐。林业特色资源具有再生能力，且其再生周期和演替周期远远比林木（木材）资源短，这对发展林业特色资源加工利用产业是十分有利的条件。但是，只靠自然赐予的资源进行原始型的产业开发是没有前途的；只有在提高现有资源开发利用率的同时，培育并发展林业特色资源，才能实现林业特色资源的可持续利用。从全球看，林业特色产品资源丰富，消费需求持续加大，开发林业特色资源潜力巨大，林业特色资源产品市场前景广阔。

长期以来，我国林业特色资源开发利用主要有以下特征：一是已开发利用林业特色资源产品的种类多、数量大；二是林业特色资源产品开发利用活动主要集中在山区，涉及人口众多；三是开发利用方式简单，以“采集—出售”的方式为主，“培育—加工—出售”利用方式在部分地区逐渐形成；四是经营管理方式较为粗放；五是企业规模较小，缺乏深加工。近年来，我国开发利用林业特色资源取得了迅猛发展，许多全国性的规模化产业，如竹藤产业、花卉产业、水果产业、山野菜产业、食用菌产业、酒产业、保健品及药物产业、饮料产业等，形成了产加销一体化的资源开发利用经济链。林业特色资源的开发利用不仅为人们提供了大量的生活用品来源和就业机会，还为国家创造了极大的经济产值和外汇收入。中国是世界上非木质林产品的生产大国、进口大国和出口大国，根据国家林业局《2017中国林业发展报告》，2016年我国非木质林产品出口186.54亿美元，比2015年增长3.84%，占林产品出口额的25.67%；进口206.30亿美元，比2015年下降5.98%，占林产品进口额的33.05%；贸易逆差19.76亿美元。我国非常重视林业特色资源产品与森林服务的可持续发展，特别是近年来，中国林业特色资源产业发展后劲十足，竹藤产业方兴未艾，松香等传统产业持续增长，森林食品、森林药材、生态旅游等新兴产业快速增长，非木质生物能源也异军突起。2019年，全国经济林面积超过6亿亩，认定国家林下经济示范基地176个、林特类特色农产品优势区10个、国家林业重点龙头企业141家、首批森林生态标志产品52款，公布了3条国家森林步道，开展了国家森林康养基地建设工作，生态旅游突破18亿人次。

消费者（主要是北美和欧洲的消费者）对认证非木质林产品的强大需求动力，使森林认证开始向非木质林产品扩散，但全球范围内已通过认证的非木质林产品还不多。截至2015年7月底，全球获得森林认证框架下的非木质林产品认证的企业有8361家，其中，PEFC认证的企业有19家，CFCC认证的企业14家。从分布来看，认证非木质林产品主要分布在欧洲、北美洲和亚洲，其中，荷兰、比利时、葡萄牙和德国认证非木质林产品的企业占认证总数的62.00%，中国（不包括港、澳、台）占5.08%，美国占7.53%，加拿大占2.44%。各国家认证的非木质林产品的种类存在差异，荷兰、比利时、葡萄牙、德国、美国、英国认证的非木质林产品的种类比较丰富，除了化学品、药品及化妆品外，其他各类非木质林产品均有。汤吉贺（2012）认为，积极开展非木质林产品国际认证体系建设，可以有效地提高中国非木质林产品的国际贸易竞争力。2014年5月26日，国家林业局办公室下发了《关于开展林下经济（非木质林产品）认证试点工作的通知》（办改字〔2014〕69号）。截至2015年底，我国非木质林产品认证面积达747.86万$hm^2$，认证产品包括坚果类、浆果类、菌类、山野菜类、蜂产品类、饮品类、鲜果类七大类非木质林产品通过产销监管链认证，并贴标上市。非木质林产品认证要求必须保护其所依赖的森林环境，这将促进生产经营者树立森林可持续经营和绿色发展理念，同时促进当地林下经济的发展和收入的多元化。作为一种有效的市场机制，非木质林产品认证不仅能提高产品的价值（一般溢价10%～15%），还能拓展林业特色资源产品的市场份额，提升产品的市场竞争力，促进认证的林业特色资源产品走向国际市场，市场前景可期。

## 4.2　林业特色资源全产业链发展模式

林业特色资源产品开发利用方式由“采集—出售”模式转变为“栽培—销售”模式，有2个突出特点：一是从采集野生资源转变为人工栽培；二是初加工转变为精深加工。

### 4.2.1　林业特色资源的人工培育基地/商业性种植业

当某些市场需求量大且具有高经济收益的林业特色资源产品，由于天然分布有限或早期过度采集导致数量急剧减少，出现供需矛盾时，最好的办法是进行林业特色资源的人工培育。对林业特色资源大规模的开发利用，首先要重视林业特色资源的商业性种植基地建设，这样既能避免掠夺式采集天然资源造成天然的林业特色资源逐渐耗尽，又可保障商业上的经常性供应；同时，这也是实现林业特色资源可持续利用的唯一选择。

大力发展名特优新的林业特色资源基地，并注重提高基地综合效益，因而商业性种植林业特色资源产品的最佳选择是农林立体复合经营（林下经济）模式。该模式强调多种生物群体，根据它们各自不同的生物学和生态学特性，有机地结合起来，在同一地块上经营。而在所选择的众多的生物群体中，大部分为林业特色资源产品，如各类经济林、竹藤、森林药材、食用菌、花卉等，它们有着各自不同的生物学和生态学特性，为农林立体复合经营提供了丰富多样的物种选择。

可供选择的林下经济模式主要有以下几种基本类型：林下种植模式，包括林粮、林油、林药、林菌、林菜、林苗（苗木、花卉）、林草、林茶模式等；林下养殖模式，包括林禽（鸡、鸭、鹅等）、林畜（猪、牛、羊、兔等）、林虫（如林—蜂、林—紫胶虫）模式；复合模式，如林草牧模式、林渔农模式、庭院复合生态系统、丘陵山地立体农林业系统。通过林业特色资源商业性种植基地建设，推进特色资源布局区域化、栽培品种化、生产标准化、经营产业化，增加林业特色资源产品和林地综合产出。

### 4.2.2　林业特色资源精深加工业及产业集群

在林业特色资源利用过程中，原材料、原料初加工和半成品加工往往会产生大量废弃物且收益偏低。为了获取更多利润，实现无废弃循环友好型开发利用，需要从环保和经济效益两个角度对加工原料进行综合利用，将林业特色资源转化成高附加值的产品。延展产业链条，多元发展。大力推进我国林业特色资源精、深加工业的发展，通过建立专家工作站等引进人才机制，解决林业特色资源产业发展中深加工和高端产品的关键技术问题，并采用灵活的政策引进关键技术，建立一批有先进技术水平和一定规模的林业特色资源生产加工及销售的高科技龙头企业。

促进林业特色资源产业聚集和融合发展，培育形成特色非木质林产品产业集群。依托资源禀赋和口岸，建设“繁育、种植、加工、销售”体系，形成上、中、下游完善的林业特色资源产业链条，通过产业关联、产业衔接、形成具有区域特色的林业特色资源产业集群，发挥重点产业聚集效应和区域产业竞争优势。依托林业特色资源种植基地、示范区等，发展森林休闲观光、康养、文化、体验及旅游产品开发等于一体的林业综合服务业。

## 4.3　未来产业发展需求分析

### 4.3.1　发展林业特色资源产业，助推低碳绿色发展和生态文明建设

党的十八大报告指出，“必须树立尊重自然、顺应自然、保护自然的生态文明理念”。关于生态文明

建设的途径，党的十八大报告强调，“着力推进绿色发展、循环发展、低碳发展”。《林业发展“十三五”规划》中提出要贯彻落实创新、协调、绿色、开发、共享的新发展理念，承担起引领绿色理念、繁荣生态文化的重大使命，丰富优质生态产品供给，推动全社会形成绿色循环低碳的发展方式和生活方式。发展林业特色资源加工利用产业能有效地提高林业生产力，促进资源增长，增加农民收入，促进生态文化进步，加强林区和谐稳定，实现绿色、循环、低碳、可持续发展，符合马克思主义实践观的要求，使人与自然更好地达到和谐统一，对生态文明建设起到积极的促进作用（李岭宏，2013）。在国际间林产品贸易日益增多和生态文明建设背景下，为了优化林业特色资源产品供应、缓解日益严重的生态破坏问题，需要林业低碳化管理（江泽慧，2010）和绿色供应链管理。

由于大规模毁林造成森林退化，以及随着科技发展和人们对森林生态效益和社会效益需求的增长，促使人们对木质林产品的采伐量逐渐减少，对非木质林产品的开发利用越来越重视。但是由于供应链运作效率低下，导致产生大量额外的碳排放，不但污染环境，而且浪费资源和增加成本，这些问题同步制约着我国林业特色资源产品的国际竞争力。从生态文明建设视角，对林业特色资源产品采取低碳绿色发展模式，可以更好地维持资源和经济的可持续发展。1992年召开的联合国环境与发展大会，通过了《21世纪议程》《关于森林问题的原则声明》，中国随后响应号召制定了用来规范未来林产品开发的《中国21世纪议程》（王长富，1997），这些重要文件和中国提出生态文明建设等理念，充分体现了世界对森林产业绿色低碳发展的重视。林业特色资源产品绿色供应链的定义：依照生态绿色理念，对林业特色资源进行开发与种植培育，合理适度地进行采摘，低碳化加工制造、包装、运输以及销售、回收利用等作业，以期获得经济效益、社会效益及生态效益的供应网络。陈红和高二波（2011）从林业内部和外部两方面描绘了供应链中碳循环的流程，详细地介绍了低碳林业产业链的特点，结合三大产业并将木质林产品和非木质林产品分别进行探讨，绘制了林业绿色低碳供应链（图1–27）。

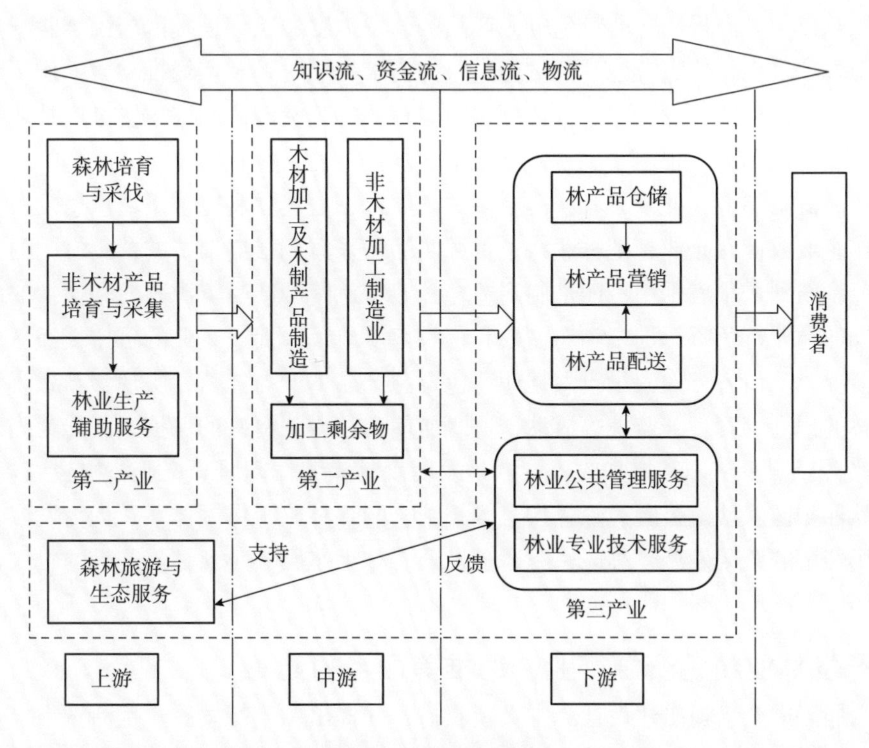


**图1–27 林业产业链**

（资料来源：陈红和高二波《低碳林业产业链研究》）

非木质林产品认证作为森林认证发展的新领域，在促进经济和林业可持续发展方面的作用日益突出。我国开发利用的非木质林产品种类较多、已经规模化经营且贸易额较大，为了规范非木质林产品经营，我国于2014年发布了林业行业标准《中国森林认证非木质林产品经营（LY/T 2273—2014）》。开展非木质林产品认证工作，有利于提高我国非木质林产品的国际竞争力，推动林区经济的转型发展，为林区居民提供多样化的就业机会；同时，引领了绿色消费市场的形成，加载CFCC/PEFC认证标识的产品涵盖了坚果、浆果、水果、蜂产品等非木质林产品。

### 4.3.2　发展林业特色资源产业，推动精准化扶贫

林业特色资源产业有着巨大的经济、社会和环境效益，尤其是在改善农村居民生计、脱贫等方面作用显著。减少乃至消除贫困始终是世界各国面临的重大挑战之一（耿利敏和沈文星，2014）。2012年底，我国有9000多万人口尚未脱贫，主要分布于山区、林区，而山区往往有着丰富的森林资源和非木质资源，在实施天然林保护工程后，山区原有生产方式发生转变，开发利用非木质林产品对山区居民获取收入的作用大幅提高，因此发展非木质林产品产业是实现贫困人口脱贫的重要途径之一。2012年，国务院办公厅颁布《关于加快林下经济发展的意见》，首次为林业特色资源产业发展指明了方向。通过林业特色资源产品生产减少贫困主要有两种途径：一是在林区贫困地区，林业特色资源产品为居民提供了弥补季节收入差的资源和机会；二是林业特色资源产品为居民提供了相对廉价的食物和薪柴。在欠发达国家和地区，采集林业特色资源产品获得的收入往往要高于当地的工资，此外，林业特色资源产品所带来的收入平均要占家庭总收入的50%左右。此外，林业特色资源产品正在从解决农村居民温饱的作用转向商业化盈利的种养殖形式转变，为山区农村居民提供更多的现金收入。在中国西南边境地区的农村，绝大部分农村家庭收入来源于林业特色资源产品，如中草药、水果和菌类等，为当地贫困人口脱贫提供了巨大帮助。

2020年是中国全面打赢脱贫攻坚战收官之年，既要帮助贫困人口实现脱贫，又要防止已脱贫人口返贫。我国可以从以下方面提高林业特色资源产品的开发力度，以促进林区居民增收减贫：一是在林业特色资源产品开发项目中，优先考虑林区贫困人口的需求，同时顾及市场推动力的作用和自然生态系统有限的承载力，实现可持续开发；二是科技扶贫，向林业特色资源产品采集者推广林业特色资源产品的生产（种植和采集）、保存、加工利用技术，通过安排生产、质量分级或者进行简单加工，增加原产地林业特色资源产品的附加值，使采集者获得更多的利益；三是建立和完善市场信息发布体系，改善营销体制，发展合作企业或社区企业，把林业特色资源产品从采集到最终消费的营销链中的中间商获得的市场差额利润部分调整到采集者手中；四是制定适合林业特色资源产品资源开发和保护的政策，给予以可持续经营为基础的林业特色资源加工企业财政和税收优惠政策，促进企业的可持续经营；五是结合山区和林区的实际情况，动员各方面力量投入林业特色资源产品生产与经营，实现参与式森林管理，让当地人参与周边森林的规划、管理、监控等活动，这既能使森林得到更好的保护，又能为当地人提供林业特色资源产品的来源以减少贫困和增加收入；六是发展森林旅游休闲康养产业，构建以森林公园为主体，湿地公园、自然保护区、沙漠公园、森林人家等相结合的森林旅游休闲体系，大力发展森林康养和养老产业。随着市场经济的繁荣发展，林区家庭通过发展森林生态服务（森林旅游）的收入正在增加，森林文化也走向市场。

### 4.3.3　开发林业特色资源产业，助推美丽乡村建设

党的第十六届五中全会提出建设社会主义新农村，并提出“生产发展、生活宽裕、乡风文明、村容整洁、管理民主”等具体要求。林业是经济社会可持续发展的根基，发展林业是全面建成小康社会的一项重大任务。《林业发展“十三五”规划》中提出：“要加快开展乡镇村屯造林绿化示范建设。要做优做强林业产业，发展林业特色产业，扶持新兴产业，改造提升传统产业，打造产业品牌，优化产业结

构，培育龙头企业，壮大产业集群，推进林业一、二、三产业融合发展，在国土上创造和积累生态资本和绿色财富，促进绿色富国、绿色惠民。”贯彻落实“绿水青山就是金山银山”的生态文明理念，美丽乡村建设离不开林业，只有林业产业发展壮大了，才能不断地满足社会对多种林产品的需求，促进生态环境建设改善和县域经济的发展，保障农业的稳定、农民的增收。立足实际依托当地林业资源开发农村特色资源产品，是加快社会主义新农村建设的重要举措。可以从以下方面着手：一是以山林为根本，培育优势林产种植业。着力抓好苗木花卉基地培育；推进特色经济林基地建设，如苹果、梨、山楂、松子、榛子、蓝莓、樱桃、杨梅、花椒、八角、油茶、核桃、油用牡丹、板栗、杜仲、辣木、枸杞等特色果品、木本调料、木本粮油、木本药材基地；发展林菌（木耳、香菇、天麻等）、林药（山茱萸、杜仲、西洋参、五味子等）、林笋种植。二是发展林禽（鸡、鸭、鹅等）、林畜（猪、麝）等林地立体复合经营。三是鼓励各种力量兴办绿色林产品加工业，以各类林产基地优势资源为依托，建立“公司+基地+农户”产业发展模式，着力推进绿色产品深、精、细加工，使初级林产品大幅增值，同时广泛吸纳周边农村劳动力参与林产品收购、运输、加工等环节充分就业，不断增加农民收入，壮大县域经济，有力推进新农村建设。四是大力促进乡村生态旅游产业与林下经济的融合，将特色产业与旅游产品结合起来，实现乡村资源的统一规划。在实施规划的同时，尤其要重视不能破坏林业资源，确保林业的持续与稳定发展。要努力实现乡村资源包括景观、空气环境及特色景区的开发，注重独创性，将乡村旅游业与林下经济完美融合，打造具有特色明显、品味高的消费项目。逐步建立健全有特色的人文服务设施，尽力满足高层次需求游客，打造大家感兴趣的景点。现阶段，我国乡村生态旅游与林下经济的融合实践中，探索出了数种适宜的融合模式，主要有产品式、体验式、科普式、休闲式（包括康养和创作等形式）。

# 5 产业发展总体思路与发展目标

## 5.1 总体思路

以习近平新时代中国特色社会主义思想为指导，全面落实《关于加快推进生态文明建设的意见》，牢固树立创新、协调、绿色、开放、共享的发展理念，认真践行“绿水青山就是金山银山”；以助农增收为目的，推动林业供给侧结构性改革，助推乡村振兴和脱贫攻坚，推进林业特色资源加工利用产业高质量发展，为区域经济发展和人民身心健康贡献力量。建设高标准、规模化、集约化的林业特色资源原料培育基地；延伸林业特色资源产业链，开发精深加工产品，实现林业特色资源综合高效利用；引入市场机制，增强林业特色资源产业发展动力；强化投入扶持政策，建立促进林业特色资源产业可持续发展的长效机制。

## 5.2 发展原则

一是坚持政府扶持和引导，科学规划布局。从区域经济发展实际出发，科学编制林业特色资源产业发展规划，因地制宜突出资源特色，合理规划区域布局和产业规模。要发挥政府的引导作用，实行规划引导、政策引导、投入引导、宣传引导。

二是坚持培育市场主体，促进产业有序发展。瞄准市场消费需求，充分发挥市场和企业在资源配置中的决定性作用，加大招商引资力度，凝聚社会各方力量，实现林业特色产业全面升级，建立市场牵龙头、龙头带基地的产业运行机制，创新“龙头企业+基地+合作组织”的经营模式，推动产、加、销协调发展。

三是坚持资源节约，绿色可持续发展。加强资源和环境保护，依托绿水青山发展绿色林特产品，推动形成保护与开发并重、生产与生态协调发展的绿色可持续发展模式。

四是坚持科技创新，综合开发。增加科研投入，集中攻关林特产业发展的“卡脖子”和“瓶颈”等关键技术问题，在加强自主创新的同时，也鼓励企业引进新设备、新工艺、新技术、新产品，减少与国外技术差距，实现我国林特产品从粗加工向精深加工的重大转变，促进我国林业特色产业快速发展。

五是坚持试点示范，稳步推进。吸取各类经济林树种推广经验和教训，点面结合，稳步推动。在林业特色资源产业发展初期，先在现有的林特产业资源及龙头企业开展试点示范工作，在取得阶段性成效的基础上逐步推开。在适生区域重点布局，要根据区域优势，做好市场调研，选择方向，做好布局，实现林特资源健康有序发展。

## 5.3 发展目标

总体发展目标是基本建立起杜仲、香樟、油茶、桑等林业特色资源的原料种植、采摘、生产和精深加工利用的林业特色资源全产业链体系；健全市场流通体系，提高市场集聚功能；打造林业特色资源加工利用产业集群，培育特色品牌，增强绿色优质中高端林业特色资源产品供给能力，促进林业特色资源产品出口创汇，持续带动区域经济增长和农民增收，推进林业供给侧结构调整。我国林业特色资源产业发展目标分近期、中期和远期3个阶段完成，详见表1–6。

近期（到2025年）：中国林业特色资源产业科技创新体系基本建成，有力支撑国家乡村振兴、粮油安全、健康中国等战略的顺利实施。突破一批资源定向培育和高效利用的重大基础理论和前沿颠覆性技术，突破一批产业发展的“卡脖子”、瓶颈技术，补足产业发展短板，创制一批引领产业发展的战略性重大产品，打造一批国家级科技创新平台，抢占科技制高点，掌握竞争主动权，培育一批林业特色资源产业品牌，重塑资源培育—精深加工—市场一体化的内循环产业链。林特资源产业基地规模累计发展达7.8亿亩以上，主要特色资源初级产品供给能力提升30%以上，基地化、集约化供给比例大幅度提高，资源集储机械化率达到30%以上；产品深加工率达到40%以上，资源综合利用率提高到50%以上，一、二、三产业结构比例趋于合理，产业综合总产值达到2.0万亿元，种植业产值达到7500亿元，实现林业特色资源产业发展模式由资源主导型向市场创新型、经营方式由粗放型向集约型、产业升级由分散扩张向品牌引领转变。

中期（到2035年）：形成高效、协作、开放的中国林业特色资源产业科技创新体系，产业科技自主创新技术水平全面提升，劳动生产率大幅提高，特色资源产品生产的可持续性极大增强，产业核心竞争力达到发达国家水平，掌握竞争主动权；林特资源产业基地规模累计发展达18亿亩以上，主要特色资源初级产品供给能力提升80%以上，基地化、集约化供给比例提高到90%，资源集储机械化率达到80%以上；产品深加工率达到90%以上，资源综合利用率提高到90%以上，一、二、三产业结构比例更加合理，产业综合总产值达到4.0万亿元，种植业产值达到1.0万亿元，满足人民日益增长的美好生活对天然、绿色、可再生特色林产品的需求，支撑乡村振兴取得决定性进展；木本油料、木本饲料、木本调料、木本药材等重要方向位居全球前列，实现产业领跑，基本建成世界林业特色资源产业科技强国、引领世界林业特色资源产业发展。

远期（到2050年）：林特资源产业基地规模累计发展达20亿亩，产业综合总产值达到6.0万亿元以上，林业特色资源产业位居全球前列，建成世界林业特色资源产业科技强国。

表1-6 林业特色资源产业发展近期、中期和远期阶段目标

| 序号 | 品种 | 总体目标 | 具体目标 | | |
| --- | --- | --- | --- | --- | --- |
| | | | 2025年 | 2035年 | 2050年 |
| 1 | 红豆杉 | 建立国际一流红豆杉枝叶加工利用理论、技术和管理体系，国内各地区均有红豆杉枝叶加工利用龙头企业，且各地区红豆杉枝叶加工利用产业的总量和质量持续提高，全面占领红豆杉枝叶高附加值产品的国际市场 | 结合具体情况制定各地区红豆杉山地培育方案；栽培与采摘初步实现机械化；培育优秀品牌，培育龙头企业1～2个；降低红豆杉枝叶高附加值产品的生产成本，研制100种红豆杉枝叶高附加值产品类型，新产品生产达到国内一流水平，并与红豆杉国际市场接轨；建立全国性产业信息化系统；实现产业链升级关键技术和装备的国内领先；基本建立智慧型产业互动化、一体化、主动化的运行模式。 | 培育出耐干旱、耐盐碱等恶劣环境的高紫杉醇含量的红豆杉品种；培育龙头企业带动下的药谷、生态园等区域经济开发区；打造国际优秀品牌；打造高附加值的产品生产线；栽培与采摘实现机械化；取得新技术研发专利技术；新产品生产达到国际一流水平；实现全产业链技术和装备水平国际领先；实现智慧型红豆杉产业互动化、一体化、主动化的运行模式 | 建立国际一流红豆杉枝叶加工利用理论、技术和管理体系，国内各地区均有红豆杉枝叶加工利用龙头企业；实现种植与采摘、产品原料来源追溯、生产过程、质量检验、品牌标识标注、销售及售后服务等过程以及资源管理、生态系统良性发展等协同化绿色产业发展态势，实现生态、经济、社会综合效益最大化 |
| 2 | 樟树 | 形成以油樟、芳樟、龙脑樟生产、加工、流通、销售产业链为基础，集科技创新、休闲观光、配套农资生产和制造融合发展的特色林业产业集群，培育特色品牌；引领带动整个油樟、芳樟、龙脑樟产业做大做强，逐步打造世界闻名的特色木本精油产业带，打造“中国第一、世界知名”的油樟、芳樟、龙脑樟集聚区 | 以油樟、芳樟、龙脑樟为主导，一、二、三产业融合发展的格局基本形成，产业基地达到200万亩（其中油樟150万亩，芳樟25万亩，龙脑樟25万亩），开发新技术10项、创制新产品50个、培育国家知名品牌3个，支撑亿元以上龙头企业达到5家，建成国家级现代林业示范园区1个，综合产值达到200亿元以上，樟农人均林业收入达到10000元以上 | 基本形成以油樟、芳樟、龙脑樟为主导的森林大健康产业，产业基地达到300万亩（其中油樟200万亩，芳樟50万亩，龙脑樟50万亩），开发新技术20项、创制新产品100个、培育国家知名品牌5个，支撑亿元以上龙头企业达到10家，建成国家级现代林业示范园区3个，综合产值达到500亿元以上，樟农人均林业收入达到15000元以上 | 形成以油樟、芳樟、龙脑樟为主导的森林大健康产业链，产业基地达到1000万亩（其中油樟600万亩，芳樟200万亩，龙脑樟200万亩），开发新技术100项、创制新产品1000个、培育国家知名品牌20个，支撑亿元以上龙头企业达到50家，建成国家级现代林业示范园区10个，综合产值达到5000亿元以上，樟农人均林业收入达到30000元以上 |
| 3 | 桑树 | 在充分科学利用现有2000余万亩桑树资源的基础上，建设3亿亩桑树资源林，使桑树资源的面积达到3.2亿亩。初级产品（桑叶）产值每五年递增20%，到2050年达到5225亿元。完成桑产业技术创新，完成研发包括饲料、饲料添加剂、食品、食品添加剂、药品、药品中间体、保健品、日化用品等近10个类别、200个深加工产品，综合产值每五年递增20%，到2050年达到1.57万亿元 | 国家制定总体规划，以及不同区划范围的桑产业发展计划。要在充分科学利用现有2000余万亩桑树资源的基础上，建设5000万亩桑树资源林，使桑树资源的面积达到7000余万亩。桑叶干物质产量达到7000万t，初级产品（桑叶）产值达到2100亿元。桑蚕白产量达到1400万t。初步完成桑产业技术创新，完成研发包括饲料、饲料添加剂、食品、食品添加剂、药品、药品中间体、保健品、日化用品等近10个类别、200个深加工产品，综合产值达到6300亿元 | 在现有7000余万亩桑树资源的基础上，建设1亿亩桑树资源林，使桑树资源的面积达到1.7余亿亩。初级产品（桑叶）产值达到3024亿元，深加工产品综合产值达到9072亿元 | 在现有1.7亿余亩桑树资源的基础上，建设1.5亿亩桑树资源林，使桑树资源的面积达到3.2亿亩。初级产品（桑叶）产值达到5225亿元，深加工产品综合产值达到1.57万亿元 |

（续）

| 序号 | 品种 | 总体目标 | 具体目标 | | |
| --- | --- | --- | --- | --- | --- |
| | | | 2025年 | 2035年 | 2050年 |
| 4 | 构树 | 根据不同区域构树种植方式、材质特征、当地产业基础及市场需求和发展趋势等，确定合理的建设规模，统一规划、分布实施，建立构树全资源高效生态利用产业模式。提高构树科技成果转化效率，培育抗逆能力强的杂交构树新品种，加快种养加标准的制定，促进构树产品推广使用；开发构树高附加值新产品，开发精蛋白饲料、生物基炭材料、保健食品、新型饲料等，形成构树生态化产业发展模式 | 全国累计发展高蛋白构树种植达200万亩，保证稳定的原料供给；年产青贮饲料约400万t，精蛋白饲料约30万t，新增产值超过100亿元，在木本饲料占比份额达到20%；支持畜牧业龙头企业发展，打造构树种—养—奶—加全产业链；以构树干为原料开发纸浆纸品、工业木炭、低聚糖等副产品，培植一批具有产业带动作用的龙头企业，构树产业的市场竞争力明显增强；建立构树饲料生产示范基地30个，建立工业硅冶炼用木炭还原剂示范线，生产能力达到10万t/年；培育杂交构树新品种3～5个，取得一批具有自主知识产权的构树饲料、木炭成套技术和产品 | 全国累计发展构树林面积达到500万亩，其中饲料用构树林400万亩，能源林100万亩。补齐蛋白饲料原料短板，年产青贮饲料约800万t，精蛋白饲料约100万t，产值超过400亿元，在木本饲料占比份额种达到30%。开发高效酵料、蛋白、保健品、工业炭材料、生物基化学品等新产品，大幅提升构树种—养—奶—加产业链的稳定性和竞争力，培育年产饲料50万t龙头企业2～3家。培育杂交构树新品种5～10个，突破得一批具有自主知识产权的饲料、医药、食品及工业产品关键技术 | 进一步丰富构树品种，饲料精准化配制技术国际领先，全面实现蛋白饲料国产化，形成构树生态化发展模式 |
| 5 | 银杏 | 扩大全国银杏良种基地，重点扶持银杏产品加工龙头企业，组建银杏产业集团；培植银杏产品市场，创建银杏良种品牌和银杏加工产品品牌，创制高附加值银杏制剂产品，提升银杏产品加工技术和标准；建立银杏产业行业协会，建设银杏信息网络系统；提高银杏产业总产值，扩大银杏主要产品国际市场占有率和深加工产品出口增长率 | 全国银杏良种基地达到3000万$m^2$以上，银杏良种果实年产量超3万t；银杏干青叶产量5万t以上，重点扶持8～10个银杏产品加工龙头企业，组建银杏产业集团；培植3～5个银杏产品市场，创建5个银杏良种品牌和5个银杏加工产品品牌，创制高附加值银杏制剂产品8～10个，银杏产品加工技术和标准达到欧美国家水平；建立银杏产业行业协会，建设银杏信息网络系统；主要产品国际市场占有率达50%以上，银杏深加工产品出口增长20%，全国银杏产业总产值达300亿元以上，年出口创汇5亿美元以上 | 全国银杏产业总产值达400亿元以上，年出口创汇6亿美元以上 | 全国银杏产业总产值达500亿元以上，年出口创汇7亿美元以上 |
| 6 | 八角 | 构建以优质高效八角原料林基地为基础，以深加工产业为发展龙头，集基地、产品开发、加工、营销为一体的八角产业生态圈，推进八角产业由分散向集中发展，打造八角品牌，扩大出口规模，实现特色八角资源及其深加工产值达到300亿元以上 | 在稳定现有八角资源面积47万$hm^2$的基础上总产量提高10%，资源优质化明显，基本满足资源利用产业化发展需求；产业布局得到优化，八角深加工能力提高30%，产值达到200亿元，出口量增加10%，培植一批具有全局性或区域性带动作用的龙头企业；培育八角优良品系（品种）10个，突破瞄准终端产品的八角茴油精深加工关键技术，初步建立八角生产标准化体系，八角新产品开发能力显著增强，产业链得到明显延长，国际品牌初步建立 | 八角资源面积达到50万$hm^2$，资源培育实现高效化和集约化经营目标，资源集中度进一步明显，提升资源培育标准化、机械化水平；八角深加工能力提高80%，产值达到300亿元，出口量增加35%以上，出口结构由原料出口为主转变到深加工产品、终端产品出口为主，培育国际贸易型龙头企业一批；培育八角优良品系（品种）20个，取得一系列具有自主知识产权、创新性的八角精深加工和香料合成转化技术及新产品，建立具有较强竞争力的国际品牌 | 八角资源面积稳定在60万～66万$hm^2$，资源培育实现定向化、优质化经营目标，原料基地良种化提升30%以上，资源培育的标准化、机械化水平进一步提高；八角深加工能力提高100%，产值规模显著增大，出口量增加50%以上，龙头企业综合实力达到或赶超国际同类企业；八角精深加工和深度开发利用关键技术取得系统性成果，国际品牌进一步得到巩固和发展 |

（续）

| 序号 | 品种 | 总体目标 | 具体目标 | | |
| --- | --- | --- | --- | --- | --- |
| | | | 2025年 | 2035年 | 2050年 |
| 7 | 花椒 | 建成分布合理的全国花椒生产基地，基本建成适应各地栽培的适生新品种或无刺花椒新品种，基本形成花椒深加工综合利用体系；建设资源节约型、环境友好型、产品多样型花椒产业链 | 扩大种植面积达到20万$hm^2$，一产产值达到400亿元，研发新技术8项、新产品10个，创建品牌10个，总产值达到600亿元 | 扩大种植面积达到25万$hm^2$，一产产值达到500亿元，研发新技术达到10项、新产品达到15个，创制品牌达到20个，总产值达到700亿元 | 扩大种植面积达到30万$hm^2$，一产产值达到600亿元，研发新技术达到12项、新产品达到20个，创制品牌达到30个，总产值达到800亿元 |
| 8 | 肉桂 | 立足于肉桂作为发源地和主产地的独特资源优势，一带一路的战略地位优势，大力发展肉桂香料和医药产业 | 形成以第一产业为基础、第二产业为动力、第三产业为新方向的良好格局。建立一批标准化高效示范种植基地，带动其他肉桂主产区规范化发展，促进产业适度规模化、部分机械化；突破精深加工关键技术，着眼于提升价值链，引导产业链由低附加值的产中环节和初加工环节，向附加值更高的产前研发和产后精深加工环节延伸；引导产业链与示范县、示范基地、产业集聚区等各类功能区共生发展，实现产业链由线性的“单链”向非线性的“网链”转变，使肉桂产品获得全过程、多层次、多环节的增值。提升资源总面积达30万$hm^2$，产值达到100亿元 | 建立较为完善的肉桂产业链，关键技术、装备、研发能力和产品影响力达到国际先进水平。在肉桂主产区建立多个肉桂高效种植示范基地，创制出一批优质、高档产品，拥有具有国际影响力的自主名优品牌，实现一、二、三产业融合发展，资源保有面积为30万$hm^2$，产值达200亿元 | 全面建成核心技术自主可控、产业链安全高效、产业生态循环畅通的肉桂产业发展体系，资源总面积保持30万$hm^2$，全面建立高质量高标准肉桂人工林，各项技术达到国际领先水平，产品占领国际终端市场高地，一、二、三产业实现产值达500亿元 |
| 9 | 油茶 | 建设一批能够满足油茶产业发展需要的油茶良种繁育基地和油茶高产林基地，培植一批茶油精深加工和综合利用骨干龙头企业；“中国茶油”公共品牌初具影响力 | 全国油茶种植面积总规模达到7500万亩，其中高产油茶林面积达到2400万亩，比例达到32%；茶油产量达到125万t；油茶副产品综合利用率30%以上；培育3～4家油茶企业上市；带动2000万林农增收致富，实现油茶全产业链总产值1500亿元以上 | 进一步完善油茶产业链，形成布局合理，产品结构优化，龙头企业带动，粗、精、深加工分工合理，优势互补的产业集群。油茶种植面积总规模达到8000万亩，其中高产油茶林面积达到4000万亩以上，比例达到50%；茶油产量达到160万t；油茶副产品综合利用率40%以上；培育6～7家油茶企业上市；带动5000万林农增收致富，油茶全产业链总产值2500亿元以上 | 构建油茶全产业链体系，提升油茶产业综合效益。合理布局油茶产业群，大力培育一批骨干龙头企业，建立油茶籽收集、处理、加工、贮存、物流体系；重点打造中国茶油公共品牌、地方区域品牌和企业特色品牌；构建完善的“互联网+茶油”线上线下综合交易体系，形成全国茶油产品交易中心；大力发展油茶林下经济、田园综合体、生态文化旅游，充分发挥油茶产业综合效益。茶油精加工率提高到70%，茶油副产品综合利用率达到60%以上；油茶产业工程装备程度达到50% |

（续）

| 序号 | 品种 | 总体目标 | 具体目标 | | |
|---|---|---|---|---|---|
| | | | 2025年 | 2035年 | 2050年 |
| 10 | 杜仲 | 采用递进式发展模式，逐步形成杜仲橡胶、杜仲油料、杜仲中药、功能饲料等供应相对稳定充足、综合效益显著的杜仲新能源经济和产业资源供给，建立起适于现代杜仲产业发展的新型杜仲资源培育体系，充分发挥科技引领、政府支持与服务及企业主体作用，建立起杜仲机械化种植和采摘、杜仲新技术新装备研发应用、杜仲产品生产和加工、杜仲资源高效利用的全产业链的产业体系，成为我国中西部地区农民增收致富和改善区域生态环境的重要产业之一，全面发挥经济、生态和社会综合效益 | 杜仲资源种植实现1000万亩，其中国家储备林300万亩；培育龙头企业10个，培育杜仲优秀品牌10个；杜仲橡胶生产实现60万t，建立5个杜仲亚麻酸油产业化示范基地、5个新型杜仲药用及功能性食品生产示范基地、8个杜仲功能饲料生产示范基地、10个畜禽水产养殖示范基地，杜仲产业产值达到2000亿元；杜仲栽培与采摘初步实现机械化；建立全国性杜仲产业信息化系统；杜仲新技术研发和新产品的生产达到国内一流水平，实现杜仲产业链升级关键技术和装备的国内领先；基本建立智慧型杜仲产业互动化、一体化、主动化的运行模式，初步实现杜仲种植与采摘、产品原料来源追溯、生产流程、质量检验、品牌标识标注、销售及售后服务等过程的绿色产业发展模式 | 杜仲资源种植达到6000万亩，其中国家储备林2000万亩；培育龙头企业30个，培育杜仲优秀品牌30个；杜仲橡胶生产实现150万t，建立15个杜仲亚麻酸油产业化示范基地、15个新型杜仲药用及功能性食品生产示范基地、20个杜仲功能饲料生产示范基地、20个畜禽水产养殖示范基地，杜仲产业产值达到1.2万亿元；杜仲新技术研发和新产品的生产达到国内一流水平，实现杜仲产业链升级关键技术和装备的国内领先；基本建立智慧型杜仲产业互动化、一体化、主动化的运行模式，初步实现杜仲种植与采摘、产品原料来源追溯、生产流程、质量检验、品牌标识标注、销售及售后服务等过程的绿色产业发展模式 | 杜仲资源种植实现1亿亩，其中国家储备林杜仲林基地4000万亩；培育龙头企业50个，培育杜仲优秀品牌50个；杜仲橡胶生产实现260万t，建立30个杜仲亚麻酸油产业化示范基地、30个新型杜仲药用及功能食品生产示范基地、50个杜仲功能饲料生产示范基地、50个畜禽水产养殖示范基地，杜仲产业产值达到2万亿元；杜仲栽培与采摘实现机械化；杜仲新技术的研发和新产品的生产达到国际一流水平，实现杜仲全产业链技术和装备水平国际领先；实现智慧型杜仲产业互动化、一体化、主动化的运行模式，基本达到杜仲种植与采摘、产品原料来源追溯、生产过程、质量检验、品牌标识标注、销售及售后服务等过程以及杜仲资源管理、生态系统良性发展等协同化绿色产业发展态势，实现生态、经济、社会综合效益最大化 |
| 11 | 五倍子 | 重点推进原料基地建设，加强五倍子资源综合利用；打造一批优秀的五倍子产业创新生物科技企业，推进五倍子深加工产品向电子化学品新材料和生物医药行业等高端产品延伸，提升五倍子加工全产业链总产值 | 全国培育苔藓基地面积100亩，人工挂虫丰产倍林基地面积达到5万亩，五倍子（干计）产量10000t。在湖北、湖南、贵州等地打造一批优秀的五倍子产业创新生物科技企业。解决五倍子高附加值产品加工关键技术，研发出电子级单宁酸产品；抓住“推动健康养殖、保障食品安全”，畜牧业“减抗/替抗”的国际发展大趋势，五倍子单宁酸产品向饲料行业延伸，培植壮大1～2家五倍子加工龙头企业 | 建立稳产高产的五倍子培育基地，加强五倍子资源进行综合利用；推进五倍子深加工没食子酸系列产品向电子化学品新材料——光刻胶、光敏剂延伸，募集资金建设电子化学品新材料——光刻胶、光敏剂项目，配套国内光电子产业，提供高端电子化学品新材料，打造1～2家百亿级企业。利用单宁酸和没食子酸的优势向生物医药行业进军，研发出盐肤木食用果油、五倍子蜂蜜、医药新用途（磺胺类药增效剂，收敛和抗肿瘤） | 人工挂虫丰产倍林基地面积达到10万亩，五倍子（干计）产量20000t。兴建一批五倍子新材料加工及生物医药产业园，使我国成为全球电子化学品新材料——光刻胶、光敏剂的主要生产国，实现五倍子加工全产业链年总产值达到千亿元 |
| 12 | 枸杞 | 扩大枸杞种植总规模，发展标准化种植基地，加强优质野生枸杞种质资源保护；创建具有自主知识产权的枸杞品牌；形成健全的科技服务支撑体系、合理的政策保障体系、较强的枸杞产品精深加工体系、完善的国内外销售网络体系，逐渐形成种植、加工与销售一体化的产业发展格局 | 枸杞种植总规模达到21.42万$hm^2$，其中45%发展标准化种植基地，每年改造提升5000$hm^2$枸杞种植基地；同时对相对集中的20.0万亩的优质野生枸杞种质资源进行保护；发展绿色枸杞种植，重点发展有机枸杞；创建具有自主知识产权的枸杞品牌；形成健全的科技服务支撑体系，合理的政策保障体系，较强的枸杞产品精深加工体系、完善的国内外销售网络体系 | 发展20.0万亩枸杞规模化种植基地，枸杞种植总规模稳定在21.5万$hm^2$；形成具有现代化的精深加工能力，完善的品质认证和质量保证体系，健全的国内外销售网络；依托枸杞产品，着力开拓国际市场，形成国际著名的品牌产业 | 枸杞产业种植规模基本稳定，逐渐形成种植、加工与销售一体化的产业发展格局 |

（续）

| 序号 | 品种 | 总体目标 | 具体目标 | | |
|---|---|---|---|---|---|
| | | | 2025年 | 2035年 | 2050年 |
| 13 | 沙棘 | 建立稳产、高产、优质沙棘原料林和原料基地，培植沙棘产品开发生产龙头企业，健全市场流通体系，提高市场集聚功能；建立“农户+基地+企业”的产供销“一体化、一条龙”沙棘产业发展链条；形成以沙棘籽油、沙棘黄酮、浓缩果汁等为主导的沙棘精深加工产业链；突出沙棘原生态的特点，打造国际著名的“沙棘”产业品牌 | 沙棘基地总规模达到120.0万亩，其中利用现有50.0万亩的沙棘原料基地，新建70.0万亩沙棘原料种植基地；形成年加工利用30.0万t沙棘原料的能力，建立具有自主知识产权的“沙棘”品牌；形成健全的科技支撑体系、合理的政策保障体系、先进的沙棘产品精深加工体系、完善的国内外销售网络体系 | 利用现有120.0万亩沙棘原料基地，形成年加工利用30.0万t沙棘原料的能力。建立具有现代化的精深加工能力、完善的产品认证和质量保证体系，健全的国内外销售网络；着力开拓国际市场，打造国际著名的“沙棘”产业品牌 | 形成以沙棘油、沙棘黄酮、沙棘果汁、医疗保健、功能食品、沙棘饲料等为主导的沙棘深加工产业链；形成稳定的国内、国际市场，拥有国际著名的“沙棘”产业品牌 |
| 14 | 红松 | 构建与完善红松良种选育、苗木繁育、人工林培育、木材综合利用、林副产品开发等技术体系，建立资源培育型示范基地和建立木材综合加工利用示范基地，突破红松产业发展中的关键技术，形成红松国家技术创新中心；形成红松系列产品精深加工关键技术，增加红松产品种类，全面提升附加值和技术含量 | 构建与完善红松良种选育、苗木繁育、人工林培育、木材综合利用、林副产品开发等技术体系，逐步建立行业技术标准与规程；建立包括种质资源创制、良种扩繁、人工用材林培育、果材兼用林培育、坚果经济林培育等资源培育型示范基地，面积1000hm$^2$；建立木材综合加工利用示范基地1处；红松特色资源产品加工生产线3条，实现产值500亿元；建立资源培育与产品加工利用工程技术人才培养基地，提供技术研发、成果转化创新平台 | 红松高世代育种与特有品系无性繁殖技术体系开发与推广应用，建立试验示范基地5000hm$^2$，广泛推广应用；红松产品多样性开发利用与产业升级，形成红松系类产品（松多酚、松仁蛋白、松仁多糖、不饱和脂肪酸、松针、松针油、松节油、松香等）8个，实现产值2000亿元；突破红松产业发展中的关键技术，形成红松国家技术创新中心 | 加强规模化生产红松优良无性系技术研究和人工种子研究等，形成系统完善的红松人工林培育技术链条；加强红松系类产品加工利用研究，形成红松系列产品精深加工关键技术，全面解决红松产品种类少、附加值低、技术含量差、缺乏市场竞争力等问题 |
| 15 | 板栗 | 较大程度完成板栗优质品种育种进程，填补不同板栗品种的品质短板，保证品质与产量的稳定性；种植面积与生产加工规模取得较大提升，创新贮藏加工处理技术，通过探索产品新技术解决板栗高附加值产品成本高的问题，加强产品多元化发展。进一步完善板栗贮藏加工利用理论、技术和管理体系，初步占领板栗及其高附加值产品的国际市场，国内各产区板栗贮藏加工利用产业的总量和质量持续提高 | 结合各品种与地区环境问题，制定各产区板栗培育方案；促进板栗种植面积与产量持续稳步上升；结合现有板栗资源，培育优质板栗新品种；完善种植地配套设施，栽培与采摘基本实现机械化；建立板栗生产技术交流组织，提高科学经营管理水平；开发板栗贮藏加工利用新技术，有效减少生产成本；结合板栗相关副产品特点，探索综合利用新技术，创制板栗相关新产品；打造优秀自主品牌，在板栗主产区培育龙头企业；淘汰低效板栗种植园，形成产区规模化生产；完善产业链建设，建立全国性产供销链条信息化系统；根据不同板栗园类型、市场需求等，积极探索和发展林下经济配套技术 | 推广主产区种植经验，提高全国种植面积和总产量；实现产业链升级关键技术和装备水平国内领先；完善产区品种结构，提升产品质量稳定性；培育龙头企业带动的栗园、栗农等形成经济开发区；打造国际优秀品牌，规范产品销售渠道；形成政府、合作社、公司、示范基地联合经营模式；新产品生产加工处理达到国际一流水平；基本达到种植与采摘、产品原料来源追溯、生产过程、质量检验、品牌标识标注、销售及售后服务等过程以及资源管理、生态系统良性发展等协同化绿色产业发展态势，实现生态、经济、社会综合效益最大化 | 国内板栗种植面积与产量达到世界领先水平，建立国际板栗及相关副产品贮藏、加工利用理论、技术和管理体系，打造国际知名品牌，使国内各产区均有板栗加工利用龙头企业，全面占有板栗及其高附加值产品的国际市场 |

（续）

| 序号 | 品种 | 总体目标 | 具体目标 | | |
|---|---|---|---|---|---|
| | | | 2025年 | 2035年 | 2050年 |
| 16 | 坚果 | 打造一流的坚果产品质量，打造一流的科技创新与推广体系，促进科技进步对产业的贡献率。将我国坚果产业打造为具有世界影响力和话语权的一流绿色食品产业，成为支撑脱贫攻坚、乡村振兴的重点产业 | 我国坚果面积发展至1.25亿万亩，产量500万t，综合产值达3400亿元，其中：核桃12100万亩，产量470万t，综合产值3200亿元；澳洲坚果400万亩，产量30万t，综合产值200亿元。主产区农民人均收入3000元/年以上。建成综合产值50亿元以上的核桃产业重点县10个以上。新增国家及省级龙头企业100户，龙头企业总数达200户以上，培育产值5亿元以上龙头企业20户以上（其中产值20亿元龙头企业1～2户，力争上市），产值1亿元到5亿元龙头企业达50户。新增专业合作组织1000个，总数达2500个以上，专业合作组织经营面积达到5000万亩以上。打造一流的我国坚果产品质量。申报15个核桃地理标志暨原产地认证，全国驰名商标10个、省级著名商标30个，新增通过有机认证产品50个。打造一流的科技创新与推广体系，科技进步对产业的贡献率提高至90%以上 | 核桃和澳洲坚果总产量达600万t以上，综合产值达4000亿以上；产值20亿元以上的龙头企业3～5家，全国驰名商标12个以上，突破核桃药用精深加工关键技术，产品出口价格基本达到发达国家的水准 | 核桃和澳洲坚果总产量达700万t以上，综合产值达4500亿以上；产值20亿元以上的龙头企业4～6家，产品出口价格与发达国家持平 |
| 17 | 松脂 | 以高产脂松树为主要对象，大力培育速生性、丰产性、抗逆性强的良种，加快人工林建设，扩大高质高产品种的开发和推广，营造多树种混交林，推进山区和半山区困难立地造林。采用立地选择、密度调控和配方施肥等技术措施，规范脂用林采脂的技术等方法，实现脂用林地综合增产。突破松脂的机械化采割技术，建立以制备生物基材料为目标的林浆纸一体化原料林基地 | 重点建设转化技术成熟的马尾松、云南松、湿地松、思茅松等松脂树种基地林建设。适当考虑南亚松和黄山松等产松脂树种，规划建设高产脂松林基地105个。松脂产量将达到170万t，预计总产值达到200亿元 | 产脂松林用材林面积达到1600万$hm^2$，新增松脂用材林面积200万$hm^2$。以发展马尾松原料林为主，充分考虑云南松、湿地松、思茅松和混交松林的人工造林。重点建设发展贫瘠山地和荒山区域人工林。全面实现产业高质量发展，利用大数据、AI等信息技术与实体经济在更深层面上融合，松脂采割实现机械化，打破松脂材料的高端产品垄断局面，实现松脂基材料制备技术达到世界领跑水平，松脂基材料相关产品的产值达到1万亿以上 | — |

（续）

| 序号 | 品种 | 总体目标 | 具体目标 | | |
|---|---|---|---|---|---|
| | | | 2025年 | 2035年 | 2050年 |
| 18 | 生漆 | 支持和孵育规模化的生漆产地，为生漆产业提供稳定的原料。突破生漆纳米材料和生物基化学品精准调控的关键技术，取得一批具有自主知识产权的生漆纳米材料和生物基化学品成套技术和产品。保障我国特种材料和药品安全，推进生漆漆酚在军工行业、电子行业、辐射防护、医疗等关键产业的实际应用 | 支持和孵育规模化的生漆产地，为生漆产业提供稳定的原料。全国年均生漆产量将达2万t，产值超过80亿元；开发生漆在新型纳米功能材料领域及生物医药领域的应用，实现部分医药中间体的进口替代，培植2～3家具有产业带动作用的龙头企业；建立生漆综合利用示范基地2个以上，建立生漆漆酚新型纳米功能材料及漆酚生物质化学品生产示范线。开发生漆漆酚新型纳米功能材料及漆酚生物质化学品新产品各2～3个，突破生漆纳米材料和生物基化学品精准调控的关键技术，取得一批具有自主知识产权的生漆纳米材料和生物基化学品成套技术和产品。保障我国特种材料和药品安全，推进生漆漆酚在军工行业、电子行业、辐射防护、医疗等关键产业的实际应用 | 年生漆产量约2.5万t，总产值超过150亿元，高附加值产品出口产值达20%以上；开发生漆副产物的深度利用，实现部分化学品的进口替代，培育生漆材料和医药龙头企业2～3家，大幅提升中国生漆的国际市场影响力和竞争力；开发生漆特种涂层材料和医药产品5～8个，突破生漆应用于电子行业、辐射防护、医疗等产业的关键技术 | 生漆产量和产值国际领先，生漆产品应用领域进一步丰富，连续化生产装置实现大型化、自动化和智能化，全面实现部分高端涂层的国产化，实现部分生漆生物质化学品的国际化，形成生漆产业可持续发展模式，生漆产业进入成熟期 |
| 19 | 木炭与活性炭 | 建立原料供应稳定、高端产品绿色制造和高效应用的一体化产业体系，有效满足食品、医药、环保、民用、工业等领域对木炭和活性炭日益增长的需求。提高木炭和活性炭科技成果转化效率，全面实现高端活性炭产品的进口替代。培植一批具有产业带动作用的龙头企业，提升国际市场竞争力 | 全国累计新增薪炭林面积达50万亩，为木炭产业提供稳定的原料。全国木炭产量将达210万t/年，产值超过165亿元；木质活性炭产量将达50万t/年以上，产值超过50亿元。开发木醋液副产品在农业领域的应用，实现3类活性炭产品的进口替代，培植2～3家具有产业带动作用的龙头企业，增强木炭和活性炭产业的市场竞争力。建立年产5万t木炭和年产6万t活性炭生产示范基地2个以上，建立植物生长增效用木醋液调节剂示范线。开发木醋液和活性炭新产品2～3个，突破木醋液饲料化、磷酸法活性炭绿色制造、活性炭孔隙精准调控关键技术，取得一批具有自主知识产权的木炭和活性炭成套技术和产品 | 年产木炭约230万t，木质活性炭60万t，总产值超过240亿元，出口产值达20%以上。开发木焦油副产物的循环利用技术，实现8类活性炭产品的进口替代，培育年产木炭8万t或活性炭8万t的龙头企业2～3家，大幅提升木炭和活性炭产业的国际市场竞争力。开发木醋液、木焦油和活性炭新产品5～8个，突破活性炭应用于电子行业、辐射防护、医疗等产业的关键技术 | 木炭和活性炭产量国际领先，木炭和活性炭产品应用领域进一步丰富，活性炭生产技术、应用技术和领域全面达到国际领先，连续化生产装置实现大型化、自动化和智能化，全面实现高端活性炭产品国产化，形成木炭和活性炭可持续发展模式，木炭和活性炭产业进入成熟期 |

（续）

| 序号 | 品种 | 总体目标 | 具体目标 | | |
|---|---|---|---|---|---|
| | | | 2025年 | 2035年 | 2050年 |
| 20 | 生物质气化供热发电 | 建立原料供应稳定、高品质燃气绿色制造和生物炭高效应用的一体化产业体系，有效满足国家能源结构调整与能源安全对林业生物质热解气化集中供热发电日益增长的需求。提高林业资源热解气炭联产和热电联产的科技成果转化效率，提升林业资源热解气化供热发电产业产值在林业生物质能源总产值中的比例，培植一批具有产业带动作用的龙头企业，提升国际市场竞争力，推动林业特色资源加工利用产业的快速发展，努力建设资源节约型和环境友好型的和谐社会 | 全国累计新增和改造能源林面积达40万亩，为林业生物质气化产业提供稳定的原料。全国林业生物质热解气化供热发电产业年利用林业剩余物资源超过350万t标准煤，热蒸汽及发电产值约为23亿元，以副产炭为原料开发高性能的活性炭产品，木炭及活性炭产品产值为46亿元，培植2～3家具有产业带动作用的龙头企业，增强生物质气化产业的市场竞争力，林业生物质气化产值在林业生物质能源中的份额达到12%。建立年消耗50万t林业剩余物的热解气化集中供热发电生产示范基地。突破高热值、低焦油生物燃气、生物炭高效利用关键技术，取得一批具有自主知识产权的气炭联产和热炭联产成套技术和产品 | 全国林业生物质热解气化供热发电年利用林业剩余物资源超过500万t标准煤，开发生物炭功能化利用产品，林业生物质气化供热发电产业总产值达100亿元，林业生物质气化产值在林业生物质能源中的份额达到15%。培育年消耗60万t林业剩余物的热解气化多联产龙头企业，大幅提升生物质气化产业的国际市场竞争力。开发生物天然气和生物炭新产品，突破生物燃气净化预处理及合成天然气的关键技术。推进生物质气化集中供气、热、电产业的发展，保障我国能源安全 | 林业生物质气化产业国际领先，生物炭产品应用领域进一步丰富，气炭联产、热电联产生产技术、应用技术和领域全面达到国际领先，连续化生产装置实现大型化、自动化和智能化，形成生物质气化可持续发展模式 |

# 6 重点任务

按照产业链布局创新链的思路，围绕总体目标，按照“资源培育基地化、初级产品安全化、生产装备智能化、加工产品高值化、品牌企业规模化”发展思路，从资源基地建设、核心技术创新、产业化示范、创新平台打造、产业集群融合发展、特色产业人才战略等六方面部署重点任务，保障优质高产特色资源的有效供给，解决特色资源有效成分调控与高效利用的基础理论问题，突破制约特色资源集储高效增值转化的重大技术瓶颈，创制战略性重大产品，融合已有技术成果，按照特色资源种类、区域特色进行产业集群示范。

## 6.1　加强标准化原料林基地建设，提高优质资源供给能力

林业特色资源基地建设是保障优质特色资源有效供给的基础。必须强化特色资源集约化经营、标准化种植，提高特色资源的产量和质量；优化全国特色资源植物配置和生产格局，集中连片，聚集发展。结合国家林业重点生态工程，加快生态经济型特色资源基地建设与示范，为林业特色资源加工利用产业持续发展提供坚实的资源保障。

### 6.1.1　木本油料林基地建设

以油茶、核桃、油橄榄、油用牡丹、山苍子、油桐、黄连木、麻疯树、文冠果等主要木本油料植物为对象，大力进行良种化，解决现有低产低效林改造技术和丰产栽培技术；加快培育高含油量、抗逆性强且能在低质地生长的木本油料能源专用新树种，突破立地选择、密度控制、配方施肥等综合培育技术。以公司加农户等多种方式，建立木本油料植物规模化基地。

大力发展油茶、核桃、油橄榄、油用牡丹、山苍子等可食用木本油料林基地，适度发展油桐、黄连木、麻疯树、文冠果等工业油料林基地建设木本油料林基地200个，到2025年，木本油料林达到2000万$hm^2$，其中，新造林500万$hm^2$，现有林改造600万$hm^2$。

重点在湖南、江西、广西建设油茶林基地；在云南、新疆、四川、陕西等省份建设核桃基地；在甘肃、四川建设油橄榄基地；在湘、浙、滇、粤、川、赣、渝、黔、闽、鄂等10个省份建设山苍子基地。在安徽、山东、陕西等省份建设油用牡丹基地；在重庆、贵州、湖南、湖北等4个省份建设油桐基地。在海南、广西、广东、云南等4个省份建设油棕能源林基地；在四川、云南、广西、贵州等4个省份建设小桐子能源林。在河北、内蒙古、山西、辽宁、陕西、青海、甘肃、新疆、河南、吉林、黑龙江等11个省份建设文冠果能源林基地；在陕西、河北、河南、湖北、安徽、甘肃、云南、山东、浙江、山西等10个省份建设黄连木能源林基地。

### 6.1.2 木本淀粉资源林基地建设

以板栗、柿子、红枣等代表性木本淀粉植物为对象，大力进行良种化，解决现有良种壮苗生产繁育体系滞后和良种优苗供应能力不足导致的低产低效问题；加快培育高产、高营养、抗逆性强的木本淀粉专用新树种；基于适地适树原则，采用协调混搭、精准施肥、绿色防控等培育技术，以信息化、智能化、标准化等多元管理模式，建立木本淀粉植物规模化基地。

重点建设优质高产的板栗、柿子、红枣等大宗木本淀粉树种的基地，因地制宜建设红松、山杏、榛子和银杏等其他树种基地。规划建设木本淀粉林基地40个。到2025年，木本淀粉林基地建设338万$hm^2$，其中，新造林187.7万$hm^2$，现有林改培150.3万$hm^2$。

在河北、河南、山东、陕西、江苏、安徽、湖北、浙江、广西和贵州等10个省份建设板栗粮食林基地；在河北、河南、广西、陕西和湖南等5个省份建设柿子粮食林基地；在山东、山西、河北、河南、新疆、陕西和甘肃等7个省份建设红枣粮食林。在黑龙江和吉林建设红松粮食林；在内蒙古、甘肃、河北、山西、辽宁、陕西等6个省份建设山杏粮食林。

### 6.1.3 木本饲料资源林基地建设

以构树、桑树、刺槐、泡桐等主要木本饲料植物为对象，大力进行良种化、矮化等技术改良，解决现有低产低效林改造技术和丰产栽培技术；加快培育低木质素含量、高蛋白质含量、抗逆性强且能在贫瘠、干旱、盐碱地生长的木本饲料专用新树种，突破立地选择、密度控制、配方施肥等综合培育技术。以公司加农户等多种方式，建立木本饲料植物规模化基地。

重点建设改良技术成熟的矮化构树、矮化桑树、泡桐等树种的基地，适当考虑松树、刺槐、泡桐、盐肤木等其他树种。规划建设木本饲料林基地200个。到2025年，木本饲料林达到486万$hm^2$，其中，新造林约350万$hm^2$，现有林改造50万$hm^2$。叶饲料干物质产量达到7400万t，叶蛋白产量达到1400万t。

### 6.1.4 木本调料资源林基地建设

以八角、肉桂、花椒等主要木本调料基地建设为目标，通过木本调料树种分子育种技术推出一批优良品系；建立规范化栽培技术手段和管理措施，提升木本调料的产量和质量；重点加大和提升木本调料原料基地规模化和机械化，降低生产成本；加强机械化低温快速干燥生产技术的应用，实现批量生产品质优良、档次高的木本调料初级产品。到2025年，木本调料林达到300万$hm^2$，其中，新造林约100万$hm^2$，现有林改造50万$hm^2$。

重点在广西、广东等地建设标准化肉桂资源林基地；在陕西、甘肃、四川、贵州、河北、重庆、山西等地为主的18个主产区建设花椒原料林基地；在广西和云南建设八角优良品系基地建设。

### 6.1.5 木本药材资源林基地建设

以红豆杉、银杏、杜仲、枸杞等主要药用/功能木本植物基地建设为目标，加快优质高产、抗逆性强、功能成分含量高的优良品种的引进、培育及种植。采用常规育种与细胞工程、基因工程等现代遗传工程相结合的育种方法，开展良种选育研究，培育优良品种、品系和无性系；实施良种苗木定点规模化培育和强化监督，保证良种种苗的规范有序推广；在种植上秉承不与“粮食争地”的原则，注重选用良种和高效栽培技术，兼顾改造现有低产低效药材林和丰产栽培技术。根据各地不同栽培现状和产业发展条件进行科学布局，在土壤和水肥条件较好的地区，实行集约规模化经营方式，建立木本药材规模化基地，在条件较差的宜林地，可采用粗放经营和生态种植模式。

重点在宁夏、青海、甘肃、新疆、内蒙古等5个省份的贫瘠地区建设枸杞原料林基地；在云南，四川、陕西、甘肃、江苏、西藏、黑龙江和吉林共8个省份规划建设良种红豆杉种苗基地；在江苏、山东、贵州、四川、广西、浙江、湖北等省份建设银杏资源林基地；在河南、山东、安徽、山西、湖南、新疆、甘肃、河北等8个省份建设杜仲原料林基地。

### 6.1.6 其他工业原料林基地建设

以高产脂松树、高产漆树、五倍子、紫胶等其他工业原料林植物为对象，大力培育速生性、丰产性、抗逆性强的良种，扩大高质、高产品种的开发和推广，营造多树种混交林，避免树种单一引起严重的病虫害，推进山区和半山区困难立地造林。采用立地选择、密度调控和配方施肥等技术措施，以及规范脂、漆用林采脂、漆的技术等方法，实现脂、漆用林地综合增产。

重点开展马尾松、云南松、湿地松、思茅松等松脂树种，大红袍、红皮高八尺、黄绒高八尺等生漆树种，角倍林、铁倍林等五倍子基地建设。适当考虑南亚松和黄山松等产松脂树种，角铁混交五倍子林地及牛肋巴和思茅黄檀等紫胶虫寄居林地。规划建设高产脂松林基地105个，高产漆林地23个，产五倍子林地7个，产紫胶林地6个。到2025年，其他工业原料林达到1693万$hm^2$。

重点在广西、广东、江西、云南、福建、湖南和湖北等省份建设松脂原料林基地；在秦岭、大巴山、武当山、巫山、武陵山、大娄山及乌蒙山一带建设生漆原料林；在湖北、湖南、四川、陕西、云南、重庆、贵州等省份建设五倍子原料林基地；在云南、广西、湖南、福建、四川、贵州等省份建设紫胶原料林。

## 6.2 加强核心技术创新

### 6.2.1 林业特色资源智能化集储技术与装备

林果机械化采收技术与装备。林果机械化采收是当前木本粮油产业发展的技术瓶颈。攻克适合多种复杂地形的机械、电子、液压和智能化技术，林果林分和地形及花果大数据收集和分析利用、林果智能识别技术，研发集成新材料应用和安全控制等相关技术装备，建立适宜林果机械化、智能化经营的品种、树体和林分管理技术体系，最大限度地减少人工投入，提高木本粮油产业经营效率，促进产业智能升级。

灌木型枝叶智能化联合收获技术装备。围绕灌木型枝叶特色资源收集与综合利用装备可靠性不高、自动化水平低的问题，重点突破不均匀生物量收获喂入与作业机具行走速度匹配智能控制技术，适合沙地、山地通用轮式、履带式底盘驱动技术，开发系列灌木植物平茬联合收获技术装备，开展灌木粉碎、揉搓、菌剂喷洒、微贮饲用自动装袋化技术装备研究，形成完整的灌木型枝叶应用产业链装备技术体系。

林木分泌物机械化收割与集储装备。围绕林木分泌物收割装备落后、劳动生产率低下、受器损失严重等问题，重点突破割刀自动定位、割槽智能定型、无创伤收割等关键技术，创制低成本机械化收割机具，无损失分泌物接收器，大幅度提高分泌物采割效率，降低劳动生产成本。

### 6.2.2 木本粮油脂性状调控与利用

围绕油脂产量和品质形成因素，阐明不同木本油料油脂形成、运输与积累的分子调控机制，解析高产、高品质油脂形成生理、细胞、遗传调控机制，探究油脂含量和品质调控机理与环境互作机制，构建调控网络，解析功能基因、调控因子和开发分子标记。围绕品质评估和品质形成因素，阐明不同木本粮食品质特性、营养功能成分以及品质变化机理，解析木本粮食高产高品质形成的生理生化以及分子调控机制，探究产量、品质与环境间的互作关系，多组学联合解析品质性状关键蛋白和关键基因，构建生物分子调控网络，开发品质鉴定分子标记，为高产、高品质木本粮食高效育种提供科学依据。

创新油脂功能成分分离技术，科学解析木本油料油脂及其副产物高效分离机制。突破木本粮食提质增产、营养品质改善调控、品质性状原位检测等关键技术。完善并创新低温低耗高效的制油技术与装备，构建特种油脂、皂素、维生素E和卵磷脂等活性物质的原位萃取动力学模型，并结合减压蒸馏和过滤的方法，实现油脂和高纯度皂素等活性物质的高效分离。

开发高含油量和高品质木本油料种质资源，构建低温、低耗、高效的木本油料制油技术与装备，创制高产、高品质木本粮食新品种，研制品质性状原位检测试剂盒。实现加工过程的模块化、标准化；开发和创新高附加值产品，延长产业链和促进产业结构调整和转型升级，实现木本油料全资源利用率由20%提高到50%以上。

### 6.2.3 木本饲料安全评价与提质增效技术

饲料安全是食品安全的基本保障。围绕木本饲料种类和品质形成因素，调查木本饲料植物资源，评价营养价值和饲用价值；开展生物固氮机理、植物纤维分解机制等科学研究，选育优良品种并优化栽培技术；解析抗营养因子作用机制并利用现代生物技术减缓或消除抗营养因子的影响；研究天然生物活性物和生物间关系的协调机制，因地制宜建立饲料储藏、饲料加工试验基地，为木本饲料的大力推广提供科学依据。

深入研究现代木本饲料加工工艺，全面提升改进青藏、发酵、水贮、蒸煮、酸化、碱化及氨化等工艺水平；研究木本饲料精准配方技术，饲料原料多元化综合利用技术和木本饲料原料提质增效技术。研究林产资源制备功能饲料及生物活性饲料添加剂制备技术，在基础饲料中添加不同配方及水平的植物提取物添加剂，筛选出畜禽及鱼虾用植物提取物复合添加剂配方。建立规模化生产的关键技术及其调控手段，进行天然活性物饲料添加剂安全性和功能评价。

积极研发饲料转化率较高的木本全价饲料和蛋白质、纤维素含量高的配合饲料，结合生物工程技术把木本资源转化为生物蛋白饲料。开发橡椀提取物功能饲料添加剂，形成畜禽与水产养殖用特色林源提取物饲料添加剂技术集成，研发橡椀单宁提取物产品。

### 6.2.4 木本调料品质提升与精细加工利用

重点探究肉桂、花椒、八角等为代表的木本调料、挥发油、黄酮及有机酸等成分代谢调控机制，通过分子技术对其合成过程的关键基因进行调控；从遗传学和育种学角度提高林木调料树种的抗冻和抗病虫害能力，获得木本调料资源的优良品系，提升栽培生产的原料品质；对挥发成分和非挥发成分开展系统性利用，进一步开展高级天然调料油、天然食品添加剂、功能食品、生物农药和护肤消杀产品的种类，提高木本调料资源的利用度。

加大抗病虫害、抗冻优良品系的创制与培育，建立规范栽培技术和管理措施，提高木本调料资源的品质和产率；建立木本调料有害生物控制与安全生产技术体系，基于植物化感互作机制筛选并建立复合经营技术，有效降低木本调料产品中农药残留，提高木本调料的安全性和提升品质；推动果实采摘的机械化和枝叶的利用，降低生产成本，提高产业整体效益。

保持大宗日常调料产品在国内市场占比的同时，加大开发国际市场的调料产品，提高国际市场占比；研制高附加值、小包装方便实用的调料提取物粉剂、乳剂、液体制剂等快捷食用调料产品、日化品、生物农药、保健品、食品与饲料添加剂和功能食品，提高木本调料资源的精细开发利用。

### 6.2.5 木本药材功能成分代谢调控与利用

针对目前林药活性成分体内富集机制不明、生物学合成途径不清晰、生物活性和药理协同作用基础研究薄弱、生物制剂靶点和控制方法不明等突出问题。解析林药特色资源有效成分代谢生物合成途径及调控分子机制，阐明新型活性成分结构和特定成分构效关系规律，揭示目标成分物性生物合成、化学与生物转化调控机制，为林药资源人工模拟合成以及高值化利用提供理论依据。

针对红豆杉、银杏、杜仲、枸杞等木本药材良种培育过程中的瓶颈问题，建立合理的组织培养体系及植物转基因系统，对木本药材中功能成分合成通路中关键酶基因进行挖掘和功能验证；针对不同木本药材合理培育与种植的难点，研究不同环境因子对木本药材资源中功能活性成分的影响和互作机制，建立高效种植栽培技术；针对木本药材中功能活性成分开发利用率低、加工方式过于传统、高附加值产品较少等瓶颈问题，建立林木药材次生代谢产物靶向提取分离理论与技术体系，开发林木次生代谢产物高效诱导转化增量相关技术，开发高品质、高附加值的药品、保健品、日化用品的新型制备技术体系。

### 6.2.6 林源日化原料的采集与产品精细化

围绕油脂或树木分泌物等林源日化原料的形成过程，揭示不同品种的林源日化原料在植物体内形成机制和影响其标志性功能化合物含量的原因，探究功能化合物含量和原料品质与环境因子间的互作机制，通过分子和基因调控技术探究高品质原料形成的遗传调控机制，为高品质抗逆性林源日化树种的定向培育提供理论基础。

建立全自动化、规范化加工产业链，提高效率，降低成本，减少环境污染，提高林源日化产品的品质；对林源日化功能性化合物进行化学改性，改善其化合物原有不良特性，提高林源日化原料的理化特性，为林源日化原料向更多领域的应用奠定物质基础；加大林源日化高附加值产品的研发力度，借助天然产品独有化学和环保特性，在军工、航空、电子等高端产品领域扩增应用范围，提高林源日化资源的战略地位。

### 6.2.7 林源生物肥料安全生产控制技术

围绕林业资源肥料化转化和提升土壤肥力效果，阐明不同林业废弃物、不同工艺条件下堆肥过程中的微生物种群结构的演替规律及对堆肥腐熟速度的影响，揭示高温堆肥快速腐解的微生物学机理、有机肥提升土壤有机质的机理和途径，阐明低温条件下农林废弃物堆肥的快速启动机制，建立堆肥的微生物菌株资源库，揭示不同物料有机肥还田过程中的优势微生物种群及对土壤微生物群落结构的影响，阐明生物炭基肥在提升作物产量与品质、肥料高效利用与减施增效及环境污染防控等方面的作用机制，为木本有机肥加工和高效利用提供理论支撑。

重点研究木本肥料用原料的高效收集与预处理技术，木本原料高温堆肥快速发酵生产有机肥关键技术，专用中低温快速发酵腐熟微生物菌种的选育，适合不同原料的微生物接种剂的筛选，智能型密闭好氧发堆肥技术，工厂化自动控制堆肥技术，生物有机碳肥生产技术，有机肥造粒成型与产品开发成套技术，不同功能微生物有机肥的生产工艺，菌种混合调理、深翻一体化关键技术和装备的研究等，建立木本有机肥标准化评价体系和安全生产控制技术体系。

开发出不同林业废弃物快速腐解菌剂、水—旱轮作和旱—旱轮作农田专用木本肥料，贫瘠土壤改良和农业作用增收专用有机肥、生物有机肥、生物碳肥、有机叶面肥等产品。

### 6.2.8 林业资源基质化基础与增效利用

以林业特色资源及加工剩余物等为原料，分析评价其质量性状、营养成分、生物降解木质素、纤维素改善物料理化生物性质，加强林业资源与食用菌共生机理、林源成分对菌质资源影响机制、林源成分与食用菌营养成分互作机制等基础研究，建立不同类型林业资源与加工剩余物进行基料化栽培食用菌适宜性评价体系，为林源资源食用菌基料化发展提供理论依据。

根据林业资源特性，开展木腐菌和草腐菌不同栽培基料配方及生产工艺优化等关键技术研究，研发出替代木屑、棉籽壳等生物转化率高的食用菌栽培基质。对林果业（林、桑、果树、核桃、板栗等）、林业资源加工生产过程中产生的废弃枝丫、加工废渣等废弃物进行营养和功能成分分析评价，研发适宜不同食用菌的替代高效栽培料配方，实现林业废弃物的资源化利用，为食用菌工厂化栽培提供技术支撑。

开发适用林业资源的食用菌新品种，创制富有活性成分、特殊营养等高档特色食用菌新品种。

### 6.2.9　生物基材料先进制造技术

针对生物基材料产品功能单一、产品性能低于石化产品、附加值低等问题，重点突破纤维素/木质素大分子动态键合、活性可控聚合、天然大分子自组装及可控光催化聚合等定向合成及功能化改性关键技术，创制具有高机械强度、光磁、抗菌、环境响应、自修复、缓释等性能的生物基材料与化学品，构建生物基新材料与化学品的高端制造应用技术体系，实现生物质原料对石化原料的有效替代。

创制光刻胶、耐盐腐蚀军用涂装材料、可降解农用地膜、生物基塑料、生物基木材胶黏剂、生物基环氧树脂、生物基聚氨酯、改性杜仲橡胶、表面活性剂等战略产品。

### 6.2.10　生物质能源高效、清洁、多元化研究

重点开展高端生物质液体燃料的基础创新研究。研究木质纤维定向液化及中间态产物稳定化的过程机理、分离特性及其分子结构定向演变的规律；完善油脂热化学裂解反应过程中的分子质量、分子结构控制方法；开发自主知识产权的燃料乙醇复合酶制剂及高耐受性、高转化率多功能酵母；为研发高密度、高燃烧稳定性、低凝固点的高能液体燃料与含氧能源添加剂提供科学依据。

开展多相催化生物柴油脱羧制备烃类燃料关键技术研究，开发木本淀粉基、糖基多原料转化乙醇糖平台技术，研发原料适应性广、宽负荷灵活调整的生物质气化设备及工艺，确保生物质联产“热—电—气—炭”合理分配，实现生物质原料最大化利用。

重点创制高能量密度、高热值、低冰点生物质航空燃油、短碳链含氧燃料或汽油添加剂等新产品。开发低硫、低滤点高品质第二代生物柴油。开发木质素系列产品、丁醇丙酮、低能耗无溶剂油、大于50%的高蛋白饲料、菌体蛋白等多元化高值产品。

## 6.3　强化产业化示范创新

### 6.3.1　智能化林机设备产业化示范

围绕林业特色资源集储装备不足、机械化率不足15%、劳动生产率低下等问题，重点开展林果机械化采收技术与装备、枝叶智能化联合收获技术装备、分泌物机械化收割与集储装备的产业化示范，显著提高林业特色资源机械化集储能力，到2025年，林业特色资源集储机械化率达到30%以上，到2035年，资源集储机械化率达到80%以上。

### 6.3.2　木本粮油产业化示范

围绕产业发展的各个环节，加快制定配套技术规程和产品质量标准，培育扶持行业标志性企业，努力打造成功品牌，并加强生产和流通领域产品质量监管。依托木本油料产业带，选择资源丰富、交通方便且具有文化底蕴的乡镇，建设以“木本油料文化”为主题的森林特色小镇20个，开展以观花、摘果、榨油、品美食、体验衍生产品等生态旅游为特色的项目。打造成融合油料文化、农耕文化和知青文化，集种苗繁育、生态丰产、科技示范、加工销售、休闲观光等于一体的旅“油”生态观光园，实现卖

“油”向卖“游”转变，环境优势向生态红利转变。

加强良种繁育、品种和品质（感官）改良、无公害标准化栽培、低产低效改造、加工褐变控制等产业化关键技术创新，以及功能组分提取技术和加工副产物综合利用技术的开发。培育具有国际竞争力的加工龙头企业5家，打造五大网红品牌和3～5个国际知名品牌，大力提升精深加工能力，积极推进由单一的食品功能向保健品等大健康产品延伸，加大壳、花、苞等副产品的综合利用开发，提升产品附加值，实现“斤”卖至“精”卖的产业转型。

### 6.3.3 木本饲料产业化示范

重点开展木本饲料树种选育和种苗繁育标准体系构建、原料种植采收储存体系构建与应用、饲料林标准化种植示范基地建设等产业化技术创新。建立不同地域类型的“种养加一体化示范”，联合多家大型养殖企业，进行规模化的“自种、自采、自用”，形成示范带动效果。到2025年时，桑树资源的面积达到7000余万亩，初步完成木本饲料产业技术创新，完成研发包括青贮饲料、颗粒饲料、精蛋白饲料、饲料添加剂、食品、食品添加剂、药品、药品中间体、保健品、日化用品等10个类别约200个深加工产品，综合产值达到7000亿元。

### 6.3.4 木本调料产业化示范

我国作为诸多木本调料发源地和主产地，应立足于独特的资源优势和“一带一路”的战略地位优势，大力发展以木本调料为基础的香料和医药产业。建立一批标准化高效示范种植基地，带动其他木本调料主产区规范化发展，促进产业适度规模化、部分机械化；突破精深加工关键技术，着眼于提升价值链，引导产业链由低附加值的产中环节和初加工环节，向附加值更高的产前研发和产后精深加工环节延伸；同时引导产业链与示范县、示范基地、产业集聚区等各类功能区共生发展，实现产业链由线性的“单链”向非线性的“网链”转变，使木本调料产品获得全过程、多层次、多环节的增值，建立较为完善的木本调料产业链。

### 6.3.5 木本药材产业化示范

构建比较完备的木本药用植物枝叶加工技术标准及质量评价体系；以红豆杉、银杏、杜仲、枸杞为主要对象，建成多个健康稳定优质高效的森林抚育和枝叶加工利用相结合的生态系统，以基本满足国家生态保护、绿色经济发展和精准扶贫的综合效益最大化；培育具有核心竞争力和带头示范作用的龙头企业5个，优化主要加工技术体系，探索出适合各地具体产业布局的发展模式；建立药用、保健、日化、景观等综合开发利用一体化的经营模式；大力推动木本药材的产业信用体系与品牌建设，积极培育消费者对木本药用植物产品的认知度和美誉度，打造一批在国内外享有盛誉的产品品牌。

### 6.3.6 林源日化产品产业化示范

建立完整的林源日化资源产业标准体系，制定从优质树种的培育和林区养护，到原料的采摘和加工，再到产品的质检和销售等一系列产业链的规程和标准，推动产业规范化、规模化、有序化发展；扶持当地龙头企业，建立大规模全自动化加工生产线，并建立“三废”回收系统，改变当前林源日化原料粗提过程的规模小、粗放、分散的现状，减少粗提过程中造成的环境污染；鼓励企业与各领域科研平台合作，大力开展林源日化资源加工和精细化产品的研制和开发；借助天然日化原料特有的理化性质，拓展其在军工、航空、电子等高端产品领域的发展；借助林源日化资源的文化传承特性进行宣传，拓展其在装饰品、工艺品、家具等领域的应用推广。

### 6.3.7 林源肥料产业化示范

开展林源废弃资源收储运、堆肥快速发酵、有机肥及生物有机肥生产技术，以及废水无害化循环利用技术的集成与示范。建立年利用特色资源加工剩余物3万t以上的肥料化生产示范基地1～3处，年产2万～5万t颗粒有机肥生产线1～2条。通过有机肥工艺生产成高附加值商品有机肥和功能型生物有机肥，产品符合农业部有机肥（NY 525—2012）或生物有机肥（NY 884—2012）标准。剩余物热裂解后得到的生物质炭，有机质60%以上，总养分（氮、钾、硅和磷）1.5%以上，充填密度0.5g/cm$^3$以下，建立年消纳林源提取物残渣5万t以上，生产林源肥料2万t示范线3～5条，产品符合农业部有机肥标准（NY 525—2012）。

### 6.3.8 木本基料食用菌产业化示范

针对林业特色资源种类、区域特点以及食用菌不同栽培方式的技术特点，开展食用菌林下栽培、林业特色食用菌基料创新、林源基料营养成分富集技术、食用菌菇多糖深加工等新技术、新工艺研究，建立“菌种生产→菌包标准化生产→林农承包管理→产品回收→统一加工和包装”的技术推广体系，构建“林业特色资源—高档（特色）食用菌—食用菌深加工产品”生态林业资源加工利用循环模式。针对云南、贵州等西南特色资源富集区域，建立西南林业特色食用菌示范产业链与珍品食用菌示范区；根据东北林业资源特色，建立东北食用菌新型加工产业示范区。

### 6.3.9 生物基材料产业化示范

围绕林业特色资源加工剩余物、工业木本油脂、树木分泌物高值化综合利用，重点开展生物基高分子新材料设计制备、生物基平台化合物炼制、低成本生物基精细化学品制造、生物塑料制造与应用、生物基复合材料制造等产业化技术示范，实现可降解农用地膜、生物基塑料、生物基热固性树脂、生物基炭材料、生物基功能复合材料、环氧类化合物、表面活性剂等产品高值化。

### 6.3.10 生物质能源产业化示范

开展万吨级高品质生物柴油连续化催化加氢制备生产技术示范验证，创制低成本清洁催化的二代生物柴油工程化示范技术。区域生物质特性的气化多联产工艺，优化生物质发电能流分布、热—气—炭等物质和能量产品多联产协同工艺，推进20t/h以上低排放生物质成型燃料锅炉供热示范，建立5个兆瓦级大规模生物质气化发电/供热示范工程。在沙区和沿海滩涂建立1～2个以沙生灌木、盐碱地纤维原料为主要燃料，集灌木型燃料林培育、生物质成型燃料加工、发电/供热一体化的热电联产示范工程。

## 6.4 建设新时代特色产业科技平台，打造创新战略力量

充分利用好现有木本油料资源利用省部共建国家重点实验、生物质化学利用国家工程实验室、国家林产化学工程技术研究中心、国家油茶工程技术研究中心等国家级林产特色资源科技创新平台；提升建设国家林业和草原局林产化学加工工程重点实验室、国家林业和草原局八角肉桂工程技术研究中心、南方木本香料国家创新联盟等省部级重点实验室、工程技术中心与创新战略联盟的区域支撑作用。建设适应新形势的林业特色资源加工产业科技平台，融合多学科建设，汇集高层次专业人才，制定和完善标准体系，力争在重大关键技术研发、产品创新等方面取得重大突破；打造林产特色资源基础研究、工程技术研发并举的创新基地，并形成引领全国林产特色资源加工产业健康发展新局面。

### 6.4.1 构建国家、行业、地方三级研究开发体系

加强各地区林业特色资源加工产业科技平台建设，以林业特色资源为对象，构建与完善良种选育、苗木繁育、原料林可持续经营、高附加值产品研发、产品推广、枝叶机械化采摘及生产设备创制等技术体系，逐步建立行业技术标准与规程，完善林业特色资源加工全产业链发展。

### 6.4.2 增强产业自主创新能力

以重点实验室为基础科学研究中心，整合高校、科研单位和企业的科研力量，构建区域特色资源加

工产业创新联盟，有利于解决企业的技术难题，便于科技成果的推广和转化，有效地提升产业的技术创新能力，形成布局合理、装备先进、开放流动、高效运行的科技支撑体系，形成林业特色资源产业科技创新体系。

### 6.4.3 推进产学研深度融合创新

围绕林产特色资源加工产业技术创新的关键问题，依托林产特色资源加工公共科技创新平台，开展技术合作和攻关，形成林产特色资源产业技术标准；实现创新资源的有效分工与合理衔接，实行知识产权共享和保护；实施技术转移，加速科技成果的商业化运用，提升产业整体竞争力；开展协同创新和联合攻关、创新资源和要素整合、科技服务与产学研合作、海内外高层次人才创新创业、产业技术扩散和企业孵化等；进一步完善企业研发中心，建立以企业为主体、以产学研结合的技术创新体系为突破口，科研机构和高等院校广泛参与，利益共享、风险共担的产学研合作机制；搭建企业与科研院所交流平台，以科技资源带动林业特色资源加工产业发展，延长及完善林业特色资源产业链。

## 6.5 推进特色产业区域创新与融合集群式发展

围绕优势特色林业资源，面向后疫情时代未来产业发展需求，按照因地制宜、适地适树原则，科学规划布局林业特色资源发展，打造特色产业集群，彰显区域特色，形成融合集群式发展，促进我国林业特色资源加工产业健康发展。

在不同林业特色资源主产区，立足于资源优势，努力打造区域高质量协同发展新模式，建立跨区域产业发展合作机制，推进产业链分工合作，推动形成优势互补、高质量发展的产业区域发展新布局。支持各区域立足资源优势，打造各具特色的全产业链，形成有竞争力的产业集群，推动一、二、三产业融合发展，实现种植、加工、销售一体化经营。通过产业联动、体制机制创新等方式，跨界优化资金、技术、管理等生产要素配置，延伸产业链条，完善利益机制，发展新型业态，打破一、二、三产业相互分割的状态，形成产业融合、各类主体共生的产业集群式发展。

开展特色资源优势特色产业区域创新和集群建设，支持建成一批年产值超过100亿元的优势特色产业集群，推动产业形态由“小特产”升级为“大产业”，空间布局由“平面分布”转型为“集群发展”，主体关系由“同质竞争”转变为“合作共赢”，形成结构合理、链条完整的林业特色资源优势产业集群，使之成为实施乡村振兴的新支撑、农业转型发展的新亮点和产业融合发展的新载体。建设内容包括加强林产资源特色标准化生产基地建设、大力发展高附加值产品加工营销、健全产业经营组织体系、强化先进要素集聚支撑和建立健全利益联结机制五大方面。

按照高质量林产特色资源产业发展要求，以构建现代林产特色资源产业体系为目标，深化拓展业务关联、链条延伸、技术渗透，积极探索新业态、新模式、新路径。创新发展模式，聚焦技术创新、结构优化，探索融合发展新路径，以生物医药和化妆品为核心打造高端化产业创新体系，创立融合发展新平台，实现传统技术转型升级，形成核心竞争力。

结合国家开展森林特色小镇建设和森林康养行业，规划依托林业特色资源产业带，建设一批有特色的林业特色资源生态观光园、文化主题园等。打造成融合文化和旅游，集林业特色资源种苗繁育、生态丰产、科技示范、加工销售、休闲观光等于一体的聚集发展，以“林业特色资源+森林康养”的形式，促进林业特色资源一、二、三产业融合。

坚持产业联动，融合集群发展。按照资源类别分别把从事相互关联的企业、供应商、关联产业组建创新战略联盟，构建林业特色资源生产要素优化集聚洼地，打造林业特色资源产业发展共同体，降低生产和物流成本，提高资源利用效率，形成区域集聚效应、规模效应、外部效应和区域竞争力，形成林业特色资源产业生态圈、发展合力并且实现良性循环。

林业特色资源深加工以大型龙头企业为依托，以专业合作社为桥梁，通过企业与合作社、合作社与农户分别签订购销合同，合作社提供产前、产中、产后全程化服务，建立利益共享、风险共担的合作机制，切实保障共同利益，提高抵御市场风险的能力。联合企业与林农建立林业特色资源聚集体，构建种植、生产、销售一体化的经济、生态、社会、扶贫效益协调发展的林业特色资源产业发展体系。借助当地的生态环境，发展集约化的林业特色资源高效种植栽培产业链，从而实现企业和林区资源共享、优势互补、循环相生、协调发展的生态经济模式，调整农村产业结构、促进农民增收、增加就业率等起到正面促进作用，起到精准扶贫和特色产业区域融合集群式发展的作用。

## 6.6 推进特色产业人才队伍建设

联合国内外特色资源产业相关单位人才资源，组建特色资源培育、加工利用、市场营销等专业领域的人才队伍，形成联合攻关机制。打造多层次、多领域的人才梯队，重视领军人才、拔尖人才、乡土专家的培养。实施特色资源科技培训与科学普及工程，充分利用乡土专家的带头示范作用，全面提升产区群众的特色资源培育技术水平。加强开放与合作，学习国外先进人才培养模式，深入开展技术交流合作。

设立林业特色资源产业战略咨询委员会，聘请国内外相关领域的院士担岗，定期组织知名专家教授为产业发展出谋划策。设立产业创新科技支撑岗位体系，以全国科研院所现有从事林业特色资源研究的科技人才队伍为基础，整合优势企业的科研骨干，组建科技创新团队，支持相关单位组建院士工作站，并从人、财、物各方面积极支持和推进林业特色资源产业领域的本土院士培养工作，并按全产业链领域设立岗位首席专家和长期试验示范基地，设立稳定的年度扶持资金，推动全国林业特色资源产业技术持续创新和有序发展。具体措施如下。

（1）加快林业特色资源科技领军人才培养

依托国家级科研院所和相关高等院校，通过重点学科、重点实验室建设和重大项目的实施，培养造就一批科研水平一流、成果国际前沿、专业贡献重大、能够引领和促进林业特色资源加工产业发展的科技领军人才，注重林业特色资源产业科技型企业家和高级管理人才的培养，形成一支配置合理的人才队伍。

（2）培养林产特色资源产业管理的专业化人才队伍

加大高等院校林产特色资源学科专业建设力度，培养国家急缺的各层次林业特色资源产业管理人才、复合型人才。依托高等院校、科研院所建立一批林产特色资源培育、加工技术人才培养基地，鼓励科研机构、企业与高等院校联合建立林产特色资源加工技术人才培养基地，开展继续教育和专项技能培训活动，提高人才专业能力和实践操作技能。

（3）调整林产特色资源产业人才队伍结构层次

根据社会需求，明确各层次、各类型应急人才的培养目标，加强跨学科教育，培养一专多能、既懂技术又懂管理的应急专业人才，采取产业联盟和智库相结合的方式，对特色资源产业的发展方式、深加工产品的技术推广给予指导。

（4）完善特色资源产业人才的激励保障机制

将特色资源产品的科研成果转化纳入科研人员考核体系，明确激励机制，充分调动科研人员从事特色资源产业的主动性和积极性。加强产学研深层次融合，鼓励科研人员以合理方式参与企业研发、生产、经营及利益分配。积极引进特色资源加工产业方面的优秀科研人才和管理人才，大力加强以原始性创新人才、应用基础研究人才、工程技术人才、管理人才为主体的特色资源产业人才队伍建设。

（5）加强林业特色资源产业从业者技术培训和科学普及

吸收一批有专业知识的大学生技术人员建立特色产业人才，加强产业科技推广，实施科教兴林，扎实开展送林业科技下乡活动，采取多形式科学教育普及，积极推动林业特色资源产业由原来的资源密集型产业向技术密集型产业升级，只有这样才能真正加强我国国际竞争优势。

（6）提高林业特色资源从业人员的整体素质

培养有文化、懂技术、会经营的新型农民，促进科技成果高效地应用于林业特色资源生产经营实践，建立一支既有一定数量又有较高素质的科技队伍。一是加强科研开发供给群体建设，增强科研人员科技兴农意识，加快培养一批高素质、高学历专业人才，加速造就和引进一批学术带头人和科研骨干。二是加强林业特色资源需求群体建设，增强信息技术意识，提高农民采用农业技术的能力。努力办好农民技术培训，采取短期培训、科技讲座等方式，提高林业特色资源从业人员科学文化水平，培养一批掌握并能应用现代科技发展的新型农民。例如，湖北五峰县长乐坪镇白鹿庄村农民严高红2015年起成为远近闻名的“土专家”。他以“合作社+农户”的模式，将自己的技术和种虫无偿提供给其他农户，带动了107户农民种植五倍子脱贫，被评为湖北省劳模、国家林业和草原局首批乡土专家和“宜昌楷模”等，他的事迹被人民日报网、新华网、湖北日报等媒体报道。

（7）建立多主体合作创新机制

促进园区的合作创新网络建设，加强国家农业科技园区专家大院的建设工作，加强专家大院和农民的技术对接。建立院士工作站，建立健全人才聘用制度，采取高待遇的激励政策，吸引高科技人才入园工作。鼓励科技人员到园区创办、领办和合办农业企业，在园区大力推行科技特派员创业制度，在园区设立专门的教学科研开发实验基地，为高等院校提供实习实验的场所，利用这一平台吸引高素质人才入园开展研究工作，尤其是研究生，充分实现与高等院校的合作，弥补创新人才的不足，加强多形式与多层次人才的培养。

# 7 措施与建议

## 7.1 加强总体规划布局，推进一、二、三产业融合发展

在完善特色资源调查、评价方法和技术指标的基础上，全面开展林业特色生物资源普查，摸清各类资源的种类、数量、质量、分布状况等资源本底，加强优选优育和种源研究，建立种质资源库，构建行业林源活性物安全性评价平台，建立国际化的林源活性物安全评价机构，建立林业特色资源的活性物安全评价体系。同时，开展林业特色资源加工利用技术与需求调查、林业特色资源高中低端产品结构与市场供需状况调查，加强顶层设计、谋划总体布局，为林源特色一、二、三产业融合发展提供科学依据。

## 7.2 创新特色资源高效利用，培育战略性新兴产业

后疫情时代全球经济局势发生了深刻变化，逐步形成以国内大循环为主体、国内国际双循环相互促进的新发展格局。林业特色资源在木本粮油安全、生物医药大健康、能源材料化工品等方面都具有重要战略地位和市场潜力。急需在国家层面设立重点研发计划“林业特色资源先进加工技术”专项，加快林源特色全产业链核心技术攻关与战略新兴产业培育。加强现代化提取分离技术工程化开发，生产高附加值植物提取物，围绕危害人体健康的重大疾病，研制高活性的生物医药制剂。针对我国每年蛋白饲料原料缺口3000万t、能量饲料原料缺口6000万t的问题，大力推进具有生物活性物的林源生物饲料和替代抗生素的安全绿色植物饲料添加剂开发。重点发展高品质液体燃料、生物质发电/供热、生物基功能材料、高值生物基化学品等战略性主导产品变革性生产技术，为新材料、新能源、新医药等战略新兴产业提供科技支撑。

## 7.3 加快全产业链智能装备研发，提高劳动生产率

随着产业发展方式由粗放经营向集约化经营加快转变，林草资源采集和加工利用对机械化依赖日益明显。我国现有6700万亩的油茶经济林，待果子成熟后，同时最少需要150万娴熟劳动力采收。6.2亿亩经济林，按照人工最高产能计算，每人每天完成5亩，工作25天计算，需要季节性用工500万人。在大规模城市化进程影响下，用工荒将是制约林业特色资源加工产业发展的一个重大瓶颈，无论是种植经营还是采收加工都对加快提升机械化、智能化水平提出了新要求。

## 7.4 创新林业科技工程组织实施模式，设立专项资金开展长期稳定支持

落实《中共自然资源部党组关于深化科技体制改革提升科技创新效能的实施意见》中创新林业科技工程组织实施模式要求，依托林业资源调查监测、开发利用等业务工程项目，部署实施一批林业重大科技工程，设立5%左右的“研究式调查项目”与“重大工程科技支撑项目”，为解决重大工程的技术问题进行必要的科学研究。整合国内高校、院所力量，支持建设林产化学国家技术创新中心建设，从特色资源种源选育、立地评价、植树造林、经营管护、采收加工、物流营销、市场供需及品牌推广、机械装备、技术研发创新等方面，实现全产业链贯通、全方位融合，构建和完善现代林业特色产业创新体系。

## 7.5 完善多元投入机制，加大金融财政扶持力度

2007年，国家林业局、国家发改委、财政部、商务部、国家税务总局、中国银监会、中国证监会等7个部门联合印发了《林业产业政策要点》(林计发〔2007〕173号)，进一步提出了一系列支持林业产业发展的产业政策。

完善多元投入机制。逐步建立以政府投入为引导，以企业、专业合作组织、林农等投入为主体的多元化投入机制。国家统筹各类造林投资，加大对林业特色资源基地建设和良种繁育的扶持力度，带动地方投资和各类社会投资积极参与。对具备条件的农村贫困地区，可统筹安排财政专项扶贫资金，支持建档立卡贫困村、贫困户发展林业特色资源产业。

加大金融扶持力度。支持中国农业发展银行、国家开发银行等政策性金融机构加大对林业特色资源产业扶持力度，鼓励商业性金融机构在风险可控的前提下加大对林业特色资源产业的信贷投入。推动金融产品和服务模式创新，大力发展林权抵押贷款、林农和林业职工个人的小额信用贷款和林业小企业贷款扶持机制。

增加财政投入和各项政策扶持。针对目前我国林业特色资源生产、加工业相对分散、弱小、利用效率低的现状，国家和地方各级政府应加大扶持力度，增加财政投入，实施税费减免、林业贷款补贴、信贷优惠等政策，建立和营造有利于林业特色资源产业生存和发展的机制和环境，促进我国林业特色资源开发利用产业升级提升，提高资源利用效率和收益，并减少对野外资源的依赖。积极探索建立政府扶持的林业特色资源产业保险机制，使经营者能最大限度规避市场风险。

## 参考文献

曹铭, 2005. 紫胶色素提取与性质研究[D]. 昆明: 昆明理工大学.
常军, 彭杰, 刘晓明, 等, 2010. 木本饲料植物资源开发利用[J]. 河南农业(11): 52-53.
陈红, 高二波, 2011. 低碳林业产业链研究[J]. 中国林业经济(3): 19-22.
冯彩云, 2001. 世界非木材林产品现状、存在问题及其应对政策[J]. 林业科技管理(2): 59-62.
冯彩云, 2002. 世界非木材林产品的现状及其发展趋势[J]. 世界林业研究, 15(1): 43-52.
耿利敏, 沈文星, 2014. 非木质林产品与减少贫困研究综述[J]. 世界林业研究, 27(1): 1-6.
关百钧, 1999. 世界非木材林产品发展战略[J]. 世界林业研究, 12(2): 1-6.
郭磊, 黄婷婷, 谢璇, 2010. 杨桃果酒的工艺研究[J]. 中国酿造(12): 170-171.

淮虎银，付文竹，2006. 非木材林产品的民族植物学研究进展[J]. 植物资源与环境学报，15(3): 65–72.
江泽慧，2010. 发展低碳经济建设低碳林业[J]. 世界林业研究(3): 1–6.
李超，刘兆刚，李凤日，2011. 我国非木质林产品资源现状及其分类体系的研究[J]. 森林工程，27(5): 1–7.
李晖，杨志斌，胡静，2011. 乌桕籽综合开发利用概述[J]. 湖北林业科技(6): 42–45.
李岭宏，2013. 推动林下经济发展促进生态文明建设[J]. 国家林业局管理干部学院学报，12(3): 19–22.
李洋，王雅提，2017. 非木质林产品绿色供应链研究综述[J]. 林业经济(6): 43–49.
李育才，1996. 面向21世纪的林业发展战略[M]. 北京：中国林业出版社.
联合国粮农组织，2016. 2015年全球森林资源评估报告：世界森林变化情况[R]. 2版. 罗马：联合国粮农组织.
联合国粮农组织，2018. 2018年世界森林状况：通向可持续发展的森林之路[R]. 罗马：联合国粮农组织.
廖声熙，喻景深，姜磊，等，2011. 中国非木材林产品分类系统[J]. 林业科学研究，24(1): 107–113.
廖亚龙，刘中华，2006. 国内外紫胶深加工状况及研发趋势[J]. 食品工业科技(8): 190–193.
林兴军，周海生，邬华松，等，2016. 广东省肉桂产业调研报告[J]. 热带农业科学，36(1): 80–84.
刘菲，张艳如，杨宁，2014. 基于生漆行业的SWOT分析与波特五力模型分析[J]. 中国生漆，33(3): 48–53.
沈国舫，刘世荣，罗菊春，等，2002. 第二篇森林功能的再认识[C]// 中国可持续发展林业战略研究项目组. 中国可持续发展林业战略研究・森林问题卷. 北京：中国林业出版社.
盛炜彤，2011. 关于非木质林产品研究、开发、利用的战略思考[C]// 现代林业发展高层论坛论文集：13–18.
宋湛谦，2004. 松香松节油深加工取得重大进展[N]. 中国化工报.
苏建兰，陈建成，2010. 非木材林产品市场失灵、纠正及政府干预[J]. 中国林业经济(4): 16–19.
汤吉贺，2012. 基于综合比较优势的中国非木质林产品对外贸易研究[D]. 杭州：浙江农林大学.
唐玉章，2009. 松香的深加工技术[J]. 生意通(9): 116–121.
唐玉章，2009. 松香和松节油的加工技术[J]. 生意通(8): 109–113.
王长富，1997. 学习《中国21世纪议程林业行动计划》的几点体会[J]. 林业经济(4): 17–20.
王梓贞，2019. 黑龙江省木本饲料资源的开发与利用前景[J]. 饲料与畜牧(10): 42–45.
王梓贞，王闯，李琪，2015. 我国发展木本饲料的前景和展望[J]. 饲料与畜牧(5): 44–46.
吴燕. 一种纳米改性生漆及其制备方法：CN, 103589268B[P]. 2013-11-08.
吴英亮，2010. 树木嫩枝叶的加工技术(上)[J]. 生意通(7): 115–120.
谢志忠，2001. 非木材林产品可持续利用的最佳选择—农林复合生态系统[J]. 农业技术经济(2): 11–13.
熊立春，程宝栋，2017. 国内外非木质林产品与农户生计研究进展[J]. 农林经济管理学报，16(5): 692–697.
佚名，2001. 加拿大开始重视非木材林产品生产[J]. 世界林业研究，14(3): 55.
张汝国，2010. 紫胶漂白技术改进及其热性质研究[D]. 北京：中国林业科学研究院.
张耀启，施昆山，1992. 亚太地区非木材林产品生产和利用现状及前景[J]. 世界林业研究，5(3): 9–15.
张樟德，2008. 中国松香工业的现状及发展对策[J]. 北京林业大学学报，30(3): 147–152.
赵冠南，2016. 基于非木材林产品的森林生态效益补偿定价研究[D]. 长沙：湖南大学.
赵静，2014. 江西省非木质林产品产业发展及其对区域林业及林农收入的影响研究[D]. 北京：北京林业大学.
周玮，陈晓阳，骈瑞琪，等，2011. 世界木本饲料开发利用现状[J]. 广东农业科学(2): 132–135.
朱文凯，吴燕，于成宁，等，2016. 天然生漆改性及其适用于家具喷涂工艺的展望[J]. 涂料工业，46(10): 83–87.
邹积丰，韩联生，王瑛，2000. 非木材林产品资源国内外开发利用的现状、发展趋势与瞻望[J]. 中国林副特产(1): 35–38.
FAO, 1999. Towards a harmonized definition of non-wood forest products[J/OL]. Unasylva, 198(50). http://www. fao.org/docrep/x2450e/x2450e0d. htm#fao forestry.
LOVRIA M, DA REB R, VIDALEB E, et al, 2020. Non-wood forest products in Europe-a quantitative overview[J]. Forest Policy and Economics(116). https://doi.org/10.1016/j.forpol.102175.
SORRENTI S, 2017. Non-wood forest products in international statistical systems. Non-wood Forest Products Series no. 22[Z]. Rome: FAO.

中国工程院咨询研究重点项目

# 红豆杉
# 产业发展
# 战略研究


撰 写 人：付玉杰

王希清

时　　间：2021年6月

所在单位：东北林业大学

# 摘 要

红豆杉是第四纪冰川时期孑遗植物，也是广谱抗肿瘤药物——紫杉醇的天然来源，其中，树皮中紫杉醇含量较高，但红豆杉生长缓慢，为保护红豆杉资源，目前广泛以红豆杉枝叶为原料提取紫杉醇。我国是红豆杉资源大国，资源储量占全球储量一半以上，但人工红豆杉林面积相对较少，据第九次清查结果显示，红豆杉人工林面积仅为48000hm$^2$，随着市场对紫杉醇需求量的逐年增多，人工红豆杉种植面积亟待扩增。

我国红豆杉产业结构中生产加工紫杉醇原料药的产业占比居高，据统计药用红豆杉占68.7%，园林绿化占20.5%，其他利用占10.8%。我国的红豆杉原料和提取物出口量占据世界首位，在国际市场中以提供红豆杉枝叶或紫杉醇粗提物为主，红豆杉枝叶年采干原料约12000t，粗提物约2300kg，出口约600kg，出口量占世界总产量1/4，但出口产值仅有2亿美金。而全球紫杉醇年均产值约为20亿美元，其中3/4都被美国占据，这巨大的差额主要是由于红豆杉提取物原料与紫杉醇制剂之间巨大的差价导致的。由于受技术限制，终端国产紫杉醇制剂与进口制剂相比，生物利用度较低，价格昂贵，无法满足国内众多癌症患者的需求。因此，在国内市场紫杉醇针剂等高附加值产品仍需依赖进口。同时，与美、韩、日等国相比，受国家政策限制，我国红豆杉产业除药品和少量的日用品外，其他产品种类较少。我国红豆杉产业中存在终端产品类型单一、高附加值产品少、品牌推广力度不够等问题。

通过对比国内外红豆杉产业现状，提出以下几点发展建议：①利用天然林种群恢复技术解决实现野生红豆杉种群高效扩增，促进野生红豆杉资源恢复与高效保护；②选育抗逆性好、紫杉醇含量高的优良红豆杉品种，结合各地区的山地环境和红豆杉品种特性，宏观制定培育方案，扶持红豆杉大规模基地建设，提高各地红豆杉枝叶优质资源的供给能力；③建立红豆杉产学研专业化平台，促进产学研互动对接，提高我国红豆杉相关技术的快速发展与应用；④对红豆杉枝叶资源用途及运输的相关法规进行适度放宽，为红豆杉在日化、保健品、茶饮等除药品外其他领域的应用推广提供政策支持，推动红豆杉产业的加速转型；⑤以健康养生作为导向，充分发挥红豆杉森林在健康保健、净化空气、降噪、心情慰藉等方面的作用，选取大规模红豆杉种植基地打造森林主题公园，结合绿色、红色、古迹、温泉、民族风情等旅游资源进行融合性开发，带动当地经济综合发展。

# 1 现有资源现状

## 1.1 背景介绍

红豆杉［*Taxus chinensis* (Pilger) Rehd.］是红豆杉属植物的统称。红豆杉是第四纪冰川时期孑遗植物，号称植物王国“活化石”（陈杰等，2019）。在植物系统分类学上，红豆杉属植物隶属裸子植物门（Gymnospermae）、红豆杉纲（Taxopsida）、红豆杉目（Taxales）、红豆杉科（Taxaceae）、红豆杉族（Trib. Taxeae Milchioret Werd.），全世界红豆杉属植物约11种，起源于古老的第三纪，经远古第四纪冰川时期地质构造的运动和地形地势的变化，使其在特殊的环境中遗留下来，形成了明显的地理种群隔离，在地球上已有250万年的历史。在自然条件下，红豆杉生长速度缓慢、再生能力差、自然分布极少。

紫杉醇是从红豆杉中分离出具有良好抗肿瘤活性的天然产物，系美国北卡罗来纳州三角研究所沃尔博士和瓦尼博士于1967年发现，其独特的抗肿瘤作用机制于1979年由美国爱因斯坦医学院的分子药理学家霍维茨博士阐明，美国食品药品监督管理局批准的百时美施贵宝公司（Bristol-myers Squibb，BMS）于1992年上市紫杉醇注射液，于1994年创世界抗癌药物全球销量冠军，2000年销量创百亿。在经济利益的驱使下，红豆杉野生资源在过去短短几十年内遭受严重的破坏，储量锐减，濒临灭绝。因此，红豆杉是世界上公认濒临灭绝的天然珍稀抗癌植物（Gai et al.，2020；郑婉榕和赖佛宝，2020）。由于紫杉醇在植物体中的含量相当低（目前公认含量最高的短叶红豆杉树皮中也仅有0.069%），大约13.6kg的树皮才能提出1g的紫杉醇，治疗一个卵巢癌患者需要3～12棵百年以上的红豆杉树，也因此造成了对红豆杉的大量砍伐，致使这种珍贵树种已濒临灭绝（Zhao等，2015）。为保护这些世界珍稀濒危植物，我国于1999年将国内野生红豆杉全部列为国家一级重点保护野生植物。

由于红豆杉属植物生长缓慢、再生能力差，所以很长时间以来，世界范围内还没有形成大规模的红豆杉原料林基地。这极大地限制了紫杉醇的进一步开发利用。而紫杉醇的化学合成需要的条件严格，产量低、经费高，不具有产业意义。因此，利用红豆杉枝叶扩大紫杉醇原料来源的有效加工途径意义重大。

## 1.2 分布及储量

从全球范围看，红豆杉在美国、加拿大、朝鲜、印度、缅甸及中国都有分布，但亚洲的红豆杉储量最多。根据红豆杉生长地域和生物学特性可将红豆杉分为11个品种，除澳洲Austro-taxus spicata产于南半球外，其余种（品种）的红豆杉主要分布在北半球的温带至亚热带地区（董明珠等，2020）。

中国的红豆杉储量占全球储量的一半以上，中国分布种有5种，分别是东北红豆杉、西藏红豆杉、云南红豆杉、中国红豆杉、南方红豆杉。在红豆杉野生资源方面，云南省是红豆杉分布相对较多的省份，共有11个地（州）的34个县都有分布，相对连片面积221919km$^2$，有野生红豆杉354万株，其次是四川、陕西、甘肃、西藏和东北，以及包括广东在内的我国南方一些省份（潘瑞等，2019；张勇强等，2020）。

红豆杉系雌雄异株，多散生于林中，物种间隔离和花时不遇，使传粉授精受阻，天然雌雄搭配不尽合理，均不利于结实，种子生殖力低。此外，红豆杉种子属生理休眠类型，其繁殖生物学特征决定了其种子发芽率低，在自然条件下红豆杉再生能力差；加之其生长速度缓慢、种群竞争力差等生态学限制、生境破坏及长期不合理经营等综合因子，最终造成其种群数量减少、生存难以为继的现状。

为积极保护天然红豆杉资源，2015年1月，国家林业局（现国家林业和草原局）出台《关于切实加强野生植物培育利用发展的指导意见》，提出要重点选择红豆杉等物种进行培育利用，国家林业产业发展政策鼓励集体和个人投资者开展红豆杉的人工种植和产业化开发，提倡保护与开发并举。随着人工种植技术的发展，我国红豆杉人工种植及相关企业约300多家，人工种植面积不断增长。在气候温和湿润的南方，多个省份已建成10余个面积在13330km²以上的速生红豆杉人工林。据我国林业部门报道，现在全国已有10余个省份开始种植速生红豆杉林，包括黑龙江、河南、陕西、四川、云南等。其中，东北红豆杉主要分布在吉林长白山和黑龙江一带；南方红豆杉主要分布在滇东、滇西南、滇东纯林，多为林中散生木，四川、广西、山东等地也是南方红豆杉产地，均有大量的栽培；西藏红豆杉主要分布在云南西北部及西藏南部、东南部；云南的红豆杉主要生长和分布在丽江、迪庆、怒江和大理，分布于甘肃南部、陕西南部、湖北西部、四川等地，华中区多见于海拔1000m的山地落叶阔叶林中，相对集中分布于横断山区和四川盆地周边山地，在广西北部、贵州东部、湖南南部也有分布（韩彩霞等，2018）。

我国红豆杉人工种植林面积约为67.4万亩（表2-1），有1.85亿株红豆杉，其中，面积最大的速生红豆杉人工林在福建的闽东、浙南、江西和湖南等地（均有6667km²以上），通过合理利用，年可采摘的鲜小枝及针叶质量20万～30万t。黑龙江省建成了总面积达2667km²、活立木数量超过552万株的红豆杉人工林。太行山红豆杉科研繁育基地培育出超20万株红豆杉，云南全省红豆杉人工林累计面积达3万km²，目前全省原料年产量可达20万t，江苏红豆杉生物科技有限公司已建成红豆杉生态园区2000km²，已培育1年生及以上的红豆杉3000万株，每年育红豆杉苗600多万株。林业部门估计国内每年新增速生红豆杉幼苗2000万棵以上（姜育龙，2008；涂晓彬，2014）。

**表2-1　我国部分红豆杉育苗基地及规模情况**

| 红豆杉育苗基地 | 规模（km²） |
|---|---|
| 四川北川、洪雅曼地亚红豆杉原料林基地 | 333.3 |
| 都江堰芳华园林有限责任公司种植基地 | 133.3 |
| 梅州红豆杉林木培育有限公司 | 66.7 |
| 集安经济开发区红豆杉繁育基地 | 33.3 |
| 东安县舜皇由红豆杉育苗基地 | 13.3 |
| 中国科学院成都生物所在阿坝藏族羌族州茂县大沟建设的红豆杉基地 | 66.7 |
| 湖南新宁县林业局建设的南方红豆杉基地 | 133.3 |
| 东北苇河林业局在青山林场建设的东北红豆杉基地 | 333.3 |
| 中国科学院成都生物所在阿坝藏族羌族州茂县大沟建设的红豆杉基地 | 66.7 |
| 南方红豆杉有限公司在福建明溪建设的南方红豆杉工业原料生产基地 | 666.7 |

美国自1995年以来同样掀起了速生红豆杉种植热潮。据悉，美国最大的森林工业集团惠好公司花费巨资在北洲荒漠地区（尤其加拿大等地旷人稀的国家）累计建设了多个大面积速生红豆杉人工林基地，培育约2.8亿棵红豆杉。

# 2　国内外加工产业发展概况

## 2.1　加工技术

紫杉醇在红豆杉树皮中含量最高，但为保护红豆杉，现在常以从枝叶中提取为主。目前，常用的提取方法有溶剂萃取法、固相萃取法、超临界流体萃取法、膜分离法、树脂层析法等；由于植株中紫杉醇含量较低，紫杉醇全合成路线被多个团队相继完成，这些合成路线均以简单易得的原料为前体，通过直线法、会聚法或直线—会聚联合法逐渐合成四环，但因存在合成路线太长、步骤太多、反应条件苛刻、成本高且产率低等缺点，并不具有较高的实际应用价值；半合成中最常使用的前体为10–脱乙酰基巴卡亭Ⅲ和10–脱乙酰紫杉醇，从合成侧链开始大约经过10步反应合成最终产物。相比于全合成，紫杉醇的半合成更具有实用价值。但半合成前体主要存在于红豆杉枝叶中，因此红豆杉枝叶的加工利用具有重要意义（Nirmala et al.，2011）。

## 2.2 产业发展现状与差距分析

### 2.2.1 医药产品加工利用现状

在2000年之前，世界紫杉醇市场90%被BMS公司垄断，据国外媒体报道，美国惠好集团每年可为BMS公司提供300～400kg的紫杉醇原料药（粗品），这一数字占国际市场紫杉醇原料药成交量的近4成，仍无法满足国际市场对紫杉醇原料药的渴求；随着其紫杉醇专利期满，现在全球有100多家公司在生产紫杉醇原料药及制剂产品，目前世界紫杉醇销售市场仍是美国。据国外统计，美国与加拿大两国每年消耗全球紫杉醇原料药总产量的58%，欧洲国家共计消耗全球紫杉醇原料药的20%，亚太地区和南美洲占14%，世界其他国家和地区合计消耗紫杉醇原料药占剩余8%的份额。由于美国本土生产的紫杉醇原料药无法满足本国制剂业的需要，几年前，BMS公司与上海赛迪诺公司合作，在上海和江浙等地建立了红豆杉人工种植基地，生产半合成紫杉醇原料药，并运至美国进一步加工成注射剂产品。目前，全国有10多家企业从事紫杉醇原料药生产。2010年，我国共计生产半合成紫杉醇原料药约114kg，2012年产量超过300kg，再加上从树皮中提取所得的紫杉醇原料药产量，估计国内紫杉醇类原料药总产量已突破500kg（Naik，2019）。

泰素为全球第一个上市的紫杉醇制剂，1992年12月首次投放美国市场。此后的20年里，随着临床用途范围的急剧扩大，目前紫杉醇已被用于治疗包括晚期乳腺癌、前列腺癌、卡波济氏肉瘤、头颈癌、皮肤癌、风湿性关节炎及其他一些常见恶性肿瘤。20世纪90年代末，美国医疗器械厂商首创将紫杉醇用作植入式心脏血管支架的涂层用药（可防止植入支架后产生的“血管再狭窄”现象），这大大推动了国际市场对紫杉醇原料药的需求。据欧洲咨询公司迪特莫尼特发布的一份报告显示，2010年全球紫杉醇（含半合成紫杉醇）原料药总销量已达1310kg。2012年的总销量近1500kg，大大超出了市场专家当初的估计数字，表明国际医药市场对紫杉醇原料药有巨大的需求。截至2017年底，泰素总共给BMS公司带来至少超过145亿美元的销售收入。

紫杉醇在国际贸易市场呈现销量不断上升、价格不断下降的趋势。2000年全球紫杉醇原料药总产量约为370kg，且基本当年产量全部消耗，2004年达到约500kg，在抗肿瘤药物市场中独占鳌头。上市之初的原料药价格曾高达200万美元/kg，2000年纽约化工市场上为33.5万～44.0万美元/kg。2002年国际市场最低为26.5万美元/kg，2005年紫杉醇原料药价格为10万美元/kg。在世界市场紫杉醇贸易格局中，美国占主导地位。在紫杉醇贸易世界知名企业中，美国公司几乎占了40%，其次是加拿大、法国、意大利、中国、澳大利亚、英国、印度、韩国等。美国、中国和印度是原料药生产大国，美国同时也是制剂生产大国。在国际贸易关系中，美国主要销售制剂，其原料药除本国所产外，还从中国和印度大量进口紫杉醇原料药以及红豆杉枝叶。其他紫杉醇原料药及枝叶出口国主要有意大利、加拿大、韩国、阿根廷、墨西哥、缅甸、朝鲜等。

从市场需求的角度分析，美国与加拿大两国每年消耗了全球紫杉醇原料药总产量的58%，欧洲国家共计消耗全球紫杉醇原料药的20%，亚太地区和南美洲占14%，世界其他国家和地区合计消耗紫杉醇原料药占剩余8%的份额（图2–1）。

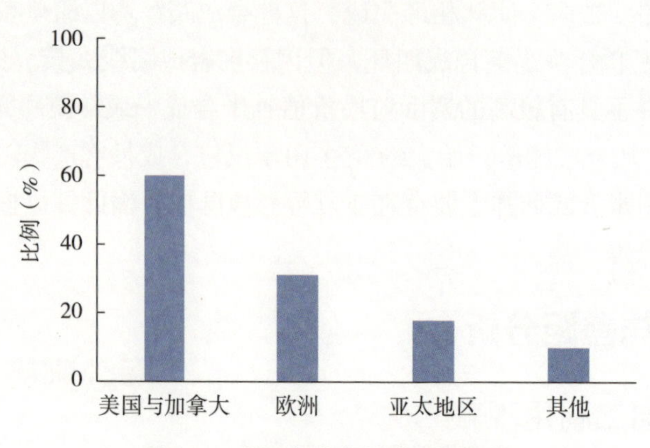


图2-1　世界各地紫杉醇原料消耗

中国最早的紫杉醇生产企业为1993年成立的云南汉德生物技术有限公司，该公司在经营初期向美国出口紫杉醇提取物，1996年取得美国食品药品管理局（FDA）的药物管理档案（DMF）后，开始向美国出口原料药，1999年出口量达到60kg。受资源制约影响，生产一度低迷。随之进行资源与产品重组改造，于2003年获制剂批号，2004年后原料药获GMP认证，获得新生。云南汉德生物技术有限公司的经历是中国紫杉醇生产企业的缩影，中国紫杉醇生产企业的发展历史经历了紫杉醇提取物生产阶段、由提取物生产向药物生产过渡阶段、紫杉醇药物生产等3个阶段。

紫杉醇提取物生产阶段为1993—1998年约6年时间。我国这个时期的企业数量较少，仅云南汉德一家企业具有中国原料药和美国DMF证书。国内基地70%～80%的企业都对原料进行粗提后供给像云南汉德这样少数的几家大企业进一步提纯。1995年首次海南海口制药厂和北京协和制药厂获批中国企业的紫杉醇新药证书，1998年获得正式生产批文。同年北京四环、四川太极制药公司等厂家也获得正式生产批文。

1999—2002年约4年时间，为提取物生产向药物生产的过渡阶段。1999年中国将红豆杉列为国家一级重点保护野生植物，并将紫杉醇国际贸易方面涉及的所有制品均列入《进出口野生动植物种商品目录》。中国紫杉醇生产企业被纳入严格管理行列，企业数量从最多时的七八十家很快减少到四五十家。面对资源短缺、原料价格升高、竞争加剧而且实力不够强等困难，中国紫杉醇生产企业开始转型产品升级、加大制剂份额，上海华联、上海三维、四川康益、桂林晖昂、重庆美联等十几家企业取得了制剂新药生产批件。企业整体逐步走向药物生产阶段。

2003—2005年，中国紫杉醇生产企业整体为紫杉醇药物生产阶段。国产的紫杉醇纯度为98%以上。企业生产原料约80%为来源于有加拿大、缅甸和朝鲜等进口的半成品、红豆杉枝叶和少量树皮，20%来源于国内人工种植的红豆杉。据调查统计，全国从事不同规模育苗和种植红豆杉的企业及个人计800多家，种植面积超过3.33万$km^2$，其中超过666.7$km^2$的有10余家（图2-2）。

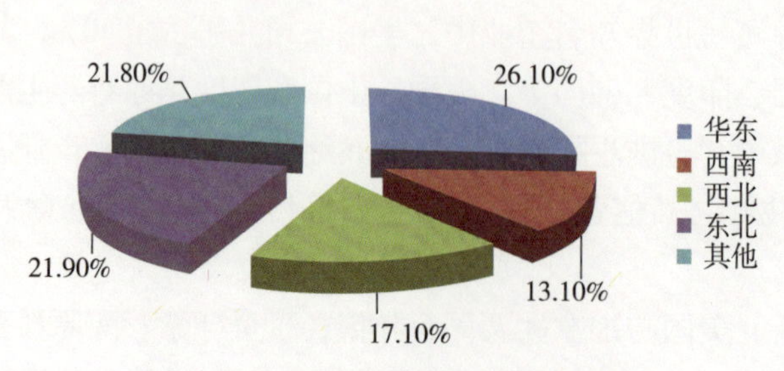


图2-2　中国红豆杉生产企业分布比例

在市场巨大需求的带动下，我国红豆杉产业结构呈现药用为主，如图2-3所示，药用红豆杉占据68.70%，园林绿化占据20.50%，其他开发利用仅占10.80%的比重。由此看出，在整个红豆杉产业中，生产加工紫杉醇原料药的产业占比居高，终端产品存在产品类型单一、品牌推广不够等问题。经考察，半合成产品多为出口型，出口量占据世界首位。由于受技术限制，终端国产紫杉醇制剂品质差、产量低，不能满足国内广大癌症患者的需求，针剂等高疗效的紫杉醇药品仍依赖进口（贺宗毅等，2017）。

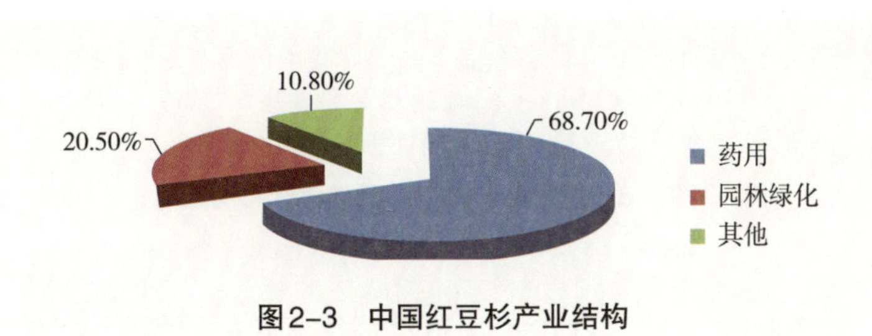


图2-3 中国红豆杉产业结构

紫杉醇在国内市场销售额方面（图2-4），自2012年销售额突破10亿元后，紫杉醇的销售额连续5年呈递增状态，2016年超过了16亿元，位居国内药品销售额第6位。销售额最高的区域为珠三角地区，已超过了2亿元，紧随其后的为广州、上海、北京，其销售额处于1.7亿～2.3亿元（图2-5、图2-6）。在生产企业方面，起初BMS公司紫杉醇的市场占有一直处于领跑状态，但随着仿制产品、改良产品的相继上市，2016年国内紫杉醇制剂销售最好的三家企业分别是南京绿叶思科药业有限公司、BMS和阿博利斯生物科学公司，其中，南京绿叶思科的注射用紫杉醇脂质体“力扑素”的销售额超过了10亿元，遥遥领先，而BMS的紫杉醇制品Taxol销售额还不到2亿元。

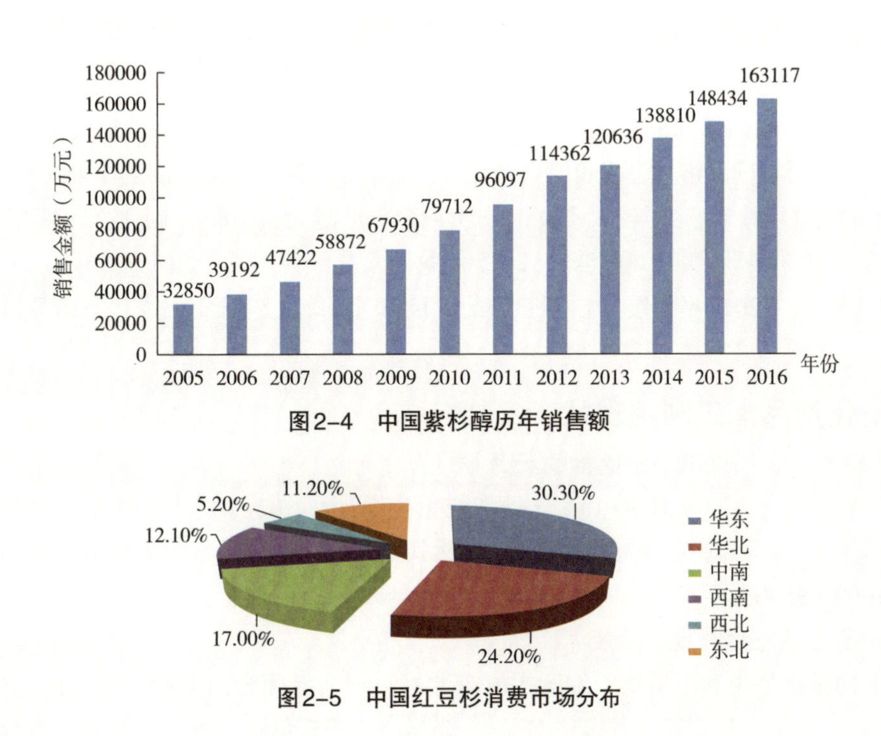


图2-4 中国紫杉醇历年销售额



图2-5 中国红豆杉消费市场分布

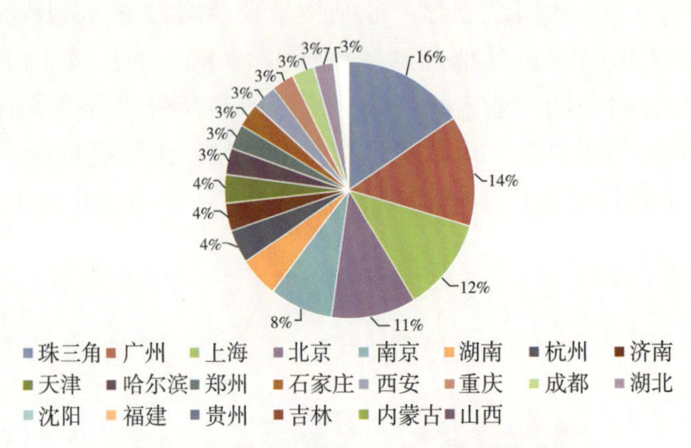


图2-6 国内各省份紫杉醇销售分布情况

据有关部门估计，在2008年之前，我国市场每年消耗紫杉醇原料药仅50～60kg，这与发达国家的消耗量形成鲜明的对比。但自从江苏恒瑞制药公司利用法国技术成功生产出多西泰赛原料药和制剂后，国内紫杉醇用量长期落后于西方发达国家的局面终于有了改观。由于国产紫杉醇注射剂价格大大低于进口紫杉醇，目前每支国产紫杉醇注射剂（6mg/mL）的市场价格在285～550元，从而使一度属于贵族药品的紫杉醇注射剂真正成为平民药品。2012年，国内医院紫杉醇注射剂销售额已直线上升至9.68亿元。

中国紫杉醇生产企业生产的紫杉醇制剂的种类比较多，不仅有注射用针剂，还有紫杉醇脂质体、胶囊剂、片剂、浸膏剂和复方红豆杉胶囊。目前生产紫杉醇注射液的企业共有39家、65个批准文号。国内已获生产批文的紫杉醇原料药生产厂约17家，其中生产规模较大的主要有云南汉德生物技术有限公司、福建南方制药股份有限公司、江苏红豆杉药业有限公司和桂林晖昂生化药业有限责任公司。国内已经上市的紫杉醇制剂有2种：一是南京绿叶思科的紫杉醇脂质体力朴素，另外一个是赛尔基因公司的注射用紫杉醇（白蛋白型）Abraxane。目前我国多数厂家仍只能生产紫杉醇粗品，国外厂商大多再经提纯后才能制成注射剂用原料。紫杉醇粗品原料在国际市场上卖价较低（仅3万～5万美元/kg），可供注射剂使用的紫杉醇原料药在国际市场上卖价则高达25万美元/kg。据中国化学制药工业协会研究报告显示，2010年我国紫杉醇原料药产量有了较大幅度的增长，全年产量为1310kg，同比上一年增长了103.99%。到2014年我国紫杉醇原料药产量1606.8kg，2015年我国紫杉醇原料药产量1743.5kg，2016年我国紫杉醇原料药产量1898.6kg，2017年我国紫杉醇原料药产量2073.3kg，2018年上半年我国紫杉醇原料药产量1124.8kg。

### 2.2.2 日化产品加工利用现状

（1）后（WHOO）天气丹重生纯金能量安瓶

韩国高端化妆品——后（WHOO）天气丹华炫重生系列（图2-7）号称添加了山蔘玉珠、鹿茸粉骨、黄金红豆杉等成分，可调节各种肌肤问题。虽然其中只添加了少量红豆杉提取物，但该系列化妆品价格高至一套1000～3500元不等。

（2）YOUSING友欣红豆杉靓肤原液

深圳友欣生物科技公司利用植物干细胞提取东北红豆杉、韩国野山人参中的天然产物，配以柚果、丁香花、辣木籽、红海藻、马齿苋、甘菊、芦荟、金盏花、积雪草、七叶树、甘草、香橙、苦参根等作为主要原料，再经过无菌GMP药品级环境下生产封装制备植物来源精华液（图2-8），不但能够快速吸收，还具有抗氧化、抗菌、抗炎症、抗衰老、改善肌底、重建肌肤屏障等优点。

（3）红豆杉睡枕

闻香疗法的基础来自于中国古代著名医学家华佗“闻香祛病”，以药枕医治头颈诸疾的著述和“肺朝百脉”的中医理论，它是将散发芳香气味、性味甘平、效归肾经、膀胱经的红豆杉作为闻香原料，研制成含有调节睡眠所需的紫杉生物类黄酮、紫杉碱和足够负氧离子的复合型缓释颗粒，配伍何首乌、人参、金樱子等名贵药材，通过人的嗅觉系统到达体内而达到保健作用。章光101推出的这一红豆杉养生保健项目立足于“红豆杉闻香养生”的中医药理论，生产了包括红豆杉长生福枕、红豆杉好睡枕、红豆杉睡金福枕、红豆杉养发长生枕等多个系列产品（图2-9）。

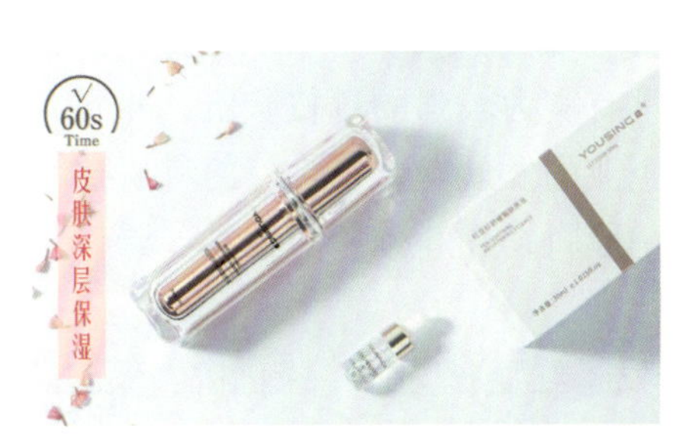

图2-7 后（WHOO）天气丹重生纯金能量安瓶

图2-8 YOUSING友欣红豆杉靓肤原液

图2-9 章光101红豆杉睡枕

## 2.3 国内外产业发展差距分析

我国红豆杉资源较多，但开发利用率较低，加工方式较为传统，对外出口的多为原材料或粗提物，深加工和高附加值产品较少，产品类型较为单一。虽然我国红豆杉产业近年来在稳步发展，但仍旧存在资金投入少、缺少龙头企业带动、产业链不完善等问题，亟待政府的进一步规划和有力支持。美国虽然红豆杉资源相对较少，但对资源利用度更高，对资源进行分级处理并充分利用，产品类型较为多样，其中紫杉醇等单体高附加值产品也较早地占领了国际市场。虽然我国近年来生产的紫杉醇单体也具有较高的纯度和较好的疗效，但因售价相对更高而难以抢占国际市场。

# 3 国内外产业利用案例

## 3.1 国内产业利用案例

### 3.1.1 案例背景

江苏红豆杉药业有限公司成立于2006年2月，是红豆集团进行转型升级、优化产业结构发展的战略性新兴产业，主要从事从红豆杉中提取紫杉醇原料药以及紫杉醇注射液等抗癌药物的研发、生产和销售。江苏红豆杉健康科技股份有限公司是全国民营百强企业——红豆集团进行跨行业发展组建的健康科技企业，现已将红豆杉种质资源研究、规模化种植、盆景绿化、保健品以及观光旅游相融合，形成了一、二、三产业为一体的生态健康产业链。

### 3.1.2 现有规模

企业主要生产抗肿瘤药物紫杉醇：紫杉醇注射液（国药准字H20067345）、紫杉醇原料药（国药准字H20093763）、红豆杉盆景、红豆杉绿化苗木、红豆杉工艺品、红豆杉生态旅游、红豆杉园艺等。原料药厂区占地面积约3.3km$^2$，按GMP标准建成28800m$^2$标准厂房，总投资8000万元，拥有国内外最先进的全自动生产线，具备年可处理9000t枝、叶、皮等原料，设计年可生产紫杉醇原料药300kg的生产能力，2009年6月，取得紫杉醇原料药注册批准文号，同年9月通过GMP认证（证书编号：苏K0798），并于2012年2月获得美国FDA的文号（25759），为原料药走向国际市场打下了良好基础。制剂厂厂区占地面积近3.3km$^2$，总投资为9000万元。采用先进、规范的GMP设计理念，将选购国际、国内一流的生产设备与检验仪器，可生产多种规格的抗肿瘤药注射液与冻干粉针，满足年生产600万支抗肿瘤药针剂的生产任务。2009年6月28日进入试生产阶段，同年9月获得小容量注射剂（非最终灭菌、抗肿瘤药）、冻干粉针（抗肿瘤药）的药品生产许可证，2010年8月份取得GMP证书。公司现有员工300多名，其中高级工程师5名，博士5名，大专以上人员及中级职称占员工总数的60%以上；党员58名，其中干部党员占党员总数的90%。公司具有实力较强的科技队伍，并同大专院校、科研机构建立了科研、开发、生产一体化的科研体系，为企业的发展奠定了良好的科研技术保障基础。目前，已形成红豆杉资源培育、红豆杉枝叶加工、紫杉醇原料初品、紫杉醇精品、紫杉醇注射液及其他抗肿瘤药物制剂的产业链。

公司注册商标为“红豆”，开发了红豆杉盆景、绿化树、保健品、中药产品以及紫杉醇等抗肿瘤药物，打造红豆杉综合开发全球领跑者。2008年，红豆牌红豆杉走进中南海；2010年，入驻上海世博会中国馆，被世博会专家称为“改善城市环境的新树种”；2011—2013年，连续3年应用于深圳城市绿化中。2008年红豆集团红豆杉种植基地被国家林业局评为“红豆杉科技示范区”，另外“红豆杉快繁技术与产业化”被列为“国家星火计划项目”。

### 3.1.3　可推广经验

（1）丰富的种质资源

红豆集团于1997年开始研究红豆杉种子发育和人工培育、种植，并在红豆杉栽培技术领域中取得显著成果：用高科技手段攻克了红豆杉的快繁技术，只需4～5年即可药用，解决了红豆杉种苗严重短缺的问题，使大量提取紫杉醇制成抗癌药物成为可能。公司建立的红豆杉科技园采用先进的GAP规范（中药材生产质量管理规范）大规模种植南方红豆杉，采用酶联免疫法进行紫杉醇含量检测并进行高含量紫杉醇基因型红豆杉的选育。

公司已培育1年生及以上的红豆杉3500万株，每年育红豆杉苗600多万株，是国内最大的红豆杉繁育基地，是国内第一家红豆杉野生苗驯化基地，也是全世界最大的红豆杉实生苗栽培基地之一。

（2）先进的设备

原料药厂按GMP标准建成28800m$^2$的标准厂房，拥有国内外最先进的全自动生产线，并配备全套的原料加工设备、先进的检测仪器及配套的污水处理系统。已形成紫杉醇粗制品到精品的整套加工工艺，年可提炼300kg以上紫杉醇成品。制剂厂采用先进、规范的GMP设计理念，选购国际一流的生产设备与检验仪器，可生产多种规格的抗肿瘤药注射液与冻干粉针，年生产600万支抗肿瘤药针剂。目前，公司已建成从红豆杉资源培育到红豆杉枝叶加工、紫杉醇浸膏、紫杉醇粗制品、紫杉醇精品及其制剂的产业链，届时将成为中国紫杉醇提纯加工的高科技龙头企业。

（3）雄厚的科研实力

公司技术力量雄厚，研发中心现有博士5名、高级工程师5名、硕士及工程师15名，聘请了红豆杉人工栽培和提取纯化以及半合成方面的国内相关专家作为技术负责人。同时，研发中心还与江苏省农业科学院、中国医学科学院北京药物所、中国科学院上海药物所、清华大学以及国外相关抗肿瘤药物所研究所建立了紧密的合作关系。

科研成果：2006年5月，“抗癌药物紫杉醇”被列为国家火炬计划项目。2006年12月，“人工种植南方红豆杉采集提取紫杉醇新技术”通过江苏省科学技术成果鉴定，专家一致评定该项技术达到“国内领先、国际先进水平”。2007年12月，“红豆杉高效栽培与全株采提紫杉醇研发与产业化”被列入“江苏省重大科技成果转化专项资金项目”。2008年，“南方红豆杉全株提取紫杉醇和其他副产物的中试研究开发”被列入国家科技部“科技型中小企业技术创新基金项目”。2008年11月，公司建成了“江苏省红豆杉综合利用与抗肿瘤药物工程技术研究中心”。2008年，“紫杉醇”被评为江苏省高新技术产品。2009年，“红豆杉高效栽培与全株采提紫杉醇研发与产业化”项目被列入“国家星火计划项目”，获江苏省科学技术进步三等奖。2009年，公司被批成立“企业院士工作站”。2010年，公司与上海交通大学正式签约，开展“红豆牌红豆杉产品开发”的项目合作。2011年8月，“红豆杉高效栽培及全株采提紫杉醇研发与产业化”项目成功入选国家重大科技成果转化项目。2012年，公司设计生产的盆景“双凤呈祥”“清明上河图”“福墨清香”申请并获批国家外观专利保护。2013年，《特色观赏苗木红豆杉优良新品种培育》获江苏省农业科技自主创新资金资助。2014年，《南方红豆杉盆景大棚养护方法》《曼地亚红豆杉扦插方法》获国家发明专利，构建了完善的红豆杉水培技术体系，实现了红豆杉的雌雄嫁接，同时田间筛选的金黄果实新品种（命名为“金锡杉”）通过省新品种认定。2015年，《水培红豆杉的种苗繁育及产业化》获国家星火计划项目证书；申报红豆杉相关发明专利11项，《珍稀树种红豆杉的培育项目》获省林业局林木良种补贴20万元。2016年，申报红豆杉相关专利10项，授权发明专利7项；《红豆杉人工繁育标准化试点》获省质监局立项支持，《无锡市红豆杉国家林木种质资源库》获国家林业局立项支持。2016年，获得国家环境保护局颁发的“环境保护科学技术奖”。2017年，《小叶红豆等4个珍稀树种高效繁育技术体系研究及推广》项目获得福建省科学技术进步奖。

## 3.2 国外产业利用案例

### 3.2.1 案例背景

位于美国加利福尼亚州艾尔蒙特市的美国紫杉生物制药集团是一家主要以种植、加工并且销售红豆杉相关产品的公司，通过收购红豆杉植物相关原料用于制造药物、手工艺制品、紫杉木料、紫杉蜡烛和肥皂用紫杉精油。据称，该公司所有的原料采集及加工都在中国进行。

### 3.2.2 现有规模

为提供更多原材料，美国紫杉生物制药集团于1996年在中国成立哈尔滨红豆杉科技开发有限责任公司（HDS），这是一家根据中华人民共和国法律注册成立的种植和培育红豆杉树的子公司。

从1996年开始，HDS公司在哈尔滨附近的山坡上种植东北红豆杉，并在哈尔滨附近的4个苗圃中进行种植，成功培育了超过800万株红豆杉苗木，所占林地约1197.3km$^2$。目前，HDS公司有能力每年培育200万株红豆杉苗木，2003年被黑龙江省林业厅授权开发和使用红豆杉资源的权利。

HDS公司拥有多项红豆杉技术及专利，可以使红豆杉树的生长成熟在2～3年内完成（天然红豆杉树繁育需要50年以上成熟）。此外，HDS公司从黑龙江省政府获得许可出售红豆杉树和红豆杉工艺品，是中国极少数被赋予使用红豆杉木材制造工艺品的公司之一。

该公司主要经营范围为种植和销售红豆杉，并生产红豆杉产品，该公司当前业务主要分为三大部分：

①中药原料部分：包括生产和销售用于中药生产的红豆杉原料。

②红豆杉植株部分：包括生长和销售红豆杉幼苗和成熟树木，包括盆栽微型红豆杉。

③手工艺品部分：包括制造和销售家具和紫杉木材制成的手工艺品。

该公司于2017年推出一些新产品，生产两款以红豆杉精油为主要成分的化妆品系列产品（面霜和去皱剂）。这一新增加的部分贡献了总收入的很大一部分。

### 3.2.3 可推广经验

一是探索以红豆杉原料为基础，从林业为主的公司转变为高附加值的公司。

二是产品组合丰富，增值产品种类繁多。

三是产品及企业文化宣传度较高，充分利用电子网络销售渠道。

四是经营管理模式创新，采取“公司+研发中心+基地+农户+工厂”模式来提高生产销售效率。

五是针对高端客户以及中低端客户所具有的不同客户需求来生产和推广不同组合的红豆杉相关产品，吸引不同的目标消费者。

## 3.3 当前存在问题分析

从世界及国内发展的现状与趋势来看，目前，红豆杉产业的发展在任何一个地区都没有走上科学完整、可持续性发展的产业化道路。目前，中国红豆杉产生的发展主要面临以下问题。

（1）野生红豆杉资源稀少

红豆杉是世界上公认濒临灭绝的天然珍稀抗癌植物，在经济利益的驱使下，野生资源在过去短短几十年内遭受严重的破坏，储量锐减，濒临灭绝。为保护这些世界珍稀濒危植物，我国于1999年将国内野生红豆杉全部列为国家一级重点保护野生植物。我国是名副其实的红豆杉资源大国，野生红豆杉种群虽分布广，但数量还是非常稀少，急需加大保护力度。

（2）人工红豆杉资源分散，缺乏统一规划布局

因野生红豆杉资源稀少，国家法规禁止把野生红豆杉作为开发利用树种，为缓解紫杉醇需求量不断增加的问题，近年来，人工种植红豆杉已成为产业化开发的主体，但由于缺少统一管理，农民对人工红豆杉种植的认识滞后，种植开发存在害怕、观望、困惑等误区，缺少统一规划、统一布局，缺少市场保护与激励机制，产业管理滞后等问题，主要种植企业散乱地分布在全国各地，且主要以育苗与盆景栽培为主，品种和想法都比较单一，使之呈现自发、零散、粗放、初级状态。

（3）产品研发能力不强，产业基础薄弱

科研机构对红豆杉的研发相对滞后，面对国际与国内的巨大市场需求，红豆杉的产业与产业链的延伸始终处于落后状态。企业与高校、院所合作大多停留在面上，局限于一些短平快项目，缺少深度合作，尤其缺少关键共性技术研究。

（4）产业链新产品开发水平较低，多元协调机制尚未建立

红豆杉因其物种特性开展过程涉及多项法规，并且申报专利、技术及知识产权的周期较长，不利于市场化推广。企业可争取的政策资金偏少，政府引导扶持政策不足，风投资金、创投基金注入有待突破，社会资本参与空间巨大。下游产业链新产品开发水平较低，药用、保健、康养、绿化等产业仍存在规模小、竞争无序、深加工产品匮乏、专业人才不足、机制不灵活等制约因素，限制相关产业链构建与延伸，从而制约整个红豆杉产业规模的迅速扩大及产业链条的延伸。

未来我国红豆杉产业发展模式可参考以下几点建议：

①帮助贫困地区红豆杉枝叶的加工回收形成规模体系，推进产业“顶层设计”。

②加快企业自主创新，研发红豆杉栽培、产品加工等核心技术。

③完善红豆杉产品市场认可度。红豆杉保健品、休闲食品、化妆品、工艺品、饮品、酒类等的认识和普及程度有待加强。

# 4 未来产业发展需求分析

## 4.1 乡村振兴

在生态环境建设走进新时代的同时，红豆杉未来产业也将产生巨大的社会效益。

（1）有利于山区农民脱贫致富，解决农村剩余劳动力及产业结构调整

山区人均田地较少，山坡地较多，特别是适宜红豆杉种植的荒山荒地较为丰富。红豆杉是社会效益较好的理想树种，一年造林，可多年收益，周期又短，农民可长期获得经济收入，因此，发展红豆杉产业有利于山区农民脱贫致富（吴海霞，2017）。

（2）改善人类生存环境质量

红豆杉产业是劳动力密集型的产业，随着红豆杉产品加工业的发展，需要大量的人员上山、进厂，可为农民增加较多的就业岗位，吸纳农村剩余劳动力，另一方面也将促进农村产业结构的调整，其社会效益将十分显著。

如甘肃省徽县，因其独特的地理位置、湿润潮湿的气候环境、良好的土壤和生态环境，成为最适宜的中国红豆杉生存的天然适生区。青岛鲁明种苗有限公司与徽县苗木种植合作社建立了战略合作伙伴关系，大力引进中国红豆杉，实现了扶贫点对点。经过近十年的不懈努力，目前，徽县共邦苗木种植农民专业合作社已人工发展以中国红豆杉为主的各类红豆杉基地1000余亩，拥有1～10年生中国红豆杉苗木、盆栽、盆景500余万株，成为西北地区最大的中国红豆杉人工繁育基地，其生产的中国红豆杉荣获第四届全国十大新优乡土树种推广奖。让中国红豆杉这一珍稀乡土树种资源得到科学、有序、健康、快速发展，并合理开发使用，使其真正成为徽县富民强县的特色优势产业。对这款南北适宜的常绿观赏景观植物进行大面积繁殖推广，从而可带动更多的徽县农民脱贫致富。

由于红豆杉产业发展，树种种植规模扩大，森林覆盖率提高，使人类共同的生存环境质量得到改善，农村生态环境和生产条件改善，并促进民族文化发展，可以使广大农村的环境质量和生活质量有一个较大的改善。

红豆杉养生是利用红豆杉健康保健的特性，依托红豆杉种植形成的区域内小气候环境，打造红豆杉养生基地，同时将养生与旅游充分结合，形成红豆杉养生旅游市场。湖南章光101国际康养小镇位于仁义镇王屋村，是由湖南世纪爱晚健康产业有限公司联袂章光101控股集团，以万亩红豆杉种植基地为基础，以中医医药康养产业为核心形成的闭环产业链，实现自我造血功能，促进乡村旅游业发展。该项目第一期总投资5亿元，种植占地666.7km$^2$的红豆杉基地，由当地政府引导，村民委员会发起成立新农村合作社，以村民拥有承包权的荒地、林地做股权投入（公司按照当地土地流转金标准给村民保底）加盟，共同组建湖南章光101红豆杉生物科技有限公司。目前，该红豆杉林已经纳入昌九绿色长廊工程，成为庐山传统观光旅游和养生旅游的一大亮点。近年来，仁义镇紧紧围绕市委、市政府的决策部署，深入贯彻落实市委“3131”工程和“六项行动”，凝心聚力，扎实苦干，在优化经济发展环境上下足功夫，在利用土地资源上做活文章，红豆杉种植基地和康养小镇项目的落户，必将成为仁义镇新农村建设以及经济增长的新亮点。

由于红豆杉具有较大的旅游发展空间，社会各界都在纷纷发展红豆杉旅游产业，将红豆杉种植、红豆杉产品、红豆杉旅游与新农村建设相互结合，形成完整的产业链条，为乡镇农民创造了较好的收入。景宁红豆杉生态旅游开发有限公司位于鹤溪镇严坑村，公司是集红豆杉种植、红豆杉生态旅游项目开发、红豆杉工艺品设计、红豆杉会议等服务于一体的大型旅游公司；河南亿景旅游开发有限公司成功

运作毛河红豆杉生态观光园（天然红豆杉保护培育基地、红豆杉生物工程发展基地）项目。湖南章光101国际康养小镇等成功典范也将为我国新农村建设打开思路，让越来越多的新农村建设从中吸取宝贵经验。

## 4.2 绿色发展

改革开放30多年来，我国国内经济生产总值稳步增长成为世界第二大经济体。经济的发展带来了国力及人民生活水平的提高，但是同时人们赖以生存的生活环境水平大大降低。全国70个大城市空气质量检测结果全年平均水平呈污染状态，改善空气质量成为今后经济改革与发展的重点。红豆杉所具有的消化毒性、营造良好空气环境的特性，使得人们对其深爱有加。同时，城市绿化开始引进红豆杉物种。良种红豆杉是国家鼓励发展的药用植物和优良生态树种，被誉为“生命常青树”“植物造氧机”。经研究发现，红豆杉可以24h不间断地释放氧气，吸收一氧化碳和二氧化碳。放在室内还可以吸收甲醛、苯、甲苯、二甲苯、尼古丁等致癌物质，它不仅能净化空气，还能防癌、抗癌。更神奇的是红豆杉在放置室内一段时间后，人们的睡眠、疲劳等症状会发生一定的改变，血压、血脂、血糖等也会有所下降。它树形优美、树冠挺拔、四季常青，是家居、景观、园艺的首选品种，有极好的生态价值和观赏价值。2008年红豆杉盆景走进中南海，2010年红豆杉走进了上海世博会中国珍稀植物馆，成为“吉祥树”的象征。2011年红豆杉主题园高调亮相于西安世界园艺博览会和国家林业局办公室（图2-10），2012年红豆杉盆景进驻人民大会堂，这一切都显示着红豆杉未来产业在改善生态环境方面有着举足轻重的地位。

图2-10 2011年世园会红豆杉园鸟瞰图

（1）园林绿化价值

红豆杉树形美丽，果实成熟期红绿相映的颜色搭配令人陶醉，可广泛应用于水土保护和园艺观赏，是新世纪改善生态环境，建设秀美山川的优良树种。作为绿化树种、盆景，红豆杉可以置于庭院、室内、街道，它的树姿优美，树干紫红通直，种子成熟时呈红色，假皮鲜艳夺目，同时，它释放的各种生物碱气体可以消炎、杀菌、净化空气、疗养保健。红豆杉园林绿化与居家绿化服务（图2-11），打造新型园林绿化概念，让自然回归城市、回归家庭。

图2-11 红豆杉盆栽

（2）净化空气

每亩红豆杉林每年可吸收二氧化碳0.8t，这对保持大气中的二氧化碳和氧气的动态平衡，减缓温室效应，改善人类生存最基本条件有着巨大的作用。红豆杉树种根系发达，能够保持水土流失，是山地的生态屏障；良好的抗癌效果可以改善人类健康，保护濒危物种，实现可持续发展。红豆杉释放的各种生物碱气体能有效杀菌和净化空气，24h吸收二氧化碳，释放氧气。其树形美丽，果实成熟期红绿相映的颜色搭配令人陶醉，可广泛应用于水土保护和园艺观赏，是新世纪改善生态环境、建设秀美山川的优良树种。

作为绿化树种、盆景，红豆杉可以置于庭院、室内、街道，它的树姿优美，树干紫红通直，分泌的各种生物碱气体可以消炎、杀菌、净化空气、疗养保健。家里摆上一盆红豆杉树，既能体现主人富贵典雅的气派，又能对家人起到防癌保健及预防多种疾病的作用。红豆杉还具有驱虫作用，摆在家里可以发挥巨大的驱虫作用，通过光合作用，它可以向外挥发自己的气味分子香茅醛，香茅醛具有防避蚊虫的效果。

（3）光合作用功能

红豆杉全天24h吸入二氧化碳，呼出氧气，这是它与其他植物相比最根本的区别，也是植物界最特殊的一种植物，曾被誉为“呼吸树”“环保树”，对于环保可以作出巨大贡献，是环保工程的首选树种。为此它最大的优势是适合在室内摆放，一天24h释放氧气，能起到增氧效果，让人倍感空气清新，精神放松，充满活力。

（4）涵养水源，减少土壤流失

红豆杉枝叶繁茂、截滞雨水能力强，林下红豆杉枝叶深厚，可减少地表径流及增强土壤渗透能力，有较强的蓄水能力。每亩红豆杉林可蓄水66.7t，红豆杉根系十分发达，盘根错节，固土能力强，可减少水土流失。

## 4.3 美丽中国

红豆杉与休闲、生态、新农村建设相结合，就能打造一系列旅游产品，发展旅游市场，建设社会主义新农村。当下，注重养生、生态的理念越来越深入人心，各地都从不同角度，开发不同的资源，打造养生、生态旅游胜地，均以自然保护区、森林、河湖为主打的养生生态旅游天堂。而以红豆杉为主题的养生、生态旅游景区在我国已经被极具战略眼光的企业家所接受，围绕红豆杉健康、防癌、改善生活环境、养生等特性，打造高品质的生活、养生、保健等休闲场所，继而改变当地居民生活环境，提供给当地农民更多工作渠道与工作岗位。将生态旅游业、扶贫事业以及新农村建设合为一体的红豆杉未来产业模式，必将成为红豆杉发展史上的一道靓丽的风景线。

有关环境监测报告证明，红豆杉能吞噬室内90%的苯、96%的一氧化碳、86%的甲醛和过氧化氮以及尼古丁等有害气体，具有极强的净化空气功能和光合作用能力，全天候释放氧气，并含有紫杉醇、紫杉碱等抗癌物质，长期呼吸红豆杉生长过程中散发出的气体，可以清新空气、杀死病菌、驱除蚊虫，从而改善人的生理代谢功能，调节心绪。红豆杉不仅可以吸收一氧化碳、二氧化硫、尼古丁等有毒物质，还能吸收甲醛、苯、甲苯、二甲苯等致癌物质，能净化空气，起到防癌作用。故可以大力发展红豆杉主题的康养休闲旅游观光产业，如休闲地产、健康养生园区、养老地产等，有待进一步推广开发利用，为建造良好生态环境贡献一份力量（表2-2）。

**表2-2 我国红豆杉主题旅游景点及其现状**

| 景点 | 主题 | 现状 |
|---|---|---|
| 重庆市红豆杉山庄 | 健康养生，以红豆杉养生文化节著称 | 育种植100多亩的红豆杉树林，集种植、养殖、休闲、娱乐、餐饮、住宿、中医诊所和理疗保健于一体，旅游配套设施完善。由重庆市博草堂科技有限公司投资经营管理，属于民企经营 |
| 莫干山红豆杉山庄 | 休闲农庄 | 坐落于国家级重点风景名胜区——莫干山北麓，江南碧坞龙潭风景区景点入口处，依托景区带动，属于休闲农庄，餐饮住宿交通等设施完善 |
| 龙岩市红豆杉生态园 | 生态旅游 | 红豆杉面积约200亩，共3000余株红豆杉，最高的树超30m，属于国家森林公园 |
| 洛阳鸭石红豆杉风景区 | 红豆杉保护、旅游、休闲度假为一体 | 4500亩红豆杉树栽植林。景区自然景观优美，以发展红豆杉健康树为主的观光、旅游度假、养生为中心的休闲场所 |

（续）

| 景点 | 主题 | 现状 |
|---|---|---|
| 苇河林业局红豆杉旅游风景区 | 苗木繁育、生态旅游 | 全区总面积1万 $hm^2$，景区以黑龙江省苇河林业局青山林木种子园为依托，以发展林木良种和苗木繁育为主导产业，兼营开发森林生态旅游观光及漂流等休闲娱乐项目。AAA级景区，基础设施完善 |
| 南方红豆杉森林公园 | 县级自然保护区、自然观光体验型风景 | 面积达10190$hm^2$，是广东省目前保存最为完好、面积最大的红豆杉森林公园 |

## 4.4 健康中国

数据显示，2018年全球有1800万新增癌症病例以及960万癌症死亡病例，而我国有新发病例380.4万例以及死亡病例229.6万例，相当于我国占据全球癌症新发病人数的20%以上，同时意味着我国每天有1万人确诊癌症，平均每分钟有7个人得癌症。按照这一数据计算，潜在的紫杉醇需求量将高达$2.4 \times 10^4$kg。

据世界卫生组织发布的数据显示，随着世界人口的增长和老龄化，以及有更多人采取危险的生活方式和习惯，每年死于癌症的人数由2007年的820万增至2011年的1300万，而2012年又增至1400多万人，平均年增长超100万人，而致使这些病人免于死亡每年需要消耗2000～3000kg紫杉醇。按统计数据预测，到2030年，新增癌症死亡病例将超过50%，达到每年2160万人的癌症死亡人数，需要消耗4000～5000kg紫杉醇。但就供需关系的实际情况分析，目前每支国产紫杉醇注射剂的市场价格在285～550元，随着国产紫杉醇被列入医保名单，国产紫杉醇消费量将迅速增长，从而使一度属于贵族药品的紫杉醇注射剂真正成为平民药品。在国内，随着紫杉醇价格的下降及紫杉醇适用范围的不断扩大，市场需求将超过2000～2500kg，随着产能缺口的继续扩大，紫杉醇将是未来发展空间巨大的产品之一。

红豆杉是世界万物中唯一可以提炼出紫杉醇的物种，紫杉醇是国际公认的治癌良药，广谱、低毒、高效。适用于糖尿病及各类腺癌、直肠癌、乳腺癌、淋巴癌、前列腺癌、子宫癌、卵巢癌、胆管癌、食道癌、胃癌、各类小细胞癌、肺癌、皮肤癌、膀胱癌、血癌等各类癌症，对白细胞居高不下的白血病及转移至骨骼的各类晚期癌症效果明显。红豆杉中不仅含有紫杉醇，也含有十分丰富的黄酮类物质，能改善血液流动性，保护血管的韧度和弹性，阻止胆固醇在血管内异常沉积，保护心脑血管，减少心脑血管疾病对人体的危害。生物黄酮类物质通过清除自由基、保护细胞组织，达到增强人体免疫力、抗炎、抗风湿、活血化瘀、抗衰老的作用。因此，红豆杉产品（图2-12、图2-13）可以促进人类生命健康，起到预防疾病和抗衰老等作用。

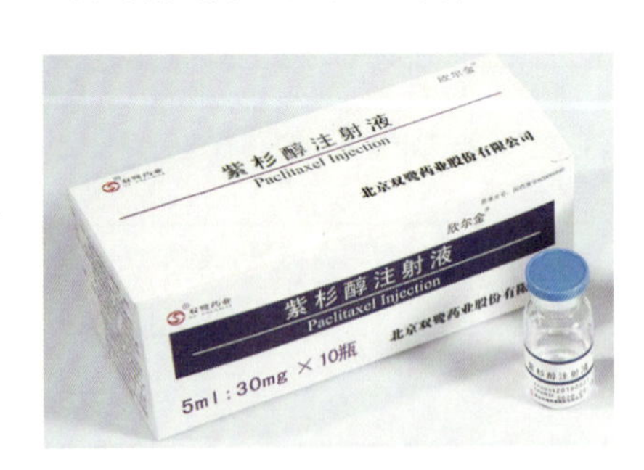


图2-12　紫杉醇注射剂

图2-13　红豆杉茶类保健产品

# 5 产业发展总体思路与发展目标

## 5.1 总体思路

加大科教研发力度培育紫杉醇含量高、枝条再生力和环境适应力较强的红豆杉品种；摸清我国红豆杉分布及行业规模、特点，结合红豆杉生长环境制定各地区的红豆杉山地培育方案；与当地政府联合建立红豆杉生态园，构建种植、生产、销售一体化的经济、生态、社会、扶贫效益协调发展的红豆杉产业发展体系，增加林区农民收入，着力依托现代科技大力发展红豆杉产业，提升农民就业能力，创造创业机会。借助林地的生态环境，发展集约化的红豆杉高效种植栽培产业链，从而实现双林资源共享、优势互补、循环相生、协调发展的生态经济模式，该模式将对进一步拓宽林业经济领域、调整农村产业结构、促进农民增收、增加就业率等起到正面促进作用，可带来更多社会价值和经济价值。

## 5.2 发展原则

结合当地实际情况制定红豆杉山地培育和加工利用具体方案，不与粮食争地，杜绝“死亡支持”；推动国家、行业和地方标准基本的建立，构建比较完备的红豆杉枝叶加工技术标准体系；优化主要枝叶加工技术，探索出适合当地的发展模式；大力建设红豆杉枝叶加工利用方面的人才培训体系，创建高新技术平台，打造高附加值枝叶资源产业结构，实现产业链升级关键技术，建立智慧型产业一体化的运行模式；建成健康稳定优质高效的森林抚育和枝叶加工利用相结合的生态系统，基本满足国家生态保护、绿色经济发展和精准扶贫的需求，实现生态、经济、社会综合效益最大化。

## 5.3 发展目标

（1）2025年

宏观目标：到2025年，红豆杉枝叶加工利用产业取得较大进展，枝叶加工利用理论、技术和管理体系基本建立，通过提高产品技术解决紫杉醇等高附加值产品成本高的问题，提高紫杉醇等高附加值产品的产品标准并与国际接轨，研制100种红豆杉枝叶高附加值产品类型，为红豆杉相关产品占领国际市场打下基础。

具体目标：至2025年，加快发展红豆杉枝叶资源产业。

①结合具体情况制定各地区红豆杉山地培育方案；

②栽培与采摘初步实现机械化；

③培育优秀品牌，培育龙头企业1～2个；

④降低红豆杉枝叶高附加值产品的生产成本；

⑤增加红豆杉枝叶产品类型，扩大产品生产；

⑥建立全国性产业信息化系统；

⑦重视红豆杉相关产品的新技术研发；

⑧新产品生产达到国内一流水平，并与红豆杉国际市场接轨；

⑨实现产业链升级关键技术和装备的国内领先；

⑩基本建立智慧型产业互动化、一体化、主动化的运行模式。

（2）2035年

宏观目标：到2035年，进一步完善红豆杉枝叶加工利用理论、技术和管理体系，初步占领红豆杉枝叶高附加值产品的国际市场，国内各地区红豆杉枝叶加工利用产业的总量和质量持续提高。

具体目标：至2035年，完善健全林木枝叶产业。

①培育出耐干旱、盐碱等恶劣环境的高紫杉醇含量的红豆杉品种；

②培育龙头企业带动下的药谷、生态园等区域经济开发区；

③打造国际优秀品牌；

④打造高附加值的产品生产线；

⑤栽培与采摘实现机械化；

⑥新技术研发专利技术；

⑦新产品生产达到国际一流水平；

⑧实现全产业链技术和装备水平国际领先；

⑨实现智慧型杜仲产业互动化、一体化、主动化的运行模式；

⑩基本达到种植与采摘、产品原料来源追溯、生产过程、质量检验、品牌标识标注、销售及售后服务等过程以及资源管理、生态系统良性发展等协同化绿色产业发展态势，实现生态、经济、社会综合效益最大化。

（3）2050年

宏观目标：到2050年，建立国际一流红豆杉枝叶加工利用理论、技术和管理体系，使国内各地区均有红豆杉枝叶加工利用龙头企业，全面占领红豆杉枝叶高附加值产品的国际市场。

# 6 重点任务

## 6.1 加强标准化原料林基地建设

培育耐寒、耐旱、耐盐碱的高紫杉醇含量的优良红豆杉品种，结合各地区的山地环境和红豆杉品种宏观制定培育方案，秉承不与“粮食争地”的原则，提高人工红豆杉林区面积，提高各地区红豆杉枝叶高优质资源的供给能力。

## 6.2 技术创新

建立红豆杉产学研专业化平台，提高红豆杉产品品质，并降低紫杉醇等高附加值产品成本，与科研平台合作研制创制性红豆杉枝叶相关高附加值产品，新产品生产标准达到国际一流水平。

## 6.3 产业创新

根据各地森林资源状况、地理区位、森林植被、经营状况和发展方向等建立各地区红豆杉枝叶加工利用的方案，宏观调控特色枝叶树种的资源培育；推动国家、行业和地方标准基本的建立，构建比较完备的红豆杉枝叶加工技术标准体系；优化主要加工技术，探索出适合当地的发展模式；大力建设加工利用方面的人才培训体系，创建高新技术平台，打造高附加值枝叶资源产业结构，实现产业链升级关键技术，建立智慧型产业一体化的运行模式；建成健康、稳定、优质、高效的森林抚育和枝叶加工利用相结合的生态系统，基本满足国家生态保护、绿色经济发展和精准扶贫的综合效益最大化；满足国内对红豆杉高附加值产品的需求，改变出口产品均为原材料或粗提物的现状。

## 6.4 建设新时代特色产业科技平台

加强各地区红豆杉特色资源的产业科技平台建设，设立企业与高校、科研单位的红豆杉特色资源加工利用专项项目，从优良品种选育、枝叶机械化采摘、生产设备和高附加值产品研发、产品推广等方面成立专项团队，完善红豆杉枝叶的全产业链发展，打造红豆杉产业技术创新战略联盟。

### 6.5 推进特色产业区域创新与融合集群式发展

当地政府组织企业与林农联合建立红豆杉生态园，构建种植、生产、销售一体化的经济、生态、社会、扶贫效益协调发展的红豆杉产业发展体系。借助林地的生态环境，发展集约化的红豆杉高效种植栽培产业链，从而实现企业和林区资源共享、优势互补、循环相生、协调发展的生态经济模式，调整农村产业结构、促进农民增收、增加就业率等起到正面促进作用，起到精准扶贫和特色产业区域融合集群式发展的作用。

### 6.6 推进特色产业人才队伍建设

采取招聘考试吸收一批有专业知识的大学生技术人员，建立红豆杉特色产业人才队伍，并提高山区人才待遇；加强红豆杉产业科技推广，实施科教兴林，扎实开展送林业下乡活动，采取多形式科学教育普及，加大对林农的培训力度，培养红豆杉专项乡土专家，提高劳动者素质。

## 7 措施与建议

（1）天然红豆杉资源种群急需扩增

虽然近年来我国红豆杉已经被禁止加工利用，红豆杉也已纳入自然保护区进行就地保护，但由于未针对其种间竞争力差、相对湿度要求严格、光照适应性强（多年生幼苗、幼树）等采取相应的干预保护措施，其生存状态仍处在自生自灭的状态，加上红豆杉自然状态下生长缓慢，当前我国野生红豆杉种群数量仍处于濒危状态，急需利用天然林种群恢复技术解决东北红豆杉分布范围小、数量稀少、更新困难等瓶颈问题，实现野生种群高效扩增，促进野生红豆杉资源恢复与高效保护。

（2）人工红豆杉种植产业亟待政策扶持

红豆杉的种繁、栽培与扦插尽管可以解决优选、优育、高产的问题，但目前我国除江苏红豆杉生物科技股份公司、福建南方制药股份有限公司、桂林晖昂生化药业有限责任公司、重庆市碚圣医药科技股份有限公司等规模化种植企业以外，针对红豆杉的种植过程大多仍处于小规模经验性种植，红豆杉原料林种植面积依然有限，红豆杉繁育栽培技术仍缺乏针对其生物学、生态学特性、结合种植地环境特点等多方面的系统研究，技术仍然不够成熟，整体种植利用率较低且处于粗放型发展阶段，种植技术水平滞后，缺少专项政策扶植，导致红豆杉种植规模难以迅速扩大。同时，针对红豆杉造林周期长、成本高等问题，应在人工种植方面给予区别于普通常规造林的特殊政策资金支持。急需模拟红豆杉繁育自然生态过程，发展规模化、规范化高效培育技术体系和产业体系，结合天然林保护工程、退耕还林两大生态工程，发展林地复合经营，建立红豆杉资源种植基地，并通过实行有效的原料基地资质认证管理、人工培育资源加工利用经营许可制管理、与药企联营等一系列从原料培育、提取加工和产品生产销售全产业链措施，有效保护天然红豆杉资源，扩大药食同源人工原料林种植面积，提高红豆杉资源质量与数量，解决资源供应的关键问题，为红豆杉产业发展提供资源保障。

（3）建议将人工红豆杉枝叶列入“药食同源”资源

根据《中华人民共和国食品卫生法》，红豆杉枝叶不在《既是食品又是药品的物品名单》（即“药食同源的中药材名单”）之列，因此红豆杉枝叶中成分无法被添加到相关的保健食品中，这对我国红豆杉的产品开发和产业发展造成了一定限制。实际上，红豆杉枝叶中除紫杉醇之外，还具有紫杉多糖和紫杉黄酮等多种天然产物。而且红豆杉枝叶具有较好的抗氧化、提高免疫力、降血压、利尿、预防癌症、糖尿病和白血病等保健功效。近年来，红豆杉枝叶已被国外多家企业开发为化妆品、保健食品、茶饮和药酒等多种形式的产品。因此，适度放开红豆杉人工林枝叶相关管理，将红豆杉枝叶列为药食同源资源可对我国当前红豆杉产业的加速转型和尽快占领国际市场起到推动作用。

（4）对红豆杉运输相关法规进行适度调整

为加强红豆杉资源保护，我国已将红豆杉属所有种确定为国家一级重点保护野生植物，《濒危野生动植物种国际贸易公约》也将其列入附录Ⅱ，要求严格规范其国际贸易，防止红豆杉资源的过度消耗。国家林业局于2002年出台了《关于加强红豆杉资源保护管理工作有关问题的通知》，目的是在切实保护好野生红豆杉资源的同时，也要扶持红豆杉的人工培育和基地建设，促进红豆杉相关资源增长和产业发展，但各地在实际执行相关法规过程中，经常造成人工红豆杉苗木及其相关产品的运输困难，间接对红豆杉的相关产业发展造成一定的限制。因此，合理细化地调整红豆杉运输相关法规，对于保护野生红豆杉和大力发展人工红豆杉的栽培及其相关产品的生产、销售都可起到促进作用。

（5）扶持红豆杉主题公园的建设

将红豆杉生长、培育、加工、药用、保健等用图文并茂方式展现出来，供公众参观学习，乃至教育培训与科普等。选择适当人文景观为载体，以造型各异、品种齐全、美观精致为亮点，更多地赋予当代园艺艺术元素，打造一个标志性的红豆杉主题展示园。建设红豆杉康养特色小镇。如今，康养旅游已经成为我国旅游产业蓬勃发展的新业态，我国的康养旅游人群在快速增加，推动了大量以康养为主题的旅游特色小镇的形成。在各种特色旅游小镇中，“康养旅游者”与其他旅游者的需求存在明显差异。康养旅游者需要一个适宜养生的氛围，把红豆杉与当地文化氛围结合，是在发展旅游的前提下，将健康养生作为导向，充分发挥具有特殊功效的植物在景观营造、空气污染物净化、降噪、心情慰藉等方面的作用，创造康养氛围，并依此带动绿色、红色、古迹、温泉、民族风情等旅游资源融合性开发。

（6）建立红豆杉产学研专业化平台

汇聚世界范围内的红豆杉研发领域的科研人才、最新成果和红豆杉上下游企业供需等资源，建立信息交换和信息共享平台，主动引入国内外科研院所和高端企业，促进产学研互动对接，协助企业化解产品研发方面的各种困难与风险，并可引导企业参与国内外合作，达到提高我国红豆杉相关技术的快速发展与应用的目的。

## 参考文献


陈杰，龙婷，杨蓝，等，2019. 东北红豆杉生境适宜性评价[J]. 北京林业大学学报，41(4): 51-59.

董明珠，王立涛，吕慕洁，等，2020. 濒危植物野生东北红豆杉群落特征及保护策略[J]. 植物研究，40(3): 416-423.

韩彩霞，徐朕，齐晓洋，等，2018. 红豆杉属植物的繁育现状研究[J]. 现代园艺(15): 35-37.

贺宗毅，张德利，李卿，等，2017. 我国红豆杉药材人工培植研究及思考[J]. 中国药业，26(17): 1-5.

霍卫. 印度对我紫杉醇原料需求大增[N]. 医药经济报，2015-05-15(005).

姜育龙，2008. 南方红豆杉的苗木培育及山地造林技术研究[D]. 南京：南京林业大学.

潘瑞，瞿显友，蒋成英，等，2019. 红豆杉资源保护与利用的研究进展[J]. 中草药研究(1): 48-50.

涂晓彬，2014. 明溪县红豆杉产业发展研究[D]. 福州：福建农林大学.

吴海霞，刘国群，2017. 红豆杉的价值概述[J]. 现代园艺(9): 41-42.

徐铮奎. 原料来源扩大紫杉醇市场高速增长[N]. 医药经济报，2018-5-14(006).

张勇强，李智超，宋立国，等，2020. 密叶红豆杉自然分布及群落生态学特征[J]. 生态学报(6): 1-11.

郑婉榕，赖佛宝，2020. 紫杉醇新剂型研究进展[J]. 现代医药卫生，36(2): 216-219.

GAI Q Y, JIAO J, WANG X, et al, 2020. Simultaneous determination of taxoids and flavonoids in twigs and leaves of three Taxus species by ultrahigh performance liquid chromatography coupled to triple quadrupole mass spectrometry UHPLC-MS/MS[J]. Journal of Pharmaceutical and Biomedical Analysis: 113456.

NAIK B S, 2019. Developments in taxol production through endophytic fungal biotechnology: a review[J]. Oriental Pharmacy and Experimental Medicine, 19(1): 1-13.

NIRMALA M J, SAMUNDEESWARI A, SANKAR P D, 2011. Natural plant resources in anti-cancer therapy-A review[J]. Research in Plant Biology, 1(3): 1-14.

ZHAO C, LI Z, LI C, et al, 2015. Optimized extraction of polysaccharides from Taxus chinensis var. mairei fruits and its antitumor activity[J]. International journal of biological macromolecules(75): 192-198.

中国工程院咨询研究重点项目

# 樟树
# 产业发展
# 战略研究

撰 写 人：莫开林

时　　间：2021年6月

所在单位：四川省林业科学研究院

# 摘要

油樟和樟树化学型中的芳樟、龙脑樟是中国特色樟科树种，总面积约8万$hm^2$，主要分布在四川宜宾、广安，江西赣州、吉安、抚州，广西南宁、玉林、柳州、钦州，湖南新晃等地。樟叶油中的1,8-桉叶素、芳樟醇和天然龙脑是重要的出口产品，也是医药、香精香料和日化行业的主要原料。

目前，我国樟树精油加工业主要存在标准化原料基地建设推进慢、高产优质樟树品种培育技术不完善、粗油提取技术落后、产品精深加工程度低、活性成分机理研究欠缺、综合利用率低等问题，导致终端产品缺乏，产品大多以原料销售，产值附加值低，在国际市场没有话语权。通过对宜宾石平香料有限公司、江西思派思香料化工有限公司和江西林科龙脑科技有限公司这几个典型案例进行分析，提出了打造“中国第一、世界知名”的油樟、芳樟、龙脑樟集聚区的目标，通过良种选育、原料林基地建设和低产低效林提质增效等方式，提高优质资源供给能力；并建议突破1,8-桉叶素、左旋芳樟醇、右旋龙脑生物活性机理研究、精深加工等关键核心瓶颈技术，创制基于油樟、芳樟、龙脑樟精油的生物医药产品和香精香料产品等战略性主导地位产品研发。

通过优化顶层设计和产业发展模式，形成“企业+合作组织+农户”的发展模式，在金融、税收和用地政策等方面加大扶持力度，积极引进和扶持樟油精深加工企业，开发高附加值产品，延伸和完善产业链，打造油樟、芳樟、龙脑樟精深加工产业群。

# 1 现有资源现状

## 1.1 国内外资源历史起源

樟树为樟科（Lauraceae）樟属（*Cinnamomum*）常绿乔木，又细分为香樟、油樟、黄樟、尾叶樟、细毛樟、阔叶樟、毛叶樟以及菲律宾樟等，广布于我国长江以南、西南各省份及台湾省（中国科学院中国植物志编辑委员会，1999；四川植物志编辑委员会，1981；张峰等，2017）。其中，油樟和樟树化学型中的芳樟、龙脑樟极具开发利用价值。

油樟［*Cinnamomum longepaniculatum* (Gamble) N. Chao ex H. W. Li］是我国特有品种，集中分布于四川宜宾。油樟在历史上被统称为樟树，人们早期称为香樟，1974年，中国植物分类学专家赵良能经过充分考证、系统研究，正式定名为油樟。

芳樟醇型樟树是香樟（*Cinnamomum camphor*）和黄樟（*Cinnamomum porrectum*）富含芳樟醇的一种化学类型，在福建、广西和江西大面积种植。

龙脑樟是樟树中鲜叶精油富含右旋龙脑（天然冰片）的一个特异化学类型，是江西省吉安市林业科学研究所的科技人员于1986年在樟树资源调查中首次发现的樟树珍稀新类型，在樟树资源中自然分布的比例只有万分之一左右。龙脑樟型樟树是目前已发现的含有天然冰片的植物中鲜叶精油含量和精油中右旋龙脑含量最高的天然冰片新资源。近年来，龙脑樟在江西吉安、湖南新晃等地成片种植。

## 1.2 功能

油樟叶片含樟油3%～5%，油樟油主要成分是1,8-桉叶素，含量达50%～60%；油樟油具有抗细菌真菌、抗氧化、抗癌、镇痛抗炎和杀虫等功能，广泛用于日化、香料、医药、食品等行业。

芳樟枝叶含油率1.5%左右，提取的芳樟油中芳樟醇含量达80%以上，天然芳樟醇气味纯正，是一种使用频率很高的广谱性香料，广泛应用于香料香精和医药方面。

龙脑樟叶片含油率可达1.60%～2.54%，主要成分是右旋龙脑，为透明梅花状晶体，因其晶莹如冰，中药俗称冰片，香气纯正，主要用于香料香精和医药方面。《中国药典（2005版）》将龙脑樟挥发油收载为天然冰片的新来源，目前已用于“复方丹参滴丸”等中成药的生产。

## 1.3 分布和总量

油樟集中分布在四川宜宾市叙州区和翠屏区。四川广安市的华蓥市从2010年开始发展油樟种植业，已有成片种植。此外，云南、贵州、重庆、湖南、江西、广西、福建和台湾均有零星分布。截至2019年底，全国油樟面积约6.67万$hm^2$，其中，宜宾油樟面积达4.67万$hm^2$（宜宾市叙州区油樟面积达2.67万$hm^2$，为全国最大的油樟基地；宜宾市翠屏区次之，约1.2万$hm^2$；宜宾其他区县约0.8万$hm^2$）；四川广安市约有0.27万$hm^2$油樟，集中分布在华蓥市，为目前成功引种油樟规模化种植最大的基地；其他地区零星分布的油樟面积约1.73万$hm^2$。

芳樟醇型樟树在福建三明市、南平市等地种植约0.2万$hm^2$，在江西抚州市和吉安市种植约0.2万$hm^2$，在广西南宁市、玉林市、柳州市、钦州市等地种植约0.33万$hm^2$；芳樟醇型黄樟在江西种植约0.03万$hm^2$。

龙脑樟在江西赣州市、吉安市、抚州市等地种植约0.67万$hm^2$，湖南新晃有0.19万$hm^2$龙脑樟原料林基地。

## 1.4 特点

### 1.4.1 油樟提取物

（1）油樟提取物的化学组成特点

油樟油中含有100多种组分，主要为单萜、倍半萜烯以及芳香族化合物（表3–1），包括1,8–桉叶素、α-松油醇、香桧烯、β-蒎烯、α-松油烯、γ-松油烯等40多种主要化学成分，其中1,8–桉叶素含量占50%～60%（黄远征等，1986；胡文杰等2012；尹礼国等，2014；胡文杰等，2019；尹浩等，2020）。

**表3–1 油樟精油主要化学成分及含量**

| 序号 | 组分 | 含量（%） |
|---|---|---|
| 1 | α-侧柏烯（α-thujene） | 0.60 |
| 2 | α-蒎烯（α-pinene） | 5.19 |
| 3 | 莰烯（camphene） | 0.01 |
| 4 | 桧烯（sapinene） | 13.93 |
| 5 | β-蒎烯（β-pinene） | 7.90 |
| 6 | 月桂烯（myrcene） | 0.01 |
| 7 | 对–伞花烃（p–cymene） | 0.16 |
| 8 | 1,8–桉叶素（1,8–cineole） | 56.89 |
| 9 | β-罗勒烯（β-ocimene） | 0.70 |
| 10 | γ–萜品烯（γ–terpinene） | 0.90 |
| 11 | α-异松油烯（α-terpinolene） | 0.24 |
| 12 | 龙脑（borneol） | 0.38 |
| 13 | 萜品–4–醇（terpinen–4–ol） | 2.41 |
| 14 | α-松油醇（α-terpineol） | 10.16 |
| 15 | β-石竹烯（β-caryophyllene） | 0.42 |

另外，据研究发现，生产中将油樟叶用水蒸气蒸馏法提取芳香精油后的残渣，含有有机酸、鞣质、黄酮、挥发油或油脂、氨基酸、多糖、蛋白质、还原糖、苷类、甾体、三萜、内脂、香豆素，可能含有皂苷物质（林永华等，2014）。

油樟果仁提取的樟树籽油，可用于制取中碳链脂肪酸（指含碳元素为6的己酸到碳元素为12的月桂酸）等。樟树籽油所含的中碳链饱和脂肪酸种类主要有癸酸、月桂酸、棕榈酸、硬脂酸、油酸、亚油酸等，可供制皂、作润滑油（邓丹雯，2003；胡文杰等，2017）。

（2）油樟叶提取物的生物活性

油樟叶提取物具有一定的药理功效，主要体现在抗细菌真菌、抗氧化、杀虫、镇痛抗炎和抗癌等方面，其中以抗细菌真菌活性研究较为集中。

抗细菌真菌。油樟油对真菌须毛癣菌、犬小孢子菌和石膏小孢子菌有抑制活性，对上述3种真菌的最小抑菌浓度（MIC）和最小杀菌浓度（MBC）值均为3.125μL/mL（陶翠等，2011）。油樟叶总黄酮、总多糖对金黄色葡萄球菌、枯草芽孢杆菌、大肠杆菌的抑制活性呈浓度依赖性，其MIC值分别为16.000mg/mL、8.000mg/mL、16.000mg/mL和16.000mg/mL、16.000mg/mL、32.000mg/mL，MBC值分别为16.000mg/mL、16.000mg/mL、32.000mg/mL和16.000mg/mL、32.000mg/mL、64.000mg/mL（杜永华等，2015）。油樟叶提取挥发油后的残渣的乙醇浸膏的乙酸乙酯萃取相对致病菌同样有一定的抑菌作用，对大肠杆菌的抑菌活性MIC值为15.625mg/mL、MBC值为31.125mg/mL，对金黄色葡萄球菌的抑菌活性MIC值为7.813mg/mL、MBC值为15.625mg/mL；对沙门氏菌的抑菌活性MIC值为3.9063mg/mL、MBC值为7.813mg/mL（张超等，2011）。

抗氧化作用。采用不同提取剂提取的油樟叶精油都有一定的抗氧化作用，无水乙醇提取物具有清除羟自由基的能力，清除率可达91%（丛赢等，2016；尹浩等，2020）。

杀虫作用。油樟叶精油对菜粉蝶幼虫、菜青虫、绿豆象等能起到忌避驱逐作用（Ross & Palacios，2015）。

镇痛抗炎。油樟叶精油对大鼠实验性炎症类型，如角叉菜胶引起的足趾水肿以及棉花颗粒引起的肉芽肿、醋酸引起的小鼠腹腔毛细血管通透性增加都有抑制效果（曹玫等，2013；丛赢等，2016）。

抗癌作用。油樟叶乙醇提取物在体外具有抗肿瘤细胞的作用，其中*γ*-松油醇抗肝癌细胞BEL-7402的活性最强，呈现明显的量效关系（杜永华等，2014）。

### 1.4.2 芳樟油

（1）芳樟油化学组成

芳樟叶精油主要成分是芳樟醇，另含少量的桉叶素、*α*-松油醇、黄樟油素等。广西芳樟油分析鉴定出66种化合物，其中主要成分为*L*-芳樟醇（82.20%）、石竹烯（4.26%）、樟脑（2.19%）、*α*-葎草烯（1.44%）、桉叶素（0.80%）、柠檬烯（0.71%）、*α*-蒎烯（0.57%）、*β*-蒎烯（0.50%）、莰烯（0.70%）等（周翔等，2011；郭丹等，2015）。

（2）芳樟提取物的生物活性

抗菌、抑菌活性。芳樟油有明显抗菌活性，最小杀菌浓度（MBC值）为200μL/L（吴克刚等，2012）。*R*-芳樟醇和*S*-芳樟醇对金黄色葡萄球菌、表皮葡萄球菌、大肠杆菌均具有抗菌活性，*R*-芳樟醇对部分细菌抗菌活性稍强于*S*-芳樟醇（冯伟等，2013）。芳樟精油对水稻纹枯病菌具有良好的抑菌活性，当质量浓度为500mg/L、250mg/L和125mg/L时，抑制率分别为100%、90.88%和67.94%（郑红富等，2019）。

催眠和镇静作用。民间自古以来就将含有芳樟醇的挥发油或植物作为催眠和镇静剂加以使用的报道。将芳樟醇给予小白鼠喂药研究结果表明，其对中枢神经系统，包括睡眠、抗惊厥、降体温等有一定的作用，且随着剂量加大而增强。同时，将天然芳樟醇给人体吸入，结果表明其左旋体、消旋体的镇静作用明显（Bradley et al.，2007）。

抗癌作用。芳樟醇具有抑制多种人淋巴细胞白血病细胞增殖的功能，通过提高诱导细胞凋亡的方式从而选择性抑制人淋巴细胞白血病细胞的生长和增殖，对正常人骨髓造血细胞及外周血细胞的增殖没有明显的影响，对人体有较高的安全性，可作为较为理想的高效低毒抗白血病药物开发使用。采用噻唑蓝（MTT）快速比色法和集落形成法研究芳樟叶各提取物对人肺癌95-D细胞、人口腔表皮样癌细胞和肝癌HepG2细胞增殖的影响，发现芳樟树叶乙醇提取物具有明显的体外抗肿瘤作用（苏远波等，2006）。

### 1.4.3 龙脑樟油

（1）龙脑樟油的化学成分

龙脑樟叶挥发油中主成分为右旋龙脑（天然冰片），通过GC-MS分析其含量高达81.78%，其余还有樟脑（2.95%）、*α*-蒎烯（2.01%）、1,8-桉叶油素（1.63%）、柠檬烯（1.62%）、莰烯（1.51%）等31个化学成分（陈小兰等，2011）。

（2）右旋龙脑的生物活性

抗菌作用。天然冰片对金黄色葡萄球菌、耐药性金黄色葡萄球菌和白色葡萄球菌均有较强的抑制作用，其中，油剂对金黄色葡萄球菌、耐药性金黄色葡萄球菌的MIC值为0.625g/L，对白色葡萄球菌的MIC值为0.312g/L；粉剂对金黄色葡萄球菌、耐药性金黄色葡萄球菌的MIC值为1.25g/L，对白色葡萄球菌的MIC值为0.625g/L。冰片注射液对大肠杆菌K88、溶血性大肠杆菌、猪丹毒杆菌、猪巴氏杆菌均有较强的抑制作用。天然冰片在低浓度时有抑菌作用，高浓度时表现为杀菌作用，且抗菌效果随冰片浓度增加而增加。冰片可以破坏从外耳道分泌物分离的黑曲菌真菌细胞结构，导致真菌溶解死亡（牟家琬等，1989；常颂平和李玉春，2000；黄晓敏等，2005；何桂芳等，2009）。

对脑部神经具有保护作用。冰片能有效减少小鼠脑缺血再灌注损伤后的跳台反应错误次数和增强小鼠的记忆能力，在2mg/kg冰片组中小鼠跳台错误次数为2.2次，相较于模型组小鼠的3.9次显著减少。冰片对缺血再灌注小鼠脑部的神经有保护作用。冰片注射液大、中、小3个剂量（分别为2.0μg/g、1.0μg/g、0.5μg/g）均可显著降低大脑中动脉栓塞（MCAO）小鼠的神经行为学评分，其中，MCAO小鼠在使用了大中剂量的冰片后脑梗死面积相较于空白对照小鼠减少了1/3。注射了大剂量冰片后的小鼠在缺氧环境下的存活时间相较于空白对照的小鼠延长了1.32倍（何晓静等，2005；肇丽梅等，2006）。

镇痛抗炎作用。对烧伤创面直接使用冰片后的小鼠痛闭值比万红烫伤膏和生理盐水处理组分别高出了2.78倍和6.24倍。冰片能显著抑制由醋酸导致的小鼠15min内的扭体反应（$P<0.01$），其半数有效量（$ED_{50}$）为0.5813g/kg。芦荟冰片烧伤膏在用药5d后展现疗效，能显著缩小小鼠的烫伤面积，在13d之后芦荟冰片烧伤膏的促进创面愈合作用明显优于磺胺嘧啶银。冰片可以显著地降低脑缺血后脑内的白细胞浸润数量、肿瘤坏死因子-$\alpha$（TNF-$\alpha$）阳性细胞的数量和细胞间黏附因子-1（ICAM-1）阳性血管的数目，即表明冰片能抑制脑内的炎症反应，防止脑损伤（侯桂芝等，1995；孙晓萍等，2007；蔡瑞宏等，2007；Kong et al.，2014）。

防止血栓的形成。在把不同剂量的冰片抗血栓作用与阿司匹林对比后发现，口服冰片70mg/kg后的小鼠静脉血栓质量比造模组小鼠的轻了44.7%，静脉血栓的抑制率约43%。同时，发现35mg/kg的冰片使凝血酶原时间（PT）延长了1.18倍，而凝血酶时间（TT）延长了1.23倍。因此，冰片有着很好的抗血栓作用，且作用强度随着冰片用量的增大而增大（Li et al.，2008）。

# 2 国内外加工产业发展概况

## 2.1 国内外产业发展现状

目前，油樟油的主要产品是80%桉叶油和98% 1,8-桉叶素，虽然中国的产量占全球的80%以上，但由于该产品主要用于出口，国内仅仅是提取和分离，精深加工产品极少，受国际市场影响大。芳樟油和龙脑樟油的主要产品分别是*L*-芳樟醇和*d*-龙脑。

桉叶油（或1,8-桉叶素）、*L*-芳樟醇和*d*-龙脑主要用于以下方面。

（1）医药业

80%桉叶油具有消炎镇痛作用，能抗结核杆菌，对鼻腔和支气管黏膜有温和的刺激作用，可促进黏液分泌，从而帮助疏通堵塞的鼻腔和支气管。同时可刺激唾液产生和分泌，随即激活吞咽反射，可抑制即将发生的咳嗽，因而可以作为气体吸入剂用于治疗呼吸道疾病、流行性感冒、减轻头痛和缓解痉挛。由于具有杀菌作用和清新的气味，80%桉叶油也可用作防腐剂和杀菌剂，常用于十滴水、清凉油、风油精、杀菌除臭剂中。

1,8-桉叶素可以治疗流感、感冒、细菌性痢疾、肠炎及各种感染，在口腔医学中可用作口腔清洁剂的防败血和除臭组分。1,8-桉叶素还有抑制食欲的功能，用它配制的药水剂和固体药片，用于减肥和治疗食欲亢进有很好的效果。

芳樟精油中富含的*L*-芳樟醇在医药领域中的“生物效价”远优于合成芳樟醇，具有很高的药用价值。一是具有镇静作用。民间一直有将含有芳樟醇的挥发油作为镇静剂和催眠药物来使用的报道。芳樟醇会对小白鼠的中枢神经系统产生镇静作用，包括催眠、抗焦虑、抗惊厥、降体温、抗疼痛等特性。芳樟醇对人体具有镇静、放松等作用。二是具有抗菌作用。芳樟精油对各种呼吸道致病菌都有显著的抗菌作用，对致龋菌具有很好的抗菌活性，可以作为牙膏或者漱口液的成分，但是芳樟醇的浓度应保持在0.4mg/mL以下。三是具有抗炎作用。天然芳樟醇具有减轻小鼠水肿的作用，芳樟醇通过激活Nrf2/HO-1

信号传导途径抑制对脂多糖（LPS）诱导的BV2小胶质细胞炎症，起到抗炎的作用。四是具有抗肿瘤作用。芳樟醇通过调节SIRT3-SOD2-ROS信号传导对胶质瘤细胞具有抑制作用。另外，芳樟醇在抗高血压、预防神经退行性疾病（阿尔茨海默病、缺血性中风等）、预防紫外线照射诱导的皮肤癌、健康减肥等方面具有重要的开发价值。

据《中药大辞典》记载，天然冰片具有抗菌、消炎、止痛、醒脑、改善心脑血管循环系统、抗癌治癌等多种功效，因其是一种高脂溶性化学物质，能快速被胃肠道吸收并透过血脑屏障，常作为复方中药中的辅药或引药。我国早在《名医别录》和《本草纲目》中就记载有含天然冰片的药方。目前，市场上天然冰片产品也十分常见，如障翳散、复方熊胆滴眼液、夏天无滴眼液、妇乐洗液、云南白药等；临床上天然冰片已应用于治疗慢性气管炎、蛲虫病、小儿烧伤、溃疡性口腔炎等疾病；在治疗直肠癌、宫颈癌、阴道癌、血管癌和缓解癌症疼痛方面，亦有报道。含*d*-龙脑的复方制剂“冰砂酊”和“冰星液”加新癀片对癌症疼痛有一定的治疗效果。

（2）香料日化业

由于桉叶油清新的气味和良好的杀菌作用，在日用化学工业中应用广泛，常用于配制香水、洗涤剂、皮肤清洗剂、护发剂、牙膏、空气清新剂等。利用其杀虫与驱虫作用可配制驱虫剂，用于蟑螂、各类贮存害虫、蚊子的毒杀和驱避。桉叶油还具有良好的表面活性，是一种天然的洗涤剂，对污垢、油脂、油漆及不愉快的气味有很强的清除作用。在常用洗涤剂中加入桉叶油可以使洗涤后的羊毛制品柔软蓬松。澳大利亚和我国台湾已生产出用于除去污垢或杀菌消毒用的桉叶油商品，其主要产品是桉叶油空气洁净剂或消毒剂、高效多泡沫肥皂、药皂等系列产品（图3-1）。

图3-1　中国台湾企业雨利行公司“樟之宜”日化产品

芳樟醇及其衍生物广泛应用于香精香料领域的各个方面，是重要的工业原料。天然芳樟醇易挥发、香味不持久，将其衍生化后，衍生物沸点有所提高，留味持久，具有很高的开发价值。芳樟醇经酯化后，可得如醋酸酯、苯甲酸酯、异丁酸酯、苯基丙烯酸酯等芳樟酯类香料，可以配制花香型香料，在香水、化妆品等方面应用广泛。对芳樟精油进行分离纯化可以制得芳樟除螨液、芳樟消毒液等家庭卫生用品。

将天然冰片精油用于鼻吸或外部涂抹，可提神养气，预防呼吸道疾病，活血化瘀，生肌止痒。目前，天然冰片已广泛应用于皂用香精、漱口水、痱子粉等生活用品中。

（3）食品业

由于1,8-桉叶素具有清凉香气，对人无毒，可作为食品添加剂使用。我国《食品添加剂使用标准（GB 2760—2014）》规定，1,8-桉叶素可按生产需要适量用于配制各种食品香精。1,8-桉叶素主要在口香糖产品中使用，利用桉叶素对呼吸道疾病的缓解作用，也常用于止咳糖配方中。

芳樟醇的醇类衍生物可部分应用于食用香料中，如合成的硫代香叶醇作为食用香精，合成的3,7-二甲基-1,5,7-辛三烯-3-醇作为高级水果调味香料。

（4）其他行业

桉叶油还可用于胶黏剂的生产。日本开发出使用桉叶油等植物精油成分替代化学合成添加物的新型环保黏合剂，不仅具有优良的黏合效能，而且能够有效防霉。另外，桉叶油可以作为助燃剂添加在汽油-乙醇混合燃料中。

芳樟醇是维生素A合成的中间体，以芳樟醇为起始原料，经过脱氢、酯化、去羧、重排、环化等步骤可以合成得到维生素A。

## 2.2 国内外技术发展现状与趋势

（1）樟树油提取技术

植物精油的提取方法常采用水蒸气蒸馏法，水蒸气蒸馏法又分为水中蒸馏、水上蒸馏和直接蒸汽蒸馏。樟树油的提取仍是采用传统的水蒸气蒸馏法，大致分为农户分散加工的土法提取（水上蒸馏）和集中的锅炉供汽提取（直接蒸汽蒸馏）（图3-2、图3-3）。直接蒸汽蒸馏的简易工艺流程如图3-4所示。

图3-2　樟树油第二代蒸煮设备（铁制）

图3-3　樟树油第三代蒸馏设备（锅炉集中供汽）

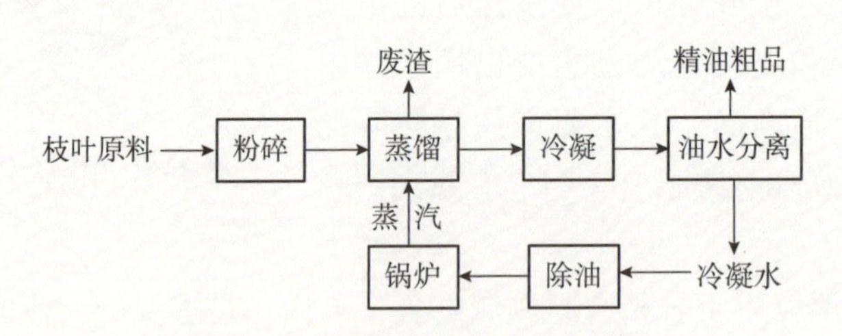


图3-4　樟树精油提取工艺流程

油樟（芳樟、龙脑樟）枝叶经粉碎至2～3cm，装入蒸馏锅，通水蒸气蒸馏3～4h，水油混合蒸气经导气管进入冷凝器，冷凝后的馏出液进入油水分离器，利用精油和水的密度差自然分层。分油后的冷凝水进行除油后可进入锅炉循环使用，蒸馏后的废渣可用于生产生物质燃料或有机肥料。

采用直接蒸汽蒸馏，油樟油得率2.2%～2.5%，芳樟油得率1.2～1.4%，龙脑樟油得率1.8～2.0%。

以油樟为例，每吨油樟鲜叶（含水率50%左右）蒸馏可得油樟油22～25kg，产生废渣（含水率30%左右）700kg。油樟鲜叶1000元/t，油樟油80元/kg，每吨油樟鲜叶的加工产值1760～2000元，除去加工费用200元，每吨枝叶的加工毛利润560～800元。

农户分散加工生产工艺简陋，出油率较低，对环境也造成了一定的污染。土法加工出油率只有含油率的2/3左右，资源没有得到充分利用。后续有专家开发出了连续式微波萃取工艺，目前还处于中试阶段。

（2）樟树油分离提纯技术

油樟粗油的主要成分是1,8-桉叶素，分离1,8-桉叶素的方法主要采用冷冻熔融结晶法，其他组分的分离多采用高效精馏塔分离（王健英，2004；应安国等，2005；李士雨，2006；张广求等，2012）（图3-5、图3-6）。

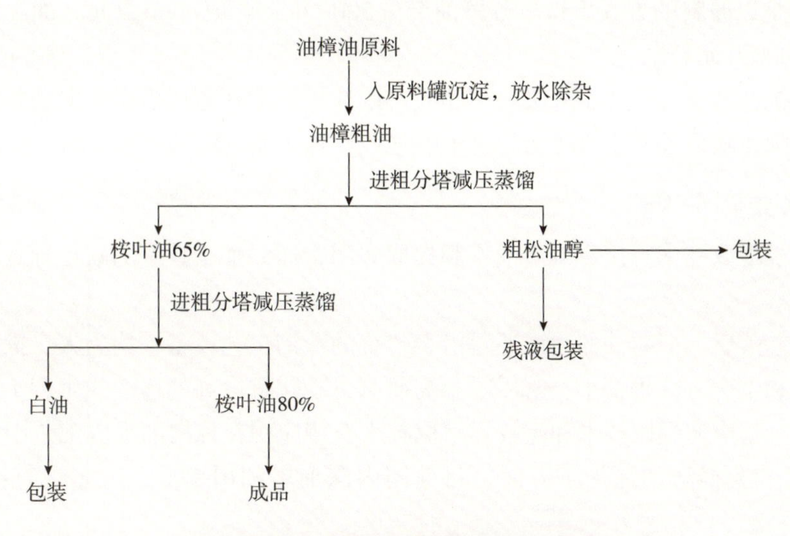


图3-5 油樟油多塔联动精馏逐级单离工艺

芳樟油一般采用精馏的方法分离出高纯度的芳樟醇。为了减少因精馏加热过程中芳樟醇及其他热敏性物质遭到破坏，可采用减压精馏的方式进行，能有效保护精油中的热敏性成分，具有回收率高、能耗低、操作稳定的特点，精馏过程中不会出现出酸、变质、坏料等情况。此外，分子蒸馏技术也是芳樟醇提取分离的一种方法（陈尚钘等，2013）。

图3-6 油樟粗油分离出的单体

结合传统的水蒸气蒸馏—溶剂萃取—升华工艺（图3-7），使龙脑在冷凝过程中直接析出，缩短了工艺链，省略了有机溶剂萃取的步骤，避免了传统工艺中溶剂残留问题，并得到纯度达95%以上的天然冰片（陈楚阳和毕亚凡，2016）。

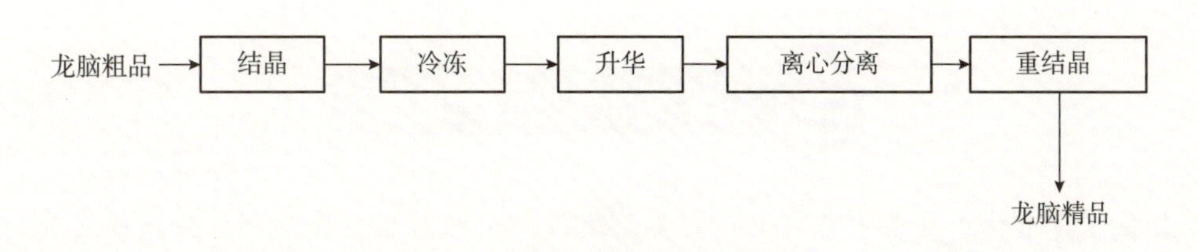


图3-7 天然龙脑的精制工艺流程

## 2.3 差距分析

### 2.3.1 产业差距分析

缺乏终端产品。油樟粗油产量1.5万t/年，产值12亿元；加工后的产品80%桉叶油产量6000t/年，产值8亿元，98%桉叶素产量3000t/年，产值5亿元。我国的油樟油产品80%桉叶油和98%桉叶素都是以原料的形式出口，在国外开发成医药产品、日化产品、香料产品等再返销到国内，产品价值大幅提高。芳樟醇也主要是以原料的方式出口。芳樟油产量500t/年，产值6000万元，加工后的左旋芳樟醇产量400t/年，产值7000万元。

天然冰片具有抗菌消炎、镇痛、促吸收等功效，国外天然冰片应用由医药向药妆、日化及副产品利用等方向发展。我国龙脑樟油产量700t/年，产值7亿元；加工后的龙脑产量500t/年，产值9亿元。

### 2.3.2　技术差距分析

樟树精油的传统提取技术直接影响出油率和提取效率，而深加工技术的缺乏导致产品附加值低，具体如下：

①粗油生产工艺落后。樟树油的生产还是沿袭传统的蒸馏工艺设备，均为人工操作，间歇生产，生产工艺、技术设备和生产方式等都十分落后。急需研制自动化程度高的连续式生产工艺和设备，提高生产效率和粗油得率。超声波提取技术和超临界萃取技术有望应用在樟树油提取工艺中。

②1,8-桉叶素和芳樟醇的深加工方面，目前国内深加工利用率低，大多被直接出口，产品附加值低。

③天然龙脑的精制工艺国内仍采用升华法，提取率低，国外有采用柱层析分离法分离纯化冰片残片的方法。

④对樟树精油的生物活性及相应的作用机理方面的研究仍然不足。

# 3　国内外产业利用案例

## 3.1　案例背景与现有规模

2015年，中央电视台《走遍中国》栏目之《奇特的产油樟叶》及2017年，中央电视台《绿色时空》栏目以《油樟树里盘出活钱来》为题报道叙州区林业改革和油樟产业发展；“叙州区大胆探索，创新机制和模式，用公益林（油樟）收益权抵押融资助推现代林业产业发展”被中央电视台《焦点访谈》栏目“新时代怎么干，通向绿水青山的新路”专题正面报道。“叙州区大力发展油樟产业，助推农民增收致

油樟产业在宜宾市林业发展中具有十分重要的地位，承担着生态建设和林业产业发展的双重任务。当前，省、市出台了一系列加快油樟产业发展的政策，大力加强油樟产业化发展研究，加快发展油樟产业对建设现代经济强市、建设长江上游生态屏障将起到重要的作用。通过调研分析和现实思考，探索创新加快油樟产业发展的有效路径，为加快建设长江上游高质量发展先导区，将宜宾建成全省经济副中心具有重要意义。2019年2月，“宜宾油樟”现代林业示范区被四川省林业和草原局命名为全省首批5个现代林业示范区之一。四川省林业和草原局与宜宾市人民政府签署了《高质量发展“宜宾油樟”现代林业示范区合作协议》，决定以宜宾市叙州区、翠屏区为核心，辐射带动周边县（区），探索建立省、市、区三级联动协同发展的“宜宾油樟”现代林业示范区。叙州区将以此为契机，以推进油樟一、二、三产业融合发展为导向，助力乡村振兴和脱贫攻坚。宜宾市叙州区是全国最大的天然油樟植物园，樟油产量占全国70%以上，占全球的50%左右，是全国保存和发展最好的天然香料油源基地之一。目前全区油樟面

积近2.67万$hm^2$，主要分布于岷江及其支流越溪河沿岸的樟海、观音等5个乡镇，其中樟海镇油樟面积就达1.4万$hm^2$。2019年全区产油樟粗油超1万t，综合产值超30亿元，核心区樟农人均收入达6500元。规划到2021年在叙州区初步建成2.87万$hm^2$集中连片的油樟基地，建立工厂化的粗油规模加工体系，推进以油樟生态景观为主的乡村旅游，力争综合产值达到80亿元以上。

宜宾石平香料有限公司于2011年6月1日成立，公司位于宜宾市翠屏区思坡乡会诗村四组42号，主要生产经营99.5%桉叶素、40%～90%桉叶油、90%～99% $\alpha$-松油醇、95%～99%松油烯－4－醇、95%～99% $\gamma$-松油烯、10%～35%白樟油、香樟白油、70%桧烯、90%～99% $\alpha$-蒎烯、94%～98%天然樟脑、70%～80%异松油烯、70%～85% $\beta$-石竹烯、95% δ－松油醇、60%芳脑油等产品，年加工油樟油5000t。主要产品99.5%桉叶素生产能力为10000桶/1800t，40%～90%桉叶油10000桶/1800t。公司多年致力于产业发展，切实推进与各大企业、厂家的合资、合作，是目前油樟油精深加工规模最大的企业。

## 案例二：江西思派思香料化工有限公司

江西思派思香料化工有限公司是国内最大的天然芳樟醇及天然樟脑粉生产厂家，芳樟醇年生产能力100t以上，是国家林业和草原局樟树工程技术研究中心共建单位之一、省级农业产业化龙头企业、国家级林业龙头企业、江西省香精香料协会名誉会长单位、江西省“重合同守信用AAA级企业”，具有“AA”企业信用等级。公司已取得《安全生产许可证》《非药品类易制毒化学品生产许可证》《ISO9001和ISO22000质量管理体系认证证书》，通过了环评验收，取得《污染物排放许可证》。公司总资产1.78亿元，固定资产2600万元，流动资产1.29亿元，占地面积12$hm^2$，建筑面积逾1.5万$m^2$，拥有各类天然香料生产线26条，合成冰片生产线1条。该公司产品包括芳樟醇、桉叶油、桉叶素、樟脑粉、山苍籽油、香茅油、白樟油、松油醇、$\alpha$-蒎烯、$\beta$-蒎烯、天然冬青油、茴脑、茴油等各类天然香料及合成冰片等。生产的系列产品中，芳樟醇、桉叶油、桉叶素、柠檬醛4个产品取得《全国工业产品生产许可证（食品添加剂）》，乙酸芳樟酯制作方法、高纯度天然芳樟醇制备方法专利申请分别被国家知识产权局受理。乙酸芳樟酯、合成冰片2个产品2010年获江西省优秀新产品称号。公司近年来着力开展天然芳樟醇及其精深加工产品的研发和生产，目前已取得初步成果，已申请国家发明专利2项，在本项目中将进一步完善工艺设计和生产线建设，实现芳樟醇深度加工产品的突破。营建芳樟原料林基地逾0.13万$hm^2$。

## 案例三：江西林科龙脑科技有限公司

江西林科龙脑科技有限公司是一家从事龙脑樟种植、科研及天然冰片衍生产品开发、销售于一体的省级高新技术企业，天然龙脑年生产能力500t以上。目前入驻国家级井冈山农业科技示范园区内，属于省级龙头企业，是《国家药典（2005版）》中天然冰片标准制定者，全国首家取得天然冰片《药品生产许可证》和《药品经营许可证》的企业，获得国家质量监督检验检疫总局颁发的《原产地标记注册》，现为江西省香精香料协会会长单位。在龙脑樟原种保护、良种繁育、模式栽培、加工提取、开发利用等方面，形成了一整套完整的技术规范和操作规程，先后获得龙脑樟植物新品种保护、天然冰片提取发明专利以及20多项相关的科研成果和奖项，现拥有龙脑樟原料林逾0.13万$hm^2$，已建成年产300t天然冰片的GMP标准工厂，天然冰片提取纯度可达99%以上。近五年来参加了多项国家及省部级研究项目，是"国家林业和草原局樟树工程技术研究中心"的主要合作单位之一。2015年完成了"年产100t天然冰片生产建设加工"项目，2016年公司申请获得"一种天然冰片的多级冷凝结晶提取装置"和"一种天然冰片加工装置"两项实用新型专利，顺利通过天然冰片GMP认证；牵头成立了中国林业产业联合会龙脑产业分会，顺利完成国家林业和草原局林业专利产业化推进工程项目《天然右旋龙脑提取设备产业化推广应用》及江西省林业厅2016年森林质量提升良种良法骨干基地建设项目《龙脑樟原料林基地建设示范》；2017年，公司天然冰片种植基地通过中国中药协会中药材种植养殖专业委员会评选，获评"优质道地药材（天然冰片）示范基地"。

富，推动林业产业发展的做法"被原国家林业局农村林业改革发展司2017年10月8日全文刊登在《林业改革动态》2017年第21期，供全国各地学习参考。2018年4月光明日报以《四川叙州区"油樟王国"的致富经》、2018年6月15日新华社客户端视频《四川宜宾：能出油的叶子》、2018年7月26日新华社澎湃直播视频《大江奔流：四川宜宾依靠"能出油的叶子"提炼樟油》、2019年1月28日四川卫视晚间黄金时段大型农业公益节目《蜀你最美》以《山村里的摇钱树》为题报道了"叙州区推进林业产业现代化，油樟产业融合发展，实现生态效益和经济效益双赢，助推脱贫攻坚和乡村振兴"的做法。叙州区与中央电视台签订战略合作协议，将依托中央电视台的媒体资源优势全方位打造宜宾油樟品牌，完成宜宾油樟现代林业示范区专题宣传片拍摄。中央电视台《佳七有约》携手《乡约》走进叙州大型相亲节目在2019年12月上旬完成节目录制已于春节期间在中央电视台十七套农业农村频道播出。

## 3.2 可推广经验

（1）健全组织领导机制

强化领导。宜宾市叙州区成立了以区委、区政府主要负责人为双组长的油樟产业发展领导小组及"世界樟海"现代油樟特色农产品优势区党委。机构改革后，优化区林业局职能职责，在区林业局加挂油樟产业发展局牌子，增加行政、事业编制人员10名，强化促进油樟产业发展的职责，成立了高质量发展"宜宾油樟"现代林业示范区推进委员会，省林业和草原局局长和宜宾市市长任推进委员会主任。

（2）强化工作推进机制

宜宾市叙州区建立联席会议制度，形成工作合力，成员单位按照年初确定的目标任务有序推进。建立定期分析会议制度，每月定期研究解决建设中的相关问题。建立激励考核机制，实行倒排工期、随时督查、按期交账、年终考核、一票提升等考核措施，确保工作落地落实。

（3）建立经费保障机制

在省、市支持的基础上，宜宾市叙州区财政从2016年起每年落实油樟专项建设资金1000万元，整合资金5000万元以上用于示范区建设。2016—2018年共争取地方政府债券和整合各类涉农涉林资金总额达5亿元，其中利用地方债券资金2亿元建成林区产业道路88条共241千米。2019年累计投入超3亿元，其中，四川省林业和草原局下达建设资金2400万元用于油樟现代林业示范区建设；争取地方债券和林下经济节点公路资金1.1亿元用于林区产业道路建设；争取地方债券资金8000万元用于樟油粗油集中加工点建设；市级财政配套资金1100万元，区级财政专项资金1000万元，整合涉农资金6800万元用于基地建设和基础设施建设。

（4）加强产学研合作

宜宾石平香料有限公司积极与四川大学、四川农业大学、宜宾学院、四川省林业科学研究院、宜宾林竹产业研究院等单位合作，建立产学研中试示范基地，合作研究成果获四川省科技进步二等奖2项。

（5）强化应用基础研究

江西省林业科学院主持完成的《樟树药用、香料、油用品系定向选育及精深加工利用研究》成果，荣获2016年江西省科技进步二等奖。成果围绕樟树不同化学类型的优良品系选育、药用、香料、油用产品关键技术研发，建立了基于trnL-F和ISSR标记的樟树5种化学类型可资鉴别的指纹图谱，克隆了樟树油脂合成和精油合成关键酶基因CcFAD2和CcDXS；提出以精油利用为目标的樟树5种化学类型优良品系筛选指标和标准，并建立龙脑含量高的龙脑樟组培高效繁育技术体系；首次提出了樟树籽油制备甘油二酯新方法，研发出芳樟醇、乙酸芳樟酯新产品。认定良种4个，制定江西省地方标准2个，申请发明专利5项，发表论文13篇，为今后优质种苗规模化生产提供基础，也为支撑和引领樟树产业发展提供关键技术。

四川省林业科学研究院主持完成的《油樟高效培育及加工利用研究与示范》和《四川特色芳香油树种现代产业链关键技术创新与推广》分别获得2016年度和2019年度四川省科技进步二等奖。成果开展了油樟生态特征、油樟内生菌的促生作用和组培技术研究，提出了油樟组培苗木繁育、配方施肥、密度调控等栽培配套技术；选育的油樟优树枝叶精油含量提高了50%以上，桉叶素含量提高了25%以上；对油樟枝叶中油樟油含量动态变化进行了系统研究，提出油樟高品质原料的采收季节。提出了沸点接近、原精馏方法无法分离的混合物的分离提纯技术，多种油樟油的衍生产品纯度达到99%以上，并制定了相关标准；首次成功分离出纯度为99.5%的$\delta$-松油醇。项目获授权专利18件，审认定省级良种3个，制定行业、地方和企业标准12项。成果先后在宜宾、遂宁、广安等地推广应用，建立精油生产示范线8条，取得了显著的经济、社会和生态效益。

## 3.3 存在问题

（1）应用基础研究不够

油樟油、芳樟油、龙脑樟油在抑菌、抗菌、抗病毒、抗氧化等方面均具有一定效果，但作用机理未进行系统研究，影响应用范围和产品开发。

（2）终端产品研发欠缺

当前，油樟油、芳樟油、龙脑樟油大都是以80%桉叶油（或98%的1,8-桉叶素）、芳樟醇、龙脑等原料形式销售，面向消费者的终端产品开发较少，产品附加值不高。

（3）樟树产业未纳入国家、省级相关规划

油樟、芳樟、龙脑樟产业区域性很强，产业发展直接关系人民的身心健康，发展潜力巨大。但产业规划往往都是市、县一级的区域规划，未纳入省级和国家战略规划，影响产业做大做强。

（4）标准化原料基地建设推进较慢

虽然油樟、芳樟、龙脑樟每年新建和改建基地0.67万$hm^2$以上，但基地分散，基地内现有基础设施薄弱，道路交通特别是生产作业道路严重不足，造成原料基地建设推进缓慢。

（5）樟树定向培育技术不完善

高含量芳樟醇的樟树和高含量龙脑的龙脑樟定向培育技术有待进一步完善。

# 4 未来产业发展需求分析

## 4.1 国家层面的需求

发展樟树精油产业是国家大健康产业发展的客观需求。随着人类社会从传统农业文明向现代工业文明转变，现代人已将健康作为个人生活中最重要的方面予以关注。与“身体无病即健康”的传统健康观不同，现代人的健康观则是在身体、精神和社会等方面都处于良好状态的整体健康。在生态文明建设的大背景下，人们对自然、绿色和生态产品的需求日益增大。天然植物精油作为健康产业核心部分，也受到国家高度重视。1,8-桉叶素、天然芳樟醇、天然龙脑在天然药物、日化产品等方面的应用，不仅能改善国民身体素质、提高生活质量，对地方产业发展也有重要推动作用。

## 4.2 林业行业层面的需求

### 4.2.1 发展樟树产业是推进林业绿色发展的有效途径

发展樟树产业推进林业绿色发展，是“坚持生态优先、绿色发展，共抓大保护，不搞大开发”、贯彻新发展理念、加快林业现代化和可持续发展的重大举措。油樟、芳樟、龙脑樟多分布于资源环境较好区域，生产方式相对绿色，因其特色、优质而具有较高经济价值，生产主体提高产品品质、打造特色品牌的积极性高，发展绿色生产的基础较好。通过发展樟树产业，推广应用绿色生产方式，有序开发优质特色资源，增加绿色优质生态产品的供给，有利于打造资源利用更加节约高效、产地环境更加清洁、绿色供给能力更加突出的特色林产品生产基地，促进特色产业实现绿色发展，是“绿水青山就是金山银山”的重要诠释。

### 4.2.2 发展樟树产业是乡村振兴的重要支撑

产业兴则农村兴，产业旺则农村旺。樟树特色产业要“接二连三”、融合发展，延伸产业链，提升价值链，深度开发樟树精油产品，推动油樟、芳樟、龙脑樟由单一种植向种植、加工、销售全产业链发展。健全包装、仓储、物流等服务体系，打造具有较高知名度、较强竞争力的区域品牌，靠“卖得好”进入市场，倒逼带动“种得更好”。依托油樟、芳樟、龙脑樟资源、生态资源和文化资源，以乡村振兴战略为抓手，在核心区打造国家级产业园、展示中心，符合“产业兴旺、生态宜居、乡风文明、治理有效、生活富裕”的总要求。

### 4.2.3 发展樟树产业是巩固精准扶贫、促进农民增收的重要抓手

樟树产业大多属于劳动密集型产业，产品价值较高，对农民增收带动作用明显，是增加农民收入的重要途径。发展油樟、芳樟、龙脑樟产业，加快培育区域特色林业产业，有利于将产业扶贫落到实处，发展适度规模生产和全产业链经营，能够有效扩大农村就业，拓宽农民增收渠道，让农民合理分享第二、第三产业收益，把地方土特产和小品种做成带动农民持续增收的大产业。

# 5 产业发展总体思路与发展目标

## 5.1 总体思路

以习近平新时代中国特色社会主义思想为指导，牢固树立创新、协调、绿色、开放、共享的发展理

念，认真践行“绿水青山就是金山银山”；以助农增收为目的，推动林业供给侧结构性改革，助推乡村振兴巩固脱贫攻坚，推进樟树产业高质量发展，为区域经济发展和人民身心健康贡献力量。

## 5.2 发展原则

（1）坚持品质优先、绿色发展

严把产品质量安全关，以质立足，以质创优，把油樟、芳樟、龙脑樟基地打造成为优质安全林产品生产区。坚持资源节约，依托青山绿水发展绿色林产品，加强资源环境保护，推动形成保护与开发并重、生产与生态协调发展的绿色发展方式。

（2）坚持市场导向、有序发展

瞄准市场消费需求，以市场带动创建，以创建促进发展，不断提升油樟、芳樟、龙脑樟产业的竞争力。合理规划区域布局和产业规模，推进区域内产品结构、品种结构、经营结构的调整优化，保障特色林业产业健康持续发展。

（3）坚持三产融合、农民增收

推进特色林产品生产“接二连三”，延长产业链，培育壮大新产业、新业态，与现代林业产业园、林业科技园区、现代林业产业发展综合试验区、农村产业融合发展示范园、特色村镇等建设有机结合，实现一、二、三产业深度融合和全链条增值。完善利益联结机制，让农民更多分享产业链增值收益。

（4）坚持标准引领、科技支撑

建立油樟、芳樟、龙脑樟系列产品生产标准和产品评价标准，对生产、加工、仓储、流通等环节进行标准化管理，提高专业化发展水平。强化技术研发和推广体系，深化产学研融合，将特有品种、技术与工艺作为核心竞争力，提升特色林产品的科技含量。

（5）坚持品牌号召、主体作为

培育区域公用品牌，鼓励发展企业品牌，完善品牌维护与保障机制，提升示范区品牌的市场知名度、美誉度，引导特色林产品品牌化发展，发挥新型林业经营主体在示范区建设中的核心作用，促进集群化发展，鼓励合作互惠和良性竞争。

（6）坚持政府主抓、合力推进

从区域经济发展实际出发，因地制宜编制规划，出台扶持政策措施，大力推进樟树示范区建设。地方各部门多渠道予以积极支持，汇聚多方资源，形成凝心聚力的良好氛围，合力推进油樟、芳樟、龙脑樟特色林业产业提档升级、做大做强。

## 5.3 发展目标

总体目标：形成以油樟、芳樟、龙脑樟生产、加工、流通、销售产业链为基础，集科技创新、休闲观光、配套农资生产和制造融合发展的特色林业产业集群，培育特色品牌，增强绿色优质中高端特色林产品供给能力，丰富和满足城乡居民的需求，促进特色林产品出口，持续带动区域经济增长和农民增收。引领带动整个油樟、芳樟、龙脑樟产业做大做强，逐步打造世界闻名的特色木本精油产业带，推动农业供给侧结构调整和农民增收，打造“中国第一、世界知名”的油樟、芳樟、龙脑樟集聚区。

具体目标：

2025年：以油樟、芳樟、龙脑樟为主导，一、二、三产业贯通发展的格局基本形成，产业基地达到13.33万$hm^2$（其中，油樟10万$hm^2$，芳樟1.67万$hm^2$，龙脑樟1.67万$hm^2$），开发新技术10项，创制新产品50个，培育国家知名品牌3个，支撑亿元以上龙头企业达到5家，建成国家级现代林业示范园区1个，综合产值达到200亿元以上，樟农人均林业收入达到1万元以上。

2035年：基本形成以油樟、芳樟、龙脑樟为主导的森林大健康产业，产业基地达到20万 $hm^2$（其中，油樟13.33万 $hm^2$，芳樟3.33万 $hm^2$，龙脑樟3.33万 $hm^2$），开发新技术20项、创制新产品100个、培育国家知名品牌5个，支撑亿元以上龙头企业达到10家，建成国家级现代林业示范园区3个，综合产值达到500亿元以上，樟农人均林业收入达到1.5万元以上。

2050年：形成以油樟、芳樟、龙脑樟为主导的森林大健康产业链，产业基地达到66.67万 $hm^2$（其中，油樟40万 $hm^2$，芳樟13.33万 $hm^2$，龙脑樟13.33万 $hm^2$），开发新技术100项，创制新产品1000个，培育国家知名品牌20个，支撑亿元以上龙头企业达到50家，建成国家级现代林业示范园区10个，综合产值达到5000亿元以上，樟农人均林业收入达到3万元以上。

# 6 重点任务

## 6.1 加强标准化原料林基地建设，提高优质资源供给能力

本着集中连片，按照油樟、芳樟、龙脑樟标准化示范区基地建设标准，采取引进业主、土地流转等多种方式，完善生产作业道路等基础设施，通过新建、改建打造油樟、芳樟、龙脑樟标准化种植基地。主要包括以下几个重点建设项目。

（1）良种选育

选育出高产、高出油率、目标成分含量高的油樟、芳樟、龙脑樟良种10个。

（2）新建油樟、芳樟、龙脑樟原料林基地

在四川宜宾、广安等地规划建设油樟基地40万 $hm^2$，在福建三明、南平，江西抚州、吉安，广西南宁、玉林、柳州、钦州等地规划建设芳樟基地13.33万 $hm^2$，在江西赣州、吉安、抚州，湖南新晃等地规划建设龙脑樟基地13.33万 $hm^2$。

（3）低产低效林提质增效项目

在四川宜宾、广安规划建设油樟低产低效林改造基地3.33万 $hm^2$，在福建三明、南平，江西抚州、吉安，广西南宁、玉林、柳州、钦州等地规划建设芳樟低产低效林改造基地0.67万 $hm^2$。

## 6.2 技术创新

开展樟树基础研究，创新新技术20项，包括：

①油樟、芳樟、龙脑樟定向培育技术研究；

②油樟、芳樟、龙脑樟精油提取技术研究；

③油樟、芳樟、龙脑樟精油高效分离技术研究；

④油樟、芳樟、龙脑樟加工剩余物综合利用研究。

突破关键核心瓶颈技术，改变目前依赖原料出口的局面，开发新技术30项、创制新产品500个，包括：

①1,8-桉叶素生物活性研究；

②左旋芳樟醇生物活性研究；

③右旋龙脑生物活性研究；

④微量特殊组分的生物活性研究。

创制战略性主导地位产品，充分发挥天然原料优势，开发新技术50项、创制新产品500个，包括：

①基于油樟、芳樟、龙脑樟精油的生物医药产品研发；

②基于油樟、芳樟、龙脑樟精油的香精香料产品研发；

③1,8-桉叶素、*L*-芳樟醇、*d*-龙脑精深加工产品研发。

## 6.3 产业创新

在四川宜宾、广安建设油樟粗油集中加工点100个，年生产油樟粗油10万t；建设亿元以上油樟精深加工企业30家，综合产值达到3000亿元以上。

在福建三明、南平，江西抚州、吉安，广西南宁、玉林、柳州、钦州等地建设芳樟粗油集中加工点50个，年生产芳樟粗油5万t；建设亿元以上芳樟精深加工企业10家，综合产值达到1000亿元以上。

在江西赣州、吉安、抚州，湖南新晃建设龙脑樟粗油集中加工点50个，年生产龙脑粗油5万t；建设亿元以上龙脑樟精深加工企业10家，综合产值达到1000亿元以上。

## 6.4 建设新时代特色产业科技平台，打造创新战略力量

构建区域产学研联盟，提升技术创新能力。整合高校、科研单位和企业的科研力量，构建国家林业和草原局樟树工程技术研究中心、国家樟树创新联盟，打造江西省樟树工程技术研究中心、江西省木本油料和香精香料工程技术中心、江西省樟树种苗工程技术中心、四川省油樟重点实验室、广西樟树重点实验室和福建樟树重点实验室，形成政产学研金五位一体的模式，促进政产学研金各方沟通，有利于解决企业的技术难题、便于科技成果的推广和转化，有效地提升产业的技术创新能力。

## 6.5 推进特色产业区域创新与融合集群式发展

油樟、芳樟、龙脑樟产业集群实际上是把特色油樟、芳樟、龙脑樟产业发展与区域经济，通过分工专业化与交易的便利性有效地结合起来，从而形成一种有效的生产组织方式，产业集群对国家和区域发展具有多方面的积极影响。充分整合中央和各省的科技资源，努力统筹好油樟、芳樟、龙脑樟研发科技人才资源的结构布局。一是基数调控，加强对研发科技人才资源总量的统筹；二是均衡布局，加强对研发科技人才专业结构的行业统筹；三是充实优化，加强对研发科技人才队伍的实力统筹。采用行业分类聚集方式，组建基地建设、樟油提取分离、加工利用三大领域平台，主要针对产业共性问题，依托国家樟树创新联盟进行市场化运作，将企业需求按产业分类进行整合，把以往分散独立的科技资源连接起来，为产业发展提供科技支撑。

## 6.6 推进特色产业人才队伍建设

依托重大科研项目、创新平台和重点科研基地，加强林业科技人才队伍建设，大力培养和引进林业科技领军人才和创新团队，培养造就一批科研水平一流、管理能力突出、成果国际前沿、专业贡献重大，能够引领和促进樟树产业发展与产业关键技术发展的科技领军人才。

提高樟农的整体素质，培养有文化、懂技术、会经营的新型农民，促进科技成果高效地应用于油樟、芳樟、龙脑樟生产经营实践，建立一支既有一定数量又有较高素质的科技队伍。一是加强科研开发供给群体建设，增强科研人员科技兴农意识，加快培养一批高素质、高学历专业人才，加速造就和引进一批学术带头人和科研骨干。二是加强樟农需求群体建设，增强信息技术意识，提高农民采用农业技术的能力，努力办好农民技术培训，采取短期培训、科技讲座等方式，提高樟农科学文化水平，培养一批掌握并能应用现代科技发展的新型农民。三是抓好林业科技管理队伍，强化科技管理能力，积极引进人才，把那些既懂林业技术、又掌握信息技术的人才引进到林业技术推广队伍中来。

# 7 措施与建议

## 7.1 特色品牌培育

支持地理标志保护产品和森林生态标志产品等的申请认证和扩展。依托油樟、芳樟、龙脑樟产业发展，加强传统品牌的整合，集中建设一批有影响的区域公用品牌作为林业行业“地域名片”，提升管理服务能力，培育和扩大消费市场，实现优势优质、优质优价。紧盯市场需求，坚持消费导向，擦亮老品牌，塑强新品牌，努力打造一批国际知名的企业品牌。做好品牌宣传推广，充分利用各种媒体媒介做好形象公关，讲好品牌故事，传播品牌价值，扩大品牌的影响力和传播力。

## 7.2 优化顶层设计

政府科学合理的顶层设计，有针对性和操作性的规划和制定政策，可以有力地支撑油樟、芳樟、龙脑樟这一大健康产业的发展，会吸引全国资金、资源、技术、劳动力以及高素质人才的地理集中，将对油樟、芳樟、龙脑樟产业结构的优化产生重大的推动作用。

## 7.3 创新产业发展模式

按照“良种化、区域化、规模化、集约化、设施化和标准化”要求和现代林业产业基地标准，在保护现有油樟、芳樟、龙脑樟生态资源的基础上，高标准建设油樟、芳樟、龙脑樟原料林基地。加快油樟、芳樟、龙脑樟良种选育与扩繁，制定油樟、芳樟、龙脑樟丰产栽培与低产低效林改造标准，大力推进油樟、芳樟、龙脑樟标准化集中连片发展，建成一批全国一流的油樟、芳樟、龙脑樟基地，保障精深加工优质原料供应。

积极引进和扶持樟油精深加工企业，延伸和完善产业链，打造油樟、芳樟、龙脑樟精深加工产业群。一是联合高校和科研院所，以利益联结为纽带，组建产业技术创新联盟，依托樟树创新联盟制定樟树产业发展技术路线图，攻克油樟、芳樟、龙脑樟产业发展关键技术，建设产学研创新平台，培育产学研创新团队，着力攻克油樟、芳樟、龙脑樟产业发展关键技术。二是整合国有公司和龙头企业力量，加快建设粗油集中加工点，粗油集中加工点用地按照设施农用地政策予以保障。三是加快制定相关政策，引导和鼓励企业、民间组织积极投向樟树产业市场前景好、竞争力强、效益好的技术研究与开发领域，政府出台相关的配套政策。

## 7.4 完善扶持政策

加大油樟、芳樟、龙脑樟产业建设的投入。建立健全与事权和责任相适应的财政资金投入保障机制。充分利用已有的相关投资基金，整合相关涉农资金，集中力量支持油樟、芳樟、龙脑樟特色产业发展的关键领域、关键环节、关键区域，完善产业链条，补短板、强优势。重点打造油樟、芳樟、龙脑樟优势特色林业产业集群，大力实施优势特色农业提质增效行动和森林生态标志产品建设工程。

创新油樟、芳樟、龙脑樟产业金融政策。鼓励开发性金融、政策性金融结合职能定位，在业务范围内对油樟、芳樟、龙脑樟基地基础设施建设予以支持，鼓励商业银行针对油樟、芳樟、龙脑樟新型经营主体开发低息、中长期贷款产品。设立风险补偿基金、担保基金，为油樟、芳樟、龙脑樟龙头企业提供融资服务。将油樟、芳樟、龙脑樟产品纳入地方农业保险支持范围，探索开展油樟、芳樟、龙脑樟生产收入保险试点。

完善油樟、芳樟、龙脑樟用地政策。用于油樟、芳樟、龙脑樟产业发展的生产设施、附属设施和配套设施用地，符合国家有关规定的按设施农用地管理。根据实际情况，将年度新增建设用地计划指标优先用于油樟、芳樟、龙脑樟特色主导产品的加工、仓储、物流等设施建设，并优先审批。

采取“公司+合作组织+农户”从事油樟、芳樟、龙脑樟种植和初加工的企业，可以减免企业所得税。由农户提供土地，公司提供种苗和种植技术，共同组建专业合作社，公司与农户商议一定入股比例；投产后公司或专合社组织粗油加工，利润按比例与农户分成，企业所得税减免。

## 参考文献


蔡瑞宏，姚宏，张亚锋，等，2007. 芦荟冰片烧伤膏的生肌、镇痛及抗炎作用[J]. 中国医院药学杂志，27(2): 170–172.

曹玫，贾睿琳，江南，等，2013. 油樟叶挥发油的镇痛活性研究[J]. 广西植物，33(4): 552–555.

常颂平，李玉春，2000. 冰片对真菌细胞超微结构的影响及治疗化脓性中耳炎的临床应用[J]. 中国中药杂志，25(5): 306.

陈楚阳，毕亚凡，2016. 从龙脑樟中提取天然冰片的工艺改进[J]. 武汉工程大学学报，38(5): 425–430.

陈尚钘，赵玲华，徐小军，2013. 天然芳樟醇资源及其开发利用[J]. 林业科技开发，27(2): 13–17.

陈小兰，曾红高，谢正平，等，2011. 龙脑樟叶部精油在不同蒸馏时段的出油率和化学成分[J]. 江西林业科技 (3): 1–2, 19.

丛赢，张琳，祖元刚，等，2016. 油樟 (*Cinnamoumum longepaniculatum*) 精油的抗炎及抗氧化活性初步研究[J]. 植物研究，36(6): 949–954, 960.

邓丹雯，2003. 樟树籽油的提取[J]. 江西食品工业 (3): 14–15.

杜永华，敖光辉，魏琴，等，2014. 脱油油樟叶化学成分预试及其总黄酮含量测定[J]. 黑龙江农业科学 (10): 120–123.

杜永华，敖光辉，魏琴，等，2015. 油樟叶总黄酮和总多糖的抑菌活性[J]. 江苏农业科学，43(11): 408–410.

杜永华，叶奎川，周黎军，等，2014. 油樟叶提取物对人肝癌BEL7402细胞增殖的抑制作用[J]. 食品研究与开发，35(17): 80–83.

冯伟，胡小刚，夏培元，等，2013. 芳樟醇R–和S–对映异构单体的体外抗菌活性研究[J]. 第三军医大学学报 (19): 2077–2080.

郭丹，曾解放，范国荣，等，2015. 樟树精油的化学成分及生物活性研究进展[J]. 生物质化学工程，49(1): 53–57.

何桂芳，宋友文，文晓娟，等，2009. 冰片注射液体外抑菌试验观察[J]. 中兽医学杂志 (1): 10–11.

何晓静，肇丽梅，刘玉兰，2005. 冰片注射液对小鼠实验性脑缺血的保护作用[J]. 华西药学杂志，20(4): 323–325.

侯桂芝，廖仁德，孟如松，1995. 冰片对激光烧伤创面的镇痛及抗炎作用[J]. 中国药学杂志，30(9): 532–534.

胡文杰，高捍东，江香梅，等，2012. 樟树油樟、脑樟和异樟化学型的叶精油成分及含量分析[J]. 中南林业科技大学学报，32(11) : 186–194.

胡文杰，罗辉，戴彩华，2019. 油樟叶的化学成分及其生物活性研究进展[J]. 中国粮油学报，34(11): 140–145.

胡文杰，许樟润，李冠喜，等，2017. 基于响应面法对油樟籽油超声波提取工艺的优化[J]. 中国粮油学报，32(2): 109–115.

黄晓敏，廖玲军，曾松荣，等，2005. 梅花冰片3种剂型体外抗菌活性研究[J]. 江西中医学院学报，17(1): 63–65.

黄远征，温鸣章，赵蕙，1986. 关于油樟叶芳香油化学成分的研究 [J]. 武汉植物学研究，41(1): 59–63.

李士雨，2006. 桉叶油素纯化[J]. 精细化工，23(1): 35–37.

牟家琬，杨胜华，孙玉梅，等，1989. 龙脑与异龙脑的体外抗菌作用的研究[J]. 华西药学杂志，4(1): 20–22.

四川植物志编辑委员会，1981. 四川植物志：第1卷[M]. 成都：四川出版社：34.

苏远波，李清彪，姚传义，等，2006. 芳樟树叶乙醇提取物的抗癌作用[J]. 化工进展，25(2): 200–204.

孙晓萍，欧立娟，密穗卿，等，2007. 冰片抗炎镇痛作用的实验研究[J]. 中药新药与临床药理，18(5): 353–355.

陶翠，魏琴，殷中琼，等，2011. 油樟叶挥发油对三种真菌的抗菌效果[J]. 中国兽医科学，41(1): 89–93.

王健英，2004. 1, 8–桉叶油素的提取和提纯[D]. 天津：天津大学：18–57.

吴克刚，林雅慧，柴向华，等，2012. 芳樟油对大肠杆菌气相杀菌机制研究[C]//广东省食品学会第六次会员大会暨学术研讨会论文集. 广州：广东省食品学会.

尹浩，王晨笑，兵进，等，2020. 油樟叶精油的提取、化学成分、抗氧化以及抗菌活性研究[J]. 保鲜与加工，20(4): 183–191.

尹礼国，凌跃，杜永华，等，2014. 宜宾油樟营养器官精油主成分分析[J]. 江苏农业科学，42(11): 348–350, 355.

应安国，许松林，徐世民，2005. 间歇真空精馏提纯桉叶油的研究[J]. 林产工业，32(2): 29–31.

张超，魏琴，杜永华，等，2011. 脱油油樟叶提取物的体外抑菌活性研究[J]. 广西植物，31(5): 690–694.

张峰，毕良武，赵振东，2017. 樟树植物资源分布及化学成分研究进展[J]. 天然产物研究与开发，29(3): 517–531.

张广求，王炯，袁永华，2012. 桉叶素精制工艺初步研究[J]. 云南民族大学学报(自然科学版)，21(2): 107–108.

肇丽梅，何晓静，刘玉兰，2006. 冰片注射液对小鼠脑缺血再灌注后学习和记忆行为的影响[J]. 华西药学杂志，21(1): 60–62.

郑红富，廖圣良，范国荣，等，2019. 水蒸气蒸馏提取芳樟精油及其抑菌活性研究[J]. 林产化学与工业，39(3): 108–114.

中国科学院中国植物志编辑委员会，1999. 中国植物志[M]. 北京：科学出版社.

周翔，莫建光，谢一兴，等，2011. 广西芳樟醇型樟树精油成分的GC–MS研究[J]. 食品科技，36(1) : 282–285.

BRADLEY B F, STARKEY N J, BROWN S L, et al, 2007. Anxiolytic effects of odour on the elevated plus maze[J]. Ethnopharmacology, 111(3): 517–525.

KONG Q X, WU Z Y, CHU X, et al, 2014. Study on the anti–cerebral ischemia effect of borneol and its mechanism[J]. Afr J Tradit Complement Altern Med, 11(1): 161–164.

LI Y H, SUN X P, ZHANG Y Q, et al, 2008. The antithrombotic effect of borneol related to its anticoagulant property[J]. Am J Chin Med, 36(4): 719–727.

ROSSI Y E, PALACIOS S M, 2015. Insecticidal toxicity of essential oil and 1, 8–cineole against , and possible uses according to the metabolic response of flies[J]. Industrial Crops & Products(63): 133–137.

中国工程院咨询研究重点项目

# 桑产业发展战略研究

撰 写 人：任荣荣

时　　间：2021年6月

所在单位：重庆海田林业科技有限公司

# 摘要

中国是世界桑树分布中心，丰富的桑树种质资源是发展中国桑产业的重要基础。桑树在我国栽培利用历史逾5000年，是生态经济兼用型树种、食饲药同源树种。桑树丰富的内含物质，为桑产业创造了无限的空间，可养蚕，加工成饲料、食品、药品、保健品、日化用品……桑饲料养殖生产的是绿色、无公害产品，营养丰富，已经推广到全国各地。对桑树枝叶和根萃取得到的桑蛋白粉可加工成多种食品，桑粕可以做高蛋白饲料，代替进口豆粕。桑树萃取加工的浓缩液是生产药品和保健品的中间体，可研发出众多产品。

中国发展桑产业具有重大战略意义和现实意义。桑树可用于多种特殊生态脆弱地区的生态治理，助推乡村振兴和精准扶贫，解决我国饲料安全与畜牧食品安全问题，助力“健康中国”战略，提高全民免疫力水平，并推进“一带一路”倡议实施。

分析认为未来桑产业发展的方向：结合生态环境治理，加强原料林基地的建设；大力发展桑饲料，解决我国蛋白饲料安全自给问题；加大桑树全株利用，拓展桑在食品、保健品和药品产业中的利用，保障全民健康。

关于产业链发展模式，建议总体规划，分步实施，因地制宜，稳步推进；国家引领，多部门多行业协同，国有和民间资本统筹；发动广大农民参与，着力深加工产业；拓展市场，实现一、二、三产业融合发展。

# 1 我国桑树资源现状

## 1.1 历史起源

桑树（*Molus alba* L.）属桑科桑树属，为落叶乔木或灌木。

桑树是我国传统的栽培树种，从嫘祖倡导蚕桑业算起，迄今5000余年，且中间从未阻断。中国桑蚕文化光辉灿烂。在古代文献中，植桑历来和农业相提并论，故中国素有“农桑立国”的悠久传统。中国历史上自古到今都有“立法护桑，依法种桑”的国家层面上的律令。这使中国蚕桑业连绵数千年不断。

桑树是神奇的长寿树，中国各地数百年、上千年的桑树屡见不鲜，且树冠依然饱满，青枝绿叶，绝无秃顶枯梢之衰老像，足见其内在生命物质之强大，具有系统的全价的抗衰老和抗氧化的生命物质群体。同时，桑树还是抗逆性十分强大的速生树种，几乎适于各种地类种植。

## 1.2 价值与功能

桑树是生态经济兼用型树种。桑树既可以作生态防护林树种和园林绿化树种，也可以作用材林和经济林树种。

作为防护林树种，桑树能适应多种立地条件，即使干旱、水湿、寒、热、盐碱等不利条件下也能生长，具有很强的保持水土功能。

作为用材林和经济林树种，桑树为优良速生高产树种，可以培育为材用乔木林，也可以培育成叶用灌木林。乔木桑树高度可达27m，灌木桑树可匍匐贴地延伸。1年生实生苗，当年高生长可超过1m，萌发条则可达到2m以上。一般水肥条件下，年亩产干桑枝叶可达1～1.3t。

桑蚕产业解决了古代的蚕丝衣被和造纸原料之需；中国得以开通古代的对外贸易之路——丝绸之路；根、枝、叶、花、果、桑寄生、桑基真菌，均可入药，可医治多种疾患，为中药业提供了异病同药的药材和保健品；枝叶可加工六畜饲料；叶、果和菌菇可制食物，煎炒烹炸皆成菜肴，亦可当粮，欠收之年可资度过灾荒，历史上一些特殊时期曾以干桑葚作为军粮；果可酿酒，为中国开创了酿酒业的先河；也可制作酵素，称为琼浆玉液。

桑树还是中国传统的染料树种。汉唐始至以后历朝历代，皆成为源源不断的税赋之源。

## 1.3 分布

中国是世界桑树分布中心。全世界桑树有30～33个种（含变种），中国就有25个种（含5个变种）。若按品种来讲，文献记载有六七百种，实际上因为中国地缘辽阔，气候多样，在几千年的实践中，产生的品种近千个。桑树在中国分布遍及东、南、西、北、中。东北自哈尔滨以南，西北从内蒙古南部至陕甘宁和新疆、青海，南至两广，东至我国台湾，西至云贵川，无论寒温带、热带还是荒漠少雨地区均有分布。故中国是世界公认的桑树资源分布中心。

丰富的桑树种质资源是发展中国桑产业的重要基础。

除中国外，朝鲜、日本、蒙古、中亚各国、俄罗斯、欧洲以及印度、越南也有栽培。

蚕桑作为农业产值构成，曾经是农民的主要收入来源之一。新中国成立以后，中央政府把蚕桑作为重要的农业和工业原料产业进行鼓励和促进，使蚕桑业获得了长足的发展。

近年来，由于石化纺织材料的飞速发展，国际丝茧价格不稳定，农民养蚕积极性受到影响。加之蚕丝是劳动密集型产业，农村随着青壮年劳力进城务工，蚕丝业后继乏人，产业萎缩，在有的乡镇已经绝迹。20世纪90年代末至21世纪初，我国农村挖桑毁桑事件屡发，任荣荣教授曾上书中央领导，引起了国家重视，采取措施遏制毁坏桑林趋势。现在地方农业部门或商务部门依旧设有蚕桑技术推广机构，但蚕桑的养殖规模大大缩小。据统计，全国现有桑（柞）园2500多万亩，有28个省700多个县800多万农户从事桑蚕丝绸产业。随着“东桑西移”，确保国家粮食安全战略的实施，桑树大部分转移到山地、丘陵和相对贫瘠的土地上种植。

近十年来，随着科技开发和综合利用的推动，陆续开发了桑树除养蚕以外的其他多种用途，如桑粮、桑饲料、桑茶和饮料、桑酒、桑保健品以及桑基食药用菌等，潜在的价值巨大。

中国发展桑产业，除了要把现有桑树资源用好以外，还要有计划地扩大资源规模，要解决中国的蛋白饲料供应问题，至少需新造桑树林2亿～3亿亩。

### 1.4 特点

（1）一年栽植，多年受益

桑树作为多年生木本植物，一年栽植后可多年利用，达数十年、数百年乃至千年以上，可持续受益，而无须年年重栽，且其生长不用农药化肥。其生态、经济效益之高、之广、之久，为中国众多树种之冠。

（2）生命力和适应性强

桑树造林不与粮食争地，且造林成活率和保存率高。因此，可以利用我国广袤的沙荒地、石漠化地、山地、滩地、水库消落带、重金属污染严重土地，包括胡焕庸线以西的非耕地来种植桑树。

（3）桑产业链长

从种植、采收、初加工、精细加工到销售，每一个环节都可以做成一个产业。发展桑产业，产业链可长可短，灵活性大。

（4）利用率高

桑树作为原料，可全株工业化综合利用，对原料吃光榨尽，且无任何固体、液体、气体（水蒸气除外）残留物产生。以综合利用为特征的桑产业是新兴产业。桑产业的发展关乎国计民生，意义重大。

## 2 国内外桑产业发展概况

种桑养蚕是传统产业。大量的研究证明，蚕桑仅利用了桑树总生物量的3.5%。桑树是食、饲、药同源树种。桑树丰富的内含物质，为桑产业创造了无限的空间。

### 2.1 国内外桑产业发展现状

（1）桑的食用

桑树是优质、天然、无公害、多营养成分的食材。桑叶、桑葚、桑基食用菌都是营养丰富的食物，既是蔬菜，也可是粮食——桑粮。

桑叶粉和面粉和在一起可以做桑叶面、桑叶馒头、桑叶糕点等。桑叶做菜，可拌、可炸、可炒、可炖、可煮，也可做馅料；可鲜食，也可做成干菜。

桑树是极其丰富的食物来源。国内河北、山东、贵州、江苏、湖南、广东等省份有多家企业从事桑叶茶、桑叶面条、桑叶菜生产经营，然而规模都比较小，尚未形成气候。未来，桑树蛋白粉将是弥补国产动物蛋白粉的重要来源。

（2）桑饲料的利用

近20年来，桑饲料得到了较快的推广。自任荣荣教授20世纪90年代开始研究桑叶作为畜禽和水产养殖饲料以来，桑饲料养殖已经在全国推开。桑饲料养殖涉及生猪、山羊、肉牛、奶牛、蛋鸡、肉鸡、肉兔、淡水鱼等，也在对虾养殖上进行了试验。目前，发展比较好的是将桑饲料用于蛋鸡、生猪和肉牛养殖，其他畜禽养殖应用还处于进一步探索和产业化过程中。而国外桑叶作为饲料利用的情况则鲜有报道。

（3）桑的保健品和药用

桑叶是国家卫生部确认公布的“药食同源”植物，有“人参热补，桑叶清补”之说，被誉为“植物之王”。

桑叶味苦，甘，性寒归肺经、肝经。桑叶首载于《神农本草经》，药用历史悠久。据《中药大辞典》记载，传统习惯认为，桑叶“以老而经霜者为佳，欲其气之全，力之厚也，故入药用冬桑叶，亦曰霜桑叶”。

桑枝叶、桑椹、桑根皆是中药材。中医素有“无桑不开药”之说。历史上驱除人畜瘟疫之药，它是主要配伍者。桑叶古代誉为“神仙叶”，含多种有机酸、黄酮、生物碱、桑叶多糖、维生素、氨基酸及锌、钙、铁等多种微量元素，具有美容、减肥、降血糖、抑制动脉硬化、消炎、清热解表的良好效果。近代，桑树在中药里也是一颗明星。夏桑菊（夏枯草、桑叶、菊花）、桑桔感冒片（桑叶、桔梗）等人尽皆知（吴宏，2016）。在人类对非典、禽流感的抗击中，桑叶也作出了杰出贡献。2019年底开始的新冠肺炎疫情抗击中也有数家中医提出了包含桑叶、桑白皮等在内的中药方。例如：2020年1月23日发布的《湖北省新型冠状病毒肺炎诊疗方案（试行第一版）》，其中预防方案的“肺炎1号方”里就有桑叶。因此，桑树自古被称为“东方神树”。经任荣荣教授研究认为，桑树之所以能作为保健食品和药用食品，在于桑叶是广谱性的、有效的体内和体外的消炎物。

药理研究证明，桑叶具有抑制血糖上升的作用，可预防和治疗糖尿病。桑枝叶总生物碱主要成分含有1-脱氧野尻霉素——这种天然生物碱能显著延缓多糖的降解过程，可以用来治疗糖尿病。对古代中医典籍研究表明，桑树可用于170多种病症的医治，包括呼吸、消化、血液、口腔、皮肤等疾病。这充分说明桑树是一种广谱的药用植物，可以修复动物的免疫系统，增强免疫功能。

日本、韩国和泰国都有这方面的开发研究。日本的桑产品主要有桑叶超微粉、桑叶茶、桑叶面、桑叶豆腐、桑叶糕点、桑叶口服液、桑叶色素，还把桑叶提取物用于保健品等。韩国的桑产品主要有桑叶海苔、桑叶面膜等。泰国的桑产品主要有桑果汁、桑果酒、桑果酱、桑果果脯、桑果干、桑果冰激凌、桑叶茶、桑叶饮料等。不过这些均为小众产品。

中国现代桑产业发祥于20世纪末。20年来，任荣荣教授一心扑在桑树育种和桑产业发展研究事业中，选育成功抗性强、产量高、营养丰富的饲料桑，并推广种植到华北、西北、东北及华东、西南数省，面积数十万亩，且首开桑树用于沙区治理和畜牧业发展之先河。

中国目前桑产业主要是桑叶的食用和饲用。药用和保健品利用方面由于门槛较高，一般农业企业和农民难于涉及。重庆海田林业科技有限公司和广州农科院桑蚕和特种作物研究所等单位正在进行桑树多种用途的研究，研制出了食品、饮品、药品和保健品等桑树新资源产品。

2018年，中国林产工业协会桑产业分会在北京成立，吸收涉及桑产业的大学、科研院所、生产企业、流通领域、金融领域的专业机构和人士参加协会。桑产业分会陆续开展了一系列论坛、现场观摩研讨、组队参加2019中国西部林业产业博览会等活动。2019年在分会内部成立了桑黄专业委员会，桑黄产业发展势头很好。桑产业分会促进了桑树产业领域各业的发展。目前，中国桑产业方兴未艾，新的企业、新的桑产品不断涌现，社会资本正在向桑产业流动，一批企业正在向规模化发展。作为新兴产业，桑产业越来越得到国家有关部门的关注和支持。一些地方政府对桑产业给予了大力支持，把桑产业作为绿色、特色产业项目，一镇（村）一品项目进行扶持。如山东黄河故道的几个县市依托古桑园打造桑产业发展龙头企业，取得了不菲的成绩。

## 2.2 传统桑制品加工技术与差距

用桑饲料饲喂畜类动物，或鲜食，或青贮发酵，或加工成粉后饲喂。做鸡、兔饲料时，制成粉使用。做鱼饲料时则把桑叶粉与其他饲料成分混和制粒。

桑叶茶分春桑叶茶和霜桑叶茶。霜桑叶茶的功能性物质更加丰富。一般采用杀青、干燥、提香、成型等通常的制茶工艺加工或经过精选、清洗等预处理以后直接烘干。

桑芽菜采用冻干技术进行保鲜。

桑酒采用蒸馏、酿制和泡制等方法制备。

上述桑产品加工规模小、工艺简单、设备简陋，不能和大宗农业产品生产相提并论，差距很大。

# 3 中国桑产业研究和开发案例

重庆海田林业科技有限公司（以下简称“海田公司”）是一个以桑产业为主业的科技型企业。2010年初创于重庆市开县（现为开州区）三峡库区，目前该公司是中国林产工业协会桑产业分会理事长单位。

## 3.1 成立背景

三峡水库建成蓄水后，消落带治理问题突显。库水每年涨落一次，落差30m，数十万亩原来的耕地成了三峡库水的污染源。消落带土地出露季节为每年春夏两季，正好是植物生长季节。农民抢种会施用农药化肥，会造成面源污染；撂荒地杂草疯长，蓄水后数以万吨计的杂草水中腐烂，会污染库水。而有水库就有消落带，消落带的生态治理是一个世界性难题。

2008—2009年，受全国政协原副主席钱正英院士指派，任荣荣率多学科专家组成的科研组进入三峡库区考察调研，提出了“沧海桑田生态经济建设”建议（图4-1），并于2010—2013年实施了“长江三峡水库消落带饲料桑种植与草食动物养殖适用技术试验研究”（即沧海桑田科研项目），研究课题结束后，继续自筹资金坚持深入研究，一蹲就是10余年，取得了一系列成果（图4-2、图4-3）。

图4-1 钱正英院士接见“沧海桑田”专家组

图4-2 三峡水库消落带，春夏水退则桑

## 3.2 发展成果与现状

（1）把任氏饲料桑引入三峡库区

图4-3　三峡水库消落带，秋冬水盈则海

从20世纪末开始，任荣荣教授走遍全国各地进行桑树资源考察，收集桑树栽培品种400余个，以高产、高抗性、高营养物质含量为选育目标，采取株株选、穗穗选的传统良种选育办法，从400个品种中选出40个，继而优选出2个饲料桑品种（饲料桑起初推广用于治沙，叫“沙地桑”）‘圣桑1号’‘圣桑2号’和果桑新品种‘圣果1号’‘圣果2号’共4个优良品种，现在已经在全国各地推广。2005年，该成果经国家林业局科技司主持通过科技成果鉴定。为防止品种混乱，以假乱真，海田公司注册了任氏桑树商标。把任氏饲料桑引进三峡库区。目前在三峡水库消落带和库岸山地种植，并在全国推广的，就是任氏饲料桑（任荣荣，2015；长江三峡水库消落带饲料桑种植与草食动物养殖适用技术试验研究课题组，2013）。

（2）利用桑树进行消落带生态治理获得成功

2010年开始，海田公司在开州三峡水库消落带引种任氏饲料桑，水淹3～5个月，水深3～5m，退水后萌发率达90%以上。迄今经过10次三峡水库蓄水，长势很好。萌发高度逐年升高，整株存活逐年向低高程地块延伸。迄今，高程170m以上的全株成活，已经蔚然成林，有的地径达到20cm，树高达6m。高程167～169m，桑树以灌木生存，存活率也达到60%～70%。一个冬水夏桑的消落带类型的湿地景观已经形成，从高到低由桑树纯林、桑杉混交林、莲藕净水沉沙塘、中山杉纯林及草滩构成的五阶次消落带生态治理模式日趋稳定。消落带治理这个世界性难题，在中国三峡库区已经找到了解决的办法。2013年6月，国务院三峡工程建设委员会办公室（以下简称“国务院三峡办”）立项的科研课题通过由中国工程院和国务院三峡办联合验收（长江三峡水库消落带饲料桑种植与草食动物养殖适用技术试验研究课题组，2013）。

（3）发展了饲料桑畜牧水产养殖业

在三峡库区开展了利用优质高蛋白饲料树种——饲料桑，进行畜牧、水产养殖研究，取得了累累成果（图4-4至图4-7）。

图4-4　饲料桑生猪养殖场

图4-5　饲料桑山羊养殖场

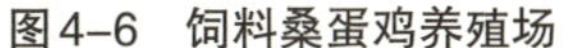
图4-6 饲料桑蛋鸡养殖场

图4-7 桑林养鸡

任氏饲料桑营养丰富，具有全价的动物营养素，且含有多糖、多酚、黄酮、生物碱等天然活性保健物质。饲料桑畜牧养殖可提高产品的品质。特别是对重金属、抗生素、农药的降解、排泄作用十分明显。鸡蛋血清测试表明，饲喂了饲料桑的蛋鸡，其血清免疫球蛋白显著增高。把饲料桑添加到自配饲料中饲养肉牛、生猪、山羊、蛋鸡、肉鸡、淡水鱼，动物抗病性增强，死淘率降低，可实现减药或免药饲养，降低饲养成本，增加养殖效益。饲喂桑饲料生产的畜禽鱼产品，重金属残留、农药残留、兽药残留、抗生素和激素残留极低，指标全部合格且优于国家绿色食品标准规定的指标值，并富含蛋白质和多种功能性物质以及硒、锌、铁、钙等微量元素，属于无公害的安全、健康、营养食品。经农业部食品质量监督检验测试中心（成都）、谱尼测试中心深圳公司、四川省出入境检验检疫技术中心、重庆海关技术中心、江南大学亚太分析测试中心、西南大学动物科技学院动物产品与饲料检测实验室等权威机构十多次的反复交叉检测所证实，其属于无公害、富营养食品。畜牧专家评价："三峡圣桑"产品是符合国家绿色标准的"富硒、富锌、高钙、低胆固醇"的、更安全的、更优质的畜、禽、蛋、鱼产品（任荣荣，2015）。

海田公司已经形成了种植、加工、养殖、营销的产业链，正在进行饲料桑畜牧产业示范和推广。

2014年1月和2015年2月，中国工程院三峡工程评估项目组主持召开了两次桑饲料畜牧水产品评价座谈会，听取了任荣荣教授做的《利用饲料桑解决畜禽淡水鱼安全问题的情况报告》；审阅了"三峡圣桑"鸡蛋、鸡肉、猪肉、羊肉、鱼肉等产品的检验检测报告以及评价报告；认为，在当前食品安全问题十分严峻的形势下，通过利用饲料桑，找到了解决食品安全问题的一条有效路径，其意义特别重大。

迄今，从公司辐射出去的饲料桑畜牧养殖技术及经验涉及50余家企业，推广遍及全国各省份。

（4）桑树全株工厂化利用取得了突破

从2015年开始，海田公司研究利用桑树的枝、叶、根，进行萃取加工，研发了整套桑树全株利用生产技术。申请发明专利2项，正在实质性审查阶段，获得实用新型专利7项（重庆海田林业科技有限公司，2019）。

桑树的内含物质非常丰富，有些文献说有1万多种物质。目前已经认知的有380余种，认知率不足4%。桑叶萃取的目标，就是获得制约我国畜牧业发展的蛋白质食品和饲料以及稀缺的功能性物质。利用已知的桑树所含物质的理化性质，采取相应的技术措施，对桑叶内含物进行重组、分离，最后即得到所需的相应类别的物质。桑叶中的蛋白质在活体桑叶中是具有流动性的。但是随着温度的升高，其形态发生改变，最后成为固态，凝聚在桑叶中。蛋白质成了改性蛋白质。桑叶中的其他可溶性物质，在不同温度条件下先后从桑叶中游离到桑叶体外，进入到萃取液中。根据上述原理设计了工艺流程，配置了设备，组建了桑粕和桑树浓缩液生产线（图4-8）。

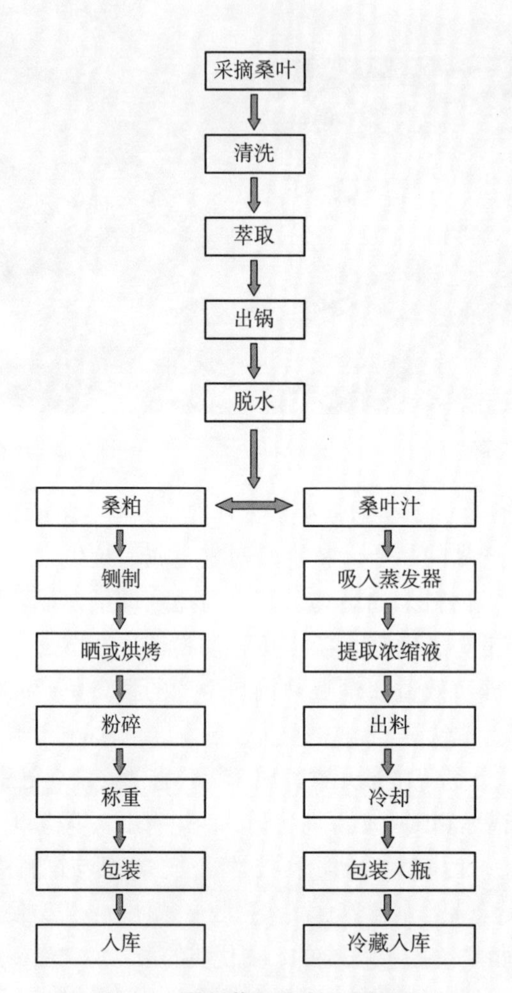


**图4-8　桑树萃取生产工艺流程**

桑树枝叶和根萃取得到的固形物为桑蛋白粉（食品）和桑粕（饲料）。桑蛋白粉可以加工成高蛋白食品，桑粕可以代替进口豆粕，作为高蛋白饲料。

该公司对将桑粕用于生猪育肥和蛋鸡养殖作了进一步的研究试验：在生猪育肥中，试验用桑粕（脱水）取代全部豆粕的同时，减少玉米粉饲喂量。试验表明，新配方饲料适口性和生猪采食更佳，供试猪的育肥效果和精神状态更好。每头生猪育肥期间饲喂桑粕等桑产品，可降低饲料消耗、降低兽药消耗、增加屠宰率、提高生猪售价，总计增加收益达600余元。对规模养殖场来说，这是极佳的利好信息。

试验表明，一般蛋鸡76周（530余天）就必须淘汰。用桑粕干粉饲喂蛋鸡，鸡龄达到1300天，鸡群仍健康，死淘率极低。至1260天时还能维持50%左右的产蛋率。

桑粕是新一代新资源优质蛋白饲料，系技术创新成果。桑粕含蛋白质20%，桑蛋白是比大豆蛋白更容易消化的优质蛋白质，动物消化吸收率是豆粕的2倍。桑粕中还含有丰富的膳食纤维、多种功能性物质和钙、锌、铁等动物必需的营养物质和生命物质。

一亩地良种桑树可产蛋白质200kg，是同样面积大豆所产蛋白质的2～3倍。我国每年生猪存栏7亿头，如果全部用桑粕替代豆粕饲喂，一年就可以为全国养殖户直接增加3360亿元效益，节约玉米总量达1470亿kg。桑粕研制成功为畜牧养殖业找到了更好的全价性蛋白质及各种营养的饲料源。以桑粕替代豆粕（特别是转基因豆粕），可缓解我国畜牧业蛋白质饲料严重短缺。中国人口多，肉蛋鱼类食品需求量大，畜牧水产业的安全发展涉及国家安全和稳定。在中美贸易战越演越烈的背景下，以桑粕替代豆粕自力更生解决我国畜牧业蛋白饲料缺口，无疑是维护农业和畜牧业安全，保护消费者食品安全的国之重器。因此，大力发展桑粕产业是保护和推进我国畜牧养殖业发展的必由之路。

食品级桑粕即桑蛋白粉是一种适合人食用的温补食材，富含蛋白质、膳食纤维及钙、铁、锌、硒等微量元素。其蛋白质含量是玉米、小麦的2倍多。桑蛋白粉含抗氧化、抗衰老和修复物质1%，生物钙含量达1%。具有助睡眠、利尿通便、排毒解毒的功效，有利于骨骼健康，使人体免疫力明显提高。桑蛋白粉营养丰富且都是天然营养物质。我们称之为桑粮，是一种亦粮亦蔬的新资源食品。对中老年人和三高患者、亚健康人群的健康，都有效果。

在生产小麦面粉时，每100份小麦粉添加10份桑蛋白粉，可使面粉蛋白质含量增加1个百分点左右，面粉质量更高、更筋道。这也相当于全国小麦面粉的产量提高了10%。以2016年全国小麦总产量1.28亿t为基础，则增加面粉1280万t，相当于增加小麦种植面积6400万亩。同理，每100份大米加入10份桑蛋白粉，可提高米粉蛋白质含量1个百分点左右，相当于全国大米粉每年产量增加10%。其政治、经济、生态、社会效益一目了然。

用桑蛋白粉可以制造琳琅满目的健康食品。

该公司研发了以桑蛋白粉为原料的多种食品，包括桑蛋白面粉、面条、馒头、面包、糕点、饼干、桑干菜等，是功能性食品（图4-9）。2019年11月参加了《2019中国西部林业产业博览会》面向群众试销，得到了消费者的肯定和喜爱。

饲用桑粕　　桑萃素片　　桑蛋白粉　　桑粕面包　　桑粕饼干

图4-9　以桑粕为原料的多种产品

除了桑蛋白粉和桑粕之外，将桑叶萃取获得的汁液浓缩，即成浓缩液（图4-10）。桑树浓缩液集中了桑树的黄酮类、多酚类、多糖类、生物碱等。现代科学证明，它们是能提高人体和动物免疫力的功能性物质。

用桑树浓缩液作为饮水添加剂饲喂畜禽，结果同样令人鼓舞。在37°C以上的极端高温天气下，畜禽免疫力下降，易患病。饲喂了桑树浓缩液以后，畜禽免疫力大大提高，均能安全无恙地度过盛夏，显著降低了兽药用量和死淘损失。

现在，该公司已经成功生产了桑树的萃取浓缩液、桑粕、桑胶，桑萃素（桑树全价营养素）片，桑树全价营养素超细精粉、桑白蛋粉，桑树护肤液（图4-11）等，用途极其广泛，可供人食用、饮用、外用，也可以给畜禽食用，还可以作为中间体原料用于保健品和药品的生产，对调节

图4-10　桑树浓缩液

图4-11　桑树护肤液

三高、遏制糖尿病等多种疾病、增强人体免疫力和健康水平有显著效果。桑树全株综合加工利用为我国粮食提供了后备资源和安全保障。

目前，该公司在开州自建优良品种任氏饲料桑3000亩，开州推广种植近万亩。在试验阶段建设了蛋鸡、肉鸡、山羊、肉牛、生猪试验养殖场和桑基鱼塘7个，桑叶粉和桑树萃取试验加工车间2个，获得数十项桑产品检测报告，以及无公害产品、生态原产地保护产品等一批资质证书。正在筹建工业化桑树综合利用加工厂。

## 3.3 经验与体会

（1）始终坚持科研与生产相结合

2013年6月，公司核心科技骨干承担的消落带生态治理科研项目已经结题，但是核心科技团队没有打道回府，而是选择留下来继续深入研究消落带治理模式和桑树的利用，都取得了积极成果。

（2）始终坚持以国家的需要为导向

公司骨干都是老共产党员，虽然退休了，然而位卑未敢忘国忧，也时刻在关心国家的命运。公司核心成员认准了中国不能依赖进口转基因大豆和豆粕来发展畜牧业，通过不懈努力，研究成功了优质蛋白饲料桑粕和功能性畜禽饮水添加剂桑树浓缩液。

（3）坚持抓住技术创新和新产品研发这个牛鼻子

11年来公司从瓶瓶罐罐开始，到现在建设工厂化、规模化的桑蛋白粉、桑粕和桑树浓缩液生产线，历时6年。

（4）始终坚持把治山治水与治贫结合

一到开州，公司骨干就自我明确了任务，要把生态效益、经济效益和社会效益结合起来，吸收项目实施地的移民、农民参与到桑产业各个环节里来，通过合作育苗、参加栽桑管桑劳动、养殖场和加工厂就业、流转土地获得租金、出售农民自家的桑叶和农业剩余物（公司做牛羊饲料）等途径，给农民带来不菲的经济收入。

中国林产工业协会桑产业分会的成员单位分布在全国各地，在研究适宜不同气候带栽植的桑树品种、推广桑树种植和桑饲料养殖技术、研发桑树新产品、果桑栽培和桑果利用、推动桑产业发展方面做了大量的工作。现在各省份都有一批骨干企业，是桑产业的生力军。

## 3.4 问题与困难

第一，冲在桑产业发展第一线的大多是企业，缺少科研经费的支持。作为公司，其主业不是生产经营而是技术研发；但是从事科学研究，却又在体制外，被戏称为“个体户”，没有足够的项目支撑。

第二，人才不足，试验条件缺乏，所以做不大、做不强。目前，各企业正在各显神通，广泛招商，诚邀有家国情怀的企业家一同推进桑产业的大发展。

# 4 发展中国桑产业的意义和需求

中国发展桑产业具有重大战略意义和现实意义。桑产业兼具生态、经济、社会效益。桑树作为生态建设树种，应用范围极其广泛，作为经济林树种发展意义非常深远，无论从生态、经济、民生方面，都有极大的需求。

## 4.1 桑树可用于特殊生态脆弱地区的生态治理

桑树根系极为发达。任荣荣教授研究证明，按生物量计算，8年生以下桑树根系量占全株的54%，根幅为冠幅的3～4倍，在沙土中根深可达9m，故桑树是极好的水土保持树种。任氏饲料桑具有耐干旱、耐水湿（淹）、耐热、耐寒、耐贫瘠、耐盐碱等特点，适合不同的地理气候带栽种。因此，桑树很适宜作为我国生态脆弱地区治理的首选栽培树种（任荣荣，2005）。

（1）水库消落区和江河湖泊滩区治理

中国有大小水库8600余座。有水库就有消落带，仅三峡库区消落带面积就达50余万亩。以平均每个水库2000亩计，消落带面积达1.7亿亩。各大江大河和湖泊消落带和滩地面积巨大，河南省境内的黄河滩地面积就达400万亩，鄱阳湖滩地面积也有400余万亩。这些消落带分陡坡、缓坡和平坝3种地貌，其中缓坡和平坝消落带曾经就是耕地。消落带是宝贵的土地资源，利用是宝，弃之是害。重庆市开州的“沧海桑田”试验研究成果证明，将高抗逆性的任氏桑树用于水淹5m以内的消落带，可以恢复消落带植被，保持水土，减少污染，兼具相应的经济效益。把这上亿亩消落带治理好、利用好，不仅是生态保护和建设的需要，也是产业发展的重要资源，更是事关农民脱贫致富的基础性资源建设大事。

（2）山区生态治理和建设

我国地缘辽阔，地理地貌多样，且是多山国家，山区面积占国土面积2/3以上。许多在20世纪60～70年代中被勤劳的中国农民开山造地而成的梯田，称之为“大寨田”，如今有些已经弃耕，荒草遍地，非但没有产出，还易引发山火。在这些山地上栽种桑树，不仅增加了森林面积和覆被率，改善了生态，又可以生产桑产品，助力山区建设。山区发展桑产业，要从实际出发。由于地形特殊，机械化程度比较低，因此规模宜适度。

桑林就是山区经济生态建设急需的生物资源库，具有极大的战略性意义。

（3）沙化土地治理

中国是世界上荒漠化严重的国家之一。沙化土地占国土面积1/4左右。几十年来，我国防沙治沙取得了举世瞩目的成绩，但局部地区由于滥垦滥牧，土地沙化问题还没有得到根治，另有一些土地有明显沙化趋势。中国的沙化土地中，半干旱和亚湿润干旱区占一半左右。除了极端寒冷地带外，多数地方都可以通过种植桑树治理。近年国家林业和草原局已经把桑树列入防沙治沙造林树种。根据任荣荣教授的研究成果，沙地栽植的桑树根系发达，完全能够适应沙地干旱条件。可以在沙地上栽植灌木型饲料桑，通过桑树固沙，再恢复植被。养1只羊过去需要35亩退化草地，植桑后只要1亩地的桑草饲料。也可以利用桑树把草地改造成稀树草原，增加饲草资源，饲草产量可增加几倍，从而显著提高畜牧业产值。

（4）石漠化地区生态治理

石漠化多因人类活动导致水土流失而造成的。中国石漠化地区比较集中的地方是中西南8个省份的460个县，其中云贵两省占一半以上。一般情况下，石漠化地区多是喀斯特地貌，岩石分化程度较高，且不缺乏水热资源。当地农民为了生存，不停刨土种庄稼，谓之“瓢一兜碗一兜，草帽底下种三兜（玉米）”，土越刨越少，地越种越薄。其实这些地方非常适合栽培桑树。以桑树为先锋树种，减缓水土流失，逐步恢复树下植被，便可根治石漠化。桑林有不菲的经济效益，可给当地农民以生计。早在21世纪初，任荣荣教授就在贵州乌当山区推广种植饲料桑，发展当地肉牛生产，获得成功。

（5）盐碱地治理和利用

我国海岸线18000km。沿海滩涂加上内地湖泊滩地，盐碱地面积巨大。桑树可耐8‰以下的盐碱。当然，整地要采取深沟高垄的模式，使土壤中的盐分通过雨水淋溶从沟中排出（沟深要达到1.5～2m）。万里滩涂变桑林，既护卫了海岸和江岸、湖岸，又增加了绿地面积，还建成了永续利用的生物资源库，诚为一石多鸟之策也。任荣荣教授曾在西北、东北一些盐碱地上植桑，获得成功。

（6）重金属土壤治理与修复

土壤重金属污染有些是来自自然现象，例如，母岩形成土壤的过程和大气降尘、火山爆发及山火等。人为因素主要是工业排放和滥用农药、化肥。统计资料显示，我国受重金属污染的耕地面积接近耕地总面积的1/6。由于近几十年来我国农业对化肥和农药的依赖性越来越强，用量越来越大，丢失了中国几千年行之有效的传统农耕方式，造成土壤有机质剧减，结构遭破坏，失去团粒结构，土壤中昆虫和微生物几近消失，而因缺乏有机腐殖质的补充，原来被腐殖质、腐殖酸螯合的重金属得以释放，使土壤中游离态的金属离子越来越多，自由进入庄稼植株而污染农产品。2013年，海田公司和湖南株洲的企业合作开展了利用桑树治理土壤重金属污染的试验。采用改水作为旱作，改种粮为种桑，深翻土地、开沟起垄，增加耕作层深度，停用化肥农药等方法。头一年桑树割刈后直接下地沤肥，提高土壤腐殖质含量。两年以后，效果显现，重金属污染严重的地块上种植的任氏桑树，枝叶重金属指标全部合格，可用作饲料。年产量1t，产值2000～3000元。

## 4.2 桑产业可助推乡村振兴和精准扶贫

党中央从农业农村工作的总体目标出发，提出了乡村振兴战略。最近，习近平总书记对乡村振兴战略的实施作出指示，要求坚持乡村产业、人才、文化、生态、组织全面振兴，把产业兴旺列为乡村振兴的重点。产业是农业和农村工作的根基。产业兴旺，农村经济和农民收入才能稳定增长。乡村产业振兴要立足于本地资源。离开了本地资源，就会成为无本之木。

把桑产业纳入乡村产业发展体系，是实现乡村振兴的良策。在农村适合的土地上广种桑树，就是营造生态经济生物资源库，培富于山水，藏富于民间，大力开发桑树的综合利用，使之成为世世代代取之不尽、用之不竭的资源。

桑产业是一个完整的产业链，从种、养、加到全株工业化利用，实现了农林牧渔商五业结合。丰富的桑产品可以满足国内外市场的需要。重庆市开州提出的“黄金桑产业”，就是基于桑树本身是由全价生命物质构成，灵气充足（大约有90%的灵气物质我们尚未认识），所以拥有超强的适应性、广阔的利用前景和巨大的经济效益。“黄金桑产业”将使一亩桑林的综合效益逾万元。这是已经为实践所证明的。下游加工业效益好了再反哺上游种植业，则可促进村社集体经济恢复，全面振兴乡村经济，推进农林牧渔基础产业的发展。

桑产业扎根于大地，落实到促进农民增收，全力以赴消除农村贫困，民生效益突出。桑产业每个环节都可以吸收大量农村弱势劳动力和返乡农民工参与。桑产业发展起来，则农民就业有道，增收有靠，加快脱贫有望。2010年以来，重庆市开州区的几个乡镇参与桑产业的农民，已经从桑产业项目获得收益超过2千万元。

桑产业绿了土地，美了乡村，奠定了乡村休闲农业的基础，产业链各个环节互相支持，协调推进，形成一、二、三产业和谐、持续发展的局面，则乡村集体产业体系成长壮大，农业兴、农民富、农村稳，促进绿色、特色乡镇发展，推动“乡村振兴”战略实施。实现“绿水青山就是金山银山”的夙愿。

## 4.3 桑产业可解决我国饲料安全与畜牧食品安全问题

中国的畜牧业蛋白饲料对进口依赖程度过高，已构成重大风险源。有专家披露，进口大豆及其制品已占国内总消耗量的八成多。一旦国外因为某些原因停止供货，我将奈何！毛主席说：“手中有粮，心中不慌。”习近平总书记反复强调，中国人的饭碗要端在自己手里，而且要装自己的粮食。也就是说，中国必须实现粮食（包括饲料粮）在主体上自给自足。

不同品种、不同地区和土地条件下作物产量会有差别。一般条件下桑树稳产干叶1t/亩，蛋白质含量以平均20%的保守数计算，亩产蛋白质200kg。换算成大豆（以平均含蛋白质35%计）需要570kg，相当于2~3亩平产大豆蛋白质的产量。中国如今每年进口9000万t大豆及其制品（含蛋白质3150万t），若仅论蛋白质饲料，需要1.6亿t桑饲料来顶替。就是说，中国有1.6亿亩高产桑树资源，可保障国家的蛋白质饲料供应无虑。我们希望国家尽早决策，安排计划。

桑树蛋白质，是比大豆蛋白质更容易消化，吸收率更高（相差近一倍）的优质蛋白饲料。更何况，桑饲料中还含有丰富的黄酮类、多酚类、多糖类、生物碱等生命活性功能物质及钙、铁、锌、硒等微量元素，在保障畜禽健康、增强畜禽抗病力、降低兽药用量和畜禽死淘率、提高畜禽产品质量等方面具有很好的效果。应用桑饲料生产的畜牧水产食品经多次重复交叉检测，指标全部优于国家绿色食品标准，属于抗衰老系列食品，生态和经济效益都十分明显。这已成为大家共识。

桑树曾经为中华民族的农桑文化的创立和延续立下了不朽功勋，必将还要为中国现代农业发展和食品安全再添一笔浓墨重彩。

## 4.4 桑产业可助力“健康中国”战略，提高全民健康水平

中国是世界上第一人口大国，拥有近14亿人口，其中，老年人口近20%，亚健康人群超过8亿，他们构成“健康中国”工程的重点。中医古籍记载桑树可以治170余种疾病，是异病同药的药材。这说明其药用成分具有广谱性，实质就是具有提高人体的综合免疫功能。中国有句老话“黄鼠狼专咬病鸭子”，人体的免疫力下降就百病上身，当免疫力提高，多种疾病便擦肩而过。我国古代医家曾用桑树消除瘟疫，在近代桑树药用也很普遍，特别在“非典”和禽流感肆虐时，桑叶被作为一线抗疫药材。

以桑树资源作为大健康产业的原料，涉及门类众多的行业，包括食品、保健品、药品等，其产品已经为越来越多的消费者重视和喜欢。在这一领域，已经涌现出了一大批研究创新机构，包括研发中心和生产企业。要做大产业、大市场，需要进行大联合、大合作，规范和促进产业发展。

当代中国人们的生活改善了，不正确的生活方式却使亚健康人数呈暴发式增长，成了威胁国人生命和健康的重大隐患。试制人员从自己开始做服用桑树营养素的体验，至今已经超过千人，无一例负面反映。桑树内含物的开发应用正是为了配合“健康中国”的战略，服务国人实现长寿健康的夙愿。实际应用结果也证实了这一点。食用桑制品，人体的消化、呼吸、血液（血脂血糖）、皮肤等多个系统的功能都能得到改善。

## 4.5 推进“一带一路”让中国特色的桑产业成果惠及世界人民

丝织品曾经是中华古代丝绸之路的重要外贸商品，在国际上享有盛誉。几千年以后，新的丝绸之路“一带一路”经济合作正在如火如荼地展开。桑产业也将为贯彻新时代“合作共赢，促进共同发展，推动构建人类命运共同体”的大国外交思想出力。习近平总书记对古巴进行国事访问时，两度把桑树种子送给古巴领导人，已经把桑产业引领到了国际舞台，经过奋发努力，中国桑产业一定不辱历史赋予的使命。

# 5 中国桑产业发展总体思路与发展目标

## 5.1 总体思路

以习近平总书记新时期中国特色社会主义理论为指导，以当前中国迫切需要解决的重大问题为导向，紧紧抓住国土安全、粮食和饲料安全、食品安全、国民健康安全的牛鼻子，从以发展桑树等木本粮食和木本饲料，解决蛋白质食品短缺、蛋白饲料严重依赖进口问题入手，在18亿亩基本农田之外做文章，创建中国特色的第二农业——木本农业，为中国的长治久安夯实物质基础。

### 5.2 发展目标

从2019年到2049年的30年里，中国将要完成第二个一百年的艰巨任务，实现把国家建设成现代化社会主义强国的宏伟目标。30年里包括6个五年计划，我们可以粗略地构想30年桑产业发展的步伐。

第一个五年，是打基础的五年。桑产业要起好步。国家制定总体规划，以及不同区划范围的桑产业发展计划。要在充分科学利用现有2000余万亩桑树资源的基础上，建设5000万亩桑树资源林。到2025年时，使桑树资源的面积达到7000余万亩。桑叶干物质产量达到7000万t，初级产品（桑叶）产值达到2100亿元。桑蛋白产量达到1400万t。初步完成桑产业技术创新，完成研发包括饲料、饲料添加剂、食品、食品添加剂、药品、药品中间体、保健品、日化用品等8个类别、200个深加工产品，综合产值达到6300亿元。

以后的每个五年中扩大桑树资源面积5000万亩，随着加工深度加大，每五年初级产品产值和综合产值递增20%。到2049年，累计桑树资源达到3.2亿亩，桑产业综合产值达到15000亿元。

## 6 桑产业发展的重点任务

### 6.1 加强标准化原料林基地建设，提高优质原料供给能力

桑树造林须适地适树，种苗先行。建设3亿亩桑树资源林，要在规划的造林地区择地建设40万亩苗圃。每亩每年生产5万株，年产苗木200亿株。这不是任何一个企业能够承担的。要动员各地林业部门，组织林业苗圃和农村专业合作社进行育苗生产。这本身也是产业链的一部分。

一方水土养一方桑。桑树育苗和造林必须坚持适地适品种的原则。除了近年科研机构和企业最新研究成功的优良桑树品种外，各地都有比较好的桑树栽培品种，要充分利用好地方的桑树种质资源。务必避免不经栽培试验长距离、跨气候带调种、调苗。林木育苗，各地都有专业苗圃。要充分发挥地方的育苗组织和技术力量，把各地的桑树育苗任务落实到基层，同时加强桑树造林和经营管理的技术指导。桑树对造林立地的最大要求是土层深厚。栽植时要做到坑深、苗正、根抻、踩实。有浇灌条件的定根水要灌足。

### 6.2 加强桑产业技术创新

在桑树培育方面，中国林业和蚕桑业都有丰富的经验可被利用。重点是，在不同立地条件下叶用灌木桑树集约栽培技术，培育耐不利立地条件、产量高、便于采收、耐刈割的桑园。大力研发推广适合不同立地条件作业的造林机械。

在桑树枝叶采收方面，重点是对不同立地条件下的叶用灌木桑树机械化高效采收上获得突破。不同区域立地条件不同，采收作业方式和机械化水平要因地制宜，不要简单化、一刀切。平原大面积集中连片桑林的中耕、除草、采收（刈割）等可用通用农林机械和草业机械。山地小块零碎桑园大机械进不去，有待研究小型作业机械。

在桑树全株综合加工利用技术方面，则要在创新技术的更加成熟上下功夫。

技术创新的重点要放在桑树产品的深加工利用上，不断研发出国家需要、群众欢迎、市场对路的新产品。桑树产品的利用途径非常多，要更多研究桑树制作粮食、饲料、大健康产品的利用，这是具有重大战略意义和现实意义的国家重器产业。

## 6.3 重视和努力创新桑产业的发展模式

要研究多部门多行业的协同工作模式；国家对新资源产业的投资和补贴模式；银行资金和社会资金统筹的融资模式；国家、企业、农村新型业主（如合作社等）和农民的利益兼顾模式及积极性调动模式；市场拓展和5G背景下的市场营销模式等。

中国林产工业协会桑产业分会的成员单位在各地有多种经验，凡是农民能做的，事让农民做，钱让农民挣。公司搭平台，做农民做不到的事。无法机械化作业的地方，收获桑叶采取摘叶的方法，化整为零。以家庭或合作社小组为单位，采叶、晾晒，交售给加工企业。这样既适应桑林立地条件，又为当地弱劳力农民解决了就业门路。

## 6.4 建设新时代特色产业科技平台，打造创新战略力量

现在，以各树种、草种开发为方向的研究中心、工程中心、创新平台、创新联盟等如雨后春笋组建。这是好事。但多是难成系统，没有形成全国统一的力量。新资源木本和草本粮食、油料、饲料树种和草种非常多，没有必要一个树种草种就搞一个创新平台，可以由一个部门牵头，政府、龙头企业、大学和科研院所共建多树种（草种）的特色新资源粮食、油料、饲料产业科技平台和特色新资源大健康产业科技平台。农林牧中医专业的大专院校要组扩建新资源特色产业的学科。科研院所要在现有的基础上组建创新团队，要鼓励专家团队把创新基地建到生产企业去，为新资源特色产业提供科技支撑。

## 6.5 推进特色产业区域创新与融合集群式发展

发展桑产业的优势是和土地联系密切，和农民联系密切。非常适合作为县域经济中的绿色、特色产业和新农村建设中一县（乡、村）一品的特色经济发展模式。推进种植、加工、养殖、深加工精品研发、市场营销以及乡村休闲旅游与康养为一体的一、二、三产业融合发展。

## 6.6 推进特色产业人才队伍建设

产业发展的关键是人才。借助与大专院校和科研院所的力量，兴建一批桑产业的科技园区、科技型企业、创新型科技企业，吸引科技人才入园入企。政府和龙头企业创立桑产业发展人才基金，给科技入园提供创新基础条件和资金支撑。

# 7 措施与建议

## 7.1 不失时机把握住桑产业良好的市场前景

（1）发展桑产业，建设可持续利用的生态生物经济资源库

充分利用现有的荒山荒地和荒漠化土地以及大江大河两岸与库区消落带土地发展桑产品生产基地，建设面广量大的生态经济生物资源库，是一石多鸟的举措：防止水土流失，保护水库水质，变废为宝，增加国土绿化面积。建设可持续利用的生态生物经济资源库，就是落实习近平总书记的“绿水青山就是金山银山”的具体行动，也是解决“三农”问题的一个重要举措，更是保证后代子孙有可持续利用开发的资源。

（2）开发桑基食、药产品，符合全民大健康的需要

通过工业化生产创新发展，生产健康安全的食品和大健康产品，正是适应市场需求。现在，研发已

经取得成果，正在进行工业化规模生产。用桑蛋白粉和桑树浓缩液加工的无公害食品、天然保健品和植物源医药产品是全民大健康的需要。众多桑产业企业研发了琳琅满目的桑产品，参加各种展销会深受消费者欢迎。因此。桑产品的市场将是蓝海市场。

（3）开发桑饲料，实现国家的蛋白质饲料安全自给

中国是一个14亿人口的大国，畜牧业发展离不开豆粕这种高蛋白质饲料。大宗产品桑粕，正好适应当前破解蛋白饲料紧缺瓶颈的需要和无抗替抗养殖的要求。如果进口的9000万t大豆在国内生产，需要增加七八亿亩农地。可以大力发展木本饲料，实现国家的蛋白质饲料安全自给。就此，中国工程院原副院长沈国舫教授曾专门在《中国绿色时报》撰文呼吁。

（4）发展桑产业，具有富国裕民、服务世界的作用

发展桑产业是广大农村脱贫致富的有效途径，也为一带一路提供中国特色的产品，服务国人及世界的一个重要举措。历史上蚕桑业几千年来始终是中国的特色产品，桑产业创新的多类产品，不但是中国的特色产品，更是中国的一个丰富多彩的创新标志，具有富国裕民、服务世界的创新特色。

## 7.2　桑产业发展中几个需要解决的问题

桑产业是利国利民的新资源产业，好事做好，要创新产业发展模式。十多年的经验教训告诉我们，具体到一地一场（厂），最好采取“公司+专业合作社+农户”的模式，即公司争取和运作项目（资源林建设、加工厂建设）、开拓市场；专业合作社组织资源建设和原料收集供应；农户从事原料生产。上下游形成利益共同体，互相支撑关照，做大产业。

桑产业确实是一个集生态、经济、社会三大效益于一体的创新型黄金产业，必须把桑产业上升到国家层面，即进入国家发展规划，由国家部门或央企统揽全局，破解前述的国土安全、食品安全、饲料安全、全民大健康产业发展互相割裂的问题。发展黄金桑产业，绝不是一蹴而就的。从选种、栽培到利用创新，长达近20年时间的探索和实践说明，要有序发展黄金桑产业，离开国家宏观指导和支持不行，离开了农民群众参与也不行。因此，发展桑产业要从以下几个方面入手：

①必须把桑产业纳入国家发展规划，组建国家级产业集团，统领全国桑产业发展。

②需要国家政策和财政的支持。其中，在政策层面上最大的瓶颈就是行业之间的业务领域的差别，因为这个产业是跨行业的产业。它涉及农业、林草业、水利、国土、环保、卫生、市场监管、知识产权等诸多行业。发展桑产业需要政策层面上的明晰度，实施过程中，需要多部门协同。

③以点带面，在全国率先搞若干个示范区，以期事半功倍。示范区的资源建设这一块，要争取国家把种桑与其他生态建设统筹，至少要支持种苗费。专业合作社以过去的生产队或现在的社（组）为基础，组织农民带土地参加。专业合作社要加强建设，形成集体经济组织，成为农民的致富牵头社。农民这一块，必须体现多劳多得的社会主义分配原则，把收益与付出挂钩。主张农民用自己的地，自种（国家提供桑苗）、自管、自收、自售、自得益。一户两亩桑园，一个弱势劳力就可以打理，一年实现脱贫，且不会返贫。

## 7.3　具体的建议

一是把桑产业纳入国家发展计划。建议国家把桑产业作为战略性的产业，纳入国土绿化、生态脆弱地区的生态修复和建设、畜牧业饲料林基地建设、木本粮食基地建设、乡村振兴专项、精准脱贫专项、药用植物开发专项、国民大健康发展专项等计划。

二是设立桑产业发展基金。建议国家统筹生态建设和“三农”建设资金，设立桑产业发展基金。

三是组建全国桑产业集团公司，承担国家项目组建全国桑产业联盟，统领全国桑产业发展。

四是规划全国桑产业发展格局。全国分若干片区，根据气候、地理条件、产业基础、产品需求等要

素，规划桑产业的发展规模、经营模式。建议每5000亩至10000亩配套一座桑树综合利用加工厂。

五是把发展桑产业与生态建设、精准扶贫、乡村振兴、粮食和饲料安全、食品安全、国民大健康等关系到国计民生的项目结合，形成一、二、三产业融合发展的大型产业集群。现在注入三农的国家资金并不少，但是都分散在各个业务部门和领域，没有形成合力。如果应用系统工程的思想，把这些资源统筹起来，就可以增大国家资金的使用效果。

六是由科研国家队领衔，开展桑产业发展专题研究。桑产业涉及林、农、牧、渔、食品、药品、保健品等诸多行业的专项科学技术。建议组织以上各业的科学研究机构联合攻关，协同努力，拿出可实际应用于桑产业规模发展的成套技术和检测方法、产品标准，以及饲料、食品、药品、保健品的准入证书等，深入研发适应市场需求的桑基产品。

概言之，中国桑产业就是一个培本固元的神奇产业。

当前我国存在着粮食危机和土地危机，又派生了若干其他危机，如食品安全、饲料安全等。桑产业就是有利于中国三农培本固元的产业。

三峡水库消落带变废为宝，是国土治理中用桑树培本固元的典范；沙区桑树造林，是培本固元改造沙区的范例；桑树作为饲料，是中国畜牧饲料业培本固元的创新；桑树新资源食品内含人体所需的大部分营养物质和必需的抗氧化、抗衰老物质，长期食用、服用使肌体的免疫能力显著增强，以资延年益寿之效，这是人民健康最根本的培本固元。

故国富民强不是梦，途径之一就是黄金桑产业，一亩桑园，积极开展综合利用，总产值超万元，市场无限，商机无穷，所以我们称之为黄金桑产业。这是桑产业培本固元的经济效能！

“桑麻翳野天下富足”，所以历朝历代立法护桑，都提倡农桑立国。洪荒八政，食为政首，无论对于人、动物和国家，桑产业培本固元必须亘古传承。

## 参考文献


长江三峡水库消落带饲料桑种植与草食动物养殖适用技术试验研究课题组, 2013. 长江三峡水库消落带饲料桑种植与草食动物养殖适用技术实验研究[R]. [出版地不详: 出版者不详].

重庆海田林业科技有限公司, 2019. 桑粕和桑树浓缩液在畜牧(水产)养殖业种的应用研究[R]. [出版地不详: 出版者不详].

任荣荣, 2005. 中国沙地桑产业化研究和实践[M]. 北京: 北京圣树农林科学有限公司.

任荣荣, 2015. 发展中国桑产业的现实意义[R]. [出版地不详: 出版者不详].

任荣荣, 2021. 中国的黄金桑产业[M]. 北京: 中国出版集团研究出版社.

任荣荣, 宋闯, 李敬忠, 2019. 中国桑产业的实践与思考[C]. 中林联智库文集: 124–134.

任荣荣. “沧海桑田” 让消落带变 “经济带” [N]. 中国绿色时报, 2016-9-26.

任荣荣. “三农” 问题是生态经济生物资源系统建设问题[N]. 中国绿色时报, 2015-10-22.

任荣荣. 中国桑产业, 黄金种植业模式之一[N]. 中国绿色时报, 2017-3-10.

王卉. 桑产业: 新一代的黄金农业[N]. 中国科学报, 2017-5-10(7).

吴宏, 2016. 桑的药食两用[M]. 南昌: 江西科学技术出版社.

注：多为课题组和公司自行印刷的册子、研究报告集等。

中国工程院咨询研究重点项目

# 构树
# 产业发展
# 战略研究

撰 写 人：孙 康

时　　间：2021年6月

所在单位：中国林业科学研究院林产化学工业研究所

# 摘要


构树是我国传统重要的蛋白饲料和造纸树种，构树产业链产值达百亿元，是中国林特产业的重要组成部分，有着不可替代的战略地位。构树加工一直备受国内外的重视，产业链长，包括能量饲料、蛋白饲料、造纸、炭材料、中药、食品加工产业等领域。2014年，构树产业扶贫工程被列为国家十大精准扶贫工程之一。

构树在我国华北、华中、华南、西南、西北各省份都有分布，国外在日本、印度、马来西亚、泰国、印度、越南、缅甸、太平洋诸岛等也有分布。中国是世界上构树的主产区，2015年以来在全国10个省35个县建立了构树产业示范区，种植面积30万$hm^2$以上，构树青叶干基产量60万t以上，构树皮和树干产量约240万t。2018年，中国进口大豆8803万t，进口苜蓿138万t，占到我国蛋白饲料总需求量的80%以上。一亩杂交构树相当于2亩以上青储玉米的产量（杂交构树8t/亩，青储玉米4t/亩），相当于9亩左右大豆的净蛋白（杂交构树540kg/亩，大豆60kg/亩）。构树叶作为优质的木本蛋白饲料原料可以作为进口大豆和苜蓿的有益补充和替代产品。大北农、德青源、中鼎牧业、君乐宝、蒙牛等龙头企业都对杂交构树产业表现出极大兴趣，希望能有稳定的货源来支撑产业发展。但是，构树综合开发利用仍远远滞后于其他作物，主要是构树品种单一、种苗市场混乱使林农和企业对构树产业可持续发展信心不足。构树叶仍以加工粗蛋白饲料为主，精蛋白饲料产品缺乏，精饲料进口依存度较大。另外，占生物量70%左右的构树枝干尚未开发利用，导致综合经济效益和产业发展规模与其他林特树种差距较大。通过对广西然泉农业科技有限公司、中植构树生物科技有限公司和河南兰考构树饲料草站这几个典型案例进行分析，提出了构树产业生态体系发展方向：①利用大量边际土地建设杂交构树林标准化种植示范基地；②开展发酵饲料、精蛋白饲料、生物基炭材料、保健食品、生物基化学品等多联产加工利用，驱动构树全产业链高质量发展；③建立不同地域类型的“种一养一加一体化示范”，推进全国构树资源分布式利用模式；④充分利用杂交构树产业模式短平快、产业链长、市场有需求、贫困户介入门槛低等突出优势，通过产业发展带动贫困户脱贫致富。

以种一养结合的构树产业模式已取得初步成效，下一步要全面贯彻“聚焦精准扶贫、共建小康社会”精神，进一步发展现代生态农业模式，深入实施构树扶贫道路，为国家的经济发展和脱贫攻坚取得更加显著的成效。

# 1 现有资源现状

## 1.1 国内外资源历史起源

构树（*Broussonetia papyrifera*），属于桑科构树属，别名为构桃树、楮树、楮实子、沙纸树、谷木、谷浆树等。构树是落叶乔木，可高达20m；树冠圆形或倒卵形，树皮平滑，浅灰色，不易裂，全株含乳汁；单叶对生或轮生，叶阔卵形，长8～20cm，宽6～15cm，顶端锐尖，基部圆形或近心形，边缘有粗齿，3～5mm深裂（幼枝上的叶更为明显），两面有厚柔毛；叶柄长3～5cm，密生茸毛；托叶卵状长圆形，早落（图5-1）。根系浅，侧根分布很广，生长快，萌芽力和分蘖力强，耐修剪。雄花序下垂，雌花序有梗，有小苞片4枚，棒状，上部膨大圆锥形，有毛。子房包于萼管内，柱头细长有刺毛，聚花果球形，直径1.5～2.5cm，成熟时橘红色；小瘦果扁球形。花期5～6月，果期8～9月，雌雄异株。构树具有速生、适应性强、分布广、易繁殖、轮伐期短的特点，在中国的温带、热带均有分布，无论平原、丘陵或山地都能生长，其叶是很好的动物饲料，其韧皮纤维是造纸的高级原料，其分泌液可加工成药物，其树干可加工成生物质炭材料，综合经济价值很高。

构树起源于华夏大陆，是一种典型的乡土树种和先锋植物。据考证，早在8000年前，我国就有加工构树树皮衣服的记载，并于6000多年前开启了向海外传播之路，终到中南岛屿和中美洲（沈世华，2018）。《诗经》《山海经》《名医别录》《本草纲目》《齐民要术》《农书》《救荒本草》等中已有关于构树利用方面的描述，主要用于造纸、中药、畜养饲料等。

图5-1 构树

## 1.2 功能

构树是一种经济价值非常高的苗木，其叶、皮、果、树干都有着不同的经济用途。构树能抗二氧化硫、氟化氢和氯气等有毒气体，可用作荒滩、偏僻地带及污染严重的工厂的绿化树种，也可用作行道树。构树皮是一种高档造纸原料，使用构树皮造出的纸颜色白而亮，纸质经久耐磨，叙永当地人叫“精纸”，取其经久耐磨之意，贵州人称“皮纸”。构树叶含蛋白质高达20%～30%（孟岩，2010），氨基酸、维生素、碳水化合物及微量元素等营养成分也十分丰富，经科学加工后可用于生产畜禽饲料。构树的根和种子均可入药，其叶和树干的白色乳液中含有多种有效活性成分，可治皮肤病，具有良好的药用价值。

### 1.2.1 饲用价值

构树叶含有蛋白质（图5-2）、无氮浸出物、钙、磷以及多种微量元素，其蛋白质、赖氨酸、蛋氨酸含量明显高于玉米，且构树叶安全无毒，为优质的饲料原料。用构树叶饲喂可生产出风味良好的畜产品，利用生物技术发酵生产的构树叶饲料具有独特的清香味，猪喜吃，吃后贪睡、肯长。根据饲养牲畜品种的不同和生长阶段的不同，饲料消化率达80%以上。

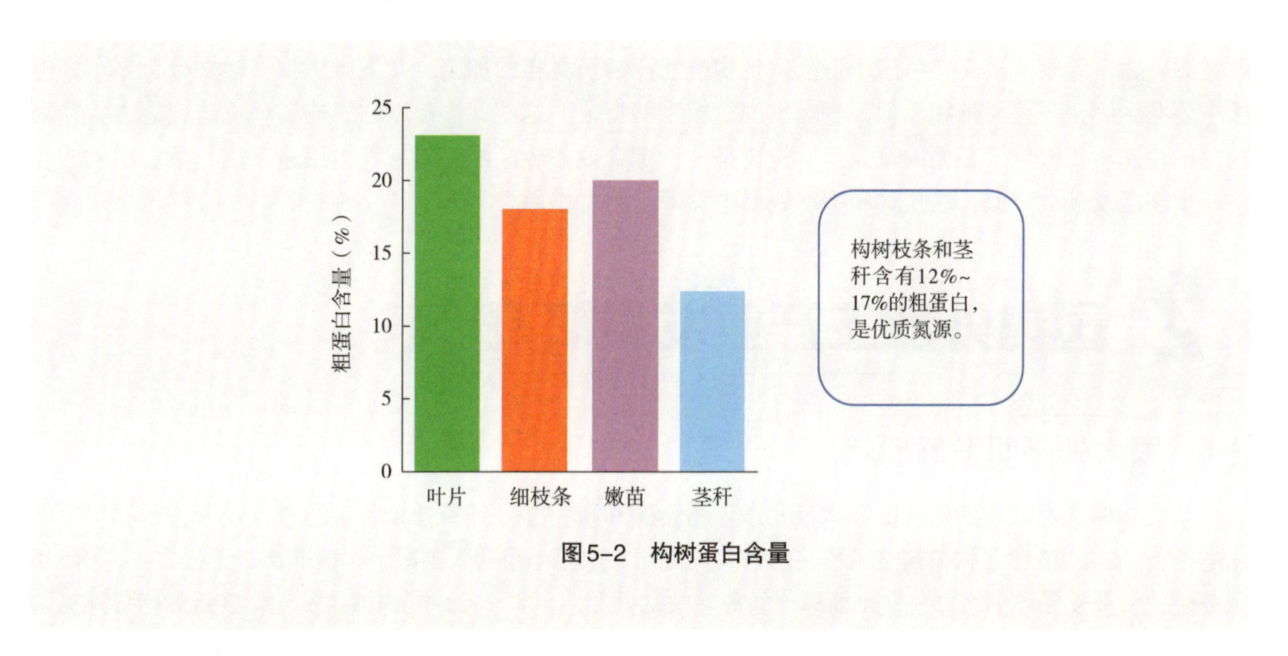


图5-2 构树蛋白含量

### 1.2.2 药用价值

构树的汁、叶、皮、果实均可入药，载于《本草纲目》《名医别录》《山东树木志》《山东中草药》等，能补肾利尿、强筋骨、治皮肤病。现代研究发现，构树内生菌产生的次生代谢物具有抗肿瘤活性的总生物碱。构树含有40多种黄酮类化合物（何忠伟，2020），构树酮A和B是主要成分，用于抗菌及消炎，可抑制5种肿瘤细胞生长。同时，构树类药物还具有降压、增强免疫力、抗前列腺炎等作用。临床上已经用于治疗浅部真菌感染、老年性痴呆以及肝炎等。

### 1.2.3 绿化价值

构树是一种阳性树种，但其具有一定耐阴性，外貌虽较粗野，但枝叶茂密且有抗逆性、生长快、繁殖容易等许多优点，适宜混交造林，耐干旱、贫瘠和盐碱，适应性强，能在多石质山地、沙地、中度以下盐碱地上正常生长，是城乡绿化的重要树种，尤其适合用作矿区及荒山坡地绿化，也可选作庭荫树及防护林用。构树抗污染能力强，耐烟尘污染，对二氧化硫、氯气具有较强抗性，可在大气污染严重地区栽植。且由于构树叶表面粗糙，对尘埃吸附性好，也可作为工厂、城镇绿化树种。

### 1.3 分布和总量

构树在我国华北、华中、华南、西南、西北各省都有分布，尤其是南方地区极为常见，经常野生或栽于村庄附近的荒地、田园及沟旁。我国已建立广西、云南、贵州、河南、四川等10个自主培育的杂交构树种植试点省、35个试点县。构树在日本、印度、马来西亚、泰国、越南、缅甸、太平洋诸岛等也有分布。

中国构树种植主要在黄河流域滩区、长江流域低丘缓坡地、石漠化地区，至2018年10月，累计种植规模30万亩，年产饲用树叶约60万t。2014年底，构树产业扶贫工程被列为我国十大精准扶贫工程之一，各级政府通过多种方式，在全国适合开展构树种植的地区引导和扶持当地农民种植构树。

### 1.4 特点

构树喜光、耐干旱、耐瘠薄、耐盐碱，在丘陵、河滩等瘠薄土地均能生长，而且其生长速度快。种植当年，构树平均株高超过4m，胸径超过6cm，达到采伐标准。一年能成材，连年可采伐。构树基本不招虫害，因此不用打药、不施化肥，种植成本低。构树树叶含蛋白质量达30%，是牛羊饲料的优质的原料源。树干纤维含量高，可用于造纸、生物质能源与炭材料的加工。共生微生物多样性分析显示，构树主要共生细菌与豆科植物相似，表现出固氮植物的特征。这些共生菌增强了构树环境适应能力，并为构树的快速生长提供了必要的氮元素。构树是一种综合效益较高的经济树种，用途广泛，具有巨大的经济、生态以及社会价值，在扶贫和生态战略中发挥了重要作用。

## 2 国内外加工产业发展概况

### 2.1 国内外产业发展现状

杂交构树含有较高的粗蛋白、微量元素、粗脂肪和磷，并且其粗纤维含量适宜，是一种营养丰富的木本饲料。2014年12月构树扶贫工程被国务院扶贫开发领导小组列入国家十大精准扶贫工程之一，2015年国务院扶贫开发领导小组办公室（简称“国务院扶贫办”）下发了《开展构树扶贫工作试点的指导意见》，在10个省35个县开展探索性试点，经过4年多来的探索性试点，构树种植面积30万亩，建立了15个规模化组培苗培育基地，可年供种植100万亩的能力。针对牛、羊、猪、驴、鸡、鸭、鹅、鱼等畜禽的特点，开发了杂交构树青绿料、发酵料、干草料、颗粒料四大类产品。目前，我国构树加工产业在种苗繁育、采收加工、种养结合、产品开发、带贫机制等方面取得了阶段性成效，构树产业化发展的基础条件已完全具备。据海关统计，2018年，我国进口大豆8803万t，进口苜蓿138万t，占到我国蛋白饲料总需求量的80%以上（邵海鹏，2019）。可见我国粗蛋白饲料长期依赖进口，受制于人。杂交构树作为优质的木本粗蛋白饲料原料可以作为进口大豆和苜蓿的有益补充和替代产品，市场需求旺盛。我国唐人神、顺鑫鹏程等养殖企业已着手用杂交构树养殖生猪，大北农、德青源、蒙牛、君乐宝等农业龙头企业都对杂交构树产业表现出极大兴趣，希望能有稳定的货源来支撑产业发展。杂交构树韧皮纤维细长，长宽比大，是一种优质的长纤维原料，构树皮的主要用途是制浆造纸。另外，构树树干生物产量大、灰分低，适合加工工业木炭和活性炭产品。云南省保山市因当地发达的多晶硅产业需要工业木炭作为还原剂，已筹建年产万吨级热解加工构树木炭产业化项目。因此，杂交构树产品市场空间巨大，产业发展前景广阔。

构树在东南亚国家分布较多，以野生为主。荷兰等国已对构树干分泌物进行了较详细的组分研究，从中分离出了大量的黄酮类化合物和二苯丙烷类化合物，用于开发治疗乳腺癌、前列腺癌的天然药物。

## 2.2 国内外技术发展现状与趋势

20多年前，我国就开展了构树品种杂交选育等工作，培育出‘中构’和‘科构’两大品系，以及构树种质资源收集评价、杂交选育、种苗繁育、栽培种植、采收加工、青贮养殖、打浆造纸、生态绿化以及形态细胞、生理生化、生态适应、基因组、转录组、蛋白质组等方面研究，开启了“林—浆—纸”和“构—饲—畜”一体化的产业化应用。2019年，中国科学院植物研究所完成了首个构树基因组的测定，并深入解析构树造纸、饲用和药用以及广泛的环境适应性的遗传基础：构树通过基因家族的进化，在削弱木质素合成、调整木质素单体比例的同时，大幅增加了黄酮类的合成，使得构树木质结构比较疏松，木质素容易降解，适于造纸，也易于被动物所消化和微生物降解，成为优质的饲料原料。构树的生长不仅不会破坏耕作层，更多的研究结果表明构树具有修复土壤、增加耕作层腐殖质和微生物多样性等功能。因此，杂交构树是一种农艺性状非常优良的饲用作物。构树基因组的公布具有重大的理论价值和产业发展指导意义，为高蛋白质功能性杂交构树饲用植物资源的开发利用提供了重要的理论依据，为构树药物分子合成、纤维木质结构和抗逆性状形成的分子遗传机制研究，以及分子设计育种和高产、优质、多抗新品种培育提供强有力的支撑，将大大加速杂交构树新品种的培育和整个构树产业的发展。

构树的果实、树皮、树叶、根皮和经皮部的乳液均含有一定的生理活性物质，其化学成分复杂、生物活性多样，具有广泛的药用价值。目前，国内外学者对构树各器官的化学成分进行了较详细的研究，从中分离到多种化合物，主要包括黄酮类、萜类、木脂素类、糖苷类、酚类、氨基酸、脂肪酸及其他化学成分。对各类化学成分的生物学活性研究发现，其中多种成分具有抗真菌与抗细菌、抗氧化、酶抑制等功效，在开发新型药物上有良好应用前景。

构树基因组的破译发现：构树与杨树、桉树、柳树、桑树或其他果树等木本植物完全不同，反而与大豆、苜蓿等豆科非常相似。构树黄酮是主要的药效成分，也是重要的信号分子，募集了丰富的假单胞杆菌和根瘤菌，与豆科植物的细菌组成相似，表现出生物固氮类植物的特征。共生真菌多为食用菌类，包括大型真菌木耳、桦树菇等。黄酮化合物合成的增强和共生菌的活动在增强构树抵抗病虫害和环境适应能力的同时，为构树的快速生长提供了必要的氮素等营养元素。这些结果表明：构树叶片蛋白含量高的特性可能与黄酮合成的增强有着密切关系，也是构树可以作为饲料的关键内在因素。

## 2.3 差距分析

### 2.3.1 产业差距分析

构树产业已经形成了一定的规模和种—养产业链，为切实解决畜禽饲料短缺开辟了一条新的途径。但是，构树综合开发利用仍远远滞后于其他作物，主要是构树高值化综合利用技术和产业发展规模开发不足。目前，构树茎叶作为饲料已取得显著进展，但是仍以粗蛋白饲料为主，高营养价值的精蛋白饲料还未开发，亟待开发高效发酵菌株和发酵工艺及低成本加工技术。另外，占构树生物量70%的构树枝干、叶片中富含的类黄酮等药用成分都尚未产业化开发利用。应当加大科技支撑力度，产、学、研、用相结合，探索构树高附加值的新产品，积极开发精蛋白饲料、生物基炭材料、保健食品、新型饲料等，加快科技成果转化，保障构树产业良性发展。

### 2.3.2 技术差距分析

（1）品种单一、种苗市场混乱

目前，杂交构树仅有中国科学院植物研究所自行培育的‘科构101’一个品种，市场上时有将野生构树冒充杂交构树‘科构101’的情况发生。现有品种在对低温、寒害的抵抗能力上较差，在气温-20℃以下的内蒙古、黑龙江、吉林、青海、新疆北部、甘肃北部等北方地区难以种植。此外，倒春寒也是影响华北地区杂交构树产量的最关键的因素之一。因此，急需培育抗寒能力强的杂交构树新品种。

此外，试点早期杂交构树扦插苗充斥种苗市场，导致成活率低、产量低、品质低等“三低”现象，极大地伤害了贫困农户的利益。构树综合利用产业化发展进入新时期，必须建立优良种苗繁育体系，进一步开辟构树资源利用途径，保障构树产业良种化，种养和新产品加工相结合，提高综合经济价值。

（2）原料收集（收、运、储）困难

没有充足的原料，杂交构树利用产业就不可能迅速发展。中国生物质原料在收集方面与国外不同。杂交构树的种植一般分布在农村或小城镇地区，地块小而分散，收集机械化水平低，定向收集还未规范化，收集储运亦是难点。

（3）高值化综合利用技术不足

目前，杂交构树茎叶作为饲料已取得明显进展，但是产品仍以粗蛋白饲料为主，高营养价值的精蛋白饲料还未开发，精饲料进口依存度较大。另外，构树枝干占生物量70%左右，利用其优质纤维加工成工业木炭、功能活性炭、菌菇棒等尚未产业化开发利用，影响了构树产业综合经济效益。应当加大科技支撑力度，产、学、研、用相结合，探索构树高附加值的新产品，积极开发精蛋白饲料、生物基炭材料、保健食品、新型饲料等，加快科技成果转化，保障杂交构树产业良性发展。

# 3 国内外产业利用案例

## 3.1 案例背景

### 3.1.1 抓住农业供给侧改革的机遇

2017年初，农业部就推进农业供给侧结构性改革提出了具体的实施意见《中共中央国务院关于深入推进农业供给侧结构性改革加快培育农业农村发展新动能的若干意见》。意见要求：一是要稳定粮食生产，巩固提升粮食产能，保障粮食安全；二是推进结构调整，提高农业供给体系质量和效率。具体说，就是继续推进以减玉米为重点的种植业结构调整，推进优质饲草料种植，扩大粮改饲、粮改豆补贴试点；全面提升畜牧业发展质量，加快现代饲草料产业体系建设，逐步推进优质饲草国产化替代，大力发展草食畜牧业等。调整种植结构，提高农业种植的比较效益，压减玉米种植，推广种植杂交构树用作饲料有很多优势，这是种植业结构调整一个重要选择。

### 3.1.2 市场有需求

目前，我国粗蛋白饲料主要依赖进口，国际市场和政治环境的变化都会冲击我国畜牧业，引起市场连锁反应，危及我国粮食安全。在2020年的中美贸易战中，大豆就成了筹码，导致国内进口大豆价格上涨，货源不稳定，影响着饲料加工业和畜牧养殖业。而杂交构树作为优质的木本粗蛋白饲料原料，可以补充和替代进口大豆和苜蓿。1亩杂交构树相当于2亩以上青储玉米的产量（杂交构树8t/亩，青储玉米4t/亩），相当于9亩左右大豆的净蛋白（杂交构树540kg/亩，大豆60kg/亩）。因此，即使种植1000万亩杂交构树也只能满足国内粗蛋白饲料原料需求的6%，缓解8%的进口量，大北农、德青源、中鼎牧业、君乐宝、蒙牛等龙头企业都对杂交构树产业表现出极大兴趣，希望能有稳定的货源来支撑产业发展。因此，杂交构树产业空间巨大，市场发展前景广阔。

### 3.1.3 技术有保障

杂交构树产业化推广20年来，在全国20多个省份进行了广泛试验示范，结果表明：可因地制宜发展经济林来作饲料养殖，创建了“以树代粮”“林—料—畜”一体化生态农业牧业循环经济模式。中国科学院植物研究所作为构树扶贫工程的技术依托单位，对构树产业发展涉及的育苗、种植栽培、采收加工和畜禽养殖等多个环节，联合中国农业科学院、中国林业科学研究院、中国农业机械研究院以及中国农业大学等国内顶尖科研机构，组成强大的专家技术团队，为构树产业发展保驾护航。截至目前，杂交构树产业技术体系日趋成熟完善，建立了科学、标准的“五化”生产技术体系，实施“三品”建设，即选对品种、坚持品质和打造品牌。

（1）种源良种化

中国科学院植物研究所培育的杂交构树‘科构101’叶面光滑、几乎无毛，木质素含量低，耐刈割。可全株轮伐利用，产量高；野生构树、品质差，只能采收树叶做饲料，产量低、无法使用机械化采收加工，不能满足现代农牧发展需求；假种子历来都是坑农、害农。因此，在构树产业推广过程中，应选择正确的品种，避免假冒伪劣品系的伤农事件发生。

（2）种苗繁育工厂化

由于构树木质素含量低、木质素单体比例与杨树、桃树等其他林木差异较大，传统的林木扦插技术并不适合杂交构树的繁育。此外，扦插苗还具有繁育受季节限制、容易传播病虫害，且死亡率较高。而种苗繁育采用植物细胞脱毒、组织培养大量快速繁殖技术，工厂化、标准化、规模化生产无纺布容器组培苗。组培苗包括继代扩繁、诱导生根、温室炼苗3个主要步骤。前两步在无菌组培车间进行，周期在50d左右；温室炼苗驯化，以适应外界环境，周期约40d。组培苗是细胞无性系克隆培养的完整植株，根多苗壮、无病虫害，种苗遗传性状和农艺性状稳定，可以充分发挥杂交构树的优良特性。

（3）种植标准化

杂交构树具有较强的抗旱、耐瘠薄、耐盐碱、抗污染和病虫害等特点，可在含盐碱量6‰以下、极端低温-20℃以内、年均降水量300mm以上、无霜期180d以上的区域种植。因此，杂交构树组培苗在我国大部分适生地区春夏秋三季均可种植。在平原、沟坝平缓地区可以采用宽窄行、大株距种植，充分光合作用和通风，确保产量、品质以及采收使用寿命，每亩种植400～600株；在立地条件较差的丘陵、山地，每亩种植500～700株，确保单位面积里有效萌生植株的群体密度。生态绿化林种植密度根据需求而定，甄别个别育苗企业为了一时的利益而不顾实际情况，极力宣传多种、密植的商业行为。

（4）采收机械化

杂交构树林可以一年种植、连续收割15年以上，实现了一次种植，多年受益。当杂交构树生长到1m左右时，在离地面10cm以上，连杆带叶全株采收，粉碎后加工打包青贮发酵饲料，自然发酵，无须添加菌剂；也可以加工干粉和颗粒饲料。在平原川坝可用大型青储收割机；缓坡丘陵、山区台地可以使用中小型青储收割机；山区可以采用手持式、背负式小型农机具，采收后粉碎打包青贮。在成本允许的条件下，可以添加发酵菌剂，加速发酵过程，提高猪和禽类对青贮饲料的消化吸收率。

（5）养殖科学化

杂交构树作为粗蛋白和功能性饲料原料，能有效缓解畜牧业“饲料原料总量不足、抗生素残留和环境污染”三大瓶颈问题。饲喂实验表明，杂交构树饲料具有一定的抑菌能力，饲喂奶牛乳腺炎明显下降，能提质增效、降低养殖成本、肉蛋奶的品质得到消费者一致好评。因地制宜，确定好养殖拳头品种，瞄准大宗畜类特别是猪牛羊的养殖，用杂交构树青贮发酵饲料，通过饲草体系、种畜体系、疫情体系和加工流通体系，打造安全健康精品和特色优质商业品牌。

### 3.1.4 地方政府有愿望

构树扶贫工程实施以来，各地各级政府积极响应并出台系列政策，共同推进构树产业扶贫工程。

贵州省扶贫办于2017年6月28日，下发了《关于推进构树扶贫工程的指导意见》。贵州务川县成立了农业产业园区管理委员会，专门负责农业产业发展。构树专业合作社与龙头企业签订产供销协议，实行订单生产，每吨鲜构树产品400～600元。养殖企业每加工青贮1t构树饲料，政府补贴300元，加工1t构树颗粒饲料补贴500元。农户种植1亩构树政府补贴1300元，包括土地流转费400元和构树田管理费900元，另免费供苗。

云南省在2016年10月8日“石漠化地区脱贫攻坚座谈会”后，成立了构树产业扶贫领导小组，由主管扶贫的副省长任组长，并编制了云南省构树产业扶贫专项规划，“实施构树种植+畜禽养殖加工”一体化，构建集生产、加工、收储、物流、销售于一体的全产业链。围绕发展现代生态循环农业，转变农业发展方式，形成了具有核心竞争力、可复制、可推广、可扩散的生态农业产业新模式，带动贫困群众在多条产业链上融合、创业增收。

河南省将构树种植纳入了粮改饲试点，对于发展构树产业扶贫起到了很好的推动作用。河南兰考县的贫困户种植1亩构树能获得政府补助2000元，贫困户种植构树第一年每亩地补助1000元，第二年、第三年每亩地各补助500元；土地流转每亩补助200元，连补3年；购买构树采收设备补助40%；采购构树饲料每吨补助110元。河南太康县从扶贫资金中拿出2000万元设立构树产业扶贫基金，企业和贫困户每种植1亩构树补助2000元。享受政策补助的企业或合作社每种植10亩构树至少带动1个贫困户，吸纳贫困人口5名到构树种植园务工，确保带动的贫困户年收益不低于3000元。

山东菏泽市也将构树种植纳入了粮改饲试点，参照粮改饲政策补助采购构树饲料企业。鼓励符合条件的地方利用荒山荒地种植构树，用构树叶饲料规模化喂养发展家畜、家禽等养殖业，减少饲料粮消耗，实现“化树为粮”。围绕种、管、收、贮、用等关键环节，筛选和优化适合不同地区的技术模式，推动形成各具特色的技术路线和组织方式，切实巩固和提高粮改饲成果；加强精准管理，开展粮改饲试点效果评价，确保政策落地见效。继续支持粮改饲试点，支持对象为具有一定饲料作物收贮能力的规模化草饲家畜养殖场（企业、合作社）或青贮收储企业（合作社）等主体。资金主要用于对实施主体收贮优质饲草料给予适当补助。

广西马山县将构树种植纳入扶贫产业发展以奖代补的范围，补助标准为“种植构树，经验收成活率达90%以上，种植面积2亩（不含2亩）以下，每亩一次性奖补2000元；种植面积2亩及以上的，每亩一次性奖补2500元”。广西天等县也将构树种植纳入了以奖代补的范围，对种植构树的贫困户每户给予最高3000元的奖补，通过奖补政策，鼓励有劳动能力的贫困户发展构树产业。

### 3.1.5　企业有动力

使用杂交构树饲料养殖可以降低养殖企业的饲料成本，提升肉蛋奶品质，增加盈利30%以上。因此，许多养殖企业纷纷参与到构树产业当中来。广西然泉农业公司制定了构树饲喂猪的企业标准，兰考中鼎牧业公司制定了构树饲喂奶牛的企业标准，中植构树生物科技有限公司制定了构树饲喂肉牛的企业标准，中科宏发农业开发有限公司制定了构树饲喂肉羊的企业标准。中植构树生物科技有限公司还联合辽宁中医药大学对杂交构树的药用保健功能进行了深度研究，开发了构树黄酮类保健品和药物。这些产品开发工作，为解决构树产品谁来用、怎么用、卖给谁奠定了基础。

### 3.1.6　扶贫作用明显

构树易种植、来得快，贫困农户种植构树当年就可以获得收益，就目前销售饲料为例，平均每亩收入3000多元。构树树干亩产3～5t，其木质纤维灰分低（<1%），可用于生产多晶硅炭还原剂、工业活性炭、生物炭等高值化产品，对提升构树全产业链综合经济效益上有保障。在贫困地区发展构树产业，既能充分利用欠发达地区大面积难以利用的盐碱化、石漠化的土地资源，改善生态条件，又能实现构树的经济利用，促进当地蛋白饲料、保健食品、工业炭材料、食用菌等产业发展，提高农民的收入，生态扶贫效果明显，构树产业是兼具经济效益、社会效益及生态效益的产业。

## 3.2 现有规模

2014年，构树产业扶贫工程在全国扶贫工作会议上获得批准，是十大扶贫工程唯一的林业类项目。构树种植不受条件和地形地貌的限制，既可集中连片造林也可见缝插针，在沟、塘、库岸、溪流两侧、房前屋后种植。我国现已建立内蒙古、甘肃、山西、贵州、安徽、广西、河南、重庆、四川、宁夏等10个构树种植试点省、35个试点县，种植规模由2015年1.47万亩发展至2018年30万亩以上，年产饲用树叶约60万t，构树皮和枝干生物量约200万t，帮助带动了20万以上贫困户增收脱贫，经济效益和社会效益取得明显成效（邵海鹏，2019）。

2015年国务院扶贫办下发了《开展构树扶贫工作试点的指导意见》，并在10个省35个县开展探索性试点，先后建立了15个规模化组培苗培育基地，可年供种植100万亩的生产能力。2018年4月，农业农村部已正式将构树茎叶纳入了《饲料原料目录》，为构树饲料进入销售市场，取得了合法身份。2019年11月，国务院扶贫办、自然资源部和农业农村部三部委联合发文，允许一般耕地种植杂交构树发展畜牧业，共同支持和推进构树扶贫工程。构树产业在种苗繁育、采收加工、种养结合、产品开发等方面取得了阶段性成效，基本形成“种—养—加”的产业模式，主要表现在以下四方面。

一是推广了杂交构树新品种。试点初期，一些地方使用了杂交构树扦插苗，但是扦插苗叶片小、根系浅、枝干弱、退化快、防病差。因此，中国科学院植物研究所培育出‘华构101’组培苗用来替代扦插苗，建立了年产5亿株的组培育苗基地，其具有可供种植70万亩的生产能力。

二是创新了杂交构树种植采收技术。根据黄河滩区、西南喀斯特山区、中部丘陵地、黄土高原台地的不同地形地貌特征，因地制宜地搞出了一套种植采收办法。如地处黄河滩区的菏泽市，土地平整适合集中连片规模化种植，根据这个特点，确定了每亩400～600株的定植标准，种植方式采用宽窄模式，采收用大中型青储揉丝收割机。再如地处高原台地，针对条田连片的特点，种植采用等行距方式，每亩定植500～700株，项目承担企业与机械厂家联合攻关，研发出了小型青储揉丝收割机。这些技术创新成果，为实现全产链发展，建立了一套种植采收标准。

三是开发了杂交构树饲料产品。在70个县的试点中，参与试点的企业，针对牛、羊、猪、鸡、鸭、鹅、鱼等畜禽的特点，开发了杂交构树青贮料、发酵料、粉末料、颗粒料四大类产品，青贮料主要是饲喂牛、羊，发酵料主要是饲喂猪。高蛋白的杂交构树饲料已纳入国家要求发展的绿色生态饲料，可减少饲料粮消耗，实现“化树为粮”。有的企业联合相关科研部门制定了饲喂标准，大力推进了构树饲料化应用和相关养殖业发展。

四是探索形成了多种带贫模式。试点开展以来，各地聚焦生产种植环节，组织贫困户参与，采取了多种有效的办法措施，不同程度地体现了贫困户在构树产业发展中如何挣得经营性收入、租金收入、股金收入和薪金收入，充分体现了发展构树产业脱贫增收的效果。

## 3.3 可推广经验

（1）广西河池建立种养循环产业模式

广西河池市支持广西然泉农业科技有限公司建立种养循环产业园，种植杂交构树2000亩，建成1万头黑猪存栏养殖基地，以杂交构树发酵饲料占70%的饲料配比饲养黑猪。1年多喂养效果表明：杂交构树饲料适口性好，蛋白含量高，生猪食用后发病率降低，抗生素使用减少，肉猪肌间脂肪增加，猪肉口感鲜香。经广西出入境检验检疫局检验检疫技术中心检测，这种“构树猪”的猪肉中18种氨基酸含量达到普通猪肉的2倍以上。这家产业园生产的“构树猪”成为市场抢手货，销售价格为每头成猪1万元。产业园以安排贫困户园区就业、辅导构树种植、包收购和合作社扶贫等方式，已带动50户农户脱贫。

（2）山东菏泽推广“林—料—畜”一体化产业模式

山东省菏泽市牡丹区高庄镇推广“林—料—畜”一体化产业模式，支持中植构树生物科技有限公司种植杂交构树5000亩，利用构树青贮饲料养殖肉牛250头。经测算，杂交构树养殖肉牛较传统饲料成本降低18%，牛肉品质明显优于普通饲养肉牛，肉牛发病率降低，养殖收益提高。高庄镇的“林—料—畜”一体化产业模式即“三零”+“三金”扶贫模式。“三零”是贫困户“资金零投入”“收入零风险”“就业零距离”，“三金”是指农民能够通过发展构树扶贫产业获得“租金”“薪金”和“股金”。农户除每年能获得1500元/亩的土地租金，还有每天50元的劳动收入，通过“金融+构树”的“富民农户贷”购买牛犊，并与企业签订合同进行牛犊托管，贫困户每年可得到约2000余元的养牛分红。龙头企业通过与17户贫困户签订对口帮扶协议，申请85万富民生产贷，贫困户不用出资一分钱，年底即可享受2000元的帮扶资金，带动50余名贫困人口脱贫。

（3）河南兰考“以奖代补”发展构树扶贫产业

河南省兰考县打造“兰考模式”，出台了《兰考县构树扶贫产业发展实施方案》，建设了一批具有标准化收储、农机装备作业服务、饲草加工、交易结算及专家服务系统等功能的杂交构树饲草站，作为草畜产业社会化服务平台，能提供收割、加工、销售服务，以及种植、养殖环节技术支持服务。政府还出台扶持政策，对达到一定规模的饲草种植企业，连续3年由县财政通过“以奖代补”形式给予补助等。从多个生产环节增加贫困农户参与扶贫产业机会，增加工作收入。截至2017年9月，直接带动贫困户170户720人实现稳定就业，年人均增收1000元。

（4）河南太康建立“构树产业扶贫基金”助力脱贫

河南省太康县打造的“太康经验”，即政府投入2000万元，设立杂交构树产业扶贫基金，并纳入县财政预算，主要用于新型构树机械的引进、构树育苗机构技术及设备引进、构树产业化带贫引导补贴、构树产业化发展的扶贫引导、构树产业化发展的技术培训与交流、构树产品品牌创建扶持等。在杂交构树产业扶贫基金的资助下，带贫合作社和贫困户每种植1亩构树可获得奖补2000元，大大增强了贫困农户参与构树扶贫的积极性，带动了周边200户贫困户增收。

（5）山西蒲县着力打造构树绿色循环产业链条

蒲县作为山西省杂交构树产业扶贫试点县，地处黄土高原沟壑区，以山地、丘陵为主，地表水缺乏，是以旱作农业为主的山区农业县。山西蒲县抓住杂交构树被列为国家“十大扶贫工程”的战略机遇，坚持走“政府扶龙头—龙头建基地—基地连农户”良性发展之路，跻身国家农业可持续发展试验示范区和“晋陕甘宁蒙”构树产业扶贫工程示范基地县行列，探索和打造构树产业扶贫“高原台地”及“旱作梯田”的发展模式。国企、民企和扶贫造林专业合作社，大力实施构树扶贫工程，使贫困人口获得股金、租金和薪金收入。构树组培、饲料加工、茶叶生产等项目已投入运营，全县种植构树累计完成1.3万余亩。该县瞄准构树豆腐、构树蛋白粉、构树茶叶、构树保健食品、构树造纸等高附加值产业，全力创建“蒲县构树”系列品牌。政府构树扶贫、企业构树带贫、农民构树脱贫的成效初步显现，辐射带动农民群众1160户3540余人脱贫致富，稳定持续增收，其中建档立卡贫困人口530余户1780余人。

（6）云南保山创新构树“林—料—畜—产”生态产业链

云南盈程集团积极推进国家“十三五”实施的构树精准扶贫，实施杂交构树“林—料—畜—产”一体化生态扶贫产业，以构树培育、饲料加工、工业木炭、菌菇种植等产业为主要发展模式，着力延伸构树生态产业链，积极发展合作社组织、贫困户参与、农户自种和政府补贴等多种形式带动贫困户增收脱贫，探索走出了一条绿色、低碳、循环、可持续发展之路，有力地助推了脱贫攻坚进程。

## 3.4 存在问题

（1）原料收集是制约构树利用产业发展的瓶颈（收、运、储）

中国生物质原料在收集方面与国外不同。构树的种植一般分布在农村或小城镇地区，地块小而分散，收集机械化水平低，定向收集没有提到日程，收集是难点。而没有充足的原料，构树利用产业就不可能迅速发展。

（2）构树优质种苗单一

构树综合利用产业化发展进入新时期，应进一步开辟构树的生态价值及综合经济价值，要建立优良种苗繁育体系，保障构树产业良种化，种养结合。

（3）构树产业科研基础薄弱

加大科技支撑力度，产、学、研、用相结合，探索构树具有高附加值的新产品，积极开发生物基炭材料、保健食品、新型饲料等。加快科技成果转化，激发创新创造活力，保障构树产业良性发展。

（4）构树综合利用率低

构树叶作为畜牧饲料已有较好的产业基础，对补充我国蛋白饲料和农业扶贫起到了积极作用。但是，占构树生物量70%以上的构树干和枝条还未被利用。构树生长快、生物量大、碳含量高、适合规模化加工利用制备炭材料和生物化学品等高附加值产品，而目前对于构树干和枝条的利用尚未进行产业化。

# 4 未来产业发展需求分析

## 4.1 服务国家需求

构树作为重要饲料源，可“以树代粮”缓解我国饲料工业对粮食的依赖。构树叶蛋白质含量高，可增强我国动物蛋白饲料自主供应能力，成为调控蛋白饲料进口的战略物资。杂交构树产业模式具有短平快、产业链长、市场需求广、贫困户介入容易等突出优势，可通过产业发展带动贫困户脱贫致富。

（1）发展杂交构树新型蛋白饲料产业是我国粮食安全的一项重要战略措施

我国是畜牧业大国，60%以上的粮食是饲料粮，“人畜争粮”和生态环境矛盾日益突出，新时期的饲料粮安全就是粮食安全。在大量边际土地种植杂交构树，结合“粮改饲”供给侧结构改革，建立饲料林、机械化采收、加工绿色复合饲料、生态养殖的“林—料—畜”一体化产业模式，为猪、牛、羊、鸡、鸭等畜禽提供优良蛋白原料，可替代30%左右猪饲料、50%左右牛羊饲草，降低20%左右的饲料成本。大力发展杂交构树粗蛋白木本饲料，“以树代粮”成为缓解土地压力和确保农牧业健康发展的新途径。

（2）发展杂交构树新型蛋白饲料产业是解决我国食品安全的重要途径之一

饲料是畜禽的粮食，也是人类的间接食品，饲料原料的安全和品质决定着食品的安全和品质。杂交构树是非转基因品种，生长快、产量高、适种区域广、抗病虫害能力强，种植过程中不需要施加化肥，不用打农药，不用施加外源激素等化学合成生长调节剂。另外，树叶富含类黄酮等生理活性保健物质，药食同源，能提高禽畜免疫能力，可少用或不用抗生素，在品质上有保障。因此，杂交构树饲料品质优良，无激素、抗生素和农药残留，保障了畜禽的饲料安全，实现了健康养殖，也就保障了人们肉蛋奶等畜禽产品的供给安全。

（3）发展杂交构树新型蛋白饲料产业是提升我国饲料工业竞争力的重要途径

我国蛋白饲料原料长期依赖进口，我国饲料加工企业的发展一直受到国际大豆市场价格因素制约。尤其是今年以来，中美贸易争端升级，对包括美国大豆在内的340亿美元商品加增25%关税，直接导致饲料加工企业成本增加，养殖业成本提升，畜牧业整体发展举步维艰。杂交构树饲料是进口饲用蛋白原料的理想替代品，适口性好，可生产优质、安全、放心的肉蛋奶。每亩构树饲料至少可饲养2头牛、6头猪、10只羊，可使饲料成本降低20%。因此，大力推广我国原创的新型木本粗蛋白饲料原料种植，将可以增加或改变蛋白饲料原料供给渠道，增强我国饲料企业的抵御市场风险能力，提升我国饲料工业的国际竞争力。

### 4.2 服务行业需求

构树扶贫工程是我国十项精准扶贫工程之一。我国政府通过多种方式，在全国适合开展构树种植的地区引导和扶持当地农民种植构树。种植构树是一项实用的扶贫项目，既能帮助农民脱贫增收、发家致富，又能改善生态环境、植树造林，还能带动当地养殖业发展。

（1）发展杂交构树木本纤维产业是提升构树综合经济效益的重要举措

杂交构树纤维素灰分低（＜1%），可生产多晶硅工业用还原炭、活性炭，土壤改良生物炭等高值化炭产品，提高构树全产业链综合经济效益。杂交构树茎干含半纤维素约32%，比一般木材高出30%；半纤维素经水热解聚后，液体产物可转化为低聚糖、乙酰丙酸、糠醛等，用作生产食品、保健品、医药等原料。

（2）发展杂交构树生态农牧业是生态文明和美丽中国建设的有效载体

杂交构树在跑水、跑土、跑肥严重的石漠化区域种植，绿化效果明显。“十三五”期间，国家确定的200个石漠化治理重点县中有140个县是贫困县，构树扶贫工程是脱贫攻坚与石漠化治理相结合的有效举措。杂交构树根系发达，固土保水，用于治理水土流失及阻止土地沙化有显著作用；速生丰产，同化二氧化碳和吸纳粪污能力强，能快速植被构建和生态造林，可用于建设美丽乡村，实现环保效益与经济效益相结合。

（3）发展杂交构树新型蛋白饲料产业是精准扶贫工程的有力抓手

杂交构树易种植、门槛低、来得快，贫困农户种植构树当年就可以获得收益，就目前销售饲料为例，按照年全国平均亩产8t计算，构树青储饲料每吨市场价格为400～500元，平均每亩收入达3000元以上。在贫困地区发展构树产业，既能充分利用欠发达地区大面积难以利用的盐碱化、石漠化的土地资源，改善生态条件，又能实现构树的经济利用，促进当地蛋白饲料、保健食品、工业炭材料、食用菌等产业发展，提高农民的收入，脱贫效果明显。

## 5 产业发展建议

### 5.1 总体思路

加大科技支撑力度，产、学、研、用相结合，加快杂交构树优质种苗繁育，建立标准化构树原料基地和全株高值化利用技术创新，创新发酵饲料、精蛋白饲料、生物基炭材料、保健食品、生物基化学品等多联产加工利用关键技术。因地制宜，突出重点，加强科技成果转化，驱动杂交构树全产业链高质量发展，落实产业扶贫工程，支撑我国粮食、饲料、畜牧业高质量发展。

一是推动构树全产业链建设。加大杂交构树优质品种、组培苗繁育、栽种、采收、加工等方面的研发力度和技术管理，推动杂交构树全产业链技术和产品标准制定，形成标准化技术体系。重点发展杂交构树青贮料、发酵料以及粉末和颗粒饲料，完善黄河流域滩区、长江流域低丘缓坡地、石漠化地区等不同区域全产业链适宜的发展模式。

二是实行绿色发展。树立绿水青山就是金山银山的理念。在保护生态的前提下，将杂交构树种植与荒漠化、石漠化、水土流失综合治理等生态修复有机结合，实现生态效益、扶贫效益、经济效益“三效合一”。

三是建立健全带贫益贫机制。发挥企业、合作社等经营主体的带动作用，广泛吸纳建档立卡贫困户参与，激发内生动力。建立健全利益联结机制，提升建档立卡贫困户可持续发展能力。

## 5.2 发展原则

一是科技领先。要充分发挥高层次人才的科研优势，提高构树科技成果转化效率，加大科研投入和研发力度，加快种养加标准的制定，举办各种论坛和学术交流等，促进构树产品的宣传和推广使用。

二是因地制宜。可在温度、年积温、降水量、耐盐碱量、海拔适宜地区，特别是深度贫困县的适宜地区，抓住发展机遇，充分利用边际土地，科学规划布局。

三是种养结合。根据当地畜牧产业发展实际，合理布局杂交构树种植，促进杂交构树种植与畜牧养殖配套衔接，就地就近转化利用。推动种养加一体化产业经营，强化带贫益贫机制。

四是市场主体。引导龙头企业、合作社以及社会资本等，从市场需求出发，可通过南方种北方销、农区种牧区销、低海拔地区种高海拔地区销等方式，有效解决北方冬季青贮饲料不足的难题。研究探索构树应用新领域，拓展构树产业链。加强产销对接和构树品牌化建设。

五是政府支持。地方政府要以脱贫攻坚规划和乡村振兴战略规划为引领，统筹整合使用涉农资金或扶贫资金，用好金融扶贫政策，出台具体支持办法和措施，有序推进构树产业的发展。

六是创新发展模式。鼓励企业、合作社等经营主体创新发展方式，支持地方政府结合扶贫协作、定点帮扶、援藏、援疆等工作，创新搭建各类对接支持平台，将现代经营理念和产业发展模式引入构树产业，创新全产业链带动贫困户参与模式。

## 5.3 发展目标

根据不同区域构树种植方式、材质特征、当地产业基础以及市场需求和发展趋势等，确定合理的建设规模，统一规划、分步实施，建立构树全资源高效生态利用产业模式。提高构树科技成果转化效率，加大科研投入和研发力度，培育抗逆能力强的杂交构树新品种，加快“种—养—加”标准的制定，促进构树产品推广使用。力争2025年全国累计发展高蛋白构树种植达200万亩，保证稳定的原料供给。年产青贮饲料约400万t，精蛋白饲料约30万t，新增产值超过100亿元。支持大北农、德青源、中鼎牧业、君乐宝、蒙牛等畜牧业龙头企业发展，提供稳定的饲料源，打造构树“种—养—奶—加”全产业链，构建构树扶贫工程规模化、产业化发展模式。2035年，开发出构树高附加值的系列新产品，如精蛋白饲料、生物基炭材料、保健食品、新型饲料等。

（1）2025年目标

第一，构树原料基地培育全国累计发展构树林面积达到200万亩，其中，饲料用构树林150万亩，能源林50万亩，为高蛋白木本饲料、工业木炭、高档纸品等产业提供稳定的原料。

第二，产业发展目标年产青贮饲料约400万t，精蛋白饲料约30万t，产值超过100亿元，在木本饲料占比份额总量达到20%，打造构树“种—养—奶—加”全产业链，带贫人数达2万人以上。以构树干为原料开发纸浆纸品、工业木炭、低聚糖等副产品，培植一批具有产业带动作用的龙头企业，增强构树产业的市场竞争力。建立构树饲料生产示范基地30个，建立工业硅冶炼用木炭还原剂示范线，生产能力达到10万t/a。

第三，技术创新目标培育杂交构树新品种3～5个，突破构树精蛋白饲料、工业木炭、活性炭、低聚糖关键技术，取得一批具有自主知识产权的构树饲料、木炭成套技术和产品。加强与我国粮食、饲料、畜牧等相关产业协同发展能力，助力精准脱贫工程。

（2）2035年

第一，构树原料基地培育全国累计发展构树林面积达到500万亩，其中，饲料用构树林400万亩，能源林100万亩。

第二，产业发展目标补齐蛋白饲料原料短板，年产青贮饲料约800万t，精蛋白饲料约100万t，产值超过400亿元，在木本饲料占比份额总量达到30%。开发高效酵料、蛋白、保健品、工业炭材料、生物基化学品等新产品，大幅提升构树“种—养—奶—加”产业链稳定性和竞争力，培育年产饲料50万t的龙头企业2～3家。

第三，技术创新目标培育杂交构树新品种5～10个，突破一批具有自主知识产权的饲料、医药、食品及工业产品关键技术。

2050年，构树品种进一步丰富，饲料精准化配制技术国际领先，全面实现蛋白饲料国产化，形成构树生态化发展模式。

# 6 重点任务

杂交构树兼具生态和经济效益，综合开发利用潜力大。建议加快建立构树的育种、种植、生态饲料开发、畜牧养殖、香菇种植、功能炭产品加工以及构建大型养殖基地为一体的构树全产业链，探索出成功的发展模式，再推而广之。

## 6.1 加强标准化原料林基地建设

（1）杂交构树组培与种苗繁育标准体系构建

开展杂交构树组培、新品种选育与种苗繁育标准化技术的应用研究，解决目前组培苗脱毒不彻底，出现僵苗、死苗，育苗成活率低的技术难题，提高种苗产能产量，降低种苗价格。

（2）杂交构树种植采收储存体系构建与应用

重点开展杂交构树规范化种植关键技术、标准化采收关键技术、机械化采收关键技术与规范储存关键技术研究。

（3）杂交构树林标准化种植示范基地建设

规范杂交构树产业化链条中品种优化、种苗繁育、种植、采收、储存、加工以及产品品质评价等各环节中的关键技术，为杂交构树产业提供标准化原材料。

## 6.2 技术创新

构树的基础研究和开发利用远远滞后于其他作物，应当加大科技支撑力度，产、学、研、用相结合，加快杂交构树优质种苗繁育和全株高值化利用技术创新，开发发酵饲料、精蛋白饲料、生物基炭材料、保健食品、生物基化学品等多联产加工利用关键技术，加强科技成果转化，驱动杂交构树全产业链高质量发展，支撑产业扶贫工程。

### 6.2.1 育种技术

针对目前杂交构树产业推广中面临的品种单一的问题，基于已有的构树核心种质资源和杂交选育的系列品种，采用种间远缘杂交构树、种内异地种质杂交的传统育种手段，进行大规模的杂交构树新种质的创制；依据已有染色体级别的构树基因组，采用基因组重测序等技术，对构树核心种质资源和杂交构树新种质进行全面挖掘，获得基因资源或SNP分子标记，用于加速杂交构树新品种选育，获得粗蛋白含量高、抗逆性强、产量更高的杂交构树新种质，同时建立快速、高效的新型木本饲用植物新品种培育技术体系，解决目前品种单一、育苗成本高的现状。

### 6.2.2 采收、加工设备和饲料加工技术体系研发

针对目前杂交构树青贮饲料采收机械设备缺乏的问题，研发相关的农机设备，也可以用于其他木本饲料植物的采收和加工。针对目前杂交构树饲料青贮发酵、深加工等问题，研发专有的杂交构树饲料加工技术体系（图5-3）。

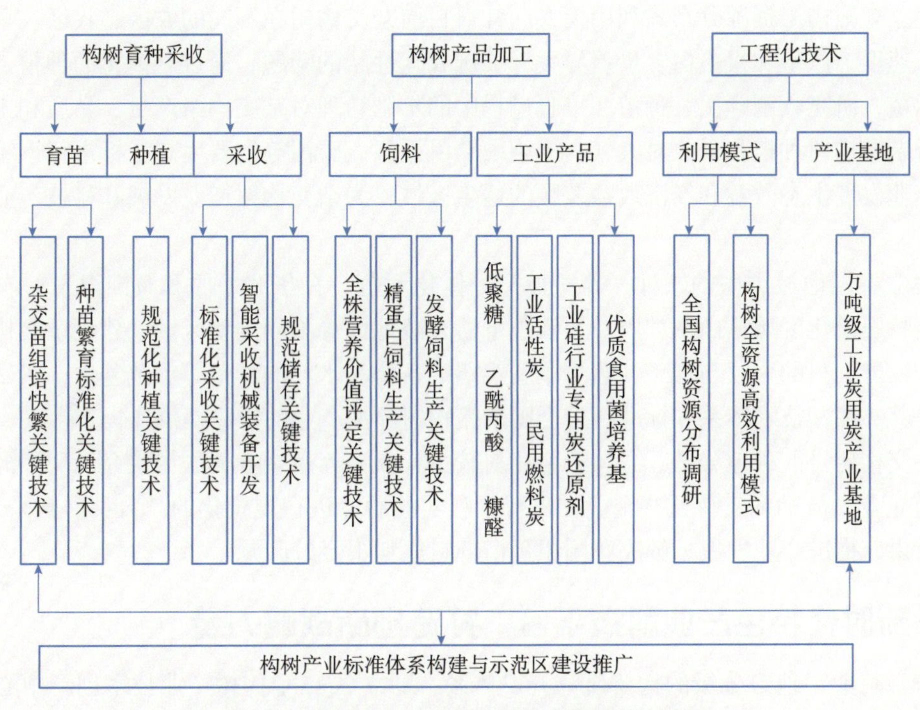


**图5-3 构树产业工程技术研究与发展技术路线**

### 6.2.3 新产品关键技术开发与示范

（1）构树木质纤维水热解聚技术

构树枝含半纤维素约32%，比一般木材高出30%。开发构树半纤维素水热解聚技术，将液体产物转化为低聚糖、乙酰丙酸、糠醛等生物基产品，用作生产食品、保健品、医药等原料。固体产物生物质炭的灰分低（$<1\%$），用于生产工业硅还原剂、储能活性炭、生物炭等高值化工业炭产品。

（2）工业硅用炭还原剂

木炭是工业硅冶炼的最佳还原剂，仅云南省保山市工业硅行业每年需求木炭超过40万t。构树树干树枝经热解炭化可制备含碳量75%以上的工业硅用炭，满足工业硅等冶金行业对炭还原剂的质量要求。炭化过程产生的可燃气体可产生蒸汽供构树叶饲料生产用热能。

（3）工业木炭技术

我国木炭需求量逐年递增，预计2025年需求量约300万t。构树生芯材经热解炭化后可制备含碳量75%以上的工业硅用炭，满足工业硅等冶金行业对炭还原剂的质量要求。直接炭化后得到含固定炭90%的优质木炭，可用于民用和出口。而且木炭生产单元少、过程短，适合大规模生产。

（4）食用菌培养基技术

构树枝条含有约12%的粗蛋白，是食用菌菌丝体生长的优质氮源。构树中的半纤维素（32%）可被菌丝体分解成可溶性葡萄糖、麦芽糖等营养成分被利用。构树材质疏松，适合用作食用菌栽培基质。以构树为主要原料的载体基质，通过多种复配及优化营养组分，可种植优质食用菌。

## 6.3　产业创新的具体任务

构树生长快，生物量大，是一种综合效益高的经济树种，扶贫效益明显，急需创新育种、栽培、采收装备，开发精蛋白饲料、低聚糖保健品、工业炭材料、生物基化学品等多联产加工利用关键技术，推动构树工程全产链发展。

第一，建立全国构树资源分布式利用模式。针对目前杂交构树在不同的农区、牧区、草山草坡，不同季节的生长速度、产量和粗蛋白含量差异大等关键农艺性状的问题，通过规模化的种植、采收和饲料加工一体化示范，研究收割频次、种植和采收过程中的水肥管理对杂交构树产量、品质和土壤营养条件的影响，进行杂交构树种植和采收对大气、土壤中碳氮循环、碳汇等重要生态指标进行系统的评价，划定杂交构树产业发展生态效益和经济效益兼顾的适生区域，为杂交构树产业发展和科技产业扶贫提供重要的指导。

第二，建立不同地域类型的“种—养—加”一体化示范。在华北平原和黄淮海平原农区、高原台地、西南喀斯特石漠化区域草山草坡以及长江中下游丘陵地区等不同类型区域，建设杂交构树的规模化种植、青贮和发酵饲料的采收与加工、猪牛羊及鸡鸭鹅畜禽和水产的养殖等示范基地，研发与集成因地制宜的“种—养—加”技术体系和标准，为全国杂交构树新型产业的推广提供样板。

第三，杂交构树目前种植分散、总体产量相对较少，大型养殖企业无法尽快介入。因此，需要联合多家大型养殖企业，鼓励和支持这些企业在进行饲喂实验后，进行规模化的“自种、自采、自用”，形成示范带动效果，推进产业发展，解决我国粗蛋白饲料原料不足的问题。

## 6.4　建设新时代特色产业科技平台，打造创新战略力量

构建国家、行业、地方分级的构树研究开发体系，建立2～3个构树产业技术创新中心，通过承担国家级和行业重大科技任务，带动学科和行业发展。

## 6.5　推进特色产业区域创新与融合集群式发展

以提高我国木本饲料领域科技成果孵化和工程化开发能力为目的，加快构树工程技术中心建设，强化工程中心的定位和功能；加快推进企业研发中心建设，提高企业科技创新能力；大力加强科技中介机构建设，强化质量监督、技术标准的建立。

## 6.6　推进特色产业人才队伍建设

依托国家级科研院所和相关高等院校，通过重点学科、重点实验室建设和重大项目的实施，培养造就一批学科前沿领域的领军人物、战略科学家和拔尖人才，注重构树产业科技型企业家和高级管理人才的培养；采取有效措施，吸引和鼓励出国留学人员从事基础和开发性研究，加强交叉领域人才的国际培训和国际学术交流，形成一支配置合理的人才队伍。

# 7　措施与建议

构树扶贫工程被国务院扶贫办列为我国十项精准扶贫工程之一，目前，以种—养结合的构树产业模式已取得初步成效。全面贯彻“聚焦精准扶贫、共建小康社会”精神，进一步发展现代生态农业模式，深入实施构树扶贫工程，为国家的经济发展和区域扶贫攻坚取得更加显著的成效。

第一，针对杂交构树高产和优势遗传机制的关键科学问题，基于杂交构树的父本——构树的染色体

水平的基因组信息，采用二代和三代高通量测序技术，结合光学图谱和Hi-C染色体三维结构捕获技术，解析杂交构树及其母本株的基因组、转录组和蛋白质组，在功能基因组学的水平上，揭示杂交构树速生、丰产、优质等杂种优势性状形成的遗传机制，为杂交构树产业发展奠定坚实的理论基础。

第二，针对构树全资源高效生态利用需求，研究突破构树全产业链关键技术。杂交构树产业发展涉及品种培育、育苗、种植栽培、采收机械、加工利用等多个环节，加强杂交构树产业基础研究的同时，联合国内外相关高校与科研院所，组成强有力的专家技术团队，开发杂交构树全产业链关键技术研究与示范工程建设，为构树扶贫工程顺利实施保驾护航。

第三，建立利益联结机制，促进贫困农户增收。指导企业或合作社与贫困户建立利益联结机制，通过签订包销合同、入股分红、优先提供劳务等方式，实现贫困户增收。建立构树产业扶贫的政策、资讯和技术等信息发布和服务的网络平台。及时公布杂交构树产业扶贫相关的信息，引导有志于扶贫事业和构树扶贫工程的企业，参与构树扶贫工程和产业发展相关行业体系的建立，规范市场行为。

## 参考文献

孟岩, 2010. 植物叶(构树, 牛蒡)中多糖及蛋白质的提取与分离研究[D]. 大连: 大连工业大学.

邵海鹏, 2019. 中国影响全球大豆贸易格局未来将成巴西大豆最大进口国[J]. 中国食品(3): 142-143.

沈世华, 2018. 从历史长河中走来的构树[J]. 生命世界(341): 1.

佚名. 2017农业部关于推进农业供给侧结构性改革的实施意见[EB/OL]. (2017-02-07). https://www.tuliu.com/read-50880.html.

佚名. 产业扶贫的重要途径之一构树扶贫工程[EB/OL]. (2020-03-24). http://www.greenchina.tv/news-39608.xhtml.

佚名. 构树[EB/OL]. (2009-08-22). http://www.360doc.com/content/09/0822/11/240855_5137616.shtml.

佚名. 构树“种”出致富路特色产业助脱贫[EB/OL]. (2019-10-23). http://newpaper.dahe.cn/dhb/html/2019-10/23/content_376791.htm.

佚名. 构树饲料发酵技术应用前景如何[EB/OL]. (2018-03-09). http://www.qdxkff.com/Article/gsslfjjsyy.html.

佚名. 何忠伟: 构树的药用价值在无抗饲料养殖中潜力巨大[EB/OL]. (2020-06-17). https://www.sohu.com/a/402348861_100184580.

佚名. 蒋剑春院士：推广杂交构树是中国产业扶贫新途径[EB/OL]. [2010]. http://www.mczhuliu.com/View.asp?keyno=322.

佚名. 陕西杂交构树饲料价格[EB/OL]. (2019-02-17). http://www.cpooo.com/products/396245854.html.

佚名. 太康县: 创新产业发展思路 推进构树产业扶贫[EB/OL]. (2017-08-23). http://www.tkxc.gov.cn/Item/Show.asp?m=1&d=6715.

佚名. 脱贫摘帽倒计时——对蒲县脱贫攻坚发起总攻的调查[EB/OL]. (2018-08-16). http://www.sx.chinanews.com/news/2018/0816/131145.html.

佚名. 脱贫致富好产业——杂交构树[EB/OL]. (2019-12-25). https://www.sohu.com/a/362781693_120205779.

佚名. 新型饲料: 构树[EB/OL]. (2012-08-16). https://wenku.baidu.com/view/61f9d32a2af90242a895e5fa.html.

佚名. 原来构树叶也是猪饲料, 还可以治疗皮肤病[EB/OL]. (2018-01-08). https://www.sohu.com/a/215381823_676025.

佚名. 杂交构树项目被列入国家精准扶贫工程[EB/OL]. (2015-03-24). https://www.sohu.com/a/7494182_129515.

中国工程院咨询研究重点项目

# 银杏
# 产业发展
# 战略研究

撰 写 人：王成章
周 昊

时　　间：2021年6月

所在单位：中国林业科学研究院林产化学工业研究所

# 摘要

银杏是我国传统的重要的经济林和绿化树种，银杏产业链产值200亿元，是重要的地方农林特色产业。中国银杏产业是中国战略性新兴产业的重要组成部分，有着不可替代的战略地位。银杏加工一直备受国际的重视，产业链长，包括银杏木材、银杏叶、银杏提取物和制剂、银杏白果加工产业，涉及食品、生物医药、化妆品、生物农药、生物饲料、生物材料及苗木、景观、休闲旅游、家居、建筑等。

本研究对银杏资源现状、加工技术及产业现状、国内外产业利用案例、产业需求和建议等方面进行了介绍。中国是世界上银杏的主产区，中国的银杏资源占全世界的85%，银杏种植面积逾40万$hm^2$，银杏干青叶产量4万t以上，白果年产量为2.5万t左右。我国银杏叶加工提取装备工艺方面与国际先进水平有明显差距。我国银杏提取物产品加工业普遍存在规模小、设备落后、技术力量薄弱、生产效率低、产品质量差等问题，使企业无法获得规模经济效益。相较于国外，我国银杏产业起码落后于发达国家15～20年，而且还是低水平重复，科技含量低，缺乏高、精、尖的深加工银杏产品。中国银杏制剂的研发仍停留在模仿国外同类产品的水平，制剂的类型和种类都十分单一，国内的企业在制剂的研发这一领域只能达到国外二类产品的标准，与一类产品相比相差甚远，保健品制剂的发展也十分匮乏，有一些复方制剂上市，但都不成规模，产量偏低。国内银杏终端产品加工业发展的滞后，未能有效地向前带动银杏中间产品加工业和种植业的价值创造。本研究选取了江苏邳州银杏、浙江康恩贝制药股份有限公司和扬子江药业集团有限公司这几个典型案例进行了介绍，主要对其现有规模、可推广经验进行了分析。

针对目前银杏产业现状，提出以下建议：通过创新和实施知识产权保护战略，实现银杏传统加工朝节能型、无农药低敏化、废弃物循环利用和环保等创新升级，实现果皮、果壳、花粉、叶综合加工，未来的战略重点应放在具有高附加值的产品银杏药物的生产与开发上，形成一批能够进入国际市场的银杏药品，另外开拓高端化妆品和生物饲料领域，将显然带动银杏产业发展；同时，针对振兴山村和特色小镇新形式，提出银杏产业在发展特色银杏文化产业、银杏休闲观光和银杏特色乡村康养产业思路。

银杏生物医药产业国际上市值1000亿美元，并按20%速度发展，银杏制品的医疗保健作用已被世界各国消费者确认和接受，银杏制品的需求量将逐年增大。总之，随着人们生活水平的提高和科学技术的进步，银杏果、叶及其制剂所特有的保健、治疗和营养的功能，必将进一步为人类所利用，综合开发利用前景将更加广阔。

# 1 现有资源现状

## 1.1 国内外资源历史起源

银杏（*Ginkgo biloba* L.）为银杏科（Ginkoaceae）银杏属（*Ginkgo*）植物。其历史可追溯到2亿年前，是第四纪冰川运动后遗留下来的裸子植物中最古老的孑遗植物，曾在北美和欧洲广泛分布，直到冰川时期世界上绝大部分银杏被毁灭。现存活在世的银杏古树稀少而分散，和它同纲的其他植物皆已灭绝，所以银杏又有“活化石”的美称。银杏树生长较慢、寿命极长，在自然条件下从栽种到结银杏果要20多年，40年后才能大量结果，因此又有人把它称作“公孙树”，是树中的老寿星。银杏树的果实俗称白果，因此银杏又名白果树。

## 1.2 功能

银杏是我国重要的传统经济林和绿化树种，银杏木材又称“银香木”，可加工制作高档家具、绘图板，建造精致建筑物、高级文化和乐器用品。工业上常用于制造纺织印染滚、翻砂机模型等，还可用来雕刻或制作各种工艺品等，其制品经久耐用。银杏木材价格昂贵。据报道，每立方米上等银杏木材国际市场售价高达2000美元，国内市场高达8000元，国内高于20cm的银杏树苗价格超过1000元。银杏用材林的价格是杉木的13倍。可见，银杏木材颇为珍贵，其带来的经济效益可观。

除用于木材加工、苗木、盆景、道路绿化等领域外，银杏全身是宝，白果是传统药食两用佳品，营养丰富，已使用1000多年，具有杀菌、止咳、补肺等疗效，老年人食用可延年益寿。白果年产量逾1万t，占全世界总产量的70%。银杏的种仁提取物可加工成糕点、茶叶、罐头、饮品等。近年来，开发的银杏啤酒、白酒，不仅味甜、清香，常饮还有养肺等功效。银杏叶富含黄酮、内酯、聚戊烯醇、多糖、有机酸和烷基酚酸等抗病生物活性因子，已形成银杏叶提取物及制剂的生物医药产业，产品广泛用于健康食品、医药、化妆品及生物农药和生物饲料。

## 1.3 分布和总量

银杏自然地理分布范围很广，在中国、日本、朝鲜、韩国、加拿大、新西兰、澳大利亚、美国、法国、俄罗斯等国家和地区均有大量分布。中国的银杏跨越北纬21°30′～41°46′、东经97°～125°，遍及22个省（自治区）和3个直辖市，主要分布在温带和亚热带气候区内，边缘分布“北达辽宁沈阳，南至广东的广州，东南至台湾的南投，西抵西藏的昌都，东到浙江省的舟山普陀岛”。从资源分布量来看，中国是世界上银杏的主产区，银杏种植面积约40多万$hm^2$，栽培数量达25亿株以上，银杏种植每年都以2000万～2500万株速度递增，形成银杏产业性栽培的地区主要有贵州、四川、江苏、广西、山东、浙江、湖北等省份（表6-1）。

自然繁衍的古银杏群是极其珍贵的文化遗产和自然景观，保存古银杏群对周围生态环境的改善和研究生物多样性、确保银杏遗传资源的持续利用，具有重要作用。自然资源考察人员发现浙江天目山，湖北大洪山、神农架，四川的深山谷地和云南腾冲等偏僻山区银杏与水杉、珙桐等孑遗植物相伴而生。银杏垂直分布的跨度比较大，在海拔数米至数十米的东部平原到3000m左右的西南山区均发现有生长得较好的银杏古树。如江苏泰兴海拔为5m左右、吴县海拔约300m，山东郯城海拔约40m，四川都江堰海拔1600m，甘肃为1500m（兰州），云南为2000m（昆明），西藏为3000m（昌都）。白果年产量为2.5万t左右，银杏干青叶产量4万t以上，中国的银杏资源占全世界的85%。

表6-1 我国银杏主要分布区域

| 省份 | 市（县） | 省份 | 市（县） |
| --- | --- | --- | --- |
| 江苏 | 泰兴、邳州、吴县、泰县、泰州 | 湖南 | 祁阳、宁远、道县、资兴、新化、洞口、桑植 |
| 山东 | 郯城、海阳、文登 | 四川 | 安县、北川、彭州、都江堰 |
| 广西 | 灵川、兴安、临贵、桂林 | 福建 | 浦城、崇安、龙溪、建阳、上杭 |
| 湖北 | 随州、安陆、南潭、孝感、京山 | 江西 | 婺源、德兴、上饶、分宜 |
| 河南 | 新县、光山、信阳、峡县、嵩县 | 河北 | 遵化、易县 |
| 浙江 | 长兴、诸暨、临安、富阳、安吉 | 辽宁 | 丹东 |
| 贵州 | 盘县、正安、务川、道真 | 广东 | 南雄 |
| 安徽 | 金寨、霍山、舒城、歙县、宁国、广德 | | |

## 1.4 特点

银杏产业链产值200亿元，是重要的地方农林特色产业。尤其是以银杏黄酮类和银杏内酯为主要活性物质加工的银杏叶提取物（GBE）及其制剂的药用价值引起国际上医药界、化学界、植物学界的广泛重视，已经普遍应用于医疗保健。GBE可以促进血液循环、预防心脑血管疾病、降低胆固醇、预防血栓形成、提升记忆力、预防老年痴呆及抗氧化作用。银杏外种皮的酚酸性成分有抗菌、抗过敏、抗病毒、抗炎、抗癌等作用，是制造生物农药、生长素等很好的原料。另外，银杏花粉可开发延缓皮肤老化、抗衰老的化妆品和作为防治肿瘤、心血管疾病的药品和保健品。总的来说，银杏药用和保健品的开发主要体现在“三药”（医药、生物农药和兽药）和“三品”（食品、保健品、美容品）两方面。国家为助力银杏产业发展，制定了相关税收优惠政策，定制“辅导攻略”及“政策锦囊”，让税务力量成为推动地方特色产业加速发展的“催化剂”，为银杏产业注入了强劲活力。

# 2 国内外加工产业发展概况

中国银杏产业是中国战略性新兴产业的重要组成部分，有着不可替代的战略地位。银杏加工一直备受国际的重视，产业链长，涉及食品、生物医药、化妆品、生物农药、生物饲料、生物材料及苗木、景观、休闲旅游、家居、建筑等。本研究重点介绍银杏叶加工和白果加工产业。

## 2.1 国内外产业发展现状

中国保健食品行业整体保持20%以上高增速，2016年我国保健食品行业市场规模达到2613亿元，到2017年增至2939亿元。美国草药市场上作为食品膳食补充剂大约300亿美元，保持5%以上增速。

我国银杏茶和保健功能食品产业规模大约20亿元。国际上银杏叶制品已达300多种，年销售额为50多亿美元。据统计，银杏叶产品排在近10年美国最畅销的十大草药之列，美国市场各类银杏叶制品总销售额有20亿美元左右，用银杏叶提取物制成的保健品在欧洲市场的年销售额也达2亿美元。银杏制品的医疗保健作用已被世界各国消费者确认和接受。

我国银杏提取物加工利用始于20世纪80年代末和90年代初，虽然起步较晚，但现已形成一定规模。据不完全统计，目前全国银杏叶提取物加工企业近200家，但深加工水平不高，效益大多不佳。银杏叶提取物由原来的卖方市场转向了买方市场，价格由原来的400万元/t下降到50万元/t左右。由于酒精等原材料成本没有降低，使一些企业严重亏损而无法进行正常生产，被迫停产或处于半停产，致使银杏叶下降到了0.6元/kg左右。

2016年5月以来，因企业擅自改变银杏叶提取物生产工艺而引起的"银杏叶事件"持续发酵，提取工艺与中国药典不一致，导致GBE生产产品和GBE指纹图谱不统一。同年6月22日，国家食品药品监督管理总局就90家银杏叶提取物和银杏叶药品生产企业自检情况发布通告称，经过自检，不合格产品批次为2335批，占全部批次的45%，近半数批次的产品不合格，引发银杏提取加工行业危机。

通过对我国提取物市场进行调研（图6-1），2019年我国银杏叶提取物产量约为698.7t。中国海关数据显示（表6-2）2019年我国银杏叶提取物进口数量为133kg，进口金额为1.45万美元，进口均价为109.17美元/kg；2019年我国银杏叶提取物出口数量为479.04t，出口金额为3988.95万美元，出口均价为83.27美元/kg。以此推算，2019年我国银杏叶提取物需求总量增长至219.79t（图6-2）。2019年我国银杏叶提取物行业销售收入约为40827.71万元，同期进口金额为10.02万元，出口金额为27517.79万元，国内银杏叶提取物需求市场规模为13319.94万元（图6-3）。可见我国银杏提取物还是以出口为主，但是产品价格要低于国外，近年来，国内提取物均价呈现下降态势。

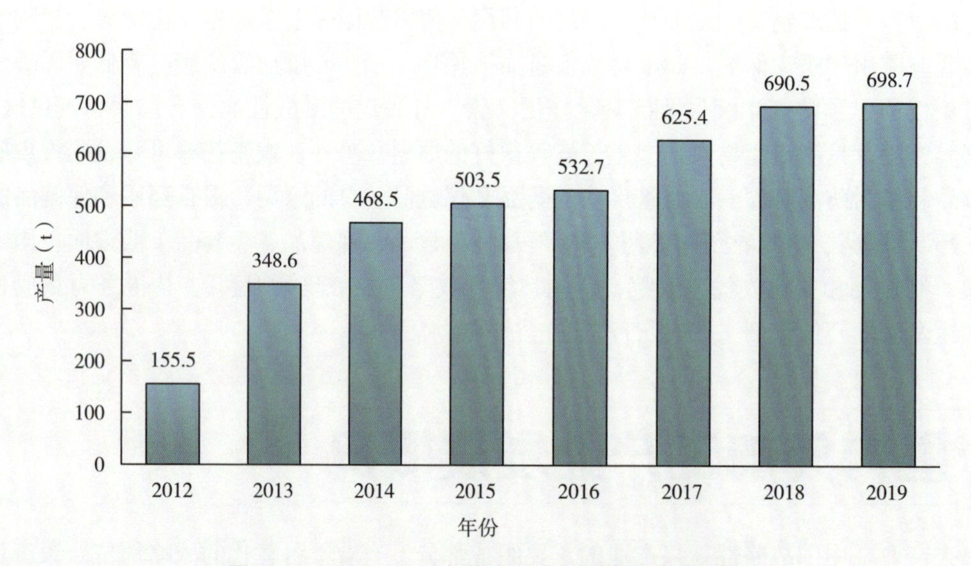


图6-1　2012—2019年我国银杏叶提取物产量走势

表6-2　2012—2019年我国银杏叶提取物进出口统计

| 年份 | 出口数量（kg） | 出口金额（美元） | 进口量（kg） | 进口金额（美元） |
|---|---|---|---|---|
| 2012年 | 96172 | 9488628 | 513 | 26170 |
| 2013年 | 276055 | 23276921 | 93 | 17877 |
| 2014年 | 353345 | 25681461 | 376 | 9141 |
| 2015年 | 349970 | 28439990 | 223 | 8257 |
| 2016年 | 330905 | 33876590 | 85 | 2615 |
| 2017年 | 420120 | 40232218 | 159 | 7911 |
| 2018年 | 479692 | 38851842 | 214 | 8377 |
| 2019年 | 479038 | 39889525 | 133 | 14520 |

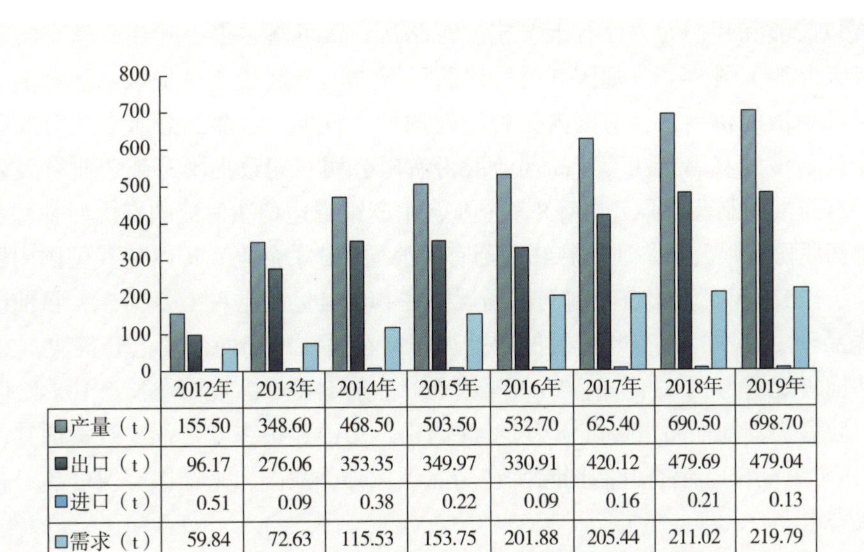

| | 2012年 | 2013年 | 2014年 | 2015年 | 2016年 | 2017年 | 2018年 | 2019年 |
|---|---|---|---|---|---|---|---|---|
| 产量（t） | 155.50 | 348.60 | 468.50 | 503.50 | 532.70 | 625.40 | 690.50 | 698.70 |
| 出口（t） | 96.17 | 276.06 | 353.35 | 349.97 | 330.91 | 420.12 | 479.69 | 479.04 |
| 进口（t） | 0.51 | 0.09 | 0.38 | 0.22 | 0.09 | 0.16 | 0.21 | 0.13 |
| 需求（t） | 59.84 | 72.63 | 115.53 | 153.75 | 201.88 | 205.44 | 211.02 | 219.79 |

图6-2　2012—2019年我国银杏叶提取物供需平衡统计

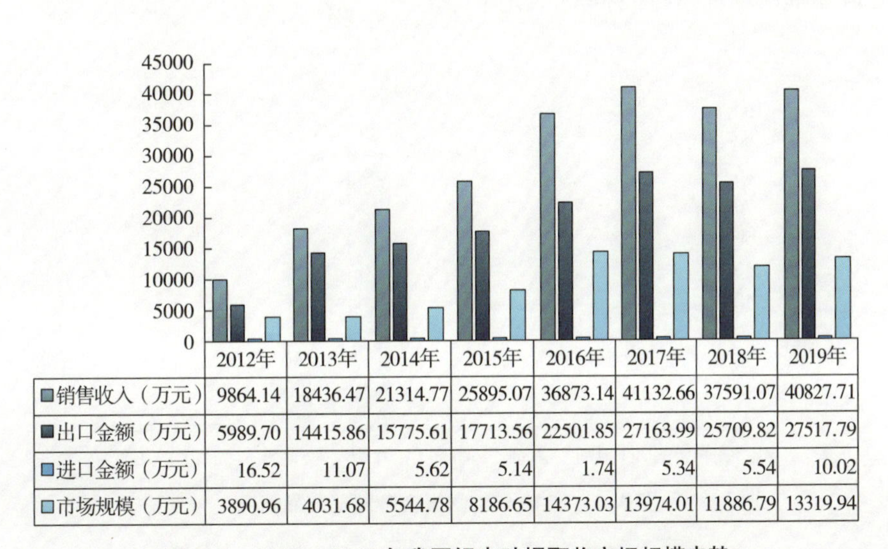

| | 2012年 | 2013年 | 2014年 | 2015年 | 2016年 | 2017年 | 2018年 | 2019年 |
|---|---|---|---|---|---|---|---|---|
| 销售收入（万元） | 9864.14 | 18436.47 | 21314.77 | 25895.07 | 36873.14 | 41132.66 | 37591.07 | 40827.71 |
| 出口金额（万元） | 5989.70 | 14415.86 | 15775.61 | 17713.56 | 22501.85 | 27163.99 | 25709.82 | 27517.79 |
| 进口金额（万元） | 16.52 | 11.07 | 5.62 | 5.14 | 1.74 | 5.34 | 5.54 | 10.02 |
| 市场规模（万元） | 3890.96 | 4031.68 | 5544.78 | 8186.65 | 14373.03 | 13974.01 | 11886.79 | 13319.94 |

图6-3　2012—2019年我国银杏叶提取物市场规模走势

目前，国外诸多银杏制药集团银杏提取物开发已从GBE往高品质银杏提取物（AGE）更高端层次发展，银杏药品市场发展前景无限。银杏干叶，出口价格1000美元/t，粗加工后价格为5000美元，深加工变成药制品价格达到10万美元，而在国内价格仅为20万元，即银杏干叶、粗提取物、药制品比例为1∶5∶100。国内银杏叶含量有效成分获得率为1%，但是国外则为2%，即每100kg干叶能够提取1～2kg黄酮，国内收益仅是国外的一半。从这点来看，中国未来的战略重点应放在具有高附加值的产品银杏药物的生产与开发上，形成一批能够进入国际市场的银杏药品。

我国银杏叶制剂的生产厂家众多，剂型丰富，目前已获得国家生产批号的银杏叶制剂高达121种，包括了胶囊、片剂、滴丸剂、酊剂、颗粒剂、丸剂、口服液、注射液等剂型。我国银杏叶制剂年销售额从2000年的6亿元发展到2007年的22亿元，2019年超过60亿元，成为心脑血管领域植物药领先品种之一。银杏提取物制剂对心脑血管疾病的疗效显著且无毒副作用。目前，制药企业近百家，如深圳海王药业集团、江苏扬子江药业集团、上海信谊药厂、浙江康恩贝集团、山东威海中海药业有限公司等。我国银杏叶制剂主要以胶囊和片剂为主，有天宝宁、百路达、银可络、银杏叶片、丝泰隆、舒血宁、华宝通、脑安、银杏天宝等（图6-4）。德国威玛舒培药厂于2001年将银杏叶提取物注射剂引入中国，开始了我国银杏叶类注射液的仿制，目前国内银杏注射剂种类较少，主要是舒血宁注射液和银杏达莫注射液。生产舒血宁注射液的有黑龙江珍宝岛药业股份有限公司、朗致集团万荣药业有限公司、神威药业集团有限公司、石药银湖制药有限公司等8家企业，生产银杏达莫注射液的有山西普德药业股份有限公司、贵州益佰制药股份有限公司、通化谷红制药有限公司等3家企业。2013年我国国内银杏叶制剂市场规模为90.77亿元，2019年我国银杏叶制剂市场规模在140.84亿元左右（图6-5），目前已成为心脑血管系统植物药领先品种。其中，银杏叶注射液制剂近年来在医院市场的份额上升很快。2013年我国银杏叶注射剂类产品销售规模为72.33亿元，2019年银杏叶注射剂类产品规模增长至105.42亿元；2013年我国银杏叶片剂、胶囊剂其他产品销售规模为18.44亿元，2019年银杏叶片剂、胶囊剂其他产品销售规模增长至35.42亿元（图6-6）。银杏叶制剂除了在药品领域外，我国未来在银杏保健品、化妆品等产品也有着巨大的潜在需求。

20世纪60年代初，德国施瓦伯制药公司研制出银杏叶提取物，并用其生产出第一代药品“TEBONI TEBONIN RETARD”和“VEINOTEBONIN”。其后，世界上数十个国家相继开发，将银杏叶制剂列为治疗心脑血管疾病、老年痴呆症及抵抗衰老的首选药物。目前，全球有130多个国家使用银杏叶制剂，2019年全球银杏叶制剂市场规模约92.84亿美元（图6-7）。

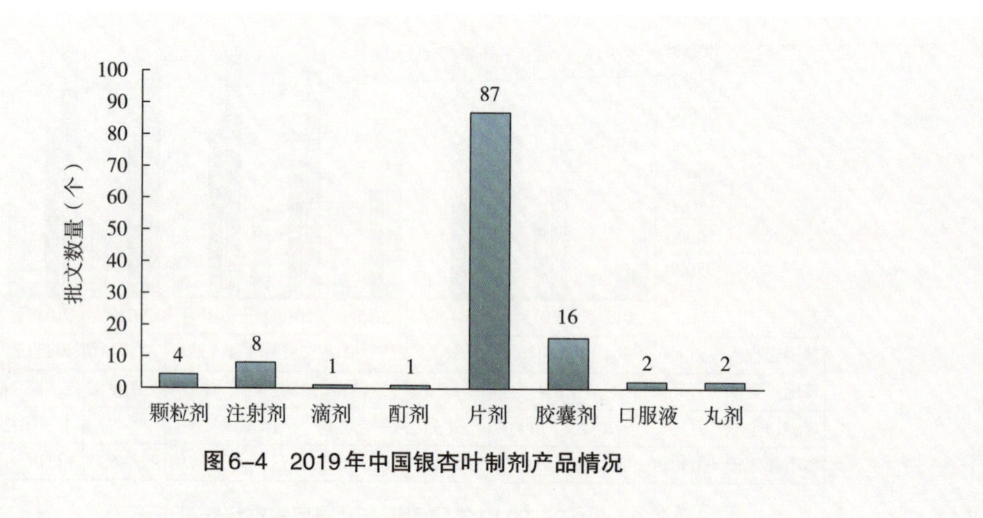


**图6-4 2019年中国银杏叶制剂产品情况**

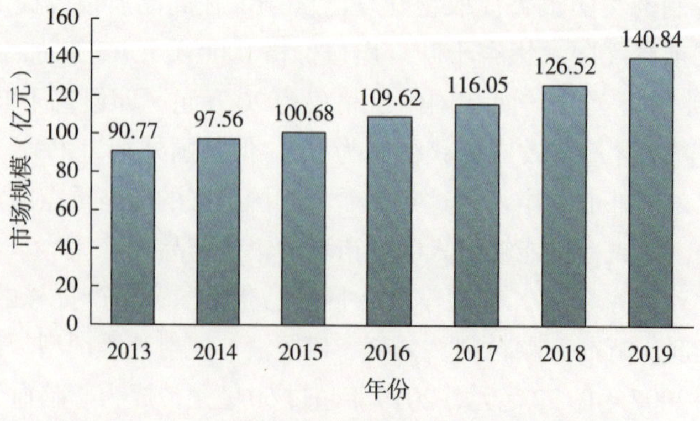

市场规模（亿元）
160
140
120
100
80
60
40
20
0
90.77
97.56
100.68
109.62
116.05
126.52
140.84
2013
2014
2015
2016
2017
2018
2019
年份

**图6-5 2013—2019年中国银杏叶制剂产品规模走势**

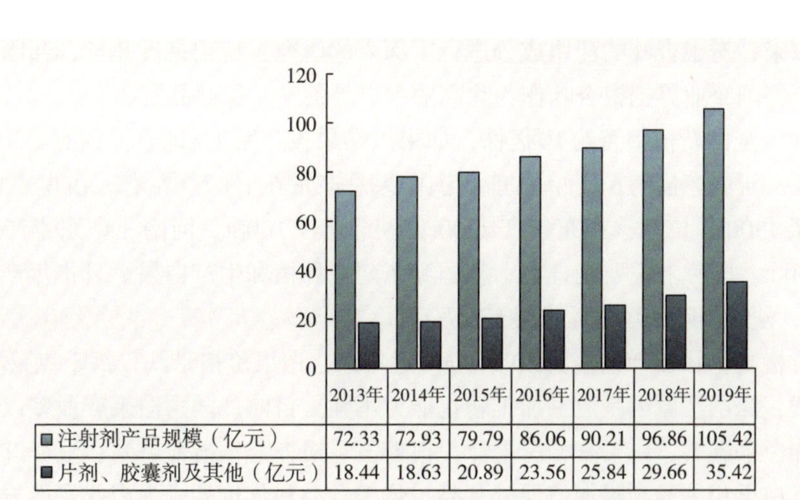


| | 2013年 | 2014年 | 2015年 | 2016年 | 2017年 | 2018年 | 2019年 |
|---|---|---|---|---|---|---|---|
| 注射剂产品规模（亿元） | 72.33 | 72.93 | 79.79 | 86.06 | 90.21 | 96.86 | 105.42 |
| 片剂、胶囊剂及其他（亿元） | 18.44 | 18.63 | 20.89 | 23.56 | 25.84 | 29.66 | 35.42 |

图6-6　2013—2019年不同类型银杏叶制剂产品规模统计

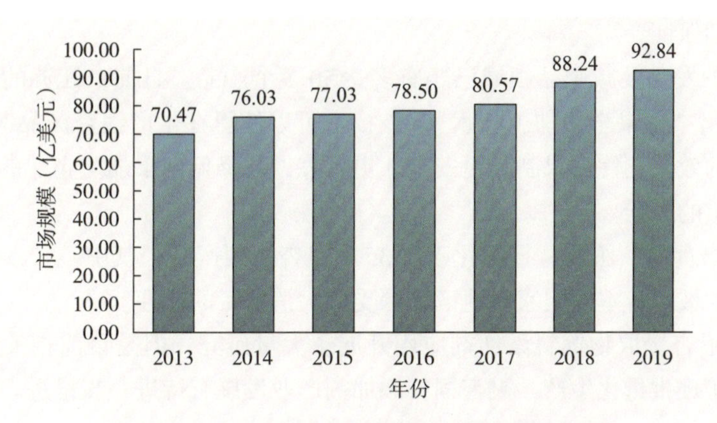


图6-7　2013—2019年全球银杏叶制剂市场规模

银杏终端产品自诞生以来，在国外的销量日益增长。目前，德国、法国、美国是银杏叶制剂三大销售市场，其中，德、法两国是最先从银杏树叶中提取出银杏黄酮和银杏内酯成分的国家，两国的GBE制剂产品在世界范围内占有较高份额，仅德国市场上就有十几种品牌的银杏叶制剂，如德国施瓦伯制药公司（Schwabe）的天保宁（Tebonin）、法国博福-益普生制药公司（Beaufor-Ipsen）的达纳康（Tanakan）等，由于德、法两国最早研究的GBE制剂且质量标准制定严谨，两国生产的银杏叶剂早已出口至世界各地。1965年，银杏制剂首次由德国施瓦伯制药公司投放市场，当年销售额就达600万美元。之后，其销售逐年上升。2004年德国的银杏制剂年销售额已超过1亿美元。1975年，法国益普生开发出达纳康，包括片剂和口服液，年销售金额达1亿欧元。1965年，德国威玛舒培制药厂研制出银杏叶制剂金纳多（Ginaton），并制定行业标准EGB761，全球年销售高达10亿美元。而2001、2002、2003年连续3年，国际市场上银杏类产品的销量在30亿～40亿美元，其中，美国市场均为保健品，市场为20亿美元左右。欧洲市场为10亿美元左右，其他地方为10亿美元左右。

目前，美国市场上至少有70～80种含低酸型银杏叶提取物（EGB）的保健产品。去年美国加州一公司推出一种以进口德国EGB761为原料生产的“GINKGOLD”银杏制剂，外包装印有“可改善智力与记忆力”字样，上市后颇受广大消费者的欢迎。日本国内约有数十家科研单位从事银杏叶保健产品的开发研究工作。日本政府的药品主管部门与美国一样至今仍未批准银杏叶制剂的药品身份，故GBE在日本市场只能以健康食品名义出售。但日本的银杏叶保健食品开发与销售势头异常迅猛。据统计，日本保健食品市场总销售额近2万亿日元，其中，银杏叶保健食品估计占5%～8%的市场份额。自1968年韩国成立银杏研究院以来，对银杏叶的药用成分进行了深入的研究，特别是近几年，韩国注重对银杏叶综合加工利用的研究。韩国企业界把银杏叶作为除高丽参以外的又一保健品资源。

据不完全统计，全国新植银杏约10亿株，如果以结果投产率2%计算，约有2千万株结果，按平均株产白果3kg计算，新增产量约6万t。目前我国白果总产量在1.1万t左右，占世界白果产量的90%左右，江苏年产白果4500t，广西、山东年产2000t，湖北年产1000t，河南、广东年产700～800t，浙江、安徽和贵州年产500t。国际上主要是日本、韩国和东南亚种植和生产白果。日本年产300t，韩国和东南亚国家年产约30t，预测国际市场的需求量是5万t。

早些年白果价格高，1998年曾卖到80元/kg。近年来，白果价格暴跌，每千克只卖3～5元，直接原因是白果产量猛增，深层次原因是白果加工转化能力不强。目前，国内白果产业多以银杏仁和其他初级果产品为主，诸如白果罐头、白果露、白果汁、银杏王、银杏蜜、银杏果晶、银杏口服液等。

近年来，开发白果相关的高附加值保健食品、休闲食品和化妆品成为产业发展方向。采用“蒸煮—冷冻—冷油炸”工艺生产的休闲白果、白果酒等受市场青睐，但银杏酒、银杏“开心果”等生产企业规模偏小、技术层次不高，有的还是作坊式生产，对产品质量全过程控制能力不强，制成品的口感、营养保健作用难以完全得到保证。

白果在化妆品、护发品及减肥品领域已经有多达50多个产品。目前，江苏的一家银杏加工企业与供销合作，共同研发出“白果全粉加工技术”。该技术可以使得在生产银杏产品时无须添加化学物质，也能达到增长保质期的效果，使白果制品更安全、更可靠，并降低白果加工企业的运营成本，这对白果加工业来说可以算是质的飞跃。

目前，国内开发出食品、医药、日用化工等35个银杏系列产品，其中“三泰”牌银杏汁、银杏晶等食品销往香港及新加坡、日本等国家和地区，深受广大消费者的欢迎。

尽管对银杏叶或银杏提取物饲料添加剂应用开展了大量研究，但是目前相关产品还未获得“兽药字”批准文号，未能实现批量化生产，银杏饲料添加剂产业发展有待进一步推进。

## 2.2 国内外技术发展现状与趋势

### 2.2.1 银杏叶及保健功能产品

中国很早就意识到了银杏的药用价值，明代李时珍在《本草纲目》中提到，银杏“人肺经，益肺气，定喘咳，缩小便”。《中国药典》记载，银杏叶为银杏科植物银杏的干燥叶，宜在7月至9月采收。该药性平，味甘、苦、涩，归心肺经，敛肺，平喘，活血化瘀，止痛，可用于肺虚咳嗽、冠心病、心绞痛、高血脂等治疗。

随着银杏叶药用、保健等开发利用，银杏叶的国际、国内市场前景广阔。

银杏叶是一种中药材，同时还可以食用，被列入《可用于保健食品的物品名单》。自2015年“银杏叶事件”风波之后，银杏制剂药品、银杏叶保健食品行业受到很大冲击，经过监管部门的全面整治，银杏叶保健食品产业现已规范管理，市场迎来了新的生机。

银杏叶生产与白果不同，它的显著特点是生产周期比白果短。第一年栽植，第二年采叶，第三年产干叶可达3t/hm$^2$以上。需要干叶时，在短期内即可大量提供。为解决银杏叶稳定供应，德国史瓦伯制药集团和法国博福益普生制药集团，先后在法国西南地区和美国南卡罗来纳州萨姆特分别建立采叶园480hm$^2$和460hm$^2$，两地共计年产干青叶6000～8000t。我国主产省份先后营建起大面积银杏采叶园，累计面积在2000万m$^2$以上。目前，每公顷按年产干叶3t计算，新建银杏叶采叶园，年产干叶6000t左右。当今，我国银杏叶大部分采自成年大树，新发展幼树和成年大树共计年产总干叶量在2万t以上。银杏生产能否取得较好的经济效益，对银杏叶的正确采收是非常重要的，银杏叶的采收时间是根据银杏叶中黄酮和内酯的含量而定的，采收时间一般是在8月中旬至9月中旬，这时黄酮和内酯含量最高。

我国对银杏叶的利用方式，开始逐步从出口原料向深加工转变，而且制药、食品、化妆品、饮料、银杏茶都需要大量银杏干叶，其中银杏制茶厂有100多家，年产茶约100t。江苏、山东每年还向德国、法国、瑞典、日本、韩国、中国台湾等地出口银杏干叶约5000t。

我国的银杏标准数量不多，现行有效的银杏相关标准主要以地方标准为主。目前，已发布实施的标准有国家标准2项、行业标准7项、地方标准8项及中国保健协会主导制定的团体标准2项，主要以栽培、苗木繁殖、苗木质量分级和银杏叶生产技术为主，如《银杏栽培技术规程（LY/T 2128—2013）》《观赏银杏苗木繁殖技术规程（LY/T 2438—2015）》，地方标准《苗木质量分级银杏（DB13/T 1149—2009）》《银杏造林技术规程（DB13/T 867—2007）》《银杏育苗技术规程（DB13/T 881—2007）》《银杏叶生产技术规程行业标准（DB32/T 995—2006）》《无公害林产品生产技术规程银杏（果用林）（DB51/T 500—2005）》。

我国以银杏为原料主要加工银杏茶和保健功能食品，目前获批的银杏银剂产品有近500个，其中，胶囊类319个，片剂类56个，茶类55个，口服液类20个，颗粒10个，酒类8个，膏类6个，保健液营养液类5个，冲剂、丸、饮料类各4个，晶类3个，精、糖浆、糖、乳类各1个。主要功能以辅助降血脂、增强免疫力、提高缺氧耐受力、辅助改善记忆、辅助降血糖、辅助降血压等为主。银杏叶还不能直接作为食品，而是被作为预期的未来新食品的原料之一。

银杏叶保健食品是国际市场上最受欢迎的植物保健食品之一，在保健食品市场占据很大份额，尤其在欧美草药市场上，可作为食品膳食补充剂进行产品加工。美国市场上银杏叶制品种类繁多，已成为最畅销的草药产品之一，德、法两国的应用历史较长，已批准为非处方（OTC）药。

### 2.2.2 银杏叶提取物和制剂加工

银杏叶提取物（Ginko Biloba Extract，GBE）是以银杏的叶为原料，采用适当的溶剂，提取的有效成分富集的一类产品。银杏提取物含有黄酮及内酯等多种药用成分，对治疗心脑血管疾病、老年性痴呆、哮喘、癌症等有很好疗效。以GBE为原料制成的各种制剂，广泛应用于药物、保健品、食品添加剂、功能性饮料、化妆品等领域。

1965年，德国植物药巨头Schwabeg公司率先通过萃取技术从银杏叶片中提取到了药用物质，将其命名为EGB，当时由于提取技术相对落后，其中提取物中仅含有少量银杏总黄酮成分（2%），银杏内酯却未能保留。该标准也成了银杏叶的第一代标准（Schwabe标准），到了20世纪70年代初，国内也开始着手银杏叶提取物相关的研究，通过提取工艺的改良，将提取物中银杏总黄酮的含量提升到了24%，但银杏内酯还是未能合理控制，该标准即为第二代标准（6911标准）。1976年，德国Schwabeg公司推出的国际第四代标准（EGB761标准），该标准率先将银杏总黄酮、黄酮苷元峰比、总内酯、分内酯、银杏酸都纳入质量体系中，按该标准生产的银杏叶产品“金纳多”和“达纳康”风靡世界，成为当时人们预防治疗心脑血管疾病的首选天然植物药，年销售额突破了10亿美金。随后，欧洲药典逐版对EGB761标准进行了提升，2007年欧洲药典EP 6.0版的标准中率先对3个银杏内酯指标进行了范围化设定，并对银杏总黄酮进行了限量，该标准被国际行业协会称为第5代标准。2008年，美国在其新版的USP31版药典标准中对银杏叶标准进行了大幅度提高，除了所有指标达到第5代标准以外，银杏总内酯及两个内酯含量的大幅度提高成为该标准中最大的亮点，美国USP31版药典标准将银杏叶提取物标准提升至第六代。

相比国外，中国银杏叶标准自制定到2002年进入药典标准以来，考虑到国内大部分企业的工艺水平，一直低于EGB761标准，特别对于分内酯及银杏酸的含量要求迟迟无法与国际标准接轨，直到现在大部分国产银杏叶制剂也只能达到第三代标准，而1993年，康恩贝公司的天保宁上市，即采用当时最为先进的第四代标准（EGB761标准）生产。2008年初，康恩贝在第六代标准（USP31）基础上同步开展科技攻关，充分吸收了美国标准和欧洲标准之所长并结合了国内的实际情况，于2009年初成功完成对康恩贝银杏叶提取物中各药效成分配比的进一步优化，该标准率先要求银杏内酯B设定下限量，并将银杏酸的含量成功控制在$1\times10^{-6}$以内，该创新性的银杏叶提取物质量标准，成为目前综合技术壁垒最高的新一代标准，定义为EGB1212标准，寓意银杏总内酯上限达到12%，银杏内酯B下限达到1.2%。

目前，《中国药典（2015版）》对银杏叶提取物进行调整，其分析方法和技术指标与美国USP31基本相同：《银杏叶提取物（LY/T 1699—2007）》《保健食品用银杏叶提取物（CAS 160.1—2008）》《银杏叶提取物保健食品（CAS 160.2—2008）》《保健食品用银杏叶提取物（T/CNHFA 001—2019）》。

银杏叶提取物加工技术涉及提取和分离等多种工艺。国外GBE761采用丙酮提取和溶剂萃取工艺，现采用第四代银杏叶提取物工艺，可以生产出高纯度的单体组分。德国使用技术先进的溶剂法，自动化水平高，具有年生产能力50t的GBE761生产厂。我国传统提取为水或乙醇溶液热提取，部分企业采用高温酸水提取工艺，在分离方法中，就有精馏、萃取、蒸发、离子交换、吸附与脱附等。整体上加工工艺能耗高、环境污染大，溶剂脱酸，银杏烷基酚酸超标达不到国际EGB761标准，掺假现象严重，出现过敏源与农残问题，提取率大多没有超过1.5%，而国际上一般在2%～2.5%，造成我国银杏资源的巨大浪费。我国银杏叶提取物年生产能力800～1000t，年生产50t以上的生产厂约30多家，由于原料和市场原因，目前处于半停产状态。

目前，国内有采用先进的超临界$CO_2$萃取、亚临界流体萃取、AF-8和半仿生提取等新技术，但尚未取得工业化生产上的突破。总之，企业实现大型化、提高规模经济水平，关键是依托化工现代化、工艺设备最优化、开发产品系列化、企业集团化。

对银杏的现代研究起源于20世纪50年代，德国施瓦伯公司在银杏叶提取物中找到一个最佳的组分构成比例，以最大限度地发挥银杏叶的药用价值。德国施瓦伯公司的工作结果被欧洲接受为银杏叶提取物标准，该标准品被称为GBE76l。20世纪60年代，德国科学家发现银杏黄酮能防治心脑血管疾病和降血脂。20世纪70年代，德国医学媒体报道，银杏叶提取物能增加中枢和外周血管血流量，可用于治疗心、脑及外周血管缺血性疾病。20世纪80年代，法国科学家Brapuat发现了银杏叶的内酯成分有很强的拮抗血小板活化因子（PAF）的作用，随后银杏叶制剂作为第一个进入临床的PAF拮抗剂进行了三期临床观察，银杏叶制剂的研究和开发进入了一个新的领域。1991年，美国哈佛大学的学者因发现银杏内酯B的分子结构而荣获诺贝尔奖。至今在世界上同一种研究中，唯有银杏两次获诺贝尔奖。随后，银杏叶提取物的用途得到更深入、广泛的研究，如用来治疗慢性肾功能衰竭、冠心病、突发性耳聋、胃黏膜损伤、精神分裂症、阿尔茨海默病、脑血栓等病症。此外，国内外已有许多研究机构尝试用银杏叶提取物来治疗“青光眼”。更进一步的研究也表明，银杏内酯B（GB，代号BN52021）在临床上用于中风、器官移植排斥反应、休克等的治疗和血液透析，其效果明显优于银杏内酯混合物。

国内开发银杏内酯二类新药（注射剂），用于扩张血管、治疗血栓，江苏康缘药业股份有限公司等2家去年上市。由广州市花城制药厂与中国人民新中国成立军总医院共同研制的银杏内酯B单体注射液的Ⅲ期I临床试验的成功，标志着这一拥有自主知识产权的中药一类创新药进入最后的研发阶段。

银杏叶制剂是以银杏提取物为原料制备的各种制剂。以银杏及其有效成分开发的制剂有片剂、胶囊剂、颗粒剂、口服液、注射剂、滴丸、糖浆、酊剂等。近些年，在中国、德国、美国、日本等国家，通过银杏叶提取物制成制剂销售已经成为主流趋势。

银杏研究院和制药、食品、化妆品企业的研究所都在积极研究银杏叶药用成分，在此方面也取得了不少成果。韩国制药公司已从银杏叶中提炼出解毒剂、抗真菌剂、抗癌剂，有治疗哮喘、心血管系统、神经系统疾病的药物以及食品、化妆品添加剂。韩国各制药企业每年在国内收购银杏叶用于制造药品。在韩国境内，这些产品的市场规模为每年1000亿元。韩国各企业在扩大银杏叶综合加工设施的同时，还派遣人员到海外进行市场调查，以便使相关产品占领国际市场。目前，韩国制药业要求完全禁止出口银杏叶，仅制成药剂以后再出口，以此每年可以获得1亿美元的利润。在韩国，每年至少有10余家大财团争相投入巨额的财力、物力和人力，对银杏制剂进行系统化、科学化的研究和开发。据了解，银杏制剂作为一种优良的治疗心血管疾病的药物，每年将为韩国医药工业创造大约6.4亿美元的产值和高达30%以上的利润。韩国制药工业联合会最近已号令韩国各公司要进一步加强横向联合，其目的就在于加速韩国银杏制剂的开发、生产和出口。

### 2.2.3 白果加工

白果为银杏树的果实，是我国药食同源品种。白果富含淀粉、蛋白质、油脂、糖、维生素、氨基酸等营养成分，还含黄酮、内酯等功能成分，极具营养和医疗价值。研究表明，白果有提高肌体耐缺氧、抗疲劳、延缓衰老、平喘、祛痰、抑制结核杆菌生长、延长表皮细胞寿命等作用，具有很好的保健和预防疾病的功能。白果清新甘美，口感香糯，可作为食疗、滋补、保健食品。

我国有种植和食用白果的习惯，银杏白果的种植采用实生和嫁接技术，以丰产为主，再根据果核形状与大小进行质量等级，现有国家标准、林业行业标准和地方标准等，如《银杏种核质量等级（GB/T 20397—2006）》《地理标志产品泰兴白果（GB/T 21142—2007）》《银杏核用品种选育程序与要求（LY/T 2766—2016）》《植物新品种特异性、一致性、稳定性测试指南－银杏（LY/T 3000—2018）》《出口生白果检验规程（SN/T 0445—1995）》《银杏（白果）（DB32/T 545—2002）》《无公害林产品银杏（白果）（DB51/T 499—2005）》《泰兴白果（DB32/T 506—2001）》。

目前，世界上生产白果的国家并不多，全球每年生产白果总量中我国占到90%以上，年产量2万～3万t。白果传统加工为干果类，用白果为原料和配料烧、烤、炖、煮等方法制成的菜肴为国内外宾客所喜爱。生产的产品多以银杏仁和其他初级果产品为主，包括食品、饮料和化妆品等各个方面。

## 2.3 差距分析

### 2.3.1 产业差距分析

我国的银杏产业结构与西欧、美国、日本及韩国的银杏产业结构相比，主要存在以下差距：西欧、美国、日本及韩国的银杏产业结构层次较高，主要生产高质量、具有高附加值的银杏终端产品，如银杏注射液、复方银杏制剂等产品和高质量的银杏叶提取物的生产和加工，并且掌控着这些产品的生产和质量标准。而我国的银杏产业结构层次较低，主要从事着低附加值产品的生产，即主要从事银杏种植和低质量的银杏叶提取物的生产。我国虽然也涉及了银杏终端产品的生产，但绝大部分产品质量较低，不仅达不到国际标准，无法进入国际市场销售，而且即使是在国内销售，由于国内银杏终端产品行业缺乏统一、明确的质量标准，大多数银杏终端产品也得不到国内消费者，尤其是具有较高购买力的大城市消费者的认可，从而销售业绩一直平淡不佳。产业结构的差距致使中国的银杏产业处于银杏产业价值链的低端，尽管产销量大，却在全球银杏产业中所获利润微薄。每年中国向世界提供3万t银杏叶和600t银杏叶提取物，销售额大概6亿元人民币，而全世界银杏制剂的总销售额达到50亿美元，约98%的利润被外国公司攫取。

由于我国银杏产业的发展缺乏宏观调控和指导，研究和生产方面低水平重复，因而依靠高新技术对银杏进行研究开发已成为迫在眉睫的重要任务。国产银杏叶制剂市场竞争激烈，与国际接轨是银杏产业发展的必然趋势，这就要求必须尽快使我们的产品无论在外观上，还是在内在质量上都与国际接轨，只有这样才有可能加强国际间的合作和交流，促进银杏产业的稳步发展。急需解决产业发展中的诸多重大问题，在占领国际原料市场的同时，开拓高质量、高技术、高附加值的制剂产品市场，以国际市场带动国内市场，使银杏产业更好地造福人类。

### 2.3.2　技术差距分析

我国银杏叶加工企业的发展随着银杏叶提取物国际市场的变化，经历了从大起大落到复苏平稳的过程。我国在银杏叶加工提取装备工艺方面与国际先进水平有明显差距。我国银杏提取物产品加工业普遍存在规模小、设备落后、技术力量薄弱、生产效率低、产品质量差等问题，使企业无法获得规模经济效益。相较于国外，我国银杏产业起码落后于发达国家15～20年，而且还是低水平重复，科技含量低，缺乏高、精、尖的深加工银杏产品。由于德国、法国研究开发GBE制剂早并且质量标准控制严格，因此其生产的银杏叶剂在国际市场具有突出技术优势、品牌优势。从EGB761标准到2007年的欧洲EP标准，再到2008年的美国USP标准，欧美发达国家对EGB的质量门槛不断提高。长期以来，国内企业因为生产出来的银杏叶提取物未达到欧美发达国家所要求的标准，往往只能作为原料粗制品，以较低的价格出口，或者卖给国内生产银杏叶制剂的制药厂。

国内对银杏制剂开发起步较晚，目前，在中国银杏制剂的研发仍停留在模仿国外同类产品的水平，制剂的类型和种类都十分单一，主要有胶囊和片剂这两种。到目前为止，国内的企业在制剂的研发这一领域只能达到国外二类产品的标准与一类产品相比相差甚远，保健品制剂的发展也十分匮乏，有一些复方制剂上市，但都不成规模、产量偏小。国内银杏终端产品加工业发展的滞后，未能有效地向前带动银杏中间产品加工业和种植业的价值创造。银杏药品和化妆品的主要原料之一为银杏叶提取物，它们的生产需求影响着银杏叶提取物的生产，而银杏叶提取物的生产，又带动着银杏叶用树的种植。银杏产业的一体化经营尚不完善，产业链发展仍有欠缺，关键是银杏终端产品加工环节的价值创造能力未能被充分挖掘出来。国外银杏产品生产正逐步由生产中间产品（提取物）走向高端产品的产业体系，高端产品开发主要以提取银杏叶药物成分，制造医用、保健、化妆品产品为主。纵观世界银杏产业发达的国家，它们无一例外地都在全力打造银杏终端产品加工业，也因而获得了高额的利润回报。有效挖掘银杏产业价值链上的终端产品加工环节，如增加银杏药品和化妆品的生产，能极大地增加整个银杏产业的价值，促进银杏产业化的发展。

# 3　国内外产业利用案例

## 3.1　江苏邳州银杏

### 3.1.1　案例背景

江苏邳州是全国著名的“银杏之乡”。邳州银杏栽植历史悠久，迄今已有近2000年历史。在1984年，全市的银杏栽植总株数17600株，其中，100年以上大树4012株，500年以上古银杏9株，1000年以上的3株，全市银杏白果产量仅150t。自1990年以来，邳州市政府格外重视银杏产业的发展，每年该市银杏种植数量都在不断递增。截至2017年，邳州市成片市银杏种植面积约有3万$hm^2$，位居全国首列。“邳州银杏”获批国家地理标志产品。

1986年，邳州市被国家和江苏省批准为“银杏商品生产基地县（市）”；2000年4月，邳州市被国家首批命名为全国名特优经济林——银杏之乡；2001年，全国经济林建设先进县（市），同时被确定为全国经济林生产示范县；2002年，经江苏省林业局批准为省级银杏森林公园；2004年，被国家林业局批准为国家级银杏博览园；2006年，国家级银杏标准化示范区建设顺利通过国家标准化管理委员会的验证；2007年1月，又被国家林业局定为“全国经济林产业示范县”获得“国家级生态示范园”，获得国家GAP认证；2010年12月，经国家质检总局审核，决定对“邳州银杏”实施国家地理标志产品保护。

近年来，邳州不断放大银杏资源优势，大力发展银杏产业，积极延伸产业链条，多元化开发银杏产品，走出了一条银杏种植、银杏科研、银杏加工、生态旅游“四位一体”的产业化发展道路，成为全国最大的银杏种植基地和加工产业区，被评为全国经济林建设百强县、全国经济林建设示范县、全国林产业第一县。邳州是全国三大银杏生产基地之一，银杏产业已成为邳州农村经济和农民脱贫致富的支柱产业。随着现代生物医药技术的发展，邳州银杏逐渐从传统优势转变为产业优势，迸发出无限活力。

### 3.1.2 现有规模

邳州银杏资源总量位列全国前列，是全国经济林建设示范县、国家银杏标准化生产示范区，建有国家级银杏GAP基地，通过了欧盟GACP银杏叶出口基地认证。全市银杏成片林面积30万亩，定植银杏近1900万株，在圃各类银杏苗木近2.5亿株，形成“苗、果、叶、树”四位一体的银杏综合生产示范园。年产银杏果超5000t，银杏干青叶1.5万t，银杏提取物330t，各类银杏食品和保健品300t。邳州银杏产业属外向型产业，生产的银杏叶、白果、银杏叶提取物80%为外销产品，主要销往德国、法国及东南亚各国。其中银杏叶提取物三成出口欧美，七成内销贵州百灵、江苏扬子江、浙江万邦和康恩贝等大型制药企业。2009年邳州银杏产业年产值20亿元，2019年邳州全年银杏产业总产值超过了60亿元。据初步统计，从事银杏产业的农民每人每年最少的收入也在5万元以上。

邳州银杏产业集聚、产品多样。邳州拥有贝斯康药业、鑫源生物、天力生物、银杏源生物科技、伟楼生物等30多家重点银杏深加工企业，涉及食品、药品、保健品、工艺品等诸多领域。其中，贝斯康药业有限公司银杏叶GMP提取车间是目前省内通过GMP认证仅有的两家的企业之一；邳州鑫源生物制品有限公司是国内最大专业生产银杏叶提取物的厂家之一。组建银杏产业集团，培植2个银杏产品市场，创建5个银杏良种品牌和5个银杏加工产品品牌，建立银杏产业行业协会，建设全省银杏信息网络系统。

邳州已成为银杏产业投资的热土，近年来，“三资”开发银杏产业蔚然成风。邳州在土地、税收等方面制定了一系列优惠政策，鼓励工商资本、民间资本、外商资本开发银杏，加快了银杏资源开发步伐；成立了“江苏银杏生化集团股份有限公司”，将该市有实力的5家企业联合起来，按照现代企业制度进行动作，现集团资产总额近20亿元。江苏银杏集团申报银杏类4个绿色食品，获得A级绿色食品证书。邳州市与法国益普生公司合作成立港上中大银杏叶公司，加工干青叶出口。江苏银杏集团和美国加州宇源公司合资兴办江苏艾博药业有限公司，开发出以高含量银杏黄酮为原料的银杏胶囊、片剂、冲剂、银杏酮菊花茶保健食品，产品市场相当广阔。北京青山科技有限公司投资1.2亿元的青山银杏科技有限公司已在邳州兴建，实现了银杏制药深加工的突破。

目前，邳州银杏功能食品及生物制品已形成了以银杏果、银杏茶、银杏汁、银杏软胶囊、银杏叶片为主的四大系列30多个品种。“冠灵”“姊妹树”“绿港”三大品牌银杏茶荣获中国绿色食品和国家QS认证，“雪脉通”牌银杏胶囊荣膺省著名商标，“三生友杏”牌开心银杏仁获批省名牌产品。邳州银杏产业市场逐步扩大，目前银杏产品基本上垄断国内60%的市场。

### 3.1.3 可推广经验

（1）注重特色基地建设

邳州市以规模种植、连片种植、特色种植为重点，全力打造国家级林业种植示范基地。一是连片开发，多元化投入，大力发展基地型林业。通过承包经营、招商引资、综合开发等途径，广泛吸纳民资、外资投入经济林建设。二是突出特色，不断优化林业结构。重点抓好银杏林业产业，建成银杏、标准化示范区。三是注重种子技术。创立银杏科学研究所，而且银杏叶中药材栽培基地已通过国家GAP认证；投入950万元农业开发资金，建设3000hm$^2$银杏科技示范园；聘请20多名专家为林业发展顾问，着力打造银杏品牌。

（2）注重银杏产业升级

邳州市不断拓展银杏发展空间，拉长银杏产业链条，努力将资源优势转化为产业优势，初步形成了以“苗、果、叶、材、盆景”为辅，开发以银杏黄酮、食品、茶、保健品、药品等产业为主的综合开发项目，其中，16个生产厂家已成为银杏生产加工的龙头企业。同时，还坚持产学研同步发展，开发出银杏茶、开心果银杏酮胶囊、片剂等10多个品种，真正实现了由卖资源到卖产品的根本性转变。

（3）注重创造性发展

邳州市着力营造“二个环境”，推进林业产业做大做强。一是优厚的政策环境。先后出台《关于加快银杏发展的意见》等一系列政策措施，每年拿出近千万元重奖种植大户，鼓励农民植树造林，扶持民营企业家发展林产品加工业，并每年举办2届中国银杏节，大幅提升了银杏品牌的形象。二是优质的服务环境。出台扶持民企的6项措施，每年初召开林业专题会议，定期组织对接活动，仅去年就投入8300万元农发资金用于林业发展。

（4）注重科研投入与合作

邳州银杏企业通过不断加大研发投入和加强与科研院所的合作，不断提升自身创新能力。目前，拥有国家高新技术企业7家、省级星火龙头企业2家、省级工程技术中心3家、省级企业研究生工作站3家、省级重点研发机构2家、省农业科技型企业3家、高新技术产品8个，并与中国科学院、中国林业科学研究院林产化学工业研究所、中国农业大学、江苏大学、英国爱丁堡大学等10余所国内外知名高校、院所建立了合作关系。

（5）注重银杏生态旅游的发展

邳州的银杏产业在主攻精深加工发展的同时，依托得天独厚的资源优势，积极致力于综合开发。邳州拥有国家级银杏博览园，并建设成为单树种国家级森林公园，旅游观光开发前景广阔。目前，围绕“万顷银杏林海”的休闲观光主题，打造了润城河、古栗园、银杏湖、银杏博览园“四景合一”的银杏养生旅游观光带，积极塑造特色乡村旅游品牌。邳州白马寺门前1500年历史的“古银杏”、铁富姚庄3000m长的“银杏时光隧道”、港上万亩连片银杏林等景点颇负盛名。此外，银杏木制品、工艺品、银杏盆景、景观树种植等开发利用也在蓬勃发展，使旅游产业实现特色化和规模化。

### 3.1.4　存在问题

（1）银杏中间产品的需求过度依赖国外市场，出口产品加工程度偏低

一直以来，邳州银杏叶提取物年产量的80%以上销往国外，而国际市场的需求波动较难预测。另外，邳州出口的银杏产品主要是银杏果、银杏叶及银杏叶提取物，这些产品属于原料性商品和初级产品，国际竞争力较差。由于原料性商品和初级产品加工水平低、容易变质、损坏，且高度依赖下游生产企业，易受制于人，从而造成邳州银杏出口产品经济效益低下。邳州无法拥有银杏叶提取物的销售主动权，其销售受国际市场需求波动的影响较大。

（2）外资引进层次低，银杏终端产品生产不能满足市场需求

从邳州的中外合资及外商独资企业所生产的产品看，这些产品的档次都偏低。银杏终端产品自诞生以来，在国外的销量日益增长。目前，银杏终端产品中，附加值最高的是复方银杏制剂、银杏注射液等治疗心脑血管、老年痴呆症的药品，其次是一些具有预防心脑血管疾病和老年痴呆症，或抵抗衰老的银杏保健品和化妆品。除此之外，国外的银杏药品、保健品和化妆品，形式各样，种类繁多。然而，邳州引进的独资和合资企业，仅生产银杏叶片和银杏胶囊等为数极少的几种产品，高附加值的银杏药品和其他差异化的保健品，以及化妆品都没有生产。

（3）品牌意识有待提高

品牌是一种无形资产。当今全球化竞争中，价格竞争逐渐弱化，产品品质越来越重要，产品品牌在

国际市场竞争中显得尤为重要。没有高质量的产品和优秀的品牌，企业很难在国际市场上有立足之地或获取高额回报。然而，邳州目前的出口产品中几乎都无名牌可言，致使邳州银杏出口产品无法在同类产品中脱颖而出。而且，品牌的缺失也在一定程度上导致了邳州银杏出口产品综合平均价格的下降。

（4）新产品开发少，银杏综合利用率低

目前，邳州银杏产业集中在银杏苗木和果用林，白果加工主要还是传统的干果及白果粉类，缺少脱脂白果粉及其产品；采用蒸煮—冷冻—冷油炸工艺生产的休闲白果，缺乏口感多样化，尤其大量白果外种皮、果壳废弃物产生环境污染。近年白果价低，如何开发白果深加工产品是当务之急。

银杏苗圃基地以苗木为主，缺乏专用密集药用银杏叶采叶基地。银杏叶原料及加工质控问题突出，原料品质、产品标准及检测方法不统一。高温酸水提取能耗高、环境污染大，溶剂脱酸技术导致银杏烷基酚酸超标，产品质量达不到国际EGB761标准，出现过敏源与农残问题，导致出口受到影响。银杏叶提取物及其制剂主要提取叶中银杏黄酮和内酯活性组分，银杏聚戊烯醇（PGB）、多糖、有机酚酸、原花青素、精油等未提取加工利用，导致银杏叶资源的利用率不高。

聚戊烯醇类脂的开发是银杏叶提取物换代产品，可促进银杏叶精深加工和综合利用。急需开展PGB新部位和EGB综合加工技术及应用研究，建立相应的标准和指纹分析，提高EGB质量，延伸银杏产业链，推动我国银杏产业技术创新和持续发展。

## 3.2 浙江康恩贝制药股份有限公司

### 3.2.1 案例背景

浙江康恩贝制药股份有限公司是康恩贝集团有限公司的控股子公司，前身为创建于1969年的“兰溪云山制药厂”。经过30余年发展，现已成长为一家实施全产业链经营，集药物研发、生产、销售及药材种植、提取于一体的大型医药企业。公司于2004年4月在上海证券交易所上市，股票代码为600572。

公司注册地为浙江省兰溪市，管理总部设在浙江省杭州市。公司以浙江为产业发展中心，产业覆盖杭州、金华、兰溪、丽水、磐安等地，同时，在江西、云南、贵州、内蒙古、四川等省份建立了规模较大的产业基地。公司旗下拥有浙江康恩贝中药有限公司、浙江金华康恩贝生物制药有限公司、云南希陶绿色药业股份有限公司、江西天施康中药股份有限公司、浙江康恩贝医药销售有限公司、杭州康恩贝制药有限公司、上海康恩贝医药有限公司、浙江康恩贝药品研究开发有限公司、内蒙古康恩贝药业有限公司、贵州拜特制药有限公司等多个颇具规模和实力的子公司。

### 3.2.2 现有规模

公司在云南省泸西县建有10万亩银杏种植基地，拥有年产300t银杏叶提取物的生产线。康恩贝集团打造国内最大的银杏叶种植基地和提取基地。

浙江康恩贝制药股份有限公司经营发展中一直注重品牌建设，已培育形成了康恩贝、前列康、珍视明、天保宁、金奥康、金笛、金康、金艾康、天施康、恤彤、金康速力、希陶等多个著名品牌及其系列产品，其中康恩贝、前列康、珍视明、天保宁为国家认定的中国驰名商标。“天保宁”作为中国第一个符合国际质量标准的现代植物药制剂，成为中国银杏叶制剂的知名品牌（表6–3）。

表6–3　天保宁驰名商标情况

| 驰名商标 | 产品名称 | 药品注册分类 | 是否中药保护品种 | 是否处方药 |
|---|---|---|---|---|
| 康恩贝、天保宁 | 银杏叶片、银杏叶胶囊 | 中药 | 否 | 是 |

2019年，公司大品牌大品种工程继续取得良好进展，列入大品牌大品种工程的品牌系列产品合计实现销售收入50.76亿元，同比增长37.15%，除天保宁品牌系列微降1.05%外，其余各项品牌系列产品

实现全面增长，公司内生增长动力进一步增强，经营发展质量不断提高。受银杏叶提取物市场继续疲软影响，银杏叶提取物销售收入下降，导致“天保宁”品牌系列产品整体收入略有下降（表6–4、表6–5）。

表6–4 2019年“天保宁”产销量情况

| 产品 | 生产量（万盒） | 销售量（万盒） | 库存量（万盒） |
|---|---|---|---|
| 天保宁银杏叶产品折合30粒 | 2171.92 | 2158.92 | 449.16 |

表6–5 浙江康恩贝制药股份有限公司主要经济指标分析

| 经济指标 | 2019–9–30 | 2018–12–31 |
|---|---|---|
| 每股净资产–摊薄/期末股数（元） | 2.0352 | 2.1345 |
| 每股现金流（元） | 0.0058 | –0.359 |
| 每股资本公积金（元） | 0.2671 | 0.2971 |
| 流动资产合计（万元） | 498178 | 475417 |
| 资产总计（万元） | 1077460 | 1071340 |
| 长期负债合计（万元） | 53021.3 | 137884 |
| 主营业务收入（万元） | 539309 | 678665 |
| 财务费用（万元） | 8378.09 | 7182.73 |
| 净利润（万元） | 47439.9 | 80379.4 |

### 3.2.3 可推广经验

作为一家以制药为核心的企业，康恩贝坚持将产品质量作为产业大厦和品牌经营的第一基石。在产业链的最前端，康恩贝在云南等环境优越之地建立药用植物和中药材种植基地，从源头上把控原材料品质；在研发上，公司以国家级企业技术中心、国家级博士后科研工作站、国家创新型企业等平台为依托，在新型制剂研发、植物提取物标准提升等方面不断探索；在生产环节，康恩贝以完善的质量控制体系和接轨国际的质量标准来确保产品质量；在销售环节，公司在线下建立了遍布全国的营销体系，线上则大力开拓电商渠道，加快与互联网的融合步伐。因为在产业链各环节不遗余力的投入，“天保宁”牌银杏制剂产品等均在市场上赢得了良好的美誉度，成为细分领域的优势品牌。

### 3.2.4 存在问题

“重宣传轻研发”：公司的销售费用占公司营业收入比重达到43%，超出行业平均水平，是公司同期研发投入的15倍。此外，公司曾在2016年卷入“问题银杏叶药源”风波。银杏叶提取物产品标准有待进一步提高。

## 3.3 扬子江药业集团有限公司

### 3.3.1 案例背景

创建于1971年的扬子江药业集团，是中华人民共和国科学技术部（简称“科技部”）命名的全国首批创新型企业。集团总部位于江苏省泰州市，现有员工16000余人，旗下20多家成员公司分布泰州、北京、上海、南京、广州、成都、苏州、常州等地；营销网络覆盖除台湾以外的全国各省（自治区、直辖市）。集团践行“高质惠民创新至善”的核心价值观，致力向社会提供优质高效的药品和健康服务。据工信部发布的行业排名，2014—2018年，扬子江连续5年名列全国医药工业企业百强榜第1名。继2016年品牌强度、品牌价值双双名列中国品牌价值榜生物医药板块第一名后，2019年，扬子江药业集团以品牌强度980分，品牌价值428.69亿元的优异成绩再次夺得中国品牌价值榜医药健康板块品牌强度、品牌价值双第一，还相继荣获“中国质量奖提名奖”“全球卓越绩效奖（世界级）”“亚洲质量创新奖”“全国重合同守信用企业”“全国文明单位”等称号。

集团贯彻“质量第一、效益优先”发展方针，拥有4个国家级创新研发平台，获3项国家科技进步二等奖，5个中药材进入欧洲药典标准。大力弘扬工匠精神，自2005年以来，蝉联全国医药行业QC小组成果评比一等奖总数“十五连冠”；2015—2019年获得20个国际QC金奖。扬子江药业集团被中国食品药品检定研究院、江苏省食品药品监督管理局等指定为“实训基地”。

“扬子江水哺育中华，扬子江药造福华夏。”在党的十九大精神指引下，扬子江药业持续不断深化供给侧结构性改革，实施大健康产业战略，不忘初心，牢记使命，砥砺奋进，奋力实现“十三五”销售千亿元目标，立志成为健康领域最受尊敬的世界一流制药企业。

### 3.3.2 现有规模

经过多年的持续积累和创新，凭借不断投入的研发资源和立足市场的营销布局，扬子江药业保持着具有多样性且良性发展的产品线。目前，集团主要产品中西药并举，处方药与非处方药并重，形成了心脑血管药、抗微生物药、消化系统药、抗肿瘤药、解热镇痛药等10多个系列，涵盖20多种剂型、200多个品规的产品体系。其中，9个产品被列为“国家中药保护品种”，9个产品被评为“中国名优品牌”，41个产品被认定为高新技术产品，有100多个品种被纳入国家医保目录（表6-6、表6-7）。

表6-6 扬子江药业集团依康宁产品情况

| 商品名 | 通用名 | 简介 | 适用症状 | 规格 |
|---|---|---|---|---|
| 依康宁 | 银杏叶片 | 银杏叶提取物。中药保护品种，高新技术产品，科技攻关项目产品 | 活血化瘀通络。用于瘀血阻络引起的胸痹心痛、中风、半身不遂、舌强语謇；冠心病稳定型心绞痛、脑梗死见上述症候者 | 19.2mg×12片/板×2板/盒、19.2mg×12片/板×3板/盒、9.6mg×12片/板×2板/盒、9.6mg×12片/板×3板/盒 |

表6-7 扬子江药业集团有限公司主要经济指标分析

| 经济指标 | 2018年金额（千元） |
|---|---|
| 资产总额 | 39983032 |
| 营业收入 | 80471525 |
| 利润总额 | 5255592 |
| 流动资产 | 30091249 |
| 负债总额 | 9061520 |

### 3.3.3 可推广经验

长期以来公司一直非常重视技术创新和科技研发对企业发展的支撑作用，强调“创新是公司发展的原动力”。

技术设备优势：专注发展现代中药，综合运用指纹图谱、超临界萃取、超微粉碎等新技术，中药动态逆流提取、注射液洗灌封联动生产线、软胶囊全自动包装线等领先工艺设备，广泛应用计算机控制技术，实现了中药生产的标准化、中药剂型的现代化、质量控制的规范化、生产装备的自动化，使神威现代中药产品达到了“安全、有效、稳定、可控”的现代标准。

原料优势：生产原药材完全实现了产地基地化，药材的产地可追溯，品种基源明确，保障了药材和饮片质量的安全性和稳定性。与国内知名中医院多层次的合作关系，提升了品牌在市场的影响力。

团队优势：根据做中国健康产业领军者的战略发展目标，围绕打造一支素质优秀、专业扎实、能力全面的经营管理团队，进一步提升企业核心竞争力，公司坚持把人力资源工作纳入一把手工程，组织修订公司人力资源发展战略规划，重点推进组织架构梳理、核心领导团队组建、人才梯队建设及后备干部培养等重点工程，着力引进具有国际化视野、经营性思维、实战经验丰富的高素质人才。特别在研发高端人才引进方面，公司采取组织架构优化、核心团队调整、重点人才引进等手段，为科技研发项目开展提供了可靠的技术人才储备。

质量优势：公司实现对原料、辅料、包材按最新国家标准的全项检验，为每个药品均制定了高于国家药品标准的公司内部质量控制标准，提高了药品关键检查项目的指标。

#### 3.3.4 存在问题

银杏制剂的研发仍停留在模仿国外同类产品的水平，制剂的类型和种类都十分单一，主要有胶囊和片剂这两种。在制剂的研发这一领域只能达到国外二类产品的标准与一类产品相比相差甚远，保健品制剂的发展也十分匮乏。

# 4 未来产业发展需求分析

## 4.1 乡村振兴

发展特色银杏文化产业、银杏休闲观光和银杏特色乡村康养产业是未来银杏产业重要发展方向。银杏产业对调整林业产业结构，促进农民就业，加快产区广大群众致富奔小康发挥了重要作用。随着银杏产业化的发展，一大批加工企业向产区集中。乡村振兴战略提出后，基于“产业兴旺、生态宜居、乡风文明、治理有效、生活富裕”的总要求，发展银杏产业对增加地方财政收入，振兴农村经济起到了重要作用。各级领导对发展银杏非常重视，发展银杏是一项富县富民的工程，提出要“用千古银杏装点万古河山”，要求把发展银杏作为促进贫困山区群众脱贫致富的工程来抓。银杏种植区百姓更加注重人文生活和文化建设，通过开发文化资源与自然资源协调开创了银杏文化园、休闲观光及健康食品，既可以带来经济效益，又可以弘扬银杏文化。

## 4.2 绿色发展

银杏有绿化、美化环境，净化空气、防护等多种生态功效，在城乡街道绿化中被广泛应用。银杏具有很好的水土保持功能，生长周期长，适应能力强，在许多滩涂河间平原地区银杏都可以种植，作为护岸林、防护林使用可以有效保持水土，防止水土流失。银杏根系发达，具有涵养水源、防风固沙、保持水土、改善农田小气候等生态功能，是西部退耕还林的理想造林树种。银杏病虫害少、抗逆性强，是著名的无公害绿化树种。银杏树能有效降低环境温度，改善生态气候。银杏树还有耐火烧、耐烟、抗污染、抗辐射的强大性能。目前，银杏已成为我国主要的经济树种和园林绿化树种之一，其所带来的生态效益也无法估量的。银杏产业发展对于实现精准扶贫、发展新农村建设和保护生态环境具有重要意义。

## 4.3 美丽中国

社会主义新农村建设是指在社会主义制度下，按照新时代的要求，把农村建设成为经济繁荣、设施完善、环境优美、文明和谐的社会主义新农村。在推进新农村建设的进程中，发展现代林业是促进新农村建设的重要举措，对于增加农民收入、促进农村经济发展、改善生态环境、提高农业综合生产能力具有重要作用。在推进新农村建设的进程中，现代林业扮演着极其重要的角色，也日益发挥出巨大的作用。在新农村建设的过程中，以实现银杏标准化生产、规模化经营和科学化管理为目标，坚持把“生产发展、生活宽裕、乡风文明、村容整洁、管理民主”作为一切工作的出发点和落脚点，通过科学规划，加强引导，大力推广新型生态农业，银杏生产取得了可观效益，并实现了生态、经济和社会效益的统一。银杏产业发展的进程中，当地政府贯彻“统一种苗、统一技术、统一管理、统一标准”的方针，在种植技术培训、产销信息服务、优质产品优价销售等方面给予农民极大的资金投入和政策支持。农民收入大大增加，生活水平大大提高，生活条件得到巨大改善。银杏产业的发展使得当地的剩余劳动力得到了充分合理的配置。传统的银杏栽培、种植、销售需要劳动力的投入，同时，近年来迅猛发展的特色深加工工业，如银杏保健品、纪念品、木线加工，也成为拉动就业的生力军，剩余劳动力资源得到了合理有效的配置。在传统苗木栽培、销售的支撑下，银杏旅游产业、深加工工业获得强劲的发展。依托当地银杏资源，政府投入促进了当地银杏旅游业的发展，也成功拉动了农家乐的发展。在深加工工业方面，与法国益普生公司、康恩贝等国内外知名企业合作，发展银杏加工项目，从银杏叶中提取营养物质，大力开拓保健品市场。多种银杏产业的强劲势头不仅拓宽了林农的收入渠道，更是推动了当地经济的快速进步。在发展银杏产业的进程中，新村乡大力致力于生态文明建设，倡导绿色文化，弘扬生态文明，提高农民的生态环保意识；还积极开展沼气的利用和推广工作，实施村街美化、亮化工程，银杏的大范围栽培和新村乡为生态建设所做的努力，使得生态环境大大改善，空气质量得到明显净化，村容村貌整洁向上，生态环境的美化也大大提高了乡村的文明度和对外的吸引力。在现代林业的发展进程中，新村乡把握住了新农村建设与现代林业的内在联系，通过大力发展银杏产业，不仅实现了经济上的飞跃，而且促进了新农村建设目标的实现。

## 4.4 健康中国

随着生活水平的提高和膳食结构改变，以及人口老龄化等因素影响，全球心脑血管疾病已成为人类健康和生命的“第一杀手”，具有抑抗及治疗功效的银杏叶黄酮制剂，市场前景十分广阔。世界上银杏终端产品的供给主要来自德国、法国、美国、日本、韩国和中国，但其产量少、产值低。中国主要供给初级银杏产品。由银杏提取物加工成银杏制剂，其价值可以增长20倍。2019年全球银杏提取物产量为888.8t，总需求量为1388t，中国总产量占全球52.71%，且60%用于出口，需求仍将保持10%的增长率。近年来，银杏终端产品需求不断上涨。截至2019年，全球银杏制品销售额已经超过1000亿美元，是目前治疗心脑血管疾病最畅销的药品之一。

银杏是我国古老且十分珍贵的经济林，具有很高的生态、社会和经济效益。中国银杏产业是中国战略性新兴产业的重要组成部分，产业链长，涉及食品、生物医药、化妆品、生物农药、生物饲料、生物材料及苗木、景观、休闲旅游、家居、建筑等。银杏生物医药产业在国际上市值65亿美元，国际市场以20%速度发展，目前全国银杏系列产品产生的年综合效益已超过200亿元，成为银杏主产区经济的重要支柱产业，市场空间巨大。

中国保健食品行业约3000亿元，整体保持20%以上高增速。美国草药市场上作为食品膳食补充剂大约300亿美元，保持5%以上增速，其中电商渠道占30%，挤压了传统药店渠道。我国银杏茶和保健功能食品产业规模大约20亿元。国际上银杏叶制品已达300多种，年销售额为50多亿美元。据统计，银杏叶产品排在近10年美国最畅销的十大草药之列，美国市场各类银杏叶制品总销售额有20亿美元左右，用银杏叶提取物制成的保健品在欧洲市场的年销售额也达2亿美元。银杏制品的医疗保健作用已被世界各国消费者确认和接受，银杏制品的需求量将逐年增大。总之，随着人们生活水平的提高和科学技术的进步，银杏果、叶及其制剂所特有的保健、治疗和营养的功能，必将进一步为人类所利用，银杏叶的综合开发利用前景将更加广阔。

# 5 产业发展总体思路与发展目标

## 5.1 总体思路

发展银杏产业的总体思路是搞好银杏种植规划，优化银杏品种结构，打造高标准大规模银杏生产基地；提高银杏生产科技含量，实行银杏标准化生产；推行“优林工程”建设，实施品牌战略，提升产品价值；引进龙头培育和加工企业，加大银杏果、叶深加工力度；开发高附加值终端产品；健全市场营销体系，努力拓宽市场，提高市场占有率，占领国内市场，开拓国际市场。

## 5.2 发展原则

### 5.2.1 可持续发展原则

以资源保护和可持续发展为导向，科学合理地处理好开发与保护的关系，在开发的同时保护好人文历史资源和自然资源，同时深度开发历史文化景观，做到银杏景观建设与自然资源保护的统一，既要关注生态环境，也要统筹经济效益和社会效益。

### 5.2.2 市场导向原则

在制定产业发展方向和产业发展对策时，一定要根据市场需求，通过实地调研科学的预测掌握市场动态。根据市场需求当前产业规模、种植生产状况，合理调整种植及生产规模。在生产领域通过市场调研合理安排生产，以需求为导向，开发生产适应市场需求的产品；园林公园建设以银杏园林景观为主体，在旅游特色中大力推广银杏园林旅游、银杏园艺鉴赏，结合宗教民俗旅游和水上风光游，大力开发银杏旅游资源。

### 5.2.3 因地制宜原则

在产业发展过程中，要结合实际情况做到因地制宜并且突出特色，充分利用区位优势，发掘丰富的银杏自然资源同时结合人文资源特色，对品牌进行深入推广，对有文化内涵的景点进行深入开发。

### 5.2.4 景观与环境相互协调原则

森林公园建设与沿河生态旅游建设总体规划要做到互为依托、相互协调。

## 5.3 发展目标

至2025年，全国银杏良种基地达到3000万$m^2$以上，银杏良种果实年产量超3万t；银杏干青叶产量5万t以上，重点扶持8～10个银杏产品加工龙头企业，组建银杏产业集团；培植3～5个银杏产品市场，创建5个银杏良种品牌和5个银杏加工产品品牌，创制高附加值银杏制剂产品8～10个，银杏产品加工技术和标准达到欧美国家水平；建立银杏产业行业协会，建设银杏信息网络系统；主要产品国际市场占有率达50%以上，银杏深加工产品出口增长20%，全国银杏产业总产值达300亿元以上，年出口创汇5亿美元以上。到2035年全国银杏产业总产值达400亿元以上，年出口创汇6亿美元以上；到2050年全国银杏产业总产值达500亿元以上，年出口创汇7亿美元以上。

# 6 重点任务

## 6.1 加强标准化原料林基地建设（培育、良种等），提高优质资源供给能力

在银杏种植和培育上，要加强银杏优质高产、耐水、耐盐、耐旱新品种的引进、选育工作，采用常规育种与细胞工程、基因工程等现代高新遗传工程相结合的育种方法，开展银杏良种选育研究，培育优良品种、品系和无性系；开展银杏标准化生产技术研究，制定银杏苗木生产、丰产栽培和银杏加工制剂质量等系列标准。标准的制定以优质高产和无公害为基本要求，同时为做好产品出口，应根据国际市场对产品质量的要求，按产品种类、出口地区不同，制定相应的出口产品推荐标准。加快银杏良种生产基地建设，要在江苏、山东等银杏主产区新增银杏良种基地1000万$m^2$以上。

## 6.2 技术创新

银杏产业化的基础是科技。要加强银杏产业基础研究和开发研究工作，组织跨学科科技人员攻关，推动银杏国际合作与交流。引导科研单位和企业进行联合攻关，解决生产中迫切需要解决的问题。对于银杏提取物加工，需提高提取物产品标准至第六代，银杏酸的含量控制在$1\times10^{-6}$ppm以内，开发亚临界提取、膜和树脂集成分离，低温逆流提取等国际先进、能耗低且环保的新技术，银杏提取率提高30%以上，能耗降低40%以上。对于银杏制剂加工，需引进国外先进技术，开发高附加值银杏注射液、复方银杏制剂等产品；另外可开发银杏高端化妆品。对于银杏其他活性部位开发新功能产品，另外可开发生物饲料产品。对于白果加工，可采用固态发酵、复配、纳米乳化等技术开发保健功能食品、化妆品等高附加值产品，提升整个银杏加工产业经济效益。

## 6.3 产业创新的具体任务

银杏产业发展布局应该做到统筹兼顾，全面发展。第一产业在兼顾资源的基础上，按照绿色经营战略和科学持续发展战略充分发挥资源优势，同时不断革新生产技术，提高产出比，主要是大力发展高标准银杏基地建设；第二产业依托第一产业以市场为导向，以科技为先导，深化改革，通过龙头带动，提高生产加工效率，创造更高价值，主要是发展高附加值银杏终端产品加工，银杏提取物规模1000t/a，开发新型银杏制剂产品10～12个，银杏总产值300亿元，拓展银杏高端化妆品、保健品和生物饲料领域；第三产业坚持以人为本，大力发展特色旅游业和服务业，发展特色银杏文化、休闲观光和乡村康养产业；促进第一、第二产业的发展同时兼顾社会效益、环境效益的有机统一，最终目的实现人民群众生活水平提高和社会的进步。总体上把握第一、第二、第三产业的规模，做到产业链的逐步延伸，在做大做好第一产业的基础上，着重发展第二产业和第三产业，提高第二、第三产业在产业贡献中的比重，最终实现产业之间相互配合、相互协调、共同全面发展。

## 6.4 建设新时代特色产业科技平台，打造创新战略力量

为开发出具有自主知识产权的银杏产业核心技术，力求实现技术上的突破和创新，必须以建立企业为主体、产学研结合的技术创新体系为突破口，建立以企业为主体，科研机构和高等院校广泛参与，利益共享、风险共担的产学研合作机制。重点建设林业科技为推动银杏产业发展搭建新平台，如在企业和科研院所建立重点实验室、产业技术创新战略联盟、国家技术创新中心等；搭建企业与科研院所交流平台，以科技资源带动银杏产业发展，建立及完善银杏产业链。

## 6.5 推进特色产业区域创新与融合集群式发展

开展银杏优势特色产业区域创新和集群建设，支持建成一批年产值超过100亿元的优势银杏特色产业集群，推动产业形态由“小特产”升级为“大产业”，空间布局由“平面分布”转型为“集群发展”，主体关系由“同质竞争”转变为“合作共赢”，形成结构合理、链条完整的银杏优势特色产业集群，使之成为实施乡村振兴的新支撑、农业转型发展的新亮点和产业融合发展的新载体。建设内容包括加强银杏优势特色标准化生产基地建设、大力发展高附加值产品加工营销、健全产业经营组织体系、强化先进要素集聚支撑和建立健全利益联结机制五大方面。

按照高质量银杏产业发展要求，以构建现代银杏产业体系为目标，深化拓展业务关联、链条延伸、技术渗透，积极探索新业态、新模式、新路径。创新发展模式，聚焦技术创新、结构优化；探索融合发展新路径，以生物医药和化妆品为核心打造高端化产业创新体系。创立融合发展新平台，实现传统技术转型升级，形成核心竞争力。

## 6.6 推进特色产业人才队伍建设

加快银杏人才培养，在高校设立相应的银杏学科专业，培养银杏专业人才。重点扶植银杏专利领军人才，加大科研投入；银杏产业国际竞争力受银杏产业从业人数的影响，合理利用银杏从业人员至关重要。不仅仅是增加劳动力的数量，更重要的是劳动者的素质和质量，加强银杏产业从业者技术培训和科学普及。增加技术创新的人投入，打造国际知名品牌。积极推动银杏产业由原来的资源密集型产业向技术密集型产业升级，只有这样才真正加强我国国际竞争优势。我国银杏资源丰富，要打造具有本国特色的银杏产品，各企业要有一定的知识产权意识来保障自己的产品。

# 7 措施与建议

## 7.1 产业发展建议

目前，中国银杏资源占世界70%以上，银杏产业集中在银杏苗木和果用林，银杏苗圃基地以苗木为主，缺乏专用密集药用银杏叶采叶基地，是制约高品质、低成本提取物加工的主要因素。

银杏叶产品开发和应用主要是银杏茶、银杏叶提取物及其制剂，主要利用含有银杏黄酮和内酯活性组分。银杏叶原料及加工质控问题突出，原料品质、产品标准及检测方法不统一。GBE生产工艺和GBE指纹图谱不统一。高温酸水提取能耗高，环境污染大，溶剂脱酸，银杏烷基酚酸超标达不到国际EGB761标准，掺假现象严重，出现过敏源与农残问题，导致出口受到影响。2015年银杏叶提取物事件导致整个银杏产业进入寒冬期。缺乏工艺创新，EGB单一，低水平重复产品多。PGB、多糖、有机酚酸、原花青素、精油等新部位未加工利用，导致银杏叶资源的利用率不高。

白果加工主要还是传统的干果及白果粉类，缺少脱脂白果粉及其产品；采用蒸煮—冷冻—冷油炸工艺生产的休闲白果，缺乏口感多样化，尤其大量白果外种皮、果壳废弃物产生环境污染。近年白果价低，如何开发白果深加工产品是当务之急。

针对产业问题，提出果叶创新性深加工方向：

①严格按GAP标准规范银杏种植，发展药用采叶圃；

②节能型无农残低酸EGB制备与应用；

③银杏叶聚戊烯醇制剂开发与应用；

④银杏叶精油和类脂加工利用；

⑤白果油和白果蛋白多酞的加工利用；

⑥白果外种皮生物农药和白果壳功能材料的开发；

⑦银杏叶生物饲料加工利用。

未来银杏叶和白果活性产物及其衍生物加工产业包括药物、保健食品、化妆品、医药材料、生物农药、功能添加剂、植物生长促进剂等，通过创新和实施知识产权保护战略，实现银杏传统加工朝节能型、无农药低敏化、废弃物循环利用和环保等创新升级，实现果皮、果壳、花粉、叶综合加工，将显然带动银杏产业发展。同时，针对振兴山村和特色小镇新形式，提出银杏产业在发展特色银杏文化产业、银杏休闲观光和银杏特色乡村康养产业思路。

## 7.2 产业发展模式

"公司+科研+基地"产业化逐渐完善发展模式，着力开发延伸银杏产业链，增加产品附加值，提升科技创新能力。增加产品附加值是银杏产业持续发展的必由之路，应加强与科研单位的联系，通过项目合作、成果转化、联合培养、专业人才引进等方式，解决自身创新不足与人才缺乏的问题；以市场为导向、企业为主体、科技为支撑、政府为保障，从银杏优良新品种选育、规范化种植生产方法提升、银杏叶加工提取工艺改造、中药材溯源检测体系建立及银杏保健品、药品、化妆品开发等几个方面展开创新合作，提升银杏产品的附加值，做到高、中、低档产品全面开花，多层次开发，提高加工档次和质量，增强国际市场竞争能力。同时，发展以银杏为名片的康养融合、特色旅游、中药材园艺产品交易等第三产业，规避单一发展采叶银杏种植园而造成的行业风险，及时调整产业结构，走叶、果、材并举，一、二、三产业融合发展，长、中、短效益结合，生态、经济、社会效益协调持续发展的模式。

## 7.3 政策扶持

做好顶层设计，加大政策引导和资金扶持，保障银杏产业稳步快速发展，借助国家产业扶持政策的东风，政府相关部门还应进一步做好顶层设计，加强政策引导，创新与发展新的产业模式，制定出台相关优惠和奖励政策；明确发展思路与发展目标，加大资金投入，积极拓宽融资渠道，用于培植龙头企业，扶持银杏市场开拓、基地建设、品牌申报等，为当地银杏产业发展提供多重保障。一是积极创造银杏产业的融资环境。降低门槛，制定优惠政策，为发展非公有制林业创造平等竞争的环境和条件，鼓励扩大对银杏产业的投入渠道，特别吸引"三资"企业投入银杏产业，并积极在土地流转、用水、用电及市场开拓方面给予配合。二是加强财政支持。银杏产业基地建设基础设施、良种推广、病虫害防治、森林防火等投资纳入各级政府预算内基本建设投资计划。三是强化信贷扶持。对银杏产业实行低利息的信贷政策，并视情况给予一定的财政贴息，适当放宽群众贷款条件，允许林业经营者以资源抵押申请银行贷款。四是减轻林业税费负担。对以生态效益为主的银杏公益建设免征农业税。

## 参考文献

傅兵, 2015. 促进银杏产业持续健康发展的政策着力点[J]. 江苏农村经济(1): 24–26.
李萍, 2008. 全州县银杏产业发展优势、存在问题及发展思路[J]. 广西园艺, 19(4): 19–21.
李月娣, 2017. 银杏价值及其产业现状分析[J]. 长春大学学报(2): 38–43.
刘秀萍, 臧恒昌, 于洪利, 2014. 银杏叶提取物的研究进展与应用前景[J]. 药学研究, 33(12): 721–723.
吕柳, 周洁, 曹福亮, 等, 2007. 江苏银杏产业化研究[J]. 林业产业建设(10): 21–24.
石启田, 2000. 邳州市银杏产业发展的思考[J]. 林业科技开发, 14(4): 54–56.
宋洋, 于志斌, 尤晓敏, 等, 2015. 我国银杏叶提取物市场发展现状、挑战与对策[J]. 中国新药杂志, 24(23): 21–25.
孙伟, 2017. 郯城县银杏产业发展研究[D]. 泰安: 山东农业大学.
孙雪, 潘家坪, 2020. 江苏省邳州市银杏产业发展探讨[J]. 中国林业经济(1): 84–86.
汤建强, 2018. 药用植物银杏叶功能产品开发研究[J]. 经济研究导刊, 380(30): 49–50.
王斌, 2018. 南雄市银杏产业发展研究[D]. 广州: 仲恺农业工程学院.
王亭兰, 汤为, 2004. 银杏产业的可行性调研报告[J]. 时珍国医国药, 15(5): 311–312.
吴春年, 2005. 泰兴市银杏产业发展现状及对策研究[D]. 南京: 南京农业大学.
夏笑, 崔佳雯, 2017. 中国银杏种质资源研究进展[J]. 江西农业(8): 70.
夏秀华, 2008. 银杏叶的开发与利用[J]. 安徽农学通报, 14(15): 182–183.
向革昌, 2016. 银杏产业化现状与发展策略分析[J]. 农民致富之友(18): 138–138.
肖颗星, 2018. 我国银杏产业国际竞争力战略研究[D]. 南京: 南京林业大学.
谢友超, 蒋志新, 2004. 江苏省银杏产业现状与发展思路[J]. 江苏林业科技, 31(4): 50–52.
郑楠, 2014. 银杏资源开发利用现状、存在的问题分析及对策研究[J]. 湖南中医杂志, 30(7): 159–160.
周洁, 2007. 江苏省银杏产业外向型发展模式研究[D]. 南京: 南京林业大学.

中国工程院咨询研究重点项目

# 八角 产业发展 战略研究

撰 写 人：安家成
黄开顺
李开祥
黎贵卿

时　　间：2021年6月

所在单位：广西壮族自治区林业科学研究院

# 摘 要

八角特产于我国南方广西、云南等省份，在我国已有1000多年的栽培利用历史。八角兼有香料和药用功能，广泛应用在食品、香料、化工和医药领域，是国家的一种战略资源，对我国经济社会发展和战略安全具有重要意义。

我国八角种植面积约47.27万$hm^2$，干果产量20.69万t。广西为八角核心和集中产区，种植面积占全国的77.4%，产量占全国的84.3%。

我国八角加工产业已得到比较全面发展，加工利用包括干果加工、茴油提取、茴油精深加工和其他高值有效成分提取加工等方面。主要问题是以八角干果、茴油提取等初级加工为主，产品结构不合理，精深加工能力弱，以传统低效技术工艺为主。八角干果以国内消费为主，茴油及其深加工产品以出口为主。国外发达国家主要发展八角茴油及其精深加工产业，技术水平和产品开发能力高，通过从我国进口低价原材料，占据精深加工终端产品市场。与国外相比，我国在八角各种单离成分的再利用、再合成方面技术能力不足，缺乏终端利用技术。为减小与国外技术和产业发展方面的差距，我国应在八角资源培育、八角烘干工艺和设备、茴油提取、茴油精深加工、有效成分挖掘和提取、新产品研发与品牌创建等方面加强技术优化、提升与创新。通过构建八角产业新型经营体系、产业标准体系，实施优质原料林建设工程、加工技术产业化应用，打造国际化品牌和建立健全产业链等途径实现八角产业创新。

通过对广西六万山生物科技有限公司、广西玉蓝生物科技有限公司和瑞士罗氏公司进行案例分析，获得我国发展八角精深加工产业的一些经验：①加强企业与科研机构的合作，促进八角加工技术的产业化应用；②注重发展高新技术和终端产品的开发；③注重具有自主知识产权的八角精深加工技术和产品的开发。

我国发展八角产业有着国家多方面的战略需求，未来应以八角优质原料林基地建设、八角精深加工技术研发、新产品开发和提升八角精深加工持续创新能力作为近期重点任务，丰富八角产品结构，延长产业链，推动产业融合集群发展，打造世界八角产品品牌。主要措施和建议：①建立产业转型升级发展的协调机制；②加大产业发展的资金投入；③制定激励产业发展的政策；④建立有利于产业发展的市场环境；⑤加强国际合作。

# 1 现有资源现状

## 1.1 国内外资源历史起源

八角（*Illicium verum* Hook. f.），别名大料、八角茴香、大茴香，属双子叶植物纲木兰亚纲八角科八角属植物（图7-1、图7-2）（中国科学院中国植物志编辑委员会，1996）。栽培生产上根据花色不同，一般把八角品种资源分为红花八角、淡红花八角、白花八角和黄花八角等4个品种群，其中优良品种有柔枝红花八角、柔枝淡红花八角、柔枝白花八角、红花八角、淡红花八角和白花八角等（黄卓民，1994）。

图7-1　八角鲜果

图7-2　八角干果

八角具有浓郁的芳香气味，古代的达官贵妇披戴的香囊配有八角成分，故有“宝马雕车香满路”和“笑语盈盈晴香去”等名言佳句。古代人们用八角作煮肉调味品和药材，明朝《本草纲目》对八角有这样记载：“子（气味）辛，平，无毒……治干湿脚气，肾劳阴痛，开胃下食”。可见，古代人们把八角视为香料珍品和珍贵药材。

八角既是香料，也是传统中药，应用领域非常广泛（何春茂和冯晓，2004；王琴等，2005）。八角及其制品的应用已深入人们日常生活的各个领域，不仅守护着人们的健康生活，还承载着相关产业发展，而且对种植地区百姓增收和山区农民致富起到良好的促进作用。

中国古代把八角称为怀香、茴香，后有八角茴香、大茴香、唛角（壮语）、大料等别名。早在唐朝，孙思邈在著作中就有记载：“煮肉下少许，即无臭味，臭酱入末亦香，故曰茴香。”这说明八角在我国的栽培利用已有上千年的历史。

据历史资料考证，八角原产于广西南部和西南部山区，以德保、防城、宁明、龙州、凭祥、那坡、凌云等县栽培历史最为悠久。1172年，南宋范成大在著作《桂海虞衡志》中，便有“八角茴香，北人得荐酒，少许咀嚼，甚芳香，出左右江州峒中（今广西龙州、宁明、凭祥、右江、田阳等一带）”的记载。据《龙州县志》记载，龙州县最南端的一个乡，因盛产八角而得名，在民国22年（1933年）被命名为八角乡，名称沿用至今。据《广西通志医疗卫生志》记载，清光绪八年（1882年），英国人查尔斯·福特（Charles Ford）奉英国政府命令到广西勘察八角、肉桂产地。此后，广西八角开始走出国门，并名声远播。鸦片战争后，德保地区的八角茴油经南宁远销欧美，并以“天保茴香油”美誉全球，自此广西每年都有大量的八角和茴油出口。

民国年间，八角产区逐步从南到北引种扩展。据《横县县志》记述，1913年，马龙璋、蒙儒珍、杨锡球和甘乃麟等合伙人发起组织宝华林业有限公司开垦南山，种植八角数千株。据《昭平县志》记载，1916年，本县木格乡鹿坡村黄国儒从桂西镇安（今德保县）带回八角种子，在鹿坡村独田山岭一带栽培，昭平始有八角种植，不久长成八角林，将八角产品远销香港各埠，获益颇丰。1937—1940年是新中国成立前广西茴油产量的高峰期，共产茴油22.6 t，主要销往越南、法国，实际上销往越南的八角茴油最后目的地也是法国等欧洲国家，后来故有"法国香水无天保茴油不香"之说。随着大量的八角和茴油出口，我国八角成为一种畅销商品，国际市场上形成了"南宁八角、天保茴油"美誉。由于市场的驱动，资本家开始投资八角种植和开发利用，进一步促进了我国八角的普遍栽培和引种发展。由于当时政府重视不够及连年战乱影响，到新中国成立前八角种植面积仅约3300hm$^2$，八角干果年产量约2300t。

新中国成立后，我国非常重视八角产业的发展，八角种植面积不断扩大。在主产区广西，"八五"期末八角种植面积15.9万hm$^2$，年产八角干果1.9万t；"九五"期末八角种植面积24.7万hm$^2$，年产八角干果3.8万t；至2019年，广西八角种植面积保有量达36.57万hm$^2$，全国八角总面积达到47.27万hm$^2$。

## 1.2 功能

八角兼有香料和药用功能，属于药食两用资源。2002年原卫生部修订公布《既是食品又是药品的物品名单》，共列入87种物品，其中就有八角（卫生部，2002）。八角的主要利用部位首先是果实，其次是枝叶。干燥果实一般作为大宗香料，可直接使用于炖、煮、腌、卤、泡等各种烹饪，也可加工成调味粉。自古以来，八角干果还作为一种中药材，有健胃、驱风、镇痛、调中理气、祛寒湿、治疗消化不良和神经衰弱等多种功效。八角果实和枝叶都含有丰富的挥发油，经过提取挥发油获得产品茴油，茴油经过进一步分离加工、提纯与转化，获得包括茴香脑、草蒿脑、茴香醛等各种成分。这些成分在食品工业上通常用于调制各种食品香精，在日化用品工业上作为香水、香皂、牙膏等产品的加香剂。

八角含有多种成分，包括挥发性成分和非挥发性成分。挥发性成分主要为反式茴香脑，其次是草蒿脑，还有少量1,8-桉叶素、柠檬烯、$\alpha$-蒎烯、顺式茴脑等（何冬梅等，2009）。非挥发性成分主要有倍半萜内酯及其衍生物、黄酮类、苯丙烷和木脂素类、糖脂、磷脂等（林森等，2010）。八角种子还含油酸、亚油酸、棕榈酸和硬脂酸等脂肪酸（方健等，2008）。

在药理活性方面，八角具有多种作用：①抑菌作用。八角茴香水煎剂对结核杆菌及枯草杆菌有一定的抑制作用，其乙醇提取液对金黄色葡萄球菌、肺炎球菌、白喉杆菌、霍乱弧菌右寒杆菌、副伤寒杆菌、痢疾杆菌以及一些常见病菌有较强的抑制作用。八角科植物抑菌作用与其所含挥发油有关（吴周和和徐燕，2003；刘天贵，2007；吴利民和陆宁海，2008）。②抗病毒作用。八角中重要的药用成分莽草酸，可作为抗病毒和抗癌药物中间体，也是合成临床上有效防治禽流感病毒药物"达菲"（磷酸奥司他韦胶囊）的重要原料（仇国苏，2006）。③升高白细胞作用。湖南医学院肿瘤科试用安粒素（茴香醚制剂）治疗癌症和长期接触放射线或药物所致或原因不明低白细胞患者30余例，取得良好效果。④镇痛作用。热板法、烫尾法、扭体法和电刺激法试验表明，从红花八角中提取毒八角酸给小鼠50～100mg/kg，具显著镇痛作用，并证实作用部位在中枢且无成瘾性。⑤抑制血小板聚集作用。莽草酸对胶原诱导的兔血小板聚集等实验，发现其具有较强的抑制作用（马怡等，1999；黄丰阳等，1999；王宏涛等，2002；刘永友和廖晓峰，2007）。⑥抗肿瘤作用。1978年，Ganem等开始对莽草酸的活性进行研究，发现莽草酸及其衍生物具有抗菌、抗肿瘤作用。1987年日本学者发现由莽草酸甲酯合成乙二醛酶I抑制剂的类似物对海拉细胞株（He La cells）和埃希利腹水癌（Ehrlich ascites Carcinoma）有明显抑制作用，能延长接种白血病细胞L1210小鼠的存活时间，且毒性较低，其抑制作用主要与硫氢化物反应有关。国内学者孙氏等于1988年合成了一种莽草酸衍生物二噁霉素类似物，证明该化合物具有与二噁霉素类似的体外抑制白血病细胞L1210的作用（孙快麟等，1990）。⑦其他作用。茴香醚具雌激素样作用和较强致敏作用。

## 1.3 分布和总量

八角是一个生态幅度较窄的南亚热带特有的香料、药材两用经济树种，多集中在我国南亚热带低山丘陵地区，垂直分布在海拔1000m以下，多种植在海拔200～700m。我国主要分布在广西，云南和广东次之。广西既是八角原产地又是主产区，在世界八角生产中占有主导地位，素有“世界八角之乡”美称，广西的防城区、苍梧县、金秀县、宁明县、德保县、那坡县等被国家林业和草原局命名为“中国八角之乡”。八角不耐严寒气候，在世界上分布的范围比较窄，国外仅越南、泰国、印度尼西亚有分布[刘永华，2004；农业部农垦局（南亚办）和中国农垦经济发展中心（南亚中心），2016]。越南是除我国之外产八角最多的国家，主要分布在越南北部毗邻广西、云南的谅山、广宁、高平和北干等地，种植面积约5万$hm^2$，年产干果约6000t。

2019年全国八角总面积47.27万$hm^2$，占全国经济林总面积1.27%。其中，挂果面积25.42万$hm^2$，产量20.69万t。八角种植分布在桂、滇、粤、湘、川、黔、闽、鄂等8个省份，共116个县级地区有八角栽培，其中广西为核心和集中产区。从八角分布面积看，广西36.57万$hm^2$、云南6.76万$hm^2$和广东0.4万$hm^2$，其他省份均为零星栽培，属于百姓引种栽培试验区域，没有形成产业规模。

广西地处热带、亚热带气候区，自然条件非常适宜八角植物生长，全区大部分地方都有八角栽培，但多集中在南亚热带以南、北纬22°～23°、海拔1000m以下的低山丘陵地区。从地理位置来看，广西八角分布在五大山系：六诏山—黄莲山山系（右江—那坡—靖西—德保—天等—大新）、十万大山—大青山山系（防城—上思—宁明—凭祥—龙州）、都阳山—大明山山系（东兰—凤山—巴马—凌云—上林—武鸣—宾阳）、六万大山—大容山—云开大山山系（兴业—北流—容县—灵山—浦北—岑溪）、大瑶山山系（金秀）。从行政区域来看，广西八角主要分布在6个设区市、24个县（市、区）。按不同地级市域统计，八角种植面积最大为百色市（9.0万$hm^2$），其后依次是梧州市（5.6万$hm^2$）、崇左市（4.6万$hm^2$）、防城港市（3.9万$hm^2$）、来宾市（2.9万$hm^2$）、钦州市（2.5万$hm^2$）、玉林市（2.1万$hm^2$）；按不同县域统计来看，八角种植面积超过2万$hm^2$的有防城、那坡、扶绥、金秀、德保、藤县、浦北7个县（区），在1万～2万$hm^2$的有凌云、右江、北流、苍梧、容县、田林、凤山、乐业8个县（区），大于0.5万$hm^2$而小于1万$hm^2$的有上林等10个县（区）。从种植主体来看，集体或农户种植面积约占总面积的85%，国有单位（企业）种植面积占15%左右，主要集中在六万、高峰、派阳山等5个广西区直国有林场（广西壮族自治区林业勘测设计院，2018）。

除了主产地广西外，云南是我国八角第二大面积的省份，全省八角面积6.76万$hm^2$，主要分布在富宁县、绿春县、广南县、西畴县、屏边苗族自治县等5个县，其中，以富宁县最多，全县八角面积达4.4万$hm^2$。广东八角面积约0.4万$hm^2$，集中分布在信宜市思贺镇，面积约0.3万$hm^2$。

从八角良种选育工作来看，多年来广西壮族自治区林业科学研究院（以下简称“广西林科院”）已初步选育出100多个优良单株和无性系，3个无性系通过省级良种认定（马锦林等，2006）；云南省也选育出优良无性系10多个，其中3个获省级审认定良种（宁德鲁，2003，2010）。但是，八角良种推广应用率低，目前，八角林分以实生品种为主，加上多数管理不到位，年均产量在中等偏低水平，具有很大的提升空间。

在八角产量（指八角干果）方面，根据国家林业和草原局历年统计数据，我国八角产量多年维持在10万t以上，其中2017年八角产量为17.29万t，2018年八角产量在17.65万t左右（图7-3）。

广西作为八角主产区，八角产量占比基本维持在80%以上，其中2017年八角产量14.39万t，占同期全国总产量的83.2%；2018年八角产量14.88万t，占同期全国总产量的84.3%（图7-4）。

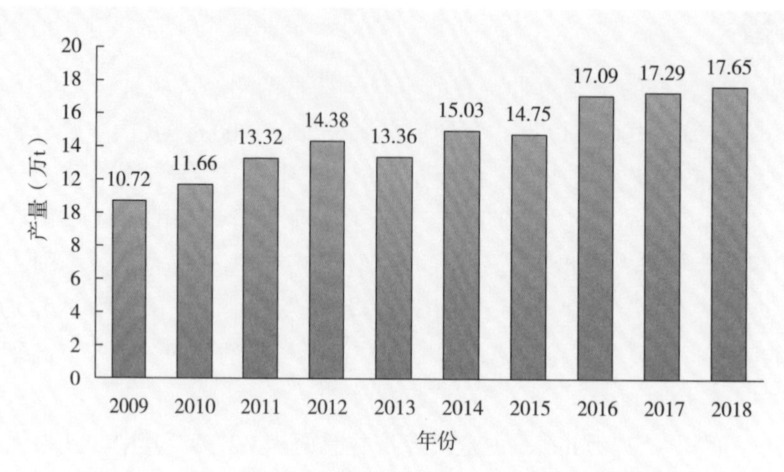


图7-3　2009—2018年我国八角产量走势（智研咨询公司）

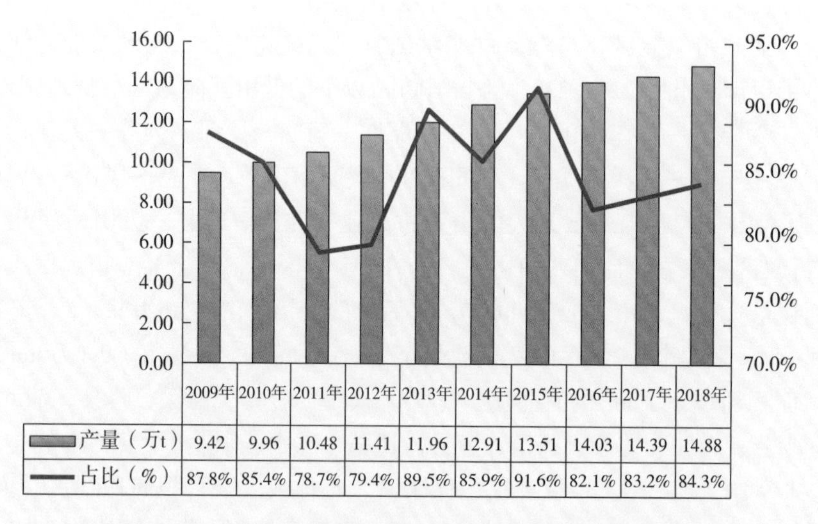


| | 2009年 | 2010年 | 2011年 | 2012年 | 2013年 | 2014年 | 2015年 | 2016年 | 2017年 | 2018年 |
|---|---|---|---|---|---|---|---|---|---|---|
| 产量（万t） | 9.42 | 9.96 | 10.48 | 11.41 | 11.96 | 12.91 | 13.51 | 14.03 | 14.39 | 14.88 |
| 占比（%） | 87.8% | 85.4% | 78.7% | 79.4% | 89.5% | 85.9% | 91.6% | 82.1% | 83.2% | 84.3% |

图7-4　2009—2018年广西八角产量走势（智研咨询公司）

## 1.4　特点

八角是世界上最具有区域特色的木本香料之一，八角资源主要有以下特点。

（1）分布相对集中

全世界八角资源主要集中在中国。中国八角在世界八角资源中占有绝对的主导地位，决定着全球八角的产量和供应量，拥有八角资源的主导权和控制权。中国的八角又主要集中分布在广西，广西是世界“八角之乡”。

（2）适生于山区

八角适生于北热带至南亚热带冬暖夏凉的山区气候条件，特别适宜生长在土层深厚肥沃、湿润、云雾缭绕的丘陵、中低山地区，而干热平地、河谷地带不利于八角树的丰产结实。因此，八角种植地主要分布在山区，一直作为农村的一个支柱林业产业而发展至今。就广西来说，八角主要分布在百色、河池、梧州、防城区等边远贫困山区，产地多数为少数民族贫困县，交通条件较差，在经营单元上以农户分散经营为主，成为贫困村、贫困户经济收入的主要来源，八角产业深度涉及脱贫攻坚工作（图7-5）。

图7-5 贫困山区少数民族群众采收八角

（3）栽培管理粗放

10多年来，受市场价格低迷、波动大等因素影响，广大农户对八角林经营管理非常粗放，广种薄收，重造轻管，致使八角老林结果少、幼林结果迟，八角产量低而不稳。许多农户年轻人不愿意继续从事八角农活，留守老人无力进行八角林除草砍杂和施肥，八角林内杂灌丛生，八角树体营养缺乏，生长发育受抑，不开花、少开花或者落花落果严重，果实发育不良而畸形很多。大部分八角林未能达到应有的产量水平，八角果实品质参差不齐。

（4）国内消费地以北方为主

八角虽然主产于广西、广东和云南西南部等南方地区，但八角的消费地主要为华北、东北和西北地区，南方产地居民极少使用八角直接作为香料。每年八角资源均从广西各产地汇集到南宁、玉林、梧州等三大集散地，然后进行干燥加工和产品分级处理，除了部分资源用于出口外，其他大部分资源均大批量地运输到山东、安徽等北方集散市场，之后流通到全国各地，深入千家万户消费者（图7-6）。

图7-6 广西玉林香料市场八角装车运输

# 2 国内外加工产业发展概况

## 2.1 国内外产业发展现状

### 2.1.1 国内产业发展现状

我国目前消费的八角大约95%用于食品工业、日用品工业等行业，5%用于医药行业。八角果的加工利用主要有干果加工、茴油提取、茴油精深加工和其他高值有效成分提取加工等4个方面。个别区域如广西德保等地也有采叶用于蒸取茴油。虽然加工利用产业已有一定的发展，但有些方面还明显滞后。

（1）八角果采收

八角树具有花果同期的特性，为了保护好同时出现的八角花蕾和幼果，确保来年产量，八角果实采收不宜采用木棍打果或者摇树落果的方法，也不能像龙眼、荔枝等其他经济果树那样可以采用折枝采果的方法。因此，目前八角采收只能靠人工爬树徒手直接摘取，由此会带来一些问题。一是八角树枝被踩踏过后容易断裂，经常发生采摘人从树上坠落致残或死亡的安全事故。二是为了提高采摘效率，采摘者先在树下地面铺垫布，然后从树上丢下八角鲜果后再收集装袋。从树上丢下来的八角果实表皮容易破损，果实汁液外渗，后续还需装袋堆积数天，八角果实容易氧化发黑或者霉变，严重影响八角干果的外观和品质。三是八角鲜果销售、流通和储运方式，容易造成八角鲜果霉变。八角一般都种植于深山之处，交通不便或者路途遥远。鲜果采收后，分散农户卖给中间收购商，这个过程一般需要一天的时间，中间商再集中鲜果，最后才转运到大型晒场或者烘干基地进行加工处理，而加工基地由于收购量大，一般还需堆积一至两天，整个过程下来八角鲜果需要堆积两三天，此时正直暑热季节，加上有很多八角果皮损伤，八角果实容易霉烂。四是人工爬树采摘成本较高。目前，八角采摘人工价格0.8～1.2元/斤（1斤=500g，下同），一般高产林、树冠矮化林采摘价格较低，而低产林或者树林高大的八角采摘价格较高。

（2）八角干果加工

八角干果是目前国内八角销售市场上最主要、最大宗的初级产品，2018年全国八角产量约17.65万t。

我国八角果干燥加工一直沿用晒干等传统方法，而且主要由农户或小作坊完成加工（图7-7），设备和场地条件较差，常常受天气阴雨潮湿等影响，晒制的八角很容易发生霉变，各产区八角干果质量参

土法烘干　　机械烘干

图7-7　八角干燥加工小作坊和车间

差不齐。霉变和发黑既降低了产品品质，又给食品安全带来隐患。另外，为了把八角变暗变黑的颜色变得棕红漂亮，一些不良生产商和经销商甚至采用硫黄熏蒸，给食品安全带来隐患。使用硫黄熏蒸八角，目的在于防霉、防腐和促进外观漂亮等，但经硫黄熏蒸后的八角会残留二氧化硫等物质，严重影响到八角质量和出口。

我国已制定有国家标准《八角（GB/T 7652—2016）》，一些省份也制定有地方标准或者企业标准，八角产品质量已有基本的技术标准。但总体上来说，技术标准贯彻不足，八角产品质量监测体系不完善，安全溯源体系不健全。为保证八角干果品质统一可控，八角干果生产应走规模化、机械化道路，加强机械化低温快速发红及干燥生产技术的应用，实现批量生产品质优良、档次更高的大红八角产品。

（3）八角茴油提取

八角茴油是除了干果产品之外的八角重要产品，也是主要出口产品。我国八角种植以分散经营为主，缺少企业化、基地化和集约化原料基地，所以八角茴油的提取生产仍以小作坊土法蒸馏为主，加工点分散，生产规模小，经济效益不稳定，大部分作坊生产线茴油产量仅5t左右。当然，也有少数规模化的大型企业从事八角茴油提取生产（图7-8），如广西林业产业龙头企业广西玉蓝生物科技有限公司（原广西万山香料有限责任公司）建设有设备较为先进、产能较高的茴油蒸馏设备，茴油产品质量也较高。

近年来，我国每年生产八角茴油不超过1万t，广西提供的茴油占95%以上，约9500 t/年，出口量约为3500 t/年。出口主要销往法国、美国、英国、日本、加拿大、澳大利亚等发达国家。相比八角果，茴油的出口比例较大，高达80%，国内销售和利用仅占20%左右。

图7-8　八角茴油生产线

（4）八角茴油精深加工

国内八角茴油精深加工产品缺乏多样化，新产品、新技术研发滞后。八角茴油精深加工包括精馏生产茴脑、草蒿脑、芳樟醇等，以及合成制取茴香醛、茴香腈、茴香醇、覆盆子酮和乙烷雌酚等系列产品（图7-9）。这些深加工产品主要由一些科技实力较高、生产规模较大的龙头企业生产。广西境内八角深加工企业主要是广西玉蓝生物科技有限公司，茴脑生产规模达500 t/年，并且还开发有茴香醛、覆盆子酮等深加工产品。总体而言，八角茴油精深加工产量不大，2019年主产区广西生产茴香脑约600 t、茴香醛约500 t、其他系列深加工产品约100 t。

（5）八角有效成分提取

近年来，由于不断发现莽草酸在现代制药业中有重要作用，八角莽草酸开发应用倍受重视，莽草酸提取技术也不断进步，并在企业中得到广泛推广应用。国内较早规模化从事八角莽草酸提取的企业为广西玉蓝生物科技有限公司，该公司采用中国科学院上海药物研究所的专利技术，建设了年产100 t莽草酸生产线（图7-10）。2017年以来，广西国有六万林场下属公司广西六万山生物科技有限公司采用广西林科院的技术成果，分三期建设八角精深加工生产线，目前一期工程已建成年产30 t莽草酸的生产线（图7-11）。近年来，我国八角莽草酸年产量约100 t，主要用于出口。莽草酸产能和生产效益仍有较大的提升空间。

图7-9 广西林业科学研究院林化中试基地茴油精馏生产线

图7-10 广西玉蓝生物科技有限公司莽草酸生产线

图7-11 广西六万山生物科技有限公司莽草酸生产线

（6）八角加工企业情况

市场需求的扩大和现代加工技术的进步，推动了八角加工产业的发展，八角加工企业数量和规模逐渐扩大。根据《中国经济林发展报告（2013年）》调查与统计，2012年我国八角加工量4842.30 t，年加工产值2.14亿元，从事八角储藏加工的企业13个，占全国储藏加工企业数量的0.05%，年产值千万元以上的企业有6个，八角产品销售额为110.39亿元，从事营销人员1.28万人，出口量240t，出口额6750万元。

从八角主产区广西来看，2019年规模较大的八角加工企业主要有广西玉蓝生物科技有限公司、广西六万山生物科技有限公司、南宁辰康生物科技有限公司、广西瑞安物流（集团）有限公司等（表7-1）。广西玉蓝生物科技有限公司是广西林业产业龙头企业，注册有“万山”商标，开发出茴脑、茴香醛、覆盆子酮和莽草酸等产品，建设有一系列产品生产线，为广西八角产业特别是八角精深加工产业的发展起到了龙头带动示范作用。广西六万山生物科技有限公司也正在建设莽草酸生产线，建成后将是全国规模最大的莽草酸生产线；桂林莱茵生物科技股份有限公司也拥有莽草酸生产线。

我国八角精深加工程度虽然在不断提高，但以原材料利用和出售为主的产业现状仍然在持续。据统计，2010—2017年，广西八角原材料用于精深加工的八角干果仅占全区八角干果总量的5.5%左右，原材料交易和出口的比例却达到了90%以上。在八角产品出口方面，广西茴油出口量约为3500 t/a。八角干果以香料食用为主，出口较少，出口量3000～6000 t/a（广西壮族自治区林业勘测设计院，2018）。

**表7–1　广西八角加工企业名录**

| 序号 | 企业名称 | 所在地 | 主要产品 |
| --- | --- | --- | --- |
| 1 | 广西玉蓝生物科技有限公司（原广西万山香料有限责任公司） | 广西钦州市灵山县 | 八角果、茴油、茴脑、草蒿脑、茴香醛、覆盆子酮、莽草酸 |
| 2 | 广西六万山生物科技有限公司 | 广西玉林市福绵区 | 八角果、茴油、八角纯露、莽草酸 |
| 3 | 桂林莱茵生物科技股份有限公司 | 广西桂林临桂区 | 莽草酸 |
| 4 | 南宁辰康生物科技有限公司 | 广西南宁市高新区 | 八角油、茴脑、莽草酸 |
| 5 | 广西天顺祥药业有限公司 | 广西来宾市兴宾区 | 莽草酸 |
| 6 | 忠隆村龙淳八角合作社 | 广西梧州市藤县 | 八角果 |
| 7 | 德保县云开生物资源综合利用有限公司 | 广西百色市德保县 | 八角果、八角油、生物质燃料 |
| 8 | 浦北县长河香精香料有限公司 | 广西钦州市浦北县 | 八角果、茴油 |
| 9 | 防城港市绿康香料有限公司 | 广西防城港市防城区 | 八角果、茴油 |
| 10 | 防城港市防城区那梭香料厂 | 广西防城港市防城区 | 八角果、茴油 |
| 11 | 广西防城港市扶隆香料公司 | 广西防城港市防城区 | 八角果、茴油 |
| 12 | 那坡县八桂香料厂 | 广西百色市那坡县 | 八角果、茴油、茴脑 |
| 13 | 广西瑞安物流（集团）有限公司 | 广西河池市凤山县 | 八角果 |
| 14 | 广西防城港市那良思源工贸有限公司 | 广西防城港市防城区 | 八角果 |
| 15 | 广西金秀县香料香精有限公司 | 广西来宾市金秀县 | 八角果、茴油 |
| 16 | 广西德保县香料厂 | 广西百色市德保县 | 八角果、茴油 |
| 17 | 广西柳州金太食品香料有限公司 | 广西柳州市柳江县 | 八角果、茴油、茴脑 |
| 18 | 容县罗江远泰香料厂 | 广西玉林市容县 | 八角果 |
| 19 | 富宁华味八角加工厂 | 云南文山州富宁县 | 八角果、八角粉、茴油 |
| 20 | 富宁鑫合八角加工厂 | 云南文山州富宁县 | 八角果 |
| 21 | 云南润嘉药业有限公司 | 云南文山州富宁县 | 莽草酸、茴油、茴脑 |

云南也是我国主要的八角产区，富宁县周边丰富的八角资源也带动了当地八角加工产业的发展。目前，富宁全县重点八角加工利用企业3家，分别是富宁华味八角加工厂、富宁鑫合八角加工厂和云南润嘉药业有限公司。

富宁华味八角加工厂主要从事八角产品初加工、精加工，产品系列包括八角干果统货、精制八角干果、八角精粉等。2017年加工300 t，2018年加工660 t，2019年因缺资金没有加工产品，产品主要销售市场是山东、上海、四川、河南、南宁等地区。2017年因厂区洪灾造成产品损失无利润，2018年利润30万元，2019年收加工费利润20万元（代客户加工），年均利润16.7万元。

富宁鑫合八角加工厂也是从事八角产品初加工、精加工，产品系列包括八角干果统货、精制八角干果等。2017年加工1500 t，2018年加工1400 t，2019年加工1100 t，三年年均加工1333.3 t。产品销往除福建、贵州等外的全国各省份。公司的生产利润较为稳定，2017年利润200万元，2018年利润160万元，2019年利润150万元，三年年均利润170万元。

云南润嘉药业有限公司计划对富宁县八角进行深度开发，大幅提升产品加工附加值。八角深加工开发方面拟开发莽草酸、茴香油、茴香脑等产品，预期年产八角干果500 t、茴香油10 t、莽草酸5 t，实现年销售收入超过3000万元，年利税300万元。公司计划分3期用4年时间建设八角精深加工项目：第一期在原有厂房的基础上技改临时新增精品干果加工SC认证生产线；第二期扩建2hm$^2$，建设精制八角茴香油GMP认证生产线；第三期建设预防禽流感病毒药物——“达菲”主要原料成分莽草酸加工GMP认证生产线。

综上所述，虽然我国拥有不少八角加工企业，但总体上来说八角产品结构不合理、精深加工能力弱、企业规模偏小、缺乏龙头带动。企业多为中小型企业或家族企业，产品低端化、同质化严重，附加值低，管理水平不高，体制机制不活，科技含量低，核心竞争力不强。缺乏精深加工项目，高附加值、品种丰富的中高端型产品研发滞后，造成我国作为八角原料供应地，在国际贸易中却没有资源定价权，仅能赚取微薄的原料利润。核心技术和人才优势集中在为数不多的国外或外资精深加工企业。有的具有一定规模的深加工企业，却在生死线上挣扎；有的已经大浪淘沙而不复存在。如广西玉蓝生物科技有限公司作为广西最大的八角系列产品深加工龙头企业，由于市场和经营原因，也由原专门从事八角系列产品深加工，逐步转移到多种香料品种的加工。

### 2.1.2 国外产业发展现状

国外非常了解八角的应用价值，并重视八角的加工利用。我国八角产品在国际市场上享有很高的声誉，国外对八角的利用需求一直很旺盛。由于八角主要原产和主产于中国，国外除越南有八角种植业和干果加工业之外，其他国家主要是发展八角精深加工产业。

（1）八角干果及茴油的加工

在越南，其北部靠近中国的地方由于拥有一定规模的八角资源，因而当地也存在八角干燥和八角茴油提取产业，但技术均比国内落后，一般为土法加工。2008—2012年，广西林科院曾承担中越政府间科技合作联委会第八次会议项目“八角低产林改造与加工技术合作研究及应用示范”，与越方有关单位开展八角栽培与加工利用合作研究与应用推广，一定程度上促进了越南八角加工利用技术的进步。

国外其他发达国家主要进行八角茴油及其加工产品的精深加工。特别是欧美已经从原来购买八角茴油到国内加工，变成进口茴脑进行深加工利用。国内茴脑最主要的出口目的地有法国、美国、德国、西班牙、英国、印度、澳大利亚、印度尼西亚和新加坡等国家和地区（刘永华，2002，2012）。其主要以茴脑进一步合成开发深加工产品，应用于日化和医药。主要发达国家及其公司（表7-2）依靠先进加工技术和产品开发能力，牢牢把控八角茴油乃至整个香料的定价权，在八角加工利用产业上占据终端产品高地，加工技术水平高，产品市场推广能力强，从八角精深加工业中获得了高额利润。

近年来，为了更好地利用中国八角资源和开拓中国市场，国际前十大香料香精生产公司均已进入中国市场，并且纷纷加大在华投资，新建研发中心以及生产基地，以求在中国广阔的市场占有更多的份额（表7-3）。国际巨头的加入为我国香料香精行业的发展注入了活力，同时也加剧了竞争。

表7-2 2018年全球十大香料香精公司

| 序号 | 公司 | 国家 | 收入（亿美元） | 占全球份额（%） |
|---|---|---|---|---|
| 1 | 奇华顿（Givaudan） | 瑞士 | 56.53 | 20.71 |
| 2 | 国际香精香料（Iff） | 美国 | 40.00 | 14.65 |
| 3 | 芬美意（Firmenich） | 瑞士 | 38.14 | 13.97 |
| 4 | 德之馨（Symrise） | 德国 | 37.26 | 13.65 |

（续）

| 序号 | 公司 | 国家 | 收入（亿美元） | 占全球份额（%） |
|---|---|---|---|---|
| 5 | 曼氏（Manesa） | 法国 | 14.80 | 5.42 |
| 6 | 高砂（Takasago） | 日本 | 12.78 | 4.68 |
| 7 | 森鑫（Sensient flavors） | 美国 | 7.47 | 2.74 |
| 8 | 罗伯特（Robertet sa） | 法国 | 6.20 | 2.27 |
| 9 | 华宝国际 | 中国 | 6.03 | 2.21 |
| 10 | 长谷川（T. Hasegawa） | 日本 | 4.51 | 1.65 |

表7-3 国际香精香料企业在华发展情况

| 全球排名 | 公司在华名称 | 母公司全球市场占有率（%） |
|---|---|---|
| 1 | 上海奇华顿有限公司 | 19.52 |
| 2 | 芬美意香料（中国）有限公司 | 13.95 |
| 3 | 德之馨（上海）有限公司 | 12.92 |
| 4 | 美国国际香精香料（中国）有限公司 | 12.92 |

（2）八角提取物的加工

国外企业对八角提取物的加工方面，比较著名的是瑞士罗氏公司以八角提取的莽草酸为关键原料，合成磷酸奥司他韦，即“达菲”。“达菲”以其广谱的抗病毒特性，作为抗禽流感特效药，罗氏公司依靠其技术专利和产品，在全球医药市场取得巨大收益（图7-12）。

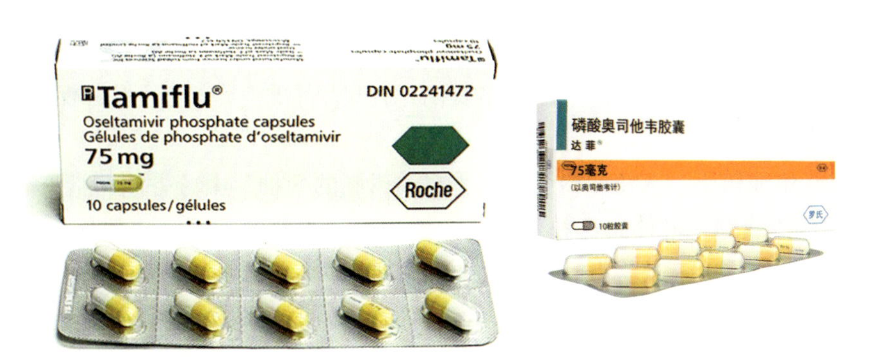


图7-12 罗氏公司生产的磷酸奥司他韦胶囊

## 2.2 国内外技术发展现状与趋势

目前，国内八角加工技术仍然处于比较落后的状态，绝大部分仍以原料形式销售，八角深加工程度不高、原料利用率低、耗能大、新产品开发力度不够。八角烘干、储存等技术问题是制约八角产业高质量快速发展的重要瓶颈之一，近年来已得到强化研究，但尚未取得突破性进展。八角的深加工途径、潜在用途、应用领域仍需要不断地研究和探索。从技术发展趋势看，随着技术的不断进步，未来我国八角加工产业逐渐进入精深加工利用的层面，力求挖掘出更多的香料用途和产品类型，从而获得更多的经济效益。

（1）八角干果加工及利用技术

长期以来，八角干果缺乏规模化、机械化的专用加工技术和设备。八角干果加工大多仍采用传统的直接晒干、杀青晒干、柴火烘干、简易土炕烘干等，其中直接晒干和杀青晒干是生产上最常用的干燥技术方法，且多数为农户分散加工。部分企业对八角果实采用机械烘干，如防城港市绿康香料有限公司，但这些机械设备和烘干技术有待进一步优化和提升。

我国生产的八角果以国内食用为主，仅少部分用于出口。八角果的食用包括直接整果使用和粉碎后与其他香料配合使用，如著名的“五香粉”“十三香”等。近年来，利用八角果进行粉碎处理，制成各种饲料添加剂，发展前景良好。

（2）八角茴油提取和精深加工技术

八角果、叶可提取八角茴油，鲜叶得率约1%，干果得率约10%，主要成分为茴香脑，占85%左右。八角茴油经精馏可得到高纯度的反式茴脑，再经进一步深加工可制取茴香醛、茴香腈、茴香醇、覆盆子酮和乙烷雌酚等系列产品，广泛应用于食品、香料等行业。

八角茴油提取加工是几十年来我国八角产业的重要组成部分，提取技术已较为成熟。但是，目前八角茴油的提取技术工艺仍以小作坊土法蒸馏技术为主，大部分生产线茴油产量仅为5t左右。通过水蒸气蒸馏提取茴油，主要设备有蒸馏锅、油水分离器、产品贮存器，技术要求较低，设备和场地要求不高，可以在田间地头建立茴油加工场所，设备投资少。广西林科院发明的一种“便携式芳香油提取装置”即属于投资较省的设备工艺。然而，八角茴油蒸馏提取技术总体较为落后，技术工艺存在许多缺陷，如生产规模小、得率低、能耗大、质量差，造成资源浪费。少数较大规模的加工企业，比如广西林业产业龙头企业广西玉蓝生物科技有限公司采用较为先进的大型蒸馏设备，可提高茴油的产率，一定程度上降低了生产成本，更重要的是可以提高油的质量。

八角茴油精深加工包括精馏生产茴脑、草蒿脑、芳樟醇等单离产品，以及合成制取茴香醛、茴香腈、茴香醇、覆盆子酮和乙烷雌酚等系列产品。经过10多年的发展，这些产品的精深加工技术获得了较大进步，一些科技实力较强的研发机构及生产企业应用超临界萃取技术、单离技术等先进技术加工获得优质深加工产品，还开发出精深加工合成技术，获得附加值更高的八角香料新产品。如广西林科院取得成果“茴油高效单离新技术”（获2009年度广西科技进步三等奖），研发出茴油分离高纯度茴脑和草蒿脑的新技术和工艺，以及运用茴脑生产茴香醛、茴香酸和覆盆子酮等系列新技术。广西玉蓝生物科技有限公司建立了较为先进的大茴香脑和大茴香醛生产线，但随着环保要求的提高，有些产品的生产工艺面临环保压力。

（3）八角油树脂提取及利用技术

八角可以提取八角油树脂。八角油树脂是辛香料油树脂的一种，由芳香油、脂肪油及树脂物质所组成的混合体，呈深棕色或绿色液体，比精油更完整地体现辛香料的特征，主要作为香料用于食品加工业，其卫生性、便携性较好，未来将得到更广泛的推广应用。

近年来，有关科研机构和企业非常重视八角油树脂的提取技术攻关。上海旭梅香精有限公司利用研究八角油树脂超临界$CO_2$萃取技术，发现八角油树脂萃取的最佳条件为原料粉碎后过1.50mm孔径筛，萃取压力25MPa，萃取温度55℃，萃取时间2.5h（5L容积萃取釜，$CO_2$体积流量50～60L/h）。在此条件下，油树脂相对于原料的得率为12.83%，挥发油萃取效率为92.31%，用GC-MS方法对八角油树脂的挥发性成分进行了分析，其主要成分为反式茴香脑、D-柠檬烯、龙蒿脑等，反式茴香脑相对含量为83.74%（陈建华等，2014）。

（4）八角莽草酸提取及应用技术

八角内含物非常丰富，其中莽草酸质量分数达到2%～12%，经过分离纯化，可以得到高纯度的莽草酸产品。

近年来，八角莽草酸提取技术发展迅速，许多科研机构和企业纷纷研发出莽草酸提取技术和工艺专利。原广西万山香料有限责任公司（现广西玉蓝生物科技有限公司）取得了发明专利“一种从八角中提取分离莽草酸的方法”，并建设有莽草酸提取生产线。广西林科院也研制出莽草酸的提取关键技术及设备，发明的“一种八角莽草酸浸提及茴油蒸馏两用装置及应用”，装置气密性好，有效防止蒸汽短路，防止蒸出气体外漏，物料吸热效果好，莽草酸浸提和茴油蒸出效果好，并提高活性成分回收率。广西林科院还拥有“八角有效成分莽草酸提取的开发研究”成果，该成果已成功在广西国有六万林场（广西六万山生物科技有限公司）转化应用，建立莽草酸提取生产线。

八角莽草酸提取技术已获得巨大进步，并在许多企业中实现工程化、规模化应用，但是，由于工艺较复杂，工序较多，关键控制技术参数也较多，在自动化控制方面还较难实现，许多企业生产线仍然缺乏自动化生产技术。

八角莽草酸以其药理活性，特别是利用它为原料开展合成得到的化合物具有优良药理活性而备受关注，在医药行业具有不可替代的重要作用。例如，以八角莽草酸为原料合成的“磷酸奥司他韦”，即瑞士罗氏公司专利药“达菲”，把八角莽草酸的利用价值提升到一个全新的高度。

（5）其他高附加值产品的开发技术

通过茴油及其加工产品，可以进一步合成系列高附加值的香料、食品添加剂等，或者与其他香料品种一起调制高级香精、香水等，目前国内还比较缺乏这方面的成熟技术。

（6）加工剩余物的开发利用技术

八角枝叶提取茴油后，可以利用剩余物生产生物颗粒燃料等产品，如广西德保县云开生物资源综合利用有限公司。八角提取茴油、莽草酸等产品之后，还可以应用八角加工剩余物生产饲料添加剂。八角饲料化应用技术难度不大，目前已有不少养殖企业成功使用八角作为饲料添加剂的饲料，这些饲料主要发挥促进和刺激食欲、提高禽畜健康、提升肉类品质等方面的作用（丁晓等，2018）。

## 2.3 差距分析

### 2.3.1 产业差距分析

国内在八角深加工产品方面研发力度不够，现有的八角产品生产企业大多是规模偏小、资金不足、技术含量低和设备陈旧老化。八角深加工产品还停留在以茴油及其各种单离成分为主，由于缺乏进一步深加工利用的技术能力，国内只能将这些原料或者中间体出口给技术先进的国家，白白把深度加工利用领域的高额利润让给国外厂商。

### 2.3.2 技术差距分析

目前，我国八角深加工技术仍然落后于国外，同国际先进水平仍然有较大差距。现阶段国内多主打“仿制型”的八角香料产品发展模式，技术创新能力不足，技术工艺还存在许多缺陷，很难与国外先进企业相竞争。八角各种单离成分的再利用、再合成方面的技术能力不足，缺乏终端利用技术，这些方面的核心技术与国外差距很大。

# 3 国内外产业利用案例

## 3.1 案例一：广西六万山生物科技有限公司

### 3.1.1 案例背景

2017年开始，广西林科院与广西六万山生物科技有限公司签订八角莽草酸提取技术成果转化协议，依托广西国有六万林场4000$hm^2$及周边产区1.3万$hm^2$的八角林资源，实施建设“六万林场八角综合加工利用项目”，积极探索八角莽草酸生物制药与生物制剂等重点领域，以生产莽草酸产品的龙头企业带动八角基地建设，创造有实质性和创新性的技术成果。

### 3.1.2　现有规模

“六万林场八角综合加工利用项目”是玉林市福绵区人民政府、广西林科院、广西国有六万林场“政研企”合作的典范，由广西林科院提供技术支撑，采用先进生产工艺技术，打造八角系列精深加工产品品牌。该项目建设用地20hm²，分3期建设，计划总投资3.4亿元。建设完成后，可年加工八角干果30000t，形成年生产莽草酸1500 t、茴油2100 t、八角粉（饲料添加剂原料）24000 t的生产能力，预计年均销售收入可达11.9亿元，年均税利1.2亿元，可增加就业人员700多人，推动八角产业转型升级。目前完成了一期工程，建成了年生产30 t莽草酸的生产线。

### 3.1.3　可推广经验

通过科研单位和企业的务实合作，实现科研与生产的有机结合，促进林业企业从劳动密集型向科技创新型转变，提升产品附加值，加速科研成果转化为生产力，推进林业转型升级。

### 3.1.4　存在问题

第一，广西六万山生物科技有限公司属于广西国有六万林场全资子公司并受其领导，经营体制不够灵活，决策能动性不强，如2019年初在原料采购时，经过一段时间的汇报、讨论后，原料八角价格已明显上涨，一定程度上造成八角原料成本的提高。

第二，企业缺少专业技术人员，由于是林场组建，企业员工基本上是林业专业，缺乏化学专业相关技术人员，包括生产、检测、专用设备维护等人员及专业的管理人员。

第三，由于体制的问题，人员缺乏积极性，产品销售渠道拓展力度不够。

## 3.2　案例二：广西玉蓝生物科技有限公司

### 3.2.1　案例背景

广西玉蓝生物科技有限公司（原广西万山香料有限责任公司）是广西较早专门从事八角生产的企业之一，八角种植和加工利用均有涉及。公司于2000年8月成立，注册资金5048万元。2019年7月，公司正式更名为“广西玉蓝生物科技有限公司”，总资产1.2亿元，拥有50年以上林权的八角林1300hm²，已通过中国农业部良好农业规范认证（GAP）。该公司与中国科学院上海药物研究所、中国科学院广州化学研究所、广西林科院均有开展产研合作，开发八角系列高值产品，提高企业自主创新能力。与中国科学院上海药物研究所合作承担了国家科技部“十一五”科技支撑计划课题《八角提取物（莽草酸）生产技术研究》；与中国科学院广州化学研究所、中国科学院上海药物研究所、广西林业科学研究院合作承担国家科技部“十一五”科技支撑计划课题《八角种植和大茴香醛合成工艺研究》。

### 3.2.2　现有规模

公司生产线已形成年生产莽草酸100t、天然大茴香脑600t、天然大茴香醛200t的规模和能力，已发展成为广西林业产业化龙头企业。

### 3.2.3　可推广经验

加强企业与科研单位的合作，并通过技术转化，提高企业技术水平和生产能力；自己企业拥有原料林基地，能保证八角原料供应；以企业的模式运作，并且通过股权优化，股权较集中，易于决策。

### 3.2.4　存在问题

部分产品加工技术提升较慢，比如茴香醛的生产，由于技术更新滞后，二氧化锰或硫酸氧化生产技术环保压力大；产品品种不够丰富，目前八角油加工类产品销售低迷，企业不得不进行转型升级，进行除八角之外其他香料产品的生产。

## 3.3 案例三：瑞士罗氏公司

### 3.3.1 案例背景

罗氏公司成立于1896年，总部位于瑞士巴塞尔，属制药和诊断领域，是世界领先的以研发为基础的健康事业公司。2019年《财富》世界500强排行榜发布，瑞士罗氏位列163位。作为世界上最大的生物科技公司，罗氏提供从早期发现、预防、诊断到治疗的创新产品与服务，在诸多领域都作出了突出贡献，提高了人类的健康水平和生活质量。该公司与八角有关的药物最著名的是“达菲”（磷酸奥司他韦），此药物是由八角提取物莽草酸为原料，经过多步化学合成反应而得。

### 3.3.2 现有规模

据公开资料显示，罗氏公司每年可生产3亿～4亿元制剂的“达菲”药物。

### 3.3.3 可推广经验

公司注重新产品开发，“达菲”仅为其众多专利药物之一，通过专利药获取巨额利润；罗氏公司还通过专利授权，无须加大生产线投资，也可获取巨大利润，如分别于2005年、2006年将磷酸奥司他韦的生产销售授权给上药医药集团和深圳市东阳光实业发展有限公司。

### 3.3.4 存在问题

罗氏公司为成熟的国际化大公司，其运营方面不存在大的问题，但其明星产品“达菲”为专利药、特效药，面临的较大问题是药物被仿制。

# 4 未来产业发展需求分析

## 4.1 国家战略安全需要

当今世界防治禽流感特效药“达菲”，其药物生产离不开来自八角的有效成分莽草酸。八角富含莽草酸，最高质量分数可达12%以上，天然的莽草酸资源仍然处于紧缺的状态。我国的八角资源是一种具有区域优势的战略物资，对我国未来抗击流感方面具有重要意义，对社会经济稳定发展具有重要意义。当前世界形势已经表明八角资源在国际舞台上也具有一定的政治意义和战略意义。因此，在世界流感频发、爆发的严峻形势下，发展八角产业是国家安全的战略需求。

## 4.2 生态文明建设需要

林业是生态文明建设的基础。随着我国的快速发展，人们越来越认识到保护自然和利用自然的重要性。八角是一种常绿高大乔木、适宜生长在丘陵山区的经济林树种，八角树根深叶茂，发展八角种植不仅可以获得八角产品，还能同时绿化国土、美化森林环境、发挥水土保持和净化空气等作用。因此，大力发展八角产业是推进生态文明建设的需要。

## 4.3 健康中国战略需要

党中央提出“要把人民健康放在优先发展的战略地位，以普及健康生活、优化健康服务、完善健康保障、建设健康环境、发展健康产业为重点，加快推进健康中国建设，努力全方位、全周期保障人民健康”。八角产业是实实在在的健康产业，因为八角不仅提供给人们绿色健康的调味香料，其深加工产品还是很多食品、日化品、医药的原料，已深入生活的各个角落，八角香料不仅可以提升国民生活品质，还能维系人们的健康生活。因此，大力发展八角产业，承载着健康中国战略的需求。

### 4.4 乡村振兴战略需要

八角林主要分布在边远山区和欠发达地区，八角种植涉及众多贫困县、贫困村和贫困户，这些区域内具有较长的八角生产传统和较好的生产基础，长期以来八角已成为山区农村的重要支柱产业。因此，通过八角种植可以有力带动乡村特别是贫困乡村的经济繁荣，帮助山区农民实现就业、增加经济收入和实现长效脱贫。大力发展八角产业，尤其是八角加工产业，还可以推动乡村种植、采收、销售、物流等相关产业、行业的发展，助力乡村振兴。因此，发展八角产业是乡镇振兴的战略需要。

### 4.5 “一带一路”倡议需要

大力发展“一带一路”倡议，促进国家之间共同发展和共同繁荣。香料是古代海上丝绸之路的重要实物载体，八角作为传统香料，一直在海上丝绸之路的贸易中扮演着重要角色，是与世界文明交流的渠道之一，传承“香料之路”的繁华。八角作为香料贸易的重要组成部分，早已成为东南亚、中东国家的文化、经济交流的重要物质文化，伊斯兰国家烹制肉类食物中把八角作为必不可少的调料。例如，广西已有企业在积极推动以文莱为重要支点的八角贸易战略，将八角资源推向全世界伊斯兰国家，并积极对接相应的“哈拉”认证。因此，发展八角产业是实施“一带一路”倡议的一种具体需要。

## 5 产业发展总体思路与发展目标

### 5.1 总体思路

以资源优势为基础，以国内外市场为导向，以科技创新为依托，以提高国际竞争力和促进出口为突破，以提高产业效益为目标，进一步优化八角产业布局和丰富产品结构，加强八角高效栽培和产品深加工，扩大八角应用领域，延长八角产业链，促进八角产业转型升级和可持续健康发展。

### 5.2 发展原则

一是市场导向和政府引导相结合。瞄准国际和国内两个八角开发利用市场，把握现有市场，积极开拓潜在市场，适应市场对八角产品多样化和高品质的需求，同时加强政府的科学引导。

二是坚持可持续发展。八角产业与当地经济、社会和自然环境相协调，建立八角产业生态圈，提倡绿色环保，经济、社会和生态“三大效益”相统一，促进产业可持续发展。

三是科学规划和合理布局。根据八角资源自然分布特点和市场实际需求，科学合理地规划布局八角原料林基地、加工利用基地和集散流通基地，避免资源浪费和无必要的重复建设，实现高效化和集约化发展。

四是自主创新与技术引进相结合。在加强八角资源利用技术自主原始创新的同时，广泛吸收和积极引进国外先进香料加工利用技术，减小与国外的技术差距，赶超国外产业发展水平。

### 5.3 发展目标

构建以优质高效八角原料林基地为基础，以深加工产业为发展龙头，集基地、产品开发、加工、营销为一体的八角产业生态圈，推进八角产业由分散向集中发展，打造八角品牌，扩大出口规模，实现特色八角资源及其深加工产值达到300亿元以上。

2025年：在稳定现有八角资源面积47万$hm^2$的基础上，总产量提高10%，资源优质化明显，基本满足资源利用产业化发展需求；产业布局得到优化，八角深加工能力提高30%，产值达到200亿元，出口量增加10%，培植一批具有全局性或区域性带动作用的龙头企业；培育八角优良品系（品种）10个，突破瞄准终端产品的八角茴油精深加工关键技术，初步建立八角生产标准化体系，八角新产品开发能力显著增强，产业链得到明显延长，国际品牌初步建立。

2035年：八角资源面积达到50万$hm^2$，资源培育实现高效化和集约化经营目标，资源集中度进一步明显，资源培育标准化、机械化水平得到提升；八角深加工能力提高80%，产值达到300亿元，出口量增加35%以上，出口结构由原料出口为主转变到以深加工产品、终端产品出口为主，培育国际贸易型龙头企业一批；培育八角优良品系（品种）20个，取得一系列具有自主知识产权、创新性的八角精深加工和香料合成转化技术及新产品，建立具有较强竞争力的国际品牌。

2050年：八角资源面积稳定在60万～66万$hm^2$，资源培育实现定向化、优质化经营目标，原料基地良种化提升30%以上，资源培育的标准化、机械化水平进一步提高；八角深加工能力提高100%，产值规模显著增大，出口量增加50%以上，龙头企业综合实力达到或赶超国际同类企业；八角精深加工和深度开发利用关键技术取得系统性成果，国际品牌进一步得到巩固和发展。

# 6 重点任务

## 6.1 加强标准化原料林基地建设，提高优质资源供给能力

（1）推进良种选育、改良

加快八角良种选育和栽培技术研究，推进良种试验推广；按不同产品需求，实施八角品种定向改良，重点在高茴油、高莽草酸或其他有效成分的八角品种选育上加强技术攻关；运用组培快繁等先进技术开展工厂化、规模化育苗，不断扩大八角良种种植规模。到2025年，完成良种更新造林5万$hm^2$。

（2）全区域全面实施低效林改造

对我国广西、云南和广东所有现有八角林资源开展调查和分类，论证不同地块改造的必要性，制定科学合理的改造计划。对长势衰退的低产、低效八角老林，实施以水肥一体化精准施肥、疏伐、修枝、嫁接换冠、病虫害防治及中耕抚育管理为主要内容的综合改造，无改造潜力或无改造必要的八角老林则进行重新造林更新改造，提高八角林分质量，保证八角原料林高产和稳产。到2025年，完成八角低效林改造20万$hm^2$。

（3）优化布局，建立优质原料林重点基地

按照统筹布局、突出重点、示范引领、区域带动的原则，在传统八角重点产区、优势区域布局建立一批八角优质原料林重点基地，并加以重点保护，以确保长期发展，保障我国八角产业化发展原料供应。将广西、云南和广东列为我国八角优势大区域，合理布局5个优质原料林重点基地：桂西南重点基地20万$hm^2$、桂东重点基地15万$hm^2$、桂中重点基地2万$hm^2$、滇东南重点基地6万$hm^2$、粤西重点基地1万$hm^2$。提升原料林基地内高效化、标准化技术的应用水平。

## 6.2 技术创新，提高核心竞争能力

（1）八角资源培育技术研发

从战略资源角度考虑，重视八角种质资源收集库建设与良种创制。全面收集国内外八角优异种质资源，并在主产地建立收集库加以保存，以保障八角资源长期育种材料。加强八角种质资源评价与良种创制、改良技术攻关，从高产优质化、利用定向化角度出发，不断创制出一系列八角优良新品系、新品种。

充分利用八角优良资源，研发八角苗木规模化、优质化繁育技术。为保障八角造林更新任务以及优质原料林基地建设的用苗需要，加强八角优良苗木培育技术的研究，突破八角有性繁殖与无性繁殖的技

术难点，提高苗木培育的科技创新能力，建立完善的科研与生产相结合的良种推广体系，加速形成良种繁育、壮苗培育、种苗包装、苗木储藏和运输等苗木产销系统，提高苗木科技含量和造林成效。

力求改变八角栽培管理粗放、低产低效的不利现状，大力研发八角高效丰产栽培技术，解决生产中迫切需要解决的共性和关键性技术问题，从营养高效利用、高效树冠构建、病虫害预防等方面，建立一套完善的、可控的、可操性强、可推广的八角高效栽培技术体系。

（2）八角采摘技术与设备研发

探索八角采摘技术，研发降低人工徒手采摘成本、增强爬树与作业安全性的机械设备，提高八角采摘与装运的机械化水平。

（3）八角烘干关键技术工艺和设备研发

针对八角鲜果烘干加工效率和产品质量控制的问题，从八角干果色泽、内在品质等方面考虑，研究影响八角烘干产品质量的技术和工艺指标参数，加快研发环保型、实用型八角机械烘干设备。一方面研制具有便于搬运和移动特性，适宜八角大户或几家联合使用的中小型机械烘干设备；另一方面研制适用于规模化加工，适宜企业集中、定点加工的大中型机械烘干设备。

（4）八角茴油提取技术提升

针对现有茴油提取行业存在的技术落后、产能低、质量差、环境污染大等问题，研发节能环保、茴油得利高、茴油质量高、可规模化生产的新型茴油提取工艺和设备。

（5）八角茴油精深加工技术研发

瞄准终端产品和国际市场需求，攻关八角茴油目标单离成分的提取和纯化技术，并实现技术的工程化、产业化应用。

（6）八角有效成分挖掘和提取技术研发

充分挖掘八角内含有效成分，联动日化用品、食品、医药和健康保健等行业、领域的用途需求，扩大八角的应用领域，提升八角有效成分的提取技术，突破八角香精香料合成转化的终端利用技术。

（7）八角剩余物综合利用技术研发

从八角剩余物综合利用、提高综合附加值的角度考虑，充分挖掘八角剩余物在饲料、熏香、肥料等领域的应用价值，建立相关终端产品的生产配套技术。

（8）八角新产品研发与品牌建立

按照国际高品质品牌的质量要求，加强面向国际贸易和高端消费市场的八角新产品研发，提高产品的国际竞争力，打造世界级龙头企业和八角品牌。

## 6.3　产业体系创新，健全产业链

（1）构建八角产业新型经营体系

组建八角产业发展共同体，成立八角产业集团或联盟，打造利益共同体；构建产业生态圈，建立种植户、加工企业和销售企业串联的产业生态圈，形成生态圈良性循环，增强八角产品市场竞争力和抗风险能力；创新经营户经营机制，改变八角零散种植经营的模式，组建合作社或者通过林地流转聚集八角资源，形成规模化经营。

（2）建立八角产业标准体系

瞄准国际和国内八角生产技术和产品标准，建立八角产业各个生产环节的技术标准，形成地方、行业、国家和国际等层次的产业技术和产品贸易标准体系。加强标准贯彻实施与推广，推动八角生产标准化示范基地、示范园和示范区的建立。

（3）实施优质八角原料林建设工程

加强八角资源培育基础研究，推进八角良种选育与推广，实施八角低效林改造工程，研发八角营林与采收机械设备，提升八角林管护水平，建立核心示范基地，逐步向八角原料林基地规模化、集约化、标准化和机械化方向发展。

（4）推进八角加工技术产业化应用

解决八角干果加工的技术瓶颈，优化现有加工技术，拓展八角利用领域，延长产业链，推动各种加工技术的产业化应用。抓紧突破和赶超国外在八角精深加工和终端产品开发方面的核心技术，抢占产品研发技术高地，加快核心技术的产业化应用，扭转长期以来以出口原料为主、缺乏高端研发的不利局面。

（5）打造国际化八角品牌

学习借鉴国外先进企业经营理念，大力支持国内八角加工企业实施品牌战略建设，以资源优势和核心技术为竞争利器，以产品质量和产品特色为核心，大力推进国际知名八角品牌的培育和市场营销，加快建设企业和区域品牌体系。

（6）建立健全产业链

建立健全八角产业营销体系，完善资讯平台及宣传体系，立足国际与国内市场，优化整合物流资源，建立集展销、加工、仓储、运输、配送、供应于一体的八角产品交易网络、园区和八角产品交易信息聚集平台。

## 6.4 建设新时代特色产业科技平台，打造创新战略力量

利用国内科研基础良好、实践经验丰富的八角科研团队和研究基础，联合有关企业资源和力量，建设面向新时代、适应新形势的八角产业科技平台，提升建设“国家林业和草原局八角肉桂工程技术研究中心”，充分利用“南方木本香料国家创新联盟”平台的资源和力量，成立八角国家工程中心，打造八角产业创新战略力量。

## 6.5 推进特色产业区域创新与融合集群式发展

坚持产业联动，融合集群发展。把从事八角资源开发利用的相互关联的企业、供应商、其他产业聚拢在一起，构建八角生产要素优化集聚洼地，打造八角产业发展共同体，降低生产和物流成本，提高资源利用效率，形成区域集聚效应、规模效应、外部效应和区域竞争力，形成八角产业生态圈、发展合力，并且实现良性循环。

## 6.6 推进特色产业人才队伍建设

推进八角产业人才队伍建设，联合国内八角产业相关单位的人才资源，组建八角资源培育、加工利用、市场营销等专业领域的人才队伍，以科研项目为载体，以产业基地为实体，形成联合攻关机制。打造多层次、多领域的人才梯队，老中青年龄人才相结合，重视领军人才和拔尖人才的培养。实施八角科技培训与科学普及工程，充分利用乡土专家的带头示范作用，全面提升产区群众的八角栽培技术水平。加强开放与合作，学习国外先进人才培养模式，与国外高尖人才开展技术交流合作，在学习和借鉴国外八角深加工利用技术的同时，提升国内人才的创新能力。

# 7 措施与建议

## 7.1 建立八角产业转型升级发展的协调机制

加强产业发展顶层设计，建立八角产业转型升级发展的协调机制，统筹高位推动。

一是加强部门领导，组建协调机构。按照“加强领导、统一协调、分工负责、各有侧重”的原则，

由国家林业和草原局组织牵头，组建“中国八角行业协会”和“国家八角产业专家咨询委员会”，建立、完善协调机制与工作机制，密切联系各级政府、研发机构、生产企业、市场之间的桥梁和纽带。

二是协调各方力量，形成发展合力。根据国家战略需求和发展目标，国家林业和草原局作为八角产业的主管部门，制定发展规划与配套政策，鼓励和协调各方面的力量。运用经济杠杆、政策扶持、法规保障等综合手段，充分发挥政府培育市场、市场配置资源的作用，调动中央和地方、政府和及中介组织等各方的积极性。

## 7.2 加大八角产业发展的资金投入

建立政府引导、社会投入、金融扶持、市场运作的多元化投入机制。

一是政府加大对八角资源开发利用资金的投入。国家财政设立专项资金，重点支持八角良种创制、原料林基地建设和加工利用新技术、新装备、新工艺的研究开发，支持国家标准制定和示范工程建设。

二是建立多元化发展八角产业投入机制。国家鼓励各种所有制经济主体参与八角资源的开发利用，依法保护八角开发利用者的合法权益。通过法制保障、政策措施和激励机制，引导各类企业和社会资金投向八角产业，形成以企业为主体，包括吸引国外资金在内的多元化投入机制，确保各方投资者利益互动、合作多赢。

## 7.3 制定激励八角产业发展的政策

根据八角产业发展的产前、产中和产后各个环节的经济发展规律，制定一系列激励八角产业发展的政策。

一是实行鼓励八角产业发展的税收政策。按照国家税制改革方向，明确八角生产的免税或者减税范围，对涉及八角生产的业主、企业给予税收优惠。进一步优化进出口关税政策，减轻企业的资金负担，鼓励出口创汇，支持八角产品更好地走出国门。

二是实行鼓励八角产业发展的信贷政策。加大对八角产业发展的信贷支持力度，协调政策性、开发性银行信贷业务向八角产业的倾斜投入，推动建立八角专项信贷。完善信贷担保方式，健全林权抵押贷款制度，大力发展八角种植林农小额信用贷款和农户联保贷款，探索农村土地承包经营权抵押贷款业务试点。落实中央和地方对林业贷款项目据实贴息政策。

三是实行鼓励八角产业发展补贴政策。制定补贴政策，将八角产业发展纳入有关专项补贴范围。参照国际通行做法，通过政府收购或销售补贴的方法，核定八角资源开发利用不同系列产品生产成本，在一定时期内给予相应的价格补贴。

四是鼓励和支持保险机构开发八角产业保险产品，鼓励和引导八角林农投保参保，建立八角种植灾害风险防范机制，促进八角资源培育稳定发展。

## 7.4 建立有利于八角产业发展的市场环境

根据八角产业发展特点和市场经济规律的要求，积极鼓励和引导生产企业向集约化、产业化、规模化方向发展，形成从资源培育到加工利用一体化产业链，在国家允许的范围内参与市场开发与竞争。

一是营造八角产业投入和发展的积极市场氛围。加强八角科学普及教育，提高全民对八角产品的认知能力和消费意识，鼓励农户、农业能人、农民合作组织、企业组织积极投入八角原料林培育和产品开发行业。加强科学普及宣传，激发社会群体、领域消费利用八角产品的积极性。

二是完善八角产品市场准入机制与政策。在确保八角产品安全和技术质量标准的前提下，适当放宽八角系列产品市场准入机制，鼓励企业开发、研制拥有自主知识产权的八角产品上市，按国家规定纳入相关产品目录。

三是健全八角产品技术质量标准与市场监管体系。国家对八角高精尖产品实行备案制。建立和完善八角生产技术的实验程序、中间试验、环境保护、商品化生产和进出口等环节的质量、安全监管制度。

## 7.5 加强发展八角产业的国际合作

从实现国家发展战略目标出发，在坚持独立自主、强化自主创新、确保国家安全的前提下，本着“以我为主，共同发展，互惠互利，合作双赢”的原则，充分利用国内国际两种资源、两个市场，坚持“走出去”“请进来”发展原则，加强发展八角产业的国际合作。

一是为八角香料产业融入“一带一路”建设及相关国际贸易创造有利环境、条件和机遇，推动新时代“香料之路”新生机和蓬勃发展，打造八角香料国际贸易与合作新的生态圈。

二是通过国际合作研发项目和产业建设，学习国外在八角香料精深加工利用方面的创新理念和先进技术，强化消化吸收再创新，提高国内同类领域、产品的研发水平，形成具有自主知识产权的一系列八角精深加工利用技术和产品，抢占八角资源开发利用的核心技术和高端市场，扭转被动局面，赢得八角资源开发利用市场的主动权和控制权。

## 参考文献


中国科学院中国植物志编辑委员会，1996. 中国植物志[M]. 北京：科学出版社：228–231.

黄卓民，1994. 八角[M]. 北京：中国林业出版社.

何春茂，冯晓，2004. 八角的加工、深加工与利用[J]. 广西林业科学，33(1): 36–38.

王琴，蒋林，温其标，2005. 八角茴香研究进展[J]. 粮食与油脂(5): 42–44.

卫生部. 关于进一步规范保健食品原料管理的通知：卫法监发〔2002〕51号[EB/OL]. (2002–02–28). http://www.nhc.gov.cn/zwgk/wtwj/201304/e33435ce0d894051b15490aa3219cdc4.shtml.

何冬梅，刘红星，黄初升，等，2009. 广西八角茴油的提取及其成分研究[J]. 食品研究与开发，30(6): 3–6.

林森，孙振军，刘红星，等，2010. 八角属植物药理作用的研究进展[J]. 大众科技(2): 136–137.

方健，苏小建，梁荣感，等，2008. 八角籽仁油GC–MS分析和急性毒性试验[J]. 中国油脂，33(1): 65–68.

吴利民，陆宁海，2008. 八角茴香抑菌活性的初步研究[J]. 河南农业科学(1): 80–82.

刘天贵，2007. 八角调味料提取物杀菌作用的研究[J]. 中国调味品(5): 30–32.

吴周和，徐燕，2003. 八角中天然防腐剂的提取方法及其抑菌作用研究[J]. 中国调味品(9): 18–20.

仇国苏，2006. 莽草酸与禽流感治疗物药：达菲[J]. 化学教育(2): 1.

马怡，徐秋萍，孙建宁，等，1999. 莽草对大鼠大脑中动脉血栓所致局部脑缺血性损伤的拮抗作用[J]. 中国药理学报，20(8): 701–704.

黄丰阳，徐秋萍，孙建宁，等，1999. 三乙酰莽草酸对血小板聚集的抑制作用[J]. 药学学报，34(5): 345–348.

王宏涛，孙建宁，徐秋萍，等，2002. 丙基莽草酸对大脑中动脉栓塞大鼠脑含水量和能量代谢的影响[J]. 中国药理学与毒理学杂志，12(4): 270–272.

刘永友，廖晓峰，2007. 莽草酸的研究进展[J]. 化工时刊，21(3): 54–57.

孙快麟，李润苏，雷兴翰，1990. 若干莽草酸衍生物的合成和生物活性研究[J]. 药学学报，25(1): 73–76.

农业部农垦局(南亚办)，中国农垦经济发展中心(南亚中心)，2016. 主要热带作物优势区域布局(2016—2020)[M]. 北京：中国农业出版社.

刘永华，2004. 八角种植与加工利用[M]. 北京：金盾出版社.

广西壮族自治区林业勘测设计院，2018. 广西八角产业发展调查研究[M]. 南京：[出版者不详].

马锦林，张日清，李开祥，2006. 广西八角良种研究综述[J]. 经济林研究，24(3): 59–61.

宁德鲁，陆斌，邵则夏，等，2003. 云南八角优良单株初选[J]. 云南林业科技(4): 55–58.

宁德鲁，张雨，陆斌，等，2010. 莽草酸高含量的八角优良单株选择研究[J]. 西部林业科学，39(3): 43–46.

刘永华，2002. 中国八角生产与贸易[J]. 世界农业(2): 23–24.

刘永华，2012. 我国八角出口东盟国家市场现状与产业发展对策[J]. 南方农业学报，43(6): 891–894.

陈建华，陈晨，韦茂山，等，2014. 超临界CO2萃取八角油树脂及其成分分析[J]. 食品与生物技术学报，33(12): 1326–1331.

丁晓，杨在宾，姜淑贞，等，2018. 八角抽提油和蚯蚓粉对肉鸡肠道发育和养分利用率的影响[J]. 中国畜牧杂志，18, 54(2): 80–86.

杨漓，谷瑶，曾永明，等，2019. 八角、肉桂和香茅加工剩余物发酵配制饲料添加剂对肉鸡和蛋鸡的影响[J]. 现代农业科技(6): 190–191.

中国工程院咨询研究重点项目

# 花椒产业发展战略研究

撰 写 人：薛智德
刘永红
魏安智

时 间：2021年6月

所在单位：西北农林科技大学

# 摘 要

花椒是中国八大香辛料之一；2018年花椒产业产值达450亿元，“小小花椒树，致富大产业”，是中国新兴产业的重要组成部分。花椒树既有美化乡村、水土保持、水源涵养作用，也有助力农村脱贫致富作用；对“乡村振兴”“美丽中国”和“绿水青山就是金山银山”有着不可替代的战略地位。

中国是花椒的起源地、主产国和主要出口国，23个省（自治区、直辖市）栽培面积166.67万$hm^2$，干椒年产量45.85万t以上、产值300亿元以上。然而，我国花椒普遍存在农药残留高、提取物产品加工业规模小、技术力量薄弱、生产效率低，花椒出口受限、国内供大于求、花椒价格起伏不定，使椒农、合作社和企业经营规模及效益持续性差。花椒作为一种经济植物研究起步较晚，科技研发水平比较低，干花椒80%用于制作椒粉调料包等，11%选作精品花椒粒用于火锅，5%炸（榨）花椒调味油，仅4%用于提取有效活性成分；缺乏高、精、尖如生物碱等新优产品以及在保健、生物医药、日化原料、生物农药等方面的精深加工。通过对陕西省韩城市和凤县花椒产业典型分析，针对花椒产业国际大循环和国内小循环中存在的“卡脖子”“瓶颈”和“关键技术”问题，提出花椒产业发展总体思路、原则、目标及任务和加工方向：①政府扶持稳固龙头企业；②政府招商新型重点企业；③放宽金融投资税收政策；④科学区划，适地适品种栽植；⑤培育“绿色花椒”和“有机花椒”，减少或消除农药残留；⑥提高和扩建优质花椒生产基地；⑦采摘花椒智能化和“无刺花椒”良种化；⑧加大基础研究和加工工艺研究；⑨花椒深加工以大型龙头企业为依托，以专业合作社为桥梁，通过企业与合作社、合作社与农户分别签订购销合同，合作社提供产前、产中、产后全程化服务，建立利益共享、风险共担的合作机制，切实保障共同利益，提高抵御市场风险的能力。

# 1 现有资源现状

## 1.1 国内外资源历史起源

花椒属（*Zanthoxylum* L.）为芸香科植物，约250种，分布于北美和东亚地区，我国有39 种和14变种。花椒（*Zanthoxylum bungeanum*）原产于我国，栽培历史悠久，现已广布于我国南北地区，种质资源十分丰富。近年来，竹叶花椒（*Zanthoxylum armatum* DC Prof.）在我国西南地区广泛栽培，成为第二大栽培种。我国幅员辽阔，生态环境多样化，长期的自然选择和人工选育使花椒和竹叶花椒许多表观性状表现出高度可塑性，成熟期、果皮颜色、腺点等形态学指标易受气候环境因素的影响而产生连续性的变异，形成了许多“品种”或“生态型”。冯世静、魏安智等运用单亲遗传的cp DNA 序列变异和双亲遗传的SRAP和SSR标记技术，对我国花椒种质资源的遗传多样性和种源遗传结构研究表明，花椒属植物的起源地为云贵地区，现在花椒栽培种的地理分布由花椒和竹叶花椒祖先群体经过长距离扩散和几次地理隔离事件而形成。花椒和竹叶花椒分化时期大约为中新世末期（5.73Ma），花椒经历过瓶颈效应、群体扩张和空间扩张事件，竹叶花椒仅经历了近期的群体扩张事件；秦岭山脉阻隔了岭南和岭北花椒种源的基因流，形成了南、北种源独特的遗传结构，将花椒以秦岭为界分为“南椒”和“北椒”两类，竹叶花椒单独为一类。目前，栽培的“青花椒”和“顶坛花椒”应归属于竹叶花椒而不是植物学分类上的青花椒（*Zanthoxylum schinifolium* Sieb. et Zucc.）。

## 1.2 功能

### 1.2.1 主要生物活性成分

花椒含有挥发油、生物碱、酰胺类物质、香豆素、木脂素、脂肪酸以及黄酮、多酚等多种活性成分（表8-1、表8-2）。

花椒挥发油中存在的香气成分达130多种，麻味物质成分达30种。花椒中的香气活性成分主要为烯萜类、醇类和酯类。从相对分子质量来看，随着碳原子数的增加，香气阈值逐渐呈上升趋势，这可能是由于香气成分的蒸气压减小而使其挥发性降低。花椒三类成分的香味有所差异，花椒香气活性物质多数以同分异构体的形式存在，均含异戊二烯单位或一个近平面的环状结构，醇类和酯类成分中含有烯萜类成分，不含有羟基和酯基发香团。花椒中的麻味物质主要是以羟基-$\alpha$-山椒素、羟基-$\beta$-山椒素为代表。生物碱主要有茵芋碱、香草柠碱、青花椒碱、白屈菜红碱、白鲜碱等。花椒种子出油率在25%以上，花椒油有浓厚的香味，是一种很好的木本食用油。

**表8-1 花椒主要香气活性成分和特征**

| 分类 | 成分 | 分子式 | 阈值 | 香气特点 |
|---|---|---|---|---|
| 烯萜类 | 柠檬烯 | $C_{10}H_{16}$ | 10 | 柑橘香 |
| | 月桂烯 | $C_{10}H_{16}$ | 14 | 花香 |
| | $\alpha$-蒎烯 | $C_{10}H_{16}$ | 6 | 松木香、茶香、青草味 |
| | 桧烯 | $C_{10}H_{16}$ | 40 | 花香 |
| | $\gamma$-萜品烯 | $C_{10}H_{16}$ | — | 甜味 |
| | 大根香叶烯 | $C_{15}H_{24}$ | — | 花香 |
| | 石竹烯 | $C_{15}H_{24}$ | 64 | 丁香味、松香 |

（续）

| 分类 | 成分 | 分子式 | 阈值 | 香气特点 |
|---|---|---|---|---|
| 醇类 | 芳樟醇 | $C_{10}H_{18}O$ | 6 | 花香、青香 |
| | 香叶醇 | $C_{10}H_{18}O$ | 40 | 甜香、柠檬香、玫瑰香 |
| | 4-萜品醇 | $C_{10}H_{18}O$ | 400 | 花香、甜香、草药味 |
| | 桉树脑 | $C_{10}H_{18}O$ | — | 松油香 |
| | $\alpha$-萜品醇 | $C_{10}H_{18}O$ | 330 | 甜香、薄荷香、水果香 |
| 酯类 | 乙酸芳樟 | $C_{12}H_{20}O_2$ | 640 | 月季花香 |
| | 乙酸松油酯 | $C_{12}H_{20}O_2$ | — | 清甜味 |

**表8-2 花椒生物活性成分含量与功能**

| 成分 | 提取率 | 主要成分 | 功能 |
|---|---|---|---|
| 挥发油 | 13.7% | 烯烃类、醇类、酯类、黄酮类、环氧化合物类 | 抗肿瘤、抗氧化、抗炎镇痛、调血脂、抗血小板、抗血栓、免疫调节、抑菌等 |
| 生物碱 | 0.94% | 茵芋碱；香草木宁碱；和帕落平碱；6 - 甲基氧 - 5 , 6 二氢白屈菜红碱；去 - N- 甲基 - 白屈菜红碱 | 抑菌、抗肿瘤、抑制血小板凝集、抗炎镇痛 |
| 酰胺 | 花椒油树脂12.83% | 山椒素类、十四烷不饱和脂肪酰胺类 | 花椒麻味物质具有麻醉、镇痛、抑菌、杀虫、祛风除湿等多种药理功效 |
| | 花椒麻素萃取率93.21% | | |
| | 花椒油树脂中麻味成分含量为99.33% | | |
| 香豆素 | — | 香柑内酯、脱肠草素、7- 羟基 - 甲氧基香豆素 | 香豆素在动物体内有毒性、抗菌、使平滑肌松弛、抗凝血等生理作用 |
| 木脂素 | — | 二苯基双骈四氢呋喃衍生物 | 有抗癌、致泻、强壮、杀虫、毒鱼及肌肉松弛等作用 |
| 其他成分 | 17种氨基酸总量5.33%，其中，脯氨酸、天冬氨酸、精氨酸和谷氨酸含量分别占氨基酸总量的16.7%、12.2%、11.35%、10.9% | 脂肪酸、三萜、甾醇、烃类、黄酮苷类等 | 黄酮3,5-diacetyltambulin具有抑制血小板凝集的作用 |

### 1.2.1.1 香味物质

香味物质具有抑菌、杀虫、镇痛、平喘、抗炎、抗肿瘤、抗动脉粥样硬化、抑制平滑肌收缩、保护结肠功能、促进透皮吸收等作用。

### 1.2.1.2 麻味物质

麻味物质具有降血糖、降血脂、麻醉、镇痛、驱虫、调节糖脂代谢紊乱、调节胃肠活动、保护胃肠道、促进结肠动力、改善肠道微血管循环障碍、抗肿瘤等作用。

挥发油类物质易挥发，不易储存，将其制成软胶囊剂，能有效地降低挥发损失、提高药品的质量。花椒油提取物密封于软质囊材后，可以避免与空气直接接触，从而增强其稳定性，同时也避免了花椒风味物质直接食用的刺激性，可提高患者的顺应性。

### 1.2.1.3 生物碱

生物碱具有抗氧化、选择性抑菌、抗肿瘤、消炎、镇痛、止痒、抗疟疾、抗血小板凝集等药理作用，如兰屿花椒碱具有抗艾滋病病毒（HIV）活性，花椒宁碱具有抗肿瘤作用。根据任振华测定韩城大红袍花椒生物碱总含量高达2.951mg/g，对其深入研究有利于充分发挥花椒价值，开发高附加值产品。

#### 1.2.1.4 不饱和脂肪酸

花椒种仁中含有的棕榈酸、油酸、亚油酸和α-亚麻酸等，不饱和脂肪酸占80%以上，其中α-亚麻酸（ALA）占17.91%，而α-亚麻酸是一种具有较高食用和药用价值的营养保健油，被称为“21世纪绿色营养保健食品”，对人体健康和疾病治疗有重要的作用。

花椒籽粕富含较高的营养物质，作为食用菌培育基质，可使菌丝体更加浓厚、旺盛，用于水产养殖业，是很好的混合剂或添加剂，也可用于颗粒有机肥、花椒籽废渣活性炭材料等。

日本、美国和德国已从花椒中开发出生物碱及其多种富含α-亚麻酸（ALA）的药用制剂和保健食品，用于预防脑栓塞、高胆固醇症、高血压、癌症等多种慢性疾病。随着生物制药技术手段的不断进步，花椒果实所含有的这些活性物质，可以为未来新药开发和实现产业化提供物质基础，使花椒的生物资源优势转化为经济优势。

### 1.2.2 产品

据史料记载花椒已有2600多年的种植和使用历史，其果皮被誉为八大调味品之一，主要用于调料、祭祀、酿酒、中药材及其食用、药用和化工产品开发。目前，有干花椒、花椒粉、花椒种苗菜、花椒油树脂、花椒精油、花椒籽精炼油、椒目仁油、花椒籽有机颗粒肥料、椒葛软胶囊、椒仁营养素软胶囊等系列产品。

## 1.3 分布

花椒在我国分布很广，黄河、长江、珠江流域各省份以及云南、贵州和西藏均有栽植。随着对调味料等产品需求的增加，目前花椒的种植规模在不断扩大，花椒产量大幅度提升，形成了以陕西韩城、凤县，甘肃武都、秦安、周曲，四川汉源、茂县、西昌，贵州水城、关岭，河北涉县，重庆江津，山西芮城等地为主的18个主产区。其中规模和产值较大的有陕西韩城、凤县，甘肃武都、秦安，四川汉源、茂县和重庆等省份。中国大面积人工栽培的花椒品种从果皮颜色分主要是红花椒和青花椒，以陕西韩城、凤县为代表的大红袍花椒，以四川茂汶、汉源为代表的正路椒，以四川金阳和重庆江津为代表的九叶青椒，以及遍及各地的枸椒等品种为主，其中，种植面积和产量大红袍占45%，青花椒占25%，正路椒占10%，枸椒占20%。

## 1.4 栽培规模

20世纪80年代以前，我国花椒以房前屋后、田坎地边零星栽植为主，采用传统粗放的管理模式，处于半野生状态。80年代以后，随着改革开放的深入，在国家退耕还林等政策推动和市场需求拉动下，花椒价格逐年提高，以韩城花椒为例（表8-3），由2012年47元/kg增长到2018年130元/kg，年平均增幅29.43%。农民和相关企业家种植花椒的热情很高，致使花椒人工种植规模开始快速增长。

表8-3 韩城花椒价格变化趋势

| 年份 | 2012 | 2013 | 2014 | 2015 | 2016 | 2017 | 2018 | 2019 |
|---|---|---|---|---|---|---|---|---|
| 价格（元/kg） | 47 | 56 | 64 | 68 | 84 | 96 | 130 | 116 |

从2005年韩城市花椒研究所等培育出“无刺椒”以来，河北省赵京献等选育出了‘无刺1号’‘无刺4号’，李庆芝等在山东莱芜选育出了无刺花椒，吕玉奎等选育出了茎、干、枝基本无刺、容易采摘的‘荣昌无刺花椒’，王景燕等在四川省汉源县选育出了盛果期果枝无刺、树干和主侧枝上刺稀少或近无刺的‘汉源无刺花椒’，甘肃省陇南市经济林研究院繁育出‘武选二号’‘武选三号’。经过多方引进驯化，涌现出像陕西省渭南市白水县兴秦花椒合作社陈书明团队、河南省三门峡张博团队、甘肃陇南靳

强团队、甘肃陇南张金权团队等‘无刺花椒’繁育基地；2019年陕西杨凌西北农林科技大学在凤县培育了‘西农无刺’花椒，并经过省苗木审定委员会审定。近年来，在这些无刺花椒繁育基地的推动下，全国各地掀起了无刺花椒栽培热潮，种植面积以约15%的速度逐年增加。

经过几十年的发展，花椒栽培已经涉及23个省份，根据《中国林业和草原统计年鉴》数据（图8-1、表8-4），至2018年全国花椒栽培面积达到166.667万hm$^2$，花椒产量45.85万t左右，形成了年产干椒45万t、年产值逾450亿元的巨大特色农产品产业。

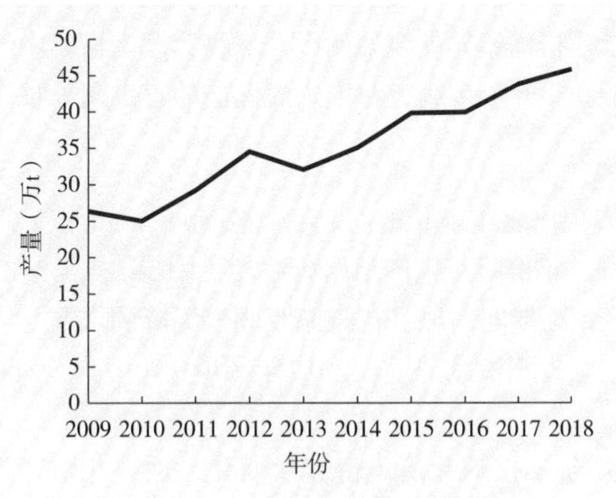


图8-1　中国花椒产量变化趋势

表8-4　中国主产区花椒栽培规模

| 栽培区 | 栽植面积（hm$^2$） | 产量（t） | 产值（元） | 备注 |
|---|---|---|---|---|
| 云南 | $2.366 \times 10^5$ | $7.54 \times 10^4$ | $46.5 \times 10^8$ | 2018年 |
| 四川 | $3.296 \times 10^5$ | $8.36 \times 10^4$ | $62.7 \times 10^8$ | 2017年 |
| 甘肃 | $2.704 \times 10^5$ | $5.4 \times 10^4$ | $43.0 \times 10^8$ | 2017年 |
| 陕西 | $3.267 \times 10^5$ | $6.26 \times 10^4$ | $45.6 \times 10^8$ | 2017年 |
| 全国 | — | $43.84 \times 10^4$ | $430 \times 10^8$ | 2017年 |
| | $16.67 \times 10^5$ | $45.85 \times 10^4$ | $450 \times 10^8$ | 2018年 |

从花椒主要栽培省份来看（表8-5），2017年云南省花椒产量为6.20万t，占全国总量的14.14%；陕西花椒产量为8.28万t，占全国总量的18.89%；山东花椒产量为3.97万t，占全国总量的9.06%；重庆花椒产量为6.97万t，占全国总量的15.90%；甘肃花椒产量为3.79万t，占全国总量的8.65%；四川花椒产量为7.62万t，占全国总量的17.39%。

表8-5　中国花椒主产区产量变化趋势

（单位：万t）

| 省份 | 2009年 | 2010年 | 2011年 | 2012年 | 2013年 | 2014年 | 2015年 | 2016年 | 2017年 | 2018年 |
|---|---|---|---|---|---|---|---|---|---|---|
| 云南 | 1.58 | 2.75 | 2.23 | 2.01 | 4.67 | 3.74 | 3.75 | 5.06 | 6.20 | 6.10 |
| 陕西 | 4.86 | 4.48 | 5.30 | 6.17 | 5.35 | 6.11 | 6.62 | 6.41 | 8.28 | 6.26 |
| 山东 | 2.96 | 3.19 | 3.55 | 4.39 | 4.34 | 3.88 | 4.29 | 4.63 | 3.97 | 3.55 |
| 重庆 | 3.25 | 2.68 | 3.10 | 4.39 | 4.40 | 5.46 | 4.75 | 5.37 | 6.97 | 7.40 |
| 甘肃 | 4.05 | 2.75 | 5.38 | 6.26 | 4.33 | 4.97 | 6.23 | 5.70 | 3.79 | 4.00 |
| 四川 | 3.17 | 3.41 | 3.52 | 5.03 | 4.41 | 4.71 | 5.67 | 6.53 | 7.62 | 9.00 |

## 1.5 特点

### 1.5.1 主产区品种各异

受地形条件和气候条件影响，全国不同栽培区有不同的主要栽培品种。“北椒”以大红袍花椒为主，但是典型的‘韩城大红袍’与‘府谷大红袍’的树形、皮刺、花椒成熟期及其花椒品质差异很大。“南椒”有红花椒和青花椒之分，南椒中的红花椒也是以大红袍品种为主，但是它（凤县大红袍为例）和北椒中的大红袍（以韩城大红袍为例）树形、枝条开张角度、枝条生长长度和粗度、小叶质地及颜色、花椒果实颜色、果皮上油腺数量等指标差异就宛如两个“树种”。“南椒”中的青椒以‘九叶青’为主，青椒是常绿灌木或小乔木，叶轴和小叶上多刺，花椒未成熟前的青果期采收作为商品花椒。

### 1.5.2 产量波动上升

全国花椒产量的年变化表现出逐年增长的总趋势（图8–1），由于受到气候条件、管理水平和花椒生产期面积增减等因素的影响，年份间花椒产量略有波动（图8–1、表8–2）。陕西花椒产量受晚霜冻影响特别明显，2018年4月初晚霜冻期间，凤县花椒园夜间气温降到–7℃，–2℃以下持续温度达5～7h之长，致使全县几乎绝收，导致全省花椒总产量较2017年减少0.10万t（表8–5），市场价格从160元/kg飙升到240元/kg。

各主产区花椒干椒绝对产量不仅随栽培年份起伏变化，而且相对产量全国占比起伏变化更明显。由图8–2可知，2009—2018年四川省花椒相对产量虽然有起伏，但总体呈现逐渐提升趋势，2018年占全国总产22%以上。2009—2016年陕西省花椒产量占比为16%～18%，2017年花椒丰产后占比增大到近19%，2018年又降低到13.5%；2009—2018年云南省和甘肃省花椒产量占比分别在5.8%～14.5%和8.6%～18.4%范围波动。

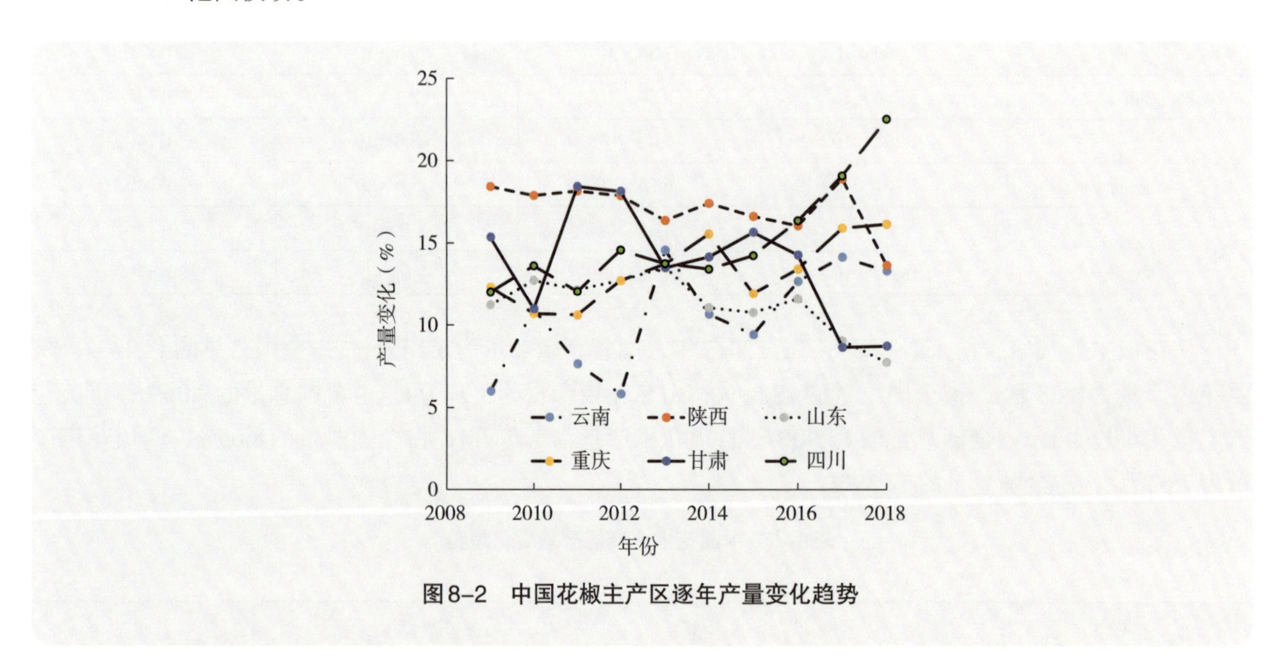


图8–2 中国花椒主产区逐年产量变化趋势

### 1.5.3 区域栽培规模不平衡

云南花椒主要分布在滇东北、滇东南、滇西北、滇中等地的干热河谷区和岩溶石漠化地区，有青花椒和红花椒；云南省选育出‘永善青椒1号’和‘永善金江花椒1号’被云南省林木品种委员会认定为良种，在小范围推广应用。

甘肃花椒主要分布在陇南（武都）、临夏、天水、平凉、庆阳、定西以及甘南的舟曲等地，共有33个花椒栽培县（区），花椒总面积24.467万$hm^2$，年产量约5.4万t，年产值约43亿元。其中，武都和秦安是2个花椒年产值过亿的大县。武都花椒种植面积6.0万$hm^2$，年产花椒1.700万t，产值达14亿元。秦安花椒种植面积达1.47万$hm^2$，年产花椒0.840万t，年产值6.7亿元。甘肃作为一个花椒生产大省，栽培的优质花椒品种有'秦安1号''油椒''绵椒''刺椒''梅花椒'等；主要以干花椒为原料运输给各地分销商或零售商，大约25%的花椒出口国外，成为国外花椒深加工企业的原料供给基地。

四川省花椒栽植范围已扩展到21个市（州）133个县（市、区），全省花椒面积29.33万$hm^2$，其中，红花椒8.39万$hm^2$，青花椒18.75万$hm^2$，藤椒2.14万$hm^2$，其他0.05万$hm^2$，约占全国总产量的17.6%，特别是青花椒在近5年内呈指数增长，面积和产量跃居全国第一。四川花椒主产于汉源、茂县、西昌、冕宁等地（县），其中汉源、茂县花椒历史悠久、全国知名。汉源花椒色泽丹红、粒大油重、芳香浓郁、醇麻爽口，唐代列为贡品，也称"贡椒"。汉源县被国家林业部（现国家林业和草原局）命名为"中国花椒之乡"；被国家质量监督检验检疫总局授予"汉源贡椒原产地域产品保护地"。全省已选育出经四川省林木品种审定委员会审(认)定的花椒良种10个，建立23个丰产示范园，面积1587$hm^2$，带动2150个科技示范户。

根据2018年统计（表8-6），陕西省韩城市花椒栽植4000余万株（约3.67万$hm^2$），年总产量2.7万t，约占全国产量的1/6（16.67%），三产总产值35亿元，其中，一产产值27亿元年，品牌价值213亿元。全市12亿椒农人均花椒收入2.25万元，成为韩城市主导农业产业之一。凤县花椒'色艳''香醇''麻劲'，获得"优质气候品牌"等，但受秦岭山大沟深的限制，花椒园零星嵌入在森林之中，再加上凤县大红袍抗性较差，保存面积较少，2018年4500万株，约2.00万$hm^2$，产量0.36万t，第一产业产值5.0亿元，是凤县农业的特色产业和主要产业。韩城市花椒栽植面积、产量和产值分别是凤县的1.835倍、7.50倍和5.40倍。

表8-6　2018年陕西花椒主产区栽培规模

| 栽培区 | 株数（万株） | 面积（万$hm^2$） | 产量（万t） | 第一产业产值（亿元） | 三产产值（亿元） | 品牌价值（亿元） | 产业定位 |
|---|---|---|---|---|---|---|---|
| 韩城市 | 4000 | 3.67 | 2.70 | 27.0 | 35.0 | 213.0 | 主导产业 |
| 凤县 | 4500 | 2.00 | 0.36 | 5.0 | — | — | 特色产业<br>主要产业 |

# 2 国内外加工产业发展概况

## 2.1 加工技术

中国花椒消费主要集中在四川，四川人吃花椒最主要的方式是将其当作调味品，最主要的消费场所是火锅店和川菜馆。随着"川菜"在全国的推广和普及，消耗的花椒量日趋增加，其成为花椒目前主要的消耗渠道和消费途径。国内现有花椒加工企业仍以生产食用调料和食用油等初级产品为主，产品为花椒粉、花椒（麻辣）油、花椒芽菜酱等；花椒精深加工产品主要有花椒油脂、花椒精油、花椒软胶囊等（表8-7）。随着花椒栽培面积迅速扩大和产量提升，花椒精细加工成为制约花椒产业健康发展的最主要制约因素。全国各大高校、研究单位与企业联合，开发研究花椒加工的新技术，形成60多种花椒系列产品，获得相关专利证书100多项。

表8-7 花椒深加工产品

| 原料 | 加工产品 |
| --- | --- |
| 鲜花椒 | 保鲜花椒、鲜花椒油、嫩鲜花椒拌料 |
| 干花椒 | 花椒粉、精油、花椒油树脂、花椒麻精、花椒精 |
| 花椒精油、花椒油树脂 | 固态微囊精油或树脂、花椒调味香精、日化产品 |
| 花椒籽 | 花椒籽营养保健油、花椒籽亚麻酸、花椒籽亚麻酸软胶囊、花椒籽亚麻酸微胶囊粉、饲料、化肥 |
| 日化加工品 | 花椒沐浴液、花椒香皂、洗发液、浴足液、花椒清醒剂等 |

花椒加工业主要有5个方面：花椒粉占78%～80%，通过低温（液氮或乙二醇制冷剂）粉碎技术；用于生产混合调料等。精选花椒粒占10%～15%，通过筛选、色选颗粒饱满、色泽鲜艳、无霉变等优质花椒颗粒；用于火锅或佳肴。花椒油占4%～5%，经过油炸、浸泡工艺获得；用于调味等。花椒精油、树脂等提取物占花椒总产量3%～4%，水蒸气蒸馏提取花椒精油，溶剂浸提花椒树脂，超临界$CO_2$萃取花椒油树脂；提取物主要用于食品和日化产品调香等（图8-3至图8-6）。花椒芽菜酱，熬制自动化生产；用于拌饭夹馍酱、拌面酱。

图8-3 花椒酸奶

图8-4 花椒洗手液

图8-5 花椒足浴液

图8-6 花椒润肤爽肤品

## 2.2 产业发展现状与差距

中国是花椒主产国和传统出口国，因“农残”问题出口受限。干花椒以调味品销售和初加工小企业为主，油脂等深加工企业少，基本没有完整的产业链。根据陈双亭调研，2019年中国干花椒果皮主要用于4个方面（表8-8），花椒总量中80%用于制作花椒粉、五香粉、麻辣粉、食品调料包和酱料包；11%选作精品花椒粒用于火锅、漂锅、菜品装饰、冷冻保鲜等；5%用于油炸冷榨花椒调味油；4%花椒用于提取香味和麻味成分，满足现代食品工业对香和麻的个性化需求；用作中药材、泡脚和其他保健产品极少忽略不计。缺乏生物碱等新优产品以及在保健、生物医药、日化原料、生物农药等方面的精深加工。

表8-8 中国花椒各加工产品所占比率

| 年份 | 花椒粉（%） | 精选花椒粒（%） | 花椒油（%） | 提取物（%） | 花椒（%） |
|---|---|---|---|---|---|
| 2017 | 78 | 15 | 4 | 3 | 100 |
| 2018 | 78 | 14 | 5 | 3 | 100 |
| 2019 | 80 | 11 | 5 | 5 | 100 |
| 延伸产品 | 五香粉、麻辣粉、调料包 | 火锅漂锅、菜品装饰、冷冻保鲜 | 调味油、单品 | 香味、麻味和其他产品 | 香辛料、日化品、药用品 |

云南省的花椒研发和加工企业数量相对较少，花椒生产企业还处于萌芽阶段，在全省508家省级林业龙头企业中，从事花椒种植、加工和销售的企业仅有2～3家，不足0.6%，参与花椒研发、种植、加工和销售的企业规模很小，花椒产品有干花椒、花椒油、花椒粉、花椒精油皂和精油化妆品等，尤以干花椒和花椒粉等初级产品为主，所占比例超过了70%。产品研发滞后，在一定程度上制约了花椒产业的健康发展。

甘肃现有花椒初加工企业规模小、种类少、加工水平较低，主要是花椒粉、花椒油和花椒籽加工生物柴油等。可喜的是甘肃省陇南市已研制出精麻型、保健型、方便型等3种系列花椒液产品和以青花椒为主的椒芽菜、盐渍花椒等产品；已组建了花椒集团公司，建成了年生产能力$3\times10^3$ t、产值$3\times10^7$元的花椒液加工厂等8个企业，建成了种仁(椒目)油脂化工厂。

以四川五丰黎红食品有限公司和四川广安和诚林业开发有限责任公司为龙头企业，针对花椒的晾晒、储藏、保鲜与花椒油提取，在引用先进技术的同时，善于创新，其中“藤椒油的制备方法”“一种幺麻子藤椒油鲜榨工艺”“藤椒油超声波生产线”“一种新型藤椒油生产工艺”已获得国家发明专利，花椒油超声萃取等实用技术20余项，研发出保鲜花椒、干制花椒、花椒油、花椒粉、花椒酱等花椒系列产品，创立了“贡椒源”“幺麻子”“六月红”等驰名省内外花椒品牌，茂县“六月红”牌花椒已成功打入法国等欧美市场。江津花椒建有保鲜花椒、鲜花椒油等生产线，在生产高级食用调味品、富硒功能性保健食品的同时，研发日用化工和生物医药的香精香料及添加剂等花椒系列产品，现已有4个系列20多个品种，其中，“保鲜花椒”“微囊花椒粉”“花椒籽油”和“花椒精”被评为“重庆市重点新产品”和“重庆市高新技术产品”。

中国木本食用油料与欧洲、日本等发达国家相比差距很大；中国食用油籽供应和植物油供应对外依存度分别超过50%和60 %，远远超过了国际安全预警线。目前，国内主要产地的花椒深加工大型企业一般以加工龙头企业为依托，以专业合作社为桥梁，通过企业与合作社、合作社与农户分别签订购销合同，合作社提供产前、产中、产后全程化服务，建立利益共享、风险共担的合作机制，切实保障共同利益，提高抵御市场风险的能力。

综上所述，花椒产业国际大循环中，因花椒“农残”和重金属超标，成为其出口的“卡脖子”问题；花椒精细加工“吞吐量低”（3%～4%）、终端产品生产链缺失，成为国内花椒产业发展的“瓶颈”问题。加工过程需要解决的关键技术包括：花椒挥发油亚临界水萃取、超声雾化萃取法和顶空单液滴微萃取法等新技术工艺；提高花椒制粉的稳定性，在打粉灭菌过程中，如何保护花椒香麻味和其他营养物质含量；花椒精油$\beta$-环糊精包埋固化技术及工业化；花椒油加工副产物花椒渣综合开发利用（多酚与黄酮）；花椒籽（花椒籽油、蛋白降血压肽、饲料、肥料、黑色素）和花椒叶（黄酮、多酚）开发与利用相关技术。

# 3 国内外产业利用案例

## 3.1 陕西省韩城市花椒产业发展

### 3.1.1 产业背景

韩城市位于陕西省东部黄河西岸，花椒栽培已有600多年的历史，清康熙年间就有记载。韩城大红袍花椒以粒大、皮厚、色鲜、味浓而驰名。韩城2000年被国家林业局命名为“中国名优经济林花椒之乡”；2004年“韩城大红袍”花椒为首家获国家“花椒原产地域产品保护”的产品；2018年建设全国唯一国家级花椒产业示范园区，园区位于韩城市芝阳镇，总面积367km$^2$，总投资40亿元，设有花椒标准化检测、批发交易、价格形成、信息发布、科技研发和会展“六大中心”，以及综合交易区、科技商务会展区、综合服务区、生活配套区、花椒深加工区、粮食储备区、农产品加工区“七大功能区”，成为全国最大的花椒研发中心、花椒批发市场、花椒检测中心，引领韩城乃至陕西和全国整个现代农业的高速发展。

### 3.1.2 产业规模

#### 3.1.2.1 总规模

韩城市拥有4000万株花椒生产基地，集中连片的“万亩花椒园”，种植规模3.67万hm$^2$，年产量2.1万～2.7万t，一产产值27亿元，占农民收入60.6%，三产业总产值达到35亿元，成为全国最大的花椒生产基地。

#### 3.1.2.2 龙头企业规模

陕西韩城花椒加工龙头企业有韩城市宏达花椒香料有限公司（简称“宏达公司”）、韩城市金太阳花椒油脂药料有限责任公司（简称“金太阳公司”）和陕西为康食品科技股份有限公司（简称“为康公司”）等（图8-7、图8-8和表8-9）。

宏达公司主要依靠萃取工艺生产花椒、孜然、生姜等各种天然香辛料油树脂和精油类产品，年销售3000余万元，是国内花椒提取领域的领先企业金太阳公司拥有日处理50t浸出、100t预榨、精炼和热榨等国内先进油脂生产线，年生产能力达3万t，拥有日生产芽菜辣酱5万瓶自动化生产线。韩塬金太阳牌产品包括油脂产品（花椒籽油、椒目仁油及各种食用油）、花椒系列产品（系列精包装大红袍花椒、花椒粉、花椒油及花椒礼盒）和辣酱产品（花椒芽菜辣酱、香椿芽菜辣酱、洋槐花辣酱、香菇丝辣酱）。为康公司是集有机种植、智能仓储、深度加工、电子商务、产品研发等多种功能一体化的大型花椒油树脂生产企业之一，以花椒和辣椒为主原料，八角、肉桂、小茴、胡椒为辅料的各种香辛料油树脂、精油、精选原料、粉料四大系列几十个品种。制作花椒粉、花椒油、花椒提取物、花椒茶、花椒洗手液、日化品等系列产品；计划投资8亿元建设万亩有机花椒种植和产业综合发展2个基地，打造电子商务、智能仓储、精深加工、研发检测、种植优化五大功能板块，建立食品添加剂、调味剂、医药中间体、新资源食用油、保健品五大产业延伸链条。

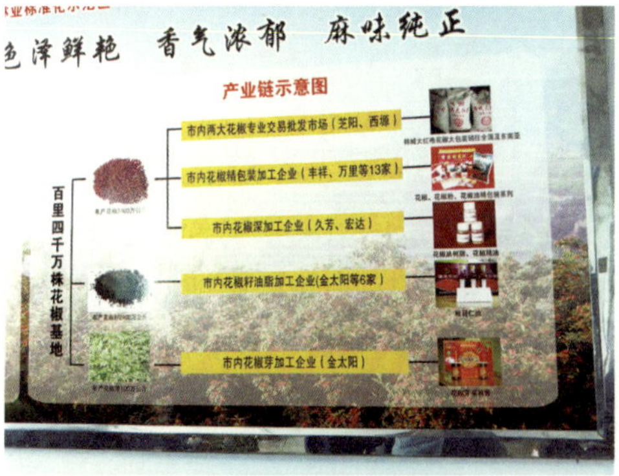

图8-7 陕西省韩城市花椒产业链

图8-8 金太阳公司花椒油脂产品

表8-9 陕西省韩城市花椒加工龙头企业生产状况

| 企业名称 | 生产线或主要产品 | 备注 |
| --- | --- | --- |
| 韩城市宏达花椒香料有限公司 | 溶剂萃取、超临界萃取2种工艺多条生产线；花椒、孜然、生姜等各种天然香辛料油树脂、精油类产品如花椒精油、花椒油树脂和青花椒油树脂等 | 固定资产1000多万元，年销售收入达3000余万元。国内花椒及香辛料提取领域的领先企业 |
| 韩城市金太阳花椒油脂药料有限责任公司 | 拥有日处理100t预榨、50t浸出、100t精炼、100t热榨等国内先进的油脂生产线，年生产能力达3万t；拥有日生产芽菜辣酱5万瓶的自动化生产线。国家林业和草原局和陕西省认定其为农业产业化龙头企业 | 主要产品：油脂产品，如花椒籽油、椒目仁油及各种食用油；花椒系列产品，如系列精包装大红袍花椒、花椒粉、花椒油及花椒礼盒；辣酱产品，如花椒芽菜辣酱、香椿芽菜辣酱等 |
| 陕西为康食品科技股份有限公司 | 超临界$CO_2$萃取、纯化工艺生产线；加工以花椒等各种香辛料油树脂、精油、精选原料、粉料四大系列几十个品种。投资8亿元，建设2个基地（有机花椒种植基地和产业综合发展基地），打造五大功能板块（电子商务、智能仓储、精深加工、研发检测、种植优化），建立五大产业链条延伸（食品添加剂、食品调味剂、医药中间体、新资源食用油、保健品） | 制作花椒粉、花椒油、花椒提取物、花椒茶、花椒洗手液、日化品等系列产品，集有机种植、智能仓储及物流服务、自产产品销售、深度加工、电子商务、产品研发等多种功能为一体的国内首家全产业链花椒企业 |

### 3.1.2.3 校企联合开展产品研发

西北农林科技大学与宏达公司和为康公司合作，开展花椒深加工与综合利用研究，从花椒叶、果皮和花椒籽三方面开展基础研究和产品开发。

（1）花椒叶成分分析与产品研发

花椒叶从开花期到结果期，蛋白质、黄酮和还原糖含量均降低，而灰分含量增加，总酚和脂肪含量增加，野生花椒叶含有丰富的黄酮和总酚。从6个品种花椒叶挥发油鉴定出66 种化合物，其中含有烯类化合物最多，其次是酯类和醇类化合物，以及少量的烷烃类、酮类、酸类和萘类化合物；确定了花椒叶干燥参数，超声波辅助水提取花椒叶黄酮得率均在3.0%以上，D4020型树脂对花椒叶总黄酮有较好的吸附和解吸效果。从花椒叶中首次分离得到了9个黄酮类化合物并做了结构鉴定和命名，其中5种是首次从花椒属植物中分离得到的黄酮类化合物，阐明了花椒叶的抗氧化物质，主要组成槲皮苷、金丝桃苷、芦丁和阿福豆苷4个化合物可作为花椒叶品质评价的标准。建立了RP-HPLC快速同步检测花椒叶8个抗氧化物质的方法，为花椒叶药效物质快速筛选、质量评价及优良种质资源的选择提供了理论依据，为花椒叶的开发利用提供了理论基础。研发了花椒芽菜软罐头、速冻花椒芽菜、花椒芽茶、花椒叶口服液、系列花椒芽酱菜产品，进行了工业化生产工厂设计、工艺设计和产业化产品，建设1000t花椒芽菜酱工业化生产线（图8-9）。

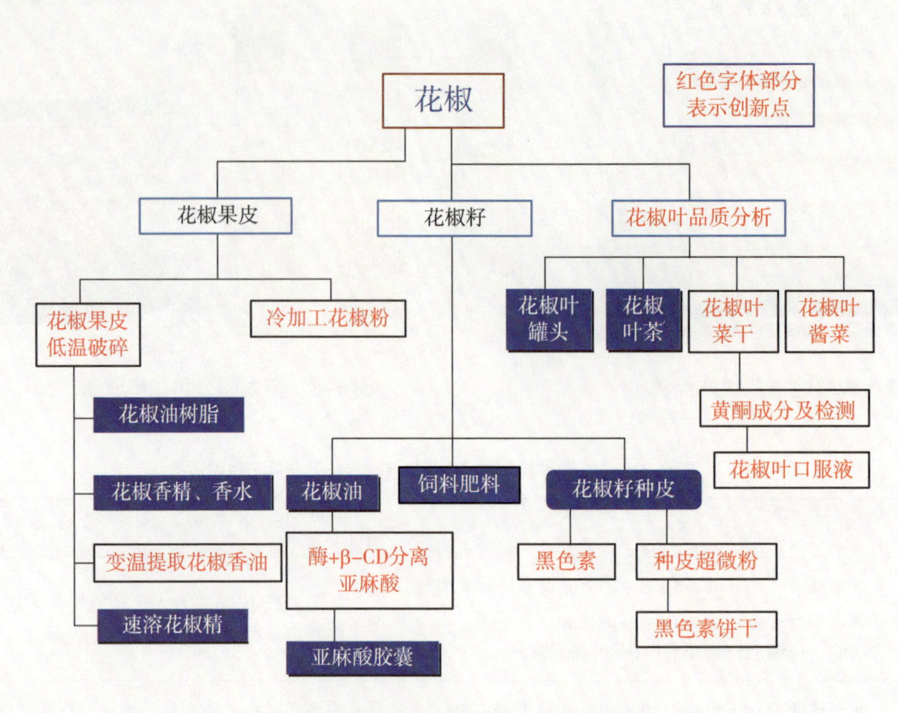


图8-9　陕西省花椒综合开发利用方向

（2）花椒果皮成分分析与产品研发

花椒精选和花椒果皮加工处理保香技术，获得花椒清选、热处理产生熟香气味、粉碎散发香气冷吸附回收3项发明专利，变温串联提取花椒香味物和花椒麻味成分，花椒气味和麻味成分有效融入植物油，减少香气成分的损失。建立了500t花椒香油工业化生产。超临界二氧化碳提取花椒油树脂，花椒清选粉碎超临界$CO_2$提取，花椒油树脂得率可达12%以上，产品含有挥发性花椒精油、不挥发性麻味素等呈味物质及脂肪酸等，总黄酮、多酚含量也较高。花椒油树脂产品的口感丰满完整，香气、麻味平衡。花椒总黄酮提取率为19.6%。

（3）花椒籽成分分析与产品研发

分析了花椒籽油脂、粗蛋白、粗纤维、蜡质、水分、灰分及挥发物等含量。开展了花椒籽的油脂提取、纯化和应用等方面的研究，纤维素的提取和黑色素、矿物质的研究、α-亚麻酸的提取工艺等热点研究。醇酸树脂是一种重要涂料用树脂，花椒籽油制备醇酸树脂，不仅可以增加花椒种植的附加值，还能降低醇酸树脂的生产成本。花椒籽黑色素提取，碱溶酸沉花椒籽种皮黑色素的得率为9.3%，花椒籽黑色素稳定性及抗氧化性好，具有开发潜力。花椒籽油不饱和脂肪酸的制备、富集和包埋。

测定了花椒籽油粕总氮、总碳含量，碳氮比、粗灰分、粗脂肪、粗蛋白、粗纤维（木质素）含量（表8-10）。对比其他食用菌栽培原材料的基本成分，花椒籽油粕碳氮比（18.68）与麸皮（20.45）和黄牛粪（21.70）接近，具备替代成为食用菌主要栽培材料的利用潜力。花椒籽油粕在氮源和碳源及其他相关成分等方面，均比较适合一般真菌栽培。试验表明，花椒籽油粕经过科学配方，基本满足滑菇菌丝营养生长阶段的要求，菌丝生长较快、均匀、粗壮、纯白色，日均生长量8.53mm/d。

表8-10　花椒籽油粕化学成分

| 成分名称 | 检测方法 | 检测结果 | 参考值（麸皮） |
|---|---|---|---|
| 总碳含量 | 重铬酸钾氧化稀释热法 | 37.0% | 44.74% |
| 总氮含量 | 凯氏定氮法 | 1.98% | 2.20% |

（续）

| 成分名称 | 检测方法 | 检测结果 | 参考值（麸皮） |
|---|---|---|---|
| 碳氮比 | — | 18.68 | 20.34 |
| 粗灰分 | 干灰化法 | 7.53% | 4.80% |
| 粗脂肪 | 索氏提取法 | 5.38% | 3.80% |
| 粗蛋白 | 凯氏定氮法 | 12.39% | 13.50% |
| 粗纤维（含木质素） | 酸碱煮消法 | 63.46% | 10.40% |

发明制作的花椒油粕动物饲料，一是去除了花椒籽粕原有的麻辣味，气味清香，适口性好；二是通过发酵、降解了花椒油粕毒性物质和大分子物质，提高了饲料的安全性和消化吸收率；三是通过发酵饲料形成了优势有益菌群，降低了疾病的发生率。

花椒籽粕制造有机肥料配方和工艺对利用废弃资源、改良土壤、增强土壤肥力、防治病虫害、增产增收起到较明显的作用。

### 3.1.3 可推广经验

#### 3.1.3.1 多途径培育优质品种

由陕西省林业技术推广总站、韩城市花椒研究所、西北林农科技大学、杨凌职业技术学院联合攻关，选育出‘狮子头’‘无刺椒’‘南强1号’‘美凤椒’‘小红冠’等6个优良品种。这些品种，适应性强，果形大，色泽红，品质可达到国家林业行业标准特级花椒的等级，盛果期产量较大红袍增产10%以上，已成为陕西省主栽品种。近几年，陕西省渭南市白水县兴秦花椒合作社陈书明团队的‘无刺花椒’繁育基地，将无刺花椒畅销到陕西关中、陕南、甘肃、河南、山东等，促进无刺花椒的推广。2015年花椒种子经过太空“旅游”后，韩城开始了“太空花椒”育种的研究，2019年有300棵太空花椒在示范园区花椒种质资源圃安家，为韩城花椒优良品种的选育和更新换代增添了更强有力的保障。

#### 3.1.3.2 丰产栽培技术

通过多年的试验研究，总结出我国花椒的标准树形——多主枝丛状形和自然开心形，以及整形方法；形成了完整的渭北旱原花椒优质丰产综合配套技术，包括育苗、建园、蓄水保墒、施肥、整形修剪、灾害防控、采收及干制等。制定出国家林业行业标准《花椒质量等级（LY/T 1652—2005）》及陕西省地方标准《花椒标准综合体（DB61/T 72.1～5—2011）》。在韩城、合阳、富平、华县、凤县、陈仓区（市、县）建成了一批高标准花椒优质高产示范园，成为全省乃至全国参观、技术培训的基地。韩城示范园创造了我国花椒单产最高纪录5400kg/hm²。由陕西省林业技术推广总站和韩城市花椒研究所完成的“花椒良种及丰产栽培技术推广”和“花椒良种选育与丰产栽培技术研究”项目，分别获得省科技成果一等奖和二等奖。

针对花椒农药残留超标问题，2017年开始，韩城市芝阳镇孟益沟股份经济合作社和杨凌馥稷生物科技有限公司联合，应用农家肥、有机肥，施用生物源农药和生物有机复合药肥，试验研究有机花椒栽培技术，现在已经探讨出一套“花椒全程生物防控技术方案”；2019年9月经过江苏安舜技术服务有限公司对“孟香娇”牌花椒送检产品的检验和认定，做到国际认证的“529”项零农残和重金属达到国家农产品有机标准，获得“有机转换花椒”认证书（图8-10）。

证书编号：129OP1900106

有机转换认证证书

认证委托人名称：韩城市芝阳镇迪庄村孟益沟股份经济合作社

地址：陕西省韩城市芝阳镇孟益沟村

生产企业名称：韩城市芝阳镇迪庄村孟益沟股份经济合作社

地址：陕西省韩城市芝阳镇孟益沟村

有机产品认证的类别：植物生产

认证依据：GB/T 19630-2019 有机产品：生产、加工、标识与管理体系要求

认证范围：

| 基地名称（基地地址） | 基地面积（公顷） | 产品名称 | 产品描述 | 生产规模（公顷） | 产量（吨） |
|---|---|---|---|---|---|
| 韩城市芝阳镇迪庄村孟益沟股份经济合作社基地（韩城市芝阳镇孟益沟村） | 33.33 | 花椒 | 大红袍花椒（干） | 33.33 | 75 |

以上产品及其生产过程符合有机产品认证实施规则的要求，特发此证。

初次发证日期：2019年07月10日　转换期：2019年07月08日至2022年07月07日

本次发证日期：2020年07月10日

证书有效期：2020年07月10日至2021年07月09日

负责人（签字）：

单位公章：

CHCC

认证机构名称：北京华夏沃土技术有限公司（批准号：CNCA-R-2004-129）

认证机构地址：北京市通州区榆景东路5号院63号楼4层402；联系电话：010-63397958

图8-10 “孟香娇”牌有机转换花椒认证书

#### 3.1.3.3　校企联合开展基础研究和新产品开发

企业与高校和科研单位联合申报国家级和省级科学研究课题，开展基础研究和新产品研发（图8-11至图8-14），如花椒籽油粕菌棒工艺，花椒清选、热处理产生熟香气味、粉碎散发香气冷吸附回收技术，花椒芽菜软罐头、速冻花椒芽菜、花椒芽茶、花椒叶口服液、系列花椒芽菜酱生产技术，花椒籽黑色素提取技术，α-亚麻酸提取工艺，花椒油粕动物饲料和有机肥制造技术。这些技术和工艺可延伸产业链，增强企业竞争力和生命力。

图8-11　花椒软胶囊

图8-12　花椒茶

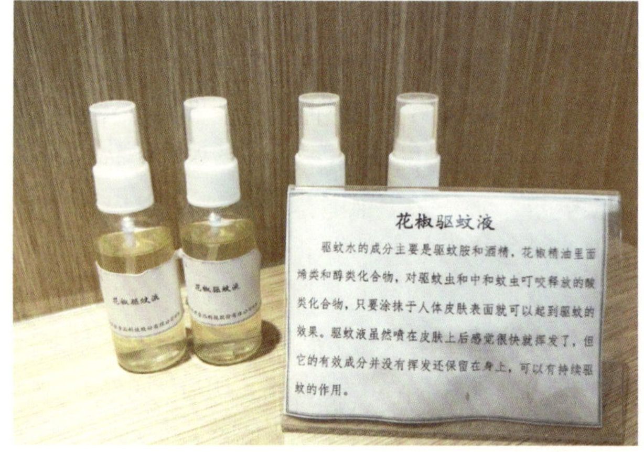


图8-13　花椒驱蚊液

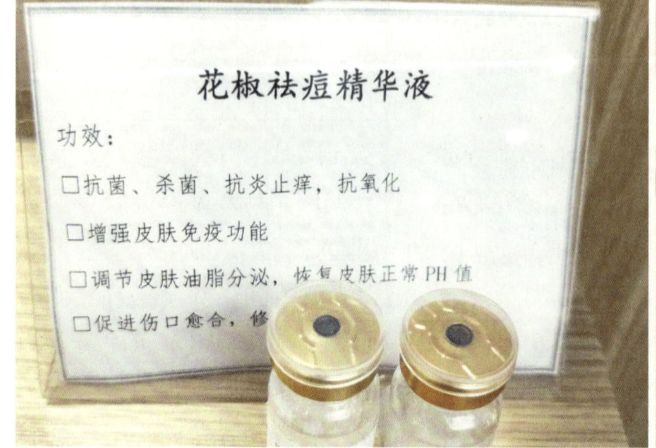


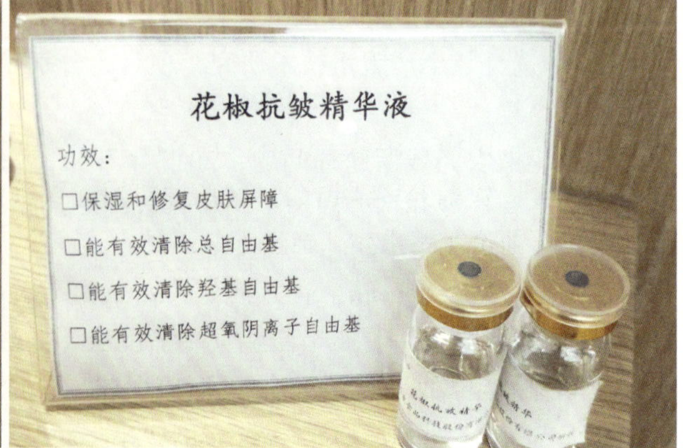


图8-14　花椒精华液

#### 3.1.3.4 政府扶持形成花椒加工产业链雏形

韩城市花椒产量约占全国产量的1/6，资源丰富，拥有干制、筛选、色选、智能储藏、初加工和深加工工艺，企业基本具备延伸的食品添加剂、食品调味剂、医药中间体、新资源食用油、保健品行业五大产业链条。

### 3.1.4 存在问题

（1）花椒采摘器械效率低，制约资源发展

因为市面上多种采摘器械效率低，椒农弃而不用，手工采摘劳动强度大和采摘成本高，限制了椒农栽培花椒的热情，制约花椒栽培规模。

（2）以原料初加工为主，供需矛盾凸显，加大花椒市场的波动

花椒原料初加工能力和产品销路有限，“有限的花椒原料”没有有效的“消化”渠道，致使有限的花椒原料较早达到“供求饱和”状态，花椒价格跌落，使得椒农放松管理，从而使花椒产量降低等花椒市场波动式发展，只有扩大深加工领域，解决供需矛盾，使花椒产业走向健康持续发展之路。

（3）深加工产品单一，产业链短，附加值低

花椒深加工研究处于国内领先地位，但是深加工技术转化过程缓慢，企业深加工生产线少、深加工产品单一、产业延伸链短以及花椒原料附加值低，在很大程度上阻滞了产业的发展。

## 3.2 陕西凤县花椒产业发展

### 3.2.1 产业背景

陕西凤县地处秦岭南坡，山大沟深，受自然地形条件限制，与韩城相比较，花椒栽植面积虽然较小，但是由于其独特的山地气候，日温差大、湿度适中，造就了“凤椒”颜色鲜艳、油腺发达、含油量高、麻香醇厚等特色，成为凤县山地农业的特色产业，也是凤县农业的主要产业之一。

凤县山区的“凤椒”，因其果实基部具“双耳”、油腺发达、麻味浓郁悠久、口味清香等，早在明清时期就已闻名全国。清光绪十八年的《凤县志》中就有“金红花椒肉厚有双耳，殊胜他地”。2004年以来，“凤椒”相继获得“国家原产地域保护”、国家“有机食品认证”“绿色食品认证”及“陕西名牌产品”称号，凤县荣获了“中国花椒之乡”。凤县政府与高校联合，创建花椒试验示范站，建立标准花椒园3.0hm$^2$，在全县推广花椒栽培技术；引进陕西琪丰农业科技有限公司，扶持凤县恒力农业开发有限责任公司、宝鸡红强现代农业开发有限公司和陕西现代农林科技开发有限公司，申批“凤福香”牌花椒商标，建立约150hm$^2$的花椒生产基地，开展花椒优质苗繁育、栽培生产、采购、精选、包装、销售和休闲农业观光等业务。

### 3.2.2 规模

目前，凤县花椒栽培形成2条百里生产带，4500万株（约2.0万hm$^2$）花椒树，年产花椒3500t，年产值5.0亿元，成为农民家庭增收的主要来源。凤县涉椒企业比较少，以陕西雨润椒业科技开发有限公司为龙头，主要开展花椒粉、花椒油、花椒芽菜酱的生产（表8-11），花椒深加工方面涉猎不足。凤县花椒总体表现出品质优、规模小、企业少和无深加工产品特点。

表8-11 陕西省凤县花椒加工企业生产现状

| 企业名称 | 生产线或主要产品 | 备注 |
| --- | --- | --- |
| 陕西雨润椒业科技开发有限公司 | 已注册“凤耳”和“凤芽”两大品牌商标，主要有新鲜芽菜、芽菜辣酱、芽菜料包、花椒茶、花椒油等系列产品 | 2000万元建设花椒芽菜研发中心，年加工原椒1000t，生产花椒芽菜1000t，产值超亿元 |

### 3.2.3 可推广经验

#### 3.2.3.1 设立校地联合花椒试验示范站

2012年，西北农林科技大学联合宝鸡市和凤县人民政府，在凤县凤州镇农业园区设立了西北农林科技大学凤县花椒试验示范站（简称“试验示范站”），试验示范站有优质品种区、资源区、苗木繁殖区、丰产栽培区、芽菜栽培区、产品陈列展示厅和培训会议厅等；承担国家公益性行业专项“花椒良种选育及丰产栽培技术研究”和“基于化学信息素的花椒吉丁虫绿色防控技术”等课题研究。通过试验示范和培训，凤县花椒品质和栽培技术得到质的飞跃。

#### 3.2.3.2 培育优质品种

西北农林科技大学和凤县花椒局联合选育，经过陕西省认定‘凤椒’‘凤选1号’‘西农无刺’3个优良品种，这些品种果型大，色泽红，品质可达到国家林业行业标准特级花椒的等级，盛果期产量较大红袍增产10%以上，不断向陕西省和周边河南等地引种栽植。

#### 3.2.3.3 集成丰产技术，创新经营模式，建立花椒公园

凤县总结出凤椒四季整形修剪配套技术带木质部芽接技术，形成了宝鸡山地花椒标准化生产综合配套体系。目前，西北农林科技大学与杨凌馥稷生物科技有限公司联合开展有机花椒栽培试验研究，有望走出一条花椒有机栽培之路。

按照“抓龙头、兴产业、树品牌、突特色、强示范”的工作思路，凤县双石铺镇十里店村建立了“凤椒农业公园”。公园涵盖“凤椒主题文化展示厅”“科学种植示范园”“凤椒连片观光园”“万亩凤椒瞭望台”“农资储备广场”和“凤椒文化长廊”六大板块，集农事体验、农业科普、观光采摘和农家住宿为一体。公园开放式核心区135hm$^2$，种植花椒苗木6万株，硬化公园主干道路12.35km，修建高山蓄水池2座，建成无刺花椒观赏景区3.86hm$^2$，安装花椒除霜机3台。该村成立了“梅花瓣种植和收购合作社”，采用“党支部+基地+党员大户+贫困户”和“村集体经济+公司+贫困户”模式，把全村建档立卡贫困户牢牢地嵌入花椒产业链，充分发挥凤椒产业优势，壮大产业，实现增收致富。该村探索“党支部+合作社+公司+农户”模式，带动椒农延长花椒产业链，提高产品附加值，促进凤椒产业步入标准化、现代化、规模化、效益化、基地化、集约化发展。

#### 3.2.3.4 引进和扶持企业，带动花椒产业发展

凤县政府引进1个企业、扶持3个企业开展涉椒生产，扩大凤县花椒栽培规模，繁育优质高产或无刺花椒苗，促进低产园改造，创建优质花椒品牌（“凤福香”等），示范推广规范化、标准化栽培技术，促进花椒芽菜和花椒原料初加工。

### 3.2.4 存在问题

（1）资源相对欠缺

受高山土地资源的限制，花椒栽培规模小，花椒原料相对较少，有待将其从特色产业转化为农业主导产业。

（2）深加工涉猎不足

陕西雨润椒业科技开发有限公司加工产品仅限于花椒粉、花椒油、花椒芽菜酱等，几乎没有涉猎深加工技术和产品。

## 4 未来产业发展需求分析

花椒作为水土保持、美化乡村的优良树种，能提高生态环境质量，提升村容整洁美化度，促进乡风

文明和精神文明建设；作为调料、工业和医用原料，是中国乃至世界人民的生活必需品，促进新农村物质文明建设；作为经济作物，是重要的农业产业或特色产业，建立农民增收长效机制，促使山区农民脱贫致富、生活富裕，促进社会主义新农村建设和乡村振兴。

## 4.1 实施国家“乡村振兴”战略的主要途径

习近平同志2017年10月在党的十九大报告中提出实施乡村振兴战略，其目标就是要不断提高村民在产业发展中的参与度和受益面，彻底解决农村产业和农民就业问题，确保当地群众长期稳定增收、安居乐业。其任务是到2050年“乡村全面振兴，农业强、农村美、农民富全面实现”。花椒的生产性和经济性，决定了它既属于基础产业也属于经济产业，在整个农业产业中均占据较高的地位，并且具有较好的经济效益。花椒产业发展有利于整个农业产业结构的进一步优化，使农业产业结构实现更好的调整；花椒产业的发展能够为农民增收提供更加宽广的渠道及途径，有利于农民收入的增加，使农民的经济水平及生活质量得以提升，它是国家级贫困山区和平原地区扶贫、脱贫和乡镇振兴重要手段。

西北农林科技大学对接扶贫与陕西省韩城市相邻的合阳县，学校创新“三团一队”高校定点扶贫新模式，即组建“书记帮镇助力团”，强化党建引领；组建“专家教授助力团”，抓好产业扶贫；组建“研究生助力团”，筑牢校地纽带；组建“本土优秀人才先锋服务队”，提升造血机能。其中，“专家教授助力团”立足推广新理念、新品种、新技术、新模式，帮助当地群众脱贫致富。“三团一队”依托14个“产学研一体化示范基地”，示范推广新品种130个，推广实用技术60项，设计非遗文创产品60件，申请专利3件；帮助合阳县打造形成了1万亩樱桃、10万亩红提、2万亩红薯、20万亩苹果、30万头生猪和30万亩花椒的“112233”优势农产品产业结构布局。2019年5月，陕西省政府批准合阳县退出省级贫困县行列，其中，通过建造花椒园扩增栽培面积、培训花椒栽培技术、扶持花椒加工企业（合阳县隆百花椒商贸有限公司、合阳县百良镇花椒加工厂）等方面，用产业振兴带动“乡村振兴”。

## 4.2 促使“绿色化、生态化和资源化”，持续“绿色发展”

花椒是一种多年生植物，它的生态性决定了其生长发育过程的“绿色化”和“生态化”，花椒产业的经济性决定了其经营过程的“资源化”；合理栽培发展花椒，可以实现产业发展“绿色化”和“生态化”，变荒山秃岭为“绿水青山”，精深加工花椒原料，创制新型产品，延长花椒产业链，变“贫山困山”为“金山银山”。花椒产业绿色生态系统庞大的服务功能，使其成为乡镇持续绿色发展主要内容和途径，践行“绿水青山就是金山银山”的发展理念。

## 4.3 提高“美丽中国”建设综合指数的通用渠道

花椒耐旱、耐贫瘠，适应性广，是荒山水土保持和水源涵养造林主要树种之一；全国自南向北、自东向西不同的生态环境条件下，分布有不同品种、变种或生态型。花椒果实累累，寓意子孙繁盛、家庭美满；秋天果实挂满枝头、绿叶逐渐转为红紫色，风景十分优美。它是平原绿化、美化乡村、提高山地土地效益和农民增收、提高生态文明建设、保证“山水林田湖草”一体化建设的保证；对贯彻习近平总书记提出的“努力打造，青山常在、绿水长流、空气常新的美丽中国”重要指示精神，通过提高“空气清新度”、提高“植被覆盖率”和“水土保持率”等指标，提高“美丽中国建设综合指数”，对2025年“美丽中国目标基本实现”具有现实意义。

## 4.4 产业发展需求

我国花椒产业起步较晚，产业不成熟，几乎没有形成完整的产业链。从国际和国家层面来看，花椒产业需要调整发展战略。

### 4.4.1　科学区划，适地适品种

中国花椒分布广，南北跨度大、气候差异明显、地形地貌复杂、花椒自然进化和培训形成的“品种”或“生态型”具有一定的适生范围，急需开展全国范围内“品种”适生区划，避免盲目发展“走苹果发展的老路”。

### 4.4.2　花椒有害生物控制与安全生产技术体系需求

长期以来，花椒园病虫防治用药缺乏制度保障，花椒产品存在着不确定的安全隐患，特别是严重影响花椒产品的出口，已经成为中国花椒出口的“卡脖子”因素。因此，必须借鉴国外果树生产的先进经验，建立花椒有害生物控制与安全生产技术体系，最大限度地降低花椒产品中农药残留。尽早走上“绿色花椒”或“有机花椒”培育之路。

### 4.4.3　花期和幼果期晚霜冻防治技术需求

晚霜冻发生的年频率可达1/3，往往造成受害年份花椒大量减产，甚至绝收；影响椒农对花椒园管理的积极性，甚至花椒园逐渐走向衰败。因此，开展花椒防霜冻技术研究迫在眉睫。

### 4.4.4　全自动智能采收器械需求

花椒几乎全身都长满刺，果皮上散生多数疣状突起的油腺点，采摘和搁置时还必须轻拿轻放，若不然，油腺破裂会使花椒果实干后变黑，有效成分挥发而严重影响质量。人工采收不仅容易刺伤手臂，而且效率低、成本高，已成为制约花椒产业发展的一个限制因素。市面上高枝剪切、机械振动、负压吸收采摘机和多种短柄电动采摘器具（剪刀式、M锯齿式、勾切式），甚至低于熟练人员手工采摘效率。花椒采摘机需要朝着电气化、智能化、准确化的方向发展。

### 4.4.5　花椒商品化及加工技术产业化需求

花椒深加工产品仅占花椒总产量10%左右，花椒产品在医药、农药、化工等领域的研发滞后，成为制约花椒发展的关键环节。当前急需加大花椒品种有效成分分析研究的力度，开发花椒的多种经济用途，研发花椒深加工新产品，提高花椒产品的附加值；由于多数技术成果或产品仅处于实验室阶段，而达到中试规模化生产的产品和配套技术（或工艺）比较少，生产不规范，产品质量控制、包装、贮藏、运输等各个环节均存在较多技术难题，严重影响了花椒科技成果的推广应用。

# 5　产业发展总体思路与发展目标

## 5.1　总体思路

在科学区划、适地适品种的基础上，针对国际产业大循环贸易中存在的农残“卡脖子”问题、国内花椒产业存在的深加工吞吐量小和无终端产品生产链“瓶颈”问题，急需解决花椒全智能采摘、挥发油亚临界水萃取技术、花椒渣多酚与黄酮提取利用和花椒籽油及蛋白利用等“关键技术”问题；花椒产业持续健康发展，近期应控制花椒栽植面积、增强花椒精油和花椒油树脂深加工能力、提高花椒综合利用水平、延伸产业链条；远期在加工能力和综合利用提高的基础上，适量增大栽培规模和产业链。

## 5.2　发展原则

（1）绿色发展、持续发展

花椒栽培、加工和商贸旅游等三产发展过程中，坚持乡村和荒山绿化，保护周遭环境，坚持“山水林田湖草”一体化建设，持续充分地发挥花椒生态系统的服务功能。

（2）集中攻关、重点突破

选准制约花椒产业发展的“卡脖子”“瓶颈”和“关键技术”问题，集中攻关、重点突破，促使花椒产业健康发展。

（3）遵循市场规律扶持重点企业

政府加大科技研发，扶持重点企业，运用市场规律引导和激励各类经济实体积极参与花椒产业开发与利用。

（4）产业发展促进乡村振兴

绿油油的花椒叶、红彤彤的花椒果，美化乡村和山地；花椒林水土保持、涵养水源和清新空气，提高“美丽中国建设”指数；香辛料资源拓宽农民致富渠道，促进国家乡村振兴战略和美丽中国建设步伐。

## 5.3 发展目标

建成分布合理的全国花椒生产基地，基本建成适应各地栽培的适生新品种或无刺花椒新品种，基本形成花椒深加工综合利用体系；建设资源节约型、环境友好型、产品多样型花椒产业链（表8–12）。

表8–12 中国花椒产业发展目标

| 年度 | 面积（万 $hm^2$） | 一产产值（亿元） | 新技术（项） | 新产品（项） | 总产值（亿元） | 品牌（项） |
|---|---|---|---|---|---|---|
| 2025 | 20 | 400 | 8 | 10 | 600 | 10 |
| 2035 | 25 | 500 | 10 | 15 | 700 | 20 |
| 2050 | 30 | 600 | 12 | 20 | 800 | 30 |

（1）资源培育

根据花椒网《花椒种植前景及利润分析》报道：2017年、2018年和2019年花椒分别需求70万t、73万t和76万t，年增幅4%。而近几年由于盲目跟风发展，全国花椒面积增幅高达15%左右，花椒产量供大于求，导致花椒加权均价由2017年7月至2018年4月的120元/kg，逐渐增加到2019年7月的160～170元/kg；后又逐渐降低到2020年7月120元/kg。所以，在近期2025年花椒栽培面积控制在大约20万 $hm^2$，重点任务为在花椒主产区解决低产林改造问题。

（2）产业发展

2018年全国花椒一产产值300亿元，三产产值450亿元，2018—2025年通过扩增约3.3$hm^2$花椒园，增加产值约60亿元，20$hm^2$花椒增产提质和增加出口量，增加产值40亿元，通过增加花椒提取物和产业链延伸增加产值约150亿元，到2025年一产产值达到400亿元、三产产值达到600亿元。

（3）技术创新

针对目前存在的关键技术问题，至2025年创新技术8～10项。缓解花椒粉碎过程香味和麻味一致性和保存率的矛盾，提高挥发油获取率，提升工业化花椒果皮挥发油亚临界水萃取技术，研发花椒籽和花椒叶综合开发技术和花椒全智能化采摘技术等。

（4）产品创制

近期创制新产品10个。其中，日化产品如化妆品、保健品等6～8个，生物碱防治癌症药品2～3个。

（5）品牌创建

至2025年创建国际知名品牌3～5个。其中，精油含量高的青花椒品牌1～2个，麻味素含量高的青花椒品牌1～2个，有机红花椒品牌1个，芳香油含量高的红花椒品牌1个。创制具有地方特色的陕西省、甘肃省、贵州省、河北省和云南省等国家知名品牌花椒5～8个。

# 6 重点任务

## 6.1 基地建设

在国家现有如“汉源花椒基地”“韩城花椒基地”“江津花椒基地”等建设基础上，打造数字经济花椒产业基地。借助云计算、人工智能方面的领先技术，与阿里云合作打造全国3个数字经济花椒产业示范园，实现种植、管护、销售全过程数字化管理，打造以数字化和智能化驱动的全国数字经济示范区样板。

## 6.2 技术创新

针对花椒产业发展的国际“卡脖子”问题、国内“瓶颈”问题和“关键技术”问题，创新有机花椒栽培体系、超低温花椒粉碎技术、亚临界水萃取花椒果皮挥发油技术、花椒籽蛋白肽和黑色素工业化提取技术、花椒叶黄酮和多酚等药用成分工业化提取、产业链终端日化和药品工业化技术等。

## 6.3 产业创新

（1）生产线创新

政府扶持企业创新亚临界水萃取花椒果皮挥发油生产线、挥发油包埋固化生产线、生物碱提取生产线、花椒籽黑色素生产线、花椒叶黄酮多酚生产线和日化产品综合生产线等。

（2）品牌创新

创建重庆含油量高的“江津九叶青”、四川“金阳青花椒”、云南“顶坛花椒”3个藤椒国际品牌；创制陕西韩城市“孟香娇”有机花椒、四川“汉源贡椒”2个红花椒国际品牌和“么麻子”藤椒油等3～5个国际知名品牌。

陕西韩城市是中国花椒之都，“孟香娇”花椒经过多年的有机栽培和有机检测，2019年已经认证为有机转化花椒，再经过5年的培育，“孟香娇”花椒可以预期创建“孟香娇”有机花椒国际品牌；据《汉源县志》记载从唐朝元和年间汉源花椒被选作皇室宫廷贡品，至清光绪29年（公元1903年）免贡，进贡历时一千多年。在红花椒中“汉源贡椒”挥发性芳香油含量最高8.56%；藤椒精油含量最高，重庆江津“九叶青”花椒、四川“金阳”青花椒和贵州“顶坛花椒”都属于竹叶花椒或称为“藤椒”，金阳县被中国食品工业协会花卉食品专业委员会授予“中国青花椒第一县”和“中国青花椒之都”称号。贵州喀斯特干热河谷区“顶坛花椒”芳香油含量是四川红椒的近10倍，被誉为“贵州第一麻”。创制具有地方特色陕西“凤椒”、甘肃武都“梅花椒”、贵州“油花椒”、云南永善“金江花椒”和“鲁甸花椒”、河北“涉县花椒”等国家知名品牌5～8个。

## 6.4 技术平台

依托高等院校和科研院所现有的实验室、试验仪器和高科技人才资源，与花椒加工企业合作，开展基础研究、中试试验和生产线建设。

## 6.5 发展模式

花椒深加工以大型龙头企业为依托，以专业合作社为桥梁，通过企业与合作社、合作社与农户分别签订购销合同，合作社提供产前、产中、产后全程化服务，建立利益共享、风险共担的合作机制，切实保障共同利益，提高抵御市场风险的能力。

## 6.6 人才队伍

各级政府机关与技术平台上现有的科技人才队伍相结合，积极申报和参与花椒产业各个环节的科学研究、生产、销售工作；联合培养花椒栽培、加工、营销等方面的硕士与博士研究生，增强花椒产业发展的后备人才队伍。

# 7 措施与建议

（1）政府扶持稳固龙头企业

发挥龙头企业优势，做好产品精深加工，有针对性地选择几家创新能力强、成长性能好的花椒加工企业，在政策、融资、土地、信息、品牌创建和产品销售等方面进行重点培育扶持，夯实花椒产业发展的根基。

（2）政府招商新型重点企业

引进一批投资规模较大、带动作用明显的花椒深加工龙头企业，与大公司进行资金、技术、设备、智力、市场等生产要素的嫁接合作，不断提高竞争力，延伸产业链，创制新产品。

（3）放宽金融投资税收政策

花椒产业列入财政预算，增大产业投资，支持花椒产业发展高标准基地和纵深加工链条；减免种植税和市场交易税，鼓励椒农积极扩大花椒栽植规模，激励企业转化花椒深加工技术专利；降低金融贷款利率，提升特色优势产业发展水平。

（4）科学区划，适地适品种

划分不同花椒品种适生区，有计划地逐渐扩大栽培面积。

（5）解决国际贸易“卡脖子”和国内产业“瓶颈”问题

培育“绿色花椒”和“有机花椒”，缓解因“农残”而导致的花椒出口限制；加大基础研究和加工工艺研究，开发终端产品延长产业链，提高花椒提取物加工对花椒的“吞吐量”，解决“瓶颈”问题。

（6）提高和扩建优质花椒生产基地

巩固提升现有花椒基地质量，完善优质丰产栽培标准，打造数字化和智能化的全国数字经济示范区样板，培育国际品牌花椒，构建产品可追溯查询管理机制，并实施“区块链防伪溯源标记”，维护品牌价值和形象。

（7）采摘花椒智能化和“无刺花椒”良种化

花椒枝条布满硬“刺”，花椒采摘费工、费时、成本大。研发智能花椒采摘机械，审定并推广优良的“无刺花椒”新品种。

（8）开发终端产品，延长产业链，提高经济效益

加大基础研究和加工工艺研究，开发终端产品，延长产业链。

（9）健全产业发展模式

以大型龙头企业为依托，以专业合作社为桥梁，企业与合作社、合作社与农户分别签订购销合同，建立利益共享、风险共担的合作机制。

## 参考文献


边甜甜, 辛二旦, 张爱霞, 等, 2018. 花椒生物碱提取、含量测定及药理作用研究概述[J]. 中国中医药信息杂志, 25(11): 135-137.

柴丽琴, 2018. 花椒油树脂提取、成分分析、抗氧化性及抑菌性研究[D]. 西安: 陕西师范大学.

陈茜, 陶兴宝, 黄永亮, 等, 2018. 花椒香气研究进展[J]. 中国调味品, 43(1): 189-194.

董小华, 2016. 花椒籽活性物质的提取、抗氧化和抑菌活性的研究[D]. 雅安: 四川农业大学.

范菁华, 徐怀德, 李钰金, 等, 2010. 超声波辅助提取花椒叶总黄酮及其体外抗氧化性研究[J]. 中国食品学报, 10(6): 22-28.

房双双, 2016. 无刺花椒的培育及其生长和适应性观察[D]. 晋中: 山西农业大学.

冯世静, 2017. 花椒遗传结构及系统发育的研究[D]. 杨凌: 西北农林科技大学.

蒋亚娟, 2018. 花椒籽油水性醇酸树脂的制备与性能研究[D]. 西安: 陕西科技大学.

阚建全, 陈科伟, 任廷远, 等, 2018. 花椒麻味物质的生理作用研究进展[J]. 食品科学技术学报, 36(1): 11-17.

李荣, 贺学林, 徐怀德, 2008. 花椒籽黑色素提取和脱蛋白技术研究[J]. 西北植物学报, 28(12): 2558-2563.

李晓莉, 黄登艳, 刁英, 2020. 中国花椒产业发展现状[J]. 湖北林业科技, 49(1): 44-48.

李柱存, 2020. 云南省花椒产业发展现状及对策[J]. 内蒙古林业调查设计, 43(1): 60-62.

刘安成, 尉倩, 崔新爱, 等, 2019. 花椒采收现状及研究进展[J]. 中国农机化学报, 40(3): 84-87.

吕玉奎, 蒋成益, 杨文英, 等, 2017. 荣昌无刺花椒优良品种选育报告[J]. 林业科技, 42(2): 18-21.

任苗, 杨建雷, 武衡, 等, 2016. 陇南大红袍花椒优系无刺性状对比研究[J]. 中国园艺文摘, 32(2): 40-42.

任振华, 2013. 不同种质花椒生物碱的含量分析[D]. 杨凌: 西北农林科技大学.

唐菊, 徐怀德, 2009. 花椒籽油不饱和脂肪酸环糊精包合物制备研究[J]. 中国酿造, 204(3): 181-184.

唐伟, 李佩洪, 龚霞, 等, 2018. 花椒化学诱变育种技术研究[J]. 四川农业科技 (1): 49-51.

王景燕, 龚伟, 肖千文, 等, 2016. 无刺花椒新品种'汉源无刺花椒'[J]. 园艺学报, 43(2): 405-406.

王丽华, 赵卫红, 彭晓曦, 等, 2018. 四川花椒产业发展现状及对策分析研究[J]. 四川林业科技, 39(2): 50-55.

王小晶, 冯莉, 彭飞, 等, 2019. 不同处理方法对花椒籽种皮黑色素纯化效果的比较研究[J]. 现代食品科技, 35(5): 236-243.

王亚非, 2017. 化学活化制备花椒籽废渣活性炭及其吸附性能研究[D]. 兰州: 西北师范大学.

吴静, 2017. 花椒精油的提取工艺、化学成分分析与抗菌活性研究[D]. 合肥: 合肥工业大学.

武文, 2017. 陇南花椒栽培品种(品系)资源调查及栽培技术研究[D]. 兰州: 甘肃农业大学.

杨建雷, 朱德琴, 吕瑞娥, 等, 2014. 甘肃陇南梅花椒无刺优系选育试验初报[J]. 甘肃科技, 30(1): 144-145.

杨沫, 薛媛, 任璐, 等, 2018. 不同粒度花椒籽黑种皮粉理化特性[J]. 食品科学, 39(9): 47-52.

杨沫, 薛媛, 王小晶, 等, 2017. 花椒籽黑种皮超微粉吸附Pb2+的动力学及热力学研究[J]. 现代食品科技, 33(11): 49-54.

杨萍, 郭志成, 2020. 花椒采摘机器人视觉识别与定位求解[J]. 河北农业大学学报, 42(3): 121-129.

原野, 2018. 陕西花椒产业发展现状及对策[J]. 陕西林业科技, 46(1): 74-76.

赵启忠, 张琼, 任志勇, 等, 2019. 花椒产业存在问题及发展策略研究[J]. 农经研究 (6): 91-92.

祝磊, 2019. 花椒药材品种及其软胶囊制剂研究[D]. 成都: 成都中医药大学.

中国工程院咨询研究重点项目

# 肉桂
# 产业发展
# 战略研究

撰 写 人：李开祥
安家成
梁晓静
黎贵卿

时　　间：2021年6月

所在单位：广西壮族自治区林业科学研究院

# 摘要


肉桂（*Cinnamomum cassia* Presl）为樟科樟属的常绿乔木，主要分布在中国、印度尼西亚、斯里兰卡、越南、塞舌尔、马达加斯加等国家和地区。我国是全球肉桂种植面积最大的国家，也是肉桂的原产地，广西和广东的种植面积占全国总面积的95%以上，其中，广西种植面积约14.9万$hm^2$，广东约8.9万$hm^2$。“广西肉桂”获评国家地理标志产品。

肉桂既是传统的香料，也是名贵的中药，常与人参、鹿茸并提称之为“参、茸、桂”。肉桂含肉桂醛等挥发性成分以及多糖、二萜、多酚、黄酮等非挥发性成分。现代药理学研究表明，肉桂具有抗菌、抗氧化、抗炎、抗癌、降血糖等生物活性。

全球桂皮生产以中国、越南、印度尼西亚为主，从2013年开始，中国成为全球第一大桂皮产区。我国的桂皮大约80%出口，20%国内销售；国内70%作为香料，30%作为药用，以北方市场为主。“中国肉桂油”品质优良，在国际上享有盛誉，肉桂油及深加工产品肉桂醛、苯甲醛等生产厂家多分布在广西和广东。但多数厂家以生产和销售原油为主。

尽管我国肉桂有着全球最大的种植面积和销售量，但种植模式、桂皮初级加工及桂油深加工方面仍然与国外存在一定差距，例如缺乏高标准肉桂示范林，加工以初加工为主，产业链条不长、系列产品不多，低端产品同质化严重、附加值低，中高端型产品研发滞后，核心竞争力不强。通过对广西庚源香料有限公司等3个肉桂企业的典型案例进行分析，加之受贸易战和新冠疫情影响，国家提出了加快形成以国内大循环为主体、国内国际双循环相互促进的新发展格局的思路，因此，为保证我国肉桂产业高质量发展，提出以下发展方向和建议：①加强肉桂标准化示范基地建设，提高优质资源供给能力；②创新肉桂加工工艺，突破深加工关键技术，促进肉桂高附加值产品的产出；③打造一条原料基础坚实、加工技术先进、产品种类丰富、商贸物流发达、竞争优势明显的肉桂产业链。

# 1 现有资源现状

## 1.1 国内外资源历史起源

肉桂（*Cinnamomum cassia* Presl），属樟科，为热带、亚热带常绿乔木，既是著名的香料，也是名贵中药，其食用和使用已深深印入中华民族饮食、医药、文学等文化之中。而且作为著名香料，通过古丝绸之路，承载着东西方物质和文化的交流。

肉桂原产我国，远在周朝（公元前600年）就有使用桂皮的记载，屈原（公元前340—278年）在《九歌》里，就有“奠桂酒兮椒浆”的诗句。肉桂大约在公元1000年才通过海上古丝绸之路传入欧洲。

广西是中国肉桂的原产地。对桂树最早的记载是《旧唐书・地理志》，秦始皇设桂林郡在西江流域肉桂集中分布区桂平境内，经专家考证，广西的“桂”简称主要亦是来由于此。西晋稽含《南方草木状》也有“桂出合浦”之说。肉桂种植在广西历史悠久，宋淳熙年间（1172年），范成大著的《桂海虞衡志》中就有关于广西容县、平南等地肉桂种植的记载。《防城县志》记载，肉桂生长在防城已有600多年历史，原是野生的，后改良为人工种植。《平南县志》记载：康熙二年（1663年），平南县六陈、大坡、大安等地广种肉桂；平（南）、桂（平）、藤（县）、容（县）山地农民多种桂为生，是时桂皮百斤值银七八两。《岑溪县志通讯》记载：乾隆四年（1739年）岑溪市各地已“广种桐、茶、胶、桂等经济树种”。嘉庆17年（1812年）所修《永安州志》（永安为广西蒙山县旧称）记载：永安民间广有肉桂栽培，以桂皮作货物交易换取生活必需品。同治末于大安设局收桂税。清道光年开始，广西肉桂产区的容县、藤县、平南、桂平、防城、东兴、那坡等地桂农懂得肉桂的综合加工，利用枝叶蒸桂油，是时每50kg枝叶得油0.25kg。鸦片战争后，广西各产区生产的桂皮和加工的桂油经南宁、梧州口岸转运，经香港中转大量远销东南亚和欧美国家，国外称为“广西桂”或“广西肉桂”。清光绪八年（1882年），英国人Charles Ford奉英国政府命令到广西勘察肉桂产地，采集标本，发表了《中国肉桂的描述和杂志》一文，报道当时肉桂在中国广西主要产地、栽培和加工方法等。光绪十三年张之洞奏，大安税局年收桂税四五万两。光绪三十三年（1907年）正月，驻钦州防军分统宋安枢、凌霄，合股于十万大山的马啷、叫岐、大塘等地，发动地方军民大面积种植茴桂，现仍有部分桂树生长。《藤县县志》记载，清光绪年间，藤县的桂皮已畅销港澳地区，转口销往西欧各国。《桂平县志》记载：“县以桂名，桂，其土产也。县之宣二里有紫荆山，数十年前产桂最良，客游于浔者，争购紫荆桂。”

民国时期广西肉桂产地主要分布在温暖的桂东南一带。据1925年叔奎的《桂皮及桂油贸易状况》记载，广西肉桂之产地多在南部地方，如容县、六陈、大岛一带。1935年，覃济泽经调研后，在《广西肉桂之研究》一文中指出，广西肉桂就现在已作大规模栽植之区域者，以平南、桂平、藤县等为最多，北流、容县、陆川、博白、岑溪等县次之，至于龙州、贵县、苍梧等县，则寥寥无几，只作试植之区域耳。1943年，林刚、谢汉光的《广西肉桂之栽培及其改进意见》记载：平南县之六陈乡，产桂最多；桂平县之端竹乡，藤县之象棋、六福等乡及容县、北流皆产之。此外，1947年《广西年鉴》（第三回）亦载：对于肉桂“本省所产集中于浔江流域”。由此可见，民国时期广西肉桂的种植区域主要集中在桂东南、浔江流域一带是确定无疑的，且种植的范围不断拓展，但又始终未超出该区域。

15～16世纪的大航海时代，西方的探险家远渡重洋来到东方寻找中国香料，肉桂经由海上贸易之路开始大量传入西方。埃皮西乌斯在《烹调书》记载了古希腊和古罗马人将肉桂等香料用于饮食调味，称为“东方黄金”。古罗马作家、哲学家、历史学家老普林尼在其著作《博物志》记载有当时罗马进口肉桂的价格描述。由此可见，肉桂作为名贵香料在历史上是东西方重要贸易物资之一。

## 1.2 作用和功能

肉桂全身是宝，是药用和芳香油原料。树皮剥制为肉桂皮，温中补肾，散寒止痛；嫩枝即桂枝，发汗解肌，温通经脉。桂枝汤，是张仲景《伤寒论》中最经典的方剂之一；果托（桂盅）和果实（桂子）治虚寒胃痛；枝、叶可蒸取肉桂油，主要化学成分为肉桂醛、乙酸肉桂酯、肉桂酸乙酯、邻苯甲基肉桂醛、苯甲醛、香豆素等。肉桂油为重要香料，也作药用，用于可口可乐、巧克力及香烟配料和其他日用品香料。肉桂油中的肉桂醛可生产苯甲醛，主要作为食品添加剂。

### 1.2.1 香料用途

桂皮普遍作为贵重香料在食品工业和轻化工业中被广泛使用，还用作腌制食品和饮料增香剂、配制咖喱粉等。北欧国家还广泛用于增添麦片粥和烈酒的风味。欧美国家有名的维也纳香肠、火腿、汉堡肉饼及咖喱粉的配料中，肉桂均占有一定的比例，如在维也纳香肠中占5%、在汉堡肉饼占9%。肉桂咖啡广泛受到西方世界的欢迎。在墨西哥则用来配制食品的浸剂，大量肉桂粉已进入食用肉类产品中。在国内，也是重要的食品香料之一，如五香粉、十三香等调料和五香豆、五香豆腐干等食品，均少不了肉桂。

桂油既可直接用于调配食品饮料，也可合成各种高级香料，同时也被广泛用于国药。在饮料和食品工业中，桂油可作增香剂和防腐剂。“可口可乐”和“百事可乐”等可乐饮料均不能缺少桂油。欧洲国家流行的“冬青油饮料”“利口酒”“姜汁酒”等也必用桂油作配料。此外，在国外还利用桂油制造营养保健饮料。近年国内流行的集饮料与保健于一体的大自然珍品——肉桂蜜露，对低血压、妇女虚寒等症有独特功效，口感独特，香气四溢。用桂油为调料制成的糖果、点心，营养丰富，香甜，松脆可口。

在西方国家，用桂油合成的肉桂醇、肉桂酸、溴代苏合香烯、肉桂酸酯，是配制名烟、名酒、高级化妆品、牙膏和香皂等的香料（朱积余和廖培来，2006）。

### 1.2.2 医药用途

肉桂枝叶可蒸油，树皮可制成各种规格的桂皮产品，小枝、叶柄、叶芽、果实及果托均可入药。

桂皮被视为医药中的珍品，为著名国药，常与人参、鹿茸并称，称为“参、茸、桂”，在中药配方中广为应用，对年老体弱者有奇效。桂皮是我国及东南亚国家和地区传统的珍贵药材，其味辛、甘。桂油内服可作健胃驱风剂，外敷可治胃痛、胀气绞痛、风湿、皮肤瘙痒及汤火灼伤等症。广泛使用的清凉油、麝香风湿油、黑鬼油和红花油等均含有桂油成分。

肉桂含肉桂醛等挥发性成分以及多糖、二萜、多酚、黄酮等非挥发性成分。现代药理学研究表明，肉桂具有抗菌、抗氧化、抗炎、抗癌、降血糖等生物活性。

#### 1.2.2.1 抗菌作用

肉桂的乙醇提取物对肉中常见的腐败菌和致病菌包括大肠杆菌、枯草芽孢杆菌、金黄色葡萄球菌、黑曲霉、青霉菌、啤酒酵母均有较强的抑制作用，其中对青霉菌的抑制效果最好。肉桂提取物中的主要抗菌成分是肉桂醛，这是一种绿色天然、安全高效的防腐抑菌剂，对大肠杆菌、沙门氏菌、金黄色葡萄球菌、肉毒杆菌、芽孢杆菌等均有很好的抑制作用，可以广泛地应用于罐头杀菌、肉类防腐、水果保鲜，以及抑菌型食品包装材料等。肉桂不仅具有很好的杀菌作用，而且能够有效地抑制微生物次级代谢产物的产生，并且对人体无毒无害，因此美国食品药品管理局（FDA）将肉桂醛认定为安全性添加剂。我国《食品安全国家标准食品添加剂使用标准（GB 2760—2014）》中将肉桂醛批准为可在食品中使用的天然防腐剂。全世界每年在食品工业中使用的肉桂醛总量大约为180t，且使用量有逐年递增的趋势（陈帅和高彦祥，2019）。

天然植物提取物用作饲料添加剂在2000年以后才开始深入研究，特别是在抗生素禁止或限制在饲料中使用之后，肉桂活性成分因其在抑菌方面的高效性和广谱性（细菌、真菌和曲霉菌等），使之在饲料中的应用日渐广泛（唐茂妍和陈旭东，2018）。

#### 1.2.2.2 抗炎作用

肉桂精油能够降低角叉菜胶诱导的小鼠足跖皮肤组织中的细胞因子（TNF-$\alpha$和IL-1$\beta$）、一氧化氮（NO）和前列腺素E2（PGE2）的水平，此外，Western印迹分析显示，小鼠足跖组织中的COX-2和iNOS表达也显著降低（Sun et al.，2016）。肉桂醛及其衍生物与精油有类似的抗炎活性，主要也是通过抑制NO的生成而发挥抗炎作用，故富含肉桂醛及其衍生物的肉桂有望成为一种新型的NO抑制剂（Lee et al.，2005）。

#### 1.2.2.3 抗氧化作用

肉桂中起抗氧化作用的主要是具有还原性的多酚类物质。Chan S等（2008）研究发现，肉桂和其他6种常用中药的抗氧化能力相对较高，并发现富含多酚类化合物的甲醇提取物通常表现出比其他提取物更强的抗氧化能力。肉桂乙醇提取物可清除超氧化物阴离子，具有抗超氧化物的活性（Lin et al.，2003），故其可能是天然抗氧化剂新的潜在资源。

#### 1.2.2.4 保护消化系统的作用

肉桂具有脾胃升温的功效，对多种溃疡模型有效，并对由药物导致的小鼠腹泻会产生显著对抗作用；也可以通过促进有益细菌的生长、抑制致病细菌的生长而显示益生元样活性，这表明肉桂在调节肠道微生物群和增强胃肠道健康方面具有潜在的作用（Lu et al.，2017）。肉桂醛可调节肠道上皮细胞中紧密连接蛋白和氨基酸转运蛋白的表达（Sun et al.，2017），改善肠黏膜屏障功能，促进营养物质的吸收。

#### 1.2.2.5 降血糖和血脂的作用

肉桂提取物能增强胰岛素的活性。Chen L等（2012）研究发现，肉桂中的多酚类物质可改善胰岛素敏感性，起主要作用的为儿茶素或表儿茶素的A型双链原花青素低聚物，它可以增强胰岛素作用，并可能有益于控制葡萄糖的不耐受。肉桂可延迟胃排空，降低餐后血糖而不影响饱腹感（Hlebowicz et al.，2007）。肉桂中的某些成分还可以起到类胰岛素、清除自由基、抗脂质过氧化等作用，故肉桂对糖尿病的治疗有很好的辅助作用。此外，肉桂提取物还可通过抑制脂质积累、增加能量消耗来控制实验肥胖小鼠的质量增加，其作用机制是通过上调骨骼肌细胞中的线粒体生物活性，从而达到降低血脂、避免肝脏中的脂质积累的效果（Mi et al.，2017）。

#### 1.2.2.6 抗肿瘤作用

Schoene N W等（2009）发现，肉桂总多酚能调节p38MAPK信号蛋白和细胞周期B1信号蛋白，通过破坏处于G2/M期推动细胞中关键磷酸化/去磷酸化信号事件来抑制白血病细胞系中的增殖。王旭林等（2016）发现，肉桂醛可能通过调节p21和CDK4的蛋白表达来抑制人肝癌细胞HepG2的增殖。除此之外，肉桂醛也可能通过参与细胞内PI3K/Akt/mTOR信号通路的调节过程表现出对宫颈癌细胞的抗肿瘤生物活性（尹兴忠等，2017）。

#### 1.2.2.7 其他作用

肉桂还具有止痛作用，通过调节5-还原酶抑制睾酮诱导的良性前列腺增生，对中枢神经系统可发挥镇静作用，还可通过调节内分泌系统调整体温使其维持在正常值，除此之外还具有杀虫作用、抗醛糖还原酶等活性。

### 1.2.3 剩余物利用

肉桂采收剥取桂皮后产生大量剩余物，即桂木木材，一直以来作为废弃物丢弃或仅作为普通燃料，造成极大的资源浪费等问题。根据肉桂桂木纤维特性及桂木木材中所含肉桂醛等挥发性芳香成分具有多种药用功效，人体吸收后能行血驱风、散寒止痛、活血通经、镇静降压等多种药效作用特点，广东省桂之神实业股份有限公司开发了肉桂木凉席、肉桂养生枕、肉桂熏香等产品；利用桂木木材的驱虫等特性，开发了肉桂木米桶；还开发了肉桂木筷子、肉桂木牙签等产品。该公司又根据肉桂桂木特定的纤维及其特性，以及桂木经过60～65℃发酵后产生的营养成分、微量元素丰富，适合菌类物质的生长，并有助于提高其品质，发明了利用肉桂木糠生产食用菌类产品新方法，开发了食用菌菌包、肉桂灵芝、桂木毛木耳、肉桂香菇、桂木菌、桂味菇等桂木食用菌类多个产品。开发的肉桂灵芝的粗多糖含量较普通灵芝提高约5.9%，总三萜提高约11.6%，桂木毛木耳粗多糖较普通木耳提高约22.6%。

## 1.3　总量及分布

世界肉桂种植区主要集中于亚洲的中国、印度尼西亚、斯里兰卡、越南，非洲的塞舌尔、马达加斯加等国家和地区，在北纬21°40′～24°30′、东经104°29′～110°20′、海拔600m以下的低山丘陵栽培较多。现在国际市场上的肉桂，主要是中国肉桂和锡兰肉桂（*Cinnamomum verum* Presl）。锡兰肉桂主要产自斯里兰卡，与中国肉桂属于不同的种，但均可作为香料用。

我国肉桂种植面积居世界首位，主要分布于广西、广东、海南、云南、福建、湖南、江西、浙江等地。广西和广东的肉桂种植面积占全国的95%以上。广西肉桂种植面积14.9万$hm^2$，其中，防城区3.69万$hm^2$，藤县2.00万$hm^2$，岑溪1.80万$hm^2$，容县、苍梧、桂平均在1.20万$hm^2$以上，东兴0.72万$hm^2$，上思0.6万$hm^2$以上。因此防城区、岑溪市、藤县被国家林业和草原局命名为“中国肉桂之乡”。2008年，“广西肉桂”获评国家地理标志产品。广东肉桂种植面积8.9万$hm^2$，主要分布在肇庆市高要县和云浮市的罗定市和郁南县，高要县种植面积为3.33万$hm^2$，罗定市为2.93万$hm^2$，郁南县为1.6万$hm^2$（林兴军等，2016）。除广西和广东外，云南的肉桂种植面积为2900$hm^2$，福建80.00$hm^2$，四川45.00$hm^2$，湖南17.00$hm^2$。

锡兰肉桂主要产于斯里兰卡，1776年荷兰人在斯里兰卡大面积种植，1825年引种到爪哇扩大栽培。之后印度南部、塞舌尔、马达加斯加等其他热带地区国家进行栽培。斯里兰卡栽培最多，1850年栽培面积达到16000$hm^2$，至1973年仍有13000$hm^2$（郑维全和罗邻球，2000）。2009年斯里兰卡总种植面积达28000$hm^2$，大部分种植在该国的南部沿海地区，约有35万名肉桂种植者，肉桂的出口占据岛内农作物（不包括茶叶、橡胶和椰子）出口外汇收入的一半。

## 1.4　特点及培育技术现状

我国主要栽培品种为中国肉桂，按产地又可分为东兴桂和西江桂。位于十万大山附近的防城、东兴、上思、龙州等地为东兴桂；位于西江沿岸的平南、桂平、容县、藤县、岑溪等地，以及广东的肇庆、云浮等地为西江桂。

越南肉桂原产地和主产地为越南清化省，品质优良，一直被认为是中国肉桂的大叶变型，广西林科院从表型、分子等方面研究认为，两者属于不同的种。其品质优良，我国从20世纪50年代末开始引种，但种植面积和产量十分有限。

根据肉桂新芽颜色将中国肉桂分为红芽肉桂、白芽肉桂和沙质肉桂3个品种。红芽肉桂新芽和嫩叶均呈红色，叶片较大且向上翘，结果量少，皮部油层较薄，呈黄色，生长较快，耐旱力差，桂皮、桂油品质较次。白芽肉桂新芽和嫩叶均呈淡绿色，叶片较小而下垂，结果量较多，皮部油层厚，呈黑褐色，界线分明，品质较优，较耐旱。沙质肉桂嫩芽呈棕色，表皮粗糙，韧皮部不显油层，桂皮品质差，保存的植株极少。

广西壮族自治区林业科学研究院（以下简称“广西林科院”）从20世纪60年代开始肉桂种质收集、繁育和栽培等方面的研究，在一些重要领域取得了阶段性成果，形成了技术优势。例如，建立了肉桂实生繁殖和扦插繁殖育苗技术体系，攻克了种子发芽率低以及扦插生根慢、生根率低的技术难题，实现种子发芽率提高到93.3%，扦插生根率提高了55.02%，显著提高了种子发芽率、扦插生根率及苗木质量；提出了空间结构调整、采伐目标树确定、密度调控等关键培育技术体系，林分平均胸径、平均树高、平均皮厚及单株产量分别比对照提高了81.96%、71.23%、41.37%和206.06%，地上总生物增加了18.30%，形成了一套肉桂中大径材板桂林培育关键技术；构建了肉桂复层经营高效培育模式，形成以光环境调控、树种密度控制、地力维护为关键技术的肉桂复层经营技术体系。

但仍然存在以下几个问题：

一是肉桂尚无良种资源，当前肉桂栽培主要以西江桂、东兴桂、清化桂等品种类群实生苗为主，缺乏无性系。由于缺乏良种资源，严重制约了肉桂的规范化推广和产业化发展。

二是肉桂缺乏有效的规模化无性繁殖手段，难以工厂化生产无性系良种苗木。肉桂在扦插繁殖技术上已获得初步突破，但仍未达到规模化生产的技术能力，导致肉桂在产业化推广过程中面临优良无性系种苗缺乏的现实。

三是肉桂丰产栽培技术集成研究不够深入，关键技术有待进一步突破。近年来肉桂的标准化栽培技术有所发展，但肉桂丰产栽培技术研究不够系统、不够深入，标准化不足，往往造成种植企业面临无技术标准可依的局面，阻碍了肉桂的基地化、标准化的规模发展。

# 2 国内外加工产业发展概况

## 2.1 国内外产业发展现状

在古代，亚洲国家出产的桂皮经丝绸之路传入欧洲，欧洲人用桂皮作香料，因为量少价高而十分昂贵，老普林尼（公元23—79年）在其著作《博物志》中，记载了当时罗马每磅（1磅≈0.45kg）桂皮油价格相当于一名罗马士兵6年的工钱。昂贵香料的高额利润成为近代西方航海家踏上东方征程的主要动因之一。

现代全球桂皮生产以中国、越南、印度尼西亚为主，从2013年开始，中国成为全球第一大桂皮产区，除2015年桂皮产量下滑外，中国桂皮产量基本维持全球第一的位置。2018年中国桂皮产量9.85万t，印度尼西亚8.50万t，越南3.85万t。整体来看，中国桂皮产量占全球总量比重从2009年的30.75%增长至2018年的40.12%。同时，我国是世界上出口肉桂产品最多的国家，桂油和桂皮是中国传统的外贸物资，在国际上享有盛誉。

2015年世界主要消费桂皮地区及其消费量如表9-1所示，消费桂皮量最多的是中国，为2.24万t，其次是美国，消费量为1.75万t，欧盟消费量是1.15万t，日本为1.03万t。

**表9-1 2015年世界各地消费桂皮量**

| 地区 | 消费量（万t） |
|---|---|
| 欧盟 | 1.15 |
| 日本 | 1.03 |
| 中国 | 2.24 |
| 美国 | 1.75 |

2015年全球主要地区桂皮消费额如表9-2所示，美国是消费额最大的国家，为34.93亿元，其次是欧盟，消费额为28.92亿元，日本的消费额为26.69亿元，中国为22.91亿元。

表9-2 2015年世界各地桂皮消费额

| 地区 | 消费额（亿元） |
| --- | --- |
| 欧盟 | 28.92 |
| 日本 | 26.69 |
| 中国 | 22.91 |
| 美国 | 34.93 |

桂皮价格随着种植面积及供求平衡有所波动，2014年约20元/kg，2015年上半年降为9.2元/kg。近几年较稳定，目前，肉桂干皮为15元/kg，鲜皮8元/kg，干枝叶900元/t，鲜枝叶600元/t。

肉桂油是我国传统外贸商品，行业内称为“中国肉桂油”。“中国肉桂油”由于其内在品质特殊，在食品添加剂、调香、医药等领域具有不可替代的优势。为了区分越南等东南亚国家生产的肉桂油，《中国食品安全标准（GB 1886. 207—2016）》将国产肉桂油称为“中国肉桂油”，代替了旧的《食品添加剂标准（GB 11958—1989）》中“肉桂油”的名称；国家标准（GB /T 11425—2008）也将国产肉桂油称为“中国肉桂（精）油”，代替了旧国家标准（GB /T 11425—1989）“肉桂油”的名称。“中国肉桂油”显著区别于其他国家肉桂油的理化指标有2项：一是相对密度（20℃）大于1.052；二是反式邻甲氧基肉桂醛的含量通常大于6.5%。

近年来，受价格较低的人工合成肉桂油的影响，天然肉桂油价格波动较大。1990年肉桂油出口价格高达250元/kg，仍供不应求。1997年，桂油价格降为180～200元/kg，到2002年3月，国际市场中国产桂油为82.7元/kg。价格的极速下滑使桂农的生产积极性遭受很大影响。近几年，桂油价格比较稳定，平均价格约180元/kg。

我国桂皮销售市场以北方为主，70%作为香料，30%作为药用。我国桂皮大约80%出口，20%国内销售。我国东兴桂桂皮品质较好，以出口日本、韩国、美国为主，西江桂以出口中东、印度为主。

每年桂油需求量在1000 t左右，以轻化、食品工业和药用为主。2017年，全国有肉桂油生产企业48家，其中95%以上分布在广西和广东。目前，广西规模较大的有广西桂平悦达香料有限公司、广西庚源香料有限责任公司、广西瑞安物流（集团）有限公司等，广东相关企业主要分布在罗定市和肇庆高要区，部分肉桂加工企业名录如表9-3所示。

表9-3 部分肉桂加工企业名录

| 序号 | 企业名称 | 建设地点 |
| --- | --- | --- |
| 1 | 广西桂平悦达香料有限公司 | 广西桂平市 |
| 2 | 广西庚源香料有限责任公司 | 广西东兴市 |
| 3 | 防城港市绿康香料有限公司 | 广西防城区 |
| 4 | 防城港市防城区那梭香料厂 | 广西防城区 |
| 5 | 广西防城港市扶隆香料公司 | 广西防城区 |
| 6 | 那坡县八桂香料厂 | 广西那坡县 |
| 7 | 广西瑞安物流（集团）有限公司 | 广西凤山县 |
| 8 | 广西防城港市那良思源工贸有限公司 | 广西防城区 |
| 9 | 岑溪坚实农产品有限公司 | 广西岑溪市 |
| 10 | 平南四灵村桂类购销部 | 广西平南县 |

（续）

| 序号 | 企业名称 | 建设地点 |
| --- | --- | --- |
| 11 | 广西梧州醇香香料有限公司 | 广西藤县 |
| 12 | 容县罗江远泰香料厂 | 广西容县 |
| 13 | 广东罗定桂之神有限公司 | 广东罗定市 |
| 14 | 广东荣兴香料科技有限公司 | 广东罗定市 |
| 15 | 罗定市骏达香料有限公司 | 广东罗定市 |
| 16 | 广东罗定浩良香料有限公司 | 广东罗定市 |
| 17 | 罗定市兴伟香料有限公司 | 广东罗定市 |
| 18 | 罗定市兴泰肉桂科技发展有限公司 | 广东罗定市 |
| 19 | 肇庆市高要华新香料有限公司 | 广东肇庆高要区 |
| 20 | 广东省肇庆市桂皮产品有限公司 | 广东肇庆高要区 |

## 2.2 国内外技术发展现状与趋势

### 2.2.1 肉桂初级加工技术

肉桂皮、枝叶的制取主要是剥取、干燥等，以及初级产品的粉碎和调配。我国桂皮加工生产历史悠久，明朝梁廷栋所著述《种岩桂法》有“种六、七年，可剥桂通”的记述。就桂皮加工状况及技术水平来讲，我国桂皮加工业尚处于初级加工多、精加工少，手工或半机械化加工多、机械化或连续自动化加工少的阶段。肉桂的初级加工成品有桂皮、桂子、桂丁、桂心、桂枝、肉桂粉和肉桂油等。肉桂树剥皮得到的桂皮按种植时间、部位和加工方法的不同可加工成板桂、桂通、桂心、桂碎、烟仔桂等（图9–1）。

图9–1　板桂、桂通、烟仔桂

肉桂幼嫩枝条，晒干做成宽2～10mm、长0.4 m的细枝，称为桂枝。从5～10年的肉桂剥取树皮、清洗、晒干，单片卷成筒状称为桂通，刮去外层粗皮及内层薄皮的叫作刮皮桂或桂心。树龄10年以上的肉桂皮，较厚的加工成中间平槽状、两边对称卷起的皮块，或者加工成板状的桂皮称为板桂。另外，还可以把桂皮加工成粉末叫作肉桂粉；肉桂叶柄加工晒干叫作桂丁；未成熟果实晒干叫作桂子，桂子是一种中药；果托晒干叫作桂盅等。桂皮的加工的基本流程：桂皮→晒干→扎桂→压桂→包装→销售。

每年3～4月或9月，农民用桂刀砍下 5 年以上的肉桂，用牛角的尖端和铁锤来剥取桂皮，剩下树根和树头，之后残留的肉桂萌发出新枝，过几年又可以再次收获。越南收获肉桂的方法是将整株肉桂连根拔起，然后重新用种子培育新树苗，其认为用种子繁殖，桂皮品质更好。印度尼西亚、印度、马达加斯加等国的桂皮加工方法大同小异。

长期以来桂皮产品质量标准一直没有引起有关部门的重视。虽然我国医药管理部门早已从桂皮外观、重量、裂口等指标初步拟定出桂皮分级标准，但是许多指标如芳香油含量、灰分、水分等在各类桂皮中都没有反映出来，缺乏一套完整的桂皮系列产品分类标准。鉴于此，2018年，全国经济林产品标准化技术委员会决定由广西壮族自治区林业科学研究院牵头，制定国家标准《肉桂产品质量等级》，该标准包括了桂皮主要产品板桂、桂通、烟仔桂、桂碎等的品质、外观、理化性状、卫生等方面要求，为规范市场桂皮产品提供了可操作性标准，目前该国标已通过函审。

我国桂皮加工主要分布在山区乡镇，受投资环境的限制，生产规模较小，多数企业缺乏精良设备、精湛工艺和精美包装，产品档次低，经济效益低。同时厂房破旧，卫生条件差，易引起桂皮发霉变质，贮藏性能低。另外，生产作业多数都是人工操作，机械化程度低，各环节不相衔接，加工机械落后。

初级产品的粉碎和调配，指将肉桂皮粉碎成一定目数的粉末，与其他香料进行调配，应用于食品等，如五香粉、十三香等调料，以及其他腌制食品和饮料增香剂，如五香豆、五香豆腐干、配制咖喱粉等。

### 2.2.2 肉桂油提取及深加工

#### 2.2.2.1 肉桂油提取

利用肉桂枝叶等边角料用来提取肉桂油，传统的方法是水蒸气蒸馏法，该方法是将桂叶或桂皮放在一个大锅炉里水煮或水蒸气蒸馏提取，然后进行冷却、油水分离，从而获得肉桂油，具有操作简便、成本低、无溶剂残留等优点，但也具有得率低、耗时长、资源浪费较大等缺点。针对传统水蒸气蒸馏提取方法存在的问题，近年来，也有小规模试验采用微波减压法、水酶法、溶剂浸提、超临界$CO_2$提取等方法提取肉桂油，尽管得油率有所提高，但因其所得肉桂油的成分组成与传统水蒸气法差别较大，暂时还未被市场广泛接受，且生产工艺复杂，成本较高。水蒸气蒸馏法得油率虽然略低，但工艺简单，生产成本低，因此各生产厂均使用传统水蒸气蒸馏工艺。

目前，大多数肉桂油生产企业日产量为100kg左右，少数日产量能达到200kg以上，不过仍有小部分厂家日产量不足50kg。然而，即使都是采用水蒸气蒸馏法生产肉桂油，其工艺也有所不同，根据工序可分为老法和新法2种工艺，主要区别在于：新法工艺是在原老法工艺的基础上，增加了复蒸工序，使得新法肉桂油得率及肉桂醛含量都有所提高。新法工艺可满足深加工企业对肉桂油中肉桂醛高含量的需要；而老法工艺则保持原有成分含量的比例，所得肉桂油香气纯正，能满足食品添加剂、防腐、制药、化工和调香需要。不论是老法肉桂油，还是新法肉桂油，其成分主要都是反式肉桂醛、邻甲氧基肉桂醛、乙酸肉桂酯、香豆素等。采用水蒸气蒸馏法生产肉桂油，得率通常在0.6%～0.8%；相同原料，用同一套生产设备生产（新法多一个复蒸锅），新法工艺得油率较老法工艺高15%左右。

因产季的不同，采用同套生产设备和相同工艺，秋油得率较春油得率高20%左右，主要原因是夏季的高温天气更有利于肉桂油等次生代谢物的合成，促使秋季枝叶含油量有所提高。设备也是影响得油率的重要因素。新设备普遍采用304不锈钢材料制造，减少了生产过程中的跑冒滴漏现象；多家工厂使用新型的板式冷凝器，实现了更好的换热效果，仅因更换冷凝器便使肉桂油得率提高约5%。同时，由于新设备的产能普遍扩大，有一定的规模效应，也促进了得油率提升。采叶期降雨量对肉桂油得率有显著影响，降雨量大，得油率低。例如：在2015年春季，广东省肇庆市降雨量明显大于云浮市，当期云浮市各厂春油得率普遍比肇庆市的生产厂高15%左右；而在2016年春季，广东省肇庆市降雨量明显小于云浮市，当期春油得率也刚好相反。除以上主要因素外，肉桂油生产得率还同人员管理、用水来源、电力供应等有一定的关系。各生产厂家虽有各种各样的差异，但都具有同向性。如2013年秋季晴天多、风力大，采集的秋叶易干、质量好，各厂出油率均达到自家的历史最高水平；而2014年春季长期下雨，雨后又是暴晒，在整个产油季反复多次出现，导致当季出油率大幅下降，半数左右的生产厂家在当期产季都出现了不同程度的亏损。

广西林科院在中试基地利用超声波提取装置对肉桂枝叶提取肉桂油的工艺进行重新设计（杨漓等，2019），生产出的肉桂油中肉桂醛质量分数超过90%。与传统工艺相比，肉桂油得油率提高0.5%。

#### 2.2.2.2 肉桂油深加工

目前，中国约60%的肉桂油用于深加工，其余直接出口。其中，老法油以直接出口为主；新法油则以深加工为主。深加工利用产品以天然苯甲醛为主，其次是天然肉桂醛，另有苯甲酸及其酯类产品、肉桂酸及其酯类产品等。

（1）天然肉桂醛

天然肉桂醛是以肉桂油为原料，通过减压精馏得到，按肉桂醛质量分数分为95%、98%和99%等几个规格的产品。目前，国内具备天然肉桂醛生产能力的工厂有十几家。天然肉桂醛可直接用作调香、制药等，其作为羟酸类含香化合物，有良好的持香作用，在调香中作配香原料使用，使主香料香气更清香。因其沸点比分子结构相似的其他有机物高，因而常用作定香剂，常用于皂用香精，调制栀子、素馨、铃兰、玫瑰等香精，在食品香料中可用于苹果、樱桃、水果香精；另一部分作为生产天然苯甲醛的原料。由于分馏设备、真空设备及分馏技术进步，天然肉桂醛生产技术水平也有了较大的进步，产品纯度可达99%。

（2）天然苯甲醛

天然苯甲醛是以天然肉桂醛为原料半合成而得，每年约有500t肉桂油用于生产天然苯甲醛。由于国际市场对天然苯甲醛的质量要求极严苛（要求产品中苯甲醛纯度高于99. 9%，个别芳香化合物杂质的含量要求低于$1\times10^{-6}$mg/kg），部分工厂难以达到这样严格的标准。国内具备天然苯甲醛生产能力的工厂约有10个，但目前保持规模化生产的仅5个。苯甲醛具有特殊的杏仁气味，可作为特殊的头香香料，微量用于花香配方，如紫丁香、白兰、茉莉、紫罗兰、金合欢、葵花、甜豆花、梅花、橙花等，香皂中也可用之；还可作为食用香料，用于杏仁、浆果、奶油、樱桃、椰子、杏子、桃子、大胡桃、大李子、香荚兰豆、辛香等香精中；酒用香精如朗姆、白兰地等也用之。

（3）肉桂醇及其深加工产品

肉桂醇是肉桂油的单离产品之一，也可从肉桂醛选择性氢化而得。肉桂醇是重要香料之一，为我国允许使用的食用香料，常与苯乙醛共用，也可用作定香剂、修饰剂，是风信子香精的主香剂，在香石竹、玫瑰、茉莉、铃兰、葵花、紫丁香等香精中也经常使用，是烟用香料之一。同时也是重要的合成中间体，在香料工业上用于合成乙酸肉桂酯、肉桂酸肉桂酯等，在医药工业上用于合成肉桂基氯、萘替芬、托瑞米芬、脑益嗪和氟桂利嗪等。

（4）其他产品

除上述产品外，部分企业开展综合利用，将肉桂醛生产过程中产生的尾油进行分离，得到反式邻甲氧基肉桂醛、乙酸肉桂酯、香豆素等产品；对其头油进行分离，得到天然苯甲醛和天然水杨醛等产品。但由于总量不大，市场规模有限。

#### 2.2.2.3 肉桂综合利用

肉桂枝叶蒸馏后的废枝叶，可以粉碎后添加到动物饲料或可用于制作线香；剥桂后剩余的桂木，可以加工成无烟炭和活性炭；蒸馏桂枝叶的余水，可以用于洗发、足疗等服务行业。蒸馏后的废枝叶和余水，还可以提取得到许多有价值的产品，可以应用于医药及保健品，还可以用于功能性饮料产品生产。

## 2.3 国内外差距分析

### 2.3.1 产业差距

我国肉桂的生产和出口多以原料和粗加工产品为主，精深加工技术和精细化产品欠缺，产品档次较低，多为单一产品的生产和销售，形成资源的浪费，这些问题直接降低了肉桂企业和加工产业的综合效益，从而直接影响了肉桂产业化的可持续发展。

掌握肉桂精深加工终端产品的公司大部分为非肉桂生产国家，例如瑞士的奇华顿（Givaudan）、芬美意（Firmenich）、德国的德之馨（Symrise）、日本的高砂（Takasago）、美国的森鑫（Sensient flavors）、法国的曼氏（Manesa）等，将肉桂油及其深加工产品肉桂醛、苯甲醛等应用在食品、化工、医药、烟草、化妆品等方面，这些企业香料加工利用产业上占据了终端产品的高地，加工技术水平高，产品市场推广能力强，从肉桂精深加工业中获得了高额利润（表9–4）。

表9–4 国际香料企业在华公司及发展情况

| 全球排名 | 公司在华名称 | 母公司全球市场占有率（%） |
|---|---|---|
| 1 | 瑞士奇华顿有限公司 | 19.52 |
| 2 | 芬美意香料（中国）有限公司 | 13.95 |
| 3 | 德之馨（上海）有限公司 | 12.92 |
| 4 | 美国国际香精香料（中国）有限公司 | 12.92 |

## 2.3.2 技术差距

### 2.3.2.1 栽培模式不同，影响高品质桂皮产出

栽培模式不同的明显对比为中国和越南。中国肉桂初始种植密度大，种植5～6年后，开始采伐剥桂，大多采取“砍大留小”的方式，以获取桂通为目标（图9–2），或由于桂农求财心切或担心被偷剥，采收时间过早致单株产量低，皮薄油少，有效物质积累不足。越南肉桂（原产地越南清化省，又称南肉桂），清化肉桂以获得板桂为目标（图9–3），因此越南的肉桂单株以大桂树为主，生长年限长，种植密度低，树体通直，单株产量高，皮厚油多，桂皮品相好，品质较高。因此，在国际市场上越南桂皮价格远远高于中国桂皮。究其根本原因，是中国肉桂与越南肉桂的栽培模式的差异。因此，中国肉桂开展良种选育、中试和推广，促进栽培的良种培育及中大径材栽培模式推广应用是下一步的工作重点。

图9–2 桂通林

图9–3 板桂林

### 2.3.2.2 初加工标准化不到位，导致产品差异大

初加工工艺和技术在很大程度上影响肉桂产品的质量。越南优质桂皮加工成型后，两头粘蜂蜡，内表面用蜡打光，以防走油，少量桂皮放入密封的锡筒包装保存，大量桂皮则放在精美的木箱中，木箱内垫上锡纸，并分上、下两层，上层存放桂皮，下层用容器盛蜂蜜，中间隔板有若干小孔与上下通气，这样加工成型美观，不会霉变，产品味甘醇，高档次，质量好。中国生产的肉桂皮，由于保质高效的干燥技术开发滞后，以及标准化生产研制和管控不到位，多数企业加工时缺乏防霉处理（主要用硫黄熏桂

皮），桂皮易发霉，质量降低（刘永华等，2012）。2001年，中国曾经有一批出口到欧洲的肉桂粉，因为微生物问题而遭遇欧盟通报（焦少珍，2016）。因此，在产品加工和储藏方面还应借鉴越南桂皮加工企业，对优质桂皮加工与包装应向高档次发展。

#### 2.3.2.3 缺乏精深加工工艺技术，产品单一

我国肉桂精深加工技术相对落后，加工企业综合效益不高，对精深加工技术和精细化产品的重视与投入不够，而且多只注重单一产品的生产，忽略了多元化用途加工和利用。

我国要加强肉桂深加工工艺的研究，实现肉桂高值化、长产业链、产品多元化，加强品牌建设，力争在加工产品方面与国际接轨。

因此，开展肉桂标准化栽培技术培训，促进肉桂产业的标准化和国际化，适时跟踪国际在肉桂资源开发领域的新理论、新技术、新动向，熟悉国际在行业中的标准和规则，根据国际标准，结合我国国内肉桂资源开发行业的实际情况和水平，我国肉桂资源开发过程中所涉及的栽培技术、加工工艺以及产品流通等方面制定能够与国际市场接轨又符合我国国情的行业标准，可大力推进我国肉桂资源开发利用的标准化、国际化。

# 3 国内外产业利用案例

## 3.1 案例背景

**案例1：**广西庚源香料有限责任公司为东兴市从事肉桂种植、加工的企业，主要业务为肉桂油深加工。2017年与广西林科院签订合作协议，在肉桂研究与开发领域确立长期科技合作战略伙伴关系，建立科技和产业发展合作机制。

**案例2：**广西桂平悦达香料有限公司为桂平市从事肉桂种植、加工的企业，主要业务为肉桂加工和肉桂油生产。2019年与广西林科院签订合作协议，在肉桂研究与开发领域确立长期科技合作战略伙伴关系，建立科技和产业发展合作机制。

**案例3：**广东桂之神实业股份有限公司是一家集肉桂剩余物产品研发、生产、销售于一体的科技型企业，主要业务为利用肉桂剩余物开发养生用品和食品。2015年开始与广西林科院合作，共同推进肉桂资源产业化研究开发利用，推进肉桂品牌建设。

## 3.2 现有规模

**案例1：**广西庚源香料有限责任公司是一家专业从事香料树种良种繁育、种植以及产品研发、生产、销售于一体的全产业链覆盖的跨国型国家高新技术企业，也是广西现代特色农业核心示范区、自治区林业产业化重点龙头企业、自治区知识产权优势企业、自治区星创天地孵化企业、自治区级农业标准化示范区防城港市农业产业化重点龙头企业。1998年开始从事肉桂油初级加工，积累了丰富的肉桂油加工经验，经过近20年的潜心研究，在2015年成功研发出肉桂油深加工系列产品如天然苯甲醛、肉桂醛、邻甲氧基肉桂醛等产品，并于2016年初正式工厂化生产。苯甲醛是公司肉桂产业链的终端产品，也是公司肉桂系列的核心产品。该产品已远销欧美市场，纯度高达99.99%，且品质稳定，是公认的目前全球品质最好的天然苯甲醛，年产能80t，占全球产量约1/3，极受客户青睐，产品供不应求。现已建有万亩种植基地1个，肉桂油生产线2条（图9-4），年产肉桂油100t。精深加工车间1座，年产能苯甲醛80t，肉桂醛150t。同时，公司还开发有乙酸肉桂酯、邻甲氧基肉桂醛、香豆素、肉桂黄酮、肉桂多酚等多种附加产品。

**案例2**：广西桂平悦达香料有限公司，是一家从事肉桂种苗培育、肉桂种植、肉桂加工和肉桂油生产销售，集产业化融合和规模化经营的农业产业化企业。公司承建有广西农业科技示范园区，承担有相关科技项目，是以肉桂产业为核心的地方产业扶贫定点骨干企业。拥有5000多亩的肉桂种植基地，建成并投产的生产肉桂油和肉桂醛的生产线各1条（图9-5），具有年加工生产肉桂油500t，深加工肉桂醛80t的生产能力。2018年公司生产肉桂油480t。在全国生产肉桂和肉桂油行业中首家通过QS质量认证体系的企业，生产的“官桂”牌肉桂油远销欧美国家。世界著名品牌饮料企业美国“可口可乐”公司、“百事可乐”公司是该企业的主要供货客户之一。

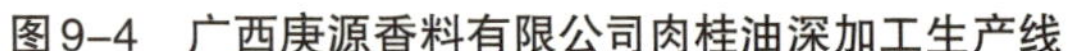

图9-4 广西庚源香料有限公司肉桂油深加工生产线

图9-5 广西桂平悦达香料有限公司肉桂油提取生产线

**案例3**：广东桂之神实业股份有限公司充分利用罗定盛产的肉桂资源优势，利用剥皮后的桂木，一是开发出家居养生系列产品，包括肉桂牙签系列、筷子系列、凉席系列等；二是开发食用菌系列，打破了行业中一直认为桂木中富含肉桂油而不能培育食用菌的成见，成功培育出比普通材料培植的产品具有更高营养成分的肉桂食用菌系列产品——桂木菌、桂味菇、黑木耳和灵芝（图9-6、图9-7），成为全球首家利用肉桂木培育食用菌的公司。肉桂食用菌经国家权威部门检测，其营养成分如菌多糖、总三萜等含量都高过普通同类产品。自推出市场以来，以其优良的品质和独特的口感风味，深受消费者青睐，产品供不应求，价格是市面同类品种的2倍以上，个别品种已高达近10倍。公司建有厂房约20000m$^2$，打造了日产3t食用菌的生产线，实现年产值4000多万元，同时，联合100多户农民发展肉桂食用菌生产，户均增收约2万元/年。

图9-6 肉桂金鼎菇

图9-7 肉桂灵芝

## 3.3 可推广经验

第一，通过科研单位和企业的务实合作，实现科研与生产的有机结合，促进林业企业从劳动密集型向科技创新型转变，提升产品附加值，加速将科研成果转化为生产力，进一步推进企业转型升级。

第二，推广“公司+农户”和“龙头企业+合作社+农户”模式，提高农民的组织化程度，建立公司与农户间的利益联动机制，搭建利益共同体，确保“老板有收益、老乡有收入”，消除企业顾虑、农户疑虑。

## 3.4 存在问题

一是长期以来，受传统观念的影响，肉桂种植多用农民自主培育的实生苗，品种混杂、优质性差，没有良种保障，不重视肉桂的培育，初植密度大，以获取桂通为目标，采后处理仍以传统的自然晾晒为主，生产效率低，产品质量控制参差不齐，桂皮加工技术也简单，生产和经营缺乏科学化、规范化。产品较单一，缺乏高技术含量的品牌产品，肉桂的经济潜能未能充分发挥。

二是政府对肉桂产业的专项扶持力度减弱。20世纪80～90年代，广西区政府把发展肉桂产业作为农民致富奔小康的重点项目，政策力度很强，广西肉桂发展迅猛。而现在，政府在原料林资源培育、企业梯次构建、龙头企业培育和引进、产品研发和品牌培育、产品质量标准制定和监管等方面缺乏高位推动和引导。对产业涉及的原料种植、产品深加工等扶持和补助力度不够，产业缺乏活力。

三是肉桂油加工技术简单，准入门槛低，企业组织形式多以家族制为主，不少企业的经营理念比较陈旧，习惯于稳扎稳打，小富即安思想比较普遍，缺乏做大做强的开拓创业意识，自主创新能力不强，技改投入不足。企业偏小偏弱，市场竞争力不强，在人才、技术、装备、工艺、管理等方面还比较滞后，在企业管理、战略规划、科研投入、科技创新及技术开发等方面相对薄弱。

四是很多中小型肉桂企业尚未与科研机构建立“产学研用”的合作机制，经营理念落后，新技术、新产品研发落后，产业转型升级发展方向缺乏科技支撑。同时，产品研发、加工等关键技术攻关是一个周期长、投入大的过程，单凭企业自身投入犹如杯水车薪、难以为继。

# 4 未来产业发展需求分析

（1）培育龙头企业，树立名优品牌，提升农村经济水平，促进乡村振兴

党的十九大报告中提出实施乡村振兴战略。乡村振兴战略的总要求为产业兴旺、生态宜居、乡风文明、治理有效、生活富裕。这预示着一个以乡村振兴为基础的新时代即将到来，标志着我国乡村发展将进入一个崭新的阶段。

肉桂作为我国的特色经济树种，在实施乡村振兴战略中自然责无旁贷。充分利用当地资源优势，以专业化、规模化、标准化生产为目标，建成肉桂产业示范园区。通过培育龙头企业，树立名优品牌，提高肉桂产品的市场竞争力，大幅提升农村的经济水平，促进乡村振兴。

按照“扶大、扶强、扶优”的原则，集中优势力量，进一步加大对现有肉桂龙头企业的扶持力度，认真落实扶持龙头企业发展的政策措施，培育一批竞争力强、带动面广的肉桂龙头企业，促进肉桂产业链的延伸。只有企业达到一定规模，才能更好地解决创新发展中面临的各类问题，具备相当的抗风险能力，具备产业引领的能力。

以广西桂平悦达香料有限公司、广西庚源香料有限责任公司等具有一定基础和实力的肉桂加工和种植企业为主体，引导发展肉桂原料林基地建设，推行“企业+基地+农户”和股份制合作参与的经营模

式，促进肉桂生产、加工、销售的有机结合，使企业与农户成为利益共享、风险共担的经济利益共同体。积极做好企业与研究院所合作，建立高标准原料林基地，开发高品质肉桂产品，鼓励企业技术创新，争创名牌产品和商标，全面提升广西龙头企业市场竞争力。努力培育企业、林农品牌保护意识和市场竞争意识。让“质量兴业”等观念深入人心，使企业、林农自觉遵守肉桂生产规范和市场秩序，在原料供应及产品生产上不以次充好、不恶性竞争，培育产品品质稳定、信誉良好的供需市场。

（2）推动“产学研”深度融合，助推肉桂产业高质量、绿色发展

在传统发展模式中，经济发展与环境保护往往会构成一对“两难”矛盾。面对矛盾，我们在发展中不能对环境污染和生态破坏问题采取无所作为的消极态度，不能重走“先污染后治理”或“边污染边治理”的老路，而应当坚持科学发展，贯彻落实好环保优先政策，走科技先导型、资源节约型和环境友好型的绿色发展之路，实现由“环境换取增长”向“环境优化增长”的转变，进而实现由经济发展与环境保护的“两难”，向两者协调发展的“双赢”局面转变。

肉桂为常绿树种，本身具有良好的生态功能，其经营方式多为近自然方式，因此，本身具有绿色产业的特征，想要高质量、绿色发展共赢，就要依靠科技创新推进肉桂产业提质增效。以合作项目的方式汇聚相关国家的高校、科研院所、企业共同组建研究团队，开放科研平台，实现信息共享，激励科研人员拓宽研究领域和研究视野。以应用研究为主，推进科技合作成果与产业发展的强关联支撑。提高肉桂产业的科技创新能力，提高产品科技含量，延长产业链，推动肉桂产业由产量型向产量、质量效益型发展。建立高起点、上规模、基地化、系列化的生产线，将资源优势转为经济优势。切实推动“产学研”深度融合，助推肉桂产业高质量、绿色发展。

（3）建立肉桂标准化高效示范林，践行绿水青山就是金山银山，助力美丽中国梦

肉桂终年郁郁葱葱，一次种植，多年收益，本是“绿水青山就是金山银山”的美妙诠释，但长期以来，林农多采取中小径林的经营方式，初植密度大，生长年限短，多以生产桂通为主，在栽培技术上粗放化管理，产量不高，产品质量低劣，经济效益低下。为了更好地践行“绿水青山就是金山银山”的理论，肉桂栽培应重视生态化、优质化生产，积极采用绿色、高效的栽培技术，建立肉桂标准化高效示范林，提高产量、质量和经营水平，促进肉桂经营从分散、野生向基地、集约方向发展，从粗放、劣质向生态、优质方向发展。美丽生态、美丽经济、美好生活，坚定走绿色发展之路和建设生态文明的成果，助力美丽中国梦。

（4）建立健全肉桂标准化生产、服务及质量评估体系，保障肉桂产品安全，助力健康中国建设

实施健康中国战略，让人人享有健康，离不开中医药。2019年7月，国务院印发《关于实施健康中国行动的意见》《健康中国行动组织实施和考核方案》《健康中国行动（2019—2030）》，为进一步推进健康中国部署了新的“施工图”和“路线图”。此后，各地相继出台省级中长期健康行动实施意见，均包含中医药内容。中医药正进入健康中国建设主阵地。

中医药的特色和优势顺应了世界医药的发展趋势，中药材越来越受到世界人民的青睐，尤其是当下新冠病毒肆虐之际，疫情发生以来，我国多个省份出台了新型冠状病毒感染的肺炎中医药联防联控工作方案，有的地方中药的参与率达到了90%以上，中西医结合救治已取得良好效果，由广州市第八人民医院研制的“肺炎1号”其中一味中药即为桂枝。而肉桂作为传统中药，在2005年，便被上海药物研究所在筛选抗SARS（严重急性呼吸综合征）病毒药物时发现，肉桂油主要成分合成的肉桂硫胺，具有对抗SARS病毒的作用（李小燕等，2011）。

在日常饮食中适量添加桂皮，可能有助于预防或延缓因年老而引起的Ⅱ型糖尿病。据英国《新科学家》杂志报道：桂皮能够重新激活脂肪细胞对胰岛素的反应能力，大大加快葡萄糖的新陈代谢。每天在饮料或流质食物里添加1/4～1匙桂皮粉，对Ⅱ型糖尿病可能起到预防作用，日本和欧美等国家已开发出肉桂降血糖药品。桂皮含苯丙烯酸类化合物，对前列腺增生有治疗作用，而且能增加前列腺组织的血流量，促进局部组织血液运输的改善。

《伤寒论》中含有肉桂成分的方剂占34%，目前我国已批准上市的516个中成药品种、121个保健食品使用肉桂作为原料。目前，中国境内的疫情似乎已经趋于稳定，人们对于健康的重视加上中医药作用的凸显，使中医药大健康市场颇具发展前景。与此同时，中医药在养生方面的功效让大众有了新的认识。肉桂作为传统的药食同源中药材，在后疫情时代，将迎来大健康产业的发展契机。

为了更好地满足日益提高的对中药材质量安全与保障的要求，应构建和完善肉桂标准化的技术支撑体系，促进肉桂产业向高标准、规范化、可持续发展；健全质量评估体系和追溯体系，从源头保障产品质量安全，为高品质药材和饮片生产提供保障。

# 5 产业发展的总体思路与发展目标

## 5.1 总体思路

以科技创新为先导，以市场需求为坐标，加强标准化种植基地建设，大力发展深加工产业，推进肉桂产业提质增效，创新流通方式，不断拓展产业链条，推动龙头企业集群集聚，完善扶持政策，强化技术培训服务，增强龙头企业辐射带动能力，树立名优品牌，全面提高产业化经营水平，持续推动肉桂产业高质量发展。

## 5.2 发展原则

坚持产、学、研、用等领域统筹规划相统一，科技成果产业化的原则；坚持目标导向和问题导向相统一，提高产业战略地位的原则；坚持一、二、三产业融合发展，推动产业转型升级的原则；坚持因地制宜，实行分类指导，探索适合不同地区的肉桂产业化发展途径；坚持机制创新，大力发展龙头企业联结农民专业合作社、带动农户的组织模式，与农户建立紧密型利益联结机制。

## 5.3 发展目标

我国作为肉桂发源地和主产地，应立足于独特的资源优势，“一带一路”的战略地位优势，大力发展肉桂香料和医药产业。

到2025年，形成以第一产业为基础、第二产业为动力、第三产业为新方向的良好格局。建立一批标准化高效示范种植基地，带动其他肉桂主产区规范化发展，促进产业适度规模化、部分机械化；突破精深加工关键技术，着眼于提升价值链，引导产业链由低附加值的产中环节和初加工环节，向附加值更高的产前研发和产后精深加工环节延伸；同时引导产业链与示范县、示范基地、产业集聚区等各类功能区共生发展，实现产业链由线性的“单链”向非线性的“网链”转变，使肉桂产品获得全过程、多层次、多环节的增值。提升资源总面积达30万$hm^2$，产值达到100亿元。

到2035年建立较为完善的肉桂产业链，关键技术、装备、研发能力和产品影响力达到国际先进水平。在肉桂主产区建立多个肉桂高效种植示范基地，创制出一批优质、高档产品，拥有具有国际影响力的自主名优品牌，实现一、二、三产业融合发展，资源保有面积为30万$hm^2$，产值达200亿元。

到2050年全面建成核心技术自主可控、产业链安全高效、产业生态循环畅通的肉桂产业发展体系，资源总面积保持30万$hm^2$，全面建立高质量、高标准肉桂人工林，各项技术达到国际领先水平，产品占领国际终端市场高地，一、二、三产业实现产值达500亿元。

# 6 重点任务

## 6.1 加强肉桂标准化示范基地建设，提高优质资源供给能力

开展肉桂基因库建设，持续推动新优特品种定向选培育，筛选出适应性强、抗病虫害能力强、性状稳定、产量高、品质优的优良品种。加快建立肉桂原料林培育高产高效、丰产稳产关键技术、低产林改造以及病虫害防治技术等新技术、新模式的推广与应用。在广西防城区、藤县、岑溪市、桂平市、平南县、苍梧县、容县、东兴市、上思县、龙州县，广东高要县、罗定市和郁南县等肉桂主产区建立标准化高效示范林，每个示范基地面积达500亩以上，提高产量、质量和经营水平，大力开展肉桂标准化栽培技术培训，促进肉桂栽培的标准化、高效化。以点带面，为周边地区提供示范样区，促进肉桂经营从分散、野生向基地、集约方向发展，从粗放、劣质向生态、优质方向发展。提高优质资源的供给能力，保障产品安全。

## 6.2 创新肉桂培育、初级加工工艺，突破深加工关键技术，促进肉桂高附加值产品的开发

### 6.2.1 创新资源培育技术

开展肉桂良种选育、中试和推广，促进栽培的良种化，良种选育是肉桂资源开发利用工作中的重中之重，因此将现代生物技术育种技术与传统的常规育种技术相结合，利用多性状综合选择、杂交育种、杂种优势固定和利用、分子标记辅助育种等技术，从群体、个体到细胞以及分子各个水平上开展长期的遗传改良研究，努力突破全体构建技术、细胞育种技术和分子育种技术等育种难题，完善常规育种技术，建立完善的适用于各种肉桂的育种技术体系，培育出生态适应性更强、产品品质更优良的新优品种。

在已有技术基础上，将传统繁殖技术与现代生物技术相结合，突破肉桂有性繁殖与无性繁殖的技术难点，提高苗木培育的科技创新能力，建立完善的科研与生产相结合的良种推广体系，加速推广良种繁育、壮苗培育、种苗包装、苗木储藏和运输等全程一体的苗木培育系统。

创新肉桂的高效栽培技术，提高产量、质量和经营水平，在已有技术的基础上，进一步对立地评价、品种配置、群体结构调控、丰产林水肥控制、低产林分类经营与综合改造、病虫害防控、各林龄抚育措施以及采收技术等栽培体系中涉及各环节进行系统研究，建立肉桂完善的、可控的配套栽培系统。在肉桂有效成分合成机理方面开展深入、细致的研究，寻找有效成分富集与环境控制即栽培技术措施之间的对应关系，为通过栽培手段提高产品产量和品质提供应有的理论依据。

### 6.2.2 创新肉桂采收及初级加工技术

长期以来，肉桂的采收及初级加工，受传统习惯和技术条件的影响，常常是采收后，经过去杂、晾晒、脱水等简单加工处理，缺乏机械化或连续自动化。由于天气等原因，很容易霉变变质，降低了产品价值。因此，急需研发自动化程度高的连续式传递作业线，提高桂皮加工的质量和效率，同时创新桂皮的包装工艺和设备，实现优质桂皮加工与包装应向高档次发展。枝叶的采收方式是制约肉桂油生产的瓶颈，肉桂种植是以生产桂皮为主，以生产肉桂油为辅。每年3～5月的梅雨季节，是肉桂种植户“剥桂”的最佳时期，错过了雨季就难以把桂皮从桂木上剥离下来。桂农只有在剥不了桂皮之后，才会采集桂枝叶。剥完桂皮的枝叶常常被随意堆在山上长达1～2个月，而这段时间又恰逢肉桂产地雨季，致使部分桂枝叶腐化变质，桂枝叶的含油量下降，有时甚至使春油得率降至正常年份的2/3左右。在秋季采叶期

间，大部分地区都不能剥桂皮，只是对桂树进行修剪，从而得到桂枝叶。肉桂种植户为了节省时间和工作量，一般不等枝叶风干，直接将新鲜的桂枝叶打捆销售，导致包夹在中间的枝叶发酵变质，使秋油的品质和产油率下降。因此，创新肉桂枝叶的采收技术，实现肉桂枝叶规模化、常规化采收，必须保证桂枝叶的采收品质，以保证出油率和油品质量。

### 6.2.3 创新精深加工和综合利用技术

着力研发肉桂产品的精深加工工艺，对肉桂的特殊有效成分，进行分离和重组加工，从不同层面进行系列产品开发。对于深加工工艺中涉及的产品保鲜技术、植物化学提取技术、产品精制技术、废弃物资源化利用技术以及涉及的专门设备技术和产品质量评价、控制体系进行统筹规划，各个攻关，解决产品生产中涉及的技术难题，提高产品质量，同时兼顾肉桂植物的综合利用、全质化利用，实现原料的充分利用，提高产品开发的总体经济效益。实现肉桂资源高附加值、长产业链和产品多元化利用，提高产品开发的经济效益。

## 6.3 产业创新的具体任务

面向世界科技前沿、面向国家需求，围绕人民健康期盼与对美好生活的需要，立足国内肉桂资源优势基础，努力实现资源良种化，原料林基地化，加工技术前沿化，加工设备智能化，生产标准化，产品特色化、高端化、品牌化，企业规模化，推动传统产业迭代升级。

### 6.3.1 推进科技创新，加强肉桂高产技术示范

开展肉桂基因库建设，持续推动新优特品种定向选培育，筛选出适应性强、皮厚、含油量高、性状稳定、抗病虫害能力强的优良品种。加快建立肉桂优质原料林培育高产高效、丰产稳产关键技术、低产林改造以及病虫害防治技术等新技术、新模式的推广与应用。大力开展肉桂标准化栽培技术培训，促进肉桂栽培的标准化、高效化。以点带面，为周边地区提供示范样区，促进肉桂经营从分散、野生向基地化、集约化方向发展，从粗放、劣质向生态、优质方向发展。提高优质资源供给能力。

### 6.3.2 推进加工技术产业化，产品种类多样化、品牌高端化

着力解决肉桂加工的技术瓶颈，突破高品质桂皮加工、肉桂油精深加工和终端产品开发等方面的核心技术，在医药、食品、日化、保健品等方面开发肉桂产品，除了桂皮、桂油外，更加注重桂枝、桂子、桂盅、桂丁等传统肉桂产品的开发利用，充分利用蒸油后的枝叶废弃物，研发饲料添加剂、有机肥等产品，拓展肉桂加工利用领域，丰富肉桂产品种类，延长产业链，推动各项加工技术的产业化应用。立足我国肉桂资源优势和产业规模优势，加大重要产品和核心技术的攻关力度，促进产品质量升级，以高端产品和特色产品为利器，积极挖掘和培育“桂”系列以及地理标志产品系列品牌文化，大力推进产业品牌化发展，做大做强“桂”产业。

### 6.3.3 建立健全标准化生产及评估体系

（1）建立标准体系，完善标准化工作

根据国际标准，结合我国国内肉桂资源开发行业的实际情况和水平，对我国肉桂资源开发过程中所涉及的栽培技术、加工工艺以及产品流通等方面，制定能够与国际市场接轨又符合我国国情的行业标准，大力推进我国肉桂资源开发利用的标准化以及国际化。加速标准化种植体系、加工体系、质量检测和质量认证体系建设。

（2）健全质量追溯体系

建立从原料培育到市场终端的质量追溯制度体系，根据国家产品安全质量许可、产品质量认证的法律法规，完善肉桂产品的规范认证工作。

### 6.3.4　建设肉桂技术示范推广、咨询、培训服务体系

肉桂栽培、加工的研究成果必须第一时间在民间进行示范推广，将科技转化为生产力，推动行业发展、实现经济价值。肉桂树种植面积大，能带动的社会产值很高，因此良种和高效栽培技术的示范和推广尤其重要。利用单位（林场、企业）推广模式、社会技术指导咨询与培训推广模式、技术产品市场化等3种推广模式，建立健全肉桂树种良种化和栽培技术示范推广体系。

## 6.4　建设新时代特色产业科技平台，打造创新战略力量

科研平台建设是推动产业高质量发展的重要抓手，目前肉桂产业相关平台有国家林业和草原局八角肉桂工程技术研究中心、南方木本香料国家创新联盟、广西木本香料育种与栽培国家长期科研基地、广西木本香料工程技术研究中心等，充分利用好现有平台，融合多学科建设，汇集高层次专业人才，力争在重大关键技术研发、产品创新等方面取得重大突破。同时，力争建设国家级肉桂工程技术中心或重点实验室，打造肉桂产业创新战略力量。

## 6.5　推进特色产业区域创新与融合集群式发展

在肉桂不同主产区，立足于资源优势，奋力打造区域高质量协同发展新模式，建立跨区域产业发展合作机制，推进产业链分工合作，推动形成优势互补、高质量发展的产业区域发展新格局。支持各区域立足资源优势，打造各具特色的全产业链，形成有竞争力的产业集群，推动一、二、三产业融合发展。实现种植、加工、销售一体化经营。通过产业联动、体制机制创新等方式，跨界优化资金、技术、管理等生产要素配置，延伸产业链条，完善利益机制，发展新型业态，打破一、二、三产业相互分割的状态，形成产业融合、各类主体共生的产业集群式发展。

## 6.6　推进特色产业人才队伍建设

加快技术型人才培育和引进，制定切实可行的人才机制，明确引才条件，落实引才对象，引进高端人才，培养本领域的领军人才、乡土专家，加快技术融通发展，以技术革命带动产业变革。建立科学研发工作站，聘请国内外高等院校和科研机构不同研究方向、有层次、有梯次的博士、教授、专家，为产业、企业开发新产品提供新动力。加强对中小企业人才培训和技术指导，推动建设科技服务平台，提升科技咨询服务水平。

# 7　措施与建议

（1）强化科技创新与推广，加大高标准示范基地建设力度

深入良种创制、高效培育及深加工等重点领域加强核心技术攻关，扩大肉桂产业技术体系特色优势产品覆盖范围，打造一批科技引领示范县、示范村镇。加大高标准肉桂示范基地建设力度，建设10个肉桂科技示范展示基地，推广重大引领性技术和主推技术，分区域、分类型制定建设标准。

（2）缩小基础研究和成果转化之间的鸿沟，促进科技创新和产业发展的深度融合

在科技成果转化方面，应出台和善用“补链”功能的政策，以实现创新链与产业链的精准对接：通过资源配置支持基础研究；通过战略和规划引导战略性技术和产业的发展方向；通过建立完善中介服务体系形成创新活动的网络效应；通过硬件设施和软件环境建设推动创新要素集聚；通过制度调整创造维护良好的市场规则和广义上的创新环境；通过制定包括财政、金融、税收、产业与规划、人才等多方面的政策措施，形成从科技创新到成果转化的“成本洼地”，即通过整合的创新政策链条，促进科技创新和产业发展的深度融合。

（3）构建更加开放、协同、高效的共性技术研发平台

构建共性技术研发平台，打通体制机制，由国家主导，建立肉桂产业联盟，汇聚一批有开拓意识和能力的人才，将产业链上下游企业吸纳进来，让产业链上下游相互贯通。对现有科研机构人员的培养、使用和激励要大胆变革，让他们与企业技术需求对接，让更多企业参与，共同促进关键和共性技术突破，形成一支强有力的公共技术研发力量，让技术可升级、能迭代。国家对产业政策给予一定支持，形成一些不依附于某一个大企业而独立生存发展的市场主体。

## 参考文献


陈帅，高彦祥，2019. 肉桂醛的调味、保鲜及稳态化研究进展[J]. 中国调味品，44(2): 156-159.

焦少珍，2016. 世界桂皮生产、消费和贸易格局分析[J]. 世界农业(8): 124-129.

李小燕，梁碧岩，阮鹏程，2011. 论云浮肉桂的经营策略[J]. 广东职业技术教育与研究(3): 129-131.

林兴军，周海生，邬华松，等，2016. 广东省肉桂产业调研报告[J]. 热带农业科学，36(1): 80-84.

刘永华，崔勇，吕辉，等，2012. 我国肉桂出口东盟国家市场分析与产业发展探讨[J]. 广西农学报，27(2): 93-95, 98.

唐茂妍，陈旭东，2018. 天然植物提取物替代饲用抗生素的应用研究进展[J]. 饲料博览(12): 17-22.

王旭林，王萍，侯玉龙，等，2016. 肉桂醛对肝癌HepG2细胞p21和CDK4蛋白的影响[J]. 实用肿瘤杂志，31 (4): 344-348.

杨漓，周丽珠，陈海燕，等，2019. 肉桂油提取设备及生产工艺研究[J]. 农产品加工(2): 41-42, 45.

佚名，2009. 斯里兰卡肉桂市场状况[J]. 国内外香化信息(10): 3.

尹兴忠，赵冬梅，刘蕾，等，2017. 肉桂醛对小鼠U14宫颈癌组织中PI3K表达的影响[J]. 中成药(1): 188-191.

郑维全，罗邻球，2000. 锡兰肉桂引种试种研究初报[J]. 广西热作科技(1): 13-15.

朱积余，廖培来，2006. 广西名优经济树种[M]. 北京：中国林业出版社：193-196.

邹志平，刘六军，陆钊华，2018. 中国肉桂油产业现状、问题与对策[J]. 生物质化学工程，52(5): 62-66.

CHAN S, LI S, KWOK C, et al, 2008. Antioxidant Activity of Chinese Medicinal Herbs [J]. Pharmaceutical Biology, 46(9): 587-595.

CHEN L, SUN P, WANG T, et al, 2012. Diverse Mechanisms of Antidiabetic Effects of the Different Procyanidin Oligomer Types of Two Different Cinnamon Species on db/db Mice[J]. Journal of Agricultural & Food Chemistry, 60(36): 9144-9150.

HLEBOWICZ J, DARWICHE G, BJRGELL O, et al, 2007. Effect of cinnamon on postprandial blood glucose, gastric emptying, andsatiety in healthy subjects[J]. The American journal of clinical nutrition, 85(6): 1552-1556.

LEE S H, LEE S Y, SON D J, et al, 2005. Inhibitory effect of 2-hydroxycinnamaldehyde on nitric oxide production through inhibitionof NF-B activation in RAW264. 7cells[J]. Biochemical Pharmacology, 69(5): 791-799.

LIN C C, WU S J, CHANG C H, et al, 2003. Antioxidant activity of Cinnamomum cassia[J]. Phytotherapy Research, 17(7): 726-730.

LU Q Y, SUMMANEN P H, LEE R P, et al, 2017. Prebiotic Potential and Chemical Composition of Seven Culinary Spice Extracts. [J]. Journal of Food Science, 82(8): 1807-1813.

MI Y S, KANG S Y, KANG A, et al, 2017. Cinnamomum cassia Prevents High-Fat Diet-Induced Obesity in Mice Through the Increase of Muscle Energy[J]. American Journal of Chinese Medicine, 45(5): 1017-1031.

SCHOENE N W, KELLY M A, POLANSKY M M, et al, 2009. A polyphenol mixture from cinnamon targets p38 MAP kinase-regulated signaling pathways to produceG2/Marrest[J]. Journal of Nutritional Biochemistry, 20(8): 614-620.

SUN K, LEI Y, WANG R, et al, 2017. Cinnamicaldehyde regulates theexpression of tight junction proteins and amino acid transportersin intestinal porcine epithelial cells[J]. Journal of Animal Science & Biotechnology, 8(1): 66.

SUN L, ZONG S B, LI J C, et al, 2016. The essential oil from the twigs of Cinnamomum cassia, Presl alleviates pain and inflammationin mice [J]. Journal of Ethnopharmacology(194): 904-912.

中国工程院咨询研究重点项目

# 油茶
# 产业发展
# 战略研究

撰 写 人：李昌珠
张爱华
肖志红
李培旺
李　力
吴　红
刘汝宽

时　　间：2021年6月

所在单位：湖南省林业科学院

# 摘 要

油茶是我国特有的一种传统木本食用油料植物，极具营养、健康、经济和社会价值。我国现有油茶种植面积已经超过6500万亩，占全球油茶资源的95%以上。充分利用荒山荒地种植油茶，加强现有低产、低效油茶林改造，大幅度提高油茶籽油产量，能有效缓解油料供需矛盾和进口压力，同时还能置换出种植油菜等油料作物的耕地，增强我国粮食保障能力。

近年来，在国家相关部门的重视下，我国油茶种植业得到了快速发展。截至2017年，全国油茶种植面积达6550万亩，油茶籽产量达243.18万t。然而，在现有油茶林中，大部分为中低产林，良种推广面积占比不到20%。油茶良种是提高单位亩产的关键。从油茶籽油加工企业的构成来看，大部分油茶籽油加工企业还停留在作坊式加工阶段，缺乏先进生产工艺、大规模生产能力和资源综合利用能力的企业，与我国积极推动油茶产业发展的整体战略不相匹配，已成为目前制约我国油茶产业快速发展的瓶颈之一。此外，油茶籽油同质化产品过多，恶性竞争严重，缺乏有影响力品牌。通过对湖南粮食集团有限责任公司、湖南金浩茶油股份有限公司和湖南大三湘油茶股份有限公司这几个典型案例进行了分析，总结了产业可推广经验：①出台了一系列产业激励政策；②建立技术体系，为油茶产业发展提供充足良种保障；③研发新工艺新产品，提升油茶产品附加值。

油茶产业的发展需要：通过油茶产业的提质增效、精深加工，建立完善的油茶资源培育、良种繁育、产品加工、市场交易、文化旅游、科技支撑体系；构建“国家树品牌、企业出产品、公司+林农建基地”的油茶产业发展模式；形成“标准化生产、产业化运营、品牌化营销”的现代油茶产业新格局，打造千亿级油茶产业。

# 1 油茶现有资源现状

## 1.1 国内外资源历史起源

油茶果采摘与利用的历史可追溯到2000多年以前。《山海经》有“贞木”的记载，张宗法《三农纪》谓之“南方油实也”。《山海经·东山经》有“东二百里曰太山，上多金玉祯木”一语。由于《山海经》没有对“祯木”做任何解释，后来学者注《山海经》，有的将“祯木”释为“贞木”，有的释为“杞树”“狗骨树”，还有释为“冬夏常青，未尝凋落，若有节操的女贞树”等。但谁也没有从经济用途方面解释“祯木”。张宗法南方油实木的解释已经是清代的事情了。张宗法《三农纪·楂》中又说，楂，“《通志》云：南方山土多植，其木坚挺可杠，乃南方油实木也”。总之，中国古代自周秦至宋辽的两千年间，已有油茶记录。

明代的农书及其后来的地方志在经济性能方面较全面揭示油茶，并对其产地、性状、用途记述得较为具体。这既可看作中国明代对油茶的认识，也可作为今天研究油茶史的重要依据。由徐光启撰写的《农政全书》成书于天启五年至崇祯元年（1625—1628年），书中把油茶定名为“楂”。“楂木生闽广、江右山谷间，橡栗之属也，……实如橡斗，斗中函子，或一二或三四，甚似栗而壳甚薄。壳中仁皮色如极，瓤肉亦如栗，味甚苦，而多膏油，江右闽广人用此油，燃灯甚明，胜于诸油，亦可食。”这里，徐光启对油茶的产地、性状、用途等进行了较全面的记述，说明当时在广东、广西、福建、江西等省份，人们已广泛采用油茶果榨油，尽管仅在几个省份有分布，但用途很广。

油茶人工培育始于明代后期。明中叶以后开始出现的新农具，为人工种植油茶树提供了有利条件。《农政全书·树艺》在油茶选种、育苗、移栽诸方面就有记述：“秋间收子时，简取大者，掘地作一小窖，勿令及泉，用沙子和子置窖中，至次年春分取出畦种，秋分后分栽。”可见，明后期人们就已掌握油茶幼苗培育技术，人工种植油茶。到了清初期间，油茶籽油贸易开始出现，如《宜春县志·商业志》载：“油业亦为宜春土产一大宗，出产惟大西路最广……由商家运往袁河市埠及南昌等处售销”（杨抑，1992）。

## 1.2 功能

我国的油茶加工业主要以生产食用油为主，随着对油茶籽油营养保健价值、经济价值的进一步认识，油茶在开发生产高附加值的油茶籽油化妆品、日用化学品和医药系列产品方面具有很大潜力（李秋庭和陆顺忠，2003）。

### 1.2.1 油茶籽油营养成分

油茶籽油是由油茶果实压榨或浸出获得的植物油脂。油茶籽油营养丰富，含脂肪酸（不饱和脂肪酸占93%，其中，油酸82%，亚油酸11%）、山茶甙及富含抗氧化和消炎功效的角鲨烯，角鲨烯与黄酮类物质对抗癌有着极佳的作用。油茶籽油还富含维生素E和钙、铁、锌等微量元素（表10-1、表10-2）。特别是被医学家和营养学家誉为“生命之花”的锌元素，其含量是大豆油的10倍。油茶籽油中所含氨基酸的种类是所有食用油中最多的，具有较高的营养和保健价值（高伟等，2013；徐学兵，1995）。

表10-1 油茶籽油与其他食用油脂肪酸对比

| 成分 | 油茶籽油 | 菜籽油 | 花生油 | 橄榄油 | 棕榈油 | 椰子油 |
|---|---|---|---|---|---|---|
| 饱和脂肪酸 | 9.08 | 13.77 | 16.00 | 16.55 | 47.75 | 91.30 |
| 不饱和脂肪酸 | 90.47 | 86.24 | 81.75 | 83.78 | 51.25 | 8.70 |

表10-2 油茶籽油与橄榄油脂肪酸对比

| 成分 | 油茶籽油 | 橄榄油 |
|---|---|---|
| 棕榈酸 | 8.03～11.73 | 7.6～20.0 |
| 硬脂酸 | 1.05～1.83 | 1.0～3.0 |
| 油酸 | 75.03～86.91 | 55.8～83.0 |
| 亚油酸 | 8.05～10.50 | 3.5～21.0 |
| 亚麻酸 | 0.51～0.87 | 0.3～1.5 |

### 1.2.2 油茶籽油医用成分

油茶籽油还含有特殊生理活性物质。例如：茶多酚、鞣质具重金属解毒和抗辐射作用，可使锶90和钴60排出体外，能阻止骨髓被放射性物质侵害，有“抗辐射之星”的美誉；还原性较强，可清除氧自由基；增加血液含氧量，使人精力旺盛，预防因疲劳导致的神经衰弱疾病。皂甙能调节免疫能力、抗疲劳、抗低温应激、抗脂质氧化、抗突变、能有效调节肾功能。锌能促进维生素的吸收；锌是胰岛素和酵素的成分之一；锌在糖类和磷的代谢过程中扮演着重要的角色，参与合成核酸，与青少年性功能发育关系密切。角鲨烯消炎，可加速血液循环、修复皮外伤、烫伤等伤口细胞（邓小莲等，2002）。

### 1.2.3 油茶籽油保健作用

（1）预防心血管疾病

油茶籽油可以预防动脉粥样硬化，调节血脂平衡，从而保护心脑血管。油茶籽油富含不饱和脂肪酸，有明显延缓动脉粥样硬化形成的作用（刘娟，2015）。李丹和杭兴宜（2012）研究发现油茶籽油不会促进兔眼底动脉血管病变。油茶籽油还能明显降低大鼠血清总胆固醇和血清甘油三酯的含量，并对大鼠体重没有明显的影响，具有很好的调节血脂功能（刘波和李丹，2008）。

（2）抗氧化及调节免疫功能

活性氧自由基能参与许多病理过程，其反应之一就是引起脂质过氧化进而损伤膜的结构和功能，而油茶籽油中的茶多酚是一种天然的抗氧化剂，能够清除体内自由基，调节机体的免疫力。油茶籽油所含的角鲨烯具有很好的富氧能力，可抗缺氧和疲劳，加快机体的新陈代谢和组织修复，增强机体的免疫力（钟丹等，2012）。叶新民等（2001）研究发现油茶籽油能有效清除激发态自由基，对肝脂质过氧化有明显抑制作用。也有人对比了油茶籽油、玉米油、鱼油对小鼠免疫功能及体内脂质过氧化物的影响，结果发现这3种富含不同种类不饱和脂肪酸的油脂对小鼠的影响有显著的不同，综合各项免疫指标，油茶籽油的正向免疫调节作用最强。

（3）护肝作用

肝是人体重要器官，中医认为，肝与胆相为表里，开窍于目，肝主藏血，胆主疏泄，有贮藏和调节血液的功能。很多人由于酗酒等各种原因，导致肝脏受损。据毛芳华等（2020）的实验，油茶籽油能显著改善梗阻性黄疸大鼠的营养状况，明显降低血清总胆红素、直接胆红素、谷氨转氨酶、谷草转氨酶的活性，在一定程度上保持心肌细胞线粒体膜、核膜的完整性。无论在形态上或是功能上都对梗阻性黄疸大鼠的心脏有保护作用。

（4）抑制肿瘤

经常使用富含$\omega$-3脂肪酸的食物会降低癌症发生的概率。据统计，大量摄取必需脂肪酸的爱斯基摩人癌症发生很少，而对地中海沿岸七国流行病调查发现，这些国家脂肪供给量虽占总能量的40%，但冠心病及肿瘤死亡率很低，这与食用富含油酸的橄榄油有关。研究报道$\omega$-3脂肪酸可有效抑制肿瘤活性，尤其对乳腺癌、直肠癌、结肠癌、前列腺癌和胰腺癌等有明显的抑制作用。油茶籽油中$\omega$-3脂肪酸含量很高，同时兼有微量元素和茶多酚，因此在抑制乳腺癌、结肠癌、子宫癌等癌变中有重大作用（王向群和陈丽娟，2011）。

（5）美容护肤

油茶籽油是化妆品常用的植物油之一，在我国民间油茶籽油更是妇女最佳的养颜美容品，油茶籽油对310nm波长处的中波紫外线有很强的吸收能力，可作为一种优质的天然高级美容护肤品原料。因此，油茶籽油在功能性化妆品中扮演着重要角色。研究发现，经过加工后的冷榨油茶籽油是一种优质天然美容护肤品用油。冷榨油茶籽油渗透力强，易于被皮肤吸收；能够调节皮肤水油平衡，改善皮肤老化的状况，且茶籽油中含有的角鲨烯能够改善皮肤，增强皮肤抵抗力，茶多酚能够吸收放射性物质，阻挡紫外线、清除紫外线诱导的自由基，防止皮肤衰老和雀斑的生成（叶新尼等，2001；坤国，1996）。

（6）其他保健作用

油茶籽油还具有调节胃肠、改善消化、提高生殖保健、调节神经内分泌、预防肥胖、解毒、消炎镇痛等多种保健功能。另外，油茶籽油还被用于治疗重度的烧烫伤，帮助患者消炎消肿，迅速修复和再生皮肤（沈建福，2006）。

## 1.3 油茶分布和总量

油茶是世界四大木本油料植物之一，也是我国特有的优质木本油料资源，泰国、越南、缅甸和日本等国有少量分布或零星栽培。除中国外，其他国家油茶资源少，对油茶研究、生产和开发利用极少。我国现有油茶种植面积已经超过6000万亩，主产区集中分布在湖南、江西、广西、福建、湖北、广东、安徽、云南、贵州、浙江、河南等地，占全球油茶资源的95%以上，并形成千亿产值规模。

近年来，在国家相关部门的重视下，我国油茶种植业得到了快速发展。统计数据显示2008年全国油茶种植面积达4500万亩，年产茶籽99万t，至2017年止，全国油茶种植面积达6550万亩，油茶籽产量达243.18万t。然而，在现有油茶林中，大部分为中低产林，良种推广面积占比不到20%。

目前，油茶林集中分布在湖南、江西、广西、浙江、福建、广东、湖北、贵州、安徽、云南、重庆、河南、四川和陕西14个省份的642个县（市、区）。其中，种植面积大于10万亩的县（市、区）有142个：湖南49个、江西45个、广西18个、江西6个、福建3个、广东4个、湖北3个、贵州5个、安徽5个、云南1个、重庆2个、河南1个。种植面积在5万～10万亩的县（市、区）有97个，种植面积在1万～5万亩的县（市、区）有142个，种植面积小于1万亩的县（市、区）有261个。

在油茶主产区中，湖南、江西、广西的种植面积最大，占到总种植面积的65.63%，其产量占到油茶籽总产量的66.56%。其中，湖南省2017年油茶种植总面积为2092万亩，占全国总面积的32.18%；湖南油茶籽产量87万t，约占全国总产量的36%。江西、广西、广东、湖北和福建种植面积和产量分别位列第二位至第六位。

油茶良种是提高单位亩产的关键。截至目前，我国林业科学研究部门已选育出100多个优良无性系品种，经大面积测产数据表明：每亩产油在35～50kg，最高亩产油茶籽油甚至达到80kg，而传统油茶亩产约5kg。2018年最新统计数据表明：我国现有油茶单位面积油茶籽油产量达到9.16kg/亩，而湖南省油茶单位面积油茶籽油产量为13.91kg/亩，排全国第一。这主要得益于湖南省大力推广油茶良种选育。

在良种选育方面，湖南省自20世纪70年代开展油茶优树选择、农家品种和优良类型的评选、优良家系的鉴定、无性繁殖技术研究和采穗圃营建、优良无性系的鉴定等工作，目前已选育出优良农家品种'永兴中苞红球''巴陵籽'和'衡东大桃'等5个，'油茶优良家系湘5'等4个，油茶优良无性系'湘林系列'等88个。其中，国家审定的良种有22个，省级审定的良种有80多个。全省根据湘东、湘南、湘西、湘中、湘北5个区域特征，分区域推广34个油茶品种。在苗木繁殖方面，湖南省大力实施油茶采穗圃营建技术，推广芽苗砧嫁接作业优化模式、容器育苗技术、轻基质配方技术，大大提高了良种苗木的出圃率和数量，降低了育苗成本，实现了油茶新品种高效率、低成本、规模化生产。在油茶资源培育方面，全省推广使用高产无性系芽苗砧嫁接培育出的2年生Ⅰ级良种壮苗和轻基质工厂化容器苗造林，采用配方施肥技术、树体营养管理、油茶蜂蜜授粉技术、病虫害综合防治技术及节水灌溉等高效栽培技术，营造优质高产油茶林。现已建立25个油茶高产栽培（低改）示范园，面积达106.82万亩。

2000年以来，随着我国食用油市场供需矛盾的加剧，油茶产品市场逐渐升温，特别是油茶无性系品种高产优质特性逐步为社会所认识，油茶主产区特别是湖南、江西、广西等省份陆续建立了一批高产无性系（品种）采穗圃基地，共388个基地。

2018年，全国油茶产业总产值达到1024亿元，是2009年（81亿元）的12.6倍。油茶籽油已经成为我国高端植物油的重要来源，在国产高端植物油中的占比达到80%。高品质油茶籽油，得到了市场的广泛认可，金融资本和社会资本纷纷进入油茶产业发展领域。湖南、江西等省金融机构出台了“油茶贷”产品，对企业、专业合作社、农户等主体经营油茶等木本油料产业给予金融支持。

2019年，社会资本投入油茶产业发展资金达70亿元。全国参与油茶产业发展的企业达到2523家，油茶专业合作社5400个，大户18800个，带动173万贫困人口通过油茶产业增收。建立定点苗圃389个，油茶良种年生产能力从2008年的5000万株增加到2018年的8亿株，优质种苗供应问题得到了有效保障，良种使用率提高到95%以上。制定了《油茶良种选育技术》等18项国家标准和行业标准。全国已选育审定油茶良种375个，国家重点推广优良品种162个，油茶产业在产业扶贫领域具有独特优势。全国油茶主产区642个县中大多是国家级贫困县或省定贫困县，油茶是这些地区的传统产业，发展基础较好，群众认可度高。油茶结果期可持续80～100年，其具有一次种植、长期受益的独特优势，是名副其实的“铁杆庄稼”！

## 1.4 油茶特点

油茶是世界四大木本油料之一，也是我国特有的一种传统木本食用油料植物，极具营养、健康、经济和社会价值。油茶树主要生长于我国南方亚热带地区的高山及丘陵地带。油茶籽油不饱和脂肪酸含量高达90%以上，还含有多种活性成分，被誉为“东方橄榄油”。

### 1.4.1 采收特点

我国油茶树品种较多，果实成熟期一般在10～11月。不同油茶品种，采收时间不同，茶籽出油率截然不同。即使是同一油茶品种，在不同时间采收，出油率也有很大差异。成熟果实有如下特征：茶果色泽鲜艳，发红或发黄，呈现油光，果皮茸毛脱尽，果基毛硬而粗，果壳微裂，籽壳变黑发亮，茶籽微裂，容易剥开。农民群众总结了采收油茶果的重要经验：“寒露早、立冬迟，霜降采摘正适时”，而且还要求紧紧抓住“前三后七采摘适宜”——即霜降前三四天开始采摘，到霜降后七八天摘完为最好。

### 1.4.2 油茶籽油特点

油茶籽油是一种优质保健食用植物油，含以油酸为主体的不饱和脂肪酸高达90%以上，略高于橄榄油、菜籽油、大豆油和花生油等其他植物油。油茶籽油中油酸与亚油酸比例达到国际公认最佳食用油脂肪酸结构比例（10∶1）。油茶籽油还富含亚麻酸、生育酚、维生素E、茶多酚、山茶皂苷、角鲨烯等功能活性成分，长期食用具有增强人体免疫力、延缓衰老、降低血压血脂、预防心脑血管疾病等医疗保健作用，常被称之为“长寿油”和“东方橄榄油”。精炼后的油茶籽油被联合国粮农组织重点推荐为健康型高级食用植物油，具有极高的营养价值和保健功能。

# 2 国内外加工产业发展概况

油茶是我国特有的木本油料树种，其加工产业主要以国内为主，并且产业技术远远领先国际水平，故本节不再对国外产业发展及技术概况做赘述。

## 2.1 国内产业发展现状

国家对油料生产极为重视，早在2007年出台了《国务院办公厅关于促进油料生产发展的意见》，2014年出台了《国务院办公厅关于加快木本油料产业发展的意见》。为推动油茶产业发展，国家林业局出台了《关于发展油茶产业的意见》，编制了《全国油茶产业发展规划（2009—2020年）》。为贯彻落实国务院和国家林业局文件精神，湖南省人民政府于2008年出台了《关于加快油茶产业发展的意见》，并于2015年出台了《关于进一步推动油茶产业发展的意见》。在上述政策的支持下，我国油茶产业得到了快速发展。制油是目前油茶加工技术中相对成熟的环节，已经形成了一定规模和产业化基础。截至目前，油茶加工企业达到1018家，油茶籽设计加工能力可达到424.83万t，年可加工油茶籽油110.79万t，加工能力在500t以上的企业有178家，具有油茶籽油精炼能力的企业达到200多家。2017年全国产油茶籽油64.3万t，相比2012年前，产量提高约1倍。湖南省林业局、湖南农业信用担保有限公司与农业银行湖南分行合作，协议贷款100多亿元支持油茶产业。农业银行江西分行根据油茶产业特点，专门设立了“金穗油茶贷”，累计发放贷款23亿多元。

现阶段，我国油茶籽油加工企业可分为以下三类。

第一类是小型加工作坊。该类作坊为油茶种植户提供油茶籽压榨服务，加工量较少。该类作坊广泛存在于我国广大油茶种植地区，是农村中油茶籽油加工的主要形式。

第二类是毛油生产企业。该类企业不具备精炼油茶籽油的生产能力，主要向广大农户收购油茶籽或茶饼作为原材料加工生产毛油并出售给具有精炼能力的油茶籽油加工企业。

第三类是油茶籽油精炼企业。该类企业具备精炼油茶籽油的生产能力，精炼生产所需的毛油有的来自自身生产。

从油茶籽油加工企业的构成来看，大部分油茶籽油加工企业还停留在作坊式加工阶段，缺乏先进生产工艺、大规模生产能力和资源综合利用能力的企业，与我国积极推动油茶产业发展的整体战略不相匹配，已成为目前制约我国油茶产业快速发展的瓶颈之一。因此，油茶籽油加工业急需培育出一批具有大规模生产能力、油茶籽油先进初加工和精炼工艺和高效资源综合利用能力的现代化油茶加工企业。我国油茶籽油总产量不高，精炼油茶籽油的产量更是有限。近几年，油茶籽油产量呈现与植物油产量同步增长的趋势，同时也因油茶树的大小年交替呈现一定的波动性（图10-1）。

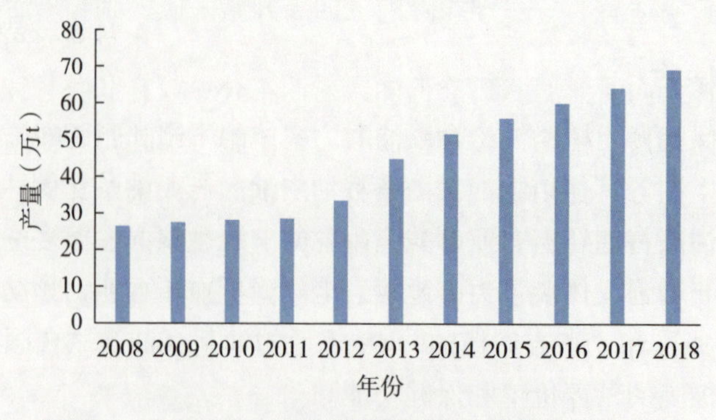


图10-1 2009—2018年我国油茶籽油产量及增速走势

## 2.2 国内外技术发展现状与趋势

### 2.2.1 油茶果采摘

由于油茶花果同期，要实现机械化必须在采果时克服对花的影响，而机器人采摘要求和标准化种植技术配套才能有效推进，目前大部分油茶林均处于粗放管理状态，从而导致目前油茶的采收主要以人工采收为主，机械化采摘方面尚无实质性进展。能够成熟推广的油茶果机械采摘装备一片空白，但研究在不断发展。高自成等（2013）研制了一种齿疏式实验采摘机，主要由底盘、液压驱动系统、吸料系统、电气控制系统、发动机和采摘机等组成，齿疏式采摘头能够实现连续齿梳采摘，合理控制采摘头速度，能够获得较高的采摘效率，降低花蕾掉落率和果实漏摘率。张勇等（2011）研制的茶籽采摘装置主要有液压系统、伸缩装置、支撑架、立柱、采摘臂、集果箱、梳齿状弹指等，梳齿状弹指伸入茶树表层，上下抖动的采摘臂带动弹指把茶果从树枝梳理下来完成采摘。刘银辉等设计的油茶果采摘机，主要有底盘、驾驶控制系统、动力液压集成箱、采摘定位机构、采摘头和采摘运动机构等组成，使用软件进行整机虚拟装配，并对机构进行检查，验证表明设计具有合理性。机械化采收装备与技术的研究发展，对推进油茶规模化种植和管理具有重要意义（冯国坤等，2015）。

### 2.2.2 油茶籽预处理

油茶籽在收货后应该在阴凉通风干燥处储藏，避免受潮霉变。干燥方法形式多样，常用的主要有自然干燥、热风干燥、真空干燥、微波干燥、冷冻干燥、气流干燥、喷雾干燥、流化床干燥、红外干燥等（胡庆国，2006；何学连，2008）。目前大型油茶籽加工企业多配备塔式烘干设备。烘干塔是一种塔式烘干设备，形如高塔，内装有角状气道，故又称气道分布式干燥机。塔式烘干机最大的优点是占地面积小、内部容积大、干燥时间长，可以较大幅度脱水，一次脱水可达5%～6%，适合需要大幅度脱水的茶籽和油料。油茶籽烘干塔的产量一般在50～500t/d，有些甚至更高。目前关于油茶籽烘干塔的设计还缺少理论依据，许多现有的结构尺寸多是根据经验公式计算确定。

### 2.2.3 油茶籽剥壳及仁壳分离

油茶籽含油量较高，带壳压榨可增大物料的散落性和弹性，利于榨饼成形，增加榨膛压力，保障压榨稳定性，有效缓解后续浸出过程中的茶粕吸湿结团现象，但出油率会降低，油色泽会加深、油中杂质含量会增加、油品质会降低。去壳压榨可保障出油率和油品质，但压榨不稳定，榨膛难以形成有效压力，同时，后续浸出过程中，茶粕容易吸湿结团，影响设备输送和湿粕脱溶。结合生产实践考虑，采用带壳压榨，在剥壳和仁壳分离工段中，使仁中含壳量在10%～15%，具体比例根据生产工艺及产品要求确定，一般热榨工艺仁中含壳比例应高些，冷榨工艺则稍微低些。

另外，在剥壳前应控制油茶籽含水量在5%～10%。含水量太高会影响剥壳效果，茶籽壳不易破碎、压榨时由于塑性较大，难以形成有效压力。含水量太低时，在剥壳过程中，茶籽仁破损率增加，造成仁壳分离时，壳中含仁率增加，损失增大，同时，压榨过程中出油率也将降低。因此，可在剥壳工序前，增加烘干设备，用于调节油茶籽中的水分含量（袁巧霞，2001；郭传真，2011；蓝峰等，2012；李阳等，2015）。

### 2.2.4 油茶籽蒸炒调质

在传统热榨工艺中，轧胚工段可使茶籽粒度均匀，利用剪切力和挤压力破坏茶籽结构。蒸炒工段利用水分和高温进一步破坏茶籽细胞结构，利于油茶籽油的取出。操作过程中，需要注意轧胚机轧辊间距，避免提前出油，影响轧胚效果，造成油脂损失和氧化增多。蒸炒时应避免焦煳，控制蒸炒后的物料水分和温度，保证出炒锅温度在100～110℃，含水量在7%～9%。

目前高品质茶油的生产以冷榨为主，为提高出油率，许多冷榨生产线也配置了调质工段，用于调整茶籽粒度、入榨温度和水分含量（忻耀年，2005；姜建国等，2008；李宁，2013）。

### 2.2.5 油茶果壳的综合利用

油茶果壳也就是油茶果的果皮，占整个茶果质量的50%～60%。每生产100kg茶籽油的茶壳，可提炼栲胶36kg、糠醛32kg、活性炭60kg、碳酸钾60kg，并能衍生出冰醋酸6.4kg、醋酸钠25.6kg。同时每生产100kg茶籽油的茶枯，可提取皂素90kg、粗茶籽油20kg、优质饲料200kg。中南林业科技大学姚天保等利用油茶壳经炭化、活化后再加入适当的化学药剂处理，生产高效除臭剂（崔晓芳等，2011；覃佐东等，2016；章磊等，2018；杨治华等，2019）。

（1）制备糠醛和木糖醇

油茶果壳制糠醛是通过对多缩戊糖的水解得到，其理论含量为18.16%～19.37%，接近或超过现今用于制糠醛的主要原材料玉米芯（9.00%）、棉籽壳（7.50%）和稻谷壳（12.00%）等。

（2）制备栲胶

采用中华人民共和国林业行业标准和栲胶原料分析试验方法，对从广西各油茶主产地采集的26个不同品种或无性系的油茶壳的总抽出物、单宁含量和总颜色值进行测定，并对其用作栲胶原料的可行性进行分析。结果表明：油茶壳的平均总抽出物为26.5%、单宁为9.6%、总颜色值为25.8。选取单宁含量大于10%的品种或无性系的油茶壳用作栲胶原料，并在生产过程中增加部分提纯工艺，可生产出单宁含量达60%以上的栲胶产品。

（3）制备活性炭

活性炭是一种多孔吸附剂，广泛用于食品、医药、化工、环保冶金和炼油等行业的脱色、除臭、除杂分离等。茶壳中含有大量的木质素，且具特有物理结构，是生产活性炭的良好的材料。油茶果壳经热解（炭化、活化）可生成具有较大活性和吸附能力的活性炭，其综合性能良好，各项质量指标如活性、得率、原料消耗及生产成本等均接近或优于其他果壳或木质素材料。江西省玉山活性炭厂利用油茶果壳为原材料生产的G～A糖用活性炭，1985年获部优产品称号。油茶果壳生产活性炭主要有气体活化法和氧化锌活化法，以氧化锌活化法较常用，且效果较好，成品得率为10%～15%。

（4）制备培养基

油茶果壳中含有多种化学成分，作栽培香菇、平菇和凤尾菇等食用菌的培养基，所生产的食用菌，其外部形态和营养成分接近或优于棉籽壳、稻草和木屑等培养材料。油茶果壳屑来栽培香菇用量以占培养基的40%～50%为宜，产量略高于使用纯壳斗科木屑，氨基酸则提高50%。用油茶壳作培养基，则每吨培养料降低成本16.7%～20.8%，可产鲜菇900kg（干菇90kg），价值2700元，同时使用每吨油茶果壳还可节省1$m^3$木材。

## 2.3 差距分析

油茶是我国特有的木本油料树种，泰国、越南、缅甸和日本等国有少量分布或零星栽培，其加工产业主要以国内为主，并且产业技术远远领先国际水平。

### 2.3.1 产业差距分析

我国对油茶产业极为重视，出台了一系列产业政策。目前油茶加工企业达到1018家，油茶籽设计加工能力可达到424.83万t，年可加工油茶籽油110.79万t。

国外鲜有报道，主要以进口我国油茶籽食用油为主。

### 2.3.2 技术差距分析

（1）我国建立了油茶籽品质快速检测体系

采用常规油脂检测和近红外光谱测定方法结合化学计量学方法，通过拟合不同品种茶籽原料的近红外光谱值和化学值，搭建了油茶原料中含油率、蛋白含量、淀粉含量、含水率等指标的测定方法，建立了茶籽原料的特征及成分的快速测定模型，相关系数≥95%。

（2）我国建立了绿色高效制油技术

针对高含油物料在压榨过程中易滑膛且残油率高的技术瓶颈，对现有压榨技术及装备进行改进，通过增设碾碎功能、综合优化榨杆、输送段、主压榨段的设计，进一步提升双螺旋压榨的压缩比，建立高压缩比、低残油的双螺旋压榨工艺技术及工业级示范装置，实现粕残油率＜1%，制油温度＜80℃。

（3）我国建立了完善的油茶标准体系

①《油茶籽（GB/T 37917—2019）》：本标准规定了油茶籽相关的术语和定义、质量要求、检验方法、检验规则、标签标识以及包装、储存和运输。

②《油茶籽油（GB/T 11765—2003）》：本标准规定了油茶籽油的术语和定义、分类、质量要求、检验方法及规则、标签、包装、贮存和运输等要求。

③《油茶籽（LS/T 3119—2019）》：本标准规定了油茶籽的术语和定义、质量要求、检验方法、检验规则、标签标识以及包装、储存和运输要求。

④《特、优级油茶籽油（T/LYCY 001—2018）》：本标准规定了《特、优级油茶籽油》的术语和定义、分类、基本组成和主要物理参数、质量、食品安全、可追溯和关键信息。

⑤《油茶籽饼、粕（GB/T 35131—2017）》：本标准规定了油茶籽饼、粕术语和定义、质量要求、检验方法、检验规则、标签标识以及包装、储存和运输的要求。

目前，全国各地制定的地方标准不再一一赘述。

# 3 国内外产业利用案例

## 3.1 案例背景

### 3.1.1 国家政策文件背景

自2007年开始国务院、国家发展和改革委员会（以下简称“国家发改委”）、财政部和国家林业和草原局出台了一系列关于发展油茶等木本油料产业政策文件。中央政策文件包括《关于促进油料生产发展的意见》《全国油茶产业发展规划（2009—2020年）》《关于整合和统筹资金支持木本油料产业发展的意见》《关于加快木本油料产业发展的意见》。

上述文件出台对于规范发展布局、集中财务、人力资源，促进油茶产业的高质量发展，起到了引领作用。

国家层面的补贴：中央预算内基本建设资金油茶产业发展项目（国家发改委）2020年重新启动，主要用于补贴油茶新造林，补贴标准为500元/亩。

原农业综合开发名优经济林花卉示范项目，主要用于新造油茶丰产林补贴，从2019年开始已全部划转农业农村部。

国家和省级两级出台的财政补贴政策省级层面的补贴：

①省级油茶产业发展专项资金（1亿元）：主要用于“湖南油茶”公用品牌打造（1000万元）、油茶新造示范林、低产林改造示范林、产业技术转型升级示范。补贴标准：新造1100元/亩、低改500元/亩。

②省政府三号文件还从特色农产品品牌和农业企业品牌、现代农业产业园、科技强农、质量强农等方面对油茶产业给予支持。

### 3.1.2 油茶产业发展的科技支撑体系背景

在油茶加工方面，加工企业、科研院校形成了产学研一体联合攻关合作模式，油茶籽油精炼工艺水平和高附加值产品开发能力逐步提高，延伸了产业链，提高了综合效益，建立了国家级油茶种质资源收集保存库和国家油茶标准化示范区等良种示范基地；“油茶雄性不育杂交新品种选育及高效栽培技术示范”和“油茶功能脂质高效制备关键技术与产品创制”两项科技成果获得了国家科技进步二等奖。

此外，一大批油茶相关的国家和省部级科技创新平台聚焦在湖南长沙，初步形成了木本油料平台群，有效支撑了湖南长沙“中国油茶科创谷”的建设，并进一步为油茶产业的高质量发展提供了“芯”动力。加工领域代表性平台如下：

①省部共建木本油料资源利用国家重点实验室（科技部）；

②国家油茶工程技术研究中心（科技部）；

③国家油茶科学中心（国家林业和草原局）；

④油料能源植物高效转化国家工程实验室（国家发改委）；

⑤国家林业和草原局油茶工程技术研究中心（国家林业和草原局）；

⑥国家林业和草原局油茶工程技术开发中心（国家林业和草原局）；

⑦南方木本油料利用科学国家林业和草原局重点实验室（国家林业和草原局）；

⑧国家级引智示范基地（名称：油料能源植物高效转化技术）。

## 3.2 现有规模

### 3.2.1 湖南粮食集团有限责任公司

湖南粮食集团有限责任公司是经湖南省政府批准，由湖南省粮食局和长沙市人民政府合作，整合有关优势资源成立的国有大型综合性粮食企业。集团主要业务有粮油收储、粮油加工、中转物流、市场交易、期货交割、经营贸易、电子商务、种子繁育、房产开发等。拥有10个粮油收购储备公司，仓（罐）容量139万t；拥有5个粮油加工企业，年加工能力近100万t；拥有长沙国家粮油交易中心，年交易量320万t，交易额近80亿元；拥有长沙南方大宗农产品交易中心有限公司，年交易额300多亿元；拥有2条铁路专用线，6个两千吨级泊位，年货物吞吐量500万t；拥有金健米业、金霞粮食、裕湘食品和银光粮油4个农业产业化国家级重点龙头企业，“金健”“金霞”“裕湘”和“银光”4个中国驰名商标。产品向米、面、油、奶等多元化发展，营销网络立足湖南，布局全国，辐射欧洲、美国等地。集团按照“大粮食、大品牌、大市场、大物流、大金融”的整体发展思路，整合湖南油茶优质资源，实现油茶种植、加工、科研、销售全产业链建设。

### 3.2.2 湖南金浩茶油股份有限公司

湖南金浩茶油股份有限公司是一家集科研、种植、生产、销售茶籽系列高档食用植物油于一体的现代化民营企业。公司注册资本1.5亿元，总资产7.5亿元，公司现有员工600人，年产值超11亿元。公司一直坚持走“公司+基地+农户”的农业产业化发展道路，先后在省内祁阳、益阳、衡阳、常德及江西省萍乡建设了五大生产工厂，直接或间接带动近2000万农民增收致富，公司先后被评为“全国经济林产业化龙头企业”“国家农业产业化重点龙头企业”“湖南省食品工业千亿产业突出贡献企业”等。公司目前建有工艺先进的预榨、浸出、精炼、灌装自动化生产线，购置了配套齐全的精密实验、检测与检验设备，引进了国际先进的油脂精炼和茶油产品开发技术，主打产品“金浩茶油”系列高档食用植物油，已先后获得了“中国驰名商标”“绿色食品”“有机食品”“放心粮油”“全国油茶籽油知名品牌”等荣誉称号，深受消费者的青睐，茶油产销量稳居全国第一。

### 3.2.3 湖南大三湘茶油股份有限公司

湖南大三湘茶油股份有限公司是一家专注于油茶产业的新型农林高科技企业。自2008年成立以来，致力于打造“从茶山到餐桌”（包括油茶的育苗、种植、工艺研发、压榨生产、油茶关联产品的精深加工及终端销售渠道、增值服务拓展）的全产业链的现代农业企业（图10-2）。

图10-2　大三湘油茶籽油系列产品

该公司被评定为“农业产业化国家重点龙头企业”“国家林业重点龙头企业”“国家农产品加工业十大企业”“国家油茶加工技术研发专业中心”“国家级绿色工厂”，并成为钓鱼台食品生物科技有限公司战略合作伙伴。公司先后通过ISO9001、ISO14001、HACCP国际体系认证和中国有机、欧盟有机及清真认证。截至2019年，公司拥有高标准油茶示范种植基地4万亩，以“公司+合作社+农户”的油茶基地36万亩，拥有高标准良种育苗基地500亩，申请专利138项，其中发明专利91项。该公司2018年的出口总额达1000多万美元。

### 3.2.4 湖南林之神生物科技有限公司

湖南林之神生物科技有限公司是由湖南省属国有大型企业湖南省现代农业产业控股集团有限公司、湖南省林业局直属科研单位湖南省林业科学院、国家油茶工程技术研究中心首席科学家陈永忠博士等股东联合发起成立的国有控股油茶产业龙头企业。公司已形成“油茶苗、油茶专用肥、油茶种植林、纯油茶籽油、油茶日用副产品”的油茶一体化全产业链经营格局，是全国油茶产业重点企业、国家林业重点龙头企业、国家油茶工程技术研究中心共建单位、国家油茶工程技术研究中心科技成果转化中心；已经在湖南省湘潭、郴州、汉寿、耒阳、醴陵、岳阳、永州、永顺等地合作成立了八大绿色生态油茶林基地，自营面积10万亩，联营面积32万亩。公司拥有茶籽筛选烘干生产线、低温压榨生产线、物理提纯精炼生产线各1条，自动灌装生产线2条，一级冷压榨纯茶油年产量5000t。

### 3.2.5 湖南奇异生物科技公司

湖南奇异生物科技有限公司（图10-3）是以油茶等木本油料为核心的集种植、研发、生产、国内外贸易全产业链经营的民营高新技术企业。生产经营的木本油脂主要有油茶籽油、山苍籽油、猕猴桃籽油、牡丹籽油、核桃油等。除食用油外，还研发并生产油脂基化妆品与医药用中间体、保健食品与护肤产品。公司已发展成为国家高新技术企业、湖南省农业产业化龙头企业、湖南林业产业龙头企业。公司已投资2000多万元用于实验研发设备购置及产品应用研发，特别是对油茶籽油基高附加值产品的研发。公司已取得50多项专利技术与科研成果，其中“南方木本油料资源加工利用提质增效技术与示范”获湖南省科技进步一等奖，并于2017年获得了由湖南省委组织部批复组建的唯一的省级“油脂科技创新创业团队”荣誉称号。公司在全国自建及合建油料基地近30万亩，现已通过了中国有机和欧盟有机双认证。2012年，在浏阳国家级经济技术开发区建成了5000t冷榨油茶籽油及200t油脂活性配料生产线，现拥有先进的低温压榨、超临界萃取、纯物理精炼、自动化灌装食品生产车间及化妆品、保健品十万级洁净车间。公司已通过了ISO9000体系及HACCP体系认证、国际SGS认证，是医药三级生产标准企业。

2015年起，公司建成了线下“湘纯优品”实体店、“奇异美”专卖店，线上天猫旗舰店、京东旗舰店、苏宁易购超市、微商城等线上线下相融合的新销售模式。公司与日本、法国、韩国等国外化妆品生产厂家建立了稳定的合作关系。公司化妆品油茶籽油从2016年开始率先出口日本，获得了客户一致好评。

图10-3　湖南奇异生物科技公司

### 3.2.6　其他代表公司

目前，在政策支持下，油茶籽油产业蓬勃发展，多个具有代表性的油茶公司对油茶籽油产业进行了投资，建立了油茶良种繁育和种植基地，打造产业链，创新经营模式，盈利可观，带动了当地的经济发展（表10-3）。

表10-3　其他代表性企业相关信息

| 序号 | 企业名称 | 公司简介 |
| --- | --- | --- |
| 1 | 湖南山润油茶科技发展有限公司 | 湖南山润油茶科技发展有限公司现有总资产3.39亿元，2019年销售山茶籽系列高端食用油超5.3万t，销售收入5.1亿元，缴税891万元，利润5296万元，2020年预计年销售收入突破8亿元<br>网址：https://www.shanrun.com/ |
| 2 | 湖南金昌生物技术有限公司 | 湖南金昌生物技术有限公司目前投资近5000万元的一期项目已经完成，占地面积20000m$^2$，建成了15000m$^2$的油茶籽油生产车间、化妆品生产车间、原料库、成品库、动力车间和综合楼。属湖南省级林业龙头企业，湖南省高新科技企业<br>网址：https://www.hxffood.com/ |
| 3 | 湖南万象生物科技有限公司 | 湖南万象生物科技有限公司成立于2008年1月23日，注册资本人民币1800万元。2015年始，通过内部重组，湖南万象生物科技有限公司规范了组织机构，提升了经营效率，并由过去的侧重油茶种植、初加工开始转向高附加值精深产品生产发展<br>网址：https://wanxiang.com.tw/ |

（续）

| 序号 | 企业名称 | 公司简介 |
| --- | --- | --- |
| 4 | 湖南红星盛康油脂股份有限公司 | 湖南红星盛康油脂股份有限公司是国家级农业产业龙头企业，是集油茶林种植、油茶籽精深加工、产品研发及综合开发利用于一体的大型、现代化纯油茶籽油加工企业，在国家油茶种植重点县——茶陵，投资1.5亿元建成了一期占地100亩、年加工20000t油茶籽、生产一级精炼油茶籽油4000t，是年产值6亿元的生产加工基地<br>网址：https://kangyuchayou.dyq.cn/ |
| 5 | 江西绿海油脂有限公司 | 江西绿海油脂有限公司始建于1987年，地处江西省吉安市永丰县，是我国茶油和茶粕的重点生产企业。公司占地面积75203m$^2$，总建筑面积36420m$^2$，所属油脂加工厂具有国内先进的动力、预处理、压榨、浸出、精炼、灌装、喷码设备。现有员工130余人，原料日处理规模达200t，年产茶油2500t<br>网址：https://lvhai.jxlytech.cn/ |
| 6 | 长沙中战茶油有限公司 | 长沙中战茶油有限公司成立于2018年，注册资金5000万元，坐落于星城长沙，是一家专业从事茶油研发和销售的国家高新技术企业。目前，长沙中战茶油有限公司已有3处种植基地，总面积达到10万亩<br>网址：https://zzchayou.dyq.cn/ |
| 7 | 广西三门江生态茶油有限责任公司 | 广西三门江生态茶油有限责任公司成立于2014年3月，占地面积40亩，注册资金1000万元，达产后，年产山茶油3000t。公司投资5000多万元在柳州市柳东新区建成年产3000t的山茶油生产线，拥有林场1000亩的现代油茶良种繁育基地、7万多亩有机油茶种植基地、1万亩油茶产业核心示范种植基地<br>网址：https://smjstcy.com/ |
| 8 | 广东友丰油茶科技有限公司 | 广东友丰油茶科技有限公司注册资本6000万元，总资产5.635亿元，净资产5.385亿元。公司创建于2010年，目前已建有1万亩九年树龄高产优质油茶种植基地，流转林地面积共2.8万亩，拥有年产能2000t的现代化油茶精深加工生产工厂。形成了油茶种植、加工、观赏结合一体化的油茶产业链<br>网址：https://www.gdyfyc.com/ |
| 9 | 湖南洪盛源油茶科技股份有限公司 | 湖南洪盛源油茶科技股份有限公司注册资本1.15亿元，全产业链经营，拥有湖南西部最大的骨干苗圃基地150亩；自有油茶原料基地1.56万亩；建有世界领先油茶精制茶油生产线；集油茶育苗、油茶种植、鲜果处理、生产压榨、精深加工、茶油销售、增值服务全产业链于一体<br>网址：https://www.hnhsyyc.com/ |
| 10 | 湖南雷叔叔油茶科技有限公司 | 湖南雷叔叔油茶科技有限公司注册资金1500万元，技术和研发实力雄厚，在国内外有一定影响力。公司以技术为依托，采用“公司+院校+基地+农户”“农、工、贸一条龙”“产学研一体化”的经营模式<br>网址：https://www.leishushuchayou.com/ |
| 11 | 湖南省茶油有限公司 | 湖南省茶油有限公司经营范围包括农产品、食品的互联网销售、种苗的销售；电子商务平台的开发建设；品牌推广营销；供应链管理与服务；互联网信息服务；油料、含油果的种植；农产品、食品的研发；油料作物的批发；油茶林经营和管护<br>网址：www.hncamelliaoil.com |
| 12 | 湖南正盛农林科技开发有限公司 | 湖南正盛农林科技开发有限公司注册资金1000万元，经营范围包括油茶的种植、预包装食品零售、普通货物运输、道路货物运输<br>网址：https://www.hnzsnl.com |
| 13 | 益阳福民油茶产业发展有限公司 | 益阳福民油茶产业发展有限公司成立于2009年8月4日，注册资金5000万元。经营范围包括油茶树的种植；蔬菜、瓜果、花卉、苗木的培育、种植与销售；林业服务；山茶油、预包装食品、散装食品批发兼零售；日化用品、化妆品批发与零售<br>网址：https://www.yyfmyc.com/ |
| 14 | 湖南润农生态茶油有限公司 | 湖南润农生态茶油有限公司注册资金5000万元，经营范围包括预包装食品批发兼零售；食用油的生产、销售；油茶衍生物产品或饮品的生产、销售；茶籽加工的副产品销售；化妆品购销<br>网址：https://www.runnonghui.com/ |
| 15 | 湖南神农国油生态农业发展有限公司 | 湖南神农国油生态农业发展有限公司主要经营：油茶、苗木、花卉种植，山茶油、植物油、土特产销售，休闲观光生态旅游，茶籽、油茶深加工销售<br>网址：https://www.goldenoil.cn/ |
| 16 | 永兴县源和油茶有限公司 | 永兴县源和油茶有限公司注册资金2260万元，经营范围包括油茶等农林种植、加工、销售<br>网址：https://www.jinlingxiang.com |
| 17 | 湖南中联天地科技有限公司 | 湖南中联天地科技有限公司目前注册资本8835万元，公司至今已投入资金近5亿元，集油茶生产、科研、加工、销售于一体。现有员工1600余名，季节性农民工3000余名<br>网址：https://daichengdz.dyq.cn/ |

## 3.3 产业可推广经验

我国油茶经过近十年发展，油茶面积、油茶籽油产量、油茶籽油产值和科技水平均居全球第一位。其先进经验总结如下。

（1）出台一系列产业激励政策

①出台优惠政策。各县（市、区）要结合实际制定下发油茶产业发展指导性文件，指导油茶产业快速、持续、健康的发展；设立油茶产业发展专项资金，重点扶持油茶产业发展。认真落实税费减免及相关优惠政策，创造推动油茶产业发展的良好环境。

②创新发展模式。不断深化林业产权制度改革，鼓励发展非公有制林业，按照专业化、规模化、基地化生产的要求和“依法、有偿、自愿”的原则，采取拍卖、租赁、承包、股份合作制等形式，鼓励和支持油茶林向有经济实力、懂技术、善经营的生产经营者流转，建立和完善油茶资源流转机制。推动“公司+基地+农户”“公司+基地”、农民专业合作社的发展模式，引导企业参与油茶林基地建设，促进油茶基地生产、加工、市场的有机结合，使企业与农户成为利益共享、风险共担的利益共同体。

③培育龙头企业。各县（市、区）应主动引导和培育龙头企业，在财政投入、贴息贷款等方面予以重点支持，建立和完善现代企业制度，支持开发油茶籽油新产品，不断提高产品知名度和市场占有率，着力打造一批市场前景好的拳头产品，形成油茶籽油核心品牌，使全国油茶籽油产品在国际国内市场中具备较强的竞争力。依托龙头企业建立一批油茶产业科技园，实现资源培育基地化、经营管理集约化、生产加工一体化，扶持、培育和发展产业集群。

④发展油茶专业合作组织。引导林农按照依法、自愿的原则建立多种形式的专业协会和专业合作社。开展联户种植、技术推广、生产资料供应、产品营销等服务，努力提高生产组织化程度，增强规避市场风险能力，促进油茶产业规模化、集约化经营。

⑤扶持油茶种植大户。支持有实力、懂技术、善经营的生产经营者兴办油茶林基地，充分发挥种植大户在发展油茶产业上的辐射、示范和带动作用，为油茶加工提供原料保障。

⑥发挥市场导向作用。强化市场配置资源的功能，优化生产要素配置。围绕油茶产业的发展，培育建设油茶产业发展要素市场和信息网络市场，着力打造现代化油茶专业市场，充分发挥市场机制在油茶苗木供应、产品销售、产品定价等方面的基础作用，为林农、企业和消费者提供信息、技术、资金等方面的优质服务。

（2）建立技术体系，为油茶产业发展提供充足的良种保障

针对目前油茶裸根苗造林成活率偏低、造林缓苗期较长等问题，在芽苗砧嫁接育苗基础上，通过基质配方、富根培养等技术研究和流水作业模式优化，研发出油茶容器大苗规模化繁殖技术，嫁接效率提高87.5%。通过运用生理学和分子生物学等手段，攻克油茶组培生根难与移栽率低的技术瓶颈，创立了油茶组培苗生根与移栽“一步法”技术体系，建立油茶高效组培快繁技术体系。通过示范和推广油茶规模繁育技术，年培育苗木能力1.5亿株以上。除满足湖南省造林需要外，还向湖北、河南、云南、贵州、江西、四川、安徽、广东等10个省份推广400余万亩。

（3）研发新工艺新产品，提升油茶产品附加值

新工艺催生了产业大发展。研究出油茶冷榨和水酶法提油等清洁生产工艺，形成了多项专利技术，提高了出油率，降低了有害物质残留风险。依托科技成果培育出国家林业重点龙头企业6家、省级龙头企业95家，创立了中国驰名商标9个、湖南著名商标31个和湖南名牌产品11个，打造了“大三湘”“山润”“金浩”“贵太太”“林之神”等一批颇具影响的油茶籽油品牌，油茶产品从小宗油料跃升为大宗油料，国内市场份额不断扩大，逐步走向国际市场。

## 3.4 存在问题

（1）全国还有大量的油茶低产林，单位亩产过低

我国油茶产业科研技术虽然经过50多年的发展，得到了较大的提高。但目前油茶林45%以上面积种植的还是传统的低产量品种。在油茶良种化方面，我国大面积油茶林为传统农家品种人工林，产量仅5～7kg/亩，目前广泛种植的主要是以优良无性系为主体的第一代良种，这些良种多为各产区20世纪70年代从自然林中通过单株选择而培育成功的优良无性系和少量家系等，单位面积产量仅增加10%～30%；而且大量的无性系良种苗木繁殖主要采用芽苗砧嫁接技术，这种技术程序复杂、成苗率低、育苗周期较长、成本高，苗木质量控制难度较大。在油茶的栽培管理方面，总体上还存在粗放经营的习俗，缺乏系统的栽培管理技术体系；造林、抚育和采收等管理环节工作量大，设施化、机械化水平低，种植成本高等问题。

（2）油茶果实采收装备未能获得突破，制约油茶加工整体效益的提高

由于油茶是常绿经济树种，且花果同期。机械采收油茶果实常常导致叶片和花脱落，严重影响次年的产量，适合油茶果实采收的装备未能获得突破，制约了油茶加工整体效益的提高。

（3）油茶加工整体技术落后，油茶加工产业链有待延长

我国有1000多个油茶籽加工厂，其制油技术和装备参差不齐，很多油茶籽油加工企业仍然属于作坊式生产，规模小、设备陈旧、加工技术落后、效率低下。油茶籽产品结构单一，主要为食用油，在高档油茶籽油、化妆品油茶籽油等方面研发较少，产品附加值低。油茶加工产业链短，高附加值活性物质未得到有效利用。目前，油茶籽油产品主要是低档次的、过于精炼的纯油茶籽油（已损失了绝大部分的油茶籽油固有风味、营养物质和功效成分）和油茶籽油调和油两种品种，高档次油茶籽油功效产品少或没有，且油茶副产物油茶饼粕活性物质含量丰富，未得到充分开发利用，造成巨大的资源浪费或利用价值低下。

（4）产业发展资金短缺

油茶产业固定资产投入大，经济回报周期长，生产过程成本高。据测算，油茶新造林需投资30000元/$hm^2$，低产林抚育改造约15000元/$hm^2$。而油茶种植区绝大多数地处边远山区，属于“老（区）、少（数民族）、边（界）、穷（困）”地区，经济欠发达，政府资金扶持力度有限。油茶产业想要规模化生产，需要龙头企业和农户投入大量资金。但油茶投资回收期很长，一般需要5～10年，严重挫伤了农民和企业的积极性，限制了油茶产业做大做强。

（5）劳动力成本上升，比较收益低

油茶企业的机械化程度较以往已经得到很大的提高，但茶果采收、施肥、修剪、打药等工作，大多还是依靠人工来完成。随着劳动力成本的提高，企业的利润空间被压缩了。同时，油茶产品由于缺乏宣传恰当的营销手段，销量一直上不去，与其他经济林相比，效益相对较低。这样导致的后果就是大多农户缺少种植油茶的积极性，继而转种其他经济效益好的林木或者干脆把油茶林荒掉，导致油茶产业发展缓慢。

（6）同质化产品过多，恶性竞争严重，缺乏有影响力的品牌

目前，全国有各类油茶企业1000多个，生产布局不合理，同质化产品过多，恶性竞争严重。市场上广大消费者对油茶籽油的认识和了解甚少，只是在油茶主产区人们才对其有一定了解，近年来虽然一些企业也注重油茶籽油的宣传，但由于油茶企业分散、规模小，尚未形成品牌效应，致使宣传效果不佳。

# 4 未来产业发展需求分析

油茶是世界稀有木本植物油料资源，与油棕、油橄榄和椰子并称为“世界四大木本油料树种”，承载着“绿水青山就是金山银山”的绿色使命，肩负着“健康中国”与“粮油安全”的战略使命，联结着脱贫攻坚与乡村振兴的历史使命。粮油事关国计民生，粮油安全是国家安全的重要基础，是民生福祉的重要保障。当前，我国食用植物油年消费量达3800万t，因受耕地所限，需要大量进口才能满足国民需求。油茶作为我国特有的木本油料树种，推动油茶产业高质量发展，大幅度提高茶油产量，能有效缓解油料供需矛盾和进口压力，提升粮食安全保障能力。

党的十九大提出实施乡村振兴战略，2018年中央一号文件聚焦乡村振兴战略，提出了“产业兴旺、生态宜居、乡风文明、治理有效、生活富裕”的总要求。乡村振兴的基础和关键是产业兴旺，大力发展油茶产业，就是一条实现产业兴旺的发展之路。

油茶是最长效和最具潜力的扶贫产业，为社会提供大量就业机会，直接或间接带动千万林农增收，加快林农脱贫致富，助力“精准扶贫”。油茶行业结合国家乡村振兴战略实施，可利用油茶观赏性，以育苗基地、油茶园林基地、产品加工基地为依托，开发林业生态旅游等项目，合理实现经济和生态效益。

产业发展具体技术需求包括：

趋势一：采收及预处理向工程化智能化发展。

趋势二：油料制备技术的绿色化、规模化和多联产化。

趋势三：油脂衍生物产品的功能化。

超势四：加工剩余物资源的高值化。

# 5 产业发展总体思路与发展目标

## 5.1　总体思路

通过油茶产业的提质增效、精深加工，建立完善的油茶资源培育、良种繁育、产品加工、市场交易、文化旅游、科技支撑体系；构建“国家树品牌、企业出产品、公司+林农建基地”的油茶产业发展模式；形成“标准化生产、产业化运营、品牌化营销”的现代油茶产业新格局，打造千亿级油茶产业。

## 5.2　发展原则

一是遵循油茶物种地理分布和自然条件，按照适地、适树、适品种为原则。

二是结合油茶林资源现状和适宜发展区域条件的特点，充分考虑油茶栽培历史和群众营造与经营管理的技术水平，以及油茶集约化、产业化、规模化、标准化的发展模式，进行油茶产业发展建设布局。

三是建设布局应突出重点，稳步推进，分区施策，促进油茶产业健康有序发展。

四是以国家油茶产业发展重点县为基础，确定一批省级油茶产业发展重点县，合理布局茶油加工、仓储、市场交易等体系，培育一批茶油加工龙头企业，形成油茶产业集群。

## 5.3 发展目标

2025年：建设一批能够满足油茶产业发展需要的油茶良种繁育基地和油茶高产林基地，培植一批茶油精深加工和综合利用骨干龙头企业；“中国茶油”公共品牌初具影响力。至2025年，全国油茶种植面积总规模达到7500万亩，其中高产油茶林面积达到2400万亩，比例达到32%；茶油产量达到125万t；油茶副产品综合利用率30%以上；培育3～4家油茶企业上市；带动2000万林农增收致富，实现油茶全产业链总产值1500亿元以上。

2035年：进一步完善油茶产业链，形成布局合理，产品结构优化，龙头企业带动，粗、精、深加工分工合理，优势互补的产业集群。“湖南茶油”公共品牌在国内较有影响，湖南成为全国茶油产品交易中心，湖南油茶科研水平继续引领全国。至2035年，全省油茶种植面积总规模达到8000万亩，其中高产油茶林面积达到4000万亩以上，比例达到50%；茶油产量达到160万t；油茶副产品综合利用率40%以上；培育6～7家油茶企业上市；带动5000万林农增收致富，油茶全产业链总产值2500亿元以上。

2050年：构建油茶全产业链体系，提升油茶产业综合效益。合理布局油茶产业群，大力培育一批骨干龙头企业，建立油茶籽收集、处理、加工、贮存、物流体系；重点打造中国茶油公共品牌、地方区域品牌和企业特色品牌；构建完善的“互联网+茶油”线上线下综合交易体系，形成全国茶油产品交易中心；大力发展油茶林下经济、田园综合体、生态文化旅游，充分发挥油茶产业综合效益。茶油精加工率提高到70%，茶油副产品综合利用率达到60%以上；油茶产业工程装备程度达到50%。

# 6 重点任务

## 6.1 加强标准化原料林基地建设（培育、良种等），提高优质资源供给能力

针对油茶产量和品质提升的重大瓶颈，以提高光合产物积累和油脂转化为突破口，创新运用作物源库理论，系统研究油茶源库特性、光能利用、同化物运输分配、果实生长和油脂积累等内在机理和调控机制等科学问题，揭示油茶产量品质形成关系，构建油茶源库理论与应用技术体系；通过杂交和分子辅助选择，创制高含油、高产新种质，提高育种效率。同时遵循油茶物种地理分布和自然条件，按照适地、适树、适品种为原则实现油茶规模化种植。

## 6.2 技术创新

（1）采收及预处理向工程化智能化发展

目前采收和采后预处理已经成为制约产业发展的瓶颈之一。现有的采收及预处理主要依靠人工，干燥主要靠日晒等方式，存在采收劳动强度大、烘干效率低等问题，同时还存在果壳分离等技术难点。率先突破木本油料的采收及采后预处理技术将会有效推动木本油料产业的发展。

（2）油料制备技术的绿色化、规模化和多联产化

木本油料的油脂制备技术正在从传统的土榨或以六号溶剂浸提等方式向清洁化、绿色化、规模化发展。针对高含油特色木本油料研制低温榨油、绿色溶剂体系及近临界流体等技术实现其绿色高效制油是当前的热点。同时，在提取油脂中同时联产高附加值产物也是当前制油技术的重要发展趋势之一。

（3）油脂衍生物产品的功能化

木本油脂转化为油脂基能源、材料和日用化学品在近期也得到了极大的发展。基于木本油脂分子结

构特点，集成现代油脂分子修饰技术，创新木本油料清洁高效转化技术，实现油脂基液体燃料、润滑油和油脂基多功能性产品已成为当前研究热点。

（4）加工剩余物资源的高值化

油料中油以外的资源约占油料本身质量的70%以上。针对加工副产物组分复杂特点，创新热化学转化及发酵工程技术，将这一资源挖掘，生产有效活性成分、成型燃料和生物肥料，可以极大地提升产业竞争力。

## 6.3 产业创新的具体任务

### 6.3.1 油茶资源培育体系建设

根据油茶资源分布情况，选择适宜油茶产业发展的县（市、区）作为油茶基地建设范围。规划新造油茶林及更新改造油茶林在盛产期年均亩产茶油达到40kg以上，低产油茶林抚育改造后年均亩产茶油达到20kg以上。

### 6.3.2 油茶良种繁育体系建设

根据全国油茶产业发展需要，规划在2020—2025年完成油茶新造、更新造林1600万亩。现有优良苗木供给能力基本能满足油茶基地发展的需要。

### 6.3.3 茶油加工体系建设

根据油茶产业群进行布局，规划在湖南（长沙、衡阳、邵阳、常德）、江西（上饶县）、福建（尤溪县）、浙江（青田县）、湖北（通城县）、广西（三江县）、广东（平远县）、贵州（天柱县）、重庆（彭水县）建12个油茶籽收集储运中心，集油茶籽收购、剥壳、干燥、贮存、物流等方面功能于一体。

规划对12个油茶产业群加强茶油加工体系建设。扶持和改造50个以上茶油加工重点企业，鼓励企业利用资本市场实现转型升级，不断壮大和提升企业整体实力和竞争力。重点扶持5～10家市场竞争力强、产品深加工附加值高、在全国较有影响力的龙头企业，构建布局合理、配置科学、产品结构优化、运转高效的加工利用体系。

推广低温、低残油、高效压榨等成熟先进工艺技术及装备，积极开发油茶精准适度加工新工艺技术研发，提升茶油精深加工能力，发展高等级保健精炼食用茶油、高级天然化妆品（护肤类）和医用保健品产品；加强油茶副产品综合利用，进行高纯度茶皂素提取和精制，推进医用及洗护类产品的生产应用，开发出有机肥、生物农药、刨光粉、高蛋白饲料和活性炭等系列产品。

### 6.3.4 茶油交易中心建设

茶油产品市场交易体系以现货贸易为基础，以物流、金融为依托，以信息技术为支撑，打造一个“多品种、多层次、多模式”的网上交易服务平台，为茶油类商品生产贸易、投资企业（个人）提供最佳的油茶类商品交易服务。

规划在湖南省长株潭产业群内建设全国茶油交易中心，在湖南（衡阳、邵阳、常德）、江西（上饶县）、福建（尤溪县）、浙江（青田县）、湖北（通城县）、广西（三江县）、广东（平远县）、贵州（天柱县）、重庆（彭水县）建设11个茶油交易分中心。茶油交易中心主要包括茶油品牌和产品展示中心、油茶产业互联网交易平台、茶油大宗商品交易平台、茶油标准化仓储物流中心。

## 6.4 建设新时代特色产业科技平台，打造创新战略力量

加大对木本油料资源利用省部共建国家重点实验、国家林业和草原局油茶研究开发中心、国家油茶工程技术研究中心、南方木本油料利用科学国家林业和草原局重点实验室和油脂构效湖南省重点实验室

等湖南省现有油茶及油脂领域的国家及省部级科技创新平台的建设力度，并以上述平台为基础，聚集一批人才，建立茶油质量检测检验中心，制定和完善油茶标准体系，将湖南省打造成基础研究和工程技术研发并举的国家级油茶创新基地，并形成引领全国油茶产业健康发展新局面。

## 6.5 推进特色产业区域创新与融合集群式发展

结合国家开展森林特色小镇建设试点，规划依托油茶产业带，选择油茶资源丰富、交通方便且具有油茶文化底蕴的乡镇，建设以“油茶文化”为主题的森林特色小镇20个，开展以观花、摘果、榨油、品茶油美食、用油茶产品等体验式旅游为特色的项目。

建设一批有特色的油茶生态观光园、油茶文化主题园、油茶品种种质精品园等。打造成融合油茶文化、农耕文化和知青文化，集油茶种苗繁育、生态丰产、科技示范、加工销售、休闲观光等于一体的旅“油”生态观光园，以“油茶+旅游”的形式，促进油茶一、二、三产业融合。通过打造油茶公园，有力促进“产、文、景、游”，实现卖“油”向卖“游”转变，环境优势向生态红利转变。

## 6.6 推进特色产业人才队伍建设

设立油茶产业战略咨询委员会，聘请国内外相关领域的院士担岗、定期组织知名专家教授为产业发展出谋划策。设立产业创新科技支撑岗位体系，以全国科研院所现有从事油茶研究的科技人才队伍为基础，整合优势企业的科研骨干，组建油茶科技创新团队，支持相关单位组建院士工作站，从人、财、物各方面积极支持和推进油茶产业领域的本土院士培养工作，并按全产业链领域设立岗位首席专家和长期试验示范基地，设立稳定的年度扶持资金，推动全国油茶产业技术持续创新和有序发展。

# 7 措施与建议

（1）加强原料保障体系构建，加大对现有高产高含油品种的推广应用

当前，我国通过现代生物技术手段，已经培育出品质优、适应性广的产油量达80kg/亩的油茶高产新品种，具备使油茶进入高产时代的良种基础；进一步完善良种生产技术体系和推广应用体系，加速现有油茶良种化规模化推广步伐，使我国油茶林的良种化水平从目前的10%提高到50%以上，是油茶原料保障体系构建的关键。

（2）推进由粗放生产经营的传统经济林栽培模式向园艺化、集约化和设施化等现代产业化模式的重大转变

规模栽培林地垦复、栽培、施肥、除杂、嫁接、修剪、油茶果采收等工作需要耗费大量的人力、财力，推广机械化园艺化、标准化经营管理技术。通过集成创新油茶种植与抚育管理技术，形成系列标准化技术规范（如园艺化栽植、测土配方精准施肥、节水灌溉、病虫无公害防控等技术规范），配套研发整地、造林、垦复、施肥、采收及采后加工机械装备，形成实用性强的配套生产技术，推进标准化生产，可使油茶单位面积劳动生产率提高20%以上、综合经济效益提高30%以上。

（3）提升油茶采收预处理、绿色制油及副产物综合利用技术水平，实现油茶加工业提质增效

研发推广高效的茶籽鲜果脱壳、烘干及储藏等预处理技术和装备成为当务之急。油茶种植正朝大型化、规模化发展，茶籽鲜果采摘完成后，若将鲜果运抵加工场地，果蒲的比例占60%，运输量大，生产成本高，研发推广高效的油茶鲜果脱壳设备，可降低生产成本，避免油茶原料受天气的不利影响，从源头上确保原料的高品质。

加大油茶精准适度制油技术及配套设备研发力度。油茶籽油是一种资源稀缺的高档植物油，具有丰

富的营养物质和保健功效成分。研发油茶籽高效调质、低残油低温压榨、低温适度精炼技术和装备，最大程度保留油茶籽油的营养物质和功效成分及微量元素，是制备高档油茶籽油的核心。

采用新方法、新技术开发出高纯度的茶皂素等高附加值副产物，拓展油茶加工整体产业链，改变油茶籽油产品结构单一局面，实现油茶果全资源高值化利用也是产业发展的关键之一。

（4）加强油茶籽油食品安全体系建设

加强油茶产品生产过程危害分析和关键点控制建设，并完成信息化平台建设。汲取“金浩油茶籽油”事件的惨痛教训，实现源头控制可能的食品安全风险：一是推动单元食品安全基础管理和风险防范体系建设；二是紧盯源头，推进安全检测设备和检测能力提升；三是完善食品安全应急体系建设。

（5）建立多元化投入机制，拓宽融资渠道

油茶产业发展资金短缺，大部分农户无力来新建和改造油茶林，必须整合市场和政府的力量，建立多元化的投入机制。一是充分利用政府的油茶专项发展基金，使其能够有效投入油茶产业。二是拓宽融资渠道，必须要确立市场机制，吸引各类资金投向油茶产业，同时还要鼓励有经济能力的农户和龙头企业积极投资。三是加快建立与油茶林业生产特点相适应的金融产品。由于油茶生产投资回收期长的特点，国家相关部门需要建立与油茶相适应的金融产品。

（6）加强品牌建设，扩大宣传力度

随着消费水平的提高与品牌意识的不断加强，消费者对品牌的认可度日益提高，品牌已经成为作出购买决策的重要影响因素。鉴于我国油茶品牌建设还处于初级的情况，油茶企业必须不断加强品牌建设，扩大宣传力度。首先，油茶加工企业必须认识到品牌的重要性，树立品牌意识、品牌观念。其次，结合自身实力，合理地制定品牌发展规划。最后，要整合各方面资源，扩充品牌建设的实力，特别是作为地方龙头企业的油茶企业可以借助政府资源加强宣传，并创新营销方式方法，积极开展连锁经营、直销经营、网上经营，不断扩大市场份额，达到以品牌促发展，以发展建品牌的效果。

## 参考文献


陈磊, 2019. 油茶的种植前景与营造林技术的应用分析[J]. 中国战略新兴产业(2): 140–141.

陈永忠, 王德斌, 刘欲晓, 2002. 湖南油茶产业发展机遇与对策[J]. 湖南林业科技, 29(4): 50–52.

崔晓芳, 李伟阳, 魏婷婷, 等, 2011. 微波辅助提取油茶果壳木质素工艺优化[J]. 食品科学(8): 98–102.

邓小莲, 谢光盛, 黄树根, 2002. 保健茶油的研制及其调节血脂的作用[J]. 中国油脂, 27(5): 96–98.

丁松, 潘鹏, 张邦文, 等, 2018. “十二五”期间我国油茶产业发展特征分析[J]. 福建林业科技, 45(3): 116–120.

冯国坤, 饶洪辉, 许朋, 等, 2015. 油茶果机械采摘装备与技术研究现状[J]. 中国农机化学报, 36(5): 125–127, 141.

高玲芳, 2019. 文成县发展油茶产业存在问题与对策[J]. 中国科技投资(19): 196.

高伟, 幸伟年, 龚春, 等, 2013. 茶油的营养价值和开发前景[J]. 林业经济(4): 52–55.

高自成, 李立君, 李昕, 等, 2013. 齿梳式油茶果采摘机采摘执行机构的研制与试验[J]. 农业工程学报, 29(10): 19–25.

郭传真, 2011. 油茶果皮籽分离装置的设计与试验研究[D]. 武汉: 华中农业大学: 1–67.

何学连, 2008. 白对虾干燥工艺的研究[D]. 无锡: 江南大学食品学院.

胡芳名, 李建安, 吕芳德, 等, 2009. 湖南省油茶产业化现状及发展战略[J]. 经济林研究, 27(4): 121–125.

胡庆国, 2006. 毛豆热风与真空微波联合干燥过程研究[D]. 无锡: 江南大学食品学院.

姜建国, 吴群, 山长柱, 等, 2008. 油茶籽低温冷榨制油工艺实践[J]. 粮食与食品工业, 15(4): 17–18.

坤国, 1996. 茶籽综合利用的研究、生产及应用[J]. 湖北化工(4): 30–31.

蓝峰, 崔勇, 苏子昊, 等, 2012. 油茶果脱壳清选机的研制与试验[J]. 农业工程学报(15): 33–39.

李丹, 杭兴宜, 2012. 茶籽油对兔眼底动脉血管的形态学变化比较研究[J]. 海南医学院学报, 18(10): 1357–1359.

李魁荣, 2018. 油茶种植技术及发展前景探究[J]. 绿色科技(1): 192–193.

李玲玲, 2019. 油茶种植前景与营造林技术[J]. 乡村科技(22): 80–81.

李宁, 2013. 不同方法提取茶籽油的工艺对比研究[J]. 粮食与食品工业, 20(1): 11–13.

李秋庭, 陆顺忠, 2003. 前景广阔的保健食用油: 茶油[J]. 广西林业科学, 32(3): 155–158.

李阳, 王勇, 邓腊云, 等, 2015. 揉搓型油茶果分类脱壳分选机的脱壳和清选效果研究[J]. 湖南林业科技(2): 38–42.

刘波, 李丹, 2008. 茶籽油的保健功能及应用现状 [J]. 茶业通报, 30(3): 112–114.

刘娟, 2015. 不同富硒方法对茶油品质特性及功能特性的影响[D]. 长沙: 中南林业科技大学.

毛芳华，王鸿飞，周明亮，2010. 山茶油的功能特性[J]. 粮食与油脂，35(1): 181–185.
沈建福，2006. 山茶油的营养价值与保健功能[J]. 粮食与食品工业，13(6): 6–8.
覃佐东，谢吉勇，黄生辉，等，2016. 油茶壳综合利用研究进展[J]. 生物加工过程，14(5): 74–78.
王向群，陈丽娟，2011. n3多不饱和脂肪酸抗肿瘤机制的研究进展[J]. 实用癌症杂志，26(3): 321–324.
忻耀年，2005. 油料冷榨的概念和应用范围[J]. 中国油脂，30(2): 20–22.
徐学兵，1995. 茶油研究进展述评[J]. 中国油脂，20(5): 7–9.
晏亚红，郭渊，黄登超，2015. 商南油茶产业发展现状、存在问题与对策[J]. 中国农业信息(2): 159–160.
杨抑，1992. 中国油茶起源初探[J]. 中国农史(3): 74–77, 95.
杨治华，田时豪，刘俊霞，等，2019. 油茶果壳制备有机肥的可行性研究[J]. 南方农机，50(24): 4–6.
叶新民，方德国，鲍智鸿，2001. 茶油体外抗氧化作用的研究[J]. 安徽农业科学，29(6): 791–792.
袁巧霞，2001. 坚果脱壳效果改进方法的探讨[J]. 粮油加工与食品机械(12): 48–49.
张勇，刘水长，谷正气. 一种油茶籽采摘装置：201766856U[P]. 2011-03-23.
章磊，安佳欢，徐思泉，等，2018. 油茶壳原料制备木糖和高品质活性炭的研究[J]. 南方农机，3(4): 81–86.
钟丹，蒋孟良，王霆，等，2012. 茶油的化学成分、药理作用及临床应用研究进展[J]. 中南药学，10(4): 299–303.

中国工程院咨询研究重点项目

# 杜仲
# 产业发展
# 战略研究

撰 写 人：杜红岩
王 璐

时 间：2021年6月

所在单位：中国林业科学研究院经济林研究所

# 摘 要

杜仲作为我国十分重要的国家战略资源树种，既是世界上极具发展潜力的优质天然橡胶资源，又是我国特有的名贵药材和木本油料树种。杜仲胶、杜仲籽油、杜仲提取物等产品广泛应用于航空航天、国防、交通、化工、水利、医疗、体育、农林等领域。

我国是杜仲的原产地，占世界杜仲资源总量的99%以上，目前种植面积约600万亩，大约年产120万t杜仲叶、3万t杜仲果实、6万t杜仲雄花。我国在杜仲资源上占据明显优势，但我国杜仲产业缺乏完善的产业链条、产业化水平低、适合现代杜仲产业的资源不足、杜仲胶等成分规模化提取技术不成熟、产品研发滞后等，严重降低了企业的经济效益，制约了产业的快速发展。我国杜仲产品种类繁多，但技术滞后、标准化程度低、在终端产品加工技术发展方面的落后，阻碍了杜仲种植业的发展。通过对日本小林制药株式会社、河南金杜仲农业科技有限公司的典型案例分析，提出了我国杜仲产业未来发展的主要任务是加强杜仲资源培育基地建设、后期加工产业体系建设、产业示范引导工程建设、科技支撑体系建设及市场流通体系建设等。

今后要加强杜仲产业发展的顶层谋划，加快构建杜仲现代产业体系，强化杜仲科技创新及技术推广体系建设，加快构建杜仲产业发展政策支持体系，采用“政府+科技+公司+合作社（农户）”模式进行整体推进，使杜仲产业成为我国精准脱贫与乡村振兴的重要力量，推动我国战略资源产业及大健康产业可持续发展。

# 1 现有资源现状

## 1.1 国内外资源历史起源

杜仲（*Eucommia ulmoides* Oliv.）既是我国特有的名贵木本药用树种，也是世界上极少数分布于亚热带和温带的优质天然橡胶树种，是我国十分重要的国家战略资源。杜仲为单科单属单种，广泛分布于我国29个省（自治区、直辖市），是国家二级重点保护野生植物。

中国是现存杜仲的原产地，民间称杜仲为“中国神树”，科学研究者称其为“活化石植物”。据医药典籍记载，我国劳动人民对杜仲的认识利用至少有2000多年的历史。有关杜仲最早的记录见于汉代（公元55—68年）；1972年，甘肃省武威旱滩坡汉墓出土了大批医药简牍，共载有较完整的医方30多个，其中有用杜仲等治疗虚劳内伤的记载；传统药物学名著《神农本草经》，书中共记载中药365种，根据药物性能、功效，分为上、中、下三品，杜仲被列为上品。

魏晋南北朝时期，陶弘景的《名医别录》（492—536年）第一次明确记载了杜仲以皮入药；另一部药物加工著作《雷公炮炙论》（420—479年）详细记述了杜仲的炮制方法。在宋金元时期，《本草图经》对杜仲增补了大量新的内容，诸如：“初生叶嫩时采食，主风毒，脚气，及久积，风冷，肠痔下血。亦宜干末作汤。花、实苦涩，亦堪入药。木作屐，亦主益脚。”在金元时期，医学界对杜仲的认识取得了不少突破性进展，其中有关杜仲叶、花、果实及木材的利用，特别是发现了嫩叶的采食方法和独特功效是重要发现。明代中医药代表作《本草纲目》（1596年）被誉为我国药学史上的里程碑，全面系统地总结了千余年来人们对杜仲的认知和经验。此后经清代至民国，再没有大的突破，直到近代，在科学家们相继发现杜仲胶和杜仲新的保健功能后，杜仲的开发利用才步入新的时代（杜红岩等，2013）。

## 1.2 功能

### 1.2.1 保障国家橡胶安全

我国是世界天然橡胶第一需求大国，天然橡胶年消耗量约500万t，而我国天然橡胶的产量仅80万t左右，对外依存度达80%以上。杜仲是我国特有的优质天然橡胶资源，其果、皮、叶均可提取杜仲胶（李芳东等，2011）。杜仲胶具有独特的“橡胶（塑料）二重性”，开发出的新功能材料具有热塑性、热弹性和橡胶弹性等特性，可广泛应用于国防、航空航天、交通、通信、电力、医疗、建筑等领域。加快杜仲产业发展不仅能切实缓解我国优质天然橡胶资源匮乏的情况，还能发展以杜仲胶为基材的复合材料，提升我国装备制造业水平（杜红岩等，2000；张蕊等，2015；冯志博等，2017）。

### 1.2.2 改善国民身体素质

除作为传统药材的杜仲皮外，杜仲叶、花、果等也具有很高的药用和医疗保健价值。杜仲富含桃叶珊瑚苷、黄酮、绿原酸、京尼平苷酸、氨基酸等活性成分，其中杜仲雄花氨基酸质量分数达20%～23%，黄酮质量分数达3.0%～4.0%；杜仲籽油中α-亚麻酸质量分数达68.1%，为橄榄油、核桃油、茶油中所含α-亚麻酸的8～60倍；杜仲叶中绿原酸质量分数达2%～5%。这些活性成分在降血脂、调节血压、预防心梗和脑梗、抗菌消炎、抑制癌细胞发生和转移等方面均有显著功效，且无毒副作用（杜红岩等，2012；张京京等，2014）。

杜仲籽油和杜仲雄花（图11-1）均已被列入《国家新食品原料（新资源食品）目录》，杜仲叶被中华人民共和国国家卫生健康委员会列入《食药物质（药食同源）目录》。目前，已公布的27个保健食品功能中，杜仲具有一半以上功能，与冬虫夏草、人参等珍贵中药材相比，在保健功能、性价比、利用率、性味接受度等方面均具有显著优势，是开发现代中药、保健品、功能食品和饮品的优质原料（张京京等，2014）。开发利用杜仲中药及保健品等，不仅能改善国民身体素质，提高生活质量，同时还能推动我国大健康产业可持续发展。

图11-1　杜仲籽油及雄花产品

### 1.2.3　保障禽畜产品质量安全

杜仲叶富含绿原酸等天然活性成分，具有增强畜禽免疫力、抗菌消炎、改善肉质和畜禽整体健康水平等多种功能，同时还含有粗蛋白、粗脂肪、维生素、氨基酸等营养物质，是十分理想的功能饲料（图11-2）。

图11-2　杜仲禽畜养殖

用杜仲功能饲料喂养猪、牛、羊、鸡、鸭、鹅、鱼等，可以满足其生长发育所需的大部分营养需求，并且显著提高肉（蛋）品质，禽畜体内的胶原蛋白含量提高50%以上，中性脂肪减少20%以上，鸡蛋胆固醇质量分数降低10%～20%。同时，能显著提高禽畜免疫力，大大减少疾病发生和抗生素的使用（王璐等，2014；朱子桐，2019）。

## 1.3 分布和总量

在晚第三纪以前，杜仲曾广泛分布于欧亚大陆。随着第四纪冰期的来临，杜仲在欧洲和其他地区相继消失，只有我国中部地区由于复杂地形对冰川的阻挡，成为世界上杜仲的唯一幸存地。

杜仲在经历第四纪冰川洗礼之后，具有极强的适应性，在我国亚热带长江流域和暖温带黄河流域的河南、湖南、湖北、贵州、陕西、四川、甘肃、重庆、云南、上海、江苏、江西、浙江、安徽、山东等29个省（自治区、直辖市）均有分布。自然分布约在北纬25°～35°、东经104°～119°，南北横跨10°左右，东西横跨15°。杜仲在其自然分布区内无论是丘陵山区还是平原沙区均生长良好。杜仲在年平均气温9～20℃、极端最低气温不低于-30℃、pH5.5~8.5的地区都能正常生长。引种到河北、北京、天津、上海、陕北、山西、宁夏、辽宁及吉林南部、新疆南部、广西北部、广东北部、福建北部等地均获得成功，其适生区地理分布在北纬24.5°～41.5°、东经76°～126°，南北横跨17°左右，东西横跨50°左右；垂直分布海拔范围在5~2500m。目前，我国杜仲种植面积约600万亩，占世界杜仲资源总量的99%以上。目前，杜仲叶年产量约120万t，杜仲果实年产量约3万t，杜仲雄花产量约6万t。

国外杜仲皆为从我国引进，已有一百余年的历史。1896年法国率先引种杜仲到其国内的植物园中。几年后引种到英国，在英国著名的邱园中杜仲生长旺盛，并且表现出了较强的抗性。1906年，俄国为了解决其硬性橡胶缺乏的问题，于1931年开始在黑海附近和北高加索地区进行大面积引种栽培，取得了良好的效果，15年生杜仲树高约6m，胸径15～30cm，每年单株果实产量10～20kg，而且经受了1940年冬季-40～-38℃低温考验。美国从1952年起，先后在犹他州、俄亥俄州、伊利诺斯州、加利福尼亚州和印第安那州进行引种和繁殖。杜仲引种到美国主要用于行道树和庭院观赏。杜仲在俄亥俄州，22年生树高6.9～9.1m，胸径达40cm以上，无病虫害。日本是引种栽培杜仲规模最大的国家，从1899年至今，栽培面积已达7500亩左右，遍及千野县、群马县、静冈县及名古屋等24个县，生长发育良好，其中，群马县小根山森林公园目前尚保存有70～100年生大树，树高达28m以上，胸径40～50cm。近年来，韩国和朝鲜也开始引进栽培杜仲。韩国引进杜仲，主要以生产杜仲保健品为主。除上述国家外，先后从我国引种杜仲的国家还有德国、匈牙利、加拿大和印度等（李芳东等，2001）。

## 1.4 特点

杜仲为落叶乔木，树高可达20m以上。树皮灰褐色，粗糙。嫩枝有黄褐色毛，不久变秃净，老枝有明显的皮孔。芽体卵圆形，外面发亮，红褐色，有鳞片6～8片，边缘有微毛。

树皮、叶片、果皮中含杜仲胶，其中果皮中杜仲胶含量可达20%。杜仲叶富含绿原酸、京尼平苷酸等活性成分，是生产中药和保健品的上佳原料，也是生产功能饲料和功能型食用菌的优质原料，已被列入2005版《中国药典》。杜仲种仁油内$\alpha$-亚麻酸含量高达68.1%，为橄榄油、核桃油、茶油中$\alpha$-亚麻酸含量的8～60倍；并且杜仲种仁中桃叶珊瑚苷质量分数高达11.3%，是桃叶珊瑚苷含量最高的植物之一。杜仲花粉是我国极其珍贵的药用花粉资源，富含大量活性成分和营养物质，其中杜仲黄酮（槲皮素）质量分数3.5%，氨基酸质量分数达21.88%，为松花粉内氨基酸含量的2倍以上（杜红岩等，2012）。

杜仲胶是一种天然的高分子聚合物，主要成分为反式-1，4-聚异戊二烯，与天然橡胶（顺式-1，4-聚异戊二烯）化学组成相同，互为同分异构体。反式的分子构型使得杜仲胶分子链具有三大特征：①分子链是柔性链，柔性分子链是构成弹性链的基础；②含双键，可以进行硫化；③反式链结构有序易堆砌结晶。其中第3个特征恰是与天然橡胶分子链结构的不同之处，导致其与天然橡胶性状完全不同（冯志博等，2017）。随着对杜仲胶硫化过程规律认识的不断深入，发现杜仲胶具有硫化过程临界转变规律和受交联度控制的三阶段材料特性，从而开发出三大类不同用途的材料：热塑性材料、热弹性材料和橡胶型材料（张蕊等，2015）。

# 2 国内外加工产业发展概况

## 2.1 发展现状

我国一直以采集杜仲皮为主要种植目的，产品是单一的杜仲皮，这种方式持续到90年代初，并在1989—1991年达到顶峰。这主要是由于20世纪80年代末至90年代初，杜仲皮市场需求旺盛，价格快速蹿升，杜仲皮价格从1988年的20～30元/kg，迅速提高到1994年的100～200元/kg，出口价格更是达到60～80美元/kg（按当时汇率折合人民币510～690元/kg）。这一阶段是杜仲产业发展的黄金时期。

这段时间内，杜仲产业一度成为我国一些地区的热门产业甚至支柱产业，一批民营企业迅速崛起，多种形式的杜仲生产基地相伴出现。如张家界市慈利县，1991—1993年，杜仲产业作为慈利县支柱产业，发展如火如荼。除江垭林场等林场基地集中种植杜仲外，不少农户受到杜仲皮价格一路上涨的鼓励，开始自发种植杜仲，当时仅慈利县种植杜仲面积就有39万亩。

虽然杜仲产业于20世纪90年代中期开始陷于停滞状态，但我国学者对于杜仲的研究并未停止，随着对杜仲药用、经济价值了解逐步深入，特别是杜仲胶国家战略资源不断被重视，杜仲新产品被不断开发，2010年开始，杜仲产业才又迎来新一轮的发展机遇。

杜仲传统入药部位为杜仲皮，然而，近代科学研究证明杜仲叶的药用有效成分、功能与皮基本一致，使得杜仲开发利用的新资源更为丰富（耿国彪，2017）。几年间，对杜仲皮、叶、籽、雄花、花粉等含有的天然活性物质进行了全面系统的研究，从而使杜仲各部位综合利用、组合增效成为可能。在这一研究基础上，杜仲叶茶及其饮料、杜仲酵素、杜仲雄花茶、杜仲雄花酒、杜仲籽油及其$\alpha$-亚麻酸胶囊、杜仲饲料、杜仲挂面、杜仲鸡蛋、杜仲功能食用菌等产品不断被研发出来（图11-3、图11-4），但由于杜仲是传统中药，开发食品、保健品受国家规定限制，高附加值的产品大多不能销售。目前，杜仲籽油、杜仲雄花作为新资源食品原料已获得国家批准。杜仲籽油软胶囊仅有灵宝市天地科技生态有限公司取得了批号（国食健字G20120447），由于市场认知度较低，销量一直不高。而杜仲雄花相关产品（主要为杜仲雄花茶），由于杜仲雄花园栽植面积少，传统的栽培模式采摘困难，造成杜仲雄花茶价格偏高，消费群体较窄。

图11-3　杜仲叶茶试点生产线

图11-4　年产50t杜仲籽油生产线

图11-5　年产30t杜仲胶中试装置

2018年，中华人民共和国国家卫生健康委员会将杜仲叶列入食药物质（药食同源）目录，但从批复列入目录到真正能够作为普通食品生产，其过程十分缓慢，目前尚未批准其作为普通食品规模化生产。杜仲皮也尚未列入食药物质和新食品原料目录中，这在很大程度上严重制约了杜仲产业化的开发。

随着杜仲胶新用途的不断被发现，将杜仲这一植物的相关产业提升到了战略地位。但是由于杜仲胶提取和加工工艺还有待进一步完善，该产业还在起步阶段。目前，山东贝隆杜仲生物工程有限公司已建成了年产30t的杜仲胶中试装置（图11-5），工艺流程已经贯通，提取纯度达到93.1%。杜仲胶产业化初具规模，具备了应用研究的基础和产业化能力，为杜仲胶的军工应用试验提供了优质的基础材料。

以杜仲胶生产为龙头，采用现代化杜仲胶培育模式造林，橡胶用、药用、保健和材用等综合开发利用的经营模式，是此次杜仲产业革命的最大特点。目前，我国杜仲产业缺乏起带头示范作用的龙头企业，缺少规划统筹的组织机构也是造成杜仲产业发展缓慢的重要因素。意识到这些问题后，经过不断的努力，希望最终形成以企业主导、行业协会辅助、科研单位支撑、生产基地跟进的产业体系，进行科学管理与运作，提高杜仲产业效益。

日本是除我国外，对杜仲研究及利用最为深入的国家，但由于其国土面积较少，仅在南部地区有较大范围的种植，其产业发展主要集中在产品研发方面。例如：小林制药株式会社主要是杜仲食品及保健品的研发生产；日立造船株式会社主要从事杜仲胶的提取及相关产品研发；养命酒制造株式会社生产养命酒等。

## 2.2　主要产品

（1）医疗及保健食品

杜仲作为我国传统中药，目前主要的中药制品有以下几种。

①杜仲颗粒，中成药。由杜仲、杜仲叶组成，具有补肝肾、强筋骨、安胎、降血压的功效。用于治疗肾虚腰痛、腰膝无力、胎动不安、先兆流产、高血压症。

②杜仲药酒，中成药。由杜仲、熟地黄、五加皮等17味组成。具有温补肝肾、补益气血、强壮筋

骨、祛风除湿的功效。用于治疗肝肾不足、筋骨痿弱、风寒湿痹。

③全杜仲胶囊，中成药。由杜仲组成。具有降血压、补肝肾、强筋骨的功效。用于治疗高血压症、肾虚腰痛、腰膝无力。

④复方杜仲片，中成药。由杜仲（炒）、益母草、夏枯草、黄芩、钩藤组成。具有补肾、平肝、清热的功效。用于治疗肾虚肝旺的高血压症。

⑤参杞杜仲丸，中成药。由人参、川牛膝、巴戟天、杜仲、菟丝子、地黄、枸杞子、地骨皮、熟地黄、当归、柏子仁、石菖蒲组成。具有益气补肾的功效。用于治疗倦怠乏力、腰膝酸软、健忘失眠。

⑥杜仲降压片，中成药。由杜仲（炒）、益母草、夏枯草、黄芩、钩藤组成。具有补肾、平肝、清热的功效。用于治疗肾虚肝旺的高血压症。

⑦杜仲平压片，中成药。由杜仲叶组成。具有补肝肾、强筋骨的功效。用于治疗肝肾不足所致的头晕目眩、腰膝酸痛、筋骨痿软、高血压见上述症候者。

⑧杜仲壮骨胶囊（丸），中成药。由杜仲、白术、乌梢蛇等组成。具有益气健脾、养肝壮腰、活血通络、强筋健骨、祛风除湿的功效。用于治疗风湿痹痛、筋骨无力、屈伸不利、步履艰难、腰膝疼痛、畏寒喜温等症。

⑨复方杜仲丸，中成药。由复方杜仲流浸膏（按干膏计）、钩藤组成。具有补肾、平肝、清热的功效。用于治疗肾虚肝旺的高血压症。

⑩强力天麻杜仲丸（胶囊），药品。具有散风活血、舒筋止痛的功效。用于治疗中风引起的筋脉掣痛、肢体麻木、行走不便、腰腿酸痛、头痛头昏等。

⑪杜仲补天素丸（胶囊），中成药名。由杜仲（盐水炒）、菟丝子（制）、肉苁蓉等组成。具有温肾养心、壮腰安神的功效。用于治疗腰脊酸软、夜多小便、神经衰弱。

⑫复方杜仲扶正合剂，中成药。由红参、杜仲组成。具有益肾健脾的功效。用于治疗脾肾两虚所致的腰膝酸软、倦怠乏力、食欲不振、气短神疲。

⑬复方杜仲健骨颗粒，中成药。由杜仲、白芍、续断等组成。具有滋补肝肾、养血荣筋、通络止痛的功效。用于治疗膝关节骨性关节炎所致的肿胀、疼痛、功能障碍等。

⑭地仲强骨胶囊，中成药。由熟地黄、杜仲（炒）、枸杞子、女贞子、菟丝子（炒）、山药（炒）组成。具有益肾壮骨、补血益精的功效。用于骨质疏松症、症见腰脊酸痛、足膝酸软、乏力。

同时，采用炒制、添加、简单发酵等传统的、常规的加工工艺，可制成杜仲雄花茶、杜仲叶茶、杜仲酵素、杜仲功能饲料及禽畜产品、杜仲功能食用菌、杜仲亚麻酸软胶囊等产品。

（2）精深加工高分子材料

杜仲胶可用于医用功能胶板、骨伤病的固定及支撑、运动员的腰腿护具以及残疾人的假肢套等，其主要优点是软化温度低、形状可塑性好、使用舒适、可透X光及可重复使用等；还研发出了杜仲胶形状记忆接管，用于各类管道、各类介质导管以及真空系统的连接，尤其适用于异型管道的连接，也可用于各类真空设备、化工及医疗仪器设备等管道的连接。

同时，杜仲胶还是典型柔性链高分子，熔点低，具有优良的加工性及共混（并用）性，以不同方式共混，可以得到性能更为优异而富于变化的新型材料。杜仲胶共混聚乙烯，采用合适的工艺及配方，可获得热刺激温度合适，成本较低的形状记忆材料；杜仲胶共混聚丙烯动态硫化后，满足橡胶增韧塑料的条件，实现杜仲胶在聚丙烯中以塑料态加工，以橡胶态分散，能够有效地解决工业化生产中普通橡胶与塑料共混而难以加工的问题，作为塑料的增韧改性剂，具有良好的前景；环氧化杜仲胶共混聚氯乙烯，经环氧化改性的杜仲胶料，除仍保持原有的强度和伸长率外，其相容性、抗湿滑性、黏合性、气密性和耐油性均大幅提高，与聚氯乙烯共混后可得到能满足一般建材要求的复合材料。杜仲胶可以明显改善沥青高温性能和低温性能，将杜仲胶硫化后作为改性剂与沥青共混后用于公路路面材料有较大的应用前景（张蕊等，2015）。

## 2.3 国内外技术发展现状与趋势

（1）杜仲胶提取及加工利用技术

杜仲胶为我国特有的优质天然橡胶资源。与三叶橡胶不同，杜仲胶是以固体胶丝的形式分布于杜仲果皮、树皮和叶片等器官中的，不能直接收集。目前，国内外专家学者研究出了微生物发酵和酶解法、碱洗法、溶剂法和综合法等杜仲胶提取方法。贵州大学张学俊教授采用生物酶法提取杜仲胶，利用生物酶降解杜仲植物组织，使杜仲胶胶丝游离出来，保证了杜仲胶的高聚合度，且大幅度降低了环境污染（董宇航等，2020）。中国林业科学研究院经济林研究所采用蒸汽爆破预处理和溶剂提取相结合的方法提取杜仲胶，取得了显著成效，经过蒸汽爆破预处理，去除的干物质较未经气爆的提高了30%～70%；以溶剂提取杜仲树（1年生）皮和果皮中杜仲胶的得率比以传统提取工艺提取的得率分别提高了54%与70%，且其纯度均在96%以上（Ding et al.，2019）。

杜仲胶具有独特的“橡胶（塑料）二重性”，具有十分优异的加工性能和优良的共混性，通过与不同的材料、以不同方式共混，可开发出橡胶弹性（高弹性）材料、热塑性材料和热弹性材料三大类用途不同的材料。按一定比例共混的天然杜仲胶、顺丁胶和三叶橡胶可制成高耐磨、高耐疲劳、高定伸强度、低滚动阻力的轮胎胶，可以生产出高性能汽车和航空轮胎（Zhang et al.，2008）。沈阳化工大学方庆红教授与沈阳三橡股份有限公司合作研制出的高速航空轮胎，通过了397km/h的高速飞行模拟试验，各项指标均达到了同类高速航空轮胎的最高水平，标志着世界首条应用生物基杜仲胶航空轮胎研制成功；沈阳化工大学研发出基于杜仲胶的自修复功能弹性体材料，通过向改性生物基杜仲胶中引入大量的动态可逆的离子或化学键，赋予其犹如生命组织体固有的自修复功能，使得生物基杜仲胶自修复材料修复效率可达90%以上（冯志博等，2017）。利用杜仲胶熔点低的特点，可开发出一系列低温可塑医用材料，包括用于牙科牙髓病治疗的牙胶尖、医用代石膏骨科外固定及矫形用杜仲夹板等；山东贝隆杜仲生物工程有限公司与北京化工大学合作研制出了杜仲胶护腿板等运动护具、假肢套等医用保健材料，可以与身体更好贴合，其应用前景十分广阔，目前已经为2022年北京冬残奥会研发出残疾人运动员比赛护具。利用杜仲胶的减震特性，将杜仲胶用于高铁减震部件球铰减震等材料中，其性能大大改善，为高速铁路提速，提高乘坐安全性与舒适性提供了优质材料与技术保障；严瑞芳等研发出的气密性薄膜材料，具有很好的透雷达波功能，作为军事保密材料前景良好；北京化工大学张继川等将杜仲胶分别与CR和CIIR共混，制备了性能优良的水下吸声材料，为潜艇消声装备的研制提供了可能。另外，军用无人机和军用直升飞机杜仲胶螺旋桨消声材料，火箭抗冲击、耐高温及减震杜仲胶新材料等都在研发中，未来将大大拓宽杜仲胶在军事和国防中的应用领域。日本大阪大学中泽庆久（Yoshihisa Nakazawa）教授带领的团队已研发出杜仲胶高尔夫球、3D打印材料及化妆品基料等产品。杜仲胶高尔夫球的抗击打及耐磨性能得以大幅提升，备受消费者的青睐。杜仲胶化妆品基料具有温和不刺激等特性，具有极大的市场潜力。该团队已与资生堂等公司展开相关合作，进一步扩展了杜仲胶的应用空间（李明华等，2018；杜红岩等，2020）。

（2）杜仲活性成分绿色提取技术

随着国内外研究学者对杜仲叶有效成分不断深入的研究，发现杜仲内含有非常丰富的活性成分，目前已经检测到的活性成分主要有黄酮类、维生素、环烯醚萜类、多糖、氨基酸、木脂素类、挥发油、杜仲橡胶、微量元素及矿质元素等（魏艳秀，2016；邓爱华等，2018）。

目前，西北农林科技大学的董娟娥教授团队研制的杜仲活性成分绿色高效提取、分离及纯化的关键技术部分开始进行中试试验。该试验主要采取酶法、高速均质—超声一体化的技术进行提取，然后进行双水相法进行富集，再通过大孔吸附树脂—萃取对杜仲活性成分精制。在此条件下，绿原酸精制物得率1.30%，绿原酸提取率39.99%；环烯醚萜精制物得率2.13%，环烯醚萜类提取得率11.18%；黄酮类精制物得率0.36%，黄酮提取率39.65%（吴冬，2019）。

（3）杜仲籽油提取技术

杜仲翅果油脂含量为14.55%，籽仁油脂含量为27.7%～31.84%（邓金星，2005），是一种优质的食用木本油料资源，卫生部2009年12号公告将杜仲籽油确定为新资源食品。辛欣及郭美丽（辛欣等，2007；郭美丽等，2008）等人对杜仲籽油做毒理学实验，得出一致结论：杜仲籽油是安全、可靠的可食用植物油脂。杜仲籽油中不饱和脂肪酸总含量高达90%，是含不饱和脂肪酸极高的植物油之一。其中，α-亚麻酸含量极其丰富，占脂肪酸总量的60%以上；含有较高的亚油酸和油酸；饱和脂肪酸主要有棕榈酸、硬脂酸等。由此可以看出杜仲籽油的主要脂肪酸组成与紫苏籽油类似（朱莉伟等,2005；赵德义等，2005）。

杜仲籽仁制油工艺主要采用压榨法、索式提取法、超临界$CO_2$萃取法、水酶法、反胶束萃取法、超声波辅助溶剂萃取法以及亚临界萃取法（舒象满等，2015；孙兰萍等，2009；杨海涛等，2010）。由于设备、技术及成本等原因，这些制油工艺还停留在实验室研究阶段，尚未实现产业化生产。在实际生产中，压榨法是目前制取杜仲籽仁油的主要方法。采用压榨法得到毛油后需要经过脱酸—脱碱—水洗—干燥—脱色—脱臭—过滤等步骤最终得到精炼油，微胶囊化后以富含α-亚麻酸的保健品、食品售出。

（4）技术发展趋势

在杜仲胶提取加工方面，通过对杜仲胶提取条件、工艺等研究，优化杜仲胶的提取工艺和技术，从而获得性能更好的杜仲胶材料；通过改进提取工艺，从种子中提取杜仲胶，提高生产效率，结合原材料成本的降低，大幅度降低杜仲胶生产成本；研究杜仲胶规模化提取技术和工艺，探索杜仲胶规模化生产经营的最佳模式，为我国年产120万t优质杜仲天然橡胶的生产提供强有力技术支撑。

在杜仲现代中药产业研究方面，以杜仲叶、果皮、种仁、雄花等为材料，开展高附加值生物活性物和标准提取物的高效提取分离关键技术研究，逐步形成一批具有自主知识产权的杜仲现代中药综合加工技术及系列杜仲中药产品，在促进民族工业发展的同时，提高国民的身体素质和健康水平。

## 2.4 差距分析

### 2.4.1 产业差距分析

目前世界上其他国家中仅有日本在杜仲研究及利用方面取得了较大的成就，研发出了杜仲叶茶及饮料、杜仲源及养命酒等有一定市场认可度的产品。我国现代杜仲产业起步较晚，产业发展主要集中在良种繁育和示范林建设，杜仲高值化产品大多仍处在研发阶段，市场认知度低。而日本由于国土面积的限制，其产业主要集中在产品研发，在拥有成熟的杜仲产品的同时，也获得了消费者和市场的认可。

### 2.4.2 技术差距分析

由于国内外杜仲资源及产业发展情况不同，我国在杜仲资源精深加工及产品研发技术上落后于日本，国内杜仲产品种类繁多，但是技术相对滞后，标准化程度低。特别是日本在杜仲橡胶提取技术及产品研发方面已远远超过我国，目前已研发出用杜仲橡胶制成的高尔夫球、3D打印材料及护肤品基料等。

# 3 国内外产业利用案例

## 3.1 国外产业利用案例

### 3.1.1 案例背景

日本小林制药株式会社，成立于1919年，是日本著名制药企业，一直以“为消费者提供健康舒适的生活”为企业目标，运用快速的开发体制，不断挑战新的市场，致力于开发、生产消费者所需的生活必备品，创造专业品牌，满足消费者各方面需求。

### 3.1.2 现有规模

该公司主要加工并且销售杜仲茶及相关产品（图11-6），通过收购日本、我国四川等地杜仲相关原料来制造杜仲茶及其饮料制品。1990年度杜仲茶的销售量最好。目前，杜仲相关产品的销售额可达6亿人民币，其中杜仲茶年销售额可达3亿人民币。

图11-6 小林制药株式会社部分杜仲产品

## 3.2 国内产业利用案例

### 3.2.1 案例背景

河南金杜仲农业科技有限公司，成立于2017年，注册资金5050万元，是一家集杜仲良种培育、种植、推广及杜仲系列产品的科研开发、生产销售为一体的现代高新农业产业化企业。公司为“生态中医药健康产业国家创新联盟”会员单位和“国家储备林联盟”会员单位，先后荣获“第四届中国林业产业突出贡献奖”及“2019年度（首批）中国林草产业创新企业奖”等荣誉称号。

### 3.2.2 现有规模

公司拥有一批实力雄厚的专业研发团队，建有组培中心总面积29800m$^2$，其中，办公用房800m$^2$，生产用房和培养间2500m$^2$，驯化温室26000m$^2$，配套设备设施3000余台（套）。现种植面积已达5万亩，栽植育苗良种共计2600万株，其中，建立良种繁育基地1万亩，繁育杜仲苗木1亿株。同时，杜仲茶叶生产线已进入生产阶段（图11-7）。开展杜仲林下经济产业，养殖杜仲种鹅共计3万多只，为杜仲产业化、规模化、标准化发展提供了良好的示范带动作用。

图11-7 种植基地及部分杜仲产品生产线

## 3.3 可推广经验

第一，开发杜仲高附加值产品的同时，研发出市场广阔的普通消费产品，增加企业经济效益。

第二，利用企业的知名度进行产品宣传，加大产品的宣传度和消费者的认知。

第三，营建大面积的良种繁育基地和示范基地，为杜仲产业的发展奠定原料基础。

第四，采用“科技+公司+合作社”的方式，营建杜仲示范基地和良种繁育基2万余亩，通过土地流转、劳务就业、合作社入股、林下养殖、科技帮扶等达到年人均增收2.0万元，引导农户开展杜仲种植、特色养殖产业。在公司发展的同时，带动周边村民加入杜仲产业发展队伍，促进乡村振兴。

## 3.4 存在问题

（1）适宜现代产业发展的杜仲资源严重不足

由于过去缺乏杜仲良种、栽培模式和技术落后、经营管理粗放等原因，大部分杜仲林是残次林或“老头树”，还有一些是以皮用为主的乔木林，且与其他林木混杂，生态保护价值及产业化利用价值较低。从我国杜仲资源情况来看，现有杜仲资源中90%左右为普通实生林，这些资源的杜仲果实等产量极低、综合利用与经济效益差，根本无法支撑现代杜仲产业发展。中国林科院杜仲创新团队经过30多年的持续研究，已定向培育出满足不同用途的系列杜仲良种，但是这些杜仲良种推广速度极其缓慢。目前，杜仲产业基地包括国家储备林基地规模快速扩展，但是各地杜仲基地建设一哄而上，多数没有使用良种，这给我国杜仲产业带来严重后患。目前能满足现代杜仲产业发展的杜仲资源面积仅有20万亩左右，全部利用后杜仲胶年产量不足0.5万t，难以满足全国每年500万t天然橡胶的需求缺口。按照产业规划要求，到2030年需新造杜仲林5000万亩。这意味着从2016年到2030年平均每年要新造杜仲林300万亩以上，但以目前的速度是很难完成这个目标的。

（2）杜仲胶规模化高效提纯及其产品研发技术瓶颈亟待突破

杜仲胶产业化开发是整个杜仲产业发展的龙头与核心。国内外科技工作者经过数十年的不懈努力，在杜仲胶提取技术方面取得了重要突破，从化学提取到生物提取，再到化学与生物相结合的提取方法，技术与工艺日臻完善，杜仲胶提取纯度可达95%以上。利用领域不断扩展，产品研发已涉及运动医学、汽车与航空轮胎、航空航天与军工产品、高铁、三维（3D）打印等领域。但是，目前杜仲胶的提取还限于中试和小规模生产阶段，且提取得率需要大幅度提高，规模化生产的技术与工艺都需要进一步完善。汽车与航空轮胎、航空航天与军工产品、高铁产品等从产品研发到工业化生产需要投入数量巨大的资金与技术，这需要大型企业加大投资，更需要国家层面的巨量资金支持。否则，杜仲胶的产业化就无法有效推进。

（3）缺乏完善的产业链条，产业化水平低

目前，参与我国杜仲产业开发的企业多为民营企业。这些企业基本上是中小企业或小微企业，企业规模小，产业化开发实力弱，技术研发能力不强，产品单一且同质化现象严重，品牌知名度不高，产品销路不畅。同时，具有从杜仲良种规模化繁育、种植，到资源综合利用、产品加工完整产业链的企业少，杜仲资源利用水平低，无法形成适合现代市场需求的产业集群。另外，从杜仲培育到杜仲产品加工装备机械化与自动化水平也亟待提高。目前，杜仲果实、雄花等采收仍然主要依靠人工，成本高、效率低是限制杜仲产业发展的原因之一。此外，企业间缺乏通力协作，一、二、三产业发展极不协调，各产业链条之间缺乏有效衔接，尚未形成杜仲资源综合利用、高值化利用的市场机制。

（4）政策支持亟待加强

尽管已制定了全国性的杜仲产业发展规划，但是各省关于杜仲产业发展的详细规划至今未出台。同时，杜仲种植等资源培育建设的扶持政策还未纳入封山育林、防沙治沙、长防林等林业重点建设工程，森林植被恢复、育林基金、山区综合开发资金国家政策支持范围，没有将杜仲林的培育放在国家层面的政策支持上等量齐观，杜仲良种未被纳入天然橡胶良种专项补贴之中。杜仲胶的生产及应用开发、杜仲中药、保健品、功能性食品、林业绿色养殖、杜仲文化和旅游产业均缺乏财政、税收及金融政策的支持。

（5）社会认知远远不够

近年来，随着经济发展、人民群众消费水平的提升，我国天然橡胶、木本油料、功能产品等市场供需矛盾加剧，地方政府、科研院所开始关注和研究杜仲，并重新认识杜仲资源，人们对杜仲的认知度和认可度在逐渐提高。但总的来说，社会各界对杜仲的认知仍然十分欠缺。人们对杜仲的了解仍停留在“杜仲皮入药”这一传统认识上，而对杜仲胶这一战略资源以及杜仲的养生保健作用等知之甚少，使得杜仲“养在深山无人识”，也导致人们对杜仲胶、杜仲籽油、杜仲功能饲料、杜仲保健产品等杜仲产品的市场接受程度不高，这也制约了我国杜仲产业的发展（杜红岩等，2020）。

# 4 未来产业发展需求分析

## 4.1 增加国家优质木材储备，维护国家生态安全

杜仲是我国特有的乡土树种，树干笔直，树冠优美，寿命长达1000a以上。杜仲还是优质用材树种，其材质坚韧、体感柔和、纹理细密、木材重（气干容达0.76g/cm$^3$，和海南黄花梨的比重相似，其品质有赛红木的美誉）（杜红岩等，2016），是我国十分重要的国家储备林优选树种，也是制造各种高档家具、生活用具、高档建筑以及加工各种工艺装饰品的上等材料。

杜仲速生，在河南等杜仲核心产区，年胸径生长量可达1.5～2.2cm。杜仲是经济、生态和社会效益结合最好的树种之一。国家储备林优选杜仲树种的建议既符合国家战略储备林建设的政策，又符合《林业产业发展“十三五”规划》和《全国杜仲产业发展规划（2016—2030年）》中的规定。

## 4.2 促进森林城镇绿化美化，打造杜仲国家现代农业产业园和绿色康养基地

杜仲在我国适生区域很广，大规模发展杜仲种植产业，有利于森林城镇建设，加快推进国土绿化进程，提高我国森林覆盖率。杜仲是十分理想的城乡绿化树种，不仅可用于流域治理、水土保持、荒山和通道绿化，也可在城乡街道，森林（湿地、园林）公园，乡村路旁、沟旁、渠旁和宅旁“四旁”种植，在我国生态建设和城镇化建设中具有广阔的应用前景。杜仲树不仅是理想的庭院观赏树种，还是优良的城乡绿化树种，是城乡绿色天然氧吧。清华大学、北京大学、北京林业大学、中央财经大学等高校的校园以及北京市区的万泉河路等杜仲行道树的景观效果良好，河南的郑州、洛阳、开封、灵宝和山东青岛等地的街道绿化也开始种植杜仲。北京市已设立杜仲公园，为广大市民提供了环境优美、益神益智、放松身心、森林康养的公益性休闲场所，对调节城市小气候、改善城市生态环境都起到了生态改良作用。

## 4.3 大幅度提高林农收入，促进精准扶贫和精准脱贫

培育和发展特色产业是促进乡村振兴和实现精准扶贫的根本举措，杜仲产业是工农业复合型循环经济特色产业。杜仲适生范围广、管理技术相对简单、收益期长，可采用“政府+科技+公司+合作社（农户）”模式进行整体推进，充分利用国家对退耕还林、国家储备林建设等资金投入，争取国家相关政策支持。

开展杜仲科技与产业扶贫，在稳步推进杜仲产业发展的同时，直接为农民带来稳定可观的经济收入。通过杜仲果园化栽培模式与技术在杜仲产区特别是贫困山区应用后，建园第5～7年逐步进入盛果期，盛果期每公顷产果量可达3000kg，杜仲叶3900kg，盛产期可达50a以上，除果实、雄花和叶片外，还可取树皮和木材，每公顷年收入从不足7500元迅速提高到7.5万元以上。如果采用立体经营模式，杜

仲林下可间作草本药材、蔬菜、花卉、茶叶、食用菌等，也可发展林下养殖业，林农经济收入将进一步提高，促进产区林农精准脱贫的同时，有力推动了杜仲产业发展与乡村振兴。

# 5 产业发展总体思路与发展目标

## 5.1 总体思路

全面落实《关于加快推进生态文明建设的意见》，牢固树立创新、协调、绿色、开放、共享的发展理念，把杜仲产业作为加快推进国家战略性新兴产业培育扶持发展，保障我国橡胶工业安全、生态安全、粮油安全、促进国民身体健康、改善国民身体素质、实现精准扶贫的一项重要任务，以杜仲胶提取和杜仲资源综合利用为杜仲产业发展的主要战略取向，面向生态保护、交通通信、医疗保健、油料食品、绿色养殖等行业领域重大需求，聚焦良种资源培育、高效栽培、杜仲胶和活性成分高效提取、综合利用开发等关键环节，实施创新驱动，发挥企业主体作用，加大政策引导和扶持力度，营造良好发展环境，促进杜仲产业科学化、规模化、集约化、新型化有序发展。

## 5.2 发展原则

### 5.2.1 坚持政府引导，科学规划

要促进杜仲产业健康持续发展，必须科学规划、科学布局。要选择最适合、最有条件、最有发展潜力的区域，规划一批杜仲资源基地县，培育壮大资源基础，逐步形成县域支柱产业。发展杜仲资源基地，要与现有杜仲企业、橡胶企业、医药企业、食用油加工企业、饮料企业、饲料企业等相结合，尽快实现加工增值、综合利用，实现基地建设与加工企业相互融合、相互促进的良性发展局面。要发挥政府的引导作用，实行规划引导、政策引导、投入引导、宣传引导。

### 5.2.2 坚持市场主导，企业主体

要充分发挥市场主导作用和企业的主体作用。市场是产业发展的根本动力，企业是市场经济的主体，也是产品研发、产品营销的主体，在推动产业发展中具有不可替代的作用。要充分发挥市场和企业在资源配置中的决定性作用，凝聚社会各方力量，实现杜仲产业全面升级，推动杜仲产业作为战略性新兴产业健康发展。

### 5.2.3 坚持种苗先行，集约经营

我国杜仲产业已经具备培育成战略型新兴产业的基本条件，已选育出一批果用、雄花用、皮用、叶用的优良品种和优良无性系。优良品种通过高效栽培，产皮量已经提高了1～1.5倍，产果量提高了31～40倍，产叶量提高了1.3～2.8倍，产花量提高了15～19倍，杜仲胶产量提高了3～4倍。在杜仲产业发展中，必须坚持良种壮苗先行，实行集约经营，同时要不断研发新品种，优化创新栽培技术，继续提升产量，促进产业融合，实现杜仲产业的可持续循环发展。

### 5.2.4 坚持科技创新，综合开发

发展壮大杜仲产业，要依靠科技的强力支撑，加大科技创新力度。杜仲产业是一项技术密集型产业，要从良种选育、良种繁育、高效栽培、加工及产品质量控制等方面着手，促进杜仲产业的升级和创新，实行对杜仲胶、油、药、食（饮）等全产业链全面开发，同强化杜仲产业综合利用，推进杜仲产业与现有新型林业技术融合发展，实现科技创新支撑力度的最大化。

### 5.2.5 坚持突出重点，发挥优势

要重点关注杜仲（胶、油、药等方面）用途，围绕现有的杜仲胶企业、杜仲制药企业和杜仲食用保健企业等规划杜仲资源基地，以企业带动杜仲产业的良性发展。同时，围绕现有的杜仲适宜种植区规划杜仲资源基地，以原有的杜仲适生区域为先导，以杜仲良种和高效栽培为支撑，在适生区域内规划杜仲资源基地，形成区域性杜仲产业链。要鼓励重点区域、重点企业加快发展。各地要立足实际，发挥优势，真正培育形成优势产业。

### 5.2.6 坚持试点示范，稳步推进

要因地制宜，试点示范相结合，稳步推进杜仲产业发展。在杜仲产业发展初期，要根据分类指导的原则推进试点示范工作，重在现有的杜仲产业资源及龙头企业开展试点示范工作，在取得阶段性成效的基础上逐步推开。吸取各类经济林树种推广经验和教训，点面结合，稳步推动。杜仲现有良种包括‘华仲1~14号’‘华仲20~21号’等16个国审良种，‘华仲16~18号’等13个省审良种。各地区和相关企业要根据自身情况，选择适宜类型良种，依法依规，规范栽培和种植。在适生区域重点布局，要根据区域优势，做好市场调研，选择方向，做好布局，实现杜仲资源健康有序发展。

### 5.2.7 坚持生态种植，保护环境

杜仲种植要遵循植物生态适应性和植物分布规律，注重种植区域的生态保护，保留好山崖和沟边等生态脆弱地带的原生植被，注重原有杜仲资源的保护，避免原有杜仲资源流失。杜仲中药、保健食品（饮品）、杜仲亚麻酸油、杜仲功能饲料等杜仲产品与人类身体健康息息相关，要避免使用各种农药和除草剂，施用有机肥，主要采取生物防治的方法进行杜仲林的病虫害防治。

## 5.3 发展目标

杜仲产业采用递进式发展模式，发展目标分近期、中期和远期3个阶段完成。到2050年，要形成杜仲胶、杜仲油料、杜仲中药、功能饲料等供应相对稳定充足、综合效益显著的杜仲新能源经济和产业资源供给，建立起适于现代杜仲产业发展的新型杜仲资源培育体系，强化新技术应用，全面发挥经济、生态和社会综合效益，并充分发挥科技在产业发展中的引领作用、政府在杜仲产业发展中的支持、协调与服务作用和企业在杜仲产业发展中的主体作用，杜仲新技术新装备研发应用、杜仲产品生产和加工、杜仲资源高效利用的全产业链的产业体系，成为我国中西部地区农民增收致富和改善区域生态环境的重要产业之一。

### 5.3.1 近期目标（2020—2025年）

①杜仲资源种植实现1000万亩，其中国家储备林300万亩。

②培育龙头企业10个，培育杜仲优秀品牌10个。

③杜仲胶生产实现60万t，建立5个杜仲亚麻酸油产业化示范基地、5个新型杜仲药用及功能性食品生产示范基地、8个杜仲功能饲料生产示范基地、10个畜禽水产养殖示范基地，杜仲产业产值达到2000亿元。

④建立全国性杜仲产业信息化系统。

⑤杜仲新技术研发和新产品的生产达到国内一流水平，实现杜仲产业链升级关键技术和装备的国内领先。

⑥基本建立智慧型杜仲产业互动化、一体化、主动化的运行模式，初步实现杜仲种植与采摘、产品原料来源追溯、生产流程、质量检验、品牌标识标注、销售及售后服务等过程的绿色产业发展模式。

### 5.3.2 中期目标（2026—2035年）

①杜仲资源种植达到6000万亩，其中国家储备林2000万亩。

②培育龙头企业30个，培育杜仲优秀品牌30个。

③杜仲胶生产实现150万t，建立15个杜仲亚麻酸油产业化示范基地、15个新型杜仲药用及功能性食品生产示范基地、20个杜仲功能饲料生产示范基地、20个畜禽水产养殖示范基地，杜仲产业产值达到1.2万亿元。

④杜仲新技术研发和新产品的生产达到国内一流水平，实现杜仲产业链升级关键技术和装备的国内领先。

⑤基本建立智慧型杜仲产业互动化、一体化、主动化的运行模式，初步实现杜仲种植与采摘、产品原料来源追溯、生产流程、质量检验、品牌标识标注、销售及售后服务等过程的绿色产业发展模式。

### 5.3.3 远期目标（2036—2050年）

①杜仲资源种植实现1亿亩，其中国家储备林杜仲林基地4000万亩。

②培育龙头企业50个，培育杜仲优秀品牌50个。

③杜仲胶生产实现260万t，建立30个杜仲亚麻酸油产业化示范基地、30个新型杜仲药用及功能食品生产示范基地、50个杜仲功能饲料生产示范基地、50个畜禽水产养殖示范基地，杜仲产业产值达到2万亿元。

④杜仲新技术的研发和新产品的生产达到国际一流水平，实现杜仲全产业链技术和装备水平国际领先。

⑤实现智慧型杜仲产业互动化、一体化、主动化的运行模式，基本达到杜仲种植与采摘、产品原料来源追溯、生产过程、质量检验、品牌标识标注、销售及售后服务等过程以及杜仲资源管理、生态系统良性发展等协同化绿色产业发展态势，实现生态、经济、社会综合效益最大化。

# 6 重点任务

## 6.1 培育基地建设

### 6.1.1 杜仲良种繁育基地建设

加大新型杜仲良种繁育基地建设力度，扩大新型杜仲生态林良种、杜仲胶资源良种、杜仲雄花资源良种、叶用杜仲资源良种的苗木供应量，实施良种苗木定点规模化培育和强化监督，保证良种种苗规范有序推广。

### 6.1.2 杜仲生态林基地建设

紧紧围绕《林业发展“十三五”规划》，构建“一圈三区五带”的林业发展新格局，大力营造杜仲纯林或混交林，减少水土流失和风沙危害，维护和改善生态环境、保持生态平衡、保护生物多样性、发挥生态效益为主要目的杜仲水土保持林、杜仲水源涵养林、杜仲防风固沙林、杜仲湿地保护林、杜仲森林康养林、杜仲风景园林等杜仲生态林。

### 6.1.3 杜仲胶资源果园化栽培基地建设

根据国家产业规划和经济林产业总体布局，结合不同产区气候、立地、生态及人文环境等因素，开展区域重点建设杜仲胶资源果园化栽培基地，采用果园化栽培模式，将原来以生产杜仲皮为主转向以生产杜仲果实为主，通过果园化、园艺化生产，实现果、皮、叶、雄花、木材等综合利用，使产果量、产胶量和综合效益得到大幅度提高。

### 6.1.4 杜仲雄花资源培育基地建设

根据雄花产品市场容量和加工能力，适度规模化建立以杜仲花粉资源利用为主，可获得高产、优质的杜仲雄花及其花粉产品的新型杜仲雄花资源基地。杜仲雄花资源基地可单独建立，也可在果园化栽培基地上配置适当比例的杜仲雄花园，起到传粉授精和花粉资源综合利用的双重功能。

### 6.1.5 高效叶、皮、材兼用杜仲资源培育基地建设

在冬季极端最低气温在-35～-25℃，不宜采用果园化栽培模式建设杜仲资源基地的吉林、辽宁、内蒙古、宁夏和河北北部、新疆中部等立地条件较好的丘陵、平原，重点建立高效叶、皮、材兼用杜仲资源基地，每年平茬将地上部分叶、皮、材采收。在目前杜仲主产区也可以建立一定规模的叶、皮、材兼用杜仲资源基地。叶皮材兼用栽培模式对杜仲叶、皮、材综合利用的依赖性较强，可作为杜仲果园化栽培模式的补充。杜仲产业基地建设要与加工企业紧密结合，或加工企业直接建立叶、皮、材兼用杜仲产业基地，防止杜仲资源浪费，造成不必要的经济损失。

### 6.1.6 国家储备林杜仲培育基地建设

杜仲作为主要的树种已纳入《重要国家储备林树种目录》A类，以市场配置资源的决定性作用与更好发挥市场作用结合，并重视财政金融的合力为建设模式，积极储备和保障杜仲林的栽种和推广，对发展杜仲储备林给予政策支持；在储备林建设范围内予以资金补助，支持杜仲作为优质储备林农业发展的贷款范围，享受国家长周期、低地率的政策扶持；在国际金融贷款项目中给予倾斜，在国际金融组织开展项目合作的过程中，因地制宜，积极引导支持杜仲树种，积极推进国家储备林杜仲林基地建设。

## 6.2 技术创新

### 6.2.1 杜仲良种培育和栽培技术创新

良种种苗是发展杜仲产业的根本和关键，大力开展杜仲良种选育相关课题研究，开展杜仲优良种质资源的收集和保存，建设国家级和省级杜仲种质资源库。加强杜仲良种苗木的规模化快繁技术研究，提高杜仲良种苗木繁殖速度，满足新型杜仲资源培育基地建设。以提高杜仲产果量、产胶量及综合效益为目标，全面开展果园化栽培等高效栽培模式与技术创新研究，包括杜仲良种规模化无性系繁育技术、立地调控技术、结构调控技术、树体调控技术、机械化采收技术。

### 6.2.2 杜仲资源高值化精深加工技术创新

针对目前杜仲生产中存在的橡胶和亚麻酸油产量低、综合效益差等突出问题，开展杜仲叶、花、果资源高值化精深加工技术研究，优化集成资源高值化精深加工工艺，开发一批高值化产品。主要研究内容包括：集物理、生物和化学等综合方法的杜仲胶等绿色提取技术及大颗粒杂质去除技术；杜仲主要活性成分的绿色提取、分离及纯化关键技术；杜仲药效学和毒理学及产品开发技术。

## 6.3 产业创新具体任务

以上述我国杜仲适宜栽培区划为依据，适宜发展区域条件的特点，结合新型杜仲橡胶资源基地重点建设区域和方向，进行杜仲产业发展建设布局，稳步推动生产加工业和服务业发展。产业布局重点地区要以提升杜仲生产效益为重点，大力发展现代杜仲产业园区，培育龙头企业和企业集团，建立以骨干企业为龙头，大、中、小企业相匹配、产业链衔接的产业集群，突出重点，稳步推进，分类经营，促进杜仲产业健康有序发展。

杜仲产业发展规划建设布局确定为重点发展区、积极发展区和一般发展区三个建设发展区。

重点发展区：涉及北京、河北、山西、山东、河南、湖北、湖南、陕西、甘肃、新疆10个省份。

积极发展区：涉及天津、内蒙古、江苏、安徽、江西、重庆、云南、宁夏8个省份。

一般发展区：涉及辽宁、吉林、浙江、福建、广东、广西、四川、贵州8个省份。

杜仲是涉及军工、林、工、农、医、食、畜、绿化、体育、包装等多个领域的复合型、能源型资源。目前，随着科技水平的不断提高和生产技术的不断更新，杜仲相关产品已经形成或将形成规模化生产的条件，其产业要形成以下门类。

第一产业：杜仲种苗培育、杜仲种植、低产低效杜仲林改造和杜仲林下经济产品的培育与采摘等，建立各种杜仲资源培养基地共计约11000万亩。

第二产业：杜仲橡胶、杜仲饮料、杜仲药（保健产品）、杜仲籽油提取和加工、杜仲饲料加工、杜仲产业一体化培育、杜仲产业科技创新、杜仲种植与采摘机械、加工装备的研发与生产等。

第三产业：杜仲森林康养休闲、杜仲产业金融服务、杜仲产业科技成果转化、杜仲产业标准化体系建设、杜仲现代物流、杜仲产业电子商务与杜仲相关旅游业等。

## 6.4　建设新时代特色产业科技平台，打造创新战略力量

加快国家杜仲工程中心、协同创新中心、国家种质资源库和良种基地、重点实验室建设，加快以行业部门主导，培养杜仲潜力企业广泛参与的产业联盟等科技创新与产业发展平台建设；加大杜仲产业关键技术研究，将杜仲产业科技创新研究纳入国家重大科技项目、国家重点科研攻关项目和国家科技支撑计划；加快以相关科研院所、高等学校为核心和依托，提高基础研究和技术创新能力，加快突破并熟化育种选优、高效提取、综合利用等产业发展关键技术；加快以技术创新为主线，运用市场机制引导创新要素向企业集聚，在战略层面建立持续稳定的技术合作关系，凝聚和培育创新人才，协同研究解决杜仲产业发展过程中具有全局性的重大技术问题；加快规范技术推广应用和产业化，建立资源共享、优势互补、联合开发、利益共享、风险共担的杜仲产业技术创新平台，形成规范有序、分工协作、合作共赢、共同发展的全国杜仲产业发展创新机制。

## 6.5　推进特色产业区域创新与融合集群式发展

鼓励和支持杜仲加工企业到杜仲资源主产区建设基地及加工企业，形成“企业+基地+农户”等多种产业化经营模式，鼓励建立新型产销模式，完善产业链中的利益联结机制，降低生产和流通成本，增强企业竞争力。

完善常用杜仲商品规格等级，建立杜仲包装、仓储、养护、运输行业标准。鼓励杜仲产品专业市场和电子商务交易平台，建立现代物流配送系统，引导产销双方无缝对接，完成从杜仲种植到杜仲加工、包装、仓储和运输一体化的现代物流体系。

建立公平、透明、开放的杜仲产业信息系统；提供丰富的网站交互功能；全面提高杜仲产业发展预测、预警，重点杜仲产品监测分析，杜仲产业重点企业、市场动态监控和杜仲产品市场产、销、存预警预报能力。建立全国杜仲产业基础数据库，制定数据采集规程和标准，规范杜仲产业基础信息的采集和应用，全面掌握杜仲产业发展情况。

## 6.6　大力推进杜仲产业电子商务平台建设

借助“互联网+”模式，搭建杜仲产业大数据服务平台，建立统一的杜仲产品交易网，形成杜仲产品交易信息统一发布和聚集平台；开发统一的网上交易系统，建立杜仲产品网上商城，为广大企业提供一个网上市场，实现杜仲产品交易的电子商务化。以杜仲产品为对象，制定杜仲产品电子交易标准规范，选择符合杜仲产品特点的交易模式，规范交易流程，开发符合杜仲产品电子商务平台的软硬件系统，使杜仲产品电子商务实现公开、公平、公正、便捷交易。

## 6.7　推进特色产业人才队伍建设

紧紧围绕杜仲国家战略资源高效培育与高值化利用，培养一批从杜仲长期育种工程到高效栽培与利用、从杜仲胶到中药保健品及功能产品研发全产业链开发、从基础研究到应用研究的领军人才和高素质人才队伍。同时，加强杜仲产业乡土专家和实用技术人才的培养，加快杜仲全产业链各环节技术培训，全面支撑杜仲产业可持续加快发展。

# 7 措施与建议

## 7.1 措施

### 7.1.1 组织保障

杜仲产业是林业战略性新兴产业，链条长，涉及的部门和行业多，政策性强，与经济发展和精准扶贫等工作密切相关，要加强对杜仲产业的宏观指导和政策扶持，强化监管与管理机制创新，做好各部门的协调与配合。

各级林业部门要加强杜仲产业发展组织协调，促进杜仲产业健康发展。杜仲产区的各级政府要把杜仲产业纳入当地经济社会发展的全局进行统筹，作为推动生态文明建设、改善生态环境与民生福祉、推进绿色发展、实现精准扶贫的重要内容，予以鼓励和支持。

各地要积极支持各大科研院所、社会团体、企事业单位与推广机构的广泛合作，形成推进杜仲产业发展的协作机制，在科研、良种推广、基地建设、产业化经营以及市场预测监管、检测体系建设等方面提供政策咨询和技术服务。

### 7.1.2 政策保障

国家林业和草原局已将杜仲产业列入《林业发展“十三五”规划》支持范围，加强杜仲等林业战略性新兴产业培育，将杜仲基地纳入国家生态保护、退耕还林、山区综合开发、长防林、森林城市、森林公园、防沙治沙、三北防护林工程体系建设范畴，将发展杜仲产业作为国家战略资源列入国家扶持范围。

不断深化林业产权制度改革，鼓励发展非公有制杜仲胶资源林基地建设，采取多种形式打破地域、行政界线，采取租赁、承包、股份合作制等形式，共同投资发展杜仲产业。形成运行灵活、有利于市场运作的运营机制，积极倡导政府引导，推动“公司+科研机构+基地+农户”的紧密型杜仲产业发展模式。落实林业税费及相关优惠政策，为杜仲产业发展创造宽松的外部环境。简化杜仲胶及其应用开发等加工企业项目审批、市场准入审批程序，加快杜仲新资源食品饮品和药食同源食品饮品认定。

### 7.1.3 科技保障

将杜仲产业升级关键技术研究与产业化纳入国家科技重大专项或国家重点研发计划，加强技术标准的制定和标准化栽培技术的推广应用，争取设立国家级杜仲工程技术研究机构。重视企业在杜仲科技创新与产业发展中的重要作用，在科技创新和人才培养等领域给予大力支持。同时，大力发展杜仲良种种苗，加强技术集成配套和推广应用，通过科技示范，让农民看到优良品种和技术带来的实际利益，积极投身杜仲产业。

### 7.1.4 投入保障

充分利用国家重点林业工程建设的资金投入，把杜仲基地建设与山区扶贫开发、木材战略储备和种苗基地建设等结合起来，统筹安排。加大对国有、民营企业、科研机构以及专业合作社等各类经济实体在杜仲产业发展规划范围内新建杜仲优质高产林、杜仲胶（中药、油、食品、饮品等）装备研发与生产、精深加工项目与基础建设、林下经济、森林康养、电子商务等领域的金融支持力度。中央财政对于杜仲产业发展给予贴息扶持。

加大对杜仲资源培育基地的扶持力度，强化补贴杜仲产业基础设施投入的力度，保证杜仲国家战略资源培育和产业健康发展。

充分利用供给侧结构性改革的历史机遇，增加公共服务有效供给手段，强化林业“PPP项目”（政府和社会资本合作，即公私合营）合作。积极推动社会资本与政府进行合作，充分利用好财政贴息和发行债券等金融支持政策，参与杜仲公共基础设施等项目建设。坚持专业服务机构定位，研究完善“PPP”（Public-Private-Partnership）各项操作指引，强化大数据分析应用，推动项目规范实施和市场有序竞争。探索设立林业战略性新兴产业发展基金，重点用于扶持杜仲等新兴产业项目健康发展。

### 7.1.5 行业保障

发挥行业组织的桥梁纽带和行业自律作用，宣传贯彻国家杜仲政策、规划和信息，推动杜仲产业标准的制定，促进企业合作，提高优质杜仲产品的社会认知度，推动建立现代杜仲产品生产经营体系和服务网络。大力培植杜仲产业龙头企业，培育优秀杜仲品牌，建立杜仲产业诚信体系，充分发挥带动作用。要根据区域经济优势，合理布局，培植高起点、高技术、高附加值、市场开拓能力强、带动力大的企业，形成综合化、区域化、规模化的杜仲种植、杜仲产品加工和销售的特色经济带，以企业为主体，实行专业化生产、规模化经营、社会化服务，把产供销、经科教紧密结合起来，形成“一条龙”的经营体制，实现产业化发展。

### 7.1.6 宣传保障

政府、社会组织与企业联手，通过多种形式，加大对杜仲产品特性和功效、杜仲产业典型基地、杜仲龙头企业的宣传力度，扩大产业影响力。由政府主导开展多种形式的与杜仲相关的公益广告，通过网络、电视、报纸等各种媒体的广泛宣传，使全社会广泛认知杜仲胶产业是战略性资源产业，杜仲食药产品是健康产业的理念。通过科学的市场营销，加大杜仲产品的宣传推广力度，使杜仲产品逐步深入人心。以杜仲文化为核心，以中医药为突破口，以杜仲的广泛用途为科普材料，充分发挥杜仲在各方面文化交流和科普方面的作用。

## 7.2 建议

### 7.2.1 加强杜仲产业发展的顶层谋划

一是将杜仲产业作为林业战略性新兴产业来培育和扶持，将其纳入经济社会发展全局进行统筹规划和发展，成立杜仲产业发展领导小组，以《全国杜仲产业发展规划（2016—2030年）》为指导，立足国家战略和市场需求，围绕建立我国现代杜仲产业体系，制定全国杜仲产业发展规划实施细则，引导我国杜仲产业高质量发展。

二是科学布局杜仲产业发展。坚持因地制宜，根据不同经营目的、栽培现状和产业发展条件等进行科学布局，在土壤和水肥条件较好的地区，实行集约经营方式；在条件比较差的宜林地，可采用近自然和生态种植模式。

三是试点先行，稳步推进。吸取各类经济林树种推广的经验和教训，点面结合、分类指导，前期重在试点示范，重点选择最适合、最有条件、最有发展潜力的区域，规划一批杜仲资源基地县，培育夯实资源基础，逐步形成各产区县域的支柱产业，在取得阶段性成效的基础上再逐步推进。

四是加强宣传推广。结合杜仲产业发展规划实施和百城建设提质工程等，规划建设一批杜仲公园、杜仲博物馆、杜仲文化馆、杜仲特色生态小镇和文化旅游街区等，加强杜仲行道树绿化，加强对杜仲产品用途和作用、杜仲产品优异特性、杜仲医疗、营养和保健知识的宣传普及，提高全社会对杜仲及其产品的认知度和认可度，引导和促进人们对杜仲健康产品的消费。

### 7.2.2 加快构建杜仲现代产业体系

一是加快建设一批杜仲良种产业示范基地。各地在杜仲基地建设规划中要把杜仲良种的应用作为必要的和最基本的条件，因地制宜选用杜仲良种造林，全面提升杜仲资源和产业基地建设水平。在河南、山东、河北、山西、湖南、安徽、陕西、新疆等重点产区建立省（自治区）级杜仲良种产业园，建设杜仲良种资源培育基地，积极建设一批杜仲高产橡胶种植示范园、杜仲胶产业化示范基地、杜仲资源综合利用示范基地。

二是加快培育一批杜仲龙头企业。创造条件积极鼓励一批具有带动效应的龙头企业，支持探索国内外杜仲造林碳汇管理交易模式，实现采用高新技术生产高品质的杜仲胶、杜仲雄花和杜仲亚麻酸油等系列产品的综合利用。

三是加快培育杜仲产业化联合体。鼓励资源培育、橡胶、亚麻酸油、中药、功能饲料等产业环节企业整合、融合与重组，开展杜仲产业一体化示范，以市场为导向，以企业为主体，围绕杜仲资源培育基地建设与产业化开发利用，推进原料培育、加工生产和利用以及设备制造各环节的专业化、集约化、规模化、市场化发展，培育壮大杜仲文化和生态旅游产业，精心做大做强杜仲全产业链，形成以产养林、以林促产的杜仲产业一体化集群发展格局。

四是加快建设杜仲大数据信息平台和现代物流体系。建立全国杜仲产业基础数据库和杜仲产业信息系统，全面提高杜仲产业发展预测、预警、重点杜仲产品监测分析、杜仲产业重点企业、市场动态监控和杜仲产品市场“产、销、存”预警预报能力。依托杜仲产品专业市场，积极搭建杜仲产业大数据服务平台和电子商务交易平台，构建从杜仲种植到杜仲加工、包装、仓储和运输一体化的现代物流体系。

### 7.2.3 强化杜仲科技创新及技术推广体系建设

一是加强杜仲产业研发平台建设。依托国家林业和草原局杜仲工程技术研究中心，建立杜仲产业技术创新战略联盟、协同创新中心等平台，着力打造杜仲国家工程技术研究中心，积极推动育种选优、高效提取、综合利用等产业发展关键技术的突破，抢占杜仲产业研发制高点。

二是加快对杜仲产业关键技术和核心装备的研发。大力开展杜仲良种选育和优良种质资源的收集和保存，积极建设国家级杜仲种质资源库，全面开展有关果园化栽培等高效栽培模式与技术创新的研究，提高杜仲产果量、产胶量和综合效益；加强协同创新，加快对杜仲全产业链产品加工及综合利用关键技术的研发进程，加大杜仲资源培育和加工技术装备的研发力度，提高育种、造林、栽培采收与加工的机械化程度和装备水平。

三是加快杜仲产业科技成果的转化与推广。实施杜仲产业科技成果转化提升工程，积极推动建立各级、各类杜仲产业科技示范园区，完善杜仲产业科技应用激励机制，促进杜仲新品种的推广和重大科技成果的转化。成立省级杜仲技术推广服务中心，组建市、县杜仲技术推广服务队，加强杜仲实用技术培训，大力推进杜仲新品种、新技术、新方法、新工艺的推广和应用。

四是加快推进杜仲产业标准化建设。充分发挥我国杜仲产业科技优势和杜仲资源优势，加快推进杜仲产业认证及标准化进程，积极参与或主导制定杜仲资源培育、良种繁育、生产加工、综合利用及产品的标准体系。建立严格的市场监管体系，促进杜仲产业规范、健康地发展。

### 7.2.4 加快构建杜仲产业发展政策支持体系

一是加大资金投入力度。成立国家级和省级杜仲产业基金和林业战略性新兴产业发展基金，对重点杜仲产业开发项目进行扶持。设立杜仲综合利用科技专项，重点扶持杜仲胶、杜仲籽油和杜仲生物活性物质的研究开发。

二是加大财税政策的支持力度。积极支持杜仲产业基础设施建设和科技研发投入，积极推动将杜仲良种纳入天然橡胶良种的专项补贴之中，对杜仲胶的生产及应用开发、杜仲中药、保健品、功能食品、综合加工利用、林业绿色养殖、杜仲文化和旅游产业等应予以财政补贴、贴息或税收优惠。

三是加大对杜仲国家储备林的支持力度。2016年，杜仲作为主要树种已被列入《国家储备林树种目录》之中，《全国杜仲产业发展规划（2016—2030年）》中已提出了新造990万亩国家杜仲储备林的发展目标。鉴于杜仲良好的生态效益、稳定的经济效益、深远的战略意义和规划的目标要求，建议将杜仲作为我国国家储备林优选树种给予相应的政策支持。

四是加大人才支持力度。深化产教结合，积极加强对杜仲产业技术人才的培养，建立健全高层次人才及团队引进和培养的政策和机制。

五是加大对品牌建设的支持力度。大力推动杜仲产业信用体系与品牌建设，积极引导和支持企业做好市场开拓和品牌建立工作，推动杜仲产业企业信用体系和诚信制度的建设，制定企业信用红黑榜公告制度。大力推进品牌培育，加快自主品牌发展，不断提升产业整体竞争力，打造一批在国内外享有盛誉的杜仲产品品牌。

## 参考文献


邓爱华, 李红勇, 谢鹏, 等, 2018. 响应面法优化杜仲叶中绿原酸提取工艺[J]. 经济林研究, 36(1): 125–130.

邓金星, 2005. 杜仲翅果主要有效成分提取工艺的研究[J]. 龙岩学院学报, 23(3): 43–47.

董宇航, 赵喜源, 曹仁伟, 等, 2020. 天然杜仲胶的提取技术和应用研究现状[J]. 弹性体, 30(1): 68–74.

杜红岩, 杜庆鑫, 2020. 我国杜仲产业高质量发展的基础、问题和对策[J]. 经济林研究, 38(1): 1–10.

杜红岩, 胡文臻, 刘攀峰, 等, 2016. 我国杜仲产业升级关键瓶颈问题思考[J]. 经济林研究, 34(1): 176–180.

杜红岩, 胡文臻, 俞锐, 2013. 杜仲产业绿皮书：中国杜仲胶资源与产业发展报告(2013)[M]. 北京：社会科学文献出版社.

杜红岩, 刘攀峰, 孙志强, 等, 2012. 我国杜仲产业发展布局探讨[J]. 经济林研究, 30(3): 130–133.

杜红岩, 赵戈, 卢绪奎, 2000. 论我国杜仲产业化与培育技术的发展[J]. 林业科学研究, 13(5): 554–561.

冯志博, 张继川, 张天鑫, 等, 2017. 杜仲橡胶的研究现状与发展前景[J]. 橡胶工业, 64(10): 630–635.

耿国彪, 2017. 一棵树兴起一个新兴产业[J]. 绿色中国(5): 46–51.

郭美丽, 周燕平, 何海健, 等, 2008. 杜仲籽油毒理安全性评价[J]. 毒理学杂志, 22(8): 248–249.

李芳东, 杜红岩. 杜仲, 2001[M]. 北京：中国中医药出版社.

李明华, 刘力, 兰婷, 等, 2018. 天然高分子材料杜仲胶的特性及研究进展[J]. 应用化工, 47(5): 1026–1029.

舒象满, 李加兴, 王小勇, 等, 2015. 杜仲籽油亚临界萃取工艺优化及脂肪酸组成分析[J]. 中国油脂, 40(6): 15–18.

孙兰萍, 马龙, 管清美, 等, 2009. 超声波辅助提取杜仲籽油的工艺优化[J]. 资源开发与市场, 25(2): 97–99.

王璐, 杜兰英, 杜红岩, 2014. 杜仲饲料添加剂的研究进展[J]. 饲料添加剂(19): 29–31, 73.

魏艳秀, 2016. 杜仲主要活性成分和杜仲橡胶的变异性研究[D]. 北京：中国林业科学研究院.

吴冬, 2019. 双水相–大孔吸附树脂–有机溶剂萃取制备杜仲叶活性成分工艺研究[D]. 杨凌：西北农林科技大学.

辛欣, 范青生, 罗眼科, 等, 2007. 杜仲籽油可食用性研究[J]. 中国油脂, 32(4): 43–47.

杨海涛, 刘军海, 2010. 杜仲籽油提取工艺的优化研究[J]. 粮油加工, 4 (1): 26–32.

张京京, 杜红岩, 李钦, 等, 2014. 杜仲药理与毒理研究进展[J]. 河南大学学报(医学版), 33(3): 217–222.

张蕊, 张洵箐, 杨凤, 等, 2015. 杜仲胶改性高聚物的研究进展[J]. 高分子通报(8): 63–68.

赵德义, 徐爱遐, 张博勇, 等, 2005. 杜仲籽油与紫苏籽油脂脂肪酸组成的比较研究[J]. 西北植物学报, 25(1): 191–193.

周强, 陈功锡, 熊利芝, 等, 2014. 湘西地区杜仲翅果性状多样性的研究[J]. 中南林业科技大学学报, 34(4): 14–19.

朱莉伟, 陈素文, 蒋建新, 2005. 杜仲种仁化学成分研究[J]. 中国野生植物资源, 24 (2): 41–45.

朱子桐, 2019. 杜仲产业健康发展任重而道远：访中国林业产业联合会副秘书长、《全国杜仲产业发展规划(2016—2030年)》起草组组长李志伟[J]. 中国林业产业(增刊2): 10–17.

DING H H, LIU H D, YANG Y, et al, 2019. Enhanced gutta-percha production from Eucommia ulmoides Oliver via steam explosion [J]. Journal of Biobased Materials and Bioenergy, 3(13): 353–362.

ZHANG X J, CHENG C, ZHANG M M, et al, 2008. Effect of alkali and enzymatic pretreatments of Eucommia ulmoides leaves and barks on the extraction of gutta percha [J]. Journal of agricultural and food chemistry, 56(19): 8936–8943.

中国工程院咨询研究重点项目

# 松脂产业发展战略研究

撰 写 人：宋湛谦
赵振东
周永红
王 婧

时 间：2021年6月

所在单位：中国林业科学研究院林产化学工业研究所

# 摘要

松脂是一种来源于松属植物的天然树脂，松树针叶进行光合作用生成糖类，再经过复杂的生物化学变化，在木材的薄壁细胞中形成“松脂”，最后通过泌脂细胞壁渗入树脂道，只要割伤树干外缘木质部，松脂即通过树脂道流出。人类很早就认识到松脂的可利用性和重要作用，将其作为药物、香料、黏结剂等加以利用，为医药学、植物学、化学的启蒙奠定了基础。

在活的松树树干上有规律地定期开割伤口，割破树脂道，使松脂流出，并将其收集的作业，称为“采脂”。采脂是一种需要按照科学规程进行的专业作业，可分为常规法、化学法和复合法等，常规法因其作业效率高、对产品影响小等原因在我国具有更高的适用度。采集得到的松脂加工后可得到松节油和松香，加工方式为水蒸气蒸馏法，按工艺不同可分为连续式蒸馏法和间歇式蒸馏法。来自松脂的松节油和松香又被称为“脂松节油”和“脂松香”，性能优于其他同类产品，具有丰富且良好的反应活性，是重要的化工原材料，其深加工产品广泛应用于日化、造纸、涂料、胶黏剂、油墨、橡胶、电子、食品及生物医药等领域，涉及国民生产的方方面面。

我国有记录的利用松脂的历史可追溯到春秋战国时期，在明清之前技术水平一直处于世界领先。现代化的松脂工业起步于新中国成立后，经历了全面学习西方技术、引进消化吸收到自主创新的发展历程，成为今天全球为数不多的拥有从松树种植、松脂采集和加工到松香松节油深加工完整产业链的国家之一。着眼全世界，我国松脂产业优势明显，但问题也不可小觑。我国长期是全球松脂产量和出口量最高的国家，高峰时期占到世界总产量的70%，具有绝对的资源优势；我国具有世界上规模最大、门类最全、配套最完备的工业体系，完整的产业链优势无可替代；“科技创新”已成为最重要的国家战略之一，激励政策和措施全面开花，科研投入快速增加，科研产出处于世界前沿水平。另一方面，随着我国经济结构从快速增长型向高质量发展型转变，松脂产业也面临许多新的挑战。第一，人力成本的快速增长使得采脂成本成倍增加，松脂的资源大国地位受到来自巴西、印度尼西亚等国家的严重挑战，最近几年松脂产量仅为高峰期一半左右，已不能满足国内深加工市场的需求，需要靠进口补足；第二，日益严格的环保政策推动企业技术升级，同时也增加了企业的运营成本，大量中小型企业处于经营困难的状态或直接倒闭；第三，科技创新起步晚、投入不足，导致高值化产出低，市场份额逐渐被石油产业挤占。

“青山常在，松脂长流，永续利用”，松脂产业是一个绿色、环保、可持续产业。松香、松节油及其衍生物素有“工业味精”和“小产品大市场”的美誉，在国民经济发展中不可或缺。发展松脂产业与我国的“科技创新”“绿色生态建设”“乡村振兴”“一带一路”等最新战略布局一脉相承。

未来，松脂产业的发展需要在以下几个方面进一步加强：①继续增加松树种植面积，通过优生优育提高高产脂松树比例；②大力提高科研投入，实现科研产出数量与质量双丰收；③强化产学研合作广度与深度，帮助脂农提升科学文化水平，助力企业完成技术革新；④建立行业有效沟联体系，健全上下游企业间联系网络，规范市场秩序；⑤完善产业标准化体系建设，打破行业技术壁垒，逐步淘汰低质量产品；⑥加强国际合作，取人之优、扬我之长，充分吸收国外优秀资源和技术为我所用，支持更多企业走出国门，建立全球化松脂产业网。力争在2025年建设完成高产脂松林基地105个；松脂市场需求量比现在翻一番，达到150万t以上，其中50%以上为进口松脂；70%以上企业采用节水减排绿色加工工艺，节约生产成本30%以上，松香特级品和松节油优油比例提高20%以上；成为松香松节油深加工产品出口大国，松脂产业创造经济总额达到300亿元。

完成上述目标一方面需要松脂产业全力奋进，另一方面需要国家和地方政府尽快推出和完善相关政策，解决松脂产业目前面临的发展困境、扫清产业链积弊、为产业发展创造良好氛围，助力产业尽快实现结构调整、转型与升级，建设“科技创新为指导、前沿技术为支撑、多元产品为根本”的现代化松脂产业体系。

# 1 现有资源现状

## 1.1 资源的发现与应用

松脂是一种来源于松属植物的天然树脂，人类很早就认识到松脂的可利用性和重要作用。松脂的英文名称之一为“colophonium”，据考证是由于松脂最初（约公元前4000年）发现于小亚细亚地区的“colophon”部落，当时人们已经认识到松脂具有良好的粘接性并应用到船舶生产中，极大地促进了当地的跨海贸易，为两河流域成为人类最早的文明发源地作出了巨大贡献。古希腊、古罗马和古埃及的典籍中都明确记载了松脂（松香）的应用，当时人们将其作为药物、香料、黏结剂广泛使用，为医药学、植物学、化学的启蒙发展起到了重要的作用。

我国先民从先秦时代起就对松脂的价值有了充分的认识，并开始有目的的利用。成书于秦汉时代的《神农本草经》中对松脂药用价值已有详细的记述，认为可以治毒疮、刀伤等；东汉末年战争频发，当时流行一种叫作“火箭”的武器，据考证是将松脂涂抹于纺织品上，裹于箭头，点燃后射出，杀伤力极强；沈括在《梦溪笔谈》中记载了毕昇在活字印刷中采用了松香作为黏结剂用来制活字版；松香又称“船香”，《处州府志》记载宋代造船工艺“大船木板拼接处，便以松脂腊、蔗嵌填之，防以漏水”；明代李时珍所著《本草纲目》中明确将松节油归类为药物。可以说在中华民族悠久的历史上，松脂在医药、火药、印刷术、造船等多个领域闪烁着耀眼的光芒，为我国成为“四大文明古国”之一作出了不朽的贡献。

## 1.2 利用技术发展历史

### 1.2.1 采脂技术

松树针叶进行光合作用生成糖类，再经过复杂的生物化学变化，在木材的薄壁细胞中形成松脂，再通过泌脂细胞壁渗入树脂道，只要割伤树干外缘木质部，松脂就会通过树脂道流出。在活的松树树干上有规律地定期开割伤口，割破树脂道，使松脂流出，并将其收集的作业，称为“采脂”（图12-1）。

各文明早期文献都有利用松脂的记载，这说明人们很早就在一定程度上掌握了松脂的采集技术。我国得益于良好的采用文字记录历史的传统，在此方面处于领先地位。成书于公元4世纪的《抱朴子》已有将松树树干凿洞采脂的述说；明朝年间，宋应星所著《天工开物》有“取流松液”的画图（图12-2），是最早的采脂具象化文献记录。

现代意义上的“采脂”是一种需要在科学规范指导下的专业作业，与古人采用的“割树取液”具有本质区别，最大程度上保证了松树资源的多年可重复利用。“采脂”作业，按采割特征可分为常规法、化学法、钻孔法和复合法，其中：常规法有上升式和下降式两种类型，主要区别体现在割面的形状上（图12-1所示割面为下降法）；化学法是用化学药剂或刺激剂处理割面，以延长流脂时间或提高泌脂强度，从而提高松脂产量，一些新型的松脂资源国家，如巴西、印度尼西亚等存在化学法采脂工艺，我国在20世纪80年代前后也曾经推行过化学法采脂，但是化学试剂的使用一方面影响松脂品质，另一方面不利于松树资源的长时间循环利用，目前我国已基本不再采用；钻孔法是采用钻孔代替割面的采脂方式，好处是“伤口”小，可以减少松脂因挥发损失，也可以阻止外界杂质进入，收集所得松脂品质较好，缺点是国内没有专门设备与技术研究储备，山区立地条件下劳动效率较低，大面积作业时生产成本较高；复合法采脂是将常规法中上升式和下降式相结合，在松树树干上交替进行切割。我国目前主要采用的是常规法中下降式采脂方法。按采脂周期可分为长期采脂（10年以上）、中期采脂（6～9年）和短

图12-1 采脂刀（左上）、下降式切割（左下）、收集（右）

图12-2 取流松液（天工开物）

期采脂（3～5年），具体作业年限又受到松种及种植地地理和气候条件等多方面因素的限制。

### 1.2.2 松脂加工技术

松脂经加工分离可得到松节油和松香，这也是其最主要的用途，所得松节油与松香的质量比，随松种和加工工艺不同有所区别，大致为1∶8。

我国的松脂加工技术在古代长期处于世界领先水平，5～6世纪成书的《神农本草经注》中有以酒或碱液处理松脂的记述，可视为早期的溶剂加工技术；东晋医学家葛洪在《肘后备金方》中记载松节油具有治疗关节疼痛的功效，说明至少在此时人们已经掌握了从松脂中分离出松节油的技术；唐代已经出现了与现代工艺原理一致的“直火加热法”松脂加工工艺；1978年，在浙江松阳发现的一座南宋古墓出土了300多斤松香，经检测，各指标值依然符合当时林业部标准，说明南宋时期已经拥有了非常成熟的松脂加工技术和一定的加工规模。

但是，明清时期随着闭关锁国政策的推行，造船业等领域的发展受到严重打击，而西方在经历了文艺复兴和工业革命后开始全方位超越我们，松脂加工也不例外。松脂的另外一个英文名称为“naval store”，就是起源于英国殖民北美后，利用当地丰富的松树资源加工成松香用于制船业，庞大的海上贸易量极大促进了松脂加工技术的发展，为美国后来成为松脂加工技术最先进的国家奠定了基础。同时期的欧洲近代工业兴起，两次世界大战爆发，松脂用途和用量快速扩大，松脂技术得到飞跃式发展和根本性变革。

我国此后在松脂加工利用技术方面一直落后于西方，长期以出口初级加工产品为主，成为全球最大的脂松香生产与出口国，高峰期产量与出口量占到世界总量的70%。进入21世纪后，随着我国科研水平与工业技术的进步，松脂加工利用技术与先进国家之间的差距正在逐步缩小，松脂的自产自销率逐年上升，近年来已逐渐由松脂资源出口国转化为进口国。得益于丰富的松树资源和完整的工业化体系，我国在松脂领域全面赶超西方指日可待。

## 1.3 功能

松脂几乎不会被直接利用，其主要或者说唯一用途就是分离松节油和松香（三者之间的关系如图12-3所示），所以松脂的功能其实就是松节油和松香的功能。

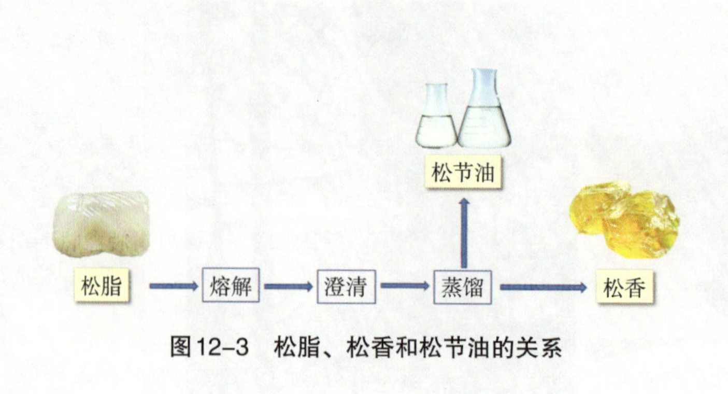


图12-3 松脂、松香和松节油的关系

### 1.3.1 松节油的功能

来源于松脂的松节油又称为“脂松节油”，与来源于其他途径的硫酸盐松节油、木松节油和干馏松节油相比，其品质更高、功能和用途更广泛。

松节油含有双键及脂环结构，化学性质活泼，可以发生异构、氧化、氢化、加成、裂解、聚合等多种化学反应。广泛应用于多个领域：①用于调香。虽然松节油较少直接用于调香，但其所含组分经单离提纯后，由于具有独特的香气被广泛应用于调香配方中。②用作溶剂。松节油常被作为天然及合成树脂、油漆涂料、油墨、松脂加工等过程的溶剂使用。③用作医药品。松节油具有治疗关节风痛、转筋挛急、风热牙痛、跌打损伤等症状的功效；《中华本草》将松节油归类为药材基源，主要药理作用包括抗菌作用和溶石作用；《中华人民共和国药典》(2015版)将松节油归类于植物油脂和提取物。④用作化工原料。以松节油或其单离组分为原料可制备得到多种化工产品，其中绝大多数具有特殊的香气，被称为香料化学品。目前来源于松节油的深加工产品多达上百种，被广泛应用于各行各业中。

### 1.3.2 松香的功能

来源于松脂的松香又称为“脂松香”，就产量而言是全球范围内两种最主要的松香品种之一，而且品质高于另外一种产品“浮油松香”。脂松香是我国最主要的林特产品之一，是重要的化工原料，具有广泛的用途。松香的化学性质取决于其主要组分树脂酸所能发生的各种反应，树脂酸通常是含有共轭双键的不饱和酸，具有较强的反应性，但也存在着易结晶、易氧化、软化点低等缺陷，为消除这些缺陷，人们对松香进行化学改性，制成一系列松香深加工产品。利用树脂酸分子结构中的共轭双键反应，可制得改性松香；利用树脂酸分子结构中的羧基，进行羧基反应可制得松香衍生物；当然也可以同时利用共轭双键和羧基的化学反应进行深加工利用。主要的改性松香有氢化松香、歧化松香、聚合松香及马来松香等；主要的松香衍生物有松香酯类和盐类、松香腈、松香胺及松香醇等。松香及深加工产品具有增黏、乳化、软化、防潮、防腐、绝缘等优良性能，广泛应用于造纸、涂料、胶黏剂、油墨、橡胶、电子、食品及医药等行业。

## 1.4 总量与分布

目前，我国可用于采脂的松种主要有传统种植的马尾松、云南松、思茅松、南亚松等，以及从国外引种的湿地松、加勒比松等。据初步统计，2020年全国现有可供产脂的松林面积约为2000万$hm^2$。其中，马尾松约1030万$hm^2$，云南松约560万$hm^2$，思茅松约180万$hm^2$，湿地松约230万$hm^2$，还有少量南亚松、加勒比松等未算在其中。

需要指出的是，可供采脂的松树总量仅代表松脂资源的储备潜力，并不意味着实际产出能力，出于保护自然环境的原因，一些年代久远的天然林，以及生长于风景区或保护地的资源并不实际用于松脂生产，另外一些处于自然条件极度恶劣地区的资源也不具备实际采脂价值。但是从资源总量而言，我国依然是全球松脂资源最丰富的国家之一，具备非常强劲的发展潜力。

在我国，松脂的实际年生产量受到自然气候条件、全球市场情况、上下游产业状况和国家政策法规等多方面因素限制，通常行业内以统计松香的年产量来测算松脂产量，图12-4（数据来源于2020年第26届松香年会主题报告）为2000年以来我国松香产量变化趋势，从中可以一窥我国松脂产业的发展历程，高峰期松香年产量接近80万t，对应松脂产量大约为130万t。2008年南方遭遇严重冰冻灾害，再加之全球性金融危机的爆发，多重打击下松脂产量断崖式下跌。最近几年，受国内外大环境影响，特别是国外松脂资源的冲击，我国松香出口量快速下降，近5年年产量保持在50万t左右，对应松脂产量大约在80万t，近5年我国几种主要松香品种的产量如表12-1所示（数据来源于2020年第26届松香年会特邀报告），从中可以看出我国松脂资源的大致发展趋势：总产量有所下降；松脂主要来源于马尾松和湿地松，且马尾松的市场份额正在慢慢被湿地松所取代；作为云南松脂代表的云南松和思茅松的市场占有率已经很难与马尾松和湿地松相抗衡。

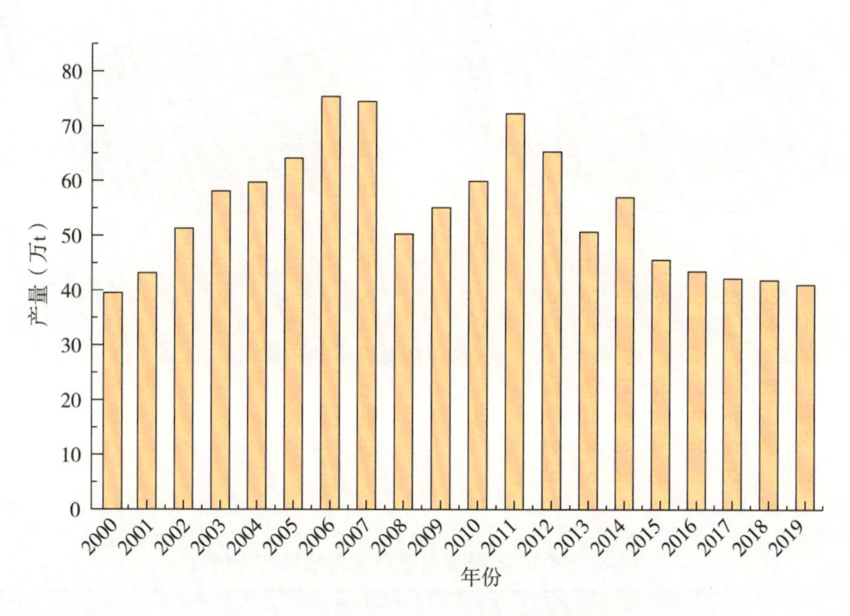


图12-4 2000—2019年我国脂松香产量

表12-1 2015—2019年全国松香产量分树种统计

| 年份 | 马尾松 | | 湿地松 | | 云南松+思茅松 | | 合计 |
|---|---|---|---|---|---|---|---|
| | 产量（万t） | 占比（%） | 产量（万t） | 占比（%） | 产量（万t） | 占比（%） | 产量（万t） |
| 2015 | 29.6 | 60.4 | 10.4 | 21.2 | 9.0 | 18.4 | 49.0 |
| 2016 | 24.1 | 51.9 | 15.4 | 33.1 | 7.0 | 15.0 | 46.5 |
| 2017 | 19.8 | 44.8 | 17.4 | 39.6 | 6.9 | 15.6 | 44.1 |
| 2018 | 17.9 | 42.1 | 18.3 | 43.2 | 6.2 | 14.7 | 42.4 |
| 2019 | 15.4 | 37.0 | 20.2 | 48.6 | 6.0 | 14.4 | 41.6 |

我国可采脂松树资源分布具有明显的“南多北少”的特点。90%以上的可采脂松种均种植于南方诸省，主要包括广东、广西、云南、福建、江西、湖南、海南、贵州等。正所谓“靠山吃山、靠水吃水”，我国的松脂相关企业的地理分布与松树资源分布呈现近乎一致的趋势，据统计，2020年我国主要的松脂加工企业140多家，松香与松节油深加工企业120多家，主要分布于上述几个资源大省，具体情况如图12-5所示（数据来源于中国林产工业协会松香分会）。松树品种的分布同样具有明显的地域特色：广西主要以马尾松为主，其次是福建、贵州和广东；云南普遍种植云南松和思茅松；江西湿地松种植面积接近全国湿地松总面积的1/4，湖南、广东和广西的湿地松也在大量进入采脂期；海南则是南亚松和加勒比松的主要产地。表12-2（数据来源于2020年第26届松香年会特邀报告）是2019年我国几大主要松脂产区不同品种松香的生产比例，从中可以明显看出各地区松种的分布情况。

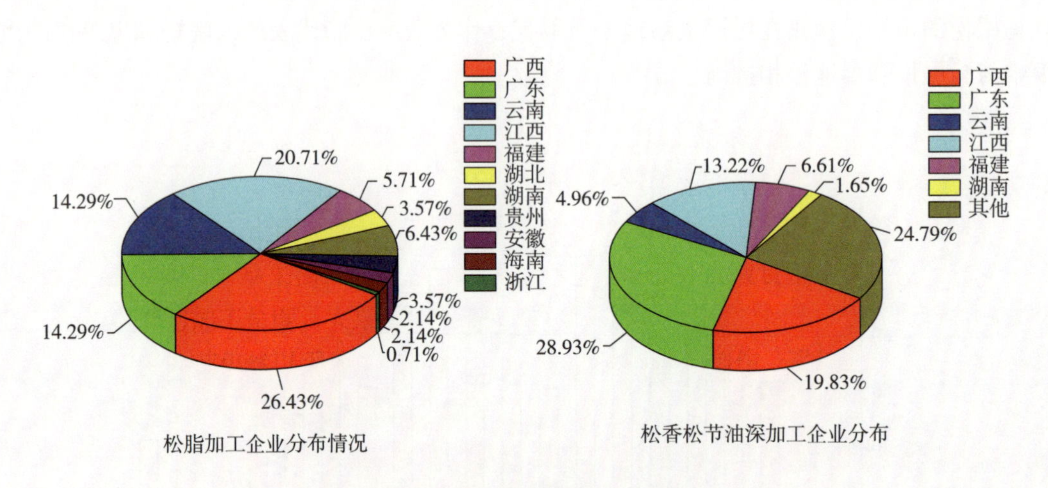


**图12-5　我国松脂相关企业分布情况**

**表12-2　2019年松香主要产区各品种占比情况**

| 产区 | 马尾松松香 | 湿地松松香 | 思茅松松香 | 云南松松香 | 其他松香 |
|---|---|---|---|---|---|
| 广西 | 75% | 25% | — | — | — |
| 广东 | 30% | 70% | — | — | — |
| 福建 | 80% | 20% | — | — | — |
| 江西 | 5% | 95% | — | — | — |
| 云南 | — | — | 90% | 10% | — |
| 湖南 | 5% | 95% | — | — | — |
| 贵州 | 98% | 2% | — | — | — |
| 海南 | — | — | — | — | 南亚松和加勒比松为主 |

除我国外，可采脂松树在全球范围内都有广泛分布，但同样呈现出明显的地域特色，全球主要产脂国家可采脂松种分布情况如表12-3所示（数据来源于DOI: 10.1002/14356007.a23_073）。

表12-3 全球可采脂松种分布情况

| 国家或地区 | 主要松种 |
| --- | --- |
| 中国 | 马尾松、云南松、红松 |
| 美国 | 湿地松、加勒比松、沼泽松 |
| 印度 | 印度长叶松 |
| 中美洲 | 加勒比松、火炬松、粉枝五针松 |
| 南美洲 | 湿地松 |
| 东南亚 | 南亚松 |
| 日本 | 赤松 |
| 希腊 | 地中海白松 |
| 法国、西班牙、葡萄牙 | 海岸松 |
| 德国 | 欧洲赤松 |
| 澳大利亚 | 黑松 |

## 1.5 特点

### 1.5.1 松种的影响

松脂是一种乳白色至黄色的流体或半流动固体，新鲜采集的松脂颜色较浅、流动性较好，放置过程易造成氧化和挥发性组分损失，颜色逐渐变深且黏度变大。松脂作为一种天然树脂，物化特性受到多方面因素的影响，其中最主要的就是来源松种。松脂经加工分离可得到松节油和松香，不同松种所得松脂在松节油和松香构成比例方面具有较明显区别，马尾松松脂加工后，松节油得率在10%～13%、湿地松松脂在19%左右、思茅松松脂和云南松松脂中在15%～17%。上述数据主要来源于工厂实际生产经验所得，由于松节油具有挥发性，所以在松脂采集和储存过程中会有较大量损失，储存时间越长，松节油得率越低。松节油含量的不同对于松脂的外观特性具有直接影响，松节油含量越高，松脂的流动性就越好，这一点对于松脂的加工、包装等具有直接影响，比如部分马尾松松脂可以用编织袋包装，但是湿地松松脂通常只能采用桶装。

另外，无论松节油还是松香都不是单一物质，而是多种组分的混合物。松节油的主要组分是单萜，包括$\alpha$-蒎烯、$\beta$-蒎烯、莰烯、苧烯、松油烯等；另外还含有少量倍半萜，主要是长叶烯和$\beta$-石竹烯；松香的主要组分是二萜树脂酸，包括海松酸、山达海松酸、异海松酸、长叶松酸、左旋海松酸、去氢枞酸、枞酸、新枞酸等。来源于不同松种的松脂在具体组分构成方面往往表现出较大的区别，所以组分分析是目前最常用也最精确的松种鉴别手段之一，表12-4（数据来源：编者收集相关产品后自行分析结果）列出了我国目前几种主要松脂的化学组成，从中不难发现各松脂的独特性：马尾松松脂中倍半萜烯含量较高，而异海松酸含量极低；湿地松松脂含有较大量的$\beta$-蒎烯和异海松酸，且含有特征组分湿地松酸；思茅松和云南松松脂中$\alpha$-蒎烯含量较高；南亚松松脂含有特征组分南亚松酸，但不含海松酸。

除松节油和松香外，松脂中还包含有少量的脂肪酸、烷烃、芳烃和其他萜类化合物，这些组分的有无以及含量高低同样与来源松种息息相关。

表 12-4　我国主要松脂化学组成（GC 分析）

（单位：%）

| 松种 | $\alpha$-蒎烯 | $\beta$-蒎烯 | 3-蒈烯 | $\beta$-水芹烯 | 长叶烯 | $\beta$-石竹烯 | 海松酸 | 湿地松酸 | 山达海松酸 | 异海松酸 | 长叶松酸 | 去氢枞酸 | 枞酸 | 新枞酸 | 南亚松酸 |
|---|---|---|---|---|---|---|---|---|---|---|---|---|---|---|---|
| 马尾松 | 5.84 | 0.38 | — | — | 3.74 | 0.94 | 7.53 | — | 1.49 | 0.65 | 50.83 | 2.17 | 7.29 | 11.10 | — |
| 湿地松 | 14.00 | 8.99 | — | 1.36 | — | — | 2.52 | 4.39 | — | 11.87 | 30.80 | 1.58 | 5.21 | 12.63 | — |
| 思茅松 | 29.14 | 6.21 | — | 1.50 | 1.09 | 0.09 | 3.23 | — | 1.04 | 2.76 | 25.40 | 3.44 | 7.57 | 9.63 | — |
| 云南松 | 33.87 | 8.29 | — | 1.84 | — | — | 2.93 | — | 1.01 | 2.61 | 23.88 | 3.10 | 5.46 | 8.97 | — |
| 南亚松 | 5.52 | — | 10.53 | 6.85 | — | — | — | — | 5.91 | 7.00 | 35.81 | 0.96 | 8.23 | 3.46 | 9.53 |
| 加勒比松 | 9.96 | 0.62 | — | 8.29 | 2.11 | — | 5.68 | 1.27 | — | 2.83 | 38.91 | 3.58 | 5.32 | 11.72 | — |
| 湿加松 | 16.07 | 7.62 | — | 3.02 | — | — | 2.09 | 4.23 | — | 9.63 | 25.85 | 1.83 | 9.14 | 13.12 | — |
| 白皮松 | 3.10 | 6.10 | — | — | — | — | 0.10 | — | 3.36 | 13.17 | 29.28 | 7.35 | 15.23 | 11.48 | — |
| 雪松 | 6.65 | 6.81 | — | — | 0.27 | — | 1.97 | — | 1.13 | 4.43 | 13.48 | 2.94 | 24.75 | 15.46 | — |
| 展松 | — | — | — | 11.35 | — | — | 11.31 | 1.49 | 2.09 | 2.80 | 37.96 | 2.94 | 3.67 | 4.73 | — |

### 1.5.2　产地的影响

除松种外，产地对于松脂的构成也有非常明显的影响，来源于不同地区的同一松种的松脂在化学组成方面可能存在很大不同，从而导致其物理外观呈现出明显区别。表 12-5（数据来源：广州精久技术咨询服务有限公司提供）所列为来源于不同地区的马尾松松香的化学组成，可以看出其中存在明显区别。

表 12-5　来源于不同地区的马尾松松香化学组成（GC 分析）

（单位：%）

| 来源地 | 海松酸 | 山达海松酸 | 异海松酸 | 长叶松酸 | 去氢枞酸 | 枞酸 | 新枞酸 |
|---|---|---|---|---|---|---|---|
| 广西 | 8.64 | 1.74 | 0.40 | 14.64 | 3.54 | 54.83 | 12.79 |
| 广东 | 8.28 | 1.74 | 0.41 | 22.68 | 3.49 | 43.72 | 16.17 |
| 江西 | 8.30 | 1.77 | 1.09 | 13.33 | 3.48 | 57.06 | 11.27 |
| 贵州 | 8.62 | 1.73 | 1.04 | 11.95 | 4.34 | 58.96 | 8.01 |
| 福建 | 7.34 | 2.17 | 1.20 | 11.41 | 3.70 | 51.36 | 9.43 |
| 湖北 | 9.07 | 1.87 | 0.99 | 25.05 | 3.38 | 41.72 | 14.77 |
| 四川 | 7.83 | 1.81 | 0.97 | 14.39 | 4.20 | 53.91 | 13.01 |
| 浙江 | 8.34 | 1.77 | 0.97 | 18.93 | 4.49 | 47.67 | 12.95 |
| 越南 | 8.17 | 1.94 | 0.35 | 15.20 | 3.01 | 54.61 | 12.13 |

### 1.5.3 采脂与加工技术的影响

由于松脂中的松节油部分具有挥发性，采脂和加工过程极易造成其组分损失，从而影响松脂的化学组成与物理特性。松香部分的树脂酸存在易氧化、受热发生异构化等问题，不同加工技术也会对其性质产生明显影响。

# 2 国内外加工产业发展概况

## 2.1 国内外产业发展现状

### 2.1.1 国内产业发展现状

在我国，松脂产业涉及松树种植、采脂、收脂、松脂加工以及松节油和松香加工再利用，是一条连接农户、个体户、小微企业到跨国大企业的庞大产业链（图12-6）。种树与采脂以前大多由农民自发完成，现在越来越多的企业通过自建基地林或者承包山头等方式参与其中，逐渐成为占比更大的松脂资源经营方式。脂农在采脂后可以将松脂直接售于松脂加工企业，也可以卖给一些专门从事收、贩松脂业务的个体户或者小微企业，后者再将其转卖给加工企业。松脂相关企业主要分为两类：一类是只进行松脂加工，分离得到松节油和松香作为产品售出；另一类是进行松脂加工，分离得到的松节油和松香一部分可能作为商品售出，另一部分作为原料进行再生产，二者的再加工产品作为商品售出，规模较大的企业大多属于后者。

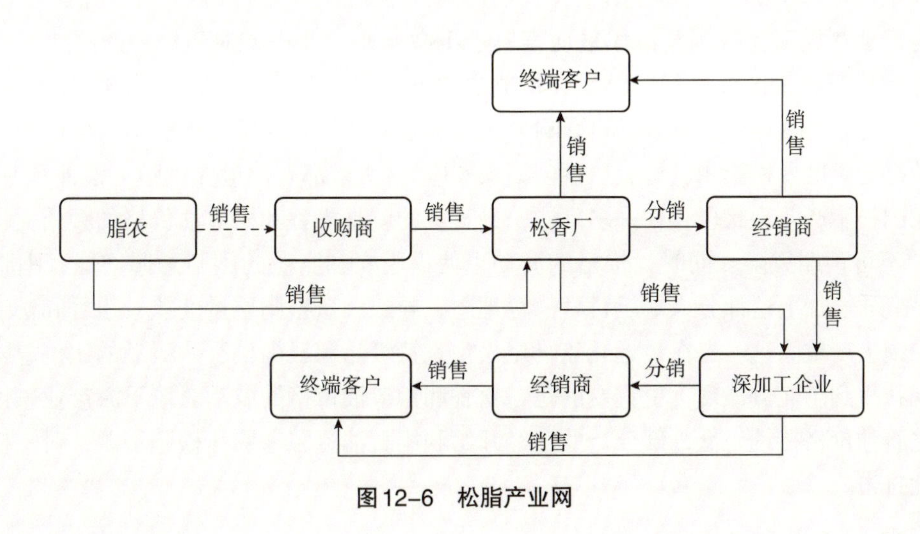


图12-6 松脂产业网

近5年，我国松香的年产量维持在40万t以上，对应松脂的年产量大约在60万t，从事松脂加工、松香与松节油生产和深加工利用的企业有260多家，其中加工利用规模超过万吨的企业10几家，上市企业仅有3家（数据来源于中国林产工业协会松香分会）。

松脂产业的价值主要体现于松节油与松香的下游产品的价值。目前，我国松节油的年产量在6万~8万t，加上进口松节油，年利用量大约在10万t，主要应用途径有3种：①作为溶剂直接利用；②作为分离$\alpha$-蒎烯、$\beta$-蒎烯等单一组分的原料；③90%以上作为生产合成樟脑、松油醇、冰片、二氢月桂烯、萜烯树脂等产品的原料使用，最近3年内，松节油在各产品中应用比例如图12-7所示（根据行业协会提供数据总结整理）。我国松香的年产量最近几年都维持在40万t左右，但是进口量呈现逐年增加趋势，年利用量超过50万t，主要应用于以下领域：涂料和胶粘剂树脂、施胶剂、油墨、树脂乳液、改性松香、蜡染和食品级松香树脂等，最近3年内，大致应用比例如图12-7所示。

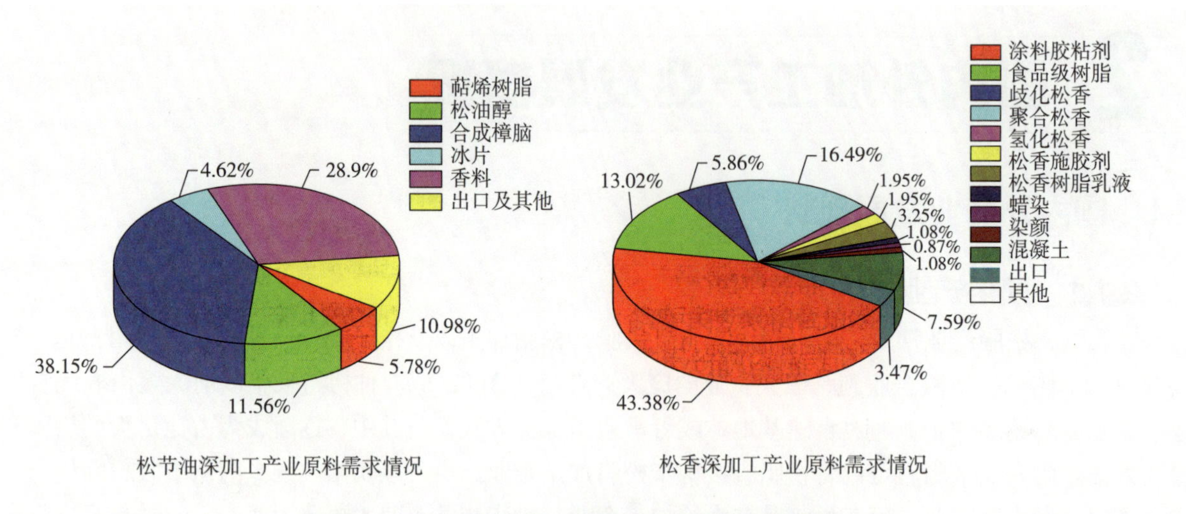


**图12-7 松香与松节油深加工产业原料需求情况**

按照2020年松脂、松香和松节油及其深加工产品的产量和市场行情进行估算，我国松脂产业的生产总产值约230亿元人民币，其中：松脂产量约60万t，产值约60亿元；松香产量约40万t，产值约60亿元；松节油产量约6万t，产值约15亿元；松香松节油深加工产品约43万t，产值约95亿元。

松脂自身产业规模对于我国经济体量而言属于小微产业，但松节油和松香的深加工产品种类极其丰富、应用非常广泛，据统计，我国松香和松节油的下游产品涉及行业经济总额占到国民经济总量的10%，对于国计民生发展具有至关重要的影响力。我国是全球最大的松脂资源国与生产国，我国松脂产业的风吹草动都会对世界松脂相关行业产生“蝴蝶效应”，历来都有“世界（脂）松香看中国”的美誉。

但是，我国松脂产业现状也存在许多问题，最直观的就是松香和松节油价格的频繁大幅度波动给产业发展带来的不可预期风险。同时，价格的波动也使得脂农和脂贩的囤脂意愿增强，囤脂现象日益严重，松脂的易变质性加上这部分人缺乏科学储存理念，导致大量松脂质量变差，松香和松节油品质跟着下降，松节油损失严重。这一点在最近几年马尾松松香特级品和云南松香一级品的比例急剧下降，甚至面临消失的现状得到了充分体现。更重要的是，松香和松节油价格的波动对于下游产业来说是极其不稳定因素，加之石油价格持续走低，部分行业已经开始利用石油资源来取代松脂资源，对于松脂产业的发展带来致命性打击。

### 2.1.2 国外产业发展现状

对比我国情况，国外松脂产业分为两种情况，一种就是松脂加工产业，即从松树种植、采脂到松脂加工；另一种就是松节油和松香再利用产业。第一种情况主要集中于经济欠发达国家和地区，比如巴西、阿拉延、越南、印度尼西亚等，图12-8（数据来源于2020年第26届松香年会主题报告）为近5年，国外主要松脂资源国家脂松香生产情况，虽然在产量上跟我国还有一定差距，但是考虑到这些国家深加工产业尚处于起步阶段，资源主要用来出口，也会成为我国在国际松脂市场上的主要竞争对手，正在逐渐取代我国的脂松香出口量全球第一的地位。而且，随着我国深加工产业的扩大以及资源和环境意识的增强，国内的松脂产量已渐渐不能满足应用需求，上述国家也成为我国松香和松节油进口的主要来源国，图12-9（数据来源于2020年第26届松香年会主题报告）为近5年我国进出口脂松香的情况统计，可以看出年进口量增速明显，出口量快速下降，2017年后进口量超越出口量，我国也从脂松香出口国转化为净进口国。

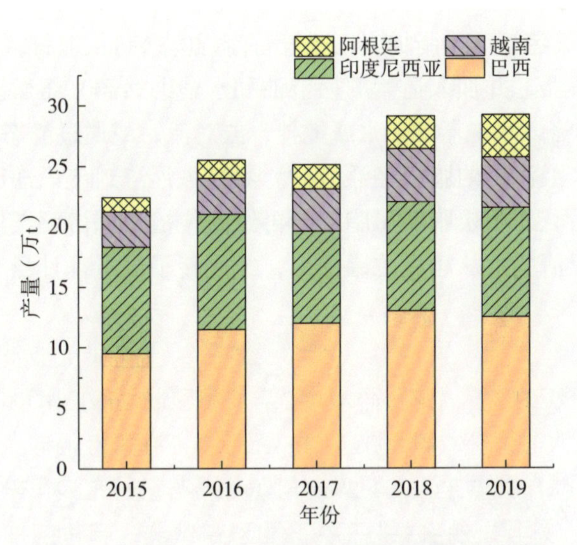


图12-8 2015—2019年国外主要松脂国松香产量

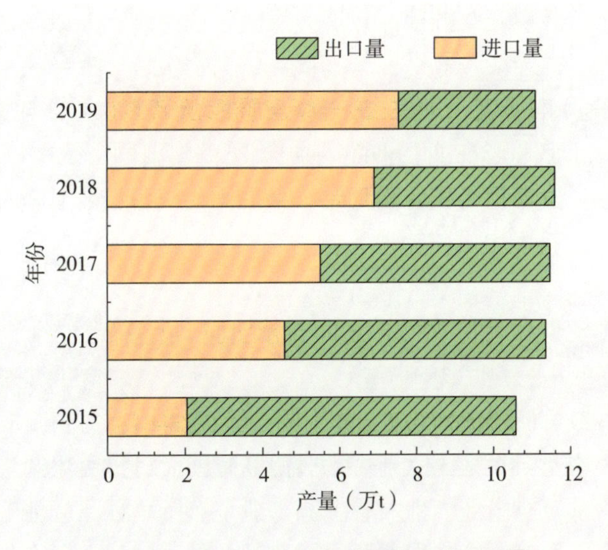


图12-9 2015—2019年我国松香进出口量

与松脂加工相反，国外有关松节油和松香的深加工产业还比较集中于美、欧、日等发达国家和地区，主要以生产高端香料和生物医药用原料或中间体为主，低附加值产品的生产逐渐转移向巴西、印度尼西亚等地。

## 2.2 国内外技术发展现状

### 2.2.1 国内技术发展现状

#### 2.2.1.1 采脂技术

我国目前主要采用的是常规法下降式采脂方式，整个作业过程应严格按照《松脂采集技术规程（LY/T 1694—2007）》执行。

### 2.2.1.2　加工技术

松脂加工后得到松节油和松香，目前最主要的加工方式是水蒸气蒸馏法，根据工艺不同又分为连续式水蒸气蒸馏法、间歇式水蒸气蒸馏法和简易蒸汽法。

（1）连续式水蒸气蒸馏法

图12-10为连续式水蒸气蒸馏法松脂加工工艺设备流程。松脂从上料螺旋输送机输入料斗，再经螺旋给料器不断送入连续熔解器，并加入适量的松节油和水辅助熔解。熔解脂液经除渣器滤去大部分杂质，经过渡槽放出污水，再流入水洗器加热水或搅拌，或对流，或通过静态混合器使之充分搅和，然后送入连续或半连续澄清槽，澄清后的脂液经浮渣过滤器滤去浮渣，流入净脂贮罐，澄清的渣水间歇放出。中层脂液澄清槽澄清后流入中层脂液压脂罐，再经高位槽返回熔解器回收，或者单独蒸煮得到黑松香和松节油。脂液泵将澄清脂液从净脂贮罐抽出，经过转子流量计计量、预热器加热后连续送入蒸馏塔。

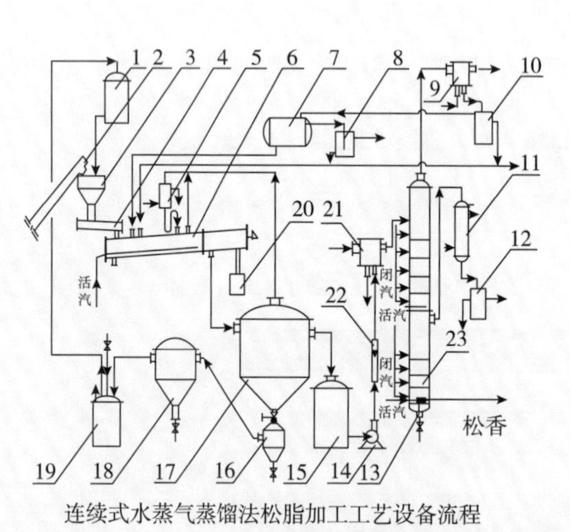


连续式水蒸气蒸馏法松脂加工工艺设备流程

1-熔解油贮罐；2-螺旋输送器；3-加料斗；4-给料器；5、9、11-冷凝冷却器（换热器）；6-连续熔解器；7-优油贮罐；8-盐滤器；10、12-油水分离器；13-放香管；14-脂液泵；15-过滤器；16-稳定器；17-连续澄清槽；18-中层脂液澄清槽；19-压脂罐；20-残渣受器；21-脂液预热器；22-转子流量计；23-连续蒸馏塔

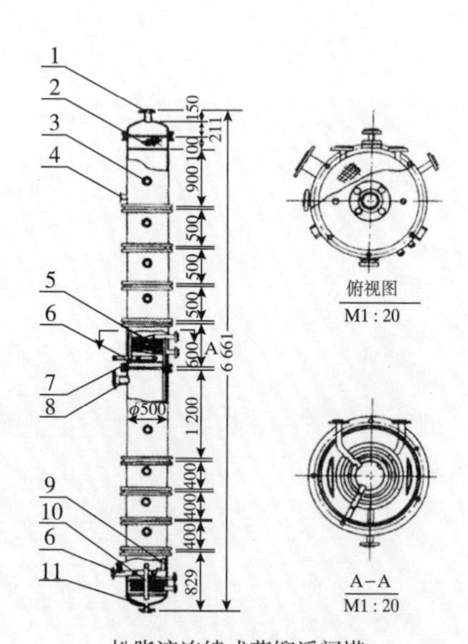


松脂液连续式蒸馏浮阀塔

1-优油混合蒸汽导管；2-除沫装置；3-视镜；4-脂液进口管；5-间接蒸汽盘管；6-直接蒸汽喷管；7-盲板；8-重油混合蒸汽出口；9-降液管；10-放香管；11-排污管

**图12-10　连续式水蒸气蒸馏法松脂加工工艺设备流程**

（2）间歇式水蒸气蒸馏法

图12-11为间歇式水蒸气蒸馏法松脂加工工艺设备流程。松脂从贮脂池用螺旋输送机输入车间料斗，生产量大的工厂还经过压脂罐用压缩空气压入车间料斗。松脂从车间料斗进入熔解釜，再加入熔解油和水辅助熔解，并加入适量草酸。以直接水蒸气加热熔解，熔解脂液用水蒸气压入过渡槽，杂质残留在滤板上定期排出，熔解时逸出的蒸汽经冷凝冷却后返回釜中。从过渡槽放去大部渣水，脂液间歇地经水洗器流入澄清槽组澄清。澄清脂液从澄清槽分次流入一级蒸馏釜，入釜前滤去浮渣从一级蒸馏釜蒸出优油和水的混合蒸汽，经冷凝冷却器、油水分离器和盐滤器得到产品优级松节油。蒸完优油的脂液流入二级蒸馏釜，从二级蒸馏釜先后蒸出熔解油和水的混合蒸汽，分别经换热器冷凝冷却和油水分离器，熔解油直接送至熔解油高位槽作稀释和熔解松脂之用。再经盐滤器除去残留于油中的水分得重油。脂液从二级蒸馏釜蒸完重油后得产品松香，放入松香贮槽。

间歇式水蒸气蒸馏法松脂加工工艺设备流程

1-熔解釜；2-加料斗；3、17-熔解油（中油）贮罐；4、12、16、24、29-冷凝冷却器（换热器）；5-过渡槽；6-过滤器；7、8、9、10-澄清槽；11-一级蒸馏釜；13-优油贮罐；14、20-盐滤器；15、18、21、23-油水分离器；19-重油贮罐；22-二级蒸馏釜；25-黑香或残渣受器；26-喷提锅；27-中层脂液澄清罐；28-排渣水槽；30-分离器

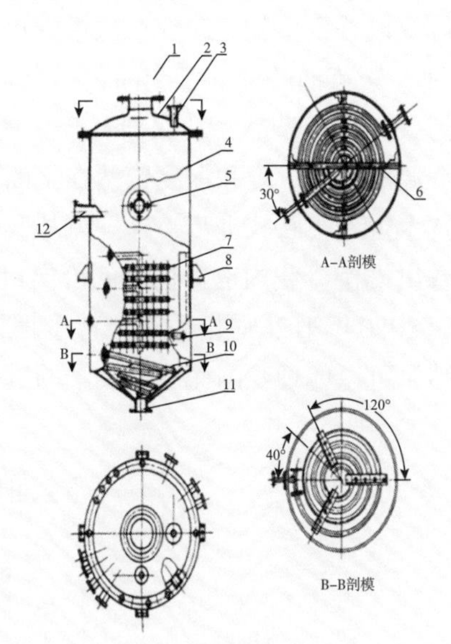


间歇蒸馏釜

1-导气管；2-釜顶盖；3-放空管；4-釜身；5-视镜；6-间接蒸汽管支架；7-间接蒸汽；盘管；8-支架；9-温度计孔；10-直接蒸汽盘管；11-出料管；12-进指管

蒸馏釜由不锈钢板焊制。釜内下半部按加工量和加热面积装有间接蒸汽（闭汽）盘管7，用间接蒸汽加热脂液。直接蒸汽（活气）管；10设于间接蒸管下面。进管12设于釜

**图12-11　间歇式水蒸气蒸馏法松脂加工工艺设备流程**

（3）简易蒸汽法

目前，简易蒸汽法松脂加工有两种不同流程：一种采用导热油为传热介质，产生蒸汽；另一种是采用部分蒸汽法，即蒸馏部分以蒸汽作解吸介质。

（4）$CO_2$或$N_2$循环活气法

基本原理同水蒸气蒸馏法，只是把介质水蒸气换成$CO_2$或$N_2$。用过热蒸汽蒸馏松脂，其工艺流程长、能耗高，不仅浪费大量的作为活气的水蒸气的相变热，而且带走了从松脂蒸馏器出来的水蒸气的冷凝热，需要消耗大量的冷却水。优点是采用惰性气体作为活气代替水蒸气，避免了松脂与水蒸气的接触，惰性气体与松节油蒸汽分离后，得到的产品质量有所提高，松香无贯串现象，松节油透明无混浊。惰性气体可以循环利用，节省了油水分离器、盐滤器等设备的投资。活气不需排放，没有环境污染问题。

除上述方法外，松脂加工还可采用溶剂沉淀法，基本原理是利用松脂中酸性组分（树脂酸、脂肪酸）和非酸性组分（松节油、不皂化物）在不同溶剂中溶解度有较大差别的原理，而使松香与松节油分离。这一方法由于需要使用到有机溶剂，操作安全风险和成本都会增加，而且产品品质也难以达到水蒸气蒸馏法的标准，所以目前工业化应用价值还不太高。

选择何种松脂加工工艺流程通常取决于企业的产能、技术、动力、燃料等因素。连续式工艺流程技术要求较高，操作方便，可减轻工人劳动强度，产品质量稳定，由于提高了汽化效率，能耗相对较低，便于自动化、计算机控制，但是需要较高的产能平衡成本，一般年产松香4000t以上的松脂生产线选择连续式工艺流程。间歇式水蒸气蒸馏法和简易蒸汽法生产操作劳动强度较大，产品质量不够稳定。由于生产过程间歇进行，技术要求相对较低，生产过程易于控制，它适于松香年产量2000～4000t的规模。也有工厂在发展过程中先采用间歇式，后改用连续式，或者部分间歇、部分连续，形成了流程的多样化。

### 2.2.1.3　再利用技术

松脂的再利用技术主要体现于以松香和松节油为原料开发新产品和创造新工艺。我国松香深加工产

品主要有聚合松香、氢化松香、歧化松香和马来松香等各种改性松香，以及松香腈、松香胺、松香酯和松香盐等松香衍生物。此外，从松香再加工产品又可开发多系列产品，如目前已发展氢化松香系列产品10余种。松节油的深加工产品包括合成樟脑、松油醇、冰片、二氢月桂烯、萜烯树脂等。松香和松节油作为天然来源产品，其深加工产品具有石油产品无法取代的优势，所以虽然石油资源具有价格优势，松脂资源的应用广度和深度依然在不断发展中。随着我国科研能力和工业规模的提升，松香和松节油深加工技术得到飞跃式进步，这一点从我国逐渐从松脂资源出口国转化为进口国，而且进口量逐年增加即可以看出端倪。我国也正在由低价出口原料高价买入产品向深加工产品的出口国转变，图12-12（数据来源于2020年第26届松香年会特邀报告）为近几年我国松香和部分松香深加工产品的出口情况，二者对比结果可以体现我国深加工技术的进步趋势。

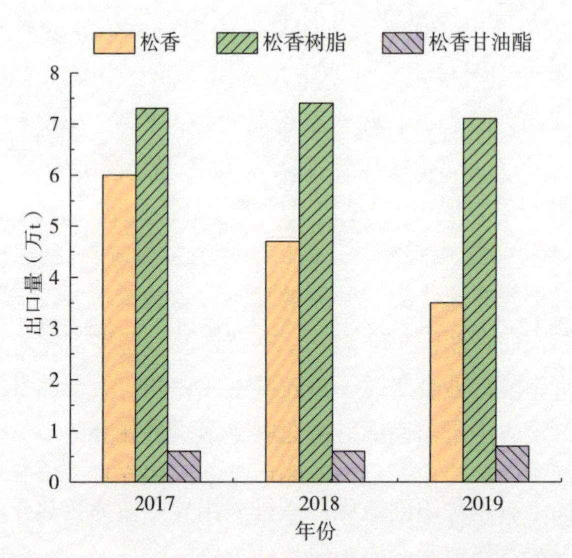


图12-12 2017—2019年松香及其深加工产品出口情况

### 2.2.2 国外技术发展现状

国外的从事松脂采集和加工的国家所用技术与我国大致相同，大部分企业都有中国人参与，生产设备也大多由中国引进。

国外松香和松节油再加工技术主要还掌握在发达国家手里，近几年一些较为低端的技术也正从美国、日本等发达国家向巴西、印度尼西亚等资源丰富、人力成本低廉的国家转移。但是，那些技术含金量高、附加值高的产品生产依然被欧美等发达国家所垄断，以下几个产品即是典型的例子：合成左旋薄荷脑、维生素E关键中间体异植物醇、维生素$K_1$关键中间体植物醇等。

## 2.3 国内外差距分析

### 2.3.1 产业方面

我国是世界范围内为数不多的拥有从松树种植到松香和松节油深加工利用的松脂全产业链的国家，在产业的完整性、系统性和规模化方面具有绝对优势。

国外在产业链方面处于两极分化状态，松脂资源集中于巴西、印度尼西亚、越南等发展中国家，这些国家凭借资源价值相对不高、劳动力成本较低等优势，在全球市场的竞争力给我国松脂造成了不小的压力，最近几年我国松节油和松香的年产量大约只相当于高峰期的一半，很大原因就是出口份额被上述国家所取代，印度尼西亚和巴西每年的脂松节油出口量都已经接近万吨。但是，这些国家的加工水平还处于初中期发展阶段，技术方面尚落后于我国，松节油和松香的品质尚达不到我国产品的水平，全面代替我国第一资源大国的地位尚需时间。而且，这些国家的松脂深加工产业刚刚起步，大多是承接欧美日等淘汰掉的产品生产业务，自主研发生产能力还不足，总体水平上处于初期发展阶段。

我国松脂深加工生产技术虽然有了较大发展，但总体而言，尚处于成长期阶段，与国外先进水平相比还有较大的差距。虽然各级政府及生产企业对发展松脂、松节油深加工极为重视，20世纪90年代松脂企业通过合资引进技术与国内科研单位合作，或在消化吸收国内外技术的基础上自行开发，相继投资建设了一系列深加工生产线，但由于企业缺少技术、资金和高水平的人才，新的科研成果少，已有的成果转化率低，生产的产品档次不高、品种少，高附加值产品更少，松脂深加工生产总体还处于低水平重复建设阶段。松脂深加工企业的规模多数是几千吨的产量，万吨级产量的企业仅有20余家。松脂加工企业除简单分离生产能力较大外，进一步深加工企业的生产能力也仅是2000～4000t的规模，且品种单一、技术含量低。

但是，我国在松香和松节油深加工产业方面与欧美发达国家的差距也在不断缩小，主观上得益于我国丰富的资源优势、巨大的市场需求、强大的工业体系和国家政策的支持与重视等多方面有利因素。客观上来说，欧美等国虽然掌握着先进的技术，但是基本不生产脂松香，原料成本的增加促使除少数附加值较高的深加工产品外，大宗产品的生产逐渐向外转移，产业规模不断缩小，长久下去势必会影响产业的整体价值。

### 2.3.2 技术方面

我国在松脂深加工技术方面与国际发达国家相比还有不少可努力的空间。

以松节油为例，深加工产品的种类和应用还远低于国际先进水平。国外的松节油深加工优势体现在以下几个方面：①产品品种丰富。通常一个公司能提供几十种，甚至百余种以松节油为原料合成的香料产品。②工艺技术先进。以松节油合成药物为例，由松节油合成用于医药领域的产品有松油醇、樟脑、冰片、薄荷脑、维生素E和维生素$K_1$等。松油醇和樟脑由于附加值不高，国外已基本不生产，或直接使用进口产品，或将进口产品进行精制后使用。而薄荷脑在化学上有3个手性中心，有8个立体异构体和4个外消旋体，化学合成比较困难，国外在此技术领域领先于我国。③研究成果前沿。国外有关松节油精细化利用的研究和开发重心，早已向合成具有各种生物活性的功能产品和开发高级的新型香料方面转移，松节油资源附加值更高。

国内外在松香深加工技术方面基本与松节油情况类似。

# 3 国内外产业利用案例

## 3.1 广西梧州日成林产化工股份有限公司

### 3.1.1 案例背景

广西梧州日成林产化工股份有限公司（以下简称“日成林化”）是一家以松脂加工和松香深加工利用、以氢化松香为特色的外商投资企业。

日成林化于1997年12月由香港松香资源投资有限公司与广西苍梧县松脂厂通过合资形式建立，其前身为苍梧县松脂厂，始建于1985年。公司注册资金7000万元人民币，有员工300多人，是中国最大的脂松香及其深加工产品制造商，年总产能超过10万t。产品品种齐全，质量优良，是胶粘、涂料、电子助焊剂和食品级树脂等行业国际知名公司的首选供应商。松香、氢化松香、松香季戊四醇酯为广西名牌产品。氢化松香、水白氢化松香在中国、日本分别占有60%以上的市场份额。公司连续多年荣获中国工业行业排头兵称号，是国家高新技术企业、国家林业龙头企业、广西高新技术产品出口示范企业、广西农业产业化龙头企业和广西松脂深加工产业化基地。

日成林化致力于发挥松脂资源优势，运用先进专业成果，努力开发、生产满足客户需要的优质产品，为林化行业和社会经济的持续发展作出应有的贡献。

### 3.1.2 现有规模

目前，日成林化主导产品年总产能为脂松香60000t、松节油7700t、氢化松香10000t、松香酯树脂及改性松香42000t、食品添加剂树脂8000t、歧化松香10000t。

### 3.1.3 可推广经验

日成林化从90年代初就成立有专门的产品研发机构，2015年成立了广西松香树脂技术研发中心，与广西民族大学共建“松香松节油应用开发研究所”，拥有专业的产品研制队伍及完善的产品研发设施，长期致力于松香深加工产品的开发、研制，具有产品设计、小试、中试直至工业化生产以及满足客户定制需求的能力。南京林业大学、广西大学和广西民族大学、桂林理工大学、梧州学院先后把日成林化定点为教学实习基地。

日成林化管理规范、生产安全、环保达标；通过ISO9001质量管理体系认证；拥有操作熟练的员工、先进的设备及成熟的工艺；由中心检验室独立负责原材料及最终产品的检验；过程检验室负责产品生产的过程检验。所有产品从原材料到最终产品均有质量记录，实现产品质量的可追溯性，满足客户对质量和服务的需求。

### 3.1.4 存在问题

（1）资源基础不够牢固

现有采脂树林老化导致采脂难度增加；“短平快”桉树速丰林快速增长带来松林资源大幅减少；资源短缺引发市场无序竞争，进而激发超负荷、高强度采脂行为，松林资源遭受进一步破坏。

（2）产品供需关系不平衡

天然松香树脂产品和石油树脂产品的竞争激烈。较低成本的石油树脂不断挤占松脂类树脂生存空间，导致部分松脂深加工产品产能过剩，远高于市场需求量。相反在石油产品不可替代领域，国内企业又存在生产能力不足的问题。

（3）松脂原料质量不够稳定

在部分非松脂主产区，马尾松松脂和湿地松松脂混合收购和加工的现象普遍存在，工厂很难收购到纯马尾松松脂；松脂价格浮动大，脂农脂贩囤脂意愿强，新旧松脂混合销售成为普遍现象，松脂质量难以保证。

（4）松脂原料成本高，松香类产品缺乏竞争力

大部分采脂松林以飞播林为主，林相分散，平均每亩约20株松树，林地又以丘陵山地为主，采脂效率较低，人工成本分别是巴西、印度尼西亚、阿根廷、越南的3.2、2.78、2.68和1.7倍，致使松香松节油类产品缺乏国际竞争力。

## 3.2 广东科茂林产化工股份有限公司

### 3.2.1 案例背景

广东科茂林产化工股份有限公司（以下简称“科茂公司”）是一家以高品位松香树脂生产为主要业务，以浅色松香树脂为特色，在主要松脂产区建有松脂加工、松香深加工和松节油深加工工厂，集产品

研发、销售、国内国际贸易等为一体的企业，而且是松脂产业链比较全的企业。

科茂公司成立于2004年8月，位于广东省肇庆市高新区，2008年进行了股份制改造，法人代表为曾广建先生，注册资金为12150万元，是一家专门从事生产、销售、研发天然树脂及其他林产化工产品的高新技术企业，系中国松香深加工专业委员会主席单位和中国林产工业协会松香分会副理事长单位，为中国松香深加工行业龙头企业。

作为广东省重点农业龙头企业和林业龙头企业，科茂公司秉承“技术先行”的理念，建有省级技术中心和工程中心，拥有各种先进实验和测试设备，现有专职科研人员20多人。公司已开发出10多个系列高新技术产品，获得发明专利近40项。公司生产技术处于国内同行业领先地位，有些技术赶超世界同行业领先企业，尤其在水白树脂、各类浅色改性树脂、浅颜色低气味浮油松香酯等制备技术方面引领行业发展方向。

科茂公司专注于以松脂和松香为主要原料的林化产品的生产、研发和销售，通过采用先进的设备、工艺和自主创新的技术，生产出质量卓越的产品。公司商标获广东省著名商标称号，树脂和松节油产品获得广东省名牌产品称号。

### 3.2.2 现有规模

科茂公司在广东、广西、江西、湖南、云南等地建立有8个生产基地，集团年产销各类树脂8万t以上、松香4万t以上、松节油1万t以上，年营业收入10亿元以上。科茂公司主要生产“科茂”牌系列树脂：“KS系列”水白松香酯，“KA”“KF”系列增粘树脂，“KB系列”经济型增粘树脂，“KH系列”氢化松香树脂，“KL系列”液体树脂，“KX系列”油墨树脂，“KP系列”酚醛树脂，“KT系列”萜烯树脂，“KZ系列”涂料树脂及歧化松香等，是全球黏合剂、油墨和涂料行业的天然树脂主要供应商之一。“科茂”已成为行业知名树脂品牌，“科茂”产品不但畅销中国境内，还远销美国、南美洲、澳洲、欧洲、中东地区等20多个国家和地区，公司已成为多个世界著名胶粘剂生产厂家的长期合作伙伴。“科茂”牌松香树脂连续多年产销量稳居同行业首位。

### 3.2.3 可推广经验

公司以市场为导向，以质量为生命，以科研为依托，以科技创新打造企业的核心竞争力。

公司狠抓质量管理，在全集团开展质量零缺陷运动，将质量作为对生产员工的核心考核指标。公司产品质量合格率每年均在99%以上。公司已通过ISO9001质量标准体系认证和ISO14000环境管理标准体系认证，并全面推行5S管理。

公司瞄准行业前沿技术，不断加大研发投入，通过建立各类激励制度和考核制度，鼓励研发人员进行科技创新，并支持研发人员与科研院所开展产学研合作。

公司专注研发各类松脂深加工产品，尤其着力开发石油树脂不能替代的新产品，探索松香新用途，努力提升松香深加工产品附加值。

### 3.2.4 存在问题

（1）研发技术人才不足

在松脂深加工产业这个细分领域，相对于其他热门行业，较难吸引高素质的技术人才加入，行业发展后备人才不足。

（2）松脂原料成本上升

人力成本不断提高，导致采脂成本不断提高，使得中国松香成为全球最贵的松香。

（3）石油树脂形成巨大冲击

石油树脂行业的快速发展，不断蚕食松香树脂在涂料和胶粘剂行业的市场，使得松香深加工产品产量从2009年的50.8万t下降到2019年的39.8万t。

（4）国外松香深加工产业形成竞争

巴西、印度尼西亚、越南等发展中国家也在上马松香深加工项目，由于这些国家有成本上的绝对优势，不仅抢占了我国企业的国际市场，而且开始抢占国内市场（如巴西松香树脂开始进入中国市场）。

（5）国家政策支持不力

中国出口退税制度和进口关税制度对国内松香深加工行业不利，如松香深加工产品出口零退税，国外松香原材料进口10%的关税，国外松香深加工产品进口6.5%的关税，非常不利于国内松香深加工行业的发展。

## 3.3 福建青松股份有限公司

### 3.3.1 案例背景

福建青松股份有限公司（以下简称“青松公司”）是一家以松节油深加工为主，以合成樟脑、合成冰片等医药中间体为特色的民营上市企业。

青松公司位于建阳区回瑶工业园区，前身是建阳化工厂，是我国林产化学工业龙头企业之一，也是我国最大的松节油深加工企业及全球最大的合成樟脑生产企业。企业连续21年被评为“重合同守信用单位”，是国家级、省级林业产业化龙头企业和省农业产业化重点龙头企业、省级科技型企业、省级技术中心企业、省级重点实验室、省级企业工程技术中心、省级创新型企业、省科技小巨人领军企业、高新技术企业，并获南平市专利一等奖一次、南平市科技进步奖三等项二次，入选“2020福建省民营企业100强”和“2020福建省民营企业制造业50强”。

多年来，青松公司十分重视科研投入，近3年公司研发投入9000余万元，占销售额3%以上，公司注重科技创新，通过自主研发、联合开发、模仿创新、技术改造、工艺改进等方式完成了松节油深加工领域的多项科技创新项目，多项生产技术及工艺已达到同行业领先水平。近年来，青松股份共开展研发项目20余项，其中结晶纯化制备冰片新工艺项目改建500t/a冰片自动化生产线，达国内先进水平。乙酸苄酯、龙涎酮等香料产品年产15000t规模的产业化开发，将进一步伸公司松节油深加工利用产业链，扩大公司产值。

经过多年发展，公司参与制定行业标准2项，获授权专利68项，其中，发明专利10项，实用新型56项，外观专利2项。其核心专利技术处于国内领先地位。

### 3.3.2 现有规模

公司业务涉及芳香化学品、中药饮片、药用辅料、原料药、医药中间体以及功能化学品等领域，65%以上产品出口到欧美、印巴、东南亚等地区。

公司主营产品及生产能力如下：合成樟脑（2-莰酮）15000t/a、莰烯3000t/a、乙酸异龙脑酯（白乙酯）4000t/a、双戊烯3500t/a、醋酸钠4550t/a、无水醋酸钠2000t/a、月桂烯1000t/a、冰片（2-莰醇）1000t/a。

### 3.3.3 可推广经验

公司重视科研投入，近三年公司研发投入9000余万元，年平均占销售额3%以上，公司注重科技创新，通过自主研发、联合开发、模仿创新、技术改造、工艺改进等方式完成了松节油深加工领域的多项科技创新项目，多项生产技术及工艺已达到同行业领先水平。

公司多项发明专利技术均为自主研发的新专利技术，新技术具有自动化程度高、能耗低、产品得率高和质量稳定等优点。发明成果以制备高附加值精细化学品为目的，产品性能高于国内外现有产品水平，生产工艺技术处于国内领先地位、接近国外同类技术水平。

### 3.3.4 存在问题

一是公司在技术改进方面遇到瓶颈，靠自身力量难以实现重大突破。

二是公司地处县级小城，难以吸引行业高层次人才。

## 3.4 普洱市思茅区森盛林化有限责任公司

### 3.4.1 案例背景

普洱市思茅区森盛林化有限责任公司是一家可以使用思茅松地理标志，以松脂加工为主的民营企业。

普洱市思茅区森盛林化有限责任公司创建于1959年，是云南省成立最早的松香加工企业，其主导产品是思茅松松香和松节油，已累计生产松香超20万t，松节油4万t，创造产值超30亿元，促进山区林农增收超20亿元，为山区林农脱贫致富作出了积极贡献。被国家工信部授予“专精特新民营小巨人企业”，被云南省委授予“先进基层党组织”等光荣称号，被省市政府授予“优强企业”“纳税大户”“科技型中小企业”“成长型中小企业”“林业产业龙头企业”“普洱市企业技术中心”。

公司自创云南省著名商标、普洱市名牌产品“思林”品牌，拥有进出口经营权，通过ISO9001质量管理体系、ISO50001能源管理体系、ISO45001职业健康安全管理体系和ISO14001环境管理体系等4项管理体系认证，是云南省最早通过清洁生产审核企业，也是国内最早采用太阳能等绿色能源对蒸馏工艺装置进行技术升级的企业，具备绿色工厂准入条件。

公司拥有自己的科研技术中心，以打造国家地理标志性物种——思茅松品牌为出发点，广泛开展规范化采脂、原料产品成分分析、绿色生产工艺和“三废”环保处理等一系列研究课题，积极参与推进思茅松相关标准制定工作。公司主要原料为普洱市地理标志树种“思茅松”活立木采割松脂，具有树种纯粹、质量稳定的优势，产品脂松香中枞酸和去氢枞酸含量变化较小，是制作歧化松香等深加工产品的理想原料。产品松节油中$\alpha$-蒎烯和$\beta$-蒎烯总含量高达93%以上，是生产樟脑、冰片和香料的首选原料。

### 3.4.2 现有规模

公司现有年产38000t脂松香和8000t松节油的新型全套加工设备以及先进的质量检测手段，松香优级品率90%以上，松节油优油级品率达100%。产品品质稳定、性能优异，长期处于行业领先水平，是下游松香松节油深加工企业的首选原料，市场竞争力强劲。

### 3.4.3 可推广经验

（1）“产学研”合作一体化经营

公司在注重自身科技创新同时与高校、科研院所保持密切联系，与中国林业科学研究院林产化学工业研究所、西南林业大学、大阪大学、普洱学院等国内外科研院校建立了长期合作关系，是国家林业和草原局思茅松工程技术研究中心骨干成员，思茅松技术创新联盟副理事长单位，与西南林业大学、普洱学院在企业建立了产学研教学实践基地，形成了良好的“产学研”相结合科技攻关模式。

（2）思茅松人工林采脂技术

现行有效的松脂采集规程主要是以马尾松为研究对象制定的，对于思茅松存在很多不适用的地方。公司基于多年的研究和生产实践，形成了思茅松人工林高效采脂技术成果，根据原料林地立地条件、树脂生产情况等具体情况，开发出了更为先进科学的采割工艺和受脂器，形成了思茅松高效采脂技术成果，并进行了广泛推广，在行业内得到高度认可。

（3）绿色环保生产工艺

公司是国内最早采用天然气、太阳能等绿色能源对蒸馏工艺装置进行技术升级的企业。自主开发了太阳能真空集热系统、天然气导热油炉等，全面取缔了传统采用的污染大、效率低的燃煤锅炉系统，并制定了《天然气导热油锅炉松香生产工艺技术规程》。

### 3.4.4 存在问题

一是缺乏高附加值深加工产品，工艺技术创新不足，创新人才支撑薄弱，企业竞争力不强。

二是资源利用效率不高，产业链短，资源优势未得到充分发挥。

三是产业规模小，发展速度慢，在普洱经济社会发展中的重要作用还未充分体现。

## 3.5 广东华林化工有限公司

### 3.5.1 案例背景

广东华林化工有限公司是一家拥有松脂加工和松香松节油深加工的国资企业。

广东华林化工有限公司成立于2002年11月，集科研、生产、贸易于一体，注册资本6237万元，拥有总资产3.633亿元，是全国最大的综合性林化产品生产企业之一。公司以松脂为主要原料，生产和销售松香、松节油及其深加工产品，主要产品有松香、松节油、油墨树脂等。先后获得“广东省二级计量保证体系和标准化良好行为企业”“广东省重点农业龙头企业”“广东省企业技术中心”“国家级高新技术企业”等荣誉称号，是“广东省天然树脂工程技术研究开发中心”的依托单位。

公司拥有3个发明专利、10个实用新型专利，参与编制“重松节油”等2个国家标准、制定“松香酯”等2个省地方标准。萜烯树脂、脂松香等3个产品获得“广东省名牌产品”称号，“华林牌”商标获得“广东省著名商标”“驰名商标”称号。公司通过了ISO9001和知识产权管理体系、ISO22000: 2005食品安全管理体系、美国的RQA、犹太人的OU等国际通用认证体系。

### 3.5.2 现有规模

公司主要产品的生产规模：松香15000t/a、松节油3000t/a、工业级松香树脂5000t/a、油墨树脂5000t/a、松节油分离系列产品5000t/a。

### 3.5.3 可推广经验

公司十分重视人才队伍建设和技术创新工作，拥有高中级技术人才13人，并坚持走“产学研”相结合的发展道路，从1987年开始，先后与南京林业大学、北京林业大学、中南林业科技大学、中国林业科学研究院林产化学工业研究所等高校和科研机构建立了合作关系，共同进行松香深加工新工艺和新产品的产业化开发，多项合作成果已建成投产。

### 3.5.4 存在问题

一是年轻人采脂意愿低，导致资源越来越少，原料成本上涨，企业生产经营困难。

二是企业地处山区，生活条件相对较差，工资待遇不高，很难吸引高素质人才，企业面临技术人才短缺。

三是企业资金积累不足，设备改造进步慢，生产自动化程度还不够。

## 3.6 荒川化学工业株式会社

### 3.6.1 案例背景

荒川化学工业株式会社是以松香深加工利用为主的世界知名企业，其松香系列产品规模约占公司整体销售额的33%，在2020财年约合253亿日元（相当于15.3亿元人民币）。

荒川化学工业株式会社位于日本大阪府大阪市中央区平野町1丁目3番7号。公司创建于1876年，注册资金33.43亿日元，年销售额约730亿日元（2020年3月财年）。公司现有1590名员工（2020年3月末）。公司在日本拥有6家工厂和3家关联公司，在中国大陆（2家）、中国台湾及德国、泰国和越南等地建有海外工厂。在中国大陆的广西梧州荒川化学工业有限公司主要生产和销售松香、松香衍生物、造纸用化学品以及黏着剂/接着剂用树脂等产品；南通荒川化学工业有限公司则主要生产和销售造纸用化学品等产品。

### 3.6.2 研发事业及产品

荒川化学工业株式会社分别在大阪和筑波设有2个研究所。荒川化学大阪研究所主要在制纸药品事业（纸力增强剂、施胶剂等）、涂料事业（印刷油墨用树脂、涂料用树脂、合成橡胶用乳化剂、机能性涂布剂等）、粘接事业（氢化石油树脂、黏着剂/接着剂用树脂、超淡色树脂等）和功能材料事业（精密器材清洗剂、焊料、电子材料用树脂、精密研磨剂、精细化学等）等方面从事研究与开发。公司涉及松香深加工利用的系列产品有松香脂、聚合松香、歧化松香、马来酸树脂、松香改性酚醛树脂、乳液型松香衍生物、超浅色松香衍生物等。荒川化学筑波研究所则致力于尖端技术的研究与开发。

### 3.6.3 可推广经验

荒川化学工业株式会社注重前沿技术开发和应用技术研究，同时重视应用基础研究；以客户需求为出发点，开发适销对路的新产品及其制备新工艺技术，同时研究与开发着眼于未来的新产品和新技术储备。例如：公司拥有的超淡色化技术（超浅色松香衍生物Pine Crystal）、乳液化技术（施胶剂、乳液树脂）为世界领先技术，松香种类多样化技术（组建中）则是着眼于未来的储备技术。

### 3.6.4 面临问题

一是中国的松脂资源在减少，特别是马尾松松脂资源在减少。或许这是由于新冠病毒疫情加速了松脂资源的减少。

二是松脂资源的减少引起的松香和松节油价格大幅波动，也影响了松香相关事业的可持续性发展。

# 4 未来产业发展需求分析

## 4.1 绿色生态建设需求

我国经济已经从高速增长阶段转化为高质量发展阶段，与高速发展首先关注大体量、快增长不同，高质量发展在做大做强的同时更注重“提质增效、创新驱动和绿色环保”。习近平总书记在第七十五届联合国大会一般性辩论上的讲话中明确提出：“中国将提高国家自主贡献力度，采取更加有力的政策和措施，二氧化碳排放力争于2030年前达到峰值，努力争取2060年前实现碳中和。要树立创新、协调、绿色、开放、共享的新发展理念，抓住新一轮科技革命和产业变革的历史性机遇，推动疫情后世界经济绿色复苏”。国家“第十四个五年规划和二〇三五年远景目标的建议”再次强调要“推动绿色发展，促进人与自然和谐共生”。松脂产业的源头是松树资源，可以实现松树这一绿色可再生资源的循环利用是松脂产业区别与其他化工产业最显著的优点，是与石油产业实现互补共存的最有力武器，是支撑产业长久发展的最强劲后盾。新的国家战略为松脂产业的下一步发展指明了方向，如何在壮大产业规模的同时提升产业质量，实现我国宝贵的松树资源的绿色、高效、可持续利用，这是我国未来松脂产业需要面临的首要问题。

## 4.2 乡村振兴战略需求

我国是传统的农业国家，“三农”问题历来受到党和国家的高度重视。党的十九大报告指出：“农业、农村、农民问题是关系国计民生的根本性问题，必须始终把解决好‘三农’问题作为全党工作的重中之重，实施乡村振兴战略”。“第十四个五年规划和二〇三五年远景目标的建议”再次强调：“坚持把解决好“三农”问题作为全党工作重中之重，走中国特色社会主义乡村振兴道路，全面实施乡村振兴战略”。作为松脂原料林的松树大多种植于边贫地区，据统计，全国有40余万农民从事采脂工作（不含松树种植管护等产业链其他环节），保守估计受益农村人口超过150万，割脂、卖脂是松脂主产区农民最重要的经济来源之一，通过采脂每年为山区农民增加收入约100亿元，大力发展松脂经济被列入了国家《“十三五”脱贫攻坚规划》。充分发挥产业整体优势，积极调动行业力量，高度重视脂农利益，带领脂农科学致富，吸引农村人才回流，助力松脂主产区早日实现产业结构转型，建立社会主义现代化新农村是松脂产业未来发展的重要任务。

## 4.3 “一带一路”倡议需求

21世纪是开放的世纪，是合作的世纪，是我国进一步深入改革的世纪。尽管部分国家高举“保护主义”大旗，大打贸易战，依然无法阻挡全球化车轮的滚滚向前。我国是全球化浪潮的受益者更是深入开展全球化合作的排头兵。2015年，国家发展和改革委员会、外交部、商务部联合发布了《推动共建丝绸之路经济带和21世纪海上丝绸之路的愿景与行动》，截至2020年11月，我国已经与138个国家、31个国际组织签署201份共建“一带一路”合作文件。这其中，印度尼西亚、越南、柬埔寨、俄罗斯、印度等国都拥有丰富的松树资源，其中包括很多我国较少种植的品种，如印度长叶松和欧洲赤松等，在我国资源需求量越来越大的今天，这些资源是对我国市场需求的有力补充，表12-6是2018年我国从国外进口松香量排名前10的国家和地区情况统计（数据来源：www.rosinweb.com），上述国家大都在其中。我国拥有长期的松脂开发应用历史和完整的工业体系，结合上述国家丰富的资源，具有发展覆盖面更广、结构更复杂的松脂产业的条件。

表12-6　2018年我国松香进口排名前10的货源地

| 排名 | 国家 | 进口量（t） | 金额（万美元） |
|---|---|---|---|
| 1 | 印度尼西亚 | 34483 | 4036 |
| 2 | 巴西 | 14057 | 1627 |
| 3 | 越南 | 11883 | 1506 |
| 4 | 俄罗斯 | 3968 | 409 |
| 5 | 美国 | 2439 | 255 |
| 6 | 阿根廷 | 1857 | 216 |
| 7 | 葡萄牙 | 534 | 129 |
| 8 | 日本 | 200 | 131 |
| 9 | 古巴 | 144 | 7 |
| 10 | 墨西哥 | 93 | 12 |

## 4.4 科技创新发展战略需求

科技创新是一个国家、一个民族发展的第一推动力，我国始终坚持走科技创新的发展道路，历来将科技自立自强作为国家发展的支撑战略。当下，我国的产业结构正在从做大做强向做精做深转变，对于科技创新的要求比过去任何时候都更迫切。“第十四个五年规划和二〇三五年远景目标的建议”明确指出要进一步强化科技创新在我国现代化建设全局中的核心地位，加快建设科技强国。新中国成立后，我国松脂产业一直行进在追赶国际先进水平的道路上，时至今日不可讳言与国际前沿技术之间仍有一定差距，当发达国家致力于更高精尖产品的开发和生产之时，我国企业还以生产大宗低附加值产品为主要盈利手段，究其原因就是我们在过去一段时间内在科技创新领域长期处于被动学习阶段，以借鉴、引进、吸收国外技术为主，在高端领域自主研发成果较少。这一点当然受到我国国家实力与当时国际环境等多方面因素的影响。目前，我国综合实力大幅增强，科研投入居世界前列，部分领域创新能力全球领先，全民加强科技创新热情空前高涨，新技术、新产品如雨后春笋般出现。松脂产业需要紧紧抓住国家战略的东风，完善产业创新机制，激发行业创新活力，强化企业创新能力，早日实现结构转化升级，快速融入新一波科技创新大浪潮中，才能不被发展潮流所淹没。

# 5 产业发展总体思路与发展目标

## 5.1 总体思路

紧紧围绕国家“科技创新”“绿色生态建设”“乡村振兴”“一带一路”等战略布局，坚持“科技创新、绿色环保、开放包容”的发展理念，通过“增加科研投入、扩大科技产出，强化行业产学研合作、提高脂农科技知识储备、提升企业创新能力，落实行业协会组织管理水平、规范市场秩序，完善行业标准化体系建设、稳定产品品质，加强国际合作、拓展资源和技术流通渠道”等多种手段，尽快实现产业结构调整、转型与升级，建设“科技创新为指导、前沿技术为支撑、多元产品为根本”的现代化松脂产业体系。

## 5.2 发展原则

### 5.2.1 坚持走科技创新道路

松脂产业作为一个小体量产业，要想在发展日新月异的今日存活下来并一直走下去，坚持“科技创新”是唯一的道路。

松脂产业的发展长期受到其他产业，特别是石油产业的挑战。近几年来，石油价格一路走低，加上松脂自身价格的频繁波动，已经促使一部分树脂企业改变生产工艺，采用石油成分代替松脂作为原料，使得原本不大的松脂下游市场进一步缩水，而且这一趋势在可预见的未来还将继续。另一方面，来自欧美的浮油松香得益于其低价格，在一些对于产品气味要求不高的领域正在快速挤占脂松香的市场份额。面对如此严峻形势，松脂产业要想进一步扩大规模，一方面需要提高现有产品品质、优化生产工艺、降低生产成本，提升与石油产品的竞争力，守住现有市场；另一方面需要开发新的高附加值产品，开拓新的应用方向，而这两大任务都必须有强有力的科技创新作为支撑。

### 5.2.2 协调经济发展与生态保护

产业要做大，发展是硬道理，但是一味地发展经济，而不考虑环境成本不符合我国当下的国家战略，必然走不远。松脂产业发展与生态环境息息相关。松树作为一种四季常青的植物，在美化环境、调节生态平衡方面具有独特优势，而且松树成长速度快、生命周期长，常被用来作为一些荒山坡地的绿化植物，有效减少了水土流失，稳定了生态。大面积种植松树既可以保护生态，又可以为松脂产业提供丰富的原料。但是，部分脂农缺乏科学的作业技术和长远的经营理念，更乐于追求短期利益，一味提高松脂产量，过度不合理的采集松脂，理论上可以循环采脂10多年的松树可能在三五年内即“完成使命”，长期看来绝对得不偿失。更有甚者，在松脂价格低迷的年份，直接将松树砍掉改种其他经济收益更快的植物，无论是对于资源还是环境都造成了不小的破坏。另一方面，松脂的加工需要用到较大量的水，水资源的浪费与废水处理一直都是困扰行业发展的大问题，随着我国越来越严格的治污政策的相继实施，企业在这方面的投入逐渐加大，利润空间被进一步压缩。综合上述问题，松脂产业要想有个光明的未来就必须协调好经济发展与生态保护之间的关系，以前那种先污染后治理的思路显然是行不通的。提升行业从业人员科学认知水平，推动行业整体形成“生态优势就是资源优势、资源优势就是发展优势”的理念，尽快走出一条以生态平衡为导向、绿色发展为基础的产业革新之路，在搭建金山银山同时实现绿水青山。

### 5.2.3 坚持“引进来、走出去”发展理念

我国松脂产业要想实现根本性变革，面临资源、技术、市场等多方面的限制，而这些问题都需要通过广泛的合作来解决，未来松脂产业的发展必须走“引进来、走出去”的战略路线。

我国的松脂产量连年走低，近几年脂松香产量维持在40万t左右，不到高峰期的一半。造成这一现象的原因是多方面的，其中我国人力成本日益提升是主要因素之一，越来越多的脂农选择进城打工，技术娴熟的采脂工奇货可居，同样的采脂效率成本却大幅上升。与之相反，我国的松脂需求量并没有减少，反而随着深加工技术的进步还在逐年增加，这就为国外那些价格相对较低的资源进入我国创造了机会，我国的松节油和松香进口量也确实在快速增长中，这部分资源很好地填补了我国市场的需求空缺。

另一方面，不断出台的环保新政策使得松脂企业不得不在工艺改进、污染治理方面投入更多资金，生产成本不断增长。一些企业为了缓解经营压力，逐渐将部分产业向国外松脂资源丰富、人力成本较低的国家和地区转移，新技术的到来大大促进了当地松脂产业的发展，同时也为我国松脂企业创造了新的发展机会，可以说是一举两得。

更重要的是，限制我国松脂产业做精做深的发展瓶颈更多是来源于高精尖技术的贫乏，而这些技术大多还掌握在欧、美、日等发达国家手中，我们要想在短期内赶超对方，加深国际合作不失为经济且高效的手段之一。

## 5.3 发展目标

未来，松脂产业的发展将在以下几个方面进一步加强：①继续增加松树种植面积，通过优生优育提高高产脂松树比例；②大力提高科研投入，实现科研产出数量与质量双丰收；③强化产学研合作广度与深度，帮助脂农提升科学文化水平，助力企业完成技术革新；④建立行业有效沟联体系，健全上下游企业间联系网络，规范市场秩序；⑤完善产业标准化体系建设，打破行业技术壁垒，逐步淘汰低质量产品；⑥加强国际合作，取人之优、扬我之长，充分吸收国外优秀资源和技术为我所用，支持更多企业走出国门，建立全球化松脂产业网。

具体来说，2025年前规划建设高产脂松林基地105个，重点建设转化技术成熟的马尾松、云南松、湿地松、思茅松基地，南亚松、加勒比松、火炬松和黄山松等对气候条件要求较高的松种作为补充。力争到2035年，我国产脂松林面积新增400万$hm^2$，达到2400万$hm^2$。进一步扩大广西、广东、江西、云南、福建、湖南和湖北等省份的马尾松原料林，在广西、云南、福建和江西等省份大力发展湿地松，并充分考虑云南松、思茅松的种植，培育适合在北方省份种植的可采脂松种。加大混交松林和松树与其他植物资源混合林的造林工程，大力发展贫瘠山地和荒山区域人工松林，打造良好生态环境。

提高松脂产量，扩大进口量，力争在2025年松脂需求量比现在翻一番，达到150万t以上，其中50%以上为进口松脂。

提升采脂技术，逐步采用机械采脂代替人工采脂，力争在2035年全面实现机械化、智能化；优化

松脂加工技术，在2025年前实现70%以上的企业采用节水减排绿色加工工艺，节约生产成本30%以上，松香特级品和松节油优油比例提高20%以上。推动从事松香和松节油深加工的企业向科技化、数字化、智能化方向转型，培养2～3家在国际上具有重要影响力的大型跨国企业。进一步拓展松脂应用渠道，向生物技术、智能材料领域发展，打造一批技术含量高、应用途径不可替代的高附加值产品，成为松香和松节油深加工产品出口大国，争取在2025年松脂产业创造经济总额达到300亿元，2035年突破1000亿元。

# 6 重点任务

## 6.1 扩大资源储备

### 6.1.1 增加松树原料林保护与种植

加大对现有松林资源保护，减少非必要砍伐；大力培育速生性、丰产性、抗病性强的良种，加快可采脂松树人工林建设；营造多树种混交林，避免树种单一引起严重的病虫害，导致目标林减产；推进荒山、坡地造林工程，提高土地资源利用率。

### 6.1.2 开发新的可采脂松种

2019年，国内市场松脂产品48%来源于湿地松、37%来源于马尾松、14%来源于思茅松和云南松，其他松种产量几乎可忽略，这与我国巨大的松树种植面积和丰富的松树品种不相符。而且，我国的松脂主产区主要集中于南部几个省份，这当然与松树作为天然植物对于气候和地理条件有着天然的要求有关，但也并不意味着其他地区绝对没有或不可以种植可采脂林，培育和发现更多的可采脂松种是扩大松脂产量的重要手段。

### 6.1.3 培育高产脂松种

目前，我国主要的采脂松种有马尾松、湿地松、思茅松和云南松，这些松种的理论可产脂量有所区别，通常在1～5kg/株/年，实际产脂率还要受到产地、松树年龄和采脂技术等多方面因素影响。我国现有可采脂松树中一部分属于历史积累资源，包括天然形成林和人工种植林，但是即便是当初种植人工林目的也不全是出于采脂，加之以前培育技术的落后，松树的产脂能力未得到充分开发，所以利用先进的现代生物培育技术，建立以采脂为目标的高产脂松林基地具有高度的理论可操作性和良好的实际应用价值。

## 6.2 强化科研产出

### 6.2.1 拓展科研广度

我国松脂科研工作起步于新中国成立后，整体晚于西方发达国家。1950年，东北林务总局设置了林化研究室，下设松香组。1953年，中央林业研究所成立，下设林化研究室，东北林务总局松香组部分人员并入该所。1958年，林业科学研究院成立，设置森林工业研究所，林业研究所林化研究室划归该所管辖。1960年，中国林业科学研究院林产化学工业研究所成立，设置松香研究室，是我国唯一的专业从事松脂研究的国家级科研机构。

目前，我国松脂研究的主力军为中国林业科学研究院林产化学工业研究所、南京林业大学、东北林业大学等传统林业类科研院所，以及广西大学、江西农业大学等位于松脂主要产区的科研机构，渠道比较单一，难以避免彼此间存在研究方向重合、研究思路固化、科研产出类似的问题，无法满足松脂产业规模扩大化发展需求。如前所述，松脂是我国最重要的林化产品之一，产量丰富、功能多元、用途广泛，具备支持更广泛科研工作展开的资源和市场优势。未来松脂产业的发展必须打破现有格局，吸引研究方向更多元、科研实力更强劲、科研队伍更壮大的科研院所和高校加入进来，打造立体化科研网络。

### 6.2.2 强化科研深度

进入新世纪，随着我国国力的大幅增强，科研水平快速提高，与国际先进水平间的差距大大缩小。松脂产业趋势也大致如此，松香与松节油深加工技术大幅提高、产品数量快速增加，松脂需求量逐年上升。松香与松节油及其深加工产品在更广泛、更高端、更前沿领域得到应用，比如松香改性的聚丙烯酸酯、环氧树脂、聚氨酯、聚酯等材料的耐热性、机械强度、疏水性等功能显著提高，已在高分子材料领域得到广泛应用。新的松节油衍生物被用于合成农药增效剂和新型杀虫剂等产品生产中。但是，与国外同行业前沿技术和其他先进产业相比，还存在巨大的发展空间，需要在更多方面实现科研突破：①机械化、智能化采脂技术的开发与应用；②松脂加工技术和松香与松节油深加工技术的绿色化、集约化、智能化发展；③高附加值松香与松节油衍生产品开发和应用推广，开发不可替代的松脂资源应用途径；④加强基础研究，建立新的理论体系；⑤目前我国的松香市场大有湿地松取代马尾松的趋势，巴西等主要进口国也以湿地松为主，可预见未来松香市场将是湿地松的天下，鉴于目前多数松香深加工工艺以马尾松作为主要原料，未来需要在开发可适用于湿地松的工艺方面下功夫，以应对资源变化。

### 6.2.3 加强产学研合作

我国松脂产业发展现状存在一定的产学研相脱节的问题，大量的科研成果止步于实验室，工业化转化程度低，究其原因是多方面的：一方面是科研机构过多的重视理论研究和高水平论文、专利等成果产出，对于工业化技术和产品开发热情不足；另一方面企业对于科研重视度低，自身投入少，与科研机构联系不紧密，对于新的科研动向与科研成果了解甚少。在双方之间建立高质量的沟通平台，推动更多的科研成果早日落地是实现松脂产业科学创新发展的基础。

## 6.3 壮大企业力量

### 6.3.1 走科技创新之路，实现高质量发展

在激烈的全球化竞争浪潮下，“创新发展、转型升级”已经成为企业生存发展的必然选择。随着中国科技创新整体能力的显著提升，中国企业的创新发展也在长期积累的基础上，跃上新台阶、迈入新阶段。2019年，中国以206家“独角兽”企业居全球首位。但是，松脂相关企业在科技创新方面还存在很长的路需要走。一方面，自主创新力低，仅极少数企业设置有科研部门，且都以工艺改进等二次创新为主，很少开展原始创新研究；另一方面，科研重视度低、资金投入不足、与科研机构联系不紧密。部分松脂企业安于现状，在现有产品能够维持营利前提下，不愿冒险在新产品、新工艺方面追加投资。而在发达国家企业往往是进行科技创新的主力军，我国在互联网、数字技术等方面也涌现出一批拥有自身核心技术的科技型龙头企业，这些都应该成为松脂企业学习的榜样。

### 6.3.2 走综合性发展道路，建立规模化企业

国内外存在许多大型的化工企业，往往一个企业的产品种类多达几十乃至上百种，各产品间可以实现优势互补，企业在激烈竞争中的生存能力大幅增强。而我国松脂企业普遍存在规模小、产品类型单一、产品数量少的问题，抗风险能力低，松脂市场的风吹草动即可对企业带来致命性打击。而且，小企业林立又导致行业内不当竞争频发、劣币驱除良币等不良现象的存在，进一步限制了产业的健康发展。

所以，先培养几家在行业内外都具有重要影响力的大型企业，为行业整体发展树立榜样，从而带动整个行业实现良性发展是未来松脂产业做大做强的必经之路。

## 6.4 完善产业体系

### 6.4.1 落实行业协会作用

目前，国内与松脂相关的行业协会主要有中国林产工业协会下属的松香分会和香精香料分会等，各协会作为产业体系的重要组成部分，在规范产业管理水平、促进产业内外交流、促进产业健康发展方面承担着重要作用。未来松脂产业发展还需要相关协会在多方面做出进一步提升和改进，比如：搭建更广泛的产学研交流平台，促进信息技术交融，推动行业共同进步；建立行业规范体系，引导企业健康良性发展，减少行业内耗，营造积极进取的行业风气；关注国内外发展动向，及时发现问题，抓住一切机遇，做好行业发展的服务员和指路人。

### 6.4.2 加快标准体系建设

目前，我国松脂行业的现状是农村小作坊与大型企业并存、现代化生产工艺与古老加工方式齐行，双方在加工技术方面不可同日而语，所出产品良莠不齐，严重限制了行业发展，与我国的松脂资源大国地位不匹配，急需建立一套松脂从采集到加工全程质量管理技术规范，建设一套系统化、规范化、科学化的生产技术体系，解决目前行业内存在的生产方式新旧混杂、生产技术参差不齐、生产设备五花八门等乱象问题，实现松香、松节油产品的性能可调控、品质有保证、问题可溯源，为松脂产业的可持续发展奠定基础。

## 6.5 加强国际合作

松脂作为一种全球性资源，产业发展离不开全球范围内的广泛合作，对于我国松脂产业来说需要时刻秉持“引进来、走出去”的发展理念。利用好国外丰富的松脂资源，缓解我国资源保护与经济发展之间的矛盾；发挥我国工业体系优势，结合部分发展中国家存在的人口红利，推动更多的企业在国外开设工厂、开展业务，创造更大的发展空间；进一步吸收引进前沿技术，增加高端产品的海外市场占有率，提升国际影响力和话语权。

# 7 措施与建议

## 7.1 出台相关政策，解决产业发展困境

### 7.1.1 调整现行税收制度

2008年，我国取消了松香类产品出口退税（之前松香、松节油类产品出口有5%～13%的退税），直接大幅提升出口成本。而如今主要竞争对手巴西、印度尼西亚和越南松香出口都不征收增值税（巴西松香国内销售不同的州分别征收12.5%～22.5%的增值税，印度尼西亚松香国内销售征收12%的增值税），仅这一项税收成本相差1000～2000元/t，不公平的税收政策使中国松香行业受到重大打击。我国在应对中美贸易冲突中，对众多出口产品（包括诸多林产品）采取了关税保护措施，恢复或者提高了出口退税，遗憾的是松香、松节油及其衍生物相关产品基本没有纳入其中，导致有些出口美国的产品数量锐减或者直接归零，部分企业濒临破产或业已倒闭，可见税收政策对于产业发展的影响力之大。

建议我国参照巴西、印度尼西亚等脂松香生产国松香出口不征收增值税的政策，尽快恢复松香及其深加工产品出口全额退税，尽可能消除与其他脂松香生产国的税收成本差距，为我国松香产品在国际竞争中创造公平竞争环境，提高国际市场竞争力。

### 7.1.2 加快人工林培育进度

国家现行造林规划和相关政策未能充分考虑松脂产业特征，存在一些限制行业发展的地方。我国天然林采脂资源占比高，人工林采脂资源占比低，而天然林采脂效率仅为人工林的1/4。但是，由于存在申请不到松林间伐指标、采脂老化树木轮伐更新受限等规章制度的限制，企业和民间资本投资建设松脂林基地的积极性大大降低，人工林规模增加缓慢，影响了松脂产量。

建议国家特别是松脂主产区政府尽快将松脂林基地建设列入国家人工林造林规划，纳入国家储备林建设和乡村振兴战略体系内，享受国家相应补贴等鼓励政策。按照分类经营原则，为人工松脂林基地建设制定符合经营规律的管护制度、扶持政策，调动一切可参与力量，快速增加松脂人工林建设规模。

## 7.2 建立相关制度，剔除产业链弊端

（1）打击松脂林无序采伐行为

协调好营林、采脂、木材利用和生态保护之间的关系，进一步建立和完善有关规章和管理制度，实行松脂采脂许可证制度，尽快更新升级采脂规程，并利用法律手段推行实施。加大对乱采滥割、破坏森林资源行为的打击力度，保证松树资源的绿色高效、可持续化利用。

（2）打击脂农、脂贩不良经营行为

目前松脂行业内存在部分脂农、脂贩一味追求经济利益，无视科学规律和商业信誉，视市场价格变化进行囤脂、倾销、掺假、乱抬价等不良行为，一方面造成了大量松脂资源的浪费，另一方面严重扰乱了行业正常交易秩序。建议各级政府加大对这部分行为的打击力度，尽快出台相关法律法规，抬高行业准入门槛，彻底消除不法商贩“钻空子”“谋利益”的机会与平台。

## 7.3 完善保障体系，助力产业腾飞

（1）重视脂农在产业链中的重要地位

脂农在松脂产业中的重要作用长期受到忽视，利益得不到充分保证，极大地削弱了他们在促进产业发展中的积极性。

目前，我国尚未真正建立起林业保险机制，国内保险企业经营的林业保险项目种类只限于种养业，未涉足采脂保险业务。建立政府主导的社会参与和风险分担机制，利用林业保险等机制来化解和分散脂农风险，保护脂农利益。

充分发挥行业协会职能，创办各种学习平台，提高脂农科学水平，协助脂农进行科学种植、科学采脂；创办各种形式交易平台，统一价格体系、规范市场秩序，为脂农解决产品无处销、议价不占优的问题；按照自愿、互惠、互利的原则，引导经营权合理流转，组织广大脂农成立经济合作组织，实行家庭联合经营、合作经营、股份经营，逐步形成“公司+基地+农户”的经营模式，实现“产供销”一条龙和“林脂产”一体化，全面提高林地生产力水平和经营主体经济收益，确保脂农增产增收。

（2）适当向松脂主产区进行政策倾斜

我国的松脂主产区多数集中于经济发展相对较慢的省份，地方政府对于支持松脂产业发展存在力不从心的问题，国家应通过行政拨款、科研经费、税收等经济手段加大对这些地区的支持力度，为其创造更多的发展资本和机会。

（3）将发展松脂产业纳入“十四五”发展规划

“青山常在，松脂长流，永续利用。”松脂产业是一个绿色、环保、可持续产业。松香、松节油及

其衍生物素有“工业味精”和“小产品大市场”的美誉，广泛应用于胶粘剂、油墨涂料、合成橡胶、造纸、食品医药、电子、国防和日化等领域，在国民经济发展中不可或缺。

建议将松脂产业发展正式纳入国家未来发展规划，设立专项研究任务，通过政策与经济杠杆，吸引更多的资源和人才加入松脂研究，打造国家级科研平台和创新联盟，加快科技产出数量与质量双提升；推进松脂高新产业园区建设，抬高入住标准同时给予达标企业更多的政策倾斜，促使企业进行技术升级和理念转变，培养在行业内外都具有重要影响力的大型企业；加强对科技创新产出丰富的单位及个人的奖励措施和后续支持，激发行业创新活力，促进松脂产业全面进步。

## 参考文献

程芝, 1996. 天然树脂生产工艺学[M]. 北京: 中国林业出版社.
国家林业和草原局, 2019. 中国林业和草原统计年鉴 2018[M]. 北京: 中国林业出版社.
何祖群, 2020. 和谐共生 · 构建产业链命运共同体[R]// 第 26 届全国松香年会主题报告. [出版地不详: 出版者不详].
贾近恪, 李启基, 2001. 林产化学工业全书: 第二卷[M]. 北京: 中国林业出版社: 1071–1117.
宋湛谦, 2009. 松属松脂特征与化学分类[M]. 2 版. 北京: 中国科技大学出版社.
习进化, 2020. 探析国内外松香产业发展变化[R]// 第 26 届全国松香年会特邀报告. [出版地不详: 出版者不详].
徐炎章, 1994. 中国松香技术史[J]. 科学技术与辩证法, 11(3): 42–44.

中国工程院咨询研究重点项目

# 生漆
# 产业发展
# 战略研究

撰 写 人：王成章
齐志文
冯国东

时 间：2021年6月

所在单位：中国林业科学研究院林产化学工业研究所

# 摘要


漆树资源丰富，品种繁多。漆树原产于中国，隶属亚热带区系，新生代第三纪古老孑遗树种，是我国重要的经济树种。在我国除黑龙江、吉林、内蒙古、宁夏和新疆外，其他省份均有分布。2018年我国生漆产量为18800t，同比增长4.71%；种植面积和产量规模均居世界第一位。

生漆是由漆树树干割取获得的液汁，是优质天然涂料。作为优良的生态涂料，它具有超耐久的特点，可用于快干漆、环氧树脂涂料、糠醛树脂、金属螯合漆、光固化漆等。在日本等地区，原生态的天然漆常用于生活用品中的碗筷、家具、漆艺装饰等作为涂料。2018年我国生漆出口至日本和泰国两地，其中出口至日本的生漆金额为168.74万美元，占比为97.08%；出口至泰国的生漆金额为5.08万美元，占比为2.92%。目前，生漆产业化存在问题：①漆树原料林资源减少；②生漆采割成本逐年升高；③生漆采割工艺和技术有待改进；④高附加值产品开发不足；⑤对生漆医药产业投入不足。生漆企业要想做大必须具备优质的生漆资源，要有规模与品牌、人才和技术，走“公司＋科研＋基地＋农户”的可持续发展路子，依靠科技进步，实现生漆深加工等林业产业链的可持续经营。

生漆行业的产业结构调整离不开生漆的深加工，提高生漆的附加值能更大的发挥产品价值，使其利润更高，市场更广阔。将生漆产业延伸至加工业，为设立加工厂，不仅销售生漆产品，同时销售经由加工形成的系列化生漆产品。在管理上采用以企业品牌为主体的现代管理体系和品牌架构。实现产业的技术手段：①加大科研力度；②加强产品营销体系建设；③提升管理效率；④确保企业人才储备。未来5年生漆产量将达到20000t，预计总产值达到80亿元左右。

# 1 现有资源现状

## 1.1 国内外资源历史起源

漆树[*Toxicodendron vernicifluum* (Stokes) F. A. Barkley]为漆树科漆树属的一类植物，是一种落叶乔木，一般树高为5～15m，树干胸径12～40cm；也有的高达20m，胸径1m，因产生漆而得名。漆树资源丰富，品种繁多。漆树原产于中国，隶属亚热带区系，属于新生代第三纪古老孑遗树种，是我国重要经济树种（张飞龙等，2007）。中国种植漆树的历史也很早，在西周时期，就已有漆树栽培并有征收漆树林税的制度。春秋战国时期，山东、河南已成为著名产区，战国著名思想家庄周曾任“漆园吏”。作为非物质文化遗产的经典文本《髹饰录》更为我们提供了明代和明代以前，关于中国古代漆艺材料、工具、技术和审美及漆器修复方法的经典文本。中国漆艺活跃于今天，分布于全国各地。国家级非物质文化遗产漆艺技艺传承单位是中国漆艺发展“再生产”，是学习和研究的活态资源（赵一庆，2003）。生漆为漆树树干割取获得的一种乳白色纯天然液体涂料，接触空气后逐步转为褐色，4h左右表面干涸硬化而生成漆膜，是优质天然涂料。

## 1.2 技艺和功能

生漆技艺（采收技术、熬制工艺、涂刷工艺等）是中华民族在长期的用漆过程中凝练而成的艺术瑰宝，它赋予漆器的不仅仅是使用价值，而且蕴藏了丰富的文化内涵和美学价值，必须传承与发扬。漆树除可供割取生漆外，由于其树干通直、耐腐，抗拉和顺拉强度较好，还可作电杆、桩木、坑木和梁材。漆木心材黄褐色，纹理雅致、美观，材质轻软，易于加工，是装饰和制作家具面板的良好材料。科研工作者结合现代高分子化学成膜理论，以漆酚为基础，制备了漆酚基功能高分子材料和漆酚类重防腐涂料，具有突出的超耐久性，形成独具中国特色和代表性的重防腐涂料产品（周剑石，2015）。

生漆的成分比较复杂，具有高活性的特点。研究表明，生漆由60%～65%的漆酚、20%～25%的水和15%的其他化合物组成（如可溶于水的植物树胶、多糖和少量的漆酶及其他酶）。此外，生漆中还含有油分、甘露糖醇、葡萄糖、微量的有机酸、烷烃、二黄烷酮以及钙、锰、镁、铝、钾、钠、硅等元素（赵喜萍等，2017）。近来还发现微量的$\alpha,\beta$不饱和六元环内酯等挥发性致敏物。此外，生漆品质与产地、漆树品种、立地条件、采割时间、采割技术和贮存时间等有关（张瑞琴等，2008）。

此外，漆树的药用价值广为人知，如漆酚具有广泛的抗肿瘤活性（齐志文，2019；周昊等，2020）。中医认为干漆可杀三虫，治女人经脉不通、破瘀血等。20世纪60年代初期，我国中药工作者把干漆引入抗癌中成药平消片，经药理实验证明，该药抑制肿瘤株生长效果显著，能提高机体免疫力。漆树果实的蜡层（外果皮和中果皮）含油脂（漆蜡）60%，种仁含油（漆油）10%，前者用于制造肥皂、甘油、蜡纸，后者味香可食。榨取油蜡后的漆饼可作饲料和肥料。花是天然蜜源。漆蜡（油）在我国产漆区传统美食常用的烹饪原料，对皮肤没有过敏和毒副作用。同时还具有明显的药用功能，可以防治胃病和止血，调节血脂和抗动脉硬化，减少冠心病的发病率和死亡率。漆蜡中通过分离可以获得精制棕榈酸、硬脂酸、油酸和亚油酸及其盐；从漆蜡中还可精制三十烷醇等高级脂肪醇，是制皂、洗涤、润滑、增塑、化妆品等行业的重要表面活性剂。漆蜡（油）作为重要的化工原料，可代替棕榈油、动植物蜡（巴西棕榈蜡、蜂蜡）和矿物蜡（石蜡），广泛用于高档化妆品行业，其前景十分广阔。漆籽加工漆蜡（油）后，大部分残留的漆粕可加工为漆饼，其营养成分很丰富，可以作为家禽的混合饲料使用（齐志文等，2018）。

## 1.3 分布和总量

漆树是中国特有的经济树种，在北纬19°～42°、东经97°～126°之间的山地、丘陵几乎都有漆树生长，尤以秦岭、巴山、武当山、巫山、武陵山、大娄山、乌蒙山一带所构成的南北弧形地段，漆树群集度和常见度高，为中国乃至世界漆树分布中心。除黑龙江、吉林、内蒙古和新疆外，全国多个省份、500多个县都有漆树分布。陕西、湖北、重庆、云南、贵州、四川、河南等7个省份是生漆主产区（表13-1），有平利、岚皋、佛坪、利川、竹溪、大方、镇雄、城口、北川等60多个重点产漆县。2018年我国生漆产量为18882t，较2017年增加855t，同比增长4.71%（图13-1）。

表13-1　2012—2017年全国生漆产量分省市统计

（单位：t）

| 地区 | 2012年 | 2013年 | 2014年 | 2015年 | 2016年 | 2017年 |
|---|---|---|---|---|---|---|
| 全国总计 | 26027 | 25154 | 22290 | 22806 | 21934 | 18145 |
| 浙江 | — | 10 | 10 | — | 20 | 20 |
| 安徽 | 405 | 410 | 453 | 199 | 161 | 343 |
| 福建 | 172 | 178 | 662 | 324 | 133 | 155 |
| 江西 | 81 | 235 | 8 | 58 | 813 | 655 |
| 河南 | 2100 | 2209 | 2103 | 2111 | 2092 | 2086 |
| 湖北 | 7603 | 6897 | 6298 | 4092 | 3568 | 3217 |
| 湖南 | 1295 | 610 | 1030 | 826 | 1060 | 1009 |
| 广东 | 39 | 6 | — | 705 | 55 | — |
| 广西 | 34 | 37 | 35 | 43 | 47 | 423 |
| 重庆 | 6607 | 6095 | 1126 | 1194 | 2246 | 1400 |
| 四川 | 546 | 583 | 477 | 489 | 431 | 458 |
| 贵州 | 3086 | 3103 | 6955 | 8600 | 7649 | 6942 |
| 云南 | 583 | 271 | 235 | 685 | 385 | 518 |
| 陕西 | 3443 | 4476 | 2864 | 3445 | 3239 | 885 |
| 甘肃 | 33 | 34 | 34 | 35 | 35 | 34 |

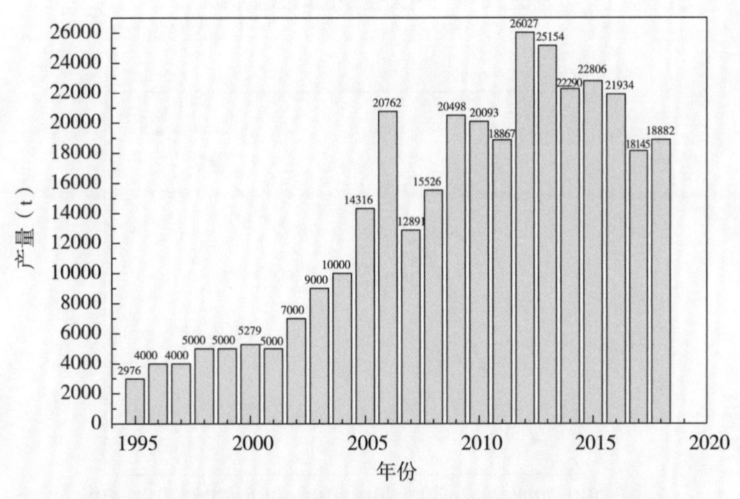


图13-1　我国近20年生漆年产量变化（1995—2018年）

除中国外，缅甸、柬埔寨、印度、越南、老挝、泰国、日本和朝鲜等周边国家也有少量分布，但其产量都非常少，相比较而言日本和韩国相对较多。我国的生漆产量与需求量基本平衡，但近几年我国生漆产业规模总体保持稳定增长的态势。生漆价格高达26万～36万元/t，2018年我国生漆市场规模为61.51亿元，其中：家居及建筑领域为39.52亿元，占64.24%，同比增长6.0%；机械、化工、纺织等工业领域23.81亿元，占35.76%，同比增长13.7%。

我国是世界生漆主产大国，生漆出口量约占世界贸易量的80%。1990年中国生漆总产量2683t。5年后年增长了11%，达2976t，2000年更达5000t。之后5年产量继续增长，年均增长率23.69%。近些年由于化工产品的推广应用，国内生漆产量有所降低，2010年为20093t。2012年达到近10年内最高产量26027t，随后有所下降。2018年我国生漆产量为1.88万t。中国的漆树种植面积和生漆产量均居世界第一位。我国生漆世界闻名，既是主产国，自古也是出口国，主要出口至日本，出口品种主要有陕西牛王漆、四川城口漆、湖北毛坝漆以及贵州毕节漆。2018年我国生漆出口数量从2017年42.7t减少至33.7t，同比降低21.03%，出口金额为173.8万美元，较2017年减少337万美元，同比降低16.24%（图13-2、图13-3）。

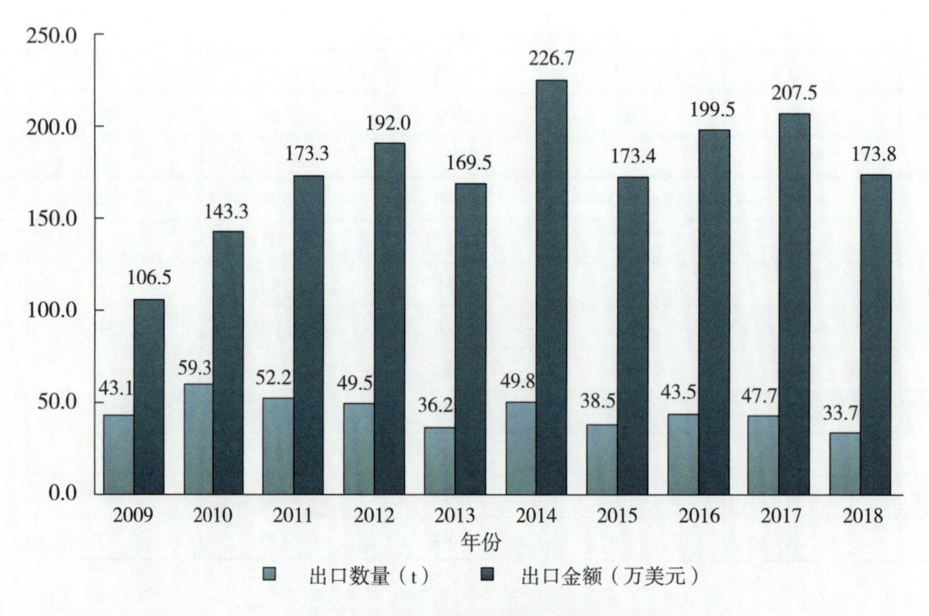


图13-2　中国生漆出口数量情况

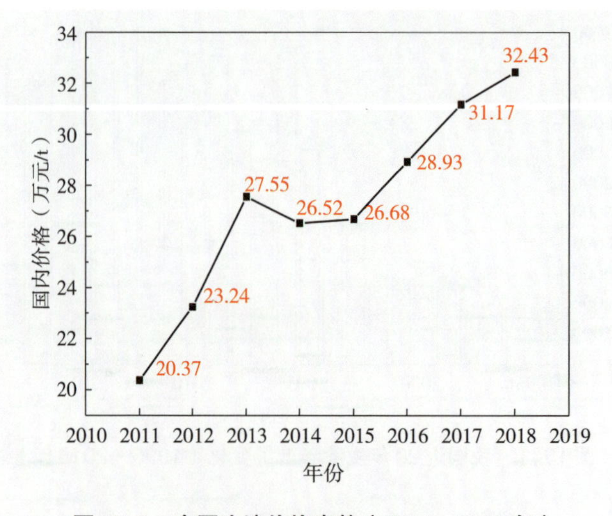


图13-3　全国生漆价格走势（2011—2018年）

## 1.4 特点

生漆具有耐酸碱、耐磨、耐高温、绝缘、附着力强等特点，有“涂料之王”美誉，作为一种优质涂料和生态型高分子材料，是现代工业、农业、军工等产业的重要原料（林金火等，2005）。漆树木材材质优良，花纹美观，切面光滑不会收缩变形，加工简单，耐腐蚀，是建筑、家具等的优良用材（孙祥玲等，2014）。

漆树全株药用历史悠久，早在明代《本草纲目》就记载有漆树各部分入药的方法。20世纪80年代西安生漆研究所应用生漆治疗癌症和冠心病，临床效果较好。漆籽中漆蜡（油）含量可达35%～50%，是制造高级化妆品、防水剂、肥皂、硬脂酸等精细化工品的理想天然原料。同时，漆油还是西部少数民族地区主食木本油料之一，据称具有催乳、补血、止血、消炎、止痛、收敛、舒筋活血、提神补气、降血脂等多种保健功效。

目前生漆价格高达26万～36万元/t。受气候与种植面积影响，我国的生漆产量与需求量基本平衡，但近几年我国生漆产业规模总体保持稳定增长的态势。2018年我国生漆市场规模为61.51亿元，其中：家居及建筑领域为39.52亿元，同比增长6.0%；机械、化工、纺织等工业领域23.81亿元，同比增长13.7%。

# 2 国内外加工产业发展概况

## 2.1 国内外产业发展现状

### 2.1.1 国内产业发展现状

近年，我国传统油漆生漆的市场前景十分广阔。生漆及其衍生产品在石油管道、航空航天、纺织工业、船舰、电子电器等工业和军工生产上的需求量越来越大，市场供应紧张。

国内生漆行业通过生物质转化技术、有机化学反应技术、金属螯合技术能赋予其许多新的功能，衍生出许多新型的实用产品，尤其是漆酚钛、漆酚硅、漆酚磷等产品，在工业重防腐领域中发挥着特殊作用，可用于军工、航空航天、石油化工、矿石机械、电力设施、纺织机械、海水淡化、船舶舰艇、海洋设备以及轻工领域等。譬如石油开采、输油管线、油舱油罐、钻井、脱硫装置、换热器等重防腐设备；电子部件保护材料，制备离子选择性电极、印刷电路板用导电生漆涂料等；在造船工业领域改性生漆被用来保护舰艇船体（钱烨和田宗利，2019）。

我国国内生漆产业具有以下特点：①我国山区农村具有优越的自然条件和广阔的宜林地；②山区有长期自然选择和人工选择所培育的优良漆树品种；③各漆产区已形成了一定采漆、制漆的技术力量；④漆器加工成本低，利润可观，创汇率高；⑤生漆的干燥成膜机理、漆酶的结构特性及应用、漆酚的人工合成等方面落后与日本、瑞典、澳大利亚和美国等；⑥在栽培、采收加工、生漆改性等方面一直处于世界领先水平，20世纪80年代就成立了西安生漆涂料研究所。随着生漆资源的日益稀缺以及下游加工企业竞争的日益加剧，优势生漆企业一般采取“产业链一体化”的经营模式，一方面通过自主造林、买林和“公司+农户”方式造林等手段培育和储备林木资源；另一方面为获取下游生漆深加工行业的产业利润不断完善产业链，最终形成“林木+生漆”的产业格局。同时，逐渐形成了生漆行业标准，如陕西省质量技术监督局2007年10月9日发布的《生漆包装贮藏运输技术规程（DB61/T 420.10—2007）》和国家质量监督检验检疫局2009年3月1日发布的《生漆（GB/T 14703—2008）》，均为现行标准。受气候与种植面积影响，我国的生漆产量与需求量基本平衡，但近几年我国生漆产业规模总体保持稳定增长的态势，2018年我国生漆市场规模为61.51亿元，其中：家居及建筑领域为39.52亿元，同比增长6.0%；机械、化工、纺织等工业领域23.81亿元，同比增长13.7%（表13-2）。

表13-2 2012—2018年我国生漆细分领域市场规模及增速

| 年份 | 家居及建筑领域（亿元） | 同比增长（%） | 机械、化工、纺织等工业领域（亿元） | 同比增长（%） |
|---|---|---|---|---|
| 2012 | 42.56 | 53.8 | 17.81 | 67.1 |
| 2013 | 47.19 | 10.9 | 22.01 | 23.6 |
| 2014 | 39.04 | -17.3 | 19.94 | -9.4 |
| 2015 | 39.09 | 0.1 | 21.61 | 8.4 |
| 2016 | 39.52 | 1.1 | 23.81 | 10.2 |
| 2017 | 34.13 | -13.6 | 22.29 | -6.4 |
| 2018 | 36.17 | 6.0 | 25.34 | 13.7 |

中国生漆世界闻名，中国是生漆主产国，自古也是生漆出口国，中国生漆主要出口至日本。出口品种主要有陕西牛王漆、四川城口漆、湖北毛坝漆以及贵州毕节漆。2018年我国生漆出口日本、泰国两地，其中：出口至日本的生漆金额为168.74万美元，占比为97.08%；出口至泰国的生漆金额为5.08万美元，占比为2.92%。此外，漆树的漆籽经加工可以获得漆蜡和漆油。我国漆籽年总产量接近200万t，目前能够利用的漆籽估计仅30%左右。

### 2.1.2 国外产业发展现状

国外生漆市场主要有日本、韩国、越南、缅甸、泰国、印度等，其中发展最好的当属日本生漆行业。日本民族喜爱漆，生活中离不开漆。在日本等地区，生漆被作为优良的生态涂料，人们常用的生活用品中的碗筷、家具、漆艺装饰等都是使用原生态的天然漆作为涂料。在日本人的生活中，漆器使用很普遍，如漆碗、漆酒杯、漆茶具、漆花瓶、漆果盘等，都是日常生活中不可缺少的器物。日本的漆器设计偏向实用性，强调“美”必须与“用”相结合，注重漆器回归生活。而外观设计更强调造型和色彩的审美趣味性。漆与大众的日常生活相关联，这是日本漆艺得以传承与发扬的重要基础。更重要的是，日本的生漆文化比较浓厚，日本人甚至对生漆有一种天然的偏爱。日本是我国最大的漆树竞争对手，尤其是其打造鹿儿岛、九州宫崎县等漆树主产地，使我国漆树产业面临着严峻挑战。

漆树在韩国的历史也比较悠久。从古至今，韩国民间一直有食用漆树枝或叶的习惯。韩国漆树种植面积达1130$hm^2$。经过长期的发展，在韩国牙山、沃川、谷城和原州等地新兴了多家漆树活性提取物加工厂，其中沃川地区正建立韩国最大的漆树种植基地和活性物提取加工厂。韩国漆树活性提取物的加工主要使用漆树的木质部分，开发了漆树水溶性提取物原液、袋泡茶、漆树发酵产品（木酒）、鸡汤及以漆树提取物为辅料的洗面奶、润肤露、洗发水和沐浴露等系列产品，可满足市场不同需求。原州是韩国漆树最大产区，种植漆树面积超600$hm^2$，种苗180万株，参与种植的农户1000多户。

## 2.2 国内外技术发展现状与趋势

### 2.2.1 国内技术发展现状与趋势

从漆树资源的利用状况来看，目前主要是通过采集漆树的次生代谢物——生漆来实现漆树资源的经济价值。其开发和利用大多依旧留存远古时代的遗风，采集、加工、使用技能大多依然沿袭古代的传统，至今没有发生根本性的变化。

生漆中主要成分为漆酚，它是生漆的主要成膜物质，分子结中含有不饱和侧链的邻苯二酚基团，具有多个反应活性中心，可发生酯化、醚化、烷基化、络合、缩聚、共聚等一系列反应。生漆通过改性不仅可制得多种适合不同需求的涂料产品，降低生漆的使用量，实现较高的经济效益，还能获得一些性能优越的功能性材料，从而拓展了生漆的应用领域。针对生漆改性进行技术攻关，不断拓宽生漆应用领域，开发出有机硅漆酚、有机硅耐热漆、高温重防腐漆、漆酚钛等新产品，广泛用于石油开采、石化化工、海洋等行业的油气管道、石油储罐、换热设备、污水处理设备等内外壁特种防腐涂覆，应用后效果好于普通油漆涂料。如通过缩聚反应合成的漆酚缩甲醛树脂、漆酚缩糠醛树脂具有比生漆更为优异的性能，同时也是其他漆酚改性树脂的基础材料。用多羟基丙烯酸树脂（MPA）和漆酚缩甲醛树脂（UFP）共混，制备的互穿聚合物网络（IPN）涂料具有优良膜性能：硬度为6H、柔韧性为1mm、附着力为1级（陈钦慧和林金火，2002）。

近年来，西安生漆涂料研究所、中国林业科学研究院林产化学工业研究所、福建师范大学材料科学与工程学院和福建省高分子材料重点实验室，在漆酚缩甲醛、漆酚环氧树脂、漆酚钛环氧树脂、漆酚聚氨酯树脂、漆酚有机金属螯合物、漆酚有机硅、漆酚冠醚、漆酚抗氧化剂等漆酚基功能高分子材料的制备技术上都有所突破；部分产品实现工业化生产，也是我国生漆行业的重点发展方向。

### 2.2.2 国外技术发展现状与趋势

日本和韩国的生漆深加工产品技术处于世界领先地位，尤其是生漆工艺品、医药、保健品等方面要优于我国。日本科学家在涂料领域的研究位居全球第一，对生漆涂料的理化性能进行了深入的研究。韩国科研人员在生漆医药和保健品领域的研究位居全球第一，从致敏机理上阐述了间接接触漆酚，也会导致过敏性皮疹；从生物化学活性的角度，阐述了漆酚具有较强的抗菌能力，能抑制微生物的生长；从临床角度，阐述了漆酚在预防肝脏疾病方面也具有一定功效。

## 2.3 差距分析

### 2.3.1 产业差距分析

日本在生漆涂料领域的领先地位：日本政府顺应民意，在生漆的研究上投入很大，从20世纪80年代的东京大学熊野蹊徙教授课题组，到现在的明治大学宫腰哲雄教授，以及北见工业大学吉田孝教授等课题组都获得了日本政府的巨大资助，使日本的生漆研究一直处于世界最先进的水平。为了保护和开发这种生漆资源，日本政府提出了“漆树栽培与综合利用”的国家计划，以筑波森林综合研究所牵头，东京大学、明治大学、京都大学、北见工业大学、岩手县二户市生漆振兴室、福岛县会津小野屋漆器厂、石川县漆器产业研究中心等产学研单位协同工作。此外，北见工业大学生物与食品学部长期致力于漆树的综合利用研究，已经在食用与安全方面获得了突破，掌握了漆果仁产品化的核心技术。

韩国在生漆生物医药领域的领先地位：韩国原州漆树研究中心一直致力于漆树品种栽培、漆树药学文化研究及漆树工艺品研究。该中心主要研究无致敏漆树原料的加工技术，漆树叶袋泡茶原料的处理、漆树木片的切割工艺及脱敏技术，在此基础上开发了一系列的漆树护肤产品。韩国当地食品药品监督管理局制定了漆树黄酮提取物的质量标准，其中，黄颜木素含量>13.0%，漆黄素含量>2.0%，且漆酚（致敏物）含量不得检出，日推荐剂量一般为15～60mg。韩国科学与技术研究所以漆树提取物为原料，开发了预防和治疗糖尿病并发症的药物，其组成为漆树黄酮提取物32%、乳糖32%、硬脂酸镁4%和玉米淀粉32%。韩国林木育种研究所以漆树提取物为原料，配以常用的药物载体，开发了抗癌组合药物，主要用于癌症发生和转移的预防或治疗药物，也可以用作抗氧化或缓解宿醉的药物。韩国全南大学以漆树黄酮提取物为原料，开发了抗病毒组合物，主要用于鱼类致病病毒的治疗。另外，以漆树黄酮中的黄颜木素和硫黄菊素为主要功能因子，加上药学上可以接受的载体和赋形剂，开发了改善肝功能的药物组合物，主要用于预防和治疗肝硬化引起的肝纤维化。

此外，越南在联合国工业发展组织（United Nations Industrial Development Organization，UNIDO）的

帮助下，从2010年开始重视生漆产业的发展，政府鼓励农民种植漆树，并按照种植面积给予一定的补贴。另外，缅甸和老挝也开始注意到生漆产业的重要性。

#### 2.3.2 技术差距分析

在漆树资源的综合利用研究上，我们还处于一个比较低的水平。究其原因主要与我国对生漆在功能涂料和生物医药领域研发的认识不足，重视不够，尤其是在漆树的综合利用方面，我国的研究开发工作远远落后于日本，而在漆树的食用方面，则落后于韩国。次要原因是与漆树本身的致敏性有关，漆液成分中的漆酚是致敏源之一，容易引起人的皮肤过敏反应，这种过敏性可能阻碍了生漆工作者的积极性和科研队伍的壮大。此外，部分生漆科研从业人员缺乏工匠精神，得不到稳定的科研研究经费资助，也是影响中国生漆持续向好发展的重要原因。

首先，我国缺乏高产漆树新品种材料和对本土漆树优良种质资源的保护措施。非常有必要重视种质创新工作，改进选种、育种方法，加强挖掘和创制适合于我国高产漆树育种的材料。其次，漆树的丰产栽培与采割漆技术还处于20世纪80年代中期的水平，近些年未见深入研究和报道。应该从国家、省市、地方各级部门加大科研、生产投入，激发科研人员及林农的积极性，致力于提高漆树单位面积土地产出水平与资源利用率，走可持续发展道路。再次，由于缺乏漆树高附加值新产品和漆树加工龙头企业，应鼓励大力开展漆树深加工及精细化研究和应用，充分利用现有漆树资源，努力开发创新漆产品，加强推广已有的科研成果。最后，加快建设较为完备的漆树产业体系和漆文化体系，建成能够满足漆产业发展需求的工业原料林基地，通过打造世界知名的漆树产品加工基地，促进国内漆树新兴产品市场化、国际化，促进漆树产业发展。

## 3 国内外产业利用案例

### 3.1 案例背景

#### 3.1.1 武汉市国漆有限公司

武汉市国漆有限公司是以有近50年历史的原武汉市国漆厂为核心组建成立的股份制企业，在国内是生产漆酚系列特种高温防腐涂料规模最大的企业，已通过ISO9001质量管理体系认证，2007年武汉市科学技术局认定武汉市国漆有限公司为“高新技术企业”。公司参与了国家标准《轻质油品安全静止电导率（GB 6950—2001）》和《石油储罐导静电防腐蚀涂料涂装与验收规范（CNCIA/T 0001—2006）》的编制工作。公司研发的产品获得多项国家、省、市科学技术成果奖：2002年公司研发的“TE-15漆酚导静电防腐漆”获得“国家重点新产品”证书；2007年公司研发的“HW-95高光无溶剂导静电涂料”获得“湖北省重大科学技术成果”及“武汉市科学技术成果”；2008年又被武汉市人民政府授予科技进步三等奖。

#### 3.1.2 四川蓝伯特生物科技股份有限公司

四川蓝伯特生物科技股份有限公司位于四川省筠连县海瀛工业园区，成立于2013年9月，注册资金4000万元。公司从煤业公司转型发展现代科技产业，是区域实施产业转型升级战略的重点招商引资企业。公司产业快速稳健发展，得到了省、市、县各级党委、政府、相关部门以及金融系统的高度重视和大力支持，同时受到了各级新闻媒体的广泛关注及社会各界的高度好评。公司先后获得了“省级农业产业化重点龙头企业”“省级林业产业化重点龙头企业”“市农业产业化重点龙头企业”“市十佳最具实力林业产业化龙头企业”等荣誉称号。漆树项目是蓝伯特生物科技集团的三大惠农产业之一，由旗下四川凌盾生态农业科技开发有限责任公司负责实施。该公司主要从事漆树的种植、研发和生产，延长以生漆为主的植物化工产业链，生产中国生漆（木漆）、中国木蜡、漆树籽油、饼粕（油枯）及漆酚、漆酶、漆多糖、脂肪酸、甘油等天然提取物，精深加工漆工艺品、漆油保健品、漆药材等产品，并发展林下中药材产业。

### 3.1.3 西安生漆涂料研究所

西安生漆涂料研究所是中央级科研院所，1980年经国家编制委员会批准成立，是国内乃至世界上唯一从事漆树与生漆资源研究与开发的专业研究机构。近年来承担并完成的国家科技支撑计划项目、社会公益研究专项、农业科技成果转化资金项目；国家生漆行业标准制修订；财政部科技专项；供销总社生漆产业化开发技术研究等国家及省部级重点科研项目有20余项，其中获得省部级科技奖励10多项。公司开发的产品被用于国家鸟巢体育馆、人民大会堂髹饰以及石油化工、矿产设备等工业重防腐涂装。公司主要从事漆树与生漆、漆文化遗产保护、髹漆技艺、生漆及涂料产品、天然高分子材料、生物活性产品的设计开发及检测技术等方面研究，是一座集新产品开发、新技术研究、中试生产及产业化发展为一体的科研创新平台。

### 3.1.4 陕西秦乔农林生物科技有限公司

陕西秦乔农林生物科技有限公司成立于2016年6月，公司主要从事漆籽产业、生漆产业、漆树木材加工产业、漆树资源开发利用等，是全国首家集产业化、规模化、清洁化为一体的漆树全产业链开发企业，公司在专注自身漆树产业发展的同时，不忘带领商南百姓脱贫致富，使漆树成为真正的“绿色银行”。国漆产业园项目集漆树种植、生漆、漆籽加工及漆树文化展览推广开发为一体的综合性项目，是我国首家产业化、规模化、清洁化专项漆类科技产业园，具有生产技术成熟、原料资源富集、产业链条完整、科技支撑有力、经济效益明显五大特点。

## 3.2 现有规模

以陕西秦乔农林生物科技有限公司为例，公司成立于2016年6月，目前主要投资建设商南县国漆科技产业园项目，该项目位于商南县工业园区幸福南路，分为3期建设，计划于2020年底完成全部建设任务。项目占地210亩，总投资为49.3亿元，其中一期投资7.6亿元，计划建设漆树种植基地、漆树文化博物馆、国漆科技成果展览馆、漆树种质资源库、生漆产业功能区、漆籽产业功能区、漆树提取物功能区、保健功能食品加工区、日化精细品加工区、生物饲料及肥料加工区10个板块。其中，一期项目建设漆树种质资源库及1000亩漆树示范种植基地，完成园区基础设施、综合办公楼、国漆科技馆、漆树产业工程中心、漆树种植基地、年产2000t漆蜡加工生产线等内容。目前，已完成了园区基础工程、员工宿舍、国漆科技馆、种质资源库、漆蜡和漆果油生产线及精炼生产线，并已经启动试产。主要从事漆籽产业、生漆产业、漆树木材加工产业、漆树资源开发利用等。国漆产业园项目建设成后，将面向全市7个县区收购漆籽，年可加工10000t漆籽和1000t生漆，发展60万亩漆树基地，有效带动农民增收致富。未来3期项目全部建成后，预计年可实现销售收入60亿元、利税15亿元以上。

以四川蓝伯特生物科技股份有限公司为例，公司自成立至今仅花了1年多的时间，累计建成了漆树基地4.3万余亩，年底前可达5万亩。漆树项目总投资4.8亿元。建设内容包括：建漆树种植基地5万亩并同步进行林下中药材种植；建1000t/a漆蜡生产线一条；建5000t/a漆籽油生产线一条及青蒿素系列产品加工。预计年营业收入10.25亿元以上，年平均上缴税金及附加1亿元以上，年平均利润1.5亿元，可带动农民1万人次，人均年收入可达2.9万元。

### 3.3 可推广经验

以四川蓝伯特生物科技股份有限公司为例，公司分别与中国中医科学院中药研究所、四川大学、重庆理工大学药学与生物工程学院、宜宾学院化学与化工学院、广州中医药大学等科研院所确立了产学研合作关系。同时与广东新南方药业集团、广东罗浮山国药股份有限公司、江苏斯威森生物医药公司、上海迪赛诺药业有限公司等多家企业建立了全面的战略及市场合作关系。公司致力于天然产物的研究及开发，配备了国内一流的试验仪器及设备，集产品研发、分析检测、技术服务和中试研究为一体的综合性研发中心。公司拥有核心专利15项（其中发明专利1项，实用新型14项），合作开发专利20余项；拥有“蓝伯特”“泰草堂”“蒿本预炎”“自然态度”等注册商标20余个。“泰草堂”品牌获中国中轻产品质量保障中心“中国3.15诚信企业”证书。公司依托川滇黔三省结合部丰富的中药材及天然产物资源，致力于天然植物提取物、日化产品、消毒产品的生产和销售，实行多元化产品开发战略，发展绿色循环经济产业链。以“生活化走向、科技化提升”为发展方向，不断延伸产业链，努力打造核心品牌，大力开拓产品市场。通过整合资源和发挥产业优势，实施一、二、三产业融合，实现绿色发展、生态发展、高效发展。

### 3.4 存在问题

生漆产业经营管理方面存在的问题主要表现在：一是生漆生产成本居高难下；二是生漆产业发展缺乏战略规划，重短期轻长期，重局部轻全局，重当前轻长远，没有从战略层面考虑漆树资源综合利用，生漆采割技术难以突破；三是生漆产业管理条块分割，漆树育林与生漆生产分离，造林归林业部门，经营管理归供销系统，部门多头管理，重割轻育，经营单一，生产方式落后，产业化程度偏低；四是科技力量薄弱，成果转化率低，经费投入不足，漆树资源综合利用率低，经济效益不高；五是宣传推广力度不够，规模化和服务水平不高，工业化应用进程缓慢。

如今，随着生漆的价格上涨，企业为获得高额利润，在生漆贸易的各个环节掺假，市场掺假现象很严重。生漆掺入的杂质有水、植物油、矿物油、糖、固体杂物、鸡蛋清等。生漆行业比较混乱，主要是没有统一的标准，懂漆的人越来越少，消费者也无法识别。此外，就供销来说，整个供应链条也不完善，销售渠道还需发掘，生漆市场并没有完全打开。

## 4 未来产业发展需求分析

### 4.1 漆树（生漆）有利于生态文明建设

漆树不仅直接提供了人类所需的生物质资源，体现了美学文化价值、实用价值和科学研究价值，而且具有防风固沙、保持表土、净化空气、涵养水源等多种间接生态调节和服务功能，为人类物质文明、精神文明和生态文明的发展作出了不容忽视的贡献。漆树生长对立地条件要求不高，一般在生长有杉、杨树等地方均可栽植漆树。性喜阳光，且耐一定庇荫；对雨量、湿热、土壤等自然条件有比较广泛的适应性，特别是耐旱、耐瘠薄能力强。同时漆树林还具有调节气候、净化空气、保持水土、改良土壤、防风固沙、保护农田、园林观赏等功能。漆树资源具有可再生性，有强大的生态材料制造功能，能维持森林的稳定。

漆树分泌物具有药用和食用价值。根据现代医学研究，干漆醇提取物在离体平滑肌器官上（如大肠、小肠、支气管、子宫）有拮抗组胺、5-羟色胺、乙酰胆碱的作用，与抗组胺药Antazoline、抗5-羟色胺药麦角酸二乙胺及抗胆碱药阿托品的性质相似，但强度较弱；干漆炭对实验动物能缩短出血和凝血时间，起促血凝（止血）作用。漆树汁液也有抗癌作用；漆多糖对荷瘤小鼠有较强的抗肿瘤作用，它能提高荷瘤小鼠免疫功能，拮抗5-Fu所致的骨髓和免疫抑制。漆蜡（油）在我国部分地区一直有食用和药用的习惯，云南怒江大峡谷各族群众就习惯食用漆树籽油，并形成了独特的少数民族饮食文化。如漆油茶是怒族传统饮料，家家常备，它是在漆籽仁的油中加入盐、芝麻、核桃混合制成，放在专用的"茶桶"里，用时舀出若干以陶罐煮开。

## 4.2 生漆产业推动山区脱贫

发展生漆产业是一个好产业。由于漆树是多年生乔木，可收益30年以上，加上漆树适应性强，根深叶茂，具有良好的水土保持和水源涵养等功能。发展生漆产业，既有良好的生态效益，又有较大的经济效益。

四川筠连县利用漆树产业周期长、行距闲置土地面积多等特点，采取"漆+药、漆+草、漆+茶、漆+畜"立体种养模式对土地进行集约规划，充分发挥土地资源最大效益，产业多元化发展。特别是"漆+畜"让养殖在实现收益的同时，还能为漆树、中草药种植提供有机肥，减少成本开支，目前，发展立体连片种植漆产业示范区漆树5000亩，实现产业融合发展，增加农户生产性收入。

"点面"结合，全域带动。针对农户单个种养业散而小，且难以持续发展的现状，着力在提升基地质量和发展龙头企业上下功夫，通过龙头企业点上的示范，带动全村面上产业的发展。采取"公司+基地+专业协会+种植户"等模式，引进四川蓝伯特生物科技股份有限公司等龙头企业发展漆树产业基地，并给予了一定的政策支持，做大做强漆树品牌，公司通过提供种苗、技术帮扶、土地流转等措施，吸纳贫困户劳动力1000人次，雇用贫困户劳动力务工2000人次，增加农户工资性收入。

"产研"结合，延伸链条。与四川大学、西安生漆涂料研究所等10个科研院所联建产研科技团，围绕漆树种植、加工利用、产品开发，引导培育漆树产业要素，加速推进漆器、漆工艺等产品开发，发展漆游、漆医等产业，延伸漆树产业链条，着力打造产业集群，促进漆树产业融合发展，力争将筠连县全面打造成"国漆之都"。

湖北恩施州巴东县多个乡镇通过漆树种植实现脱贫，如在李坪村，目前全村漆树栽植面积已达1000亩，其中贫困户栽植600亩。每亩地可栽漆树70株，4年就可产割漆，漆树基地里可种植杂粮、名贵中药材，还可养鸡，可谓是一举多得，贫困户不仅可如期脱贫，还有了稳定增收致富的产业（刘涛，2018）。目前，该村合作社已与泰国、日本多家生漆购销公司签订了长期供销合同，为农产品销售打开了市场，打通了渠道，增强了产业脱贫的强劲动力。

## 4.3 生漆行业需要可持续发展

生漆行业具备一定的规模门槛。目前因生漆原料稀缺、生产制作成本高等问题，行业内众多小企业无法降低生产成本，只能以较低的利润水平参与市场竞争。随着市场竞争的深入，部分企业走上规模化生产的模式：一是规模化种植，从源头上解决生漆产量少价格高的问题；二是规模化工业生产，降低生漆的制作成本及应用难度。规模化生产有效地改善了企业的盈利水平，因此在市场竞争中占据有利的地位。面对束之高阁、日渐萎缩的生漆产业，开展生漆改性技术攻关，将生漆漆酚与一些有机或无机化合物进行化学反应，制备出具有某种特殊性能的涂料，可为生漆可持续发展寻找出路，另辟蹊径。

此外，生漆行业的产业结构调整离不开生漆的深加工，提高生漆的附加值，更大地发挥产品价值，使其利润更高、竞争力更强、市场更广阔。将生漆产业延伸至加工业，设立加工厂，不仅销售生漆产品，同时销售经由加工形成的系列化生漆产品。产业整合区域自然资源、文化资源、技术资源、人力资源、组织资源，形成了传统农业产业、工业、服务业等产业体系的高度融合，并在管理上采用以企业品牌主体的现代管理体系和品牌架构（潘先金等，2018）。

# 5 产业发展总体思路与发展目标

## 5.1 总体思路

漆树产业规模化、集约化、精细化发展，综合利用漆树，提高漆农经济收入，保护这种可再生资源，促进漆树及生漆产业的持续发展是生漆产业的总体思路。随着下游消费市场不断升级，社会环保意识逐渐增强，我国生漆行业已经告别了过去依赖廉价产品快速扩张的时期，进入了技术、产品向更高层次发展的新阶段，正朝着功能化、绿色化的方向发展。面对束之高阁、日渐萎缩的生漆产业，开展生漆改性技术攻关，将生漆漆酚与一些有机或无机化合物进行化学反应，制备出具有某种特殊性能的漆酚基涂料及特殊活性的漆酚基生物医药，可为生漆可持续发展寻找出路，另辟蹊径（孙明哲等，2019）。

首先，从源头入手，目前我国缺乏高产漆树新品种材料。企业必要重视种质创新工作，改进选种、育种方法，加强挖掘和创制适合于我国高产漆树育种的材料。其次，漆树的丰产栽培与采割漆技术还处于20世纪80年代中期的水平，近些年未见深入研究和报道。应该加大科研、生产投入，激发科研人员及林农的积极性，致力于提高漆树单位面积土地产出水平与资源利用率，走可持续发展之路。最后，由于缺乏漆树高附加值新产品，应鼓励大力开展漆树深加工及精细化研究和应用，充分利用现有漆树资源，努力开发创新漆产品，加强推广已有科研成果。

进一步提升对生漆自主品牌建设的重视程度，实施品牌发展战略。一是强化品牌意识，形成企业内部全员、全过程、全方位推动品牌建设的良好氛围，并在资金投入、人力资源配置等方面加以落实。二是制定自主品牌发展战略，根据企业自身特点和经营目标，明确市场定位，选择个性化、差异化的品牌发展模式。三是增强品牌管理能力，鼓励企业设立品牌管理部门，建立切合实际的品牌管理机制，实施品牌化经营，培育品牌文化，实现品牌增值。四是探索建立知识产权全过程管理体系，实现知识产权科学布局和有效运用。五是完善品牌评价方法，建立生漆品牌价值测算指标体系，为提升品牌价值提供指导和支撑。六是积极开展品牌宣传推广工作，综合运用出版物、网络、移动终端等各类品牌传播渠道，有效提升生漆品牌知名度。

## 5.2 发展原则

一是突破漆树高值利用技术瓶颈，发挥漆树资源的区域、特产、人文、生态、效用、传统等优势，以用为本，技术先导，夯实产业发展基础，创新传统产业，打造一批漆树原料林基地、漆籽木本油料与生漆制品粗加工基地。二是依托生漆原料基地，拓展生漆产业链，发展漆酚精深加工产品，提质增效。市场驱动将资源优势转变为新材料、新食用油料、新精细化工产品优势、市场优势和竞争优势，集群发展，推动区域特产经济发展，生态扶贫，相得益彰。因此，在未来几年，保证生漆原料林稳健发展，将重点投入生漆产品的种类与结构的研发，积极引进新工艺、新技术，采购新型环保、质量可靠的原材料，努力打造出绿色生态、性能卓越的生漆产品，满足工业生产的需求。

发展中国生漆的科学研究与生产利用是极为重要的课题，它既有特殊和重大的经济价值、文化价值，又有丰富的文化科学技术内涵，它所代表的意义和内涵是多方面的。如果能够得到全国各部门各方面的大力协同支持，经过5年、10年以及再长时期狠抓，艰苦努力，不断开拓创新，形成良性循环，其多种效果是不可估量的。为此希望有关领导部门能够对中国生漆事业的发展予以足够的重视和关注，大力支持生漆的经济开发综合利用，并加大科学研究、教育的发展。具体建议：①由国家有关部门，如国家计委、国家经贸委、全国供销总社、林业局、文物局、轻工局等共同举办全国生漆学术研讨会，集思广益、群策群力、弘扬国粹，探讨生漆事业持续发展的战略途径，提出切实可行的具体措施和方案，供各方面决策参考，并可以适当举办各种展览观摩、交流协作活动；②筹建中国生漆科学技术研究发展中心和生漆行业协会，作为长久性的机构，负责全面规划、指导和协调有关漆树种植利用、科学研究、生产工艺和推广应用及各种业务；③设置中华生漆科研发展基金，多方面筹集积累，重点扶植生漆产业的发展，建立漆树良种推广示范基地和产品加工基地；④建立各种奖励奖金制度，协助培养人才和发展技术，开展漆文化活动和文物保护工作；⑤将生漆资源开发利用列为重点研究开发项目，并纳入国家西部大开发总体规划，加入三江流域上游地区生态防护林建设和发展研究；⑥加强国际合作联系，开展有关生漆科学与产业的学术活动，出版对外宣传的科学技术资料和刊物，积累资料，建立档案，掌握、整理和弘扬漆文化科学技术，为世界文明作出贡献。

## 5.3 发展目标

### 5.3.1 2025年目标

一是林特资源林地的培育：支持和孵育年产0.5万t/a以上的规模化生漆产地2～3家，为生漆产业提供稳定的原料。

二是产业发展目标：全国生漆产量将达2万t/a，产值超过80亿元；开发生漆在新型纳米功能材料领域及生物医药领域的应用，实现部分医药中间体的进口替代，培植2～3家具有产业带动作用的龙头企业，增强生漆在活性产业的市场竞争力。建立生漆综合利用示范基地2个以上，建立生漆漆酚新型纳米功能材料及漆酚生物质化学品生产示范线。

三是技术创新目标：开发生漆漆酚新型纳米功能材料及漆酚生物质化学品新产品各2～3个，突破生漆纳米材料和生物基化学品精准调控的关键技术，取得一批具有自主知识产权的生漆纳米材料和生物基化学品成套技术和产品。保障我国特种材料和药品安全，推进生漆漆酚在军工行业、电子行业、辐射防护、医疗等关键产业的实际应用。

### 5.3.2 2035年目标

一是产业发展目标：年生漆产量约2.5万t，总产值超过150亿元，高附加值产品出口产值达20%以上。开发生漆副产物的深度利用，实现部分化学品的进口替代，培育生漆材料和医药龙头企业2～3家，大幅提升中国生漆的国际市场影响力和竞争力。

二是技术创新目标：开发生漆特种涂层材料和医药产品5～8个，突破生漆应用于电子行业、辐射防护，医疗等产业的关键技术。

### 5.3.3 2050年目标

生漆产量和产值国际领先，生漆产品应用领域进一步丰富，连续化生产装置实现大型化、自动化和智能化，全面实现部分高端涂层的国产化，实现部分生漆生物质化学品的国际化，形成生漆产业的可持续发展模式，生漆产业进入成熟期。

# 6 重点任务

## 6.1 加强标准化原料林基地建设，提高优质资源供给能力

漆树资源的开发和利用具有明显的地域特色。以高产漆树植物为主要对象，大力培育速生性、丰产

性、抗逆性强的良种，加快人工林建设，扩大高品、高产品种的开发和推广，解决漆用林生长缓慢以及单位面积产量低等技术问题，营造多树种混交林，避免树种单一引起严重的病虫害，推进山区和半山区困难立地造林。采用立地选择、密度调控和配方施肥等技术措施及规范漆用林割漆的技术等方法，实现漆用林地综合增产。生漆原料林基地与产业布局以发挥地方特色优势为依托，按漆树资源的利用度与分布特征划分。规划建设高产漆林地23个，到2035年，漆树林面积达到40万$hm^2$，新增生漆树林15万$hm^2$，以人工混交林为主。在秦岭、大巴山、武当山、巫山、武陵山、大娄山及乌蒙山一带建设生漆原料林，涉及陕西、湖北、重庆、云南、贵州、四川、河南、福建等8个省份。重点加大目前陕西、四川、湖北等衰林、残林和老林改造升级和产漆混交林人工林的建设。

## 6.2 技术创新

开展生漆及其衍生物涂料研究，解决和满足我国航空航天、纺织工业和船舰等行业的特殊需求；开展栽培技术研究；开展漆树新产品开发研究，提高漆树产品附加值，是生漆技术创新的重点方向。

通过生物质转化技术、有机化学反应技术、金属螯合技术能赋予其许多新的功能，衍生出许多新型的实用产品，尤其是漆酚钛、漆酚硅、漆酚磷等产品，在工业重防腐领域中发挥着特殊作用，可用于军工、航空航天、石油化工、矿石机械、电力设施、纺织机械、海水淡化、船舶舰艇、海洋设备以及轻工领域等。譬如石油开采、输油管线、油舱油罐、钻井、脱硫装置、换热器等重防腐设备；电子部件保护材料，制备离子选择性电极、印刷电路板用导电生漆涂料等；在造船工业领域改性生漆被用来保护舰艇船体，由于其特有的分子结构，可以杀死或驱散海生物，能抗海生物附着等。此外，漆树种子可榨油；果皮可取蜡；木材可作家具及装饰品用材。

关键技术瓶颈和解决方案：①优质高产生漆原料林漆树品种培育技术。结合生命科学技术，运用基因选育技术得到抗逆性、速生性、丰产性的良种，突破定向培育的技术瓶颈。同时要结合漆树的苗木繁育、造林栽培、抚育管理、病虫害防治等技术，实现生漆原料林漆树品种培育。②生漆的机械化、自动化、工业化采收与设备制造技术。将大数据、AI等信息技术与大力发展林业机械结合，突破生漆采割、生漆制造的自动化技术瓶颈。③生漆代谢机制、过敏机理研究、应用与预防技术。采取科学的脱敏方法或防护措施，解决致敏性问题，为消费者提供安全的使用环境。在此基础上，对漆树木材的基本性能、加工方法等进行系统测量与研究，摸索漆树木材的最佳使用领域。④漆树木本油料产品（食用、保健产品）的安全、功能与功效评价，标定特征化合物。以生漆漆酚、漆蜡和漆油为原料合成抗菌、抗病毒的生物农药等生物医药产品，更好地应用于医药和农药增效领域。发展漆树分泌物在医药方面的高附加值产品的开发。突破生漆功能（活性）产品的分子设计、结构修饰与利用技术。⑤生漆性能的耐久性机理研究与长效评价方法。结合现代高分子化学成膜理论，以漆酚为基础，制备了漆酚基功能高分子材料和漆酚类重防腐涂料，运用于高寒地区、高温环境、深海等极端条件下的防腐，如军工、航空航天、石油化工等领域，突出其超耐久性，形成独具中国特色和代表性的重防腐涂料产品。⑥漆树资源活性产物研究与全值利用技术。加强漆籽、漆蜡等产品综合开发研究，提高生漆产品的附加值，实行一体化发展。积极开展生漆的药用成分研究、美容护肤的研究，拓展研究面，拓宽发展方向。

## 6.3 产业创新的具体任务

组织生漆相关企业、科研院所等解决围绕生漆产业技术创新的关键问题，加强生漆在功能涂料、生物医药等基础研究和产品开发等“卡脖子”问题。开展技术合作，突破产业发展的核心技术，形成产业技术标准，定制生漆产品的行业标准。建立公共技术平台，实现创新资源的有效分工与合理衔接，实行知识产权共享，如加强国内外多方科研机构的强势合作。实施技术转移，加速科技成果的商业化运用，提升产业整体竞争力。联合培养人才，加强人员的交流互动，支撑国家核心竞争力的有效提升。

充分挖掘生漆及其周边产品的应用性能，开拓新的应用领域。如以生漆漆酚为原料合成抗菌、抗病毒的生物农药等生物医药产品，更好地应用于医药和农药增效领域。开发新型、绿色的表面活性剂产品，更好地应用于油墨、造纸、胶粘剂等工业。

## 6.4 建设新时代特色产业科技平台，打造创新战略力量

目前中国林业科学研究院林产化学工业研究所长期从事生漆漆酚的基础和应用研究，涉及漆酚的研究主要包括漆酚单体的制备分离、小分子化合物合成、生化活性测试等，积累了大量的理论和实践经验，熟悉本领域的发展动向，具有很好的生漆漆酚深加工研究基础。

此外，福建师范大学、西安生漆涂料研究所、西北农林科技大学、福建农林大学等数十家科研院校从事与生漆相关研究。以针对生漆的高附加值深加工利用为目的，创建生漆产业创新战略联盟，组织生漆企业、各大高校和生漆相关的科研机构等围绕生漆产业技术创新的关键问题，开展技术合作，突破生漆产业发展的核心技术，形成生漆产业技术标准；建立生漆公共技术平台，实现创新资源的有效分工与合理衔接，实行知识产权共享；实施技术转移，加速科技成果的商业化运用，提升产业整体竞争力；联合培养人才，加强人员的交流互动，支撑国家核心竞争力的有效提升。

在未来一段时间，开展协同创新和联合攻关、创新资源和要素整合、科技服务与产学研合作、海内外高层次人才创新创业、产业技术扩散和企业孵化等。具体建议：①由国家有关部门，如国家计委、国家经贸委、全国供销总社、林业和草原局、文物局、轻工局等共同举办全国生漆学术研讨会，集思广益、群策群力、弘扬国粹，探讨生漆事业持续发展的战略途径，提出切实可行的具体措施和方案，供各方面决策参考，并可以适当举办各种展览观摩、交流协作活动。②筹建中国生漆科学技术研究发展中心和生漆行业协会，作为长久性的机构，负责全面规划、指导和协调有关漆树种植利用、科学研究、生产工艺和推广应用及各种业务。③设置中华生漆科研发展基金，多方面筹集资金，重点扶植生漆产业的发展，建立漆树良种推广示范基地和产品加工基地。④建立各种奖励奖金制度，协助培养人才和发展技术，开展漆文化活动和文物保护工作。⑤将生漆资源开发利用列为重点研究开发项目，并纳入国家西部大开发总体规划，加入三江流域上游地区生态防护林建设和发展研究。⑥加强国际合作联系，开展有关生漆科学与产业的学术活动，出版对外宣传的科学技术资料和刊物，积累资料，建立档案，掌握、整理和弘扬漆文化科学技术，为世界文明作出贡献。

## 6.5 推进特色产业区域创新与融合集群式发展

利用政策与市场双重力量，驱动资本、信息、技术、人才等现代生产要素，向生漆产业聚集，包括生漆育种、生漆的采割设备技术、生漆的加工技术、生漆的深加工技术以及相关的科研人才的培养等。推进林科教、产学研大联合，聚力协作、合力攻关，共同推动生漆现代技术与装备集成。第一，加快推进“育种—育林—采漆—粗加工—深加工”的产业发展模式技术集成。第二，以发展“林业特色资源—生物活性物化学品和生物材料”生漆全产业链为宗旨，加快推进“生漆加工工艺技术”“生物医药合成技术”“生物材料制备技术”等，循环林业所需关键技术集成耦合，为生漆特色产业持续发展提供增值的保障，促进林农增收，保证绿色高效发展；破解生漆仅运用于涂料的难题，跳出东亚传统生漆涂料行业的老路。生漆产业既要解决“高精尖”的生物医药问题，又要有量大产品（如生漆特色材料）保证万吨生漆的稳健发展，才能把生漆产业做强做大，最终满足人民的需求，加速林业健康发展。

# 7 措施与建议

## 7.1 加强宏观引导，发展合作组织

按照自愿、互惠、互利的原则，引导经营权合理流转，组织广大漆农成立经济合作组织，实行家庭联合经营、合作经营、股份经营，逐步形成“公司+基地+农户”的经营模式，创办各种形式交易平台，解决承包到户后的资源培育、集约化经营、规模化采漆和市场销售等问题，实现“产供销”一条龙和“林漆产”一体化，全面提高林地生产力水平和经营主体经济收益。充分发挥生漆联盟职能，统一技术标准、规范市场价格，引导市场有序发展，确保漆农增产并增收，全力推进产漆业又好又快发展。

## 7.2 完善风险政策

在科学发展观的指导下，国家加强了防灾减灾基础设施和应急体系建设，调整完善了防灾减灾政策措施，初步建立了政府主导下的社会参与和风险分担机制，在很多方面进行了重大创新。其中一个重要方面，就是注重利用林业保险等机制来化解和分散风险。目前。我国尚未真正建立起林业保险机制。由于市场经营主体缺位，导致林业漆农保险有效供给不足。国内保险企业很少涉足采脂保险业务，经营的林业保险项目种类只限于种养业，保险品种、经验、人才都比较缺乏。

## 7.3 落实漆树资源保护管理责任

要充分认识和正确处理好开发利用与保护管理之间关系的重要性和必要性，加强领导，统一思想，加大宣传，理清思路，落实责任。要结合本地实际，采取有效措施，优化资源配置，协调好营林、采漆、生态保护和木材利用四者之间的关系，切实做好对漆树资源的保护和管理。

## 7.4 重视种质创新

第一，从源头入手，目前我国缺乏高产漆树新品种材料。企业必要重视种质创新工作，改进选种、育种方法，加强挖掘和创制适合于我国高产漆树育种的材料。第二，漆树的丰产栽培与采割漆技术还处于20世纪80年代中期的水平，近些年未见深入研究和报道。应该加大科研、生产投入，激发科研人员及林农的积极性，致力于提高漆树单位面积土地产出水平与资源利用率，走可持续发展战略。

## 7.5 大力开展生漆深加工和品牌建设

由于缺乏生漆高附加值新产品，应大力开展漆树深加工及精细化研究和应用，充分利用现有漆树资源，努力开发创新漆产品，加强推广已有的科研成果。同时要加大科研力度，企业应该逐步加大科研经费投入，积极推进生漆工艺技术流程发展，不断加强科研人才的引进力度，加大在职员工的专业培训，并优化绩效考核体系。另外，通过进一步加强与科研院所的产学研合作关系，整合国内外研发资源，提升企业的硬实力。

进一步提升对生漆自主品牌建设的重视程度，实施品牌发展战略。一是强化品牌意识，形成企业内部全员、全过程、全方位推动品牌建设的良好氛围，并在资金投入、人力资源配置等方面加以落实。二是制定自主品牌发展战略，根据企业自身特点和经营目标，明确市场定位，选择个性化、差异化的品牌发展模式。三是增强品牌管理能力，鼓励企业设立品牌管理部门，建立切合实际的品牌管理机制，实施品牌化经营，培育品牌文化，实现品牌增值。四是探索建立知识产权全过程管理体系，实现知识产权科

学布局和有效运用。五是完善品牌评价方法，建立生漆品牌价值测算指标体系，为提升品牌价值提供指导和支撑。六是积极开展品牌宣传推广工作，综合运用出版物、网络、移动终端等各类品牌传播渠道，有效提升生漆品牌知名度。

## 参考文献

巴东县人民政府. 10万株漆树“扎根”庙坪村[EB/OL]. (2018-03-23). https://www.cjbd.com. cn/html/cjbdw/pc/fupin16/20180323/369781.html.
巴东县人民政府. 野三关镇上李坪村千亩漆树助脱贫[EB/OL]. (2019-06-24). https://bdntv.cn/jzfp/387508.htm.
陈钦慧, 林金火, 2002. 苯胺改性漆酚甲醛缩聚物的研究[J]. 林产化学与工业, 22(4): 63-65.
国家林业局，2010-2019. 中国林业统计年鉴2009—2018[M]. 北京: 中国林业出版社.
林金火, 徐艳莲, 陈钦慧, 等, 2005. 漆酚醛缩聚物/丙烯酸树脂IPN涂料的制备及性能[J]. 应用化学, 22(3): 254-256.
刘涛, 2018. 实现助力农业转型升级的财政税收措施[J]. 经济研究参考(66): 37-38.
潘先金, 曾仰君, 杜新年, 等, 2018. 昭通地区漆树产业发展调查研究[J]. 中国生漆, 37(3): 37-43.
齐志文, 2019. 三烯漆酚结构修饰及载药胶束组装和抗肿瘤活性研究[D]. 北京: 北京林业大学.
齐志文, 王成章, 蒋建新, 2018. 漆酚的生物化学活性及其应用进展[J]. 生物质化学工程, 52(4): 60-66.
钱烨, 田宗利, 2019. 生漆: 它有“国漆”之名却急需再发现[J]. 中国国家地理(3): 64-79.
孙明哲, 刘恒之, 刘帅, 等, 2019. 生漆产业调研: 基于平利县实地调研的反思[J]. 中国生漆, 38(3): 43-46.
孙祥玲, 吴国民, 孔振武, 2014. 生漆改性及其应用进展[J]. 生物质化学工程, 48(2): 41-47.
佚名, 2019. 2018—2024年中国生漆行业市场运营态势及发展前景预测报告[R]. [出版地不详: 出版者不详]: 50-60.
筠连县人民政府办公室.“三个结合”发展漆树产业筑牢脱贫攻坚致富增收路[EB/OL]. (2020-4-29). http://www.scjlx.gov.cn/sy/jcdt/202004/t20200429_1269243.html.
张飞龙, 张武桥, 魏朔南, 2007. 中国漆树资源研究及精细化应用[J]. 中国生漆, 26(2): 36-50.
张瑞琴, 郭志强, 贺娜, 2008. 漆树种质资源调查报告之一[J]. 中国生漆, 27(2): 26-34.
赵喜萍, 魏朔南, 2007. 中国生漆化学成分研究[J]. 中国野生植物资源, 26(6): 1-3.
赵一庆, 2003. 生漆及漆树资源[M]. 中国林业出版社: 10-15.
周昊, 齐志文, 陶冉, 等, 2020. 新型漆酚基异羟肟酸衍生物的合成及HDAC抑制活性研究[J]. 林产化学与工业, 40(1): 106-112.
周剑石, 2015. 中国漆艺发展“再生产”研究[J]. 中国生漆, 35(1): 22-29.

中国工程院咨询研究重点项目

# 五倍子产业发展战略研究

撰 写 人：张亮亮

时　　间：2021年6月

所在单位：中国林业科学研究院林产化学工业研究所

# 摘要

五倍子是寄生在漆树科盐肤木属植物上的虫瘿总称。我国是五倍子主产国和加工国，现有倍林面积254万亩，其中野生倍林面积236万亩，五倍子现年产量12000～13000t，五倍子产量约占世界总产量的95%。五倍子适宜生长在温暖湿润的山区和丘陵，主产区集中在四川东南部、贵州东北部、湖北西北部、湖南西部、陕西南部、重庆东部和云南东北部。五倍子在工业上用途极为广泛，以五倍子为原料，可生产单宁酸、没食子酸和没食子酸酯等系列化工产品，这些产品又可广泛应用于医药、食品、染料、轻工和有机合成等方面，在现代化工厂生产及人民生活中都具有相当广泛的用途。目前国内企业大多采用现代生物化学技术对五倍子进行精、深加工，生产单宁酸系列、没食子酸系列、3,4,5-三甲氧基苯甲酸系列、焦性没食子酸系列等产品，广泛应用于食品、医药、有机合成、军工、航天试验及微电子等领域，90%以上出口欧、美等国，市场前景十分广阔。

从全国五倍子行业发展来看，五倍子产业存在四大主要问题：一是五倍子原料资源收购竞争日趋激烈，五倍子原料供应日趋紧张，产业规划发展与企业快速成长的需求不适应，扶贫带动作用发挥不充分；二是五倍子培育关键技术推广普及不平衡，成为产业发展的瓶颈；三是五倍子产品产业链延伸不足；四是五倍子加工过程存在环境污染问题。通过对湖北省五峰土家族自治县五倍子产业发展典型案例进行分析，提出了五倍子产业发展方向：①大力发展五倍子原料基地建设，提高单位面积资源产量；②加强五倍子高效培育技术；③研发高附加值系列产品，拓展产品市场；④建设科技平台，加强成果转化；⑤加强五倍子加工产品标准化工作；⑥处理好资源合理利用、发展与保护的关系。

目前，五倍子产业主要实施“公司+科研院所+基地+协会+林农”的林业产业化发展模式。在各地政府的推动下，“龙头企业+合作社+产业基地+贫困户”的五倍子扶贫产业模式已形成，成为助推农民脱贫致富、实现乡村振兴的朝阳生物产业。

# 1 现有资源现状

## 1.1 国内外资源历史起源

五倍子是寄生在漆树科盐肤木属植物上的虫瘿总称（图14-1）。五倍子秋季采摘，置沸水中略煮或蒸至表面略变成黄色，杀死其中的蚜虫，取出，干燥。五倍子主要形成于盐肤木、青麸杨和红麸杨上，目前报道的共有14种。生产上，五倍子通常分为三大类：角倍（角倍、倍蛋、圆角倍），寄主树为盐肤木，角倍有明显的角状突起，圆角倍的不明显，倍蛋没有；肚倍（肚倍、蛋肚倍、米倍；枣铁倍、蛋铁倍、红小铁枣、黄毛小铁枣），寄主树为青麸杨或红麸杨，纺锤状、球状或枣状；倍花（倍花、红倍花；周氏倍花；铁倍花），寄主树盐肤木、青麸杨或红麸杨，花状，含独特的倍花酸。其中，角倍含五倍子鞣质为65.5%～67.5%，肚倍68.8%～71.4%，倍花类33.9%～38.5%（乔彩云和李建科，2011）。角倍呈球状或椭球状，具有不规则角状突起，表面淡黄色；肚倍呈球状或纺锤状，表面有浅条纹，暗灰色，有的略黄。角倍和肚倍不仅形态不同，成熟时间也有差异，一般肚倍于6～7月成熟采摘，角倍于9～10月采摘。五倍子采摘后通常置于沸水中浸泡2～3min，待表面颜色略变黄时，取出晒干或晾干，即为商品五倍子，可以销售到加工厂或长期保存。国际上把五倍子称为中国五倍子（Chinese gallnut）（陈晓鸣和冯颖，2009），五倍子的有效成分统称为五倍子单宁，主要成分为鞣酸、没食子酸、蜡质和树脂等（向和，1980；李志国等，2003）。

五倍子蚜虫

成长期的五倍子

成熟的五倍子

**图14-1　不同时期的五倍子**

五倍子蚜虫是指在盐肤木属植物上能够形成虫瘿的蚜虫，也叫作倍蚜。倍蚜是一类个体小、虫型多样、生活习性复杂的昆虫。倍蚜属于转主寄生昆虫，在夏寄主和冬寄主上交替寄生，包括瘿内世代和瘿外世代2个阶段，经历6种虫型：干母、干雌、秋（夏）迁蚜、春迁蚜、性蚜及侨蚜。倍蚜的生殖方式是卵胎生，即成蚜直接产若蚜。若蚜的胚胎发育是在卵内完成，并不直接从母体获取营养。

五倍子蚜类常见的有9种，如表14-1所示，所结五倍子也略有差异。

**表14-1　9种五倍子蚜及其学名**

| 五倍子蚜虫名称 | 学名 |
|---|---|
| 角倍蚜 | *Melaphis chinensis* (Bell) |
| 倍蛋蚜 | *Melaphis sinensis* (Walder) |
| 圆角倍蚜 | *Nurudea* (*Nurudea*) *sinica* Tsai et Tang |
| 倍花蚜 | *Nurudea* (*Nurudeopsis*) *shiraii* (Mats) |
| 红倍花蚜 | *Nurudea* (*Numdeopsis*) *rosea* (Mats) |

（续）

| 五倍子蚜虫名称 | 学名 |
| --- | --- |
| 小铁枣蚜 | *Meitanaphis elongallis* Tsai et Tang |
| 蛋铁倍蚜 | *Kaburagia ovogall* Tsai et Tang |
| 枣铁倍蚜 | *Kaburagia ensigallis* (Tsai et Tang) |
| 铁花蚜 | *Floraphis meitanensis* Tsai et Tang |

五倍子蚜虫一年有6个世代，终年生活，无休眠阶段。其生长周期见图14-2（陈晓鸣和冯颖，2009）。当盐肤木于秋季快落叶之前，倍子自然爆裂，有翅秋季迁移蚜虫即离开五倍子，迁移到提灯藓上继续繁殖后代过冬，到来年春季盐肤木萌芽前，再从提灯藓迁移到盐肤木上来。因此，五倍子蚜虫有2种寄主：第一寄主（夏寄主）为盐肤木，第二寄主（冬寄主）为提灯藓。

**图14-2　五倍子的生长周期**

## 1.2　功能与用途

在我国历史上，五倍子产业发展的主要功能是药用。据医药历史书籍《本草纲目》记载：五倍子，酸、涩，寒、具有固精止泻、敛肺降火、收湿涩肠、敛疮止血等功效。现代医学证明，五倍子含有鞣酸，因鞣酸能与一些金属、生物碱等形成不溶化合物，且鞣酸能使蛋白质变性，所以五倍子具有局部止血、抗菌解毒等作用。《开宝本草》中记载其具有敛肺降火、涩肠止泻、收湿敛疮、敛汗、止血的功效。用于治疗肺虚久咳、肺热咳嗽、外伤出血、便血痔血、皮肤湿烂、久泻久痢、自汗盗汗、疮毒，消渴等症。有报道发现五倍子对表皮葡萄球菌、假单胞铜绿杆菌、金黄色葡萄球菌、白色念珠菌等多种致病菌具有体外抗菌作用，目前在临床中常用于治疗肛肠疾病和细菌致龋（吴力克，2001）。同时五倍子中多酚类物质能够在生物体内清除超氧自由基，具有一定的抗氧化活性；五倍子中的五倍子酸能够诱导肝癌SMMC-7721细胞凋亡，具有一定抗癌活性（赵洪昌，2010）。

五倍子在工业上用途也极为广泛。以五倍子为原料生产的单宁酸（五倍子单宁化学结构式见图14-3）及其系列产品被广泛应用于医药、卫生、轻工、化工、石油、矿冶、食品、农业、电子、国防等行业，堪称“工业味精”“食品添加剂”。目前，普通工业用单宁酸市场价每吨达到4.5万元，饲料级单宁酸市场价每吨达到5万元，染料单宁酸每吨达到4.8万元，焦性没食子酸每吨达到13万元，高纯度食用单宁酸每吨达到9万元，产业综合利税在30%以上（相关数据由湖北五峰赤诚生物科技股份有限公司提供）。以五倍子为原料生产的产品是国内外供不应求的林化产品，除国内轻工业领域大量需求外，在

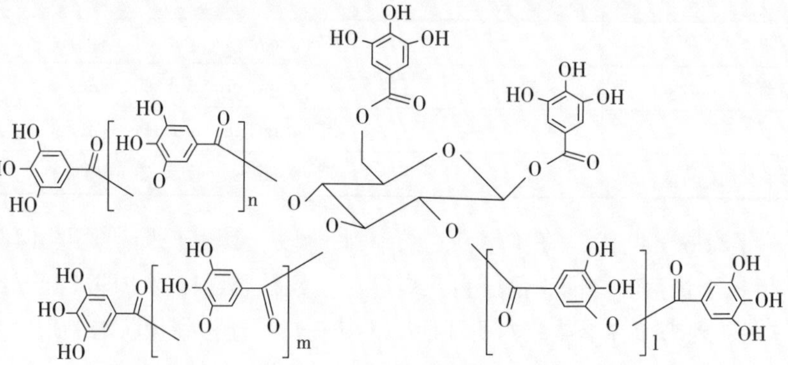

图14-3 中国五倍子单宁化学结构式

日本、美国等西方发达国家也存在巨大市场。因此，五倍子加工发展前景十分广阔。

1888年德国用五倍子制造出黑色染料和鞣料，之后欧、美用其生产没食子酸和焦性没食子酸作医药、染料和照相显影剂。随着现代科技的发展以及分析手段的改进，五倍子单宁的研究与应用都取得了较大进展，五倍子的用途也日趋广泛。目前，我国已能以五倍子为主要原料生产单宁酸、没食子酸、焦性没食子酸和抗菌素增效剂（TMP）等数十种医药、化工产品。这些产品在医药、染料、稀有金属提取、石油钻井、纺织品印染与固色、食品防腐、饲料添加剂、油脂抗氧化、饮料澄清和三废处理等方面均有重要用途。我国从20世纪80年代开始以五倍子为原料生产单宁酸，目前产品结构也向多方面发展，除传统的工业单宁酸外，市场上已经开发出药用级单宁酸、食用级单宁酸等系列产品。单宁酸又称鞣酸，属于水解类单宁，水解可得到棓酸和葡萄糖，具有很强的生物和药理活性，在医药、食品、日化等方面具有广泛的应用前景。单宁酸在国民经济中占有重要的地位，可作为原料通过深加工生产没食子酸、焦性没食子酸、没食子酸丙酯等多种林产精细化工产品。

## 1.3 分布和总量

我国是五倍子主产国，产量约占世界总产量的95%（李志国等，2003）。五倍子适宜生长在温暖湿润的山区和丘陵，我国大部分地区均有分布，主产区集中在湖北、湖南、贵州、四川、陕西、云南、重庆，这些省的五倍子产量约占全国的90%以上。我国五倍子现年产量12000～13000t。目前，全国的五倍子主要来源于上述7个省份的野生倍林和部分人工倍林。全国现有倍林面积254万亩，其中野生倍林面积236万亩。贵州现有倍林面积80万亩，其中野生倍林面积78万亩。湖北现有倍林面积50万亩，其中野生倍林面积40万亩。湖南现有倍林面积35万亩，其中野生倍林面积33万亩。重庆现有倍林面积32万亩，其中野生倍林面积30万亩。陕西现有倍林面积25万亩，其中野生倍林面积24万亩。云南现有倍林面积22万亩，其中野生倍林面积21万亩。四川现有倍林面积10万亩，其中野生倍林面积10万亩。此外，广西、河南还有少量产量，尤其是广西的倍花，但其产量比例较少，五倍子加工行业仍以上述7个省份的资源为主（图14-4）。

## 1.4 特点

五倍子是一种传统的生物中药材，繁育生长在海拔800～2000m高山地的盐肤木上。我国五倍子产量占世界总产量的95%以上，享有“中国倍子”之盛誉，其资源主要分布在武陵山区和秦巴山区，年产量在9000t左右（李志国等，2003）。不同产区的五倍子产量不同，各产地角倍单宁酸、没食子酸含量和性状特征也不相同（表14-2）。

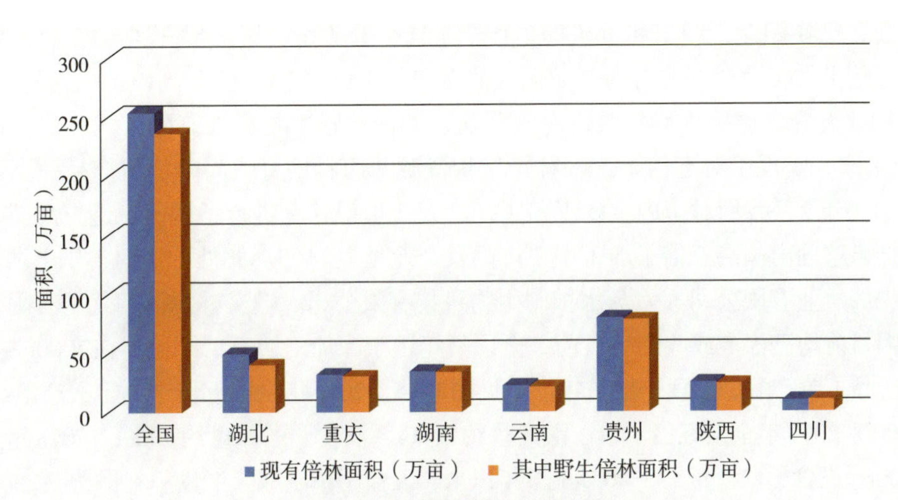


**图14-4 我国五倍子资源状况**

（2020年统计数据，相关数据由各省林业部门提供）

**表14-2 各产地角倍单宁酸、没食子酸含量和性状特征**

| 产地 | 单宁酸含量（%）（$n$=3） | 没食子酸含量（%）（$n$=5） | 倍壁厚度（%）（$n$=20） | 密度（$g \cdot mL^{-1}$）（$n$=20） |
|---|---|---|---|---|
| 盐津 | 62.67 ± 0.30a | 70.35 ± 0.41a | 1.62 ± 0.18ab | 0.20 ± 0.05b |
| 绥阳 | 66.55 ± 0.58c | 74.94 ± 1.01bc | 1.65 ± 0.22abc | 0.27 ± 0.09cd |
| 湘潭 | 64.73 ± 0.47b | 74.62 ± 0.21bc | 1.67 ± 0.20abc | 0.22 ± 0.05bc |
| 台江 | 64.44 ± 1.09b | 73.68 ± 0.48b | 1.63 ± 0.17abc | 0.30 ± 0.08d |
| 印江 | 61.59 ± 0.36a | 71.56 ± 0.83a | 1.87 ± 0.32cd | 0.33 ± 0.08d |
| 万源 | 67.43 ± 0.22cd | 77.61 ± 0.79c | 1.79 ± 0.20bc | 0.27 ± 0.07cd |
| 峨眉 | 67.67 ± 0.02cd | 77.08 ± 0.52dc | 2.01 ± 0.22d | 0.15 ± 0.04a |
| 永定 | 64.72 ± 0.73b | 74.27 ± 1.04bc | 1.85 ± 0.22bcd | 0.26 ± 0.07bcd |
| 桑植 | 63.75 ± 0.27b | 73.66 ± 0.56b | 1.85 ± 0.17bcd | 0.27 ± 0.05cd |
| 古丈 | 62.55 ± 0.32a | 72.07 ± 0.79a | 1.54 ± 0.20a | 0.27 ± 0.05cd |
| 竹山 | 61.72 ± 1.22a | 70.65 ± 0.33a | 1.70 ± 0.09abc | 0.23 ± 0.08bcd |
| 五峰 | 65.11 ± 0.35b | 75.86 ± 1.07cd | 1.70 ± 0.22ab | 0.29 ± 0.08c |

数据来源：引自吕翔等，2010。

# 2 国内外加工产业发展概况

## 2.1 国内外产业发展现状

21世纪初，随着蚜虫人工培育、设施收虫和挂袋放虫等技术的研发和应用，五倍子单产有了明显的提高，达到40～60kg/亩，小面积示范林已经达到120kg/亩，同时对气候条件的依赖减少（吕翔等，2010）。2017年，五峰县共培育五倍子苗木100万株，建成五倍子基地6.15万亩，人工种植苔藓63亩，收集五倍子春迁蚜80万袋（张吕德等，2019）。竹山县已恢复发展肚倍基地面积达12万亩。“竹山肚倍”和“五峰五倍子”相继获得国家地理标志商标，成为全国知名产品。目前，五倍子资源利用行业已经建立起包括五倍子高效培育、精深加工、新产品及其应用等产品发展配套技术在内的较为成熟的全产业链利用技术。目前，已在湖北、湖南和重庆等7个省份21个县（市、区）成立了30多个五倍子培育专业合作社，从事五倍子加工企业主要有南京龙源天然多酚厂（已于2019年改制停产）、张家界久瑞生物科技有限公司、湖北五峰赤诚生物科技股份有限公司、湖南棓雅生物科技有限公司和贵州遵义倍缘化工有限公司等10多家，实现了对五倍子这一林特生物资源"原料培育—高附加值产品—高端应用"的全产业链利用。2020年2月我们对国内主要五倍子加工企业生产状况进行了调研，调查反馈表见本研究附件。根据调研结果整理出国内五倍子加工主要产品及企业见表14-3。此外，四川省乐山洪波林化制品有限公司、湖南先纬实业有限公司、六盘水神驰生物科技有限公司、遵义林源医药化工有限责任公司等企业由于各种原因目前均已停产或改制。目前，全国每年用于深加工的五倍子原料在7000t左右，近3年五倍子主要加工产品（单宁酸、没食子酸）年产量见图14-5。2016年全国五倍子单宁酸产量约2500t，没食子酸产量约3000t。2017年全国五倍子单宁酸产量约2800t，没食子酸产量约3000t。2018年全国五倍子单宁酸产量约2800t，没食子酸产量约3300t。近3年以来，五倍子单宁酸年产量基本保持在2800t左右，没食子酸年产量有小幅度增长。全国五倍子加工产品总产值5～6亿元（图14-6）。由于五倍子是我国的特有资源，因此受资源限制，国外相关技术主要集中在五倍子深加工产品的下游高值化利用方面，如以焦性没食子酸为中间体，合成达到电子工业级质量指标的2,3,4,4'-四羟基二苯甲酮等多羟基二苯甲酮产品。

**表14-3　国内主要五倍子加工产品及生产企业**

| 主要产品 | 产量（t） | | | 企业名称 |
| --- | --- | --- | --- | --- |
| | 2017年 | 2018年 | 2019年 | |
| 工业单宁酸 | 2000 | 2548 | 3030 | 五峰赤诚生物科技股份有限公司<br>贵阳单宁科技有限公司<br>湖北天新生物科技有限责任公司<br>张家界久瑞生物科技有限公司 |
| 食用单宁酸 | 577 | 554 | 594 | 五峰赤诚生物科技股份有限公司<br>南京龙源天然多酚合成厂<br>张家界久瑞生物科技有限公司 |
| 没食子酸 | 3120 | 3845 | 3987 | 五峰赤诚生物科技股份有限公司<br>湖南利农五倍子产业发展有限公司<br>贵阳单宁科技有限公司<br>遵义市倍缘化工有限责任公司<br>湖北天新生物科技有限责任公司<br>湖南棓雅生物科技有限公司<br>张家界久瑞生物科技有限公司 |
| 高纯没食子酸 | 42 | 0 | 0 | 南京龙源天然多酚合成厂 |
| 没食子酸丙酯 | 1400 | 1977 | 2154 | 五峰赤诚生物科技股份有限公司<br>湖南利农五倍子产业发展有限公司<br>贵阳单宁科技有限公司<br>湖南棓雅生物科技有限公司<br>张家界久瑞生物科技有限公司 |
| 3,4,5-三甲氧基苯甲酸甲酯 | 203 | 237 | 265 | 五峰赤诚生物科技股份有限公司<br>湖南棓雅生物科技有限公司<br>张家界久瑞生物科技有限公司 |
| 3,4,5-三甲氧基苯甲酸 | 190 | 183 | 300 | 五峰赤诚生物科技股份有限公司<br>湖北天新生物科技有限责任公司<br>湖南棓雅生物科技有限公司 |

（续）

| 主要产品 | 产量（t） | | | 企业名称 |
|---|---|---|---|---|
| | 2017年 | 2018年 | 2019年 | |
| 焦性没食子酸 | 324 | 388 | 372 | 湖南利农五倍子产业发展有限公司<br>遵义市倍缘化工有限责任公司<br>湖北天新生物科技有限责任公司<br>南京龙源天然多酚合成厂<br>张家界久瑞生物科技有限公司 |
| UV-1 | 60 | 40 | 80 | 遵义市倍缘化工有限责任公司 |
| 2,3,4,4’－四羟基二苯甲酮 | 24 | 32 | 0 | 南京龙源天然多酚合成厂 |
| 2,3,4-三甲氧基苯甲醛 | 20 | 22 | 0 | 南京龙源天然多酚合成厂 |
| 鞣花酸 | 5 | 13 | 17 | 五峰赤诚生物科技股份有限公司 |

本数据由五倍子加工企业提供。南京龙源天然多酚合成厂已于2019年改制停产。

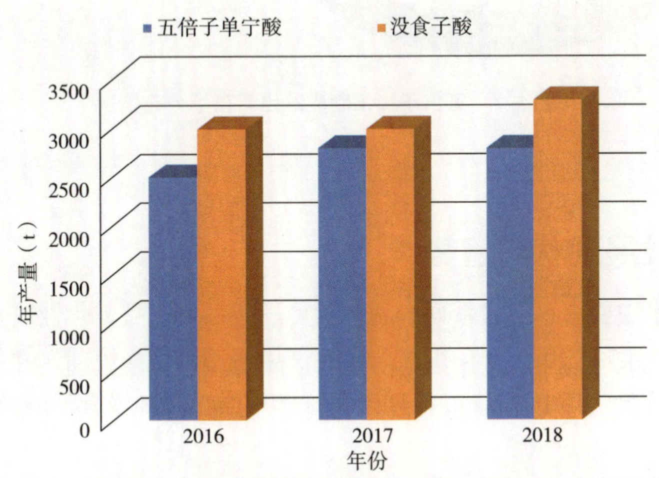


**图14-5　近三年五倍子主要加工产品（单宁酸、没食子酸）年产量**
（数据来源：五倍子加工企业）

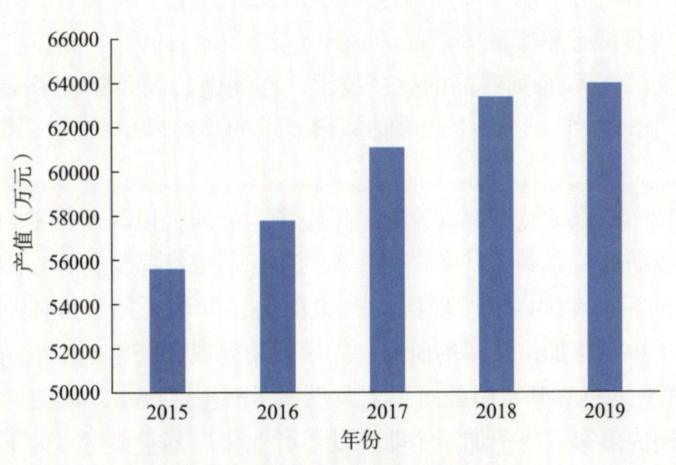


**图14-6　全国五倍子加工产品总产值**
（数据来源：中国植物提取物网）

五倍子加工制成品市场结构长期以外贸出口为主，出口总额稳步增长，但出口比例开始下降，90年代约占70%，2000—2005年约占60%，2006—2007年约占50%。由于国内五倍子下游产业群的迅速发展，目前，出口比例已经下降到约40%（王少峰等，2011；祝友春等，2011）。从出口品种看，2000年以后以没食子酸为主，2005年以后以没食子酸丙酯和焦性没食子酸为主。从市场分布看，德国、荷兰、比利时、西班牙等欧盟市场以没食子酸丙酯作为饲料添加剂、工业稳定剂为主，约占55%；其次是美国，约占30%；再次是日本、韩国、新加坡等东亚市场以半导体感光材料加工为主，印度以仿制药市场为主约占15%（图14-7）。

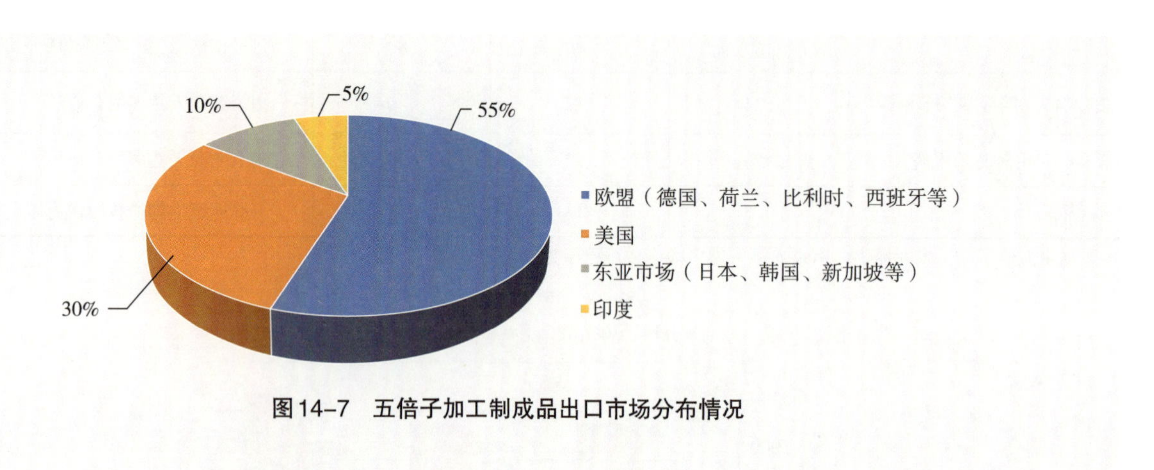


图14-7　五倍子加工制成品出口市场分布情况

## 2.2　国内外技术发展现状与趋势

国内五倍子加工技术主要有单宁酸系列产品、没食子酸系列产品、焦性没食子酸、没食子酸丙酯、3,4,5-三甲氧基苯甲醛、3,4,5-三甲氧基苯甲酸、3,4,5-三甲氧基苯甲酸甲酯、鞣花酸及2,3,4,4'-四羟基二苯甲酮的先进加工生产技术。其中，2,3,4,4'-四羟基二苯甲酮、高纯没食子酸及鞣花酸的生产技术处于国际先进水平。

（1）五倍子单宁深加工技术

五倍子单宁酸系列产品的先进加工生产技术，通过不同的提纯方法可达到生产不同规格要求的单宁酸产品，应用于医药、食品、化妆品、鞣革、墨水、印染、冶金、水处理等领域。通过对单宁酸纯化工艺的试验研究，确定了单宁酸的多种纯化工艺技术路线，适用于墨水单宁酸、染料单宁酸、药用单宁酸、食用单宁酸、高纯度酿造单宁酸等产品的生产（张宗和，1991）。在工艺试验研究的基础上，研究开发了多种纯度规格的单宁酸系列产品的生产技术，在湖南、湖北建成了五倍子单宁酸系列产品生产线，除了生产工业单宁酸之外，还可生产多种规格要求的高纯度单宁酸，其生产工艺技术路线如图14-8所示。

五倍子单宁深加工技术是以天然资源为原料，以市场为导向，以高新技术为基础，以效益为中心进行新产品、新工艺的开发研究，做到产品多样化、系列化，形成产品群，旨在参与国际市场竞争，实现产业化。针对国际市场的需求和国内生产现状，从20世纪70年代开始中国林业科学研究院林产化学工业研究所就开展了五倍子单宁深加工技术的研究，先后成功完成了染料单宁酸新产品开发技术、焦性没食子酸生产新工艺、3,4,5-三甲氧基苯甲醛新工艺及没食子酸生产废水（废渣、废炭）回收处理技术四项重大科研成果，并在国内多家五倍子加工企业实现了产业化。其主要特点如下。

染料单宁酸：根据国外市场需求（有订单）及相关质量标准进行研制，实属国内首创，其技术达国际先进水平，在重庆丰都康乐化工有限公司建成年产300t生产线。

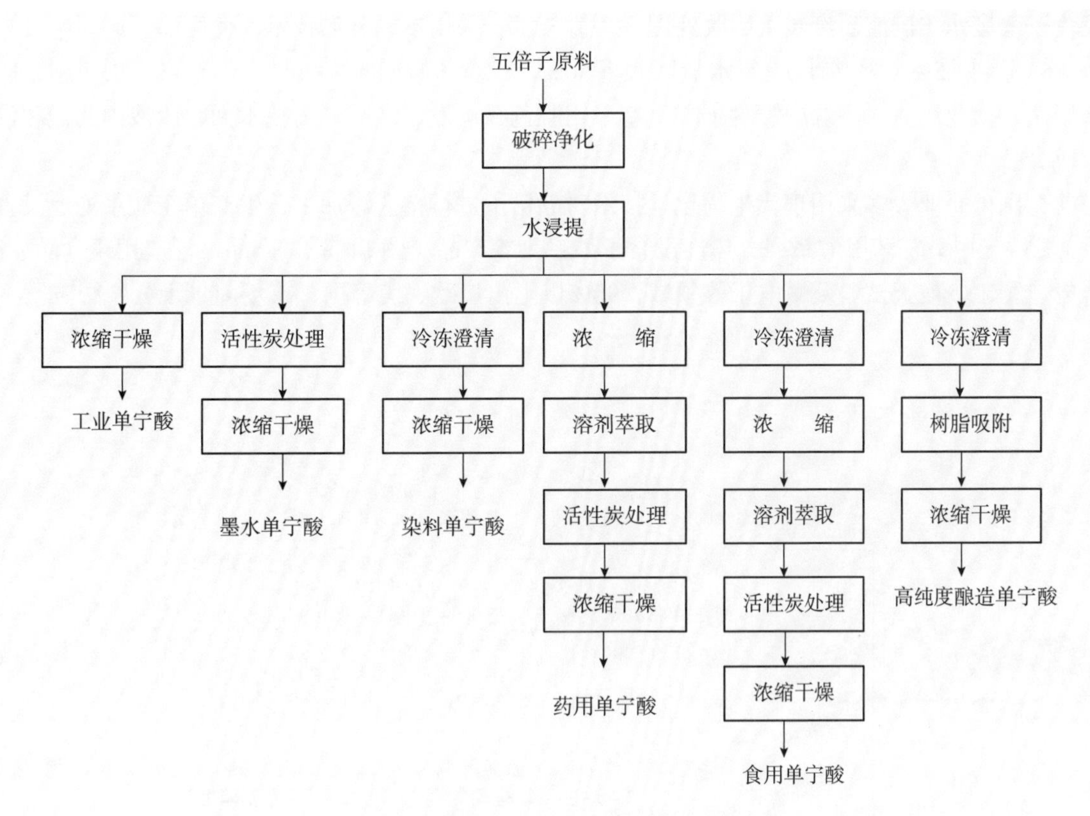


**图14-8　工业单宁酸及多种纯度规格单宁酸生产工艺技术路线**
（资料来源：陈笳鸿等，2008）

焦性没食子酸新工艺：根据国内外现状，成功研究出以新型催化剂脱羧为核心；以脱羧与提纯一勺烩工艺为特色；以新型精制方法制取高级别产品为特点的焦性没食子酸新工艺，其技术居国际领先水平。在南京龙源天然多酚合成厂建成年产250t生产线。

3,4,5-三甲氧基苯甲醛新工艺：采用五倍子代替传统单宁酸做生产起始原料、采用水合脐回收技术，以降低生产成本。采用精制新工艺使产品含量达到99%。夺回被合成醛抢占的市场。在四川省彭州天龙化工有限公司建成年产150t生产线。

没食子酸生产废水（废渣、废炭）回收处理技术：采用分离技术将废水、废渣、废炭中的有效成分回收，变废为宝。其技术具有投资小、风险小、见效快、效益显著的特点。在湖北老河口林产化工总厂建成了年处理4000t废水和400t废渣、废炭生产线，解决了三废对环境的污染。

**染料单宁酸的制造**　关键技术：保证产品中没食子酸含量<7%，产品水溶性清亮。创新点：①以新鲜角倍为生产原料，采用多级净化工艺，实施前期处理为主导的工艺路线；②严格控制浸提的温度和时间，使产品的质量和收率处在最佳状态；③采用冷冻澄清分离技术，严格控制冷冻温度、时间及胶液浓度，使分离达到最佳效果。

**焦性没食子酸生产新工艺**　关键技术：保证产品中的铁离子$<0.5\times10^{-6}$，钠离子$<0.5\times10^{-6}$，产品水溶性清亮，与国内外其他厂家相比，具有工艺简单、投资少、原料消耗低、产品质量高、生产成本低的特点。创新点：①选用新型催化剂，进行常压脱羧；②采用脱羧与提纯一勺烩新工艺，简化工艺过程；③采用溶剂萃取方法精制粗品，制取不同规格产品。

**3,4,5-三甲氧基苯甲醛新工艺**　关键技术：保证产品含量≥99%，水合肼回收率20%。创新点：①采用蒸馏方法精制天然醛，使其纯度由92%提高到99%；②采用二步蒸馏回收水合肼新工艺，用氮保护控制生产。

**没食子酸废水（废渣、废炭）回收处理**　关键技术：采用不同分离技术，使废渣、废炭中没食子酸由7%～8%降到1.5%（湿基计），废水盐回收率50%，没食子酸回收率25%。创新点：①采用二次水洗一次挤压法，回收废渣、废炭中没食子酸；②采用脱色、蒸发、结晶分离技术回收废液中的盐和没食子酸有效成分。

目前，国内企业大多采用现代生物化学技术对五倍子进行精、深加工，生产单宁酸系列、没食子酸系列、3,4,5-三甲氧基苯甲酸系列、焦性没食子酸系列等产品（图14-9）。产品广泛应用于食品、医药、有机合成、军工、航天试验及微电子等领域，90%以上出口欧、美等国，市场前景十分广阔。

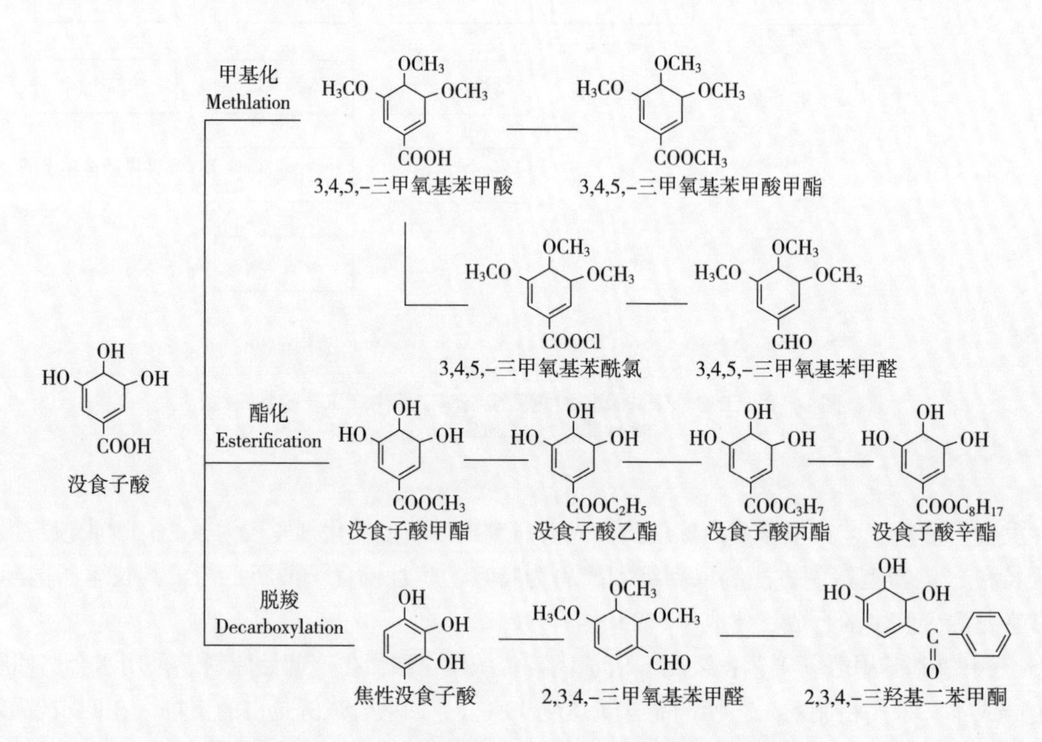


**图14-9　以五倍子为原料加工生产的没食子酸系列产品**

（2）工业单宁酸生产工艺流程

工艺流程简述（图14-10）：

①备料工序：先将五倍子经磁选除去铁屑后，用皮带输送机送入破碎机，轧碎粒度为6～10mm，轧碎物通过筛分除去五倍子虫尸、虫排泄物（送往没食子车间），制得净化料暂存备用。

②浸提工序：经除尘、除铁的净化料投入浸提罐，加入纯净水，间接加热进行浸提即得浸提液。

③蒸发工序：浸提液送双效真空蒸发器，通过外加热方式使浸出液中的水分蒸发浓缩，浓缩液经冷却分离出大粒子单宁浓胶，可供生产药用单宁酸原料；上层溶解度很好的澄清单宁压送至喷雾干燥塔干燥，得到工业单宁酸。

④干燥、包装工序：干燥采用喷雾式干燥，干燥用空气温度为180～200℃，干燥物落入底部由自动扫粉机不断扫出，得轻质成品。

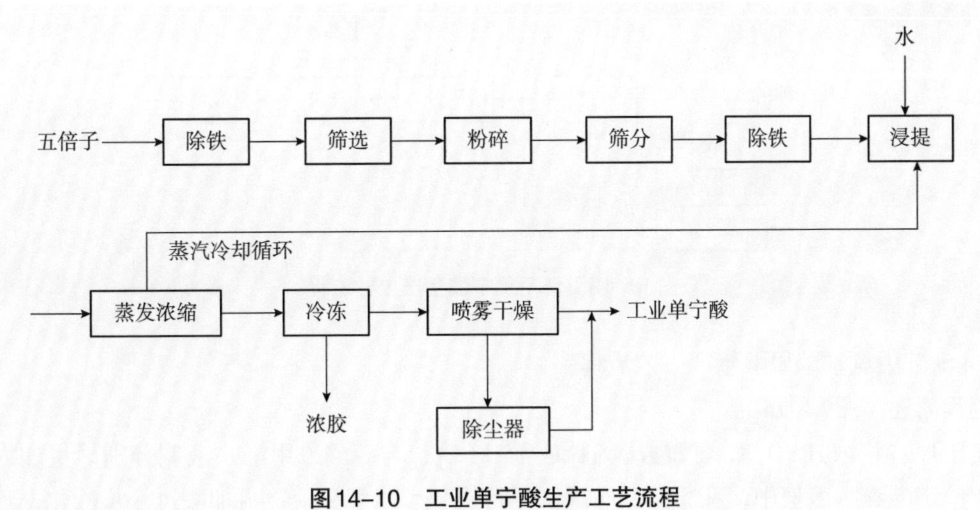


图14-10 工业单宁酸生产工艺流程

（3）染料单宁酸生产工艺流程

工艺流程简述（图14-11）：

将工业单宁酸浸提液放入冷冻澄清罐中，通过冷冻水夹套冷却，并充分搅拌，静置后上层清液经双效真空蒸发器蒸发浓缩，浓缩液用喷雾干燥塔干燥，得粉状产品染料单宁酸，粉尘用布袋收尘器回收。

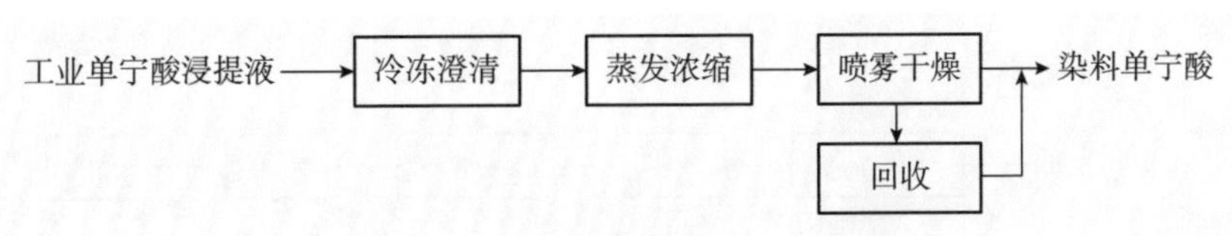


图14-11 染料单宁酸生产工艺流程

（4）药用单宁酸生产工艺流程

工艺流程简述（图14-12）：

从工业单宁酸生产线来的冷冻单宁浓胶加溶剂乙酸乙酯萃取，为了使单宁浓胶与萃取剂充分溶解，工艺流程中设置外循环泵强制流动，静置后送入分层罐分层，上层液通过外加热方式脱去溶剂，下层液分别采用外加热方式回收乙酸乙酯，单宁酸经喷雾干燥后成粉状产品。浓液经喷雾干燥得到药用单宁酸。

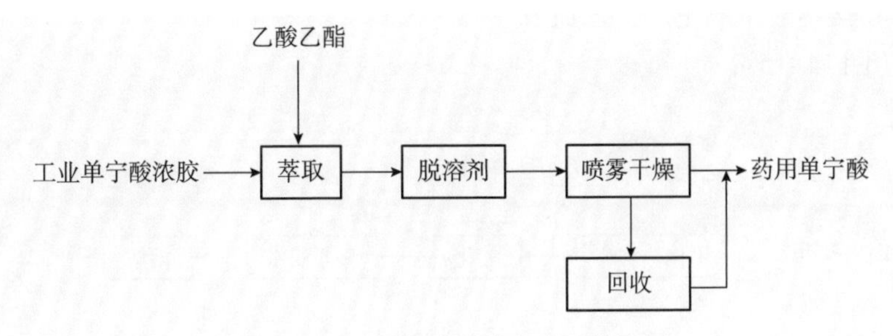


图14-12 药用单宁酸生产工艺流程

（5）食用单宁酸生产工艺流程

工艺流程简述（图14-13）：

将工业单宁酸生产线的五倍子浸提液在冷冻澄清罐中夹层冷冻，并充分搅拌，静置的上清液通过树脂吸附柱，单宁酸被树脂吸附，然后用稀酒精洗脱3次，含有单宁酸的洗脱液经过酒精回收塔回收酒精，母液经喷雾干燥得到食用单宁酸。

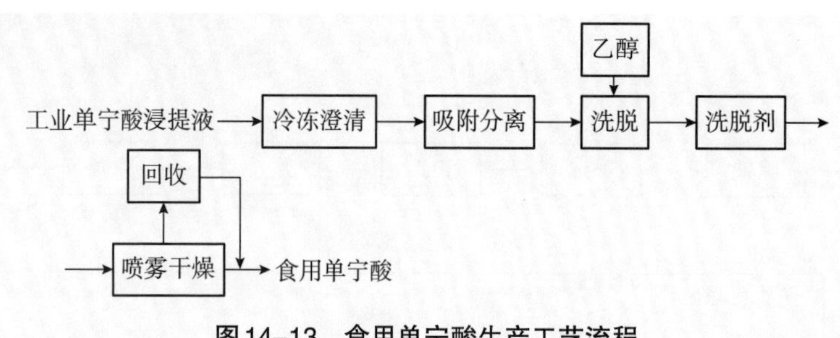


图 14–13 食用单宁酸生产工艺流程

（6）3,4,5- 三甲氧基苯甲酸生产工艺流程

工艺流程简述（图 14–14）：

①粗制工序：将浓 $H_2SO_4$ 加入配酸罐稀释成稀 $H_2SO_4$，与硫酸二甲酯、液碱分别计量加入先前纯水溶解的工业单宁酸纯水溶液中，在粗制反应罐中进行甲化、水解反应，再加酸进一步酸化，反应液经离心机脱水，得到 3,4,5- 三甲氧基苯甲酸粗品。

②精制工序：粗品用纯水加热溶解，用活性炭脱色、过滤活性炭后再次酸化，再离心脱水，在离心过程中加入洗涤水洗净，湿的精制固体送入干燥箱通热风干燥，去除水分，再用微粉碎机把块状固体粉碎成细度符合要求的成品。

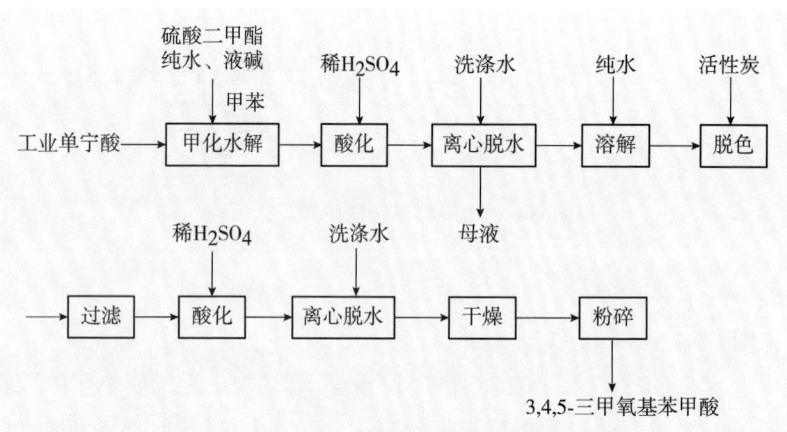


图 14–14 3,4,5- 三甲氧基苯甲酸生产工艺流程

（7）3,4,5- 三甲氧基苯酸甲酯生产工艺流程

工艺流程简述（图 14–15）：

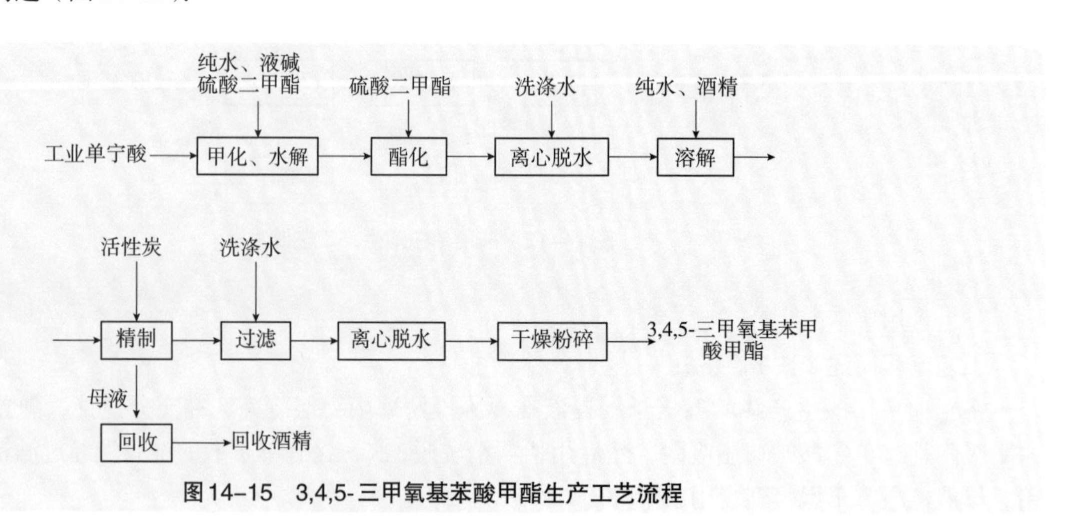


图 14–15 3,4,5- 三甲氧基苯酸甲酯生产工艺流程

①粗制工序：将工业单宁酸溶于热水中，与加入计量的液碱、硫酸二甲酯进行甲化、水解，反应液加过量硫酸二甲酯进行酯化，生成液用离心机分离粗品。

②精制工序：粗品加入纯水、酒精溶解，投入精制反应罐，用活性炭脱色、过滤，去掉活性炭渣，精制母液回收溶剂后排入污水处理站，产品用洗涤水洗涤后，湿精制固体送入干燥箱干燥，用微粉碎机粉碎成要求的粒度而得。

（8）没食子酸生产工艺流程

工艺流程简述（图14–16）：

将五倍子粉碎、筛分后，投入水解反应罐，加入液碱及精制母液，通过夹套加热进行水解，并充分搅拌，待水解完成后转入酸化反应罐，先加入盐酸酸化，再加入活性炭脱色，用板框压滤机压滤，滤液转入结晶罐中，用冷冻水冷却，离心分离，粗品进一步溶解、脱色，过滤的精制液再结晶，晶体用回转式真空干燥机干燥后，用摇摆颗粒机造粒而得。

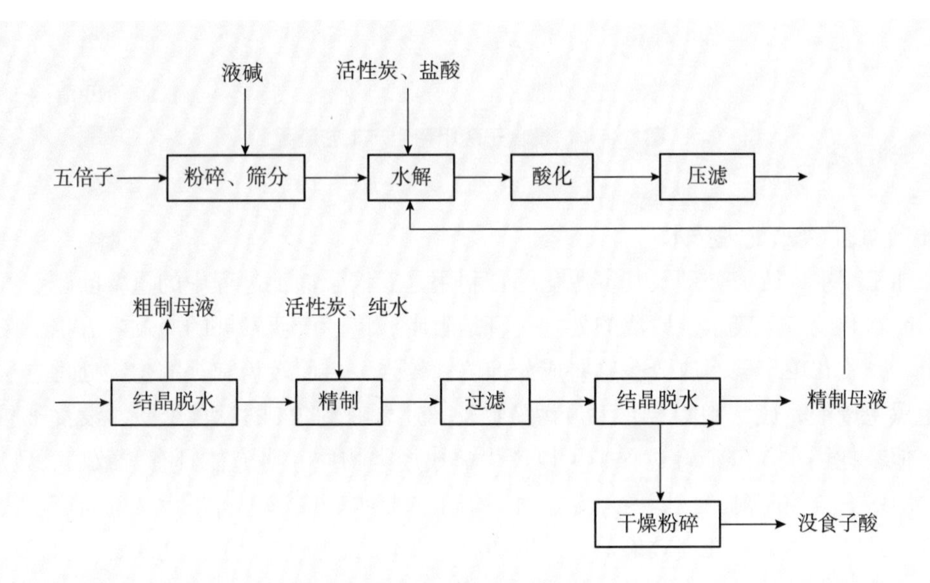

图14–16　没食子酸生产工艺流程

（9）焦性没食子酸生产工艺流程

工艺流程简述（图14–17）：

将工业没食子酸投入脱羧反应罐，加入催化剂，用电加热至220℃，反应物转入升华罐，在真空状态下使催化剂升华回收，再加入溶剂精制、压滤，洗涤液回收溶剂，晶体用回转式真空干燥机干燥而得。

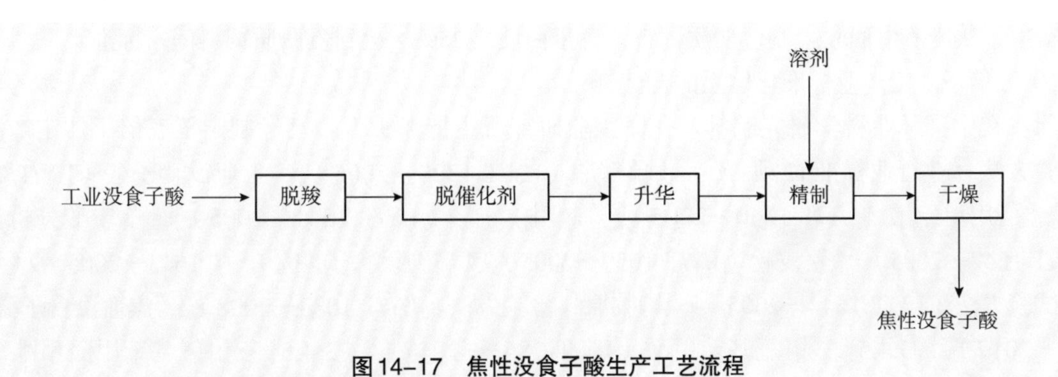

图14–17　焦性没食子酸生产工艺流程

（10）没食子酸甲酯生产工艺流程

工艺流程简述（图14-18）：

将工业没食子酸投入酯化反应罐中，加入稀硫酸和甲醇进行酯化反应，加热蒸发甲醇（回收），加入活性炭脱色，过滤后粗品采用冷冻结晶、离心脱水，再次精制后送入干燥箱干燥、粉碎而得。

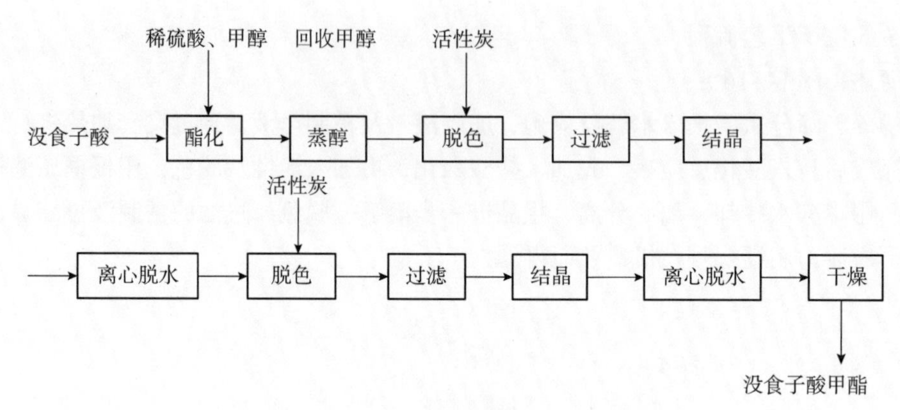


**图14-18　没食子酸甲酯生产工艺流程**

（11）五倍子加工废水处理技术

五倍子深加工废水、废渣处理及其资源化综合利用是五倍子加工过程中的重要问题。五倍子深加工会产生大量的废水和废渣。废水、废渣的处理一直是阻碍五倍子产业发展的瓶颈。五倍子废水、废渣含有较多的单宁、鞣质和单宁酸等成分，这些成分抑菌性较强，目前较为常规的生物处理方法一般会在生产过程中产生黑色废液，废液中除含有大量污染物外，还含有约2%的没食子酸，没食子酸本身对人体的毒性极小，但在饮用水氯气消毒过程中可以产生卤代烃类物质，对人体具有“致畸、致癌、致突变”作用，成为饮用水安全控制对象。国内外专家对五倍子的废水、废渣进行了大量的研究，也提出了多种方案，但都存在处理成本高、处理效果差、难以实施产业化的问题。为解决此问题，目前已开发出五倍子深加工废水、废渣资源化综合利用的关键技术。通过该技术，废液中有价成分回收率达到90%以上；没食子酸回收率可达95%；经过萃取后的没食子酸废水与其他低浓度废水混合后，经过二级EGSB及二级生物接触氧化处理后废水COD浓度可达到200mg/L左右；经絮凝脱色后废水色度低于50，COD低于100mg/L；没食子酸纯度≥99%、干燥失重＜10%、炽灼残差＜0.1%。水溶解试验：无浑浊。单宁酸试验：无浑浊、硫酸盐＜0.01%、氯化物＜0.01%、色度＜180、浊度＜10；出水水质达到《污水综合排放标准（GB 8978—1996）》一级排放标准。该项技术推进了五倍子产品精深加工行业的发展。这不仅解决了环境问题，也带来了良好的社会和经济效益。废液综合利用关键流程示意图见图14-19。利用该技术，实现了五倍子深加工废水、废渣资源化综合利用，除了从废水中回收没食子酸等有价成分之外，同时也实现了从废渣中回收生产蛋白质饲料，含蛋白质≥25%，达到蛋白质饲料国家标准。

（12）五倍子加工产业标准化体系的构建

目前，在中国林业科学研究院林产化学工业研究所主持牵头下，已经制定了五倍子加工产品及其分析试验方法林业行业标准12项：《工业单宁酸（LY/T 1300—2005）》《工业没食子酸（LY/T 1301—2005）》《药用单宁酸（LY/T 1640—2005）》《食用单宁酸（LY/T 1641—2005）》《单宁酸分析试验方法（LY/T 1642—2005）》《铬皮粉（LY/T 1639—2005）》《高纯没食子酸（LY/T 1643—2005）》《没食子酸分析试验方法（LY/T 1644—2005）》《栲胶原料检验方法（LY/T 1083—2008）》《焦性没食子酸（LY/T 2862—2017）》《3,4,5-三甲氧基苯甲酸（LY/T 2863—2017）》《3,4,5-三甲氧基苯甲酸甲酯（LY/T 3107—2019）》，基本构建了五倍子单宁酸加工产品及其分析试验方法的标准化体系。在12项林业行业

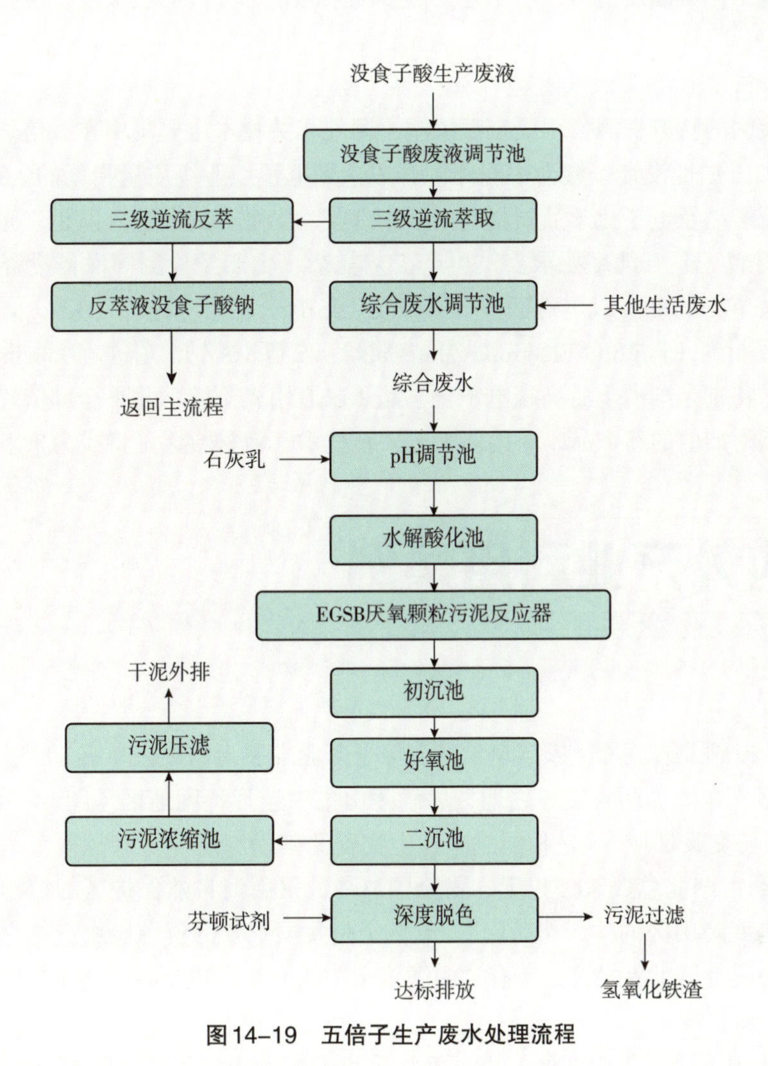


图14-19　五倍子生产废水处理流程

标准出版发布后，已在全国五倍子加工行业包括生产、营销、使用和科学研究中广泛实施应用，有力促进了我国林业行业标准化建设和提高了我国林产化工科技水平，有效规范了五倍子加工产品的生产管理、市场营销和产品使用，产生了很好的经济效益和社会效益。所形成的标准直接指导行业的生产、销售和应用，具有十分显著的间接经济效益和社会效益。

## 2.3　差距分析

（1）产业差距分析

五倍子是中国传统出口林产品，清朝就有记载每年有近万吨的出口。中国五倍子的产量、质量在世界上一直处于优势，一直是中国五倍子深加工行业生存和发展的基础。自国内有深加工的能力，出口原材料不再是主要形式，而以加工成的单宁酸、没食子酸、没食子酸丙酯、焦性没食子酸等产品出口为主。五倍子产地主要分布在西部山区，深加工企业也主要分布在西部，五倍子产业成为带动西部山区脱贫及经济发展的重要产业力量。中国五倍子产量占全世界总产量的95%。中国企业生产的单宁酸、没食子酸、没食子酸丙酯、焦性没食子酸等精细林产化工产品自70年代规模出口至今，产品远销世界各地，广泛应用于冶金、合成纤维印染固色、金属防锈蚀、石油钻井、油墨、三废处理、减水剂、化学分析、医药中间体原料、电子化学品制造等，由于是天然多酚来源，部分产品也被欧、美西方国家作为传统的食品抗氧化剂。

（2）技术差距分析

由于五倍子是我国的特有资源，因受资源限制，国外相关技术主要集中在五倍子深加工产品的下游高值化利用方面，如以焦性没食子酸为中间体，合成达到电子工业级质量指标的2,3,4,4-四羟基二苯甲酮等多羟基二苯甲酮产品及电子化学品新材料——光刻胶、光敏剂的制造。但是，光刻胶是电子化学品中技术壁垒最高的材料，具有纯度要求高、生产工艺复杂、生产及检测等设备投资大、技术积累期长等特征。全球光刻胶市场的80%以上份额被合成橡胶（JSR）、东京应化（TOK）、信越化学（Shin-Etsu Chemical）、富士电子材料（Fujifilm Electronic Materials）、安智（AZ）、东进（Dongjin）等大型企业所垄断，集中度非常高。特别是国内上游高端电子化学品（LCD用光刻胶）几乎全部依赖进口。因此，不断研究开发高科技和高附加值的新产品，采用新工艺、新技术、新材料无疑将成为未来发展的重要支柱。

# 3 国内外产业利用案例

## 3.1 案例背景

五倍子利用产业以湖北省五峰土家族自治县五倍子产业发展为例进行介绍。

五峰地处鄂西南，在湘鄂两省交界之地，属武陵山集中连片特困地区（图14-20），属东经110°与北纬30°交汇的“神秘交叉区域”，是我国战略性生物资源基因库之一。森林覆盖率高达81%，境内有植物类3000多种，约占湖北总数50%以上，占全国10%，仅后河自然保护区的植物种类就相当于欧洲的植物种类总和，是武陵山区的“天然药库”。五倍子是我国重要的资源昆虫产物之一，属典型的资源限制型资源，产量和质量居世界之首，享有“中国倍子”的盛誉，也是我国历来传统出口中药材，五倍子花是重要的自然优质蜜源。

武陵山片区是我国五倍子集中产区，以五峰为重点的鄂西南地区又属其核心产区。五倍子一直是五峰重要的传统道地药材。“五峰五倍子”获得国家地理标志商标注册（注册日期为2017年2月21日）（图14-21），全国唯一“国家五倍子高效培育与精深加工工程技术研究中心”2018年经国家林业和草原局批准在五峰成立。五倍子成为五峰烟叶发展收缩的背景下发展起来的继茶叶之后第二大精准扶贫支柱产业。县委县政府紧紧抓住这一特色优势资源，提出了建设“全国五倍子第一县”的目标，把五倍子产业作为农民增收脱贫的特色优势产业予以重点扶持和打造。

20世纪80年代以前，湖北省内五倍子由各县供销社组织各乡镇供销社统一集中收购，五倍子的采收是倍农的主要经济来源，处于五倍子产业的起步期。这个时期，五倍子产业一直沿袭野生、半野生状态，单位面积产量仅为1～5kg/亩，产量低而且不稳定（徐浩等，2008；罗晔等，2009）。五倍子寄主植物主要在房前屋后、地旁路旁种植，零星分布，五倍子仅作为小秋收产品，随采随卖，这个时期，国内基本没有加工企业，基本以商品销售为主。20世纪80年代到90年代末，五倍子产业迎来了第一个发展高峰期。各级政府为把五倍子资源优势转化为产品出口优势，开始走产业化发展之路，各县的万亩五倍子基地和相关科研所相继建成。在原料培育方面，摸索出了林间植藓养蚜、野生倍林改造、倍子采收和加工的技术体系，产量提高到20～30kg/亩（杨振海，2019）。通过这些配套技术的实施和推广，使五倍子产量稳步上升，逐步实现五倍子生产由自然生长向人工培育、由低产向高产的转变。在产品加工方面，1986年，竹山县兴建了国内先进的生产五倍子产品化工企业——林化厂，到1996年，形成年产

图14-20　五峰土家族自治县地理位置（喀斯特地貌，森林覆盖率达81%，黄棕色土壤70.3%，倍林面积>10万亩）

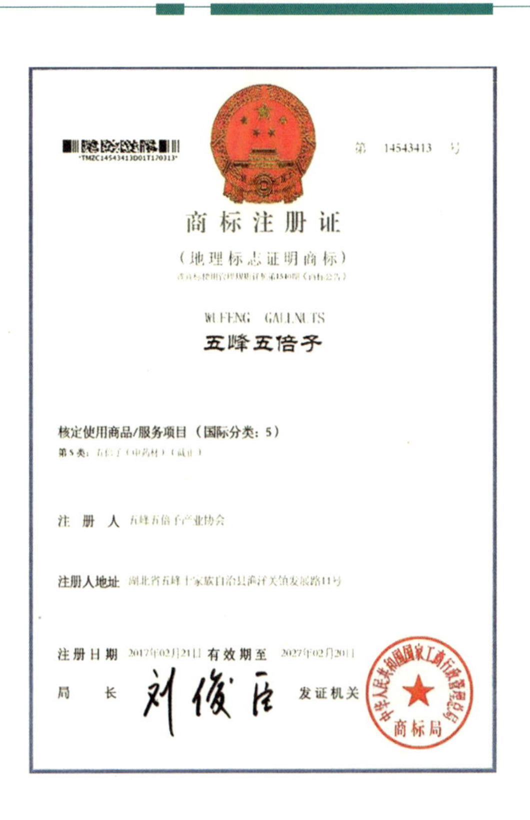
"TMZC14543413D01T170313"

第　14543413　号

商标注册证

（地理标志证明商标）

WUFENG　GALLNUTS

五峰五倍子

核定使用商品/服务项目（国际分类：5）

第5类：五倍子（中药材）（截止）

注　册　人　五峰五倍子产业协会

注册人地址　湖北省五峰土家族自治县渔洋关镇发展路11号

注册日期　2017年02月21日　有效期至　2027年02月20日

局　　长　刘俊臣　　发证机关　中华人民共和国国家工商行政管理总局 商标局

图14-21　五峰五倍子商标注册证

500t工业单宁酸、200t没食子酸、200t 3,4,5-三甲氧基苯甲酸等6条生产线，产品畅销美欧、日本和印度及香港特区，是竹山县第一家走向国际市场的“洋企业”。20世纪90年代初以来，五峰建立了五峰林化厂，开始发展以五倍子为原料的林产化工产业。20世纪90年代末到21世纪初进入五倍子产业发展的低谷期。国际市场受到金融风暴影响，五倍子出口产品滞销，五倍子价格两落两起，使倍农蒙受了巨大经济的损失，最终导致倍林面积大幅度萎缩，到2004年竹山县成块倍林保存面积不足1万亩（罗晔等，2009）。竹山县林化厂和五峰林化厂都经历了停产、改制和重组。

五峰赤诚生物科技股份有限公司（以下简称“赤诚生物”）成立于2004年11月，2008年迁建到五峰工业园区渔洋关镇发展路11号（现为天池路8号），2014年9月实施股份制改造，2015年1月在“新三板”挂牌交易，证券简称和代码为赤诚生物831696，总股本为8427.5万股（图14-22）。公司主要从事以武陵山区独有林特资源五倍子为原料进行精、深加工产品的开发、生产、销售以及五倍子人工种植等业务。随着赤诚生物公司的出现和发展，五倍子经过分离提炼转化为食品添加剂食用单宁酸、没食子酸丙酯、饲料添加剂没食子酸丙酯等系列产品，广泛用于化工、医药、纺织、食品、冶金、动物饲料等行业，成为一种非常稀有的生物化工原料。

产能规模：公司现已拥有标准提取物生产车间3000m$^2$，集成了高效萃取分离技术、冷冻干燥技术、喷雾干燥技术等，在国内单宁酸工业化生产领域保持领先水平。现已形成年产4500t单宁酸、2000t没食子酸系列产品的生产能力，产品广泛地应用到食品、饮料、保健品、化妆、药品、日化、纺织纤维、金属冶炼、饲料添加剂等行业中，远销30多个国家和地区。公司主营业务为以五倍子为原料加工生产的单宁酸系列产品、没食子酸系列产品及对其衍生品的精深加工产品，主要细分市场见图14-23、图14-24。

图14-22　五峰赤诚生物科技股份有限公司厂貌

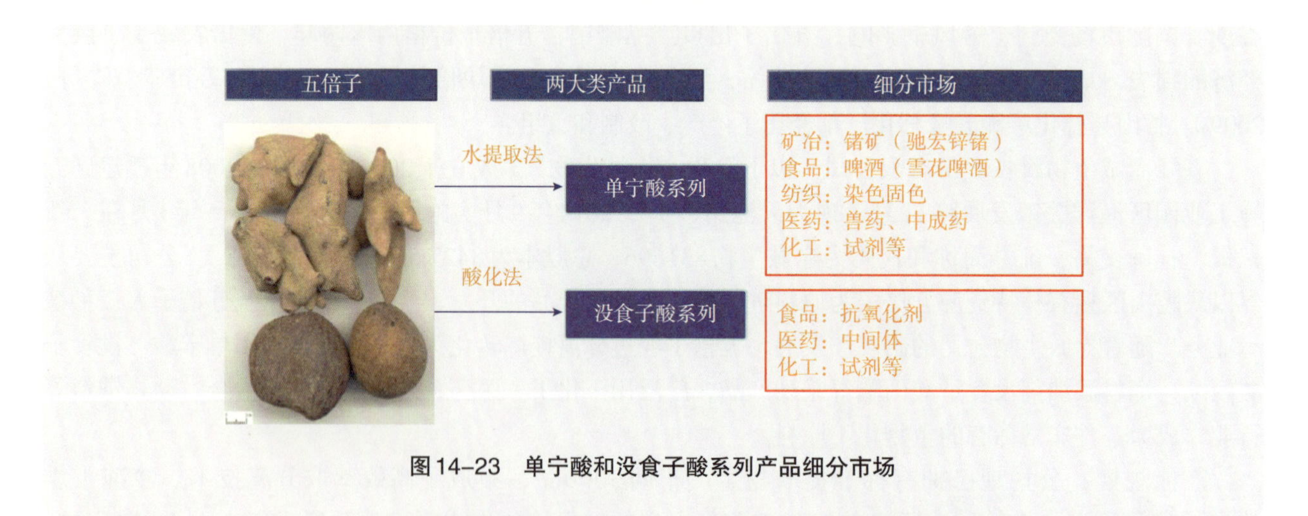


图14-23　单宁酸和没食子酸系列产品细分市场

图14-24　五峰赤诚生物科技股份有限公司五倍子加工设备

研发优势：公司被认定为“国家高新技术企业”“国家林业重点龙头企业”“湖北省林业产业化重点龙头企业”“宜昌市农业产业化重点龙头企业”“宜昌市天然植物提取单宁酸工程技术中心”“五峰赤诚生物科技股份有限公司院士专家工作站”。

发展模式：实施“公司+科研所+基地+协会+林农”的林业产业化发展模式，由采用国内领先的“人工挂袋和自然迁飞相结合方式”的专有技术在五峰土家族自治县内持续进行倍林改造，使规范高产的倍林达到10万亩，年产五倍子1000t以上，五峰成为全国名副其实的五倍子大县，为公司五倍子深加工提供充足的原料保障。

产业定位：不断延伸五倍子产业链，以高端生物制品占领国内外市场，将五峰县打造成全国五倍子行情的风向标，成为全国五倍子种植加工中心、流通出口中心和价格形成中心。

## 3.2 现有规模

（1）小作坊成长为细分行业龙头企业

2004年，公司创业之初租用300m$^2$的厂房，靠2个木桶、8个人、10万元资金起步，作坊式加工五倍子，开始实验初创期，产品年销售额在300万元左右。2008年，公司迁入湖北五峰工业园区，扩建五倍子加工项目，同时探索五倍子人工种植苔藓、养殖倍蚜虫、人工挂放倍蚜虫等技术，解决扩大生产的原材料供应，逐步形成人工种植苔藓、养殖倍蚜虫、人工挂放倍蚜虫等核心技术。“五峰五倍子”因其鞣质含量高，加工产品质量好，受到客户的青睐。公司以“五峰五倍子”为原料生产单宁酸系列产品、没食子酸系列产品供不应求，占据国内市场的3/5，远销日本、韩国、欧美等发达国家。“五峰五倍子”因其影响力使得五倍子种植基地成为吸引客户的最大亮点，因此“五峰五倍子”公司由小作坊成长为细分行业龙头企业。

2018年，公司销售收入13010.9万元，同比增长32.32%，实现净利润1675.79万元，同比增长48.23%；出口创汇595.28万美元，同比增长51.61%；实现税收858.69万元。公司成为五峰县的纳税大户、出口创汇大户。2018年8月，公司同云南驰宏锌锗股份有限公司建立战略合作关系，在曲靖经济开发区建设了年产3000t单宁酸生产线；12月，全资收购了湖南棓雅生物科技有限公司，产能规模迅速扩大，进入了快速发展期。

2019年，公司销售收入18817.6万元，同比增长44.63%，净利润2394.9万元，同比增长42.91%，出口创汇664万美元，同比增长11.54%。

2020年1月至6月，公司销售收入10485万元，同比增长30.65%，净利润1501万元，同比增长66.17%。

在快速发展过程中，赤诚生物成长为国家高新技术企业、国家科技型中小企业、湖北省知识产权建设示范企业、湖北省支柱产业隐形冠军示范企业、湖北省林业产业化重点龙头企业、宜昌市创新试点企业、宜昌市农业产业化龙头企业。经国家林业和草原局批准建立全国唯一“五倍子高效培育与精深加工工程技术研究中心”，建有“五峰赤诚生物科技股份有限公司院士专家工作站”和“宜昌市天然植物提取单宁酸工程技术中心”等科技创新平台。公司已全面掌握单宁酸等系列生物产品分离提炼技术，拥有核心自主知识产权5项，参与制定行业标准4项；参与承担国家“863”计划项目1项，国家重点科技研发项目1项；承担湖北省科技研发项目6项，承担宜昌市科技项目4项。

公司注重企业管理，依据GB/T 19001—2008/ISO9001：2008《质量管理体系要求》、GB/T 22000—2006/ISO22000：2005《食品安全管理体系食品链中各类组织的要求》、CNCA/CTS 0020—2008A（CCAA 0014—2014）《食品安全管理体系食品级饲料添加剂生产企业要求》、FAMI—QS：5.1《欧洲饲料添加剂与预混料企业操作规范（5.1）》建立管理体系，已获得质量、食品安全管理体系认证证书，逐步建立了现代企业管理制度，管理和经营能力居行业前列。

“2019中国资源昆虫暨五倍子产业发展五峰论坛”和“资源昆虫和五倍子产业国家创新联盟”成立

及“五倍子高效培育与精深加工工程技术研究中心”的授牌大会，于2019年3月29日至31日在五峰举行。这3个科技平台的成立对于推动我国资源昆虫和五倍子产业发展具有里程碑意义。

（2）传统的中药材转型为稀有的生物、化工原料

公司年收购五倍子4000～5000t，约占全国五倍子产量的60%，公司充分利用“五峰五倍子”的产品质量优势研发新产品，近年来新建100t鞣花酸项目、5000t混合饲料添加剂、10000t五倍子废弃物综合利用项目，产品逐步转化为高附加值食品添加剂食用单宁酸、没食子酸丙酯、饲料添加剂没食子酸丙酯等系列产品，广泛用于化工、医药、纺织、食品、冶金、军工、电子化学品等行业。

树、虫、藓是五倍子生长的三要素。在“五峰五倍子”的巨大影响力下，公司利用盈余资金投入基地建设研发，从2013年先后与中国林业科学研究院昆明资源昆虫研究所、湖北省林业科学研究院紧密合作，重点围绕苔藓种植、蚜虫繁育、蚜虫放飞、倍林间作等关键技术开展科技攻关，突破了五倍子稳产丰产栽培技术瓶颈，亩产最高达320.8kg，单株最高达17.5kg（祝友春等，2004）。五倍子高效栽培理论与技术被鉴定为湖北省重大科技成果，植藓方式及倍蚜收放等关键技术达到国内领先水平。

（3）五倍子成为带动贫困山区农民脱贫致富的朝阳生物产业

五峰，作为一个深度贫困县，劣势在山，优势也在山，野生倍林资源约10万亩，可供改造利用倍林6万亩。长期以来，五倍子是五峰农民增收的传统渠道，在赤诚生物公司诞生之前，农民仅作为中药材采摘销售，价格一般在每斤2元左右。近年来以“五峰五倍子”为原料加工产品价值得到极大提升，“五峰五倍子”加工到2018年赤诚生物收购保护价已达到每斤9元以上。

在五峰县委政府多年的推动下，“龙头企业+合作社+产业基地+贫困户”的五倍子扶贫产业模式已形成，成为助推农民脱贫致富、实现乡村振兴的朝阳生物产业。近年来，赤诚生物先后支持倍农新建倍蚜虫核心基地9个，分布于该县6个乡镇9个贫困村；建设倍蚜虫收集大棚43个、倍蚜虫收集苔藓圃45亩；向贫困户提供倍蚜虫培育、收集、烘干等设备300台（套）。在该县牛庄乡横茅湖等20个贫困村建设五倍子标准化倍林基地2万亩，修整野生倍林基地5.7万亩。目前五峰县五倍子倍林人工挂虫面积达到5000亩，带动种养户3100多户，其中贫困户630户。2018年，全县人工种养植户现金收入达到950万元，亩均收入1900元。傅家堰乡特困村田家山村李泽云，对荒山4年的树进行修枝整形，人工挂虫培育五倍子亩产鲜倍达到200.8kg，商品倍100.4kg，亩平现金收入1907.60元，减去成本纯收入1600元，比野生五倍子高出6倍以上。白鹿庄村蚜虫培育土专家严高红，长期从事五倍子种养殖技术研究，系统掌握了五倍子种养殖技术，通过输出五倍子种植技术覆盖武陵山区，人工种植面积49850亩。严高红年技术输出收入20万元，年出售倍蚜虫收入16万元，出售五倍子收入2万元。

（4）五倍子基地已逐渐成为保护青山绿水的生态屏障

五峰县地处长江中游南岸，发展五倍子产业，不毁林，靠栽树，不喷农药，不施化肥。盐肤木生长迅速，被誉为“先锋树种”。倍林下还可种植其他农作物。集中连片植树造林，有利于改善和美化生态环境，留住青山绿水，换来金山银山。这些正契合“共抓大保护，不搞大开发”的发展理念。同时，五倍子花也是重要的自然优质蜜源，每到夏季，五倍子花盛开，引来蜜蜂采花酿蜜；每到秋季，满山遍野盐肤木树叶一片火红，成为人们游山赏景的好去处。一个五倍子产业带出了一个养蜂产业，融合了旅游产业，推动了传统林业产业转型升级（图14-25）。

图14-25 五倍子基地建设

## 3.3 可推广经验

（1）兴建五倍子培育基地解决原料短缺

五倍子产业存在的主要问题之一是五倍子原料资源收购竞争日趋激烈。受利润驱使，近几年五倍子深加工生产线产能逐步上升，行业规模扩大，资源供应紧张，收购半径扩大，资源竞争非常激烈。而五倍子原料资源受限于基地面积、倍林培育技术水平、病虫害等诸多条件，产量远达不到企业的需求。公司利用当地政策和自然资源的有利条件，将五倍子培育作为工厂的“第一车间”，兴建五倍子培育基地，为工厂提供稳定的原料来源，生产规模逐年扩大。目前，公司已经建立起包括五倍子高效培育、精深加工、新产品及其应用等产品发展配套技术在内的较为成熟的全产业链利用技术。

（2）加强五倍子深加工技术创新

五倍子单宁深加工技术是以天然资源为原料，以市场为导向，以高新技术为基础，以效益为中心进行新产品、新工艺的开发研究。做到产品多样化、系列化，形成产品群，旨在参与国际市场竞争，实现产业化。针对国际市场的需求和国内生产现状，公司依托中国林业科学研究院不断进行五倍子深加工产品及其加工工艺的科技创新。

## 3.4 存在问题

一是五倍子原料供应日趋紧张，产业规划发展与企业快速成长的需求不适应，扶贫带动作用发挥不充分。从全国五倍子行业发展来看，五倍子产业存在的主要问题是五倍子原料资源收购竞争日趋激烈。受利润驱使，近几年五倍子深加工生产线产能逐步上升，行业规模扩大，资源供应紧张，收购半径扩大，资源竞争非常激烈。而五倍子原料资源受限于基地面积、倍林培育技术水平、病虫害等诸多条件，产量远达不到企业的需求。赤诚生物目前已进入快速成长期，发展势头强劲，市场广阔，产能充足，但没有足够的五倍子原料满足生产。近年来，赤诚生物年收购五倍子在4500t左右，现有产能在8000t以上，无法实现满负荷生产，致使公司从南美进口塔拉保证生产，但塔拉单宁酸含量不高，约40%，低于五倍子约30%。五倍子寄生的盐肤木在五峰相当普遍，野生倍林资源约10万亩，可供改造利用倍林6万亩，而目前真正能提供稳定五倍子供应的仅1万亩左右。从客观上看，五峰县委县政府多年来十分重视五倍子基地建设，但其力度跟不上企业成长的步伐，特别是在形成整体合力方面还缺少积极的政策推动手段，致使现有资源利用开发不足，产业带动扶贫的作用还没有得到充分发挥。

二是五倍子培育关键技术推广普及不平衡，成为产业发展的瓶颈。树、虫、藓是五倍子生长的3个关键要素。从2013年开始，五峰县五倍子产业办公室和赤诚生物先后与有关科研院所紧密合作，突破了五倍子稳产丰产栽培技术瓶颈，为五倍子产业发展提供了技术保障。但在技术的推广应用上，由于技术人员少，且推广缺乏激励机制，除核心示范基地管理比较到位、基本上达到稳产丰产水平外，很多农民还没有完全掌握五倍子培育的关键性技术，导致五倍子产量较低、效益不高，影响了农民发展五倍子的积极性。

三是五倍子产品产业链太短。国内对五倍子深加工在新产品、新工艺上的研发能力与国外先进技术存在较大的差距，高技术产品在国际市场上竞争力不强，只能生产初级产品和中间体，美、日、德等发达国家从我国进口五倍子原料或工业单宁酸再进行精制提纯或深加工，所生产的衍生产品占领了国际市场上绝大部分份额，甚至返销国内市场，把五倍子的深加工产业中附加值高的部分据为己有，而国内企业只能望而生叹。随全球光电产业、消费电子产业、半导体产业逐渐向我国转移，我国印制电路板（PCB）、液晶显示器（LCD）、半导体等产业迅速发展，对光刻胶的需求猛增，从而推动光刻胶行业逐渐兴盛。2011—2019年我国光刻胶需求量与市场规模连续增长，至2018年我国光刻胶需求量已达8.44万t，市场规模约为62.3亿元，年复合增长率达14.69%；市场规模达到58.7亿元，年复合增长率达11.59%，预计2022年我国光刻胶需求量将达到27.2万t（李传福，2021）。因此，不断研究开发高科技和高附加值的新产品，采用新工艺、新技术、新材料无疑将成为未来发展的重要支柱。

四是五倍子产品加工技术有待提高。近几年来，随着五倍子深加工产品的出现和应用领域的拓展，国际国内市场对五倍子需求量的增大，国内的主要五倍子加工企业，如南京龙源天然多酚合成厂、湖南张家界久瑞生物科技有限公司、湖北五峰赤诚生物公司和湖南棓雅生物科技股份有限公司等，通过新建和扩建五倍子加工生产线，开发出具有国际竞争力的新产品，出口美国、欧盟及日本等发达国家，生产能力也逐年提高。虽然这些企业已取得了一定的规模，但生产能力仍然相对较弱，主要产品档次低；企业年利润也处于较低水平，基本还停留在百万元级，没有达到重点知名企业的规模，离形成地方支柱产业仍有较长道路。今后很长一段时期，五倍子加工企业一方面要致力于新产品和新用途的开发，开发国际市场；另一方面要进一步提高产品质量，扩大生产规模，实现产品多元化，提高市场抗风险能力。

五是五倍子加工过程的环境污染问题。植物单宁加工特别是没食子单宁深加工过程属于典型的化工生产过程，排放的生产废物如不经妥善处理会造成环境污染（王华和明安觉，2006；彭鹏飞等，2017）。目前我国多数的植物单宁加工企业生产还是属于粗放式生产，由于环境保护意识和生产废物有效处理的技术难度，存在不同程度的环境污染问题。随着环境保护法律法规的严格实施，急需解决植物单宁深加工过程的环境污染问题。当下，除了要加大对生产过程环境污染问题的监控力度，减少和杜绝生产废弃物对环境的影响，还要针对没食子酸等深加工生产过程废弃物的有害成分，研究开发有效处理的关键技术，实现无害排放。

# 4 未来产业发展需求分析

## 4.1 发展五倍子产业关系国家食品安全

五倍子精深加工产品属精细化学品，精加工技术一直被发达国家垄断，而精细化学品的开发是当今世界化学工业激烈竞争的焦点，也是21世纪衡量一个国家综合实力的重要标志之一。以五倍子为原料开发的系列产品，用途相当广泛，而主要用途是作为食品添加剂中的抗氧化剂和饲料添加剂，市场需求旺盛。我国是畜牧生产大国，饲料添加剂的使用日趋广泛。我国是抗生素使用大国，也是抗生素生产大国，每年生产约21万t。抗生素原料中有9.7万t用于畜牧养殖业，占年总产量的46.1%。中国已成为世界上滥用抗生素问题最严重的国家之一（杨振海，2019）。从2006年起欧盟已经禁止在饲料中添加所有抗生素，我国也将于2021年起全面禁止在饲料中添加抗生素类产品。饲用抗生素替代品问题成为社会广泛关注的热点。单宁酸饲料添加剂是减少饲料中抗生素滥用的重要途径之一，有效地保障了食品安全，已经得到国际普遍认同。目前，我国饲料产量为2.50亿～2.90亿t（杨振海，2019），按照0.01%～0.02%的添加量技术，每年需要饲料添加剂约数万吨，应用前景十分广阔。五倍子的精深加工产品为纯天然绿色化学品、无毒无害。如没食子酸丙酯大白鼠的$LD_{50}$为3800mg/kg（赵洪昌，2010），摄入体内能被水解后由尿排出，经动物试验无致癌性报道，其安全性优于现使用的丁基羟基茴香醚及二丁基羟基甲苯，早在1976年美国就列GRAS（一般公认为安全的）表中。据统计，抗氧化剂美国批准26种，消费量8130t/a，日本批准19种，消费量1250t/a，欧洲消耗量980t/a。我国已批准15种，生产能力约5000t/a。没食子酸酯类作为经常使用的抗氧化剂品种，占据较大的市场份额。精细化工生产特点是品种多、批量小、知识密集度高、更新换代快、专用性和商品性强。虽然五倍子精深加工品的每一个品种国内外市场需求量不是特别大，但由于货源紧缺，市场销售旺盛。

## 4.2 发展五倍子产业是巩固扶贫成果和促进乡村振兴的重要途径

我国五倍子主产区位于武陵山区、乌蒙山区（角倍）和秦巴山区（肚倍），属多民族居住地，主要以农业为主，经济基础薄弱，贫困人口多。近年来，在这些地区推广以寄主树生长势调控、无土植藓培育种虫和多次放虫为核心的五倍子高效培育技术，使五倍子产量显著提高，五倍子单产（干倍）从原来的平均20～30kg/亩提高到40～60kg/亩，农民每亩收入1000～1500元（吴坤，2010；王克勇等，2019）。以湖北五峰为例，通过五倍子高产培育技术的应用，近3年五倍子年产量从100～150t提高到360t，参与五倍子培育和生产的人员达4000多人，五倍子成为地方特色产业。根据重庆酉阳五倍子专业技术协会、湖北五峰倍源五倍子专业合作社等22个生产单位统计，近3年在成果应用过程中共培训农村技术推广骨干26311人次，农民掌握了新技术后，在生产过程中收获的五倍子、种虫、种藓和苗木等免税农产品累计增收3.54亿元，这些农产品成为当地农民增收的重要来源。

五倍子产业在农村精准扶贫中效果显著。近10年来，共有10644人借助五倍子产业实现了脱贫。在各地发展五倍子产业过程中，涌现了一批脱贫致富的典型：①湖北五峰土家族自治县长乐坪镇白鹿庄村农民严高红，从2012年起开始将本成果应用于生产，种植五倍子36亩，2015年起每年收入都超过30万元，成为远近闻名的“土专家”。他以“合作社+农户”的模式，将自己的技术和种虫无偿提供给其他农户，带动了107户农民种植五倍子脱贫，被评为湖北省劳模、国家林业和草原局首批乡土专家和“宜昌楷模”等，他的事迹被人民日报网、新华网、湖北日报等媒体报道。②重庆酉阳土家族苗族自治县钟多街道办梁家堡村83岁的贫困户任岁明，2017年种植五倍子21亩，2018年获得丰收，出售干倍子1984kg，总收入38320元，一举摘掉贫困户“帽子”，《中国绿色时报》于2018年11月对任岁明的事迹进行了专题报道，称他为“酉阳的褚时健”。③湖南张家界永定区三家馆乡农民漆松浪和大学毕业生漆学超两人回到家乡创业，种植五倍子500亩，并在倍林内养殖中蜂，带动了当地贫困户和农村留守人员33户，人均年收入13000元。④湖南慈利县江垭镇农民王德军和庹先圣承包荒山1500亩种植五倍子，聘用和带动贫困户和农村留守人员50户和当地退伍军人80人参加项目，人均年增收超过3万元。⑤四川省峨眉山市川主镇荷叶村原村支部书记李前华，多年从事五倍子培育，从2008年起带领30多户村民应用本成果在海拔1400m、农业生产条件差的山地种植五倍子树和培育种虫，营造高产五倍子林1200亩、种虫培育藓圃12亩，平均年产五倍子种虫30多万袋，远销湖南、云南、贵州和重庆等地；2018年村民人均纯收入增加了4000多元。五倍子精深加工技术在五峰赤诚生物科技股份有限公司、云南驰宏锌锗股份有限公司、湖南棓雅生物科技有限公司和遵义倍缘化工有限公司等10个企业应用，带动了原料的生产和销售，使五倍子产业链进一步延伸，新增就业岗位1217个。

### 4.3 发展五倍子产业对生态文明建设具有重要意义

五倍子寄主树盐肤木等耐干旱、瘠薄，适应能力强，是石漠化生态修复、保持水土的优良树种。本成果广泛应用于长江上游的武陵山区、乌蒙山区和汉江流域的秦巴山区，近3年营建的寄主林55.90万亩，辐射推广200多万亩，对贫困山区生态环境治理、植被恢复和我国长江上游生态屏障建设作出了重要贡献，为国家长江上游防护林工程和退耕还林工程项目实施提供了重要支撑，五倍子产业已成为当前林业生态扶贫和产业扶贫的重要抓手，成为实现“绿水青山就是金山银山”的良好典范。五倍子寄主树还是优良的观赏和蜜源树种。秋季寄主树叶片美丽的红叶景观，促进了当地旅游业的发展。五倍子的寄主树花期长达2个多月，是优良的蜜源植物，可以用于培育五倍子蜂蜜，开展林下复合经营。如湖北五峰依托现有的6万亩五倍子林，开展中峰养殖，促进“林—药—蜂”协同发展，2018年被中国蜂产品协会授予“中国五倍子蜜之乡”称号，生态效益显著。因此，发展五倍子产业对推动生态文明建设具有重要的现实意义。

## 5 产业发展总体思路与发展目标

### 5.1 总体思路

实施“公司+科研所+基地+协会+林农”的林业产业化发展模式。利用我国五倍子的资源优势，不断延伸五倍子产业链，以高端生物制品占领国内外市场；在湖北、湖南、贵州、重庆、四川等五倍子主产区建立稳产、高产的五倍子培育基地，对五倍子资源进行综合利用研究；推进五倍子深加工没食子酸系列产品向电子化学品新材料——光刻胶、光敏剂延伸，配套国内光电子产业，提供高端电子化学品新材料，延伸五倍子精深加工产业链，打造百亿级企业；同时利用单宁酸和没食子酸的优势向生物医药行业进军。

### 5.2 发展原则

按照五倍子资源原料基地化、产品精细化、跨界融合创新的发展原则，处理好资源保护和利用的关系。坚持技术创新、产品创新，不断提高五倍子加工水平，不断延伸五倍子产业链，以高端生物制品占领国内外市场，走绿色发展的道路，既要绿水青山，也要金山银山。

### 5.3 发展目标

（1）短期目标（到2025年）

重点推进原料基地建设：到2025年全国培育苔藓基地面积100亩，人工挂虫丰产倍林基地面积达到5万亩，五倍子（干计）产量10000t。在湖北、湖南、贵州等地打造一批优秀的五倍子产业创新生物科技企业。解决五倍子高附加值产品加工关键技术，研发出电子级单宁酸产品；抓住“推动健康养殖、保障食品安全”，畜牧业“减抗/替抗”的国际发展大趋势，五倍子单宁酸产品向饲料行业延伸，培植壮大1～2家五倍子加工龙头企业。

（2）中长期发展目标（到2035年）

建立稳产、高产的五倍子培育基地，对五倍子资源进行综合利用研究；推进五倍子深加工没食子酸系列产品向电子化学品新材料——光刻胶、光敏剂延伸，在企业上市的基础上，建设电子化学品新材料——光刻胶、光敏剂项目，配套国内光电子产业，提供高端电子化学品新材料，打造1～2家百亿级企业。同时，利用单宁酸和没食子酸的优势向生物医药行业进军，研发出盐肤木食用果油、五倍子蜂蜜、医药新用途（磺胺类药增效剂，收敛和抗肿瘤）。

（3）远期发展目标（到2050年）

到2050年，人工挂虫丰产倍林基地面积达到10万亩，五倍子（干计）产量20000t。兴建一批五倍子新材料加工及生物医药产业园，使得我国成为全球电子化学品新材料——光刻胶、光敏剂的主要生产国，实现五倍子加工全产业链年总产值达到千亿元。

# 6 重点任务

## 6.1 加强标准化原料林基地建设（培育、良种等），提高优质资源供给能力

大力发展五倍子原料基地建设，提升培育技术水平。对五倍子野生资源现状进行研究分析，到2025年全国培育苔藓基地面积100亩，人工挂虫丰产倍林基地面积达到5万亩，五倍子（干计）产量10000t。在湖北、湖南、贵州、重庆、四川等五倍子主产区建立稳产、高产的五倍子培育基地。在大力发展五倍子人工培育基地的同时，加强对野生倍林的提质增效，是从根本上解决五倍子加工业原材料来源紧张问题的途径，也是促进我国林产化工产业大发展的一项重要基础工作。五倍子原料基地建设很大程度上要依靠政府政策引导、企业价格引导以及科技服务支撑。

## 6.2 技术创新

加强植物单宁化学与利用的基础研究，突破电子级化学品高端制造技术，创制具有战略性主导地位的电子化学品新材料——光刻胶、光敏剂产品。五倍子单宁酸产品向饲料行业延伸，培植壮大1～2家五倍子加工龙头企业。

## 6.3 产业创新的具体任务

推进五倍子深加工没食子酸系列产品向电子化学品新材料——光刻胶、光敏剂延伸，配套国内光电子产业，提供高端电子化学品新材料，打造百亿级企业；同时利用单宁酸和没食子酸的优势向生物医药行业进军。

## 6.4 建设新时代特色产业科技平台，打造创新战略力量

打造“五倍子产业发展论坛”，依托“资源昆虫和五倍子产业国家创新联盟”及“五倍子高效培育与精深加工工程技术研究中心”，推动五倍子产业创新发展。

## 6.5 推进特色产业区域创新与融合集群式发展

武陵山片区是我国五倍子集中产区，以五峰为重点的鄂西南地区又属其核心产区。五倍子一直是五峰重要的传统道地药材。“五峰五倍子”获得国家地理标志商标注册，作为全国唯一“国家五倍子高效培育与精深加工工程技术研究中心”，2018年经国家林业和草原局批准在五峰成立。五倍子成为五峰烟叶发展收缩的背景下发展起来的继茶叶之后第二大精准扶贫支柱产业。地方政府紧紧抓住这一特色优势资源，提出了建设“全国五倍子第一县”的目标，把五倍子产业作为农民增收脱贫的特色优势产业予以重点扶持和打造。

### 6.6 推进特色产业人才队伍建设

需要在当地政府和相关林业部门的帮助下吸引返乡农民工参加到五倍子倍林建设中。培养五倍子种植“致富带头人”和“土专家”，以“合作社+农户”的模式，利用当地的致富带头人带动其他农户种植五倍子脱贫。

## 7 措施与建议

### 7.1 大力发展五倍子原料基地建设，提升培育技术水平

一是坚持以一家一户为主，小型大规模的原则，充分利用“四旁”（村旁、屋旁、路旁、水旁）和“五边”（田边、地边、坎边、沟边、扒边）栽植倍树。

二是鼓励企业办试验基地和原料基地。从资金和技术方面给予倍农支持，与倍农签订最低收购保护价，使企业与倍农成为利益共同体，相互促进、相互发展。最终形成“公司+基地+农户”一体化产业发展模式。

三是制定出台种苗扶持和资金扶持政策。基地发展由政府无偿提供种苗或者每株给予一定的种苗补助，或是用以奖代补的形式加大对五倍子产业发展的资金扶持力度。把有限的资金用到产业发展贡献突出的乡镇和参与五倍子产业发展的单位和个人。

四是制定林地、山场有序流转的优惠政策措施。鼓励农民、城镇居民、科技人员、私营业主、企事业单位干部职工等社会力量投资五倍子产业开发。形式上可采取承包、租赁、拍卖、买断、协商、转让等，有效吸纳社会民间资本用于五倍子产业基地建设。

五是制定林业部门和林业技术人员参与五倍子产业基地建设的政策措施。鼓励林业技术干部领办基地办示范，以加快五倍子产业的健康发展。

### 7.2 加强五倍子高效培育技术

五倍子产业链中最基础和最关键的环节是原料的高效培育。五倍子的培育不仅受冬夏2类寄主植物的限制，还受到环境条件、生产经营水平和方式等的影响。尽管目前通过对倍蚜种虫培育、多次放虫技术、寄主植物筛选和生长势调控等方面的技术研发使倍子产量显著提高，但仍不能满足市场对五倍子原料不断增长的需求。随着农村生产经营模式的改变，与其他农林业一样，五倍子原料培育也面临劳动力成本不断升高的共性难题，因此，如何将无土植藓养蚜与倍林营建技术有机结合，研发“林—藓—虫”一体化培育技术；如何通过设施培育方法调控林间小环境，创造适合倍蚜和寄主植物生长的微环境，减少倍林营建、管理和经营的用工数量，降低劳动力成本，是今后原料培育中亟待解决的问题。同时，以五倍子资源培育的倍蚜虫、寄主树和藓为对象，解决五倍子资源培育中影响倍子产量和质量的关键技术问题，诸如倍蚜种虫培育与释放、倍林经营模式、倍林标准化、低产倍林提质增效、有害生物综合防控、倍子采收和加工等技术难点，研发配套生产技术促进五倍子培育方式从低产向高产、稳产转变，实现五倍子资源的高效利用。

### 7.3 研发高附加值系列产品，拓展产品市场

由于五倍子天然药物与生物原料的物质属性，五倍子产品深加工增值空间巨大，五倍子除作为中药材使用外，已经进行规模化的化学加工利用。以五倍子单宁为基础原料，采用不同的深加工工艺，可生

产出多种化工、医药和食品添加剂产品，如单宁酸系列，包括工业单宁酸、试剂单宁酸、医用单宁酸、食品单宁酸等；没食子酸系列；焦性没食子酸系列；合成药物系列包括甲氧苄氨嘧啶及其中间体等。不断挖掘和拓展五倍子单宁新用途，开拓五倍子单宁在电子、医药、食品、饲料、日用化工等行业的应用，创制金属缓蚀、抑菌、络合等功能化单宁及其衍生物等产品，提供单宁基金属防蚀剂、鲜果抑菌被膜剂、装修封闭底层涂料、固定化功能吸附材料等加工关键技术及其制品。五倍子产品新用途拓展迅猛，如电子级单宁酸、光刻胶等高技术产品在电子显示屏等方面的应用；五倍子单宁酸在无抗饲料、化妆品上的应用。五倍子深加工产品销售目前集中在沿海经济发达地区，在紧盯国内最大的需求市场的同时，要瞄准国外市场，扩大出口销售额。研究中东、欧美市场，不断获得有关认证，以满足国际市场的需求。

## 7.4 建设科技平台，加强成果转化

中国林业科学研究院林产化学工业研究所是我国最早开展五倍子基础化学及其加工利用的科研单位，长期从事五倍子提取物化学与利用方面的研究，代表性科研成果主要有五倍子化学深加工技术、焦性没食子酸制备新技术产业化、五倍子单宁深加工技术、电子化学品高纯没食子酸制造技术。加强科技平台建设，着力研究五倍子资源的新用途和研发新产品，为五倍子资源的利用和产业化提供系列产品和加工新技术，提升行业技术水平，提高产品附加值，增加行业竞争力。将“五倍子产业科技创新联盟”建设成联合开发、优势互补、利益共享、风险共担的技术创新组织，为农户、企业规模经营、生产提供成套的工程化研究成果；加速高新技术带动传统产业的改造升级，为产业技术进步解决重要关键技术，以推动五倍子资源培育和企业的科技进步和战略性新兴产业的发展。

## 7.5 加强五倍子加工产品标准化工作

目前，我国五倍子加工产品出口额稳中有升，但平均出口价格却呈下降态势。其主要原因之一是由于我国五倍子加工产品尚未建立权威的质量标准或与国外标准不接轨。目前已经制定并发布了五倍子加工产品及其分析试验方法林业行业标准12项。这些标准的实施，对五倍子加工生产企业科学地制定生产工艺和组织生产管理、对产品质量管理、产品市场贸易以及产品贮存使用都发挥了重要的作用。但随着五倍子加工行业的发展及科技水平的不断进步，部分标准所采用的分析测试方法所存在的问题也不断暴露出来，需要对其进行修订，使其符合行业发展要求。

## 7.6 处理好资源合理利用、发展与保护的关系

五倍子资源包括倍蚜、寄主植物以及产区的气候、土壤、植被、生境等，它们同时也是我国生物多样性的重要组成部分。从生物多样性保护以及资源的可持续发展角度出发，五倍子作为一类重要的昆虫资源林特产品，在合理采摘利用的同时，必须处理好资源合理利用、发展与保护的关系。不太重视倍蚜冬寄主藓类植物保护，倍蚜及其冬寄主生态条件破坏与恶化，以及五倍子过度采摘是目前五倍子生产中共有的问题。五倍子加工产品用途与用量的扩展，使得五倍子价格不断上涨，从20世纪80年代初的约0.15万元/t，上涨到90年代最高时的3万元/t，随后一路走低。直至2003年上半年开始，五倍子及其加工产品价格才开始有大的回升。价格上涨在一定程度上促进了五倍子生产的大发展，但也由于价格上涨过猛，五倍子加工成本特别是利用五倍子加工产品的行业成本大增，部分企业不得不考虑使用代用品，从而制约了我国五倍子生产的健康发展。为保护并促进五倍子生产的可持续发展，当前需解决或面临的主要问题：①必须大力加强产区倍蚜及其冬、夏寄主与五倍子生产整个生态环境的保护；②根据角倍类和肚倍类生产现状与倍蚜其冬、夏寄主所需生态条件的差异，角倍类夏寄主野生资源较为丰富，生产应以保护和改造野生倍林为主，而肚倍类的夏寄主青麸杨和红麸杨多为四旁栽种，野生资源较少，倍林的营造必需选择好小环境，使树、藓、虫得以合理配置，在基地设计、造林地的选择以及倍林的营造中必

需优先考虑小环境的选择，使藓、蚜资源同树一样得以发展，切忌片面搞大面积集中连片；③积极推广应用已成熟的技术，如成熟采倍、采倍留种在倍林内补植冬寄主与营建种倍林，利用种倍收集散放夏（秋）迁蚜等技术措施；④积极开展倍蚜及其寄主植物优良品种的筛选与培育，加强五倍子新产品、新用途的开发利用研究，以推动五倍子生产的持续、稳定、健康发展。

## 7.7　提高行业产品出口退税

随着秘鲁塔拉种植面积的逐年扩大，塔拉产量大幅度提高，深加工技术的进步（国内主要以进口塔拉粉为原料经过酸或碱水解制备没食子酸），秘鲁将成为中国强有力的竞争对手。与秘鲁、印度同行相比，中国的产品无法得到进口国家优惠关税及本国相同退税政策的支持，竞争处于不利地位。呼吁提高行业产品出口退税、国家层面来发展五倍子种植，组织有关专家论证，制定行业中长期发展的规划。

**致谢：**

感谢中国林业科学研究院林产化学工业研究所汪咏梅副研究员、中国林业科学研究院资源昆虫研究所杨子祥博士、五峰赤诚生物科技股份有限公司、张家界久瑞生物科技有限公司、南京龙源天然多酚合成厂、遵义市倍缘化工有限责任公司、湖北天新生物科技有限责任公司、湖南棓雅生物科技有限公司、湖南利农五倍子产业发展有限公司、贵阳单宁科技有限公司等提供相关数据和对本研究提出的宝贵建议。

## 参考文献

陈笳鸿，汪咏梅，吴冬梅，等，2008. 单宁酸纯化技术的研究开发[J]. 现代化工(52): 301-304.
陈晓鸣，冯颖，2009. 资源昆虫学概论[M]. 北京：科学出版社.
李传福，2021. 光刻胶的研究进展[J]. 化学通讯(9): 32-34.
李志国，杨文云，夏定久，2003. 中国五倍子研究现状[J]. 林业科学研究：760-767.
罗晔，朱晓玲，郭嘉，等，2009. 单宁酸提取与纯化技术的现状及展望[J]. 广州化工，37(8): 19-20.
吕翔，杨子祥，邵淑霞，等，2010. 角倍单宁酸和没食子酸含量的比较及影响因子分析[J]. 林业科学研究，23(6): 856-861.
彭鹏飞，刘庆新，梁巍，等，2017. 五倍子培育现状及发展策略[J]. 林业实用技术(1): 59-61.
乔彩云，李建科，2011. 五倍子及五倍子单宁的研究进展[J]. 食品工业科技，32(7): 458-462.
桑子阳，王尹涛. 五峰五倍子产业科技攻关突破技术瓶颈[EB/OL]. (2015-09-10). http://lyj.yichang.gov.cn/content-43077-850285-1.html.
王华，明安觉，2006. 竹山县五倍子资源的开发前景与对策[J]. 湖北林业科技(4): 50-53.
王克勇，王洪刚，黄实，2019. 支持五倍子产业扶贫的实践与探讨[J]. 农业发展与金融(5): 37-38.
王少峰，戴微，江琦，2011. 技术创新支撑贵州省五倍子产业可持续发展[J]. 遵义科技，39(4): 3-5.
吴坤，2010. 五倍子产业在贵州省林产工业中重要地位的思考[J]. 贵州林业科技(4): 59-62.
吴力克，2001. 五倍子的药理作用及临床研究[J]. 中医药学刊，19(1): 88-89.
向和，1980. 中国青肤杨五倍子蚜虫的研究[J]. 昆虫分类学报(4): 61-71.
徐浩，张宗和，仲崇茂，等，2008. 物理吸附法提纯五倍子单宁的研究[J]. 林产化学与工业(6): 82-85.
杨振海，2019. 我国饲料工业发展现状和发展趋势[J]. 兽医导刊，317(7): 7-8.
佚名，2011. 专家推算中国每年9.7万t抗生素用于养殖业[J]. 江西畜牧兽医杂志(6): 48.
佚名. 光刻胶：国产化势不可挡[EB/OL]. (2017-10-30). http://www.p5w.net/stock/news/zonghe/201710/t20171030_2003676.htm.
张品德，查玉平，陈京元，等，2019. 湖北省五倍子产业发展调研报告[J]. 湖北林业科技(5): 31-33.
张宗和，1991. 五倍子加工和利用[M]. 北京：中国林业出版社.
赵洪昌，2010. 五倍子酸诱导肝癌SMMC-7721细胞凋亡[J]. 中国老年学，30(24): 3728-3729.
祝友春，桑子阳，宋德应，等，2011. 角倍丰产栽培技术研究[J]. 林业实用技术(7): 46-48.
祝友春，谭德仁，杨春惠，2004. 五峰县五倍子发展潜力与产业化发展对策[J]. 湖北林业科技(1): 53-55.

中国工程院咨询研究重点项目

# 枸杞
# 产业发展
# 战略研究

撰 写 人：毛炎新
夏朝宗
马龙波

时　　间：2021年6月

所在单位：国家林业和草原局发展研究中心
国家林业和草原局林草调查规划院
青岛农业大学

# 摘要

枸杞产业是技术密集型和劳动密集型产业，是集产、供、销为一体的朝阳产业。目前，枸杞产业市场规模超100亿元，成为我国经济林产业发展的重要组成部分，也是我国西北地区传统的优势特色产业。枸杞加工涉及枸杞干果、枸杞叶、保健食品加工、枸杞提取物和制剂等领域。

中国是世界上枸杞的主产区，集中在中国西北地区，国外只有零星种植，截至2019年底，国内枸杞种植面积超过200万亩，枸杞干果产量超过30万t。与国外枸杞加工业相比，我国处于领先地位，但在深加工技术方面还有待进一步提升。我国枸杞加工业开发程度最优的是枸杞干果干燥技术，其余技术发展缓慢，枸杞加工企业普遍存在规模小、投资少、技术与设备落后、生产效率偏低、产品质量参差不齐等问题，导致枸杞加工企业经济效益偏低。通过对青海大漠红枸杞有限公司关于枸杞种植加工销售一体化发展为案例分析，提出未来枸杞企业可以在以下几个方面进一步发展：①按照高标准生产枸杞产品。按有机零添加的食品高标准生产产品，绿色无添加产品将会得到市场的青睐。②重视枸杞产品的系列研发。邀请中药材院士级别的专家持续研究枸杞功效，让消费者不断认知枸杞的其他价值。③重点解决枸杞产品渠道问题。枸杞药食同源，长期都在宣传药效而忽略了枸杞“食”的应用，进一步促进企业种植加工销售一体化发展。④重视枸杞品牌建设。推出枸杞行业品牌，同时建立烘干枸杞产品的团体标准，如水果枸杞、有机枸杞产品等团体标准。

未来枸杞产业在稳定种植面积和提升枸杞品质的基础上，及时调整产业结构，以产区化种植夯实产业基础、以标准化生产实现提质升级、优化枸杞产品的市场流通体系、引导枸杞产业融合发展，枸杞干果生产与枸杞产品系列开发并举，一、二、三产业融合发展，实现生态效益、经济效益、社会效益协调持续发展。

党的十七大提出了建设生态文明、实现生态良好的奋斗目标和“基本形成节约能源资源和保护生态环境的产业结构、增长方式、消费模式，循环经济形成较大规模，可再生能源比重显著上升”的要求。枸杞种植业是我国西北地区传统的优势特色产业。在特色产业逐渐成为地方经济发展新引擎的背景下，枸杞产业在优化地方产业结构、促进产业升级、带动农村经济增长方面的作用愈加显著，对于缓解西北地区“三农问题”，实现生态扶贫与绿色产业扶贫“绿山富民奔小康”，精准服务国家乡村振兴战略具有重要意义。

# 1 现有资源现状

## 1.1 历史起源

### 1.1.1 国内枸杞历史起源

枸杞产业发展历史悠久，是我国“药膳同源”功能型特色资源、地道中药材。文献记载最早见于殷商时期的甲骨文，《山海经》记载崇吾山（中卫香山）等10余座大山生长枸杞；《诗经》歌咏枸杞的诗有10篇之多，晋朝葛洪单用枸杞子捣汁滴目，治疗眼科疾患的故事；枸杞子之名始见于《神农本草经》（张国喜，2005），书中所列的365种药物中枸杞属上品，有“轻身不老”的功效；唐代孙思邈著《千金方》记载枸杞有“返老还童”和“羽化登仙”的延年益寿作用；元代《饮膳正要》将“枸杞酒”列为宫廷御酒；明李时珍的《本草纲目》记载“春采枸杞叶，名天精草；夏采花，名长生草；秋采子，名枸杞子；冬采根，名地骨皮。枸杞使气可充，血可补，阳可生，阴可长，火可降，风可祛，有十全之妙用焉。”《中国药典》记载枸杞有滋肝补肾、益精明目、强壮身体的作用，迄今已有3000余年的历史。经过多年改良与发展，我国现有7个种、3个变种枸杞品种，分别为‘黑果枸杞’‘宁夏枸杞’‘新疆枸杞’‘截萼枸杞’‘柱筒枸杞’‘云南枸杞’等品种以及黄果枸杞、北方枸杞、红枝枸杞等变种（表15–1）。2010年，‘宁夏枸杞’作为药用枸杞正式收录在《中国药典》（高，2009）。

表15–1 中国枸杞主要品种及分布区域

| 序号 | 主要品种 | 分布区域 |
|---|---|---|
| 1 | 黑果枸杞 | 西北地区 |
| 2 | 宁夏枸杞 | 西北地区 |
| 3 | 新疆枸杞 | 新疆、甘肃、青海 |
| 4 | 截萼枸杞 | 陕西、山西、内蒙古、甘肃 |
| 5 | 柱筒枸杞 | 新疆 |
| 6 | 云南枸杞 | 云南 |
| 7 | 黄果枸杞 | 宁夏 |
| 8 | 北方枸杞 | 华中、西南和东南 |
| 9 | 红枝枸杞 | 青海 |
| 10 | 中国枸杞 | 华中、西南和东南 |

### 1.1.2 国外枸杞历史起源

从世界范围来看，枸杞资源遍布欧美、亚非各地，主要分布在美国、韩国、日本、阿根廷、南美洲、法国，欧洲及地中海沿岸国家也有零星分布，但对枸杞的开发利用尤以中国最为发达，国外进行枸杞加工的企业相对较少。目前我国已经成为世界枸杞产品的最主要生产地和消费地。

## 1.2 功能

### 1.2.1 营养功能

枸杞色泽鲜红、味甘甜美、果肉柔润，含有人体所需的多种营养成分。由表15-2可知（李泽锋，2010），枸杞富含碳水化合物和蛋白质，分别为64.4g/100g和10.6g/100g。除此之外，枸杞还含有胡萝卜素、核黄素、硫胺素、维生素A、维生素C、钙、磷、铁等维生素和微量元素（王益民等，2014）。

表15-2　枸杞营养成分信息

| 成分 | 含量（每100g） | 成分 | 含量（每100g） |
|---|---|---|---|
| 蛋白质 | 10.6g | 钠 | 252.1mg |
| 水 | 9.90g | 钾 | 434mg |
| 碳水化合物 | 64.44g | 胡萝卜素 | 8.88mg |
| 脂肪 | 6.89g | 维生素A | 1.65mg |
| 膳食纤维 | 4.87g | 硫胺素 | 0.15mg |
| 热量 | 362.2kcal | 核黄素 | 1.39mg |
| 钙 | 73.59mg | 尼克酸 | 3.66mg |
| 磷 | 226.3mg | 维生素C | 21.40mg |
| 铁 | 9.04mg | | |

### 1.2.2 药用功能

枸杞是一种食药同源的药材，中医有相关记载：枸杞有补肝肾、明目等功效，主要用于治疗肝肾亏虚、腰膝酸软、阳痿遗精、头晕目眩、视物不清、虚劳咳嗽、消渴等症，久服还有美容和延缓衰老的作用。枸杞味甘，性平，有养肝、滋肾、润肺明目等功效（图15-1）。除此之外，还具有其他保健功效。研究表明，枸杞含有锗元素，其能活化巨噬细胞，使癌细胞转移得到抑制，从而实现抗肿瘤的作用（姬丙艳等，2016）。同时，枸杞富含类胡萝卜素和维生素C等成分，具有清除体内自由基、延缓衰老等药理作用（滕俊等，2014）。此外，枸杞还含有大量的抗脂质活性物质——超氧化物岐化酶（superoxide dismutase，SOD）以及不饱和脂肪酸，不仅能降血糖、降血脂，而且对防治心血管疾病如高血压、动脉粥样硬化等具有重要意义。

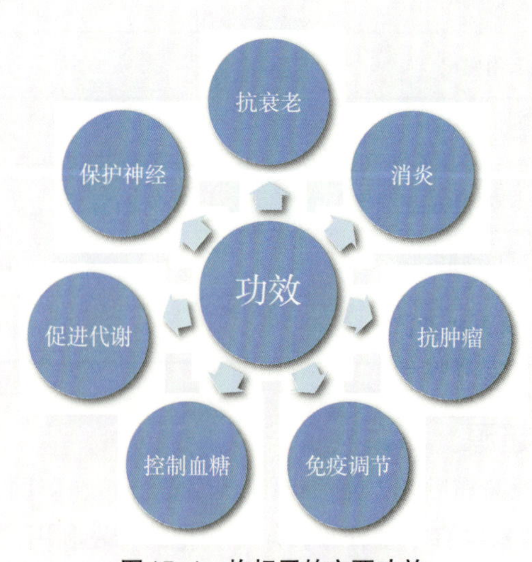


图15-1　枸杞子的主要功效

### 1.2.3 食用价值

枸杞色鲜、味甘、形润，无论是鲜食，还是煲汤、做菜，既有丰富的营养价值，又可作为艺术点缀。随着人们对健康生活的需求，冻干枸杞、枸杞茶、枸杞酒、枸杞膳食等产品不断开发出来，逐渐在全国大中城市培育枸杞养生店、餐饮店，推广枸杞食用文化。

### 1.2.4 景观价值

枸杞耐干旱，可生长在沙地，可作为水土保持的灌木，由于其耐盐碱，成为盐碱地先锋树种。枸杞树形婀娜，叶翠绿，花淡紫，果实鲜红，是很好的盆景观赏植物，现已有部分枸杞作观赏栽培。

## 1.3 分布与总量

### 1.3.1 资源分布

我国是枸杞的主要产地，随着气候条件的变化和栽培技术的改进，国内枸杞的种植范围呈现逐渐扩大趋势，种植区域从传统的宁夏中宁县，逐渐扩展到“宁夏道地县及青海、甘肃、新疆、内蒙古”，中心分布区域是在甘肃河西走廊、青海柴达木盆地以及青海至山西的黄河沿岸地带。截至目前，全国有宁夏、青海、甘肃、内蒙古、新疆、河北等13个省（自治区、直辖市）种植枸杞，面积超过200万亩，产量超过30万t。

在市场需求的强劲驱动下，西部省份宁夏、青海、新疆、内蒙古、甘肃等都重视枸杞产业的发展，各省份均制定了各自的枸杞产业发展计划，各省份政府都不同程度地给予政策支持和加大对基础设施的建设，使得西部地区枸杞迅速发展，枸杞种植面积逐年增加，2015—2019年，如图15-2所示，由2015年的种植面积112040.3hm$^2$增加到2019年的154917.9hm$^2$，增长了38.27%。结果面积也不断增加，由2015年的58828.7hm$^2$增加到2019年的91787.3hm$^2$，增长幅度为56.02%。

由表15-3可见，截至2019年底，其中：甘肃枸杞种植面积最大，达到61548.84hm$^2$，占全国枸杞种植面积的39.73%，其中结果面积为34039.93hm$^2$，占该地区栽培总面积的55.31%；其次是青海，枸杞种植面积达到42446.53hm$^2$，占全国枸杞种植面积的27.40%，其中结果面积为25020.70hm$^2$，占该地区栽培总面积的58.95%；再次是宁夏，枸杞种植面积达到31888hm$^2$，占全国枸杞种植面积的20.58%，其中结果面积为30260hm$^2$，占该地区栽培总面积的94.89%。2020年，全疆枸杞面积为31.4万亩。

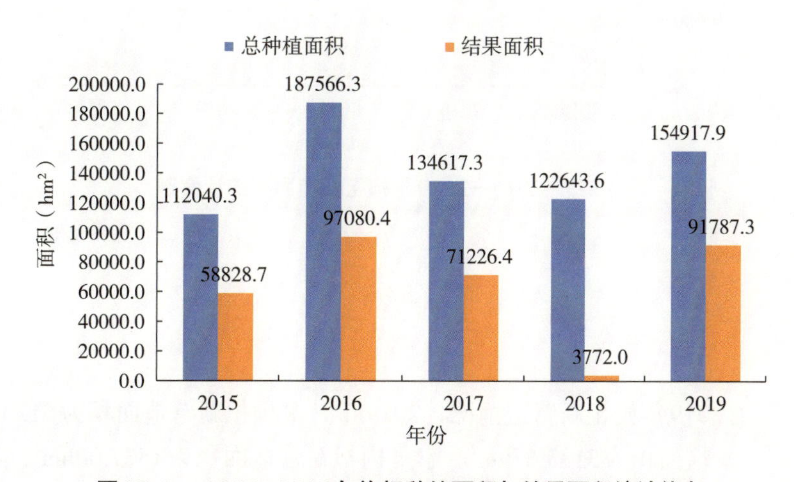


图15-2 2015—2019年枸杞种植面积与结果面积统计信息

表15-3 2019年底全国枸杞种植情况

| 地区 | 总面积（$hm^2$） | 占全国百分比（%） | 结果面积（$hm^2$） | 占该地区栽培总面积比（%） |
|---|---|---|---|---|
| 全国 | 154917.88 | 100.00 | 91787.31 | 59.25 |
| 甘肃 | 61548.84 | 39.73 | 34039.93 | 55.31 |
| 青海 | 42446.53 | 27.40 | 25020.70 | 58.95 |
| 宁夏 | 31888.00 | 20.58 | 30260.00 | 94.89 |
| 新疆兵团 | 5032.18 | 3.25 | 1709.54 | 33.97 |
| 内蒙古 | 4680.83 | 3.02 | 238.24 | 5.09 |
| 山西 | 153.30 | 0.10 | 93.30 | 60.86 |

由图15-3可见，2019年新营造经济林面积为9290.8$hm^2$，比2018年（5041.5$hm^2$）增加84.28%，其中，新造面积为4539.8$hm^2$，改培面积为4751.0$hm^2$。

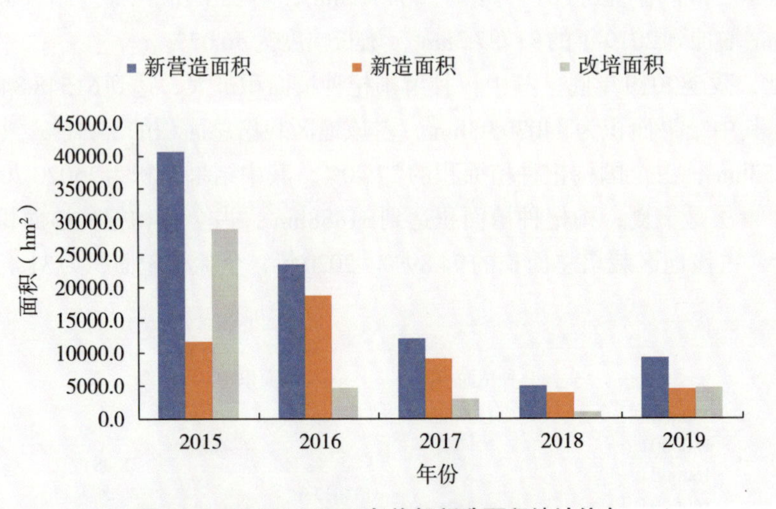


图15-3 2015—2019年枸杞新造面积统计信息

表15-4给出了我国2019年枸杞新营造情况，2019年甘肃枸杞新营造面积为6123.37$hm^2$，其中，新造面积为2989.70$hm^2$，改培面积为3133.67$hm^2$。宁夏枸杞新营造面积为1537.00$hm^2$，其中，新造面积为740.00$hm^2$，改培面积为797.00$hm^2$。青海枸杞新营造面积为959.99$hm^2$，其中，新造面积为206.66$hm^2$，改培面积为789.33$hm^2$。

表15-4 2019年全国枸杞新营造情况

| 地区 | 当年新营造总面积（hm²） | 新造面积（hm²） | 改培面积（hm²） |
|---|---|---|---|
| 全国 | 9290.84 | 4539.84 | 4751.00 |
| 甘肃 | 6123.37 | 2989.70 | 3133.67 |
| 宁夏 | 1537.00 | 740.00 | 797.00 |
| 青海 | 995.99 | 206.66 | 789.33 |
| 内蒙古 | 554.43 | 554.43 | 0.00 |
| 新疆兵团 | 1.05 | 1.05 | 0.00 |

## 1.3.2 资源总量

我国宁夏、青海、内蒙古、新疆、甘肃、河北等省份是枸杞的集中产地，2009年至2019年的枸杞产量如图15-4所示，2017年我国枸杞产量为41.06万t（干果，下同），2018年枸杞产量进一步增长，增加到45.10万t，但到了2019年枸杞产量下降到36.20万t。

图15-4 2009—2019年我国枸杞产量走势

宁夏、甘肃、青海三地作为我国枸杞的主要产区，其枸杞产量一直居于全国前列，2019年，枸杞产量最大的省为甘肃，产量为91918t；其次是宁夏，产量为86857t；再次是青海，产量为84600t，具体分布见图15-5和表15-5。

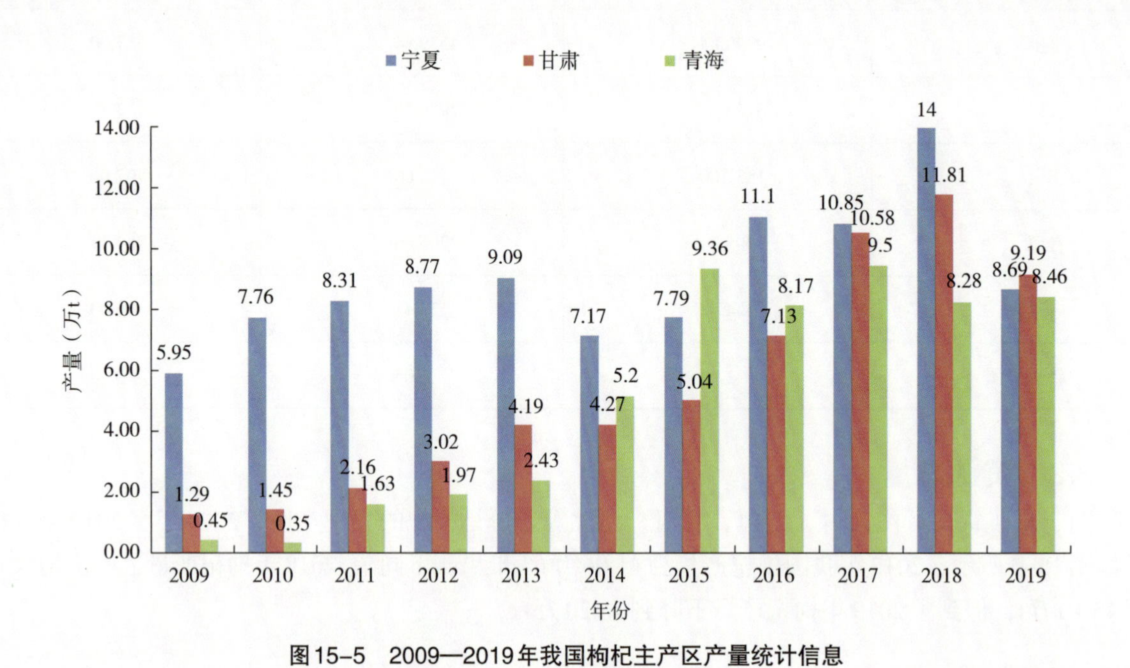


图15-5　2009—2019年我国枸杞主产区产量统计信息

表15-5　2019年我国不同地区枸杞产量

| 序号 | 地区 | 产量（t） |
|---|---|---|
| 1 | 甘肃 | 91918 |
| 2 | 宁夏 | 86857 |
| 3 | 青海 | 84600 |
| 4 | 新疆 | 53256 |
| 5 | 河北 | 29902 |
| 6 | 新疆兵团 | 20136 |
| 7 | 内蒙古 | 10454 |
| 8 | 河南 | 1910 |
| 9 | 湖北 | 1886 |
| 10 | 西藏 | 400 |
| 11 | 辽宁 | 186 |
| 12 | 陕西 | 182 |

（续）

| 序号 | 地区 | 产量（t） |
| --- | --- | --- |
| 13 | 山西 | 178 |
| 14 | 山东 | 100 |
| 15 | 贵州 | 78 |
| 16 | 黑龙江 | 66 |
| 17 | 重庆 | 30 |
| 18 | 湖南 | 1 |
| 19 | 安徽 | 1 |
| 20 | 浙江 | — |
| 21 | 吉林 | — |
| 22 | 四川 | — |
| 23 | 云南 | — |
| 24 | 江西 | — |
|  | 合计 | 362005 |

## 1.4 特点

第一，枸杞种植规模快速扩大。伴随“三北”防护林、退耕还林实施力度的加大和枸杞市场需求的强劲拉动，我国枸杞种植面积快速扩大。2008年，全国枸杞主产区种植面积超过6.67万$hm^2$，至2012年，种植面积14.54万$hm^2$，5年间增长1.2倍，年均递增19.8%。截至2019年，种植面积达到15.49万$hm^2$，种植面积进一步扩大，同时各地新营造面积也在不断增加。另外，西部的宁夏、青海、甘肃、内蒙古等地把枸杞产业作为当地的支柱产业，对其在政策、资金等方面有很大的优惠，进一步刺激了枸杞种植的热情。

第二，枸杞种植布局不断优化。2000年之前，我国枸杞种植主要集中在以中宁县为中心的宁夏地区。2008年，宁夏枸杞种植面积和产量分别为3.33万$hm^2$和6.02万t，占全国枸杞主产省份的比重分别为50%和56.3%。2008年以后，黄河沿线的甘肃、内蒙古、青海一带枸杞种植面积和产量急剧扩大。2012年，宁夏枸杞种植面积和产量占我国枸杞主产省份种植面积和产量的比重分别降为39.3%和42.8%，而甘肃和青海新兴枸杞产地、产量占全国的比重提高到14.7%和9.6%。尤其是青海，枸杞几乎从无至有，在短短的六七年时间种植规模发展至10000$hm^2$，并以生态、个大、味甜著称于市场。

第三，规模化种植有一定比例，但生产集中度低，仍然以农户分散种植为主。枸杞种植的规模化发展，为提高枸杞品质、降低生产经营成本、推动产业高质量发展创造了一定条件。以宁夏为例，该区80%的枸杞种植仍以农户分散种植为主，分散种植户的技术水平、质量管控等都不同程度地影响着产业高质量发展。比如，在化肥、农药的使用上，一些企业已经放弃了高化肥、高农药的传统种植方式，开始推广合理控制产量、施有机肥、统防统治病虫害的绿色种植方式。但几乎所有农户仍凭经验种植，枸杞质量无法保证，在枸杞烘干上，一些企业应用新设备、新工艺进行烘干，没有污染，但合作社、种植大户多采用燃煤烘干或自然晾晒，制干过程中随意添加亚硫酸钠。卫生条件不严格，产品二次污染严重。

第四，枸杞标准体系建设取得一定成绩，但标准陈旧，急需更新完善。绝大部分枸杞标准超过10年，标准跨度过长、标准滞后，目前枸杞生产上使用的农药50多种，依据现行的枸杞标准只检查其中的14种农药，造成现在已经不用或是很少使用的农药仍在“检验”，该检验的农药却没有检验，已经不适应发展的需要。同时，标准体系不完善，缺乏绿色、有机枸杞生产技术规程，没有产后制干技术规程、分等分级标准、深加工产品标准。

# 2 国内外加工产业发展概况

国外枸杞产业发展微乎其微，枸杞加工业主要集中在我国，而我国主要集中于西部地区，故本部分主要对我国枸杞加工业进行论述。我国枸杞产业化快速发展起始于21世纪初，尤其是2008年以来，我国枸杞产业步入快速发展的轨道。枸杞的传统运用以干果为主，近些年，枸杞加工产品形式日益丰富，精深加工产品比重不断提高。枸杞的应用形式有枸杞干果、枸杞粉、枸杞籽油、枸杞浓缩汁、枸杞鲜果粉、速冻枸杞、枸杞保健酒等。

## 2.1 枸杞产业发展现状

（1）在市场的推动下，枸杞加工业水平不断提高

枸杞工业产品产值呈现持续增长态势，2015年，全国部分枸杞工业产品加工量为146.6t，实现产值925万元，2019年加工量为85269.3t，实现产值818225.1万元（表15-6），增长迅速，涌现了宁夏红、宁夏枸杞企业集团、早康、泰丰生物等一批产值过亿元的枸杞加工龙头企业。枸杞加工产品日益丰富，精深加工产品比重不断提高。枸杞加工产品中不仅有枸杞干果、枸杞酒、枸杞饮料等传统加工产品，还出现了枸杞医药保健品、枸杞美容化妆品等新兴精深加工品。2008年枸杞深加工产品销售收入占枸杞加工产品收入的比例不足30%，2013年该比重提升到45%，2019年该比重进一步提升。

表15-6　2015—2019年枸杞加工情况

| 年度 | 加工量（t） | 实现产值（万元） |
|---|---|---|
| 2015 | 146.6 | 925.0 |
| 2016 | 50401.9 | 152344.5 |
| 2017 | 62772.2 | 380696.5 |
| 2018 | 699.3 | 9073.8 |
| 2019 | 85269.3 | 818225.1 |

（2）枸杞产业水平区域差异明显

枸杞主要产区产业化程度差异水平较大，其中宁夏的产业化程度最高。宁夏是枸杞发展历史最为悠久的地区，目前形成了比较完善的枸杞产业链条，具有以枸杞干果、果汁、果酒、籽油、芽茶等产品为主的各类销售、加工企业达到400余家，其中规模加工和流通企业超过100家，枸杞加工转化率20%。

截至2019年底，宁夏枸杞的加工量为36854.00t，居于全国第二位；加工实现产值为206476.0万元，亦居于全国第二位。在2019年5月，枸杞出口货值9179万元，与其他地区枸杞出口货值相比增长26.5%，出口量达1712t，同其他地区枸杞出口量相比增长35.9%，出口货值占全国38.3%，位居全国第一，主要出口美国、荷兰、德国等一些发达国家。内蒙古等传统的枸杞产区加工水平居中，但是逐渐衰落，截至2019年底，枸杞加工量为125t，实现产值仅有200万元。青海、新疆、甘肃等新兴产区枸杞产业发展水平较低，但是发展迅速，截至2019年底，甘肃作为我国枸杞种植面积和产量第一的省份，全省加工量为37171t，实现产值594394.1万元；青海是枸杞产业发展的后起之秀，枸杞产业逐渐成为青海特色林业产品的代表，2019年加工量为11039.33t，实现产值16765万元（表15-7）。

表15-7　2019年枸杞加工地区分布情况

| 地区 | 加工量（t） | 实现产值（万元） |
| --- | --- | --- |
| 全国 | 85269.33 | 818225.1 |
| 甘肃 | 37171.00 | 594394.1 |
| 宁夏 | 36854.00 | 206476.0 |
| 青海 | 11039.33 | 16765.0 |
| 内蒙古 | 125.00 | 150.0 |
| 新疆兵团 | 40.00 | 200.0 |

（3）枸杞主要产区产业特点不同

从枸杞产业发展环节来看：①种植环节。全国枸杞种植水平普遍较高，即使在甘肃、青海等新兴产业基地，也已经形成了规范化种植的地方性标准。但宁夏枸杞规范化、标准化种植水平最高，已经形成了区域绿色枸杞和有机枸杞标准，研发了'宁杞号'等系列优质品种。②加工环节。枸杞加工企业主要集中于西北地区，企业数量所占比重超过全国的70%。尤其以宁夏为最，占全国的比重达到60%以上。③流通环节。枸杞流通形成了以宁夏中宁县为全国枸杞批发交易中心，以北京、上海、广州、成都等城市为区域中心的贸易网络体系。表15-8汇集了我国枸杞主要产区的产业特点。

表15-8　我国枸杞主要产区的产业特点

| 省份 | 主要特点 |
| --- | --- |
| 宁夏 | 为全国枸杞产业中心，拥有产业研发、加工、检测市场完整的产业体系；枸杞基地种植整体水平高，拥有全国最大的现代化枸杞交易市场，枸杞深加工具有相当规模，枸杞文化与枸杞旅游发展迅速 |
| 河北 | 枸杞种植规模不大，主要种植苦果枸杞；拥有众多枸杞经销商；枸杞加工企业较少，加工水平不高 |
| 青海 | 新兴枸杞产业基地。枸杞以生态、个大、味甜得到市场初步认可；有机枸杞已经出口欧盟等发达国家；尚未形成独立的市场销售体系；枸杞加工环节较为薄弱，以初加工品为主 |
| 内蒙古 | 传统枸杞基地。枸杞种植规模不大；销售主要通过中宁枸杞市场；具有一定的枸杞加工基础，但缺乏较大规模的枸杞加工企业 |
| 甘肃 | 新兴枸杞产业基地。枸杞种植水平不高，尚未形成独立的销售渠道和市场；具有一定的枸杞加工基础，缺乏规模化的枸杞加工企业 |

## 2.2 枸杞加工技术现状

### 2.2.1 枸杞干果加工

枸杞果肉组织细嫩，极易受到机械损伤和病原微生物感染，干燥是通过减少水活度以最大限度地减少潜在的微生物变质和化学反应来保存枸杞的最常用加工方法之一。目前我国的枸杞产品以枸杞干果为主，枸杞的干制方式主要为自然晾晒、烘烤干燥、热风干燥、真空冷冻干燥、微波干燥、远红外真空干燥和联合技术干燥等方法。枸杞内部含水量较高，与空气和环境存在湿度、温度和气压梯度，枸杞内的水分将沿梯度从高到低完成蒸发。自然晾晒是在自然条件下通过太阳和环境的热量完成干燥；烘烤干燥、热风干燥则是利用改变干燥介质（空气）温度完成果实干燥；真空冷冻干燥是将枸杞在冷冻条件下的低温低压环境中利用冰的升华性能完成干燥；微波干燥、远红外真空干燥是通过枸杞吸收电磁波传输的能量，果实内部粒子的运动使物料温度升高达到干燥目的；联合技术干燥是多种干燥技术的组合从而达到干燥目的。

### 2.2.2 保健食品加工

（1）枸杞酒

根据生产工艺不同，将枸杞酒分为发酵型和配制型2种。传统的发酵型枸杞酒以枸杞干果为原料，经浸泡打浆后加入酵母，在控温发酵条件下制得。产品营养丰富、典型性突出，现已成为当今的几大养生酒之一（杨莉等，2005）。枸杞果酒酿造的主要目的是使产品中富含枸杞的营养成分和功能性因子。因此，低温发酵是果酒生产的发展趋势。董建方（2016）研究了枸杞果酒低温发酵对发酵过程、微生物、枸杞中活性成分、营养成分以及枸杞果酒感官质量的影响，结果表明，低温发酵可以延长酒精发酵时间，能有效地保留枸杞清香典雅的果香，同时有利于减少枸杞的各类功能性因子和营养成分的损失，提高产品品质。黑果枸杞冰酒也是利用低温发酵技术进行生产的，产品富含花青素及对人体有益的17种氨基酸、8种维生素，在预防心血管疾病、降血糖、抗衰老等具有较好的效果（常洪娟等，2017）。配制型枸杞酒，主要是用食用酒精溶液或白酒浸提枸杞而成，通常度数在45%～60%效果最佳，通过调制，一般生产的枸杞酒度数保持在20%左右，成品酒口感醇厚，枸杞果香和酒香融为一体。此外，在枸杞酒中通常还可加入一些功能性成分或者药材以提高产品的营养保健功效，配制型枸杞酒相对于发酵酒的生产工艺更为便捷，不仅可以规模化生产，也可在家自行调制。

（2）枸杞汁

目前，根据枸杞的品种不同，枸杞汁主要分为枸杞汁和黑果枸杞汁2种。枸杞汁以枸杞为原料，研磨成汁后，加入甜味剂、木糖醇、羧甲基纤维素钠、黄原胶，制成纯天然的枸杞汁，产品口感顺滑，枸杞风味突出，保健作用较好。黑果枸杞汁的生产方法：将黑果枸杞鲜果、甲壳素或壳聚糖进行研磨均质，对获得的果汁进行浓缩，并加入柠檬酸、苹果酸、甜味剂等混匀，再通过过滤、灭菌、灌装等工序后，即获得黑果枸杞汁。该产品口感较好，色、香、味俱佳，黑枸杞中还有花青苷等色素物质，因此黑果枸杞汁具有良好的抗氧化功能和保健价值，市场前景较好。

（3）枸杞饮料

枸杞饮料种类繁多，但大体可分为复合饮料、茶饮料和乳饮料。孙军涛等（2017）以决明子、枸杞、金银花3种药食同源材料为原料，通过正交试验研制一种具有降血脂功效的复合饮料。结果表明，最佳配方为决明子提取液14%、金银花提取液6%、枸杞提取液10%、甜味剂10%、0.2%海藻酸钠的产品稳定性最好，颜色棕黄、澄清透明、酸甜适中、香气柔和协调，且降血脂效果相对较好。李玲等（2017）以生姜、红枣和枸杞为原料，通过正交试验确定复合饮料的最佳配方为生姜：红枣：枸杞为1：8：6和复合汁添加量50%、白砂糖7%、柠檬酸0.2%、抗坏血酸0.02%、稳定剂0.35%，所得产品风味独特、酸甜可口，营养保健作用较强。周慧恒等（2017）以茶叶、枸杞、沙棘为主要原料，研制了具有保健功能的枸杞沙棘袋泡茶。结果表明，最佳混合配方为每小袋3.1g中：茶叶2.2g、枸杞0.6g、沙棘0.3g。在该条件下生产的饮料品质最佳。黄宇等（2009）以枸杞酶解液、鲜牛奶为主要原料，通过乳酸菌发酵研制了一种天然保健乳饮料，通过优化确定最佳配方：枸杞酶解液25%、鲜牛奶65%、糖7%、乳酸菌接种量0.1%、稳定剂0.2%，所得产品口感较好，具有枸杞的特殊风味，营养成分丰富且具有一定的保健作用。

### 2.2.3 功能性成分开发

（1）枸杞多糖

枸杞多糖是枸杞的主要成分之一，其主要含有阿拉伯糖、鼠李糖、木糖甘露糖、半乳糖、葡萄糖和半乳糖醛酸等成分。作为一种功能性成分，枸杞多糖具有很多保健作用。因此，枸杞多糖的提取和分离纯化一直是学者们研究的重点。传统的提取方法以热水浸提法为主，随着超声辅助法、微波辅助法的引入，使多糖的得率有了显著的提高。粗多糖通过超滤、反渗透、超临界$CO_2$分离纯化后产品纯度高，可溶性好，生物活性高。

（2）枸杞油

枸杞中通常含油8%～10%。枸杞油含有大量的不饱和脂肪酸，包含棕榈酸、油酸、亚油酸、亚麻酸、花生四烯酸等成分，具有较好的降血压和降血脂作用，被应用在预防心脑血管疾病方面。目前，国内提取枸杞籽油的常用方法为有机溶剂法，虽然能获得较高的提油率，但产品质量较差、纯度较低，有异味和溶剂残留。超临界$CO_2$萃取和水代法大大解决了有机溶剂法存在的问题，但这些方法仅处于应用实验阶段，尚未大规模应用于工业化生产。

（3）枸杞色素

枸杞色素是存在于枸杞浆果中各类呈色物质的总称，是枸杞的主要活性成分之一。枸杞的种类不同，使得色素的成分也存在一定差异。枸杞中通常含有脂溶性的$\beta$-胡萝卜素、玉米黄质及其衍生物等。而黑枸杞中主要的橙色物质为原花青素和红色素。枸杞色素传统的提取方法为有机溶剂提取法和索氏提取法，然后通过纯化技术获得色素纯品，但该方法得率较低。超临界$CO_2$提取技术的引入及超声波和微波法进行辅助，有效地提高了枸杞色素的提取率，其中用这些方法提取$\beta$-胡萝卜素，含量均可达到70%以上，获得色素纯度较高、安全性较好，目前已广泛应用于食品医药行业和化妆品行业。

（4）甜菜碱

甜菜碱是枸杞重要的组成成分，通过动物实验研究发现，机体长期摄入甜菜碱可以升高血及肝中的磷脂水平；可对抗机体肝中磷脂、总胆固醇含量的降低，并有所提高；对BSP、谷丙转氨酶（SGPT）、碱性磷酸酯酶、胆碱酯酶等试验均有所改善作用。枸杞对脂质代谢或抗脂肪肝的作用，主要是由于枸杞中含有甜菜碱。

## 2.3 枸杞加工差距分析

近年来，枸杞的加工与产品创新得到巨大的发展，我国在产业发展、技术研发等方面都居于领先地位。

### 2.3.1 产业差距分析

从枸杞产业成长来看，我国枸杞产业正处于产业生命周期的成长向成熟过渡时期，枸杞产业将保持稳步发展态势。随着枸杞产品的营养与保健功能逐渐得到国内外消费者的认可，欧美、中亚新兴市场消费需求不断增加，国际出口总体呈现逐年递增趋势（图15-6）。而国外枸杞产业发展比较缓慢，枸杞种植主要零星分布在少数国家，如美国、韩国、日本、阿根廷、南美洲、法国，且种植面积较少，产量有限，枸杞需要从中国大量进口。而在我国，枸杞既是经济效益良好的经济树种，也是生态效益较高的生态树种，枸杞产业已成为脱贫致富效应良好的富民产业。未来枸杞产业还可同时享受优势国家区域特色农业发展、退耕还林与生态建设、民族边疆地区稳定发展等多项叠加优惠政策，枸杞种植和产量也会进一步提升，枸杞加工业会进一步发展。

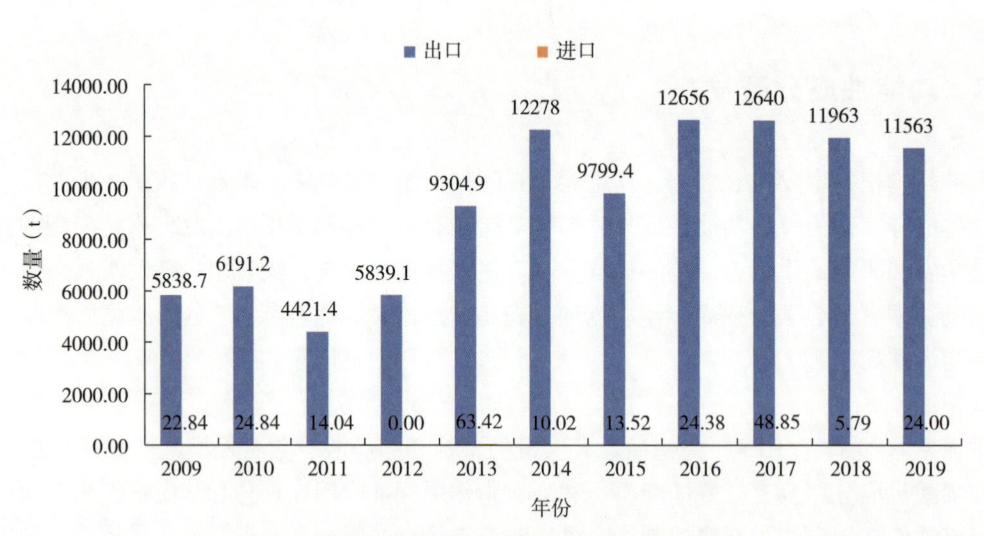


图15-6　2009—2019年我国枸杞进出口数量情况

另外，枸杞是药食同源的保健食品，以枸杞为原料的精深加工品成为近年来高端食品与保健品消费市场的新宠，我国枸杞的市场规模将进一步拓展，截至2019年底，枸杞销售的市场规模已经达到168.1亿元（图15-7）。

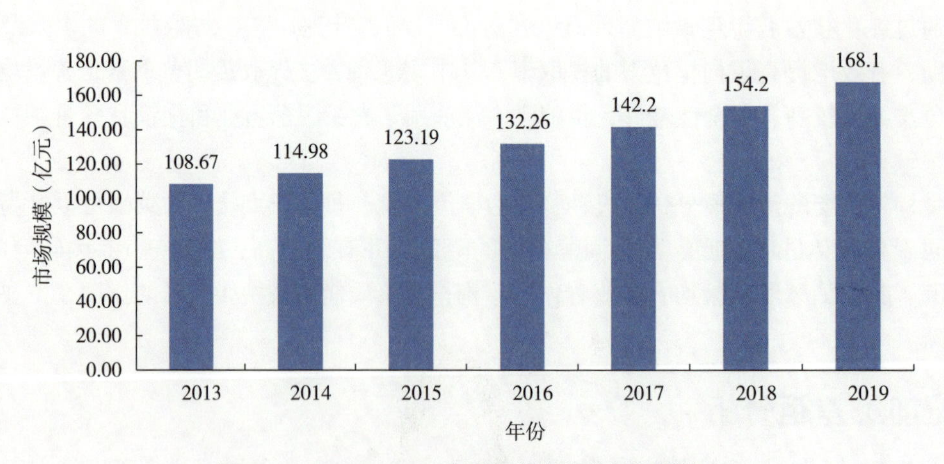


图15-7　2013—2019年我国枸杞的市场规模情况

### 2.3.2　技术差距分析

枸杞产品加工技术研发与应用主要集中于我国，国外枸杞加工技术发展比较缓慢，大多处于探索阶段。目前技术主要集中于枸杞干果加工、保健食品加工、功能性成分开发三类，开发程度最优的还是枸杞干果干燥技术，其余技术发展缓慢。

在枸杞干制和深加工过程中，目前研究的热点集中于生产过程中的工艺优化和产品开发；枸杞的干燥仍采用自然晒干和热风干燥等常规干燥方法，由于它们具有投资少、操作简单的特点，但营养和风味会降低以及微观结构会塌陷；真空冷冻干燥等新型干燥技术，虽使产品感官和营养优良，但能耗巨大、技术要求高。

在枸杞保健产品开发过程中，缺乏理论探析与消费者需求研究。以枸杞饮料为例，近年来饮料开发包括金银花枸杞、黑木耳枸杞、西林火姜枸杞、猴头菇枸杞、沙棘枸杞、蓝莓枸杞猴头菇等一系列复合饮料，产品虽种类繁多，但忽略基础理论研究和消费者的需求；对于生产加工技术和设备也同样如此，在枸杞活性成分分离提取过程中只针对目标成分的选择和工艺优化，就会造成其他营养成分的破坏和流失，在类胡萝卜素和黄酮类化合物提取过程中，提取温度达到35℃以上就会造成萃取后料渣粘在一起，无法取出，导致枸杞深加工产品质量不佳，使得深加工及精细化加工产品极少达到产业状态。

枸杞用途的多样性有利于开发新的食品和药品，枸杞农残及微生物污染严重，严重影响枸杞食用安全性，必须克服质量控制方面的问题。一方面，枸杞品种多具有地域特点，枸杞的基本组成成分、组织结构特征、微观结构特征、特征营养与风味成分等基础性数据均不明确，需要通过大量研究获得这些枸杞产品的加工基础数据。另一方面，枸杞的差异性为产品的质量控制设置了障碍，并且各地区的质量标准也有很大差异。随着枸杞及其产品的普及，出口产品需调整产品种类和质量以适应不同地区的不同质量要求，地区之间质量标准的差异可能会阻碍国际贸易。

# 3 国内外产业利用案例

以青海大漠红枸杞有限公司关于枸杞种植加工销售一体化发展为案例进行分析，并从案例发展背景、现有规模、可推广经验、存在的问题4个部分展开。

## 3.1 案例背景

枸杞种植因兼具生态与经济价值、对带动农民脱贫致富作用明显而备受青海农民的青睐，尤其“十二五”以来，青海枸杞种植面积翻了好几番。随着扩张迅速、产能过剩和产品质量参差不齐等共性问题日益凸现，深化种植业结构，延伸农产品产业链刻不容缓。目前，青海省枸杞产业主要面临以下3个问题。

（1）“富民产业”遭遇“寒冬”

以海西州为例，海西州是我国第二大枸杞种植基地，枸杞产业作为当地的“主导产业”“富民产业”，截至2018年产值达51亿元，辐射带动当地农户近16.32万户，共24.2万人，过去云南、四川等其他省份也有不少劳动力前来务工，仅采摘季人均增收可达6000余元。但近3年来，枸杞市场价格不断下跌，普通枸杞每年下跌13%左右，2018年有机枸杞出口均价为10美元/kg，仅为2014年价格的一半，然而有机枸杞每亩仅有机肥和植物源农药投入成本就高达4000元，种植企业入不敷出，枸杞产业经济效益“断崖式”下跌。

（2）结构性难题亟待破解

枸杞产业在青海发展的10年经历了初期政府鼓励种植、中期种植面积快速扩大、后期产能过剩3个阶段。然而在产业快速发展过程中，产能过剩、缺乏技术支撑以及市场营销体系建设滞后问题日益显现，成为制约产业发展的三大“瓶颈”。

（3）破解难题要“多管齐下”

鉴于青海枸杞产业面临的困境，宜加强产业规划、深化种植结构调整、完善市场营销体系，抓住产业低谷期机遇，多管齐下助推枸杞产业转型。而枸杞种植加工销售一体化发展是解决目前枸杞产业发展困境最为有利的方法。

因此，以青海大漠红枸杞有限公司关于枸杞种植加工销售一体化发展为案例进行研究，希望对其他枸杞经营主体有一定的借鉴意义。

## 3.2　现有规模

青海大漠红枸杞有限公司（以下简称“青海大漠红公司”）于2010年由都兰县政府用荒漠化土地生态治理种植枸杞项目招商引资而落户都兰，注册资金21500万元。青海大漠红公司也先后被评为青海省林业、农业扶贫产业化龙头企业，国家级林业产业化重点龙头企业；大漠红5万亩种植园和生产车间被评为“AAA”级旅游景区。

青海大漠红公司历经10年的不懈努力，在各级政府部门和行业协会的大力支持下，总投资8亿元，目前已将5万亩沙漠变成了绿洲，全部按有机标准种上了枸杞和新疆杨，其中，2万亩被国土厅验收为耕地指标。目前有机鲜果年产量10000t左右。

青海大漠红公司于2012年在都兰枸杞产业园区，在无路、无水、无电等“三无”的情况下，是第一家进入规划的枸杞园区，推路、打井、拉电、建厂房，经过多名食品专家会商选定，目前食品干燥工艺国际上最先进，运用能最好体现柴杞优点的冻干设备，其年生产能力达1000t的雪山红冻干枸杞和大漠红100%枸杞鲜果榨汁，利用巴士高温杀菌，年生产能力8000t。诸多产品均做到了有机的鲜果与零添加的生产工艺，产品检测都达到国际、国内有机标准，生产车间达到了10万级净化车间。雪山红冻干枸杞和大漠红100%枸杞汁面世6年以来，得到了广大消费者的认可和喜爱。

## 3.3　可推广经验

青海大漠红公司经过近10年的发展，在枸杞种植加工销售一体化发展方面积累了宝贵的经验，总结起来有以下4条可供其他枸杞经营主体借鉴的经验。

（1）按照高标准生产枸杞产品

公司扎根高原创业，用枸杞绿化了5万亩沙漠，独特的高原生态环境与无污染的自然地理环境有利于生产高标准的枸杞产品。另外，公司按绿色、有机产品标准进行枸杞的标准化规范种植，按照有机零添加的食品高标准生产产品，绿色无添加产品得到了市场的青睐。

（2）重视枸杞产品的系列研发

公司邀请中药材院士级别的专家持续研究青海枸杞功效，开发枸杞系列产品。在保持传统枸杞产品枸杞干果的基础上，不断研发新的产品，如基于枸杞果的枸杞酒、枸杞饮料，基于枸杞叶的枸杞茶，基于枸杞深加工提取物的枸杞果茶产品与有各种枸杞添加物的食品等。另外，随着物流业发展，枸杞鲜食产品业不断涌现，枸杞系列产品越来越丰富。

（3）重点解决枸杞产品渠道问题

枸杞药食同源，长期都在宣传药效而忽略了枸杞“食”的应用。青海大漠红公司与新茶饮中的果茶产品研发公司签订了枸杞鲜果在新茶饮果茶店渠道的供货战略合作，奶茶店和果茶店在全国有400万～600万家，全年产值达8000亿，枸杞鲜果与速冻枸杞与枸杞汁会是大漠红公司主要产品，也主要用于供果茶店，此项供货基本能解决大漠红公司一年的销售问题，随之带动整个果茶店增加枸杞鲜果茶和干果枸杞的应用。

（4）重视青海枸杞品牌建设

在不断完善公司已有品牌“大漠红”的基础上，发起参与推出青海柴达木地区枸杞行业品牌“柴杞”和“高原大枸杞”公用地域品牌与团体标准，不断增加柴达木枸杞在全国乃至世界的口碑与占有率。通过让所有包装产品上标有企业商标，并对符合“柴杞”团体标准的都标有“柴杞”统一品牌标识，力推“柴杞”品牌建设。同时建立“柴杞”烘干枸杞团体标准，如“柴杞”水果枸杞、“柴杞”有机枸杞等团体标准。

## 3.4 存在的问题

青海大漠红公司关于枸杞种植、加工、销售一体化发展方面积累了宝贵的经验，但是在企业发展过程中还是存在一定的问题，主要包括以下几个方面。

（1）枸杞产品及销售问题

目前公司低端的烘干枸杞不愿做，高端的冻干枸杞和枸杞汁市场推广费用投入不够，因产品为食字号，不是健字和药字，而无法宣传功效，短时间想增加销量，现金流回笼还贷困难重重。另外，烘干枸杞和晒干枸杞市场被宁夏占领一大部分，青海枸杞继续做烘干枸杞，晒干枸杞走中药铺和制药厂无法取得好的市场份额。

（2）公司资金短缺问题

公司进行生产经营活动的必要条件就是资金充足。若资金短缺，又不能及时筹措，企业就不能购进生产资料，乃至停产、停工，对外投资经营战略目标就无法实现，并且偿债能力下降，产生债务危机，影响企业信誉，使企业陷入困境。而青海大漠红公司目前贷款3亿多，支付银行利息及还贷困难，严重影响了企业种植、加工、销售一体化发展的进程。

（3）国家政策项目进展缓慢

自治区国土厅使用大漠红公司2万亩耕地指标，按照协议标准应该进行相应补偿，但由于程序、流程等原因没有给予相应补贴。同时，青海大漠红公司余留下的3万亩地想申报占补平衡项目，但该项目进度缓慢，严重影响了企业的进一步发展计划。

（4）枸杞品牌和知名度低

枸杞的品牌建设应该是全方位的建设，包括内容品牌资产建设、信息化建设、渠道建设、客户拓展、媒介管理、品牌搜索力管理、市场活动管理、口碑管理、品牌虚拟体验管理等诸多方面。目前青海枸杞没有品牌和知名度，没有差异化的竞争产品，在此基础上青海大漠红公司也没有完全有效地建立自己独特的品牌。

# 4 未来产业发展需求分析

枸杞产业因兼具生态与经济价值、带动农民脱贫致富作用明显而备受青睐，依据产业发展规律，枸杞产业被赋予了新的历史使命。

## 4.1 枸杞产业发展的市场需求

国际市场：枸杞是我国重要的药食两用特种经济植物资源和传统的出口农产品。近年来，随着独特而丰富的营养保健功效在西方国家逐渐得到证实和认可，枸杞产品逐渐从传统的亚洲和华裔市场进入西方主流社会，枸杞产品除销往港澳、东南亚、日本市场外，已打入欧洲、美国等地区和国家，国外市场得到不断拓展。枸杞在欧洲、美国和日本市场前景看好，价格较好。专家预测，在未来几年枸杞产品市场将会呈现双倍增长。

国内市场：目前，国内市场枸杞干果流通量每年在6万t以上，枸杞产品已突破了传统的中药行业，正在向保健食品、医药和化妆品等行业拓展。随着枸杞医药作用和保健功能的进一步明确，枸杞系列产品不断上市，人们对枸杞产品的特殊保健作用认同感和接受程度日益上升。同时，许多制药企业不断研究开发以枸杞为主要原料的药品和保健食品，对枸杞干粉、枸杞多糖、枸杞黄酮和枸杞籽油的需求量逐年增大。据2007年有关资料报道，以超临界二氧化碳萃取的枸杞籽油，市场紧缺，价格高达

160万～180万元/t；枸杞黄酮高达1500万～1800万元/t。今后随着枸杞规模扩大，精深加工水平的提高，开发出更多的食用、药用及保健用枸杞产品，会进一步增强枸杞产品的市场竞争力。

### 4.2 枸杞产业是巩固脱贫成效的重要抓手

枸杞产业是我国大力实施特色产业品牌和富民工程的重要组成部分，发展特色枸杞产业，把林草资源优势有效转化为富民优势，着力推进产业富民。各地把发展枸杞产业作为发展农村经济的特色产业、调整种植业结构的主导产业、推进山区农民脱贫致富的支柱产业来抓，产业发展步伐不断加快。枸杞产业属于特色经济林产业，特色经济林产业属于劳动密集型产业，产业关联度、融合度高，脱贫县农户可直接种植。特色经济林也是贫困地区结合当地自然资源禀赋发展休闲林业、乡村旅游的基础和有效载体，也是实施乡村振兴战略的有效途径和抓手，大部分脱贫县都具备发展特色林业产业的条件和基础，培育特色优势林业扶贫产业是促进脱贫成效的重要举措。

### 4.3 实施乡村振兴战略赋予产业新使命

党的十九大提出，要按照产业兴旺、生态宜居、乡风文明、治理有效、生活富裕的总要求，实施乡村振兴战略。枸杞产业不仅仅是经济产业，也是生态产业。枸杞产业作为经济产业，枸杞产品的种类越来越多元化，由单一的枸杞果到枸杞芽茶、枸杞果酒、枸杞籽油、枸杞奶、枸杞糖等枸杞相关产品，产业发展也是由最开始的产前种植环节，逐渐发展为产前、产中、产后一体化发展，枸杞产业的发展解决了农户就业问题，使得农户生活富裕。枸杞苗木作为沙漠治理的一种先锋树种，不仅在治理荒漠，改善生态环境方面发挥了巨大作用，同时作为村庄绿化的树种在西北地区被广泛种植，在生态宜居方面发挥支撑作用。

## 5 产业发展总体思路与发展目标

目前是加快枸杞产业发展的关键时期，解决枸杞产业发展中存在的突出问题，进而实现枸杞产业健康可持续发展，方能做大做强枸杞产业。

### 5.1 总体思路

牢固树立新发展理念，以增加农牧民收入为主线，以标准化基地建设为基础，以品牌化战略为依托，以科技创新为手段，以龙头企业为引领，以产品多样化、精深加工和市场流通为重点，以完善服务体系为保障，稳定产业规模，优化产业布局，提升产业集中度和产业附加值，强力推进枸杞产业提质增效，走出一条枸杞产业区域化布局、规模化种植、标准化生产、产业化经营的跨越发展之路，形成区域优势突出，品牌特色明显，综合效益显著的枸杞产业发展新格局，把我国建成国际最大的有机枸杞生产加工出口基地。

（1）以提质增效为重点

加快有机枸杞产业发展，稳定枸杞产业发展面积，改造低效林；探索合作造林（草）、股份制合作社等，有条件的地区通过租赁、流转等方式扩大有机枸杞面积；增加产量与效益，为实现“双增”目标作贡献。

（2）以规范化建设为突破

制定和完善相关标准，积极创建现代标准化枸杞产业发展基地与枸杞产业发展示范区，完善基础设施建设，推进形成标准化枸杞产业发展基地。

（3）以枸杞产业发展体制机制改革为动力

引入市场机制，增强发展动力。强化枸杞产业发展队伍建设和基础设施建设，示范带动，增强枸杞产业发展的各类功能。

（4）以健全法制政策为保障

完善法律法规，强化投入扶持政策，建立促进枸杞产业健康持续发展的长效机制。

## 5.2 发展原则

（1）坚持生态保护与开发相结合

从保障国家生态安全战略出发，加强林业生态保护和建设。在做好水资源保障和节水灌溉的基础上，科学规划枸杞基地建设布局，避免造成新的土地荒漠化和沙化。

（2）坚持品牌带动战略

大力推动品牌建设，打造高原、绿色、有机的枸杞品牌；树立效益至上、质量标准、市场营销、科技创新、规模经营、营销网络、资本运营、项目运作等“工业化”理念，提升枸杞产业的质量和效益。

（3）坚持依靠科技创新

增加科研投入，加强技术创新，鼓励企业引进和研发新设备、新工艺、新技术、新产品，实现枸杞产品从粗加工向精深加工的重大转变；注重良种选育，培育具有自主知识产权的新品种（品系），大力推广优良新品种，提高良种普及率；应用新技术、新成果，建立枸杞产业科技试验示范基地，发挥典型示范和辐射带动作用，促进枸杞产业提质增效。

（4）坚持培育市场主体

进一步加大招商引资力度，积极培育枸杞精深加工企业、流通企业、专业合作组织等市场主体，培育壮大龙头企业和产业集团；建立市场牵龙头、龙头带基地的产业运行机制，创新龙头“企业+基地+合作”组织的经营模式，推动产、加、销协调发展。

## 5.3 发展目标

“十四五”（2021—2025年）目标：枸杞种植总规模达到214200hm$^2$，其中45%发展标准化种植基地，每年改造提升5000hm$^2$枸杞种植基地；同时对相对集中的1.3万hm$^2$的优质野生枸杞种质资源进行保护；发展绿色枸杞种植，重点发展有机枸杞；创建具有自主知识产权的枸杞品牌；形成健全的科技服务支撑体系、合理的政策保障体系、较强的枸杞产品精深加工体系、完善的国内外销售网络体系。

到2035年目标：发展13000hm$^2$枸杞规模化种植基地，枸杞种植总规模稳定在215000hm$^2$；形成具有现代化的精深加工能力、完善的品质认证和质量保证体系、健全的国内外销售网络；依托枸杞产品，着力开拓国际市场，形成国际著名的品牌产业。

到2050年目标：枸杞产业种植规模基本稳定，逐渐形成种植、加工与销售一体化的产业发展格局。

# 6 发展重点任务

枸杞产业发展继续在“十三五”基础上进一步优化，紧紧围绕枸杞产业的发展思路、发展原则与发展目标的基础上展开，在枸杞产业合理布局基础上，明确重点任务，着力推进枸杞产业的持续发展。

## 6.1 加强枸杞标准化种植基地建设，提高优质资源供给能力

（1）加强枸杞种苗繁育基地建设

扶持培育专业枸杞育苗公司建设枸杞优新品种采穗圃、良种繁育基地，采取嫩枝扦插和硬枝扦插方式，严格去杂去劣，严格枸杞苗木分级管理标准，严格苗木调运检疫，建立“育繁推一体化”的现代种

业模式，实行严格的枸杞苗木繁育企业准入制度、“三证一签”制度和公开招标制度，在枸杞主产区建成中国枸杞苗木培育中心。

（2）建设枸杞新品种选育中心

加强地方枸杞种植基地与国家枸杞工程技术研究中心等科研院所合作，采取常规育种与高新技术育种相结合，加快优新品系的选育力度，充分利用现有枸杞种质资源，采取多种选育手段从药用、鲜食、加工、茶用4个方向开展枸杞新品种选育。培育优质粒大、抗性强或用途特殊的枸杞新品系（种），加快枸杞传统当家品种的提纯复壮和专用品种的选育工作。

（3）推进枸杞种植规模化发展

按照适度规模、集约经营的原则，在巩固枸杞主产区的基础上，发展新的枸杞产区，以绿色、有机种植基地为中心，鼓励和支持龙头企业自建种植基地、大户农户租赁土地建基地、专业合作组织吸收土地入股建基地等形式，通过积极探索加快土地流转的有效途径，加大枸杞产业基地建设，推进枸杞产业基地建设的规模化发展。

（4）推进枸杞种植标准化生产

各主产市、县（区）要加大对农药市场清理整顿的力度，从源头上控制高残剧毒农药在枸杞上使用，积极推行对枸杞病虫害的统防统治。加强绿色、有机枸杞的宣传力度，全面推广节水灌溉技术。加大推行绿色、有机枸杞生产技术和标准化生产的普及力度。加快绿色、有机枸杞产地和绿色、有机枸杞产品认定和认证工作。采用多种方式，重点抓好对农民的培训与引导，使其转变经营理念，树立产品质量安全意识。

（5）推广绿色、有机枸杞种植技术

科研与推广部门要根据市场发展变化调整改进传统技术，从枸杞生产实践中总结研发推广新技术，不断完善枸杞生产技术规程、质量标准和质量控制体系。积极引导农民推进枸杞标准化生产和绿色、有机生产，积极组织研究、示范绿色食品枸杞、有机食品枸杞生产技术，不断扩大绿色食品枸杞、有机食品枸杞生产规模，全面提升我国枸杞质量。

（6）推行枸杞行业一体化建设基地

鼓励企业建设高标准枸杞种植基地，推广绿色、有机枸杞种植技术。将高度集约化的初加工生产线引入，提升企业加工能力。从企业自鲜果制干、分级等层面出发，对全封闭式加工线进行研发，有效提升枸杞产后商品化处理水平，降低鲜果采后的反复污染，提升出口枸杞质量。

## 6.2　推进枸杞技术创新

（1）推行绿色防控

制定枸杞病虫害绿色防控实施方案，大力推广实施“五步法”枸杞病虫害绿色防控技术，严格控制病虫害危害损失。建立枸杞病虫害监测预警信息化技术平台和预测预报服务网络，开展枸杞病虫害绿色防控技术培训和指导。通过“科企联动”机制，建立枸杞生产经营主体“按需点菜”、科研专家“配方掌勺”的枸杞病虫害绿色防控和农机农艺融合配套服务的新型社会化服务试点。创新病虫害绿色防控协同推进新机制，开展统一组织发动、技术方案、药剂供应、施药时间、防控行动“五统一”防治。

（2）加快烘干及包装技术的改造、推广

组织科研单位与企业配合协同，开展枸杞制干设施改进与研制，重点推广热风烘干道节能改造技术，继续扩大低温烘干技术研究，积极扩大塑料大棚制干技术的试验，减少自然晾晒比例，提高设施烘干比率，提高枸杞质量。对枸杞产品包装材料选择、包装设计进行技术改进，使枸杞分级包装技术自动化、系统化，产品包装设计人性化、艺术化。采用优惠政策，鼓励龙头加工、营销企业及各种合作经济组织兴建枸杞制干包装园区，提高枸杞生产的机械化和集约化管理水平，全面提高枸杞质量安全卫生标准。

（3）提高产业技术支撑水平

鼓励龙头企业和大学等科研机构创办枸杞产业化研究开发中心，重点加强对先进技术和品种的引进、转化与吸收，同时推进枸杞产业技术的集成和创新，深入研究和整合有机枸杞种植，提高枸杞产量和抗病害能力，研发新产品、新技术、新工艺，重点研发枸杞鲜果的保鲜和贮运。组建枸杞育种站，加快枸杞良种选育步伐。教育引导杞农更新生产观念，改进种植技术。通过办培训班、印发知识技术手册、举办电视专题讲座等方式，全方位开展农民技术培训，推进枸杞种植由数量型向质量效益型转变。

## 6.3 枸杞产业创新的具体任务

### 6.3.1 有机（绿色）产业模式

严格水、土壤等有机枸杞种植条件，集中连片建设有机枸杞基地。对已建成的枸杞基地，严格按照有机枸杞基地建设标准进行提质改造。强化有机枸杞标准创新发展，全面落实有机枸杞标准化生产。制定有机枸杞基地建设标准。建立健全有机枸杞育苗、种植、有害生物防控、经营管理、采摘、储存、加工、检测等标准化体系。不断完善有机枸杞生产技术规程、质量标准和质量检测体系。大力推广普及枸杞有机化、标准化生产管理技术。建立健全有机枸杞品牌建设标准体系。开展有机枸杞产地认证工作，完成“有机枸杞”“原产地产品”“生态原产地产品保护”“枸杞地理标志证明商标”认证、注册等工作。加大有机枸杞龙头企业、专业合作社、种植大户等新型经营主体培育力度，发展“龙头企业+专业合作社+基地+农户”等多种经营模式。

### 6.3.2 农机农艺融合产业模式

在枸杞篱架栽培农艺改良的基础上，通过高标准栽培及整形修剪、龙门架式跨行采收、机采枸杞精准风选等关键技术研究和采收机研制，最终实现枸杞采收高效低损，逐步实现枸杞管理作业的标准产业化和全程机械化。

### 6.3.3 一、二、三产业融合模式

围绕枸杞干鲜果、枝条、叶柄、籽等不同原料开展研究，提高原材料的综合利用能力，开发新型产品，改变由干鲜果、初级加工产品为代表的传统枸杞产品体系，发展枸杞面膜、医药制剂、精细提取物等精深加工产品，加快枸杞产业升级转型的速度和途径，促使枸杞产业向“纵向延伸”与“横向扩展”发展。同时，积极挖掘枸杞历史典故，将枸杞产品与我国传统文化相结合，打造蕴含枸杞文化的第三产业，形成集生产环节参观、生产地观光体验、枸杞文化宣传、枸杞饮食品尝等为一体的枸杞休闲产业。

### 6.3.4 枸杞产业环节创新

（1）产前标准化建设

不同土壤环境，制定不同的产地标准，分析不同土壤环境的条件特点，针对性地制定栽培技术标准；严格把控国内外关于农产品（食品）生产、加工、贮藏、保鲜、包装等各环节的标准建设，形成科学、统一的枸杞质量标准体系；按照《农产品质量安全法》等有关法律法规的要求，加强、规范枸杞产品质量检测体系建设，推广普及枸杞无公害、绿色、有机的标准化生产管理技术；建设标准化种植示范区，按照枸杞产量与质量并重，推进标准化生产；教育、引导枸杞加工营销企业和农户树立品牌意识，积极鼓励种植基地、加工营销企业、中介组织开展无公害食品、绿色食品等认证；建立并严格实施产品质量安全溯源制度和问题产品召回制度，推广落实检测监督制度。

（2）产中体系化建设

围绕发展园区化、生产标准化、产品精细化、质量有机化、市场高端化的目标，认证高品质产品——有机、绿色枸杞基地，调整种植结构，建设世界高端枸杞生产加工基地。推进枸杞产业化基地项

目的建设，推广有机枸杞栽培技术、枸杞丰产综合配套技术、枸杞深加工技术，延伸产业链，以技术支撑产业发展。建立有机枸杞质检标准、有机枸杞科学管理体系，加强创新产品研发，不断提高枸杞产业经济效益。

（3）产后品牌化建设

由政府督导，完善枸杞产业品牌发展规划，通过品牌这个市场利器促进枸杞产业健康发展；与农业品牌化系统服务专业单位建立合作关系，立足产业现状，挖掘区域地理文脉，规划区域公用品牌产品体系与品牌传播体系，构建品牌管理体系与培育机制，制定集产品战略、产业战略和区域经济战略为一体的区域公用品牌发展路径，为品牌建设提供行动纲领和指南；大力推进“地理标志商标+龙头企业（农民专业合作社）+农户”等品牌运作模式，提高枸杞地理标志品牌的知名度及影响力，提升产业组织化程度和市场竞争能力；包装塑造品牌，品牌创造价值，对在产品及其包装和广告宣传中使用枸杞地理标志商标等行为进行全方位规范、维护，提升枸杞地理标志商标品牌形象。

## 6.4 建设新时代特色产业科技平台，打造创新战略力量

推进政产学研用紧密结合，引导高等院校、科研院所的科技资源和人才向枸杞产业集聚，建立健全各类研发机构、重点实验室、院士专家工作站等，提升成果转化应用的能力和水平。吸收引进药食同源经济林产品深加工企业前沿技术，沿着“技术引进—技术消化—技术创新”的阶梯逐渐提升枸杞深加工创新水平，建立企业重点研发实验室和研发中心；枸杞企业应加强与科研院所的合作，创建合适的企业技术研发平台。推动科研机构、高等院校、龙头企业研发部门共建林业科技创新团队、重点实验室、产业技术创新战略联盟和国家级企业技术中心。采取政府引领、企业主导、多主体参与、市场运作的形式，组建林果产业联盟。加大政策资金扶持，建立以林果加工企业、流通企业、合作社、种植大户等为主的利益共同体，形成一个持续而稳定的关系，利用各企业优势资源，达成各自阶段性目标，获得长期的市场竞争优势。

## 6.5 推进特色产业区域创新与融合集群式发展

### 6.5.1 培育建设核心企业，提升集群品牌地位和产业竞争力

（1）以产品带动为主导的升级路径

从枸杞产品竞争力的角度出发培育出大批资金雄厚的龙头企业，该企业在资金、技术、风险控制方面高于一般小企业，其作用在于带动支持小企业的快速发展。基本沿着促进龙头企业发展—培育企业内精深加工关键环节—加强上下游企业的联系—共享技术溢出效益—提高整体产品竞争水平的路径进行。

（2）以专业化分工为主导的升级路径

主体企业与自己的竞争企业进行专业化分工，将生产加工线进行精细化划分，专注于自己最有优势的生产环节，从而达到改善产业布局、降低成本、提高效率的目的，专业化分工可以提高企业抵御风险的能力，搭建广阔的集群发展平台；加强主体企业与研发机构的合作关系，研究机构可以及时洞察市场上的产品的微小变化，从而快速地研发出有市场需求的产品，增强主体企业竞争力；促进主体企业与培训机构合作，迅速提高企业员工的技术熟练程度，实现更多的知识扩散效应；加强与枸杞协会的联系，增强产业集群企业的统一协调能力，真正享受到协会组织利好政策，促进企业之间的交流。

（3）以品牌建设为主导的升级路径

建立枸杞产品品牌培育、发展和保护体系，加快形成“创建一批、提升一批、储备一批”的枸杞产品品牌滚动发展局面。发展做大一批传统枸杞产品品牌，整合做强一批枸杞产品品牌并形成区域名牌，培育一定数量的国家级、省级的商标和名牌产品，形成各层次有机结合的品牌集群。培育形成一批

以品牌枸杞产品生产为主的规模化生产基地、加工龙头企业，大幅提高品牌产值和市场占有率，逐步形成“培育名牌、发展名牌、宣传名牌、保护名牌”的良好机制，探索出一条品牌富农、品牌强农的发展之路。

### 6.5.2 强化全产业链建设，进一步突出集群特色和集聚度

加大枸杞产业链上下游基地、企业链接，形成龙头企业带动、配套企业跟进的发展态势，打造特色品牌，壮大聚集效应。

（1）种植基地化

坚持“人无我有，人有我优，人优我特”的思路，优化枸杞品种结构，加大优良品种的选育与推广，按照时间系列化（早、中、晚熟品种）、品质特性系列化（酸甜软硬等品种）、用途系列化（鲜食、制干、加工等品种）进行枸杞种植结构调整。加强种植基地的设施基础，通过基地环境的改善，保证基地劳动者的数量与质量，根据树龄、郁闭等情况，合理确定单位面积有效株数，增强机械化水平。大力推广水肥一体化应用技术，坚持生态健康的绿色生产方向，按照施肥、浇水、喷药及收获等环节绿色果品生产相关标准，推动绿色标准生产技术的推广普及，逐步建立起规模化枸杞种植基地。

（2）加工产业化

农业产业化的原有经营模式应该改进为“大型龙头企业+中小型企业+基地+农户”的模式。培育大型龙头企业，有利于集群知识的快速扩散。集群发展应该注重从点—线—面的全面发展，大型龙头企业作为节点，辐射到各中小企业。选择合理龙头企业，将有潜力和综合实力较强的企业作为大型龙头企业的发展对象，根据企业自身条件，制定“一企一策”的扶持措施。制定有针对性的培育方案，政府根据产业以及企业的特点和现状，有区别地制定符合该地区产业的龙头企业培育方案。设置培养梯队，进行逐次培养，龙头企业的培养可分为3个阶段，分别为骨干、优质高成长以及后备企业，促使企业间形成“你追我赶”的良好发展氛围，逐渐形成名副其实的行业巨头企业；积极引进潜力大的新企业，发挥新企业的带动性。

（3）销售体系化

在“特”上做足文章，将枸杞的品质发挥出来，走有机枸杞、绿色枸杞的发展道路，既符合人们对健康产业、绿色食品的需求，又符合原产地的地域特色，以其有机、绿色的产品定位来区别其他的枸杞产品，树立独特的竞争优势，进攻高端化市场，加快产业转型升级。培育现代化营销网络，打造产品流通体系。枸杞应该借助原产地旅游走势上涨的优势，极力打造枸杞观光园、农家乐等休闲娱乐景区，形成互相促进的发展格局。通过旅游资源带动枸杞产业发展，同时，各企业应该在全国建立多个营销网点，建立营销网络，扩大营销空间，逐步形成“点—面—网”的销售体系。完善贸易平台，推动农产品的各项评选认定。大力支持枸杞企业和行业协会到国外参展促销，构建大型枸杞交易市场，提供一个可以与各省份进行信息交流、商品交易的大型贸易区。各地区合作发展网上交易和代理，及时搜集枸杞市场中产品的供销信息，实时关注枸杞产品的价格变动信息，为企业和农户提供切实有效的信息服务，尽量避免信息不对称带来的负面影响。

## 6.6 推进特色产业人才队伍建设

（1）加强技术人才服务

强化技术服务机构的技术示范、推广、培训作用，加大对枸杞种植户的指导培训力度，重点解决枸杞苗木繁育、枸杞品种更新、标准化栽培技术和病虫害防治等难题。充实县乡两级林果技术服务人员，加大枸杞产业科技经费投入力度，确保县乡枸杞产业科技指导服务到位。建立技术人员和种植大户教育培训的长效机制，努力建设一支高水平、专兼职相结合的技术服务队伍。

（2）完善高素质农民多层次培养机制

完善高素质农民多层次培养机制，已经成为当务之急。成立技术培训讲师团，分别对种植专业户、种植大户、园区和基地农业人员以及愿意从事农业生产的农村青年进行培训，提高科学种植能力，提高农技人员科学指导服务能力；加强县乡农技服务队伍建设，加强服务中心的科技服务能力。培养青少年对农业生产和经营的乐趣，为培养潜在高素质的农民奠定基础。

（3）建立多主体合作创新机制

促进园区的合作创新网络建设，加强国家农业科技园区专家大院的建设工作，加强专家大院和农民的技术对接。建立院士工作站，通过“百人计划”等方式建立健全人才聘用制度，采取高待遇的激励政策，吸引高科技人才入园工作。鼓励科技人员到园区创办、领办和合办农业企业，在园区大力推行科技特派员创业制度，在园区设立专门的教学科研开发实验基地，为高等院校提供实习实验的场所，利用这一平台吸引高素质人才入园开展研究工作，尤其是研究生，充分实现与高等院校的合作，弥补创新人才的不足。鼓励高等院校、科研院所以及科技人员以技术成果入股的形式，进入园区企业搞合作开发。加大园区企业应用技术开发基金的积累与投入工作，加强多形式、多层次人才的培养。

# 7 发展措施与建议

## 7.1 产业发展措施

### 7.1.1 以产区化种植夯实产业基础

（1）推行产区化种植

聚焦产业发展方向和长远发展目标，差异化打造枸杞产业发展格局，明确各产区的主攻方向和各项指标，在国家农产品地理标志认证的基础上，建立健全枸杞产区认证、产品追溯和考评体系，按产量统一发放产区商标，从源头上杜绝冒牌枸杞。

（2）推动集约化经营

加大资源整合力度，运用市场办法、经济手段，支持企业间的合并、合资、合作，实现优胜劣汰，培育一批王牌企业，引领产业、行业发展。推行“公司+合作社+农户”的生产模式，完善企业与农户利益联结机制，引导农户通过土地流转、租赁、参与股份合作等途径，将一家一户的分散种植变为规模种植，把种植、民居、美丽村庄和乡村旅游有机统一起来，推进枸杞基地园区化发展。

（3）加强社会化综合服务组织建设

重点围绕全产业链建立社会化综合服务体系，建立枸杞产业综合服务中心，把科研、技术、人才等服务功能整合到种植、加工、销售以及产业融合等各个环节，逐步实现从单一生产服务向全产业链服务转变。特别是在生产环节，采取政府购买服务方式，支持龙头企业、合作社和专业公司，为农户开展病虫害统防统治和枸杞烘干服务，从源头上减少污染，保证枸杞优良品质。

### 7.1.2 以标准化生产实现提质升级

一是加快构建枸杞产业标准化体系。加大基础领域和关键技术标准研制力度，建立和完善枸杞产业绿色生产与绿色加工全链条标准体系、质量控制与市场监测标准体系、溯源标准体系等，强化标准实施、推广和应用，促进产业提质增效和转型升级。枸杞生产的每一个环节都纳入标准化管理轨道，确保质量。尽快研究制定与国际接轨的枸杞产品质量标准，加强与国家农业部、质监总局对接，上升为国家标准，应对国际贸易绿色壁垒，提高宁夏枸杞国际竞争力。

二是加快对枸杞标准化基地的认证。工信、商务、质监等部门要按行业支持枸杞产区创建国家级绿色产业示范基地、绿色食品保健品出口基地、枸杞栽培标准化生产示范区、知名品牌创建示范区、出口枸杞质量安全示范区，健全枸杞标准体系，从品种选育、种植栽培、水肥一体化、生物病虫害防控设施建设等方面加强技术指导服务和培训。

三是鼓励企业和产区开展国家有机枸杞转换、美国FDA、德国BS有机食品等有机产品认证，抢占有机枸杞生产制高点。积极争取国家质监局支持，成立枸杞质量检测中心。积极引入国际权威检测机构在全区设立分中心，降低检测成本。积极培育本土检测机构，为生产经营者提供快速便捷检测服务。

四是建立质量安全追溯体系。全面推行枸杞质量安全二维码追溯管理系统，为每件枸杞产品建立唯一的“身份证条码”，通过“互联网+枸杞”对各个产区的土壤成分、施肥数量、农药残留、营养成分进行查询，对每件枸杞产品进行物流、信息流管理和控制，实现“从田间到餐桌”全程质量管理控制，打造安全放心枸杞。

### 7.1.3 优化枸杞产品的市场流通体系

（1）完善枸杞集散地市场建设

进一步完善提升主产地国际枸杞交易中心综合服务能力，巩固全国枸杞集散地、价格风向标的地位。鼓励枸杞生产、流通、加工企业依靠科技创新提高企业效益，依靠现代化技术拓展市场营销渠道，依靠深厚的枸杞文化做强产业，继续引领全区乃至全国枸杞产业发展。

（2）做强枸杞品牌，实施品牌保护

充分利用现代媒体和国内外有影响力的展会、推荐会，多角度、全方位、立体式宣传。积极争取各地枸杞地理标志证明商标注册申请尽快审批通过，充分利用“地理标志保护标志+商业商标”“地理标志证明商标+商业商标”的商标知识产权属性，来打造、保护枸杞品牌。

### 7.1.4 引导枸杞产业融合发展

（1）深度挖掘枸杞的产业潜力

深挖枸杞药用价值。委托国内外先进的医药研究机构和生物医药方面的学者、专家，定量实证枸杞药用生物活性，研究枸杞抗肿瘤等方面的药理作用，为枸杞用于临床预防和治疗提供理论依据，进一步促进枸杞药用功能的深入开发利用。深挖枸杞食用价值，枸杞色鲜、味甘、形润，无论是鲜食，还是煲汤、做菜，既有丰富的营养价值，又可作为艺术点缀。深挖枸杞旅游价值，枸杞产业上游有种植、中游有加工、下游有品牌溢出效应，建设集教学科研、乡村旅游、休闲体验于一体的枸杞旅游园、枸杞科技园、枸杞体验园，拓展枸杞产业发展空间，推进一、二、三产业融合发展。

（2）规范和扶持枸杞行业运营主体

对枸杞产业相关协会依法依规整合，加强管理，确保规范运行、统一发力，助推枸杞产业持续健康发展。培育壮大一批本土骨干企业，引进一批区外龙头企业，鼓励支持企业大力开展产品精深加工，延长产业链，提高附加值，切实推进宁夏枸杞产业化、标准化、集约化、规模化发展。

（3）壮大新型社会化服务组织

层层签订目标责任书，加强对枸杞生产经营服务主体的管理和指导，加强对广大农户的技术指导和技术培训服务，统一绿色防控方案，统一防控指标，统一防控技术，统一防控行动，通过统防统治，在规模基地全面推广绿色防控技术，通过枸杞农药等投入品的统供、统检、统配、统销、统防的新型社会化经营服务主体和以清洁能源设施开展干燥服务中心等新型社会化服务组织，尽快扭转枸杞病虫害防治和枸杞鲜果设施干燥等环节各自为政、力量分散的局面，从源头上保证枸杞质量安全。

## 7.2 产业发展建议

### 7.2.1 加大政策扶持力度，增强产业发展活力

政策扶持和资金投入是枸杞产业发展的根本保障。围绕推动枸杞产业健康持续发展，逐步建立起多元化、多渠道的投融资机制，打造各类生产要素集聚平台，形成广泛参与、共同推进的良好格局。

（1）科学制定发展规划，与地方各类规划相衔接

各枸杞主产区要结合本地资源、土地、市场等条件，制定枸杞产业发展规划，并与当地特色树种发展规划、退耕还果还林还草工程规划、各项林业工程资金使用计划等衔接，纳入当地经济社会发展规划，与自治区国土、农、林业发展规划和本地区土地利用、林业发展、农业综合开发、扶贫开发等规划衔接，明确目标任务，强化措施保障，科学发展枸杞产业。

（2）实施差异政策，做好政策倾斜

国家林业和草原局及各地政府、林草局等必须加强对枸杞等原字号、老字号森林康养食品、森林药材的科学指导、管理与资金支持，尽量把在基本农田以外的土地上种植的枸杞纳入生态效益补偿范畴，充分发挥枸杞荒漠化治理和盐碱地治理先锋树种的作用。配套制定枸杞产业发展及特色产业扶持政策，增加地方财政预算，进一步整合优化现代农业生产发展、农业综合开发、植树造林、种草等涉林、涉草项目资金，集中支持建设一批退耕还果还林还草、生产示范、种质资源保护、良种繁育、技术创新、病虫害防治、质量安全监管等项目。

（3）健全投入机制，做好资金扶持

充分发挥枸杞产业金融扶持政策，吸引社会资本参与产业发展，金融机构要创新金融产品和服务模式，推行发展抵押贷款、农户小额信用贷款和农户联保贷款，增加信贷资金规模。把枸杞产业贷款纳入农业信贷担保体系，为龙头企业、家庭林场、专业合作组织等新型经营主体贷款提供信用担保服务。加快建立和完善枸杞产业保险制度，通过保费补贴等必要的政策手段，引导生产经营者积极参加各类保险，建立生产灾害风险防范机制。规范土地承包经营权流转，吸引社会资本参与生产经营。

### 7.2.2 加强基础设施建设，增强产业发展后劲

基础设施建设是枸杞产业发展的基本条件。要以提高资金使用效益为出发点，把基础设施建设作为增强产业发展后劲的根本，给予重点扶持。一是枸杞产区，开展实施农田水利、道路、供电等重大工程建设，全面增强枸杞产品综合生产能力、防灾减灾能力；二是加大先进适用农机化技术和机具的推广应用，提高机械化生产水平；三是积极推进标准化枸杞生产基地建设，使之成为企业的原料供应基地、产品的出口基地。

### 7.2.3 构建产业化经营体系，促进产业协调发展

产业化经营是发展枸杞产业的重要带动力量。要加快培育适应枸杞产业区域化、专业化、规模化发展要求的枸杞产业化经营组织体系，协调好各经营主体间的利益关系，合力推动枸杞产业加快发展。一是壮大龙头企业，增强带动功能。引导加工企业走园区化、集约化发展的路子，推进产品向优势企业集中、优势企业向优势产业和优势区域集聚，扶持发展一批龙头企业集群。加大对龙头企业基地建设、技术改造、新产品开发、品牌创建、市场开拓的支持力度，积极发展科技含量高、加工程度深、产业链条长、增值空间大的枸杞产品精深加工。二是成立合作组织（协会、社），提高组织化程度。积极引导和大力扶持枸杞产区农民发展专业合作组织（协会、社），鼓励农民围绕产前、产中、产后等环节开展多元化、多形式的合作，提高产品生产的组织化程度。三是推行“企业+基地+合作组织（农户）”等发展模式，大力发展订单农业，提高订单履约率，引导产业化经营组织与农户形成相对稳定的购销关系。

### 7.2.4 开展国际合作交流，促进产业国际化发展

枸杞种植、加工生产和国际贸易，使得枸杞产业不再是传统的中药产业，而是上升到国际化的现代生物技术产业。因此，要密切关注国际发展动向，积极开展国际交流与合作。一是在枸杞种植基地建设方面，按照欧盟、北美等国家和地区的相关要求，做好种植基地的国际有机认证和枸杞产品的相关认证。二是充分利用国际化的环境，扩大枸杞产业的技术领域和产品的应用领域，在较短的时间里提升枸杞产业水平和国际竞争力。三是在枸杞产品的流通领域，要加强相关产品在国际上销售存在的技术性贸易壁垒问题的研究，推动产业与国际接轨，利用枸杞产品的优良品质，以科学的方法、正规的渠道扩大枸杞在国际市场上的份额，带动整个枸杞产业链的健康发展。

### 7.2.5 加大技术和人才引进力度，重视专业人才的培养

枸杞产业是技术与知识密集型产业，涉及的技术与知识领域广泛。一是在目前专业技术人才缺乏的现状下，采取人才“柔性”引进政策，“不求所有，只求所用”，在枸杞产业发展的初期和关键时期，高薪聘请外来人才，借智生财。二是重视本省现有人才的培养，搞活科技人员服务机制，打破僵化的用人机制，充分调动科技人员的积极性，鼓励各类科技人员建立科技示范点、开展科技承包和技术咨询服务等方式参与枸杞产业建设。

## 参考文献

常洪娟，王佐民，赵云财，2017. 黑果枸杞冰酒[J]. 酿酒，44(3): 103–104.
董建方，2016. 枸杞果酒低温发酵工艺技术对比传统技术的优势[J]. 酿酒，43(6): 78–80.
高，2009. 2010年版中国药典编制完成增加900多种中药[J]. 化学分析计量(6): 12.
黄宇，周庆峰，海洋，等，2009. 乳酸发酵型枸杞乳饮料工艺的研究[J]. 食品科学，30(16): 293–295.
姬丙艳，许光，姚振，等，2016. 锗的研究进展及开发前景[J]. 中国矿业，25(s1): 22–24.
李玲，闫旭宇，2017. 生姜红枣枸杞复合饮料的配方及工艺研究[J]. 湘南学院学报，38(2): 30–34.
李泽锋，2010. 枸杞营养成分及综合利用[J]. 辽宁农业职业技术学院学报，12(3): 24.
孙军涛，肖付刚，王思琦，2017. 决明子枸杞金银花复合饮料的研制[J]. 食品研究与开发，38(9): 108–111.
滕俊，袁佳，叶莎莎，2014. 枸杞子化学成分及药理作用相关性概述[J]. 海峡药学(6): 36–37.
王益民，张珂，许飞华，等，2014. 不同品种枸杞子营养成分分析及评价[J]. 食品科学，35(1): 34–38.
杨莉，李春荣，王丽萍，2005. 枸杞果酒发酵工艺研究[J]. 食品工业科技(1): 122–123.
张国喜，2005. 枸杞子强身15方[J]. 药物与人(14): 22–23.
周慧恒，陈玲，江明，等，2017. 枸杞、沙棘袋泡茶的研制[J]. 饮料工业，20(5): 30–32.

中国工程院咨询研究重点项目

# 沙棘
# 产业发展
# 战略研究

撰 写 人：夏朝宗
郝月兰

时　　间：2021年6月

所在单位：国家林业和草原局林草调查规划院

# 摘要

沙棘是我国传统的重要经济林和绿化树种，种植沙棘能够防止水土流失和治理沙化土地。沙棘产业是我国新兴产业的重要组成部分，具有生态、经济和社会价值。沙棘产业链长，包括沙棘枝、叶、果提取物、沙棘果加工等领域。

中国是沙棘分布面积最大的国家，素有“沙棘王国”之称，种植集中分布在中国西北地区，国外只有零星种植。目前国内沙棘种植面积超过4000万亩，沙棘果产量接近10万t。我国以沙棘为原料，加工生产了沙棘医药保健品、化妆品、饮料、饲料、食品等产品，但与国外相比，我国的沙棘产业链中一些关键环节不够完善，采摘以人工采摘为主，加工技术力量薄弱、沙棘果加工利用率低，仅为世界沙棘果加工利用率的30%～40%，而且是低水平重复、科技含量低、深加工产品少。通过对山西省朔州市右玉县沙棘产业发展案例分析，提出未来产业发展的方向：①发展沙棘产业种植基地，种植沙棘良种，保障沙棘加工原料供应；②重视沙棘产品的系列研发，向沙棘产品精深加工发展；③加大市场宣传力度，打造沙棘优势品牌；④沙棘标准化生产。

未来沙棘产业在稳定种植面积和提升沙棘品质的基础上，以“公司+科研+基地”模式发展，促进沙棘产品加工技术升级，实现一、二、三产业融合发展，实现绿水青山就是金山银山。

# 1 现有资源现状

## 1.1 国内外资源历史起源

沙棘（*Hippophae rhamnoides* L.），别名醋柳、黄酸刺、酸刺柳、黑刺、酸刺，是一种胡颓子科沙棘属的多年生落叶性灌木或乔木。棘刺较多，粗壮，顶生或侧生；嫩枝褐绿色，密被银白色而带褐色鳞片或有时具白色星状柔毛，老枝灰黑色，粗糙；芽大，金黄色或锈色。单叶通常近对生，与枝条着生相似，狭披针形或矩圆状披针形，长30～80mm，宽4～10（13）mm，两端钝形或基部近圆形，基部最宽，上面绿色，初被白色盾形毛或星状柔毛，下面银白色或淡白色，被鳞片，无星状毛；叶柄极短，几无或长1～1.5mm。果实直径4～6mm，橙黄色或橘红色；果梗长1～2.5mm；种子小，阔椭圆形至卵形，有时稍扁，长3～4.2mm，黑色或紫黑色，具光泽。花期4～5月，果期9～10月。

沙棘的演化是由原始到复杂的漫长的进化过程。芬兰学者A. Rousi（1971）和苏联学者N. n. Enuceehb（1974）等，提出了沙棘起源中心在亚洲。中国著名植物学家吴征镒根据沙棘和地中海植物有一些类似的中亚的植物区系特征，把沙棘归入旧大陆温带分布范围里，因为它们有相似的起源和生长环境，即产生在地中海沿岸。廉永善等以为，沙棘属植物的起源地在东喜马拉雅山至横断山脉，沙棘属中最原始的类群是中国沙棘和柳叶沙棘。1986年雷明德在沙棘起源和开发利用一文中提出，沙棘起源于2500年至4亿年第三期的渐新世旧世界温带，后来由于第四纪冰川演化到中亚和东欧和苏联国家北部（李坤等，1994）。

野生沙棘的品种包括：

①中国沙棘亚种（*Hippophae rhamnoides* L.）：我国主要的沙棘品种，分布面积为沙棘总面积的80%以上，生长在我国的黄河中游地段。目前这种沙棘已被大面积种植在水土流失地区。

②中亚沙棘（*Hippophae rhamnoides* subsp. *turkestanica*）：此亚种是新疆干旱地区的主要种类，在新疆的天山以南生长长势非常好，中亚沙棘的生境为海拔800～3000m的河谷、山坡及河滩。

③蒙古沙棘（*Hippophae rhamnoides* subsp. *mongolica*）：产于新疆北部，靠近苏联和蒙古边境。俄罗斯选用该沙棘为育种材料，培育出了优良的大果沙棘品种，而对沙棘开发利用方面却很少。

④云南沙棘（*Hippophae rhamnoides* Linn. subsp. *yunnanensis* Rous）：主要分布在云南和贵州等地区，沙棘的开发利用很少。

⑤江孜沙棘（*Hippophae rhamnoides* Linn. subsp. *gyantsensis*）：主要分布在四川西部及青藏高原东部。

⑥柳叶沙棘（*Hippophae salicifolia* D. Don）：主要分布在西藏东南部，是喜马拉雅山区的特有植物，维生素含量非常高。

⑦西藏沙棘（*Hippophae thibetana*）：主要分布在青藏高原，是我国独具特色的珍贵资源，有较好的经济性和生态性。

⑧肋果沙棘（*Hippophae neurocarpa* S. W. Liu et T. N. He）：主要分布在青藏高原，是海拔3500m以上抗寒、抗风极强的天然林，具有明显的生态价值。

水利部沙棘开发管理中心为建设沙棘工业原料林，主导培育的沙棘优良品种主要有28种，其中杂交沙棘6种、引进沙棘10种、选育沙棘12种。

## 1.2 功能

沙棘的根、茎、叶、果都具有很高的营养利用价值和神奇的医药、保健功能，具有保持水土、治沙改土的生态环境功能，在食品、医药、轻工、航天、农牧渔等行业和领域都得到应用，具有良好的社会效益、经济效益和生态效益（张富等，2005；张二芳，2005）。

（1）沙棘是干旱与半干旱地区的绿化树种

沙棘耐干旱，耐盐碱瘠薄，御严寒酷暑，生长迅速，枝叶茂盛，侧根发达，根蘖性极强，能迅速串根自蘖形成密集的群体，并能与放线菌、细菌、分枝杆菌等共生形成大量根瘤，具有比大豆更强的固氮能力（每公顷可固氮180kg），相当于375kg尿素的肥力（李敏，2002）。具有改善小气候、防风固沙、保持水土、改良土壤和适应性强等促进生态平衡的明显作用，是干旱、半干旱风沙地区造林绿化的先锋树种。

中国西北地区干旱少雨、土地贫瘠，大部分地区直接栽种乔木难于成活或成小老头树，植被恢复难度很大。沙棘具有耐寒、耐旱、耐贫瘠的特点，一般每亩荒地只需栽种120～150棵，4～5年可郁闭成林。

沙棘的苗木较小，一般株高30～50cm，地径5～8mm，栽种沙棘的劳动强度不大，一个普通劳动力一天可以栽沙棘5～6亩，便于大规模种植，能够解决地广人稀的问题，快速恢复植被。

（2）沙棘是防止水土流失和沙化土地治理的珍贵树种

自然界水土流失最严重的是沟道和陡坡。陡坡由于土地贫瘠、施工困难，是治理水土流失的一个难点；而沟道不仅是泥沙的主要产区，也是坡面泥沙的通道。在黄土丘陵沟壑区干旱地带，由于恶劣的自然条件和不合理的耕作制度，土壤养分流失严重，土壤愈来愈贫瘠化。黄土高原水土流失，大量泥沙淤积在黄河下游河道，使河床高出地面4～6m，最高达14m，而且每年持续抬高。系整个华北平原、黄淮平原安全于一发的黄河大堤，新中国成立以来先后进行了4次大规模的加高加固，现已超出沿河地面十几到二十多米。沙棘以其独特的耐寒、耐旱、耐瘠薄及迅速繁殖成林的特点，在一些陡险坡面，将这些人不可及的地段绿化。特别是沙棘在沟底成林后，抗冲刷性强，而且不怕沙埋，根萌蘖性强，能够阻拦洪水下泄、拦截泥沙，提高沟道侵蚀基准面。准格尔旗德胜西乡黑毛兔沟种植沙棘7年后，植被覆盖度达61%。沙棘成为治理黄土高原水土流失的“法宝”和“秘密武器”。通过多年的实践证明，沙棘能够在黄土高原和邻近地区恶劣的环境下生存、繁殖，并以最快的速度形成茂密的植被，发挥巨大的保持水土、改善生态环境的作用，是治理黄河泥沙的有效措施。

（3）沙棘是一种用途非常广泛的经济树种

果实和枝叶均含有极丰富的营养成分和多种活性物质，果实中含有的维生素C、维生素E、维生素A、维生素K、维生素$B_9$等维生素含量居果类、蔬菜之冠，沙棘被誉为“天然维生素的宝库”。果肉酸甜可口，可鲜食，并适于加工制成沙棘汁、果酒、果酱、果糖、果脯等高级营养保健食品，被称为“第三代水果”。此外，果实里还含有18种氨基酸和多种油脂，特别是在种子和果实中含190多种生物活性物质，其中许多成分在杀死和抑制肿瘤细胞、抗辐射、抗凝血、降血压、防止血管栓塞、抗衰老、抗疲劳、增强肌体活力和免疫力等方面都显示出神奇的治疗效果，被誉为“绿色黄金”。沙棘制成的高级饮料，长期食用，有明显的消除疲劳、恢复体力、提神兴奋功能。此外，还具有促进儿童发育和很强的消炎、杀菌、止痛、促进组织再生和溃疡愈合的特殊功效（关莹和张军，2012；郭伟，2014；石文堂，2003）。

沙棘嫩枝和叶片中含有丰富的蛋白质和多种氨基酸，沙棘的饲料价值超过了优良饲草的标准（优良饲草的指标：粗蛋白10%～20%、粗脂肪2.5%～5%、粗纤维20%～30%、无氮浸出物30%～45%），是重要的饲料林树种；茎叶因发热量高，也是重要的薪炭林树种，热量与煤相当，可用作燃料，能解决我国西部农村1/3的能源（胡建忠和王愿昌，1994；孙孝义和伊桂珍，1995）。

沙棘的枝干木质坚硬，耐腐蚀，经水处理后，不翘不裂不变形，历来是工艺雕刻、做装饰的优质良材。

（4）沙棘是恢复生物量的先锋树种和混交树种

黄土高原大部分地区植被稀少，生态环境极为脆弱。以沙棘为先锋树种，不但能够快速恢复植被，而且能够尽快地恢复生物链。

沙棘不但自身能够适应恶劣的自然环境，而且由于它的固氮能力很强，能够为其他植物的生长提供养分，创造适宜生存的环境，是优良的先锋树种和混交树种。据调查，人工种植4～5年后的沙棘林内，杂草丛生，还有一些次生的杨树、榆树等树种，自然形成植物的多样性。试验研究结果表明：混交于沙棘林地的杨树、榆树、刺槐等与荒坡栽植同树种的对照，生长量分别提高129.7%、110.5%、130%。据山西右玉县测定，6年生的沙棘林内，土壤有机含量为2.13%，含氮量为0.11%，两项指标均比耕地高出1倍以上。生长沙棘后的荒地不施任何肥料种植农作物，当年产量比一般农田高1倍以上，而且连种3年地力不衰（http://www.forestry.gov.cn/sbj/5054/1551/4.html）。

（5）沙棘是具有重要科学价值的古老树种

古老的沙棘对于研究亚欧荒漠区气候变化、河流变迁、植物区系的演化以及古代经济、文化的发展都有重要的科学价值。

## 1.3 分布和总量

沙棘广泛分布于欧亚大陆东经2°～115°、北纬27°～68°50′、1月份10℃等温线以北的温带、寒带及亚热带高山区，北美也有零星分布。

中国的沙棘属植物东起大兴安岭的西南端、西至天山山麓、南抵喜马拉雅山南坡、北到阿尔泰山的广袤地区都有分布，主要包括山西、陕西、甘肃、青海、内蒙古、宁夏、新疆、四川、云南、河北、西藏、辽宁（引种）12个省份。常生于海拔800～3600m温带地区向阳的山嵴、谷地、干涸河床地或山坡及多砾石或沙质土壤或黄土上。沙棘在中国黄土高原极为普遍。

我国是沙棘分布面积最大的国家，而且沙棘资源蕴藏量也很大。我国素有“沙棘王国”之称，最近几年沙棘每年新增面积120万亩，总面积超过4000万亩，占世界沙棘面积90%以上。

我国的沙棘主要产于河北、山西、内蒙古、辽宁、吉林、黑龙江、重庆、陕西、甘肃、青海和新疆11个省份。由表16-1可见，2018年，我国沙棘产量98352t，山西、内蒙古、陕西、甘肃、青海和新疆6个省份产量92023t，占全国总产量的90%以上。

表16-1　2015—2018年我国各地区沙棘产量

| 地区 | 沙棘产量（t） | | | |
|---|---|---|---|---|
| | 2015年 | 2016年 | 2017年 | 2018年 |
| 河北 | 4650 | 2522 | 6000 | 3500 |
| 山西 | 1330 | 704 | 6215 | 9232 |
| 内蒙古 | 2003 | 198 | 150 | 416 |
| 辽宁 | 2965 | 12 | 12 | 11 |
| 吉林 | — | 4300 | 4100 | 8 |
| 黑龙江 | 696 | 660 | 2259 | 2784 |
| 重庆 | — | 20 | 20 | 26 |
| 陕西 | 2010 | 143163 | 6800 | 12510 |

（续）

| 地区 | 沙棘产量（t） | | | |
|---|---|---|---|---|
| | 2015年 | 2016年 | 2017年 | 2018年 |
| 甘肃 | 450 | 10601 | 16858 | 52020 |
| 青海 | 5000 | 4800 | 1400 | 1200 |
| 新疆 | 7957 | 15592 | 17913 | 16645 |
| 全国 | 27061 | 182572 | 61727 | 98352 |

## 1.4 特点

沙棘喜光、耐寒、耐酷热、耐风沙及干旱气候，对土壤适应性强。

沙棘是阳性树种，喜光照，在疏林下可以生长，但对郁闭度大的林区不能适应。沙棘对于土壤的要求不是很严格，在栗钙土、灰钙土、棕钙土、草甸土、黑护土上都有分布，在砾石土、轻度盐碱土、沙土，甚至在砒砂岩和半石半土地区均可以生长，但其不喜过于黏重的土壤。沙棘对降水有一定的要求，一般年降水量应在400mm以上，如果降水量不足400mm，但属河漫滩地、丘陵沟谷等地也可生长，但不喜积水。

沙棘对温度要求不是很严格，极端最低温度可达-50℃，极端最高温度可达50℃，年日照时数1500～3300h。沙棘极耐干旱、贫瘠、冷热，为“植物之最”。

# 2 国内外加工产业发展概况

## 2.1 国内外产业发展现状

目前，世界上已经有20多个国家在推广利用沙棘，有潜力发展沙棘的国家已经有近20个。生产沙棘的国家除了我国外，还有德国、芬兰、俄罗斯、罗马尼亚、加拿大、美国、玻利维亚和印度等国家。

苏联在20世纪30年代开始对沙棘进行了研究开发，1940年建立了世界第一个沙棘加工厂，20世纪50年代开始将其用于航天医学、航天食品等。沙棘被作为重要的药物应用于医疗保健方面，比如沙棘产品用于烧伤、放射性损伤和宫颈糜烂、胃及十二指肠溃疡的治疗和美容保健领域。其研究和开发不仅在沙棘油制剂，而且还从沙棘中提取生物活性物质，甚至将沙棘叶、树、枝都用作制药的工业原料。

北美洲的研究近来集中在沙棘的营养价值，在加拿大沙棘仅作为一种绿化植物。在瑞典，人们习惯于把沙棘作为庭院绿化，只有少数人做沙棘酱。

目前，德、法的沙棘加工制品有果汁、混合果汁、果酱、糖果、果糕、肥皂、香波等50多种。

沙棘被国际医学及营养专家誉为人类21世纪最具发展前途的营养保健及医药植物。

中国是一个沙棘资源大国，沙棘资源在世界上占有绝对的优势，我国沙棘面积、产量、种植规模都居世界前列。中国的沙棘开发，从良种繁育到沙棘基地建设、从生态环境治理到沙棘产品开发已成体系，陕西、甘肃、新疆、浙江、青海、内蒙古、广东、河北、山西等省份建立150余家沙棘加工厂，加工生产200多种沙棘产品，其中有30个产品获部优品牌。沙棘在我国具有广阔的发展前景。

沙棘营养成分高，可制作加工成各种营养保健食品和高级饮料。目前，我国已有多个部门开展了沙棘产品的综合加工利用，生产了各种食品、高级饮料、饲料、保健品、化妆品、医药品、肥料、化工原料等。据不完全统计，中国现有各类沙棘加工企业3000余家，利用沙棘果生产出的饮料糖浆汁、甜型酒、香槟、啤酒、速溶沙棘全粉、沙棘醋、沙棘晶等。沙棘食品有果酱、果丹皮、果糕、果冻、罐头等，年产值相当可观，沙棘产品涵盖了食品、保健品、药品、化妆品等八大类200多种产品。利用沙棘提取物制成的医药品有沙棘黄酮片、咳乐、沙棘油栓、沙棘油擦剂、沙棘浸膏、沙棘胶囊，还可利用沙棘嫩叶炒制沙棘茶。

山西省全力推进沙棘产业化进程，建基地，举龙头，重科技，强服务，走出了一条具有地方特色的沙棘建设开发新路子。目前，山西省有各类沙棘加工企业50余家，生产的产品包括食品、饮料、保健品、药品、化妆品等100多个品种，年可利用沙棘果实1.51万t，生产各种饮料、食品2.79万t，产值1.34亿元。

辽宁省建立各种类型的沙棘加工企业10余家，规模较大的有5家。开发沙棘资源所生产的产品原料类有沙棘原汁、清汁、沙棘种子、果肉、沙棘籽油、果油；保健品类有沙棘SOD复合液、沙棘、沙棘药用黄酮胶丸、沙棘油和胶丸、沙棘养生茶；饮品类有沙棘果汁饮料，沙棘果酒、沙棘果醋等10余种产品。这些企业安置就业人员500多人，创产值6000多万元（李敏和张丽，2003）。

## 2.2 国内外技术发展现状与趋势

### 2.2.1 沙棘果采摘技术

沙棘果采摘时间和难易程度与沙棘品种有关，目前我国种植最多的是中国沙棘亚种以及由俄罗斯、蒙古引进后改良的大果沙棘。中国沙棘茎细、丛生、刺多，对高温干旱等气候适应性强，但是果粒较小且不易落果，采摘很困难。由俄罗斯沙棘和蒙古沙棘改良的大果沙棘，茎粗、刺少、果大，每年8月上中旬至9月成熟，果柄长，易采摘，成熟后自然落果。从防风固沙、改良土壤角度出发，中国沙棘更有优势，而从果品生产与加工角度，大果沙棘更受欢迎。

目前，采摘中国沙棘仍然以手工操作为主。为了避免被沙棘刺刺伤，采摘人员不直接采摘果粒，而是剪掉带果粒的枝条或者在冬季温度低于-20℃时，借助于果柄冻硬时的易断脆性，用木棒敲打；或者用铁丝环套住沙棘枝条，像梳子一样把果粒捋下来。很显然这些收获方法是一种劳动强度大、果树和果品受损严重的采摘方式。

改良的大果沙棘由于刺少，成熟时果粒与果柄之间形成离层，果粒容易脱落，只要掌握好采摘时机，既可避免果粒破碎，又可减少落果损失。沙棘果采摘机械有肩挎振动式和手持钉齿梳刮式等多种。振动式采摘机械将带有弹性钢丝束的采摘头插入枝条丛中，在高频振动器作用下，将果粒振落，由下方的收集器分离果粒和枝叶。这种收获方法对果树和果实的机械损伤较小，劳动强度也大大降低。据报道，该机械可采摘沙棘果120kg/h，且采净率达到90%以上，果粒破损率小于5%（胡景文等，2012）。

### 2.2.2 冷藏保鲜技术

沙棘果内的营养物质含量在成熟期内达到高峰，过熟之后快速下降，尤其维生素C含量下降明显。果粒采摘后脱离母体，环境条件、品种和自身状态决定其贮藏期长短。由于沙棘生长在干旱、风沙环境下，其果实比一般水果耐贮藏，尤其是中国沙棘比俄罗斯大果沙棘、蒙古大果沙棘更耐贮藏。

沙棘果实的贮藏条件要求非常严格。刚采收的沙棘果实如暂时不能出售，必须将其进行低温贮藏（关莹和张军，2012）。沙棘果采摘后，应该快速除去田间热和采摘引发的呼吸热，之后在0～4℃，空气相对湿度90%～95%的冷藏条件下存放，以保证果粒新鲜饱满。对于晚熟品种，由于干物质相对较多，可采用进一步阴干方法，降低自由水分，使果粒处于部分玻璃化状态，降低冷藏条件，延长保质期。对于用作深加工原料的沙棘果，以冷冻方式存放更安全可靠。虽然冷冻可能破坏果粒的组织细胞，影响沙棘果的风味和色泽，但是从沙棘果组织结构和主要成分分析，冷冻原料对深加工产品的品质影响非常小，可保证深加工企业全年原料需求。气调冷藏可分为气调库冷藏和简易塑料薄膜包装冷藏。气调库冷藏成本过高，主要用于库体建设、气调设备购置和运行管理方面。气调库冷藏多用于苹果、梨、蒜薹等少部分果蔬品种上，而且是有跨季度或者更长周期的市场需求的品种（胡景文等，2012）。从目前研究报道看，国内外对于沙棘生长和成熟期间叶、果的成分变化均有研究，但是对于采摘以后果实的营养成分变化以及是否存在呼吸高峰尚未见完整报道。沙棘果是否适用于气调冷藏有待进一步研究。

### 2.2.3　加工技术

沙棘产品包括以果实为原料和以沙棘叶、根、茎为原料的加工产品。果实又分为果皮、果肉和果籽，是沙棘深加工产品的主要原料，产品有沙棘籽油、沙棘饮料、沙棘酒、沙棘果酱、沙棘粉、沙棘果冻、沙棘黄酮等保健食品（图16–1）。沙棘叶除了可制茶外，更多是用作制取黄酮类产品和多糖类产品的原料。沙棘深加工产品也可分为一般性食品、功能性保健品和生物药制品（胡景文等，2012）。超临界提取、多功能提取、大孔树脂、高速分离、低温蒸发等先进技术已经应用到沙棘产业，为沙棘产业的发展注入了新的活力。

沙棘果汁　　沙棘果粉　　沙棘果酱　　沙棘茶

沙棘籽油　　沙棘果油胶囊　　沙棘护肤品　　沙棘医药保健品

**图16–1　沙棘产品**

（1）沙棘饮料

沙棘饮料是指含有一定量的沙棘原果汁，经过调配、均质、杀菌等工艺形成的饮料。目前，沙棘饮料的主要加工环节包括原料清洗、榨汁、脱油、过滤、胶体磨、色香味调配、其他配料混合、均质、杀菌和灌装，其中关键环节在于榨汁和杀菌工艺。榨汁涉及原料的利用率和破碎过程中营养物质的保存率，而杀菌对热敏性物质影响较大。从报道看，目前沙棘饮料生产技术与其他果蔬饮料生产技术大同小异，而且沙棘饮料的组分中，沙棘原果汁含量并不高，这对沙棘饮料的营养价值和生物活性功能作用会有一定的影响。

（2）沙棘酒

沙棘酒生产技术主要是发酵工艺，在酵母合适的生长温度下将糖转换为酒精，并形成一定的风味和色泽。由于沙棘原果汁酸度较高，对酵母发酵不利，因此沙棘酒在酿造过程中，应该严格控制pH值、温度和时间。一般情况下往往采用酒精、砂糖调配，达到最佳的口感。沙棘冰酒在原料采摘、加工和酿造过程中有独特的优势，是沙棘酒开发前景最好的产品。

（3）沙棘油

沙棘油提取和进一步加工是2个加工环节。在提取方面，目前主要有有机溶剂（正己烷、石油醚、卤代烃、丙烷、丁烷等）萃取法、压榨法和超临界$CO_2$萃取法。有机溶剂萃取法油脂提取率较高，但是溶剂残留是突出问题；压榨法没有残留问题，但是榨油率较低；超临界$CO_2$萃取法明显优于前2种方法，榨油率高且无残留，是沙棘油提取最具潜力的方法。为了避免油脂氧化，方便运输、贮藏、加工与消费，沙棘油可以瓶装、灌装和胶囊化，其中微胶囊化将液态沙棘油变为粉末状态，更有利于沙棘油贮藏与应用。

（4）沙棘叶产品

沙棘叶是食品和医药行业重要原料，已有研究表明，沙棘叶含有丰富的维生素、氨基酸和黄酮类化合物，其生物活性价值不低于沙棘果实，其主要的提取加工产品及技术列于表16-2。目前，沙棘叶除了作为茶饮料外，更多作为药物开发原料，在调节血脂、清除氧自由基、抑菌、抗衰老等许多方面有药效作用（胡景文等，2012）。

表16-2 沙棘叶营养物质提取技术

| 沙棘叶产品 | 加工关键技术 |
|---|---|
| 沙棘茶 | 沙棘叶经过晾晒、萎凋，在120℃下烘焙（杀青、揉捻） |
| 沙棘叶黄酮 | 比较超声波法、搅拌法和回流法对沙棘叶黄酮提取效果，回流法提取率最高，但是操作复杂；回流法与超声波法均采用乙醇作为提取液，安全环保 |
| 沙棘叶水溶性多糖 | 沙棘叶经过体积分数95%乙醇回流脱脂、热水浸提、乙醇沉淀等步骤，获取沙棘叶水溶性多糖 |

## 2.3 差距分析

### 2.3.1 产业差距分析

我国沙棘产业链中还有一些关键环节不够完善。国外浆果生产加工方式，典型的有两种：一种是订单方式，即分散种植，集中送交加工厂，产销一体化，如日本的农业协同组织和欧洲果业合作组织；另一种是大农场种植，产品交售给大型加工厂或由农场自办的加工厂进行加工，直接营销进入批发市场，属于产销分离体制。我国的浆果生产属于多以小农户为主的分散种植，产品交售给临近的加工厂，互相多无约定。这种分散种植方式，果农彼此完全独立，不仅在品种选择、栽培技术运用、产品处理和销售价格方面完全自行确定，而且果品千差万别，不可能按统一标准进行生产。政府因个体生产的分散性难以给予有组织的指导和协调控制，沙棘产业要大力发展“公司+基地+农户+市场”原料运营方式，使各环节有机衔接。

### 2.3.2 技术差距分析

俄罗斯是沙棘生产大国，全部实行园艺化栽培，有高品质的品种，其品种全部是果实大、果柄长、无刺、枝长、果皮厚、采果实行机械化采收，对果枝没有任何破坏。果园实行高度集约经营，产量很高。我国的沙棘是天然品种，枝刺多、果实小、果柄短，人工无法将果实从果枝上捋下，只能砍下或剪下小枝，再剪成果穗，而后压榨加工。砍掉小枝就是砍掉结果枝，主干虽然没有砍掉，但结果能力极大受损（冯建华，2012）。恢复期至少需要3年。

沙棘的产品开发已引起了国外许多人士的重视，相比而言，我国在沙棘原料，部分产品加工技术和设备上占有一定优势（李敏和张丽，2003）。但我国的沙棘原料利用率低，我国沙棘果利用率仅为世界的30%～40%。其主要原因是中国沙棘果实小、枝条有刺、不宜管理和采摘。由于沙棘产品具有特殊医疗保健作用，引起人们的重视，国内外市场供不应求。自1990年以来，沙棘种子价格一直保持在10元/kg，2000年以后上涨到400元/kg。据国内的市场分析和专家预测，我国生产沙棘产品仅占国际、国内市场需求量的1/5，这说明沙棘市场供求潜力很大，随着人们生活水平提高，其需求量还在逐年增加。我国三北地区和黄土高原是全国沙棘之乡，据估算年产沙棘果200万t，实际采收不到1/3，主要原因是我国沙棘多分布在山大沟深地区，并且沙棘有刺，不便采收，造成沙棘资源浪费。虽然每年在收获季节，国内客商云集竞相收购，但多年供不应求，致使国内许多企业因原料不足处于半年生产、半年停产状态。

# 3 国内外产业加工利用案例

## 3.1 案例背景

山西省右玉县大力发展沙棘，是治山、治沙、治贫、致富的典型（吕文，1997）。右玉县位于山西省西北部，地处黄土高原边缘，外长城脚下，全县国土总面积1969km$^2$，辖四镇六乡，总人口11.5万，平均海拔1400m，是典型的缓坡丘陵风沙区。四季分明，多风少雨，气候干燥，属典型的半干旱大陆性季风气候，年均气温3.6℃，极端最低气温达-40.4℃。新中国成立初，右玉县地广人稀，70%的土地沙化，水土流失严重。右玉县是山西省36个国家贫困县之一，也是朔州市唯一的贫困县。新中国成立初期水土流失面积1498.85km$^2$，是水土流失严重的地区之一。经过长期的努力，水土流失治理度由新中国成立初的不足0.3%提高到现在的61.2%。1998年农村人均纯收入650元，2018年农村人均纯收入达到7870元。2018年8月8日，山西省政府批准右玉县退出贫困县。

新中国成立初期，右玉县只有残林533hm$^2$，覆盖率为0.3%，严重风蚀和水蚀面积14万hm$^2$，占总面积的70%。为了改变右玉县的贫困落后面貌，历届县委、县政府坚持“沙棘开路、综合治理”的方针，走出了一条以种植沙棘为主的治理水土流失的路子。

1952年春季，右玉县第一次引入沙棘在沙滩栽植，试种效果很好。李洪河流域的郝家村试种20hm$^2$，第二年株高达0.8m。此后在省水土保持局的大力支持下，全年开始大面积、大规模地推广种植沙棘。

1975年以后，右玉县开始注重培养沙棘技术队伍，并开展了沙棘科学研究活动，先后派有关人员出访日本、新加坡，并与北京林业大学水土保持学院联合办起了沙棘研究所、沙棘饮料厂。

从20世纪80年代后期开始，右玉县的中国沙棘品种除在晋西北黄土高原推广外，还在我国的华北地区、西南地区以及日本和新加坡推广，为国内沙棘事业的发展作出了贡献。

山西绿都食品饮料联营公司看好沙棘具有极好营养价值和右玉丰富的沙棘资源，投资80多万元建起了全国第一条年加工4000t沙棘果的饮料生产线和年产450t沙棘果酱生产线，先后研制开发出果汁饮料、果酱、碳酸饮料三大系列、八大品种的沙棘产品。沙棘果茶、多维露、长寿宝、乳茶、果酱等具有丰富营养成分的绿色产品，远销全国各地。

采用沙棘中不同营养成分制成的沙棘面包、沙棘月饼、沙棘饼干等食品，成为当地富有浓郁地方特色的风味小吃。

沙棘资源的开发利用已成为全县的四大经济支柱之一，沙棘产业成为右玉县最有希望的产业。右玉县成为中国造林改变环境和生存条件的典范，创造了生态脆弱地区生态文明建设的奇迹，被国家环境保护部确定为“国家级生态示范区”。

1996年，林业部和省林业厅扶持建起了“右玉长城沙棘油厂”，1997年沙棘饮料罐装线安装完毕，沙棘粉、沙棘化妆品、沙棘黄酮、沙棘香精、沙棘色素提取等5个开发生产项目确定为沙棘资源开发利用的内容（吕文，1997）。

右玉县在沙棘加工、开发、利用方面一直走在全省前列，沙棘企业中规模比较大的有右玉绿都食品饮料公司、北京汇源集团右玉分公司等，产品有沙棘碳酸饮料、沙棘果汁、果茶、果酱、沙棘罐头、饼干、果丹皮、糖块等8个品种，右玉县国营企业汇源公司年利用沙棘果400t，年产沙棘饮料近4000t，产值近3000万元，上缴利税300多万元。为促进沙棘资源的深度开发利用，右玉引进国内最新的沙棘油加工设备，建起了年加工15t天然沙棘油的长城沙棘油厂，开发生产出具有极高药用价值的沙棘籽油。该县还利用沙棘枝杆为原料建起了人造板厂，年产值达500多万元。

## 3.2 案例规模

右玉县现有沙棘林28万亩（包括权属归梁家油坊中心林场的8万亩国有林），每年的沙棘果采摘量在5000t左右，销售额3000万元。山西汇源食品饮料有限责任公司、山西汇源鲜果园生物科技有限公司等12家沙棘加工企业相继落户右玉县，年产各类产品超30000t，产值2亿多元，形成了产供销为一体的经济林产业链，取得了林业增效、企业增产、农民增收的良好效果。

## 3.3 可推广经验

一是充分发挥政府的协调和指导作用。沙棘具备生态、经济和社会效益，充分发挥政府在协调农业、林业、交通、财政、金融、工商等多方面关系的作用，为沙棘产业的发展提供资金、技术、信息、场地等优惠条件。

二是强化服务，实现可持续性发展。加强沙棘生产、技术、流通等信息建设，是实现沙棘产业可持续发展的关键。定期组织企业技术员、沙棘种植农户等进行沙棘种植和产品加工的专业技术培训，稳定科技骨干队伍和人才，鼓励技术人才多出科技成果。加强与科研院所合作，引进先进的科技成果和设备，积极促进科技成果向产业化经营转化。加强沙棘产业的招商投资力度，引进技术雄厚、资金雄厚、品牌知名的明星企业参与到沙棘产业的开发中。

三是大力宣传，加强品牌建设。通过新闻媒体和网络对沙棘产业发展的现状、目标、技术和优惠政策进行广泛宣传，让企业、合作社、农户及其他社会各界对沙棘产业的发展有明确的认知，从而积极参与到沙棘产业的开发建设中，最终通过沙棘产品的品牌效应实现沙棘产品的销售目标，真正起到品牌的带动作用。

四是以市场为导向，加大沙棘产品开发力度。根据市场的需求寻求多方位、多角度的沙棘资源开发方式，为沙棘资源的开发利用找到新的出发点。

## 3.4 存在问题

一是资源利用率低。沙棘资源生产力及利用率低，沙棘资源仍以开发野生资源为主，我国沙棘资源面积占全世界沙棘总面积的90%以上，但是大部分为天然沙棘林，这些天然沙棘林地处偏远，得不到有效地利用，而人工沙棘林由于投入低，目前大部分处于低水平利用阶段。引进和培育优良高产品种的规模很小，开发分散；造成了沙棘资源的剩余性浪费，资源利用率很低。

二是产业化程度不高。沙棘作为高寒地区经济树种之一，虽然资源丰富、资源品质优良，但资源开发的方式原始、产业化程度低、企业规模小、产业链尚未形成、产业投入不足。

三是产品深度开发不够，缺少市场竞争力。20世纪80年代的沙棘果汁和各类沙棘饮料像雨后春笋出现在各个角落，但是目前的沙棘产品以初加工为主，主要有沙棘汁等，由于沙棘生产企业缺乏追踪市场消费趋势和潮流、根据消费者的需求设计和研发产品的能力，使得加工技术和市场找不到切合点，资源优势难以转化为市场竞争力。

四是科研和管理能力不强。科研和技术开发能力不强，缺乏有现代企业经营管理和市场开拓能力的人才队伍，难以将有利于沙棘产业发展的各种资源组织和调动起来，无法在世界沙棘产业发展过程中形成自身的特点和优势。

五是采摘困难，机械化程度不高。沙棘的生态学特性，极易成丛，生长茂密，采果困难，有时候会采用落后的采摘方式——枝采，致使沙棘果的利用率低，在一定程度上还造成沙棘林的破坏。

# 4 未来产业发展需求分析

## 4.1 生态建设需求

我国是一个干旱、半干旱地占国土面积比例50%以上的国家，生态环境脆弱、荒漠化、沙化程度日益加剧，已经成为我国面临的重大环境问题（胡小文等，2004）。中国的荒漠及沙化土地面积为160.7万$km^2$，其中，干旱区沙化土地面积87.6万$km^2$，半干旱区沙化土地面积49.2万$km^2$。抑制土地沙漠化的一条重要途径就是恢复植被，提高植被覆盖率，减少地表蒸发量（祝列克，2001）。

沙棘具有喜阳、耐寒、耐旱、耐贫瘠、短期可成林的特点，能适应恶劣的自然环境，由于具有固氮能力，还可以改良土壤，沙棘生长茂密，根系发达，根蘖力强，能够保水固土、防风固沙。据相关文献记载，沙棘是一种适生性很强的植物，对各种各样的恶劣气候条件都有很强的适应能力，既能耐寒冷，又能耐酷暑。野生沙棘在我国分布很广，不论是在黄土区、山石区、风沙区，还是荒漠区，从青藏高原这样的高寒地区，一直到东部的瘠薄、盐碱、潮湿地区都有分布。

沙棘对复杂地势条件的适应能力极强，无论是山地、丘陵和高原，还是平地、坡地、山沟、山梁和山顶，沙棘都能通过栽种正常生长。沙棘对自然界风沙雨水的变化适应性很强，又能耐受贫瘠、盐碱、修剪、践踏，其萌芽力很强，而且不易受到病虫害的侵扰。

在自然环境中，沙棘被誉为保持水土的“天然堤坝”。沙棘根蘖性强，由于串根繁殖，因此容易形成密集茂盛的群体，其林冠的承雨率为40%～49%，枯枝落叶的持水量相当于自身质量的3倍。在荒漠地带，一丛沙棘就是一个“蓄水池”，其发达的根系和繁茂的灌丛覆盖在地面上，不但能固结土体，而且还是土壤的固氮高手，沙棘的固氮能力要比大豆高一倍多，据有关资料计算，每亩5年生的沙棘林每年可固氮12kg，相当于25kg尿素的含氮量，能有效缓解降雨对地面的侵蚀、增加土壤的肥力，有很好的拦洪、固坡、肥土作用。沙棘还是防风固沙的绿色屏障，能有效地减缓风速、防风固沙。养护和种植沙棘，发展沙棘产业，有着非常好的生态效益。

专家公认：我国西部的生态环境建设，应以恢复和重建植被为主要方针。系统科学实施防沙治沙固沙工程，有效遏制黄河上游腾格里沙漠、库布齐沙漠、乌兰布和沙漠、巴丹吉林沙漠、毛乌素沙地等五大沙漠沙地合拢趋势，持续推进沙漠防护林体系建设。在我国西北部的300多万$km^2$的水土流失及荒漠化地区，由于生态环境极为脆弱，加上气候干旱，土地贫瘠，基本上已没有建设大规模乔木森林的可能性。而我国的天然沙棘林主要分布在250～500mm等雨线范围内，则恰好涵盖了这一条生态脆弱带。多年来不同地区沙棘生态建设的实践证明，沙棘能够在最恶劣的环境下生存繁殖，并能以最快速度形成植被，它是“三北”地区恢复生态不可或缺的优良树种、当家树种，它投入少、见效快、效益高的优势愈来愈被广大干部群众所认识。在近几年的生态建设中，沙棘种植在各项生态治理措施中所占的比重已越来越大。沙棘以其自身独特的条件，成为治理水土流失、制止荒漠化的“法宝”。同时，沙棘作为可持续利用的生物资源，是广大西部地区发展地方经济值得深入挖掘和开发的优秀林木资源（李敏，2005）。

当前在黄土高原及我国北方地区实施的水土保持生态项目中无一不种植沙棘。黄河水土保持生态项目、黄土高原世界银行贷款项目、退耕还林项目、三北防护林建设项目、京津风沙源治理项目等均把沙棘作为重要树种加以推广种植。西部省份，特别是陕西、甘肃、宁夏、青海、新疆等都把沙棘种植作为治理水土流失、改造生态环境、促进经济发展的重要措施。栽植和开发沙棘，是加速黄土高原治理的突破口，是在一些荒漠地区进行植被建设的一把钥匙，是改善国土生态环境的重要措施。

## 4.2 扶贫需求

沙棘资源具有多种功能，沙棘产业拥有巨大的市场空间，迎合了全球消费者追求绿色、健康、无污染的消费潮流，是一个集多种效益和功效于一体的生态产业。利用沙棘产业拉动贫困地区的沙棘资源转化，是让广大农民快速脱贫致富的有效措施。

中国90%以上的沙棘分布在内蒙古、山西、甘肃、青海等省份，这些省份也恰好是脱贫攻坚的重点区域。根据2018年中国林业统计年鉴数据，2018年全国沙棘总产量为98352t，每吨沙棘果的市场价格为10万元。每吨沙棘果可产1t沙棘果浆，沙棘果浆的价格为每吨11000元，1t沙棘果产沙棘籽油56kg，售价为89600元，其余的提取物和剩余原材料的市场价格至少为5000元，除去市场因素的影响，1t沙棘果的附加值平均达到10万元是可行的（杜肖岚，2019），98352t沙棘果的市场总价格为98.352亿元。按2018年的收购价每吨8000元计算，收购98352t沙棘果，总价格为7.9亿元。如果每个贫困人口按年收入8000元的脱贫标准计算，可以让全国9.8万名贫困农民实现脱贫（杜肖岚，2019）。

沙棘产业作为一项新型的、具有战略意义的绿市富民的基础产业，是集聚一、二、三产业融合发展的产业体系，在第一产业得到发展的同时，加工包装业、物流业、服务业、旅游业等都得到发展，促进了“接二连三”的产业融合，成为产业核心。沙棘加工企业通过土地流转建设沙棘种植原料林基地，原料林基地交给农民管理，每个农民管理1000亩原料林基地，月工资2000元，年收入24000元。种植基地交由农民采摘沙棘果，沙棘企业按每千克2元价格收购，农民每天可采300kg，采一个月沙棘果，可收入18000元。

抓住产业扶贫和生态扶贫两个重点，带动贫困群众脱贫致富。通过发展沙棘产业，可以广泛吸引沙棘种植地区的农牧民参与沙棘的种植和加工，解决贫困地区农村剩余劳动力就业。

## 4.3 健康中国

据国内外研究报道，沙棘果实中含有200多种生物活性成分，其中包括十几种维生素、20多种黄酮类化合物、20多种有机酸、40多种酯、近30种三萜类和甾体类化合物、几十种微量和宏量元素。此外，还含有磷脂类、胡萝卜素类、多酚类、内脂、香豆素类、皂苷类、氨基酸、蛋白质和碳水化合物类等。沙棘中所含的维生素种类之多，含量之丰富是任何其他植物不能相比的，例如，沙棘每100g鲜果中所含的维生素C高达800～1700mg，是猕猴桃的2～8倍、山楂的20倍、番茄的80倍、苹果的150倍、葡萄的200倍、梨的400倍；含维生素E达2.9～18.4mg、维生素K10～20mg，同时还含有维生素$B_1$、$B_2$、$B_6$、$B_{12}$等。沙棘油中亚油酸和亚麻油酸总量达到60%以上；100g沙棘鲜果中含总黄酮118～854mg，100g沙棘干叶含总黄酮310～1238mg。沙棘树皮还含有抗癌物质5-羟基色胺。沙棘油早已应用在药品、食品和化妆品上；沙棘果汁早已用作饮料和食品的原料；沙棘黄酮也已应用于治疗高血脂、心绞痛、心肌缺血和心肌缺氧的心血管疾病上；沙棘产品在治疗消化系统、心脑血管系统、肿瘤和溃疡方面的作用已引起世人关注。

近年来，国内外对沙棘深加工产品的需求不断加大，我国食品、化妆品行业对沙棘提取物的市场需求以25%～30%的速度增长。美国、欧盟等市场对沙棘提取物的市场需求年增长率在30%以上，日本年增长率在20%以上。仅美国市场对沙棘提取物每年需求量达240t，而美国国内产量只能满足10%。沙棘精深加工产品的附加值更高，市场潜力更大。据测算，沙棘植物提取物产品对应的药品、化妆品、保健品等下游产业的产值为1：22左右。

我国的老龄化时代即将来临，市面上的预防性药物，尤其是调节免疫能力、调节血脂、排毒养颜和减肥方面的保健品、营养滋补品持续升温。大力发展沙棘的药品产业则恰逢其时。沙棘以蒙藏传统验方、现代中药复方和沙棘提取物3种类型为主，在藏医复方里以沙棘、沙棘膏的方式应用较多。初步统计总共有144个复方里使用沙棘，如“二十五味余甘子”。目前，仅19种含有沙棘配方的药品是经由国家食品药品监督管理局批准允许销售的，代表药品有心达康片、五味沙棘散、双磺沙棘桉青软膏等。这些药品主要针对治疗心血管系统、皮肤系统、呼吸系统、生殖系统疾病。

沙棘既可以作为药品的原料，又可以作为保健食品的原料。它在保健食品上的主要功能是调节免疫能力、调节血脂和血糖。以“回归自然、安全有效”为主要卖点的沙棘显然更符合保健食品的消费潮流。同时，由于沙棘具有多种医疗保健性能，可以优化提取工艺，根据市场不同需求，研制出针对不同年龄、不同人群，甚至不同人种需要的专用保健食品。其药用价值和保健作用得到社会广泛认可。

沙棘作为天然原料，其功效营养成分独特，天然绿色，天生纯净，正迎合了新世纪人们对健康产品原料的要求。许多知名企业开发了多个沙棘相关产品。据水利部沙棘开发管理中心统计，到2004年，以沙棘油和沙棘黄酮等为原料的保健品和药品的市场规模已超过10亿元。在国内，内蒙古、山西、河北、陕西等地的一些沙棘行业企业发展势头良好，国内市场和出口快速增长；在国外，德国、加拿大、澳大利亚、俄罗斯等国的沙棘企业利用很有限的资源开拓出很大的市场。

# 5 产业发展总体思路与发展目标

## 5.1 总体思路

抓住林业产业调整振兴的有利时机，以保护和利用现有沙棘资源为首要任务，以沙棘原料基地培育为基础，以技术创新、管理创新和机制创新为动力，突破关键技术，依托重点企业，加快沙棘深加工产业基地建设，延伸产业链，增强产业配套能力建设，提升沙棘产业发展层次和水平，实现产业跨越式发展，打造规模化的沙棘产业基地，为农牧民脱贫致富、建设小康社会、促进农村经济持续健康发展作出贡献。

## 5.2 发展原则

（1）坚持生态保护为主，保护利用相结合的原则

在沙棘产业发展过程中，要正确处理生态和经济效益之间的矛盾。对于三江源自然保护区、柴达木盆地等生态脆弱区分布的沙棘资源重点保护，确保现有沙棘林的水土保持、水源涵养等多种生态功能不降低，保障国土生态安全；同时，对立地条件较好、林分质量较高的现有沙棘林进行科学培育，充分利用现有沙棘资源，尽早获得经济效益，做到事半功倍，实现短期效益与长期效益的有机结合。

（2）坚持政府扶持与引导的原则

加大政府支持引导力度，扩大社会融资渠道，充分发挥市场资源配置的基础作用，吸引和调动各方面积极性，形成上下互动、多方协作、规模发展的产业发展新机制。

（3）坚持品牌带动战略的原则

在完善产业体系、丰富产品体系、健全营销体系的基础上，大力推动品牌建设，突出沙棘原生态、无污染的特点，打造“沙棘”品牌；树立效益至上、质量标准、市场营销、科技创新、规模经营、营销网络、资本运营、项目运作等“工业化”理念，提升沙棘产业的质量和效益。

（4）坚持市场拉动、推进产业化发展的原则

以市场为导向，进一步加大招商引资力度，积极培育沙棘精深加工企业、流通企业、合作组织等市场主体；注重沙棘产品精深加工，提高附加值，延长产业链；建立市场牵龙头、龙头带基地的产业运行机制，创新“基地+合作组织+龙头企业”的经营模式，促进农工商、产加销、产学研紧密结合，提高产业发展的竞争力。

（5）坚持科技创新的原则

增加科研投入，加强技术创新，鼓励企业引进和研发新设备、新工艺、新技术、新产品，实现沙棘产品从粗加工向精深加工的重大转变。

## 5.3 发展目标

建立稳产、高产、优质沙棘原料林和原料基地，加大招商引资力度，培植沙棘产品开发生产龙头企业，健全市场流通体系，提高市场集聚功能；建立“农户+基地+企业”的产供销“一体化、一条龙”沙棘产业发展链条，使沙棘产业成为促进农民增收、地方财政增长和推进经济发展的重要力量。

主要发展目标：在三北地区，利用5年时间，使沙棘原料林基地总规模达到120万亩，同时在抓好沙棘精深加工企业扩能升级、提高精深加工水平的基础上，形成以沙棘籽油、沙棘黄酮等为主导的沙棘精深加工产业链；突出沙棘原生态的特点，打造国际著名的“沙棘”产业品牌。

2020—2025年：沙棘工业原料林面积总规模达到120万亩，其中利用现有50万亩的沙棘原料基地，新建70万亩沙棘原料种植基地；提高年加工利用的能力，建立具有自主知识产权的“沙棘”品牌；形成健全的科技支撑体系、合理的政策保障体系、先进的沙棘产品精深加工体系、完善的国内外销售网络体系。

2026—2035年：利用现有120万亩沙棘原料基地，形成年加工利用30万t沙棘原料的能力；建立具有现代化的精深加工能力、完善的产品认证和质量保证体系，健全的国内外销售网络；着力开拓国际市场，打造国际著名的“沙棘”产业品牌。

2036—2050年：形成以沙棘油、沙棘黄酮、沙棘果汁、医疗保健、功能食品、沙棘饲料等为主导的沙棘深加工产业链；形成稳定的国内、国际市场，拥有国际著名的“沙棘”产业品牌（胡建忠，2019）。

# 6 重点任务

## 6.1 加强标准化原料林基地建设

（1）加快沙棘资源建设

我国的沙棘产业开发从20世纪80年代开始，尚未形成高产高效的产业。最根本的原因是沙棘果的产量太低、原料严重不足，难以满足产业化、现代化的生产需求。

加快现有沙棘林提质增效改造；扩大沙棘工业原料林种植基地，沙棘原料林建设要严格按照《水利部沙棘原料林基地建设技术规程》执行；同时，选择立地条件较好的区域发展稳产、高产、优质沙棘采果园。

我国三北地区可以建成的沙棘工业原料林面积以120万亩为宜，其中，已建50万亩，拟新建70万亩。主要建设范围及面积如下。

①在东北沙棘种植区30万亩沙棘工业原料林中，包括已建的12万亩，需要新建18万亩，主要布局在黑龙江省。

②在华北北部沙棘种植区10万亩沙棘工业原料林中，已建面积太少，可以忽略不计，应全为新建面积，主要布局在辽宁阜新、朝阳，河北承德、张家口，内蒙古赤峰等地。

③在黄土高原中部沙棘种植区20万亩沙棘工业原料林中，已建面积5万亩，拟新建面积15万亩，主要布局于山西大同、忻州、朔州、吕梁，内蒙古鄂尔多斯，陕西榆林、延安、咸阳，甘肃庆阳、平凉、天水、定西、甘南、陇南，宁夏固原等地。

④河套沙棘种植区2万亩沙棘工业原料林中，已建面积几乎没有，应全为新建面积，主要布局于内蒙古前套（呼和浩特市、包头等）、后套（巴彦淖尔），以及宁夏西套（银川、中卫等）。

⑤河西走廊沙棘种植区3万亩沙棘工业原料林中，应全为新建面积，主要布局于甘肃武威、张掖等地。

⑥在新疆沙棘种植区55万亩沙棘工业原料林中，包括已建的33万亩，需要新建22万亩，主要布局于新疆北疆的阿勒泰、塔城、伊犁、石河子、克拉玛依、乌鲁木齐、昌吉、博州等地，南疆的克州、阿克苏、喀什、和田等地（胡建忠，2019）。

（2）优化沙棘种植品种

要坚持立足实际、因地制宜、择优选种、适度引进的原则，选用优良的沙棘杂交新品种。

## 6.2 技术创新

沙棘的加工企业一直处于自发零散状况，对原料保鲜和拳头产品开发等关键性技术投入严重不足，技术不精，生产工艺不科学，凭经验管理生产，频繁出现产品质量问题。更主要的是缺乏高新技术支撑，生产乏力。要加大开发加工技术研究的力度和投入，培育和发展加工开发、研究、推广队伍，建立具有自己特色的加工开发技术体系。

加强科研开发力度。采取企业、学校、科研单位联合攻关模式，争取一定的经费，从沙棘种质资源、品种选育、栽培技术、质量标准、储藏保鲜、深度加工、包装运输、技术服务等系列化配套的沙棘产业科技攻关课题，实现沙棘的综合利用。特别要加强培育和推广无刺、大果、高产、抗逆性强、品质好的优良沙棘品种，建立有一定规模的无农药、无化肥、无污染的沙棘基地，把资源优势转变为产品优势、经济优势和市场优势，大幅度提高沙棘的科技含量和经济效益。

加快适合我国沙棘果采收机械的研发。目前，沙棘果实采收常用的方法有4种：剪果枝法、打冻果法、手摘法、机械采收法。我国目前还没有成熟、实用的沙棘果实采收机械。俄罗斯、德国等国土地平坦，开发利用沙棘较早，已开发出多款沙棘采收机械，但体积普遍较大，需改进以后在我国使用。从我国近期的生产需求来看，沙棘果实采收，需要小型、可移动、可脱果粒、价格便宜的采收机械，我国应采取措施，加快研发适合我国不同区域需求的沙棘采果设备。同时，也要试验研究适合机械采收的沙棘新品种，如具有果柄长、果皮厚、枝条柔软的沙棘品种，才能保证果实的采收率和完好率，为机械化采收设施提供便利条件（胡建忠，2019）。

## 6.3 产业创新的具体任务

未来15年内（2020—2035年），对于每年生产的30万t沙棘果实资源量，沙棘的主要发展方向有四方面：单一沙棘综合开发、沙棘与其他果品的复合开发、沙棘果鲜食和沙棘冻果出口。

（1）单一沙棘综合开发

预计消耗沙棘果实原料量12万t，主要用于沙棘食品类、保健品类、药品类、化妆品类等八大类产品的开发，也是近30多年来的主战场。市场布局基本完成，重要工作是精益求精，狠抓产品质量，占领市场，增加销售额。

沙棘有益于心血管系统、消化系统、免疫系统，能够抗衰老、抗辐射、抗肿瘤。沙棘的药用价值虽然较多，但真正能开发成的药品目前还很少，国内市场上常见到的多为沙棘保健品。目前来看，沙棘籽油、果油的药用价值很大，国内这方面的产品多属于初级产品，向药品发展的潜力很大。沙棘果皮和果肉中提取的沙棘黄酮，已被初步开发为药品，有了相当好的市场，随着对沙棘黄酮药理作用的深入研究，沙棘黄酮在治疗心血管疾病、抗氧化、抗癌等方面将有更广阔的应用前景。

（2）沙棘+其他果品饮料开发

预计消耗沙棘果实原料量5万t，主要用于与其他大宗果品一起生产复合饮料，如沙棘+柑橘、沙棘+苹果、沙棘+葡萄等。

（3）沙棘果鲜食

预计消耗沙棘果实原料量5万t，沙棘直接鲜食，作为一种食材。

（4）沙棘冻果出口

预计消耗沙棘果实原料量8万t，出口到不产沙棘或沙棘资源量少的国家和地区，如东亚、北美、欧洲、非洲等。做好产地和产品两方面的绿色认证。

## 6.4　建设新时代特色产业科技平台，打造创新战略力量

依托已建立的沙棘产业国家创新联盟、工程技术研究中心等平台，加快产学研协同创新，加强标准制修订和产品认证，加快专业人才培养，鼓励相关企业树立品牌意识，加强知识产权保护，提升产品市场竞争力。

## 6.5　推进特色产业人才队伍建设

我国沙棘加工专业人才严重缺乏已成为不争的事实。有人才才能有名牌产品，才能有企业的形象，这是企业盛衰的先决条件，要使我国沙棘加工达到优质、高效和可持续发展的目标，必须培养不同层次的沙棘加工人才，特别是高级人才的培养。拥有充足数量的高科技人才，才能有力地提升沙棘加工水平，促进技术的推广工作（张军，2006）。

建设沙棘产业人才队伍体系。培养、组建沙棘产业管理和沙棘产业的专业化人才队伍。加大高等院校沙棘学科专业建设力度，培养国家急缺的各层次沙棘产业管理人才、复合型人才。依托高等院校、科研院所建立一批沙棘培育、加工技术人才培养基地，鼓励科研机构、企业与高等院校联合建立沙棘加工技术人才培养基地。开展继续教育和专项技能培训活动，提高沙棘产业人才专业能力和实践操作技能。

调整沙棘产业人才队伍结构层次。根据社会需求，明确各层次、各类型应急人才的培养目标，加强跨学科教育，培养一专多能、既懂技术又懂管理的应急专业人才。采取产业联盟和智库相结合的方式，对沙棘产业的发展方式、沙棘产品的技术推广给予指导。

完善沙棘产业人才的激励保障机制。将沙棘产品的科研成果转化纳入科研人员考核体系，明确激励机制，充分调动科研人员从事沙棘产业的主动性和积极性。通过国家重大专项、科技计划等，培养一批具有国内影响力的学术带头人。加强产学研深层次融合，鼓励科研人员以合理方式参与企业研发、生产、经营及利益分配。积极引进沙棘产业方面的优秀科研人才和管理人才，大力加强以原始性创新人才、应用基础研究人才、工程技术人才、管理人才为主体的沙棘产业人才队伍建设。

# 7 措施与建议

（1）拓宽投融资渠道

沙棘产业化经营是一项复杂、耗资巨大的系统工程，无论是基地建设、龙头企业规模的扩大，还是产品技术的开发以及市场的开拓，都需要巨额资金，如此大的费用，单凭作为农业产业化经营主体的龙头企业和农户是无法承担的，政府的投入可能也是杯水车薪。因此，要改善投资环境，广开投融资渠道，以商业化的运作来经营沙棘产业化开发，吸收更多的民间资本与国家资本直接投资沙棘产业化经营，推行股份合作制和股份制，并降低农业产业化龙头企业的上市门槛。多渠道争取国家项目资金的支持，明确资金决策责任主体，建立项目后评估制度，对国家投资项目建成后进行社会经济效益综合评价分析，鼓励项目法人积极吸纳社会资金的同时，更要求其用好、管好有效资金，发挥国家资金优势，提高沙棘产业化建设力度。

实施引进来战略，鼓励外资参与沙棘产业开发，逐步实现国际化经营，建立以质量提升为中心的国际战略联盟，把市场竞争与合作结合起来，实现互惠互利。

建立沙棘加工企业投融资机制。沙棘加工企业用于固定资产投资和流动资金的贷款，各级财政根据情况予以贴息支持。

（2）创新产业开发模式

采取市场牵龙头、龙头带基地、基地连农户的产业化开发模式，实施产加销一体化的产业化开发，创造良好的经济、生态和社会效益。采取荒山拍卖、公司收购、租赁承包等多种灵活的方式，切实扩大良种沙棘的种植面积。结合林权制度改革，建立“谁种植、谁拥有、谁受益”的激励机制。逐步形成生态效益属于国家，种植和采摘效益属于农民，加工效益属于企业，综合效益属于社会的格局（邢丽光，2011）。

（3）提升企业的质量经营水平

沙棘产品具有国际消费基础，为了在保证国内市场需要的前提下真正拓展国际市场，我们应有相应的质量保证手段，进行HICCP和ISO9000认证，为沙棘参与国际市场竞争铺下绿色通道。

（4）对沙棘产业实行税收优惠政策

对沙棘加工利用企业和开发项目、土地供应和税收优惠与当地工业企业同等对待。严格执行国家、地方各级政府已经出台的各类林业税费减免优惠政策，促进沙棘产业发展。

## 参考文献


杜肖岚，2019. 发展沙棘产业 筑牢扶贫事业[J]. 内蒙古林业(8): 19–21.

冯建华，2012. 右玉县沙棘产业发展的思考[J]. 林业科技，35(6): 130–132.

关莹，张军，2012. 沙棘及其产品加工技术[J]. 安徽农学通报，18(11): 185–186, 196.

郭伟，2014, 沙棘植物资源的保护与开发利用[D]. 乌鲁木齐：新疆农业大学.

胡建忠，2019. 三北地区沙棘工业原料林资源建设与开发利用[M]. 北京：中国环境出版集团.

胡景文，乔璐，李云飞，2012. 沙棘产品收获与加工技术现状与展望[J]. 农产品加工·学刊(12): 101–104.

胡小文，王彦荣，武艳培，2004. 荒漠草原植物抗旱生理生态学研究进展[J]. 草业学报，13(3): 9–15.

李坤，都桂芳，张秀荣，1994. 浅议沙棘属植物的起源与演化[J]. 沙棘(3): 5–7.

李敏，2002. 沙棘在中国西部发展中的地位和作用[J]. 沙棘，15(3): 1–4.

李敏，2005. 中国沙棘开发利用20年主要成就[J]. 沙棘(1): 1–6.

李敏，张丽，2003. 我国沙棘加工利用的现状及对策[J]. 沙棘，16(1): 42–46.

吕文，1997. 火红的沙棘产业：全国沙棘重点县右玉发展沙棘纪实[J]. 中国林业(10): 27–28.

石文堂, 2003. 沙棘的营养与药用研究[J]. 科技情报开发与经济, 13(9): 166–167.
胡建忠, 王愿昌, 1994. 沙棘: 一种解决干旱地区农村生活用柴的优良能源树种[J]. 林业科技开发(4): 20–21.
孙孝义, 伊桂珍, 1995. 优良的固沙和耐碱树种: 沙棘[J]. 吉林林业科技(2): 35, 16.
邢丽光, 2011. 关于发展沙棘产业的思考和建议[J]. 林业经济(5): 60–62.
张二芳, 2005. 沙棘的种植和利用的研究现状[J]. 吕梁高等专科学校学报, 21(3): 21–22.
张富, 景亚安, 李岩斌, 等, 2005. 良种沙棘嫩枝扦插技术试验研究[J]. 国际沙棘研究与开发, 3(1): 33–37.
张军, 2006. 关于我国沙棘产业发展的几点浅见[J]. 沙棘, 19(2): 32–34.
祝列克, 2001. 新世纪中国林木遗传育种发展战略[J]. 南京林业大学学报(自然科学版), 21(2): 3–8.

中国工程院咨询研究重点项目

# 板栗产业发展战略研究

撰 写 人：付玉杰
王立涛
刘志国

时　　间：2021年6月

所在单位：北京林业大学
东北林业大学

# 摘要

板栗为壳斗科栗属坚果类植物，含有多种天然活性化合物，既是营养物质，又有药用价值和保健功能。中医记载板栗具有养胃健脾、补肾强筋、活血止血等功效，是一种药食两用、补养治病的良药。栗仁含有多种营养物质，包括淀粉、蛋白质、脂类以及维生素、微量元素、常量矿物质元素等，粉质细腻，营养和能量丰富，是制作美味食品的上佳原料，有“干果之王”和“铁杆庄稼”的美称。现代临床研究表明板栗具有抗氧化、抗肿瘤、降血糖血脂、补肾、抗病毒、抑菌等作用。中国的板栗生产量和出口量一直位居世界首位，占全世界产量的83.34%。随着板栗种植面积的不断增加和产量提升，板栗产业的市场开发潜力巨大。现对板栗的现有资源现状、国内外加工产业发展概况、国内外产业利用案例、未来产业发展需求分析、产业发展总体思路与发展目标、重点任务、措施与建议进行阐述，以期为板栗产业的发展提供思路与参考。

# 1 现有资源现状

## 1.1 背景介绍

板栗（*Castanea mollissima* Blume.）属壳斗科栗属乔木经济植物（易善军，2017）。在我国最早见于《诗经》一书，板栗的栽培史在我国至少有2500年的历史。板栗俗称栗子，栗仁营养丰富，香甜可口，是人们喜食的坚果，也是世界上重要的干果。栗仁含有多种营养物质，包括淀粉、蛋白质、脂类以及维生素、微量元素、矿物质元素等，粉质细腻，营养丰富，是制作美味食品的上佳原料，有“干果之王”和“铁杆庄稼”的美称（Yang et al.，2010）。

栗仁中还含有多种天然活性物质，既是营养物质，又具有药用价值和保健功能，可以促进人体的生理功能，提高人体免疫力和抗癌能力。中医认为，栗果有养胃健脾、补肾强筋、活血止血的功效，临床上主要治疗反胃、泄泻、腰脚软弱、吐血、便血、金疮等症（Yang et al.，2015）。

板栗既是著名的木本粮食，也是潜在的生物能源资源（Yang et al.，2010），板栗淀粉占果实干重的50%～72%，板栗富含淀粉的特性使得板栗成为一种潜在的发酵基质，可以开发为生物制品。国内外已有研究开发板栗粉作为直接食用的食品或食品添加剂（史玲玲，2017；Echegaray et al.，2018）。植物淀粉是人类膳食热量的主要来源，为全世界提供超过80%的热量，在食品业具有不可替代的作用。同时，植物淀粉也是许多工业应用的可持续原料来源（赵盼星等，2020）。从工业角度看，由于化石能源产生的工业废弃物导致严重的生态环境问题，同时随着传统能源的日益枯竭，开发再生清洁化新型生物质能源势在必行。而植物淀粉是一种经济、可再生的绿色能源，越来越引起人们的关注。植物淀粉可以转化为可发酵糖，是第一代生物燃料的重要原材料。随着城市化进程的发展，耕地面积不断减少，同时世界人口持续快速增长，预计到2050年，世界人口将达到90亿，随着人口的增长对淀粉食品和非食品业的需求势必增加（史玲玲，2017）。

近年来，林木生物质能源以“绿色、低碳、可持续”的显著特点受到了社会各界的普遍关注，成为生物质能源的重要组成部分。林木生物质能源产业的发展可有效缓解日益枯竭的化石能源危机，促进清洁能源开发应用，改善地球生态环境，实现能源和经济的可持续发展。淀粉能源林是林木生物质能源的重要资源，也是制备第一代燃料乙醇的重要林木生物质。

## 1.2 功能活性

板栗作为一种药用和食用木本植物资源，具有多种功能作用。研究表明，板栗具有良好的抗氧化作用，可以作为天然氧化剂用于食品、医药、保健品和化妆品。板栗中主要的抗氧化成分为酚类化合物，特别是酚酸（鞣花酸和没食子酸）、黄酮（芦丁、槲皮素和芹菜素）和单宁（Díaz et al.，2012；Echegaray et al.，2018）。此外，板栗有助于减少内脏脂肪和血液胆固醇，栗子油中含有的大量植物甾醇，尤其是$\beta$-谷甾醇和豆甾醇，有助于降低胆固醇水平，并预防糖尿病的发生（Zlatanov et al.，2013）。板栗在抗肿瘤方面也有一定的效果，例如能抑制宫颈癌细胞的体外增殖，诱导宫颈癌细胞凋亡，抗结肠癌细胞活性也较高。板栗中含有大量的初级和次级代谢产物，具有一定的营养和保健作用，对人体健康具有积极的影响。Ozcan（2017）报道，板栗粉含有低聚糖等不可消化的成分，可以由乳酸菌、双歧杆菌等益生菌发酵形成益生元。同时，板栗粉被认为是生育酚等营养物质的来源，在防止细胞变性和维持骨骼肌质量方面发挥着重要作用（Frati，2014）。

## 1.3　分布及储量

板栗原产于中国以及朝鲜半岛，栗属植物在世界上有10多种，主要分布在亚洲、欧洲和美洲。亚洲有4种，*C. molissima* BL.、*C. seguinii* Dode、*C. henryi* Rehd. Wils.主要分布在中国；*C. crenata* Sieb. & Zucc.分布在日本和朝鲜半岛；*C. pumila* Mill. 分布在欧洲大陆，*C. dentata* Brokh.、*C. pumila* Mill. 分布在北美（De Vasconcelos et al.，2007）。中国板栗在东亚已有几千年的栽培历史，国内多个省份和地区均有分布。

中国板栗的分布具有明显的区域性，分布数量自南向北呈递减趋势，以秦岭、淮河为界限，可以划分为南、北两个明显的自然区域（王静慧和吴文良，2003）。板栗的种植范围极为广泛，北起北纬40°26′的辽宁凤城，南至海南岛（约北纬18°30′）；西起东经约90°，东迄沿海（约东经124°），其间包括24个省份。在此范围之外，西藏东南部与云南接壤处也有少量分布，人工引种栽培已扩展到内蒙古宁城以及黑龙江勃利（北纬45°40′），板栗的栽培范围跨越了热带、亚热带、暖温带和中温带4个气候带，适于类型复杂的土壤条件。栽培最多的地区为黄河流域的华北地区以及长江流域地区。板栗的垂直分布范围跨度也很大，海拔极差约2770m，最低的是山东郯城和江苏新沂、沭阳等地海拔30m左右的冲积平原；最高为云南维西，海拔达2800m（张宇和，2005）。根据产区的气候、土壤条件、栽培方式、人工选择方向以及品种性状特性等因素，可大致分为6个地方品种群，即华北品种群、长江流域品种群、西北品种群、东南品种群、西南品种群和东北品种群（田华等，2009；江锡兵等，2013）。

根据FAO（2020）的统计，全球板栗种植面积主要分布在亚洲、欧洲、美洲和非洲。亚洲板栗年产量占世界的89.74%，其中中国是世界上最大的板栗生产国。中国的板栗年产量占全球总产量的80%以上。我国板栗需求量大，板栗种植面积广，是世界上板栗种植面积最大的国家。其中华北生态栽培区是我国板栗的集中产区，产量占全国总产量的40%以上，其次为长江中下游栽培区。根据2019年《中国林业和草原年鉴》的数据，板栗产自除黑龙江、内蒙古、宁夏、青海、新疆、西藏、上海、海南和台湾以外的全国各地。湖北、山东和河北省板栗产量超过20万t，总产量为99.50万t，占全国产量的43.68%；安徽、云南、河南、辽宁、福建和湖南的板栗产量超过10万～20万t，总产量为82.25万t，占全国的36.10%（Administration，2019）。板栗品种有300多个，已在中国推广应用。中国的品种大致可分为6个地方品种：东北、华北、西北、东南、长江流域和西南（Jiang et al.，2013）。详细的品种分布如表17–1所示。板栗的世界第二大产区是南欧和土耳其，其主要栽培品种是欧洲栗。虽然美国有许多锥栗（*C. dentata* Borkh.）变种，但这些物种经常遭受枯萎病侵害，现已被杂交种所取代。

**表17–1　中国板栗品种分布情况**

| 板栗品种群 | 板栗品种 |
|---|---|
| 东北品种群 | 辽阳1号，辽南2号，绣球栗 |
| 华北品种群 | 燕红（北京）；遵达栗，燕山短枝，大板红（河北）；石丰，烟泉，泰栗1号，红光，华丰（山东）；小紫油栗（河南） |
| 长江流域品种群 | 九家种，青扎（江苏）；二新早，粘底版，叶里藏（安徽）；油栗，罗田早栗，九日寒，乌壳栗（湖北）；魁栗，建选3号（浙江） |
| 东南品种群 | 毛板红（浙江）；SQ022（江西）；油光栗，小果毛栗，早熟油栗（湖南）；油栗，风栗（广州）；油尖栗（福建） |
| 西南品种群 | 双季栗，中秋栗，黄板栗，结板栗（湖南）；鸡腰栗，长刺栗，特早熟，正义大毛栗（云南）；迟板栗（贵州） |
| 西北品种群 | 长安明拣栗，长安灰拣栗，镇安大板栗（陕西） |

# 2 国内外加工产业发展概况

## 2.1 国内外产业发展现状

### 2.1.1 药品类

板栗中提取的多酚物质是一种天然的抗氧化剂，其中的没食子酸、鞣花酸和单宁具有强大的抗肿瘤、抗氧化和抗菌特性（尹培培等，2015）。苏丽娜等（2016）采用性状鉴别、组织切片鉴别、粉末鉴别对板栗壳进行生药研究，测定11批云南不同产地板栗壳样品中没食子酸含量为0.328～0.362mg/g，绿原酸含量为0.129～0.141mg/g，芦丁含量为0.180～0.230mg/g，为板栗壳生药学质量标准研究奠定了基础。目前针对板栗医药产品还有待开发，尤其是板栗医疗保健品。

### 2.1.2 食品类

（1）液体饮品类

板栗饮料市场现在比较空白，正是新产品进入市场、快速崛起的较好时机。与原有板栗饮料相比，板栗饮料是一种能以明显的外观特色吸引消费者注意的创新产品。板栗饮料漂亮外观，能对消费者和经销商的视觉和心理产生较强的吸引力。

板栗饮料是以板栗仁为主要原料，利用生物工程技术和现代饮料工艺制作的一种新型饮料（图17-1）。这项技术同饮料分类中的水饮料、果蔬汁饮料、植物蛋白饮料、茶饮料、碳酸饮料的工艺方法都不尽相同，属于饮料专业领域的创新技术。

（2）板栗酒

板栗在中医中为健脾补肾药物，与白酒结合会增加健脾补肾作用和提神醒脑功效。常用板栗泡酒，还可增强记忆力，非常适用于熬夜的人群。板栗白酒（图17-2）本身具有活血舒筋作用，与板栗配合可治疗肾气亏虚、经络不通型骨关节类疾病。

（3）板栗仁

板栗是营养价格极高的“木本粮食”之一，每100g板栗仁含糖及淀粉60～70g、蛋白质5～10g、脂肪3～7g，并含有多种维生素、无机盐和不饱和脂肪酸，传统医学认为板栗有壮腰健肾、健脾、止泻、防癌、活血止血等功能，现代医学认为板栗所含有的不饱和脂肪酸对高血压、冠心病患者具有调养功效。“百草味”推出的板栗仁糖度均在25°以上，保证好口感，其次在-18℃瞬时速冻，锁住新鲜，而且采用高温熟制，零添加人工色素、香精和防腐剂。

而在日本等亚洲国家，在从中国进口大量的板栗之后选择进行精加工和高品质的包装，转而销往国内和其他国家（图17-3）。

（4）板栗果脯

由于板栗的淀粉含量较高，果实质地坚硬，导致板栗果脯在加工过程中存在糖分难渗入、加工后淀粉易发生老化返生等问题，因此需要运用生化技术和一些辅助加工方法改善这些问题。周礼娟等（2007）研究了不同处理$\alpha$-淀粉酶对板栗的作用效果，实验发现未经交叉冻融处理的板栗，$\alpha$-淀粉酶先从板栗表面开始作用，并慢慢深入组织内部；而经过交叉冻融处理的板栗，$\alpha$-淀粉酶可以渗透到组织内部，并水解板栗中的淀粉，从而使得果脯软度增加，渗糖速度提高。薛志成（2002）采用真空浸渍设备研究了板栗的真空渗糖技术，试验表明最佳渗糖条件为真空度0.053～0.093MPa，抽气时间25～30min，停止抽气后，继续浸泡10～20min，糖液的质量分数为30%。周礼娟等研究了微波对板栗果脯渗糖的影响，结果表明700W的微波功率处理4～8mm厚的板栗仁105s，可以快速提高板栗果脯的渗糖速度，同时明显减少褐变（周礼娟和芮汉明，2007）。

（5）板栗淀粉

板栗粉（图17-4）含有生熟两种、精细两个类型。在日常生活中，板栗粉蒸肉、板栗粉月饼是用粗板栗粉；而细的则是加工成饼、派等食品，根据不同的用途选择不同的粉类别。板栗淀粉中含有大量对人体健康有益的物质，如生育酚在预防细胞退化和维持骨骼肌质量方面具有重要作用（Frati et al.，2014）。因此，这些证据可能有助于设计骨骼肌细胞萎缩的营养治疗方法。此外，淀粉是高等植物中的主要储存碳水化合物，具有多种功能。在光合作用的叶片中，淀粉在白天积聚，在晚上被重新分配，以支持持续的呼吸。除了在植物生理学中的核心作用外，淀粉在经济上也很重要。它是仅次于纤维素的第二大生物富集的生物聚合物，也是用于食品和饲料的最重要的碳水化合物。因此，它代表了我们用于工业应用（包括生物乙醇生产）的饮食和原料的主要资源。板栗的化学成分显示出高含量的淀粉（Geigenberger，2011），生板栗淀粉含量约为80g/100g，因此，对板栗淀粉进行高附加值开发利用具有广阔前景（Demiate et al.，2001）。

图17-1　板栗汁

图17-2　板栗酒

图17-3　板栗仁

图17-4　板栗粉

（6）活性炭

活性炭独特的表面活性官能团和较多的孔隙结构使它对气体、溶液中的有机或无机物质以及胶体颗粒等具有较强的吸附能力。因此，活性炭在众多领域，如食品、医药、化工、环保等，都得到了很好的应用。传统的活性炭大多是由木材、优质煤和重质石油制备得到的。传统原材料价格昂贵，随着使用量的加大，资源日益紧张，越来越无法满足对活性炭的需求，而且加工过程中产生的废弃产物也会对环境造成严重的污染。板栗壳相较于板栗仁，其生产技术还存在诸多问题，所以板栗壳通常当作废弃物被抛弃。但是由于板栗产量巨大，所以板栗壳的生产量也相当可观，作为活性炭的原材料，其具有量大、易获取、价格低等优势。此外，板栗壳本身具有一定的褶皱构造，其表面具有少量孔隙，本身含碳量丰富，含碳量约为34.35%，是制备生物质活性炭的良好可再生原料（贾献峰等，2020）。

## 2.2 国内外技术发展现状与趋势

### 2.2.1 保鲜技术

板栗具有坚硬的外壳，通常被误认为是耐藏品种。而事实上板栗在贮藏过程中怕热、怕干、怕闷、怕水、怕冻，属于不耐贮藏的品种。板栗贮藏期间经常发生淀粉糖化、水分损失、病虫侵袭、发芽腐烂等现象，造成直接经济损失，年损失甚至高达50%，经济损失上亿元。现代贮藏保鲜技术主要有低温冷藏、涂膜贮藏、硅窗气调贮藏、空气离子贮藏法等，目前我国大部分地区板栗保鲜主要采用冷藏法、气调贮藏法、辐射贮藏法等方法。

（1）冷藏法

板栗冷藏是在一定的低温环境下，采用冷库贮藏的方法。采用冷库贮藏的栗果损耗少，能较好地保持其原有的品质品味。

（2）气调贮藏法

气调贮藏是在冷库的基础上控制库内气体组成的贮藏形式，是较先进的贮藏法，在维持板栗的生理状态下，控制贮藏环境中的气体浓度，延缓生长势或生长速度，从而达到延长贮藏期的目的，气调库内氧气浓度控制在3%～7%，二氧化碳2%～6%，相对湿度90%～95%，温度-3～0℃。

（3）辐照贮藏法

板栗辐射保鲜是利用$\beta$射线、$\gamma$射线、阴极射线进行辐照，杀死栗果中的害虫及微生物，抑制栗果发芽的现代果品保鲜技术，一方面通过辐射，可以直接杀菌灭虫，抑制酶活性，起到延缓果品新陈代谢、防霉防腐、减少腐烂的保鲜效果；另一方面可以减少化学防腐剂、熏蒸剂的使用，避免药剂的残留。应用辐射方法来保鲜板栗，也可有效地保持栗果的形状，综合保鲜效果较好。

（4）电离保鲜技术

电离保鲜技术贮藏板栗是一项新技术，是利用空气离子发生器，在电晕放电下把环境中的空气电离，产生的臭氧和负离子，这些物质可以抑制酶活和呼吸强度，延缓衰老，也能杀菌灭虫，起到防腐的目的。电离保鲜技术作为一种新兴的食品保鲜技术，应用范围广泛（魏晓霞，2016）。

### 2.2.2 去皮技术

板栗果皮极难剥离，尤其是紧紧裹在果仁上的内果皮。过去，板栗种皮的去除采用人工方法，不仅劳动强度大、效率低，而且对果仁伤害较大，加速果仁变质，严重影响了果仁存贮和再加工质量。机械法、热水去皮法、化学法等去皮方法都存在着较多的问题。机械法去皮果肉损失多；热水去皮法去皮其果肉外观形态差；化学法去皮即酸碱并用，碱法加表面活性剂，温度高达80～90℃，对果肉腐蚀严重，有时还会使果肉褐色加深或出现褐色斑点。现有研究学者利用自行设计研制的气体射流冲击设备，很好地解决了板栗破壳取仁的技术难题，为生产各种板栗深加工产品提供了必要的前提条件。利用该设备生产的开口即食板栗极易剥壳，无任何污染，经充氮包装或真空速冻包装，可使保质期延长至次年新鲜板栗上市，满足常年供应（高海生和常学东，2016）。

## 2.3 国内外产业差距分析

在板栗贮藏加工方面，国外主要将板栗加工成粉，再作为食品添加原料加工面包、糕点等食品。日本等亚洲国家则主要是从我国进口大量的板栗加工成高档食品不仅转销到西欧等国家，而且返销回我国。而在欧美等国，如意大利根据不同品级制定不同的产品。小粒的栗子用来制作栗子糊、栗子酱或干栗和栗粉，中等大的用作真空包装产品、糖水栗子，最大的则用以制作高质量的蜜饯。虽然板栗品质较差，但是经加工制成板栗蜜饯后，在市场上非常抢手，而且价格昂贵。其次意大利的栗制品分为半加工品和终端产品两大类，半加工品有栗子酱和去皮栗，终端产品有香草蜜饯栗子、蜜饯栗和栗子甜酱，实现了对板栗资源的分级处理和充分利用，值得国内板栗行业借鉴。

我国虽然板栗资源丰富，是生产板栗的传统大国，但目前我国板栗多以生栗为原料直接销售，板栗制品的花色品种不多、科技含量不高、加工技术比较落后。因此，急需大力研发板栗的精深加工及副产物综合利用技术，努力开发出一批具有市场应用前景、附加值高，消费者喜爱的板栗深加工产品。

# 3 国内外产业利用案例

## 3.1 国内产业利用案例

### 3.1.1 案例背景

河北迁西县喜峰口板栗专业合作社位于迁西县滦阳镇苇子峪村。该合作社是全国农民专业合作社示范社、河北省重点林业合作组织、唐山市重点龙头企业，主要经营组织成员种植板栗，组织收购、筛选加工、销售板栗，为成员提供相关的包装服务，引进新技术、新品种，为本社成员提供技术培训、技术交流和咨询服务。喜峰口板栗专业合作社成立后以“公司+合作社+社员+农户+基地+科教+服务+品牌+商标+市场”的“十加一”模式，推动农业科技创新，大力开发生态、有机、低碳品牌农业，制定了有机果品京东板栗生产技术规程，建立了农产品质量安全喜峰口公约，实行标准化生产。

京东板栗是河北省迁西县主推的板栗品种，以色泽鲜艳、含糖量高、甘甜芳香和营养丰富闻名，在国内外市场久负盛名。京东板栗有很高的营养价值，栗仁中含有蛋白质、脂肪、淀粉、糖，并含有多种维生素。

### 3.1.2 现有规模

合作社于2006年在当地工商局注册，注册资金为1250万元，现有固定资产5786万元，目前拥有社员5300户（吕纪水和韦泽，2014）。合作社现有20000亩有机板栗基地、2000亩核桃基地以及2000亩杂粮基地，其中有机板栗基地被评为唐山市首批科学发展示范园，并拥有能储存2000t板栗的冷库、年生产1000t板栗仁的生产线和年产300t超微板栗粉的生产线（罗青，2015）。

合作社注册的胡子板栗、喜峰口牌板栗仁被认定为河北省著名商标，同时在日本、韩国、泰国等15个国家注册了张大胡子板栗商标，胡子板栗系列产品被连续评为河北省第六、七、八、九届消费者信得过产品；在首届国际林业产业博览会上获银奖、第二届国际林业产业博览会上荣获金奖、第十六届中国杨凌农业高新科技成果博览会优秀产品奖、第十三届中国（廊坊）农产品名优产品、荣获新型板栗食品加工技术研究与示范国际先进成果奖；2011年被评为中国具有影响力合作社产品品牌，中国特色农产品博览会金奖，连续荣获第九届、十届、十一届中国国际农产品交易会金奖，张大胡子板栗荣获首届河北省名优果品擂台赛金奖；2014年荣获第十二届中国国际农产品交易会十大果蔬明星产品；2015年荣获第十三届中国国际农产品交易会金奖，中国五十佳合作社，全国休闲农业与乡村旅游示范点，荣获第五届中国县域现代农业县域农村合作组织最佳示范带动奖、全国供销合作社“百佳标准化农产品品牌”、胡子板栗系列包装在全国休闲农业创意精品推介会上荣获优秀奖以及抗战烧酒系列包装荣获金奖。

合作社于2006年建立了喜峰口网站，推出中、英、韩信息平台，年销售板栗3000t，为社员增收2500万元，直接安排就业千余人，带动农户5000多户。

### 3.1.3 可推广经验

（1）上等的板栗质量

“要对每一粒板栗负责”是合作社始终不变的宗旨，合作社成立以来，一直指导栗农进行无公害生产，坚持走绿色和有机生产路子，保证板栗原品的纯正品质。为保证所售出的板栗质量，合作社投资50万元建起了质检追溯中心，成立了产品召回办公室。在收购、生产、销售过程中，强化质量管理过程监控，精益求精铸造精品产品，为维护消费者权益，保护胡子板栗品牌，合作社在国内率先使用有机防伪标识，对辖区内社员板栗建立档案，实行农产品身份证；为提高有机板栗质量，合作社与唐海县科委和秦皇岛联合建立了2个有机肥厂，年产喜峰口牌和张大胡子牌有机肥2000t，为社员提供优质有机肥，而且蚯蚓肥免费供应社员使用。

（2）雄厚的科研实力

合作社建立了4个科技培训基地、科技图书室、综调工作站、精神文明办和产业专家工作站，与河北科技大学等7所院校协作开展以板栗为核心的新产品研发，研发的板栗超微粉、栗蓉包、板栗山楂汉堡、栗蘑小菜、栗蘑酱、栗豆杂面、栗蘑面条等系列产品已上市，开发的古树经济和干炒项目已在国内开设近百家直销连锁店。

（3）新型的产业模式

合作社成立后，实行科教、名品、科技创新、基地、市场、电子网络六大经营战略。合作社的产业模式是“公司+合作社+基地+农户”的新型产业模式，实现了板栗专业合作社与龙头企业、客商的有效对接与社员利益的链接，架起了栗农与企业和客商之间的“购销金桥”。在“互联网+”发展战略不断向农村地区深入的新时期，淘宝店出售也成为喜峰口板栗比较重要的销售渠道。除此之外，合作社还开展了集休闲度假、科普示范与爱国主义教育等活动，是一个多功能的板栗加工企业。

## 3.2 国外产业利用案例

### 3.2.1 案例背景

意大利是欧洲板栗生产和加工的主要国家，其板栗林主要分布于亚平宁山脉。意大利大部分栗子产量主要来自自然栗林，而不是专业栗园。意大利80%的栗子是供应鲜栗市场，其中大约50%为本国市场所吸收，10%～15%的栗子用于加工，余下5%～10%用作牲畜饲料。

### 3.2.2 现有规模

据FAO（2020）数据资料显示，2018年意大利的板栗园共21848hm$^2$，年产量为53280t，平均每公顷产量是2.4387t（图17-5）。

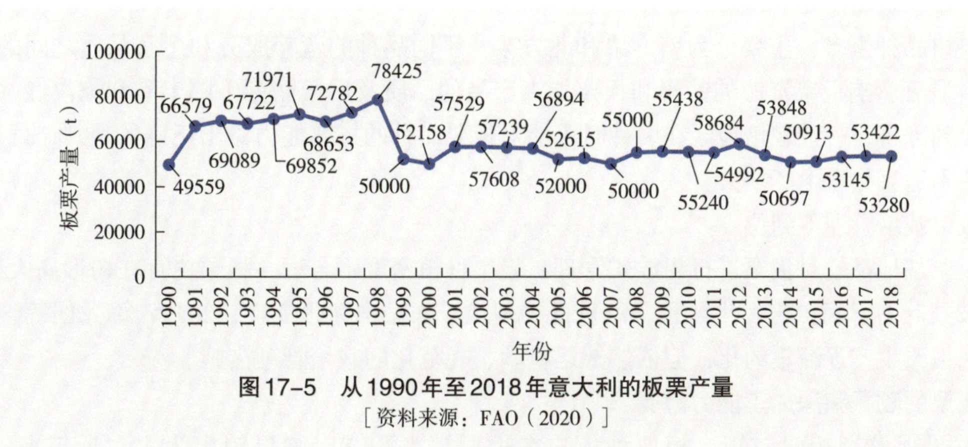


**图17-5　从1990年至2018年意大利的板栗产量**

［资料来源：FAO（2020）］

意大利的板栗在加工之前需要进行分级筛选，最小的栗子制作栗子糊、栗子酱或干栗和栗粉，中等大的用作真空包装产品、糖水栗子，最大的则用以制作高质量的蜜饯。外等品和最小的栗子则与玉米或其他谷类混在一起当作饲料。意大利的栗制品分为半加工品和终端产品这两大类。半加工品有栗子酱和去皮栗，供应蜜饯业和点心店。终端产品有香草蜜饯栗子、蜜饯栗和栗子甜酱。

由图17-6可见，从2008年至2018年，意大利的板栗进口量总体上呈现上升的趋势，板栗出口量却不断下降，只是下降幅度较小。由此可见，意大利本土板栗产量越来越不能满足国家自身需求。

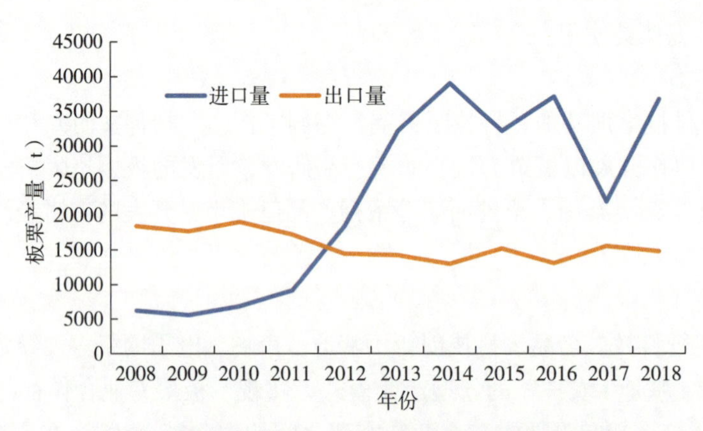


图17-6　意大利2008—2018年的板栗进口量和出口量

［资料来源：FAO（2020）］

### 3.2.3　可推广经验

国外板栗虽然品质较差，但经分级加工制成终端或者半终端产品，实现了对板栗资源的分级处理和充分利用，可借鉴的经验如下：①积极培育适合各种加工用途的板栗新品种，实现栽培良种化、适度集约化密植，对板栗栽培管理科学化和标准化；②“生产、贮运、加工、销售”一体化发展；③贮藏技术先进，栗子可以贮藏1年以上；④板栗分级加工处理，最小的栗子制作栗子糊、栗子酱或干栗和栗粉，中等大的用作真空包装产品、糖水栗子，最大的则用以制作高质量的蜜饯。

## 3.3　当前存在问题分析

从国内外板栗产业的发展现状与趋势来看，目前中国板栗的发展主要面临以下问题。

（1）南北板栗品种混杂，良莠不齐

我国栗树品种繁多，主要分为南方栗和北方栗。不同品种的营养成分和感官品质之间的差异较大，这些差异会显著影响板栗资源的销售和板栗加工产品的品质及后续储存（鄢丰霞和陈俊红，2012）。北方板栗常受到冻害，一些栽培地区在引种时不能对板栗品种的抗寒能力做出正确的预判，盲目引种带来的因抗寒性不适宜导致生产损失。

（2）板栗栽培管理不到位

许多板栗基地都是对板栗进行粗放式管理，板栗种植密度不合理，板栗树存在树形高大紊乱、树冠郁闭、枯枝败叶多、病虫害发生严重、产量低等现状（朱振中和张梦玲，2019；谭龙娟等，2020）。虽然近几年来板栗生产逐渐集约化，但依然缺乏科学、规范化的栽培管理措施。

（3）板栗的贮藏和深加工能力薄弱

板栗鲜果保鲜期相对较短，板栗种植户在板栗销售季节以鲜果销售为主。近年来，越来越多的板栗加工企业利用板栗果冷库来进行保鲜，但是保鲜技术不是很成熟，而且缺乏科学的工艺参数。

我国的板栗产品多为初级加工和普通产品，如原味炒板栗，缺乏高附加值的精深加工和高质量产品。生产自动化程度低，加工技术相对落后，栗壳去衣、防止破碎、栗肉护色保味等关键加工技术突破应用不足，导致板栗产品质量不一，存在淀粉老化、褐变等问题。此外，板栗壳、板栗苞等加工副产物综合利用程度低。

# 4 未来产业发展需求分析

## 4.1 乡村振兴

板栗未来产业在带领生态环境走进新时代的同时，也将带来巨大的社会效益。

（1）带领农民脱贫致富

板栗在丘陵、山区、荒坡、沙滩均可栽植，对环境条件适应性强。板栗是社会效益较好的理想树种，一年造林，多年收益，周期短，农民可尽快长期获得经济收入，因此，发展板栗产业有利于农民脱贫致富（付仕线，2014）。

（2）解决农村剩余劳动力及产业结构调整

板栗产业是劳动力密集型的产业，随着板栗产品加工业的发展，需要大量的人员养护、加工，可为农民增加较多的就业岗位，吸纳农村剩余劳动力，同时也将促进农村产业结构调整，其社会效益将十分显著。

（3）改善人类生存环境质量

由于板栗产业发展，森林覆盖率提高，使人类共同的生存环境质量得到改善，农村生态环境和生产条件改善，并促进民族文化发展，可以使广大农村的环境质量和生活质量有一个较大的改善。

贵州省望谟县属亚热带湿润季风气候，具有明显的春早、夏长、秋晚、冬短的特点，独特的地理和气候优势造就了丰富的板栗资源。正是因为丰富的板栗资源以及板栗味甜、营养丰富的自身优势，从“十二五”时期开始，望谟县将板栗作为富民兴县的支柱产业，随着该县交通不断完善，板栗逐渐成为当地脱贫致富的“金果”。数据显示，目前望谟县板栗种植覆盖了全县15个乡镇和3个街道，种植面积扩大到23.6万亩，年总产值1.68亿元，成为农民增收的主导产业。为打造从板栗种植到深加工再到销售的板栗全产业链，望谟县采取“公司+基地+合作社+农户”的模式发展产业，扩大板栗种植规模，并通过吸纳村民就业和入股分红形式，不仅带动贫困人口脱贫，还壮大了村集体经济，连通了乡村振兴之路（中国新闻网，2020）。

河北省秦皇岛市青龙满族自治县位于燕山东麓，地处世界公认的黄金板栗产业带——燕山山脉京东板栗带。这里产出的板栗果粒端正、大小均匀、色泽亮丽、肉质细腻、软糯香甜、芳酣独特，并且其涩皮易剥离，在品质上堪为“京东板栗”的代表产品，被誉为“京东板栗王”和“世界最好的板栗”。按照“创新、协调、绿色、开放、共享”的发展理念，青龙坚持生态立县，立足自身资源优势，将板栗产业作为促民增收的支柱产业，将青山真正打造成了“金山银山”。截至目前，全县板栗栽培面积达100万亩，结果面积60万亩，年产量3.8万t，年产值5亿多元。板栗产业带动贫困村142个，覆盖全县贫困人口3万多人，全县贫困人口年人均板栗收入800多元（人民网-湖南频道，2020）。

美栗谷位于浏阳市永安镇芦塘村车田片，距离长沙市区距离仅20km。车田片已有20多年的板栗种植历史，板栗总面积达2000亩。浏阳国家级田园综合体试点项目将于2019年10月接受验收，从“童话湾里”功能区三大板块来看，整体发展态势很好。据了解，目前美栗谷正在和有实力的食品生产企业合作，做板栗深加工，延伸板栗产业链条。同时，还将陆续开发生态农业、观光农业、旅游民宿等项目。永安镇按照“政府引项目、合作社带农民、企业管理、农民参与”的模式实施，通过整合芦塘村的山、水、田、林等自然资源，围绕“留住乡土记忆，创建幸福家园”，着力打造中华老种子博览园、中华老种子主题民宿、美栗谷等三大项目，大力发展循环农业、创意农业、农事体验，利用“旅游+”和“生态+”等模式，推进农业产业与旅游、教育、文化等产业深度融合，探索一条特色鲜明、宜居宜业、惠及广大农民的田园综合体（消费日报网，2020）。

## 4.2　绿色发展

由于过去过于注重经济发展而忽视了生态环境保护，致使很多地方现在边发展边治理生态环境，甚至先发展经济后治理环境。板栗产业化首先能提高当地农民种植户的生产积极性，从而进一步稳定国家粮食安全，从源头上减少了大量耕地、荒山、荒坡弃耕和抛荒的现象。板栗树的栽植，不仅能够实现其经济价值，还能体现其自然生态价值，大规模的种植板栗树，可以促进板栗产业化规模化的形成，还能改变当地物候条件，从源头上改变不合理的开发方式，改善土壤肥力、调节气候、防止水土流失（郁小华，2014）。伴随着板栗加工和相关科学新技术的发展，板栗产品的质量和产量也必然不断提高，而且越到后面越能提供迎合市场需求和让消费者满意的产品，板栗具有极大的经济价值，全身是宝，板栗树本身因其材质坚硬且不容易腐烂，是很好的制作家具的材料，板栗树皮和枝叶里含有可以用来制作烤胶的单宁。板栗既有营养价值，又具有经济价值，两者兼得，还深受广大消费者青睐。种植板栗具有较好的园林绿化价值，并且对空气有净化功效，可以更好地促进板栗产业的良性发展。

（1）园林绿化价值

板栗耐瘠薄、风土适应性强、较耐寒、抗旱力强。板栗是良好的涵养水土树种。板栗树对大气中的有害气体抗性较强，并能净化空气，是良好的改善环境的园林绿化树种。

（2）净化空气

板栗对有害气体的抗性较强。在南京进行的人工熏气试验表明，它对二氧化硫和氯气都有较强的抗性。板栗吸收有害气体的能力也较强。据北京测定，在距二氧化硫污染源1400m处采集的叶片中，含二氧化硫0.59%，比对照区多0.43%。据云南测定，在一个氟污染地区，1kg干叶可含氟200～400mg，表现了明显的吸氟能力。

## 4.3　美丽中国

板栗与休闲、生态、新农村建设相结合，就能打造一系列旅游产品，发展旅游市场、建设社会主义新农村。当下，注重养生、生态旅游的理念越来越深入人心，各地都从不同角度开发不同的资源打造养生、生态旅游胜地，均以自然保护区、森林、河湖为主打的养生生态旅游天堂。表17-2反映了我国目前板栗主题旅游景点的现状，以板栗为主题的养生、生态旅游景区在我国已经被极具战略眼光的企业家所接受，围绕板栗健康、生活环境改善、绿色养生等特性，打造高品质的生活、养生、保健等休闲场所，继而改变当地居民生活环境，提供给当地农民更多工作渠道与工作岗位。将生态旅游业、扶贫事业以及新农村建设合为一体的未来板栗产业模式打造成一道靓丽的风景线。

表17-2 我国板栗主题旅游景点及其现状

| 景点 | 主题 | 现状 |
| --- | --- | --- |
| 林州中华古板栗公园 | 休闲、娱乐、公园 | 一期规划面积600余亩，内有3000余棵板栗树，其中树龄在600年以上的大型板栗树有1300余棵，在树间设置有文化雕塑、休闲凉亭等，方便人们探索大自然的奥秘，享受大自然带来的静谧 |
| 北京市怀柔白云川板栗主题公园 | 休闲、娱乐、公园 | 园区内已完成古栗树保护50株，在板栗品种园悬挂品种标识，绿化美化栽植花灌近5万株。同时，基础配套设施建设也已全面展开，完成了仿古门楼建设，建仿生石桌椅50套，完成道路建设5km |
| 诸城刘墉板栗园 | 休闲、采摘、历史文化、森林 | 刘墉板栗园位于昌城镇百滩路，总面积18000余亩。园内拥有百年以上树龄的古树10000余棵，开辟了凤鸣坡、金沙滩、眺望台、迎官道、现代化生态园、垂钓园、四季果品采摘园等旅游观赏景点，空气清新，候鸟云集 |

## 4.4 健康中国

板栗富含蛋白质、脂肪、碳水化合物、钙、磷、铁、锌及多种维生素等营养成分，有健脾养胃、补肾强筋、活血止血的功效。孕妇常吃板栗不仅可以健身壮骨，而且有利于骨盆的发育成熟，还有消除疲劳的作用。炒熟的板栗味道香甜、可口，是一道非常不错的美食。

（1）药用价值

板栗有健脾胃、益气、补肾、壮腰、强筋、止血和消肿强心的功用，适合于治疗肾虚引起的腰膝酸软、腰腿不利、小便增多和脾胃虚寒引起的慢性腹泻，以及外伤后引起的骨折、瘀血肿痛和筋骨疼痛等症，主治反胃、吐血、便血等症，老少皆宜。栗子富含柔软的膳食纤维，血糖指数比米饭低，只要加工烹调中没有加入白糖，糖尿病人也可适量品尝。板栗中含有丰富的不饱和脂肪酸和维生素，能防治高血压病、冠心病和动脉硬化等疾病。板栗含有极高的糖、脂肪、蛋白质，还含有钙、磷、铁、钾等矿物质，以及维生素C、$B_1$、$B_2$等，有强身健体的作用。

（2）养生价值

主要功效为养胃健脾、补肾强筋，对人体的滋补功能可与人参、黄芪、当归等媲美，可以治疗反胃、吐血、腰脚软弱、便血等症，对肾虚有良好的疗效。唐朝孙思邈认为板栗是“肾之果也，肾病宜食之”。板栗所含的不饱和脂肪酸和各种维生素，有抗高血压、冠心病、骨质疏松和动脉硬化的功效，是抗衰老、延年益寿的滋补佳品。含有维生素$B_2$，常吃板栗对日久难愈的小儿口舌生疮和成人口腔溃疡有益。

## 4.5 提质增效

我国板栗占全世界产量80%以上，板栗产业已经成为我国山区农村经济的支柱产业之一，但是采后贮藏加工环节薄弱，果品商品化水平低。糖炒栗子是我国传统的食用方法，目前加工产品有袋装板栗仁、板栗粉、板栗饮料等，但关键技术有待突破，缺乏高附加值的精深加工产品，对板栗储运销过程保鲜，加工过程中营养成分变化对产品风味和品质的影响方面的基础研究较少，对副产物的综合利用缺乏创新性的突破和发展。在退耕还林以及生态林业向经济林业发展的大趋势下，开展板栗果实与副产物提质增效研究，落实“发展现代农业，出路在融合，重点在加工”精神，对有效提升特色经济林的综合效益，以及我国经济林的生态建设和产业发展，具有重大战略意义。

# 5 产业发展总体思路与发展目标

## 5.1 总体思路

培育品种主要以丰产稳产、果实优质、适应性强、抗逆性强为优，结合板栗各品种生长特点制定与各地区环境条件相适宜的培育方案；并以培育优良性状为目标，利用优质板栗资源，培育优质新品种，提高良种使用率。融合生产企业和科研机构，开发贮藏加工新方法；在板栗主产区实现贮藏加工现代化，积极引进和推广新式贮藏加工方法，构建产品多元化和产业链条网络化。改变传统栽植模式，研发自动化板栗栽培技术，实现板栗集约化生产，减少生产人力成本；建立板栗研究交流协会，扶持地区板栗产业龙头企业，为农户和生产基地提供相关技术指导，形成“企业+基地+农户”的产业化经营模式，并建立地区自主品牌，带动板栗产业健康发展。

## 5.2 发展原则

结合各地区实际情况制定板栗栽培、贮藏、加工具体方案，探索现代集约化生产方式。加强顶层设计，生产前先规划，应用适宜地区发展的优质品种进行标准化生产。建立生态补偿机制，激发栗农积极性，以提升板栗产业的生态效益和经济效益。严格践行国家、行业和地方标准，探索构建新式板栗贮藏与深加工技术标准体系。积极融合科研和生产，加强育种和栽培技术，提高产量和质量，全面提升贮藏、加工水平，开发深加工产品、高附加值产品。充分利用板栗产业优惠政策，吸引人才和资金参与产业的开发和经营，完善“产供销一体化”的绿色板栗产业。

## 5.3 发展目标

（1）2025年

宏观目标：到2025年，较大程度完成板栗优质品种育种进程，填补不同板栗品种的品质短板，保证品质与产量的稳定性；种植面积与生产加工规模取得较大提升，创新贮藏加工处理技术，通过探索产品新技术解决板栗高附加值产品成本高的问题，加强产品多元化发展。

具体目标：

①结合板栗品种与区域环境问题，制定各产区板栗培育方案；

②促进板栗种植面积与产量持续稳步上升；

③结合现有板栗资源，培育优质板栗新品种；

④完善种植地配套设施，栽培与采摘基本实现机械化；

⑤建立板栗生产技术交流组织，提高科学经营管理水平；

⑥开发板栗贮藏加工利用新技术，有效减少生产成本；

⑦结合板栗相关副产品特点，探索综合利用新技术，创制板栗新产品；

⑧打造优秀自主品牌，在板栗主产区培育龙头企业；

⑨淘汰低效板栗种植园，形成产区规模化生产；

⑩完善产业链建设，建立全国产供销链条信息化系统；

⑪根据板栗园类型、市场需求等，积极探索和发展林下经济配套技术。

（2）2035年

宏观目标：到2035年，进一步完善板栗贮藏加工利用理论、技术和管理体系，初步占领板栗及其高附加值产品的国际市场，国内各产区板栗贮藏加工利用产业的总量和质量持续提高。

具体目标：

①推广主产区种植经验，提高全国种植面积和总产量；

②实现产业链升级，关键技术和装备水平国内领先；

③完善产区品种结构，提升产品质量稳定性；

④培育龙头企业带动栗园、栗农等形成经济开发区；

⑤打造国际优秀品牌，规范产品销售渠道；

⑥形成政府、合作社、公司、示范基地联合经营模式；

⑦新产品生产加工处理达到国际一流水平；

⑧基本达到种植与采摘、产品原料来源追溯、生产过程、质量检验、品牌标识标注、销售及售后服务等过程以及资源管理、生态系统良性发展等协同化绿色产业发展态势，实现生态、经济、社会综合效益最大化。

（3）2050年

宏观目标：到2050年，国内板栗种植面积与产量位居世界前列，建立适应国际市场的板栗及相关副产品贮藏、加工利用理论、技术和管理体系，打造国际知名品牌，使国内各产区均有板栗加工利用龙头企业，全面占有板栗及其高附加值产品的国际市场。

# 6 重点任务

## 6.1 加强标准化原料林基地建设

积极培育适合各种加工用途及南北地域特点的板栗新品种，实现栽培良种化、适度集约化、管理科学化，结合各地区的山地环境和板栗品种宏观制订培育方案，提高人工板栗原料林种植面积及各地区板栗优势品种的供给能力，同时发挥板栗品牌优势，打造符合南北地域特色的板栗品牌。

## 6.2 技术创新

建立板栗产学研专业化平台，高度重视具有保健作用的功能食品研究与开发，提高板栗的精深加工及副产物综合利用技术实现板栗产业增值增效，努力开发出一批具有市场应用前景、附加值高，并且消费者喜爱的板栗高精端产品，针对中国板栗产业发展中存在的经营管理分散、贮藏加工技术不完善、缺乏龙头企业及相应的社会化服务体系等问题，今后应大力促进有机板栗产业的发展扩大。针对板栗鲜果贮藏、运输及销售过程中出现的淀粉糖化、后期发芽、褐化及腐烂等品质劣变问题，急需建立板栗“贮运销”全链条的保质保鲜控制技术体系，以推动整个板栗产业向“生产、贮运、加工、销售”一体化发展。

## 6.3 产业创新的具体任务

根据各地森林资源状况、地理区位、森林植被、经营状况和发展方向等建立各地区板栗加工利用的方案，宏观调控板栗良种资源；推动国家、行业和地方标准的建立，构建比较完备的板栗产业加工技术标准体系；优化加工技术，探索出适合当地的发展模式；大力建设加工利用方面的人才培训体系，创建高新技术平台，打造高附加值板栗产业结构，实现产业链升级关键技术，建立智慧型产业一体化的运行模式；建成健康稳定优质高效的森林抚育和板栗加工利用相结合的生态系统，基本满足国家生态保护、绿色经济发展和精准扶贫的综合效益最大化；满足国内对板栗高附加值深加工产品的需求，改变出口产品均为原材料的现状。

## 6.4 建设新时代特色产业科技平台，打造创新战略力量

加强各地区板栗特色资源的产业科技平台建设，设立企业与高校、科研单位的板栗特色资源加工利用专项项目，从优良品种选育、果实机械化采摘、板栗鲜果“贮运销”保鲜关键技术、板栗精深加工及副产物综合利用技术、产品推广等方面成立专项团队，完善板栗全产业链发展，打造板栗产业技术创新战略联盟。

## 6.5 推进特色产业区域创新与融合集群式发展

当地政府组织企业与林农联合建立板栗生态园，构建“种植、生产、销售”一体化的经济、生态、社会、扶贫效益协调发展的板栗产业发展体系。借助林地的生态环境，发展集约化的板栗高效种植栽培产业链，从而实现企业和林区资源共享、优势互补、循环相生、协调发展的生态经济模式，调整农村产业结构、促进农民增收、增加就业率等起到正面促进作用，起到精准扶贫和特色产业区域融合集群式发展的作用。

# 7 措施与建议

（1）优质板栗栽培品种培育

我国板栗资源丰富、种类繁多，但各地品种差异较大，参差不齐，未来急需建立板栗种质资源库，筛选优质板栗良种，为培育推广优质板栗新品种提供基础。

（2）优质板栗资源林规范化种植

在保持现有规模的基础上，依据我国现有板栗栽种区域进行规范化扩增，减少因盲目发展造成的损失；针对板栗造林周期长、成本高等问题，应在人工种植方面给予区别于普通常规造林的特殊政策资金支持；加强对河北、河南、山东、陕西北部及江苏北部等优质板栗栽种产区的扶持力度，打造品牌效应，建立完善的产业链，以板栗产业为龙头，辐射带动其他相关产业的发展。

（3）加快新品种推广，发挥区域品牌效应

以市场需求为导向，结合本地生产实际，加快新品种的引入与推广，积极培育龙头企业发挥区域品牌效应。北方以种植优质出口炒食型板栗为主，南方以大粒、菜用栗为主。东部沿海地区可充分利用其地理、加工企业密集等优势，发展适合深加工的品种。

（4）建立板栗鲜果贮运销保鲜关键技术体系

针对板栗鲜果贮藏、运输及销售过程中出现的淀粉糖化、后期发芽、褐化及腐烂等品质劣变问题，急需建立板栗“贮运销”全链条的保质保鲜控制技术体系，并在板栗主产销区进行技术体系示范应用，推动板栗采后“贮运销”全链条保鲜技术体系建设。

（5）建立板栗加工高新技术平台

加大对板栗产业科研、生产资金的投入，加强科研院校与加工企业间的合作，建立板栗产学研专业化平台，加强对板栗淀粉颗粒性质参数与板栗糯性品质的关系，淀粉中结合蛋白、结合脂与板栗糯性品质的关系，防止淀粉回生和老化等加工过程中的关键技术问题进行深入探究，提高板栗的精深加工及副产物综合利用效率，创新板栗淀粉生物质能源新技术，提升板栗高新技术专业平台，使板栗新产品生产加工处理技术达到国际一流水平。

（6）发挥品种资源优势，快速占领国际市场

我国是世界上最大的生板栗出口国，在国际市场上具有一定的竞争力。然而生板栗出口价格波动相对较小，致使我国板栗在国际市场的价格竞争力较弱。随着国际竞争力加强，更需要在板栗深加工上不断深入，开发更多科技含量高、附加值高的板栗产品，以缓解生板栗出口和初加工产品竞争力弱的问题，发挥我国原料优势，增加板栗产品的出口额，提升中国板栗产业在国际市场上的竞争力。

## 参考文献


付仕线, 2014. 板栗栽培技术要点[J]. 农技服务, 31(3): 105–109.

高海生, 常学东, 2016. 我国板栗产品加工技术研究进展[J]. 河北科技师范学院学报, 30(2): 1–10.

贾献峰, 孙振起, 刘红艳, 等, 2020. 板栗壳活性炭的制备及其吸附性能研究[J]. 唐山师范学院学报, 42(3): 39–42.

江锡兵, 龚榜初, 汤丹, 等, 2013. 中国部分板栗品种坚果表型及营养成分遗传变异分析[J]. 西北植物学报, 33(11): 2216–2224.

罗青, 2015. 喜峰口合作社：诚信经营实现持续发展[J]. 中国农业合作社(5): 47–48.

吕纪水, 韦泽, 2014. 用道德血液铸品牌产品：记张国华和他的板栗专业合作社[J]. 中国农民合作社(1): 67–68.

人民网-湖南频道. 种下小板栗撬动大产业 看浏阳永安乡村振兴下的丰收画卷[EB/OL]. (2020-9-30). http://hn.people.com.cn/BIG5/n2/2020/0923/c356887—34312147.html.

史玲玲, 2017. 板栗壳活性成分分析及板栗果实淀粉累积机理研究[D]. 北京：北京林业大学.

苏丽娜, 王小庆, 2016. 板栗壳生药研究及有效成分没食子酸、绿原酸、芦丁含量测定[J]. 食品工业科技, 37(21): 323–328.

谭龙娟, 宫晓波, 艾建安, 2020. 广东省板栗产业现状及发展对策[J]. 四川农业科技(7): 61–63.

田华, 康明, 李丽, 等, 2009. 中国板栗自然群居微卫星(SSR)遗传多样性[J]. 生物多样性(3): 296–302.

王静慧, 吴文良, 2003. 我国燕山板栗生产带的优势、问题与对策研究[J]. 中国农业资源与区划(4): 27–31.

魏晓霞, 2016. 板栗贮藏保鲜技术概述[J]. 中国果菜, 36(12): 5–7.

消费日报网. 河北青龙：打造“板栗第一县”助力乡村振兴[EB/OL]. (2020-9-30). http://www.xfrb.com.cn/article/focus/11032086946555.html.

行业资讯. 板栗的功效与作用和种植技术[EB/OL]. (2020-9-30). http://www.xdf686.com/mudt/3170.html.

薛志成, 2002. 低糖板栗果脯的研制[J]. 杭州食品科技(4): 33.

鄢丰霞, 陈俊红, 2012. 国内外板栗产业研究进展[J]. 河北果树(6): 1–3.

佚名, 2017. 板栗的主要价值[J]. 北方园艺(11): 114.

易善军, 2017. 我国板栗产业发展现状及策略[J]. 西部林业科学, 46(5): 132–134.

尹培培, 闫林林, 曹若愚, 等, 2015. 鞣花酸代谢产物：尿石素的研究进展[J]. 食品科学, 36(7): 256–260.

郁小华, 2014. 罗田县板栗产业化发展研究[D]. 武汉：华中师范大学.

张宇和, 2005. 中国果树志：板栗榛子卷[M]. 北京：中国林业出版社.

赵盼星, 刘文刚, 周晓彤, 等, 2020. 淀粉类产品在矿物加工中的应用研究现状[J]. 矿产保护与利用(4): 152–156.

中国新闻网. 贵州望谟：一颗“板栗”连通乡村振兴之路[EB/OL]. (2020-9-30). http://www.gz.chinanews.com/content/2018/09-29/85961.shtml.

周礼娟, 芮汉明, 2007. 低糖板栗果脯加工中淀粉酶作用效果研究[J]. 食品工业科技(9): 101–103.

周礼娟, 芮汉明, 2007. 预处理方法及微波渗糖对板栗果脯加工过程品质变化研究[J]. 食品科技(8): 104–108.

朱振中, 张梦玲, 2019. 东源县板栗产业发展现状及对策[J]. 现代农业科技(21): 233, 238.

ADMINISTRATION N F A G, 2019. China forestry and grassland yearbook[M]. Beijing: China Forestry Publishing House.

DAZ REINOSO B, COUTO D, MOURE A, et al, 2012. Optimization of antioxidants - Extraction from Castanea sativa leaves[J]. Chemical Engineering Journal(203): 101–109.

De VASCONCELOS M D C B, BENNETT R N, ROSA E A S, et al, 2007. Primary and Secondary Metabolite Composition of Kernels from Three Cultivars of Portuguese Chestnut (Mill.) at Different Stages of Industrial Transformation[J]. Journal of Agricultural and Food Chemistry, 55(9): 3508–3516.

DEMIATE I M, OETTERER M, WOSIACKI G, 2001. Characterization of chestnut (Mill.) starch for industrial utilization[J]. Brazilian archives of biology and technology, 44(1): 69–78.

ECHEGARAY N, GMEZ B, BARBA F J, et al, 2018. Chestnuts and by-products as source of natural antioxidants in meat and meat products: A review[J]. Trends in Food Science & Technology(82): 110–121.

FAO. Food and Agriculture Organization of the United Nations[EB/OL]. (2020-4-26). http://www.fao.org/faostat/en/#data/QC.

FRATI A, LANDI D, MARINELLI C, et al, 2014. Nutraceutical properties of chestnut flours: beneficial effects on skeletal muscle atrophy[J]. Food Funct, 5(11): 2870–2882.

GEIGENBERGER P, 2011. Regulation of Starch Biosynthesis in Response to a Fluctuating Environment1[J]. Plant physiology (Bethesda), 155(4): 1566–1577.

JIANG X, GONG B, TANG D, et al, 2013. G enetic variation of nut phenotype and nutrient of some of Chinese chestnut cultivars[J]. Acta Botanica Boreali–Occidentalia Sinica, 33(11): 2216–2224.

OZCAN T, YILMAZ ERSAN L, AKPINAR BAYIZIT A, et al, 2017. Antioxidant properties of probiotic fermented milk supplemented with chestnut flour (Mill.)[J]. Journal of food processing and preservation, 41(5): e13156.

YANG B, JIANG G, GU C, et al, 2010. Structural changes in polysaccharides isolated from chestnut (*Castanea mollissima* Bl. ) fruit at different degrees of hardening[J]. Food Chemistry, 119(3): 1211–1215.

YANG F, LIU Q, PAN S, et al, 2015. Chemical composition and quality traits of Chinese chestnuts (*Castanea mollissima*) produced in different ecological regions[J]. Food Bioscience(11): 33–42.

ZLATANOV M D, ANTOVA G A, ANGELOVA–ROMOVA M J, et al, 2013. Lipid composition of Mill. and Aesculus hippocastanum fruit oils[J]. Sci Food Agric, 93(3): 661–666.

中国工程院咨询研究重点项目

# 坚果（核桃、澳洲坚果）产业发展战略研究

撰 写 人：高 波
孙 昊

时　　间：2021年6月

所在单位：云南省科学技术厅农村科技服务中心
中国林业科学研究院林产化学工业研究所

# 摘要

核桃和澳洲坚果是世界上主要的坚果品种。我国的核桃和澳洲坚果种植面积均为全球第一，是林业重要的特色资源。我国坚果（核桃、澳洲坚果）产业发展正处在由数量扩张型向质量效益型转变和提升的关键时期，提升自主创新能力和产业高质量发展，是实现“绿水青山就是金山银山”的有效途径之一，可推动脱贫攻坚和乡村振兴，是生态效益和经济效益良好、可持续发展潜力大的林业特色资源加工利用产业。

针对目前我国核桃和澳洲坚果产业存在的整体效益欠佳、质量发展意识薄弱、品牌认知度低、产业扶贫能力弱、科技创新能力差、精深加工技术欠缺等问题，本研究提出了“政策驱动、项目拉动、示范带动、科技促动”的发展思路，坚持“做‘优’第一产业、做‘强’第二产业、做‘精’第三产业”的发展原则，采取“公司+专业合作社+农户+科技”的种植新模式，建立坚果产业技术体系，培育经营主体与龙头企业，打造国际知名品牌，建设坚果产品安全生产与质量监督管理体系；同时建议成立国家级坚果产业发展研究院，制定产业推进政策，全力促进提质增效；加强创新能力培育，强化产业科技支撑；发挥企业全产业链技术优势，提升区域创新驱动能力；建立多渠道投入机制，发挥金融支持作用；健全完善市场体系，积极培育市场主体。

以期到2035年，核桃和澳洲坚果总产量达600万t以上，综合产值达4000亿以上；产值20亿元以上的龙头企业3～5家，全国驰名商标12个以上。

# 1 现有资源现状

## 1.1 历史起源和功能

世界上的坚果主要包括核桃、澳洲坚果（夏果）、杏仁、开心果、腰果、榛子、薄壳山核桃（碧根果）、巴西胡桃和松子。

核桃是世界著名四大干果之一（宫学斌等，2018），是胡桃科胡桃属植物，又名胡桃、羌桃，与扁桃、腰果、榛子并称“世界四大干果”。核桃在我国分布广泛，北至黑龙江，南达云南、贵州，西至新疆，东至山东、辽宁，其中安徽省亳州市三官林区被誉为亚洲最大的核桃林场。核桃为落叶乔木，核果球形，外果皮平滑，内果皮坚硬，有皱纹，呈大脑形。果仁可吃可榨油，也可入药。配制糕点、糖果等，不仅味美，而且营养价值很高，在国外，人称“大力士食品”“营养丰富的坚果”“益智果”；在国内有“万岁子”“长寿果”“养生之宝”的美誉。核桃可补肾、固精强腰、温肺定喘、润肠通便，是重要的用材树种、生态树种、经济树种和生物质能源树种，具有较高的营养价值和保健功能。

澳洲坚果，又名夏威夷果、昆士兰栗、澳洲胡桃、昆士兰果，原产于澳大利亚昆士兰州东南部和新南威尔士州东北部沿岸的亚热带雨林地区，属常绿乔木果树，双子叶植物。树冠高大，叶3～4片轮生，披针形、革质，光滑，边缘有刺状锯齿。总状花序腋生，花米黄色，果圆球形，果皮革质，内果皮坚硬，种仁米黄色至浅棕色。澳洲坚果属于热带、亚热带果树，适合生长在温和、湿润、风力小的地区，世界种植区域分布范围较窄（商业性产区仅位于南北纬16°～24°的澳大利亚、南非、美国、肯尼亚、中国、越南、苏拉威西岛、新喀里多尼亚、印度尼西亚等国家）。其富含不饱和脂肪酸、蛋白质、碳水化合物、钙、磷、铁、B族维生素、维生素E、叶酸、烟酸、核黄素等营养物质，具有很高的营养价值和药用价值，经济价值非常高，素来享有“坚果之王”的誉称，长期以来深受国内外广大消费者青睐。长期食用澳洲坚果对降低人体血浆中总胆固醇、防治动脉硬化、降低心脑血管疾病发生等具有显著功效。

## 1.2 资源分布、总量和特点

根据国际坚果和干果理事会（INC）统计数据，2016年世界坚果果仁总产量为417.23万t，其中，杏仁118.59万t、核桃仁85.45万t、开心果76.21万t、腰果75.47万t。这4种是世界排名前四的坚果树种。2018年美国成为世界最大的坚果生产国，坚果产量占全球总产量的41%，其中：杏仁、开心果和核桃产量占其全国坚果总产量的96%；中国为世界第二大坚果生产国，产量占世界总产量的10%，核桃为中国坚果的主要产品，其产量占中国坚果总产量的97%；在过去10年，中国和美国的坚果产量增长率分别为96%和41%。核桃、澳洲坚果是世界范围的两大类主要坚果。我国是世界核桃的原产地和全球最大的主产区，也是全球澳洲坚果的最大产区，这为开展坚果（核桃、澳洲坚果）高质量发展提供了良好的保障。

### 1.2.1 核桃

全球核桃种植面积约1.24亿亩，种植面积前5位的国家有中国、美国、墨西哥、伊朗、土耳其。2018年，中国核桃种植面积1.22亿亩，是世界核桃种植面积最大的国家。

我国核桃种植历史悠久，种植地区分布广袤，为促进全国各省积极开展核桃种植，大力发展核桃产业，截至2016年国家林业局先后3次确定了23个“中国核桃之乡”，其中包括云南、山西、陕西、新疆、河北、山东等省份。目前核桃在中国云南、四川、陕西、山西、新疆等20个省份的1000余个县皆有种植。中国核桃有四大栽培区域：一是大西北，包括新疆、甘肃、陕西；二是华北，包括山西、河南、河北及华东区的山东；三是西南，包括云南、四川和贵州；四是华中华南，包括湖北、湖南等。目前我国核桃产量主要集中在云南、新疆、四川、陕西等几个省份。2018年云南省核桃种植面积达5264万亩（图18–1），四川省达1716万亩、陕西为1172万亩，其余省区种植面积均在1000万亩以下，云南已成为全球最大的核桃种植基地。

根据联合国粮农组织（FAO）2018年统计数据（图18–2），中国核桃收获面积占全球核桃收获面积的41%，其次是伊朗、美国、土耳其和墨西哥，占比分别为13%、11%、7%和7%。

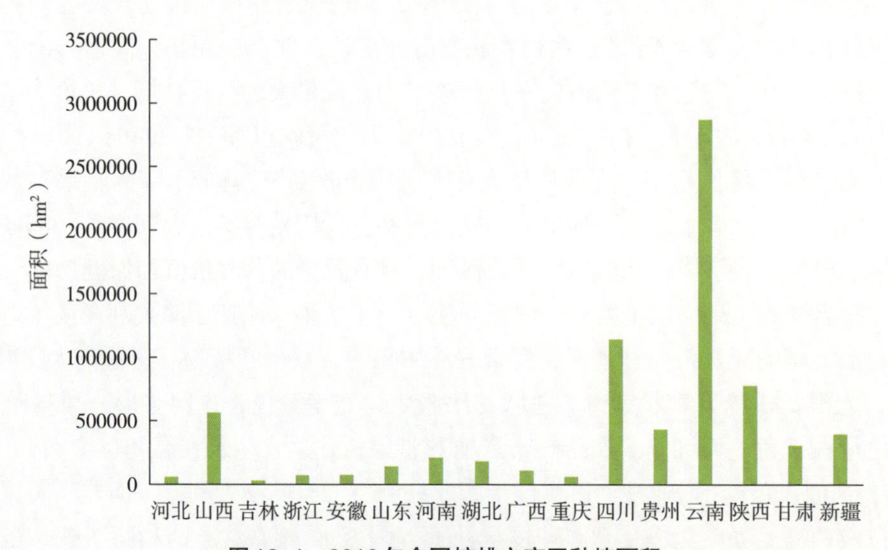


**图18–1 2018年全国核桃主产区种植面积**

（数据来源：《2018中国林业和草原统计年鉴》）

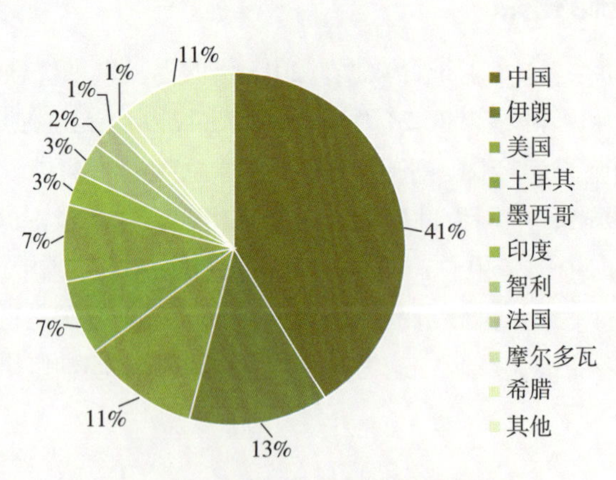


**图18–2 2018年世界核桃收获面积**

（数据来源：FAO）

2018年，全球核桃产量为764.76万t，中国核桃产量382万t，其中，云南107万t、新疆90万t、四川57万t、陕西24万t和山东17万t，共占全国总产量的77%以上（图18–3）。

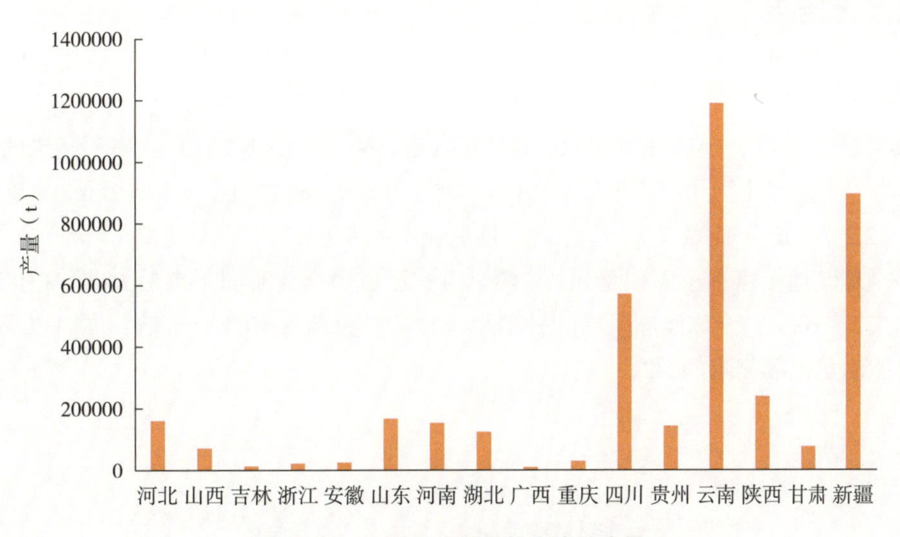


**图18-3　2018年中国核桃主产区产量**

（数据来源：《2018年中国林业和草原统计年鉴》）

多年来经过育种方面的科研探索，核桃分化繁育出许多性状优良，果仁营养丰富，色泽风味深受消费者喜爱。受各产区地理土壤特征、气候温湿环境、社会经济因素等影响，不同地区间形成了特有的种植品种。

云南泡核桃又称深纹核桃，主要特征为外壳纹路深且颜色深，核桃仁色浅，涩味淡，外形多圆形。经过自然和人工选择，目前，云南省主要种植的优良核桃品种包括漾濞泡核桃、昌宁细香核桃、华宁的大白壳核桃、大姚三台核桃等泡核桃以及以娘青为代表的夹棉核桃，此外还有普通核桃和云南泡核桃杂交形成的云新系列品种。

新疆主要种植普通核桃，果实外形通常具有壳薄、表面光滑、形状长圆、果仁大且易取整仁的特点。主栽品种包括‘温185’‘新新2号’‘扎343’‘新丰’等。对比新疆主栽核桃和其他地区核桃发现，受地理种植条件和品种的影响，新疆的‘温185’和‘扎343’与云南主栽的泡核桃在综合营养水平评价方面存在差异。

河北是华北地区的核桃种植大省。河北的核桃种植区域横跨整个华北平原，多分布在具有一定海拔高度的太行山和燕山山区，除沧州和衡水外，河北省其余9个城市均有核桃种植。河北种植的核桃品种有20余种，其中主栽早实品种包括‘香玲’‘绿岭’‘鲁光’‘元丰’‘辽核’系列等，晚实品种栽培较少主要有‘礼品’系列、晋龙系列和冀丰等。

陕西核桃产业发展迅速，陕西已形成了陕南秦巴山区、渭北旱原两大核桃产区。主要的品种有‘商洛核桃’‘西扶2号’‘陕核1号’‘西洛1号’等。多个县区种植面积超过100万亩，其中比较有名的县（区）有商州区、宜君县、丹凤县、陇县、黄龙县、商南县、洛南县等。其中商洛市被称作中国核桃之都，黄龙、宜君两县也先后被林业部门授予“核桃之乡”的赞誉。

四川核桃品种主要有‘朝天核桃’‘川早1号’‘蜀玲核桃’等，是中国核桃生产毋庸置疑的核桃大省。广元市、巴中市、绵阳市等18个县（市）位于四川盆地北缘和东北缘，本区属亚热带湿润气候区，是四川省传统核桃的主产区，先后获得了“中国核桃之乡”的美誉。

核桃楸具有很高的食用和药用价值，因其硬度大、富有弹性而又组织致密，常被用于生产国防器械、加工箱包、乐器和家具。核桃楸主要分布在我国东北的小兴安岭地区、长白山区以及辽宁东部，是国家级保护属种。与普通核桃、泡核桃同为胡桃属，因属于不同组使得核桃楸外形与普通核桃、泡核桃存在明显差异，核桃楸果实表面粗糙多沟壑，果仁细长，内种皮颜色浅，无油腻苦涩口感。

### 1.2.2 澳洲坚果

由于独特的营养价值和综合经济价值，20世纪中叶以来，世界热带和亚热带相关国家和地区竞相展开了澳洲坚果开发利用。进入21世纪后，澳洲坚果生产呈现提速发展趋势。据国际干果协会（INC）统计数据，截至2018年底，全球种植面积已达401万亩，壳果产量近20万t。澳洲坚果的主要种植国家分布见图18-4，分别是中国（278.7万亩）、南非（29.2万亩）、澳大利亚（28.5万亩）、越南（15万亩）、美国夏威夷（12.23万亩）、巴西（9.45万亩）、肯尼亚（9.08万亩）、危地马拉（4.8万亩）。中国澳洲坚果种植面积是全球其他国家种植面积总和的2倍以上，已成为全球澳洲坚果最大的种植区。据相关国际组织预测，未来5～10年，全球澳洲坚果的种植规模将会扩大到目前的3～4倍，届时以果仁为主的澳洲坚果产品也仅能满足市场需求的1/2。

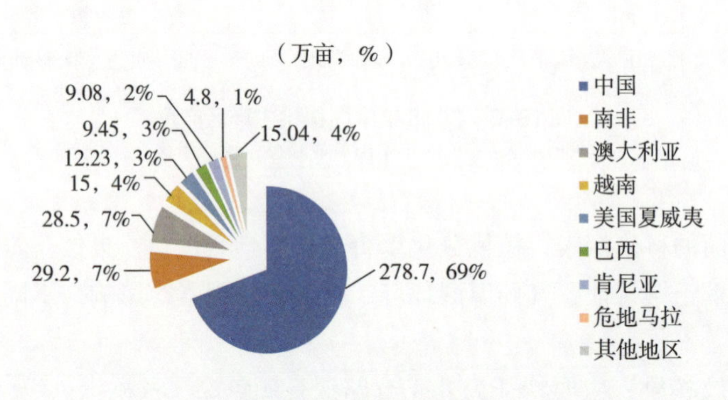


图18-4 澳洲坚果种植全球分布（2018年）

在市场导向和政策支持下，自20世纪80年代以来，我国相关省份相继从国外引入澳洲坚果种植，开展了产业开发活动。经过30余年的发展，目前，全国澳洲坚果种植面积已将近280万亩、生产壳果1.1万t。其中，云南省澳洲坚果种植面积262万亩、壳果产量约1万t，分别占全国澳洲坚果种植面积的95%和壳果产量的90%以上，成为我国澳洲坚果产业发展的主体省份。此外，广西、海南、四川、广东、贵州等省份也陆续开始澳洲坚果产业发展的推进工作，其中，广西种植面积已超过15万亩，广东种植面积约8400亩（图18-5）。据农业部南亚办统计（图18-6），2018年全国澳洲坚果收获面积28.62万亩，同比123.59%；云南澳洲坚果收获面积为26.64万亩，占全国的93%；广西收获面积1.75万亩，占全国总面积的6%；贵州收获面积0.22万亩，占全国总面积的1%。

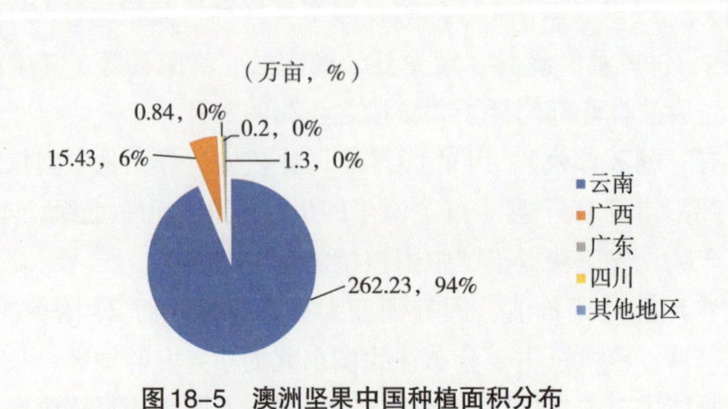


图18-5 澳洲坚果中国种植面积分布

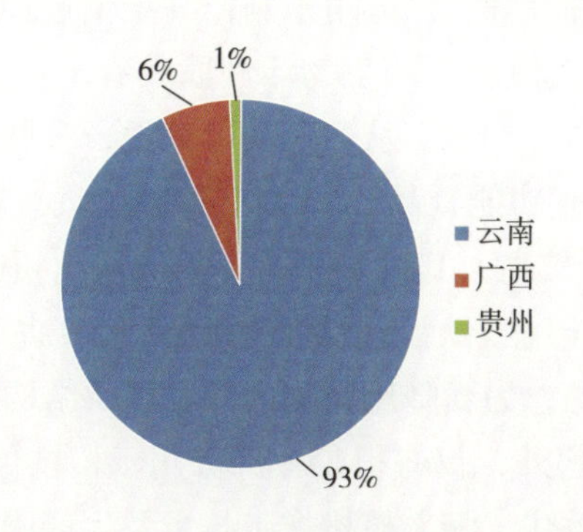


图18-6 2018年中国澳洲坚果收获面积
（数据来源：农业部南亚办）

# 2 国内外加工产业发展概况

## 2.1 国内外产业发展现状

我国核桃年加工壳果417万t，产值210亿元，产业综合产值为800亿元左右。澳洲坚果年加工壳果1万t，产值近1亿元，产业综合产值为6亿元左右。

### 2.1.1 核桃

（1）产业加工情况

发达国家已经普遍应用现代营养科学来指导功能性食品产业发展，提升功能性食品生产水平，加快发展常规食品形态的功能性食品。许多国家食品产业中广泛应用高新技术如生物工程和发酵技术、酶技术、挤压成型技术、辐照和化学保鲜技术、冷冻干燥技术、远红外技术等，实现常规食品形态的功能性食品的制造，并且保证其功能性和常规食品特征。目前国外普遍将纳米技术、超高压技术、脉冲技术等新技术应用于满足免疫调节、肠道调节、降血糖等特殊需求的常规食品形态的功能性食品生产中，如纳米技术，主要包括超细微粒和纳米粒子的制备技术、微乳化技术和纳米胶囊制备技术、分子自组装技术、纳米酶催化技术等。欧美发达国家及其大型功能性食品企业已经意识到只有大力发展以食品作载体的功能性食品，使其进入消费者一日三餐，才是未来功能性食品的发展主流。特别是一些日常食品、传统食品，如何赋予其功能性是值得研究的课题。所以对传统核桃食品进行功能设计和制造无疑是核桃产业未来的发展趋势。

（2）核桃功能食品研发现状

核桃栽培历史悠久，是一种集七大营养素于一身的优良干果类食品，同时还含有多种功能成分，具有很高的营养和保健价值。核桃全身都是宝，青皮、种仁、分心木等部位中含有独特活性功能性成分：脂肪酸、蛋白质、褪黑激素、生育酚、黄酮、多酚、胡桃醌等，可开发利用成各种具有营养和保健作用的食品，充分利用其各种原材料，使核桃资源得到充分利用，核桃价值得以充分体现，核桃产业保持健康发展。

我国核桃方面的功能食品加工产品较少，当前主要集中在核桃粉、核桃油、核桃乳、琥珀核桃仁等初级产品开发。针对不同人群精准营养设计及特异性膳食功能性核桃深加工产品相对缺乏，尤其在核桃功能性成分挖掘和应用方面尚处于起步阶段。国内相关研究学者开展的最新研究成果主要集中在以下几个方面，如核桃青皮可提取多酚和黄酮等功能成分，提取色素；未成熟核桃壳制核桃酒，具有消炎、止疼作用；核桃叶和分心木由于富含维生素E，可用于制作高维生素E保健茶；核桃雄花序干制后是营养保健、口感好的花序菜。酶解核桃蛋白制备的生物活性肽具有主动吸收、吸收速度快、吸收充分等优点，同时还具有提高免疫力、降血压等功能。从生理功能来说，多肽要优于氨基酸和蛋白质，是部分取代氨基酸和蛋白质等营养物质的新兴功能食品。如ACE抑制肽具有很好的消费者认知基础，此外，核桃蛋白质中脯氨酸（4%左右）含量较高，其对ACE抑制肽有突出贡献，是一种理想的ACE抑制肽蛋白来源。制备核桃ACE抑制肽不仅能够显著增加核桃的经济价值，提高其精深加工的水平，而且可以为高血压病人提供辅助降压的功能食品，为新降压药物的开发提供结构基础。

近些年来，核桃除作为干果销售外，仅有很少一部分用于核桃仁、核桃油和核桃乳等深加工产品，丰富多彩的核桃仁休闲食品也备受关注。随着核桃加工技术及生产线的研发成功，核桃破壳和壳仁分离技术瓶颈得到了解决，核桃的精深加工得到了保证，其后续深加工产品的开发和加工也迫在眉睫。

目前，最常见的核桃加工产品有糕点糖果的配料、干果仁食品和蛋白饮料产品等，深加工产品主要有核桃油、核桃蛋白、核桃粉和核桃乳等，此外核桃壳也得到了广泛的开发利用，如将其制成工艺品，制作优良活性炭，作为清洗抛光材料、涂料添加剂、化妆品添加剂、色素提取原料、滤料及堵漏材料等。但是由于我国的核桃产品加工起步较晚，加工规模小、产品种类少和品质较为低下，远远落后于核桃生产发达国家。近年来，随着核桃生产规模的迅速扩大，先后涌出一批核桃加工企业，使核桃生产及加工水平得到提升，加工布局逐步优化，产品种类逐渐增多，将会大大推进核桃产业的发展。

### 2.1.2 澳洲坚果

为保持发展优势，世界澳洲坚果主产国家一直将澳洲坚果种植及加工技术研究及研发成果的产业化应用放在产业发展的优先位置，总体而言，在优良品种选育、丰产栽培、加工机械及果仁加工技术等4个方面加快了研发步伐。其中，澳大利亚通过良种化、标准化、规模化、集约化管理，从灌溉、施肥、打药、修剪到捡果、脱皮全部生产过程实现了机械化与自动化，脱皮、分选、脱水、分级全过程均为自动化流水作业，机械化程度较高，产品品质达到了较高水平；南非通过滴灌技术应用，实现了精准灌溉和施肥，各种植农场均设有采后处理中心，对澳洲坚果进行就地脱皮、分选、脱水与分级；越南则将澳洲坚果产业发展确定为国家项目，规定种植苗木必须向指定的专业育苗公司购买，并由各地坚果协会或指定的龙头企业负责技术培训与指导。

（1）油

国外澳洲坚果油类产品已是较为成熟的特种油脂类产品，主要用于烹饪色拉油，工艺上用于高档化妆品的基础用油，供不应求，国内也有相应的产品，但量较少，形不成规模。

（2）蛋白类

澳大利亚有成熟的坚果蛋白乳饮料生产，年销量约1000万美元，有市场，但接受度及推广力度不足；国内有植物蛋白乳厂商以澳洲坚果为原料生产坚果乳饮料，但基本无市场，值得一提的是国内还开发了坚果蛋白粉、多肽等深度开发产品，具有一定资源量，可快速市场化。

（3）糖果点心类

澳洲坚果与巧克力、糕饼的结合在国内外都有应用，在国外，澳洲坚果在西餐及西式糕点中应用广泛，国内则也有相应的使用及在中式糕点的应用。澳洲坚果在食品及餐饮中的应用在国内有更丰富的应用场景，也有更大潜力。

（4）功能性食品、保健品

澳洲坚果由于富含不饱和脂肪酸及含Ω-3、Ω-7，具有极佳的保健功能，国内结合传统医药和养生保健，也开发了相应的产品，如咀嚼片、美容养颜奶茶、坚果豆腐等，在保健品和将来的药用领域，中国会有更多的研究，也会为澳洲坚果的深度开发提供更大的空间。

由于澳洲坚果的地域分布特点，目前，我国对澳洲坚果较为系统和深入的研发是“十四五”期间的重点。为引领和支撑澳洲坚果产业实现可持续发展，各地相关科研院所和龙头企业将持续以矮化耐寒新品种引种选育、良种扩繁、病虫害防治、合理施肥等为主要内容的种植技术研发和澳洲坚果山地适时采收、青皮就地脱除及壳果干燥等技术研究及初加工机械研制，引进先进的果仁加工生产线，开展了果油、果仁制品等功能性保健食品研发，取得了一批具有较高应用价值的研究成果、专利技术、行业标准和技术规程规范。但是，与开展澳洲坚果全产业链开发的科技需求相比较，无论是区域化种植集成技术还是综合精深加工技术，目前全国仅开展了局部的阶段性研究工作，科技研发与应用能力不足仍然是制约我国澳洲坚果产业发展的短板。

## 2.2　技术发展现状与趋势

### 2.2.1　核桃

#### 2.2.1.1　初加工技术

在核桃收获后常使用脱青皮、清洗、烘干、分拣、破壳、壳仁分离、核仁分拣等机械进行处理（刘喜前，2019），并在初加工过程中使用各类加工技术，高效地完成了核桃的处理和初加工环节，使用先进的机械提高了核桃的处理和加工效率，促进了核桃产业效益不断增加。

（1）脱青皮清洗加工技术

当核桃采收结束后，最佳的脱青皮加工期限是7d，因此应及时做好脱青皮的加工，此环节要做到将青皮彻底剥离。同时保障核桃的外表没有损伤和污染，最大限度保证核桃的品质。主要使用脱青皮机将青皮脱掉。当核桃收获几天之后，可在表面喷洒乙烯，这样可使青皮迅速脱离外壳，降低表面青皮的残留率，以减轻核桃汁对果仁的污染。当前，主要有滚筒式和齿棍钢刷脱青皮机械，具有的脱皮率较高，并且核桃外表产生的黑斑较少，青皮少，降低了对核桃的损伤。这种机械的工作原理是通过物理摩擦实现脱皮。当条件适宜时，使用此类机械的脱皮率可达到90%，同时对核桃的损伤率仅为5%，生产效率达4000kg/h以上，远高于传统的手工脱皮效率（陈悦等，2019）。

在清洗方面，应避免时间过长，防止核桃内部渗入水分使核仁受到污染。在这个环节如果使用滚筒式和齿棍钢刷式的脱皮机，则要求使用人员能熟练操作机械，并按照规范的流程展开作业，提高安全性。当机械工作时，应对残留的青皮及时进行清理，如果使用齿棍钢刷式机械，应注意每次倒入的核桃量应均匀，避免核桃中掺杂硬物。

（2）烘干

在核桃脱皮环节结束后应立即进入烘干环节，防止核桃内部发生霉变，同时将核桃按照大小进行分拣。烘干环节主要采用的是智能烘干机械。烘干作业时，应确保机械周围的空气流通、洁净，避免在潮湿环境或者有污染物的环境中展开烘干作业。将脱皮后的核桃进行分选，按照大小放入不同型号的器具中平整摆放。在初期烘干阶段前3h左右，应保持小于40℃的温度，避免核仁变质，当核桃表面的水分有大部分完成蒸发后，将温度设置在小于35℃，进行烘烤，直到核桃完全干燥为止。在整个烘干过程中，不能将机械的舱门随意打开。完成烘干工作后，应注意清理机械内部灰尘。保证烘干后的核桃受到敲打时能发出清脆的声音，横膈膜容易搓碎。

（3）分拣破壳、壳仁分离加工技术

核桃分拣机械是将核桃按照大小进行分级，主要采用分拣机械有栅条滚筒型、滚轴型等。栅条滚筒型是将不同间距的栅条和筛筒进行组合，形成一个带有间隙的滚筒，当核桃在滚筒中进行旋转时，不同大小的核桃就会从不同大小的间隙中被分拣出，达到为核桃分级的目的。滚轴型是由几组不断滚动的长轴在斜面上排列，各个滚轴之间存在着距离，并且从小到大，这样当核桃经过滚轴时，不同大小级别的核桃就会从不同滚轴的部位被分拣出来。栅条滚筒型的分拣机分准率>98%，破损率<0.2%。

在核桃的破壳流程中，要求所有核桃大小级别一致，最佳加工期限为1个月以内。核桃破壳机械的主要功能是将核桃外部的硬壳破开，让核仁脱离外壳。常用的破壳机械主要有挤压破碎型和气动击打型，破壳率>97%，分离率>65%。挤压型机械的结构简单，机械工作时，只有电动部件工作；气动型机械在工作时，同时具备电动和气动2个部件工作。

在核桃的初加工过程中，如何做好壳仁分离是重点问题，同时也是难点问题。分离效果好的壳仁分离机械能根据核桃外壳以及核桃仁在流体中的不同特点，对机械的风速进行调节，按照核桃仁的比重以及核桃壳的比重合理选择风力，达到高效分离的目的。最终壳仁分离效率>90%，核桃仁中的含壳率<10%，提高了壳仁分离的工作效率。核仁分拣机械是将破壳后的核桃进行分级，可将没有脱离核桃壳的核桃仁进行再次分离。通常使用的是振动筛型核仁分拣机械，其中筛孔的尺寸是从小到大进行排列的，同时形状各不相同，当机械振动时，不同大小的核桃仁就会从不同尺寸的筛孔被分离出来。

#### 2.2.1.2　核桃仁深加工技术

核桃仁是一种营养极高的食品，其风味独特，历来受到世界各国人民的喜爱。据分析，核桃仁含油量60%以上，最高达76%。核桃仁含蛋白一般在15%左右，最高可达30%，被誉为优质蛋白。另外核桃仁还含有丰富的维生素及钙、铁、磷和锌等多种微量元素。核桃油的主要成分是脂肪酸、亚油酸和亚麻酸，约占总量的90%，具有极高的营养保健价值（伍季和章银良，2006）。

近些年来，核桃不仅可以制成干果和核桃仁休闲食品销售，还可以深加工成核桃油、核桃蛋白、核桃粉和核桃乳等，此外核桃壳也得到了广泛的开发利用，如被制成工艺品、高吸附性活性炭、清洗抛光材料等。

（1）休闲食品

我国以核桃仁为主、辅料生产的食品多达200多种，如琥珀核桃、五香核桃、脱皮核桃仁、核桃软糖、核桃酪、核桃罐头、核桃乳制品等。

（2）核桃油

核桃油的生产工艺主要有压榨法、有机溶剂浸出法和超临界$CO_2$萃取法等（闫圣坤等，2014）。将核桃仁碱法脱皮后利用液压冷榨法生产核桃油，压榨压力30MPa，压榨时间40min，入榨水分为1.5%，出油率达93%以上，油中的不饱和脂肪酸含量>93%（吴凤智等，2014）；利用水酶法和分子蒸馏法提取富集核桃油，解决了传统压榨法过程中核桃粕蛋白变性大且不能充分利用等问题（李天兰，2013）。核桃油微囊的制备可以提高核桃油在高温、强光照下的稳定性，便于贮藏（王小宁等，2017）。

（3）核桃蛋白

核桃蛋白中8种人体必需氨基酸含量较高，超过国际卫生组织和国际粮农组织规定的氨基酸类人体必需量的标准值，是很好的植物蛋白来源（刘玲等，2009）。市面上核桃蛋白的加工品多为核桃蛋白发酵酸奶和核桃蛋白饮料，也有将脱脂核桃蛋白添加到肉制品中，作为填充剂提高肉的吸水吸油性、凝胶强度和乳化能力，同时起到降低脂肪摄入的作用（Albert et al.，2002；Cofrades et al.，2008）。另外，通过不同的蛋白酶切割可以得到具有不同的生物活性的核桃蛋白活性肽。经过AS1398中性蛋白酶水解得到的低分子量肽制品可以改变核桃蛋白溶解度差的问题，有助于人体的消化吸收；核桃多肽还具有明显的抗氧化性，经不同的酶酶解得到的蛋白多肽均有不同程度的羟自由基清除作用，其中复合酶水解产物的抗氧化性最强，利用这一特性核桃蛋白可作为日用化学品的抗氧化剂、发酵食品的原料或添加剂等；核桃蛋白经酶解后还可以生成具有抑菌成分的抗菌肽，且随水解度的增加，抑菌能力增强，其对大肠杆菌、枯草杆菌和金黄色葡萄球菌的最小抑菌浓度分别是50%、50%和60%。

（4）核桃粉

国内主要加工技术有喷雾干燥法和超微粉碎法。喷雾干燥法所生产的核桃粉颗粒整体上符合人们的需求，也比较蓬松多孔，在流动性上相对较好，很容易用热水冲散，因此速溶的效果十分好，但是搅拌时间相对较慢，也不容易产生分层的情况。采用超微粉碎法所生产的核桃粉，表面吸附力很强，也可以较好地分散和溶解在水中，可以较好地被人消化和吸收。相比于喷雾干燥法，超微粉碎法的实际使用范围更加广泛，因为其工艺相对较简单，投资也会比较少。

（5）核桃乳

核桃乳是以核桃仁为原料，结合水以及相关的辅料加工所制成的植物蛋白饮料。核桃乳是富含蛋白质、维生素B、尼克酸、微量元素的一类饮料，相比于其他的碳酸饮料而言，整体的健康价值较高，因此在未来的发展中必定会受到更多人的认可。核桃乳的制作过程大体包括原料清洗、浸泡、去皮、磨浆、结合胶体磨来作离心过滤，再进行脱气处理、灌装、杀菌冷却后售卖。

#### 2.2.1.3 核桃壳深加工技术

核桃壳经过超微粉碎形成细粉末之后，用途十分广泛，比如在金属行业就可以用作清洗剂。特别是核桃壳被磨成粉碎后，整体的颗粒具有一定的弹性，恢复力和承受力十分好，因此在气流冲洗操作中可以作为研磨剂使用。比如在石油行业之中，可以结合核桃超细粉末的特征，做好相关的填路基工作，在钻探和开采等环节中都有使用。在高级涂料行业中，核桃壳的超细粉特征可以用作添加剂使用，整体的质感和塑料十分类似，性能却要优于普通的塑料和涂料。在爆破行业中添加核桃壳的超细粉，则可以大大提升整体的爆炸威力。在化妆品中，核桃壳的超细粉末是天然物质，没有任何的毒性，因此，以此做相关的添加剂，以利于提升化妆品的护肤效果（杨园，2020）。核桃壳还可以直接进行炭化、水蒸气活化制备高吸附性能的活性炭，可广泛用于水处理、大气净化、炭基催化剂、食品加工、医疗等领域（蒋剑春，2017）。

#### 2.2.1.4 核桃隔膜深加工技术

分心木是核桃仁间的木质隔膜，含有黄酮、生物碱、有机酸、甾体等多种成分，临床上常用于治疗肾病、失眠多梦、牙龈出血、腰肌劳损等疾病。目前对分心木的利用较少，大多与核桃壳一起作为燃料或活性炭等，也有少量作为速溶饮品、饮用茶等（张旭等，2015）。

#### 2.2.1.5 核桃青皮深加工技术

核桃青皮又称青龙衣，因其化学成分多样，在医药、农业、工业方面应用广泛。核桃青皮中含有醌类、黄酮类、萜类、有机酸及其酯类等多种化学成分，具有抗肿瘤、抑菌、抗氧化等多种生物活性，被广泛应用于临床。其醇提物以及其石油醚、氯仿、乙酸乙酯萃取部位对SGC-7901、HepG-2、HCT-8、Capan-2四种肿瘤细胞株均有细胞毒作用（曲中原等，2009）。核桃青皮中的胡桃醌具有显著抗肿瘤活性，对人体肝癌细胞SMMC7721的抑制强度与氟尿嘧啶相仿，强于亚硝酸注射液（姬艳菊和徐巍，2014）。核桃青皮色素作为染发剂，与普通的氧化型染发剂相比，对头发损伤小，且具有优良的抗紫外线性能（史宏艺等，2017）。研究表明，50%乙醇提取核桃青皮色素得到的色素含量最高，为（$2.67 \pm 0.02$）mg/g，具有光稳定性及耐氧化还原性，并且钙、锌、铁等金属离子对色素具有增色效果（仲军梅等，2014）。核桃青皮所含的次生物质具有较好的农药活性，其水浸液对马铃薯晚疫病孢子和甘薯黑斑病菌孢子抑制效果达96.7%和98.7%（赵岩等，2008），对植物幼根的抑制作用大于对幼芽的抑制作用，因此可作为除草剂使用（张凤云等，2005）。

#### 2.2.1.6 核桃种皮深加工技术

核桃种皮以鞣花酸、没食子酸、胡桃苷等多酚类成分为主（Jurd & Plant，1956）。另外还有蛋白质、脂肪、碳水化合物、维生素B、多种微量元素，以及少量以芦丁为主的黄酮类成分（万政敏等，2007）。对核桃种皮的营养和功能性成分进行含量测定，发现核桃种皮中的酚类及黄酮类成分为核桃仁中的12.51和1.78倍；维生素$B_1$、磷、钙则分别是核桃仁中的1.37、1.50、13.46倍（荣瑞芬等，2008）。有研究表明，核桃种皮中的多酚类成分具有多种保健功能，如抗氧化、保肝、抗癌、保护心血管、提高认知功能、抗菌抗病毒、抑制黑色素生成、缓解免疫毒性以及治疗糖尿病等（朱亚新，2016）。基于其丰富的营养保健功能，核桃内种皮正在应用到特殊人群的膳食，制作成具有保健效果的核桃茶以及抗衰老的化妆品等（郭慧清等，2017）。

### 2.2.2 澳洲坚果

（1）初加工

全球初加工流程基本相似，主要设备及加工技术水平相互借鉴，差距不大，但国内、国外引种植地不同，国情不同，也呈现出一些差异，澳大利亚、南非等国种植以丘陵及平地居多，其初加工设备较大型化，机械化；国内山地种植多，设备更小型化，得益于国内技术的进步和成熟的配套，在新技术的运用，如热泵技术，自动化、可视化、信息化运用等方面，国内的专业坚果企业反超国外，并且逐渐推广。

（2）精加工

对果壳、果皮的资源化利用，国内进行了较多的研究，并且有相应的产品推出，而国外的研究利用则不系统，较为分散。国内目前已推出的综合利用类产品主要有3大类：

①果皮综合利用产品，基于果皮提取物的化妆品系列，如面膜、护肤水、精油等。

②基于果壳的综合利用产品，如生物塑料制品、纳米纤维等。

③综合利用产品受资源量及市场制约，多作为礼品，极少在市场上销售。

## 2.3 差距分析

### 2.3.1 产业差距分析

#### 2.3.1.1 整体效益欠佳，亟待提质增效

通过20多年的持续努力，我国坚果产业发展成就骄人，但同时存在产业效益整体不高、科技创新支撑条件及一、二、三产业融合能力不强、企业及市场发育滞后等突出问题。

目前，虽然我国坚果（核桃、澳洲坚果）种植面积和壳果产量均居世界首位，但由于一批具有创新性的规范化种植及采后加工集成技术推广应用滞后，长期以来单位产量偏低，产品质量和附加值不高，严重制约了产业质量和产品市场竞争力的整体提升。当前，坚果产业发展存在的一个突出问题是产业整体效益不高，具体体现为“一大三低”现象，即种植规模大、挂果率低、平均单产低、综合效益低。一是种植规模大。2018年底，我国核桃1.19亿亩，约占全球种植面积（1.24亿亩）的95.96%；澳洲坚果262万亩，约占全球种植面积（401万亩）的63.13%。二是挂果率低。目前，我国核桃和澳洲坚果的平均挂果率不足40%和10%。三是平均单产低。统计数据显示，目前，我国1.19亿亩核桃每亩平均产量不足100kg，澳洲坚果每亩平均产量为65kg，而原产地澳大利亚的澳洲坚果每亩平均产量达280kg以上。四是综合效益低。目前，我国核桃年加工壳果417万t，产值210亿元，产业综合产值仅800亿元左右。澳洲坚果年加工壳果1万t，产值近1亿元，产业综合产值仅6亿元左右。

（1）核桃产业

一是目前核桃种植普遍存在管理粗放、单产低和果品总体质量参差不齐问题，除新疆以外，主要以散户种植为主，组织化、标准化、机械化、集约化程度较低，由于大部分都是在坡上零散种植，种植成本高、品种混杂、亩产低，由此带来品质参差不齐、优果占比低。二是核桃初加工技术的机械化、标准化程度低。据调查，我国核桃初加工均以作坊式手工加工为主，机械化程度仅为20%～30%，而新疆已高达60%以上，同时全国尚未建立统一的初加工工艺标准和质量标准，初加工产品质量参差不齐，达不到中、高端市场和大型采购商的标准。三是精深加工企业实力不强，缺乏带动产业发展的深加工技术。

（2）澳洲坚果产业

一是产业发展质量和规模与市场不匹配。我国澳洲坚果种植面积快速增长，产量不断增加，但产品

标准、质量、市场提升远不及数量的扩张，产业发展的标准、质量、市场一直处于中低端水平，产业难以做大做强做优。二是品种杂乱，种植管理规范化程度不高，存在大量的实生树栽培情况，改良品种杂乱，没有进行品种筛选和合理搭配。三是坚果种植地无法使用大型机械设备，目前缺少山地适用的小型机械设备，山地种植的机械化程度低，果园种植的人工成本较高，单产、品质、种植效益亟待提高。四是澳洲坚果加工企业重复低水平建设现象突出，大多数都停留于原料初级加工型、低附加值产品的生产上，制约了澳洲坚果加工业良性发展。五是澳洲坚果全产业链尚未被打通，产品增值尚未达到最大。

#### 2.3.1.2 质量发展意识不够，品牌认知度低

质量意识差，没有严格、科学的质量管理体系，难以保持产品质量的稳定性和持久性，难以推出优质产品。比如，美国钻石核桃以生产、加工带壳核桃为主，品牌做到享誉世界。而我国坚果企业，难以真正做到在某一个突出方面享有盛名。过度关注当前效益，采取急功近利的战术，限制产品未来发展。我国坚果销售大多以低附加值的原料果进行销售，产品中缺乏文化价值，经营不考虑文化因素，消费者认知度低、品牌联想少，难以形成品牌的心理优势。一直缺乏强有力的龙头企业在品牌、营销、市场方面的引导以及世界市场的扩张，缺乏全国性的知名品牌，用高附加值的品牌销量来引导坚果产业的快速发展。一个产业的发展必须有一个或几个大的行业有影响力的强势品牌和龙头企业带动。我国坚果的出路关键在品牌建设和营销渠道建设。

#### 2.3.1.3 乡村振兴战略需求紧迫，产业扶贫能力不足

“十四五”期间是我国实现精准脱贫、全面建成小康社会的决胜时期。云南、四川、陕西、山西、新疆等省份是坚果的主要产区，也是我国农村贫困面较大、贫困程度较深的边疆民族地区，脱贫攻坚任务十分艰巨，各级政府历来十分重视发挥产业建设在当地乡村振兴和扶贫攻坚中的重要作用。但这些与乡村振兴和扶贫攻坚的巨大需求相比，坚果的产业扶贫能力还较为有限。如何结合各地实际，建立起产业发展与乡村振兴和扶贫攻坚相互依存、相互促进的双向互动机制，实行更为有效的“政府+科技研发机构+企业+基地+经济合作组织+广大贫困户+市场”的运行模式，更加广泛地将产业发展融入乡村振兴和扶贫攻坚的全过程，大幅度提高产业发展对乡村振兴和扶贫攻坚的支撑能力，不断开创产业发展与乡村振兴和扶贫攻坚共赢的良好局面，仍然是当前和今后较长一段时期我国坚果产业需要解决的重要课题。

### 2.3.2 技术差距分析

#### 2.3.2.1 科技支撑薄弱，创新能力不足

目前，我国初步形成了云南、四川、陕西、山西、新疆等20个省份的产业发展格局，坚果产业正在成为这些区域经济发展新的经济增长点和骨干性产业。但由于受到科技研发、科技投入、科技人才、科技推广示范能力等方面因素制约，坚果产业技术创新发展动力不足，在良种选育、标准化种植、采后初加工及精深加工等方面关键技术的研发及应用均较为缓慢，科技推广服务体系建设严重滞后，国家、省、州（市）、县（市、区）、乡（镇）五级科技支撑服务体系建设亟待完善与加强，产业科技创新实力亟待提升。

#### 2.3.2.2 采后精深加工技术研发与应用能力急待加强与提升

我国坚果种植地大多为山地，需要加强开展山地采收机械及青皮就地去除技术等方面的研究与应用，以大幅度提高坚果在采收与初加工环节的生产效率和改善坚果种植的农业生态环境保护水平。此外，我国坚果的采后加工大多仍局限于去除青皮和果仁生产阶段，产品附加值总体不高，对果油提取利用和果皮、果壳、木材综合利用（高级饮品开发、化妆品及保健品基础油开发、家畜蛋白质饲料开发、高级活性炭及复合木地板开发、高档家具及工艺品开发等）等方面的科技研发还十分有限，采后精深加工技术研发与应用能力亟待加强与提升。

# 3 国内外产业利用案例

## 3.1 案例背景

河北绿岭庄园食品有限公司，是一家集优质薄皮核桃品种繁育、种植、研发、深加工和销售为一体的全产业链现代化大型企业。2008年，绿岭商标获得河北省著名商标，2012年荣获中国驰名商标。2011年9月，通过国家林业局领导多次实地考察，最终确定将首届中国核桃节举办地定在绿岭，将绿岭“标准化栽培、产业化发展”的成功模式向全国推广（图18–7）。

图18–7　中国核桃小镇

绿岭核桃先后通过了国家绿色、有机认证，在2011年首届中国核桃节上绿岭核桃一举夺得金奖。2013年8月，绿岭核桃通过世界上最具权威的欧盟有机认证。在深加工方面，坚持高起点、高标准建设与生产。在2011年首届中国核桃节上，“绿岭智U核桃乳”荣获核桃乳类唯一金奖。

绿岭公司的发展形成了以改善生态环境促经济大发展的绿色产业模式，为太行山区综合治理探索出了一条持续而高效的产业化发展之路，从而拉动了千里太行山千万亩核桃森林带建设，为建设生态河北、美丽河北起到了铺路人的作用，多次得到了国家、省、市、县领导充分肯定和赞扬，全国政协副主席罗富和、国务院扶贫办主任范小建、国家林业和草原局党组书记副局长李育才到公司调研考察，对绿岭的发展模式给予了充分肯定和高度赞扬；河北省省长张庆伟和副省长张和、沈小平等领导多次到绿岭调研指导，均对公司的成功发展模式给予了极高评价。2020年8月13日，省委书记、省人大常委会主任王东峰参观公司展厅及生产车间，对公司的发展带动模式表示肯定，希望公司持续深化产业扶贫。

## 3.2 现有规模

拥有绿岭薄皮核桃20万亩，苗木繁育基地2600余亩，是集约化优质薄皮核桃生产基地；现代化的深加工车间9个，共100000m$^2$以上，建成了“河北省核桃工程技术研究中心”。

为进一步延伸产业链条，提高社会效益和经济效益，绿岭公司在县委、县政府及县有关单位的大力支持下，建设了核桃深加工基地——河北绿岭庄园食品有限公司。总投资3.2亿元，占地面积200余亩，建设核桃系列产品生产线9条，现已有5条生产线投产达效。项目全部建成后，年加工核桃原果30000t，生产原味和多味休闲核桃及保鲜核桃15000t；精制核桃食用油1800t；精制核桃保健油900t；核桃乳30000t；核桃复合营养粥片4000t；金花核桃降脂胶囊540万瓶；核桃壳活性炭1600t。年产值20亿元，利税1.6亿元，为社会提供5000个就业岗位，同时拉动交通、物流、餐饮、旅游等产业的发展，社会效益显著。

在未来的发展中，绿岭将在核桃种植技术和核桃深加工产品开发、科学管理等方面积极创新。以自有核桃种植基地为依托，进一步扩大核桃种植规模和研制、培育新一代核桃品种；站稳制高点，辐射全产业链，全力进行核桃深加工产品开发，加强与著名大专院校、科研院所的合作，生产出无香精、原生态、营养丰富、技术含量高的脑健康核桃系列产品，丰富绿岭产品类型，延长核桃产业链条；在市场销售上，立足区域，大力推进，加大宣传策划，突出品牌建设，利用报刊、网络、电视等媒体广泛宣传，进一步拓宽、扩大销售渠道，让绿岭产品遍布全国，成为核桃第一品牌，使核桃专家形象更加亮丽。

## 3.3 可推广经验

### 3.3.1 产业扶贫

公司持续深化产业扶贫，通过“公司+基地+农户”等方式，带动周边贫困户扩大核桃种植规模，提高产品品质，实现稳定增收。共拥有绿岭薄皮核桃20万亩，苗木繁育基地2600余亩，保障了稳定充足的原料来源。绿岭公司在自身的发展过程中，积极带领广大农民共同致富，形成了以“绿岭”为中心，辐射带动全县、全省、全国的格局。公司为农户供应高纯度苗木、产品回收、提供技术服务，在核桃管理的关键时期派技术人员现场指导，带动临城县8个乡镇发展薄皮核桃种植20万亩。核桃原果生产亩投入2700元，进入盛果期后亩产核桃干果200～250kg，纯收入可达8000元左右。人均增收2000多元，此外公司每年用工20万余个，工费1000多万元，农民在打工挣钱的同时，学到了核桃树管理、种植等技术，增加了致富资本，同时转变了观念，提高了发展核桃产业的积极性。现在，绿岭的带动作用已经不仅仅局限于当地，还辐射到新疆、四川、湖北、湖南、山东、山西、河南、陕西、辽宁、北京、天津等省份，大有蔓延全国之势，使绿岭核桃根植神州、果香华夏。

### 3.3.2 技术创新

公司坚持走产学研结合道路，先后与河北农业大学合作承担了国家科技部、林业局科技攻关项目4项，河北省科技项目8项，制定了薄皮核桃生产2个地方标准，成功选育出拥有自主知识产权的“绿岭”和“绿早”两个薄皮核桃新品种，多项科研成果达到国际先进水平，先后被国家质量技术监督局、国家林业和草原局命名为早实核桃标准化示范基地，取得了“核桃青皮脱皮机”等5项专利。经过科技治理，终于将万亩荒岗变成了一片生机勃勃的绿色田野，取得了良好的社会效益、生态效益和经济效益。公司先后被认定为“国家扶贫龙头企业”“国家太行山星火产业带薄皮核桃示范基地”“国家农业标准化示范区”“国家级核桃示范基地”“河北省扶贫开发重点龙头企业”“河北省农业产业化重点龙头企业”“河北省林果产业重点龙头企业”“河北省农业综合开发产业化经营重点龙头企业”“河北省省级科普基地”“品味2012·最受信赖的河北食品品牌”等。

### 3.3.3 种养、深加工及三产融合

在核桃种植方面，采用“树、草、牧、沼”四位一体的种养模式，树下生态养殖柴鸡5万余只，将逐步扩养到10万只以上。空中黑光灯、地面散养鸡的生态立体杀虫模式保证了核桃的有机绿色。在深加工方面，坚持高起点、高标准、全方位建设与生产。公司现有研发的核桃深加工产品有核桃乳、核桃营养糊（粉）、核桃奶片、核桃油、核桃肽、核桃胶囊等6大类20多个单品。在产业发展方面，坚持一、二、三产业融合，拉动交通、物流、餐饮、旅游等产业的发展，社会效益显著。

## 3.4 存在问题

一是核桃隔膜、青皮和种皮的深加工利用，仍处于技术开发阶段，还未形成规划化产品生产，附加值较低。

二是相较于美国、墨西哥、智利等核桃产品出口大国，我国核桃出口量和出口价格均有待提升。相比于智利等国家，美国与中国的价格相差较小，但美国的核桃体积大、皮薄、肉多，核桃品种优良，深受各国人民喜爱，国际市场需求量大。相反我国核桃产品存在一些鱼龙混杂的情况，质量不高，价格比较低，竞争力不高。特别是在去壳核桃上，价格差距更明显，由此可见我国产品简单、质量差、缺乏深度加工。与主要出口大国比，我国核桃产品价格较低，主打国际中低端市场，在周边国家和地区具有较强竞争优势。美国、智利、墨西哥等国拥有较好质量和更高档次的核桃产品，占据国际中高端市场，在欧洲等发达国家和地区有非常强的竞争优势。

# 4 未来产业发展需求分析

## 4.1 核桃产业发展需求分析

我国政府高度重视生态文明建设与发展，2005年8月15日，时任浙江省委书记的习近平同志在浙江湖州安吉考察时，首次提出了“绿水青山就是金山银山”的科学论断；2017年10月18日，习近平同志在十九大报告中指出，“坚持人与自然和谐共生。必须树立和践行绿水青山就是金山银山的理念，坚持节约资源和保护环境的基本国策，形成绿色发展方式和生活方式，坚定走生产发展、生活富裕、生态良好的文明发展道路”。坚果（核桃、澳洲坚果）产业发展正处在由数量扩张型向质量效益型转变和提升的关键时期，提升自主创新能力和产业高质量发展，是实现“绿水青山就是金山银山”的有效途径之一，可推动脱贫攻坚和乡村振兴，是生态效益和经济效益良好、可持续发展潜力大的特色经济林产业之一。

### 4.1.1 需求侧分析

随着经济发展、消费结构升级和消费水平提高，坚果正在逐渐成为百姓日常的必需消费品，坚果行业发展迅速。中国食品工业协会数据显示，2018年我国坚果炒货行业规模以上企业销售规模达1625亿元，2011—2018年的年均复合增长率达10.1%，随着人们对健康食品需求度的不断提升，坚果行业将持续保持强劲的发展势头。

（1）消费趋势

核桃是典型的健康类休闲食品。相关研究结果表明，人均GDP与坚果的消费成正比。据全球著名市场研究公司尼尔森的预测，健康休闲食品的年均复合增速≥10%，为传统食品的3倍以上。我国已成为全球最大的坚果炒货食品生产与消费国，目前主要消费群体为15～35岁的年轻人，女性消费者占消费群体比重的77%。随着健康意识的不断增强，预期消费群体将持续扩大，消费量将快速增长。

（3）消费市场

随着收入水平的提升，国民对于坚果的品质要求逐步提升，高端坚果市场发展迅速。以木本坚果为代表的高端坚果占坚果销售额的比重近年来不断提升，占比已经超过20%；坚果销售均价增长迅速，2009年以来年复合增速达到3.86%；近两年主要坚果进口量和进口金额显著增加。此前高端坚果主要销售区域集中在华东地区的一、二线城市，随着各大坚果电商继续做强线上平台，高端坚果产品开始覆盖全国三、四线城市，渗透率有望继续提升。目前，行业内主要店铺已经与淘宝、京东等线上平台开展了深度合作。

### 4.1.2 供给侧分析

（1）供给规模

截至2019年，我国核桃产量497万t。

（2）供给产品类型

我国核桃产品主要类型为核桃壳果、仁和乳等。其中，壳果产量200万t、仁143t、乳55t、油2万t。产品结构不尽合理，市场需求量大的休闲食品、功能性食品、保健产品等开发不足。

（3）供给产品的品质

目前世界上广泛栽培的是深纹核桃（泡核桃）和普通核桃。泡核桃是中国西南的特有种和云南的主要栽培种，其起源和分布中心在云南。云南省林业科学院研究结果表明：云南核桃较普通核桃口感佳、涩味轻、耐储好，富含磷脂、维生素E、褪黑素、黄酮、氨基酸等功能性成分。

（4）供给侧结构

我国核桃产业具有分散经营、产业集中度低的特点，在产业发展中，虽然涌现出一些企业、林农专业合作社等新型经济组织，但运行机制尚不完善，农民组织化程度还不够高。在生产方式上，大部分农户仍限于一家一户单兵作战，科技化、信息化水平还很低；在经营方式上，多而散现象普遍存在，专业化、集约化水平还较低；在组织方式上，家庭式经营占主导地位，在技术支持和市场竞争中均处于劣势地位。

### 4.1.3 目标市场分析

（1）目标市场

根据联合国数据中心统计显示，2012—2017年，全球核桃进出口贸易总额呈现出波动增长的特点，自2015年开始，出现了新一轮的增长，至2017年达到18.35亿美元（图18-8）。2012—2016年全球核桃进口前5名的国家依次是意大利、中国香港、土耳其、墨西哥和西班牙（图18-9）。2012—2016年全球核桃出口前5名的国家依次是美国、墨西哥、法国、智利和中国香港（图18-10）。

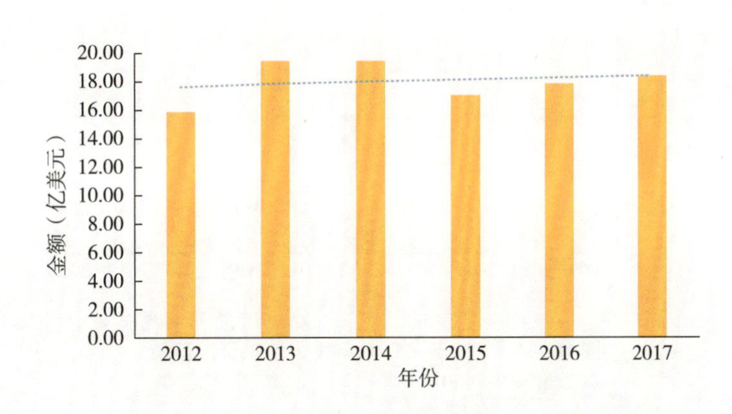


图18-8　2012—2017年全球核桃进出口贸易金额

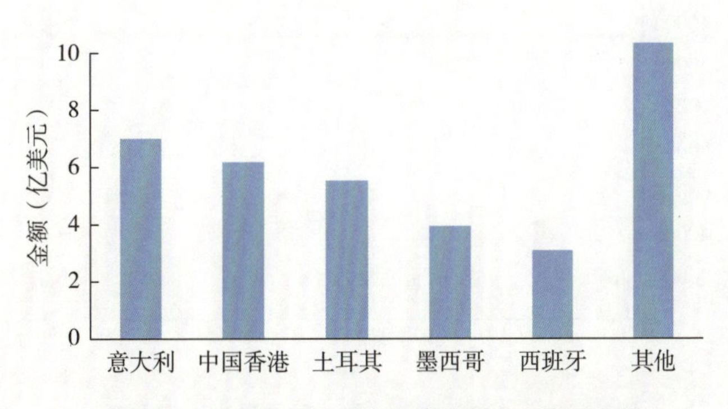


图18-9　2012—2016年全球核桃进口贸易金额

2009—2018年10年间，我国核桃进口量在波动中趋于减少，尤其自2013年以来，进口量持续减少，2018年进口量为11114t。而核桃出口量自2016年开始大幅增加，2018年已达到51157t，是2009年的4.8倍（图18-11）。

从进出口金额来看，这10年间，2018年出口金额为14997.3万美元，是2009年的7.6倍（图18-12）。

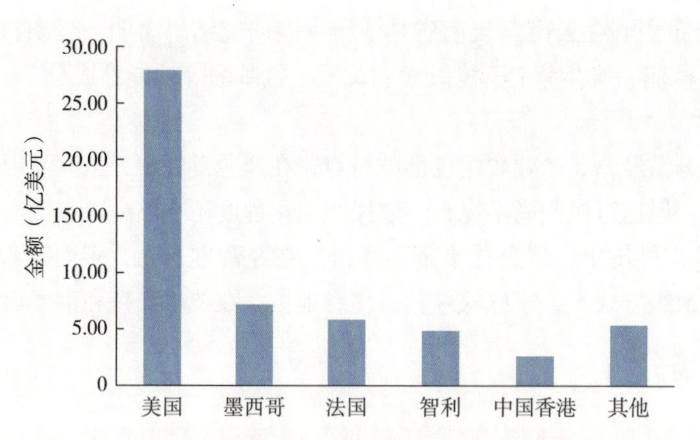


**图18-10　2012—2016年全球核桃出口贸易金额**

（资料来源：联合国数据统计中心）

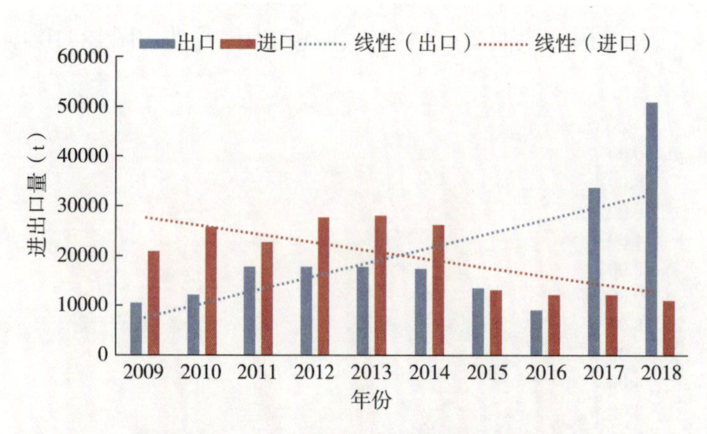


**图18-11　2009—2018年我国核桃进出口量**

（数据来源：《2018中国林业和草原统计年鉴》）

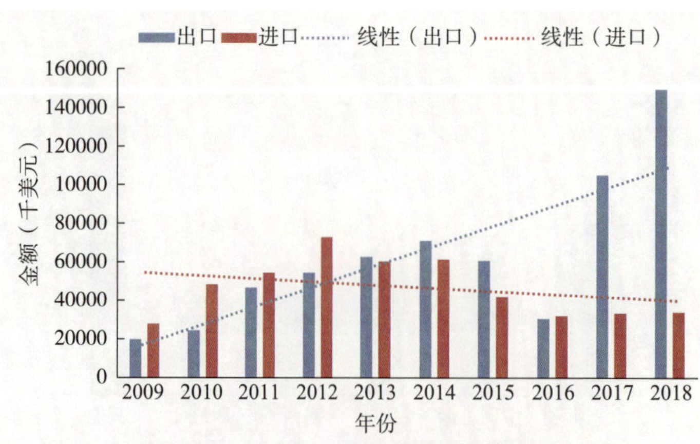


**图18-12　2009—2018年我国核桃进出口金额**

（数据来源：《2018中国林业和草原统计年鉴》）

（2）目标消费人群

核桃的消费人群主要集中于年轻消费群体；消费市场里，女性消费者远超过男性，占70%；公司职员和学生是坚果的主要消费群体，两者占60%以上。

## 4.2 澳洲坚果产业发展需求分析

### 4.2.1 需求侧分析

（1）人均消耗量

澳洲坚果全球消费总量从2013的4万多t增长至2017年6.8万t，人均消耗量增长至6.6g，人均消耗量最大的国家为澳大利亚。

总体来说，多数国家的人均澳洲坚果消耗量逐年增加或较稳定，中国人均消耗量也在稳步上升。

（2）消费市场

随着收入水平的不断提高，人们对澳洲坚果的需求量不断增加，对坚果的品质要求逐步提升，高端坚果市场发展迅速。各大主产商为争夺澳洲坚果原料，造成抢青采收、哄抬价格的局面时有发生。高端坚果主要销售区集中在华东地区的一二线城市，随着各大坚果电商继续做强线上平台，高端坚果产品已基本能覆盖三、四线城市，渗透有望继续提升。

### 4.2.2 供给侧分析

（1）供给规模

截至2019年，我国澳洲坚果产量达4.86万t（壳果），但是澳洲坚果的产量还远远不能满足市场的需求。如表18-1所示，我国澳洲坚果每年的进口量远大于出口量。

**表18-1 我国澳洲坚果果仁进口和出口量**

| 指标 | 2014年 | 2015年 | 2016年 | 2017年 | 2018年 |
|---|---|---|---|---|---|
| 进口量（t） | 4393 | 7512 | 5091 | 6964 | 6027 |
| 出口量（t） | 2826 | 1897 | 1645 | 1641 | 1270 |

数据来源于INC和中国海关统计数据。

（2）供给产品类型

我国澳洲坚果产品类型局限在开口壳果和果仁，产品结构不合理，产业链不够延伸。虽说现在开口壳果不能满足市场消费需要，但是随着收获面积的不断增大、鲜果的扩增、产品类型的增加、功能性食品的开发，保健产品、多样的快销休闲食品的大量出现将能缓解市场消费需要。

（3）供给侧结构

我国澳洲坚果种植基地多以分散经营、农民合作组织为主，在产业发展中，农民合作组织化程度较低。在生产方式上，大部分仍限于一家一户种植、经营，科技化、信息化水平低；在经营方式上，多而散现象普遍存在，专业化、集约化水平较低；在组织方式上，家庭式经营占主导地位，在技术支持和市场竞争中均处于劣势地位。

### 4.2.3 目标市场分析

#### 4.2.3.1 国际市场分析

澳洲坚果能够提供优质、营养、健康、安全的植物蛋白，在世界坚果中因其具有很高的营养价值，且果仁香味独特、口感细腻、味美可口、经济价值高，在国际市场上极受青睐，被誉为“坚果之王”和“干果皇后”。

2006—2017年，世界各国进口澳洲坚果（果仁）同比增长了148.21%，年均增长10.63%；出口量同比增长了106.14%，年均增长8.37%。2016年，世界澳洲坚果国际贸易中果仁的进口量和出口量均保持3万t以上，澳洲坚果全球果仁消费总量从2012年的4万多t增长至2017年的6.8万多t，人均消费量增长至6.6g，呈增加趋势。

据澳大利亚澳洲坚果协会预测，全球仅作休闲食品果仁的需求量为50万t以上。如要满足市场需求，全球种植面积需要达到700万亩（按照平均亩产壳果250kg、出仁率30%计算），可产壳果产量175万t（果仁52.5万t），而2018年全球澳洲坚果种植面积为653万亩，壳果产量（3.5%含水率）约为20万t，果仁产量仅为5.93万t。2018年主要出口国是南非和澳大利亚，这两个国家年均生产果仁3万多t。可见，国际市场果仁消费供需缺口较大。

澳洲坚果除果仁消费外，还可以加工成点心，用作面包糕点、糖果、巧克力和冰激凌等的配料，再加上坚果乳、食用油、化妆品等精深加工产品的需求，其国际市场的需求十分巨大，市场前景广阔。

#### 4.2.3.2　国内市场分析

与国际市场的发展趋势类似，中国在当今社会绿色、有机、生态、健康生活的理念影响下，特别是在网购、电商等新兴业态的带动下，以休闲零食为表现形式的各类坚果炒货销售市场迅猛发展，澳洲坚果是增长最快的坚果品种，消费群体不断扩大，消费量也快速增加，从休闲零食转变成为功能性食品的趋势已逐渐显现。

从国内市场看，中国澳洲坚果供小于求，多年来一直依赖进口。2006—2017年，我国进口澳洲坚果果仁从800t增加到6964t。到2018年，随着我国坚果产量的增加，澳洲坚果进口量下降到6027t，但2019年果仁进口量达1.02万t。近几年中国年均进口果仁为6000t左右，折合壳果2万多t。2017年中国澳洲坚果果仁消费4131t，人均消耗量仅为3.2g，低于全球人均消耗量6.6g的平均水平，更低于发达国家水平。随着人民生活水平的不断提高和对于健康生活的不断追求，人均坚果消费总量将会稳步上升。因此，澳洲坚果的国内市场潜力非常巨大。

综上，从国际、国内市场看，中国种植面积虽世界第一，但绝大部分未进入盛产期，产量较低，在国际市场尚不具备竞争力，国内市场尚需要进口才能满足目前市场需求，随着国民生活质量的不断提高和人民日益增长的高品质生活需求，短期内依赖进口的状况尚无法改变。澳洲坚果产业发展的市场空间巨大。

### 4.2.4　产业竞争力分析

一是澳洲坚果在国内外具有广阔的市场前景，产业方向正确。从国内外市场看，目前澳洲坚果处于产品供给不足，在绿色、环保、健康生活理念指引下，未来社会随着人民生活水平的提高和经济收入的增加，也随着多种品类产品的开发和投放市场，澳洲坚果这个目前尚属于高端轻奢的消费食品终将走进更多的普通消费者家庭，被更多人食用，未来的市场前景更加广阔和美好。

二是种植规模世界第一，产量将具有巨大上升空间。目前，中国已成为世界澳洲坚果的第一种植大国，云南省作为中国澳洲坚果生产的第一大省，区域种植规模世界第一。但是由于绝大多数未进入盛果期，产量还较低，远未达到产量世界第一。在未来的5～10年，云南澳洲坚果在巩固现有种植面积的基础上，依托科技，稳步新增种植面积，对现有基地提质增效，通过提高种植水平和经营管理水平，实现云南澳洲坚果产量的大幅度增加，届时云南将会实现澳洲坚果种植面积世界第一、产量世界第一的目标。

三是符合产业政策，顺应时代需求。我国澳洲坚果产业符合国家产业政策，顺应了中国人民追求美好生活的新时代发展形势，也遇上了国家要求贯彻新发展理念，实施"一带一路""健康中国""绿色发展、低碳发展、循环发展"等战略的重大历史机遇，澳洲坚果产业发展适逢最佳发展机遇，前景广阔。

四是搭建与国际社会沟通、合作的平台，为澳洲坚果产业融入国际市场，进而引领国际发展奠定了坚实的基础。基于前文对澳洲坚果的国际影响力的分析表明，我国澳洲坚果在国际澳洲坚果大家庭中拥有了非常重要的地位，享有了话语权，能够参与澳洲坚果生产、加工、市场和标准制定等相关领域的国际事务与合作，能适时获取最权威的相关资讯和数据，掌握世界各国澳洲坚果产业的发展状况，这加快了中国澳洲坚果产业融入世界澳洲坚果市场的步伐，促进了中国澳洲坚果产业健康发展，可为实现我国澳洲坚果产业引领世界澳洲坚果产业的伟大梦想奠定坚实基础。

# 5 产业发展总体思路与发展目标

## 5.1 总体思路

针对我国坚果（核桃和澳洲坚果）的资源现状和加工利用产业特点，我国核桃和澳洲坚果产业发展的总体思路是“政策驱动、项目拉动、示范带动、科技促动”，进而实现产品的提质增效和产业的统筹规划：政策驱动，对符合扶持对象和扶持条件的种植农户和企业，给予以奖代补、先建后补、边建边补等方式进行奖补；项目拉动，落实新一轮退耕还林补助、林业经营性产业发展扶持资金项目补助、中央财政造林补贴项目、林业综合开发项目补贴等项目扶持产业发展；示范带动，通过采取“公司+基地+农户”等形式，高质量、高标准打造一批示范区、示范片和示范点；科技促动，依托高校和科研院所作为技术支撑，推动产学研融合发展。

## 5.2 发展原则

### 5.2.1 做“优”第一产业

（1）优化基地布局

依品种、立地条件、劳力等因素，实施种植基地精准建档立卡分类经营，可分为集约经营、庭园经营和生态经营。

（2）优化重组种植主体

我国坚果种植组织化程度低，归结为“散、小”两个字，种植整体效益与竞争力难以提高，应对市场风险的能力差，必须培育灵活高效、规模适度、形式多样种植主体。如大力发展“科研+种植+加工+流通”的全产业链经营模式，大力培育和做强种植协会、农户合作社、股份合作制企业等种植基本单位或组织，关系可以是紧密的，也可以是松散的，但在伙伴成员间必须建立起信任、诚实和开放的合作关系，从而获得整体利益的最大化。政府对这些生产单位或组织给予指导、协调，提供资金、技术、信息与产品营销等扶持。

（3）优化坚果质量

我国坚果整体效益低、质量参差不齐、市场竞争力弱。主要途径是依靠科技创新，实现规模数量到质量效益转变。大力推进山地高效栽培科技示范工程；大力实施千家万户科技培训工程；重点对现有大面积的低产、低质林实施提质增效工程。

### 5.2.2 做“强”第二产业

一是解决目前坚果采后初加工的分散度大、效率低、质量不稳定等问题，以专业合作社为基本单位，代替一家一户分散加工，实现规模化集中处理。推行标准化、机械化操作，支持小型脱青皮、清洗、烘烤、分级设备的研发与推广。

二是针对不同消费群体，开发功能多样、特色鲜明、地域文化浓郁的休闲食品、老年食品、旅游礼品等，满足不同消费群体的多样需求，培育规模型加工企业。

三是突破保健油、功能性食品、保健品等产品开发，以资本与技术为纽带，扶持加工企业实现战略联合，加快区域性加工龙头企业或优势大企业的培育，实现大规模布局、高技术生产、大品牌经营、高效益发展。

### 5.2.3　做“精”第三产业

加强市场与营销、科技与信息、文化与休闲支持服务体系等相关支撑工作或产业的系统谋划与支持，推动坚果产业与旅游、文化和生物医药大健康产业融合发展，建立世界国际坚果产业数据中心，发展“互联网+”新业态，推动产业信息服务、文化与市场体系建设，切实做“精”第三产业。

## 5.3　发展目标

### 5.3.1　2025年目标

到2025年，我国坚果面积发展至1.25亿亩（其中，核桃1.21亿亩、澳洲坚果400万亩），产量500万t，综合产值达3400亿元，其中核桃12100万亩，产量470万t，综合产值3200亿元；澳洲坚果400万亩，产量30万t，综合产值200亿元。主产区农民每年人均从坚果产业获得经济收入3000元以上。将我国坚果产业打造为具有世界影响力和话语权的一流绿色食品产业，成为支撑脱贫攻坚、乡村振兴的重点产业。

建成综合产值50亿元以上的核桃产业重点县10个以上。

新增国家及省级龙头企业100户，龙头企业总数达200户以上，培育产值5亿元以上龙头企业20户以上（其中产值20亿元龙头企业1～2户，力争上市），产值1亿元到5亿元龙头企业达50户。

新增专业合作组织1000个，总数达2500个以上，专业合作组织经营面积达到5000万亩以上。

打造一流的我国坚果产品质量。申报15个核桃地理标志暨原产地认证，全国驰名商标10个、省级著名商标30个，新增通过有机认证产品50个。

打造一流的科技创新与推广体系，科技进步对产业的贡献率提高至90%以上。

### 5.3.2　2035年目标

核桃和澳洲坚果总产量达600万t以上，综合产值达4000亿以上；产值20亿元以上的龙头企业3～5家，全国驰名商标12个以上，突破核桃药用精深加工关键技术，产品出口价格基本达到发达国家的水准。

### 5.3.3　2050年目标

核桃和澳洲坚果总产量达700万t以上，综合产值达4500亿以上；产值20亿元以上的龙头企业4～6家，产品出口价格与发达国家持平。

# 6　重点任务

## 6.1　加强标准化原料林基地建设（培育、良种等），提高优质资源供给能力

### 6.1.1　优质高效综合示范基地建设工程

采取“科技+专业合作社（企业）+农户”的模式，分区域选择重点县建立相对集中连片的优质高

效综合示范基地核桃3000万亩、澳洲坚果5万亩。通过完善水、电、路、网等基础设施，实施标准化栽培管理和采后处理，建立技术培训、新技术推广和产品追溯平台，为坚果产业的整体提质增效作出示范，带动我国坚果标准化栽培和基地管理水平上一个新台阶。实施后，基地产量年增长25%以上，3年累计增长80%以上；果品质量明显提高，优质果率从现在的40%左右提高到85%以上；综合效益增长1倍以上。

### 6.1.2 种植基地提质增效工程

采取“专业合作社（企业）+农户+科技”的模式，分区域选择相对集中连片的适宜区建立提质增效基地核桃3500万亩、澳洲坚果200万亩。实施品种改良、复合经营、土肥水管理、树体调控、病虫害综合防控、采后标准化处理等提质增效综合措施，提高产量，改善质量。实施后，产量年增长10%以上，3年累计增长30%以上；果品质量明显提高，优质果率从现在的40%左右提高到70%以上；综合效益提高50%以上。

### 6.1.3 高标准种植基地建设

采取“公司+专业合作社+农户+科技”的种植新模式，在适宜区新建高标准种植基地核桃5000万亩、澳洲坚果180万亩。优化各种生产要素，严格实施“良种+良法+良壤+良灌+良制+良机”的“六良”配套，强化先进适用技术组装与集成。达产后，亩产干果达100kg以上，优质果率达到85%以上，亩产值过万元。

## 6.2 技术创新

开展坚果相关基础研究，形成10项以上新技术，包括：创新核桃和澳洲坚果特殊区域及加工专用型良种培育技术；构建核桃和澳洲坚果高效栽培技术体系；核桃和澳洲坚果有效组分高效分离提纯技术研究；核桃和澳洲坚果精深加工利用技术研究。

突破关键核心技术瓶颈，推动坚果产业转型升级，促进我国核桃和澳洲坚果综合利用及产品研发技术全面达到国际先进水平，创新新技术20项，开发新产品100个，包括：黄酮类成分的药用作用机制；醌类成分的抗肿瘤活性研究；多酚类成分的保健作用研究；核桃青皮中次生物质的农药活性研究；醇提取物的生物活性研究。

## 6.3 产业创新的具体任务

### 6.3.1 建立坚果产业技术体系

采取“首席专家+岗位专家+试验站”的运作模式，建立我国坚果产业技术支撑体系，稳定产业科技队伍，保证相关科技人员能安心于坚果产业的研究与推广工作。

### 6.3.2 坚果经营主体与龙头企业扶持培育

（1）培育发展龙头企业

进一步支持我国龙头企业，通过兼并、重组、上市等市场手段做强做大。打造产值5亿元以上坚果企业，力争上市；积极培育和做精做优一批受众面广、产品特色鲜明、消费群体稳定的国家级龙头企业，培育产值1亿～5亿元龙头企业。

（2）培育专业合作组织

积极引导和鼓励建立坚果专业协会和合作社，支持专业合作组织实施基地建设和集约经营，统一技术、统一品牌、统一销售，提高种植组织化程度和产业化水平。大力发展坚果专业合作组织。

（3）培育坚果基地规模经营主体

鼓励有实力的经营主体通过林权流转、合股经营等形式，将分散在千家万户的坚果基地集中经营、统一管理，提高基地建设规模化、标准化、产业化水平，促进产业增效、林农增收。

（4）培育坚果庄园

以坚果主产区、经济较为发达州（市）以及重点旅游地区为主，按照有主体、有基地、有加工、有品牌、有展示、有文化的“六有”要求，建设一批坚果庄园，促进一、二、三产业融合发展，提高产业综合效益。

### 6.3.3　坚果市场体系建设

一是建立中国坚果国际交易中心1个，区域性坚果交易市场20个。二是扶持培育大型坚果产品营销企业20～50家。在全国主要农产品批发市场、主要连锁大中型超市建立云南坚果产品展销专区。与主要电商平台实现战略联合，建设云南坚果网上商城，实现专业合作社电商全覆盖，促进互联网、大数据与坚果产业深度融合。

### 6.3.4　打造品牌

地理标志产品保护申报：全国统一申报“薄壳核桃”“夏果”等地理标志产品保护，树立坚果品质独特、绿色生态的形象，扭转国内无序竞争的局面，提振中国坚果形象。

知名商标申报：鼓励企业申报知名商标、著名商标和驰名商标的认定，打造知名品牌。

世界品牌宣传：实施中国品牌行动计划，结合历史、人文、民俗、生态、健康、现代等元素，全方位、多媒体宣传“区域坚果”品质独特、绿色健康的特点；利用国际国内各类展销会等平台，开展坚果宣传；争取主办世界核桃大会、国际澳洲坚果大会，创办国际核桃、澳洲坚果博览会。

### 6.3.5　产品安全生产与质量监督管理体系建设

建立我国坚果有机、无公害产品生产、产品检验检测标准体系。扶持引导企业、专业合作社按标准规模化生产有机、无公害果品，并积极申报有机、无公害产品认证，树立我国坚果产品优质、绿色、健康形象。支持区域申报国家绿色有机无公害食品第三方认证机构，建立开展区域坚果产品质量监测，杜绝安全隐患。通过各类认证的坚果基地面积达8000万亩以上。

## 6.4　建设新时代特色产业科技平台，打造创新战略力量

整合全国木本油料种质创新与利用国家地方联合工程研究中心、地方木本油料工程技术研究中心、地方木本食用油工程研究中心、国家林业和草原局核桃工程研究中心、地方坚果研究所等现有平台，组建“国家级坚果技术创新中心”；按照“科研院所+企业+合作社+协会+基地”的模式组建“国家级坚果产业发展研究院”。围绕我国坚果产业链布局创新，建设国际一流的集产业技术创新、成果转化与人才培养、人才聚集与对外合作、市场营销与交易、产品质量检验检测及品牌塑造等为一体的国家级坚果创新平台，构建我国坚果全产业科技创新支撑和服务体系。

## 6.5　推进特色产业人才队伍建设

依托高校、科研院所和企业培养坚果产业的人才，创造必要的经费、专业师资和实验实习条件，培养种植、加工、销售等人才。

# 7 措施与建议

按照国家“绿水青山就是金山银山”农业供给侧结构性改革和乡村振兴战略的总体部署及要求，为将我国坚果产业打造成为世界级品牌和千亿元产业，实现产业发展从数量扩张向质量提升的转变，促进产业提质增效和高质量发展提出以下思路和对策建议。

（1）创立世界级品牌，打造千亿元产业

创立我国世界级坚果品牌，打造千亿元坚果产业。按国家“十四五”坚果产业发展规划，通过制定新的切实可行的产业政策和实施具有可操作性的措施，力争到2025年，我国坚果面积发展至1.25亿亩（其中，核桃1.21亿亩、400万亩澳洲坚果），产量500万t，综合产值达3400亿元，使坚果产业成为我国又一个具有世界影响力的现代农业产业。

（2）成立国家级坚果产业发展研究院

建议成立由行业有关部门主要领导为成员的国家级坚果产业发展协调领导小组，成立国家级坚果产业发展研究院，负责统筹研究解决我国坚果产业发展中的重大问题，检查、督促各项政策措施的落实，抓紧研究落实促进坚果产业健康发展的各项配套措施和发展规划。

（3）制定产业推进政策，全力促进提质增效

针对我国坚果产业发展中存在的“一大三低”问题，建议相关部门针对我国坚果全产业链进行深入调研，制定“十四五”产业发展推进计划和政策，尽快建立良种繁育推广体系，制定山地丰产栽培技术标准和采后处理技术及食品安全标准，培育市场监管主体，制定相关公共财政及税收优惠政策。同时，将乡村振兴、退耕还林工程、精准扶贫、农林基础设施建设等重大国家工程建设相关政策和资金纳入其中，使技术支撑、政策支持及资金投入形成合力，全力推进我国坚果产业提质增效。

（4）加强创新能力培育，强化产业科技支撑

建议设立国家、省、州（市）三级公共财政澳洲坚果技术创新专项基金；引进国内外坚果专家，整合我国高等院校和科研单位的科技力量，采用“产、学、研”结合模式，重点开展坚果全产业链中的创新技术与关键技术研究（如良种选育、山地丰产栽培标准化种植、山地轻型农业机械、采后初加工技术、高附加值深加工产品研发、废弃物综合利用等）；全面加强我国坚果产业科技支撑，提升我国坚果整体发展科技水平。建立和完善国家、省、州（市）、县（市、区）、乡（镇）五级综合科技推广服务体系，为坚果创新技术推广应用与服务提供可靠的组织保障。

（5）发挥企业全产业链技术优势，提升区域创新驱动能力

开展坚果矮化、抗寒、高产良种选育与推广；丰产栽培技术示范推广；山地标准化种植基地建设及技术推广；山地轻型农业机械、采后粗加工技术、精深加工产品机械化、自动化研究与开发；果皮、果壳废弃物综合利用等方面的技术研发和推广。引进国内外专家，整合科技力量，建立“产、学、研”结合模式，完善国家、省、市、县、乡五级综合科技服务平台建设，加大广大农户技术培训力度，为我国坚果产业创新驱动发展建立可靠的技术支撑。

（6）建立多渠道投入机制，发挥金融支持作用

加大招商引资力度，引进国内外资金；建立国家、省、市本级财政产业发展扶持资金；实行金融扶持企业优惠政策（低息贷款等），形成多渠道投入机制，为我国坚果产业创新驱动发展提供有力的资金保障。建立坚果全产业重点项目扶持资金，针对良种选育、标准化种植、采后及粗加工、坚果精深加工系列产品开发给予重点支持。

（7）健全完善市场体系，积极培育市场主体

坚果主要种植州（市）、县（市、区）区域要充分利用现有的农村市场体系，推进坚果专业市场建设，严厉查处小作坊初加工点和经销商的违法经营行为；探索现代商品交易机制，建立坚果大宗产品交易中心，规范坚果原料市场管理；制定和实施更加优惠的市场主体扶持政策，促进资金、人才和技术向重点龙头企业、农民专业合作组织和种植大户倾斜，建立市场及品牌激励机制。对获得省级名牌产品称号的企业，给予20万元的一次性奖励，获得国家级名牌产品或中国驰名商标的，给予100万元的一次性奖励；获国家农产品地理标志的，每个产品一次性奖励20万元；通过ISO9000质量管理体系、ISO14001环境管理体系、HACCP/ISO22000食品安全管理体系认证的省级以上龙头企业，给予10万元奖补；新获国家无公害农产品或绿色食品认证的，每个产品一次性奖励5万元；新获国家有机食品认证的，每个产品一次性奖励10万元。

## 参考文献


陈悦，胡文龙，余珊，2019. 核桃深加工项目生产工艺概述：以新疆乌什县核桃深加工项目为例[J]. 林产工业(5): 1–4.

宫学斌，王婷婷，宫俊杰，等，2018. 核桃加工及综合利用研究进展[J]. 中国果菜，38(3): 17–20.

郭慧清，张泽坤，白光灿，等，2017. 核桃内种皮多酚的研究进展及应用前景[J]. 农产品加工(17): 36–39.

国家林业和草原局，2019. 中国林业和草原统计年鉴2018[M]. 北京：中国林业出版社.

姬艳菊，徐巍，2014. 青龙衣提取物对人肝癌细胞株抑制作用的实验研究[J]. 中医药学报(5): 30–34.

蒋剑春，2017. 活性炭制造与应用技术[M]. 北京：化学工业出版社.

李天兰，2013. 水酶法提取核桃油及多不饱和脂肪酸富集研究[D]. 乌鲁木齐：新疆农业大学.

刘玲，韩本勇，陈朝银，2009. 核桃蛋白研究进展[J]. 食品与发酵工业(9): 116–118.

刘喜前，2019. 柳林县机械化核桃产后处理及初加工技术[J]. 农业与技术，39(10): 24–25.

曲中原，邹翔，崔兰，等，2009. 青龙衣不同萃取部位抗肿瘤活性研究[J]. 上海中医药杂志(1): 87–90.

荣瑞芬，历重先，刘雪峥，等，2008. 核桃内种皮营养与功能成分初步分析研究[J]. 食品科学，29(11): 541–543.

史宏艺，高海燕，訾慧敏，2017. 核桃青皮中色素的染色性能及成分分析[J]. 天然产物研究与开发(1): 40–45.

万政敏，郝艳宾，杨春梅，等，2007. 核桃仁种皮中的多酚类物质高压液相色谱分析[J]. 食品工业科技(7): 212–213.

王小宁，张存劳，罗国平，等，2017. 山核桃油微囊的制备及稳定性研究[J]. 食品工业科技(5): 214–218.

吴凤智，周鸿翔，柳荫，等，2014. 液压冷榨提取核桃油工艺研究[J]. 食品科技(1): 182–186.

伍季，章银良，2006. 核桃的综合开发现状与利用前景[J]. 食品工业(4): 31–32.

闫圣坤，李忠新，杨莉玲，等，2014. 核桃及其副产品加工利用分析[J]. 农产品加工・学刊(7): 65–67.

杨园，2020. 国内核桃综合深加工开发现状与前景[J]. 现代园艺(1): 211–212.

张凤云，翟梅枝，毛富春，等，2005. 核桃青皮提取物对几种作物幼苗生长的影响[J]. 西北农业学报，14(1): 62–65.

张旭，曹丽娟，陈朝银，等，2015. 核桃隔开发利用的研究进展[J]. 湖北农业科学，54(23): 5793–5797.

赵岩，刘淑萍，吕朝霞，2008. 核桃青皮的化学成分与综合利用[J]. 农产品加工(11): 66–68.

仲军梅，徐健新，刘玉梅，2014. 核桃青皮中蒽醌类色素提取及稳定性[J]. 精细化工，31(4): 458–462.

朱亚新，2016. 核桃多酚对酪氨酸酶活性和黑色素合成的影响及其化妆品的试制[D]. 昆明：昆明理工大学.

ALBERT C M, GAZIANO J M, WILLETT W C, et al, 2002. Nut consumption and decreased risk of sudden cardiac death in the physicians' health study[J]. Archives of Internal Medicine(162): 1382–1387.

COFRADES S, SERRANO A, AYO J, et al, 2008. Characteristics of meat batters with added native and preheated defatted walnut [J]. Food Chemistry, 107(4): 1506–1514.

JURD L, PLANT P I, 1956. The Polyphenolic Constituents of the Pellicle of the Walnut (*Juglans regia*)[J]. Journal of the American Chemical Society, 78(14): 3445–3448.

中国工程院咨询研究重点项目

# 红松 产业发展 战略研究

撰 写 人：杨雨春
王 君
及 利
刘 月
张建秋

时　　间：2021年6月

所在单位：吉林省林业科学研究院

# 摘要

红松又名果松，属于松科植物，为国家二级重点保护野生植物。在世界红松资源的总量中，中国占60%（韩国20%，日本10%），松子产量34000t，主要分布于我国东北长白山到小兴安岭一带。松子、松针、松仁、松多酚等都具有很高的经济价值，目前红松产业涉及范围较广，包括食品、药物、保健品及化妆品等领域。但更多红松产业集中于日、韩等国家，我国红松产品的加工主要是科技含量低，产业方面研究极少，缺乏高、精、尖的深加工。

对比发现我国红松产业生产及管理方面存在的主要问题如下：①整体创新能力差，产业发展后劲不足；②企业未发挥旗舰作用，规模小、国际竞争力差；③人才队伍建设力度不够，复合型人才缺乏；④产业环境差，影响产业的健康与快速发展；⑤红松产业科研投入不足，技术标准低，原创能力不足。

在推进产业发展的过程中，应加大产品功能及技术创新力度，积极培养业内龙头企业，解决国际竞争力企业发挥旗舰作用、规模小、国际竞争力差等问题；加大人才引进力度，培养综合性人才；简政放权，简化管理审批程序，促进产业的健康与快速发展；加大红松产业科研投入，细化生产及质量标准，鼓励原创技术发展；促进红松林分恢复，规范红松松子采摘操作，以解决资源短缺，原料供应不足等问题；最后及时调整产业结构，综合促进红松产业发展，实现生态、经济、社会效益协调持续发展。全面实现2020—2025年产值达500亿元，2025—2035年产值2000亿元，2035—2050年形成红松苗木培育和加工全技术链条等目标。

# 1 现有资源现状

## 1.1 国内外资源历史起源

红松（*Pinus koraiensis*）又称果松、海松，是松杉纲松科松属植物，是第三纪孑遗物种，中国东北林区自然演替顶极群落植被，是国家二级重点保护野生植物和列入世界自然保护联盟（IUCN）《2013年濒危物种红色名录ver3.1》低危（LC）保护级别（刘桂丰，2010）。天然红松林主要分布在中国、俄罗斯、朝鲜及日本的部分地区。天然红松林面积约5000万$hm^2$，中国约有3000万$hm^2$，占60%。在中国，天然红松集中分布在东北的长白山和小兴安岭地区，红松是当地天然林的建群树种（图19-1至图19-3）。

红松是极珍贵的自然遗产。追本溯源，红松起源于东北亚地区的西伯利亚。300万年前后的第四纪，地球变冷，出现大面积冰川，此时起许多物种灭绝，也有部分物种遗存至今，原始红松林即是第三纪留下的孑遗种。此外，还有水曲柳、黄波罗、核桃楸、紫椴、山葡萄、五味子等，它们是组成现代大面积阔叶红松林的骨干树种。阔叶红松林保存了第三纪植物群落的古老结构特征，是我国极为重要和极为珍贵的森林资源。

在绿色发展背景下，森林是经济和社会发展的基础，是整个社会的基本财富、基本福利和基本安全。高度重视和加强森林资源培育、大力提升森林资源的数量和质量、高效利用木材等各种林产品，才能充分发挥森林在绿色增长中的重要功能。红松是生态功能显著、经济价值和社会价值极高的多功能乡土树种，是温带地带性顶极群落——阔叶红松林的建群种，而阔叶红松林是欧亚大陆北温带最古老、最丰富、最多样的森林生态系统，是我国森林资源的主要构成部分。促进红松资源培育产业升级和产品利用产业升级，对保障和维护国家生态安全和粮食供给安全、有效应对气候变化、保护国家珍稀动植物种质资源、保障国家优质木材和非木质林产品生产和供给、促进社会经济发展和人们生活水平提高均具有重要意义。

图19-1　阔叶红松林（吉林省露水河林业局）

图19-2　红松人工林（通化县三棚林场）

图19-3　红松人工林结实

## 1.2 功能

（1）用材方面

红松是我国乃至整个东亚地区最优珍贵针叶用材树种，阔叶红松林内蕴藏着众多珍贵优质用材树种。据国家林业和草原局预测，到2020年末我国木材消费量将达到4亿$m^3$，国内供应量仅为1.9亿$m^3$，木材需求缺口巨大。红松材质轻软，结构细腻，纹理密直通达，形色美观又不容易变形，并且耐腐朽力强，所以是建筑、桥梁、枕木、家具制作的上等木料。阔叶红松林组成树种水曲柳、红皮云杉等针阔叶树种也都是重要用材树种。阔叶红松林区自新中国成立以来一直是我国主要的木材生产基地，商品材产量占全国的2/3，累计生产了近15亿$m^3$木材，有力地支援了国民经济的发展。

（2）坚果（经济林）食品

红松是小兴安岭和长白山林区最具有开发潜力的坚果经济林树种。红松种子的营养价值很高，在每100g松子肉中，含蛋白质16.7g、脂肪63.5g、碳水化合物9.8g以及矿物质钙78mg、磷23.6mg、铁6.7mg和不饱和脂肪酸等营养物质，是重要的保健食品，久食健身心，滋润皮肤，延年益寿（郭阳，2017）。

（3）林农增收

红松是东北林区限伐后的主要经济来源之一。天然红松从40年左右开始结实，人工红松20年生开始结实，结实盛期长达100～200年，一株红松平均年结实15kg，每公顷平均结实120～200kg，市场售价20～40元/kg，年产值3000～5000元/$hm^2$以上。很多林场职工靠红松籽生存和致富。

（4）生物多样性

红松林内生长着多种多样的经济植物、药用植物、菌类和珍稀动物。阔叶红松林生态系统由于具有古老的历史，动植物种类均非常丰富，仅维管束植物就有1900余种，占我国东北部植物种类的3/5以上。除了红松、水曲柳、核桃楸、黄檗、紫椴和色木槭等乔木树种外，还含有人参、草苁蓉、黄芪、刺五加、北五味子等300余种名贵药材及越橘、蓝靛果、猕猴桃等上千种食用植物；东北虎、黑熊、马鹿、中华秋沙鸭、花尾榛鸡、猞猁等国家一级、二级重点保护野生动物；还能生产猴头、木耳、榆黄蘑、元蘑等菌类（李旭华等，2020）。

（5）“固碳增汇”能力

红松生长缓慢，树龄很长，400年生的红松正为壮年，一般红松可活六七百年，碳库巨大，有利于固碳增汇（以1$hm^2$红松林为例，每年可吸收二氧化碳13t，同时排放除氧气9.5t）。如果东北东部山地现有次生林全部恢复为阔叶红松林，则$CO_2$增汇约75亿t，大概能够填补2050年我国173亿t的$CO_2$排放缺口的43%（杨伯然，1989；常晓晴，2019；于大炮等，2019）。因此，我国东北的森林在应对未来气候变化方面将发挥其巨大作用。

综上，阔叶红松林创造的独特环境，是林区一切绿色产业（种植业、养殖业、旅游产业等）发展的环境保障。没有阔叶红松林的环境保障，也就没有了这些绿色产业存在的前提。

## 1.3 分布和总量

世界上整个红松分布的北界在52°N（俄罗斯）；南界在33°50′N（日本）；东界在140°20′E（俄罗斯）；西北界在49°28′N，126°40′E（中国）；西南界在41°20′E（中国）。国外，红松分布于朝鲜半岛、俄罗斯远东南部，在日本的本洲、四国也有间断分布（常晓晴，2019）。红松在我国东北的自然分布区，大致与长白山、小兴安岭山系所蔓延的范围相一致。

在我国境内，红松分布于东北地区的长白山、张广才岭、完达山和小兴安岭。其北界在小兴安岭的北坡（约北纬49°21′），南界在辽宁省宽甸县（约北纬40°45′），东界在黑龙江省饶河县（约东经134°），西界在辽宁省本溪县（约东经124°45′）。红松的垂直分布地带在长白山林区，一般多在海拔500～1200m，在完达山和张广才岭林区，一般分布在500～900m，在小兴安岭，一般分布在300～600m（吴志军等，2015）。

300多年前，我国阔叶红松林面积约为3000万$hm^2$，从1700年到1949年，已从最初的14亿$m^3$减少为3.8亿$m^3$；又从1949年到1986年间，天然红松林面积从200万$hm^2$减少为80万$hm^2$，蓄积量由3.8亿$m^3$下降到1.3亿$m^3$；到2010年，仅剩12.3万$hm^2$（仅占60年前总量的6%），蓄积量减少到0.2亿$m^3$（仅占60年前总量的5%）（刘迪等，2012；吴志军等，2015；张鹏等，2016；于大炮等，2019）。

自2000年开始，我国全域每年红松籽平均产量4万t，而吉林梅河口市一年的加工需求量就达10万t，远不能满足市场需求。因此，红松产量成为其产业发展瓶颈。

### 1.4　特点

阔叶红松林具有如下几方面的特点：一是分布区域狭窄，其天然分布区域主要限于亚洲东北部的日本海西岸，从朝鲜半岛经中国东北的东部到达俄罗斯沿海边区构成区域，而长白山林区是世界阔叶红松林分布中心，目前仅存12.3万$hm^2$。二是古老性。本区域中一些阔叶树种早在白垩纪（距今0.7亿～1.35亿年）就已经存在。约在晚第三纪的中新世和上新世（距今300万～2500万年或200万年），出现了含有红松的温带针阔混交林。三是生物多样性丰富。阔叶红松林区仅维管束植物就有1900余种，占我国东北部植物种类的3/5以上；与欧亚大陆北温带其他地区相比，可说是基因、物种、群落和生态系统最多样和最丰富的地区（常晓晴，2019）。四是珍贵性。天然红松林基本消失殆尽，仅见于少数自然保护区及部分林业局的母树林，处于濒危境地。天然阔叶红松林的退化已引起该区域生态功能严重削弱，威胁我国生态安全；红松资源枯竭严重影响我国木材供应、红松非木质林产品开发和我国区域社会经济的发展。

## 2　国内外加工产业发展概况

### 2.1　国内外产业发展现状

红松是东北林区珍贵的用材和经济树种，分布面积广，在林区生态工程建设和退耕还林工程中是重要的树种。其松子、松针、松仁、松多酚、松香、松节油等都具有各自的用途和经济价值，浑身是宝对红松多种经济价值的开发利用将对林区的经济发展起到重要的作用。

红松一产集中在红松良种培育与苗木繁育技术。到目前为止，红松的遗传改良全部基于小尺度范围内，涉及的内容有主要种群生长性状的地理变异规律研究，基于生长性状的种源区划，生长性状优良种源选择，基于同工酶和DNA分子标记的遗传多样性，不同种群材质材性的遗传变异规律，建筑用红松良种选育，基于生长性状的种源与家系联合选择育种，红松果仁营养成分分析，母树林经营技术研究，优良无性系选择，种子园无性系开花、结实规律，种子园花粉传播，种子园无性系子代遗传测定等技术研究。基于恢复东北地区阔叶红松林顶极群落大尺度为前提，对现存的阔叶红松林种质资源进行全面而系统的调查、保存和研究。关于红松播种育苗的理论与技术研究、嫁接育苗技术研究比较深入和成熟。

吉林省现有红松人工林面积为4.8万$hm^2$，蓄积为321.6万$m^3$，在木材生产与阔叶红松林恢复方面正发挥着日益重要的作用。有关红松人工林研究主要集中在红松人工更新、红松生长发育规律、红松生长与气候因子及立地条件的关系、林分结构与生产力、红松结实规律、用材林及坚果林营建、抚育间伐及病虫害防治及用材林培育措施与木材品质的关系等方面，初步建立了红松人工林培育理论与技术体系。目前林冠下红松不及时透光处理导致死亡问题、全光条件下红松分叉影响干材培育问题，红松人工林地力下降问题、红松人工林病虫害时有发生问题，成为研究热点。作为坚果生产的红松人工林及果材兼用红松人工林的经营管理技术（如密度、结构、定向机制）等方向同样备受关注。

目前红松种植业发展良好，种植面积不断增加，年平均苗木销售额高达10亿元。红松销售以松子为主，年销售额达6亿元，松子也具有降脂、清栓、洗血、清脑、保肝、健胃、壮阳等功效。

红松二产主要产品有松子酒、松子食用油、松子果酱、松子粉、红松宝胶丸、松仁露等，其产值分别为1.57亿、4.25亿、0.06亿、3.42亿和0.09亿元，累计9.39亿元。

松针是松树的叶，过去从松针中提炼芳香油，松针提取物中含有植物醇素、植物纤维、生长激素、蛋白质、脂肪和24种氨基酸，含有$\beta$-胡萝卜素、维生素B、维生素C、维生素E和叶绿素（表19-1）。另外，松针中含有多种水溶性黄酮，其中包括在人体中活性极强、生物利用价值极高的花青素，还有多种不饱和脂肪酸。松树含有的树脂及单宁能提高消化器官的功能，含有的乙醇和脂具有促进新陈代谢的作用，松针还含有铁、铜、硒、锌等人体不可缺少微量元素。松针里含有其他成分如甘油奎宁，具有降血糖的作用，而松香酸对鸦片和尼古丁具有解毒效果，松针提取物有排除体内尼古丁的特殊功效。松针作为保健品和药品是近期研究开发的，韩国、朝鲜、日本对松针的研究较早，将松针干燥磨成粉，可作为食品添加剂。从20世纪90年代开始，我国对松针有了系统的深入的研究。松针作为新型保健品，正逐渐被广大消费者认识和接受。目前开发较多产品，如油凝胶糖果、松针茶、松针酵素、百年松针诺丽果酵素、松针灵芝桑黄桦褐菌活菌无水酵素原液。

**表19-1　松针主要产品的性能**

| 产品名称 | 制备方法 | 用途 |
| --- | --- | --- |
| 护肤膏 | 石油醚作为溶剂浸提松针 | 治疗冻疮和烫伤 |
| 止咳糖浆 | 水提液加糖浓缩 | 治疗慢性支气管炎等症状 |
| 松针饮料 | 水提液，经过滤、糖化、调配等工序制作而成 | 保健营养 |
| 松针茶 | 松针芽通过绿茶制作工艺而成 | 润心肺、益气、除风 |
| 松针粉 | 针叶经干燥后磨成粉末 | 主要作为饲料添加剂使用 |
| 针叶精油 | 水蒸气蒸馏而成 | 香料、日化、医药等的原料 |
| 针叶酒精 | 松针经粉碎后发酵蒸馏而得 | 绿色安全溶剂 |
| 针叶蜡 | 有机溶剂浸提、过滤、浓缩而得 | 医药、农药原料 |
| 叶绿酸钠 | 浸提绿叶，经过皂化后而得 | 用于制药和饲料添加剂 |
| 喷雾剂 | 松针挥发油，用酒精溶解 | 清凉解暑剂 |
| 脱镁叶绿素 | 松针浸取制得的叶绿素，在经酸化，用氢取代叶绿素中的镁即可得脱镁叶绿素 | 用作化妆品和制药工业的添加剂等 |

松香在热熔、压敏和溶剂型胶黏剂中常用作增黏树脂，增加初黏性，提高粘接强度。松香对光、热、氧的作用很敏感，尤其是粉末状极易氧化，所以箍好整块储存，防止氧化使颜色变深、性能变化。块状松香表面氧化时生成氧化膜，可防止内部松香进一步氧化。潮湿可加速松香氧化过程，深度氧化时放出乙酸。松香是很重要的化工原料，广泛应用于各工业部门，主要有：

肥皂工业。松香与纯碱或烧碱一起蒸煮，形成松香皂。松香皂具有很大的去污力，易溶于水，能溶解油脂，易起泡沫。松香具有黏性，可使肥皂不易开裂和酸败变质。

造纸工业。松香在造纸工业上用作抄纸胶料。松香与苛性钠制成松香钠皂，即胶料，胶料与纸浆混合，并加入明矾，使松香成为不溶于水的游离树脂酸微粒附着在小纤维上，当纸浆在干燥圆筒上滚压加热时，松香软化填充在纤维之间，这种作用叫“上胶”或“施胶”。纸张“上胶”后，可增强抗水性，防止墨水渗透，改善强度和平滑度，减少伸缩度。

油漆涂料工业。松香易溶于各种有机溶剂，而且易成膜，有光泽，是油漆涂料的基本原料之一。松香在油漆中的作用是使油漆色泽光亮，干燥快，漆膜光滑不易脱落。

油墨工业。松香在印刷油墨中主要用作载色体，并增强油墨对纸张的附着力。油墨中若不用松香，印制成的墨迹就会色调呆滞，模糊不清。

黏合剂工业。以松香酯和氢化松香酯为基本原料的黏合剂，常用作热熔性黏合剂、压敏黏合剂和橡胶增黏剂。

橡胶工业。松香在橡胶工业上用作软化剂，可增加其弹性。歧化松香钾皂可作合成橡胶。

食品工业。氢化松香甘油酯与天然糖胶树胶、蜡、醋酸乙烯等一起加热熔融，然后加香料、砂糖及色素等调匀，可制成口香糖。在屠宰场中宰杀猪、牛、羊时，经过用脱毛机械操作之后，遗留在动物体和头部的毛可用由88%～94%的熔融松香和6%～12%的棉籽油所组成的脱毛剂来除去。

电气工业。用松香35%与光亮油65%配制成绝缘油在电缆上用作保护膜，起绝缘及耐热作用。松香和电木以及其他人造树脂相混合用作绝缘清漆。

建筑材料工业。松香在建筑材料工业上主要用作混凝土起泡剂和地板花砖黏结剂。松香也用作氯乙烯石棉瓷砖的黏结剂。松香和亚麻油、碳酸钙、木炭、颜料等在一起混合可制造地毡瓷砖。

红松籽是无污染的天然绿色食品。红松籽仁中富含人体所需的脂肪酸（油酸、亚油酸和亚麻酸）、蛋白质、碳水化合物，还含有维生素E、维生素A、维生素$B_1$、维生素$B_2$等多种维生素。特别是红松籽中含有皮诺敛酸，在红松籽油中含有15%～18%的皮诺敛酸。红松籽所含的皮诺敛酸又称洗血因子，能降低血中胆固醇和甘油三酯的浓度，调节水盐代谢，促进脂肪降解，减少血小板的凝集，增加抗凝作用，具有极好的降血脂作用。同时，它还能抑制氧自由基对机体的损伤，促进干扰素和淋巴因子的释放，活化NK细胞，杀死、抑制癌细胞。另外，松子油还含有一些抗炎成分，对皮炎、支气管炎、脚气、粉刺有良好的治疗作用。

由于松多酚特殊的分子结构和理化性质，使其不仅是一种安全可靠的天然食用色素，更是一种高效的自由基清除剂。近年来，松多酚已引起国内外研究人员的广泛关注，成为抗氧化活性物质及功能性食品领域重要的研究对象。植物多酚具有多种生理活性，如抗炎作用、抗氧化作用、抗癌作用、预防心血管疾病等。炎症是机体防御的保护性反应，但过多的炎症可引起多种疾病。研究表明，多酚通过抗氧化应激途径，打断氧化应激，主要通过促进花生四烯酸的代谢，吞噬细胞在炎症积累，释放活性氧簇，减少多种炎症介质的释放，从而可达到抗炎的目的。目前，市场上绝大部分较大的植物提取公司都会涉及植物多酚（原料类）产品，另有一部分中小型公司专业做好单一的植物多酚，不同的发展路径适合不同企业的发展。对于终端的多酚类保健品、食品，甚至药品，绝大多数植物药厂、保健品和健康食品公司都会涉及，品种众多，成为公司的拳头产品。仅种鳞多酚制剂全球一年的销售就在10亿美元以上。

国内外产业对红松不同部位的开发利用比较完善，但目前更加注重对红松进行精深加工方面的研发，充分利用红松的多种价值，松子和松多酚为红松功能性最强的2个部分，其中皮诺敛酸和种鳞多酚为其最有价值的2种成分，目前很多产业更加注重对红松这2个成分的开发与利用。

### 2.1.1 红松皮诺敛酸

红松籽油中特有的多不饱和脂肪酸，其功能特性近年来受到广泛关注。皮诺敛酸可以调节脂代谢，改变各种载脂蛋白基因的表达水平，降低血清中血脂水平（Soyoung et al.，2013）。此外，它还广泛应用于抗炎、食欲抑制效应、提高胰岛素敏感度、抗氧化和降三高等方面（李景彤等，2018）。

#### 2.1.1.1 药物应用

（1）血脂调节

Asset等（1999）研究发现，与不含皮诺敛酸的其他植物油喂养的大鼠相比，可降低大鼠血清TAG和VLDL甘油三酯含量，然而差异并不显著。但Park等（2016）也报道了红松籽油显著降低肝组织TAG水平，并且上调长链酰基辅酶A脱氢酶（ACADL）mRNA表达，降低过氧物化酶体增殖物激活受体$\gamma$

（PPAR$\gamma$）mRNA水平，下调白色脂肪组织中去乙酰化酶3（SIRT3）表达。Ferramosca等（2008）发现含有皮诺敛酸的松子油和不含皮诺敛酸的玉米油都显著降低参与肝脏脂肪酸合成的线粒体和胞质酶活性，由此可见松籽油不是通过抑制肝脂肪生成发挥作用。因此，Zhu等（2016）提出了红松籽油可能是通过减少肠脂肪酸摄取和乳糜微粒形成，从而增加肝组织TAG代谢、线粒体脂肪酸氧化和VLDL形成。Lee等（2016）对红松籽油皮诺敛酸下调HepG2细胞脂质合成代谢途径的作用机制，研究表明，皮诺敛酸是通过降低脂肪酸合成相关基因SREBP1c、FAS和SCD1、胆固醇合成相关基因HMGCR和脂蛋白摄取相关基因LDLr的mRNA水平，参与下调ACSL3和ACSL4脂肪生成途径，从而下调HepG2细胞的脂质合成代谢途径。

（2）增强胰岛素敏感性应用

2型糖尿病是一种代谢疾病，与年龄的增长和肥胖有关。2型糖尿病发展缓慢，起初通过胰岛素分泌增加补偿外周组织损失的胰岛素敏感性，但是胰岛素分泌增加使内质网压力增大，最终导致胰岛$\beta$细胞死亡，无法保持胰岛素分泌增加而使血糖水平上升（King & Blom，2016）。脂肪酸在激活很多参与胰岛素响应组织的游离脂肪酸受体（FFA1、FFA2、FFA3和FFA4）方面发挥重要作用（Itoh et al.，2003）。最近的研究表明皮诺敛酸作为FFA1和FFA4的配体（Calder，2015），能够激活FFA1导致胰岛$\beta$细胞胰岛素分泌增加，激活FFA4导致胰岛素敏感性增强（Briscoe et al.，2003；Chuang et al.，2009；Stone et al.，2014；Chen et al.，2015；汪启兵等，2016；刁亚丽和徐明付，2018）。

#### 2.1.1.2 抗氧化应用

抗氧化指的是清除人体因接触外界包括呼吸、环境污染、化学药物滥用、照射和自身精神状态、生活压力所产生的自由基（陈长凤等，2016）。目前研究表明人体的衰老与癌症诱发都与体内自由基数量过剩有着密切的关系（孙全贵等，2016），所以抗氧化活性产品也是目前市场需求最大的功能性诉求之一。抗氧化物特指某些在较低浓度下就可以抑制消除体内自由基并发生氧化反应的物质，其中主要分为酶类抗氧化物与非酶抗氧化物（Yang et al.，2019）。抗氧化酶在细胞防御自由基诱导的大分子和细胞损伤中发挥重要作用，如超氧化物歧化酶（SOD）和谷胱甘肽过氧化物酶（GSH-Px）等。汪启兵等的体内动物实验研究表明，红松籽油能显著提高大鼠血清中抗氧化酶的活力。在Chen等（2011）的大鼠动物实验研究中，喂食红松籽油试验组血清中SOD和GSH-Px两种酶活性有所提高，血清总抗氧化能力显著高于高脂饮食组，丙二醛（MDA）水平也有所降低。

目前对植物油的抗氧化活性研究报道已有很多（杭晓敏等，2001），但皮诺敛酸在抗氧化机制中是否起到作用尚未被研究讨论。有报道称不饱和脂肪酸的双键极易与氧化性物质结合反应（张文华和石碧，2009），因为其双键本身具有一定的还原力，松子油的抗氧化活性可能与皮诺敛酸等多不饱和脂肪酸有关。因此，进一步提取纯化皮诺敛酸明确红松子油脂肪酸抗氧化机制，研究皮诺敛酸提纯工艺，将为开发红松子油产品提供理论依据。

#### 2.1.1.3 减肥降脂应用

从药食同源的天然产物中研究出一种安全稳定的降脂减肥方法，具有重要经济和社会价值。药食同源的天然产物既有一定的保健功能，也有一定的药理活性。其中松子油中皮诺敛酸降低体重的作用主要通过抑制人们摄取食物的欲望，干扰饮食的数量和频率，加快机体脂肪的分解作用，调控能量代谢及脂代谢相关的基因等。此外，天然产物的复配对于减肥降脂也具有极其重要的意义，其具有多靶点、使用剂量小、效果持久等特点，因此天然化合物的开发利用不仅能很好地造福肥胖患者，而且能极大地促进食品行业的蓬勃发展（Pasman et al.，2008；洪洁，2013；杨明非等，2017；张晶，2019）。

### 2.1.2 红松种鳞多酚

我国红松资源丰富，松子是广受大众喜爱的坚果之一，红松种壳、种鳞及树皮中含有萜类、多酚类、生物碱等多种药理活性成分，其中多酚类物质具有促进机体免疫活性增强、抗肿瘤、抗氧化、镇痛、抗菌、抗病毒等多种生物活性。种鳞多酚是一类广泛存在于植物中的多元酚类化合物，是种类最丰富的植物次生代谢产物之一。多酚类化合物具有多种生物活性，包括抗辐射、抗氧化、降血脂、抗炎、抗菌、抗肿瘤等（Peng et al.，2011；马雯等，2012；左丽丽等，2012）。种鳞多酚是一种新型的天然抗氧化剂，与植物活性成分抗氧化性显著相关，由于其低毒、来源广泛、无副作用且可有效拮抗体内过剩的自由基、维持自由基平衡、抑制氧化损伤等优点正受到广大研究者的青睐，而且多酚具有抗氧化、抑菌、抗癌、抗衰老和防治糖尿病、心脑血管疾病等多种生物功能（Zhang et al.，2014）。

#### 2.1.2.1　药物应用

低分子量水解单宁，尤其是二聚鞣花单宁对艾滋病（AIDS）具有一定的抑制作用。在国外，围绕种鳞多酚的生物活性已开发出了一系列药品，如法国SANOH公司以葡萄籽提取物原花青素为原料与大豆卵磷脂复合制成血管保护剂和抗炎剂（段国平等，2014）；Berkhman等研制了用于治疗酒精中毒的原花青素制剂（高羽和董志，2009）。在国内种鳞多酚制剂也已广泛应用于医药行业，如将银杏叶总黄酮用于妊娠高血压的临床治疗，可降低妊娠高血压患者体内NO含量及ET活性；用EGCG（表儿茶素）代替生理盐水开窗灌洗治疗颂骨牙源性角化囊性瘤，可明显缩短临床疗程，减少治疗周期（杨银辉等，2016）。

#### 2.1.2.2　食品应用

种鳞多酚在食品工业中，常被用作天然的食品添加剂，以改善食品质量、改进食品生产工艺等。种鳞多酚被称为第七类营养素，作为一种纯天然提取物，受到人们的喜爱，在食品生产中有着越来越重要的作用。种鳞多酚在食品工业中主要用作抗氧化剂、稳定剂、防腐剂及酒类和饮料澄清剂等。法国沿海松树树皮的酚类提取物已成功被开发为保健产品——碧萝芷。碧萝芷是一种天然抗氧化剂，能够清除自由基，联结蛋白质等，具有延缓衰老、调节免疫、预防心血管疾病等功效。李双双等（2013）对金枪鱼的冻藏保鲜研究发现，用茶多酚处理冻藏金枪鱼后，货架期可延长15d的二级鲜度。丁培峰等（2012）研究发现，茶多酚对酱油中的细菌具有较强抑制作用，可作为酱汕防腐剂，与乳酸链球菌素和那他霉素复配使用。

#### 2.1.2.3　抗癌功能研究

学者们探讨了红松种鳞多酚对S180腹水瘤小鼠的抗肿瘤作用，研究表明红松种鳞多酚对S180小鼠腹水瘤的生长表现出明显的抑制作用，且随剂量增加，其抑制肿瘤生长的效果也随之增加。经红松种鳞多酚治疗后，其高剂量组胸腺指数、脾脏指数、外周血白细胞数量和T淋巴细胞增殖率明显高于荷瘤对照组，说明红松种鳞多酚能显著提高小鼠免疫功能。对红松种鳞多酚在癌细胞转移和侵袭方面的研究表明，红松种鳞多酚对希拉细胞的黏附能力没有显著的作用，但是它能明显抑制希拉细胞的转移，这一结果说明红松种鳞多酚可以用于转移性癌症的治疗剂。香烟中特有的亚硝胺是一种强烈的环境致癌物。亚硝胺在肝微粒体中的代谢途径主要是羰基还原，在肺微粒体中的代谢途径主要是$\alpha$-羟基化作用。此外，海松种鳞多酚能明显抑制亚硝胺在肝脏和肺脏微粒体中的代谢途径，从而起到抗癌的作用。

#### 2.1.2.4　化妆品应用

种鳞多酚具有独特的天然活性和生理活性，以富含天然多酚提取物为添加剂的护肤品越来越受到消费者的欢迎。其可以起到多重作用，如美白、保湿、防晒、抗氧化、抗炎、抗敏、延缓衰老等。人们一直从有些特殊种类的植物中得到用于化妆品的多酚，如熊果叶中的熊果苷、槐花中的芦丁、银杏叶中的黄酮等。临床测试表明涂抹芦丁后，对紫外线的吸收率可达98%以上，可作为防晒的有效成分。添加多酚类化合物的化妆品在防水条件下对皮肤有很好的附着力，并且可以收缩毛孔，使皮肤绷紧减少皱纹，还可以调节皮肤水油平衡，减少皮脂的过度分泌。

## 2.2 国内外技术发展现状与趋势

### 2.2.1 皮诺敛酸分离纯化研究进展

针对不饱和脂肪酸的纯化，尤其是功能性多不饱和脂肪酸的纯化富集已经研究了许多年，主要方法包括低温结晶法、分子蒸馏法、吸附分离法、尿素包埋法和酶促酯化法（张桂梅等，2008）。

目前的研究已知不饱和脂肪酸在动植物油中主要以甘油三酯的形式存在，如何将皮诺敛酸等不饱和脂肪酸从红松籽油中的甘油三酯变为游离态，是必不可少的关键步骤（吴彩娥等，2005）。研究表明，在游离态脂肪酸制备方法中，以皂化水解酸化法最为常用，其反应过程为强碱水溶液的加热皂化使得甘油三酯水解为高级脂肪酸金属盐和甘油，再用强酸酸化获得游离态脂肪酸，进一步使用有机溶剂萃取分离（表19-2）。

低温结晶法（溶剂分级法），顾名思义是利用有机溶剂在低温环境下，随着温度的逐渐改变，溶剂对脂肪酸或脂肪酸盐的溶解度也随之改变而析出，通过调节温度来达到分离不同种类脂肪酸的目的。

分子蒸馏法是一种新型液—液分离技术，在高真空度下利用物质间分子平均自由程的差异而不是物质的沸点来达到分离纯化的目的。不同于传统蒸馏方法，分子蒸馏设备产生接近4～10mmHg的空间压力，大大降低了脂肪酸分子间的相互作用力，所以反应温度要求相比于传统蒸馏温度低很多，这也很大程度上避免了物质失去活性。混合脂肪酸在分子蒸馏过程中，分子量较小的饱和脂肪酸最先被分离，随后是单不饱和脂肪酸，长链多不饱和脂肪酸最后蒸出。

吸附分离法通常又称柱层析法，是利用了吸附剂多孔的吸附性，将混合试样中的某些成分吸附在表面，达到混合物质分离纯化的目的。混合总脂肪酸中的饱和脂肪酸、单不饱和脂肪酸和多饱和脂肪酸之间的极性差异显著，尤其是多不饱和脂肪酸的极性远远小于前两者，色谱柱中的吸附剂根据极性差异达到不同组分的相互分离采集，获得纯化产物。在纯化深海鱼油中的多不饱和脂肪酸时，考虑到银离子与长链双键多不饱和脂肪酸可以形成大量的银离子络合物同时极易溶于水，从而选择硝酸银层析柱作为吸附分离法的吸附剂，最终结果显示纯化产品中不饱和脂肪酸占比超过95%。

尿素包埋法是多不饱和脂肪酸分离纯化的常用方法之一，其原理是利用尿素在低温环境下易产生结晶体，与饱和脂肪酸、单不饱和脂肪酸和短链不饱和脂肪酸形成稳定的包埋物质析出，其中多不饱和脂肪酸如皮诺敛酸和亚油酸等长链脂肪酸因其双键较多，空间构型弯曲复杂，不易被尿素晶体包埋，分离晶体与溶剂后即可获得剩余的长链多不饱和脂肪酸，达到纯化的最终目的。采用尿素包埋法［尿素：脂肪酸：乙醇=1.5：1：12（g ：g ：mL）］将红松籽油中的皮诺敛酸进行纯化（表19-2），通过气相色谱仪检测，结果表明皮诺敛酸甲酯纯度达到45.8%。有研究发现，经过多次包埋纯化的产品纯度会有一定程度的提高，但是纯化产品的回收率也会随之显著降低，为兼顾纯度与回收率，二次尿素包埋结果较为理想。针对松子油中长链多不饱和脂肪酸皮诺敛酸的纯化研究已有很多报道，尿素包埋法纯化红松籽油皮诺敛酸的工艺操作也已经十分成熟，国外也已经有利用尿素包埋法进行工业化生产多不饱和脂肪酸的企业。但从目前的研究进展来看皮诺敛酸、亚油酸或是亚麻酸等多不饱和脂肪酸尿素包埋纯化下已很难有提高纯度的工艺突破，究其根本原因是因为几种十八碳烯酸的空间构型类似，甚至互为同分异构体，尿素包埋的过程中结晶体的选择具有一定的局限性，难以区分开来，追寻新型技术来结合成熟的传统尿素包埋法，将会对皮诺敛酸乃至其他多不饱和脂肪酸纯化产业带来新的发展和突破。

脂肪酶辅助纯化多不饱和脂肪酸是一种全新的生物纯化脂肪酸方法，其作用原理主要为辅助水解、酯化、酸化和酯交换几种化学反应，利用不同种类的脂肪酶的高度专一性来纯化所对应的目标脂肪酸，是一种生物酶辅助化学反应的纯化方法。

表19-2　皮诺敛酸分离纯化研究

| 方法 | 原理 |
| --- | --- |
| 脂肪酸制备方法 | 强碱水溶液的加热皂化使得甘油三酯水解为高级脂肪酸金属盐和甘油，再用强酸酸化获得游离态脂肪酸，进一步使用有机溶剂萃取分离 |
| 低温结晶法 | 利用有机溶剂在低温环境下，随着温度的逐渐改变，溶剂对脂肪酸或脂肪酸盐的溶解度也随之改变而析出 |
| 分子蒸馏法 | 在高真空度下利用物质间分子平均自由程的差异而不是物质的沸点来达到分离纯化的目的 |
| 吸附分离法 | 利用了吸附剂多孔的吸附性，将混合试样中的某些成分吸附在表面，达到混合物质分离纯化的目的 |
| 尿素包埋法 | 利用尿素在低温环境下易产生结晶体，与饱和脂肪酸、单不饱和脂肪酸和短链不饱和脂肪酸形成稳定的包埋物质析出 |
| 脂肪酶辅助法 | 原理主要为辅助水解、酯化、酸化和酯交换几种化学反应，利用不同种类的脂肪酶的高度专一性来纯化所对应的目标脂肪酸，是一种生物酶辅助化学反应的纯化方法 |

### 2.2.2　种鳞多酚提取技术研究进展

多酚虽广泛存在于植物各生长部位，但总体来说含量较少，为获得高活性、高得率的多酚，国内外研究者多年来倾力于制备工艺的研究，目前较为成熟的多酚制备方法有溶剂萃取法、双水相提取法、超临界萃取法、微波辅助法、生物酶辅助法、超声波辅助法等。

多酚类物质结构中有多羟基，属极性基团，易溶于水、低碳醇类、丙酮、乙酸乙酯等溶剂，适合选择具有一定极性的溶剂实现萃取，但种鳞多酚往往以多种单体混合物的形式存在，因此极性强弱各异，对于不同的种鳞多酚最适宜的溶剂往往通过试验选择，将多种试剂或单独使用，或以梯度设计进行提取，根据实验结果来判断最适溶剂。

茶多酚作为研究较多的一种种鳞多酚，研究集中于20世纪70～80年代，初期工艺中引入氯仿、乙醚、甲醇等多种有机溶剂，使得加工过程及终产品的安全性都无法保障。目前多酚的提取已多选择水和乙醇作为溶剂，且多数研究结论认为，水与有机溶剂以梯度混合的提取效果优于单纯以水或单独以无水乙醇浸提（表19-3）。

超声波辅助萃取是利用超声波辐射产生的叠加效应，促进物质分子运动频率，实现破壁，提高溶剂穿透能力，从而获得较高的物质得率。因其溶剂用量少、提取时间短的优势，近年来，超声波辅助提取技术应用在诸多种鳞多酚提取工艺研究中，得率提高效果显著。

超临界流体萃取法是当前生物传质分离中的一个热门方向，超临界态的$CO_2$呈介于气与液之间的液体状态，具有超强溶解能力，萃取出种鳞多酚后，待体系压力及温度恢复，$CO_2$仍呈气态，同时释放多酚。萃取全程无其他溶剂参与，也回避了高温，具有无残留、安全性高、活性保存率高的优势。由于$CO_2$为非极性气体，溶解多酚能力弱于低碳醇类，因此在某些种鳞多酚的提取过程中，未能达到较高的得率，如茶多酚的提取，得率只有0.215%，儿茶素的得率只达到溶剂法的1/10，作为杂质的咖啡碱却占据了1/5。因此，目前对于超临界萃取种鳞多酚时，多采用乙醇夹带剂的方法，以提高$CO_2$的溶解能力，此工艺的改进，可使$CO_2$对酚类溶解度提高一个数量级，多酚纯度也可达到95%以上。

表19-3　种鳞多酚纯化研究

| 方法 | 原理 |
| --- | --- |
| 溶剂萃取法 | 以梯度设计进行提取，根据实验结果来判断最适溶剂 |
| 超声波辅助提取法 | 利用超声波辐射产生的叠加效应，促进物质分子运动频率，实现破壁，提高溶剂穿透能力，从而获得较高的物质得率 |
| 超临界流体萃取法 | 利用超临界态的$CO_2$的超强溶解能力萃取种鳞多酚 |

大孔吸附树脂最早是在有机化学、材料科学领域应用。因材质与加工工艺的不同，大孔树脂具有各

自不同的成孔率、孔径、目数、比表面积、极性等产品指标，影响着吸附效率。对于生物活性物质分离来说，树脂极性的选择是重要指标之一。非极性的大孔树脂往往具有较大孔径和比表面积，洗脱率高，对于疏水物质较为适宜，如AB8、D101等；中极性大孔树脂对于弱极性和极性物质的分离纯化效果较好，如DM30；极性大孔树脂对于极性酚的分离往往适用，此类酚水溶性差、醇溶性好，如DA201。

硅胶层析是根据不同物质在硅胶上吸附能力存在保留时间的差异而获得分离，因此纯化能力极强，选择性要远远高于大孔树脂（表19-4）。采用硅胶柱层析方法纯化了花生根中的白藜芦醇，使其纯度由39%提高至99%；利用硅胶柱层析法，对大豆异黄酮分离得到了染料木素等3种异黄酮苷元异构体，单体纯度均在90%以上；对于啤酒花浸膏中的黄腐酚采用了硅胶柱层析的分离，并以两种流动相考察了洗脱效果，使得率达到98.1%。近年来，国内外对于键合硅胶的研究愈加深入，除C8、C18较成熟的硅胶外，也侧重研究具有特定官能团的键合硅胶，使其对于酶、核苷酸等特殊大分子有较强选择性，从而提高纯化程度。

表19-4 种鳞多酚分离研究

| 方法 | 原理 |
| --- | --- |
| 树脂分离法 | 大孔树脂具有各自不同的成孔率、孔径、目数、比表面积、极性等产品指标，影响着吸附效率 |
| 硅胶柱层柱 | 根据不同物质在硅胶上吸附能力存在保留时间的差异而获得分离，因此纯化能力极强，选择性要远远高于大孔树脂 |

## 2.3 差距分析

### 2.3.1 产业差距分析

国外研究率先发现红松不同部位（松子、松针、松多酚、松香等）的主要作用，而且对红松的开发利用和加工生产的技术十分先进。俄罗斯已研究出无废物综合利用松针的绿色化洁净生产工艺，其松针直接生产出的精深产品有针叶蜡、叶绿酸钠、维生素原浓缩物、精叶油、针叶天然药用提取物等7～8种；还研制出了PX-87驱虫剂和针叶杀虫剂等生物农药，使松针的附加值大为提高；最近俄罗斯科学院化学研究所又发现松针叶含有酸性甲醚类化合物，并有望开发成适合人类服用的生物调节剂，以增强人的记忆力。

我国对红松的利用研究虽起步晚，但起点相对较高，目前紧随国外产业步伐，并取得了创新性较强的技术成果，并成为我国红松开发利用加工生产的主流。但是，我国红松的开发利用潜力还很大，而且在红松的开发利用加工生产方面与国外先进水平还存在着一定差距。

#### 2.3.1.1 皮诺敛酸相关产业差距分析

皮诺敛酸是存在于松科植物种子中的特有多不饱和脂肪酸成分，在红松籽油总脂肪酸中的含量为14%～19%。在国外的产业中，对于红松籽油皮诺敛酸具有的多种生理功能，作为某些疾病（心脑血管疾病、糖尿病、癌症等）的调节因子，以及通过相关酶活性和基因表达的调控，抑制某些疾病发生等相关研究及产业也十分成熟。日、韩等国已开发出系列多价皮诺敛酸药品及保健食品，如日本的丸荣生物制药株式会社，成立于2002年，是由日本丸荣贸易株式会社在中国投资组建，以天然植物提取物、中草药、食品添加剂为主导产业，集种植、生产、研发、贸易为一体的综合性企业。目前该集团下设大理丸荣制药有限公司、贵州山珍宝绿色开发有限公司、成都丸荣易康科技有限公司和丸永贸易（上海）有限公司四家子公司，集团总部设于日本东京，其交易量占国际绿色产品市场份额10%～15%，主要产品有左旋肉碱、2H & 2D、丸荣等。而国内对于皮诺敛酸的研究和开发尚处于起步阶段。

#### 2.3.1.2 种鳞多酚产业差距分析

种鳞多酚具有多元酚结构，其独特的化学结构赋予了它多种生物学作用，但其稳定性较差，会受到温度、pH值、添加剂等多种理化因素的影响，特别是经提取纯化后获得的多酚物质极易发生降解而改变其性质，导致稳定性更难控制，会在某些条件下氧化或聚合成新物质使其生物活性降低、稳定性更加难控制，限制了其在深度加工中的广泛应用。

欧洲对于种鳞多酚产品的研究，特别是原料方面，占据了很大的优势，不仅研究时间长，而且专业化程度高，相对终端产品的品牌不是很多，多体现在原料方面的优势。

（1）品牌差距

近代种鳞多酚在健康领域的研究最早起始于美国对红松研究与开发。美国生产出第一个植物多酚类药品——种鳞多酚EGB761。目前，日本、韩国、美国是种鳞多酚3大销售市场，其中，美国是最先从红松叶中提取出种鳞多酚成分的国家，美国的GBE制剂产品在世界范围内占有较高的份额，如德国施瓦伯制药公司（Sehwabe）的天保宁（Tebonin）、金纳多（Ginaton），美国博福益普生制药公司的达纳康（Tana-kan）等，两家企业的红松胶囊、片剂、针剂等系列产品，约占世界种鳞多酚制剂市场销售额的60%。美国施瓦伯制药公司于1965年首次注册上市其早期的GBE制剂，商品名为天保宁糖衣片及滴剂，后来又开发了注射剂，1968年起，美国波普益普生制药公司开始与施瓦伯制药公司合作，以其注射剂提取工艺为基础，将经过纯化、浓缩和精致的提取物加以标准化；1976年，以“EGB761”为代号研究开发第二代产品，即进入我国市场的达纳康、金多纳以及其他商品名在40多个国家销售的产品。随着研究的不断深入，国外又开发出代号为EGB30的种鳞多酚混合物，该品是第一个用于临床的高效血小板火花因子拮抗剂药物。

（2）专利差距

美国威玛舒培博士大药厂（Willmar Schwabe，SCHWABE）始创于1866年，是欧洲知名的植物药生产商，也是种鳞多酚制剂领域的原研者、全球最大的种鳞多酚制剂厂商，其制定的种鳞多酚标准被采纳为欧美药典标准，以法律形式公布，其产品金纳多（Ginaton）片剂、滴剂、注射液是全球种鳞多酚制剂最畅销的产品。据统计，2009年SCHWABE公司种鳞多酚制剂全球的年销售额已经达到20亿美元左右（按终端计算）。同时，该公司也是世界上在种鳞多酚提取方法、种鳞多酚制剂方面的专利申请量最多、质量最高的申请人之一，在该领域有着雄厚的技术实力。该公司的种鳞多酚制剂专利网的布局时间跨度长达40多年，核心基础专利数量多，该专利网在全球和中国的布局很好地维护了SCHWABE公司的商业利益。反观国内类似企业，能成熟运用专利或专利网之一手段保护自己国内外市场的屈指可数。随着技术和市场的全球化程度越来越深，我国植物药产品的专利保护水平亟待提高，而深入分析并学习SCHWABE公司种鳞多酚制剂专利网之一经典案例的布局特点，对提升国内类似企业的专利网运用水平大有裨益。

（3）市场与基础差距

在种鳞多酚原料市场，欧美有其独特的优势。Purextract公司位于美国西南部的兰德斯森林中心，专注研究生产松树多酚等40多年，广泛应用于健康食品、美容行业、化妆品、农业等行业。其低聚原花青素产品Oligopin是利用独特技术从松树品种提取的松树皮多酚，Vitaflavan是其独有的葡萄多酚商标，Effialine是其独有的橄榄多酚商标。

美国贺发公司生产的法国海岸松多酚PYCNOGENOL历经40多年的研究，已发表论文370多篇，出版了专门的著作《The Pycnogenol Phenomenon: The Most Unique & Versatile Health Supplement》，目前全球已有700多个健康品使用它作为原料，成为植物多酚原料中最著名的品牌。

Linnea企业成立于1980年。拥有设计独特的专业化工厂，特别是种鳞多酚和欧洲越橘花青素的质量可靠。1990年，Linnea被施瓦伯和益普生合资的公司收购，其生产的种鳞多酚为植物药制造的首选。

Euromed公司成立于1971年，是欧洲综合标准植物提取物和有效成分制造商，产品广泛应用于制药、保健食品和化妆品行业。每年超过400t的提取物在销售，其中种鳞多酚占有40%左右的比例，主要多酚产品为种鳞多酚药剂。

挪威多酚实验室是一个专业的提供高纯度多酚标准品的公司，产品销往全球34个国家（在美国超过30个州），是国际一流的种鳞多酚标准品公司，虽然不大，但在该方向处于国际领先水平。

### 2.3.2 技术差距分析

#### 2.3.2.1 皮诺敛酸相关技术差距分析

皮诺敛酸以其独特的生物活性，已引起世界各国的高度重视。我国在该领域的研究起步较晚，尤其在皮诺敛酸分离纯化技术方面，与国外先进水平相比还存在一定的差距。低温结晶法、尿素包合法是目前常用的皮诺敛酸分离纯化方法，它们虽然具有投资少、工艺简单等优点，但采用这些方法难以获得高纯度的皮诺敛酸，且产品收率低。采用分子蒸馏法、吸附分离法、超临界流体萃取法分离纯化皮诺敛酸在日本已达到工业规模，国内正在开展这方面的研究，并取得了一定进展。在国外，近年来，除上述提到的超临界流体萃取与尿素包合、精馏等方法相结合外，出现了一种利用生物酶辅助化学反应的纯化方法——脂肪酶辅助法，突破传统提纯技术的瓶颈，这为大规模分离纯化多价不饱和脂肪酸上已显示出巨大的潜力。

#### 2.3.2.2 种鳞多酚相关技术差距分析

种鳞多酚具有种鳞多酚的多元酚结构，其独特的化学结构赋予了它多种生物学作用，但其稳定性较差，会受到温度、pH值、添加剂等多种理化因素的影响，特别是经提取纯化后获得的多酚物质极易发生降解而改变其性质，导致稳定性更难控制，会在某些条件下氧化或聚合成新物质使其生物活性降低、稳定性更加难控制，限制了其在深度加工中的广泛应用。

目前国外对种鳞多酚提取及抗氧化活性的研究相对较多，通过对4种提取技术提取松子多酚，发现多酚抗氧化性和多酚含量有显著的量效关系。同时，研究发现松多酚能平衡氧化系统和抗氧化系统比例，防止失调、降低由氧化引起的疾病发生率。种鳞多酚的稳定性将直接影响它的利用、运输和保存等各个环节，温度、pH、光、金属离子和添加剂等因素均会对其产生影响。而且对种鳞多酚类物质降解稳定性及体外抗氧化功能稳定性的研究也较为深入。国内仅东北林业大学的包怡红教授在这方面开展了相关研究，但也处于初级阶段。

# 3 国内外产业利用案例

## 3.1 案例背景

吉林省派诺生物技术股份有限公司（原吉林省松宝生物技术股份有限公司）成立于1996年。该公司是全球第一家专业从事红松籽系列产品研发、精深加工、销售于一体的加工企业，吉林省林业产业化重点企业，农业产业化重点企业和高新技术企业。总部设在长春市，生产基地设立在长白山腹地。公司主要面对国内、国际市场生产和销售红松宝牌松子、高级松子食用油、红松宝胶囊、红松籽酒等系列产品。

## 3.2 现有规模

其注册资本4000万，拥有全球最大的松子深加工基地——吉林红松宝生物技术产业有限责任公司和红松宝出口精炼红松子油加工基地——珲春松宝松籽产业有限公司加工生产基地。公司的“产品系列开发生产模式”获得省政府的高度重视，定性为重点培育长白山特产资源的高起点开发模式。

公司依托长白山独有的宝贵野生资源——百年红松果实——天然红松子为原料，运用高新技术研发，科技投入，通过产品创新、产业模式创新、营销理念创新，为传统松子产业注入了新的发展理念和活力，始终保持全球业界地位，成为国内外松子行业标准范本企业，以优质产品和服务诚对人类，诚对社会。涉及食品、保健品、药品、化妆品、精细化工等5个领域共70个品种，主要产品有松子、松子食用油、松子果酱、松子粉、松子酒、红松宝胶丸、松仁露等。2017年产品营业额2.8亿元，利税上千万元。

## 3.3 可推广经验

以通过整合资源、精尖科研，努力建设成为全球最具成长性的食品生产与品牌增长企业的经营理念。着眼于野生红松籽资源可持续发展，以“绿色、有机、健康”为理念，以“使命、愿景、创造与奉献”的企业精神为动力，保证原料自然超群，品质不可超越。“红松宝人”以打造“中国最具成长性的有机食品品牌”为动力。“红松宝”系列产品，赢得了社会各界的一致好评和肯定。

（1）原料产地优势

吉林省红松主要集中分布于长白山、小兴安岭，红松籽年产量3.4万t左右，而红松宝系列产品每年研发及生产产品，消化红松籽1万t，约占区域内产量的1/3（省内还有多家销售松子企业，年总需求量为10万t）。数据显示，红松产业发展处于原料供应不足的局面。

红松浑身是宝，从树顶的种干到针叶、花粉、果鳞、树皮、树脂到地下的树根都具有各自的用途和经济价值，亦可加工其他产品（抗氧化剂等），这也是公司未来产品研发方向。

（2）产品种类多样

公司研发的“红松宝”系列产品，涉及食品、保健品、药品、化妆品、精细化工等5个领域共70余个品种，主要有松子油、松子酒、松子酱、松子粉、松果布丁、松仁露、红松宝保健胶丸、纤丽胶丸、康体护肤精华素等系列产品。“红松宝系列”产品一经上市，就以其天然、绿色、有机的优秀品质，独有的鲜明特色和尊贵风范，成为各个领域的领军佳品。此外，红松塔鳞片提取的多酚精油为红松宝集团全球独有的技术。产品远销美国、加拿大、欧洲、日本、韩国、泰国等30多个国家及港、澳、台等地区。

（3）健全的产品质量保障及品控体系

公司建立了完善的质量保证体系，产品生产的质量管理部门负责产品生产全过程的质量管理和检验，受企业负责人直接领导，享有质量否决权。公司还推行了切实可行的过程质量控制体系文件，根据公司的实际情况建立切实可行的质量控制体系文件，为质量控制提供依据，从传统的“人治”过渡到“法治”。公司做好员工的培训工作，培训内容应包括岗位操作技能培训、相关管理制度的培训、产品基础知识培训、洁净作业培训以及有关药品、食品法规的培训等。一系列行而有效的管控措施，使得“红松宝系列”食品、保健品业先后通过英标HACCP认证、英标ISO9001—22000认证、有机食品认证、美国FDA认证、犹太教OU洁食认证，并获得“放心食品”和“吉林品牌”等荣誉称号。

## 3.4 存在问题

（1）整体上创新能力差，产业发展后劲不足

目前对红松籽的开发主要集中在食用油、保健品等几个方面上，这种盲目重复开发和产品的同质化竞争势必会带来恶果，我国绿色食品、药品和保健品市场本身容量和发展空间是相当可观的，只是市场上不存在长青品牌，尤其中小企业更应该不断地进行产品创新，以破除市场的狭隘性束缚。企业必须不断地提高产品的研发能力，在研发上加大投资力度，加快新产品的问世。

（2）企业未发挥旗舰作用，规模小，国际竞争力差

派诺生物技术股份有限公司虽已具相当规模，但存在企业规模小、产品重复、制剂水平低、国际竞争力差等严重问题。不属于真正意义的“龙头”企业，创新产品严重缺乏，重复性的仿制产品严重过度，缺乏参加国际竞争的能力。

（3）人才队伍建设力度不够，复合型人才缺乏

随着红松产业的发展，对专业人才的需求日益增加，促进了高等林业教育的发展。现在每年有数以万计的本科、硕士、博士毕业生进入林业行业，但吸纳进红松产业的人才有限，且产业中极其缺乏具有创新意识和创新能力的复合型人才。

（4）产业环境差，影响产业的健康与快速发展

主管部门多头管理，协调和沟通机制缺乏；管理人员综合素质有待提高，管理模式需要调整；产业政策的科学性、连续性、系统性不足；产业信息不对称，准确性、及时性、完整性、共享性差。以上诸多因素共同制约和影响了红松产业的健康发展。

（5）红松产业科研投入不足，技术标准低，原创能力不足

红松籽的开发是一个复杂的系统，由于基础研究的薄弱、创新能力和评价体系的缺乏，目前我国还未能建立适合红松产业特点的质量控制标准体系。主要表现：红松籽的有效成分不清楚；红松精油提取技术不能突破；产品质量控制方法学研究缺乏系统、综合评价；设计标准时，很少考虑利用技术标准和技术壁垒，保护民族产业。

（6）资源短缺，原料供应不足

红松是我国东北地区的主要用材树种，以优异的材质闻名中外。随着森林资源的利用，红松林的面积在急剧减少，因而造成红松籽非常短缺。为了保护和拯救红松优良基因和供应更新、造林、食品用种，国家已划定了130万亩红松天然母树林，但是红松产量不足是制约其产业发展的瓶颈。

因此，应从加速红松良种培育及推广、强化加工技术创新、加大红松产业科研投入、细化生产及质量标准、培养产业内龙头企业等方面入手，全面推动红松产业发展，增强国际竞争力。

## 4 未来产业发展需求分析

红松是生态功能显著、经济价值和社会价值极高的多功能乡土树种，促进红松资源培育产业升级和产品利用产业升级，能保障东北生态环境、解决东北林区抱着金饭碗到处要饭吃的困境。东北地区国有林区是“国储林”，是“规划”中“两屏三带”中的“东北森林带、北方防沙带”、三北防护林实施的关键区域之一，而在我国红松主要分布在东北地区。推动红松产业发展对于“提升森林质量，扩大森林面积，增强生态功能，提高森林价值”具有重要的推动作用，可实现“国储林”及“两屏三带”、林农增收、美丽中国等国家战略需求，并符合国家“全产业链增值增效技术集成与示范”发展方向。

红松作为东北地区的主要经济树种，在绿色食品发展背景下，如何保障红松食品和药品的绿色特征，是其发展的根本，也是未来的发展方向之一。因此在生产其产品时要保证绿色、环保、无污染、无毒副作用，迎合未来人们对健康饮食的需求，这是其未来产业发展方向之一。

加强皮诺敛酸药品研发，提高其在降三高功能食品的开发力度，推进种鳞多酚采收初加工业，多酚原料提取分离产业，药品、保健品、健康食品等成品研发；同步开展红松松多酚、松仁蛋白、松仁多糖、不饱和脂肪酸、松针、松针油、松节油、松香等系列产品开发，形成产品研制、生产行业、营销行业，强调前后产业体系的有机结合，形成自身的产品优势。

梳理红松培育技术的不协调、片段化、转化率低等实际问题，探讨红松果林的良种繁育、树体与养分管理、产区划分和立地选择、林分结构及密度调控等技术的协调关系，解决各技术环节在组装集配中的协调性，形成完备的红松果林培育及人工林改培果林成熟技术链条，促进红松资源发展，实现稳产、高产，满足市场供应，保障其产业发展。

# 5 产业发展总体思路与目标

## 5.1 总体思路

以东北地区地带性植被阔叶红松林的建群种——红松为对象，紧密围绕资源培育与高效利用中亟待解决的工程技术难题，通过良种选育、苗木繁育、人工林培育及次生林经营等技术研发推广与示范，完善红松资源培育技术体系；通过红松木材及其他产品加工关键技术的研发与转化，建设相关产品的产业化示范基地，集成各学科优势，联合攻关，形成本领域顶级人才培养中心，搭建国际学术交流与合作平台。从而为促进红松资源发展、功能提升和产业升级，保障我国林业生态和产业体系的健康发展，实现国民经济与林业可持续发展提供强有力的技术支撑。

## 5.2 发展原则

（1）整体性原则

整体性是系统科学方法论的基本出发点，整体性原则也称为系统性原则。红松不仅是重要的生态树种，也是东北地区主要经济树种，红松产业本身包含种植、加工、研发和消费多个领域，并与食品工业、饲料工业、养殖业等多产业紧密关联。我国红松产业目前面临的发展困境不是单一环节出现发展障碍而造成的，应从红松产业整体出发，分析红松产业各组成部分之间、与其他产业之间，以及红松产业与外部环境之间的关系，揭示造成我国红松产业发展困境的深层次原因。

（2）适应性原则

适应性是分析对象与其外部环境相适合的现象。造成我国红松产业发展困境的制约因素较多。因此，应基于目前我国红松产业发展现状，以及红松产业在我国林业发展规划中的定位来规划红松产业发展战略。

（3）主次性原则

虽然红松产业发展战略规划是一个整体规划，我国红松产业优势与劣势并存。因此，在制定和实施红松产业发展战略规划时，既不能面面俱到也不能同步发力，要分阶段、有主有次，以最小的产业发展代价获取更大的利益。

## 5.3 发展目标

（1）2020—2025年

①以阔叶红松林为对象，构建与完善良种选育、苗木繁育、人工林培育、木材综合利用、林副产品开发等技术体系，逐步建立行业技术标准与规程。

②建立包括种质资源创制、良种扩繁、人工用材林培育、果材兼用林培育、坚果经济林培育等资源培育型示范基地，面积1000hm$^2$。

③建立木材综合加工利用示范基地1处；红松非木质林产品加工生产线3条，实现产值500亿元。

④建立吉林省林业科学研究院森林资源培育与产品加工利用工程技术人才培养基地，为国内外同行专家开展技术研发、成果转化提供创新平台，培养一批高层次的工程技术与管理人才。

（2）2025—2035年

①红松高世代育种与特有品系无性繁殖技术体系开发与推广应用，建立试验示范基地5000hm$^2$，广泛推广应用。

②红松产品多样性开发利用与产业升级，形成红松系类产品（松多酚、松仁蛋白、松仁多糖、不饱和脂肪酸、松针、松针油、松节油、松香等8个），实现产值2000亿元。

③搭建红松国家技术创新中心，了解和掌握国内外先进技术和发展动态，突破红松产业发展中的关键技术，形成红松国家技术创新中心。

（3）2035—2050年

①形成红松苗木培育全技术链条：加强规模化生产红松优良无性系技术研究和人工种子研究等，形成系统完善的红松人工林培育技术链条。

②产品加工利用方面：加强红松系类产品加工利用研究，形成红松系列产品精深加工关键技术研究，全面解决红松产品种类少、附加值低、技术含量差、缺乏市场竞争力等问题。

# 6 重点任务

## 6.1 提高优质资源供给能力

在现有遗传育种成果基础上，深入开展红松生殖生物学和高世代育种研究，选育用材生产以及松节油、松香、芳香油、花粉、鲜松针等产品生产的特优品系，开展其采穗园建设与管理研究、无性系高接换头技术、嫁接和体细胞胚胎发生育苗技术体系，加强以下各方面的产学研的联合攻关：红松生殖生物学、生产中亟待解决果实丰产性优良无性系选育及其采穗园建设与管理、高接换头无性系配置、截干促杈及杈干生长顶端优势控制、营养管理特别是坚果“绿色”特性的保持技术等。逐步在吉林省露水河林业局、临江林业局、红石林业局等国家红松林木良种基地开展标准化红松果林培育技术体系示范，面积6000hm$^2$。

## 6.2 技术创新

在森林培育方面，进行深入细致的生殖生物学、裸根苗培育、环境控制育苗、造林技术、仿生栽培技术等方面的系统研究，包括红松雌雄球花比例问题、球果发育过程与环境条件和内源生理状态关系问题等、全年播种的种子催芽技术问题、环境控制情况下苗木营养生长控制和早期封顶现象的控制问题、灌溉施肥技术等，形成系统完善的培育成熟技术链条。

在加工利用方面，加强红松产品加工利用研究，提高集约化规模经营水平，改善红松产品经营分散、规模小、管理粗放、难以形成规模经营的现状，形成集团化开发利用；进行红松木材及非木质系列产品精深加工关键技术研究，分别开展红松籽活性物质分离纯化技术、松果粉加工技术、高附加值产品加工等技术，建立红松加工全产业技术创新体系，促进红松产业升级。

## 6.3 产业创新的具体任务

（1）良种选育示范基地

在保护和建设好现有母树林、种子园和高级种子园，建设选育出的新品系的采穗圃等的基础上，在吉林省露水河和红石林业局等地建立红松良种选育示范基地500hm$^2$。

（2）苗木繁育示范基地

在现有红松体细胞胚胎发生成果基础上，建立最优品系体胚发生实验室和人工种子制作和播种育苗中试基地；在露水河、临江、三岔子、汪清、龙井、白石山、红石等林业局播种育苗和嫁接育苗基地3000hm$^2$。

（3）红松林营养管理与地力维持试验示范基地

在前期研究基础上，开发以绿色专用肥料调控、水分养分耦合调控、林分结构营养生态位调控为特征的综合营养调控技术，开发以合理施肥、土壤改良、林分结构优化为特征的综合地力维持技术。选择露水河红松种子园、临江闹枝林场，以及通化县三棚子林场，建立红松高产优质人工林、坚果经济林等不同林种的营养管理与地力维持试验示范基地2500hm$^2$。

（4）红松木材加工利用示范基地

与木材加工企业联合，根据实际用途以及现有生产技术和设备，开发红松高效合理节能的新加工技术，在吉林省露水河刨花板厂建立红松木材加工利用示范基地1处。

（5）红松种子加工利用示范基地

在现有基础上，大力发展红松种子的深加工及球果与松子壳的精加工技术，拓宽红松种子的加工利用范围与应用领域，在梅河口市正源林业有限公司建立红松种子加工利用示范基地，年加工松子3万t。

（6）红松非木质林产品加工利用示范基地

进行红松其他产品（松针、松针油、松节油、松香等）的新技术研发，优化加工技术、拓展应用范围，在梅河口市正源林业有限公司，建立红松其他产品（松针、松针油、松节油、松香等）加工利用示范生产线3条。

## 6.4 组建红松国家技术创新中心

在吉林省林业科学研究院各相关学科现有实验室、研究所、研究室和野外试验台站的基础上，改扩建现有实验室，增加和更新仪器设备，增建红松生殖生物学实验室和野外试验站，整合组建成为红松生物技术创新中心。以创新中心为平台，以阔叶红松林和人工红松林为对象，构建与完善良种选育、苗木繁育、红松果林可持续经营、次生林恢复、木材综合利用、红松林副产品开发等技术体系，逐步建立行业技术标准与规程。

按照协同创新原则，红松国家技术创新中心将创新红松培育和产品开发利用科学研究、工程技术和经营管理优秀人才的使用机制、大幅度提升工作和生活待遇，稳住人才，保证人才队伍建设，同时充分利用协同创新中心和试验示范基地的人才和软硬件资源。

## 6.5 建立红松产品技术转化与推广市场化运行基地

建立红松产品技术转化与推广市场化运行基地，通过技术参股、技术转变等股权式、契约式多种合作形式，以自主研发技术与技术成果转让为主，建立上游资源培育、中间深加工利用、下游高附加值的红松新型产业格局，吸纳林区职工群众就业，改善林区社会经济状况。

## 6.6 推进特色产业才队伍建设

通过国内外学习或进修、交流等方式进行现有人才的培养；通过引进人才，加强自身队伍建设。经过5年左右的建设，形成稳定和动态调整的集现代化实验室管理。培养集科学研究、产业开发、技术开发、科技培训的人才队伍。培育国务院特贴人才1人、吉林省特贴人才2人、吉林省拔尖创新人才5人。

# 7 措施与建议

（1）强化创新能力，奠定产业发展基础

企业需要不断地进行产品的创新，以破除市场狭隘性的束缚。企业必须不断地提高产品的研发能力，在研发上加大投资力度，加快新产品的问世。但研发产品的成本巨大，风险高，受资金、规模、实力众多因素的制约，企业的创新集中在更新和改造原有产品更为实际，即当一个产品在市场上站稳之后，就要充分考虑如何完善其性状、包装、功能和质量等基本问题，尽量精益求精。企业在实行产品创新时应注意，前期做好市场调研工作，挖掘市场需求以及顾客的潜在需求，最大限度地降低风险，提高创新成功的概率。加深企业与科研院所的合作，积极与国际市场接轨，破除市场的狭隘性束缚，不断提升创新能力，提升产品质量，提高产品附加值，使得产品科技化、多元化、精细化。

（2）培养产业内龙头企业，发挥旗舰引领作用，提升国际竞争力

在同质化的产品市场中，产品质量是名牌的基础。高质量的产品可以赢得顾客的忠诚度，不仅是企业占领当地市场支撑，弥补企业品牌、广告宣传上的不足，同时提高其他竞争者进去该市场的壁垒。企业要从原材料生产、包装和销售全过程的质量控制保证体系，产品的生产和销售以及标签、包装、卫生等各方面必须符合我国以及国际上对食品、药品以及保健品的相关规定。首先，企业高层要有高度的质量观念，培养企业内部以质量为本的文化，使每位员工都树立质量的意识，认识到企业产品的质量与员工的责任心密切相关，很多企业的原料一般来自当地特产，确保原料质量使保证产品质量的首要任务。其次，加强对现代工艺、技术的应用，不断提升产品的科技含量。建议在红松产业发展方面，政府应进行大力扶持，选择有特色的企业，给予宽松政策，培养真正的龙头企业，充分发挥其旗舰引领作用，积极参与国际竞争，力求在国际上占有一席之地。

（3）加大人才引进力度，培养复合型人才

努力建立科学合理的人才培养开发机制。首先，要结合实际，制定企业人才队伍建设培训规划，确定对象、重点、内容和方式，不断提高培训工作的质量和效果。其次，要加大培训工作的力度和经费投入。要以改善人才队伍的知识结构和专业技能结构、增强创新能力、提高综合素质为目标，立足于缺什么、补什么，加强干部职工的业务知识和岗位技能培训。要加大培训经费的投入，切实转变观念，不能简单把培训资金投入当作企业人工成本支出，而应看作获取竞争优势的一项人力资本战略投资，是一笔无形资产，回报率难以估量。再次，在建立和完善企业自身培训体系的同时，要拓宽培训渠道。必须深刻认识到，随着科学技术的飞速发展，知识更新的速度日益加快。因此，企业要充分利用科研院所、高等学校、函授和自修大学等社会力量以及发达便利的计算机网络等来开展继续教育和职工培训，要加强党管人才的原则，加强对人才培养开发的规划和协调，优化整合各种教育培训资源，完善广覆盖、多层次的教育培训网络，加强对各类人才的培训和继续教育工作。营造良好和谐的学习氛围，树立学习创造未来、全员学习、终身学习的理念。

企业通过与高校合作，进行联合培养，定期对企业技术人员进行科技培训，强化科技基础意识，大力培养具有创新意识和创新能力的复合型人才；同时给予优厚待遇，从国内外招贤纳士。

（4）简政放权，简化管理审批程序，促进产业的健康与快速发展

捋顺管理审批程序，强化管理人员服务意识，提高综合素质；保持产业政策的科学性、连续性、系统性；保证产业信息的准确性、及时性、完整性、共享性，推动红松一、二产业的健康发展，同时加大阔叶红松林旅游产业发展，展示林区丰富多彩的、高品位的自然和人文资源，提高森林旅游地知名度，挖掘森林旅游生产力，加快森林旅游地的建设与发展，提高森林旅游产品的供给能力和水平，推动向整体繁荣转变。

（5）加大红松产业科研投入，细化生产及质量标准，鼓励原创技术发展

政府与企业联合加大红松产业科研投入力度，鼓励多出科技成果，积极将科技成果进行转化，是科技变为真正的生产力；修改相关生产及质量标准，注重实用性及控制成本；对原创技术给予经济奖励，增加原创动力。

（6）促进红松林分恢复，规范红松松子采摘

第一，增加林区承包制度的透明度，实行承包制度的“三公”原则，即公平、公正、公开。应对林区各林班红松资源进行科学评估，公平分区；公正投标程序，公开招标，内部公开收入，拒绝暗箱操作。以此最大限度地消除林区职工的疑问以及与承包人之间因相互猜忌和暗中攀比造成的过度采集松子现象。

第二，将红松松子作为一种特殊商品对待，规定科学合理的红松松子采集方法和采集工具，并强制承包采集人员遵照执行，将采摘活动对红松的损害尽可能降低。制定严密的监管制度，实行采前设计、采中监督、采后验收的制度，发放并制定采集证；规定采集限额，必须保证单位面积的区域内留有一定数量的球果，减少对贮食动物和红松天然更新的影响；严格验收，加强运输过程的监管。

第三，加强与科研单位的合作，开展人工红松林中的自然恢复实验，为原始红松林生态系统的恢复提供借鉴，探索合理的保护与利用相结合的模式。

20世纪90年代以来，每到松子丰收年份，就引发“松子大战”，特别是近年来，松子市场售价快速上升，从而导致乱采滥购现象日趋严重，这种“杀鸡取卵”的采集方式无疑对红松天然更新产生严重影响。松果被林区内多种啮齿动物取食，是秋季松鼠和花鼠主要的取食和藏食物。许多动物与红松在长期的进化过程中形成了密切而稳定的协同进化关系，表现在形态、行为节律和种群动态等方面的相互一致，规范红松松子采摘可以形成东北林区自然界的互利共生。

## 参考文献


常晓晴，2019. 3PG碳生产模型在长白山阔叶红松林GPP估算中的应用[D]. 哈尔滨：东北林业大学.

陈长凤，谭俊，邵雷，等，2016. SOD1抑制剂与癌症[J]. 工业微生物，46(2): 56–59.

刁亚丽，徐明付，2018. 2型糖尿病患者慢性并发症临床特点及相关因素[J]. 当代医学，24(2): 16–18.

丁培峰，王丽霞，史忠林，2012. 天然食品防腐剂对酱油防腐效果研究[J]. 中国调味品，37(5): 1–4.

段国平，刘晓利，赵丕文，2014. 葡萄籽原花青素的药理学研究进展[J]. 环球中医药，7(4): 313–316.

高羽，董志，2009. 原花青素的药理学研究现状[J]. 中国中药杂志，34(6): 651–655.

郭阳，2017. 东北红松松籽油的提取及其微胶囊的制备[D]. 哈尔滨：东北林业大学.

杭晓敏，唐涌濂，柳向龙，2001. 多不饱和脂肪酸的研究进展[J]. 中国生物工程杂志，21(4): 18–21.

洪洁. 2013. 我国肥胖症的现状、危害及应对策略[C]// 中华医学会第十二次全国内分泌学学术会议论文汇编：2–14.

李景彤，刘迪迪，王振宇，2018. 红松子油及皮诺敛酸的研究进展[J]. 食品工业科技(8): 297–301.

李双双，霍健聪，夏松养，2013. 冻藏金枪鱼复合保鲜剂的配比优化研究[J]. 食品工业(6): 82–84.

李旭华，于大炮，代力民，等，2020. 长白山阔叶红松林生产力随林分发育的变化[J]. 应用生态学报，31(3): 706–716.

刘迪，张鹏，沈海龙，2012. 红松坚果林培育现状与展望[J]. 福建林业科技，39(3): 181–185.

刘桂丰，2010. 红松丰产栽培技术问答[M]. 北京：中国林业出版社.

马雯，刘玉环，阮榕生，等，2012. 膳食多酚类化合物的研究进展[J]. 中国酿造，31(4): 11–14.

孙全贵，龙子，张晓迪，等，2016. 抗氧化系统研究新进展[J]. 现代生物医学进展，16(11): 2197–2200, 2190.

汪启兵，许凡萍，魏超贤，等，2016. 人体内自由基的研究进展[J]. 中华流行病学杂志，37(8): 1175–1182.

吴彩娥，许克勇，李元瑞，2005. n-3多不饱和脂肪酸富集纯化的研究进展[J]. 中国油脂，30(12): 45–49.

吴志军，苏东凯，牛丽君，等，2015. 阔叶红松林森林资源可持续利用方案[J]. 生态学报，35(1): 24–30.

杨伯然，1989. 长白山动物资源的保护与利用[J]. 国土与自然资源研究(2): 57–65.

杨明非，张晶，苏雯，等，2017. 皮诺敛酸/左旋肉碱降低HepG2细胞脂质的最佳浓度配比研究[J]. 植物研究，37(6): 941–946.

杨银辉，袁荣涛，孔丽，等，2016. EGCG开窗灌洗治疗颌骨牙源性角化囊性瘤的临床疗效[J]. 口腔医学，36(9): 817–820.

于大炮，周旺明，周莉，等，2019. 长白山区阔叶红松林经营历史与研究历程[J]. 应用生态学报，30(5): 1426–1434.

张桂梅，何美莹，姜士宽，等，2008. 多不饱和脂肪酸的富集纯化方法及研究进展[J]. 热带农业科技，31(4): 48–53.

张晶，2019. 皮诺敛酸对油酸诱导HepG2细胞脂质积累的抑制作用研究[D]. 哈尔滨：东北林业大学.

张鹏，沈海龙，林存学，2016. 关于红松果用林培育几个问题的讨论[J]. 森林工程，32(3): 7–11.

张文华，石碧，2009. 不饱和脂肪酸结构与自动氧化关系的理论研究[J]. 皮革科学与工程，19(4): 5–9.

左丽丽，王振宇，樊梓鸾，等. 植物多酚类物质及其功能研究进展[J]. 中国林副特产(5): 39–42, 43.

ASSET G, STAELS B, WOLFF R L, et al, 1999. Effects of *Pinus pinaster* and *Pinus koraiensis* seed oil supplementation on lipoprotein metabolism in the rat[J]. Lipids, 34(1): 39–44.

BRISCOE C P, TADAYYON M, ANDREWS J L, et al, 2003. The orphan G protein–coupled receptor GPR40 is activated by medium and long chain fatty acids[J]. The Journal of Biological Chemistry, 278(13): 11303–11311.

CALDER P C, 2015. Comment on Christiansenl: When food met pharma[J]. The British Journal of Nutrition, 114 (8): 1109–1110.

CHEN S J, CHUANG L T, LIAO J S, et al, 2015. Phospholipid incorporation of non–methylene–interrupted fatty acids (NMIFA) in murine microglial BV–2cells reduces pro–inflammatory mediator production[J]. Inflammation, 38(6): 2133–2145.

CHEN X, ZHANG Y, WANG Z, et al, 2011. In vivo antioxidant activity of Pinus koraiensis nut oil obtained by optimised supercritical carbon dioxide extraction[J]. Natural Product Research, 25(19): 1807–1816.

CHUANG L T, TSAI P J, LEE C L, et al, 2009. Uptake and incorporation of pinolenic acid reduces n–6 polyunsaturated fatty acid and downstream prostaglandin formation in murine macrophage[J]. Lipids, 44(3): 217–224.

FERRAMOSCA A, SAVY V, EINERHAND A W C, et al, 2008. Pinus koraiensis seed oil (Pinno Thin TM) supplementation reduces body weight gain and lipid concentration in liver and plasma of mice[J]. Journal of Animal & Feed Sciences, 17(4): 621–630.

ITOH Y, KAWAMATA Y, HARADA M, et al, 2003. Free fatty acids regulate insulin secretion from pancreatic beta cells through GPR40[J]. Nature, 422(6928): 173–176.

KING B C, BLOM A M, 2016. Non–traditional role of complement in type 2 diabetes: Metabolism, insulin secretion and homeostasis[J]. Molecular Immunology(84): 34.

LEE A R, HAN S N, 2016. Pinolenic acid downregulates lipid anabolic pathway in HepG2 cells[J]. Lipids, 51(7): 847–855.

PARK S, SHIN S, LIM Y, et al, 2016. Korean pine nut oil attenuated hepatic triacylglycerol accumulation in high–Fat diet–induced obese mice[J]. Nutrients, 8(2): 59–73.

PASMAN W J, HEIMERIKX J, RUBINGH C M, et al, 2008. The effect of Korean pine nut oil on in vitro CCK release, on appetite sensations and on gut hormones in post–menopausal overweight women[J]. Lipids in Health and Disease, 7(10): 7–10.

PENG Z, XU Z W, WEN W S, et al, 2011. Tea polyphenols protect against irradiation–induced injury in submandibular glands' cells: A preliminary study[J]. Arch Oral Biol, 56(8): 738–743.

SOYOUNG P, YESEO L, SUNHYE S, et al, 2013. Impact of Korean pine nut oil on weight gain and immune responses in high–fat diet–induced obese mice[J]. Nutrition Research and Practice, 7(5): 352–358.

STONE V M, DHAYAL S, BROCKLEHURST K J, et al, 2014. GPR120 (FFAR4) is preferentially expressed in pancreatic delta cells and regulates somatostatin secretion from murine islets of Langerhans [J]. Diabetologia, 57(6): 1182–1191.

YANG M F, WEN S U, KOU P, et al, 2017. Ultra Turrax–Microwave Assisted Extraction of Oil from *Pinus koraiensis* Sieb Seed and its Quality Evaluation[J]. Bulletin of Botanical Research, 37(5): 789–796.

ZHANG X L, GUO Y S, WANG C H, et al, 2014. Phenolic compounds from Origanum vulgare and their antioxidant and antiviral activities [J]. Food Chemistry, 152(2): 300.

ZHU S, PARK S, LIM Y, et al, 2016. Korean pine nut oil replacement decreases intestinal lipid uptake while improves hepatic lipid metabolism in mice[J]. Nutrition Research and Practice, 10(5): 477–486.

中国工程院咨询研究重点项目

# 木炭和活性炭产业发展战略研究

撰 写 人：蒋剑春
孙 康

时 间：2021年6月

所在单位：中国林业科学研究院林产化学工业研究所

# 摘要

木炭和活性炭产业是林业特色资源加工剩余物高效综合利用的重要途径。目前我国木炭年产量已达200万t，木质活性炭年产量已超过45万t，总产值约180亿元，并广泛应用于食品、药品、新能源、环境保护、冶金、生物化工、军工等国民经济各行业，对保障国家食品、药品及环境安全，促进国民经济的可持续发展，同时提升林业产业节能减排和绿色发展有着十分重要的意义。

本研究针对目前木炭和活性炭产业发展过程中存在的原料收集储运困难，生产过程自动化、智能化、标准化和清洁化水平不高，产业规模偏小，产品质量不稳定，高端产品部分依赖进口等问题，提出了“综合利用、绿色高效、高端制造”的发展思路和“彰显特色、突出效益”的发展原则，加强标准化原料林基地建设，突破木炭及热解副产物提质利用、活性炭规模化清洁化制造技术，创制新能源储存、环境污染治理、绿色催化剂、核辐射防护等新品种，建议创新产业发展模式，将木炭和活性炭产业列入资源循环利用产业目录，从国家层面设立科研专项，以及在财政、金融、税收和政策等方面给予扶持。

建立原料供应稳定、高端产品绿色制造和高效应用的一体化产业体系，提高木炭和活性炭科技成果转化效率，全面实现高端活性炭产品的进口替代，培植一批具有产业带动作用的龙头企业，提升国际市场竞争力。

以期达到薪炭林2700万亩、250亿产值规模、3000美元/t的出口价格，高端炭市场占有率30%，培养龙头企业5～8家。

# 1 现有资源现状

## 1.1 历史起源和功能

木炭是木材或其他木质原料（如肉桂木、黄连木、麻疯树、油茶果壳、松杉精油提取残渣等）在隔绝空气条件下热解所获得的高碳含量生物质炭产品。我国的木炭加工利用可追溯到几千年之前，以土法筑窑烧炭为主，集中在浙江、江西、福建、云南、贵州等山区，制得的木炭主要用于烘烤、取暖等。木炭除了作为燃料之外，还有很多重要的用途。木炭具有很好的吸附性，可以用作建筑或者墓穴的防潮剂。如马王堆一号墓出土的女尸，经过2000多年依然保存得非常好，就是因为在墓穴木撑的四周和上下填塞了一万多斤的木炭，木炭外面又用白膏泥填塞封固，这样才能让这个墓穴保持干燥，让女尸不腐。另外一个典型的应用就是火药，黑色火药的大体成分是"一硫二硝三木炭"，木炭作为构成黑色火药的主要成分是必不可少的。除此之外，木炭在古代绘画、化妆、制香等方面都有重要的应用。木炭在冶炼发展历史中起到十分重要的作用，古代已使用木炭作为燃料和还原剂将铜从氧化铜中提炼出来。从商周时期我国进入青铜时代，而青铜发展的基础是木炭的大量使用，《周礼》中记载，木炭是一种百姓向官府缴纳的重要物资，有专人负责征收木炭。

如今，木炭作为一种重要的可再生原料，在工业生产和家庭生活中有着广泛的应用。其可作为民用和工业用燃料、工业硅冶炼的还原剂、金属精制时的覆盖剂以保护金属不被氧化；在化学工业上常作二硫化碳和活性炭等的原料；也用于水的过滤、液体的脱色和制备黑色火药等；还在研磨、绘画、蚊香、化妆、医药、渗碳、粉末合金等各方面广泛应用。

木质活性炭主要是以木炭、木屑、各种果壳（椰子壳、杏壳、核桃壳等）等高含碳物质为原料，经炭化活化而制得的多孔性吸附剂，主要是由六碳环堆积而成。活性炭是一种多功能的吸附剂，与其他吸附剂（如漂白土、酸性白土、硅凝胶、活性氧化铝等）相比，具有比表面积大、孔隙结构发达、选择性吸附能力强、物理和化学性质稳定、耐酸碱、耐高温，且具有催化作用和可再生等特性，被广泛应用于国民经济各领域。

英国科学家Rapheal von Ostrejko于1900年申请了英国专利B. P. 14224和B. P. 18040，首先研究开发了$CO_2$和水蒸气活化反应生产具有吸附能力的活性炭，并且成功应用于防毒面具中，由此奠定了近代活性炭工业的技术基础。1911年，奥地利的Fanto公司和荷兰Norit公司首先生产糖液脱色用粉状活性炭。用于食品工业脱色精制，去除杂质和异味，如制糖、味精、调味品、果胶、酒类、饮料、食用油等。在制药工业方面，用于药品的脱色、除臭、提高纯度、避免副作用，如原料药、针剂类等。随着工业化发展，活性炭大量被用于防止大气污染和水的净化，如国外很多大型电厂采用活性炭脱硫脱硝，美、日、西欧早在10年前采用活性炭吸附的燃油蒸发装置来控制汽车尾气污染。

时至今日，活性炭已广泛应用于军工、食品、医药、化工、农业、环保和水处理等工业和生活的各个方面。随着科学技术的发展和人们生活水平的提高，活性炭已经成为现代工业、生态环境和日常生活中不可或缺和替代的吸附材料，其应用领域也在不断增加。

## 1.2 分布、总量和特点

我国松树、杉树、竹林、肉桂、构树、桑树、樟树、油茶、杏子等林特资源丰富，西南、西北、东北、华东等均有分布，总面积上亿亩，生物总量数十亿吨，产业规模超千亿元。这些特色树种主要利用其原木、果实、树皮、树叶，而占生物量60%以上的树干、枝丫、果壳、果核等加工剩余物未有效利用。利用这些剩余物制备木炭和活性炭是提升林特资源综合效益、节能减排的有效途径。

### 1.2.1 木炭

全球木炭及其制品年总产量约1100万t（图20-1）。2014年我国木炭产量约175.8万t，同比2013年169.7万t增长了3.6%，2018年我国木炭产量约为200万t。我国木炭及其制品产地主要分布于林业资源丰富的地区，包括浙江、安徽、江西、福建、湖南、云南、贵州等省。

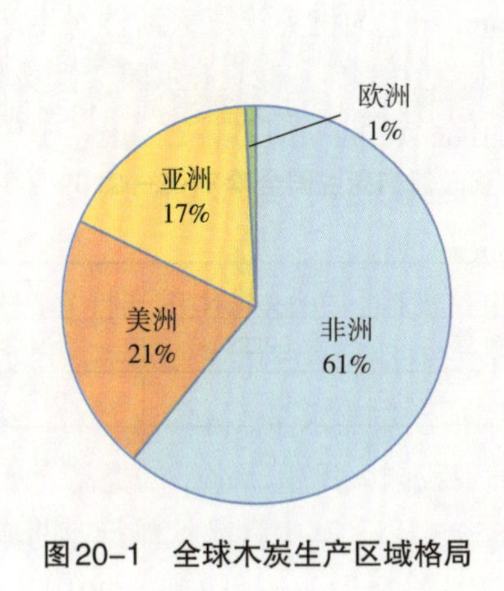


图20-1 全球木炭生产区域格局

木炭产品主要分为白炭、黑炭、机制炭等三大类。

（1）白炭

白炭原料及分类：白炭主要以杉木、樟树、栎木、榆树等为原料，由于树种的不同又可分为乌冈白炭、青冈白炭、白炭。

白炭生产企业主要分布在浙江（龙泉）、湖南、安徽、福建、陕西、湖北（十堰、神农架等地）、河南（洛阳、南阳）、四川、云南、贵州、山东等地区。

特点：固定碳含量高（大于85%），燃烧时间长，不冒烟，无污染，比重大，敲击有金属钢音。

（2）黑炭

黑炭原料及分类：主要以构树、桑树、松木、果木等软阔叶薪炭材为主。由于树种的不同可分为茶道炭、枝炭、竹炭和其他民用黑炭。

主要产地：茶道炭、枝炭主要产于森林资源丰富的东北三省，以柞木为原料。竹炭主要产于浙江、福建等地。其他民用黑炭主要产于安徽、浙江、河南等地，以榆、椴、柳等木为原料。

特点：固定碳含量较白炭低（70%～75%），易点燃，价格低，产量大。

（3）机制炭

机制炭原料及分类：主要以松木、杉木、油棕、小桐子、光皮树等木屑为原料，工艺上主要是把木屑经高压成型后，再送入炭化炉内炭化而成。整个生产过程中无须任何添加剂，属环保产品范畴。市面上主要有六角形和四方形中心有孔两种形状。机制炭作为传统木炭（以树木为原料烧制而成）的替代产品，它有燃烧时间长、热值高、不冒烟、不发爆、环保等多种优点。

主要产地：黑龙江、山东、河南、山西、江苏、安徽、湖南、浙江、福建、贵州、云南、海南、广东等。

特点：比重大，形状规整，热值高，运输方便，强度大。

### 1.2.2 活性炭

2018年，全球活性炭需求量约165.0万t，同比增长6.7%；2013—2017年的年均增长率为6.3%；预计到2025年全球活性炭需求量接近210.0万t。活性炭的人均用量是衡量国家生活水平的指标之一，发达国家为0.7～0.85kg，而且50%以上用于水处理和环保领域。2018年全球活性炭市场总额为54亿美元，其中水处理应用市场为16亿美元，空气净化应用市场为11亿美元；亚太地区活性炭市场在2017年度超过12亿美元，中国继续主导市场，其次是日本和韩国。在世界范围内，美国卡博特（Cabot）收购荷兰诺瑞特（Norit）后成为全球最大的活性炭生产商，日本大阪天然气有限公司收购瑞典雅可比后跃升至第二位，美国英杰维特（Ingevity Corporation）为世界第三大活性炭生产商。目前国际上其他主要活性炭生产和销售企业有日本可乐丽（Kuraray，2018年收购了卡尔冈活性炭公司）、日本吴羽化学（KUREHA）、德国Donau Carbon GmbH、德国Silcarbon Akilotonivkohle GmbH、美国Oxbow Activated Carbon、德国莱茵集团（RWE Group）、法国阿科玛（Arkema SA）、美国雅宝公司（Albemarle Corporation）、美国懿华水处理技术公司（Evoqua Water Technologies）等。

中国是世界活性炭第一生产和出口大国，2018年中国活性炭产量约89.7万t，其中煤质活性炭产量约43.0万t，木质活性炭产量46.7万t，预计到2025年活性炭产量接近100.0万t。中国是世界第二大活性炭消费国，仅次于美国，2018年中国活性炭需求量在44万t左右，全球占比约26.7%。但中国活性炭人均消耗量远低于美国等发达国家，随着我国人民生活水平的提高，活性炭的用量将快速增长。

2019年我国活性炭需求量约为65.85万t，其中食品饮料行业的活性炭需求量约为18.68万t，占全年总需求量的28.37%；水处理市场是活性炭最大的消费市场，2019年水处理用活性炭需求量约为22万t，占全年总需求量的33.40%；化工行业和医药行业领域活性炭需求占比分别为13.62%和17.87%，其他领域的需求为6.74%左右。

木质活性炭国内生产企业主要位于福建、江西、浙江、贵州等森林资源丰富的省份（图20-2），其中福建、江西和浙江三省的产量占全国木质活性炭总产量的70%以上。煤质活性炭国内生产企业主要位于山西省、宁夏回族自治区及新疆等煤炭资源丰富的省份，其中山西、宁夏、新疆三地的产量占全国煤质活性炭总产量的80%以上（罗鹏等，2014）。2018年，中国木质活性炭领域的龙头企业福建元力活性炭股份有限公司，其木质活性炭市场占比在15%以上（雪球财经，2014）；虽然中国活性炭企业数量已由20世纪80年代初的几十家增加到目前的近500家左右，但年产量万吨规模以上的企业不足10家。

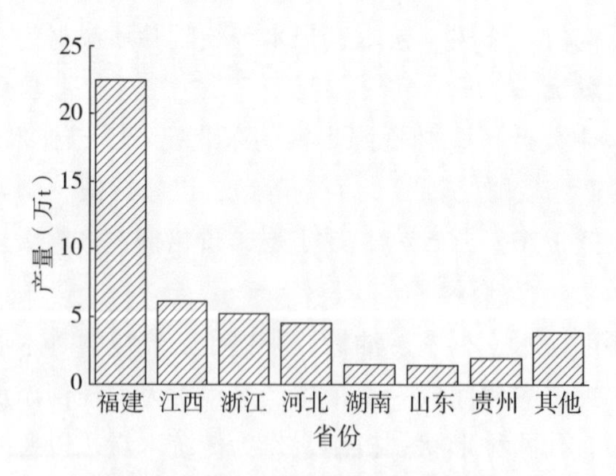


**图20-2　2018年木质活性炭产量分布**

未来，受环保及煤炭行业供给政策改革的影响，煤质活性炭的产量将受到限制（王芳和赵忠亮，2018）；而木质活性炭产品的产量将稳步提升（邓荣俤和伍清亮，2013）。

活性炭的晶体结构（图20-3）、孔隙结构（微孔、介孔、大孔）、比表面积、表面官能团、元素组成等性质，可通过改变制备方法、原材料、后处理技术来进行有效的调控。

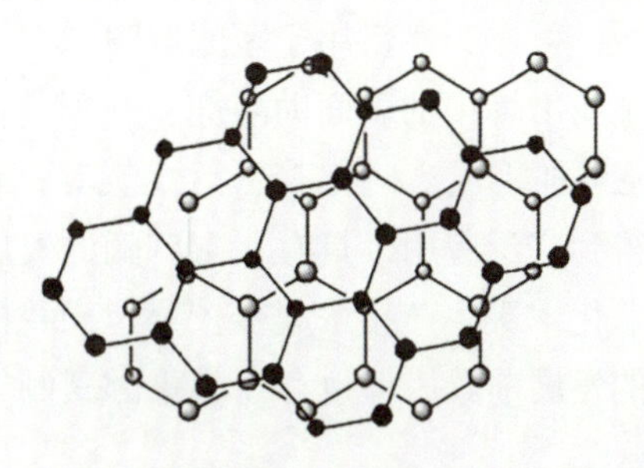

规则排列的石墨层　　　　活性炭微晶结构中的石墨层：乱层结构

图20-3　石墨与活性炭的基本结构及区别
（资料来源：蒋剑春，2017）

活性炭根据原料、制备方法和使用场所的不同，分类如表20-1和表20-2所示。

表20-1　不同原料的市售活性炭分类

| 种类 | 原料 |
| --- | --- |
| 木质活性炭 | 以松木、杉木、榆树、构树等制成的活性炭 |
| 果壳活性炭 | 以油茶壳、核桃壳、杏核、椰壳等制成的活性炭 |
| 煤质活性炭 | 以褐煤、泥煤、烟煤、无烟煤等制成的活性炭 |
| 石油类活性炭 | 例如以沥青等为原料制成的沥青基球状活性炭 |
| 再生炭 | 以用过的废炭为原料，进行再活化处理的再生炭 |

表20-2　不同使用场所的活性炭分类

| 分类 | 具体应用 |
| --- | --- |
| 气相用 | 工业废气的处理、空气净化、溶剂回收、脱臭、气体分离、脱硫脱硝、气体精制（二氧化碳、氢气、压缩空气等）、放射性气体的防护、气相色谱的充填剂、气体分析捕集剂、香烟过滤嘴、天然气的吸附贮藏等 |
| 液相用 | 上水处理、高度净化水处理、超纯水处理、净水器、下水的处理、工厂排水的处理、食品医药的脱色精制、除去异臭异味、净化血液、回收黄金等 |
| 催化剂用 | 催化剂、催化剂载体、电化学储能等 |

活性炭是一种具有超大比表面积和孔体积、可调孔径分布和表面化学基团的多孔材料，因此活性炭在环境保护领域的应用将越来越多，典型的应用有室内空气净化、饮用水深度净化、有机溶剂回收、脱硫脱硝脱汞、污水集中处理、土壤修复等。同时，活性炭还可以应用于医学、辐射防护、电子行业等新领域。

# 2　国内外加工产业发展概况

## 2.1　国内外产业发展现状

### 2.1.1　木炭

我国林业特色资源加工剩余物是一个有巨大潜力的可再生战略资源，发展木炭系列产品，是高效和高附加值利用林业剩余物资源的主要途径之一，也是建设我国林业产业体系的重要组成部分。随着煤炭、石油等化石能源使用的限制，国内外木炭的需求量和产量也在逐年递增。

木炭在民用领域，可作为燃料用于家庭取暖和餐饮行业；在工业领域，可用作钢铁和工业硅冶炼的还原剂，以及有色金属冶炼中的表面助溶剂，我国是世界工业硅制造大国，每年仅工业硅行业就需要近60万t木炭。木炭还可加工成二硫化碳、活性炭等；在火药、研磨、绘画、蚊香、化妆、医药、渗碳、粉末合金等各方面得到广泛应用，具有非常广阔的发展前景。

欧美国家的工业化木炭生产技术起步较早，而我国木炭加工技术和产业化利用规模虽然正在快速发展，并展现出良好的发展前景，但也存在多重因素制约产业发展，且木炭生产大多采用传统的方法。

### 2.1.2 活性炭

活性炭是一种具有优良理化性质、巨大比表面积和选择性吸附性能的炭材料，广泛应用于军工、食品、冶金、化工、环境保护、制药、生物化工等相关行业，是工业生产和人们生活中不可或缺的理想的吸附材料，已被列入《战略性新兴产业分类（2018）》目录。100多年来，发达国家的活性炭工业经历了导入期（1900—1950年）、成长期（1950—1990年）、成熟期（1990年至今）的发展。与国外成熟市场相比，我国活性炭需求市场正处于导入期向成长期过渡的时期，在此阶段，我国活性炭产品下游领域的需求量迅速增加，未来消费发展空间十分广阔。

经过多年的发展，活性炭已经逐渐从工业用吸附剂转变为一种用途广泛的基础性材料。随着世界经济不断发展、人们生活水平进一步提高以及各国对食品医药安全标准、环境保护标准的日趋严格化，活性炭的传统应用市场将随之稳步扩大。同时，随着人们对活性炭研究的不断深入，活性炭作为新能源储存、绿色催化剂、核辐射防护等新兴应用领域的开发也日益加快，其未来的应用领域和应用数量都将快速递增。预计2025年国内活性炭市场需求将达到93万t左右。

目前，世界上约有50多个国家生产活性炭，美国、日本和欧洲等发达国家和地区的活性炭产业已具备连续化、无公害化、自动化和大型化等特点。我国虽然是世界活性炭生产和出口第一大国，但依然处在成长期，存在生产过程仍有污染、产品质量不稳定、应用领域窄、高端产品部分依赖进口等问题。

## 2.2 国内外技术发展现状与趋势

### 2.2.1 木炭

木炭生产技术主要包括内热式炭化技术、外热式炭化技术以及循环气流加热式炭化技术（黄博林等，2015）。

（1）内热式炭化技术

内热式炭化技术是一种传统的木炭生产技术，该技术通过控制进入窑内的空气量使得原料不完全燃烧来生产木炭（Stanton，1996）。利用内热式炭化技术生产木炭使用的炭化设备主要包括3类：土堆式或坑式窑、固定式窑以及移动式窑。土堆式或坑式窑炭化方法是一种古老的木炭制取方法。土堆式窑即在点燃的木材堆上覆盖草皮或沙土，并留有适当的通气空隙，使其中的木材不完全燃烧而生成木炭。坑式窑的原理和土堆式窑相似，事先将木材移到挖好的坑里进行炭化。土堆式或坑式窑适宜烧制尺寸较大的硬质木材（石海波等，2012），生产周期通常需要15～30d，得率只有20%～30%，不仅极度浪费森林资源，而且造成了严重的环境污染。我国在20世纪60年代以年产炭3000万t，居世界之首，用的就是坑式窑，消耗大量的木材原料仅获得20%～30%的合格木炭（邹吉华等，2000）。

固定式窑是由砖块、混凝土或黏土砌成的窑，容积从几十到几百立方米不等。固定式窑在土堆窑的基础上改进了通风系统，炭化质量相对更好，可带有烟气回收系统。生产周期为7～30d，窑的炭产率为20%～30%，其操作简单、产量大、成本低，在许多发展中国家仍然被广泛使用。移动式窑的体积一般较小，适用于分散的小批量农林残余物的炭化。

近年来出现了改进的内热式炭化技术，如闪速炭化技术，提高了内热式炭化的传热速率，但还未能实现工业化生产。

（2）外热式炭化技术

外热式炭化技术，即通过外部燃烧产生的热量加热使炉内原料炭化制得木炭。燃烧室使用的燃料可以是废木材、汽油或者回收的热解气等。相比于内热式炭化，外热式炭化在密封性能、传热效率、炭化速度、木炭得率和品质方面均有更优的性能，易于实现连续化操作，是木炭工业化生产的一大发展方向。荷兰Gerelshoeve BV公司生产的VMR系统就是典型的外热式炭化设备，基本单元由两个水平放置的炭化筒和一个中心燃烧室组成，两个炭化筒轮流工作，第一个炭化筒内热解反应放出的气体被引入到燃烧室进行燃烧，用于干燥另一个筒内的木材并推动热解过程进行，第一个筒内热解过程结束后被换上新的木材，此时由第二个筒内木材热解产生的热解气来加热第一个筒内新的木材，如此往复，炭化系统稳定工作后便不需要外部提供热量，就能取得较好的炭化效果。目前该系统已在美国、法国及亚非的一些国家投入生产。目前我国也已开发出清洁制炭工艺和设备，并实现了广泛应用。加氧循环燃烧工艺可以将炭化烟气通过管道返回燃烧室，并将烟气中的焦油和可燃气二次燃烧回收热能后，再次用于原料炭化。该技术可节能10%以上，并实现尾气清洁排放。炭化时间由144h缩短至36h以内，大大提高生产效率。产品得率由25%提高至35%以上，且质量稳定，优级品率高。

（3）循环气流加热式炭化技术

循环气流加热式炭化技术也是近年来出现的新技术，即直接将高温惰性气体或还原性气体通入炭化室内加热炭化木材，使炭化产生的热解气随载热气体流出，在燃烧室中燃烧后又可再次用于原料炭化。循环气流加热式炭化技术传热效率高、炭化周期短、获得的木炭质量较好，缺点是设备复杂、操作成本较高。

循环气流加热式炭化过程最初由德国的Reichert开发，该方法的重要意义在于解决了外热式炭化通过炉壁传热效率低的问题（黄博林等，2015）。Reichert过程较好地实现了载热气流循环和炭化过程的自动化控制，在世界范围内已有多年的成功经验，并不断被改进，但其仍属于间歇生产，相对连续化的生产方式劳动强度更大，成本更高。

### 2.2.2 活性炭

（1）化学活化法

各种林特资源加工剩余物均能用于化学活化法制备活性炭。将粉状原料与化学药品均匀地混合后，在一定温度下，经炭化、活化、回收化学药品、漂洗、烘干等过程制备活性炭。常用的化学活化试剂有磷酸、氯化锌、氢氧化钾等。

经过近10年来的快速发展，我国木质磷酸法粉状活性炭实现了规模化、自动化和清洁化生产，整体技术达到国际领先水平。

氯化锌法活性炭由于其孔径分布集中、选择性吸附力强等特点，在大输液和抗生素等医药产品生产过程中无法由其他吸附剂取代，并且需求量逐年增加。目前，经过技术改进，国内已有多家企业实现了环保排放达标生产，企业主要集中在江西省和安徽省。日本使用外热式回转炉生产氯化锌法活性炭，机械化程度高、产品质量较稳定，是目前国外氯化锌法活性炭的主体设备。

KOH活化法是20世纪70年代兴起的一种制备高比表面积活性炭的活化工艺。KOH法制备的活性炭通常具有较大的比表面积和孔体积，产品主要应用在超级电容器领域。但由于活化过程中对设备的腐蚀较为严重，尾气处理困难，需要采用特殊的耐腐蚀装置，且连续化程度不高。KOH活化法主要用于制备高端的超级电容器用活性炭。

（2）物理活化法

果树修剪枝丫和树干制备物理法活性炭，工艺流程相对简单（蒋剑春和孙康，2017）。将已炭化的原料在800～1000℃的高温下与水蒸气、烟道气（水蒸气、$CO_2$、$N_2$等的混合气）、CO或空气等活化气体接触，从而进行活化反应的过程。物理活化法的基本工艺过程如图20-4所示，主要包括炭化、活化、除杂、破碎（球磨）、精制等工艺，制备过程清洁，污染少。世界范围内有70%以上活性炭生产厂采用物理活化法。

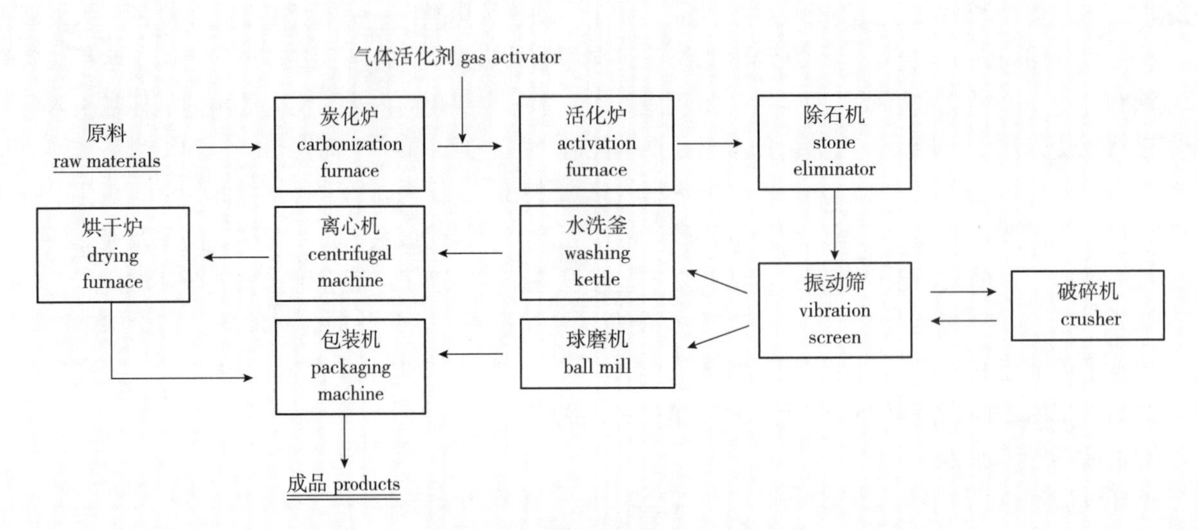


**图20-4 物理活化法生产工艺流程**

物理活化法主要生产设备有焖烧活化设备（焖烧炉）、移动床活化设备（多管式炉、斯列普炉和回转炉）和流化床活化设备（卧式和立式流化床）。由于焖烧法能耗大且生产条件差，目前多采用移动床和流化床活化法。回转炉是普遍采用的炉型，可自动控制，需注意蒸汽管排布和设备的密封问题。卧式流化床活化过程中气—固接触良好，活化均匀，活化速度快，可用于生产高吸附性能活性炭。

炭与$CO_2$反应速率比与水蒸气反应的速率慢，而且该反应需要在800～1100℃的较高温度下进行，在工业生产中多采用$CO_2$和水蒸气的混合气作为活化气体，很少单独使用$CO_2$气体进行活化（古可隆等，2008）。$CO_2$活化法生产的活性炭特点是1 nm以下的极微孔发达，适合于无机气体的吸附分离。

中国林业科学研究院林产化学工业研究所开发了生物质原料"热解自活化"的新工艺。基本原理是在密闭反应容器中，生物质原料在高温下热解产生出大量气体，这些气体既可作为活化反应的活化剂，同时由于体系的压力增高，逸出的气体还会冲击、改善生物质的组织结构，进而促进高温自活化时活性炭微孔的形成与发展。以椰壳活性炭的制备为例，该工艺与传统工艺制备的过程的比较如表20-3所示。与传统的物理活化和化学活化相比，热解自活化操作简便，生产周期短，整个过程一共只需4h左右，效率高而能耗低（刘雪梅等，2012a，2012b；孙昊等，2019），具有非常好的工业应用前景。

**表20-3 热解活化法与传统活化工艺的比较**

| 制备方法 | 工艺过程 | 工艺特点 | 活化时间 | 能耗和活化剂消耗 | 气/液相污染 |
|---|---|---|---|---|---|
| 热解自活化 | 果壳—热解—活性炭 | 工艺简便 | 4h | 能耗低，无活化剂 | 无 |
| 物理法 | 果壳—炭化—活化—活性炭 | 工艺复杂 | 8h | 能耗高，消耗大量水蒸气、烟道气等 | 粉尘污染 |
| 化学法 | 果壳—炭化—与活化剂混合—活化—洗涤—活性炭 | 工艺复杂 | 6h | 能耗低，消耗原料量数倍的磷酸、氯化锌或氢氧化钾 | 高 |

## 2.3 差距分析

### 2.3.1 产业差距分析

#### 2.3.1.1 木炭

我国木炭和机制木炭原料资源分布不均、专用薪材林未形成标准化经营，导致原料收集困难。我国林业特色树种人工林可采伐资源丰富，但是一些地区种植地理条件不理想、自动化水平较低，机械化程度不够，且主要分布在相对偏僻的地区，道路等交通情况较差，造成原料运输困难，成本偏高。木炭和机制炭产业化的经济可行性很大程度上受到原料资源的限制和供应成本的影响。因此，推进林特资源林建设向基地化、规模化、集约化方向发展，保证原料供应量的充足性和原料成本的可控性，是推进木炭和机制炭产业快速发展的重要措施。

#### 2.3.1.2 活性炭

木质活性炭的原料主要为林特资源提取剩余物、采伐剩余树干、修剪枝丫、果壳（核）等，受原料资源的季节性和分散性约束，原料的收集、贮存、运输难度大、成本高，供给不稳定，导致了国内活性炭生产企业数量多且分散、生产规模较小。

世界贸易中，我国木质活性炭的平均出口价格为1100美元/t，产品价格稳中有升，但进口价格保持在6000美元/t以上，存在很大的差距。因此，在活性炭制备及应用技术方面，需向包括电子行业、医药及生化行业、环境污染控制及石油化工高效催化剂载体等在内的应用领域延伸，扩大应用市场，提高国际竞争力，替代进口产品，推动国内品牌向国际化发展。

### 2.3.2 技术差距分析

#### 2.3.2.1 木炭

对木材炭化机理和各影响因素的研究缺乏，目前还不能建立明确的炭化操作条件和产物品质之间的关系，阻碍我国高品质木炭生产技术的进一步革新；炭化过程副产物木醋液和焦油的精深加工利用研究，多数还处在实验室阶段，没有全面实现产业化，影响了木炭产业的综合效益；木炭和机制炭的生产和使用还缺乏统一的规程。因此，我国绿色炭化加工技术有待提高，大规模连续化设备制造能力不强，成果转化效率不高，进而制约木炭和机制炭大规模产业化发展。

#### 2.3.2.2 活性炭

活性炭绿色制造技术和产品性能控制手段有待提升。尤其是化学法制造活性炭，传统的技术不仅需要消耗大量的活化剂，且因为活化剂难以回收而危害环境。近些年来，随着科技的发展和活化工艺的进步，活化剂低消耗制造工艺取得了较大的突破。如美国企业通过活化剂低消耗工艺，使磷酸法制备活性炭，每吨活性炭磷酸消耗低于100kg；日本企业采用回转炉两段法，在较低温度和较少氯化锌用量下制备高端活性炭（蒋剑春和孙康，2017）。活化剂的低消耗不仅会降低生产的成本，还能够实现清洁生产与保护环境。目前，国内的福建元力活性炭股份有限公司等几家大型企业可以将磷酸法活性炭生产的吨产品酸耗降至150kg以下。较传统工艺吨产品磷酸消耗200kg以上，已有较大改进。

此外，国外企业通过对活性炭微孔结构和表面化学基团进行精准调控，实现了活性炭产品的多样化、专用化和高端化。而国内活性炭企业主要通过碘吸附值、甲苯吸附率等吸附标准指标来评价活性炭产品的优劣，缺乏对活性炭产品结构、性质与其在应用领域的关键性能之间的构效关系的研究，活性炭制造企业和活性炭应用企业之间缺乏集成开发，进而导致了部分高端活性炭产品依赖进口的现状。

# 3 国内外产业利用案例

## 3.1 安徽省滁州市昌春木炭专业合作社

### 3.1.1 案例背景

安徽省滁州市昌春木炭专业合作社于2011年开始进行马尾松、樟木、栎木、桑树人工林树种的培育、采伐和加工利用，2014年被评为“安徽省农民专业合作社示范社”。滁州市昌春木炭专业合作社所需原料为麻栎木，来源于安徽省滁州市南谯区，该地区境内多为低山丘陵，适合各类落叶乔灌木树种生长。南谯区采取短轮伐期经营的麻栎人工薪炭林达到25万亩，活立木蓄积量高达200万$m^3$，5～7年砍伐一次，每次亩产薪材5～8t。

栎树、樟树、桑树等是生态建设、产业发展与兴林富民结合较理想的林业特色树种，具有以下特色：一是适应性强，可在干旱瘠薄的土地上旺盛生长，尤其是在安山岩、玄武岩、紫砂岩等石质荒山上生长，造林成活率高达90%，有效解决了困难立地条件造林难题，优化了林种和树种结构，改善了生态环境；二是麻栎为非豆科固氮、菌根剂树种，根系发达，枯枝落叶量大，可防止水土流失、持续改良土壤，对生态环境的调节与平衡作用较强；三是萌芽再生力强，生长迅速，生物产量高，5～7年采伐一次，每棵麻栎树直径为4～13cm，高12～15m，每次亩产采伐薪炭材5～8t；四是能够可持续经营，麻栎造林后可持续经营一二百年，无须更新造林；五是麻栎木制备得到的木炭发火力强、热值高、色泽光亮、易燃耐烧、火力旺、燃烧时不产生火花或有毒气体，是优良的生活和工业原料。

利用林特资源林加工剩余物制造高附加值木炭和机制炭是落实科学发展观、应用“绿水青山就是金山银山”理论、建设生态文明、实现“绿色”中国梦、维护林业经营者合法权益、促进山区农民精准扶贫、推动林业国际贸易的新兴产业。

### 3.1.2 现有规模

目前，滁州市昌春木炭专业合作社的会员为425个大户和1.2万户农民，经营松树、桑树、栎木人工林25万亩，累计投资5000多万元兴建昌春木炭加工厂，年产木炭5万t，主要产品为菊花炭和钢炭（图20-5），占国内栎炭产量的60%以上，成为国内木炭产业的领军企业。2013年9月获法国BV公司颁

图20-5 栎木菊花炭和钢炭

发的FSC森林认证和木炭加工产销监管链COC认证，走出了一条发展、培育、经营利用和可持续发展特色林业的新路，解决农民就业1.2万人，惠及10余万农民，在安徽省及中东部地区具有广泛推广意义，可带动江淮地区1000万亩麻栎人工林产业发展。

生产的木炭经切割后，装箱入库，实行可追溯管理。严格执行森林认证国际准则（图20-6），对森林采伐的山场地块、造林年度、林木蓄积量、采伐许可、采伐时间，运输车辆编号、木材数量、运行线路、进场时间、储藏地点、存放时间，木炭烧制的时间、批次、出窑、切割、装箱、销售外运等进行全程记录和二维码可追溯管理，应对发达国家的绿色贸易壁垒，使麻栎木炭顺利进入国际市场，并赢得市场竞争力，进一步展示中国森林经营水平、提升中国林产品国际地位和影响力。

图20-6 白炭产品森林认证外包装

约7t麻栎木（含水量30%左右），可生产1t菊花炭，副产约1.5t木醋液和0.5t木焦油，整个工艺过程无须化学试剂和蒸汽，利用麻栎木自燃供热。

约8t麻栎木（含水量30%左右），可生产1t钢炭，副产约1.0t木醋液和约0.5t木焦油，整个工艺过程无须化学试剂和蒸汽，利用麻栎木自燃供热。

按年产1万t菊花炭生产线计算，总投资2000万左右，需种植、采伐、加工岗位600余个。麻栎森林采伐的木材价格稳定在550元/t，7t栎木可以生产1t菊花炭，所需原料费、税、装置维修、损耗及电费、人工费共计6119元/t，目前菊花炭的市场价为7200元/t，年产值达7200万，利润约1080万元，纳税近300万元。如果解禁白炭的出口，市场价有望达15000元/t。

### 3.1.3 可推广经验

（1）合作社模式促进产业绿色发展

建立合作社经营模式，将企业与农民有机地结合到一起，通过山上建基地、山下搞加工的模式，扩大人工林经营面积和原料量，提升木炭产量。

①推动了木炭的工厂化生产，加快了规模化、集约化经营，避免了同行竞争难题，确保麻栎森林采伐的木材价格稳定在500元/t，使林农收入提高230元/t，促进了农民增收。

②节约生物质资源，木炭生产的工厂化可以直接减少原木消耗的25%，可有效保护森林资源。

③实现环境友好，木炭生产过程不产生废水和烟尘污染，通过烟雾冷凝系统和电捕焦技术将烟雾全部回收利用，深加工成木焦油和木醋液，延伸产业链，提高综合经济效益。

④实现国际接轨，通过法国BV公司对20多万亩麻栎人工林开展国际森林认证，2013年9月顺利取得国际森林管理委员会（FSC）颁发的FM森林认证和木炭产销监管链COC认证，标志着南谯区20万亩麻栎人工薪炭林具有国际先进经营理念、实现森林可持续发展、木材来源合法的资源，对环境和生态不会造成负面影响，用人工麻栎林加工的木炭产品可以在全球任何国家进行自由贸易。

⑤严格统一执行森林认证国际准则，对原料来源、木炭加工、销售等信息进行全程记录和二维码可追溯管理，使麻栎木炭顺利进入国际市场，并赢得市场竞争力。

⑥起到示范带动作用，自主创新的麻栎"短轮伐期经营"和麻栎炭用林培养技术国内领先，麻栎"菊花炭"具有热值高、火力旺、燃烧彻底而持久、无烟、无火星四溅等方面的优点，得到国际市

场广泛赞誉，展示中国森林经营水平，提升中国林产品国际地位和影响力，有利于振兴山区经济、增加出口创汇、促进农民增收，具有在江淮地区广泛推广、示范带动1000万亩麻栎能源林产业发展的意义。

（2）重视下游产品的开发

木醋液和木焦油：在炭化过程中，通过烟雾回收系统将烟雾冷凝制成木醋液和木焦油。木醋液具有杀菌抗菌、治虫、除草、提高水和土壤有益微生物活性，促进作物生长等作用，可作为绿色无公害农药、微肥使用，提高作物产量和品质。木焦油既是燃料、生物肥料，又可用于医药制药。约7t麻栎木（含水量30%左右），可副产约1.5t木醋液（1200元/t）和0.5t木焦油（1000元/t），实现麻栎木的全值、高值利用。

图20-7　以麻栎木屑加工菌棒种植的食用菌

食用菌：桑树、松树、栎木是最优质的食用菌基质之一，其枝丫材经粉碎后可用于培植香菇、木耳、茶树菇、金钱菇等，椴木可培植灵芝（图20-7）。现有麻栎采伐剩余物资源可年产菌棒1.2亿棒，产值达15亿～20亿元。

利用采伐后2～3年麻栎幼林放养柞蚕，亩产柞蚕80～100kg，市场价50～80元/kg，蚕蛹食用、蚕茧缫丝，预计年放养规模5万～8万亩，是又一项投资少、周期短（50天）、效益高（亩产值3000～5000元）、市场前景广阔的朝阳产业。该公司正在积极创建以木炭、食用菌、柞蚕为主的百亿元国家级麻栎产业示范园。

### 3.1.4　存在问题

（1）原料收集是制约木炭产业发展的瓶颈（收、运、储）

没有充足的原料，木炭产业就不可能迅速发展。中国生物质原料在收集方面与国外不同，人工林种植一般分布在山区、农村或小城镇地区，地块小而分散，收集机械化水平低，定向收集没有提到日程，收集储运是难点。

（2）木炭机械化清洁加工技术开发不足

木炭作为燃料炭开发利用已取得较大规模发展，但是加工过程存在污染，劳动力成本较高。炼制设备以砖窑为主，机械化程度不高，自动控制能力不强，产量较低，产品质量不稳定。木炭加工副产物木醋液和木焦油的高效利用技术薄弱，收益低。

（3）经济效益有待提升

目前，我国很多木炭加工利用企业的盈利水平较差，经济效益远远低于其产生的生态效益。若离开财政补贴后，部分企业运营将面临巨大危机。其主要原因有产业发展尚未成熟、市场接受程度较低、原料等生产成本较高等。如何提高盈利水平，将生态效益、社会效益转换为经济效益，在满足人民群众美好生活需要的同时，扩大企业规模，提高企业经济效益，是行业现在面临的巨大挑战。

## 3.2　福建元力活性炭股份有限公司

### 3.2.1　案例背景

福建元力活性炭股份有限公司（以下简称“元力公司”）创立于1999年，注册资本24480万元，于2011年2月在深圳创业板成功上市（股票代码300174）（图20-8）。目前主营业务为木质活性炭和硅酸钠的研发、生产与销售，是国内综合实力最强的木质活性炭生产企业，也是国内唯一的活性炭上市公司。目前拥有3个全资子公司和1个控股子公司。

福建元力活性炭股份有限公司
FUJIAN YUANLI ACTIVE CARBON CO., LTD
股票代码：300174

图20-8　福建元力活性炭股份有限公司

元力公司一直致力于木质活性炭的研发、生产和销售，经过20多年的精耕细作、悉心打造，木质活性炭的产销量占国内市场的15%以上，主要产品为以木质、果壳等为原料的粉状活性炭、柱状活性炭、不定型颗粒活性炭等各种规格产品。拥有福建南平、福建莆田、江西玉山、内蒙古满洲里4个生产基地，年活性炭生产能力达85000t以上，利用当地樟树、松树、杉树等林业特色木材加工剩余物资源（木屑、竹粉、木片、果壳等）为主要生产原料进行生产。

公司取得食品添加剂植物活性炭生产许可证，药品生产许可证药用辅料（药用炭）相关批件和NSF水处理炭认证。凭借其高性价比与服务，在国内建立起了体系完备、响应快速的营销网络，产品覆盖发酵行业、食品添加剂、医药行业、化工行业、水处理行业等，并积极实施海外市场拓展，目前海外业务已布及至法国、俄罗斯、意大利、土耳其、澳大利亚、日本、泰国、印度、阿根廷、巴西、南非等几十个国家和地区，截至2017年活性炭出口量达2万t，名列行业第一。

元力公司在产量和销售方面长期稳居全国木质活性炭行业第一位，作为中国木质活性炭基地的领军企业，公司是首家通过ISO9001认证、ISO14000认证、OHSAS18001认证的活性炭企业。公司技术研发团队拥有中、高级职称技术人员14人，通过不断学习和研究国内外活性炭先进技术，加强与高校及科研机构的合作，聘请行业资深专家教授作为企业技术顾问，公司在行业内确立了较强的自主创新优势和核心竞争能力，在活性炭生产技术和新型活性炭应用研究方面填补了很多国内技术空白。

### 3.2.2　现有规模

元力公司从1999年起就着力研究开发以林区再生资源（如锯末、板坯、枝丫等）为原料生产木质活性炭，取得突破性进展。不断提高生产技术，改进生产装备。2008年起自主创新开发出年产5000～8000t物理法、化学法活性炭连续一体化生产线，并开始在4个活性炭生产基地推广应用，并于2010年优化设计制造出年产10000t全国最大规模化学法自动化生产线。现活性炭生产能力达85000t/a，年产值超过6亿元，年利用林木三剩材达到约25万t（含生物质燃料）。

元力公司将物理炭生产线和化学炭生产线相结合，使系统热能实现循环回收利用，物理法生产富余的尾气燃烧作为化学炭炭化、活化、成品烘干的热能，逐级回收余热（图20-9）。实现低消耗、低污染一体化生产线。

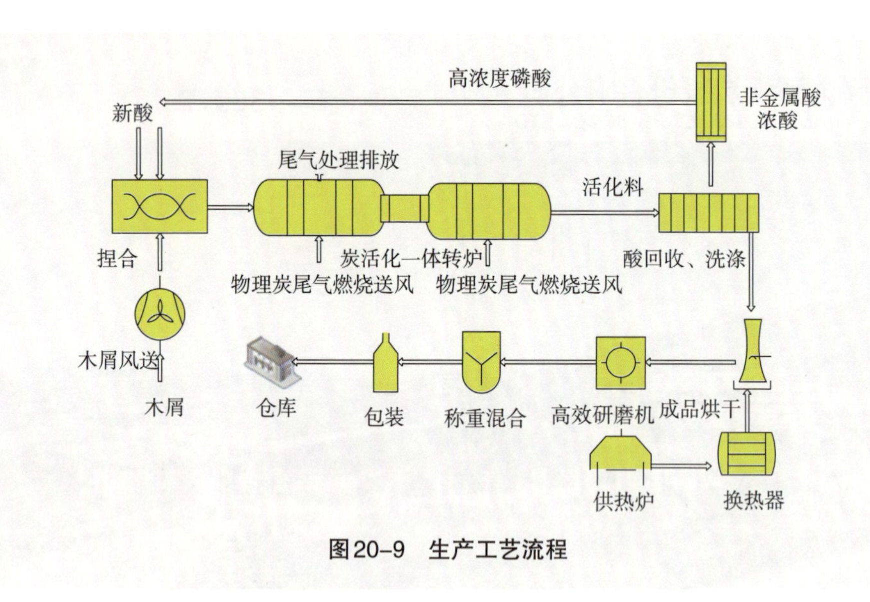


图20-9 生产工艺流程

### 3.2.3 可推广经验

（1）丰富的原料来源

元力公司在福建南平、福建莆田、江西玉山、内蒙古满洲里设有4个生产基地。元力分公司位于福建省南平市，被称为“绿色宝库”，自然植被属中亚热带绿阔叶林地，典型的植被为湿性常绿阔叶林、带绿落叶阔叶林，主要人工植被以马尾松、杉木为主，还有部分油桐、茶树等经济林木，森林覆盖率77%以上，林场年采伐量达600万$m^3$以上，采伐及加工剩余物如锯末、碎材、枝丫等每年约有200万t。

荔元分公司位于福建省莆田市秀屿区，莆田秀屿国家级木材贸易加工示范区是国家林业和草原局、商务部、海关总署批准的进口原木加工锯材出口试点基地，国家市场监督管理总局批准加拿大BC省1000万$m^3$原木进口我国只能经过秀屿进口木材检疫除害处理区。该区已落地木材加工企业数十家。每年有几十万吨的废弃锯末、沙光粉、刨花、树皮产生。

玉山分公司位于江西省上饶市玉山县玉山工业园区内，玉山地处闽、浙、赣交界处，林业资源极为丰富。浙江贺村竹木工业专业区，距公司超30km，运输方便，专业区内有木材加工企业1080家，其中，木材深加工企业200多家，年木材交易量达150万$m^3$，年加工木材近105万$m^3$，产生加工剩余物35万$m^3$。

满洲里元力活性炭有限公司位于内蒙古满洲里市扎区重化工基地。满洲里地处中俄边境，满洲里口岸承担着一半的中俄木材贸易。俄罗斯远东地区现有森林面积约3亿$hm^2$，占俄罗斯森林总面积的37.1%，森林覆盖率48.0%，木材蓄积量约209亿$m^3$，占俄罗斯木材总蓄积量的24.8%。满洲里进口资源加工园区，利用由俄罗斯进口的木材资源，现有木材加工企业100余家，木材加工能力达到700万$m^3$，已形成了锯材、板材、烘干材等初级加工在上游壮大，集成材、指接板、建筑结构材等中段加工在中游扩张，家具、木窗、木门、木屋等终端加工在下游延伸的现代化产业链，锯材集成材总体产能已跻身全国前列。2017年满洲里口岸共进口木材1184.1万$m^3$，其中进口原木393.3万$m^3$，生产活性炭所需的木屑资源极为丰富，为国内罕见，目前年加工剩余物产生量达到130万$m^3$。

（2）创新研发活性炭先进制造技术及装备

与中国林业科学研究院林产化学工业研究所联合开发8000t/a的物理法－化学法活性炭连续一体化生

产技术，并在4个分公司建设投产（图20-10）。利用物理法的炭化燃气为化学法生产供热，替代燃煤，降低成本，提高活性炭品质，实现生产过程无燃煤消耗。优化设计制造出年产10000t全球最大规模化学法自动化生产线（图20-11）。并通过技术集成，吨产品磷酸消耗从传统的200kg以上降低至150kg以下，实现了磷酸法活性炭的低消耗清洁生产。

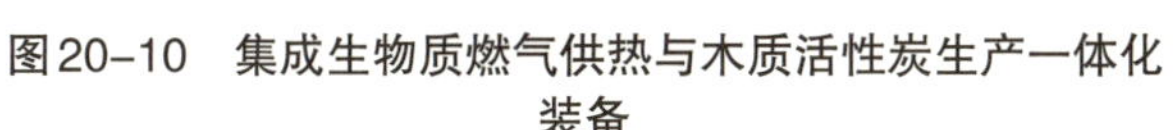
图20-10 集成生物质燃气供热与木质活性炭生产一体化装备

图20-11 年产10000t的磷酸法活性炭生产线

（3）重视产学研合作，创制高端活性炭产品

元力公司通过不断学习和研究国内外活性炭先进技术，加强与高校及科研机构的合作，聘请行业资深专家教授作为企业技术顾问，公司在行业内确立了较强的自主创新优势和核心竞争能力，在活性炭生产技术和新型活性炭应用研究方面填补了很多国内技术空白，创制了高性能的药用炭、注射药剂精制用活性炭、食品添加剂专用活性炭、颗粒糖液吸附炭、催化剂载体炭等高端产品。公司实验室已于2015年被认定为“福建省重点实验室”，并与中国林业科学研究院林产化学工业研究所联合成立活性炭研发中心。公司现已获得51项国家发明和实用新型专利权的授权，并参与完成了多项省级以上课题的研究。

### 3.2.4 存在问题

一是活性炭生产技术方面。近几年国内活性炭生产技术发展迅速，但与国外大公司相比，自动化和智能化程度差距较大。国外企业通过远程信息化控制，大量使用机器人等手段减少用工，提升生产稳定性。随着我国社会经济的发展，人力成本越来越高，活性炭生产线的自动化和智能化改造升级势在必行。

二是粉状炭再生技术。目前活性炭的下游企业，为减少活性炭废弃物处理量，对活性炭再生技术需求迫切，以期提高活性炭资源利用率，降低成本。现有国内活性炭再生技术落后，难以满足批量生产和环保的要求。

三是磷酸法颗粒炭着火问题。活性炭作为吸附剂，在许多有机溶剂吸附再生过程中存在易着火问题。

# 4 未来产业发展需求分析

## 4.1 国家战略层面

### 4.1.1 保障国家食品和药品安全

民以食为天，食以安为先。在我国国民经济中，食品工业占有重要的地位。活性炭在食品生产中具有脱色、脱臭、除去胶体和杂质、提高结晶、增强稳定性、调香以及有效物质精制、回收和分离等多种功能，广泛用于糖、味精、酿造、饮料、乳制品、食用油以及食品添加剂等领域，如表20–4所示。因此，活性炭在现代食品工业中对保障食品安全具有举足轻重的地位。

表20–4　木质活性炭在食品工业的应用

| 食品工业 | 用途 |
|---|---|
| 糖 | 除去类黑精、焦糖色、铁多酚类络合物、胶质和表面活性杂质等 |
| 味精 | 除去类黑精、焦糖色、酸化时产生的褐色素，而且脱除需氧发酵过程菌类生成的色素，并有利于结晶 |
| 酒 | 除去白酒及酒精的异味，加速白酒的陈化；去除苦味、沉淀物 |
| 果汁 | 除去苦味、杂质等 |
| 食用油和脂肪 | 除去叶绿素、类叶红素、多环芳香烃等杂质 |

在制药行业活性炭用来去除热原、细菌内毒素、悬浮物、脱色、助滤等，无论是化学合成药、生物制剂、维生素、抗生素、激素，还是针剂、大输液等均需要使用活性炭，它是制药生产中重要的吸附材料（李娟等，2009）。活性炭产业的技术进步，将促进制药工业的发展。

超级电容活性炭可用于军用坦克、装甲车的启动和转向动力系统，高导电炭材料具有吸收电磁波的功能，已用于军事隐身材料；高吸附性活性炭对机油洗除效果优良，用于军用车辆可延长机油使用寿命，提高部队持续作战能力。

### 4.1.2 促进节能减排

木炭是可再生能源，利用林特人工林加工剩余物生产高附加值的炭产品，可以部分替代传统的化石燃料，可减缓对石油、煤等化石资源的依赖性，同时实现林业加工剩余物的综合利用，是落实科学发展观、实现“绿水青山就是金山银山”的重要产业。

过度使用化石原料已造成严重的环境污染和全球气候变暖。林业生物质是一种清洁的低碳资源，可以减少$SO_2$、$NO_x$和粉尘排放量，产生的$CO_2$被等量植物再次生长产生的光合作用所吸收，基本实现$CO_2$零排放。采用高效能的现代窑炉替代传统窑炉可减少80%的温室气体排放。发展木炭产业具有良好的环境效应，符合国家绿色、循环、可持续发展的产业政策。

木质活性炭产业是利用林业加工剩余物为原料制备功能型多孔炭材料，既可降低木质剩余物对环境的危害，同时活性炭对气液相污染物排放的治理效果显著。在工业废水处理、有毒有害气体净化、挥发性有机溶剂吸附和回收、室内空气净化、脱硫脱硝脱汞及土壤修复等领域是不可或缺的，有效推动我国“碧水蓝天”保卫战。随着国际社会对节能减排的要求越来越高，木炭和活性炭产业越来越受到人们的关注。

### 4.1.3 推动社会主义新农村建设

目前，农村大多数采用木材直接燃烧的方式获得能源，不仅热效率低下，而且环境污染严重。通过将可再生林业资源转化为木炭后再利用，可拓展资源利用途径，提高资源利用水平，推进资源节约和循环利用，改善农村的人居环境。同时，木炭和活性炭的原料收集可以为农民增收，为“三农”提供一个新的增收渠道。因此，大力发展木炭产业，将给农村经济和农民带来较大的经济效益，有利于建设资源节约、文明和谐的新农村。

### 4.1.4 改善生态环境，促进林业可持续发展

充分挖掘不适宜农耕的宜林荒山荒地的潜力，与林业生态工程建设相结合，实施人工薪炭林基地建设，选取生态建设、产业发展与兴林富民结合较理想的人工林树种，环境适应性强，可在干旱瘠薄的土地上（如安山岩、玄武岩、紫砂岩等石质荒山）旺盛生长，造林成活率高，加大抗逆能源林种植，可有效解决复杂地区的造林难题，优化林种和树种结构，改善生态环境；一些非豆科固氮、菌根剂树种，其根系发达，枯枝落叶量大，具有保持生态平衡、降低水土流失、持续改良土壤、调节气候的作用。薪炭林基地建设是建设生态文明、实现“绿色”中国梦的重要产业，并为木炭和木质活性炭的发展提供充足的原料资源。

同时，薪炭林具有规模化种植的巨大优势，某些树种的萌芽再生力强，生长迅速，生物产量高，采伐后5年左右即可再次砍伐，能够可持续经营100年以上，无须更新造林，不会造成对生态系统的破坏。木炭和活性炭的原料为林业剩余物，可有效提高林业资源的经济效益，促进林业的可持续发展。建立具有林业特色的“薪炭林基地—木炭/活性炭加工”一体化的林业炭材料工程产业链，可带动薪炭林业、果壳资源原料林基地建设和生物质炭产业的大发展，拓展林业产业的领域，也对生态环境改善带来积极作用，从而促进完备的林业生态体系和发达的林业产业体系建设。林业生物质炭产业的显著特点在于资源和环境的双赢，实现生态、经济、社会效益的协调统一。

木炭和活性炭的加工技术装备成熟，产品附加值高，市场需求量大。发展木炭和活性炭加工产业，有利于通过价值规律，提高林农植树造林和森林管护积极性，推动生态环境建设。

## 4.2 行业层面

### 4.2.1 精准扶贫

我国人工林和竹林种植面积大，产量高，且多在偏远贫困山区。按照全国木炭产量为200万t、木质活性炭40万t来计算，可每年利用林木剩余物1500万t以上，按照林木剩余物为400元/t计算，可实现农民增收60亿元，经济效益明显。在贫困地区发展木炭产业，既能充分利用贫困地区大面积难以利用的盐碱化、石漠化的土地资源，改善生态环境，又能促进当地民用和工业用炭材料、食用菌等产业发展，提高山区农民的收入，兼具经济效益、社会效益及生态效益，是实现精准扶贫的有效途径。

### 4.2.2 延伸产业链

木炭在民用领域，可作为燃料用于家庭取暖和餐饮行业；在工业领域，可用作钢铁和工业硅冶炼的还原剂，以及有色金属冶炼中的表面助溶剂，我国是世界工业硅制造大国，2018年产量240万t，每年仅工业硅行业就需要近60万t木炭。木炭还可加工成二硫化碳、活性炭等；并在火药、研磨、绘画、蚊香、化妆、医药、渗碳、粉末合金等方面广泛应用，具有广阔的发展前景。

活性炭不仅在液相吸附、气体净化、溶剂回收、土壤修复等产业中作为良好的吸附材料，有效保障我国食品、医药的安全，同时在其他一些创新领域也是不可或缺的多孔功能材料。在工业催化方面，活性炭作为催化剂或催化剂载体，能够广泛应用于石油化工、煤化工、生物质液体燃料提质、医药和农药中间体合成等领域；在储能领域，活性炭可以用于物理/化学储氢、双电层储电、电极材料等；在医用领域，活性炭可用于外伤治疗、口服药、癌症治疗、血液净化等；在防辐射领域，活性炭可以用于放射碘的捕集、核反应堆排放废气治理、电磁屏蔽等领域。由此可见，活性炭产业的发展必将促进众多传统和创新产业的快速发展。

# 5 产业发展总体思路与发展目标

## 5.1 总体思路

针对我国林特资源现状及木炭、活性炭产业的特点，木炭和活性炭产业发展的总体思路是“再生利用、绿色高效、高端制造”。

（1）再生利用

木炭和活性炭产业以林特树种采伐及加工剩余物等林业废弃物以及非农耕边际性土地种植的林业人工林资源为主要原料，随着工业的发展和环保的需求，炭质吸附材料的用量日益增加，原料来源成为行业关注的重点；发展活性炭的再生利用技术，实现活性炭产品的循环利用，节约林业资源，保障产业的可持续发展。

（2）绿色高效

通过热化学转化实现木炭、活性炭、生物质燃气和液体副产物的一体化联产，保证产业的绿色发展，提升产业的综合效益。

（3）高端制造

实现生产装置的大型化、自动化和智能化，开发出高性能的木炭（如钢炭、机制木炭等）；推动高性能活性炭的制造和在高端技术领域的应用，如电化学储能炭材料、碳气凝胶材料、医药活性组分的精制、炭基催化剂等，逐步替代进口，并向国际市场推广。

## 5.2 发展原则

（1）科技领先

加强应用基础理论研究，提高自主研发水平。充分发挥高层次人才的科研优势和产学研的紧密结合，提高木炭和活性炭科技成果转化效率，加大科研投入和研发力度，创新先进的设备和技术工艺，创制木炭和活性炭高端产品。

（2）市场主导

发挥市场配置资源的作用，淘汰落后产能，推动企业技术革新，促进高端产品的研发和应用，以应用带动市场，以市场推动产业的发展，引导各类经济主体积极参与木炭和活性炭的开发利用。

（3）政府引导

政府应通过制定鼓励产业发展的政策，尤其是加大科技研发和重点企业资金扶持的力度，推动木炭和活性炭产业的快速发展。

（4）因地制宜

根据我国林业剩余物资源的区域特点，发展木炭和活性炭产业要与当地的资源优势相结合，与经济技术和社会发展水平相结合。

## 5.3 发展目标

建立原料供应稳定、高端产品绿色制造和高效应用的一体化产业体系，充分满足食品、医药、环保、民用、工业等领域对木炭和活性炭日益增长的需求。提高木炭和活性炭科技成果转化效率，全面实现高端活性炭产品的进口替代。培植一批具有产业带动作用的龙头企业，提升国际市场竞争力。

（1）2025年目标

林特资源林基地培育：全国累计新增薪炭林面积达50万亩，为木炭产业提供稳定的原料。

产业发展目标：全国木炭产量将达到每年210万t以上，产值超过165亿元；木质活性炭产量突破每年50万t，产值超过50亿元。开发木醋液等副产品在农业领域的应用，实现3类活性炭产品的进口替代，培植2～3家具有产业带动作用的龙头企业，增强木炭和活性炭产业的市场竞争力。建立年产50000t木炭和年产60000t活性炭生产示范基地2个以上，建立植物生长增效用木醋液调节剂示范线。

技术创新目标：开发木醋液和活性炭新产品2～3个，突破木醋液饲料化、磷酸法活性炭绿色制造、活性炭孔隙精准调控关键技术，取得一批具有自主知识产权的木炭和活性炭成套技术和产品，保障我国食品和药品安全，推进活性炭在电子行业、辐射防护、医疗等关键产业的实际应用。

（2）2035年目标

产业发展目标：年产木炭约230万t，木质活性炭60万t，总产值超过240亿元，出口达20%以上。开发木焦油副产物的循环利用技术，实现8类活性炭产品的进口替代，培育年产木炭80000t和活性炭80000t的龙头企业2～3家，提升木炭和活性炭产业的国际市场竞争力。

技术创新目标：开发木醋液、木焦油和活性炭新产品5～8个，突破活性炭应用于电子、辐射防护、医疗等行业的关键技术。

（3）2050年目标

木炭和活性炭产量国际领先，木炭和活性炭产品应用领域进一步丰富，活性炭生产技术、应用技术和领域全面达到国际领先，实现生产装置大型化、自动化和智能化，高端活性炭产品国产化，形成木炭和活性炭可持续发展模式，木炭和活性炭产业进入成熟期。

# 6　重点任务

## 6.1　加强标准化原料林基地建设

林特资源林基地发展必须走政府支持指导、企业自主发展的道路，强化树种的培育和开发，统一规划，合理布局。强化薪炭林的集约经营，提高薪炭林产出水平。重点选育生长量大、生长迅速、热值高、适应性强、耐瘠薄、抗盐碱、萌生能力强、耐平茬、适合规模培育的树种；通过引种、筛选及规模化栽培研究，改良薪炭植物品种，建立薪炭植物试验与示范基地和良种繁育基地；优化全国薪炭植物配置和生产格局，集中连片，聚集发展。结合国家林业重点生态工程退耕还林、速生丰产林等项目，建设速生、丰产、高能、多效的薪炭林基地，为木炭产业持续发展提供坚实的资源基础。

## 6.2　加强理论研究和技术创新

我国木炭和活性炭技术的研究起步较晚，投入也较少，为了开发出具有自主知识产权的木炭和活性炭制备技术，实现技术上的突破和创新，必须以建立企业为主体、产学研结合的技术创新体系为突破口，建立以企业为主体，科研机构和高等院校广泛参与的利益共享、风险共担的产学研合作机制。

揭示木材炭化过程机理和影响机制，以及高品质木炭产物的形成原理，突破木醋液和木焦油副产物中酸、酚类组分的调控关键技术，提高木炭的生产效率和产品性能，创制出木醋液基饲料、肥料、除臭剂等绿色天然产品，创制木焦油基杀虫剂，突破木焦油中高附加值组分的精制提取关键技术，推动我国木炭产业绿色、高效制造技术的革新。

研发木、竹原料的现代化采割机械设备，提升薪炭林和竹林原料收集的机械化程度，减轻劳动力；研发大规模的连续化、自动化、智能化木炭和活性炭生产设备，推动木炭和活性炭大规模产业化发展。

研究生物质热化学转化过程多孔炭材料的形成机理，创新化学法活性炭的绿色制备技术，突破高端活性炭产品微观结构的定向调控技术，创制先进炭材料。

## 6.3 产业创新的具体任务

（1）生产设备大型化和现代化，企业规模大型化

推动木炭和活性炭生产设备的连续化、大型化、自动化、智能化，提高生产效率，木炭和活性炭生产企业的生产规模达到5万t以上，增强与国外大型活性炭企业的竞争能力。随着活性炭生产的规模化发展，活性炭生产企业将逐步重组，有效地改善中国木炭和活性炭市场的无序竞争现状。

（2）产品多样化

有针对性地研制具有特殊性能的活性炭产品是今后重要的研究方向之一。除已有的食品、药品、环保等行业广泛使用的活性炭产品外，在专用活性炭制备及应用技术方面继续向电子、军工、储气、医药及石油化工高效催化剂等应用领域延伸。我国高端活性炭应用在创新领域的市场份额提升至25%以上，吨产品出口价格从1100美元提升至3000美元以上。

（3）资源循环利用

推动木炭产业在工业还原剂、清洁能源的规模化应用。突破绿色活化关键技术，降低生产综合能耗。鼓励活性炭定向再生产业的创新发展，实现20%以上的废弃活性炭的再生循环利用。

## 6.4 建设特色产业科技平台

建设以重点实验室为基础的科学研究中心，形成布局合理、装备先进、开放流动、高效运行的实验支撑体系，提高木炭和活性炭产业的研发能力。建立国家木质活性炭重点实验室，建设木炭产业技术创新战略联盟，建立2～3个木炭和活性炭国家产业技术创新中心，形成木炭和活性炭科技创新体系，增强产业自主创新能力。通过承担国家级和行业重大科技任务，带动学科和行业发展。

## 6.5 推进特色产业人才队伍建设

加大人才的培养和引进，依托国家级科研院所和相关高等院校，通过重点学科、重点实验室建设和重大项目的实施，培养造就一批学科前沿领域的领军人物、战略科学家和拔尖人才，注重木炭和活性炭产业科技型企业家和高级管理人才的培养；采取有效措施，吸引和鼓励出国留学人员从事基础和开发性研究，加强林、化交叉领域人才的国际培训和国际合作、学术交流，形成具有国际竞争力的木炭和活性炭创新团队和研发队伍。

# 7 措施与建议

（1）将木炭和活性炭产业列入资源循环利用产业目录

由于木炭和活性炭在工业生产和民用生活中的重要作用，国内外市场对木炭和活性炭产品的需求逐年增加，已成为林业产业经济发展的新亮点。人工林种植区域主要在山区，劳动力为当地林农。目前木质活性炭产业被列入化工产业目录，阻碍了以农林剩余物为主要原料的活性炭产业的快速发展。建议将木炭和活性炭产业列入资源循环利用产业目录，同时建立保护农民增收的原料收、储、运制度和绿色证书交易机制，有利于增加林农收入，助力山区扶贫，同时满足工业和民用市场对木炭和活性炭产品的迫切需求。

（2）加强生产过程和产品质量监管

制定科学环保的技术规程，淘汰落后产能，提高生产工艺水平，实现基地化、集约化发展。整合相关大学、科研院所技术优势，成立木炭产品质量和清洁生产监督管理机构。

（3）设立科研专项

建议从国家层面设立科研专项，从基础理论、关键技术和产业化利用等方面开展研究，形成木炭和活性炭高效综合利用科学技术和工程示范，建立产业化基地，加快木炭和活性炭产业发展。

（4）政策建议

第一，建议地方财政和银行等金融机构对木炭和木质活性炭产业给予阶段性的低息和贴息贷款资金支持。

第二，建议国家林业和草原局、国家发展和改革委员会和税务部门继续给予木炭和木质活性炭产业减免和部分减免增值税的优惠政策。

第三，建议通过政策导向，鼓励和引导投资、融资机构加大对木炭和活性炭产业的资金注入。

## 参考文献

邓荣俤，伍清亮，2013. 中国木质活性炭产业发展情况报告[J]. 福建林业(4): 14–16.

福建元力活性炭股份有限公司，2013. 浅谈活性炭生产与食品安全[C]. 中国生物发酵产业年会: 582–590.

古可隆，李国君，古政荣，2008. 活性炭[M]. 北京：教育科学出版社.

国家林业和草原局，2019. 中国林业和草原统计年鉴2018[M]. 北京：中国林业出版社.

黄博林，陈小阁，张义堃，2015. 木炭生产技术研究进展[J]. 化工进展，34(8): 3003–3008.

蒋剑春，2017. 活性炭制造与应用技术[M]. 北京：化学工业出版社.

蒋剑春，孙康，2017. 活性炭制备技术及应用研究综述[J]. 林产化学与工业，37(1): 1–13.

李娟，马珠凤，李元瑞，2009. 活性炭的性能及在制药生产中的应用[J]. 中国现代应用药学，26(13): 1121–1124.

刘雪梅，蒋剑春，孙康，等，2012a. 热解活化法制备高吸附性能椰壳活性炭[J]. 生物质化学工程，46(3): 5–8.

刘雪梅，蒋剑春，孙康，等，2012b. 热解活化法制备微孔发达椰壳活性炭及其吸附性能研究[J]. 林产化学与工业，32(2): 126–130.

罗鹏，贾智刚，严明，2014. 国内煤基活性炭生产现状和发展[J]. 当代化工(7): 1277–1279.

石海波，孙姣，陈文义，等，2012. 生物质热解炭化反应设备研究进展[J]. 化工进展，31(10): 2130–2136.

孙昊，孙康，蒋剑春，等，2019. 竹材微正压热解自活化制备高吸附性能活性炭的机制研究[J]. 林产化学与工业，39(5): 19–25.

王芳，赵忠亮，2018. 供给侧结构性改革对我国煤炭的影响[J]. 煤炭技术，37(6): 338–340.

雪球财经，2014. 行业不振，元力股份如何玩转活性炭产业[J]. 股市动态分析(40): 56–57.

佚名. 2014年全球木炭产量及产区格局分析[EB/OL]. (2015–12–31). http://www.chyxx.com/industry/201512/374799.html.

佚名. 2018年中国活性炭行业市场发展概况[EB/OL]. (2018–01–30). https://www.sohu.com/a/219807812_252291.

佚名. 2019年中国工业硅产能产量及消费量，合盛硅业稳居行业龙头地位[EB/OL]. (2019–11–05). http://feng.ifeng.com/c/7rM29gT9wcy.

佚名. 活性炭市场规模[EB/OL]. (2018–07–20). http://m.chinabgao.com/k/huoxingtan/37169.html.

佚名. 粮农组织呼吁环保使用木材燃料[EB/OL]. (2017–02–22). https://world.huanqiu.com/article/9CaKrnK1sCT.

佚名. 中国活性炭行业现状及发展前景分析[EB/OL]. (2021–05–10). https://wenku.baidu.com/view/ccf2a21df505cc1755270722192e453611665b54.html.

邹吉华，邹吉红，王志伟，2000. 热解法处理生物质废渣的最新技术[J]. 北方环境(4): 58–60.

MORENO–CASTILLA C, CARRASCO–MARN F, LÓPEZ–RAMN M V, et al, 2001. Chemical and physical activation of olive–mill waste water to produce activated carbons[J]. Carbon, 39(9): 1415–1420.

STANTON R, 1996. The charcoal dilemma: Finding a sustainable solution for brazilian industry[J]. Bioresource Technology, 58(1): 97.

中国工程院咨询研究重点项目

# 林业资源热解气化城镇集中供热发电产业发展战略研究

撰 写 人：蒋剑春
孙 康
孙 昊

时 间：2021年6月

所在单位：中国林业科学研究院林产化学工业研究所

# 摘要

生物质气化供热发电是林业特色资源加工剩余物高效综合利用产业。国家政策鼓励和支持生物质气化供热发电技术开发项目，利用特定地区丰富的可再生林业剩余物资源供热、发电和联产固体炭材料，有助于改善我国能源结构，增强能源安全保障，提升我国节能减排水平，推动社会主义新农村建设，改善生态环境，促进林业可持续发展。生物质气化供热发电可提高当地农民的经济收入，也可缓解当地的电力紧张状况和替代燃煤小锅炉，有望成为清洁供暖的“生力军”，具有环境保护与资源综合利用、提高能效的积极作用，发展前景广阔。

针对目前生物质气化供热发电产业发展过程中普遍存在的原料收储运困难、生产过程自动化和智能化水平不高、标准化生产技术工艺不成熟、产业规模偏小、高值化和综合利用技术缺乏等问题，本研究提出了“绿色高效、多元发展、因地制宜”的发展思路，坚持“科技领先、市场主导、政府引导、与时俱进”的发展原则，充分利用林特资源的加工剩余物，建立原料供应稳定、高品质燃气绿色制造和生物炭高效应用的一体化产业体系，创制生物天然气和功能炭材料等新产品。同时，建议创新产业发展模式、严格市场准入审批、加强行业规范和政府管理、加大政策扶持力度。

以期到2035年，全国生物质热解气化供热发电年利用林业剩余物资源超过500万t标准煤，总产值达100亿元，培养龙头企业3～4家。

# 1 现有资源现状

## 1.1 历史起源和功能

化石资源枯竭、环境污染、气候变化等问题成为全球关注焦点。生物质能是世界上重要的可再生能源，技术成熟，应用广泛，在应对全球气候变化、能源供需矛盾、保护生态环境等方面发挥着重要作用，是继石油、煤炭、天然气之后的第四大能源，成为国际能源转型的重要力量（Zhang et al.，2018）。生物质能源化技术包括生物质发电、生物质成型燃料、生物质液体燃料和生物质气体燃料。在由化石能源向可再生清洁能源转型的全球趋势中，生物质能是一颗耀眼的明星。生物质能的发展早已经成为全球性风潮，在发达国家，生物质能源的位置极其重要，尤其像欧盟各国、日本、韩国、美国、加拿大等国家，已形成较完整的产业链。

生物质能源在古代的能源结构中一直占有主体地位，从人类懂得钻木取火到工业革命前，以柴草为主的能源结构已经延续了上万年，当时的能源需求主要是为人们提供御寒和烹饪用的热量，直接燃烧是生物质能利用的唯一方式。工业化革命的第一步也是基于生物质能，例如木炭用于铸铁长达数千年之久。森林产生的木材和木炭是工业革命的基础。在世界范围内，生物质燃料被广泛用于烹饪、砖瓦制造、金属加工、食品加工、纺织等领域。随着以石油、煤炭等化石资源为原料的能源与化学工业的大发展，生物质能利用被逐渐弱化，直至1973年第一次全球石油危机爆发，生物质能利用重新得到重视。

当前，生物质能源仍然是许多发展中国家的主要能源，传统生物质能为全世界3/4人口提供平均35%的能源需求。在最贫穷的发展中国家，该比例达到了60%～90%。现代生物质能源在工业化和发展中国家的应用迅速增加，如美国从生物质中获得约4%的一次能源，芬兰和瑞典达到了20%以上，国际能源署（IEA）预测，到2030年，发展中国家超过26亿的人口将继续依赖生物质用于烹饪和供暖，将占家庭能源消费的一半以上。

IEA预测，到2030年，欧洲生物质能约占总能源消费量的15%，2050年全球生物质能源占能源消费比重达50%。欧盟能源发展战略“绿皮书”明确了2020年生物质燃料代替20%的化石燃料。瑞典和丹麦提出2020年，50%天然气将由生物燃气代替，到2050年，生物天然气完全代替天然气。

我国有丰富的生物质资源，为产业化开发提供了资源基础。利用生物质资源，尤其是林业剩余物和作物秸秆，开发先进的生物质热解气化技术替代化石燃料供热发电技术，是一种高效清洁的现代化生物质能利用方式，可实现$CO_2$减排，已成为解决能源与环境问题的重要途径之一。对缓解过分依赖大量进口石油的被动局面，降低单位国内生产总值的$CO_2$排放量，对实现我国能源安全战略的可持续发展具有重大的现实意义。

生物质气化是指生物质在高温（500～1400℃）作用下，热解气化生成含有CO、$CH_4$和$H_2$等可燃性气体（孙立和张晓东，2013；Ahmad et al.，2016）。生物质气化制备能源和炭材料要经过如下3个环节：一是生物质气化，经过干燥等预处理的生物质在高温环境下热解气化，产生可燃性气体，剩余的固体副产物可制备功能炭材料；二是气体净化，通过净化系统，除去气体中的灰分、焦油等杂质（刘华财等，2019）；三是气体燃烧发电，净化后的可燃气通入燃气轮机或者其他内燃机燃烧做功发电，也可以通入锅炉内燃烧，利用产生的蒸汽驱动蒸汽轮机发电，同时用于集中供热。

我国在20世纪60年代就开始了生物质气化发电的研究，开发了60kW的谷壳气化发电系统（采用下吸式固定床气化炉），之后又开发了160kW和200kW的气化发电设备。自配热电厂的热电联供模式已在甘蔗制糖、造纸造板等行业得到应用和发展。研制出的成套设备曾出口到发展中国家，后因经济收益低等原因停止了这方面的研究工作。近年来，随着中小企业的发展和人民生活水平的提高，一些缺电、少电地方迫切需要电能；其次是环境问题，丢弃或焚烧农林废弃物将造成环境污染，生物质气化发电可以有效地利用农林废弃物，同时设备紧凑、污染少，可以解决林业剩余物的能量密度低和资源分散等缺点。所以，以农林废弃物为原料的生物质气化发电又逐渐得到人们的重视。我国对生物质气化技术的深入研究始于20世纪80年代，1998年10月建成了中国第一套1MW的生物质气化发电系统，利用1台气化炉带动5台200kW的发电机组，我国生物质气化技术日趋完善。进入21世纪后，国家鼓励生物质发电发展政策的出台，生物质能发电厂得到了快速发展，电厂数量和能源份额都在逐年上升。2005年底，中国生物质发电装机容量约为2GW，其中，蔗渣发电约1.7GW，垃圾发电约0.2GW，其余为稻壳等农林废弃物气化发电和沼气发电等。2006年《可再生能源法》的实施极大推动了我国生物质发电产业的发展，单台30MW生物质直燃发电机组于2006年建成投产，随后全国出现了生物质电厂由点到面的发展与壮大。到2012年底，我国5MW及以上的生物质气化发电工程建成运行，生物质发电累计并网容量为5819MW。截至2018年底，农林生物质发电装机容量已达8030MW。

### 1.2 原料资源分布和总量

我国生物质资源丰富，能源化利用潜力大。全国可作为能源利用的农作物秸秆及农产品加工剩余物、林业剩余物和能源作物、生活垃圾与有机废弃物等生物质资源总量相当于每年约4.6亿t标准煤，其中，林业及木材加工废弃物可利用量为2.1亿t，约相当于1.4亿t标准煤。未来20年，国家计划投资建设传统薪炭林、防护林以及宜林荒山荒地种植高产能源植物，生物质能源资源量将达到6亿t标准煤左右，2050年生物质能产业将提供超过3亿t标准煤的产品替代化石能源，拉动投资1.56万亿元。

林业生物质灰分较低、热值较高，是目前欧美国家及中国生物质能源的主要原料。我国核桃、肉桂、构树、桑树、油茶、松树等林特资源丰富，西南、西北、东北、华东等均有分布，以南方省份为主，总面积上亿亩，截至2018年我国核桃种植面积为1.2亿亩，油茶林面积为0.64亿亩。林特资源的生物总量达数十亿t，产业规模超千亿元。这些特色树种除主要利用其果实、树皮、树叶，而占生物量80%以上的树干、枝丫、果壳、果核等加工剩余物未有效利用。利用这些剩余物进行生物质气化联产热、电、炭是提升林特资源综合效益、节能减排的有效途径。

### 1.3 生物质气化供热发电特点

生物质气化发电技术与其他生物质能利用方式相比特点显著：一是气化供热发电技术成熟而灵活，气化可以采用固定床气化炉和流化床气化炉等，供热发电可以采用蒸汽轮机、内燃机、燃气轮机以及燃料电池等，根据工艺要求和合成气品质要求可以自由选择；二是对环境友好，整个流程中保持碳平衡，能够大幅减少$CO_2$和$SO_2$等污染物排放；三是经济效益好，可以根据市场需求，灵活调整炭、热、电产品的比例，实现经济效益最大化。生物质气化供热发电技术相比其他生物质能利用具有更好的应用前景，非常适合农村偏远地区，对于补充我国能源供应具有重要意义。

## 2 国内外加工产业发展概况

### 2.1 国内外产业发展现状

#### 2.1.1 国外产业现状

国外小型固定床生物质气化发电装置容量60～240kW，气化效率70%，发电效率20%，已广泛商业化应用。目前，全球环境基金/世界银行的一个项目30MW气化发电项目正在巴西进行示范。欧美等国家已经建立了能源林和发电工程的产业链，德国和美国有3个6～10MW示范项目，美国在利用生物质能发电方面处于世界领先地位。美国建立的Battelle生物质气化发电示范工程代表生物质能利用的世界先进水平，可生产中热值气体。据报道，美国有350多座生物质发电站，主要分布在纸浆、纸产品加工厂和其他林产品加工厂，这些工厂大多位于郊区。发电装机总容量达7000MW，提供了大约6.6万个工作岗位。DOE生物质发电计划的目标是到2020年实现生物质发电的装机容量为45000MW，年发电2250亿～3000亿度。欧洲也在生物质发电方面进行了很多研究，并建立了许多示范工程。德国生物质燃气的产量约20.7亿$m^3$，占德国燃气产量的14.5%，德国生物燃气产业发展的主要模式是发电并网，计划到2020年建成12000个生物燃气能源工程，发电装机总量达4800MW，使生物燃气发电占全国发电总量的7.5%，同时发展一定量的纯化生物天然气（管道燃气和车用燃气），占全国消费量的20%。奥地利成功地推行了建立燃烧木材剩余物的区域供电站的计划，生物质能在总能耗中的比例由原来的3%增到目前的25%，已拥有装机容量为1～2MW的区域供热站90座。瑞典和丹麦正在实施利用生物质进行热电联产的计划，使生物质能在转换为高品位电能的同时满足供热的需求，以大大提高其转换效率。芬兰是世界上利用林业废料/造纸废弃物等生物质发电最成功的国家之一，其技术与设备为国际领先水平。截至2018年，全球生物质发电装机容量约118GW，其中，巴西15GW、美国13GW。生物质热电联产已成为欧洲，特别是北欧国家重要的供热方式。

### 2.1.2 国内产业现状

我国第一座国家级生物质发电示范项目山东单县生物质发电工程1×30MW机组于2006年12月1日正式投产，该电厂由国能生物发电有限公司投资建设，引进丹麦生物质直燃发电技术，装机容量为2.5万kW。设计年发电能力1.6亿kW时，设计燃料为棉秆以及林业废弃物。中节能投资建设的江苏宿迁生物质发电厂，是我国第一个采用循环流化床技术的生物质发电示范项目，装机容量2×12 MW，锅炉采用浙江大学设计的2×75 t/h循环流化床锅炉。锅炉普遍适用性较强，维修费用低。锅炉运行半年后，水冷壁、高温辐射受热面和对流换热面结渣沉积较少，实现了预期设计目标。广东粤电湛江生物质发电项目2×50 MW机组（配备两台220t/h生物质燃料锅炉）于2010年12月和2011年2月成功投产，是目前全国生物质能发电领域中单机容量及总装机容量最大的生物质发电厂。2012年来，阳光凯迪新能源集团投资建造了一批单机容量30MW的生物质发电机组（配备120t/h的高温超高压循环流化床锅炉），包括阳新县凯迪绿色能源开发有限公司1×30MW机组工程、凯迪兴安绿色能源开发有限公司1×30MW机组工程、平乐凯迪绿色能源开发有限公司1×30MW机组工程、江陵县凯迪绿色能源开发有限公司1×30MW机组工程、竹溪县凯迪生物质能发电厂1×30MW工程、浦北凯迪生物质发电厂（1×30MW）工程等。大批单机容量30MW的生物质发电机组的建设和投产表明该技术在我国已经初步成熟。

我国自行研制的集中供气和户用气化炉产品也已进入实用化试验及示范阶段，形成了多个系列的炉型，可满足多种物料的气化要求。如中国农业机械化科学研究院研制的ND系列生物质气化炉，其中ND-600型气化炉已进行较长时间的生产运行，并取得了一定的效益；江苏吴江县生产的稻壳气化炉，利用碾米厂的下脚料驱动发电机组，功率达到160kW，已达到实用阶段；中国科学院广州能源研究所对上吸式生物质气化炉的气化原理、物料反应性能作了大量试验，并研制出GSQ型气化炉；山东能源研究所研制的XFL系列秸秆气化炉在农村集中供气的应用中也获得了一定的社会、经济效益；大连市环境科学设计研究院研制的LZ系列生物质干馏热解气化装置可供1000户农民生活用燃气；云南省研制的QL-50、60型户用生物质气化炉已通过技术鉴定并在农村进行试验示范；华电襄阳和国电荆门也分别建设10MW的生物质气化耦合发电示范项目；安徽海泉和江苏兴化分别建设了6MW电、热、炭联产项目；中国林业科学研究院林产化学工业研究所研制的生物质流化床5MW气化及1MW发电示范项目业已建成，取得了一定的经济和社会效益。目前，我国已进入实用阶段的生物质气化装置种类较多，取得了良好的社会、经济效益。

2006年以来，我国的生物质直燃发电项目取得了巨大进展，但是生物质混燃项目较少，目前受政府认可的主要有山东枣庄华电国际十里泉电厂以及上海协鑫（集团）控股有限公司下属的7个热电厂。我国近几十年来，在原来谷壳气化发电技术的基础上，对生物质气化发电技术作了进一步的研究。目前，中国的固定床和流化床型式的中小规模生物质气化发电系统均有实际应用，最大发电装机容量6MW。截至2019年上半年，我国生物质发电并网装机容量为20GW，年发电量可达529亿kW·h。

## 2.2 国内外技术发展现状与趋势

### 2.2.1 生物质气化反应器

目前常用的气化反应器可以划分为固定床气化炉、流化床气化炉和气流床气化炉。

#### 2.2.1.1 固定床气化炉

在固定床气化炉中，物料床层相对稳定，依次通过干燥、热解、氧化以及还原等反应，最后转化为合成气。根据气化剂和合成气进出方向的不同，气化反应器能划分为上吸式气化炉、下吸式气化炉、横吸式气化炉和二级式气化炉。

（1）上吸式气化炉

在重力作用下，原料由顶部给入并向下运动，而气化剂由底部给入，与原料逆向运动，又称逆流式气化炉（图21-1）。生物质原料在上升热气流的作用下，脱除水分，当温度升高到250 ℃以上，会发生热解并析出挥发分，转化生成可燃气和炭，残留的木炭与气化剂发生氧化还原反应生成合成气。合成气通过和原料热交换来回收气体热量。同时，物料得到干燥和部分热解，热效率较高。上吸式固定床气化炉适合处理高灰（≤15%）、水含量较高（≤50%）的生物质，对生物质的种类和入料大小适应性较强。但是合成气中含有较高的焦油含量（50～100g/$m^3$），高于内燃机所允许的最大焦油含量（0.10g/$m^3$），因此上吸式气化炉的合成气不适合内燃机（Susastriawan et al.，2017）。

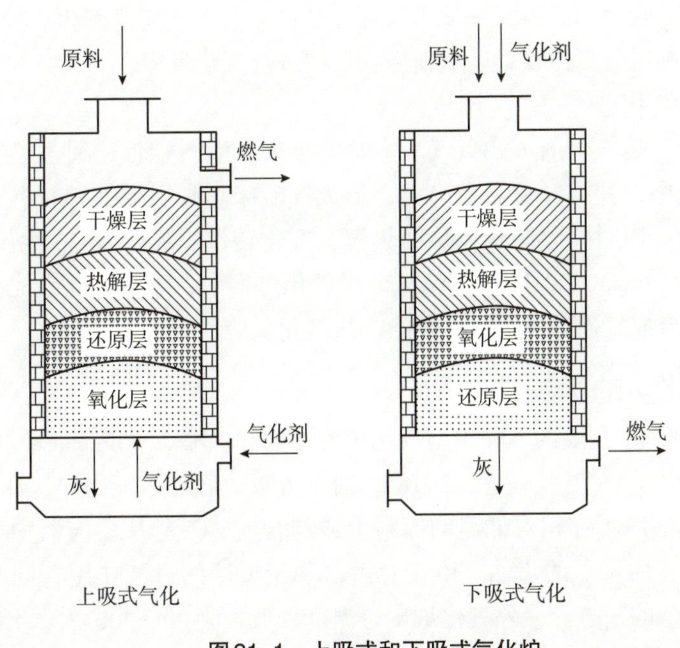


图21-1 上吸式和下吸式气化炉

（2）下吸式气化炉

气化剂由气化炉侧壁给入，合成气和物料同时向下移动，也称顺流式气化炉。气化剂首先和物料发生氧化放热反应，为热解反应以及还原反应提供热量；热解反应区域位于氧化区上部，温度为300～700°C；干燥区位于热解区的上部，物料预热脱水；还原区位于氧化区的下部，氧化区产生的$CO_2$、炭和水蒸气在该区域发生还原反应，同时残留的焦油在此区域发生裂解反应，最后生成CO和$H_2$等合成气，该区域反应温度为700～900°C（刘宝亮和蒋剑春，2008）。

下吸式固定床气化炉分为有喉和无喉两种，有喉气化炉在炉子中上部有收缩区，当气体通过收缩区时，有利于生物质与气体混合和焦油裂解。有喉下吸式固定床气化炉要求物料湿度低于20%，灰分低于5%。为顺利通过收缩区，该型气化炉只能处理粒度和形状大致相同的物料，合成气中焦油含量低于1%，总效率相对较低（Chopra & Jain，2007）。无喉下吸式固定床气化炉由放置在底部的圆柱形炉床构成。开顶式无喉气化炉保证了连续进料和炉内局部温度可控，适合粒度较小以及灰分含量较高的生物质。

（3）横吸式气化炉

在炉内，物料朝下运动，而空气在炉壁一侧引入，反应后，合成气从同一水平的对面炉壁排出。其优点是能对负载快速反应，启动时间短，设计高度低。与上吸式和下吸式气化炉相比，横吸式气化炉有分开的灰渣收集箱、氧化区和还原区，总效率很低，$CO_2$还原能力差，焦油的裂解能力有较大的局限性，合成气中焦油含量高，导致该气化炉只适合处理含焦油低的原料，且不适合处理细颗粒物料（Sansaniwal et al.，2017）。

（4）二级式气化炉

相对于热解和气化在同一个反应室进行的气化炉，二级式气化炉把热解和气化分为两个部分。该型气化炉有两个进气口，主进气口在气化炉顶部，第二进气口在气化炉中间。由于补充空气，在第二段的高温减少了焦油含量，极大提升了控制反应过程温度的能力和系统总效率，合成气中的焦油含量约为$0.05g/m^3$，是一段式气化炉气化气中焦油含量的1/40左右（Bui et al.，1994）。适应于在内燃机中使用。

#### 2.2.1.2 流化床气化炉

与固定床气化炉相比，流化床气化炉由燃烧室、布风板等组成，没有炉栅部件。气化剂由布风板进入流化床气化炉中，按气固流动特性不同，可以分为鼓泡流化床气化炉和循环流化床气化炉。前者气流速率相对较低，适合颗粒较大的原料，一般需增加热载体。后者气流速率相对较高，从流化床中携带出的大量固体颗粒，通过旋风分离器收集后重新送入炉内进行气化反应。

#### 2.2.1.3 气流床气化炉

气流床又称携带床，是气化剂（如氧气和水蒸气）夹带燃料颗粒，通过喷嘴喷入炉膛。细颗粒燃料分散悬浮于高速气流中，并被气流夹带出去，形成气流床。高温下细颗粒燃料与氧气瞬间着火、迅速燃烧，产生大量热量。同时，固体颗粒瞬间热解、气化转化生成合成气及熔渣。其反应条件通常是1400°C左右、2～7MPa（Basu，2010）。气流床分级气化过程中，裂解产物首先分离出合成气，再把焦炭气化，最后把裂解的合成气通入反应室进行第二次气化反应。

### 2.2.2 不同气化炉的优缺点

表21-1和表21-2列举了主要的不同类型气化炉的参数和优缺点（Beohar et al.，2012；Samiran et al，2016；Sansaniwal et al.，2017；常圣强等，2018）。对于上吸式固定床气化炉，合成气从下向上排出，经过热解区和干燥区，焦油冷凝在相对低温的原料上或与合成气一起从反应器中离开，使得合成气中依旧含有高达10%～20%（质量）的焦油。由于热解区和干燥区的过滤作用，同时因为气体流动速率较低，所以合成气含有较低的灰分。另外气化炉出口温度较低，为80～300 °C。下吸式固定床气化炉的显著优点是构造简单、可操作性好、加料方便。当气化剂和物料通过高温喉管区时，物料发生热解、气化

反应，与此同时，在高温作用下，焦油裂解为可燃性气体。其缺点是气化炉格栅易堵塞，对入料含水量要求高，且气化炉出口温度较高，合成气需要冷却。流化床气化炉优点是气化反应速度快，炉内气固接触均匀，反应温度恒定，合成气中焦油含量均值在10g/m$^3$左右，介于上吸式气化炉（约50g/m$^3$）和下吸式气化炉（约1g/m$^3$）之间。流化床气化炉的缺点是设备结构复杂、投资较大、合成气中灰分含量较高。气流床气化炉的优点突出，如碳的转化率接近100%，合成气中焦油含量少等。其缺点是，对物料预处理要求较高，必须粉碎成细小颗粒，以保证物料可以在短暂的停留时间内反应完全。

**表21-1 各类气化器参数对比**

| 参数 | 上吸式固定床 | 下吸式固定床 | 鼓泡床 | 循环床 | 气流床 |
|---|---|---|---|---|---|
| 反应温度（℃） | 1500—1800（干法进料） | 800～900 | 800～1000 | 900～1200 | 700～1500 |
| 入料粒度（mm） | 2～50 | 10～300 | <5 | <10 | <0.1 |
| 入料类型 | 可处理高水分生物质 | 低水分生物质 | 无要求 | 无要求 | 无要求 |
| 停留时间（s） | 900～1800 | 900～1800 | 10～100 | 10～50 | 1～5 |
| 需氧量（m$^3$/kg） | 0.64 | 0.64 | 0.37 | 0.37 | 0.37 |
| 产气（MJ/m$^3$） | 5～6 | 4～5 | 3～8 | 2～10 | 4～10 |
| 焦油量（g/m$^3$） | 50～200 | 0.02～0.30 | 3～40 | 4～20 | <0.10 |
| 能量输出（MW） | <20 | <10 | 10～100 | 10～100 | >100 |
| 碳转化率（%） | ≈100 | 93～96 | 70～100 | 80～90 | 90～100 |

**表21-2 不同气化器的优缺点**

| 气化炉 | | 加热系统 | 原料 | 合成气特性 | 操作条件 | 产业化情况 |
|---|---|---|---|---|---|---|
| 上吸式固定床 | 优点 | 通过氧化固体炭放出的热可以高效利用。气体离开反应器时可加热入料 | 广泛（包括高水分和无机物的城市固体垃圾） | 更高的焦油含量增加了气体热值 | 更高的温度可以破坏一些有毒物质和金属熔渣 | 技术成熟、工艺简单、成本低 |
| | 缺点 | 蒸汽需求量较高 | 入料粒径有限制 | 合成气里含较高的焦油和酚类物质 | 入料的细粒物料损耗较大 | 规模限制 |
| 下吸式固定床 | 优点 | — | 广泛 | 产品气的焦油和固体颗粒含量低，气化剩余物以积炭或灰的形式存在，减少了旋风分离器的使用 | 形成的焦油99.9%被消耗，对于发动机很适用 | 技术成熟、工艺简单、成本低 |
| | 缺点 | 加热效率低导致了内热交换不充足，也导致合成气热值很低 | 入料水分低于20%；未经预处理的物料不能气化；入料粒径有限制 | 气体热值低；相对于上吸式，合成气含更高的灰分 | 合成气离开气化炉时温度较高 | 规模限制 |
| 鼓泡流化床 | 优点 | 反应器内温度分布很平均；在惰性材料、燃料和气体之间换热效率很高 | 广泛，入料粒径没有很大的限制 | 成分均匀，含有少量焦油和未转换的炭 | 高转化率 | 技术成熟、成本适中 |
| | 缺点 | — | — | — | 大气泡尺寸会导致气体绕过反应床 | — |

（续）

| 气化炉 | | 加热系统 | 原料 | 合成气特性 | 操作条件 | 产业化情况 |
|---|---|---|---|---|---|---|
| 循环流化床 | 优点 | 因为床料的热容量高，导致换热效率高 | — | 含有少量焦油和未转换的炭 | 高转化率 | 技术成熟、成本适中 |
| | 缺点 | 固体流动方向上会出现温度梯度 | 入料粒度范围很窄 | — | 物料颗粒的高流速导致反应器会出现磨损 | — |
| 气流床 | 优点 | — | 广泛 | 合成气中不含焦油和酚类化合物 | 较高的产量和较好产品；原位硫脱除 | — |
| | 缺点 | 因为燃料的高效利用以及高温操作，能量需回收 | 对于木质气化工艺，需要原料预处理 | — | — | 使用的设备材料昂贵 |

## 2.3 差距分析

### 2.3.1 产业差距分析

（1）资源供应存在瓶颈

林业生物质气化供热发电产业化发展的主要瓶颈是原料供给。我国生物质资源分布不均，专用能源林未形成规模化经营，原料采收储运过程原始，利用成本高，同时现有林业生物质资源也没有充分利用。林特资源生产的季节性和分散性与热解气化生产的连续性、规模化和集中性之间存在矛盾，原料的收集、贮存、运输难度大，供给不稳定。林业生物质原料的密度低，体积大，运输、存储成本高，不太适合建造大型的生物质发电厂，在偏远但生物质资源丰富的地区建设小型化分布式生物质气化冷热电联供厂，可以有效解决我国偏远地区能源供应短缺问题。由于原料占发电总成本70%以上，采用单一原料，生产单一产品，不仅产业规模小，原料供给稳定性差，不能满足用户的能源需求，限制了产业发展；而采用多种原料又会给原料存储和热解气化工艺调控带来挑战。

（2）产业化程度低

生物质气化城镇集中供热发电产业的专业化与市场化建设管理经验不足，产品、设备、工程建设和项目运行等方面的标准不健全，检测认证体系建设滞后，缺乏市场监管和技术监督。

### 2.3.2 技术差距分析

（1）一些关键性技术尚未突破，技术的稳定性不足，生产技术工艺不成熟，产业化的技术瓶颈问题没有解决

原料的预处理技术影响了转化过程是否高效、运行成本是否低廉、设备可靠性和产品质量稳定性等诸多方面。生物质气化技术是制备生物燃气和炭产品的基础，气化技术的不成熟，导致气体产品以及联产的炭材料产品品质低下。我国生物质气化，特别是工业示范和产业化发展水平与国际先进水平仍有一定差距，综合利用途径也比较少。对于生物质气化集中供气来讲，除了资源分散、生产成本较高之外，其主要障碍是林特资源气化技术设备缺乏足够的实践的考验，其应用经济性、稳定性和安全性究竟如何，尚待确认。由于气化发电技术欠成熟，而且面临原料性质差别大、焦油脱除困难以及传统发电机发电效率低等问题，导致气化发电成本较高，在用电市场上没有竞争力。对照国外较成熟的商业运营模式，以及结合中国国情，生物质利用的主流方向是热电联供，实现生物质能源梯级和综合利用。同时，生物质气化发电技术的主要障碍则是投资较大、电力上网困难、电价格低。

（2）产品品质低，多为低值与单一利用，亟待开发产品的高值化利用与综合利用先进技术

目前生物质气化产品单一，品质不高，副产品没有利用或者利用率低，没有达到综合利用。燃气产

品由于热值低、焦油含量高，主要用于供热和中小型发电，大规模热电联产时，燃气传输过程避免设备管路堵塞的技术急需突破，用于生产合成天然气为目的气化装置还在中试研究阶段。

# 3 国内外产业利用案例

## 3.1 案例背景

江西省宜黄县总面积为1944km²，为全国退耕还林示范县，林地总量为235.4万亩，森林覆盖率为78.86%，主要为杉木、松木和毛竹。全县现有人工林85.5万亩，其中，公益林5.7万亩，商品林为79.8万亩，总蓄积量为476.3万m³；现有竹林面积为60.5万亩。全县现有木（竹）加工企业22家，总产值超过1.4亿元，每年产生大量的加工剩余物。

江西天美生物科技有限公司位于宜黄县谭坊工业园区，占地面积60多亩，建筑面积2万m²以上，为国际上最大的杉木精油生产企业，年产杉木精油1000t以上、生物肥5000t以上，同时年产化学法活性炭1.5万t。该公司2018年被评为江西省高新技术企业，并获得县工业高质量发展优秀企业创税贡献奖，2019年被认定为抚州市市级林业龙头企业，企业获得省级瞪羚企业称号，并获得江西省专精特中小企业荣誉称号，自主研发的“一种化学法生产木质活性炭的节能内热回转炉及制备方法”技术，获得国家林业和草原局颁发的第四届林业产业创新奖，生产的活性炭产品被评为江西名牌产品。

江西天美生物科技有限公司现承担的江西省宜黄县生物质气化集中供热发电项目，于2019年6月取得江西省能源局省级电力规划和抚州市发改委核准批复。主要利用宜黄县和方圆50km以内的林（竹）产业加工剩余物，通过生物质气炭联产技术制备生物燃气和生物炭副产品，再进行热电联产并网供电和为工业园区和附近居民集中供蒸汽。项目的建设符合国家和江西省省府支持生物质能发电所颁布实施的《电力发展“十三五”规划》《生物质能发展“十三五”规划》《江西省电力发展“十三五”规划》《江西省“十三五”能源发展规划》等。

## 3.2 现有规模

项目总用地面积约142.5亩，建设18台1.2t/h生物质气化炉、2台75t/h高温高压燃气锅炉、2台15MW高温高压抽凝式汽轮发电机组、配套5万t中高端蒸汽法活性炭生产线。项目年供蒸汽101.72万t，供电20553万kW·h，产活性炭3.47万t。生产工艺简图如图21-2所示。

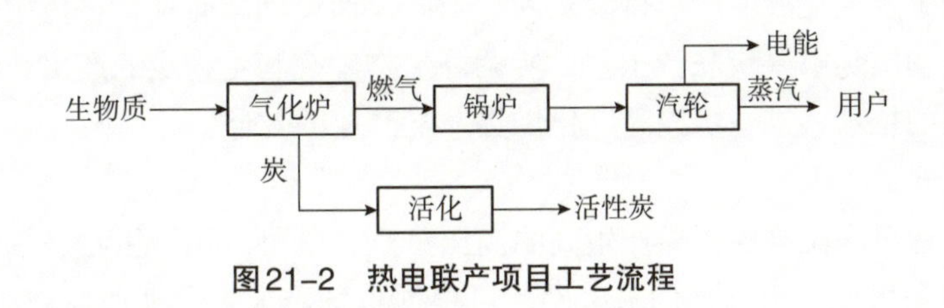


图21-2 热电联产项目工艺流程

工艺流程说明：

①原料收集：建立生物质采购点，收购生物质原料并进行分类，除铁除沙。厂外的行车干料棚储量可满足约30d的消耗量，采用汽车运输，将各种木料送至厂内的干料棚，采用胶带输送机系统输送如炉前料仓。

②气化：为了气炭联产的炭可以生产高品质的活性炭产品，选取的原料主要为林业加工剩余物。上吸式固定床气化炉能够适应本项目原料多样的特点，可处理红木、乱杂木、竹子、杉木等各类立业加工剩余物，能适应高水分物料，且能满足后续活性炭、功能炭材料的生产需求；燃气产率稳定，生物炭品质好，又有效回收了燃气的显热。将林业生物质送上吸式气化炉中控氧气化，产生含有一氧化碳、氢气、甲烷等的混合可燃气体，同时控制工艺条件生产出中间产品炭化料。单台气化炉的生物质原料处理量为4t/h，反应温度为300～600°C，产气量约8000Nm$^3$/h，燃气热值约9000kJ/Nm$^3$，燃气温度为120～180°C，燃气压力为3.5kPa，每吨原料的产炭量为0.16t，炭化料的固定碳含量为80%～85%。

③产蒸汽：可燃气体送高温高压燃气锅炉燃烧，产生9.8MPa、540℃高温高压蒸汽，最大连续蒸发量为90t/h，蒸汽可通过供热管网输送给炭活化工段和其他园区热用户。

④发电：高温高压蒸汽送入高温高压抽凝式发电机组，带动汽轮机转动发电，所发电力通过升压站升压到110kV送变电站并入电网。

⑤炭活化：中间产品炭化料送到活性炭生产线生产功能活性炭，或制成高品质烧烤炭棒，出口日韩、东南亚等国家。

在能源结构以燃煤为主的江西省，以可再生的生物质资源气化集中供热发电，与宜黄县生态特点有机结合，打造“生物质—热—电—炭”等工业循环经济产业链的闭合式循环，实现资源永续利用，达到了高效节约、利用资源的效果。该项目年处理林业剩余物约56万t，年节约标煤15.44万t，减排二氧化碳53万t，可提高节能减排水平，改善大气和生态环境，促进当地经济的可持续发展，有很好的经济效益、社会效益和环境效益。

## 3.3 可推广经验

（1）丰富的原料来源

抚州市是江西省重点林区，全市土地总面积2822.5万亩，其中，林地1968.3万亩，占土地总面积的69.7%；森林面积1817.3万亩，森林覆盖率高达66.14%。到2020年，森林蓄积量将达到6000万m$^3$以上，林地保有量稳定在1968万亩，林业生产总值超过400亿元。抚州市宜黄县现有商品林79.8万亩，总蓄积量为476.3万m$^3$，有竹林面积为60.5万亩。这些丰富的林业资源可以为生物质气化供热发电提供稳定的林业剩余物原料。

（2）控制气炭联产过程，调控炭产品的品质

目前炭化料的价格为3000元/t，深加工制得活性炭的价格为7000～8000元/t，而生物质发电补贴后的电价为0.75元/度，热蒸汽的价格为220元/t。炭的产量和品质将很大程度地决定了整个生物质气化供热发电的效益，进而影响气化产业的可持续发展。因此，通过创新研发，将传统的气化产生生物燃气为主的工艺，升级为生物质热解气炭联产工艺，协调好生物燃气和生物炭的产出，同时开发先进的生物炭活化制备功能炭材料的技术，进一步提高气化供热发电产业的效益。

（3）热电联产模式

产生的生物燃气通过高温高压锅炉产生高温高压蒸汽，既可以用于生物炭深加工制备活性炭以及园区和居民供热，同时还可以发电并入国家电网。可根据市场需求来合理地控制清洁热能和电能的配送，实现经济和社会效益最大化。“煤改生”的生物质热电联产具有多方面的优势，生物质气化热电联产项目可以解决百万平方米级别的县城、中小城镇的集中供暖问题。尤其是在我国县城、城镇区域，可以实现废弃的林业生物质“变废为宝、就地利用”，在促进分布式清洁供热生产和消费的同时，为我国县域“削减燃煤、清洁供暖”提供了切实可行的发展路径，其发展空间巨大。

## 3.4 存在问题

（1）缺少行业规范

生物质气化供热发电项目的专业化与市场化建设管理经验不足，技术工艺、产品、设备、工程建设和项目运行等方面的标准不健全，产业技术及装备水平参差不齐，检测认证体系建设滞后，缺乏市场监管和技术监督，导致产业市场缺乏监督与引导，相关法律制度也不完善。

（2）缺乏系统优化集成

生物质气化和燃气供热发电需要科学的匹配和集成，国内目前缺少精通气化供热发电整体产业化生产的设计和运营人才。

（3）政府补贴政策实施不到位

政府对可再生能源发电有一定的政策支持，但这些扶持政策还不够细化、明确，地方政府和管理部门操作起来有很大困难，目前生物质气化供热发电项目国家补贴环节多、困难大、周期长，支付严重拖欠等人为困难。同时随着农村劳动力成本逐年上升及国家针对环保要求提高，之前的补贴电价（0.75元/度）已经是只能勉强维持项目发展。

# 4 未来产业发展需求分析

## 4.1 国家战略层面

### 4.1.1 保障国家能源安全

我国已探明的人均煤炭、石油和天然气资源分别为世界平均值的42.5%、17.1%和13.2%。能源消费仍以化石能源为主，2018年，全国一次能源消费总量为46.4亿t标准煤。其中，煤炭消费量占能源消费总量的69.0%，石油占7.0%，天然气占6.0%，非化石能源消费比重达到18.0%。在能源供应体系中油气资源供需紧张，从2015年开始，我国石油产量逐年递减，而石油消耗量在逐年递增。2018年我国石油净进口量增至4.21亿t，对外依存度高达69.0%。2018年我国天然气产量约1602.6亿$m^3$，而消费量高达2803.0亿$m^3$。我国油气进口来源相对集中，进口通道受制于人，远洋自主运输能力不足，金融支撑体系亟待加强，能源储备应急体系不健全，应对国际市场波动和突发性事件能力不足，能源安全保障压力巨大。利用林特资源优势科学发展生物质气化供热发电产业，优化能源利用结构，部分替代化石能源消费，增强能源安全保障，是我国经济社会顺应时代发展的要求。

虽然我国具有煤炭资源优势，但从长远和战略上考虑，能源的多元化和发展生物质等可再生能源已是大势所趋，开发各种替代能源已成为我国及世界能源持续发展的紧迫课题。林业剩余物热解气化城镇集中供热发电的应用能够有效减少石化能源的消耗，且对环境更友好。林业生物质能是一种重要的可再生碳能源，作用不可替代。大力开发利用生物质能源，符合国家能源安全的发展要求。从而可有效地改善能源结构，缓解能源危机，促进能源向多元化方向发展。因此，充分利用林特资源开发生物质气化供热发电产业，可以优化我国能源结构，减少对石化燃料的依赖，保障国家能源安全。

### 4.1.2 促进节能减排

2019年我国能源消费总量为48.6亿t标准煤，比上年增长3.3%，煤炭消费量增长1.0%。随着我国社会经济的不断发展及受全球碳排放公约的制约，生物质能源的刚性需求量将会日益增大。过度地使用化石原料已造成严重的环境污染和全球气候变暖。以煤为主的能源消费结构和粗放型的增长方式已对我国生态环境造成了极大威胁。大量水资源被消耗或污染，煤矸石堆积大量占用和污染土地，酸雨影响面积达120万$km^2$，是世界上继欧洲、北美之后的第三大酸雨分布区（蔡朋程，2018），主要污染物排放总量居世界前列，$CO_2$排放量位居世界第一。降低化石能源比例、减少燃煤污染是中国能源发展中相当长时期内的核心任务。发展生物质气化供热发电产业可以有效地减排$CO_2$，如能实现替代1000万t石油的消费，每年可减排0.32亿t的$CO_2$。

我国以煤炭发电为主，每年消耗煤炭约15亿t。相比化石资源，林业生物质是一种清洁的低碳资源，具有灰分、硫和氮含量低等特性，因此林特资源气化制备生物燃气来替代传统的煤炭气化，可以减少$SO_2$、$NO_x$和粉尘排放量，同时产生的$CO_2$又可以被等量植物再次生长产生的光合作用所吸收，基本实现$CO_2$零排放，同时气化过程产生的炭副产品还可以起到固$CO_2$作用，最终实现$CO_2$的“负排放”。生物质气化供热发电产业具有良好的环境效应，是绿色低碳、节能减排、保护大气和生态环境的有效途径，符合国家绿色、循环、可持续发展的产业政策，实现环保效益与经济效益相结合，充分地将广蕴的可再生生物质资源用于发展生物质发电，对我国创建资源节约型、环境友好型、生态循环型社会和经济形态大有裨益。

### 4.1.3 推动社会主义新农村建设

目前，农村大多数采用木材直接燃烧的方式获得能源，不仅热效率低下，而且环境污染严重。还有一些偏远地区至今还没有用上电。通过将林特资源剩余物气化转变为热、电、炭，可拓展资源利用途径，提高资源利用水平，改善农村的人居环境；促进农民生活方式的改变，提高农民生活质量。同时，林业剩余物气化发电的原料利用可以为“三农”提供一个新的增收渠道。因此，大力发展林业生物质资源热解气化产业，将给农村经济和农民增收带来良好的经济效益，有利于建设资源节约型、文明和谐的新农村。

目前，一些北方地区存在冬天天然气供应不足等现状，符合条件的城镇可建设生物质气化耦合供热发电产业，将生物质气化燃气通过高温高压锅炉产生高温高压蒸汽，进行集中供热，解决中国部分地区寒冬季节天然气不足的问题。

### 4.1.4 改善生态环境，促进林业可持续发展

我国边际性土地资源7649万$hm^2$，若能利用其中20%的土地来种植经济植物，按照每公顷平均年生长量10t计，每年生产的生物质资源量可达1.52亿t。充分挖掘不适宜农耕的宜林荒山荒地的生产潜力，与林业生态工程建设相结合，选取生态建设、产业发展与兴林富民结合较理想的经济林树种，可在干旱瘠薄的土地上（如安山岩、玄武岩、紫砂岩等石质荒山）旺盛生长，造林成活率高，有效解决复杂地区的造林难题。优化林种和树种结构，一些非豆科固氮、菌根剂树种，其根系发达，枯枝落叶量大，具有保持生态平衡、降低水土流失、持续改良土壤、调节气候的作用。为生物质气化产业的发展提供充足的林业剩余物资源。

同时，经济林具有规模化种植的巨大优势，某些树种的萌芽再生力强，生长迅速，生物产量高，采伐后5年左右即可再次砍伐，能够可持续经营100年以上，无须更新造林，不会造成对生态系统的破坏。而且，生物质热解气化是将林业剩余物进行高值化利用，在一定程度上避免了因林业废弃物带来的水土污染、空间浪费、火灾安全隐患、生物疾病威胁等一系列问题，可以促进林业的可持续发展。发展林业生物质能源，建立具有林业特色的“经济林基地—生物质热解气化加工”一体化的生物燃气、热、电、炭材料工程产业链，可带动林业特色资源的原料林基地建设和热、电、炭产业的大发展，拓展林业产业的领域，也对生态环境改善带来积极作用，从而促进完备的林业生态体系和发达的林业产业体系建设。林业生物质气化产业的显著特点在于资源和环境的双赢，以及生态、经济、社会效益的协调统一。大力发展生物质气化供热发电产业，不仅可以提供需求量巨大的清洁能源和用途广泛的高附加值炭材料，同时有利于通过价值规律，提高林农植树造林和森林管护积极性，显著增加森林资源，对改善生态环境状况作出积极的贡献。

## 4.2 行业层面

### 4.2.1 精准扶贫

我国经济林和竹林种植面积大，且多在偏远贫困山区。以生物质热解气化为例，1万t林木剩余物，即可产蒸汽1.5万t、副产炭2000t，按照林木剩余物为600元/t计算，原料收集即可实现农民增收600万元/年，蒸汽和炭的总收益可达980万元/年，同时可带动12人就业，扶贫效果明显，兼具经济效益、社会效益及生态效益。

### 4.2.2 延伸产业链

生物质气化发电供热过程可定向联产大量的固体炭产品。在民用领域，可作为燃料用于家庭取暖和餐饮行业；在工业领域，可用作钢铁和工业硅冶炼的还原剂，以及有色金属冶炼中的表面助溶剂，我国是世界工业硅制造大国，2018年产量240万t，每年仅工业硅行业就需要近60万t木炭。木炭还可加工成二硫化碳等；还在火药、研磨、绘画、蚊香、化妆、医药、渗碳、粉末合金等各方面广泛应用。

固体炭产品可进一步深加工制取活性炭，不仅在液相吸附、气体净化、溶剂回收、土壤修复等产业中作为良好的吸附材料，有效保障我国食品、医药的安全，同时在其他一些创新领域也是不可或缺的多孔功能材料（蒋剑春，2017）。比如，在工业催化方面，活性炭作为催化剂或催化剂载体，能够广泛应用于石油化工、煤化工、生物质液体燃料提质、医药和农药中间体合成等领域，推动化工产业的发展；在储能领域，活性炭可以用于物理/化学储氢、双电层储电、电极材料等；在医用领域，活性炭可用于外伤治疗、口服药、癌症治疗、血液净化等；在防辐射领域，活性炭可以用于放射碘的补集、核反应堆排放废气治理、电磁屏蔽等产业。由此可见，林业生物质气化产业的发展必将促进众多传统和创新产业的快速发展。

# 5 产业发展总体思路与发展目标

## 5.1 总体思路

林业资源热解气化供热发电产业发展的总体思路是“再生利用、绿色高效、多元发展、因地制宜”。

（1）再生利用

林业资源热解气化产业的发展将以林特树种采伐与加工剩余物以及非农耕边际性土地种植的人工林等可再生资源为主要原料，保障产业的可持续发展。

（2）绿色高效

坚持推动生产装置的连续化、大型化、自动化、智能化、无公害化的发展理念，保证产业的绿色发展，同时提升产业的综合效益。

（3）多元发展

根据所在区域资源和能源市场需求，宜气则气、宜热则热、宜电则电。气化过程副产的炭用于生产工业、民用木炭和制备高性能活性炭。

（4）因地制宜

根据林特资源气化产业所在区域的木质资源量的差异，热解气化供热发电模式应呈现出集中式利用、分布式利用以及两者并存的多极化发展格局。一方面，在资源充足密集和需求旺盛的区域，生物质热解气化产业应呈现集中式和规模化发展态势；另一方面，在资源分散且相对不足的区域，热解气化产业将主要发展小规模的高效分布式多联产利用模式。

## 5.2 发展原则

（1）科技领先

国家加大人力、物力投入，提高自主研发水平，充分发挥高层次人才的科研优势，提高科技成果转化效率，加大科研投入和研发力度，创新先进的设备和技术工艺，创制高品质燃气、生物天然气和活性炭产品。

（2）市场主导

发挥市场配置资源的作用，淘汰落后产能，推动企业技术革新，促进规模化、连续化、自动化装备和高效气炭、热电联产技术的研发与应用，以应用带动市场，以市场推动产业的发展，引导各类经济主体积极参与生物质气化集中供热发电的开发利用。

（3）政府引导

政府应通过制定鼓励产业发展的政策，尤其是加大科技研发和重点企业资金扶持的力度，推动生物质气化产业的快速发展。

（4）与时俱进

根据我国林业资源的区域特点，生物质气化联产炭、热、电产业的侧重点要与当地的资源优势相结合，与经济技术和社会发展水平相结合。

## 5.3 发展目标

建立原料供应稳定、高品质燃气绿色制造和生物炭高效应用的一体化产业体系，有效满足国家能源结构调整与能源安全对林业生物质热解气化集中供热发电日益增长的需求。提高科技成果转化效率，提升热解气化供热发电产业产值在林业生物质能源总产值中的比例，培植一批具有产业带动作用的龙头企业，提升国际市场竞争力，推动林业特色资源加工利用产业的快速发展。

### 5.3.1 2025年目标

林特资源林基地培育：全国累计新增和改造能源林面积达40万亩，为林业生物质气化产业提供稳定的原料。

产业发展目标：全国林业生物质热解气化供热发电产业年利用林业剩余物资源超过350万t标准煤，产值达到23亿元，木炭及活性炭产品产值为46亿元，培植2～3家具有产业带动作用的龙头企业，增强生物质气化产业的市场竞争力，产值在林业生物质能源中的份额达到12%。建立年消耗50万t林业剩余物的热解气化集中供热发电生产示范基地。

技术创新目标：突破高热值、低焦油生物燃气、生物炭高效利用关键技术，取得一批具有自主知识产权的气炭联产和热炭联产成套技术和产品。

### 5.3.2 2035年目标

产业发展目标：全国林业生物质热解气化供热发电年利用林业剩余物资源超过500万t标准煤，开发生物炭功能化利用产品，林业生物质气化供热发电产业总产值达100亿元，林业生物质气化产值在林业生物质能源中的份额达到15%。培育年消耗60万t林业剩余物的热解气化多联产龙头企业，培养龙头企业3～4家，大幅提升生物质气化产业的国际市场竞争力。

技术创新目标：开发生物天然气和生物炭新产品，突破生物燃气净化预处理及合成天然气的关键技术。推进生物质气化集中供气、热、电产业的发展，保障我国能源安全。

### 5.3.3 2050年目标

林业生物质气化产业国际领先，生物炭产品应用领域进一步拓展，气炭联产、热电联产技术、应用领域全面达到国际领先，生产装置实现连续化、大型化、自动化和智能化，形成生物质气化可持续发展模式。

# 6 重点任务

## 6.1 加强标准化原料林基地建设（培育、良种等），提高优质资源供给能力

林特资源林基地发展必须走政府支持指导、企业自主发展的道路，强化树种的培育和开发，统一规划，合理布局。强化经济林的集约经营，提高能源林产出水平。重点选育生长量大、生长迅速、热值高、适应性强、耐瘠薄、抗盐碱、萌生能力强、耐平茬、适合规模培育的树种；通过引种、筛选及规模化栽培研究，改良能源植物品种，建立能源植物试验与示范基地和良种繁育基地；优化全国能源植物配置和生产格局，集中连片，聚集发展。结合国家林业重点生态工程退耕还林、速生丰产林等项目，建设速生、丰产、高能、多效的能源林基地，加强生态建设，开发落后地区资源，发展地方经济，增加林农收入，为林业生物质气化产业持续发展提供坚实的资源基础。

## 6.2 技术创新

与欧美发达国家相比，我国生物质气化技术的研究起步较晚，投入也较少，为了开发出具有自主知识产权的林业生物质能源技术，力求实现技术上的突破和创新，必须以企业为主导的产学研结合的技术创新体系为突破口，建立以企业为主体，科研机构和高等院校参与的利益共享、风险共担的产学研合作机制。

揭示木材热解气化过程机理和影响机制、高热值生物燃气产物的形成原理，降低生物燃气中的焦油组分，开发生物质燃气高效净化技术，提高高品质燃气的生产效率；突破热解气化的生物炭副产物的结构和性质的调控关键技术，创制出多领域适用的功能炭产品，为我国能源和功能性炭材料领域提供优质产品。

研发木、竹原料的现代化收割工具，提升能源林和竹林原料收集的机械化水平，减轻劳动力，解决生物质原料采集困难的技术瓶颈；研发大规模的连续化、自动化、智能化生物质气化生产设备。

创新生物燃气预处理和热电联产技术，突破林业生物质制备生物天然气的核心技术，为市场提供优质的清洁能源产品。

## 6.3 产业创新的具体任务

（1）生产设备现代化，企业规模合理化

根据产业所在区域的林业剩余物资源的总供应量、季节性、储运等因素，合理的设计气化供热发电的产业规模和布局，因地制宜地坚持就近收集、就近转化、就近消费的分布式产业发展模式。在林业剩余物资源充足的地区，研制大型化生物质连续气化装置，扩大林业生物质热解气化供热发电企业的林业剩余物年消耗规模至50万t以上，提高生物质气化企业的竞争能力。

（2）产品多样化

林业生物质气化产生的生物燃气，不仅可以作燃气供热发电，同时继续深加工可得到天然气产品；林业生物质热解气化的生物炭副产物，不仅可作为民用和工业用炭材料，广泛应用于钢铁和工业硅冶炼、有色金属冶炼、火药、研磨、绘画、蚊香、化妆、医药、渗碳、粉末合金、土壤改良等领域；而且

生物炭继续深加工制得的高性能活性炭产品，可广泛应用于食品、药品、环保、电子行业、军工、储气、医药、石油化工等领域，应用前景广阔。这些产品为林业生物质气化产业提供了新的生命力，也为生物质气化深加工技术的研究开发提出了新的要求。有针对性地研制生产符合产业发展的产品是今后重要的研究方向之一。

（3）节能减排常态化

推动高品质生物燃气的制备和在城镇集中供热发电中的应用，促进生物炭的高值化利用。将生物质高效转化为气、热、电及炭产品，实现$CO_2$负排放和污染物零排放，实现林业剩余物的吃干榨净。

## 6.4 建设新时代特色产业科技平台，打造创新战略力量

建设以重点实验室为基础的科学研究中心，形成布局合理、装备先进、开放流动、高效运行的实验支撑体系，提高林特资源热解气化联产热、电、炭产业的研发能力。建立国家生物质热解气化与热炭联产重点实验室，建设生物质发电多联产产业技术创新战略联盟，建立气炭联产和热电联产国家产业技术创新中心，形成林业生物质气化科技创新体系，增强产业自主创新能力。通过承担国家级和行业重大科技任务，带动学科和行业发展。

## 6.5 推进特色产业区域创新与融合集群式发展

以提高我国林业生物质气化领域科技成果孵化和工程化开发能力为目的，加快生物质气化热炭联产工程技术中心建设，强化工程中心的定位和功能，使之真正成为科技成果的孵化器、技术组装集成的载体、中试基地和技术交易辐射中心、人才培养和技术培训的基地；加快推进企业研发中心建设，提高企业科技创新能力；大力加强科技中介机构建设，强化质量监督、技术标准的建立。

## 6.6 推进特色产业人才队伍建设

加大人才的培养和引进，依托国家级科研院所和相关高等院校，通过重点学科、重点实验室建设和重大项目的实施，培养造就一批学科前沿领域的领军人物、战略科学家和拔尖人才，注重林业生物质气化制备能源与功能炭材料产业科技型企业家和高级管理人才的培养；采取有效措施，吸引和鼓励出国留学人员从事基础和开发性研究，加强林、化交叉领域人才的国际培训和国际合作、学术交流，形成具有国际竞争力的生物质气化多联产创新团队和研发队伍。

# 7 措施与建议

## 7.1 产业发展模式创新

我国在煤电技术核心装备发展方面取得了较大成就，重大核心装备已基本能够实现自研自产。但在生物质气化供热发电技术方面较西方发达国家还存在不少的差距，尤其在生物质燃料采收、运输、加工、储存等专用辅助机械配套方面差距比较明显，仍需迎头赶上。需加大生物质气化供热发电技术领域的科研投入，提高国产核心装备及辅助装备的技术水平和自给自足，缩小与发达国家先进水平的差距，是降低生物质气化供热发电企业项目投资和运行成本、提高企业赢利能力、促进行业健康持续发展的根本。利用气化副产物炭来创新开发出功能性生物基炭材料等，提高生物质气化供热发电产业的综合经济效益，保障生物质气化产业的良性发展。

（1）原料供应模式

生物质原料受季节性、天气等因素的影响，容易造成原料供应不足，以致造成设备利用率少、发电量低、运行维护成本高等问题。通过建立大客户收购、村级网络收购、临时季节收购等多种原料收购模式，保障原料充足、高质量的供给，为生物质气化供热发电稳定高效运行奠定基础。

（2）产学研合作

目前还存在需要解决的技术难题，主要有高温超高压锅炉、汽轮机和发电机的整体国产化、原料预处理、气化炉结构优化设计及系统耦合、生物燃气中的焦油裂解与净化技术和固体炭副产品的高值化利用技术以及各技术环节的系统集成。加强高校、科研院所与企业之间的产学研合作，开发具有自主知识产权的集成技术，形成从能源作物的培养与种植、生物质高效气化供热发电及生物炭的综合利用循环经济路线，发展绿色循环经济产业链。目前生物质气化产业发展存在项目综合设计规划和经济管理人才缺乏，高校和科研院所应加大复合型科技人才的培养力度，降低生物质气化供热发电项目的投资风险和运营成本。

（3）分布式发展模式

建设村镇规模的分布式生物质气化多联供系统，为国家新型城镇化战略提供支撑。生物质能是分散的地域性能源，主要分布在农村地区。中国农村经济发展极不平衡。一方面，经济发达地区的农民使用洁净的电能、液化气等商品能源，将富余的林业剩余物在田间焚烧，造成极大的环境污染和资源浪费；另一方面，仍有边远地区没有电力供应，生活用能没有保障。根据当地需求，发展生物质能分布式气化多联供产业，提供热、电、燃气、活性炭、土壤改良剂等产品，可以有效替代高污染、高排放的化石燃料及其产品，资源化利用林业废弃物，有利于建立资源节约型和环境友好型社会，促进人与自然的和谐发展及经济社会的可持续发展。

（4）长远发展

从长远看，应重视利用林业剩余物气化来合成燃料及化工产品的研发。我国石油资源严重不足、能源结构失衡，已威胁到国家的能源安全和经济社会的可持续发展。生物质作为唯一一种能直接转化为液体燃料的可再生能源，可以缓解中国对进口石油的依赖，而且能够大幅度减少温室效应，是生物质利用的跨越式发展方向。

## 7.2 加大政策扶持力度

与其他清洁能源发电相比，生物质气化发电存在运行成本过高、抗市场风险能力差的弱势，生物质发电需要投入较高的燃料成本，约占总发电成本的2/3，以补贴后0.75元/度上网电价估算，燃料收购价格的盈亏平衡点为400元/t左右，而燃料收购价格受市场变化影响较大，极易导致生物质气化发电企业出现亏损，需要国家加大政策扶持力度，带动产业快速发展，进而最终摆脱政府补贴，形成良性发展的生态化产业。建议国家鼓励地方政府统筹各类资金，对生物质气化相关的林业废弃物“收、储、运、处理”各环节予以适当支持和补偿。

## 7.3 严格市场准入审批

生物质气化供热发电受原料供应及运输成本影响，具有很强的属地特性，一旦辐射范围内出现地方保护性重复投资或原料恶性竞争，生物质气化供热发电企业将难以为继。近年来全国各地兴起建设生物质气化发电项目的热潮，出现了项目跟风上马、项目分布过于密集的现象，埋下恶性竞争的隐患，亟待国家和地方政府的良好规划，平衡好竞争和保护的关系。需严格生物质气化供热发电项目的审核，避免重复投资和过度竞争，有利于行业的健康发展。同时，联合余热利用项目的热电联供模式相较纯发电模式具有更好的能源利用效率，应得到更多的倡导和推广。

## 7.4 行业规范和政府管理

建立生物质气化供热发电产业的技术工艺标准和设备生产标准，提高气化产业技术及装备水平。政府对可再生能源发电的扶持政策还需进一步细化和明确，降低地方政府和管理部门操作困难，监督与引导产业市场，完善生物质气化相关法律制度。

## 7.5 多种市场化措施并举

建议将生物质气化供热发电纳入绿色证书交易、碳市场交易和“隔墙售电”试点范畴，通过市场化方式，提升产业整体盈利能力，减轻对电价补贴依赖。

## 7.6 政策建议

第一，建议地方财政和银行等金融机构对生物质气化供热发电产业给予阶段性的低息和贴息贷款资金支持。鼓励金融机构在风险可控、商业可持续的前提下，给予生物质气化热电联产项目中长期信贷支持。

第二，结合国家生态文明建设、乡村振兴战略和构建国内国际经济双循环发展格局，建议各地尽快出台生物质气化供热发电产业发展的各类激励政策，吸引更多社会资本注入生物质气化产业，推动产业快速发展。

## 参考文献

蔡朋程，2018. 浅析中国的酸雨分布现状及其成因[J]. 农业与生态环境(15): 127-128.

常圣强，李望良，张晓宇，等，2018. 生物质气化发电技术研究进展[J]. 化工学报，69(8): 3318-3330.

国家林业和草原局，2019. 中国林业和草原统计年鉴2018[M]. 北京：中国林业出版社.

蒋剑春，2017. 活性炭制造与应用技术[M]. 北京：化学工业出版社.

刘宝亮，蒋剑春，2008. 生物质能源转化技术与应用Ⅵ：生物质发电技术和设备[J]. 生物质化学工程，42(2): 55-60.

刘华财，吴创之，谢建军，等，2019. 生物质气化技术及产业发展分析[J]. 新能源进展，7(1): 1-12.

孙立，张晓东，2013. 生物质热解气化原理与技术[M]. 北京：化学工业出版社.

佚名. 2018年全球生物质能发电现状及结构分析[EB/OL]. (2019-08-21). http://www.chyxx.com/industry/201908/774018.html.

佚名. 2019年全国原煤产量38.5亿吨 煤炭消费占比降至57.7%[EB/OL]. (2020-03-02). https://www.sohu.com/a/377178101_120059709.

佚名. 2019年中国能源消费行业市场现状及发展前景分析[EB/OL]. (2019-10-09). http://www.cnfuelco.com/news/show/id/100.shtml.

佚名. 中国每年二氧化碳排放量为10357万吨[EB/OL]. (2019-07-17). http://www.tanpaifang.com/tanzuji/2019/0717/64703.html.

佚名. 2019年中国工业硅产能产量及消费量，合盛硅业稳居行业龙头地位[EB/OL]. (2019-11-05). http://feng.ifeng.com/c/7rM29gT9wcy.

AHMAD A A, ZAWAWI N A, KASIM F H, et al, 2016. Assessing the gasification performance of biomass: a review on biomass gasification process conditions, optimization and economic evaluation[J]. Renewable and Sustainable Energy Reviews(53): 1333-1347.

BASU P, 2010. Gasification theory and modeling of gasifiers[M]// Biomass Gasification and Pyrolysis. Boston: Academic Press: 117-165.

BEOHAR H, GUPTA B, SETHI V, et al, 2012. Parametric study of fixed bed biomass gasifier: a review[J]. International Journal of Thermal Technologies, 2(1): 134-140.

BUI T, LOOF R, BHATTACHARYA S C, 1994. Multi-stage reactor for thermal gasification of wood[J]. Energy, 19(4): 397-404.

CHOPRA S, JAIN A K, 2007. A review of fixed bed gasification systems for biomass[J]. Agricultural Engineering International: The CIGR e-Journal, 9(5): 1-23.

SAMIRAN N A, JAAFAR M N M, NG J H, et al, 2016. Progress in biomass gasification technique-with focus on Malaysian palm biomass for syngas production[J]. Renewable and Sustainable Energy Reviews(62): 1047-1062.

SANSANIWAL S K, PAL K, ROSEN M A, et al, 2017. Recent advances in the development of biomass gasification technology: a comprehensive review[J]. Renewable and Sustainable Energy Review(72): 363-384.

SUSASTRIAWAN A A P, SAPTOADI H, PURNOMO, 2017. Small-scale downdraft gasifiers for biomass gasification: a review[J]. Renewable and Sustainable Energy Reviews(76): 989-1003.

ZHANG X, LI H, LIU L, et al, 2018. Thermodynamic and economic analysis of biomass partial gasification process[J]. Applied Thermal Engineering(129): 410-420.